纳米药物
研究与临床应用蓝皮书

主编　赵志刚　梁兴杰

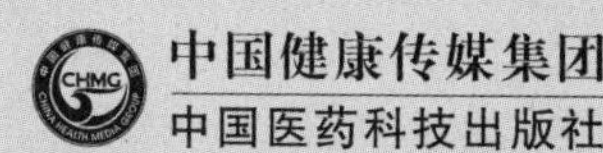
中国健康传媒集团
中国医药科技出版社

内 容 提 要

本书全面总结纳米药物的最新研究成果和进展，主要介绍了纳米药物的定义与作用机制、分类与发展历程、制备工艺与质量控制、临床应用现状与趋势分析、临床合理应用与循证评价，以及未来发展趋势与展望。

本书可供医药行业从业人员学习、了解纳米药物研究与应用时参考使用。

图书在版编目（CIP）数据

纳米药物研究与临床应用蓝皮书 / 赵志刚，梁兴杰主编 . -- 北京：中国医药科技出版社，2024. 9.

ISBN 978-7-5214-4825-2

Ⅰ . TQ460.1

中国国家版本馆 CIP 数据核字第 20242A35R2 号

策划编辑 于海平 **责任编辑** 张 睿 宋 川

美术编辑 陈君杞 **版式设计** 也 在

出版 **中国健康传媒集团** | 中国医药科技出版社

地址 北京市海淀区文慧园北路甲 22 号

邮编 100082

电话 发行：010-62227427 邮购：010-62236938

网址 www.cmstp.com

规格 787 × 1092 mm 1/16

印张 46 1/4

字数 891 千字

版次 2024 年 9 月第 1 版

印次 2024 年 9 月第 1 次印刷

印刷 河北环京美印刷有限公司

经销 全国各地新华书店

书号 ISBN 978-7-5214-4825-2

定价 230.00 元

获取新书信息、投稿、为图书纠错，请扫码联系我们。

编 委 会

编写单位

（按单位首字汉语拼音排序）

北京大学第三医院　赵荣生　杨璨羽
北京大学人民医院　封宇飞　周　越
北京大学药学院　吕万良　门艳晨
北京大学药学院　张　强　王学清　赵　波
北京化工大学生命科学与技术学院　刘惠玉　许溪璨　吴清渊
北京医院　胡　欣　丛端端　赵紫楠
重庆医科大学附属第三医院　刘松青　李文军
大连医科大学附属第一医院　董得时　翟晓涵
甘肃省人民医院　葛　斌　田　敏
广东省人民医院　杨　敏　林　璐
广元市第一人民医院　杨若涵　贺汉军　马　刚
国家纳米科学中心　梁兴杰
海军军医大学第二附属医院　陈万生　王志鹏
宁夏医科大学总医院　贾乐川　张文萍
山东第一医科大学第一附属医院（山东省千佛山医院）　黄　欣　刘凤喜
上海交通大学医学院附属新华医院　张　健　刘　艳
上海市第一人民医院　刘皋林　张吉刚
首都医科大学附属北京妇产医院　冯　欣　贡磊磊
首都医科大学附属北京天坛医院　赵志刚　田　月　余克富　洪　峻　徐雅楠
首都医科大学附属北京同仁医院　张　召　姚俊祺
苏州大学附属第一医院　缪丽燕　易　玲
天津市人民医院　张惠娟　赵振营
维福费森尤斯卡比（北京）医药信息咨询有限公司　王　诚
厦门大学　霍帅东
宜昌市中心人民医院　金桂兰　赵　倩
银川市第一人民医院　杨彩艳
郑州大学附属第一医院　何亚平
中国人民解放军军事科学院军事医学研究院　郑爱萍　张　慧
中国人民解放军陆军特色医学中心　刘　耀　侯　敏
中国医学科学院生物医学工程研究所　李方周
中山大学附属第七医院　周本杰　吴辉星　龙昌锐

序

在科技日新月异的今天，纳米技术在医药领域的应用正逐渐成为研究热点和前沿。我们欣喜地看到，纳米药物作为这一领域的重要分支，在疾病的预防和治疗中展现出了巨大的潜力和优势。纳米药物，作为科技前沿与医学领域交汇的“璀璨明珠”，正逐渐揭开其神秘的面纱，为人类的健康事业带来变革。为了更好地推动纳米药物的研究与发展，国内科研院所和医疗机构的 60 余位专家合作编写了《纳米药物研究与临床应用蓝皮书》，帮助读者全面了解纳米药物。

纳米药物，代表着一种全新的治疗理念和技术手段。它们以其独特的纳米尺度，突破了传统药物的局限，为疾病的治疗提供了更加精准、高效的方法。通过纳米技术，药物可以直接作用于病变细胞，提高药物的生物利用度和治疗效果，同时减少副作用，实现个体化治疗的目标。

回首纳米药物的发展历程，从最初的探索到如今的广泛应用，每一步都凝聚了科研人员的智慧和努力。本书全面而深入地探讨纳米药物的历史、发展与分类，以及研发的技术和质量控制，解读了纳米药物研发过程中的挑战与机遇，分享了临床应用的成功案例与经验教训。同时还关注了纳米药物的安全性问题，探讨如何确保药物的有效性和安全性，保障患者的利益。

随着科技的不断进步和研究的深入，纳米药物有望在更多领域发挥巨大的潜力，为更多的患者带来福音。然而，我们也清醒地认识到，纳米药物的研究与应用仍面临诸多挑战和未知。我们需要持续探索、勇于创新，不断突破技术的瓶颈，为纳米药物的发展贡献智慧和力量。

《纳米药物研究与临床应用蓝皮书》的出版将为广大读者提供一个全面了解纳米药物的窗口，为推动纳米药物领域的发展提供有益的启示和帮助。让我们共同期待纳米药物在未来能够发挥更大的作用，为人类的健康事业贡献更多的力量。

在本书编写过程中，得到了众多专家学者的鼎力支持和无私帮助，他们的智慧和经验为内容的完善提供了重要支持。同时，也要感谢广大读者对本书的关注和期待，您们的支持让我们有动力去不断追求卓越。

中 国 工 程 院 院 士
北京大学博雅讲席教授
北京大学药学院教授

2024 年 8 月

前言

纳米药物是当今药物研究和开发领域中备受关注的一类新型药物载体系统，凭借其独特的物理化学特性及其在临床试验中展现出的显著治疗潜力，纳米药物正逐渐被现代医学所接受和重视，成为癌症治疗、慢性疾病管理、精准医疗以及个性化治疗中不可或缺的重要工具。纳米药物的研发与生产过程极其复杂，从纳米材料的合成到药物的载荷和释放控制，都需要经过一系列严格的技术步骤和安全评估，以确保其在临床应用中的有效性和安全性。

纳米药物学作为一个新兴的跨学科领域，是在纳米技术与药学相结合的基础上发展起来的，代表了药物研发和治疗技术的前沿。纳米药物行业同样是一个具有特殊性和高度技术依赖的行业，其独特的行业属性体现在对先进纳米材料的依赖、复杂的制备工艺以及高昂的研发成本等方面。近年来随着纳米技术的快速发展和科研投入的增加，我国的纳米药物不断取得新的成果，在癌症治疗、感染控制和靶向药物输送等领域的应用逐渐增多。在应对诸如癌症、传染性疾病等重大疾病的过程中，纳米药物的应用前景得到广泛认可，其在提高药物疗效、减少副作用和实现精准治疗方面的优势，使得该领域的关注度和发展速度不断提升。

我国的纳米药物行业在某些方面的发展仍有待进一步提升。当前，纳米药物的研发和应用技术尚未完全成熟，纳米药物种类相对有限，部分潜在的纳米材料和制剂形式尚未得到充分开发和利用。此外，某些关键纳米药物（如抗癌纳米药物和纳米疫苗）的市场普及率和人均使用率较低。因此，所有利益相关者（包括政府、监管机构、科研人员、药师和临床医师）有必要深入了解纳米药物行业的独特属性和发展趋势，以便制定科学合理的政策和规划，推动纳米药物的创新研发、市场供应及其在临床中的合理应用，确保这一新兴领域能够更好地服务于公共健康和医疗需求。

本书涵盖了纳米药物领域的最新研究成果和进展。书中详细阐述了纳米药物的定义与作用机制、分类与发展历程、制备工艺与质量控制、临床应用现状与趋势分析、临床合理应用与循证评价，以及未来发展趋势与展望。这些内容将为读者提供全面、系统的纳米药物知识，助力科研人员、临床医师和药师在该领域的进一步探索和实践。

参与本书撰写的60余位作者来自国内各大院校附属医院和中科院、军科院及高等院校，绝大多数是在临床一线工作奋斗的科研人员和药师。尽管他们日常工作繁忙且紧张，但依然欣然接受了邀请，抽出宝贵的时间，认真、严谨地参与撰写工作。经过多次审阅、校对和严格的修改，圆满完成了本书的编写与审核任务。在此，谨向所有参与的专家表示由衷的感谢！

由于编写时间紧，信息量大，书中难免存在不足之处，恳请广大读者不吝指正。

编　者

2024年8月

目　录

第一章　绪论

第一节　纳米药物的概念及特点 ………………………………………… 2
第二节　纳米药物的发展历程 …………………………………………… 4
第三节　纳米药物的优势 ………………………………………………… 5
第四节　纳米药物的分类 ………………………………………………… 7

第二章　纳米药物研发的技术及质量控制

第一节　纳米药物制备技术 …………………………………………… 25
第二节　纳米药物质量控制 …………………………………………… 40

第三章　纳米药物及仿制药品审批和监管的法规

第一节　中国关于纳米药物及仿制药品审批和监管的法规 ……………… 48
第二节　美国关于纳米药物及仿制药品审批和监管的法规 ……………… 70
第三节　欧盟关于纳米药物及仿制药品审批和监管的法规 ……………… 107
第四节　日本关于纳米药物及仿制药品审批和监管的法规 ……………… 126
第五节　其他国家 / 地区关于纳米药物及仿制药品审批和监管的法规…… 145
第六节　各国 / 地区关于纳米药物及仿制药品审批和监管的法规总结分析 ……………………………………………… 157

第四章　上市纳米药物的临床应用、循证评价与研究

第一节　抗肿瘤纳米药物临床应用与循证评价 ………………………… 168
第二节　神经系统纳米药物临床应用与循证评价 ……………………… 211

第三节　抗感染纳米药物临床应用与循证评价 …… 259
第四节　血液系统纳米药物临床应用与循证评价 …… 314
第五节　心血管系统纳米药物临床应用与循证评价 …… 347
第六节　镇痛纳米药物临床应用与循证评价 …… 371
第七节　激素类纳米药物临床应用与循证评价 …… 409
第八节　疫苗纳米载体临床应用与循证评价 …… 448
第九节　其他纳米药物临床应用与循证评价 …… 461

第五章　纳米药物的安全性与药物警戒

第一节　纳米药物临床前的毒理学和安全性评价 …… 563
第二节　纳米药物的潜在风险来源 …… 580
第三节　纳米药物的不良反应 / 事件 …… 593
第四节　纳米药物上市后药物警戒情况 …… 604

第六章　纳米药物的应用、发展趋势与展望

第一节　纳米药物的潜在临床应用 …… 620
第二节　临床前研究纳米药物品种分析和展望 …… 635
第三节　纳米药物注册临床研究统计与分析 …… 640
第四节　纳米药物未来发展的挑战与机遇 …… 647

附　录

附录 1　全球已上市的部分纳米药物 …… 654
附录 2　国内外获批纳米药物统计一览表 …… 658
附录 3　纳米药物临床试验注册统计一览表 …… 671
附录 4　国内外涉及纳米药物的应用和管理、监管指南、指导原则、规范和专家共识目录 …… 689
附录 5　纳米药物政府监管项目及行业协会、学会网站 …… 695
附录 6　国内外纳米药物的质量或安全事件 …… 700
附录 7　国内外纳米药物相关的学术会议及举办单位、网站 …… 720
附录 8　国内外纳米药物说明书 …… 727

第一章

绪论

第一节　纳米药物的概念及特点
第二节　纳米药物的发展历程
第三节　纳米药物的优势
第四节　纳米药物的分类

第一节　纳米药物的概念及特点

一、概述

纳米科学与技术的快速发展逐渐展现出其对生物医药领域的显著影响。近年来，对纳米药物的研发吸引了越来越多的关注和投入，目前已有诸多纳米药物实现了从实验研究到临床应用的成功转化。纳米药物的成功开发将在全球医药市场和医疗系统中发挥重要作用[1-4]。

纳米药物（nanomedicine）是运用纳米技术（nanotechnology）开发的一种新型药物制剂[5, 6]。“nano”（纳米）这个前缀源自希腊语单词“dwarf”，意思是非常小的东西。1 纳米（nm）等于十亿分之一米（m），即 1×10^{-9} 米。“纳米技术”这一术语最早出现于 1974 年，当时日本东京理科大学的一位科学家 Norio Taniguchi 报道了纳米级的材料[7]。与更大粒径的相同材料相比，纳米材料的力学、光学、电学等性质发生了一定程度的变化，引起了人们极大的兴趣。图 1–1 可以帮助我们更好地理解纳米尺寸。

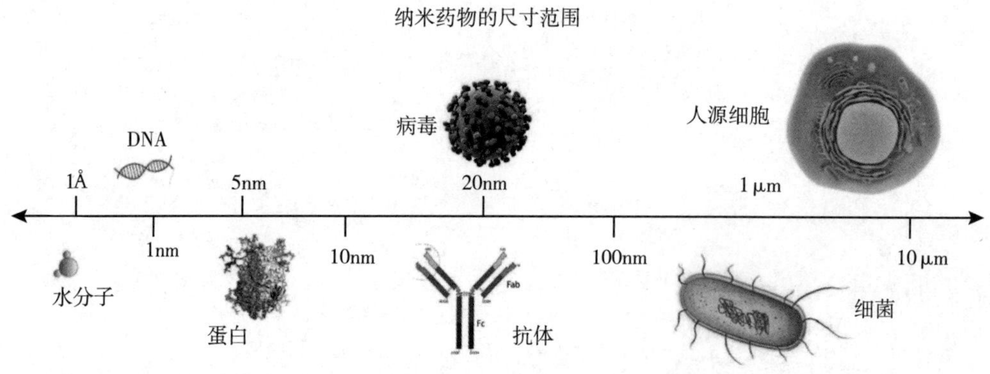

图 1–1　不同纳米尺度的直观示意图

与传统剂型相比，纳米药物具有尺寸效应、量子效应和表面效应，可以改变药物的体内行为。随着粒径的减小，表面暴露的原子增多，而内部的原子减少。如当粒径为 30nm 时，5% 的原子存在于表面，粒径减小至 3nm 时，50% 的原子暴露于表面。故与大微粒相比，相同单位质量下的纳米药物具有更大的表面积，反应更强烈。独特的纳米尺度效应能够进一步改善药物的溶解度，提高药物的靶向性，增大药物的生物利用度，同时将药物进行微观条件下的智能化修饰，能够赋予纳米药物多样化的功能，增加给药的灵活性。

二、纳米药物的定义及分类

纳米药物为粒径在10~1000nm的含药粒子，是用于疾病预防、诊断和治疗的纳米级工具，可以引导生物活性分子到其所需的作用位置，以确保在所需的时间内控制其释放并达到最佳浓度。依据是否有载体，将纳米药物分为纳米晶药物和载药纳米粒两类[8]：①纳米晶药物（nanocrystal drugs）指将药物制备成纳米尺度的药物颗粒，并制备成适宜的制剂以供临床使用；②载药纳米粒（drug carrier nanoparticles）是将药物溶解、分散、吸附或包裹于适宜的载体或高分子材料中形成的纳米粒。已研究的载体纳米粒包括聚合物纳米囊（polymeric nanocapsules）、聚合物纳米球（polymeric nanospheres）、药质体（pharmacosomes）、固体脂质纳米粒（solid lipid nanospheres）、纳米乳（nanoemulsion）、聚合物胶束（polymeric micelle）、抗体修饰纳米粒（antibodymodified nanoparticles）和配体修饰纳米粒（ligandmodified nanoparticles）等，纳米药物可制备成适宜的剂型进行给药。

三、药物纳米化的优点

1. 改善难溶性药物的成药性[8-10]

将药物进行纳米化能够增加药物在体内的溶解度，改善因溶解度较小导致药物成药性差的难题。

2. 增强药物的靶向性

不同粒径的纳米颗粒在不同组织的滞留时间不同。较小粒径的纳米颗粒可能具有肝脏、脾脏、肺和脑组织的被动选择靶向性。同时，将纳米药物进行特异性抗体修饰，可实现药物的组织靶向治疗。

3. 延长药物的体内循环时间

纳米载体表面修饰亲水性分子如聚乙二醇衍生物后，可有效逃避体内网状内皮系统的快速捕获，有利于延长药物在体循环中的暴露时间，提高药物疗效。

4. 提高药物的生物利用度

药物粒径的减小能够增大药物在体内的溶解度和溶出速度，进而提高药物的生物利用度。

5. 实现缓控释给药

凭借特殊的吸收机制，如吸收内吞作用，纳米药物能够增加药物的生物利用度，并能够在血液循环中停留更长的时间，实现药物在体内缓慢释放，降低血药浓度波动，进而减轻药物引起的副作用。另外，纳米结构能够保护封装在其中的药物不受胃肠道水解和酶降解，将多种药物定向输送到身体的不同部位以实现持续释放，从而能够通过口服给药途径输送蛋白质和基因等高度不溶于水的药物。

第二节 纳米药物的发展历程

1959 年美国物理学家、诺贝尔奖得主理查德·费曼在美国物理学会年会上，提出一个假设："为什么我们不能把整个 24 卷的《大英百科全书》写在大头针上？"，并描述了使用机器来构建更小的机器，直到分子水平的愿景。费曼的假设如今已经被证明是正确的，因此他被认为是现代纳米技术之父。纳米药物的发展始于 20 世纪 60 年代，Bangham 等人发现了纳米脂质囊泡（即脂质体）可进行药物递送。此后，大量的纳米药物递送系统在后续研究中被研究与开发出来。纳米药物递送系统的主要发展历程可以概括为：1976 年，Langer 首次提出持续性释放药物的递送体系。1980 年，Yatvin[11] 设计具有 pH 响应型药物释放和主动靶向功能的脂质体用于药物递送。1986 年 Matsumura[12] 提出高渗透长滞留效应（enhanced permeability and retention effect，EPR），纳米药物可在肿瘤部位逐渐积累并滞留在肿瘤组织内。1987 年，Allen[13] 提出用聚乙二醇（PEG）表面修饰脂质体有助于减少脂质体被体内吞噬细胞所清除，延长脂质体的血液循环时间，为脂质体在肿瘤组织中的蓄积提供更多机会。1994 年，Langer 制备了首个长循环聚乙二醇（乳酸 - 乙醇酸）纳米颗粒。这些工作充分验证了费曼的设想。

1975 年由美国公司采用沉淀法生产的抗感染药灰黄霉素纳米晶片剂 Gris-PEG®，经美国食品药品管理局（Food and Drug Administration，FDA）批准成为第一个应用于临床的纳米药物。2015 年 1 月经美国 FDA 批准由美国医疗公司开发的药物 Feraheme®（纳米氧化铁）上市，该药物是一种铁替代产品用于治疗贫血病。2018 年纳米抗体药物 Caplacizumab® 是首个获得欧盟批准的纳米抗体药，通过药物与 vWF 蛋白结合，防止超大型 vWF 蛋白与血小板结合，从而预防凝血的发生。该药物用于治疗成年获得性血栓性血小板减少性紫癜。至今已有多种纳米药物相继进入临床试验，其中部分产品已获得批准（附录 1 为全球已上市的部分纳米药物）。

近年来，分子生物学、细胞生物学、药物化学、材料科学等学科的飞速发展为纳米药物的开发奠定了良好的基础。自 20 世纪 90 年代以来，纳米药物的研究已成为医药领域的研究热点之一，研究人员已经对纳米药物的作用机制、制备方法、药剂学性质、体内分布和代谢规律有了进一步的认识。与此同时，一些纳米药物也相继上市，如盐酸多柔比星脂质体、醋酸亮丙瑞林缓释微球、紫杉醇脂质体、吉妥珠单抗等制剂。将药物通过物理包埋、物理吸附或化学键合等方式包载于纳米粒递送系统中，其与传统分子药物相比，具有水溶性良好、粒径小、比表面积大、生物利用度高等特点；同时纳米药物在体内循环过程中，能提高药物对病灶部位的选择性和对组织的渗透性。基于纳米药物的优异性能，可以通过对纳米药物的结构和功能进行有目的的设计，实现药物在时间和空间上的可控释放，减少毒副作用和增强药物对病灶部位的治疗效果。

从已上市的纳米药物的经验来看，纳米药物有望改变现有的治疗方法。但是，尽管纳米药物的研究已经取得了全面的进展和突破，仍然需要清醒地认识到纳米药物在制备和临床应用上存在很多的问题。理想的纳米药物应该具备定位浓集、控制释药和载体无毒可生物降解三个要素，但目前的纳米药物还不能实现将药物完全浓集于病灶部位，只能提高药物在病灶部位的相对分布。与此同时，纳米医学的监管领域还不完善，在纳米药物的管理法规上需要进行监管改革。因传统的监管不适用于纳米产品，建立合理的“纳米指南”势在必行。2021 年 8 月 27 日，国家药品监督管理局药品审评中心公开发布了 3 项纳米药物相关技术指导原则：《纳米药物质量控制研究技术指导原则（试行）》《纳米药物非临床安全性评价研究技术指导原则（试行）》和《纳米药物非临床药代动力学研究技术指导原则（试行）》。监管标准的陆续实施为未来国内纳米药物的发展奠定基础。随着纳米药物给药系统相关研究的发展，药品注册与监管政策的不断完善，未来将会有更多纳米药物用于各类疾病的治疗中。

第三节　纳米药物的优势

药物的溶解性差一直是制剂工作者亟需解决的难题，而纳米药物由于其独特的尺寸效应可提高药物溶解度，加快药物溶出速度，从而提高生物利用度。随着纳米技术的发展，目前已有几十种纳米药物上市，纳米药物具有广阔的应用前景，与普通制剂相比，纳米药物的优势如下。

（一）提高难溶药物的溶解度和溶出速度

药物的溶解度不仅与药物自身的结构，溶剂的种类及温度有关，也与药物的粒径有关。根据 Ostwald–Freundlich 方程 $\text{Log}(S_2/S_1)=(1/r_2-1/r_1)2\sigma M/\rho RT$ 可知，药物的溶解度会随粒径的减小而增大，因此纳米技术可提高难溶性药物的溶解度。根据 Noyes–Whitney 方程 $dC/dt=KS(C_S-C)=DS(C_S-C)/V\delta$ 可知，药物的溶出速度与药物的表面积、药物分子的扩散系数、药物的饱和溶解度与介质中药物浓度之差及药物的扩散层厚度有关。将药物制备成纳米药物后，其表面积大大增加，同时，药物饱和溶解度的增大会使得药物扩散的浓度梯度增大，纳米药物的扩散层厚度减小。这些改变均使得药物的溶出速度大大增加。如在相同的溶出条件下，西洛他唑的粒径由 13μm 减小至 220nm，药物的溶出速度增加至原来的 5100 倍[14]。

（二）增强生物黏附效应

胃肠道表面存在黏液层，其为多孔结构，类似凝胶。纳米药物由于其粒径小，能够迅速渗透进入黏液层的凝胶孔道中，并紧密黏附于凝胶的网状结构中，因此可延长药物在胃肠道的滞留时间，促进药物的跨膜吸收。而微米级的药物颗粒由于粒径较大，不能进入黏液层的凝胶孔道中，胃肠滞留时间较短。此外，与微米级药物颗粒相比，药物从纳米载体扩散至胃肠道表面的距离变短，药物的跨膜梯度增大，进一步促进药物的被动跨膜转运[15]。

（三）多种吸收机制并存

与微米级药物颗粒相比，纳米药物可通过多种方式吸收。如药物从纳米载体中溶出后，能够以分子状态通过被动转运的方式直接跨膜吸收，也可以纳米药物的形式通过肠道表面的派氏结经淋巴系统转运吸收，此外，纳米药物还可通过细胞间途径或跨细胞转运进行吸收。多种吸收机制并存可保证药物具有良好的生物利用度[16]。

（四）改善药物的成药性，提高治疗指数

将药物进行纳米化能够增大药物在体内的溶解度，改善溶解度问题导致药物成药性差的难题。同时，将药物纳米化有时还能降低相应药物的毒副作用（如阿霉素的心肌毒性和紫杉醇注射液的过敏反应），提高药物的治疗指数[17，18]。

（五）增大药物的生物利用度

纳米药物可显著提高难溶性药物的生物利用度，如 Rapamune®（雷帕霉素片）与口服溶液剂相比，纳米药物片剂的生物利用度提高了 21%。Megace®ES 是醋酸甲地孕酮口服混悬液，与口服溶液剂相比，单次给药体积减小了 4 倍。

（六）靶向给药

纳米药物可实现主动靶向和被动靶向给药，增加药物在病灶内的局部浓度，提高药效的同时减少副反应的发生，使疾病诊治更加安全有效[19]。

（七）降低免疫原性

纳米药物能够通过精巧“伪装”降低体内的免疫识别和网状内皮系统的清除作用，保护活性分子免受酶解，增加药物在体内的滞留时间、延长药物的半衰期、增强药效[20]。

纳米药物的开发在扩大药物市场的给药系统方面具有战略意义，包括创新纳米药和改良型纳米新药两个方面，尤其在改良型纳米新药方面优势更为明显，具有高成功率、高回报、低风险的优势。通过提高药物治疗的有效性、安全性和患者依从性，最终降低医疗成本，减轻患者负担。

第四节　纳米药物的分类

根据是否有载体包裹，纳米药物可分成非载体类和载体类：非载体类纳米药物本身无载体，药物负载量近 100%；载体类纳米药物是将药物分散、吸附缔合或包封进纳米载体中，有基质骨架型或囊泡型结构。通常制备过程较为复杂，药物负载量相对较低。

（一）非载体类

非载体类纳米药物主要是纳米晶体药物。纳米晶体药物通常是指将原料药直接纳米化，无需载体材料，粒径小于 1μm 的药物颗粒[21]。纳米晶体药物是在离子型或非离子型稳定剂和水等附加剂的存在下，用高强度机械力将药物本身粉碎至纳米级别，可直接给药或用作其他制剂的原料。饱和溶解度的增加和溶出速率的提高是纳米晶体药物区别于传统制剂最重要的特征。根据 Ostwald-Freundlich 方程（式 1-1）和 Noyes-Whitney 方程（式 1-2），当粒径降低到纳米尺寸时，药物的溶解度和溶出速率随着药物粒径减小而显著增加。

$$\ln S / S_0 = 2vy / \gamma RT = 2My / \rho\gamma RT \qquad （式 1-1）$$

式中，S 是药物在温度 T 下的溶解度，S_0 是 $\gamma = \infty$ 时的溶解度，M 是化合物的分子量，v是分子体积，γ是界面的表面张力，ρ是化合物的密度。

$$dC_x / dt = DA(C_s - C_x) / h \quad （式 1-2）$$

式中，dC_x / dt是溶出速率，D是扩散系数，A是药物颗粒的表面积，h是扩散层的厚度，C_s是药物的饱和溶解度，C_x是任意时间溶液中药物的浓度。

相比于纳米载体药物，纳米晶体药物显著的优点是：①不受包封率的制约，药物剂量调整范围宽。药物直接纳米化，无需借助载体材料，不存在包封率及载药量的障碍。大剂量药物（治疗剂量＞ 500 mg）亦可制备成纳米制剂。②剂型多样化。纳米混悬液可进一步固化，制备成胶囊、片剂等固体剂型，以及冻干粉剂和注射剂型等。③纳米粒径精确可控。由于药物自身纳米化，实测值为药物粒子的粒径，可真实反映纳米药物的粒子大小[22]。此外，纳米晶体药物还能够改善药物的黏附性，提高细胞膜渗透性和生物利用度。但是，纳米晶体药物的稳定性一直是制剂应用过程中的重要问题，在后期药物的研发过程中需要重点关注。

纳米晶体药物常用的制备方法有"自下而上"的反溶剂沉淀法，"自上而下"的高压均质法和介质研磨法，以及两者相结合的"组合技术"。工业生产上常用的制备方法是介质研磨法和高压均质法。两个方法均是将高能作用力作用于药物颗粒使药物颗粒破碎，具有生产成本低和重现性好的优点。目前经美国 FDA 批准上市的纳米晶体制剂已有 20 余种，表 1-1 列举了部分上市的纳米晶制剂。

表1-1 部分已上市的纳米晶体制剂[23-25]

给药方式	商品名	API	适应证	剂型	上市时间（年）
口服	Gris-PEG®	灰黄霉素	抗感染	片剂	1975
	Celebrex®	塞来昔布	镇痛	胶囊	1998
	Verelan® PM	维拉帕米	心律失常	胶囊	1998
	Rapamune®	西罗莫司	免疫抑制	片剂	2000
	Focalin® XR	哌甲酯	多动症	胶囊	2001
	Ritalin® LA	哌甲酯	中枢兴奋	胶囊	2002
	Avinza®	硫酸吗啡	镇痛	胶囊	2002
	Herbesser®	地尔硫䓬	心绞痛	胶囊	2002
	Zanaflex®	替扎尼定	肌肉松弛	片剂	2002
	Emend®	阿瑞匹坦	止吐	胶囊	2003
	Tricor®	非诺贝特	降血脂	片剂	2004
	Cesamet®	大麻隆	止吐	胶囊	2005
口服	Megace® ES	甲地孕酮	刺激食欲	混悬剂	2005
	Triglide®	非诺贝特	降血脂	片剂	2005
	Naprelan®	萘普生	消炎	片剂	2006
	Theodur®	茶碱	支气管扩张	片剂	2008

续表

给药方式	商品名	API	适应证	剂型	上市时间（年）
注射	Invega Sustenna®	帕利哌酮	精神分裂	混悬剂	2009
	Ilevro®	奈帕芬胺	镇痛抗炎	混悬剂	2012
	Ryanodex®	丹曲林钠	恶性高热	混悬剂	2014
	Invega Trinza®	帕利哌酮	精神分裂	混悬剂	2015
	Aristada®	阿立哌唑	精神分裂	混悬剂	2015
	Anjeso®	美洛昔康	术后镇痛	混悬剂	2020
	Cabenuva®	卡博特韦；利匹韦林	艾滋病	混悬剂	2021
	Invega Hafyera®	帕利哌酮	精神分裂	混悬剂	2021

（二）载体类

纳米载体制剂是指药物或药物分散相以一定的大小分散于一定的分散介质中形成的分散系，载体材料将药物吸附、结合、分散或包裹其中，能够运输小分子药物、大分子蛋白质、基因药物等。用于药物输送的载体材料应具有无毒、无致癌性、不影响药物稳定性、不与药物发生化学变化、能使药物得到最佳分散状态或缓释效果等基本性质。包裹入载体的药物的体内分布不取决于药物本身，而取决于载体的分布。和非载体药物相比，载体药物在药物输送方面具有很多优越性[26-28]：①药物本身损失少，用药过程中能够减少用药剂量，减轻毒副作用；②能够控制药物释放，延长作用时间；③保护药物免受降解而增加其半衰期；④载体表面功能化，能够改善药物的药代动力学特征；⑤可以开辟新的给药途径。载体药物递送系统为临床疾病的治疗提供了理想的药物剂型和新的给药手段，这是非载体药物递送系统所无法比拟的。

常见的纳米载体给药系统包括：脂质体、纳米乳、纳米球和纳米囊、纳米凝胶载药系统、药质体、聚合物纳米载药系统、无机纳米载药系统等[29]。

1. 脂质体

脂质体（liposomes）是人工制备的由双分子层膜围成的囊状体，双分子层膜主要由磷脂分子定向排列而成。磷脂分子的亲水性头是极性的磷酸根负离子和铵离子，疏水性尾在甘油磷脂中是两条长的非极性脂肪酰基烃基链。脂质体作为一种新型药物载体，与普通药物制剂相比具有以下优点：①脂质体具有亲脂性和亲水性，生物相容性好、不易引起抗原或毒性反应；②减少给药剂量、降低药物的不良反应；③可通过抗体、配体等修饰，具有组织器官靶向性。

脂质体是抗肿瘤纳米药物的主要剂型之一，也是临床转化最成功的一类纳米药物。美国药物评价和研究中心通过对2010~2015年期间纳米药物申请的分析发现，脂质体占据向美国FDA申请的纳米药物的70%，其中绝大多数（61%）脂质体包载的都是化疗药物。表1-2列出了从1995年至今美国FDA、欧洲药品管理局（EMA）批准上市的多种脂质体新药产品及其活性成分、适应证和上市时间。其中Vyxeos®是美国FDA于2017年批准的第一个含有阿糖胞苷和道诺霉素两种原料药的脂质体产品。2015年至2018年，国内已有5家药企的脂质体注射液成功上市。目前磷脂质量差、封装效率低、制造工艺复杂、稳定性差等问题已经成功地被解决，但脂质体产品设计、工艺还需要进一步的研究和改进[26]。此外，药用辅料级别的磷脂已经实现了规模化生产。对于治疗用脂质体的生物相容性、生物降解性和毒性安全性的认识也促进了未来脂质体产品的开发[30]。

表1-2 已上市的纳米脂质体药物

商品名	活性成分	用途	上市时间
Doxil®	盐酸多柔比星	卵巢癌、艾滋病相关型卡波西肉瘤、多发性骨髓瘤	1995年
Caelyx®	盐酸多柔比星	艾滋病相关型卡波西肉瘤	1996年
DaunoXome®	枸橼酸柔红霉素	白血病	1996年
AmBisome®	两性霉素B	抗真菌	1997年
DepoCyt®	阿糖胞苷	脑膜炎淋巴瘤	1999年
Visudyne®	维替泊芬	年龄相关性黄斑变性	2000年
Myocet®	多柔比星	转移性乳腺癌	2000年
DepoDur®	硫酸吗啡	术后疼痛	2004年
Exparel®	布比卡因	术后疼痛	2011年
Marqibo®	硫酸长春新碱	急性淋巴细胞白血病	2012年
Onivyde®	盐酸伊立替康	胰腺癌	2015年
Vyxeos®	道诺霉素、阿糖胞苷	成人急性髓系白血病或合并骨髓异常增生	2017年
ArikayceKit®	硫酸阿米卡星	鸟分枝杆菌（MAC）引起的非结核分枝杆菌（NTM/肺部感染）	2018年

按照修饰成分及功能将脂质体分为传统型、柔性、阳离子型、长循环型和环境敏感型（磁性敏感型、光敏感型、pH敏感型）以及免疫脂质体等[29]。

（1）传统型脂质体　磷脂在水中形成含有一层或多层磷脂膜的一个闭合囊泡，构成了双分子层膜结构的脂质体胶体粒子，称为传统型脂质体。

（2）柔性脂质体　柔性脂质体是一种主要由磷脂和膜软化剂组成，处方中不加或少加胆固醇的新型脂质体，常用的膜软化剂为单链表面活性剂，如胆酸钠、去氧胆酸钠、吐温 -80 等。膜软化剂的存在扰乱了脂质体的磷脂双分子层结构，增加了膜的流动性和柔性，使得柔性脂质体能够在外用后通过挤压变形作用等机制穿过角质层，到达真皮层甚至进入血液循环。柔性脂质体不仅拥有传统脂质体低毒性、高生物相容性、优异的缓释作用等优良性质，而且能在给药后显著提高药物的透皮量和滞留量，是一种较为理想的经皮给药载体。

（3）阳离子型脂质体　阳离子型脂质体是在传统型脂质体中加入三甲基氯化铵、硬脂酰胺、脒化合物如 3,5-2- 十五烷氧基苯甲脒和 PEG-5000 等物质，使脂质体带正电。阳离子型脂质体作为荷负电物质的载体，不仅在体外的稳定性好，在体内也易被生物降解，能够快速实现有效载荷的释放。但是阳离子型脂质体的极性头部也给脂质体带来了一定的细胞毒性[31]。

同时，阳离子脂质体也能通过静电作用与呈负电的核酸药物相结合，以保护核酸药物不被周围酶降解，介导核酸递送。阳离子脂质体主要由阳离子亲水脂质与中性脂质组成，脂质的结构和性质会影响核酸转染效率，包括酰基链不饱和度、醚键引入、氨基功能团和 pK_a 值等。阳离子脂质体作为成功实现核酸药物递送的纳米载体，目前已被美国癌症协会批准为临床核酸治疗的第一方案。基于阳离子脂质体能稳定负载核酸药物和易于修饰等特性，更多高效的核酸阳离子脂质体产品有望被研发和应用。

（4）长循环型脂质体　长循环型脂质体是指脂质体经表面修饰，达到定位、浓集、缓释、保护、体内可生物降解的一类脂质体，它可延长药物在血液中滞留时间，提高有效浓度，从而增强疗效。目前长循环型脂质体的修饰物有：神经节苷脂 GM1、非离子表面活性剂、聚乙二醇（PEG）及其类脂衍生物等。其中 PEG 及其类脂衍生物因来源广泛且无免疫毒性等优点，成为目前常用的长循环表面修饰物，主要包括 PEG-DSPC、PEG-PE、PEG-DSPE、PEG-PC 等。修饰后的脂质体可因 PEG 分子中大量的亲水基团与水结合构成空间位阻，降低网状内皮系统的识别和吞噬率，以有效的血药浓度长时间作用于靶组织或靶细胞中，提高治疗效果[32]。

（5）环境敏感型脂质体　主要包括 pH 敏感型脂质体、光敏型脂质体和磁性脂质体等。pH 敏感型脂质体是针对肿瘤部位的 pH 值较正常组织低这一性质而开发，能够靶向作用于肿瘤部位，减少全身毒性。光敏型脂质体是在脂质体中载入光敏剂，利用脂质体的肿瘤靶向作用，使光敏剂到达肿瘤部位，从而克服了大部分光敏剂具有疏水性的不利条件。由于光照无法深入体内的深层组织和器官，所以光敏型脂质体只适用于表层或浅层组织的肿瘤区域，因而在实际应用中存在一定的局限性。磁性敏感型脂质体是一种将药物、磁性物质及其他辅料包封于脂质双分子层的新型制剂，常用材料有纳米级别的 Fe_2O_3、Fe_3O_4 等。磁性脂质体既可以增强脂质体的靶向性，也可增强包埋物的可控释放性能。

（6）免疫脂质体　抗体修饰的脂质体即免疫脂质体，是将单抗或抗体功能化片段插入脂质体表面，借助抗体与靶细胞表面抗原特异性结合，从而使脂质体递药系统富集于靶细胞，减少药物副作用。免疫脂质体依据靶头抗体可分类为完整抗体、单克隆抗体、抗体 Fab 片段和单链抗体。其中完整抗体由于体积过于巨大，不利于脂质体的体内循环，且专一性不强，所以目前很少使用完整抗体作为修饰体。将抗体与脂质体结合，利用抗体与抗原结合反应的强专一性，设计出针对肿瘤治疗的免疫脂质体，既能减少药物的副作用，又能提高疗效。

2. 纳米球与纳米囊

纳米球（nanospheres，NS）是指药物溶解或者分散在高分子材料基质中形成的微小球状实体，属于基质型骨架微粒。纳米囊（nanocapsule）是采用成膜材料（通称囊材）将固体、液体或气体等活性物质包合成的微小粒子。两者在结构上有所不同，纳米囊是包囊结构，而纳米球是以高分子材料为骨架，高分子基质与药物均匀混合。无论是纳米球还是纳米囊，在制剂过程中都是一种中间体，先制备成纳米球或纳米囊后，再根据需要制备成各种剂型。

将药物做成纳米球或纳米囊后有如下优势：①提高药物的稳定性，使得一些易氧化、易挥发的不稳定性药物更易于给药；②降低药物本身的刺激性，掩盖药物的不良气味和口感；③将液态药物固态化，便于给药和运输；④提高药物的靶向性，使药物浓集于靶向器官；⑤达到缓控释的目的。减少给药次数，降低血药浓度峰谷波动等[33，34]。

作为极具开发潜力的新型药物载体，纳米球与纳米囊仍存在诸多问题需要解决。例如，包封率与载药量相对较低，单分散性差，制备过程中使用的有机溶剂可能产生毒性。目前尚无上市的纳米球和纳米囊制剂。

3. 纳米乳

纳米乳（nanoemulsion）由油、水、表面活性剂和助表面活性剂组成，是将乳滴分散在另一种液体中形成的透明或半透明分散体的热力学稳定体系。纳米乳平均粒径通常小于 500nm，具有清晰或朦胧的外观，乳滴多为球形或圆柱形，大小比较均匀，加热或离心不会破坏液滴结构。纳米乳按其结构可分为 3 种类型：水包油型（*O/W*）、双连续型和油包水型（*W/O*）。在水包油型纳米乳中，水作为连续相，油相在表面活性剂 / 助表面活性剂的作用下在水中分散形成微胞，表面被表面活性剂 / 助表面活性剂构成的胶束膜包覆。双连续型纳米乳是当纳米乳中的油相在形成液滴被水相包围的同时，还能够和其他油滴一起组成连续相，进而包围油相中的水滴。双连续型纳米乳中油相与水相类似于海绵状的片状结构。随着油相含量的增多，乳液逐渐从双连续相纳米乳转变为油包水型纳米乳。

纳米乳作为药物载体具有极大的应用潜力，体现在以下 7 个方面：①纳米乳为各向同性的透明液体，热力学稳定，且可以过滤，易于制备和保存；②可同时增溶不同脂溶性的药物；③黏度低，注射时不会引起疼痛；④药物在纳米乳中分散性好，利于吸收，可提高药物的生物利用度；⑤将易于水解的药物制成油包水型纳米乳可起到保护作用；⑥可延长水溶性药物的释药时间；⑦与粗乳液相比，纳米乳具有更强的动力学稳定性。但是，纳米乳不能溶解高熔点的物质，用低能方法制备的纳米乳液通常需要大量的表面活性剂来稳定体系，表面活性剂的大量使用可能会导致毒副作用。

理论上，纳米乳体系在组分比例合适时即可自发形成，但是实际制备过程中，纳米乳形成却存在动力学方面的阻碍，还是需要加入外力，比如高速剪切或者磁力搅拌等辅助方法，促进水相和油相的互溶，加速纳米乳液的形成。虽然纳米乳制备工艺简单，但是影响纳米乳形成的因素很多，包括：①油相的选择。油的碳氢链越短，有机相穿入界面膜越深，乳剂越稳定，但碳氢链较长的油相有助于增加药物溶解。有时需要混合使用不同油相才能满足所需。②水相的选择。有些水相中含有添加剂，这些添加剂会影响相图中纳米乳的单相区面积。③表面活性剂的选择。表面活性剂的种类和用量直接影响乳剂能否形成以及乳剂的毒性大小。④助表面活性剂的选择。助表面活性剂链的长短对助乳化效果有影响。一般是直链优于支链，长链优于短链。助表面活性剂链长达到表面活性剂碳链链长时效果最佳[35]。

目前获美国 FDA 批准上市的纳米乳制剂有口服药物环孢素 A 胶囊（Neoral® 和 Gengraf®）、环孢素眼用乳剂（Restasis®），抗病毒药物沙奎那韦（Fortovase®）和利托那韦（Norvir®）等[36-37]。

4. 药质体

药质体（pharmacosomes）是将含羧基的药物与含羟基的类脂（甘油酯、磷脂等）成酯，之后两者在水中或含少量表面活性剂的水中可自发形成囊泡等高度分散的聚集体，一般粒径范围在 10~200nm。药物的活性基团（羧基、氨基和羟基等）与脂质分子共价连接，例如具有羧基或磷酸基的药物可以在没有间隔链的情况下酯化，具有羟基或胺基的药物可借助架桥基团（如琥珀酸）与间隔链基团成酯，得到具有脂肪长链、极性端基和呈两亲性的前药，在水环境下能自组装形成具有单层或多层脂质分子层的纳米囊泡。

药质体是一种基于脂质前药的自组装药物传递系统，与脂质体的根本区别在于药质体中的药物既为载体又为活性成分，载药量较大，稳定性好。药质体由水分散，有利于通过体液运送药物，又由于其具有两亲性，从而易于透过细胞膜。药物通过固定配比与脂质高效率地共价结合，再在体内经水解酶降解、释放。以这一方式荷载亲水性药物，能减少药物泄露，是荷载亲水性药物的有效剂型，如核苷类似物吉西他滨由于脱氨作用和强亲水性，生物半衰期短且胞内递送效率低，易产生耐药性。硬脂酸、月桂酸、角鲨烯等脂质均可与吉西他滨结合制备药质体，以提高稳定性和治疗效果。药质体主要分为磷脂基药质体和非磷脂基药质体。

（1）磷脂基药质体　磷脂是一类亚型丰富的两亲性脂质，与母体药物共价结合后在体内可经磷脂酶 A2 水解释放药物。磷脂酰胆碱（PC）和磷脂酰甘油（PG）被广泛研究用于药质体制备，多数化学药和核酸等均能与 PC 或 PG 结合形成磷脂基药质体，可以提高其溶解度和释放效率。

（2）非磷脂基药质体　药质体属于热力学不稳定的胶体体系，温度、离子强度、表面电荷等因素均能影响囊泡体聚集，导致药质体融合和沉淀，影响制剂稳定性。磷脂在保存过程中的稳定性会因氧化和水解而下降，是限制磷脂基药质体发展的主要因素。研究者利用脂肪酰基衍生物、脂肪醇衍生物、胆固醇基衍生物等脂质设计药质体，以提高其稳定性。Mikhalin 等[38]利用肉豆蔻酸、棕榈酸与有丝分裂抑制剂二氢吡啶并吡唑形成可被体内羧酸酯酶水解释放的脂质前药，而棕榈酸基前药 DPP-C16 的自组装囊泡于 4℃可稳定放置 6 个月。

目前，药质体作为一种有别于其他药物胶体微粒制剂，能显著增加药物的稳定性，同时改善了包封率低及药物渗漏的问题。使用天然的油脂与药物结合，大大降低了对机体的毒性，提高药物的生物相容性。不过，目前只有很少一部分药物能制成符合条件的前体药物，主要原因是前体药物的稳定性不易达到要求，同时为了达到前体药物双亲性，选择合适的脂质化合物与母体药物结合，也是难点之一。

5. 纳米凝胶

纳米凝胶（nanogel）是指粒径在 1~1000nm 的水凝胶粒子，它能稳定地分散在水中形成凝胶体系[39]。纳米凝胶内部具有交联网络结构，其结构介于支链聚合物和宏观网状交联聚合物之间，因此其稳定性比聚合物胶束、囊泡等聚合物纳米粒子要高。此外，纳米凝胶表面积大，表面功能基团可偶联其他有特异作用的组分。

纳米凝胶兼具水凝胶和纳米粒的优点：①具有较高的含水量，与生物组织类似，有良好的生物相容性和黏附性。②内部可装载具有生物活性的组分。③载药量高且具有缓释性能。④粒径较小，具有较高的渗透性。⑤根据聚合物的性质，可以设计多种不同类型的智能水凝胶，包括 pH 敏感型水凝胶、温度敏感型水凝胶、光敏感型水凝胶、电场敏感型水凝胶和压力敏感型水凝胶等[40]，以满足不同的释药需求。

纳米凝胶是载体材料通过物理或化学交联形成的。其中，物理交联是通过非共价键的作用发生的，而化学交联则通过共价键的作用发生。基于不同的交联方式，纳米凝胶的制备方法也不同。基于物理交联的纳米凝胶可通过聚合物在水溶液中的自组装制备。聚合物在水溶液中混合后会通过氢键、范德华力、疏水作用力及静电作用等发生交联，形成纳米凝胶。这种制备方法操作简便，且因为非共价作用相对较弱，当外界条件改变时，纳米凝胶会被破坏，药物很容易从纳米凝胶中释放出来[41]。化学交联即利用不同化合物的化学反应制备纳米凝胶。通过化学交联法制备的纳米凝胶强度更大，稳定性更好，但制备过程中可能引入单体及表面活性剂，从而产生安全性问题。

6. 聚合物纳米载药系统

聚合物纳米载药系统（polymer nano drug delivery system）包括聚合物纳米粒（polymer nanoparticles）、聚合物胶束（polymeric micelles）和树状大分子（dendrimers）等[42]。聚合物材料的多样性使聚合物纳米载药系统具有多样化的功能，能够满足不同给药途径的需求[43]。药用聚合物材料必须满足具有良好的生物相容性和可生物降解性等基本条件。

（1）聚合物纳米粒　聚合物纳米粒是直径在 10~100nm 的固态胶体粒子，药物或药物活性成分通过溶解、包裹作用位于粒子内部，或通过吸附、耦合作用位于粒子表面。制备纳米粒子的材料通常是高分子化合物，以合成的可生物降解聚合物和天然大分子为主，可在体内通过高分子链的水解作用而降解，降解产物参与体内代谢，可使原化合物变成低毒或者无毒的物质从体内排出。载药纳米粒进入机体后，被视为异物被网状内皮系统识别，最终被巨噬细胞吞噬，从而在靶部位发挥作用。纳米粒的药物释放机制主要是由扩散和聚合物生物降解共同控制。聚合物纳米粒根据结构和制备方法的不同，又可分为聚合物纳米球（polymer nanospheres）和聚合物纳米囊（polymer nanocapsules）[44]。聚合物纳米球具有不同多孔水平的固体基质骨架结构，药物分子以物理状态均匀地分散在内部或吸附在表面。聚合物纳米囊是由小泡组成的系统，固体或溶液化的药物被聚合物的薄膜所包围，形成囊状结构，药物包覆在囊腔内，囊腔外包围着一层独特的聚合物膜。

聚合物纳米粒根据常用的载体材料种类，可以分为天然的和合成的，生物可降解的和生物不可降解的。

用于制备纳米粒的天然存在的生物可降解型聚合物包括：明胶、壳聚糖、海藻酸盐、蛋白等。这些天然聚合物常有微弱的抗原性。明胶抗原性小，较为常用。壳聚糖具有较好的生物黏附性、促吸收效应和酶抑制载体作用等特性，其在生物黏附给药系统、透膜给药系统、靶向给药系统及缓控释制剂的开发中倍受青睐。壳聚糖的结构中含有游离的氨基，呈弱碱性，能与芳香醛或脂肪醛反应生成席夫碱（Schiff 's base），可利用此特点进行交联。制成纳米粒后，其生物学性质有所改变，在体内能完全降解且具有一定的缓释效果。蛋白类常用的有牛或人的血清白蛋白、玉米蛋白、鸡蛋白等，由于蛋白类交联较为容易，故研究中也常用其作为载体材料。白蛋白为内源性物质，研究发现，将其作为载体，可减少巨噬细胞对其吞噬，起到长循环的效果。由美国公司开发的白蛋白结合紫杉醇纳米粒注射混悬液于 2005 年已经上市，用于治疗转移性乳腺癌联合化疗失败后或辅助化疗 6 个月内复发的乳腺癌。

合成聚合物化学组成更稳定，物理性质可预测性高。常用的合成可降解聚合物包括：聚乳酸（PLA）、聚乳酸 - 乙醇酸共聚物（PLGA）、聚酸酐、聚磷酸甲基硅油、聚甲基丙烯酸甲酯、聚苯乙烯等。目前上市的聚合物纳米粒药物如表 1–3。

表1–3　上市的聚合物纳米粒药物

商品名	批准时间（年）	活性成分	适应证
Cimzia®	美国 FDA（2008） EMA（2009）	特异性识别和结合 TNF-α 的 IgG Fab 片段	类风湿关节炎、克罗恩病、银屑病关节炎、强直性脊柱炎
Apealea®	EMA（2018）	紫杉醇	卵巢癌、腹膜癌、输卵管癌
Adagen®	美国 FDA（1990）	腺苷脱氨酶（ADA）	ADA- 严重联合免疫缺陷病
Neulasta®	美国 FDA（2002）	非格司亭	发热性中性粒细胞减少症
Oncaspar®	美国 FDA（1994） EMA（2016）	L- 天冬酰胺酶	急性淋巴细胞白血病、慢性粒细胞白血病
Genexol-PM®	美国 FDA（2007）	紫杉醇	胰腺癌
Pegasys®	美国 FDA，EMA（2002）	重组人 α-2a 干扰素	丙肝、乙肝
Diprivan®	美国 FDA（1989） EMA（2001）	异丙酚	术前镇静催眠剂

（2）聚合物胶束　聚合物胶束（polymeric micelles，PMs）是嵌段共聚分子胶束物在水中通过疏水作用、静电作用等多种驱动力自组装包埋难溶性药物，形成尺寸在 10~100nm 的纳米结构的胶束溶液。嵌段共聚物是由两种或两种以上化学结构和性能不同的嵌段通过化学键构成的聚合物。当浓度非常低时，其在水溶液中

呈自由分散状态，随着浓度的增大，体系的自由度能随疏水嵌段与水分子之间排斥作用的增强而上升。在特定的浓度即临界胶束浓度（critical micelle concentration，CMC）下，两亲性嵌段共聚物在水溶液中通过疏水相互作用自组装形成胶束。疏水性药物被包埋在疏水核心，亲水嵌段组成的外壳形成水化层屏障来提供胶束稳定性[45，46]。

聚合物胶束的优点包括：①具有良好的自组装能力、溶解疏水抗癌药物的能力；②独特的壳核结构可根据药物性质自由选择适宜的胶束载体；③通过在胶束的亲水链段连接特异性抗体、配体或某些刺激敏感系统等，实现抗癌药物定位传递；④较小的尺寸使肝脏和网状内皮系统难以识别，从而避免抗癌药物被肾脏快速清除，延长药物在血液中的循环时间，维持抗癌药物在体内的生物活性及功能；⑤可选择性地在实体肿瘤中蓄积而达到治疗作用，能有效克服生物障碍，减轻抗癌药物的毒副作用，解决了常规化学治疗药物无靶向性的难题，被称为最有潜力的纳米药物载体系统之一。聚合物胶束能够通过生物学的特殊相互作用与靶向配体结合实现主动靶向。目前叶酸、转铁蛋白、抗体和肽均已成功与聚合物胶束结合。也能够利用实体瘤的高通透性和滞留效应来实现被动靶向并滞留在癌症病变部位。目前上市和进行临床实验的聚合物胶束药物如表 1–4 所示。

表1–4　上市和正在进行临床实验的聚合物胶束药物

商品名	活性成分	发展阶段	临床实验代码
Genexol® PM	紫杉醇	批准	NCT00876486 NCT02064829
Nanoxel® M	多烯紫杉醇	批准	NCT01336582 NCT02639858
NK105	紫杉醇	Ⅲ期临床（已完成）	NCT01644890
NC–6004	顺铂	Ⅲ期临床（已完成）	NCT02043288
NK012	7– 乙基 –10 羟基喜树碱	Ⅱ期临床（已完成）	NCT00951054 NCT00951613
CriPec®	多烯紫杉醇	Ⅱ期临床（已批准）	NCT02442531 NCT03742713
NC–4016	奥沙利铂	Ⅰ期临床（已完成）	NCT03168035

（3）树状大分子　树状大分子是结构呈现树状，且高度支化的新型功能高分子，其结构见图 1–2[47]。树状大分子由三部分组成：小分子内核、多分枝形成的内部空腔和表面的功能基团。独特的树状分枝结构使其外围可进一步发生聚合反应以构建代数更高的树状大分子或修饰目标官能团以赋予其新的特性，同时形成的内部空腔可包裹各类药物分子[48–50]。其独特的性质引起相关领域的普遍关注，

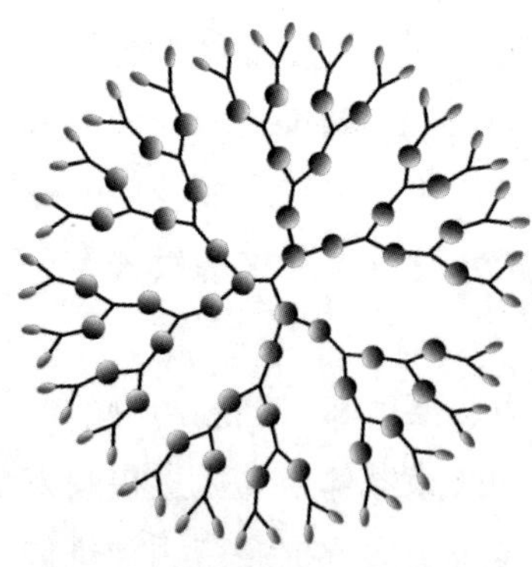

图 1-2　树状大分子的结构

主要包括以下 4 个方面：①结构规整，分子结构精确；②相对分子质量可以控制；③具有大量的表面功能团；④高度的几何对称性；⑤球形分子外紧内松，分子内存在可调节的空腔[51, 52]。2015 年美国 FDA 批准上市了树状大分子纳米粒 VivaGel® BV（星二聚体钠）用于预防复发性细菌性阴道病。

7. 无机纳米载药系统

无机纳米载药系统（inorganic nanodrug delivery system）是以无机纳米材料为载体构成的纳米给药系统，包括无机氧化物纳米材料、金属纳米材料、碳纳米材料等。上市的无机纳米粒药物见表 1-5。

表1-5　上市的无机纳米粒药物

商品名	批准时间（年）	活性成分	适应证
Feraheme®	美国 FDA（2009）	纳米氧化铁	贫血
Venofer®	美国 FDA（2000）	蔗糖铁	口服铁剂 效果不好需要 静脉铁剂治疗
Dexferrum®	美国 FDA（1996）	右旋糖酐铁	口服铁剂 效果不好需要 静脉铁剂治疗
Ferinject®	美国 FDA，EMA （2013）	羧基麦芽糖铁胶体	缺铁性贫血
Ferrlecit®	美国 FDA（1999） EMA（2013）	葡萄糖酸铁钠	口服铁剂 效果不好需要 静脉铁剂治疗
Hensify®	EMA（2019）	氧化铪纳米粒	局部晚期鳞状 细胞癌
Infed®	美国 FDA（1992）	右旋糖酐铁	口服铁剂 效果不好需要 静脉铁剂治疗
Feridex®/Endorem®	美国 FDA（1996） 撤市 ®2008	SPION-dex	显像剂
GastroMARK™/Umire	美国 FDA（2009） 撤市 ®2012	SPION- 硅胶	显像剂

常见的无机氧化物纳米材料有氧化铁纳米粒、二氧化硅纳米粒和二氧化钛纳米材料。磁性氧化铁纳米粒在某些尺寸上具有超顺磁性，其最初是作为 MRI 造影剂进行研究的，但其在 2009 年被美国 FDA 批准用于治疗慢性肾脏疾病导致的铁缺乏症。此外，磁性氧化铁纳米粒还能作为化疗药物的载体[53]。二氧化硅纳米粒在

传统材料领域、催化领域、生物医药领域均有良好的应用。在催化领域，其可作为载体使催化剂达到纳米尺度且不会团聚。在生物医学领域，其生物相容性高和毒性较低，添加二氧化硅颗粒可增加药物的吸收性和分散性，并且通过对其表面进行物理和化学改性，可以赋予其刺激响应性的优点。二氧化钛纳米材料具有优异的化学稳定性、良好的生物安全性、低廉的价格及独特的光声响应能力，其在催化、环境能源和生物医药领域广受欢迎[54]。

金属纳米材料是指由钯、铂、金、银、铜等过渡金属及其合金制备的无机纳米材料。研究比较广泛的是金纳米粒和铁纳米粒。金纳米粒被用于各种形式，如纳米球、纳米棒、纳米壳和纳米材料。金属纳米材料表面拥有自由电子，这些电子以取决于其大小和形状的频率持续震荡，从而赋予了它们光热特性。尽管还没有临床批准的相关产品，但一些金纳米粒已经完成了关键的临床试验或正在临床研究中。

碳纳米材料类型较多，如碳纳米管、氧化石墨烯、富勒烯和介孔碳纳米球等。该类纳米材料具有比表面积大、药物荷载能力强、生物相容性好、毒性低、易于表面修饰、细胞穿透性强和电子传导能力强等优势。同时，该类纳米材料特殊的 sp^2 杂化碳结构赋予它们优异的光敏或光热转换性质。实际应用过程中常将高聚物或靶向配体修饰在其表面，以赋予其多种功能。如聚乙二醇（PEG）修饰可显著延长纳米石墨烯的血液循环时间[55]，聚乙烯亚胺（PEI）化学修饰的和 PVP 物理吸附修饰的碳纳米管，具有优异的光－热转换能力，而且在可见光照射下还能有效产生活性氧[56，57]。

综上所述，纳米药物具有改善药物的成药性、提高药物的溶解性和稳定性以及易进行化学修饰等优点，具有良好的药物开发前景。目前针对靶向药物、缓控释纳米药物和智能载体药物的研究是纳米药物领域的研究热点。但是，大多数针对纳米药物的研究集中在纳米药物本身所带来的优势上，关于药物制备过程的机制和纳米药物进入机体后的药代动力学行为缺乏深入的探索。纳米药物具有很大的发展潜力，相信未来将对传统医学产生深刻影响，为临床治疗及诊断技术研究提供巨大的创新机遇和市场前景。

参考文献

［1］ Kopeckova K, Eckschlager T, Sirc J, et al. Nanodrugs used in cancer therapy［J］. Biomed Pap Med Fac Univ Palacky Olomouc Czech Repub, 2019，163（2）：122–131.

［2］ Farjadian F, Ghasemi A, Gohari O, et al. Nanopharmaceuticals and nanomedicines currently on the market：challenges and opportunities［J］. Nanomedicine（Lond），2019，14（1）：93–126.

［3］ Gadekar V, Borade Y, Kannaujia S, et al. Nanomedicines accessible in the market for clinical interventions [J]. J Control Release, 2021, 330: 372-397.

[4] Weissig V, Pettinger TK, Murdock N. Nanopharmaceuticals (part 1): products on the market [J]. Int J Nanomedicine, 2014, 9: 4357-4373.

[5] Zhouj P. Application and prospect of nanotechnology in the drug delivery system [J]. J China Pharm Univ, 2020, 51 (4): 379-382.

[6] Feng W, Chen Y. Chemoreactive nanomedicine [J]. J Mater Chem B, 2020, 8 (31): 6753-6764.

[7] Ramsden J J. What is nanotechnology [J]. Nanotechnology Perceptions, 2005, 10 (1): 3.

[8] 方亮. 药剂学 [M]. 北京：人民卫生出版社，2016：327.

[9] Sun C Y, Liu Y, Du J Z, et al. Facile Generation of Tumor - pH - Labile Linkage - Bridged Block Copolymers for Chemotherapeutic Delivery [J]. Angewandte Chemie International Edition, 2016, 55 (3): 1010-1014.

[10] Li Z, Xiao C, Yong T, et al. Influence of nanomedicine mechanical properties on tumor targeting delivery [J]. Chem Soc Rev, 2020, 49 (8): 2273-2290.

[11] Yatvin M B, Kreutz W, Horwitz B A, et al. pH-sensitive liposomes: possible clinical implications [J]. Science, 1980, 210 (4475): 1253-1255.

[12] Matsumura Y, Maeda H. A new concept for macromolecular therapeutics incancer chemotherapy: Mechanism of tumoritropic accumulation of proteins and the antitumor agent smancs [J]. Cancer Res, 1986, 46 (12): 6387-6392.

[13] Allen T M, Chonn A. Large unilamellar liposomes with low uptake into the reticuloendothelial system [J]. Febs Letters, 1987, 223 (1): 42-46.

[14] 王健，段京莉，李邱雪. 纳米晶提高难溶性药物溶出及生物利用度的研究进展 [J]. 沈阳药科大学学报，2016，33 (3)：6.

[15] 顾宁. 抗肿瘤靶向纳米药物的创制与临床转化 [J]. 药学进展，2017，41 (11)：801-803.

[16] 董安迪，纪奉奇，张春鹏，等. 口服纳米药物递送系统体外吸收模型的发展与内吞机制分析 [J]. 沈阳药科大学学报，2022，39 (7)：863-869.

[17] Kanazawa Y, Fujita I, Kakinuma D, et al. Initial Experience with Nab-Paclitaxel for Patients with Advanced Gastric Cancer: Safety and Efficacy [J]. Anticancer Res, 2017, 37 (5): 2715-2720.

[18] 孙瑞，邱娜莎，申有青. 高分子抗肿瘤纳米药物的挑战与发展 [J]. 高分子学报，2019，50 (6)：588-601.

[19] Liu X, Zhu X, Qi X, et al. Co-administration of iRGD with sorafenib-loaded iron-based

metal-organic framework as a targeted ferroptosis agent for liver cancer therapy [J]. Int J Nanomed, 2021, 16: 1037–1050.

[20] Jain R K, Stylianopoulos T. Delivering nanomedicine to solid tumors [J]. Nat Rev Clin Oncol, 2010, 7 (3): 653 - 664.

[21] 刘君，许银银，李萌，等. 纳米药物的研究进展 [J]. 药学与临床研究，2020，28 (1): 51–55.

[22] 郑爱萍，石靖. 纳米晶体药物研究进展 [J]. 国际药学研究杂志，2012，39 (3): 177–183.

[23] 王若楠，袁鹏辉，杨德智，等. 纳米晶药物的应用及展望 [J]. 医药导报，2020，39 (8): 1100–1106.

[24] Goel S, Sachdeva M, Agarwal V. Nanosuspension Technology: Recent Patents on Drug Delivery and their Characterizations [J]. Recent Pat Drug Deliv Formul, 2019, 13 (2): 91–104.

[25] Jacob S, Nair AB, Shah J. Emerging role of nanosuspensions in drug delivery systems [J]. Biomater Res, 2020, 24: 3.

[26] Panikar S S, Banu N, Haramati J, et al. Nanobodies as efficient drug-carriers: Progress and trends in chemotherapy [J]. J Control Release, 2021, 334: 389–412.

[27] Liu M, Li L, Jin D, et al. Nanobody-A versatile tool for cancer diagnosis and therapeutics [J]. Wiley Interdiscip Rev Nanomed Nanobiotechnol, 2021, 13 (4): 1697.

[28] 李宏权. Sal B-PLC-NPs 防治口腔黏膜潜在恶性病变的研究 [D]. 上海：上海交通大学，2016.

[29] 李红斌，韩军军，刘俊霞，等. 脂质体最新研究进展 [J]. 黑龙江科学，2021，12 (14): 42–43.

[30] 胡晓静，苏峰，何广卫. 靶向递药系统长循环脂质体的研究进展 [J]. 安徽医药，2015，19 (10): 1837–1840.

[31] 林枭，崔韶晖，赵轶男，等. 阳离子脂质体的细胞毒性 [J]. 生命的化学，2016，36 (01): 50–56.

[32] 胡高勇，王书航，张宇. 脂质体在抗肿瘤研究中的发展 [J]. 中国药剂学杂志，2020，18 (1): 62–78.

[33] Yan M, Du J, Gu Z, et al. A novel intracellular protein delivery platform based on single-protein nanocapsules [J]. Nat Nanotechnol, 2010, 5 (1): 48–53.

[34] 梁静茹，权维燕，李思东，等. 纳米药物载体在医药领域应用的研究进展 [J]. 山东化工，2019，48 (19): 78–81.

[35] 陈智，李兆明，田景振. 微乳制剂处方选择研究概况 [J]. 食品与药品，2009，11 (4):

61–63.

[36] Singh Y, Meher J G, Raval K, et al. Nanoemulsion: Concepts, development and applications in drug delivery [J]. J Control Release, 2017, 252: 28–49.

[37] Dubey R. Controlled–release injectable microemulsions: recent advances and potential opportunities [J]. Expert Opin Drug Deliv, 2014, 11 (2): 159–173.

[38] 高谐，丁杨，周建平. 脂质纳米注射剂的研究与应用前景 [J]. 中国医药工业杂志，2019，50 (10): 1098–1112.

[39] Qureshi M A, Khatoon F. Different types of smart nanogel for targeted delivery [J]. J Sci: Adv Mater Devices, 2019, 4 (2): 201–212.

[40] Neamtu I, Rusu A G, Diaconu A, et al. Basic concepts and recent advances in nanogels as carriers for medical applications [J]. Drug Deliv, 2017, 24 (1): 539–557.

[41] Miura R, Sawada S I, Mukai S A, et al. Antigen Delivery to Antigen–Presenting Cells for Adaptive Immune Response by Self–Assembled Anionic Polysaccharide Nanogel Vaccines [J]. Biomacromolecules, 2020, 21 (2): 621–629.

[42] 杨雪华，李大伟，毛楷凡，等. 纳米凝胶的研究进展 [J]. 食品与药品，2022，24 (2): 183–187.

[43] Sahoo S K, Labhasetwar V. Nanotech approaches to drug delivery and imaging [J]. Drug Discov Today, 2003, 8 (24): 1112–1120.

[44] Torchilin V P. Structure and design of polymeric surfactant–based drug delivery systems [J]. J Control Release, 2001, 73 (2–3): 137–172.

[45] 何伟，洪怡. 载药纳米粒制备的研究进展 [J]. 中国医药导报，2016，13 (14): 33–36.

[46] Kakde D, Taresco V, Bansal K K, et al. Amphiphilic block copolymers from a renewable ε–decalactone monomer: prediction and characterization of micellar core effects on drug encapsulation and release [J]. J Mater Chem B, 2016, 4 (44): 7119–7129.

[47] Prashant K, Sanjeev B, Umesh G, et al. PAMAM dendrimers as promising nanocarriers for RNAi therapeutics [J]. Materials Today, 2015, 18 (10): 565–572.

[48] 郭娜，吕佳琦，李云，等. 聚合物胶束作为抗癌药物纳米递送载体的研究进展 [J]. 天津科技大学学报，2022，37 (4): 71–80.

[49] Hwang D, Ramsey J D, Kabanov A V. Polymeric micelles for the delivery of poorly soluble drugs: From nanoformulation to clinical approval [J]. Adv Drug Deliv Rev, 2020, 156: 80–118.

[50] Mignani S, El Kazzouli S, Bousmina M, et al. Expand classical drug administration ways by emerging routes using dendrimer drug delivery systems: a concise overview [J]. Adv Drug Deliv Rev, 2013, 65 (10): 1316–1330.

[51] Zhu J, Shi X. Dendrimer-based nanodevices for targeted drug delivery applications [J]. J Mater Chem B, 2013, 1 (34): 4199-4211.

[52] Yang J, Zhang Q, Chang H, et al. Surface-engineered dendrimers in gene delivery [J]. Chem Rev, 2015, 115 (11): 5274-5300.

[53] 周叶舒，王燕梅，张倍源，等. 无机纳米材料在药物递送中的研究进展 [J]. 中国药科大学学报，2020，51 (4): 394-405.

[54] Song B, Liu J, Feng X, et al. A review on potential neurotoxicity of titanium dioxide nanoparticles [J]. Nanoscale Res Lett, 2015, 10 (1): 1042.

[55] Hou L, Feng Q, Wang Y, et al. Multifunctional hyaluronic acid modified graphene oxide loaded with mitoxantrone for overcoming drug resistance in cancer [J]. Nanotechnology, 2016, 27 (1): 015701.

[56] Yang K, Wan J, Zhang S, et al. The influence of surface chemistry and size of nanoscale graphene oxide on photothermal therapy of cancer using ultra-low laser power [J]. Biomaterials, 2012, 33 (7): 2206-2214.

[57] Wang L, Shi J, Liu R, et al. Photodynamic effect of functionalized single-walled carbon nanotubes: a potential sensitizer for photodynamic therapy [J]. Nanoscale, 2014, 6 (9): 4642-4651.

第二章

纳米药物研发的技术及质量控制

第一节　纳米药物制备技术

第二节　纳米药物质量控制

第一节　纳米药物制备技术

纳米制剂技术的核心是药物的纳米化，其主要包括药物的直接纳米化和纳米载药系统。药物的直接纳米化包括纳米沉淀技术和超细粉碎技术直接制备药物纳米颗粒[1-2]。纳米载药系统则包括使用脂质体、聚合物、树枝状大分子以及纳米硅球等作为载体负载原料药[3-7]。

一、药物直接纳米化

药物直接纳米化是指通过一定的机械过程将原料药颗粒尺寸缩小至纳米尺度，常用方法包括介质研磨法、高压均质法和沉淀法，目前这些方法已经被应用于大部分已上市的纳米药物的制备[8-10]。

（一）介质研磨法

介质研磨法（media milling technique）是一类典型的研磨技术（图 2-1）[11]，它由 Elan Nanosystems 公司首先申请专利并用于纳米药物晶体制备[12]。介质研磨法是将研磨介质和含有稳定剂的药物粗混悬液一起置于封闭的研磨室中，利用球磨机的高速转动在药物、研磨介质和器壁之间产生相互碰撞和剪切力，从而逐渐减小固体颗粒粒径至纳米级别的过程。其中研磨介质通常是以玻璃、陶瓷、玛瑙或聚苯乙烯等材料制成的研磨珠。

该法制备的纳米药物尺寸与研磨介质的大小、用量、研磨时间、研磨速度以及药物浓度等因素密切相关。减小介质尺寸、增加研磨时间及提高研磨速度可以减小药物尺寸大小。研磨珠数量增多会提高药物粒子碰撞的概率，也会因表面电荷的存在使粒子聚集。通常低温可以提高药物的稳定性从而减少药物粒子之间的聚集，因此通过加入液氮等方式对研磨室进行降温，能使纳米晶的粒径更小且粒度分布更窄。

介质研磨法的优点是操作过程简单，工艺稳定，适合水和非水溶剂均不溶的药物，缺点是效率较低、分散质量批次间差异较大、存在研磨介质残留以及微生物风险等[13]。

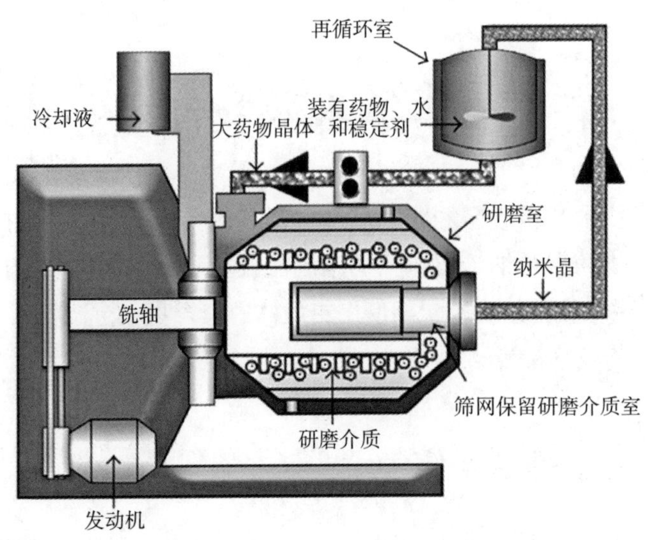

图 2-1 湿法介质研磨法示意图[11]

（二）高压均质法

高压均质技术（high pressure homogenization，HPH）[9] 也是一种典型的纳米药物合成策略（图 2-2），由 Muller 等人在 20 世纪 90 年代开发，它主要可分为微射流技术和活塞 - 狭缝均质技术[9, 14]。微射流技术主要是利用喷射气流在反应腔内对流形成湍流，产生空化效应及剪切效应来减小药物微粒的尺寸。而活塞 - 裂隙均质技术是将经微粉化预处理的难溶性药物制成混悬液粗品，然后用高压使粗品高速通过匀化阀狭缝，并循环数次来减小药物微粒尺寸。

高压均质法制备的纳米药物尺寸主要与流体在狭缝处的流速、匀质循环的次数、处理压力以及药物本身硬度等因素有关。处理压力越高，流体流速越大，循环次数越多以及药物本身硬度越小，都会导致所制备的纳米药物尺寸越小。

该方法的优点是能够制备出平均粒径较小，粒度分布窄的纳米药物，且产品的污染较少，适用于水和非水溶剂均难溶的药物。其缺点是需要微粉化处理并高速混合，工艺耗能高且需要操作经验。

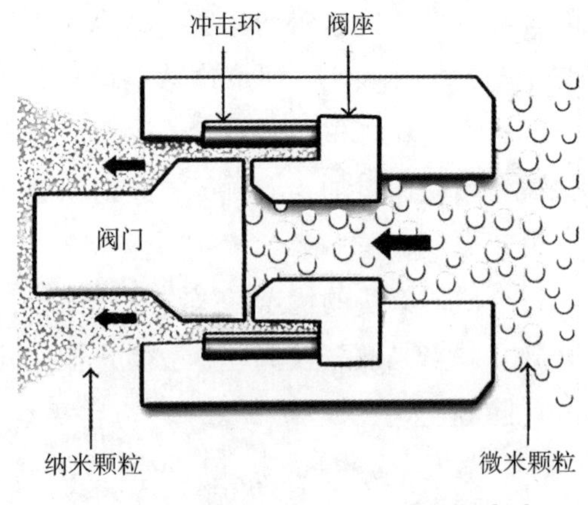

图 2-2 高压均质法设备示意图[11]

（三）沉淀法

纳米沉淀法（nanoprecipitation）[13]是将药物从良溶剂中沉积出来，即将含有药物的良溶剂加入到可混溶的不良溶剂中使药物过饱和析出，通过控制晶核形成和生长的速度来获得纳米尺寸的药物。

影响沉淀法的因素包括药物沉淀时间、药物浓度、反应温度、搅拌的速度和强度等。高浓度的药物溶液会导致其黏度升高，从而导致药物在水相中的过饱和度提高，增加颗粒聚合的机会，促进更多的晶核形成，使得最终的晶体粒径变小。另外较高的温度也会导致沉淀的纳米药物尺寸减小。

该方法的优点是操作简单、易于工业化大生产、能量消耗低并可避免高能量造成药物变性的问题。缺点为需用有机溶剂，易造成环境污染且残留的有机溶剂具有毒副作用。

表 2-1 总结了基于直接纳米化法的部分上市纳米药物信息。

表2-1　基于直接纳米化法的部分上市纳米药物信息[15]

商品名	药物	工艺	适应证	批准时间
Gris-PEG	灰黄霉素（Griseofulvin）	沉淀法	真菌感染	1975 年
Verelan PM	维拉帕米（Verapamil）	湿法介质研磨法	心律失常	1998 年
Celebrex	塞来昔布（Celecoxib）	湿法介质研磨法	由多种疾病引起的疼痛、关节炎	1998 年
Rapamune	西罗莫司（Sirolimus）	湿法介质研磨法	预防肾移植后的器官排斥、淋巴管平滑肌瘤病	2000 年
Focalin XR	盐酸右哌甲酯（Dexmethylphenidate hydrochloride）	湿法介质研磨法	精神病	2001 年
Avinza	硫酸吗啡（Morphine sulfate）	湿法介质研磨法	慢性疼痛	2002 年
Ritalin LA	盐酸哌甲酯（Methylphenidate hydrochloride）	湿法介质研磨法	精神病	2002 年
Zanaflex	盐酸替扎尼定（Tizanidine hydrochloride）	湿法介质研磨法	肌肉痉挛	2002 年
Herbesser	地尔硫䓬（Diltiazem）	湿法介质研磨法	心绞痛	2002 年
Emend	阿瑞匹坦（Aprepitant）	湿法介质研磨法	化疗引起的急性和延迟性恶心、呕吐	2003 年
Tricor	非诺贝特（Fenofibrate）	湿法介质研磨法	高胆固醇血症	2004 年
Cesamet	大麻隆（Nabilone）	沉淀法	止吐药	2005 年
Megace ES	醋酸甲地孕酮（Megestrol acetate）	湿法介质研磨法	患有 AIDS 的患者的厌食症、恶病质或无法解释的重大体重减轻	2005 年

续表

商品名	药物	工艺	适应证	批准时间
Triglide	非诺贝特（Fenofibrate）	湿法介质研磨法	高胆固醇血症	2005 年
Naprelan	萘普生钠（Naproxen sodium）	湿法介质研磨法	由关节炎、强直性脊柱炎、肌腱炎、滑囊炎，痛风或月经来潮等疾病引起的疼痛或炎症	2006 年
Theodur	茶碱（Theophylline）	湿法介质研磨法	哮喘、支气管炎、肺气肿和其他肺部疾病	2008 年
Invega Sustenna	棕榈酸帕利哌酮（Paliperidone palmitate）	高压均质法	精神病	2009 年
Invega Trinza	棕榈酸帕利哌酮（Paliperidone palmitate）	高压均质法	精神病	2015 年
Aristada	阿立哌唑十二烷酸酯（Aripiprazole lauroxil）	高压均质法	精神分裂症	2015 年
Anjeso	美洛昔康（Meloxicam）	湿法介质研磨法	术后疼痛	2020 年
Cabenuva	卡替拉韦和利匹韦林（Cabotegravir and rilpivirine）	湿法介质研磨法	艾滋病	2021 年

二、纳米载药系统

载体类药物是以天然或合成的聚合物、脂质材料、蛋白类分子、无机材料等作为药物载体，基于特定的工艺将原料药包载、分散、结合于载体。纳米载体携带药物可以促进吸收、提高药物稳定性和靶向性，已经被广泛应用于难溶药物、基因药物、需要突破血脑屏障的药物以及其他药物的递送，在不同药物的共递送以及联合治疗中具有广泛的应用前景。

（一）脂质体

脂质体是由一个或几个磷脂双分子层围绕着中心水核组成的球形囊泡，其可以封装亲水和疏水活性物。作为药物载体，脂质体具有长循环、易于修饰、生物相容性和生物降解性好的特点，可通过被动或主动靶向，有选择性地将其包覆的活性成分递送至病变部位，从而减少全身副作用，改善治疗效果（图 2–3）[16]。目前，已上市的脂质体纳米药物常用的制备工艺主要有薄膜水化法、乙醇注入法和复乳法等[17]。

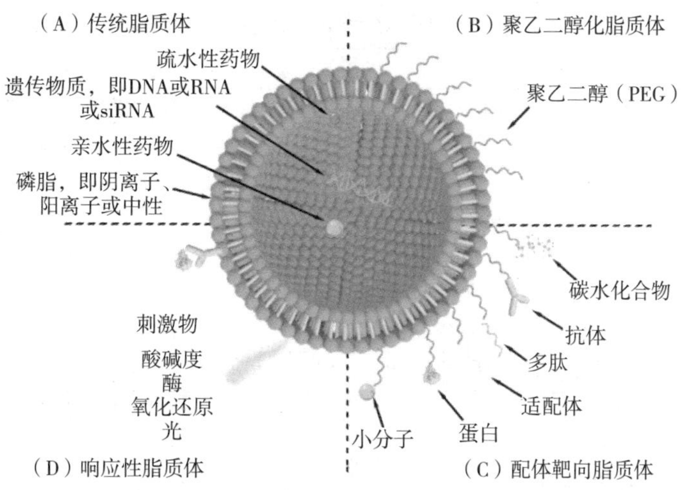

图 2-3　功能化脂质体的负载递送策略

1. 薄膜水化法

薄膜水化法是制备脂质体最常用的方法，其可用于包载脂溶性药物。制备过程如下：将包括磷脂和胆固醇等在内的能够形成脂质体的发膜材料溶解到有机溶剂中，形成脂质溶液，将其在真空下旋转蒸发除去有机溶剂，形成脂质膜薄片。再将脂质薄膜溶解在含有被包封的亲水性药物的水溶液进行充分振荡水化，从而形成脂质体。这种方法制备简单，对水溶性药物比较友好，能够获得较高的包封率，但是在制备过程中需要使用潜在的有毒溶剂，耗时长，难以扩大规模。

2. 乙醇注入法

乙醇注入法是将膜材料（包括脂质和两亲性分子）和药物溶解在乙醇中得到脂质溶液，然后使用注射器将该脂质溶液缓慢注入到已加热至 50℃的磷酸缓冲液中，不断搅拌以除掉乙醇，从而得到脂质体。这种方法制备简单，条件温和，使得敏感药物成分不容易变性，但存在有机溶剂难以去除以及脂质在乙醇中溶解度不高导致脂质体含量较低等问题。

3. 复乳法

复乳法通常包括三个步骤：首先将脂质溶于有机溶剂中形成脂质溶液，使少量水溶液与脂质溶液进行乳化得到油包水乳液；之后将该乳液与大量水溶液混合得到水包油包水复乳；最后通过真空旋蒸去除有机溶剂从而形成脂质体。复乳法存在工艺复杂、工艺参数有效窗窄的缺点，但其制备得到的脂质体一般为多囊泡结构，能够发挥缓释作用，并且包封率较高，目前上市的多囊脂质体即用该方法制备。

表 2-2 总结了已上市的部分脂质体药物产品。

表2-2　已上市的部分脂质体药物产品

商品名	药物中文名	工艺	适应证	批准时间
AmBisome	两性霉素 B 脂质体	薄膜水化法	真菌感染	1997 年
Visudyne	注射用维替泊芬脂质体	薄膜水化法	具有脉络膜新生血管湿型黄斑变性	2000 年
Shingrix	欣安立适	薄膜水化法	治疗带状疱疹和疱疹后神经痛	2018 年
DepoCyt	阿糖胞苷脂质体混悬液	复乳法	淋巴瘤的脑膜炎	1999 年
DepoDur	硫酸吗啡缓释脂质体注射液	复乳法	术后疼痛	2004 年
Exparel	布比卡因脂质体注射用混悬液	复乳法	术后疼痛	2011 年
Arikayce	阿米卡星脂质体吸入混悬液	乙醇注入法	肺部疾病	2018 年

（二）聚合物微球

聚合物微球（以下简称微球）是指由一种或多种混合溶解的聚合物的连续相组成的微米大小的球体。作为一种药物载体，微球具有以下优点：可以减缓药物的代谢从而提高其生物利用度；可以被动或主动靶向靶器官；生物相容性良好，无生物毒性，在体内可降解为无毒产物；可以减少注射次数从而提高患者的依从性[18]。

微球的制备方法有很多，根据不同药物的不同理化性质可以选择适合的制备方法。目前已上市的微球药物所运用的方法主要包括乳化挥发法、相分离法、喷雾干燥法和热熔挤出法等[19-21]。

1. 乳化挥发法

乳化挥发法是制备微球药物最常用的方法，其可分为水包油乳化法和水包油包水复乳法。

（1）水包油乳化法是指将疏水性药物溶解于有机溶剂中成为油相，之后将油相加入到含有乳化剂的水相中乳化，此时，水相可以从油相中提取有机溶剂并伴随着有机溶剂的挥发，从而将油相中的液滴转化为固体颗粒以形成微球。由于在溶剂挥发过程中药物能够扩散进入水相导致其对水溶性药物的包封率较低，因此，该方法不适用于水溶性药物的制备而适用于制备疏水性药物。

（2）水包油包水复乳法适用于水溶性药物的制备，其是指将含有脂溶性辅料的油相加入到药物水相进行乳化得到水包油乳液，之后在搅拌条件下将水包油乳液转移至含有乳化剂的水相中，以获得水包油包水乳液，除去有机溶剂后，复乳固化即可得到微球。

总的来说，乳化挥发法具有易制备，粒径可控的优点，但其工艺较为复杂，存在高成本、有机溶剂残留和包封率低等问题。

2. 相分离法

相分离法的实质是萃取技术。即在搅拌过程中，将有机介质加入到聚合物－药物－溶剂体系中，以此降低聚合物的溶解度，从而引起液相分离，形成药物液滴。之后通过过滤、冷冻干燥等方法即可得到微球。该方法用于制备水溶性药物，且具有低成本和可批量制备的优点。但其制备出来的微球易发生团聚，存在有机溶剂残留量高且无菌程度难以保证的缺点。

3. 喷雾干燥法

喷雾干燥法是指将药物溶解并加入到可降解生物材料的溶液中，并将其喷入热气流中，使药物溶液在热空气中干燥固化形成微球的一种方法。该方法具有低成本、操作简单、药物包封率高等优点，因此适用于多种药物的制备。然而，由于在干燥的过程中会有大量未彻底干燥的药物残留在干燥器内部，这导致了药物的损失，从而降低微球的产率。

4. 热熔挤出法

热熔挤出法是指将药物和聚合物在一个特定的温度下进行加热混合，之后经过进一步的冷却、粉碎等操作制备形成微球的方法。该方法不需要使用有机溶剂，具有较高的安全性和药物包封率以及可连续制备的优点，是丸剂和颗粒等药物制剂常用的制备方法。此外，由于在制备过程中所需温度较高，因此该方法不适用于制备类似多肽蛋白等对温度敏感的药物。

表 2-3 总结了已上市的部分微球药品。

表2-3　已上市的部分微球药品

商品名	药物中文名	工艺	适应证	上市时间
Lurpon/Enantone	醋酸亮丙瑞林	乳化挥发法	前列腺癌、乳腺癌	1997 年
Rykindo	利培酮	乳化挥发法	精神分裂症	2000 年
Sandotatin	醋酸奥曲肽	相分离法	肢端肥大、子宫内膜异位症、神经内分泌肿瘤	2018 年
Zilretta	曲安奈德	喷雾干燥法	骨关节炎相关膝盖疼痛	1999 年
Decapetyl	双羟萘酸曲普瑞林	热熔挤出法	前列腺癌、子宫内膜异位症、子宫肌瘤	2004 年

（三）树枝状大分子

树枝状大分子即具有树枝状结构的三维的超支化单分散大分子，是由低聚物通过枝化单元重复、线性连接而成，主要成分为内核、聚合物主链和树枝单元的侧链（图 2-4）[22-24]。可以通过控制树枝单元的代数、结构、聚合物主链之间的距离来调节树枝单元的空间位阻，从而调控树枝状大分子的分子量以及尺寸大小[25-28]。由于树枝状大分子具有广阔的内部空腔结构，密集的表面活性官能团，理化性质精准可控等特性，目前已经发展成为新型的药物递送技术，广泛应用于生物医药行业[29]。

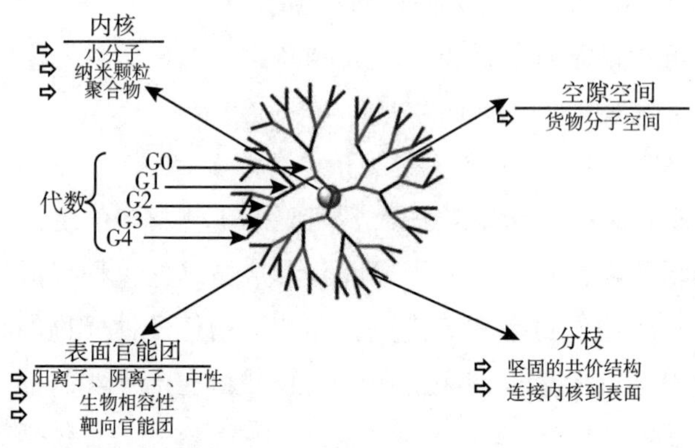

图 2-4　树枝状大分子结构[24]

目前，科学家们已经累积合成了聚酰胺-胺（polyamidoamine，PAMAM）、聚丙烯亚胺［poly（propylene imine），PPI］、聚乙烯亚胺（polyethylenimine，PEI）、聚赖氨酸（poly-L-lysine，PLL）等 200 多种树枝状大分子。目前树枝状大分子已发展出了多种制备方法（图 2-5）[30]。

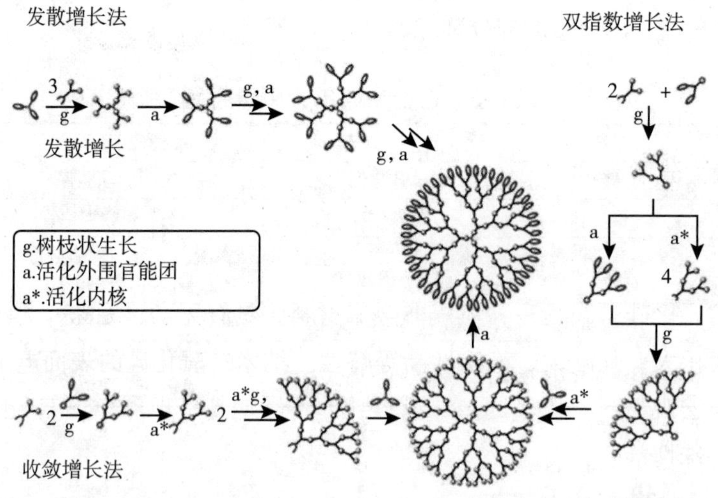

图 2-5　发散法及收敛法合成树枝状大分子示意图[30]

1. 发散增长法

该方法早在 1985 年就被提出并合成了第一个 PAMAM 树枝状大分子，也是目前应用最广泛的方法。在发散法中，树枝状分子的增长是由内而外从核心开始发展，核的官能团与单体连接后，即得第一代树枝状分子（G1），接下来激活与核连接单体的非活性基团，使其与单体继续连接从而使得树枝状分子得到不断增长[31]。

2. 收敛增长法

与发散增长法相反，收敛增长法中树枝状大分子的生长是从外向内，其反应从结构外部（单体）开始合成持续到内部（核）。1990 年 Fréchet 和 Hawker 所报道的 G4 产物就是以 1，3- 二羟基苯甲醇为单体，以 1，1，1- 三异丙基乙磺酰（4'- 羟苯基）乙烷为核，通过收敛增长法合成[28]。

3. 双指数增长法

该方法类似于收敛增长法，都是从枝化单体开始往内核合成。1995 年 Kawaguchi 等人提出了双指数增长法，该方法是通过分别激活 XY_2 上的两种官能团（X 和 Y）从而得到两种类型的枝化单体，随后这两种枝化单体通过不断地重复耦合，最终耦合到一个多功能核上，形成树枝状大分子。合成超分子或者不对称的树枝状大分子时常使用这种方法[32]。双指数增长法中官能团被严格保护，因此可以实现精准耦合，且具有反应条件温和、高产物纯度以及高收率等优点。

4. 双级收敛法

又称超核法，是由经典的收敛增长法发展而来的。该方法与双指数增长法类似，通过保护或者活化起始材料上的官能团，最后聚合在一个超核上从而形成树枝状大分子。该方法合成的树枝状大分子中的树枝化单体既可以是同一种类型，也可以是不同类型。

双级收敛法可以减少合成过程中的空间位阻，通常用于合成代数较高的单分散的树枝状大分子。

（四）纳米二氧化硅

纳米二氧化硅颗粒是一种无机非金属材料，具有无毒、无味、无污染、尺寸小、比表面积大、强度大、稳定性高等特性。纳米二氧化硅的表面电子分布和分子排列都与宏观材料有所不同，纳米颗粒的特性使其呈现出光、声、热、电、磁等一系列特殊性能。除此之外，二氧化硅纳米颗粒还具有良好的生物相容性及低毒性等优势，因此广泛应用于生物医学领域，如药物的可控释放、生物传感、基因载体等方面（图 2-6）[33-34]。

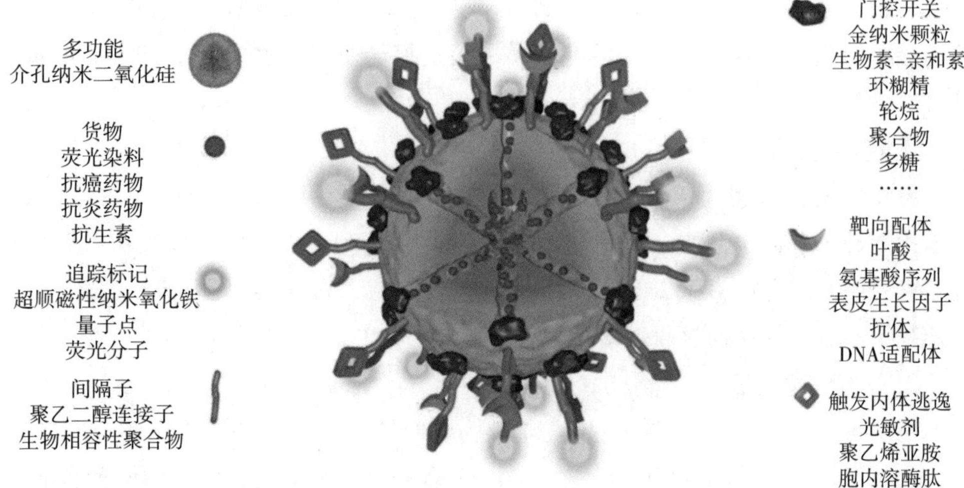

图 2-6 功能化纳米二氧化硅用于负载递送[34]

目前纳米二氧化硅的制备方法分为物理方法和化学方法。

1. 物理法

机械粉碎法是制备纳米二氧化硅的一种常用物理方法，其原理是利用超细粉碎机，使大的二氧化硅颗粒在冲击、剪切、摩擦等作用力下被粉碎成超细的颗粒，然后通过高效分级分离出不同粒径的颗粒。物理方法具有工艺简单、易于控制、生产量大等优势，应用较广泛；但其对原料要求较高，并且由于存在固有缺陷，纳米颗粒的表面能会随粒径的减小而增大从而导致团聚，这严重影响了纳米颗粒粒径的进一步缩小，也限制了物理法的进一步应用。

针对这一缺陷，目前已开发出了联合制备方法进行改进：如超声和搅拌粉碎联用法，利用研磨介质互相碰撞产生的挤压、剪切力和超声空化作用产生的高能冲击波和微射流，使一定浓度的原料在粉碎筒中被同步粉碎与分散。

2. 化学法

与物理法相比较。化学法具有无可替代的优势，产物纯净度更高，并且制得的纳米二氧化硅粒径分布均匀。其中常见的化学制备方法如下。

（1）溶液凝胶法　作为 20 世纪 60 年代就发展起来的一种化学制备方法，被广泛用于纳米硅的制备。主要过程是首先将硅酸酯和无水乙醇按比例混合均匀，随后加入去离子水并调节溶液的 pH 值，再根据需要加入合适的表面活性剂，搅拌陈化得凝胶，最后干燥制得纳米二氧化硅成品。Luo 等人以正硅酸乙酯为前驱体，采用溶胶凝胶法制备 SiO_2 纳米粒子，并在其表面上引入有机官能团，从而制得具有某种特性的纳米硅颗粒[35]。

（2）水解沉淀法　是基于溶液凝胶法发展而来的，其最主要的区别是通过酸或碱调节溶液的 pH 值使其发生水解后直接沉淀。例如在醇溶液中，使用氨催化水解正硅酸甲酯制备纳米二氧化硅，并对其改性制得疏水纳米二氧化硅。用此法制备的纳米二氧化硅颗粒粒径小、分布均匀、比表面积大，更有利于进一步的应用。

（3）气相法　也称激光激活化学气相沉积法，该方法能够有效制备出晶态和非晶态纳米粒子，所得的材料粒度分布均匀、无黏结、产量高，并且该方法能实现可连续生产，应用很广泛。气相法制备的材料虽然很有优势，但是制备过程中原料昂贵，设备要求高，生产流程长，能耗大。

（4）微乳液法　是由油、水、乳化剂与表面活性剂 4 个组分以一定的比例混合自发形成的溶液体系，具有粒子尺寸均一细小、稳定性高的特性，其微异相本质还可用来在分子水平上控制粒子的合成，以得到粒度均匀的纳米粒子，该方法已成功用于合成各种纳米材料，包括金属纳米粒子、金属卤化物、氧化物、碳酸盐等纳米粒子及有机聚合物纳米粒子材料。

例如 Triton X-100、正辛醇、环己烷和水（或氨水）混合均匀制成微乳液，然后加入正硅酸乙酯，经水解反应制备得到二氧化硅纳米颗粒。

利用微乳液法制备纳米粒子具有很大的优势：粒径调控方便，粒子分散性好等，因此微乳法在制备超细微粒方面应用前景很广阔。但微乳液法成本较高，制备过程中的有机物最后难以去除，易对环境造成污染。

（5）超重力法　制备过程是在超重力反应器中放入过滤后的水玻璃溶液，待升温至反应温度后加入絮凝剂和表面活性剂，并通过旋转填充床和液料循环泵进行不断搅拌和循环回流；温度稳定后向超重力反应器中通入二氧化碳气体，并实时监测反应体系 pH 值，稳定后停止进气。然后加酸保温陈化，最后经洗涤、抽滤、干燥、研磨、过筛等操作步骤，制得二氧化硅粉末。用超重力法制备的纳米二氧化硅粒子大小均匀，平均粒径小于 30 nm，并且反应时间大大缩短。

3. 纳米二氧化硅的药物装载策略

纳米二氧化硅的药物装载策略大致可分为三种：通过静电作用、物理吸附等将药物装载在纳米二氧化硅的孔道内部；通过共价键结合将药物连接在纳米二氧化硅表面；在纳米二氧化硅合成过程中将药物掺入，使其生长于纳米二氧化硅骨架中。

（五）白蛋白纳米粒

白蛋白纳米粒是将药物包载于白蛋白纳米粒递送系统中，药物可以通过共价结合在白蛋白的空间结构内，也可以通过物理吸附附着于递送系统的表面，或直接将药物掺入纳米粒的基质中。这一递送系统最大的优势是可以显著提高药物负载量[36，37]。

因为药物包载于内部，结合位点的多少不会对载药量造成显著影响，二硫键的打开与闭合才是载药量的关键因素。该递送系统的制备难点是粒径控制，特别是如果利用过滤除菌来控制产品无菌度，那么刚性白蛋白纳米粒的尺寸是影响收率的最关键参数。目前白蛋白纳米粒的制备方法主要有去溶剂法、乳化法、自组装法、凝胶法、喷雾法和Nab™ 技术，在此仅对应用较为广泛的乳化法和Nab™ 技术进行介绍[38-43]。

1. 乳化法

乳化法制备白蛋白纳米粒是将白蛋白水溶液和药物水溶液加到含有适量乳化剂的油相或者有机溶剂中，以搅拌、超声或者高压均质等方式使其乳化，形成油包水乳剂，再通过化学交联或者加热变形的方式使乳滴固化，最后除去有机溶剂，收集白蛋白纳米粒[44]。

另一种制备方法是水包油包水乳化法，此法先制备油包水的初乳，在表面活性剂保护乳滴稳定的情况下将初乳分散到第二水相中，形成水包油包水的复乳。除去有机溶剂，白蛋白纳米粒在水溶液中逐渐形成[45]。

由于乳滴的不稳定特性，必须借助表面活性剂或者稳定剂来维持乳滴的稳定。表面活性剂和纳米粒粒径会影响药物在生理环境中的释放行为，而白蛋白的浓度、油水相比例与纳米粒粒径密切相关[39，44]。

2.Nab™ 技术

一种以白蛋白为载体包载疏水性药物的结合型纳米粒制备技术，以此成功研发的紫杉醇白蛋白纳米粒（Abraxane®）已被美国 FDA 批准上市[46]。

Nab™ 技术的具体过程是将疏水药物溶解于有机溶剂中，注入到白蛋白水溶液中，油水相混合经搅拌或者剪切制备成粗乳滴，再经高压均质技术（超声、高压均质、微射流等）控制粒径，最终除去有机溶剂（蒸发、洗滤、冻干）即可得到白蛋白纳米粒[43，47]。

均质是该技术的核心步骤，其基本原理是利用均质时的气穴空化作用，使白蛋白的游离巯基交联形成二硫键，在白蛋白彼此交联的过程中，将药物包裹在纳米粒内部，目前该方法主要用于制备蛋白结合率较高的疏水性药物。

参考文献

[1] U.S. Department of Health and Human Services. Drug Products，Including Biological Products，that Contain Nanomaterials：Guidance for Industry [EB/OL].（2022-04-20）[2024-07-29].

https://www.fda.gov/media/157812/download

[2] 国家药品监督管理局药品审评中心．纳米药物质量控制研究技术指导原则（试行）[EB/OL]．(2022-08-27)[2024-07-29].https://www.cde.org.cn/main/news/viewInfoCommon/95945bb17a7dcde7b68638525ed38f66

[3] BOBO D, ROBINSON K J, ISLAM J, et al. Nanoparticle-Based Medicines: A Review of FDA-Approved Materials and Clinical Trials to Date[J]. Pharmaceutical Research, 2016, 33: 2373-2387.

[4] TYNER K M, ZOU P, YANG X, et al. Product quality for nanomaterials: current U.S. experience and perspective[J]. Wiley Interdisciplinary Reviews: Nanomedicine and Nanobiotechnology, 2015, 7(5): 640-654.

[5] DORDEVIC S, GONZALEZ M M, CONEJOS-SANCHEZ I, et al. Current hurdles to the translation of nanomedicines from bench to the clinic[J]. Drug Delivery and Translational Research, 2022, 12: 500-525.

[6] 韦超，侯飞燕．药剂学[M]．郑州：河南科学技术出版社，2012.

[7] 孟胜男，胡容峰．药剂学[M]．北京：中国医药科技出版社，2016.

[8] CHEN M L, JOHN M, LEE S L, et al. Development Considerations for Nanocrystal Drug Products[J]. The AAPS Journal, 2017, 19: 642-651.

[9] HALWANI A A. Development of Pharmaceutical Nanomedicines: From the Bench to the Market[J]. Pharmaceutics, 2022, 14(1): 106.

[10] 周四元，韩丽．药剂学[M]．北京：科学出版社，2017.

[11] SUTRADHAR K B, KHATUN S, LUNA I P. Increasing Possibilities of Nanosuspension[J]. Journal of Nanotechnology, 2013, 2013: 1-12.

[12] JUNGHANNS J-U A, MüLLER R H. Nanocrystal technology, drug delivery and clinical applications[J]. International Journal of Nanomedicine, 2008, 3(3): 295-310.

[13] 岳鹏飞，刘阳，谢锦，等．药物纳米晶体制备技术30年发展回顾与展望[J]．药学学报，2018，53(4):529-537.

[14] YADAV K S, KALE K. High pressure homogenizer in pharmaceuticals: understanding its critical processing parameters and applications[J]. Journal of Pharmaceutical Innovation, 2020, 15: 690-701.

[15] VENTOLA C L. Progress in Nanomedicine: Approved and Investigational Nanodrugs[J]. Pharmacy and Therapeutics, 2017, 42(12): 742-755.

[16] WANG H, HUANG Y. Combination therapy based on nano codelivery for overcoming cancer drug resistance[J]. Medicine in Drug Discovery, 2020, 6: 100024.

[17] 孙维彤. 抗肿瘤药物脂质体研究[M]. 北京：化学工业出版社，2015.

[18] OUWMAN-BOER Y，FENTON-MAY V，LE BRUN P. Practical Pharmaceutics：An International Guideline for the Preparation，Care and Use of Medicinal Products[M]. Switzerland：Springer international publishing，2015.

[19] PRAJAPATI V D，JANI G K，KAPADIA J R. Current knowledge on biodegradable microspheres in drug delivery[J]. Expert Opinion on Drug Delivery，2015，12（8）：1283–1299.

[20] ZHONG H，CHAN G，HU Y，et al. A comprehensive map of FDA–approved pharmaceutical products[J]. Pharmaceutics，2018，10（4）：263.

[21] 何勤，张志荣. 药剂学[M]. 北京：高等教育出版社，2021.

[22] GILLANI S S，MUNAWAR M A，KHAN K M，et al. Synthesis，characterization and applications of poly–aliphatic amine dendrimers and dendrons[J]. Journal of the Iranian Chemical Society，2020，17（11）：2717–2736.

[23] SANTOS A，VEIGA F，FIGUEIRAS A. Dendrimers as Pharmaceutical Excipients：Synthesis，Properties，Toxicity and Biomedical Applications[J]. Materials，2020，13（1）：65.

[24] CHOUDHARY S，GUPTA L，RANI S，et al. Impact of dendrimers on solubility of hydrophobic drug molecules[J]. Frontiers in Pharmacology，2017，8：261.

[25] NIKI Y，OGAWA M，MAKIURA R，et al. Optimization of dendrimer structure for sentinel lymph node imaging：Effects of generation and terminal group[J]. Nanomedicine：Nanotechnology，Biology and Medicine，2015，11（8）：2119–2127.

[26] MARKOWICZ–PIASECKA M，SADKOWSKA A，PODSIEDLIK M，et al. Generation 2（G2）– Generation 4（G4）PAMAM dendrimers disrupt key plasma coagulation parameters[J]. Toxicology in Vitro，2019，59：87–99.

[27] TOMALIA D A. Birth of a new macromolecular architecture：dendrimers as quantized building blocks for nanoscale synthetic polymer chemistry[J]. Progress in Polymer Science，2005，30（3–4）：294–324.

[28] HAWKER C J，FRECHET J M. Preparation of polymers with controlled molecular architecture. A new convergent approach to dendritic macromolecules[J]. Journal of the American Chemical Society，1990，112（21）：7638–7647.

[29] PALAN F，CHATTERJEE B. Dendrimers in the context of targeting central nervous system disorders[J]. Journal of Drug Delivery Science and Technology，2022，73：103474.

[30] KUMAR I，DHIMAN S，PALIA P，et al. Dendrimers：potential drug carrier for novel drug delivery system[J]. Asian Journal of Pharmaceutical Research and Development，2021，9（2）：70–79.

[31] TOMALIA D A, BAKER H, DEWALD J, et al. Dendritic macromolecules: synthesis of starburst dendrimers[J]. Macromolecules, 1986, 19 (9): 2466-2468.

[32] KAWAGUCHI T, WALKER K L, WILKINS C L, et al. Double exponential dendrimer growth[J]. Journal of the American Chemical Society, 1995, 117 (8): 2159-2165.

[33] TANG F, LI L, CHEN D. Mesoporous silica nanoparticles: synthesis, biocompatibility and drug delivery[J]. Advanced Materials, 2012, 24 (12): 1504-1534.

[34] ARGYO C, WEISS V, BRäUCHLE C, et al. Multifunctional Mesoporous Silica Nanoparticles as a Universal Platform for Drug Delivery[J]. Chemistry of Materials, 2014, 26 (1): 435-451.

[35] LUO J H, LI Y Y, WANG P M, et al. A facial route for preparation of hydrophobic nano-silica modified by silane coupling agents [J]. Key Engineering Materials, 2017, 727: 353-358.

[36] HONG S, CHOI D W, KIM H N, et al. Protein-based nanoparticles as drug delivery systems[J]. Pharmaceutics, 2020, 12 (7): 604.

[37] SINKO P J. Martin's physical pharmacy and pharmaceutical sciences [M]. America:Lippincott Williams & Wilkins, 2023.

[38] WEBER C, COESTER C, KREUTER J, et al. Desolvation process and surface characterisation of protein nanoparticles[J]. International Journal of Pharmaceutics, 2000, 194 (1): 91-102.

[39] YANG L, CUI F, CUN D, et al. Preparation, characterization and biodistribution of the lactone form of 10-hydroxycamptothecin (HCPT)-loaded bovine serum albumin (BSA) nanoparticles[J]. International Journal of Pharmaceutics, 2007, 340 (1-2): 163-172.

[40] GONG J, HUO M, ZHOU J, et al. Synthesis, characterization, drug-loading capacity and safety of novel octyl modified serum albumin micelles[J]. International Journal of Pharmaceutics, 2009, 376 (1-2): 161-168.

[41] RHAESE S, VON BRIESEN H, RüBSAMEN-WAIGMANN H, et al. Human serum albumin-polyethylenimine nanoparticles for gene delivery[J]. Journal of Controlled Release, 2003, 92 (1-2): 199-208.

[42] LEE S H, HENG D, NG W K, et al. Nano spray drying: a novel method for preparing protein nanoparticles for protein therapy[J]. International Journal of Pharmaceutics, 2011, 403 (1-2): 192-200.

[43] MIELE E, SPINELLI G P, MIELE E, et al. Albumin-bound formulation of paclitaxel (Abraxane® ABI-007) in the treatment of breast cancer[J]. International Journal of Nanomedicine, 2009, 4: 99-105.

[44] PERRIER-CORNET J, MARIE P, GERVAIS P. Comparison of emulsification efficiency of protein-stabilized oil-in-water emulsions using jet, high pressure and colloid mill homogenization

[J]. Journal of Food Engineering, 2005, 66 (2): 211-217.

[45] WANG G, ULUDAG H. Recent developments in nanoparticle-based drug delivery and targeting systems with emphasis on protein-based nanoparticles [J]. Expert Opinion on Drug Delivery, 2008, 5 (5): 499-515.

[46] GREEN M, MANIKHAS G, ORLOV S, et al. Abraxane®, a novel Cremophor®-free, albumin-bound particle form of paclitaxel for the treatment of advanced non-small-cell lung cancer [J]. Annals of Oncology, 2006, 17 (8): 1263-1268.

[47] YARDLEY D A. nab-Paclitaxel mechanisms of action and delivery [J]. Journal of Controlled Release, 2013, 170 (3): 365-372.

第二节 纳米药物质量控制

一、纳米药物质量研究概述

安全、有效、质量可控是药物研发和评价所遵循的基本原则。纳米药物特殊的纳米尺寸、纳米结构和表面性质等因素均可能影响药物在体内外行为的显著变化，通过控制相关因素，可以实现较好的临床治疗效果[1]。与此同时，纳米尺度效应带来的安全风险可能也会相应增加。因此，对纳米药物质量的深入研究和有效控制，对保障纳米药物的有效性和安全性非常重要。对纳米药物的关键质量属性进行重点研究和充分表征，不仅有利于纳米药物制备工艺参数的优化和关键质量属性的确定，为全面质量控制和药品质量标准的建立提供依据，也有利于探究纳米药物的生物学特性和作用机制等，提高纳米药物体内行为的可预测性，为非临床和临床研究提供参考[2]。

鉴于纳米药物的组成、结构、理化性质、制备工艺、临床配制和使用方法等与传统药物存在一定差异，纳米药物的质量控制研究在遵循一般性的相关技术指导原则的基础上，需要重新设计、优化和验证纳米药物适用的分析和表征方法，对纳米药物相关的质量属性进行研究。随着纳米药物科学研究与技术的进展和经验积累，相关内容也需要不断完善和适时更新。

二、纳米药物制备人员、设施、设备要求

为确保纳米药物制备工艺的稳定性和可靠性，应对参与纳米药物制备过程的相关人员进行理论知识和实践操作等环节的严格培训，持证上岗。针对关键生产

环节制定岗位责任制，及时发现并解决制备过程中的问题，保证纳米药物的顺利高效生产。同时掌握生产各环节涉及到的设施、设备的型号和厂家等相关信息，并制定合理的过程控制策略，如关键生产设备的参数，核心设备厂商的反馈对接等。纳米药物的制备是一个动态生产过程，应随着生产工艺的优化进行相应的人员、设施和设备调整，以保证生产的连续性和最终产品的可靠性。

三、纳米药物质量评价指标及质量评价方法

为了对纳米药物进行全面的质量控制，必须建立相应的质量控制方法和标准，从全方面多维度对纳米药物制备过程的相关指标及质量参数进行严格规范。鉴于纳米药物的多样性，除了对纳米药物的粒度、稳定性、原辅料质量、结构及形态、包封率和载药量、体外溶出或释放等关键指标进行控制外，也可建立具有针对性的评价方法进行质量把控。

（一）纳米药物的粒度控制

纳米药物的粒径大小不仅影响活性成分的载药量和释放行为，也决定着纳米药物的相关递送机制，同时也与药代动力学、生物分布和清除途径等密切相关[3]。另外，纳米药物的粒径分布还涉及到纳米药物质量稳定和变化程度。因此，纳米药物的粒径大小和分布对其质量和药效作用具有重要影响，是纳米药物重要的质量控制指标之一[4]。准确的粒径及分布的控制对于保证纳米药物的质量稳定性是必需的。对纳米药物的粒径及分布的控制标准，可根据纳米药物的类型、给药途径和临床需求等因素综合选择制定。

纳米药物的粒径及分布测定应选择适当的方法和技术，并进行完整的方法学验证及优化。粒径及分布通常采用动态光散射法（dynamic light scattering，DLS）进行测定，需要使用有证标准物质（certified reference material，CRM）进行校验，测定结果为流体动力学粒径（Rh），粒径分布一般采用多分散系数（polydispersity index，PDI）表示[5]。除此之外，显微成像技术如透射电子显微镜（transmission electron microscope，TEM）、扫描电子显微镜（scanning electron microscope，SEM）和原子力显微镜（atomic force microscope，AFM）、纳米颗粒跟踪分析系统（nanoparticle tracking analysis，NTA）、小角 X 射线散射（small-angle X-ray scattering，SAXS）和小角中子散射（small-angle neutron scattering，SANS）等表征方法也可提供纳米药物粒径等信息[6, 7]。对于非单分散供试品，可考虑将粒径测定技术与其他分散或分离技术联用进行表征。

（二）纳米药物的稳定性控制

纳米药物稳定性的影响因素包括：聚合物或纳米颗粒的降解、纳米颗粒的聚集、药物的降解、载体内药物的泄漏、表面修饰分子或包衣材料的降解等[8]。建立适当的方法来准确评估纳米药物的稳定性非常重要，通过简单的粒径和表面电荷测定有时难以全面评估纳米粒的稳定性，需要结合纳米药物自身特点，建立符合要求的评价方法或指标。

稳定性试验应关注但不限于以下指标及其变化：粒径及分布、粒子形状和电荷；药物或纳米颗粒的分散状态；纳米颗粒的再分散性；药物的体外溶出、释放或泄漏；纳米颗粒的降解（包括表面配体的清除或交换）；纳米颗粒与包材的相容性；配制和使用中与稀释液、注射器、输液袋等的相容性。具体指标的评价方法可以参考相应章节的方法介绍。纳米药物稳定性的研究包括储存期间、配制阶段和临床使用中的稳定性以及影响因素考察。

（三）纳米药物的原辅料质量控制

对于纳米药物，其原料药和关键辅料的质量是影响药物质量的重要因素。药物纳米粒一般由原料药、稳定剂和其他非活性成分组成[9]。除对原料药进行常规质量控制之外，还应关注其粒径、晶型等。同时，鉴于相关辅料可能对药物纳米粒的形成、粒径大小、稳定性、生物利用度、生物相容性等产生重要影响，应对最终制剂中的相关辅料进行质量控制研究。此外，药物纳米粒中其他非活性成分包括冻干保护剂、制备过程中用到的溶剂和试剂等也要进行质量控制。

载体类纳米药物一般由原料药、载体材料和其他非活性成分组成。载体材料包括天然或合成脂质、聚合物、蛋白类等[10]。载体材料关系到活性成分的包载、保护以及最终产品的体内外性能，应明确载体类材料的规格、纯度、分子量和分子量分布范围等，并通过处方工艺和质量控制研究等证明载体材料选择的合理性。

在纳米药物的开发过程中，辅料的选择和使用应综合考虑其功能性和安全性[11]。在纳米药物中按常规用量和方式使用药用辅料时，按一般药用辅料进行质量控制即可。为了获得特殊功能，有时在纳米药物的开发过程中需要改变常规辅料的性能、使用方式或用量，此时应重点关注这些改变带来的安全性风险。如将现有常规辅料制备成具有纳米结构的辅料，应进行相应的质量控制研究；有时纳米药物开发中需要制备和使用新的纳米材料、载体材料或辅料，此时除按一般药用辅料的要求进行相应的质量控制研究外，在纳米药物的质量控制研究中，应选择其关键质量属性进行研究，必要时部分质量指标可列入纳米药物的质量标准中。

在改变常规辅料性能或使用新辅料时，需要结合辅料及其组合物的真实暴露水平、暴露时间和给药途径等，开展系统的非临床安全性评价，具体可参考辅料非临床安全性评价相关指导原则[12]。此外，还应考察不同来源原辅料的质量并进行相应的质量控制研究。

（四）纳米药物的结构及形态

不同纳米技术制备的纳米结构包括实心纳米粒、空心纳米囊、核－壳结构或多层结构等；纳米药物常见的形状包括球状、类球状、棒状或纤维状等[13]。纳米药物的不同结构和形状可能影响纳米药物在体内与蛋白质和细胞膜的相互作用、药物的释放、纳米颗粒的降解和转运等[14]。

纳米药物的结构形貌可通过电子显微镜等技术手段进行检测。由于纳米药物结构和形貌的多样性，必要时可选择适当的方法进行表征并控制纳米药物中包封药物的存在形式和（或）晶体状态等，从而保证药物质量的可靠性。常用的研究方法包括电镜（electron microscope，EM）法、X 射线粉末衍射（X-ray powder diffraction，XRD）法、差示扫描量热法（differential scanning calorimetry，DSC）、偏振光显微镜（polanized light microscope，PLM）检查等。然而，即便针对同一形貌的纳米药物，往往也存在不同的结构和形态要求。例如，想要区分同是球状的纳米胶束和纳米脂质体的内部细微结构，可以借助于冷冻电子显微镜（cryo-electron microscopy，Cryo-EM）。针对具有不同核壳厚度结构的纳米药物颗粒，除了通过常规的透射电子显微镜进行表征之外，还可以借助于原位元素分析等方法进行细微结构确认。

（五）纳米药物的包封率和载药量

对于载体类纳米药物，对药物的包封可以增加药物在体内外的稳定性、控制药物释放速度、改变药物的体内生物分布等，因此载体的载药能力需要满足临床使用剂量和给药方式的要求[15]。

包封率是指包封的药量与纳米药物中总药量的比值[16]。包封率（encapsulation percentage，EN%）的计算公式为：$EN\%=(1-C_f/C_t)\times 100\%$，式中 C_f 为游离药物的质量，C_t 为投入药物的总质量。包封率测定的关键是分离游离药物与包封药物，分离的方法包括葡聚糖凝胶柱法、超速离心法和超滤法等[17]。应根据纳米药物的特点进行方法的适用性研究和验证。

载药量是指装载的药量与载体类纳米药物量（药量 + 载体量）的比值[19]。载药量（loading efficiency，LE%）的计算公式为：$LE\%=W_e/W_m\times 100\%$，W_e 表示包封于纳米药物中的药量；W_m 表示纳米药物的总质量。载药量与药物－载体的相互作用程度有关。低载药量可能导致辅料使用量过多、纳米粒浓度增加或注射体积变大等，使得临床应用受限，并且可能增加成本和安全风险。

包封率和载药量与纳米药物处方组成和制备工艺等密切相关，应结合具体药物的特点、给药途径以及治疗剂量等进行标准制定。

（六）纳米药物的体外溶出或释放

药物的溶出或释放是纳米药物的重要质量属性，对药物的吸收、体内安全性和有效性、体内外稳定性等可能有明显影响[18]。体外溶出或释放不仅是纳米药物的质量控制指标，也可在一定程度上反映纳米药物的体内行为。

纳米药物的体外溶出或释放的测定方法主要包括取样分离法、透析法、流通池法等[19]。在进行体外溶出或释放测定时，应重点关注游离药物与纳米药物的分离过程，应充分考虑方法的适用性，详细描述所用方法、试验条件和参数（如设备或仪器的型号规格、介质、搅拌或旋转速度、温度、pH 值、表面活性剂的类型及其浓度、酶和蛋白等），以说明方法选择的合理性[20]。一般应绘制完整的释放曲线，即释放达到平台期或释放 80% 以上水平。

无论是使用现有方法，还是修订或重新建立方法，纳米药物的溶出或体外释放测定法均应经过充分验证，以确保方法的准确性和重现性；对于产品之间存在的可能影响其临床疗效的差异，应具有较好的区分性，对处方和生产过程中的变化具有一定的敏感性。

（七）注射用纳米药物的内毒素和无菌控制

在评估纳米药物的生物安全性时，无菌和细菌内毒素的控制十分重要。根据纳米药物的特性，应选择适宜的无菌检测方法和检验条件并证明方法适用性。内毒素通常用鲎试剂法（limulus amebocyte lysate，LAL）测定，有三种呈现形式：显色、浊度和凝胶检测[21, 22]。鉴于在某些特殊情况下，纳米药物颗粒可能会干扰 LAL 测定，导致荧光、浊度等结果不准确或重现性差，因此可以选用其他检测方法，如家兔热原检测法（rabbit pyrogen test，RPT）或单核细胞活化反应测定法（monocyte activation test，MAT）[23, 24]。纳米药物的无菌控制可以采用直接接种法和薄膜过滤法，如药物性状允许，应优先采用薄膜过滤法。由于纳米药物组成和结构的复杂性，有时可能无法通过常规的终端灭菌程序对所有原料进行灭菌，除菌过滤工艺操作也存在一定难度，因此应重点关注纳米药物生产过程中对微生物负荷的控制和监测等[25]。

参考文献

[1] 国家药品监督管理局药品审评中心. 纳米药物质量控制研究技术指导原则（试行）[EB/OL].（2021-08-27）[2024-08-13]. https://www.medsci.cn/guideline/show_article.do?id=d53781c0021635d4.

[2] GIORIA S，CAPUTO F，URBAN P，et al. Are existing standard methods suitable for the evaluation of nanomedicines：some case studies [J]. Nanomedicine，2018，13（5）：539-554.

[3] WEILUAN C，AMELIA P，WIM E.H. Effect of particle size on drug loading and release kinetics of gefitinib-loaded PLGA microspheres [J]. Molecular Pharmaceutics，2017，14（2）：459-467.

[4] FANNY C，JEFFREY D.C，LUIGI C，et al. Measuring particle size distribution of nanoparticle enabled medicinal products，the joint view of EUNCL and NCI-NCL. A step by step approach combining orthogonal measurements with increasing complexity [J]. Journal of Controlled Release，2019，299：31-43.

[5] 靳雅丽，杨德智，杨世颖，等. 纳米药物分析技术方法研究新进展 [J]. 医药导报，2021，40（4）：491-495.

[6] 林悦，刘倩，林振宇，等. 有机纳米材料的应用及分析方法研究进展 [J]. 分析测试学报，2018，37（10）：1139-1146.

[7] LI T，SENESI A.J，LEE B. Small angle X ray scattering for nanoparticle research [J]. Chemical Review，2016，116（18）：11128-11180.

[8] CHAD J.B，DAVID S.H. Factors affecting the stability of drugs and drug metabolites in biological matrices [J]. Bioanalysis，2009，1（1）：205-220.

[9] HOURIA B，PABLO J.A，ALBERTO R，et al. Nanomedicine：application areas and development prospects [J]. International Journal of Molecular Sciences，2011，12（5）：3303-3321.

[10] PREETI K，BALARAM G，SWATI B. Nanocarriers for cancer-targeted drug delivery [J]. Drug Target，2016，24（3）：179-191.

[11] PARMI P，JIGNA S. Safety and Toxicological Considerations of Nanomedicines：The Future Directions [J]. Current Clinical Pharmacology，2017，12（2）：73-82.

[12] 何伍，杨建红，王海学，等. FDA 与 EMA 对纳米药物开发的技术要求与相关指导原则 [J]. 中国新药杂志，2014，23（8）：925-931.

[13] WANG M，ANDREW G.C，HONGGANG C. Building nanostructures with drugs [J]. Nano Today，2016 11（1）：13-30.

[14] ELVIN B，HAIFA S，MAURO F. Principles of nanoparticle design for overcoming biological barriers to drug delivery [J] . Nature Biotechnology，2015，33 (9)：941–951.

[15] MUNUSAMY C，JOHN J，MADAN L.V. Nanocarriers for drug delivery applications [J] . Environmental Chemistry Letters，2019，17 (2)：849–865.

[16] 崔福德 . 药剂学 (第 7 版) [M] . 北京：人民卫生出版社，2011：411.

[17] 张艺 , 杭太俊 , 宋敏 . 载药脂质体包封率测定方法的研究进展 [J] . 中国药科大学学报，2021，52 (2)：245–252.

[18] 杨子毅 , 盛利娟 , 朱霖 , 等 . 纳米药物体外溶出测定方法研究进展 [J] . 医药导报，2022，41 (11)：1615–1621.

[19] 刘元芬 , 王亚晶 , 周咏梅 , 等 . 纳米给药系统中药物体外释放度测定方法及体内外相关性评价研究进展 [J] . 中国药房，2019，30 (4)：548–552.

[20] JIE S，DIANE J.B. In vitro dissolution testing strategies for nanoparticulate drug delivery systems：recent developments and challenges [J] . Drug Delivery and Translational Research，2013，3 (5)：409–415.

[21] 全国纳米技术标准化技术委员会 . GB/T 41309–2022，纳米技术 – 纳米材料的内毒素体外测试 – 鲎试剂法 [S] . 北京：中国标准出版社，2002.

[22] LI Y，ITALIANI P，CASALS E，et al. Optimising the use of commercial LAL assays for the analysis of endotoxin contamination in metal colloids and metal oxide nanoparticles [J] . Nanotoxicology，2015，9 (4)，462–473.

[23] 张媛 . 细菌内毒素检测方法的研究进展 [J] . 中国生物制品学杂志，2023，36 (3)：368–378.

[24] SCHNEIER M，RAZDAN S，MILLER A，et al. Current technologies to endotoxin detection and removal for biopharmaceutical purification [J] . Biotechnology and Bioengineering，2020，117 (8)：2588–2609.

[25] European Medicines Agency. Sterilisation of the medicinal product，active substance，excipient and primary container–Scientific guideline [EB/OL] . (2019–10–01) [2024–08–13] . https://www.ema.europa.eu/en/sterilisation–medicinal–product–active–substance–excipient–primary–container–scientific–guideline

第三章

纳米药物及仿制药品审批和监管的法规

第一节　中国关于纳米药物及仿制药品审批和监管的法规
第二节　美国关于纳米药物及仿制药品审批和监管的法规
第三节　欧盟关于纳米药物及仿制药品审批和监管的法规
第四节　日本关于纳米药物及仿制药品审批和监管的法规
第五节　其他国家 / 地区关于纳米药物及仿制药品审批和监管的法规
第六节　各国 / 地区关于纳米药物及仿制药品审批和监管的法规总结分析

第一节 中国关于纳米药物及仿制药品审批和监管的法规

一、中国关于纳米药物的审批和监管的法规

2020 年 10 月 22 日，国家药品监督管理局药品审评中心（以下简称国家药审中心）发布了《盐酸多柔比星脂质体注射液仿制药研究技术指导原则（试行）》《注射用紫杉醇（白蛋白结合型）仿制药研究技术指导原则（试行）》征求意见稿，为制定国内纳米药物监管法规奠定了基础。

2021 年 3 月 31 日，国家药审中心发布了《纳米药物质量控制研究技术指导原则（试行）》《纳米药物非临床安全性研究技术指导原则（试行）》和《纳米药物非临床药代动力学研究技术指导原则（试行）》征求意见稿，公开征求意见和建议。

1. 纳米药物质量控制研究

（1）纳米药物的基本信息　纳米药物的基本信息包括申请类型、制剂分类、组成、粒径、剂型、给药途径和具体给药方式等。由于纳米药物具有特殊的结构与尺度属性，因此除处方组成和辅料列表之外，还应对纳米药物和纳米载体材料的结构和形态等进行详实描述；需明确各处方组成成分的主要功能；还建议提供药物与载体的结合方式，以及药物或载体材料在纳米结构中的空间分布等信息。

（2）纳米药物的质量控制指标　在纳米药物的研发过程中，应对纳米药物和纳米材料质量相关的性能指标进行系统评价和考察。相对而言，性能指标可分为纳米相关特性和制剂基本特性两大类。应重点关注与纳米药物生产过程相关的质量指标和可能与体内行为相关的质量指标。根据研究结果选择相应的质量控制指标，酌情列入纳米药物的质量标准中。

纳米特性相关的性能指标包括平均粒径及其分布、纳米粒结构特征、药物 / 聚合物摩尔比、微观形态、表面性质（电荷、比表面积、包衣及厚度、配体及密度、亲疏水性和软硬度等）、包封率、载药量、纳米粒浓度、纳米粒稳定性、药物从载体的释放，以及聚合物的平均分子量及其分布、临界胶束浓度、临界聚集浓度等。其中纳米粒的稳定性包括药物和载体的化学稳定性，以及纳米药物和载体的物理稳定性等，应关注纳米药物的聚集状态及演变过程。

制剂基本特性相关的质量控制指标包括特性鉴别、含量测定、有关物质、残

留溶剂等，以及不同剂型药典要求的质量评价指标，如注射液的pH值、黏度、渗透压、细菌内毒素、无菌、不溶性微粒等，口服固体制剂的重量差异、崩解时限、体外溶出度或释放度、微生物限度等。

需要注意的是，不同纳米药物的质量研究重点和内容可能不同，应根据纳米药物的结构、组成、功能、用法和临床用途等，按“具体问题具体分析”的原则，设置具有针对性的、科学合理的评价指标。例如，对于药物纳米粒可研究其结晶性等；对于载体类纳米药物可研究药物存在形式和状态、药物与载体的结合方式等；对临床即配型纳米药物应关注临床配制过程中关键纳米特性的变化等。

基于风险评估的纳米药物质量控制研究需要确定其关键质量属性。纳米药物的关键质量属性（critical quality attributes，CQAs）及其限度范围的确定应考虑到影响产品性能的所有直接和潜在因素，包括制剂的质量属性、中间体的质量属性、载体材料和（或）辅料等的质量属性等。应特别关注这些质量属性在制备、贮存和使用过程中的变化对最终产品性能的影响。应重点考察与纳米特性直接相关的质量属性。

纳米药物的质量控制指标和CQAs研究，可用于纳米药物的处方工艺筛选和稳定性考察等，并为后续的非临床研究乃至临床研究提供参考和依据。关于纳米药物的质量评价指标及方法请参考本书第二章第二节相关内容。

2. 纳米药物非临床安全性研究技术指导原则

（1）试验系统的选择　在纳米药物非临床安全性研究时，为获得科学有效的试验数据，应选择适合的试验系统。选择试验系统时，在充分调研受试物的药效学、药代动力学研究等相关文献资料的基础上，还至少应考虑以下因素：试验系统对纳米药物的药效学反应差异，如敏感性、特异性和重现性；实验动物的种属、品系、性别和年龄等因素。如果选择特殊的试验系统，应说明原因和合理性。

由于纳米药物具有特殊的理化性质，一般情况下，可根据纳米药物的特点先开展体外试验进行早期筛选和安全性风险预评估，如细胞摄取及相互作用、补体激活情况等研究。

在进行动物体内试验时，若已知特定动物种属对某些纳米药物的毒性更为敏感，应考虑将其用于试验。

随着纳米药物的不断发展，替代的毒性测试方法可能有助于研究纳米药物与生物系统的相互作用。快速发展的成像技术以及多种毒理组学技术（如基因组学、蛋白质组学和代谢组学等）可考虑作为毒性评价的补充研究。

（2）受试物　受试物应能充分代表临床拟用样品。应提供生产过程、关键质量特征、制剂等方面的信息，如稳定性（药物和载体的化学稳定性、物理稳定性）、分散剂 / 分散方法、纳米特性（粒径、粒径分布、比表面积、表面电荷、表面配体等）、表面性质（包衣及厚度、配体及密度等）、载药量、浓度、溶解性、药物从载体的释放、纳米药物的聚集状态及变化过程、表征的方法和检测标准等。

由于在储存和运输等不同条件下纳米药物活性形式的稳定性以及纳米药物的功能性、完整性、粒径范围、载体材料的稳定性及可能降解产物等可能发生变化，试验前应考虑在不同的时间间隔内使用合适的技术方法对纳米药物的纳米特性（粒径分布、表面性质、药物载量等）和分散稳定性（在介质中溶解、均匀分散或团聚 / 聚集）进行测定和量化。

纳米药物可能产生团聚或者存在稀释后包裹药物释放改变等可能性。若纳米药物需稀释和（或）配制后给药，应关注纳米药物配制后在不同浓度、溶媒、体外细胞培养液或者其他体外试验体系下的稳定性、均一性和药物释放率等特征是否发生改变。体外试验需要评估受试物是否在体外细胞培养液或者其他体外系统中产生团聚，需要测试满足体外试验浓度和时间条件下纳米药物颗粒大小是否发生改变，评估体外试验进行安全性评价的可行性。

（3）试验设计的基本考虑

纳米药物非临床安全性研究的试验设计除遵循普通药物非临床安全性研究的一般原则外，还应关注以下 4 个方面。

①给药剂量：纳米药物由于溶解性、稳定性等多方面因素与普通药物有差异，可能会影响到试验中拟给予的最大给药剂量。在描述纳米药物的剂量反应关系时，除采用传统的质量浓度外，可考虑同时提供质量浓度和纳米颗粒数目 / 比表面积的剂量单位信息。

②对照组设置：对于包含新药物活性成分的纳米药物，建议设计单独的药物活性成分组，以考察纳米药物与单独的药物活性成分相比在安全性方面的差异。对于包含新纳米载体的纳米药物，一般应设计单独的无药纳米载体组，以考察新纳米载体的安全性及其对活性药物成分的安全性的影响。

③检测时间和频率：部分纳米药物在组织中的清除速度较慢，即使停药一段时间后仍可能存在蓄积，应根据纳米药物在不同组织器官中的蓄积情况合理设置毒性指标的检测时间点和检测频率，必要时可考虑适当延长恢复期的时间和（或）设置多个恢复期观察时间点。

④结果分析和风险评估：应重点关注纳米药物及其活性成分和（或）载体材料相关的神经系统、生殖系统和呼吸系统毒性、遗传毒性、致癌性、免疫原性、免疫毒性等，对组织靶向性、毒性特征和作用机制进行综合分析和评估。在免疫功能评估时，应考虑对免疫激活（如补体系统、细胞因子分泌、诱导抗体反应和

过敏反应等）或免疫抑制的影响，必要时关注对单核吞噬细胞系统功能的影响。在对产品或工艺进行变更（如产品或工艺优化）之前，应根据变更的程度及风险，谨慎评估对产品安全性的影响。必要时，需开展非临床对比研究。

（4）重点关注内容

①免疫原性和免疫毒性：纳米药物主要经单核吞噬细胞系统（mononuclear phagocytic system，MPS）的吞噬细胞清除。由于吞噬细胞主要由聚集在淋巴结和脾脏的单核细胞和巨噬细胞以及肝巨噬细胞（kupffer 细胞）等组成，因此纳米粒子更容易聚集到肝脏、脾脏和淋巴组织等器官组织。此外，纳米颗粒在体内可能会与体液的不同成分相互作用，在纳米材料表面吸附不同生物分子（以蛋白质分子为主）形成生物分子冠层（如蛋白冠），进而被免疫细胞表面受体识别，容易被免疫细胞捕获吞噬，或者蓄积于单核吞噬细胞系统，产生免疫原性和免疫毒性，还可导致类过敏反应。

在纳米药物的研发和使用过程中，应关注纳米药物由于其特殊性质、靶点情况、拟定适应证、临床拟用人群的免疫状况和既往史、给药途径、剂量、频率等相关因素导致的免疫原性和免疫毒性风险，根据免疫反应的潜在严重程度及其发生的可能性，确定相应的非临床安全性评价策略，采用“具体问题具体分析”原则进行免疫原性和免疫毒性的风险评估，必要时结合追加的免疫毒性研究进行综合评价。应考虑到纳米药物可能存在免疫增强、免疫抑制、补体活化、炎症反应、过敏反应、细胞因子释放等风险，设计特异性的试验进行评估。免疫原性和免疫毒性相关评估方法可参考《药物免疫原性研究技术指导原则》、ICH S8 等指导原则中的相关要求。

②神经系统毒性：纳米药物与普通药物相比更容易透过血脑屏障，在某些情况下可能会增加安全性担忧。一些纳米药物透过血脑屏障后进入中枢神经系统，产生相应的生物学效应和（或）导致神经毒性。因此，对于纳米药物，应关注纳米药物透过血脑屏障的情况（如血脑浓度比值），评估其潜在神经毒性作用。纳米药物的神经毒性研究应根据受试物分布特点，结合一般毒理学、安全药理学试验结果等综合评价神经毒性风险，并根据评估结果决定是否需要开展进一步的补充研究。对于具有潜在神经毒性风险的纳米药物，建议开展体外毒性研究（如，神经细胞活力测定和细胞功能测定）和体内动物实验。体内动物实验主要包括神经系统的安全药理学试验，以及结合重复给药毒性试验开展的神经系统评价，必要时可考虑开展神经行为学试验和使用成像技术追踪纳米药物及载体在神经系统内的迁移、分布和吸收等研究。

某些纳米药物由于其药代特征的改变可能引起外周神经毒性，应根据品种具体情况进行针对性研究。

③遗传毒性：新药物活性成分的纳米药物和新纳米载体/辅料需要开展遗传毒性评价。由于纳米药物对活性成分的载药量、释放行为和细胞摄取程度有影响，也与药代动力学、生物分布和清除途径以及药物递送机制等密切相关，因此，建议根据纳米药物的作用特点，以遗传毒性标准组合试验为基础，设计合适的试验并开展研究。某些纳米药物细胞摄取程度可能不同于普通药物，因此进行体外遗传毒性试验时应分析其细胞摄取能力。细菌回复突变试验（Ames）可能不适合检测无法进入细菌内的纳米药物。体外哺乳动物细胞试验建议使用可摄取纳米药物的细胞系，同时应考虑纳米药物在细胞内发挥作用的浓度、时间点进行合适的试验设计，并同时对细胞摄取能力进行分析。进行体内遗传毒性试验时，需通过适当方式研究确定纳米药物在骨髓、血液等取样组织中有暴露且不会被快速清除，否则可能导致假阴性结果。

④致癌性：纳米药物开展致癌试验的必要性以及致癌性试验要求可参考ICH S1指导原则。

⑤生殖毒性：纳米药物可能容易通过胎盘屏障、血睾屏障、血乳屏障等生物屏障，从而对生殖器官、生育力、胚胎-胎仔发育、子代发育产生不良影响。因此，应关注纳米药物的生殖毒性风险。生殖毒性评价的研究策略、试验设计、实施和评价等参考ICH S5指导原则，同时应关注纳米药物在生殖器官的分布和蓄积情况。在生育力与早期胚胎发育试验中，如果纳米药物存在蓄积或延迟毒性，可考虑适当延长交配前雄性动物给药时间，除常规精子分析（如精子计数、精子活力、精子形态）外，必要时可增加检测精子功能损伤的其他指标。在围产期毒性试验中，应注意考察F1子代的神经毒性、免疫毒性、免疫原性等毒性反应情况，必要时可开展更多代子代（如F2、F3等）的生殖毒性研究。

⑥制剂安全性：对于注射剂型，在进行体外溶血试验时应关注纳米药物在溶液中是否会存在团聚现象。若发生团聚，因对光线存在折射和散射的效应可能会导致测量结果失真，不宜采用比色法（分光光度计）进行体外溶血试验，推荐采用体内溶血的方法进行试验。

⑦毒代动力学：纳米药物受其尺度、表面性质和形状等物理化学性质的影响，药物的转运模式发生变化，其体内吸收、分布、代谢、排泄等药代动力学行为均可能发生明显变化，进而引起有效性与安全性方面的改变。部分纳米药物可能在组织中存留的时间较长，组织暴露量高于系统暴露量，尤其毒性剂量下在组织中的存留时间可能会明显比药效剂量下更长，在体内某些组织器官发生蓄积，这种蓄积作用在纳米药物多次给药后，可能产生明显的毒性反应。因此，应通过毒代

动力学研究纳米药物在全身和（或）局部组织的暴露量、组织分布和清除（必要时）以及潜在的蓄积风险，为纳米药物的毒性特征的阐释提供支持性数据。

对于非临床安全性评价中的毒代动力学研究及体内药物分析方法的具体技术要求，可参考《纳米药物非临床药代动力学研究指导原则（试行）》《药物毒代动力学研究技术指导原则》《药物非临床药代动力学研究技术指导原则》中的相应内容。

（5）不同给药途径的特殊关注点

①经皮给药：纳米药物可能具有较高的毛囊渗透性或分布至局部淋巴结；不同皮肤状态（如完整、破损、患病）可能影响纳米药物透皮的渗透性；此外，不同于普通药物，纳米药物可能与光照相互作用，从而影响皮肤与光的相互作用。因此，毒性试验中应注意考察不同皮肤状态、不同影响因素下纳米药物在给药局部和全身的暴露量差异以及相应的毒性风险。

②皮下给药：与其他给药途径（如皮肤给药）相比，皮下给药后纳米药物进入角质层下，具有更高的致敏潜力，也可能增强对其他过敏原的敏感性。需关注不溶性纳米药物在皮下的蓄积和转移以及相应的毒性风险。

③鼻腔给药：鼻腔黏膜穿透性较高且代谢酶相对较少，对纳米药物的分解作用低于胃肠黏膜，有利于药物吸收并进入体循环。纳米药物还可能通过嗅神经通路和黏膜上皮通路等透过血脑屏障进入脑组织。因此，应关注鼻腔给药的系统暴露量升高以及脑内暴露量升高而带来的安全性风险。

④吸入给药：由于纳米药物可广泛分布于肺泡表面，并透过肺泡进入血液循环，因此对于吸入制剂，应关注局部 / 呼吸毒性。还应关注不溶性载体类纳米药物在肺部的蓄积和转移以及相应的毒性风险。

⑤静脉给药：与普通药物相比，纳米药物静脉给药后其活性成分可能具有不同的组织分布和半衰期，非临床安全性评价时应关注可能的影响；此外，血液相容性可能会发生变化。

⑥口服给药：对于口服药物，制备成纳米药物通常是为了提高药物活性成分的生物利用度。如果口服药物中含有不溶性纳米成分，毒理学试验应考虑到这一点，并包含不溶性纳米成分可能蓄积的组织的评估。

对于其他特殊给药途径的纳米药物，研究时需采取具体问题具体分析的策略。

（6）不同申报类型的要求　在整体的纳米药物非临床安全性研究中，对于不同的申报类型，要求也有一定差异。对于将已经批准上市的药品通过改良制成纳米药物（包括活性成分或非活性成分），应考虑这种变更可能影响药物的吸收、分布、代谢和排泄（ADME）以及可能对毒性产生何种潜在影响。

当不涉及新辅料/载体时，在前期的普通药物的非临床安全性研究资料基础上，通常先开展药物的ADME研究以及桥接性毒理学试验，通常包括重复给药毒性试验和（或）生物相容性试验（如注射剂的制剂安全性试验）。若改良型纳米药物的体内药代动力学和分布特征发生改变，且其安全性风险发生变化，则可能需进行更多的研究，如其他相关安全性对比研究以及针对特定器官、特定系统的毒性研究，如细胞摄取试验、生殖毒性试验和安全药理学试验等。在某些情况下，当纳米物质不是活性成分时，评估其对毒性的影响可能有助于解释桥接性试验的研究结果，因此应考虑设置仅包含纳米组分的单独给药组。当涉及新的辅料/载体时，需对新辅料/载体进行全面的安全性评价[2]。

对于已上市纳米药物的仿制纳米药物，本节会有进一步说明。

3. 纳米药物非临床药代动力学研究技术指导原则

（1）基本原则

①基本考虑：与普通药物相比，纳米药物因其特殊的纳米尺度效应和纳米结构效应等理化特性，使其具有特殊的生物学特性，从而导致其药代动力学特征与普通药物可能存在较大差异，如组织分布、蓄积和清除等。此外，由于纳米药物理化性质的特殊性及体内可能存在多种形态，对其药代动力学研究方法提出了特殊要求。

因此，本指导原则主要描述了与其他指导原则中非临床药代动力学研究建议不一致的特殊情况。研究者需根据不同纳米药物的特点，科学合理地进行试验设计，并对试验结果进行综合评价，为非临床有效性及安全性评价提供参考，以支持开展相应的临床试验。

②受试物：应采用工艺相对稳定、能充分代表临床拟用样品的受试物开展非临床药代动力学研究。

受试物在贮存、运输、配制和测定过程中，所包含的纳米粒子的性质有可能发生变化（如聚集、泄漏、结构破坏等），从而导致其动力学行为改变，而不能真实反映纳米药物的药代动力学特征。因此，在上述过程中需确保受试物的相关性质不发生明显改变。

基于纳米药物的特殊性，对受试物的其他要求参见《纳米药物非临床安全性研究技术指导原则（试行）》。

（2）载体类纳米药物药代动力学研究

①体外试验：鉴于当前技术手段的局限性，某些体内信息尚无法准确获得，但在体外模拟情况下，可以对某些体内相关行为进行预测性分析。针对载体类纳米药物开展的体外试验包括但不限于以下内容。

a. 生物样本中的稳定性　在体内试验前，应对载体类纳米药物在合适的动物种属和人的全血或血浆、其他生理体液、生物组织匀浆中的体外稳定性进行研究，观察指标包括载体类纳米药物泄漏或释放情况、载体材料降解、载药纳米粒的分散程度等。

b. 血浆蛋白吸附　对于具有长循环效应的纳米药物，其体内（尤其是全血或血浆中）的滞留时间是决定纳米药物向单核吞噬细胞系统（MPS）以外的靶部位定向分布的关键因素之一，而血浆调理素（如免疫球蛋白、补体蛋白等）的吸附及其介导的吞噬作用则是体内长循环时间的最主要限制因素。因此，对于经注射进入体循环或经其他途径给药但最终进入体循环的纳米药物，应在体外进行血浆蛋白吸附试验，以评价血浆蛋白对纳米药物的调理作用。试验中可选用提纯的蛋白对吸附作用进行定量考察。

c. 蛋白冠研究　在体内环境中，蛋白可能附着于载体类纳米药物表面形成蛋白冠，蛋白冠的形成可能影响纳米药物的血液循环时间、靶向性、生物分布、免疫反应和毒性等。必要时，可考虑采用动物和人血浆在模拟体内条件下对蛋白冠的组成及其变化进行定性和（或）定量分析。

d. 细胞摄取与转运　细胞对纳米药物的摄取与转运可能与普通药物存在差异。必要时，在充分考虑纳米药物体内处置过程的基础上，选择适当的细胞系进行细胞摄取以及胞内转运过程和转运机制的研究。

②体内试验：载体类纳米药物进入体内后，存在载药粒子、游离型药物、载体材料及代谢产物等多种形态成分。“载药粒子 – 游离型药物 – 载体材料”始终处于一个动态的变化过程中，对其体内相互关系进行全面解析，是载体类纳米药物药代动力学研究的关键。

a. 吸收　载体类纳米药物可能通过静脉、皮下或肌肉等多种给药途径进入机体，给药途径是决定纳米药物吸收的重要因素。如：静脉给药后，纳米药物载药粒子直接进入体循环；经皮下或肌肉途径给药后，载药粒子主要通过淋巴系统吸收（主要为局部淋巴结），然后进入体循环。

普通药物的体内吸收特征主要通过测定体循环中的活性药物浓度来体现。载体类纳米药物与普通药物的区别在于其功能单位“载药粒子”的存在。因此，需要分别测定血液中游离型药物和负载型药物的浓度，另外建议测定血液中载体材料和载药粒子的浓度（以质量计），以进一步获得体内药物释放动力学及载体解聚 / 降解动力学的相关信息。

采集生物样本时，应合理选择采样时间点和采样持续时间，以充分反映纳米粒子在体内的清除过程。通常认为初始分布相（如静脉注射给药 30 分钟内）的信息对于评估纳米药物从血液循环中的消除过程至关重要，因此应特别关注。

值得注意的是，某些载体类纳米药物静脉注射（如聚乙二醇化载药粒子）可诱导免疫反应。再次注射后，在血液中会被加快消除，甚至丧失长循环特性，并且在肝脾等 MPS 组织的聚集量增加，即“加速血液清除”（accelerated blood clearance，ABC）现象。因此，此类载体类纳米药物在多次给药试验时，建议考察是否存在 ABC 现象。

b. 分布　纳米药物在组织器官中的分布取决于载药粒子自身的物理化学性质及其表面特性；同时，还受到血中蛋白结合、组织器官血液动力学、血管组织形态（如间隙大小）等多种因素的影响。与普通药物不同，载体类纳米药物在体内始终存在“载药粒子－游离型药物－载体材料”多种形态的动态变化过程。其中载药粒子是药物的运输工具和储库，靶部位 / 靶点（如肿瘤组织）中的游离药物是发挥药效的物质基础，而其他组织中的游离药物、载药粒子、载体材料等则可能是导致毒性 / 不良反应的物质基础。

因此，应进行不同组织中总药物分布研究，如可行，建议对靶器官和潜在毒性器官中的游离型药物和负载型药物分别进行测定。对于缓慢生物降解或具有明显穿透生理屏障性质的高分子载体材料，建议进行不同组织中总载体材料的分布研究。同时，鼓励在不同组织中进行总粒子分布动力学和释药动力学研究。

c. 代谢　载体类纳米药物中的活性药物及其解聚的载体材料在体内主要经肝脏和其他组织中的代谢酶代谢。此外载药粒子易被 MPS 吞噬，进而被溶酶体降解或代谢，可能对药物和载体材料代谢 / 降解产物的种类和数量产生影响。因此，应确定活性药物和载体材料的主要代谢 / 降解途径，并对其代谢 / 降解产物进行分析。

d. 排泄　载体类纳米药物中的活性药物和载体材料可能通过肾小球滤过和肾小管分泌进入尿液而排泄，或通过肝脏以胆汁分泌形式随粪便排泄。载药粒子自身一般不易经过上述途径直接排泄，需解聚成载体材料或载体材料降解后主要经肾脏排泄。因此，应确定给药后活性药物的排泄途径、排泄速率及物质平衡。同时鉴于载体材料的特殊性，建议根据载体材料的具体情况对其开展排泄研究。

e. 药物相互作用　载体类纳米药物进入体内后可能会对代谢酶和转运体产生影响。联合用药时，可能发生基于载药粒子、游离型药物、载体材料与其他药物之间的相互作用，而带来潜在的安全性风险。建议评估载体类纳米药物是否存在对代谢酶及转运体的抑制或诱导作用。

③样品分析

a. 分析方法　试验时需根据载体类纳米药物的具体情况采用合适并经过验

证的分析方法。活性药物的常用分析方法有：高效液相色谱法（HPLC）、液相色谱－串联质谱法（LC-MS/MS）、荧光标记法、放射标记法、酶联免疫吸附测定法（ELISA）等。

鼓励对载药粒子进行体内检测。可采用荧光、放射性物质等标记载药粒子，采用小动物活体荧光成像仪（IVIS）、单光子发射计算机断层成像术（SPECT）、全身放射自显影等示踪载药粒子，并基于影像信号进行半定量分析。在适用条件下，鼓励采用环境响应探针，如基于聚集导致淬灭（ACQ）、Föster 能量共振转移（FRET）、聚集诱导发光（AIE）效应的近红外荧光探针，标记载药粒子，进行载药粒子的体内定量或半定量分析。

高分子载体材料由于其自身及其体内代谢 / 降解产物分子量呈多分散性，采用荧光或放射标记的方法可对其进行体内定性和半定量分析，但是需通过试验证明标记物在体内不会脱落或被代谢。随着 LC-MS/MS 法在高分子材料中的广泛应用，可尝试采用 LC-MS/MS 法进行载体材料体内定性与定量分析研究。

b. 样品处理方法　载体类纳米药物在进入体内后，活性药物一般会以游离型与负载型药物的形式存在，在进行药代动力学研究时需要对二者进行有效分离。分离生物样本中游离型 / 负载型药物的常用方法包括平衡透析、超速离心、超滤、固相萃取、排阻色谱、柱切换色谱等。目前，尚没有适用于所有类型纳米药物的标准处理方法，应基于载药粒子和活性药物的性质来选择合适的方法。

对于体内游离型 / 负载型药物的测定主要包括直接法与间接法。直接法是分别测定游离型药物和载药粒子中的负载型药物，更能准确体现暴露量；间接法是测定总药物浓度和游离型药物浓度，取二者差值即为负载型药物浓度。为保证测定的准确性，两种方法在样品处理和分离过程中，均需确保载药粒子、游离型药物、解聚材料等不同形态成分的状态不能发生变化。

载药粒子在组织匀浆过程中易被破坏或释放药物，从而可能导致无法准确测定组织中不同形态药物或载体材料的真实浓度，因此，建议选择合适的组织样品预处理与分离方法。

c. 分析方法学验证　建立载体类纳米药物体内分析方法学时，建议校正曲线及质控的生物样本模拟给药后载药粒子、游离型药物、负载型药物、载体材料的体内实际状态进行制备。分析方法学验证内容参照相关指导原则。

④数据分析及评价：应有效整合各项试验数据，选择科学合理的数据处理及统计方法。如用计算机处理数据，应注明所用程序的名称、版本和来源，并对其可靠性进行验证。对所获取的数据应进行科学和全面的分析与评价，综合评价载体类纳米药物的药代动力学特点，分析药代动力学特点与药物的制剂选择、有效

性和安全性的关系，基于体外试验和动物体内试验的结果，推测临床药代动力学可能出现的情况，为药物的整体评价和临床试验提供更多有价值的信息。

普通药物在进入体内达到分布平衡后，一般情况下药物在循环系统中的浓度与在靶组织中的浓度呈正相关，基于血药浓度的传统药代动力学模型，可以间接反映药物在靶组织中的浓度及其药理效应。但是载体类纳米药物在体内一直存在着释药过程，在测定载药粒子、载体材料、负载与游离型药物浓度的基础上，结合纳米药物发挥药效的作用方式，鼓励建立适合于纳米药物的药代动力学模型，以评估载体类纳米药物的药代动力学行为。

（3）药物纳米粒药代动力学研究　药物纳米粒通常采用特定制备方法直接将原料药等加工成纳米尺度的颗粒，然后再制成适用于不同给药途径的剂型。纳米粒子的形成可能明显改变活性药物的溶出特征及其与机体的相互作用，因此其体内药物动力学行为可能发生明显改变。药物纳米粒是由药物自身形成的固态粒子，与载体类纳米药物有一定的相似性，因此其药代动力学研究可参考载体类纳米药物的研究思路，并根据药物纳米粒的特征进行适当调整。

药物纳米粒的体内过程也可以采用标记法进行研究，但由于药物纳米粒的骨架排列紧致，标记物不易被包埋。药物纳米粒的标记可采用杂化结晶技术，探针的使用应不影响药物纳米粒的基本理化性质和药代动力学行为。

仅以提高表观溶解度和溶解速率为目的的口服药物纳米粒的药代动力学研究可参考非纳米药物的研究思路。

（4）其他需关注的问题

①不同给药途径纳米药物的特殊考虑点：对于不同给药途径的纳米药物，在进行非临床药代动力学研究时，除了上文所涉及的研究内容外，尚需要关注以下内容。

a. 经皮给药　纳米药物可能具有较高的毛囊渗透性或分布至局部淋巴结处。不同皮肤状态（如完整、破损、患病）可能影响纳米药物透皮的渗透性。因此，在评估经皮给药纳米药物的暴露程度时应考虑相关影响。应注意考察不同状态下纳米药物在给药局部和全身的暴露量差异，并为毒理学试验设计提供暴露量参考信息。

b. 皮下给药　与其他给药途径（如皮肤给药）相比，皮下给药后纳米药物进入角质层下，具有更高的致敏潜力，也可能增强对其他过敏原的敏感性。需关注不溶性纳米药物在皮下的蓄积和转移。

c. 吸入给药　由于纳米药物可广泛分布于肺泡表面，并透过肺泡进入血液循环，纳米药物的肺部沉积、呼吸组织中的分布以及系统生物利用度可能与比纳米药物更大的粒子不同。应关注不溶性载体类纳米药物在肺内的蓄积及转移。

d. 静脉给药　与普通药物相比，纳米药物静脉给药后其活性成分可能具有不同的组织分布和半衰期，非临床药代动力学研究时应予关注。

e. 口服给药　对于口服药物，制备成纳米药物通常是为了提高药物活性成分的生物利用度。如果口服药物中含有不溶性纳米成分，其非临床药代动力学研究应该评估不溶性纳米成分的组织分布、排泄与蓄积情况。

对于其他特殊给药途径的纳米药物，研究时需采取具体问题具体分析的策略。

②不同申报情况的考虑：对于已上市的药品通过制剂技术改造形成的改良型纳米药物，应考虑改良后可能影响药物的吸收、分布、代谢和排泄。当不涉及新辅料 / 新载体材料时，在已有非临床药代动力学研究的基础上，应开展纳米药物与普通药物对比的药代动力学研究，包括组织分布研究。对于载体类纳米药物，还应关注载药粒子的体内释放 / 解聚的速率及分布。特别是当载药粒子及活性药物的组织分布发生改变时，需要有针对性地分别说明其分布特点与蓄积程度。当涉及新辅料 / 新载体材料时，还应研究新辅料 / 新载体材料的药代动力学特征[3]。

二、中国关于仿制纳米药物的审批和监管法规

（一）仿制纳米药物一般要求

仿制纳米药物原则上参照《化学药品注射剂仿制药质量和疗效一致性评价技术要求》《化学药品注射剂（特殊注射剂）仿制药质量和疗效一致性评价技术要求》《以药动学参数为终点评价指标的化学药物仿制药人体生物等效性研究技术指导原则》等。

1. 处方工艺技术要求

（1）处方　注射剂中辅料种类和用量通常应与参比制剂（RLD）相同。辅料的用量相同是指仿制药辅料用量为参比制剂相应辅料用量的 95%~105%。如附带专用溶剂，应与参比制剂的专用溶剂处方一致。

申请人可以提交与参比制剂抑菌剂、缓冲剂、pH 调节剂、抗氧剂、金属离子络合剂不同的处方，但需标注不同之处，阐述选择的理由，并研究证明上述不同不影响所申请产品的安全性和有效性。

辅料的浓度或用量需符合美国 FDA IID 数据库限度要求，或提供充分依据。过量投料建议参考 ICH Q8 相关要求。

（2）生产工艺

①工艺研究：注射剂灭菌 / 无菌工艺的研究和选择应参考国内外灭菌 / 无菌工

艺相关的指导原则进行。按相关指导原则开展工艺研究，确定生产工艺关键步骤和关键工艺参数。注意以下方面。

a. 为了有效控制热原（细菌内毒素），需加强对原辅包、生产过程等的控制，注射剂生产中建议不使用活性炭。

b. 根据生产工艺进行过滤器相容性研究。根据溶液的特点和生产工艺进行硅胶管等直接接触药液容器的相容性研究。

c. 如参比制剂存在过量灌装，仿制药的过量灌装宜与参比制剂保持一致，如不一致需提供合理性论证。

②工艺验证

a. 灭菌 / 无菌工艺验证　对于终端灭菌药品，至少进行并提交以下验证报告：药品终端灭菌工艺验证；直接接触药品的内包材的除热原验证或供应商出具的相关证明资料；包装系统密封性验证，方法需经适当的验证；保持时间（含化学和微生物）验证。对于无菌灌装产品，至少进行并提交以下验证报告：除菌工艺的细菌截留验证；如不采用过滤除菌而采用其他方法灭菌，提供料液 / 大包装药的灭菌验证；直接接触无菌物料和产品的容器密封系统的灭菌验证；直接接触药品的内包材的除热原验证或供应商出具的相关证明资料；无菌工艺模拟试验验证，并明确试验失败后需要采取的措施；包装系统密封性验证，方法需经适当的验证；保持时间（含化学和微生物）验证。

b. 生产工艺验证　提供工艺验证资料，包括工艺验证方案和验证报告。

③灭菌 / 无菌工艺控制：基于产品开发及验证结果，确定灭菌 / 无菌工艺控制要求，如灭菌参数（温度、时间、装载方式）/ 除菌过滤参数（除菌滤器上下游压差、滤器使用时间 / 次数、滤器完整性测试等），生产关键步骤的时间 / 保持时间。

对采用除菌过滤工艺料液的除菌过滤前微生物污染水平进行常规中控监测；对采用残存概率灭菌工艺料液的灭菌前微生物污染水平进行常规中控监测；对采用过度杀灭工艺料液的灭菌前微生物污染水平可以进行放宽频率的监测。

④批生产：注册批样品批量参照发布的《化学仿制药注册批生产规模的一般性要求（试行）》执行。同时应提交代表性批次批生产记录及生产工艺信息表。

2. 原辅包质量控制技术要求

（1）原料药　制剂生产商需结合原料药生产工艺，根据现有指导原则和相关文件（包括《关于发布化学药品注射剂和多组分生化药注射剂基本技术要求的通知》国食药监注［2008］7 号）对原料药的质量进行充分研究与评估，必要时修订有关物质检查方法，增加溶液澄清度与颜色、溶剂残留、细菌内毒素、微生物限度等检查，并提供相关的验证资料，以满足注射剂工艺和质量的控制要求；同时需关注对元素杂质和致突变杂质的研究和评估。

制剂生产商需根据注射剂持续稳定生产的需要，对原料药来源和质量进行全面的审计和评估，在后续的商业化生产中保证供应链的稳定。如发生变更，需进行研究并按相关技术指导原则进行研究和申报。

（2）辅料　辅料应符合注射用要求，制定严格的内控标准。除特殊情况外，应符合现行中国药典要求。

（3）直接接触药品的包装材料和容器　注射剂使用的直接接触药品的包装材料和容器应符合国家药品监督管理局颁布的包材标准，或符合 USP、EP、JP 的要求。根据药品的特性和临床使用情况选择能保证药品质量的包装材料和容器。

按照《化学药品注射剂与塑料包装材料相容性研究技术指导原则（试行）》《化学药品注射剂与药用玻璃包装容器相容性研究技术指导原则（试行）》《化学药品与弹性体密封件相容性研究技术指导原则（试行）》等相关技术指导原则开展包装材料和容器的相容性研究。

根据加速试验和长期试验研究结果确定所采用的包装材料和容器的合理性，建议在稳定性考察过程中增加样品倒置等考察，以全面研究内容物与胶塞等密封组件的相容性。注射剂使用的包装材料和容器的质量和性能不得低于参比制剂，以保证药品质量与参比制剂一致。

3. 质量研究与控制技术要求

（1）建议根据产品特性和相关技术指导原则科学设计试验，提供充分的试验资料与文献资料。

（2）根据目标产品的质量概况（QTPP）确立制剂的关键质量属性（CQA），通常注射剂的 CQA 包括但不限于以下研究：性状、鉴别、复溶时间、分散时间、粒径分布、复溶溶液性状、溶液澄清度、溶液颜色、渗透压 / 渗透压比、pH 值 / 酸碱度、水分、装量、装量 / 重量差异、含量均匀度、可见异物、不溶性微粒、细菌内毒素、无菌、元素杂质、残留溶剂、有关物质（异构体）、原料药晶型 / 粒度、含量等。

①有关物质：重点对制剂的降解产物进行研究，包括原料药的降解产物或者原料药与辅料和（或）内包材的反应产物。原料药的工艺杂质一般不需要在制剂中进行监测或说明。根据产品的特点，按照相关技术指导原则以及国内外药典的收载情况，科学合理地选择有关物质检查方法，并进行规范的方法学验证。结合相关技术指导原则要求，参考参比制剂的研究信息和国内外药典收载的杂质信息，制定合理的有关物质限度。

②异构体：对于存在几何异构体和手性异构体等情况，根据产品特点和生产

工艺等方面的研究，确定是否订入标准。

③致突变杂质：根据相关文献、参比制剂的情况，通过对生产工艺、产品降解途径的分析，判断是否可能产生潜在的致突变杂质，必要时进行针对性的研究，根据研究结果按照相关技术指导原则进行控制。

④元素杂质：根据 ICH Q3D 的规定，通过科学和基于风险的评估来确定制剂中元素杂质的控制策略，包括原辅包、生产设备等可能引入的元素杂质。

（3）所申请产品应与参比制剂进行全面的质量对比（含杂质谱对比），保证所申请产品与参比制剂质量一致。参比制剂原则上应提供多批次样品的考察数据，考察与一致性评价紧密相关的关键质量属性。

4. 稳定性研究技术要求

注射剂稳定性研究内容包括影响因素试验、加速试验和长期试验，必要时应进行中间条件试验考察。对低温下可能不稳定的注射剂建议进行低温试验和冻融试验。依据参比制剂说明书进行临床配伍稳定性研究，对于稳定性差的产品，临床配伍稳定性研究应至少包括两批自制样品（建议其中一批为近效期样品），其他产品可采用一批自制样品；若在临床配伍过程中质量发生显著性变化，需与参比制剂进行有针对性的对比研究，证明其变化幅度不大于参比制剂。

参照 ICH Q1B 要求进行光照稳定性研究。

注射剂稳定性研究的加速试验、长期试验应在符合 GMP 条件下进行，可综合考虑申报注射剂产品的特点，如产品规格、容器、装量、原辅料浓度等，按照相关技术指导原则设计稳定性研究方案，考察在贮藏过程中易发生变化的，可能影响制剂质量、安全性和（或）有效性的项目。若注射剂处方中含有抗氧剂、抑菌剂等辅料，在稳定性研究中还要考察这些辅料含量的变化情况。稳定性考察初期和末期进行无菌检查，其他时间点可采用包装系统密封性替代。包装系统密封性可采用物理完整测试方法（例如压力 / 真空衰减等）进行检测，并进行方法学验证。一般应提供不少于 6 个月的稳定性研究数据。

仿制药的稳定性应不低于参比制剂。根据稳定性研究结果，参照参比制剂确定贮藏条件。

申请人需提交稳定性研究方案和承诺。稳定性研究方案至少包括样品批次、样品数量、试验地点、放置条件、取样时间点、考察指标、分析方法及可接受限度。通常，承诺批次的稳定性试验方案与申报批次的方案相同，若有变化，需提供科学合理的理由。申请人需承诺在产品获得批准后，继续对工艺验证批进行稳定性考察；商业化批量发生变化时，需对最初通过生产验证的 3 批商业化规模生产的产品进行稳定性试验。

5. 非临床安全性研究

因纳米药物特殊的理化性质，仿制纳米药物与原研纳米药物在生产工艺和质量控制的细微差异都可能影响其制剂的理化性质，并可能通过影响原料药和制剂稳定性以及药物的正常释放，进而影响仿制纳米药物的质量属性及其相关的有效性和安全性。因此，仿制纳米药物的开发应首先关注药学一致性。非口服给药途径（例如，经皮肤、黏膜、腔道、血管给药）的仿制纳米药物，在药学一致的基础上，应开展采用非临床药代动力学对比性研究，以及制剂安全性试验，以评估其对用药局部产生的毒性（如刺激性和局部过敏性等）和（或）对全身产生的毒性（如全身过敏性和溶血性等）。

6. 非临床药代动力学研究

对于已上市纳米药物的仿制药，因纳米药物的特殊性，受试制剂与参比制剂处方和工艺的差异可能导致药物体内药代动力学行为发生改变，从而带来有效性和安全性的变化，仅通过药学对比研究往往不足以充分提示受试制剂与参比制剂体内行为的差异。基于上述考虑，在开展人体生物等效性研究或临床试验前，应选择合适的动物种属进行非临床药代动力学对比研究，必要时进行组织分布比较，以充分提示受试制剂与参比制剂在系统暴露和（或）在药效 / 毒性靶器官分布上的一致性[4]。

7. 特殊注射剂一致性评价的附加考虑

仿制纳米药物常常归于特殊注射剂范畴，如脂质体、静脉乳、微球、混悬型注射剂、油溶液、胶束等。对于特殊注射剂，由于制剂特性的复杂性，应基于制剂特性和产品特征，采取逐步递进的对比研究策略，通常首先开展受试制剂与参比制剂药学及非临床的比较研究，然后进行人体生物等效性研究，必要时开展进一步的临床研究。若药学研究和（或）非临床研究结果提示受试制剂与参比制剂不一致，申请人应考虑对受试制剂处方工艺进一步优化后重新开展研究。

（1）药学研究　特殊注射剂一致性评价在按照上述技术要求开展研究的同时，还需根据特殊注射剂的特点，参照 FDA、EMA 发布的特殊制剂相关技术要求，科学设计试验。建议关注以下问题。

①处方工艺：处方原则上应与参比制剂一致，建议对辅料的型号及可能影响注射剂体内行为的辅料的 CQA 进行研究。特殊注射剂的生产工艺可能影响药物体内行为，需深入研究；对于采用无菌工艺生产的特殊注射剂，需特别注意各生产步骤的无菌保证措施和验证。注册批和商业批的生产工艺及批量原则上应保持一致。

②质量研究：考察的关键质量属性可能包括但不限于以下内容：理化性质

（如性状、黏度、渗透压、摩尔浓度、pH 值 / 酸碱度等）、Zeta 电位、粒子形态、粒径及分布（如 D_{10}、D_{50}、D_{90} 等）、体外溶出 / 释放行为、游离和结合药物、药物晶型和结晶形态。原则上应提供至少 3 批次参比制剂样品的质量对比考察数据。对于美国 FDA 或 EMA 已公布指导原则的特定注射剂品种，建议参照其技术要求开展与参比制剂的对比研究。

（2）非临床研究　与普通注射剂不同，特殊注射剂进入体内后通常存在释药过程和体液成分吸附等因素，因此，受试制剂与参比制剂处方和工艺的差异可能导致药物体内药代动力学行为发生改变，从而带来有效性和毒性的变化，而仅通过药学体外对比研究往往不足以充分反映受试制剂与参比制剂体内行为的差异。基于上述考虑，在开展人体生物等效性研究或临床试验前，应选择合适的动物种属进行非临床药代动力学对比研究，必要时进行组织分布比较，以充分提示受试制剂与参比制剂在系统暴露和（或）在药效 / 毒性靶器官分布上的一致性。鉴于通常只有从制剂中释放出来的药物才能在体内发挥活性，建议在测定血药浓度时分别测定负载药物和释放药物的浓度。

鉴于特殊注射剂的复杂性和多样性，特殊情况时，可事先与监管机构沟通。

（3）临床研究　在研究评估受试制剂与参比制剂在药学及非临床上具有一致性的基础上，方可开展临床研究。临床研究通常应采用逐步递进研究策略，应首先进行人体生物等效性研究，必要时开展进一步的临床研究。应采用商业批量的样品进行人体生物等效性研究和（或）临床试验。

①人体生物等效性研究：建立具有区分力的人体生物等效性研究方法。一般要求和试验设计可参照《以药动学参数为终点评价指标的化学药物仿制药人体生物等效性研究技术指导原则》《生物等效性研究的统计学指导原则》《高变异药物生物等效性研究技术指导原则》等相关指导原则。具体研究建议关注以下 8 个方面。

a. 研究设计　通常采用随机、单次给药、交叉研究设计。特殊情况下，应基于药物特点、适应证人群等选择合理的研究设计。

b. 受试者　通常采用健康受试者。当入选健康受试者参与试验可能面临安全性方面的风险时，建议选择试验药物的拟定适应证患者。

c. 样本量　入选受试者的例数应使生物等效性评价具有足够的统计学效力。

d. 检测物质　特殊注射剂活性物质在体内如同时存在多种形态，生物等效性研究应充分考虑各种形态药物对安全性和有效性的影响，结合药物特点选择科学、合理的检测物质。检测方法需经过充分验证，并对目标检测物质具有足够区分力，对受试制剂和参比制剂的差异具有足够灵敏度。

e. 生物等效性评价指标　应提供包括受试制剂和参比制剂的 AUC_{0-t}、$AUC_{0-\infty}$、C_{max} 几何均值、几何均值比值及其 90% 置信区间等。特殊情况下，可能需要增加部分暴露量指标来观测早期暴露量或特定时段的暴露量。

f. 生物等效的接受标准　一般情况下，对于主要终点指标，上述参数几何均值比值的 90% 置信区间数值应不低于 80.00%，且不超过 125.00%。对于窄治疗窗药物，应根据药物的特性适当缩小 90% 置信区间范围。

g. 预试验　正式试验之前，可在少数受试者中进行预试验，用以验证分析方法（包括对检测物质的区分力）、评估变异程度、优化采样时间，以及获得其他相关信息。预试验的数据不能纳入最终统计分析。

h. 其他　注册申报时，除了应满足现行的相关申报资料要求之外，还应基于药物特点，对相关关键问题的科学合理性进行充分论证，包括但不限于试验设计、受试者选择、样本量、检测物质、生物等效性评价指标等。特殊情况时，可事先与监管机构沟通。

②随机对照临床试验：是否需要进行随机对照临床试验，应基于药物特点，以及前期药学、非临床、人体生物等效性研究结果等讨论确定。对于人体生物等效性研究结果显示受试制剂与参比制剂不等效，申请人应对受试制剂处方工艺进一步优化，重新开展对比研究。

对于以下情况（不限于），建议开展随机对照临床试验研究，证明受试制剂与参比制剂的等效性：体循环中的药物浓度与疗效或安全性相关性较差，人体生物等效性研究不足以评价受试制剂与参比制剂的疗效、安全性一致；缺乏准确可靠的生物样本测定方法，无法通过生物等效性研究评价受试制剂与参比制剂是否具有生物等效性；人体生物等效性研究结果显示受试制剂与参比制剂存在差异，且尚不确定该差异是否会对药物的安全有效性产生明显影响。

对于开展临床试验的情况，建议事先与监管机构沟通[5]。

8. 改规格注射剂的基本考虑

改规格注射剂是指与参比制剂不同规格（包括原料药浓度不同）的注射剂。应结合参比制剂规格的上市情况，充分论证改规格的科学性、合理性和必要性。注射剂规格应在其使用说明书规定的用量范围内，在适应证相同的情况下，不得改变注射剂原批准的用法用量或适用人群，其规格一般不得小于单次最小给药剂量，也不得大于单次最大给药剂量。

9. 药品说明书的拟定

申请人需检索并追踪参比制剂说明书的变更情况，参考最新版参比制剂说明书，合理拟定一致性评价药品说明书。

10. 药品标准

药品注册标准收载检验项目少于《中国药典》规定或质量指标低于《中国药典》要求的，应执行《中国药典》规定。若与《中国药典》不一致的，应提供合理充分的依据。

（二）仿制纳米药物示例

下面以注射用紫杉醇（白蛋白结合型）仿制药研究为例。

1. 药学研究

（1）处方　仿制药的辅料种类和用量通常应与参比制剂（RLD）相同。辅料的用量相同是指仿制药辅料用量为参比制剂相应辅料用量的95%~105%。

人血白蛋白是该制剂的关键成分，应采用已批准上市的人血白蛋白，由于不同来源的人血白蛋白使用的稳定剂可能存在差异，因此应考察不同供应商来源的人血白蛋白对制剂质量的影响。

对工艺过程中使用而最终去除的溶剂，如与参比制剂存在差异，应阐述理由，并研究证明上述不同不影响仿制药的安全性和有效性。

（2）制备工艺　已有文献报道参比制剂采用乳化–溶剂蒸发工艺制备，建议仿制药采用相同原理的制备工艺，如不同，应阐述理由，并研究证明上述不同不影响仿制药的安全性和有效性。

本品工艺较为复杂，应提供详细的生产工艺开发研究资料和工艺验证资料（包括无菌工艺验证资料）。建议制定合理的生产过程控制策略，如关键步骤的生产时限、关键中间体的质量控制标准和保持时限等。

应特别关注生产工艺和批量对产品质量可控性的影响，注册批和商业批的生产工艺与批量原则上应保持一致。

（3）质量研究　仿制药应通过体外表征证明其与参比制剂关键质量属性（CQAs）一致，除注射剂一般质量属性外，还应关注以下内容。

①粒子形态：粒子形状是微粒制剂的关键质量属性，应选择适当的方法进行研究（如电镜法等），仿制药应与参比制剂一致。

②粒度和粒度分布：粒度和粒度分布是本品的重要质控指标。应选择适当的方法进行研究，仿制药的粒度分布（D_{10}、D_{50}、D_{90}）应与参比制剂一致；建议基于 D_{50} 和 SPAN 值［（D_{90}–D_{10}）/D_{50}］或多分散系数，采用群体生物等效性分析方法进行粒度和粒度分布的对比（仿制药和参比制剂各选三批，每批不少于 10 瓶，每瓶平行测定不少于 3 次），仿制药与参比制剂应等效。

③ Zeta 电位：粒子表面电荷可使本品复溶后混悬液中粒子维持稳定避免聚集。

应选择适当的方法和介质进行研究，仿制药应与参比制剂一致。

④紫杉醇结晶状态：本品中粒子内的紫杉醇为无定形态，溶解度远大于热力学稳定的结晶型紫杉醇，从而提高了其溶出速率和游离分数。应选择适当的方法进行研究（例如，X射线衍射和偏振光显微镜检查），证明仿制药中紫杉醇为无定形态。

⑤复溶后混悬液的两相中游离和结合型紫杉醇、游离和结合型白蛋白的比例：本品复溶后形成的混悬液中，粒子及溶液相中均含有紫杉醇及白蛋白，它们均同时以游离型和结合型存在。应选择适当的方法对复溶后粒子中与溶液相中紫杉醇与白蛋白的含量进行研究，计算粒子及溶液相中紫杉醇与白蛋白占总紫杉醇与总白蛋白的比，仿制药应与参比制剂一致。

⑥紫杉醇与白蛋白的结合属性：不同制备工艺可能导致紫杉醇与辅料人血白蛋白的结合属性不同，进而影响体内药物的作用。应选择适当的方法进行研究（例如，结合率、FTIR和NMR），仿制药应与参比制剂一致。

⑦体外崩解动力学：本品进入体内后，呈现浓度依赖性的纳米粒崩解与药物释放。应选择适当的方法进行研究（例如，在生理盐水或模拟血浆等介质中，考察样品不同浓度下粒度随时间的变化和样品浓度与散射强度的关系）。仿制药应与参比制剂一致。

⑧复溶后混悬液经0.22μm滤膜过滤后的药物回收率：粒度和粒度分布测定方法不能有效检出终产品复溶后可能存在的大颗粒，建议采用0.22μm滤膜对复溶后样品进行过滤，对过滤前后药物的回收率进行研究，仿制药应与参比制剂一致。

⑨辅料人血白蛋白和终产品中人血白蛋白的各聚体比例：人血白蛋白中单体、二聚体、寡聚体和多聚体等与紫杉醇的结合属性不同，进而对本品的体内行为产生影响。应对辅料人血白蛋白中各聚体比例进行控制，降低产品的批间质量差异，并选择适当的方法对复溶后粒子中与溶液相中人血白蛋白的各聚体比例进行研究，仿制药应与参比制剂一致。

⑩复溶后混悬液的稳定性：复溶后样品在加速条件下的对比研究可进一步区分仿制药与参比制剂的理化性质差异，如进行复溶后混悬液在40℃下放置24小时的质量对比研究，考察指标包括但不限于：性状、粒度与粒度分布、体外崩解动力学、0.22μm滤膜过滤后的药物回收率、紫杉醇结晶状态等，仿制药应与参比制剂一致。

应提供各项对比研究所采用的分析方法和必要的方法学验证资料，明确评价指标、标准和确定依据。

建议采用至少三批商业化规模工艺生产的仿制品与多批参比制剂进行体外对比研究。

（4）稳定性研究　应进行常规稳定性考察，并结合产品说明书开展使用中产品稳定性研究。稳定性考察指标除普通注射剂 CQAs 外，还应包括微粒制剂相关的 CQAs（如粒度和粒度分布、Zeta 电位、紫杉醇结晶状态、体外崩解动力学等）。

应结合产品特点、稳定性、包材相容性和容器密封性等研究结果证明包材选择合理。包材相容性应参照相关指导原则进行研究[6]。

2. 非临床研究

（1）注射用紫杉醇（白蛋白结合型）是一种特殊注射剂，进入体内后存在释药的过程和体液成分的吸附等，因此仿制药与参比制剂处方和工艺的差异可能导致药物体内药代动力学行为发生改变，从而带来有效性和安全性的变化，建议在临床试验前开展仿制药与参比制剂比较的药代动力学研究，以充分提示仿制药与参比制剂药代动力学行为的一致性。

通常选择非啮齿类动物进行药代动力学比较研究。采用拟定临床剂量和给药途径，设置参比制剂组，测定血浆中总紫杉醇含量和游离紫杉醇浓度，获得 $t_{1/2}$、C_{max}、AUC、V_z、CL、MRT 等主要药代参数的比较研究结果。鉴于通常只有游离型药物才能在体内发挥活性，在进行血药浓度测定时需分别考察结合型药物和游离型药物的暴露量。

（2）体外开展仿制药和参比制剂与人血清白蛋白结合的比较研究，以及在全血、血浆和模拟人血浆的体外药物结合释放特性的比较研究，以评价仿制药与参比制剂的一致性。

（3）开展制剂安全性试验，并与参比制剂比较。

3. 人体生物等效性研究

（1）研究类型　以药代动力学（PK）为终点的生物等效性研究。

（2）研究设计　通常推荐采用单次给药、随机、交叉研究设计、空腹试验。

（3）规格　每瓶 100mg（260mg/m^2 剂量在 30 分钟内给药）

（4）受试者　联合化疗失败的转移性乳腺癌或辅助化疗后 6 个月内复发的乳腺癌患者。

（5）注意事项

①应使用商业批量的样品进行关键的生物等效性研究。

②如果患者的健康状况不允许禁食，则两个研究周期均在相同条件下进行的情况下，申办者可在拟定研究期间提供非高脂餐。

③如果患者的健康状况需要降低剂量或需要更改 30 分钟内给药 260mg/m^2 的推荐剂量，则应退出研究。

④患者的中性粒细胞基线计数必须≥每立方毫米 1500 个细胞；对 ABRAXANE

产生严重超敏反应的患者不应再次服用该药物；应频繁进行外周血细胞计数；除非有临床禁忌，否则先前的治疗应包括蒽环类药物；女性患者应不在妊娠期和哺乳期；建议有生育计划的患者在接受紫杉醇注射混悬液时采取避孕措施。

⑤如果患者在两个研究周期使用的预防措施相同，则可以使用止吐预防措施。

⑥检测物质：血浆中游离（未结合）和总的紫杉醇。

⑦生物等效性评价指标：应提供包括仿制药与参比制剂游离和总紫杉醇的 AUC_{0-t}、$AUC_{0-\infty}$、C_{max}，需提供相应几何均值、几何均值比值及其 90% 置信区间。

生物等效的接受标准（90% CI）：游离和总紫杉醇的 AUC_{0-t}、$AUC_{0-\infty}$、C_{max} 几何均值比值的 90% 置信区间数值应不低于 80.00%，且不超过 125.00%。

（6）其他　注册申报时，除了上述药代动力学参数之外，还需提供其他全面的药代动力学参数的个体和平均值，包括但不限于达峰时间、消除半衰期、清除率、表观分布容积等。

参考文献

［1］国家药品监督管理局药品审评中心. 纳米药物质量控制研究技术指导原则（试行）［EB/OL］.（2021-08-02）［2022-11-04］. https://www.cde.org.cn/main/news/viewInfoCommon/95945bb17a7dcde7b68638525ed38f66.

［2］国家药品监督管理局药品审评中心. 纳米药物非临床安全性研究技术指导原则（试行）［EB/OL］.（2021-08-27）［2022-11-04］. https://www.cde.org.cn/main/news/viewInfoCommon/95945bb17a7dcde7b68638525ed38f66.

［3］国家药品监督管理局药品审评中心. 纳米药物非临床药代动力学研究技术指导原则（试行）［EB/OL］.（2021-08-27）［2022-11-04］. https://www.cde.org.cn/main/news/viewInfoCommon/95945bb17a7dcde7b68638525ed38f66.

［4］国家药品监督管理局药品审评中心. 化学药品注射剂仿制药质量和疗效一致性评价技术要求［EB/OL］.（2020-05-14）［2022-11-04］. https://www.cde.org.cn/main/news/viewInfoCommon/d9c6f118b773f54e8feba3519bf78a11.

［5］国家药品监督管理局药品审评中心. 化学药品注射剂（特殊注射剂）仿制药质量和疗效一致性评价技术要求［EB/OL］. (2020-05-14)［2022-11-04］. https://www.cde.org.cn/main/news/viewInfoCommon/d9c6f118b773f54e8feba3519bf78a11.

［6］国家药品监督管理局药品审评中心. 注射用紫杉醇（白蛋白结合型）仿制药研究技术指导原则（试行）［EB/OL］.（2020-10-22）［2022-11-04］. https://www.cde.org.cn/main/news/viewInfoCommon/548c025039cadecac94d0a45fce96d1b.

第二节 美国关于纳米药物及仿制药品审批和监管的法规

一、美国关于纳米药物的审批和监管的法规

将纳米技术应用于药物研究，是一个相对较新且发展迅速的领域。在国际单位制中，前缀“纳米”表示十亿分之一，即 1×10^{-9}。相较于具有相同化学成分的大尺寸传统药物，涉及纳米技术的药物可能会具有一些独特的物理、化学或生物特性，例如改善药物溶解度和药代动力学行为、增强疗效、降低毒性和增加组织选择性等，因而引发了学术和产业界广泛的关注和研究热潮。本节将从定义、监管历史、审批和监管法规和监管部门等方面介绍美国关于纳米药物的审批和监管的法规。

（一）纳米药物的定义

美国政府 2000 年成立的国家纳米技术倡议（National Nanotechnology Initiative，NNI），是一项跨机构研发计划，旨在协调、规划和管理超过 30 个联邦部门、独立机构和委员会在纳米科学、工程、技术方面的研究与开发。该倡议将“纳米技术”定义为“在纳米尺度上（1 ~ 100 nm）对物质的理解和控制，独特的现象使新的应用成为可能”[1]。上述关于纳米技术的定义，在美国一些政府机构的日常工作中，以及研究和文献中被广泛引用。由于该定义仅仅基于长度的度量，而非基于尺寸效应的本质，且设置的尺寸界限 100nm 缺乏充分的科学依据，近年来饱受争议和批评[2, 3]。

美国食品药品管理局（U.S. Food and Drug Administration，FDA）也是 NNI 成员机构之一。尽管美国 FDA 参与了 NNI“纳米技术”定义的制定，但在行使其职能时并没有直接沿用 NNI 对于纳米技术的定义[4]。参考 2006 年组建的纳米技术工作组（Nanotechnology Task Force，NTF）的建议[5]，FDA 认为基于当前对纳米技术的认识，还不足以对其监管下的产品［如药物、生物制品、医疗器械、食品（包括动物食品）、膳食补充剂、化妆品和烟草制品等］，就所涉及的“纳米技术”“纳米材料”“纳米量级”或其他相关的术语形成明确的监管定义。

目前常常被提到的“纳米药物”（在英文中 nanodrugs、nanopharmaceuticals 以

及 nanomedicines 等常互换使用，均可译作纳米药物），并非严谨的纳米科学术语，仅仅是药学专家在纳米技术与药学相融合研究中使用的惯用语之一。比起“纳米药物”这一词汇，FDA 更倾向于使用“含有纳米材料的药物产品”（drug products that contain nanomaterials）和“涉及纳米技术的药物产品”（drug products involving the use of nanotechnology），但此两者间也有着细微差别。为了方便读者，笔者在本章节中提到的“纳米药物”一词，将笼统的包括其他所有相关词汇的含义，但在对机构的官方文件进行介绍时，笔者将使用该文件指定的词汇。

虽然对涉及纳米技术的产品尚无官方明确的监管定义，美国 FDA 在发布的行业指导原则文件中，详细地阐述了其当前对涉及纳米技术应用的产品的看法和考虑。

在 2014 年 6 月正式发布的指导原则《关于 FDA 监管的产品是否涉及纳米技术应用》（*Considering Whether an FDA-Regulated Product Involves the Application of Nanotechnology*）[6] 中，美国 FDA 提出在评估监管产品是否涉及纳米技术时需考虑两个要点：①材料或终产品是否被设计为至少有一个外部尺寸、内部或表面结构在纳米级范围内（约 1~100nm）；②材料或终产品是否被设计为展现出可归因于其尺寸的特性或现象，包括物理、化学特性或生物效应，即使其尺寸超出纳米级范围，最高可达 1μm（1000nm）。上述两个要点广泛适用于所有美国 FDA 监管的产品（包括新产品和因制造工艺变更而改变了产品或其组分的尺寸、特性或效果的已审查 / 获批产品）。

对于美国 FDA 而言，识别和评估产品与安全性、有效性、质量、公共健康影响或监管状态相关的尺寸依赖性特性和现象，比单纯对尺寸进行评估更加贴合其监管审查和监督的目的。近年来美国 FDA 批准的涉及纳米技术的药物，已有一些粒径超出纳米级范围（1~100nm），例如：注射用紫杉醇（白蛋白结合型）（约 130nm），醋酸格拉替雷注射液（1.5~550nm）和培门冬酶注射液（50~200nm）等[3]。而要点中的参考范围上限 1μm，也仅仅是当前作为辅助监管审查的初步筛选要素之一，尺寸超过该上限的材料或产品也有可能会表现出对安全、有效性、公共卫生影响或监管状态具有重要意义的尺寸相关特性或现象。随着对纳米技术理解的不断深入，美国 FDA 可能会进一步完善上述要点。此外，美国 FDA 侧重于监管和审查“有目的”引入纳米技术的产品，即通过“设计”（刻意操作和控制）尺寸以产生特定特性的产品。因此，仅含有天然存在的小尺寸（不超过 1μm，甚至在 1~100nm 纳米级范围内）生物或化学物质的产品（如由蛋白质、细胞、病毒、核酸或其他生物材料组成的生物制品），或因常规制造或储存而偶然含有纳米级颗粒的产品不在上述要点囊括的范围内。

在2022年4月正式发布的针对药物产品的行业指导原则《含有纳米材料的药物产品，包括生物制品》（*Drug Products，Including Biological Products，that Contain Nanomaterials*）[7]中，美国FDA也再次重申对包括生物制品在内的人用药物产品的制造和评估，未建立“纳米技术”“纳米材料”“纳米级”或其他相关术语的监管定义。而按照该指导原则纳入监管和考察的，主要为成品药中含有纳米材料（即符合前述2014年指导原则中任一要点）的人用药物产品（包括生物制品以及组合产品中的药物或生物成分）。

（二）纳米药物监管历史

美国理论物理学家Richard Phillips Feynman于1959年底在美国物理学会年会上发表了题为《底部还有大量空间》（There's Plenty of Room at the Bottom）的演讲。该演讲通常被认为是纳米技术基础概念的起源[8]。其后，日本材料学家谷口纪男教授在1974年向日本精密工程学会提交的一篇报告中，首次创造并使用了“纳米技术”（nano-technology）这一词汇，并用其描述了在工程领域缩小到高精度水平的过程[9]。该词汇后又于1986年经美国物理学家Kim Eric Drexler延展使用，来描述粒子放大的过程[10]。如今，该词汇泛指采用“放大”和“缩小”的工艺以达到纳米级范围并在该尺寸下表现出独特的特性。

在美国，涉及纳米技术的药物的研发实际早于“纳米技术”一词被创造或流行之前。2017年美国FDA在《自然·纳米技术》杂志上发表的一篇回顾性分析文章[11]显示，早在20世纪70年代，已有对材料尺寸进行有意控制以产生特定效应的药物向美国FDA下属的药品评价和研究中心（Center for Drug Evaluation and Research，CDER）提交新药上市申请（NDA）。例如，一种用于治疗贫血的右旋糖酐铁注射液（约15nm）和一种用于治疗真菌感染的灰黄霉素口服片剂（＜1000nm）的NDA申请，分别于1974年和1975年获得批准。早期涉及纳米技术的药物，常以超微粉化药物、胶体药物递送系统、脂质体等名称出现，直到2000年之后，相关文献和报道与“纳米”二字的联系才渐渐多了起来[12]。彼时，美国FDA对于含有纳米材料的药物产品及其与预期功能相关的特定性质的认知刚刚起步，并没有将这些产品作为特殊类别在其数据库中进行标注，对这些药物产品的审查和监管方式也与其他药物产品保持一致。

随着2000年NNI技术倡议的发布，美国各政府机构开始大力推进纳米技术研究和开发投资，在纳米级材料科学不断取得实质性进展的基础上，也进一步促进了纳米科学以及“纳米技术”在医学和药学领域的迅速发展和散播。

2000年NNI技术倡议后，美国FDA收到的涉及纳米技术药物产品的申请逐渐增加。为了应对纳米科学研究和技术领域飞速发展对监管带来的挑战，为后续的政策指定和监管决策提供科学依据，美国 FDA 开始积极地与其他联邦机构和学术界建立合作关系，共同开展纳米技术研究。2004 年，美国 FDA 与美国国家癌症研究所（National Cancer Institute，NCI）和美国国家标准与技术研究院（National Institute of Standards and Technology，NIST）共同签署了合作谅解备忘录，在 NCI 共同建立了纳米技术表征实验室（Nanotechnology Characterization Laboratory，NCL），开发用于表征和评估纳米材料的标准化方法，开展结构活性关系和转化研究，并向工业界、学术界及政府机构提供临床前研究平台，以促进涉及纳米技术的候选药物的临床转化和监管审查[13]。该谅解备忘录于 2015 年和 2020 年进行了更新，以便美国 FDA 不断地接收 NCL 生成的数据来支持监管决策[14]。

为了发现和弥补在纳米产品评价方面认知和政策上的空白，确定监管方法，以促进新颖、安全和有效的纳米技术产品持续开发，美国 FDA 于 2006 年 8 月组建了纳米技术工作组（Nanotechnology Task Force，NTF）。NTF 的成员均为来自美国 FDA 下设各中心和办公室的指定代表。NTF 的具体任务包括[5]：①主持公开会议，深化美国 FDA 对其监管产品所涉及纳米技术的理解；②评估与纳米技术材料有关科学知识的现状，以履行美国 FDA 的职能；③评估美国 FDA 监管方法和权限的有效性，以应对纳米技术产品可能带来的任何独特挑战；④探索利用纳米技术促进药物、生物制剂、医疗器械的安全有效开发，以及为食品、饲料和化妆品的安全开发提供新契机；⑤继续加强美国 FDA 与国内外政府机构、国际组织、医疗工作者、产业界、消费者和其他利益相关者的合作，收集美国 FDA 监管产品相关的纳米技术信息；⑥考虑通过适当的途径针对美国 FDA 监管产品中纳米技术材料的使用与公众进行沟通；⑦在召开公开会议后的九个月内将其初步调查结果和建议提交给美国 FDA 代理局长。

2006 年 10 月，NTF 按照预定计划召开了公开会议，会议重点关注和讨论的内容包括：美国 FDA 监管领域中正在开发的新纳米技术产品、纳米技术领域中美国 FDA 需要关注的科学议题，以及根据监管产品中纳米技术应用产业界、学术界和社会公众希望与美国 FDA 探讨的其他议题。

2007 年 7 月，在对公开会议内容进行总结和广泛征求公众意见的基础上，NTF 发布了题为《纳米技术》（Nanotechnology）的调研报告，该报告为美国 FDA 后续监管方法和政策的制定提供了重要的建议和参考信息[5]。报告主要包括三部分内容：美国 FDA 对纳米技术科学认识现状的监管概述，对科学议题以及监管政策议题的分析和建议。

（1）在科学认知方面，NTF 认为，目前尚无法对正在或将要使用纳米技术生产的产品进行全面描述。当前与美国 FDA 监管产品最相关的是纳米材料与生物系统的相互作用，最好通过对特定类型的纳米材料及其特性变化进行个案分析以增进理解和积累信息。现有信息表明，当尺寸增加或减小到纳米级范围内或在纳米级范围内变化时，材料的特性可能会发生变化，但尚无有力证据证明纳米材料在安全或风险方面具有明显的倾向性和特殊性，可以尝试在现有证据基础上探讨纳米材料与生物系统相互作用的共性，但某些个案情况下得到的结论可能无法进一步类推。

（2）在科学议题方面，NTF 主要就“对纳米材料与生物系统的相互作用的理解”和“评估纳米技术产品安全性，有效性和质量的检测方法是否充分”两个议题进行分析并提出建议。建议内容包括：①加强协作，提高纳米技术的科学知识（例如，纳米材料的一般和特殊生物相互作用，与毒性相关的新特性，纳米材料的测量和检测方法等）。②收集、综合、整理、解释和共享相关知识和信息。③在美国 FDA 全机构范围内为纳米技术产品建立科学监管协调政策，从而确保相关知识在机构内一致性地转化和应用。④对当前用于纳米技术产品安全性、有效性和质量评价检测方法的充分性进行评估。⑤参与和促进纳米材料表征方法、标准以及纳米级颗粒在体内外行为模型的开发等。此外，NTF 还鼓励制造企业就纳米技术产品检测方法的适当性与美国 FDA 进行积极沟通。

（3）在监管政策议题方面，NTF 主要就美国 FDA“能否判断产品的粒径或材料特性进入到纳米级范围”“评估纳米技术产品安全性和有效性的权限范围”“是否应该要求或允许产品包装标识纳米材料的存在和其含量”以及“监管产品使用纳米材料是否会引发国家环境政策法案（National Environmental Policy Act，NEPA）相关的任何问题”四个议题展开讨论分析。对于药品等需要在上市前经美国 FDA 审批的产品，NTF 建议美国 FDA 在《联邦公报》发布通知，要求使用纳米材料制成的新产品和变更后引入纳米材料或加大纳米材料比例的现有产品，提交有关纳米材料对产品安全性和有效性影响的数据和其他信息。并对含纳米材料的组合产品的现有监管政策是否是最佳选择广泛征求意见。此外，NTF 还建议美国 FDA 发布指导原则，将提交“纳米材料是否存在以及如何影响产品制造过程”的信息作为上市前申请提交资料的一部分。考虑到现有科学证据并不支持纳米技术产品比较其他产品具有更大的安全性风险，NTF 目前不建议美国 FDA 对纳米技术产品进行统一的包装标识，而推荐使用具体情况、具体分析的原则。对于纳米技术产品是否会引发 NEPA 相关的问题，NTF 也建议美国 FDA 使用同样的逐案处理的原则，同时在机构内指定负责人，以协调在 NEPA 下履行义务的方法。

2008 年 9 月，美国 FDA 再次召开公开会议，向来自工业界、学术界和公众的演讲者和参与者广泛征求意见，以确定在制定“证明含纳米材料监管产品的安全性和有效性所需要信息和数据”相关指导原则时需要考虑的因素[15]。

为了响应NTF报告中制定指导原则的建议，CDER也开始主动整理和收集为支持纳米技术药物申请而提交的数据。2010年6月，CDER下设的药物科学办公室（Office of Pharmaceutical Science，OPS），在其网站上发布了题为《纳米技术报告格式——CMC审评中的相关信息》（*Reporting Format for Nanotechnology-Related Information in CMC Review*）的政策和程序手册（Manual of policies and procedures，MAPP）[16]。发布该手册的主要目的是帮助OPS的“化学、生产和质量”（chemistry，manufacturing and controls，CMC）。审评员在CMC审评时，从申请材料中按照统一的程序和格式获取含纳米材料药物的相关信息，并将这些信息输入正在建设的纳米技术数据库中，最终用于产品相关政策的制定。根据该MAPP，需要收集的信息包括：①申请中是否涉及纳米材料；②产品中包含哪种类型的纳米材料；③纳米材料是否是先前批准产品的新制剂；④纳米材料是原料药还是药物产品的一部分；⑤申请中是否描述了粒径以及报告的粒径是多少；⑥是否对用于评估粒径的技术的充分性进行了全面描述；⑦纳米材料在水环境中是可溶的还是不溶的；⑧在申请中是否测量并报告了纳米材料的其他特性，以及如何测量这些特性。

2012年，时任美国FDA局长Margaret A. Hamburg在《科学》（*Science*）杂志上撰文[17]阐述了美国FDA对纳米技术产品的监管构想，美国FDA倾向于在初期采用广泛包容性的监管方法，之后再根据经验、科学信息和公众意见将其进一步细化。

为了增强在纳米技术监管科学方面活动和投资战略的公众透明度，有效利用资源以解决监管科学需求，促进安全、有效监管产品的开发和可及性，美国FDA于2013年公布了其制定的纳米技术监管科学计划（2013 Nanotechnology Regulatory Science Research Plan）[18]，开展与NNI其他成员机构、国内外学术界、产业界、政府机构和组织间的战略协作。该计划框架主要包括四部分：①支持与纳米技术相关的人员培训和专业发展；②建立实验核心设施；③建立纳米技术卓越科学研究合作机会（Collaborative Opportunities for Research Excellence in Science，CORES）项目；④通过CORES和外部基金资助来协调美国FDA的纳米技术监管科学研究工作。

美国FDA在马里兰州的总部和阿肯色州的Jefferson实验室，分别建立了两个拥有最先进仪器设备的纳米技术核心设施。这些核心设施的建立旨在：①为美国FDA的研究人员开展纳米技术相关的研究，提供集中的表征工具和技术支持；

②为美国 FDA 的审查员提供纳米技术和材料表征方面的实践培训以弥合产品审查和监管科学方面的知识差距；③对受美国 FDA 监管的产品进行研究，以解决特定的监管问题并为基于科学的决策奠定基础[14]。其中阿肯色州的核心设施（NanoCore）主要侧重于分析方法的开发，以便美国 FDA 准确监控基于纳米技术的监管产品，确保产品的安全性和有效性。与药物相关的关键性研究包括：纳米材料鉴定和表征、支持体外和体内相关性的药代动力学研究、疗效评价和生物分布研究、细胞毒性和基因毒性研究、确定纳米颗粒生物蓄积影响的宿主抗性研究等。而马里兰州总部的核心设施为高级表征研究设施，主要侧重于开发和推进用于改善和增强医疗产品中工程纳米材料理化表征，以及安全性和功效评估的工具和方法。该设施与药物相关的关键性研究包括：含有离散纳米颗粒（例如，脂质体、乳剂、纳米银和氧化铁）的复杂药物产品研究；使用标准和替代方法的遗传毒性研究；基于毒理学风险评估方法的纳米材料临时容许摄入量（provisional total tolerable intake，PTTI）研究等。

2014 年 6 月，美国 FDA 发布了总体框架性指导原则《关于 FDA 监管的产品是否涉及纳米技术应用》[6]。该指导原则是 2011 年 6 月发布的指导原则草案的最终颁布版本，概述了产业界在确定产品是否涉及纳米技术应用时的考虑因素，并提示作为产品审批过程的一部分，申办者需要向美国 FDA 通报产品的纳米技术状态。

2015 年，美国药典委员会（the United States Pharmacopeia，USP）针对含有纳米材料的药品，成立了纳米技术联合小组委员会，并于 2016 年举办了国际制药联合会 /USP 研讨会[14]。该小组委员会成员包括 USP 剂型及物理分析专家委员会的成员，以及来自美国 FDA 下属部门 CDER 和兽医医学中心（Center for Veterinary Medicine，CVM）的代表，共同参与界定了目前在美国药品申请中发现的纳米材料，并确定了用于表征和控制含有纳米材料的制造产品的分析技术。

为了应对海外开发的纳米技术产品给美国 FDA 审评工作带来的挑战，针对统一标准的建立，美国 FDA 积极地与全球监管机构展开协作。通过全球监管科学峰会（Global Summit in Regulatory Science，GSRS）纳米技术工作组提供的平台，美国 FDA 与来自其他国家的监管机构、政策制定者和科学家，就如何通过全球合作来协调和确定在监管评估中开发、应用和实施创新方法交换意见。2016 年，主题为“纳米技术标准和应用”的 GSRS 在马里兰州的贝塞斯达举行，峰会汇集了来自 19 个国家 / 地区的监管、标准和研究专家，共同讨论创新研究和监管模式，并确定推进科学和监管审评所需的参考材料和文件标准（例如指导原则、检测方法）。自峰会之后，美国 FDA 一直保持与标准制定组织［例如，国际标准化组织纳米技术委员会（ISO/TC229）、美国材料和试验协会纳米技术委员会（ASTM E56）、经济合作与发展组织纳米材料制造工作组等］合作，并通过 NTF 于 2016 年组建的纳米技术标准小组委员会，协助开发、制定反映纳米技术当前进展的新标准或更新已有的标准[14]。此外，美国 FDA 还通过国际药品监管机构计划（International Pharmaceutical Regulators Programme，IPRP）的纳米药物工作组进行非机密信息共享、协调监管、根据组织培训与其他监管机构开展协作，以及为纳米药物领域的创新者社群和其他利益相关者提供外展服务[19]。

2018 年 4 月，针对最为常见的纳米药物类型之一的脂质体药物，美国 FDA 发布了指导原则《脂质体药物 CMC、人体药代动力学和生物利用度以及标签管理》（*Liposome Drug Products Chemistry*，*Manufacturing*，*and Controls*；*Human Pharmacokinetics and Bioavailability*；*and Labeling Documentation*）[20]。该指导原则是在 2002 年 8 月及 2015 年 10 月两版指导原则草案基础上颁布的最终版本，讨论了在脂质体药物 NDA 和简化新药上市申请（abbreviated new drug application，ANDA）过程中申请人需要向 CDER 提交的研究资料内容。

2020 年 7 月，NTF 发布了题为《纳米技术—十多年的进展和创新》（*Nanotechnology—Over a Decade of Progress and Innovation*）的调研报告[14]，该报告重点介绍了自 2007 年 NTF 报告发布以来，美国 FDA 在纳米技术方面取得的各项进展。采取以科学为基础，以产品为中心的纳米技术监管政策，使得美国 FDA 可以根据适用于其管辖范围内的每种产品的特定法律标准，在现有的法定权限范围内，考虑将任何使用纳米技术而带来的独特性和行为作为其对产品安全性、有效性、公共卫生影响或监管状态评估的一部分，而通过发布多个指导原则，美国 FDA 也为产业界提供了包括确定纳米技术产品的监管状态和评估其安全性在内的重要建议。报告还列举了美国 FDA 开展的各项监管科学研究以及国内和国际合作情况，并表达美国 FDA 将继续监测纳米技术产品的科学和技术进展，并将一如既往地参加科学和贸易论坛，参与标准制定，与国内和国际同行探讨，与学术界和研发人员沟通，监测科学和贸易文献以及对新兴技术进行前瞻性的监管科学研究。

2020 年 8 月和 10 月，为了在新版 NTF 报告的基础上，进一步展开介绍美国 FDA 在纳米技术方面取得的各项进展，美国 FDA 还相继举办了学术会议和线上研讨会。

随着首批上市的纳米药物专利到期或即将到期，出现了纳米仿制药物开发的新契机。近年来涉及纳米技术的 ANDA 申请数量的逐年增加，美国 FDA 也开始积极着手应对纳米药物的“后续版本”（follow-on version）问题。由于涉及纳米技术的药物产品在材料、结构和功能等方面通常存在复杂性和多样性，很多情况下不适合使用传统小分子仿制药物惯用的评价方式进行评估。在过去十来年间，为了帮助仿制药企业确定针对纳米技术药物产品最合适的开发策略和提供最有效的证据，以推动特定仿制药的审批，美国 FDA 采用了相对灵活的方法，在逐个考虑产品特性的基础上，制定了多个产品个案指导原则（product -specific guidance，PSGs）或 PSG 草案，例如针对盐酸阿霉素（doxorubicin hydrochloride）脂质体注射液、复合葡萄糖酸钠铁（sodium ferric gluconate complex）注射剂的指导原则草案等[21, 22]。此外，2021 年 7 月，美国 FDA 和欧洲药品管理局（European Medicines Agency，EMA）还启动了一项同步科学建议（parallel scientific advice，PSA）试点项目，讨论有关混合 / 复杂仿制药（hybrid/complex generic products）的具体问题。很多涉及纳米技术的仿制药都可以划归至《仿制药使用者付费法案Ⅱ》（Generic Drug User Fee Act Ⅱ，GDUFA Ⅱ）承诺函[23]中列举的复杂产品分类项下。该试点项目的启动，将为相关产品开发人员提供早期与 EMA、FDA 对话的机会，并可深入了解监管决策的基础，优化产品开发，在寻求美国或欧洲市场上市授权时避免不必要的检测和重复研究[24]。

2022 年 4 月，美国 FDA 发布了指导原则《含有纳米材料的药物产品，包括生物制品》[7]。该指导原则是 2017 年 12 月发布指导原则草案的最终颁布版本，在草案的基础上增加了重要术语列表，更新了美国 FDA 针对含纳米材料产品 ANDA 申请的当前考虑以及在与《病毒援助、救济与经济安全法案》（*Coronavirus Aid, Relief, and Economic Security Act*）和非处方药（over-the-counter，OTC）改革条款保持一致的情况下，对相关非 OTC 专论药物（OTC monograph drugs）的讨论。该指导原则主要介绍了含有纳米材料药物产品开发的一般原则，通过简化途径开发时的特殊考虑，以及整个开发和生产过程中在质量、非临床和临床研究方面的考虑因素。

（三）纳米药物审批和监管法规

正如前文所述，美国 FDA 对待涉及纳米技术的药物产品（以及生物制品）与对待其他新兴技术产品一样，均采用以科学为基础，以产品为中心逐案处理的监管策略，不对其安全性和危险性进行无充分科学依据支持的预判，以免阻碍创新或者制造不必要的贸易壁垒。美国 FDA 认为该政策符合现行的法律框架，并能反映特定产品或产品类别的特征以及不断发展的技术和科学理解。因此，虽然不排除将来可能会随着对纳米技术潜在获益和风险理解的深入，通过行政或立法行动而对监管策略和方法进行修改。当前，美国 FDA 在对涉及纳米技术的药物产品（及生物制品）进行审批和监管时，仍然以现有的监管法律体系作为基础，继续在其现有法定权限下对纳米技术产品进行基于风险的、灵活、适应性和循证的监管。

通常美国 FDA 对其产品进行监管的法律体系自上而下分为三个层级，即法律、法规和机构文件。其中法律由美国国会通过，对产品审批和监管提出了框架性要求；行政法规则是联邦机构依据法律的明确立法授权，制定的具有法律效力的运作规则；机构文件包括机构政策和程序、公共和内部指导、咨询意见等，均不具有法律效力，其中行业指导原则与各类产品监管最为密切相关，虽然不具有强制性，但是通常基于科学认知，经过了严格的论证和广泛征求意见，体现着当前美国 FDA 对相关内容的关键考虑，有助于澄清和解释法律法规，具有重要的参考价值。

1. 法律和行政法规层面

美国 FDA 主要遵循《联邦食品、药品和化妆品法案》（*Federal Food，Drug，and Cosmetic Act，FDCA*）[25] 和《公共卫生服务法案》（*Public Health Service Act，PHSA*）[26]，并依据《美国联邦法规》第 21 篇（21 *Code of Federal Regulations*，21 *CFR*）[27] 对药物产品（以及生物制品）执行审批和监管。FDCA 法案和 PHSA 法案均经历了多次修订，并被分别编入《美国法典》（the United States Code）的第 21 篇第 9 章和第 42 篇第 6A 章。

药物产品的审批和监管主要受 FDCA 要求的约束，以确保其安全性和有效性，而生物制品的许可除了受 PHSA 要求的约束，在 1997 年《食品和药品修正案和现代化法案》（*Food and Drug Amendments and Modernization Act*）对 PHSA 和 FDCA 进行修订后，也同时受 FDCA 大多数条款的约束，按照与药物产品相似的方式进行审批和监管，以确保产品的安全性、纯净和有效，同时确保产品的生产设施和指导过程符合法规要求并接受检查[28]。对于组合产品，即“由药物和医疗器械”“生物制品和医疗器械”“药物和生物制品”，以及全部由三个类别产品任意组合而成的产品，其适用的类别将参照 FDCA[25] 的 503（g）部分，根据主要作用机制（primary mode of action，PMOA）是化学、生物还是机械来源而确定。PMOA 在 503（g）部分被定义为“为组合产品提供最重要治疗作用的单一作用机制”。组合产品的申请将由美国 FDA 的组合产品办公室（Office of Combination Products，OCP）进行管辖权的分配，指定类别对应的中心负责审评，并在此过程中从其他相关中心和办公室获取支持。对于符合 FDCA 的 505（g）部分适用性要求的 OTC 专论药物，在满足非处方药的一般要求的情况下，则可以参照 FDCA 的 505 部分，不经过产品上市前审查和批准而进行合法销售[25, 29]。

与常规药物（以及生物制品）一样，涉及纳米技术的药物产品（及生物制品）遵循相同的法律、法规及政策指导，并根据法律中定义的类别，在类别适用的法律法规要求下，依照相同的机制和路径进行审批和监管[30]。基于 PMOA 被判定为药物（以及生物制品）的纳米技术组合产品，也将按照相应类别进行审批和监管。当涉及纳米技术产品在纳米尺度上高度集成了多种作用机制而难以量化或区分时，申请人可以向 OCP 寻求帮助[7]。此外，美国 FDA 鼓励 OTC 专论药物的制造商，参考美国 FDA 针对含纳米材料处方药物的开发、安全性评估和质量而提出的一般原则和具体考虑，并在生产和分销含有纳米材料的 OTC 专论药物之前与美国 FDA 会面[7]。

2. 指导原则层面

美国 FDA 针对纳米技术产品发布的指导原则也因发布者的层级和目的不同而形成了自上而下的框架体系（详见图 3–1）。

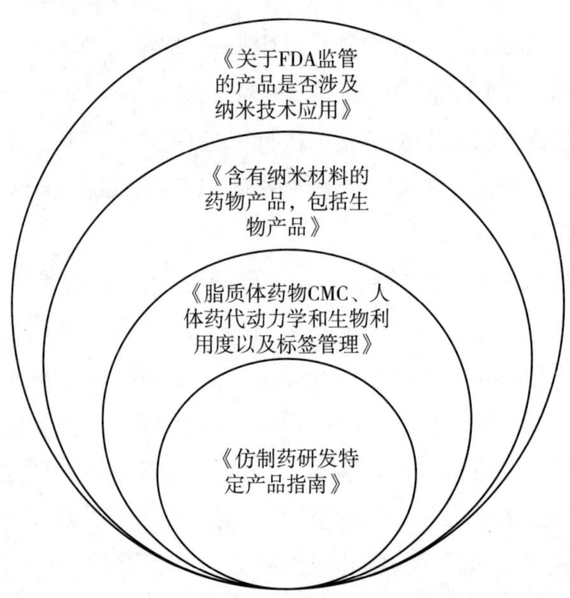

图 3–1 美国 FDA 针对纳米技术产品发布的指导原则体系示意图

（1）《关于 FDA 监管的产品是否涉及纳米技术应用》[6] 是美国 FDA 作为机构层级发布的总体框架性指导原则，除了适用于涉及纳米技术的药物产品（及生物制品），还广泛适用于美国 FDA 监管的其他产品，是美国 FDA 对涉及纳米技术的药物产品（及生物制品）进行监管的指导原则体系的基础，该指导原则的关键内容已在前文进行描述，在此不再赘述。

（2）《含有纳米材料的药物产品，包括生物制品》[7] 是 CDER 和生物制品评价和研究中心（Center for Biologics Evaluation and Research，CDER）作为中心层级发布的特定监管领域指导原则。针对食品、化妆品和动物食品等领域，美国 FDA 也曾发布中心层级的指导原则[31]。该指导原则侧重于探讨美国FDA依据FDCA和PHSA对纳米材料存在于最终剂型中的药物产品（以及生物制品）进行监管的相关考虑，并就产品的研发、上市前和上市后申请和监管提出建议，构成了美国FDA对涉及纳米技术的药物产品（及生物制品）进行监管的指导原则体系的主干，也针对纳米技术，为其他药物产品指导原则的内容提供了很好的补充[7]。

为了应对含有纳米材料的药物产品（以及生物制品）评价的复杂性，该指导原则指出评估潜在风险的合适框架应确保：①纳米材料的充分表征；②充分理解纳米材料的预期用途和应用，以及了解纳米材料属性与产品质量、安全性和疗效之间的关系，并据此提出了在产品全生命周期进行评估的基于风险的方法，同时列举了一些评估纳米材料时需要重点关注的风险因素（例如，材料结构及其功能表征的充分性；材料结构的复杂性；材料的理化性质影响其生物学效应的机制；基于材料理化性质的体内释放机制；已建立的体外释放方法对体内释放机制的可预测性；物理和化学稳定性；制造和分析方法相关纳米技术的成熟度；给药时材料的物理状态；给药途径；通过理化参数和动物研究而获得的溶解度、生物利用度、分布、生物降解、蓄积等信息的可预测性），以期能“持续减少残留的不确定性”。

针对产品质量相关内容，指导原则“质量建议”章节建议如下。

- 应在适合产品生命周期阶段的水平上通过叙述性描述和结构图示来充分描述产品信息（例如，尺寸、电荷、形态、组成和络合等）以及纳米材料的功能（例如，作为活性成分、作为载体、用于溶解活性成分、用于靶向和递送等），并在表征数据的支持下，随着产品研发进展酌情修订。
- 应利用风险评估，将纳米材料的结构－功能关系与在开发过程中需要评估的属性联系起来，并在制造过程或者最终产品剂型开发发生变更时加以控制。
- 纳米材料的关键质量属性（critical quality attribute，CQAs）是产品特异性的，很可能同时包括纳米材料的特定属性以及其他非特定属性，对于最终产品的质量、安全性和有效性具有潜在影响。所有药物产品中的纳米材料，均应在上市前申请中报告化学成分、平均粒径、粒径分布、一般形状和形态（长宽比）以及物理化学稳定性等属性。其他需要报告的属性则取决于药物产品的特性（例如给药途径）、适应证和患者人群。
- 在使用特定方法进行物理化学表征时，应考虑方法的适用性、是否存在其他补充方法、取样的代表性，以及样品制备过程可能造成的影响，所选择标准化方法的充分性应被证明是合适的。此外，还应按照美国FDA的指导原则《药物和生物制品的分析程序和方法验证》(*Analytical Procedures and Methods Validation for Drugs and Biologics*)[32]的建议，提供相应确认和验证的规程。

- 理想情况下，经过充分验证的溶出/体外释放研究方法能够区分与关键临床批次生物不等效的批次。应在申请中详细说明拟采取的溶出/体外释放检测方法以及方法建立的相关参数。药物释放曲线应完整，应达到平台期(连续三个时间点无显著增加)，且至少释放活性成分标记量的85%，如果释放不完全，应提供数据解释原因。需要过滤的溶出方法有可能不适用于含有纳米材料的制剂，应谨慎或在适当修改方法的基础上使用。如果申请人开发了新的溶出/体外释放研究方法，则需要与美国FDA就方法的科学合理性、可行性和方法验证进行沟通和咨询。
- 根据FDCA第501(a)(2)(B)部分规定，所有含纳米材料的药物产品必须遵循现行的良好生产规范(current Good Manufacturing Practice，cGMP)进行生产。申请人必须依靠制造经验，并通过提高对潜在风险的理解来不断改善制造过程和相关风险控制策略。分析方法、制造工艺、规模和制造地点的变更可能会使早期研发批次与大型商业规模批次的衔接变得困难，应确保从所有批次中留足样品，以便将来通过新的或补充方法进行任何分析。
- 纳米材料可能会作为辅料存在于药物产品中，且可能发挥特定功能来确保或增强产品属性。当辅料的材料属性是与产品性能相关的控制策略的关键要素时，其特性需要根据其功能和预期用途进行全面表征。对于一些经常用作辅料以提高加工和制剂性能的纳米材料，如果之前在与预期用途相关的情况下，曾有过暴露于人体的记录，其对产品安全性和有效性构成的风险可能较低，但其功能对产品的整体质量仍然很重要。美国FDA现有的指导原则《药用辅料安全性评价的非临床研究》(*Nonclinical Studies for the Safety Evaluation of Pharmaceutical Excipients*)[33]适用于刻意将辅料改造成纳米材料的情况，如果有关暴露水平、暴露持续时间和给药途径的现有安全性数据不能充分证明纳米材料的安全性，应对纳米材料进行充分的安全性评估。在辅料被刻意改造成纳米材料或掺入纳米材料中的情况下，建议申请人就对材料的潜在暴露和安全性的任何影响与美国FDA协商。
- 美国FDA现有的与稳定性相关的一系列指导原则[34-37]，同样适用于含有纳米材料药物产品。研发人员应考虑患者在用药前各个环节中影响产品性能的潜在因素。稳定性研究应包括在产品处理和存储过程中，对材料物理和化学变化的评估。如果药物产品必须在使用前被稀释，FDA 可能会要求在临床相关浓度和相关储存条件下进行使用中（in-use）稳定性研究。

在上市后也可能对含有纳米材料的药品进行中等或重大变更，变更前后可能需要进行 CQAs 的理化比较，甚至可能需要体内生物等效性研究，具体措施取决于变更带来的影响和产品的类型。针对非临床研究相关内容，指导原则的“药物产品非临床研究”章节包括以下内容。

- FDA 采纳的国际人用药品注册技术协调会（The International Council for Harmonisation of Technical Requirements for Pharmaceuticals for Human Use，ICH）指导原则以及 CDER 和 CBER 指导原则中，与药物产品及其组分的非临床安全性相关的内容一般同样适用于含有纳米材料的药物产品。
- 在进行吸收、分布、代谢和排泄（absorption，distribution，metabolism，and excretion，ADME）研究时，应考虑标记方法对纳米材料生物分布的影响，并确定纳米材料的生物命运及其对安全性的潜在影响。
- 应注意针对给药途径对纳米材料的影响进行评估。
- 如前文所述，应关注用于非临床研究的样品的代表性和分析方法的可靠性。
- 当已获批产品被刻意改造成包含纳米材料（活性或非活性成分）时，在满足其他监管要求的情况下，通常可以通过 ADME 研究和毒理学桥接研究来延用美国 FDA 对于已获批产品的安全性和有效性的调查结果（包括非临床信息）。应关注变更对 ADME 和毒性的任何可能影响，当纳米材料非活性成分时，应考虑设置仅包含纳米材料的治疗组，以评估其对观察到毒性的贡献。

指导原则的“临床开发”章节同样指出：含纳米材料的药物产品（以及生物制品）的临床开发，应遵循现有的与新药临床试验申请（investigational new drug application，INDA），新药上市申请（new drug application，NDA），简化新药上市申请（abbreviated new drug application，ANDA）和生物制品许可证申请（biologics license application，BLA）等提交有关的所有与临床安全性和有效性研究相关的政策和指导。该章节还专门介绍了含纳米材料的药物产品（以及生物制品）通过 505（b）（2）、505（j）或 351（k）途径开发的相应考虑。

- INDA 是衔接新药临床前研究与临床研究的中间环节，其审评主要侧重于安全性审评，以确保临床研究得以安全开展，需要申请人提供药学、动物药理学及毒理学等临床前研究证据以及详细的临床试验方案作为审评依据。FDA 对 INDA 采取默示许可的审批方式并实施动态监管，IND 审评通过后，申办者将按照临床研究计划，开展临床药理学研究、探索性及确证性临床试验等，进而获得证明药物产品安全性、有效性和质量可控性的关键数据。

- 对于提交上市申请的药物产品，FDCA 的 505 部分描述了两种不同的批准程序（即 NDA 和 ANDA）以及进一步细分的不同申请途径[25, 38]。

505（b）（1）途径，即根据 FDCA 505（b）（1）提交并根据 505（C）条件进行审评的 NDA，又被称为独立的（stand-alone）NDA，申请需要包含完整的安全性和有效性研究报告，因此，是创新药（包括含纳米材料的药物产品）申请上市所采取的经典途径。

505（b）（2）途径，也是根据 FDCA 505（b）（1）提交并根据 505（C）条件进行审评的 NDA，又被称为简化的（streamlined）NDA，是《1984 年药品价格竞争和专利期限恢复法案》（*Drug Price Competition and Patent Term Restoration Act of 1984*，亦称为 Hatch-Waxman 修正案）对 FDCA 进行修订后新增的上市申请途径，申请也需要包含完整的安全性和有效性研究报告，但至少用于审评所需的部分信息来源于非申请人开展或申请人开展但无权引用的研究，通常是基于已批准药物进行改良和获得新发现的药物产品申请上市所采取的途径。对于选择此途径申请上市的含纳米材料的药物产品，指导原则《含有纳米材料的药物产品，包括生物制品》[7]提出了实用的、层层递进的申请参考策略：对于纳米材料是治疗实体的药物，应对纳米材料进行药代动力学（pharmacokinetics，PK）和药效学（pharmacodynamics，PD）研究；对于纳米材料是治疗实体的载体的药物，则应对治疗实体进行 PK 和 PD 研究，并对纳米材料进行 PK 研究，同时留意纳米材料载体可能单独表现出的固有生物活性，以及对药物产品安全性和有效性的潜在影响。在考虑通过桥接方式使用已上市药品的信息来简化研发过程的研发计划中，指导原则建议采用基于风险的方法来确定开发中的含纳米材料的药物产品是否会在暴露、安全性和（或）有效性方面迥异于已上市药品，并举例展示了低、中和高风险药物产品的划分。对于低风险的含纳米材料的药物产品，基于血浆 PK 数据比较证明其呈现与目标药品可比的生物利用度可能就足以桥接目标药品的安全性和有效性信息。而对于中 / 高风险的含纳米材料的药物产品，应先开展评估 PK、PD 及耐受性的单次和多次给药研究，以对产品进行表征，其后再开展与目标药物进行比较的单剂量相对生物利用度研究。需要口服的纳米材料还应进行餐后单剂量相对生物利用度研究以提供充分的桥接依据。此外中 / 高风险的含纳米材料的药物产品可能还需要额外的研究以证明治疗实体的处置和暴露 - 效应关系在该产品和目标产品间是可比的，且应尽可能选择与疗效和毒性相关（最好是与临床结局相关的）的 PD 生物标志物。如果没有用于比较暴露 – 效应关系的合适 PD 生物标志物，或者含有纳米材料的药物产品或其类别有特殊的安全性或有效性问题，则需要额外开展临床研究比较安全性和有效性，可以选择非劣效设计或者选择非劣效性和优效的顺序设计，选择合理的临床终点（不一定需要与目标产品相同）。如果拟申请药物产品针对新的适应证寻求批准，通常也需要进行新的临床试验，以证明该适应证下的有效性和安全性。

505（j）途径，为根据 FDCA 505（j）提交并进行审评的 ANDA，也是 Hatch-Waxman 修正案对 FDCA 修订后新增的上市申请途径，申请需要包含信息，以证明拟申请上市的药物与先前批准的药品有完全相同的活性成分、剂型、规格、给药途径、标签信息、质量、特性和预期用途等，主要适用于仿制药。该途径的相关内容以及指导原则《含有纳米材料的药物产品，包括生物制品》针对 505（j）途径的考虑将在《美国关于纳米仿制药物的审批和监管的法规》中进行详述。

对于提交上市申请的生物制品，PHSA 的 351 部分也描述了两种不同的批准程序，即 BLA［又称为 351（a）途径］和地位类似于 ANDA 的简化程序 351（k）。

BLA 途径是类似于 NDA，与 NDA 并行的大部分生物制品（包括含纳米材料的生物制品）所采用的一般上市申请路径，同时受 PHSA 的 351 部分和 FDCA 第 505 部分所约束，同样基于药物生产的 GMP 数据，非临床研究、临床研究结果等全部支持证据而提交，且需要证明申报的生物制品是“安全，纯净和有效的”，并且制造、加工、包装和保存设施符合适用的标准。值得注意的是，目前 CBER 和 CDER 均参与 BLA 的审评，具体分配依据于产品的属性。此外，因历史原因存在少部分生物制品，如胰岛素、生长激素，进行了 NDA 审评而非 BLA 审评。

351（k）途径，是根据 PHSA 351（k）提交并进行审评的生物类似药和（或）可互换产品的上市申请途径，即《生物制品价格竞争和创新法案》（Biologics Price Competition and Innovation Act，BPCIA）对 PHSA 修订后所新增。《含有纳米材料的药物产品，包括生物制品》[7] 提出：含有纳米材料的生物参考产品的生物类似物在开发时同样应遵循美国 FDA 当前的一系列生物类似物指导原则[39]，应将纳米材料对产品安全性、纯度和效力的贡献作为产品开发和生物相似性或互换性证明的一部分来进行评估，并鼓励申请人在开发含纳米材料的生物类似物期间尽早与美国 FDA 沟通。

除了上述标准的审批环节外，为了加快严重或威胁生命的疾病的治疗药物供应，美国 FDA 还开发了四种特殊的审评、审批制度，即“快速通道”（Fast Track）、突破性疗法（Breakthrough Therapy）、加速审批（Accelerated Approval）和优先审评（Priority Review）[40]。目前已有含纳米材料的药物产品（以及生物制品），因为用于严重或威胁生命疾病的治疗而受益于上述特殊审评、审批制度，近期最典型的例子包括证获批的两种 mRNA 疫苗和一些研发中的治疗药物[41]。

除审评审批相关内容外，指导原则的“临床开发”章节还就生物分析方法，与人体生物材料相互作用的体外检测方法以及免疫原性等主题提出建议。

- 在接收含纳米材料的药物产品给药后，应在适当的生物基质中对原药和主要活性代谢产物进行检测。通常应使用经过验证的、有特异性的、高敏感度的方法，直接或间接对总药物浓度、游离药物浓度和纳米材料相关药物浓度分开检测。
- 对于作用于全身的纳米材料，应考察其在血浆及血液中的稳定性，以及其与血液和血清的生物相容性。
- 此外，应根据免疫反应的潜在严重程度及其发生的可能性，自产品研发早期开始，在产品的整个生命周期（包括产品和/生产程序优化变更等阶段）使用基于风险的方法，持续对免疫原性风险进行评估，具体方法可以参考美国 FDA 指导原则《治疗性蛋白产品的免疫原性评估》（*Immunogenicity Assessment for Therapeutic Protein Products*）和 ICH 指导原则 S8《人用药物免疫毒性研究》[42, 43]。生物制品中的非生物纳米材料，也有可能发挥佐剂特性而改变生物制品的免疫原性，因此也需要进行专门的评估。

指导原则的最后章节“对环境影响的考虑”指出，鉴于当前纳米材料对环境影响的科学知识也在不断发展，CDER 和 CBER 同样使用逐案分析的方法来确定包含纳米材料的药物产品是否需要提交环境影响评估（environmental assessment，EA）或排除类型声明（claim of categorical exclusion）。并在提交 EA 的情况下，评估确定申请人拟采取的行动是否可能显著影响人类环境的质量。美国 FDA 将根据评估情况，准备环境影响声明（environmental impact statement，EIS）或准备无重大影响报告（finding of no significant impact，FONSI）。

（3）《脂质体药物 CMC、人体药代动力学和生物利用度以及标签管理》[20] 是 CDER 在药物产品监管领域发布的第一个针对特定纳米材料类型的指导原则，对含有纳米材料的脂质体在提交 NDA 或 ANDA 时所需提供的信息给出了一些具体的建议，指导原则侧重于对脂质体药物的特有技术问题的讨论，但未就临床有效性和安全性研究以及非临床药理学/毒理学研究及药物－脂质复合物提供建议。

此外，美国 FDA 还发布了产品个体层级的仿制药研发产品个案指导原则（Product-specific guidance，PSGs）和 PSG 草案，为特定产品仿制药的开发提供更具体的建议。在美国 FDA 网站上，可以通过药物活性成分查询等方法可以在数据库中找到对应的指导原则或指导原则草案[44]。例如发布了脂质体药物特定产品指导原则草案的药物活性成分，包括盐酸阿霉素（doxorubicin hydrochloride），枸橼酸柔红霉素（daunorubicin citrate），两性霉素 B（amphotericin B），盐酸伊立替康（irinotecan hydrochloride），维替泊芬（verteporfin），布比卡因（bupivacaine）。

除法律、法规和机构文件外，标准制定组织指定的标准文件，也是美国 FDA 在对涉及纳米技术的药物产品（以及生物制品）进行审评和监管时的重要依据，美国 FDA 已使用此类标准来开发和（或）评估剂型的性能特征、测试方法、生产实践、产品标准、科学方案、合规标准、成分规格、药品标签和其他技术或政策标准。可以说，标准的制定和使用是美国 FDA 执行其使命不可或缺的一部分[45]。迄今为止，在纳米技术领域，美国 FDA 认可的共识标准已经由 2016 年的 3 条增至 20 条，其中 ISO 标准 11 条，ASTM 标准 9 条[46]。美国 FDA 的 NanoCore 也参与制定了多个标准，例如 ASTM E3143-18b（脂质体的冷冻透射电子显微镜检查的标准实施规程）、E3238-20（体外定量测量纳米颗粒材料的趋化能力的标准测试方法）、E3275-21［使用暗视野显微镜 / 高光谱成像（DFM/HSI）分析，对生物和非生物基质中的纳米材料进行可视化和识别的标准指南］、E3297-21［使用带电气溶胶检测器（CAD）的高效液相色谱法（HPLC）对脂质体制剂中的脂质进行定量的标准测试方法］、E3323-21［使用具有蒸发光散射检测器（ELSD）的高效液相色谱（HPLC）对脂质体制剂中的脂质进行定量的标准测试方法］以及 E3324-22［使用具有三重四极杆质谱（TQMS）的超高效液相色谱（UHPLC）对脂质体制剂中的脂质进行定量的标准测试方法］等[47]。此外，还有多个美国 FDA 参与的标准正在制定过程中。

（四）纳米药物监管部门

如上文所述，美国对于纳米药物监管并未设立独立的监管部门。涉及纳米技术的药物产品（以及生物制品），与其他药物产品和生物制品一样，由美国 FDA 及其下属的相应部门进行监管。

美国 FDA 是隶属于美国人类和健康服务部（Department of Health & Human Services，DHHS）的下设机构之一。为了推进其保护和促进公众健康的使命，并应对快速创新给跨行业监管带来的挑战，从 2019 年 3 月 31 日起，美国 FDA 实施了机构重组[48]，针对具体的监管产品领域下设了 7 个中心，分别为药物评价与研究中心、生物制品评价与研究中心、医疗器械和放射健康中心、肿瘤卓越中心、食品安全与应用营养中心、烟草制品中心和兽医医学中心。此外，局长办公室还下设了多个办公室，分别为首席法律顾问办公室、局长顾问办公室、执行秘书处办公室、数字化转型办公室、监管事务办公室、临床政策和项目办公室、外部事务公室、食品政策和应对办公室、少数族裔健康和健康公平办公室、业务办公室、政策、立法和国际事务办公室、首席科学家办公室和妇女健康办公室[49]。

其中与涉及纳米技术的药物产品（以及生物制品）密切相关的中心包括药物评价与研究中心、生物制品评价与研究中心、医疗器械和放射健康中心和肿瘤卓越中心。

1. 药物评价与研究中心

药物评价与研究中心（Center for Drug Evaluation and Research，CDER）[50]是涉及纳米技术药物产品（以及部分生物制品）最主要的监管部门，其主要负责监管非处方药和处方药（包括生物治疗药物和仿制药）。含氟牙膏、止汗剂、去屑洗发水和防晒霜都被认为是药物，也属于CDER的监管范围。CDER下设13个办公室，分别为中心主任办公室、通讯办公室、合规办公室、执行计划办公室、仿制药办公室、管理办公室、医疗政策办公室、新药办公室、药品质量办公室、监管政策办公室、战略计划办公室、监测和流行病学办公室、转化科学办公室。其中与纳米药物监管直接相关的主要办公室及其相应职责举例如下。

（1）新药办公室[51] 新药办公室的职责包括：①为药物开发期间的研究提供监管监督。②根据新药（创新药或非仿制药）的上市申请做出决策，包括与已上市产品变更相关的决策。③根据各种临床、科学和监管事项向受监管行业提供指导。④与制药行业沟通，实现更高效的药物研发的共同目标。⑤监督“21世纪审查倡议”，这是CDER在进行药物审查时遵循的一套绩效标准。该倡议的目标是使药物审查过程是有组织且完整的，并确保听取所有决策者的意见。⑥更新和维护Drugs@FDA数据库，其中包含自1939年以来大部分美国FDA批准的人用原研和仿制处方药、非处方（OTC）药物和生物治疗产品的信息；维护和更新有关当前药品短缺的信息，并回答有关药品短缺的常见问题。⑦维护一个可搜索药物和生物制品上市后研究和临床试验的数据库。⑧规范非处方药和人用处方药的药物标签，以确保它们包含安全有效使用药物所需的基本科学信息。

（2）仿制药办公室[52] ①审查仿制药的批准申请（称为新药申请或ANDA）；②作为申请人与美国FDA仿制药计划之间的联络中心；③就与仿制药相关的各种临床、科学和监管事项向行业提供指导和监管；④确保美国FDA履行仿制药用户费用修正案审查承诺；⑤开展和管理研究以支持GDUFA监管科学计划；⑥与外部利益相关者（例如医生、药剂师、患者和患者倡导团体）互动，以调查关于仿制药的不良事件或治疗不等效的报告。

（3）合规办公室[53] ①通过设施检查、产品测试和其他上市前和上市后合规活动监控人用药物的质量；②确保美国FDA批准系统中的药物具有可靠的安全性和有效性证据，临床试验中的人体受试者受到保护，药物符合上市后的安全要求；③制定政策和合规策略，以帮助确保非处方药和处方药正确标签并满足药品审批要求；④协调药品召回的评估和分类，并与全球美国 FDA 办事处合作实施召回；⑤监督并协助缓解涉及合规问题的药物短缺；⑥为世界各地的美国 FDA 办事处提供有关开展潜在调查和监管行动的支持和指导；⑦维护电子药品注册和上市数据库，并努力确保数据库中的信息是最新的和准确的。

（4）医疗政策办公室[54] 提供有关处方药促销的指导和政策制定，并审查处方药广告和促销标签，以确保材料中包含的信息不存在虚假或误导性。

（5）药品质量办公室[55] ①建立一致的、以患者为中心的质量标准；②将药物申请的评估与生产设施的评估相结合，从而实现单一、更明智的质量评估；③确定需要采取纠正措施的质量问题，并在需要做出执法决定时与其他美国 FDA 办公室密切合作；平衡潜在的质量风险和患者不服药的风险。

（6）监管政策办公室[56] 制定和审查与人用药物监管相关的法规、指南和其他文件。

（7）监测和流行病学办公室[57] ①对所有已上市的药物和治疗性生物产品进行上市后安全监测；②开展积极的药物安全监测；③审查与药物安全相关的流行病学研究方案和研究报告；④确保申办者的上市后要求符合流行病学的最佳实践，并能提供有力和可操作的证据，为初步批准后的监管决策提供信息；⑤与制药公司合作，尽量减少与药品标签、包装、设计和专有名称相关的用药错误，包括使用错误；评估风险缓解策略的需求并审查建议的 REMS、REMS 修改、评估 REMS 的方法和 REMS 评估的结果。

（8）转化科学办公室[58] ①促进整个 CDER 在药物监管审查方面的科学合作和创新；②确保临床试验设计和分析在监管决策中的有效性；③在监管审查过程中制定和应用定量和统计方法进行决策；④监督生物利用度 / 生物等效性和非临床检查，以帮助确保安全有效的新药和仿制药的可及性。

2. 生物制品评价与研究中心

生物制品评价与研究中心（Center for Biologics Evaluation and Research，CBER）[59]是部分涉及纳米技术生物制品的监管部门，主要监管如过敏原制品、血液和血液制品、细胞和基因疗法、组织和基于组织的产品、疫苗和异种移植产品，此外还监管一些医疗器械，包括选定的体外诊断设备和在护理点生产生物制品的设备，以及与血库或细胞疗法相关的少量药品。CBER 下设有 9 个办公室，分别为中心主任办公室、监管行动办公室、生物统计和药物警戒办公室、沟通、外联和发展办公室办公室、管理办公室、血液研究和审评办公室、疫苗研究和审评办公室、合规与生物质量办公室、组织和先进疗法办公室，在此不做详细的介绍。

3. 肿瘤卓越中心

肿瘤卓越中心（Oncology Center of Excellence，OCE）[60]主要参与部分涉及纳米技术肿瘤药物产品（以及生物制品）的快速审评。该中心经2016年《21世纪治愈法案》（21st Century Cures Act）授权，于2017年1月19日成立，联合美国FDA的专家对肿瘤和血液系统恶性肿瘤的医疗产品进行快速审查，同时还领导各种研究和教育外展项目和计划，以促进癌症患者医疗产品的开发和监管。

4. 医疗器械和放射健康中心

医疗器械和放射健康中心[61]（Center for Devices and Radiological Health，CDRH）对于涉及纳米技术的药物产品（以及生物制品），更多的是协助审评，尤其是在面对组合产品时，其主旨是保证患者和提供者能够及时和持续地获得安全、有效和高质量的医疗器械和安全的辐射产品。

与涉及纳米技术的药物产品（以及生物制品）密切相关的办公室主要包括监管事务办公室，以及临床政策和项目办公室。

（1）监管事务办公室（Office of Regulatory Affairs，ORA）[62]是所有美国FDA现场活动的牵头办公室，保持对美国FDA各监管的行业的监督，主要负责对生产美国FDA监管产品的公司和工厂进行检查；调查消费者投诉、紧急情况和犯罪活动；美国FDA法规的执行；样品采集和分析；进口产品审查，并与所有美国FDA产品中心和联邦、州、地方、部落、地区和外国监管公共卫生对口机构合作，实施立法授予的新权限，为质量改进制定监管计划标准，建立安全系统和协调应急通信，开展基于风险的进口产品监控。

（2）临床政策和项目办公室（The Office of Clinical Policy and Programs，OCPP）[63]主要通过机构内合作，针对组合产品、符合伦理的临床研究开展、孤儿产品开发、患者参与和儿科治疗等方面，为患者推广安全、有效和创新的医疗产品。前文所述的对涉及纳米技术的组合产品进行管辖权分配的组合产品办公室（Office of Combination Products，OCP）即隶属于该办公室。此外，隶属于OCPP的孤儿药产品研发办公室和儿科治疗办公室，也分别在各自治疗领域，协助相应中心进行纳米技术药物产品（以及生物制品）的审评和监管。

二、美国关于纳米仿制药物的审批和监管的法规

与传统的小分子药物相比，涉及纳米技术的药物无论是在成分、结构还是作用机制方面，都明显要复杂得多。对于传统小分子药物的评估而言，治疗实体

（即活性药物成分）是需要重点关注的问题，而在含有纳米材料的药物产品中，纳米材料有可能是治疗实体，也可能作为治疗实体的载体，例如通过复杂的制造工艺，使用脂质、碳水化合物、聚合物、缀合物、树枝状大分子等制成的各种纳米工程药物系统，即使制造中的微小变化也有可能会影响产品的生物学特性。因此，对纳米药物本身进行充分表征就是一项很困难的事情，相应的，合理评价其“后续版本”产品，甚至确定其与已上市的目标参考药品之间的等效性标准，也就成为了更加复杂和具有挑战性的事项。接下来将从纳米仿制药物的定义、监管历史、审批和监管法规以及监管部门等方面介绍美国关于纳米仿制药物的审批和监管的法规。

（一）纳米仿制药物的定义

美国至今对纳米药物并未出台明确的监管定义，因此纳米仿制药物同样没有的明确监管定义也就无从谈起。由于没有明确的监管定义，与涉及纳米技术的药物产品一样，美国 FDA 对于这些药物产品的可能的“后续版本”，也更加倾向于采用灵活的逐案分析的方法来进行审评，以适应其复杂性和多样性。

当前在讨论纳米仿制药这一主题时，可以尝试综合美国 FDA 对于仿制药的定义，以及指导原则《关于 FDA 监管的产品是否涉及纳米技术应用》中的阐述。

美国 FDA 将仿制药定义为一种与已上市的原研药（brand-name drug）在剂型、安全性、规格、给药途径、质量、性能特征及预期用途等方面相同的药物产品[64]。仿制药的制药企业必须向美国 FDA 提交 ANDA，并在 ANDA 审评获得批准后才可以将其上市销售。符合 ANDA 批准条件的仿制药，除了需要证明定义中的要素相同外，还需要证明[64]以下内容。

（1）活性成分与原研药或创新药相同。

（2）所有非活性成分是可以接受的，且仿制药和原研药之间，非活性成分的差异对药物的功能没有影响。

（3）通过稳定性试验证明仿制药与原研药一样可以持续相同的时间。

（4）与原研药符合同样严格的生产标准。满足相同批次对鉴别、规格、纯度和质量的要求，且制造商可以始终按照一致的标准进行生产。

（5）药品运输和销售时使用的容器是合适的。

（6）与原研药的标签相同；例外情况包括：如果原研药被批准用于多个适应证，并且某些适应证受到专利或独占权的保护，仿制药标签可以在不缺失安全使用所需信息的前提下，省略受保护的适应证；公司名称和批号也可以不同。

（7）通过 ANDA 程序，仿制药只能被批准用于不受专利或独占权保护的原研药已获批的适应证。如果专利和独占权保护期未过，美国 FDA 只能延迟批准申请，一经批准，仿制药产品通常被认为可以完全替代相应的参比制剂，即具有“可互换性”。

一般来讲，纳米仿制药至少需要满足上述仿制药的基本定义，同时还应符合指导原则《关于 FDA 监管的产品是否涉及纳米技术应用》[6]中提到的两个要点，即材料或终产品是否被设计为至少有一个外部尺寸、内部或表面结构在纳米级范围内（约 1~100nm）；材料或终产品是否被设计为展现出可归因于其尺寸的特性或现象，包括物理或化学特性或生物效应，即使其尺寸超出纳米级范围，最高可达 1μm（1000nm）。

涉及纳米技术的生物制品的“后续版本”，同样面临审评和监管的挑战，美国 FDA 对其目前监管基本沿用生物类似物的监管体系。尽管根据 FDCA 第 201（g）部分对于药物的定义，生物制品也符合广义上“药物”的定义（事实上，美国 FDA 监管的所有医疗产品均符合该定义），但仿制药和生物类似物有着明显的区别和截然不同的定义。因此，涉及纳米技术的生物类似物或者生物制品的“后续版本”的相关内容在本节不再赘述。

随着学术界、产业界以及监管机构对于纳米科技认知的不断深入，在更好的体内和体外表征策略和检测方法的基础上，也许可能会有更加明确的监管定义出台，但是在这之前所能做的，可能也仅仅是通过不懈的努力来尽可能弥合监管和科学之间的差距。同样为了方便读者，在本章中提到的“纳米仿制药物”一词，也将笼统的包括其他所有相关词汇的含义，而在对机构的官方文件进行介绍时，将使用该文件指定的词汇。

（二）纳米仿制药物监管历史

在美国 FDA 发表的回顾性文章[11]中，几乎从 ANDA 程序启动伊始，即开始有含纳米材料的药物产品制造企业向 FDA 递交 ANDA。1970~2015 年，该文章统计到的 ANDA 数量达到 63 个，其中有 27 个 ANDA（43%）最终获得批准。值得注意的是，在这些 ANDA 中，并非所有的参比制剂本身都含有纳米材料，且仅有一部分产品在 ANDA 审评时被严格指定了活性或非活性成分的粒径。该文章所提供的分析，生动地展现出了这些年来，美国 FDA 在面对早期的含有纳米材料的仿制药，例如前文提到的盐酸阿霉素脂质体注射液和复合葡萄糖酸钠铁注射液的仿制药时，基于现有的法律框架，根据产品特点和证据权重逐步逐案审评，灵活决策的探索历程。

2016 年 5 月，在美国 FDA 发布的《仿制药使用者付费法案Ⅱ》(Generic Drug User Fee Act Ⅱ，GDUFA Ⅱ)承诺函[23]中初次提出了复杂药物(Complex product)的定义，即一般包括：①具有复杂活性成分的产品：[(例如，肽、聚合物、活性药物成分的复杂混合物、天然来源的成分)；复杂配方(例如脂质体、胶体)；具有复杂的递送途径(例如，局部作用的药物如配制为混悬剂、乳剂或凝胶剂的皮肤科产品、复杂眼科产品和耳用剂型)；或复杂剂型(例如，透皮剂、定量吸入器、缓释注射剂)]。②复杂的药物 - 器械组合产品(例如，自动注射器、定量吸入器)。③可能受益于早期科学参与的，在批准途径或可能的替代方法方面存在复杂性或不确定性的其他产品。

正如前文所述，很多涉及纳米技术的仿制药都可划入复杂产品的分类下。美国 FDA 针对这些复杂产品的仿制药开发，建立了 ANDA 提交前(pre-ANDA)计划，其目标是在产品开发的早期通过书面交流和会议澄清对潜在申请人的监管期望，协助申请人提交完整申请，提高 ANDA 程序的审评效率，并减少获得 ANDA 批准所需的审查周期。虽然美国 FDA 尚未将纳米仿制药作为大类进行监管和指导，但借由对复杂产品的仿制药所提供的一系列政策和指导，美国 FDA 对纳米仿制药物研发的指导，在单个 PSGs 的基础上又前进了一大步。

2017 年 12 月，在对审评数据库中信息进行了充分的整合分析后，美国 FDA 发布了《含有纳米材料的药物产品，包括生物制品》的指导原则草案，并针对该草案向社会公众广泛征求意见。指导原则承认了含纳米材料药物产品的复杂性，并在其中就相应的仿制药研发策略提出了一些整体上的建议。该指导原则草案的提出，是 FDA 对纳米仿制药物研发指导方式的又一大补充。

同月，美国政府问责办公室(Government Accountability Office，GAO)应国会要求，提交了题为《仿制药：FDA 应公布其发布和修订非生物复合药物指导原则的计划》(Generic Drugs：FDA Should Make Public Its Plans to Issue and Revise Guidance on Nonbiological Complex Drugs)的报告，以敦促美国 FDA 对非生物复杂药物(Nonbiological Complex Drugs，NBCDs)仿制药的研发指导采取积极行动[65]。该报告基于全面的文献检索，详细评估了美国 FDA 当时对 NBCDs 仿制药的监管途径，其中列举的大多数 NBCDs 均为涉及纳米技术的药物。报告全文于 2018 年 1 月向社会公布，并收到了时任美国 FDA 局长 Scott Gottlieb 的积极回应。Scott Gottlieb 在回应[66]中指出，美国 FDA 虽然没有正式认可将 GAO 报告中描述的 NBCDs 作为一大类单独的药物产品，但一直在努力寻找方法来最大限度地提高“复杂仿制药”(Complex generics)在科学和监管方面的清晰度。美国 FDA 对复杂仿制药研发的持续关注，也相应地推动了纳米仿制药物行业的发展。

2018年初，美国FDA作为主要成员之一的国际药品监管机构论坛（International Pharmaceutical Regulators Forum，IPRF），与国际仿制药监管机构计划（the International Generic Drug Regulators Programme，IGDRP）合并成立国际药品监管机构计划（International Pharmaceutical Regulators Programme，IPRP）。IPRP的纳米药物工作组在近几年的运作中，始终把仿制纳米药物的监管（nanosimilars）作为重点关注的主题之一[67]。

2018年9月，美国药物科学家协会（American Association of Pharmaceutical Scientists，AAPS）召开了年度指导原则论坛，来自产业界，学术界和监管机构的参与者对《含有纳米材料的药物产品，包括生物制品》的指导原则草案进行了深度讨论。来自美国FDA的审评专家在研讨会上指出：使用传统的仿制药批准范式"药学等效（pharmaceutically equivalent，PE）+生物等效（bioequivalence，BE）=治疗等效（therapeutic equivalence，TE）"来监管涉及纳米技术的药物产品可能会面临挑战，因为很多涉及纳米技术的药物产品很难建立PE和（或）BE。美国FDA目前正在采用一种逐案处理的方法，就如何证明PE和（或）BE，向通过505（j）途径提交ANDA的申请人提供基于产品类别（例如，脂质体药物）或特定药物产品的建议[68]。

同年10月，美国FDA局长Scott Gottlieb发表了题为《朝着全球批准仿制药的目标前进：FDA提出了协调全球仿制药科学和技术标准的关键第一步》（*Advancing Toward the Goal of Global Approval for Generic Drugs*：*FDA Proposes Critical First Steps to Harmonize the Global Scientific and Technical Standards for Generic Drugs*）的声明[69]，倡导促进一般和复杂仿制药研发的科学和技术标准的国际协调，以实现通过单一的全球药物研发计划，利用申请的共同要素，在多个市场同时申请批准。

2020年8月，美国FDA授予马里兰大学和密歇根大学五年的资助，建立了复杂仿制药研究中心（Center for Research on Complex Generics，CRCG）。该中心旨在加强与仿制药行业的研究合作，通过美国FDA、仿制药行业和利益相关者之间的合作研究、培训和资源交流，以期增加安全和有效的复杂仿制药（包含一些涉及纳米技术的药物）的可及性[70]。

2021年7月，美国FDA和EMA正式启动了一项同步科学建议试点项目，讨论有关混合/复杂仿制药的具体问题，为实现复杂仿制药研发的科学和技术标准的国际协调试水[24]。此外，美国FDA还建立了一个多国论坛，即仿制药集群（Generic Drug Cluster），以实现成员机构对仿制药监管要求的共同理解，并帮助提高科学方面的一致性[71]。

2022年4月，美国FDA发布了指导原则《含有纳米材料的药物产品，包括生物制品》的最终版本[7]，其中美国 FDA 针对含纳米材料产品 ANDA 申请的当前想法将在下一节进行详细介绍。

2022 年 10 月 5 日，美国 FDA 发布了首次修订后的指导原则《GDUFA 下，FDA 与 ANDA 申请人之间关于复杂产品的正式会议》（*Formal Meetings Between FDA and ANDA Applicants of Complex Products Under GDUFA*）[72]，该指导原则在 2020 年 11 月同名指导原则的基础上，纳入了美国 FDA 在 2021 年 10 月发布的 GDUFA Ⅲ承诺函[73]中关于复杂产品会议类型和绩效目标的信息。符合复杂仿制药定义的，涉及纳米技术的仿制药产品在与美国 FDA 沟通交流和进行 ANDA 申请时，可以充分参考该指导原则。

2022 年 10 月 11 日，美国 FDA 召开了“纳米日”研讨会（FDA NanoDay Symposium 2022），其中美国 FDA 仿制药办公室的 Darby Kozak 进行了题为《含有纳米材料的仿制药产品的开发和表征》讲座，在仿制药研发和审评的背景下讨论指导原则《含有纳米材料的药物产品，包括生物制品》，并重点介绍了一些近期批准的含有纳米材料的仿制药[74]。

（三）纳米仿制药物审批和监管法规

从前文监管历史的描述中可以看出，当前 FDA 在对涉及纳米技术的仿制药进行审批和监管时，仍然遵循现有的法律框架体系，以仿制药现有的简化新药上市申请审评程序和监管措施作为基础，并同时参照复杂仿制药相关的政策和指导原则、针对含有纳米材料药物的指导原则《含有纳米材料的药物产品，包括生物制品》、针对特定产品类型的指导原则《脂质体药物 CMC、人体药代动力学和生物利用度以及标签管理》（如适用），以及产品个案指导原则（如有）。

一般情况下，纳米仿制药物的申请人可以根据 FDCA[25]的 505（j）部分，提交 ANDA 以寻求仿制药的批准。ANDA 依赖于美国 FDA 确定的之前批准的药物产品，即参比制剂（reference listed drug，RLD），是安全有效的。ANDA 申请人需要证明：①仿制药产品与 RLD 生物等效，即当在相似的实验条件下以相同摩尔剂量的治疗成分在单剂量或多剂量下给药时，仿制药产品的吸收速率和程度与参比制剂的吸收速率和程度没有显著差异；②仿制药产品具有与 RLD 具有相同的活性成分、使用条件（已获批）、给药途径、剂型、规格和说明书（有某些允许的差异，详见“（一）纳米仿制药物的定义”），且有充分的信息确保对产品的鉴别、规格，纯度和质量有着同样严格的要求。

对于符合复杂产品定义的纳米仿制药物，《GDUFA 下，FDA 与 ANDA 申请人之间关于复杂产品的正式会议》[72]提供了 ANDA 申请人与 FDA 通过 pre-ANDA 计划（包括产品开发会议和申请提交前会议）以及 ANDA 评估计划［包括中期审查会议（mid-cycle review meetings，MCRMs）、增强中期审查会议（enhanced mid-cycle review meetings，EMCRMs）以及完整回应函（post-complete response letter，CRL）后科学会议］进行正式会议的统一指导信息。指导原则对上述各种会议的目标进行了梳理，并详细地阐述了各种会议提出所需的条件、会议申请、预约、取消和再预约的流程、会议资料的准备和提交要求、会前沟通交流和会议的召开程序，会议纪要的发布以及相关争议解决方式。申请人可根据仿制药产品的研发情况和阶段选取并提交合适的会议申请，在获取美国 FDA 持续和强有力建议的基础上，提高仿制药品研发及 ANDA 申请的效率。

《含有纳米材料的药物产品，包括生物制品》针对含有纳米材料药物产品的特点，对使用 505（j）途径提交 ANDA 的药物产品进一步给出了 CBER 和 CDER 中心层级相应的非约束性的建议。指导原则[7]指出，由于纳米材料制剂、药物释放机制、以及生物分布的多样性，包含纳米材料的仿制药物产品在产品研发和控制方面存在着一些特殊挑战。例如，纳米材料活性成分的异质性，辅料来源和控制的复杂性，复杂和漫长制造工序对纳米材料性质的影响，以及给药后治疗实体存在形式的多样性。因此，仅以常规生物等效性研究中血液 / 血浆中 PK 参数作为证据，很多时候不足以支持仿制药产品和参比制剂生物等效。因此在制定研发计划时，需要具体问题具体分析，将所采用的纳米材料的特性和给药途径纳入考虑。指南[7]的建议包括以下内容。

- 对于被认为是低风险的含有纳米材料的口服仿制药（例如，给药后立即恢复成分子成分的口服纳米晶体药物），一般建议同时开展禁食和餐后状态下的基于血液 / 血浆中药代动力学的 BE 研究。只要符合 BE 研究的设计要求和等效标准，即可用于支持仿制药和 RLD 之间的等效。详细设计还可参照美国 FDA 发布的新修订《ANDA 提交药物的以药代动力学为终点的生物等效性研究》指导原则草案[75]。
- 有些含纳米材料的口服药物产品，通过纳米材料提高了水溶性较差活性成分的生物利用度。当以这些药物作为参比制剂提交 ANDA 时，仿制药并不需要含有同样的纳米材料或者必须含有纳米材料，可以采用其他的替代策略来实现相同的生物利用度改善的目的。如果仿制药和 RLD 使用的纳米材料类型不同且可能影响胃肠道中纳米颗粒的分布，则应提供支持肠道集合淋巴结（Peyer's patch）或其他胃肠道组织的非特异性药物摄取的额外表征和证据。
- 对于非口服的含有纳米材料的仿制药，一般建议进行适当的体外评价以证明 BE，并在必要时进行体内 BE 研究。在一些情况下，对于非口服仿制药物，需要证明其与参比制剂含有相同浓度（Q2，定量等同）的活性成分（Q1，定性等同）。此外，可能还需要进行额外的检测措施，例如理化比较测试（如颗粒形态、颗粒尺寸和分布、表面电荷、体外药物释放、游离和纳米材料相关药物等），以确保仿制药与 RLD 具有相似的生物利用度。这些体外表征应在每种仿制药和参考药物产品的至少三个不同批次上进行，并使用适当的方法进行比较。应提供与药物从纳米颗粒释放有关的所有临床相关实体［例如游离药物和（或）纳米材料相关药物］的浓度时间曲线，以便能够准确评估仿制药的药代动力学。通常要求，基于适当和经过验证的生物分析方法，血液/血浆中游离药物和纳米材料相关药物的 PK 在仿制药和 RLD 之间应具有可比性。

- 含有纳米材料的药物产品的潜在多组分结构使药物递送设计具有很大的灵活性。美国 FDA 目前对这些多组分结构药物产品进行了审评，并在逐个产品的基础上制定了产品个案指南以供参考。

《脂质体药物 CMC、人体药代动力学和生物利用度以及标签管理》[20] 作为针对特定纳米材料类型的指导原则，也在其“人体药代动力学：生物利用度和生物等效性”部分针对仿制药研发进行了讨论，并就临床药理学和生物药剂学的设计和开展提出了一些相对具体的建议。指南中特别强调，在产品个案指导原则存在的情况下，申请人应重点参考产品个案指导原则，以获取证明与 RLD 等效所需的信息，并鼓励申请人通过 pre-ANDA 等方式，积极与美国 FDA 进行咨询和沟通。

产品个体层级的仿制药研发产品个案指导原则（Product-specific guidance，PSGs）和 PSG 草案已经在前文多次描述。截至 2022 年 10 月，美国 FDA 已经发布了 23 个涉及纳米技术的复杂眼科用或注射产品的 PSGs。

（四）纳米仿制药物监管部门

如上文所述，美国对于纳米仿制药物监管并未设立独立的监管部门。涉及纳米技术的仿制药，与其他仿制药产品一样，由美国 FDA 及其下属的相应部门进行监管。

仿制药的主要负责部门是 CDER 下属的仿制药办公室（Office of Generic Drugs，OGD），其职能已在前文进行了简单介绍。OGD 本身还下设了六个办公室，分别为：仿制药直属办公室、生物等效性办公室、仿制药政策办公室、监管业务办公室、研究和标准办公室以及安全和临床评估办公室。

其中，仿制药直属办公室[76]（Immediate Office，IO）主要负责为 OGD 及其他五个下设办公室提供监督、领导、战略指导和支持，其下属工作人员主要分为通讯、全球仿制药事务、项目管理和分析以及质量管理等四个团队。通讯团队负责监督和协调来自 OGD 的所有通讯，确保一致性和准确性，并担任 CDER 通讯办公室和美国 FDA 媒体事务办公室的媒体联络人；全球仿制药事务团队负责与内部和外部利益相关者合作，协调和支持 OGD 的全球参与活动；项目管理和分析团队负责管理 OGD 的行政运营、预算和设施管理，包括对人力资源和人事运营的服务和支持；质量管理团队则与 OGD 的员工合作，为与信息学、项目管理、培训和流程改进相关的事项提供支持。

生物等效性办公室（Office of Bioequivalence，OB）由直属办公室、三个生物等效性部门和生物等效性过程管理部门组成。生物等效性部门Ⅰ、Ⅱ、Ⅲ是主要的业务部门，负责评估药代动力学、药效学和体外数据以确保治疗等效，以及评估制剂的辅料安全性、相称性以及定性（Q1）和定量（Q2）相同性。三个部门通过与 OGD 内以及整个 CDER 和美国 FDA 的各个办公室合作，解决科学和监管挑战、产品安全、药品质量和证明生物等效性的方法。而生物等效性过程管理部门是主要的职能部门，负责领导和管理与生物等效性审查相关的所有过程，贯穿所有简略新药申请（ANDA）的药品生命周期，同时还协调和管理与生物等效性审查相关的内部部门审查团队的生物等效性工作量、会议管理和活动。

仿制药政策办公室（Office of Generic Drug Policy，OGDP）也有其自己的直属办公室，同时还下设有法律和监管支持、橙皮书出版和监管评估以及政策制定部门。法律和监管支持部门主要就仿制药申请相关的法律、监管和政策问题向 OGD 提供建议，跟踪并协助加快仿制药优先申请（例如，可能帮助解决突发公共卫生事件的仿制药的申请，单一来源仿制药、短缺产品、首仿药等）的审评，同时还就原研药和仿制药的专利和排他性事宜提供建议和决策，并确定仿制药批准的时间。橙皮书出版和监管评估部门负责出版和维护《具有治疗等效性的已批准药品》（*Approved Drug Products with Therapeutic Equivalence Evaluations*）（即橙皮书）。该出版物提供了一系列关于品牌和仿制药的信息，包括有关市场可用性、可替代性、药物专利和排他性的信息，并确保及时、准确地纳入了所有新药批准和多来源产品治疗等效性评估的相关信息。政策制定部门负责在影响仿制药产品监管的法规、指南、政策、程序和其他文件的制定、批准和实施方面提供战略领导和指导；与支持仿制药计划的所有美国 FDA 办公室合作，以确保及时实施和履行美国 FDA 根据 GDUFA 做出的承诺；确保影响仿制药产品监管的 CDER 政策和程序的一致性，包括制定和实施政策解决方案以解决生命周期管理问题；同时为内部和外部利益相关者提供关于仿制药监管政策和程序的明确性，包括制定和批准对来自行政部门、国会、媒体、行业和外国政府的询问的回应。

监管业务办公室（Office of Regulatory Operations，ORO）除其直属办公室外，还设有项目管理、备案审查和标签审查部门。项目管理部门采用监管项目经理（regulatory project managers，RPM）制度，由项目经理负责监督 ANDA 的审查，以确保 OGD 符合 GDUFA 目标日期，并通过规划、组织、优先排序和分配 ANDA 审查工作，对所有审查学科进行监督。备案审查部门负责确保收到的 ANDA、相关的批准前补充申请（prior approval supplements，PAS）和更正符合既定的备案标准，同时响应联邦贸易委员会（Federal Trade Commission，FTC）的要求。标签审查部门主要负责审查和批准与 ANDA 申请相关的标签，并在必要时与新药部门协调和协商，监督 NDA 的标签，为仿制药申请人建议正确的标签范例。

研究和标准办公室（Office of Research and Standards，ORS）设有直属办公室、治疗效果部门 Ⅰ 和 Ⅱ，以及定量方法和建模部门。治疗效果部门 Ⅰ 主要专注于复杂产品、非口服给药途径和药物 – 器械组合，开展监管科学研究并将其转化为针对特定产品的指南，以提供明确的途径并建立标准，确保复杂药品仿制药的治疗等效性，同时还领导 Pre-ANDA 会议流程，为潜在申请人提供有关复杂产品开发的科学建议，并通过对复杂产品的咨询支持 ANDA 评估过程。该部门与属于复杂产品类别的涉及纳米技术的仿制药物密切相关。治疗效果部门 Ⅱ 主要专注于口服药物产品，利用临床药理学、制剂科学、生物分析方法和人体受试者保护方面的专业知识开展研究，确保口服药物仿制药的治疗等效性，并为仿制药开发人员提供及时的 PSGs，管理与 PSG 开发相关的临床问题，提供申请提交前（pre-application）科学建议，并通过接受口服药物产品生物等效性新方法的相关咨询来支持 ANDA 评估过程。定量方法和建模部门主要负责开展研究、开发和实施定量药理学以及基于生理和机制的模型，以确保仿制药的治疗等效性并优化生物等效性评估方法。领导开发用于体外、体内和上市后 ANDA 评估决策和仿制药项目流程优化的新型数据分析方法（例如大数据工具），并通过接受在 ANDA 提交中使用定量方法的相关咨询来支持 ANDA 评估过程。

安全和临床评估办公室（Office of Safety and Clinical Evaluation，OSCE）设有直属办公室、临床审查部门、临床安全和监督部门以及药理学 / 毒理学审查部门。临床审查部门由多学科人员组成，包括医师、药师、药理学家和其他监管科学家，主要负责在整个产品生命周期中解决临床问题和仿制药产品安全性的各种审查工作和咨询。临床安全和监督部门由多学科的医生、药师、流行病学家、护士和其他科学家组成，为 OGD 执行和促进广泛的批准前和上市后仿制药安全和监督活动。药理学 / 毒理学审查部主要评估仿制药申请中辅料、杂质、可提取物和可浸出物的安全性，审查 ANDA 和引用药品主文件，同时也审查其他类型的申请以支持仿制药开发，包括 Pre-ANDA 申请、受控函、公民请愿和健康危害评估咨询。

其他与纳米仿制药物监管直接相关的部门还包括 CDER 下属的合规办公室、医疗政策办公室、药品质量办公室、监管政策办公室、监测和流行病学办公室、转化科学办公室以及局长办公室下属的监管事务办公室，以及临床政策和项目办公室，上述部门的职能请详见“四、纳米药物监管部门”。

参考文献

[1] Subcommittee on Nanoscale Science，Engineering，and Technology National Science and Technology Council Committee on Technology. National Nanotechnology Initiative Strategic Plan [EB/OL] .(2014-02) [2022-09-10] . https: //www.nano.gov/sites/default/files/pub_resource/2014_nni_strategic_plan.pdf

[2] Bawa R，Audette GF，Reese B. Handbook of clinical nanomedicine：law，business，regulation，safety，and risk [M] . Florida，CRC Press，Taylor & Francis Group，2016：340-283.

[3] Bawa R，Audette GF，Rubinstein I. Handbook of Clinical Nanomedicine：Nanoparticles，Imaging，Therapy，and Clinical Applications (Jenny Stanford Series on Nanomedicine) [M] . Singapore：Jenny Stanford Publishing，2016：127-168.

[4] Jain KK. The handbook of nanomedicine [M] . 3rd edition，New York：Springer Nature，2017：1-10.

[5] U.S. Food and Drug Administration Nanotechnology Task Force. Nanotechnology [EB/OL] .(2007-07-25) [2022-09-10] . https: //www.fda.gov/science-research/nanotechnology-programs-fda/nanotechnology-task-force-report-2007

[6] U.S. Food and Drug Administration. Considering Whether an FDA-Regulated Product Involves the Application of Nanotechnology [EB/OL] .(2014-06) [2022-09-10] . https: //www.fda.gov/regulatory-information/search-fda-guidance-documents/considering-whether-fda-regulated-product-involves-application-nanotechnology

[7] U.S. Food and Drug Administration. Drug Products，Including Biological Products，that Contain Nanomaterials [EB/OL] .(2022-04) [2022-09-10] . https: //www.fda.gov/regulatory-information/search-fda-guidance-documents/drug-products-including-biological-products-contain-nanomaterials-guidance-industry

[8] Feynman，Richard P. “There’s plenty of room at the bottom” [data storage] [J] . Journal of microelectromechanical systems，1992，1 (1)：60-66.

[9] Weissig V，Elbayoumi T，Flühmann B，et al. The growing field of nanomedicine and its relevance to pharmacy curricula [J] . AM J PHARM EDUC，2021，85 (8)：800-804.

[10] Drexler KE. Molecular engineering: An approach to the development of general capabilities for molecular manipulation [J]. Proceedings of the National Academy of Sciences, 1981, 78 (9): 5275–5278.

[11] D'Mello SR, Cruz CN, Chen M, et al. The evolving landscape of drug products containing nanomaterials in the United States [J]. NAT NANOTECHNOL, 2017, 12 (6): 523–529.

[12] Sattler KD. 21st Century Nanoscience - A Handbook: Nanopharmaceuticals, Nanomedicine, and Food Nanoscience [M]. (Volume Eight), Florida: CRC Press, Taylor & Francis Group, 2020: 1–1.

[13] Blanchard F. Nanotechnology Laboratory Continues Partnership with FDA and National Institute of Standards and Technology [EB/OL]. (2015–05–29) [2022–09–10]. https: //ncifrederick.cancer.gov/about/theposter/content/nanotechnology–laboratory–continues–partnership–fda–and–national–institute–standards–and

[14] U.S. Food and Drug Administration Nanotechnology Task Force. Nanotechnology—Over a Decade of Progress and Innovation [EB/OL]. (2020–07) [2022–09–10]. https: //www.fda.gov/media/140395/download

[15] U.S. Food and Drug Administration. Notice: Consideration of FDA–Regulated Products That May Contain Nanoscale Materials Public Meeting [EB/OL]. (2008–08–07) [2022–09–10]. https: //www.regulations.gov/document/FDA–2008–N–0416–0001

[16] Center for drug evaluation and research, U.S. Food and Drug Administration. Reporting Format for Nanotechnology–Related Information in CMC Review (MAPP 5015.9) [EB/OL]. (2010–06–03) [2022–09–10]. https: //www.technologylawsource.com/files/2010/06/Reporting–Format–for–Nanotechnology–Related–Inform.pdf

[17] Hamburg MA. FDA's approach to regulation of products of nanotechnology [J]. SCIENCE, 2012, 336 (6079): 299–300.

[18] U.S. Food and Drug Administration. 2013 Nanotechnology Regulatory Science Research Plan [EB/OL]. (2018–03–19) [2022–09–10]. https: //www.fda.gov/science–research/nanotechnology–programs–fda/2013–nanotechnology–regulatory–science–research–plan

[19] Allan J, Belz S, Hoeveler A, et al. Regulatory landscape of nanotechnology and nanoplastics from a global perspective [J]. REGUL TOXICOL PHARM, 2021, 122: 104885.

[20] Center for drug evaluation and research, U.S. Food and Drug Administration. Liposome Drug Products Chemistry, Manufacturing, and Controls; Human Pharmacokinetics and Bioavailability; and Labeling Documentation [EB/OL]. (2018–04) [2022–09–10]. https: //www.fda.gov/regulatory–information/search–fda–guidance–documents/liposome–drug–products–chemistry–

manufacturing-and-controls-human-pharmacokinetics-and

[21] U.S. Food and Drug Administration. Draft Guidance on Doxorubicin Hydrochloride [EB/OL]. (2022-05) [2022-09-10]. https: //www.accessdata.fda.gov/drugsatfda_docs/psg/PSG_050718.pdf

[22] U.S. Food and Drug Administration. Draft Guidance on Sodium Ferric Gluconate Complex [EB/OL]. (2013-06) [2022-09-10] .https: //www.accessdata.fda.gov/drugsatfda_docs/psg/Sodium_ferric_gluconate_complex_inj_20955_RC06-13.pdf

[23] U.S. Food and Drug Administration. GDUFA reauthorization performance goals and program enhancements fiscal YEARS 2018-2022 [EB/OL]. (2016-05-12) [2022-09-10]. https: //www.fda.gov/media/101052/download

[24] U.S. Food and Drug Administration, The European Medicines Agency. Pilot program: EMA-FDA parallel scientific advice for hybrid/complex generic products - general principles [EB/OL]. (2021-09-15) [2022-09-10]. https: //www.ema.europa.eu/en/documents/regulatory-procedural-guideline/pilot-programme-european-medicines-agency-food-drug-administration-parallel-scientific-advice-hybrid/complex-generic-products-general-principles_en.pdf

[25] U.S. Congress. Federal Food, Drug, and Cosmetic Act [EB/OL]. (2018-03-29) [2022-09-10]. https: //www.fda.gov/regulatory-information/laws-enforced-fda/federal-food-drug-and-cosmetic-act-fdc-act

[26] U.S. Congress. Public Health Service Act [EB/OL]. (2022-08-05) [2022-09-10]. https: //www.govinfo.gov/content/pkg/COMPS-8773/pdf/COMPS-8773.pdf

[27] Office of the Federal Register. Code of Federal Regulations Title 21 [EB/OL]. (2022-07-20) [2022-09-10]. https: //www.accessdata.fda.gov/scripts/cdrh/cfdocs/cfcfr/cfrsearch.cfm

[28] Organisation for Economic Co-operation and Development. Regulatory Frameworks for Nanotechnology in Foods and Medical Products: Summary Results of a Survey Activity, OECD Science, Technology and Industry Policy Papers, No. 4 [EB/OL]. (2013-04-24) [2022-09-10]. http: //dx.doi.org/10.1787/5k47w4vsb4s4-en

[29] U.S. Food and Drug Administration.OTC Drug Review Process | OTC Drug Monographs [EB/OL]. (2022-06-28) [2022-09-10]. https: //www.fda.gov/drugs/otc-drug-review-process-otc-drug-monographs

[30] U.S. Food and Drug Administration. Acts, Rules and Regulations [EB/OL]. (2018-05-24) [2022-09-10]. https: //www.fda.gov/combination-products/guidance-regulatory-information/acts-rules-and-regulations

[31] U.S. Food and Drug Administration. Nanotechnology Guidance Documents [EB/OL]. (2018-03-23) [2022-09-10]. https: //www.fda.gov/science-research/nanotechnology-programs-fda/

nanotechnology-guidance-documents.

[32] U.S. Food and Drug Administration. Analytical Procedures and Methods Validation for Drugs and Biologics[EB/OL]. (2015-07)[2022-09-10]. https: //www.fda.gov/media/87801/download.

[33] U.S. Food and Drug Administration. Nonclinical Studies for the Safety Evaluation of Pharmaceutical Excipients [EB/OL]. (2005-05)[2022-09-10]. https: //www.fda.gov/media/72260/download.

[34] U.S. Food and Drug Administration. Q1A (R2) Stability Testing of New Drug Substances and Products [EB/OL]. (2003-11)[2022-09-10]. https: //www.fda.gov/media/71707/download.

[35] U.S. Food and Drug Administration. Q5C Quality of Biotechnological Products: Stability Testing of Biotechnological/Biological Products [EB/OL]. (1996-07)[2022-09-10]. https: //www.fda.gov/media/71441/download.

[36] U.S. Food and Drug Administration. ANDAs:Stability Testing of Drug Substances and Products[EB/OL]. (2013-06)[2022-09-10]. https: //www.fda.gov/media/84437/download.

[37] U.S. Food and Drug Administration. ANDAs: Stability Testing of Drug Substances and Products, Questions and Answers [EB/OL]. (2014-05)[2022-09-10]. https: //www.fda.gov/regulatory-information/search-fda-guidance-documents/andas-stability-testing-drug-substances-and-products-questions-and-answers.

[38] U.S. Food and Drug Administration. Determining Whether to Submit an ANDA or a 505 (b)(2) Application[EB/OL]. (2019-05)[2022-09-10]. https: //www.fda.gov/media/124848/download.

[39] U.S. Food and Drug Administration. Biosimilars Guidances [EB/OL]. (2021-10-05)[2022-09-10]. https: //www.fda.gov/vaccines-blood-biologics/general-biologics-guidances/biosimilars-guidances.

[40] U.S. Food and Drug Administration. Fast Track, Breakthrough Therapy, Accelerated Approval, Priority Review [EB/OL]. (2018-02-23)[2022-09-10]. https: //www.fda.gov/patients/learn-about-drug-and-device-approvals/fast-track-breakthrough-therapy-accelerated-approval-priority-review.

[41] Du L, Yang Y, Zhang X, et al. Recent advances in nanotechnology-based COVID-19 vaccines and therapeutic antibodies[J]. NANOSCALE, 2022, 14 (4): 1054-1074.

[42] U.S. Food and Drug Administration. Immunogenicity Assessment for Therapeutic Protein Products [EB/OL]. (2018-02-22)[2022-09-10]. https: //www.fda.gov/regulatory-information/search-fda-guidance-documents/immunogenicity-assessment-therapeutic-protein-products.

[43] ICH. S8 Immunotoxicity Studies for Human Pharmaceuticals [EB/OL]. (2006-04)[2022-09-10]. https: //www.fda.gov/media/72047/download.

[44] U.S. Food and Drug Administration. Product-Specific Guidances for Generic Drug Development

[EB/OL] . (2022-08-01) [2022-09-10] . https: //www.accessdata.fda.gov/scripts/cder/psg/index.cfm.

[45] U.S. Food and Drug Administration. CDER's Program for the Recognition of Voluntary Consensus Standards Related to Pharmaceutical Quality [EB/OL] . (2020-05-07) [2022-09-10] . https: //www.fda.gov/regulatory-information/search-fda-guidance-documents/cders-program-recognition-voluntary-consensus-standards-related-pharmaceutical-quality.

[46] U.S. Food and Drug Administration. FDA Recognized Consensus Standards [EB/OL].(2022-05-30) [2022-09-10] . https: //www.accessdata.fda.gov/scripts/cdrh/cfdocs/cfStandards/results.cfm.

[47] ASTM International. Subcommittee E56.08 on Nano-Enabled Medical Products [EB/OL] . [2022-09-10] . https: //www.astm.org/get-involved/technical-committees/committee-e56/subcommittee-e56/jurisdiction-e5608.

[48] U.S. Food and Drug Administration. FDA Organization [EB/OL].(2020-01-17) [2022-09-10]. https: //www.fda.gov/about-fda/fda-organization.

[49] U.S. Food and Drug Administration. FDA Overview Organization Chart [EB/OL] . (2022-09-28) [2022-09-10] . https: //www.fda.gov/about-fda/fda-organization-charts/fda-overview-organization-chart.

[50] U.S. Food and Drug Administration. Center for Drug Evaluation and Research | CDER [EB/OL] . (2022-06-21) [2022-09-10] . https: //www.fda.gov/about-fda/fda-organization/center-drug-evaluation-and-research-cder.

[51] U.S. Food and Drug Administration. Office of New Drugs [EB/OL]. (2022-06-24) [2022-09-10]. https: //www.fda.gov/about-fda/center-drug-evaluation-and-research-cder/office-new-drugs.

[52] U.S. Food and Drug Administration. Office of Generic Drugs [EB/OL] . (2022-08-05) [2022-09-10] . https: //www.fda.gov/about-fda/center-drug-evaluation-and-research-cder/office-generic-drugs.

[53] U.S. Food and Drug Administration. Office of Compliance [EB/OL] . (2021-04-26) [2022-09-10]. https: //www.fda.gov/about-fda/center-drug-evaluation-and-research-cder/office-compliance.

[54] U.S. Food and Drug Administration. Office of Medical Policy [EB/OL] . (2018-03-29) [2022-09-10] . https: //www.fda.gov/about-fda/center-drug-evaluation-and-research-cder/office-medical-policy.

[55] U.S. Food and Drug Administration. Office of Pharmaceutical Quality [EB/OL] . (2022-08-25) [2022-09-10] . https: //www.fda.gov/about-fda/center-drug-evaluation-and-research-cder/office-pharmaceutical-quality.

[56] U.S. Food and Drug Administration. Office of Regulatory Policy [EB/OL] . (2020-12-02)

[2022–09–10] . https: //www.fda.gov/about–fda/center–drug–evaluation–and–research–cder/office–regulatory–policy.

[57] U.S. Food and Drug Administration. CDER Office of Surveillance and Epidemiology [EB/OL] . (2022–04–04) [2022–09–10] . https: //www.fda.gov/about–fda/center–drug–evaluation–and–research–cder/cder–office–surveillance–and–epidemiology.

[58] U.S. Food and Drug Administration. Office of Translational Sciences [EB/OL] . (2019–12–06) [2022–09–10] . https: //www.fda.gov/about–fda/center–drug–evaluation–and–research–cder/office–translational–sciences.

[59] U.S. Food and Drug Administration. Center for Biologics Evaluation and Research (CBER) . [EB/OL] . (2022–06–29) [2022–09–10] . https: //www.fda.gov/about–fda/fda–organization/center–biologics–evaluation–and–research–cber.

[60] U.S. Food and Drug Administration. Oncology Center of Excellence [EB/OL] . (2022–09–14) [2022–09–14] . https: //www.fda.gov/about–fda/fda–organization/oncology–center–excellence.

[61] U.S. Food and Drug Administration. Center for Devices and Radiological Health [EB/OL] . (2022–02–03) [2022–09–10] . https: //www.fda.gov/about–fda/fda–organization/center–devices–and–radiological–health.

[62] U.S. Food and Drug Administration. Office of Regulatory Affairs [EB/OL] . (2021–06–11) [2022–09–10] . https: //www.fda.gov/about–fda/fda–organization/office–regulatory–affairs.

[63] U.S. Food and Drug Administration. Office of Clinical Policy and Programs [EB/OL] . (2021–09–27) [2022–09–10] . https: //www.fda.gov/about–fda/office–commissioner/office–clinical–policy–and–programs.

[64] U.S. Food and Drug Administration. Generic Drugs : Questions & Answers [EB/OL].(2021–03–16) [2022–09–10] .https: //www.fda.gov/drugs/frequently–asked–questions–popular–topics/generic–drugs–questions–answers#q5.

[65] U.S. Government Accountability Office. Generic Drugs： FDA Should Make Public Its Plans to Issue and Revise Guidance on Nonbiological Complex Drugs [EB/OL] . (2018–01–16) [2022–09–10] . https: //www.gao.gov/products/gao–18–80.

[66] U.S. Food and Drug Administration. Statement from FDA Commissioner Scott Gottlieb， M.D. responding to report from GAO and updating on FDA's ongoing efforts to increase access to complex generic drugs [EB/OL] . (2018–01–16) [2022–09–10] . https: //www.fda.gov/news–events/press–announcements/statement–fda–commissioner–scott–gottlieb–md–responding–report–gao–and–updating–fdas–ongoing–efforts.

[67] Halamoda–Kenzaoui B， Box H， van Elk M， et al. Anticipation of regulatory needs for

nanotechnology-enabled health products, EUR 29919 EN [M] .Luxembourg: Publications Office of the European Union, 2019: p45.

[68] de Vlieger JS, Crommelin DJ, Tyner K, et al. Report of the AAPS guidance forum on the FDA draft guidance for industry: "Drug products, including biological products, that contain nanomaterials" [J] . The AAPS Journal, 2019, 21: 56: 1–7.

[69] Gottlieb S. Advancing Toward the Goal of Global Approval for Generic Drugs: FDA Proposes Critical First Steps to Harmonize the Global Scientific and Technical Standards for Generic Drugs [EB/OL] . (2018–10–18) [2022–09–10] . https: //www.fda.gov/news–events/fda–voices/advancing–toward–goal–global–approval–generic–drugs–fda–proposes–critical–first–steps–harmonize.

[70] U.S. Food and Drug Administration. The Center for Research on Complex Generics [EB/OL] . (2022–08–30) [2022–09–10] . https: //www.fda.gov/drugs/guidance–compliance–regulatory–information/center–research–complex–generics.

[71] U.S. Food and Drug Administration. Generic Drug Cluster - One–Year Progress Report [EB/OL] . (2022–07–28) [2022–09–10] . https: //www.fda.gov/drugs/generic–drugs/generic–drug–cluster–one–year–progress–report.

[72] U.S. Food and Drug Administration. Formal Meetings Between FDA and ANDA Applicants of Complex Products Under GDUFA Guidance for Industry [EB/OL] . (2022–10–05) [2022–10–21] . https: //www.fda.gov/regulatory–information/search–fda–guidance–documents/formal–meetings–between–fda–and–anda–applicants–complex–products–under–gdufa–guidance–industry.

[73] U.S. Food and Drug Administration. GDUFA reauthorization performance goals and program enhancements fiscal years 2023–2027 [EB/OL] . (2021–10–29) [2022–09–10] . https: //www.fda.gov/media/153631/download.

[74] U.S. Food and Drug Administration. FDA NanoDay Symposium 2022 [EB/OL] . (2022–09–06) [2022–09–10] . https: //www.fda.gov/drugs/news–events–human–drugs/fda–nanoday–symposium–2022–10112022.

[75] U.S. Food and Drug Administration. Bioequivalence Studies With Pharmacokinetic Endpoints for Drugs Submitted Under an Abbreviated New Drug Application [EB/OL] . (2021–08–20) [2022–09–10] . https: //www.fda.gov/regulatory–information/search–fda–guidance–documents/bioequivalence–studies–pharmacokinetic–endpoints–drugs–submitted–under–abbreviated–new–drug.

[76] U.S. Food and Drug Administration. Office of Generic Drugs | Offices and Divisions [EB/OL] . (2022–10–11) [2022–10–18] . https: //www.fda.gov/about–fda/center–drug–evaluation–and–research–cder/office–generic–drugs–offices–and–divisions#Office%20of%20Safety%20and%20Clinical%20Evaluation%20 (OSCE) .

第三节　欧盟关于纳米药物及仿制药品审批和监管的法规

纳米技术在欧盟被认定为一项重要的赋能技术，能够为患者提供创新性的治疗和诊断的方式。纳米理论和技术在医药领域发展迅速，诞生了很多具有特殊功能的药物。这些药物在提高生物利用度、增强靶向性、增强缓控释性、建立新的给药途径等方面与传统药物相比具有明显的优势。然而，纳米药物飞速发展的同时也带来了技术、科学、监管和法律的挑战。为避免纳米技术研发的风险，开发安全有效的纳米药物，欧盟药品管理局（European Medicines Agency，EMA）制定并发布了纳米药物的发展规划与反思报告。

欧盟关于纳米材料和纳米药物的监管可以追溯到2004年英国皇家学会和皇家工程院的一份报告《纳米科学和纳米技术：机遇和挑战》[1]。2006年EMA为应对日益增多的纳米药物，设立纳米技术小组（Innovation Task Force，ITF），以推动纳米药物监管文件的制定及完善；2010年10月，EMA牵头举办了第一届纳米药物国际研讨会。以下将详细介绍欧盟关于纳米药物监管的历程以及纳米药物的审批和监管的法规。

一、纳米药物与纳米仿制药品

纳米技术在药学领域的应用复杂多样，因此很难对纳米药物制定一个能被广泛认可的定义。2006年EMA下属的人用药品委员会（Committee for Medicinal Products for Human Use，CHMP）发布基于纳米技术的人用医药产品反思报告[2]。文中首先提出了对纳米技术的定义，即控制材料的形状和尺寸在纳米级，用来研发和创造新的结构、装置和系统。同时第一次提出纳米医学的定义：纳米医学是指应用纳米技术用于医学诊断、治疗或疾病的预防。报告中对纳米材料的尺寸界定为0.2 ~100nm。2011年欧盟委员会（European Commission，EC）发布的关于纳米材料定义的建议中将纳米材料的尺寸界定为1~100nm[3]。这一尺寸在2022年EC发布的最新建议中得以延续[4]。EC下属的新兴与新识别健康风险委员会（Scientific Committee on Emerging and Newly Identified Health Risks，SCENIHR）在2010年发布的一份报告[5]中指出把100nm作为纳米材料的尺寸上限在科学上是不合理的，该建议提出在定义某些药物和医疗器械时，不应限制纳米一词的使用。

虽然欧盟并未对纳米药物给予确切的定义，但结合欧盟对药品的定义有学者认为纳米药物可以被理解为利用纳米技术制造的用于诊断、治疗或预防疾病的药物[6]。2013年由不同监管机构的专家共同撰写的一篇文章中提到了纳米仿制药品[7]，文章中指出纳米仿制药品应在质量、安全性和有效性方面证明其与原研药的相似性，并表示欧盟已经关注到纳米仿制药品，未来可能会发布关于纳米仿制药品的相关文件。

二、纳米药物的监管历史及监管部门

（一）欧盟药品管理局

1. 人用药品委员会

2006年EMA下属的CHMP发布基于纳米技术的人用医药产品反思报告[2]，并推出了一个专门围绕纳米技术的网页，其目的在于分享欧盟在纳米药物评估和监管方面获得的经验，并对纳米药物面临的科学和方法等方面的挑战进行对话[8]。2009年，EMA成立了欧洲纳米药物专家组[9]，由知名学者和监管专家组成。2010年9月2至3日，EMA主办了第一届纳米医学国际科学研讨会[10]。来自包括澳大利亚、加拿大、印度、日本和美国在内的27个国家的约200名与会者讨论了纳米技术应用于医学所带来的机遇和挑战。

2011年，CHMP增加了纳米药物专家组的人数，相关专家的研究领域主要包括生产、质量、非临床安全性和药代动力学等方面，旨在更全面和专业地解决纳米药物审批和监管方面存在的亟待解决的问题。目前专家组的任务是起草技术文件，阐述欧盟目前对纳米药物的监管经验，以便向企业和申请人提供有关质量标准的信息，提交非临床和临床数据，以支持特定类别纳米药物的上市申请。

2013~ 2015年，CHMP发布了几篇与特定纳米药物产品相关的反思报告。包括关于参考原研脂质体产品开发的静脉用脂质体产品的数据要求的反思报告[11]；关于参考原研药开发的静脉用铁基纳米胶体产品的数据要求的反思报告[12]；日本厚生劳动省（MHLW）和EMA关于嵌段共聚物胶束药品开发的联合反思报告[13]；关于涂层纳米药物胃肠外给药的一般考虑问题[14]。报告中对以上四类纳米药物的质量、非临床及临床研究进行了探讨。

2. 纳米技术小组

2006 年 EMA 设立纳米技术小组（ITF）[15]。鼓励纳米药物的申请人在研究初期寻求 ITF 的支持。ITF 是一个多学科小组，包括科学、监管和法律权限。它的设立是为了确保整个机构的协调，并为与申请人对药物研发的创新性方面的问题提供一个咨询的平台。

3. 科学建议和方案协助

EMA 对申请人提出的问题提供科学建议和方案协助（scientific advice and protocol assistance）[16]，该建议是根据当前的科学知识并基于申请人提交的资料给出的。科学建议可以帮助研发人员进行适当的测试和研究[17]。值得注意的是，EMA 给出的科学建议仅供参考，不具有法律效力。

（二）欧洲化学品管理局

EMA 认为，纳米药物理化特性决定了其安全性，因此对理化特性的鉴定至关重要。在欧洲，所有化学品（包括药品生产中使用的辅料）均属于欧洲化学品管理局（European Chemicals Agency，ECHA）的管辖范围，需要符合关于化学品注册、评估、授权和限制法规（Registration，Evaluation，Authorisation and Restriction of Chemicals，REACH）[18] 的规定，对于纳米材料要符合欧盟委员会的纳米材料种类、使用及安全性法规。

2012 年和 2017 年，ECHA 发布了一系列专门针对纳米材料的指导文件[19-24]。这些文件解释了包括欧盟委员会（EC）建议定义内的纳米材料在内的化学品的注册和测试要求。2018 年 12 月 3 日，欧盟委员会通过了纳米材料注册的新文件[25]。文件中规定，申请企业和 ECHA 需要对纳米材料进行风险评估，该文件已于 2020 年 1 月 1 日正式生效。

三、纳米药物审批和监管法规

欧盟有一个高度发达的药物效益 / 风险评估系统，迄今为止，该系统有效地适应了新技术的发展。然而，鉴于纳米药物带来的特殊挑战，EMA 必须考虑是否需要额外的指导，例如质量、毒理学、临床研究和监管方面。2011 年，CHMP 委托多学科小组连续编写并发表了 4 篇反思报告，主要对纳米药物在研发过程中关于质量标准、非临床和临床等方面的问题进行了探讨。这些反思报告仅作参考，而不对任何特定的质量标准、非临床或临床研究作硬性的规定。

（一）关于参考原研脂质体产品开发的静脉用脂质体产品的数据要求的反思报告[11]

1. 引言

EMA 将脂质体描述为一种人工制备的囊泡，由一个或多个同心的脂质双层组成，包围一个或多个水室。包括但不限于单室和多室脂质体、多囊脂质体以及聚合物包衣脂质体。开发脂质体产品时，需要根据非临床实验数据及脂质体的包封率确定合理的临床剂量，如果健康人群对药物不能接受，那么药代动力学研究只能在患者身上进行。需通过临床药代数据，评估纳米制剂与药物在体内释放的速度、分布和代谢的不同。

在静脉用脂质体产品中，部分药品或者脂质体是可能游离在溶液中的。有研究发现早期的一些肠外给药脂质体产品具有许多特殊的药代动力学特性，比如被单核细胞吞噬细胞系统（MPS）快速识别和清除以及药物过早地释放（存在不稳定性）。同时也认识到，脂质体的物理化学性质，如粒径、膜流动性、表面电荷和组成是引起这种特殊的药动学特征的重要因素。

与常规的静脉用药品不同的是，静脉用脂质体在给药后具有因配比和制造工艺所带来的特有的分布特征，可能出现与常规注射剂血药浓度类似但治疗效果存在较大差异的情况。即使表面上成分相同，生产、产出和过程控制技术的变化也可能导致药物具有不同的治疗效果。脂质体的稳定性和药代动力学（包括组织分布）对其安全性和有效性至关重要。文件中也指出用于对比性研究的对照脂质体应当是或已经在欧洲经济区（EEA）获得授权的，并应在所有预期的质量标准、非临床和临床可比性试验中作为对照药品。

2. 适用范围

该报告旨在帮助生成相关质量标准、非临床和临床数据，以帮助参考原研脂质体开发的静脉用脂质体的上市。报告主要规定以下内容。

（1）安全性和有效性所需的数据，作为试验药物与对照药品之间或变更为脂质体后的可比性证据。

（2）临床前和临床研究的必要性以及可能允许豁免某些研究的情况。

（3）体内非临床研究的设计和体外模型的作用。

该报告同时也适用于其他新型脂质体和囊泡产品，包括静脉给药以外的给药途径的产品，不适用于对仅将脂质体作为药物溶剂的产品。

3. 质量要求

在进行非临床和临床研究之前，应确定试验药物与原研药之间的药物可比性。

由于脂质体的复杂性，与对照药品的药物可比性分析不能替代非临床和（或）临床的数据。

（1）质量标准　该报告提出在提交所有类型的脂质体产品时，应阐明以下内容：对脂质组分的描述（来源和特征、制造、分析、杂质、异构体和稳定性）；其他关键辅料的质量、纯度和稳定性；制造过程中主要中间体的鉴别和控制；相关制造步骤中的活性物质 / 脂质部分比率应在可接受的范围内；脂质体形态、平均大小和大小分布、聚合物；包封活性物质的比例（游离 / 包封量）；成品中活性物质、脂质和其他辅料的稳定性，包括主要降解产物的定量；脂质体在生理 / 临床相关介质中的体外药物释放速率；长期和特定条件下的稳定性试验；复溶和（或）药物制备过程的稳定性研究。

根据脂质体制剂的具体功能，还应考虑以下附加内容：血浆中脂质体制剂的完整性；脂质双层相变；脂质体“表面”电荷的测定；PH 梯度载药脂质体内部的 PH 值；脂质体内活性物质特殊的物理性质；活性物质在脂质体内的分布等。

（2）药物的可比性　试验药物的定性和定量分析应与对照药品相同或基本匹配。应同时对试验药物和对照药品使用最新质量标准进行对比；对试验药物和对照药品进行体内生物等效性的比较；解决可比性试验中出现的差异，并对安全性 / 有效性进行评估和证明；对试验药物和对照药品的降解进行对比。

4. 非临床研究和临床研究

在对新脂质体产品的综合评估中，必须将质量、非临床和临床作为一个整体来考量。当药物以脂质体制剂给药时，药代动力学特征发生显著变化，比如分布容积和清除率可能降低，从而使半衰期延长。载药脂质体的清除取决于：脂质体本身的清除、从脂质体释放包封药物的速率以及释放时未包封药物的清除和代谢。因此在非临床和临床研究中应描述对血浆和组织中药物及其降解产物的定量分析方法并进行验证。

（1）非临床研究　非临床研究包括：药效学、药代动力学和毒理学三个方面。

①药效学研究：主要包括尽可能对脂质体与靶细胞或其他细胞的相互作用进行体外研究；使用适当的体内模型对不同剂量的载药脂质体进行药效学的验证。

②药代动力学研究：应遵循药物非临床研究质量管理规范（GLP）的原则。试验药物最好与临床研究使用相同批次；确定采样时间点和采样持续时间；无法测定血药浓度时，应建立比较靶器官中药物的浓度的方法；建议在不同剂量水平下进行单次和多次给药研究；为了确定正确的剂量，建议使用 PBPK 建模；条件允许的情况下应研究未包封药物和包封药物的动力学（包括组织分布和排泄）特征。

③毒理学方面：应考虑试验药对某些特定靶器官的毒性，考虑使用体外和体

内免疫反应原性试验，以评价潜在不良事件的程度。

（2）临床研究　临床研究主要集中在药代动力学方面。包括：药品剂量的研究、试验设计、代谢产物的检测、待测量和报告的药代动力学参数、可接受的标准、疗效的评价以及安全性评估。

①药代动力学评价：与剂量密切相关，应在推荐剂量范围内比较试验药物和对照药品的药代动力学数据。需要证明包封、未包封以及总原料药的线性；在非线性情况下应证明最高和最低剂量的生物等效性；在不能用同样剂量进行生物等效性研究的情况下，不同适应证的生物等效性评估需要单独考虑。

②试验设计：应考虑健康志愿者不能使用某些药物，在这种情况下，可在患者中进行药代动力学研究，如果在患者中进行单次给药的研究不可行，可接受在患者中进行多次给药的药代动力学研究。

③代谢产物的检测：对总药物、包封药物和未包封药物的原料药进行定量；由于药物从脂质体中释放后代谢，因此无论其药理活性如何，至少应对一种代谢产物进行定量，如果有几种代谢物，则应基于动力学理论证明代谢物的选择是合理的，如果一种或多种代谢物具有显著的临床活性，则也可能需要对其动力学进行比较。

④待测量和报告的药代动力学参数：应比较评价总药物、包封药物和未包封药物的药代动力学特征；除释放速率和程度外，还应提供其他药代动力学的参数，以描述其他药代动力学过程，如分布和消除，如果有关，应比较活性物质经尿液排泄的速率和程度；应记录输注期间和输注后即刻的采样时间点；当未包封和包封药物的消除速率不同时，即对于在较长时间内释药的脂质体，需要研究其他药代动力学参数，如清除率、分布容积、半衰期和部分 AUC（例如 0~24 h、24~48 h 等），应对这些参数进行描述性评价；建议测定未包封与包封药物浓度随时间变化的比值。

⑤可接受的标准：应证明总药物、包封药物和未包封药物的相似性。通常，C_{max}、AUC_{inf} 和 AUC_t 比值的 90% 置信区间应在 80%~125% 之间。特殊情况下，其他指标可能包括代谢物 PK 参数。

⑥疗效评估：除临床药代动力学研究外，当参照原研药研发脂质体产品时，应尽可能证明制剂的质量等效和非临床药代动力学、药效学以及临床药代动力学的相似性。

⑦安全性评估：急性输注反应在脂质体产品中相对常见，如果有任何迹象表明脂质体产品可能增加急性输注反应风险，则应重新评价直至阐明原因。此外，应在生物等效性研究中仔细评价输注反应，如果发现任何差异，应重新评价。应

按照现行 EU 法规和药物警戒指导原则密切监测相似脂质体产品的临床安全性。

（二）关于参考原研药开发的静脉用铁基纳米胶体产品的数据要求的反思报告[12]

1. 引言

对于参考原研药开发的静脉注射铁基纳米胶体的比较，从质量标准上无法充分保证两种产品之间的相似性，即使所执行的质量标准显示相似性，仍需要“证据权重法”，包括质量标准、非临床和人体药代动力学研究的数据。

静脉用铁基纳米胶体通常以氢氧化铁（Ⅲ）形式存在，通过碳水化合物复合物稳定，从而形成纳米级胶体结构。当通过静脉给药时，铁基纳米胶体将通过内吞途径［例如通过网状内皮系统（RES）的细胞］被细胞内化，存在于肝巨噬细胞或肝细胞。

2. 适用范围

该反思报告旨在帮助生成相关质量标准、非临床和 PK 临床数据，以帮助参考原研药开发的静脉用铁基纳米胶体的上市。文件主要包括以下内容。

（1）安全性和有效性所需的数据，作为试验药物与参比制剂之间的可比性证据。

（2）以非临床和临床研究所需的质量数据证明相似性。

3. 质量要求

（1）质量标准　可能对疗效和安全性产生重大影响的质量标准主要包括：铁－碳水化合物复合物的稳定性；碳水化合物基质的物理化学性质；铁和铁－碳水化合物复合物的物理化学性质，包括铁核的大小以及铁－碳水化合物络合物的大小和分布。

该报告提出在提交所有类型的静脉用铁基纳米基胶体产品时，应阐明以下内容：活性物质和成品制造中使用的碳水化合物的质量标准（描述、来源和特征、制造、分析、杂质分布和稳定性特征）；碳水化合物基质的结构和组成；光谱性能（如 ^{1}H-NMR、^{13}C-NMR、IR、UV-VIS、MS、XRD）；生产过程中主要中间体的鉴定和控制；铁芯的尺寸；给药时从产品中释放的不稳定铁的量；铁芯中的铁的多晶型；杂质，如二价铁和三价铁的比例；形态；结合碳水化合物与铁的比率；铁－碳水化合物复合物的粒度、粒度分布、电荷和表面性质；铁－碳水化合物复合物的降解路径；产品储存稳定性；使用稳定性（包括使用推荐的稀释剂重新配制后），应考虑产品特性摘要（summary of product characteristic，SmPC）中的给药说明。

（2）试验药物和原研药之间的药品可比性　试验药物的定性和定量分析应与原研药相同或基本匹配；使用多个不同批次的原研药进行耐用性分析，并生成质量标准；定义碳水化合物的化学成分，并与原研药产品进行比较；解决可比性试验中出现的差异，并对安全性和有效性进行评估和证明；一些与体内性能相关的关键参数应根据不同的原理考虑使用两种或两种以上互补的分析方法；对试验药物和原研药的降解进行对比，包括物理和化学降解。

4. 非临床研究和临床研究

（1）非临床研究　非临床研究包括：分析方法、动物实验。

为了与原研药进行比较，需要开发和验证用于血液 / 血浆和组织中分析物的定量分析方法，能阐明血浆、组织和相关的特定目标组织中的定量下限和回收率。

生物分布研究应遵循药物非临床研究质量管理规范（GLP）的原则。试验药物最好应与临床研究使用相同批次；评价药代动力学性能的模型，可以通过动物和细胞的模型来建模；动物实验中应重点关注血浆、网状内皮系统和靶组织 / 器官中的分布、蓄积和残留；在动物实验中对剂量进行探索，确定最佳采样时间点；测量不同组织中随时间变化的总铁含量可以反映纳米颗粒的降解情况；组织中的铁浓度可以通过质谱 ICP-MS 或原子发射光谱 ICP-AES 甚至通过光度测定法进行测量。

（2）临床研究　临床研究主要包括药代动力学研究、有效性和安全性研究、药物警戒与风险管理。

①药代动力学研究：静脉用铁基纳米胶体的药代动力学应始终与原研药进行比较。建议采用单剂量平行或交叉设计。主要变量是总铁和转铁蛋白结合铁的 AUC_t 和 C_{max}。建议进行基线校正，以减少个体间的变异性。应对分析方法进行开发和验证，并验证所有生物分析结果的适用性和可解释性。

②疗效和安全性研究：如果所有数据（即质量标准、非临床数据和 PK 研究）已证明试验药物与原研药的相似性，则通常不需要进一步的疗效等效性研究来证明试验药物疗效和安全性。如果研究结果显示两种产品之间存在差异，则可能需要进行疗效等效性研究。在解决差异时，建议申请人就终点和研究设计的选择寻求科学建议。临床试验最好至少持续 3 个月，在贫血病因相似的患者中进行。观察常见的不良事件以及可能表示不良反应的指标包括：过敏反应速率、非转铁蛋白结合铁（NTBI）、氧化应激和自由基活性标志物。

③药物警戒与风险管理：静脉补铁产品的主要安全性问题包括急性效应，如超敏反应（过敏性 / 过敏样）以及铁过量导致的器官损伤。铁过量导致器官损伤是所有静脉补铁产品的共性。严格遵守适应证 / 禁忌证，并避免超说明书使用或用药错误，可显著降低该风险。

（三）日本厚生劳动省和EMA关于嵌段共聚物胶束药品开发的联合反思报告[13]

2014年10月1日日本厚生劳动省（MHLW）和EMA经过商定，联合发布了“关于嵌段共聚物胶束药品开发的联合反思报告”，嵌段共聚物是指在单一线性共聚物分子中存在两种或两种以上结构不同的链段，可根据需要合成具有特定化学结构和分子量的共聚物。两亲性共聚物在溶液中可自组装成特定的超分子有序聚集体——胶束。

1. 引言

嵌段共聚物胶束具有精心设计的结构，其中内核通常作为药物的容器，并被亲水性聚合物的外壳包围。非临床研究显示，由于微血管通透性高和淋巴引流受损［称为渗透性增强和保留（EPR）效应］，嵌段共聚物胶束能优先在实体瘤中蓄积。由于嵌段共聚物胶束产品具有纳米尺寸，含有一种以上的组分，并且是为特定的临床应用而专门设计的，因此将其视为纳米药物。

2. 适用范围

该报告为嵌段共聚物胶束药物产品的药物开发、非临床和早期临床研究提供了基本参考信息，该产品旨在影响体内结合或共轭活性物质的PK、稳定性和分布。尽管主要是针对静脉给药的嵌段共聚物，但本报告也可适用于其他给药途径的嵌段共聚物胶束产品。活性物质可以是低分子量化合物、核酸、生物活性物质或生物技术衍生实体，例如肽和蛋白质。

3. 主要内容

（1）化学、生产和控制

①药品质量：确定嵌段共聚物胶束产品的质量标准是非常重要的，这将对安全性和疗效的体内PK和药效学（PD）特征产生重大影响。

②描述和组成：嵌段共聚物胶束的典型组分是活性物质和嵌段共聚物，在某些情况下，还有其他组分，如稳定剂。其质量标准应根据具体产品仔细考虑。特别重要的标准可能包括：嵌段共聚物胶束产品中嵌段共聚物和活性物质的含量，应以摩尔比和各自重量百分比表示；用于合成嵌段共聚物（或嵌段共聚物 - 活性物质结合物）的聚合物（均聚物、共聚物等）的组成、平均分子量和分散性。

③质量特性鉴定：以下是典型的质量特性示例，主要包括以下内容。

a. 含有嵌段共聚物的组分　嵌段共聚物的化学成分极大地影响了聚合物自缔合背后的驱动力，从而影响了所得胶束的大小和理化特性以及体外和体内稳定性。

关键特性包括：嵌段共聚物的化学结构；嵌段共聚物－活性物质共轭物的化学性质和化学键的稳定性；杂质（例如，大分子杂质）。

b. 嵌段共聚物胶束产品　与产品质量相关的属性有不同类型，主要包括以下3种。

与嵌段共聚物胶束有关的性能：包括嵌段共聚物胶束尺寸（平均值和分布曲线）、形态学、Zeta电位、其他表面性质（如靶向配体）、纳米结构的浓度依赖性、药物装载量、化学结构、活性物质的物理性质、黏度、嵌段共聚物胶束在血浆和（或）相关介质中的体外稳定性、嵌段共聚物胶束产品中活性物质在血浆和（或）相关介质中的体外释放以及嵌段共聚物在血浆和（或）相关介质中的体外降解。

与制造工艺相关的特性：包括经过验证的复溶工艺和确保无菌的验证过程。

与体内行为相关的特性：包括渗透压、表面相关活性物质的分数、活性物质释放速率和释放位置以及嵌段共聚物降解速率和降解位置。

制定有鉴别力的、与生物相关的体外释放方法对活性物质或嵌段共聚物－活性物质结合物在循环中的释放程度进行测定，判断活性物质或嵌段共聚物－活性物质结合物从嵌段共聚物胶束中释放后的靶向作用部位，模拟的介质与嵌段共聚物胶束在使用时的生理环境的相似性，以及探索储存稳定性等方面显得尤为重要。

④制造过程和过程控制：嵌段共聚物胶束产品的微小改变可能会显著影响其性能。生产过程应严格控制，以确保产品在安全性和有效性方面的一致性。并提供可以证明质量一致性的数据，以及对关键步骤和中间产物的控制。报告对制造嵌段共聚物胶束的建议包括以下内容。

a. 含有嵌段共聚物和（或）嵌段共聚物活性物质结合物　需提供合成工艺、提取和纯化程序的详细说明；提供所有材料的来源和规格，特别是对于高分子材料，明确描述分子量和分子量分布、杂质、识别和控制生产过程中的关键中间物；作为起始材料或活性物质的生物技术衍生和（或）生物来源的实体应遵循ICH生物技术/生物制品质量指导原则中的医疗用途要求；为了避免制造工艺变化所带来的影响（如制造规模的变化），应对产品的所有可预见的后果进行仔细评估，包括工艺验证/评估。

b. 嵌段共聚物胶束　在嵌段共聚物胶束的生产工艺中，胶束形成过程至关重要。当胶束自发形成时，胶束形成的过程等同于嵌段共聚物的分散过程。当胶束形成需要借助其他方法时，应控制与工艺相关的关键质量指标（例如胶束大小和溶液透明度）。建议根据ICH Q8（R2）药品研发（pharmaceutical development）和Q11药物的开发和制造（development and manufacture of drug substances）中概述的质量源于设计（quality by design，QbD）理念对中间体（即嵌段共聚物）和（或）

工艺进行适当的质量控制。

⑤产品规格：报告指出嵌段共聚物胶束可参考指南 ICH Q6A《质量规格：新原料药和新制剂的检验程序和可接收标准：化学物质（包括决定过程）》[*Specifications*：*Test Procedures and Acceptance Criteria for New Drug Substances and New Drug Products*：*Chemical Substances*（*including decision trees*）] 或 Q6B《质量规格：生物技术 / 生物产品的检验程序和可接收标准》（*Specifications*：*Test Procedures and Acceptance Criteria for Biotechnological/Biological Products*），建议申请人尽早与监管机构进行对话。对于含有嵌段共聚物的组分，应提供嵌段共聚物和（或）嵌段共聚物活性共轭物的测试、流程和验收标准的详细说明。应获得聚合物的评价，如平均分子量及其分布。还应获得各成分的组成。

嵌段共聚物胶束应根据预期的用途来规定其质量标准。包括颗粒大小、活性物质从胶束中的释放速率以及活性物质在生物技术 / 生物实体中的效价。

嵌段共聚物胶束可能是嵌段共聚物胶束和嵌段共聚物单体（含或不含结合活性物质）的混合物，因此应在适当的检测条件和程序下，根据产品的形式进行分析检测，并仔细考虑检测浓度，因为嵌段共聚物胶束的稀释可能引起胶束解离并导致单体比例增加。应同时对活性物质和嵌段共聚物进行鉴别和纯度的测定，并对杂质进行评价。

⑥稳定性：ICH Q1A（R2）《新原料药和制剂的稳定性试验》（*Stability Testing of New Drug Substances and Products*）中的概念适用于嵌段共聚物胶束产品稳定性研究的设计。ICH Q5C《生物技术产品的质量：生物技术 / 生物产品的稳定性试验》（*Quality of Biotechnological Products*：*Stability Testing of Biotechnological/Biological Products*）中的要求也适用于生物技术 / 生物实体。

一般而言，稳定性研究应考察活性物质、嵌段共聚物（以及嵌段共聚物 – 活性物质结合物）和所得胶束的物理和化学稳定性。包括但不限于以下要求。

物理稳定性包括嵌段共聚物胶束平均粒径、共轭活性物质的释放、二级聚集。

化学稳定性包括活性物质的稳定性、嵌段共聚物组分的稳定性、嵌段共聚物 – 活性物质结合物的稳定性（如存在）。

应使用体外方法（使用与预期用途相关的条件）确定包封在嵌段共聚物胶束中的活性物质的释放速率，以及与嵌段共聚物胶束化学结合的活性物质的释放速率。

⑦开发过程中的制造变化：如果制造关键工艺参数或用于制造的设备发生变化，可参考 ICH Q5E《基于不同生产工艺的生物技术产品 / 生物产品的可比较性》（*Comparability of Biotechnological/Biological Products Subject to Changes in Their*

Manufacturing Process）第 1.4 节中对可比性研究的规定。

（2）非临床研究

①一般考虑：当活性物质以嵌段共聚物胶束的形式给药时，其药代动力学特征可能发生重大变化，即分布量和清除率可能改变，半衰期延长，组织分布改变。当活性物质以嵌段共聚物胶束形式给药时，不仅其 PK 特性会发生重大变化，而且其 PD 和安全性也会发生重大变化。此外，某些嵌段共聚物（不含活性物质）可以显示固有的生物活性，这对临床疗效和（或）安全性也有一定影响。

嵌段共聚物胶束的 PK 特性可能取决于：含包封或化学结合活性物质的嵌段共聚物胶束的清除率；嵌段共聚物胶束的解离速率；嵌段共聚物胶束中包封活性物质的释放速率；与嵌段共聚物单聚体化学结合的活性物质的释放速率；嵌段共聚物的降解速率；游离活性物质的清除和代谢；嵌段共聚物胶束的分布；嵌段共聚物胶束与血浆、血清蛋白或血细胞的相互作用。

②非临床药代动力学

a. 分析方法　非临床药代动力学的分析方法，应能够测量血液、血浆或血清中活性物质的总浓度和游离形式的浓度，以及器官和（或）组织中活性物质的总浓度。

b. 药代动力学　选择适当的物种和模型来研究体内 PK 以及活性物质的释放，应该根据拟议的临床用途和嵌段共聚物胶束的组成来证明。明确物理化学参数如尺寸、表面电荷和形态参数的变化对分布的影响。除了 ICH S3［S3A《毒代动力学指导原则：毒性研究中全身暴露的评估》（*Guideline for Industry Toxicokinetics*：*The Assessment of Systemic Exposure in Toxicity Studies*）和 S3B《药代动力学：重复给药的组织分布研究指导原则》（*Pharmacokinetics*：*Guidance for Repeated Dose Tissue Distribution Studies*）］、S6（R1）《生物技术药物的临床安全性评价》（*Preclinical Safety Evaluation of Biotechnology-Derived Pharmaceuticals*）和 M3（R2）《药品人类临床研究和上市批准中非临床安全性研究指南》（*Guidance on Non-Clinical Safety Studies for the Conduct of Human Clinical Trials and Marketing Authorization for Pharmaceutica*）中规定的参数外，还应评估以下针对嵌段聚合物胶束的参数，主要包括：血液、血浆或血清中嵌段共聚物胶束的总活性物质和游离活性物质的 PK 参数，如 C_{max}、半衰期和 AUC；在不同剂量和时间点测量 PK 参数；与预期的临床用途和给药途径相关的器官和（或）组织中的分布系数，使用多个时间点获得分布时间曲线，并证明研究的时间进程；精准选择采样时间点和采样持续时间，以准确定量测定血液、血浆或血清中总活性物质和游离活性物质及代谢物浓度的时间进程，以及器官和（或）组织中活性物质和代谢物的总浓度；当主要活性物质为代谢产物时，应测量血液、血浆或血清以及可能的器官和（或）组织中的活性物质的代谢产物；如果一种或多种代谢物具有显著的临床活性，则可能需要比较其动力学，必要时比较毒代动力学，以确定多次给药后的蓄积；建议对嵌段共聚物胶束的活性物质和直接使用该活性物质的 PK 进行比较，以显示嵌段共聚物胶束的药代动力学优势；嵌段共聚物胶束给药后，应充分研究活性物质的代谢和排泄，同时也应该对胶束组分的代谢和排泄途径进行探索。

c. 非临床药效学　非临床药效学研究包括在合理的体外（如有可能）和体内模型中的药效学试验。体内评估需根据预期的临床应用制定适当的给药途径、合理的剂量水平和合理的给药方案。应对嵌段共聚物胶束中活性物质的 PK 以及活性物质单独给药时的 PD 和 PK 数据来验证体内模型的适当性。

嵌段共聚物胶束的化学成分和理化性质会影响药效学性质。在设计作用机制的研究时，需考虑以下要点：活性物质的去向（体内活性物质释放的位置和速率）；给药和（或）通过内吞作用或其他机制进入细胞后胶束（嵌段共聚物或其他稳定组分）的去向。

除此之外，还应使用体外和体内药效学模型评估胶束的 PD 作用。

d. 安全药理学和毒理学　对于 ICH S9《抗肿瘤药物的非临床评价》（*Nonclinical development of anticanceragents - A step in the right direction*）范围外的嵌段共聚物胶束应根据 ICH M3（R2）、ICH S7A《人用药物的安全性药理学实验》（*Safety Pharmacology studies for human pharmaceuticals*）和 ICH S7B《人用药延迟心室复极化的非临床评价》（*Appraisal of state-of-the-artNon-clinical evaluation of ventricular repolarization*）进行安全药理学研究。

对于嵌段共聚物胶束毒性的非临床评估，应遵循 ICH 安全指南中的建议，尤其应该对 S4《动物慢性毒性试验的周期（啮齿类和非啮齿类）》[*Duration of Chronic Toxicity Testing in Animals*（*Rodent and Non Rodent Toxicity Testing*）]、S6（R1）、S9 和 M3（R2）进行嵌段共聚物胶束的相关毒性研究。除血液、血浆或血清浓度外，还应测量与预期临床用途相关的靶组织和毒理学相关器官中的活性物质。根据嵌段共聚物胶束和（或）用于生产的嵌段共聚物的理化和（或）药代动力学特征，可能需要进行靶器官功能评价。根据嵌段共聚物胶束的特性，应考虑进行补体活化、血液毒性、抗原性和（或）免疫毒性的研究。

（3）首次临床研究的考虑因素　首次临床研究时，须考虑嵌段聚合物胶束的非临床药代动力学数据，如嵌段聚合物胶束、活性物质、预期的临床用途和给药途径，使用精心选择的采样时间点和采样时间，以便准确量化嵌段聚合物胶束的总活性物质和游离活性物质及代谢物的时间过程，主要包括：PK 参数，如 C_{max}、半衰期和AUC，嵌段共聚物胶束的总活性物质和血液、血浆或血清中的游离活性物质；尽可能收集足够数量的样本以充分描述血药浓度－时间曲线；嵌段共聚物胶束在靶器官和主要器官中的分布。

对于首次临床研究的起始剂量的设定，应遵循ICH M3（R2）和地区指导原则，并仔细考虑所有相关非临床数据。确认用于非临床研究的产品与用于首次临床研究的产品之间质量标准的一致性。首次临床研究期间需确保嵌段共聚物胶束的稳定性并保留稳定性数据。

（四）关于涂层纳米药物胃肠外给药的一般考虑问题[14]

1. 引言

许多已批准上市的或正在研发中的纳米药物使用了非共价或共价涂层。这类涂层通常用于最小化聚合或提高稳定性（例如用于治疗贫血的铁溶液），从而延长血浆循环时间（例如聚乙二醇化）。它们也被用于改善血液相容性和免疫性。涂层的存在有可能在安全性和有效性方面产生关键性的影响。涂层的理化性质、表面覆盖的均匀性和涂层稳定性将控制产品的药代动力学、生物分布及其细胞内的过程。在开发涂层纳米药物时，应仔细考虑涂层对产品的功效和安全性的潜在影响。

2. 主要内容

共价或非共价涂层的纳米药物在研发过程中一般需要考虑以下问题：包衣对产品稳定性的影响；涂层对产品药代动力学和生物分布的影响；与预期临床应用相关的生物环境中，涂层对生物分子和细胞的相互作用；涂层材料引起非特异性和（或）受体介导的细胞靶向性；涂层对包封的活性物质代谢途径的影响。

涂层纳米药物的质量、非临床和临床数据主要体现在以下内容：涂层材料的完整表征，包括其组成和质量；如果包衣材料本身包括复杂分子（例如蛋白质或抗体），其一致性和重现性可能需要额外的验证；包衣步骤的完整验证；涂层表面覆盖不均匀对药品的安全性和有效性的影响；涂层的稳定性（储存和使用期间的稳定性）；涂层可能分离和（或）降解；根据预期用途体外测定涂层的理化稳定性；考虑不同涂层材料/表面覆盖对PK和生物分布的体内影响；考虑释放的涂层材料的生物分布及其代谢。

（五）欧盟关于药品管理的法规

其他类型的纳米药物的研发和生产除了可以参考上述4类纳米药物外，还可以参考欧盟发布的药品管理相关的法规和指南。包括：No726/2004《人用药品注册管理办法申请人须知》[26]；No1394/2007《先进治疗药品法规》[27]；No507/2006

《人用药品上市条件指导原则》[28];《关于实施No507/2006在No726/2004范围内的人用药品上市的科学应用和实际指导》[29]；No520/2012《关于实施药物警戒活动的条例》[30]。

为了对上述法规进行补充，欧盟委员会发布了一系列药品管理指南[31]，包括：人用药品的欧盟制药法规、申请人须知－人用药品监管指南、人用医药产品的科学指南、药品生产质量管理规范、最大残留量、人用和兽用药品的药物警戒指南和临床试验指南。

（六）欧盟关于药品的审批程序

EMA并未对纳米药物的审批发布专有的审批流程，现将EMA对药品审批的流程及法规作简要介绍。

欧盟委员会（EC）颁布的现行欧盟药品管理法规No726/2004《人用药品注册管理办法申请人须知》[26]中规定，药品要在欧盟注册上市，要经历药品审评程序。评审程序分为两种方式，集中审批程序和互认程序。

对于以下类别的药品，集中审批程序是强制性的：重组DNA产品；在原核和真核细胞包括转化哺乳细胞中进行的编码生物活性蛋白基因的可控表达等生物技术工艺开发的新药和生物类似药；先进治疗药品（No1394/2007第2条[27]所定义的药品，如：细胞治疗产品、基因治疗产品、组织工程产品等）；含有用于治疗获得性免疫缺陷综合征、癌症、神经退行性疾病、糖尿病、自身免疫性疾病和其他免疫功能障碍以及病毒性疾病和孤儿药品。其他含有新活性成分的药品和疗效显著、科学或技术创新的药物或上市将对公众健康带来利益的药物可以自行选择是否走集中审批程序。

对于仿制药而言，如果被仿制的产品（参比制剂）是通过集中审批程序上市的，可以自动按照集中审批程序进行仿制药申请，但在递交材料前需要与欧洲药品管理局沟通，表明希望通过集中审批程序进行申报。如果被仿制产品（参比制剂）是通过其他程序上市的，申请人需要申请并说明该产品满足以下条件：其一，具有显著的治疗新颖性、科学性或者技术创新性；其二，产品在整个欧盟范围上市对欧盟患者是有意义的，这样才能走集中审批程序。通过集中审批程序获得上市许可的药品，可以在欧盟任何成员国中自由流通和销售。欧洲药品管理局负责对走集中审批程序的上市许可申请进行技术审评，由人用药品委员会（CHMP）提出审评意见，最终由欧盟委员会决定是否同意上市许可。

互认程序以单个成员国审批程序为基础，其他欧盟成员国监管机构认可第一个成员国的批准结果。欧盟有关文件规定，对于已通过某成员国审批上市的品种，除非有充分理由，即怀疑该产品的安全性、有效性和质量存在严重问题，否则欧盟其他成员国应批准该药品在本国上市和销售。当出现争议时，由 CHMP 进行仲裁。

（七）国际人用药品注册技术协调会指南

从 EMA 发布的 4 篇反思报告中不难看出，欧盟对纳米药物的审批和监管参考了 ICH 发布的相关指南[32]。ICH 发布的指南主要包括四大板块。

1. 质量指导原则

质量指导原则（quality guidelines），主要有化工、医药、质量保证相关指导原则，包括稳定性、验证、杂质、规格等方面，以“Q”表示，例如 ICH Q1A（R2）《新原料药和制剂的稳定性试验》、ICH Q5C《生物技术产品的质量》、ICH Q8（R2）《药品研发》和 Q11《药物的开发和制造》。

2. 安全性指导原则

安全性指导原则（safety guidelines），实验室动物实验等临床前研究相关指导原则，包括药理、毒理、药代等试验，以“S”表示，例如 ICH S3A《毒代动力学指导原则：毒性研究中全身暴露的评估》、ICH S3B《药代动力学：重复给药的组织分布研究指导原则》、ICH S6（R1）《生物技术药物的临床安全性评价》。

3. 有效性指导原则

有效性指导原则（efficacy guidelines），人类临床研究相关指导原则，包括临床试验中的设计、研究报告、GCP 等，以“E”表示，例如 ICH E6《临床试验指导原则》；ICH E8《临床试验的一般考虑》；ICH E10《临床试验中对照组的选择》。

4. 多学科指导原则综合学科

多学科指导原则综合学科（multidisciplinary guidelines），内容交叉涉及以上三个分类，不可单独划入任何一类的指导原则，包括术语、管理通讯等，以“M”表示，例如 ICH M3（R2）《药品人类临床研究和上市批准中非临床安全性研究指南》。

鉴于 EMA 关于 4 篇纳米药物的反思报告中提到报告的编写主要参考了 ICH 的相关指导原则，建议在探讨欧盟对纳米药物的审批和监管时将 ICH 的指导原则纳入讨论范畴。

参考文献

[1] Society R，Engineering RAO. Nanoscience and Nanotechnologies：Opportunities and Uncertainties [M]. London：Clyvedon Press，2004.

[2] EMA.REFLECTION PAPER ON NANOTECHNOLOGY-BASED MEDICINAL PRODUCTS FOR HUMAN USE [EB/OL]. (2006-06-29) [2023-11-14] .http: //www.ema.europa.eu/docs/en_GB/document_library/Regulatory_and_procedural_guideline/2010/01/WC500069728.pdf.

[3] Commission E. Commission Recommendation of 18 October 2011 on the definition of nanomaterial [J]. SHE alert: safety health environment, 2011 (202): 38-40.

[4] European Commission, Directorate-General for Environment. Commission Recommendation of 10June 2022 on the definition of nanomaterial (Text with EEA relevance) 2022/C 229/01: 32022H0614 (01) [S/OL]. [2024-08-07]. https: //www.zhangqiaokeyan.com/standard-detail/13180207339.html.

[5] Bridges J, Dawson UK, Jong IWD, et al. Scientific Basis for the Definition of the Term"Nanomaterial" [M]. Luxembourg: European Commission, 2010.

[6] 耿志旺,何兰,张启明,等.纳米药物的监督管理[J].中国药事,2012,26(09):923-928.

[7] Ehmann F, Sakai-Kato K, Duncan R, et al. Next-generation nanomedicines and nanosimilars: EU regulators' initiatives relating to the development and evaluation of nanomedicines [J]. Nanomedicine, 2013, 8 (5): 849-856.

[8] Pita R, Ehmann F, Papaluca M. Nanomedicines in the EU—Regulatory Overview [J]. Aaps Journal, 2016, 18 (6): 1576-1582.

[9] EMA. The European Medicines Agency follows the latest developments in nanotechnology that are relevant to the development of medicines. Recommendations from the Agency's Committee for Medicinal Products for Human Use (CHMP) have already led to the approval of a number of medicines based on nanotechnology [EB/OL]. [2023-11-15]. https: //www.ema.europa.eu/en/committees/committee-medicinal-products-human-use-chmp.

[10] EMA.1st International Workshop on Nanomedicines Summary Report 2010 [EB/OL]. [2023-11-15]. http: //www.ema.europa.eu/docs/en_GB/document_library/Report/2010/10/WC500098380.pdf.

[11] EMA. Reflection paper on the data tequirements for intravenous liposomal products developed with reference to an innovator liposomal product-Final [EB/OL]. [2023-11-15]. http: //www.ema.europa.eu/docs/en_GB/document_library/Scientific_guideline/2013/03/WC500140351.pdf.

[12] EMA. Reflection paper on the data requirements for intravenous iron-based nano-colloidal products developed with reference to an innovator medicinal product [ENOL]. [2023-11-15]. https:

//www.ema.europa.eu/en/documents/scientific-guideline/reflection-paper-data-requirements-intravenous-iron-based-nano-colloidal-products-developed_en.pdf.

[13] EMA. Joint MHLW/EMA reflection paper on the development of block copolymer micelle medicinal products-Draft [EB/OL] . [2023-11-15] . https://www.ema.europa.eu/en/documents/scientific-guideline/joint-mhlw/ema-reflection-paper-development-block-copolymer-micelle-medicinal-products_en.pdf.

[14] EMA. Reflection paper on surface coatings: general issues for consideration regarding parenteral administration of coated nanomedicine products [EB/OL] . [2023-11-15] . https://www.ema.europa.eu/en/documents/scientific-guideline/reflection-paper-surface-coatings-general-issues-consideration-regarding-parenteral-administration_en.pdf.

[15] European Medicines Agency (EMA) . Innovation in medicines [EB/OL] . [2023-11-15] . https://www.ema.europa.eu/en/human-regulatory/research-development/innovation-medicines#ema's-innovation-task-force- (itf) -section.

[16] European Medicines Agency (EMA) . Scientific advice and protocol assistance [EB/OL] . [2023-11-15] .https://www.ema.europa.eu/en/human-regulatory/research-development/scientific-advice-protocol-assistance.

[17] Hofer MP, Jakobsson C, Zafiropoulos N, et al. Impact of scientific advice from the European Medicines Agency [J] . Nature Reviews Drug Discovery, 2005: 302-303.

[18] EU. Regulation (EC) No 1907/2006 of the european parliament and of the council of 18 december 2006 concerning the registration, evaluation, authorisation and restriction of chemicals (REACH) [EB/OL] . (2006-12-18) [2024-08-24] . https://www.researchgate.net/publication/311556307_Regulation_EC_No_19072006_of_the_european_parliament_and_of_the_council_of_18_december_2006_concerning_the_registration_evaluation_authorisation_and_restriction_of_chemicals_REACH.

[19] ECHA. Guidance on information requirements and chemical safety assessment: Appendix R8-15 Recommendations for nanomaterials applicable to Chapter R.8 Characterisation of dose [concentration] - response for human health [EB/OL] . [2024-08-07] . https://www.docin.com/p-1528359462.html.

[20] ECHA. Guidance on information requirements and chemical safety assessment: Appendix R10-2 Recommendations for nanomaterials applicable to Chapter R.10 Characterisation of dose [concentration] - response for environment [EB/OL] . [2024-08-07] . https://echa.europa.eu/.

[21] ECHA. Guidance on information requirements and chemical safety assessment: Appendix R14-4

Recommendations for nanomaterials applicable to Chapter R.14 Occupational exposure estimation [EB/OL]. [2024-08-07]. https://echa.europa.eu/.

[22] ECHA. Guidance on information requirements and chemical safety assessment: Appendix R7-1 for nanomaterials applicable to Chapter R7a Endpoint specific guidance, version 2.0 [EB/OL]. [2024-08-07]. https://echa.europa.eu/.

[23] ECHA. Guidance on information requirements and chemical safety assessment: Appendix R7-1 for nanomaterials applicable to Chapter R7b Endpoint specific guidance, version 2.0 [EB/OL]. [2024-08-07]. https://echa.europa.eu/.

[24] ECHA. Guidance on information requirements and chemical safety assessment: Appendix R7-1 for nanomaterials applicable to Chapter R7c Endpoint specific guidance, version 2.0 [EB/OL]. [2024-08-07]. https://echa.europa.eu/.

[25] COMMISSION REGULATION (EU) 2018/1881 of 3 December 2018 amending Regulation (EC) No 1907/2006 of the European Parliament and of the Council on the Registration, Evaluation, Authorisation and Restriction of Chemicals (REACH) as regards Annexes Ⅰ, Ⅲ, Ⅵ, Ⅶ, Ⅷ, Ⅸ, Ⅹ, Ⅺ, and Ⅻ to address nanoforms of substances [EB/OL]. [2024-08-07]. https://eur-lex.europa.eu/legal-content/EN/TXT/?uri=CELEX:32018R1881&qid=1668427711577.

[26] EU. Regulation No.726/2004 of the EP and of the Council of 31 March 2004 laying down Community procedures for the authorisation and supervision of medicinal products for human and veterinary use and establishing a European Medicines Agency [EB/OL]. [2024-08-07]. https://www.wipo.int/wipolex/es/text/312406.

[27] EU. Regulation (EC) No 1394/2007 of the European Parliament and of the Council of 13 November 2007 on advanced therapy medicinal products and amending Directive 2001/83/EC and Regulation (EC) No 726/2004 (Text with EEA relevance) [S/OL]. [2024-08-07]. https://www.zhangqiaokeyan.com/standard-detail/13180167511.html.

[28] EU. Commission Regulation (EC) No 507/2006 [EB/OL]. (2006-3-30) [2023-11-14]. https://eur-lex.europa.eu/legal-content/EN/TXT/PDF/?ui-CELEX: 32006R0507&qid=1614695279895&from=EN.

[29] EU. Guideline on the scientific application and the practical arrangements necessary to implement Commission Regulation (EC) No 507/2006 on the conditional marketing authorisation for medicinal products for human use falling within the scope of Regulation (EC) No 726/2004 [EB/OL]. (2006-03-30) [2023-11-15]. https://www.ema.europa.eu/en/documents/scientific-guideline/guideline-scientific-application-practical-arrangements-necessary-implement-commission-

regulation-ec/2006-conditional-marketing-authorisation-medicinal-products-human-use-falling_en.pdf.

[30] EU. COMMISSION IMPLEMENTING REGULATION (EU) No 520/2012 of 19 June 2012 on the performance of pharmacovigilance activities provided for in Regulation (EC) No 726/2004 of the European Parliament and of the Council and Directive 2001/83/EC of the European Parliament and of the Council [EB/OL]. (2012-06-20) [2023-11-15]. https://eur-lex.europa.eu/legal-content/EN/TXT/?uri=CELEX%3A32012R0520&qid=1722438235454.

[31] EU. Body of European Union legislation [EB/OL]. [2023-11-15].https://health.ec.europa.eu/medicinal-products/eudralex_en.

[32] ICH. ICH Guidelines [EB/OL]. [2023-11-15].https://www.ich.org/page/ich-guidelines.

第四节 日本关于纳米药物及仿制药品审批和监管的法规

目前日本药品监管部门在研究和讨论纳米药物的资料中尚没有对纳米药物的定义作专门的说明，只是描述了含有亚微米以下纳米尺寸构成要素的医药品，政府也没有为纳米药物出台专门的法规，纳米药物的管理是基于各个品种专门应对的原则。因此，本节主要介绍日本药品审批和监管的一般法规，纳米药物的审批和监管按照一般法规的要求进行。同时介绍厚生劳动省发布的三个与纳米药物开发相关的指南。

一、日本新药审批和监管概况

21世纪初日本的药品审批与监管体制进行了全面改革。2001年初厚生省、劳动省根据《厚生劳动省设置法》合并成立厚生劳动省（The Ministry of Health，Labour，and Welfare，MHLW）。2003年随着日本《药事法》（Pharmaceutical Affairs Law，PAL）的全面修订，日本原药品和医疗器械审评中心（Pharmaceuticals and Medical Devices Evaluation Center，PMDEC）、药品安全性和研究机构（Organization for Pharmaceutical Safety and Research，OPSR）以及医疗器械中心（Medical Devices Center）的部分职能合并，组建了独立行政法人医药品医疗

器械综合机构（Pharmaceuticals and Medical Devices Agency，PMDA）。厚生劳动省和独立行政法人医药品医疗器械综合机构在药品审批与监管中各自发挥着重要作用。

（一）日本的新药审批机构与管理体系

1. 厚生劳动省[1]

原厚生省设立于1938年1月，由内务省卫生局、社会局等整合而成，主要负责社会福利、社会保障和公共卫生的促进和完善；1947年9月，厚生省中劳动相关行政管理独立出来，成立劳动省；2001年，厚生省部分管理权责与劳动省进行统合成立为现在的厚生劳动省。如图3-2所示，日本厚生劳动省主要由内政部和外设办组成，其中内政部下辖内部部门、审议会、设施等机关、地方支分部局等机构单位。

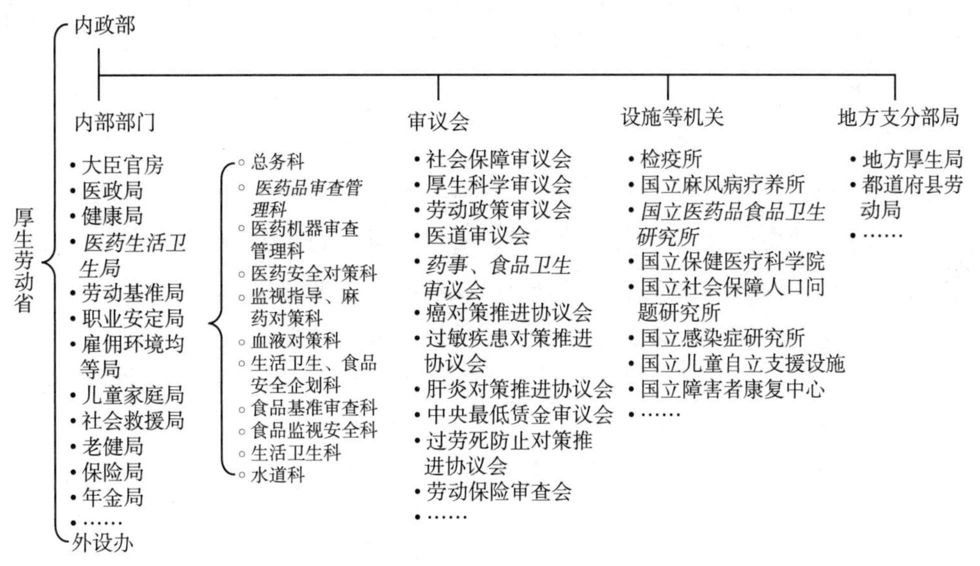

图3-2 厚生劳动省主要组织架构

注：图中斜体部分为与新药审批密切相关的部门

厚生劳动省是日本负责医疗卫生和社会保障的主要部门，其中医药生活卫生局负责新药临床试验、审批审查、上市后督察等职能；医政局负责面向企业的研发推广、生产分销及药品定价等相关监管职能。医药生活卫生局下设多个职能部门，其中医药品审查管理科具体负责医药品基准、孤儿药指定、制造贩卖许可认证、生产指导监督、上市后的再审查等相关工作。

2. 独立行政法人医药品医疗器械综合机构[2]

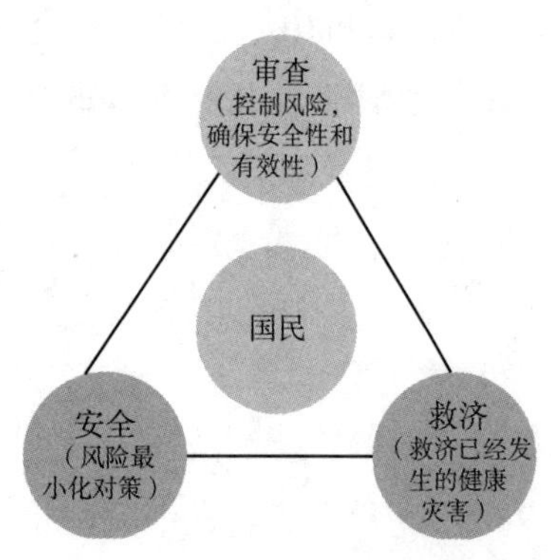

图 3-3　PMDA 的三个主要职能

PMDA 是厚生劳动省所管辖的独立行政法人，作为全新的药品审评机构于 2004 年 4 月 1 日成立。PMDA 集医疗救济、药品审批和安全对策三大职能于一体，旨在对医药品的不良反应和生物制品感染等产生的受灾对象展开救助活动（健康损害救济），对医药品和医疗器械等的质量、有效性和安全性，从临床试验前到批准上市的整个过程进行一以贯之的指导和审查（批准审查），收集、分析、提供上市后的安全性相关信息（安全对策），通过这些措施，为提高国民健康做出贡献（图 3-3）。

原料药、制剂、医疗器械和一些类医药制品在日本上市都要受到 PMDA 的审查，这就是通常所说的 PMDA 审计，日本官方认证，或者日本 GMP 认证。PMDA 的主要业务有以下内容。

（1）药品审批业务　在药品审批审查中，具有药学、医学、兽医学、药理学、生物统计学等专业知识的评审团将负责“质量”“药理”“药代动力学”“毒性”“临床”“生物统计”，并组成评审团队进行评审。此外，在审查过程中还与外部专家交换意见（专业协商），以便从更专业的角度来评审。PMDA 还为审查期设定了目标，以加快运营速度，以便更快地向医疗领域提供更好的药品。

（2）医疗器械审批审查业务　与药品一样，医疗器械具有用于医疗产品（如疾病诊断、治疗和预防）的特性，从手术刀、手术钳到核磁共振成像和心脏起搏器等各种产品的基础技术和材料，均需要进行合理监管。PMDA 主要审查这些医疗设备中的高风险医疗设备（如人工心脏、心脏起搏器、冠状动脉支架、人工血管、人工关节、人工肾脏等）。在医疗器械审批审查中，PMDA 根据这些医疗器械的特点设定审查期目标，并努力加快运营速度，以便更快地向医疗领域提供更好的医疗设备。

（3）再生医疗产品审批审查业务　2013 年日本颁布的《医药医疗器械法》中，新定义了再生医疗产品。再生医疗产品不同于传统药品和医疗器械，因为它是使用活细胞和组织的产品以及基因治疗产品。例如，在使用活细胞产品质量不均匀的情况下，引入了“条件和限期批准制度”，作为一种机制，评估其有效性并确认安全性后，可以提前特别批准，但是有条件和时间限制。

此外，PMDA 还从事咨询服务、临床试验相关业务、可靠性保证、GMP/QMS/

GCTP合规性调查、审查和再评估业务、对注册认证机构的调查等业务。

总之，从职能上来说，日本PMDA行使的职责包含了中国的国家药品监督管理局（NMPA）直属单位——国家药典委员会、国家药品监督管理局药品审评中心、食品药品审核查验中心、药品评价中心、医疗器械技术审评中心所涵盖的一些业务内容，也有其独有的职能，即对由医药品不良反应和生物制品感染引发的受灾对象进行救助。

（二）日本的新药审批流程

《日本药事法》管辖日本的药品审批与其他销售要求。根据此项法律，无论是新药还是仿制药，所有药品的安全性和功效必须经由厚生劳动省批准后方可在日本销售。地方政府不允许独立于此项法律实施药品审批。

药物审评和审批相关的咨询管理工作均由PMDA独立负责。PMDA下设25个部门，6个小组及日本关西、名古屋分局，与新药上市审批紧密相关的机构包括审查管理部、审查执行部、信赖保证部以及新药Ⅰ～Ⅴ部、细胞与组织产品部等职能部门。各部门在不同阶段依据自身职能参与到具体的数据信赖性调查、GMP检查或技术审评工作中，有序地推进审评工作的最终完成。药事、食品卫生审议会（图3-2）在药品审批中也发挥着重要作用，其中的药事分科会负责对药品等领域重大问题的审查和讨论，以及重要药学问题的检验与评价。最终的上市许可决定由日本厚生劳动省结合PMDA的审查结果与药事、食品卫生审议会提供的专家意见做出，具体流程见图3-4。

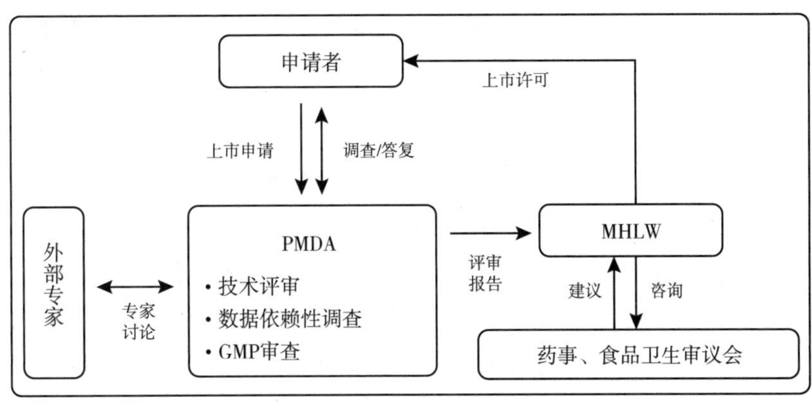

图3-4　日本新药审批管理体系

1. 新药物审批流程

日本的药品按风险程度大小大致分为两类（图 3–5）：处方药和非处方药。此外，非处方药分为指导用药类和一般类，一般类药品细分为第一类到第三类。处方药是医生根据患者的症状和体质开出的药物；非处方药是患者在药店根据症状可以购买的药物。

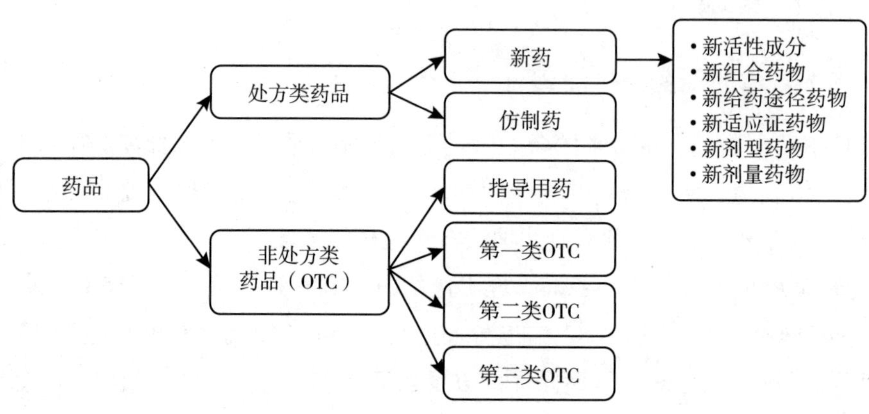

图 3–5　日本药品分类

处方药按照注册分类又分为新药和仿制药，其中新药包括所有与已批准药品在有效成分、数量、用法、用量、功效、效果等方面有明显区别的药品。主要包括新活性成分药物、新组合药物、新给药途径药物、新适应证药物、新剂型药物、新剂量药物等。

新药的标准审批流程如图 3–6 所示。PMDA 收到申报者提交的材料后，首先会进行一项“信赖性调查”，确保所提交的材料符合伦理并可以科学信赖；此后审评人员就相关问题与申报者进行面谈，申报者须就 PMDA 的质询做出解释说明。通过材料审查后，PMDA 组织药学、医学、兽医学、药理学、生物统计学等各领域专家成立评审小组，从拟上市药品的质量、药理学、药物动力学、毒理学、临床意义及生物统计学等方面开展详细的评估和审评工作。经过多次专家会议评审、反复讨论关键问题，形成最终的审评报告，PMDA 将 GMP 检查结果及评审报告一并递交给厚生劳动省的医药品审查管理科；在这一阶段，针对一些规定品种，厚生劳动省会根据相关要求向药事、食品卫生审议会进一步征询专家意见，并结合技术审评报告和专家意见做出是否批准药品上市的最终决定。

日本新药注册包括标准审评和特殊审评两种模式。特殊审评模式主要适用于针对严重或危及生命的疾病，进一步分为优先审评（priority review）、例外审批（restrictive approval）和时间限制性条件审批（time-limited conditional approval）[4]（图 3-7）。

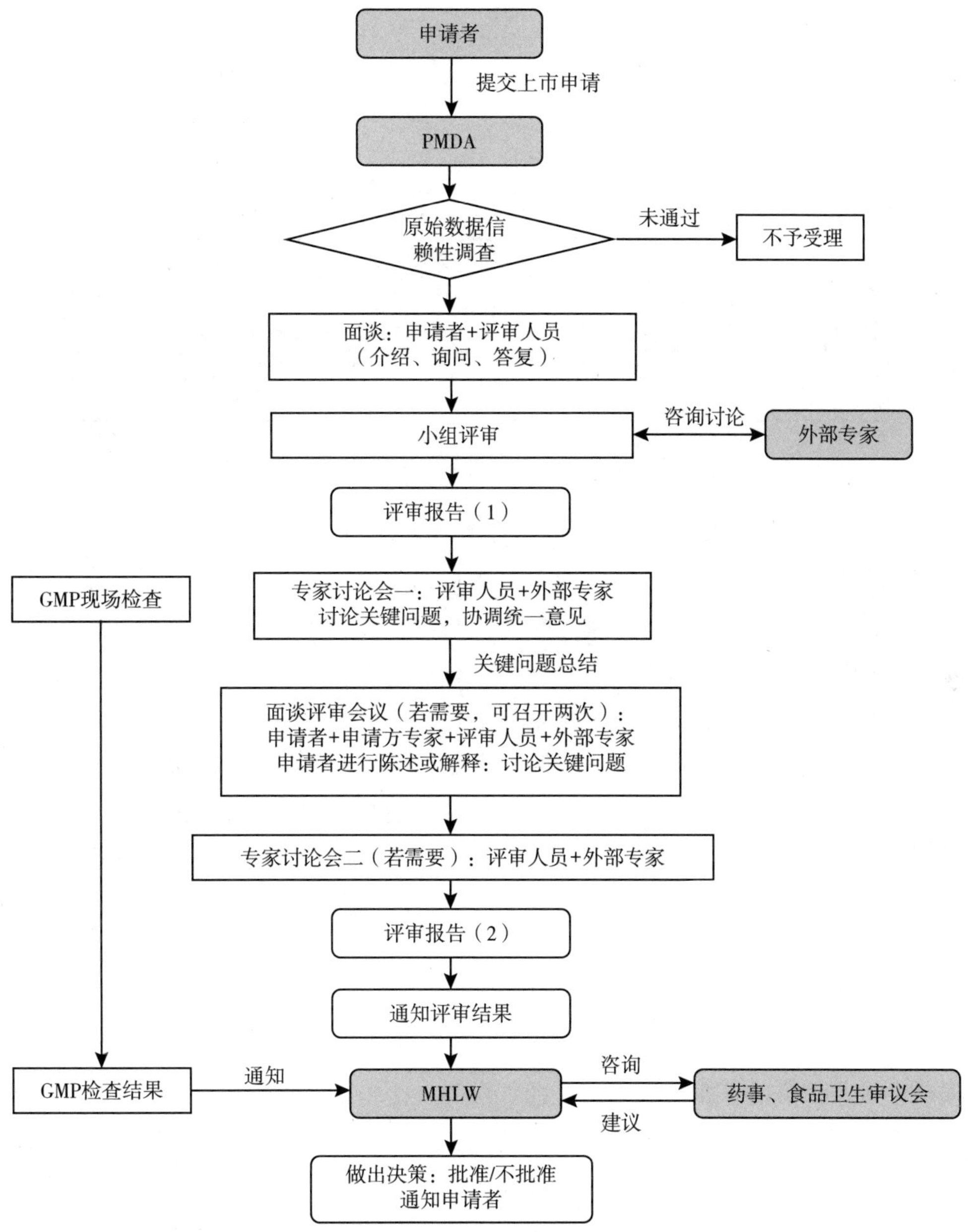

图 3-6　日本新药标准审批流程[3]

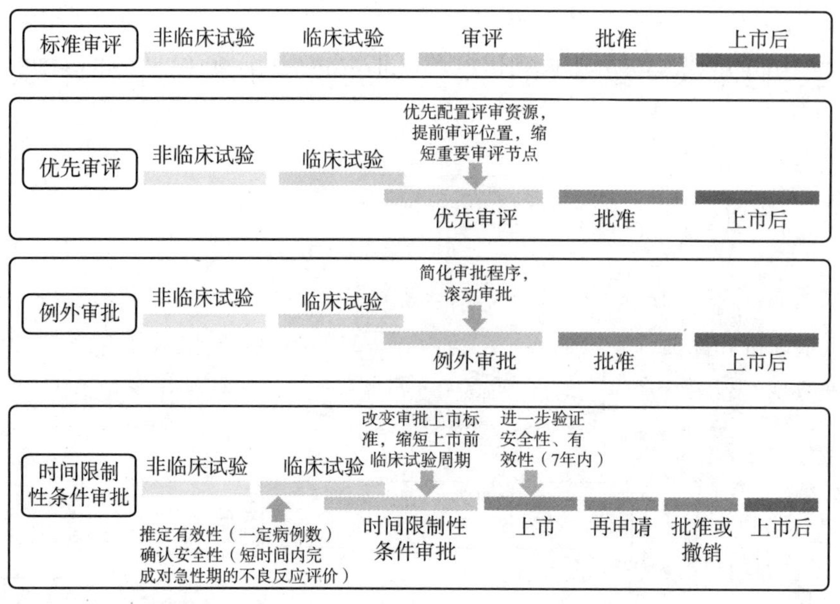

图 3-7 四种审评模式的作用节点及特点[3]

优先审评是最广泛采取的特殊审评方式，面向所有已获得厚生劳动省资格认定的孤儿药以及孤儿药之外具有高临床价值的药品；PMDA 通过综合评价对象疾病的严重性、全面评估药品临床价值，判断是否对其采取优先审评。例外审批主要针对可解决紧急公共卫生事件或是已在其他国家上市的某种疾病唯一治疗药物；部长可在听取药事及食品卫生审议会相关意见后授予其例外审批的方式，以提高特殊情况下药物的可获得性。时间限制性条件审批则面向已确认有效且对人体安全的再生医疗产品（如细胞 / 组织产品、基因产品、病毒载体等），提供一种附带上市时间限制的许可。这项许可的有效期仅为 7 年，7 年后申请人需再次提交能够证明药品安全性、有效性的上市申请，否则厚生劳动省将撤回已授予的许可。

2. 仿制药审批流程

在日本法律项下，“仿制药”定义为在活性药物成分、适应证、剂量、给药途径等最为重要的方面与现有（已经获批的）药品不存在差异的药品。由于这些产品的安全性和功效已经通过参比药品进行检测，政府部门认为其安全性和功效信息已属于“公共范畴”，无需由仿制药制造商提交特有数据。因此，仿制药通过提交下列数据加以审批：规格和试验方法（包括效能范围、日本药典项下的制剂试验）；加速贮存试验数据；生物等效性试验数据；必要的制造工艺信息与数据等。

二、日本关于纳米药物及仿制药品审批和监管的法规

厚生劳动省对纳米药物的监管措施是在日本政府各个时期的“科学技术基础规划”下进行的。厚生劳动省从2002年起为纳米药物发放了3次厚生劳动科学研究费补助金，以促进相关项目的研究。厚生劳动省的下属机构国立医药品食品卫生研究所直接参与了纳米药物的相关研究并取得丰富的成果，主要包括：纳米药物的质量评价和保证，生物相容性的纳米粒子，纳米材料的健康影响评估。2008年，日本国立医药品食品卫生研究所成立了专门的小组，进行纳米药物和高性能医疗产品的质量保证和评估的研究[5]。目前厚生劳动省发布了三个与纳米药物相关的指南，这些指南对纳米药物的开发具有较好的指导作用。

（一）脂质体制剂开发指南

脂质体制剂开发指南[6]于2016年3月28日由厚生劳动省医药生活卫生局审查管理科发布。该指南由厚生劳动省纳米药物研究委员会编写，内容涉及脂质体制剂的质量标准、生产过程管理、非临床评价的注意事项和评价项目，以及首次人体研究应确认的事项。

该指南主要包括前言、适用范围、化学、制备及质量管理、非临床试验、首次人体研究中的注意事项、名词解释等部分。

1. 前言

脂质体是由两亲性脂质分子的双分子膜组成的囊泡，脂质体制剂是通过将药物封装到脂质体的脂质双分子膜或内水相中来制备。脂质体制剂在很多情况下是为了改善有效成分的体内稳定性、组织靶向性而设计，因此，为了确立新型脂质体制剂的有效、安全的用法和用量，明确以组织靶向性为目标的药代动力学是不可或缺的。

由于增强的渗透与滞留（EPR）效应和配体、抗体的主动靶向作用，脂质体制剂中的有效成分与有效成分单独给予时相比，组织、细胞内转运发生了变化，因此，即使血液中有效成分浓度相同，靶组织也会发生变化。针对在细胞、器官内有效成分浓度可能不同的问题，需要注意对药代动力学试验的解释。另外，由于目标组织、细胞内分布与脂质体的质量标准相关，因此需要对脂质体的尺寸、表面电荷等物理、化学及生物学特性进行评估。另外，在大多数情况下，脂质体是容易被机体认为是异物尺寸的粒子，因此设计具有适当的体内稳定性的脂质体，并对其功能进行评估非常重要。

本指南明确了脂质体制剂开发时应注意的事项，并列举了申请批准所需的事项，目的在于实现脂质体制剂的合理开发和审查的效率化。

2. 适用范围

本指南针对脂质体制剂的设计与制备，及其对有效成分生物体内稳定性、组织靶向性、细胞内分布等药代动力学性质的影响。用于有效成分包封、增溶和促进转运的脂质 - 有效成分混合物和缔合物（不形成脂质双分子膜）不在本指南的适用范围。本指南主要提供了有关制剂开发、非临床试验和早期临床试验的信息，同时也对生产销售后的相关事项提供了参考。另外，作为本指南对象的脂质体制剂也适用于其他相关通知和指南。本指南所涵盖的有效成分包括小分子化合物、核酸、肽、蛋白质以及其他生物来源或利用生物技术生产的成分。

3. 化学、制造及质量管理

本部分是指南的核心，建议化学、制造及品质管理聚焦于脂质体制剂特有的信息。有关有效成分和附加剂质量的一般事项应参考相关通知和指南。此外，脂质体构成成分（如脂质）的质量可能影响脂质体制剂的整体质量，因此脂质体构成成分应采用适当方法进行质量管理。具体的评价内容包括以下内容。

（1）组成与性状　脂质体主要由有效成分和脂质构成，但有时也包含由聚乙二醇（PEG）或配体等修饰的功能性脂质。另外，脂质体制剂和一般的注射剂一样，也包括 pH 调节剂、稳定剂等附加剂。

在定义脂质体制剂的特性时，以下特性尤为重要：脂质体的组成；有效成分和各脂质的量；脂质（包括功能性脂质）相对于有效成分的摩尔比或重量百分比。

脂质体产品的质量标准、药代动力学特性、药效学特性和安全性可能高度依赖于处方，包括脂质组成。因此需要说明制剂处方的开发过程及其适用性。

（2）制剂设计与表征

①制剂研究：为了达到脂质体制剂的使用目的和满足脂质体药品的预期用途，必须明确其制剂质量、非临床和临床特征。进行开发研究应确定制剂设计（包括剂型和处方）、质量标准、制备工艺、容器封闭系统和使用说明适合于注册申请中指定的用途，并应将开发研究的信息描述为药物开发。脂质体制剂中可能含有未包封有效成分的脂质体；对于脂质双分子层上经过某些分子（如聚乙二醇、配体或抗体）修饰的脂质体，可能会有一定比例的分子浓度下降或者分子本身变性的脂质体存在。因此，脂质体制剂不应被认为是单一脂质体的组装物，应将脂质体制剂作为一个整体进行处方开发和质量标准评价，并结合相关批次的非临床和临床数据，确定适当的范围，以保证预期的产品质量。此外，脂质体制剂在药剂学上很复杂，仅靠最终产品的质量检测有时不能充分进行质量管理。因此，强烈建

议根据国际人用药品注册技术协调会（ICH）Q8（R2）和Q11指南中概述的质量源于设计（QbD）概念进行制剂开发。为了保证药品质量的一致性，应根据关键质量标准和相关参数建立控制策略，然后确定分析方法和质量标准。脂质体组分的选择以及每个组分的组成和功能应根据目标产品质量概况（QTPP）和制剂特性（如有效成分释放、靶向性转运）进行描述。此外，在开发研究中实施的调查应清楚解释制剂开发、质量标准（物理、化学和生物特性）和生产工艺的变化将如何影响药品的性能。必要时，还应调查和评估脂质体制剂对药代动力学、疗效和安全性的影响。

②制剂的表征：为了保证脂质体制剂的安全性和有效性，确定影响脂质体在体内药动学和药效学性能的关键质量标准非常重要。为了保证脂质体制剂的质量，合理设置与关键质量标准相关的物理、化学和生物特性参数至关重要，包括对多个批次样品进行详细的特性分析和评价。对于作为注射用冻干制品或注射用粉末供应的脂质体制剂，也应评估复溶后的药物溶液。

详细的物理、化学和生物特性将有助于评估生产过程中任何变化的影响。对于含有蛋白质和适配体等分子的药品，其构象对该分子作为有效成分或脂质体修饰分子的功能起重要作用，应将其生物活性和免疫特性等质量表征作为与生物技术或生物制品评价相对应的组分和（或）整个脂质体制剂进行鉴定和评价。

脂质体制剂中需要特别考虑的质量标准包括：粒径分布、脂质体的形态和（或）结构、表面电荷（Zeta电位）、脂质体膜的热力学性质、脂质体制剂中有效成分的体外释放特性、渗透压、pH、聚集、包封率、杂质等。

根据脂质体制剂的特点，还应考虑的质量标准包括：被包封有效成分的物理状态、对于脂质体表面被配体等靶向分子修饰的药品，由于修饰可能影响脂质体对靶细胞的亲和力，因此需要研究修饰后脂质体的（构象）结构、修饰效率以及与靶细胞的结合能力。如果这些表征有困难，可以用生物测定法代替。

③体外释放试验：为了确保脂质体制剂具有一致的体内稳定性和有效成分释放特性，应使用适当反映生理条件的测试溶液建立体外释放试验方法。根据脂质体的特点及制剂设计、使用目的，设定多种释放试验条件。脂质体有效成分的释放应使用生理和（或）临床相关的介质（如缓冲液或人血浆）进行监测，必要时适当搅拌。即使活性物质的体外释放特性不能完全反映体内释放特性，也应开发和论证一种适当的体外释放试验方法，必要时应考虑以下方面：在血液和靶组织中脂质体有效成分的释放曲线；设计目的是为了响应靶组织或体内环境变化（如pH值变化）而释放有效成分的脂质体，反映响应生理环境释放有效成分的释放曲线；对于对温度或外部刺激响应释放有效成分的脂质体，反映响应温度变化或外

部刺激时释放有效成分的释放曲线。

（3）脂质体制剂的生产工艺及过程控制　为了保证脂质体制剂的质量，不仅要在生产过程中实施中间体和过程控制，对最终产品进行质量检测，而且要在了解生产过程的基础上制定适当的控制策略。如脂质体制剂容易受到生产参数变动的影响，因此在开发过程中，需要积累生产工艺相关的知识，充分了解变异因素（如工艺参数和原材料的可变性）。

尽管脂质体制剂的制备方法根据封装的有效成分、脂质成分的种类和性质、脂质体制剂的功能和性质的不同而不同，但大多数在制备过程中需要经过脂质体的形成过程、活性物质在脂质体中的包封过程、粒径调整过程、表面修饰过程、灭菌过程等特征性工序。应根据需要对工艺条件、制剂特性、质量控制等进行设定和管理。

（4）脂质体制剂成分的控制　在脂质体制剂中，构成脂质双分子膜的脂质分子、修饰其表面的 PEG 链、配体、抗体等有助于改善有效成分的生物体内稳定性、药代动力学、细胞内动力学行为。因此，脂质体组分，特别是配体和抗体等对制剂功能有重大影响，应比一般辅料进行更大程度的评价和控制，以确保其预期的性能。指南中对质量标准、生产过程和过程控制、技术指标及测试方法、稳定性等方面予以介绍。

（5）脂质体制剂的质量标准　质控方法和验收标准应根据日本药典和 ICH Q6A 或 Q6B 指南制定。此外，必要时应适当建立脂质体制剂的特定质控方法（如有效成分的包封率、释放度、脂质成分和降解产物的测定）。对于可能随时间变化的质量标准，应考虑脂质体制剂对药代动力学、疗效和安全性的影响，建立验收标准，然后对所建立的验收标准进行论证。应建立适用于脂质体制剂的经过验证的质控方法。此外还需特别注意制剂的鉴别、内毒素测定、生物活性测定等。

（6）稳定性　脂质体制剂的稳定性研究应按照 ICH Q1A（R2）指南进行。如果生物技术产品或生物制品（生物实体或生物技术衍生的重组蛋白）被用作有效成分或脂质体成分，ICH Q5C 指南中的概念也同样适用。另外，由于目前对脂质体制剂稳定性的知识有限，原则上不能超过在长期贮存试验确认稳定性期间设定的有效期。脂质体制剂在制剂学上比较复杂，稳定性测试不仅应包括规范中的测试项目，必要时还应包括额外的特异性表征测试，以充分了解质量标准随时间的变化。可作为脂质体制剂特性分析的测试项目有：脂质体制剂中各种脂质的稳定性、分子的修饰效率及其结构稳定性、粒径分布和聚集、包封率等。

（7）制备工艺的变更　脂质体制剂与一般的低分子化合物制剂不同，很难提出一套通用的资料来证明制备工艺的改变不会影响脂质体制剂的质量。因此需要测试生产过程的变化可能影响哪些制剂的物理、化学和生物学特性，评估这些变化对脂质体制剂的药代动力学、疗效和安全性的影响。需要仔细评估的内容包括脂质体的制备原理、有效成分的装载方法、脂质与有效成分的质量比、脂质双分子层组成、脂质体表面修饰工艺等方面的变化。另外脂质体制剂对规模放大比较敏感，应考察规模依赖性，比如，放大过程中加压方法和过滤器类型的改变，纯化工艺中层析柱尺寸的改变等。深入研究这些工艺变化与脂质体制剂质量标准的关系，以确认脂质体制剂在生产工艺变更前后的质量具有可比性。

4. 非临床试验

当有效成分作为脂质体用药时，其药代动力学特性可能发生显著变化（即分布容积和清除率的变化、半衰期的延长或体内分布的变化），从而导致疗效和安全性上出现显著差异。非临床研究应使用能充分代表临床拟用样品的制剂，并应在所选试验条件下了解有效成分的释放率和产品稳定性。非临床试验的内容包括非临床前药物动力学、非临床药效学、安全药理学、毒理学等方面的研究。

5. 首次人体研究的注意事项

脂质体制剂的设计通常是为了影响被包封有效成分的体内稳定性、药代动力学（包括组织分布层面）以及细胞内分布。因此，除了 ICH S3（S3A 和 S3B）、S6（R1）、S9、M3（R2）以及“药物开发中确保人类首次给药试验安全性指南”中推荐的信息外，在考虑首次人体试验时，有必要考虑脂质体制剂特有的信息，例如脂质体制剂和有效成分的非临床药代动力学数据、建议的临床用途、给药途径等。

（二）关于载核酸纳米制剂的回复文件

该文件于 2016 年 3 月 28 日由厚生劳动省医药生活卫生局审查管理科发布，由厚生劳动省纳米药物研究委员会编写，总结关于应用纳米技术载核酸（siRNA）药物时应注意的问题。主要包括质量相关的注意事项：有关体内药代动力学和细胞内药物递送的质量相关注意事项，与安全性相关的注意事项，非临床试验相关的注意事项以及首次人体试验的注意事项等[7]。

1. 前言

目前，各种核酸基化合物正被开发为药物。小干扰 RNA（siRNA）是一类双链 RNA 分子，有 21~23 个碱基对，可以通过特异性地剪切目标 mRNA 来抑制基因表达。由于其强大的 mRNA 降解活性和序列特异性，在过去的十多年里，siRNA 被认为在医药领域具有广阔的应用前景。但是，与小分子化合物相比，siRNA 具有高分子量、带负电荷、高度亲水性等特点。这些理化特性使得 siRNA 很难有效地递送到靶细胞，这对其药物开发提出了挑战。此外，当 siRNA 单独注入血液中，可以被酶迅速降解，并且由于其具有亲水性和相对较低的分子量（小于 20 kDa），siRNA 容易通过肾脏排泄。为了克服这些挑战，许多新的递送技术，如基于纳米技术的载体（脂质体和聚合物胶束等）正在开发中。

siRNA 与载体结合通常采用与带正电荷载体的静电相互作用或共价结合。此外，一些处方中使用脂类和聚合物以改善其药代动力学行为。大多数情况下，siRNA 被封装在载体中，也有一些例外。大多数 siRNA 载体通过内吞作用以纳米颗粒的形式并入细胞。之后，为了将 siRNA 运输到细胞质中，已经尝试设计具有内体释放机制的制剂。也就是在与溶酶体融合之前实现 siRNA 内体逃逸，以避免溶酶体的降解。此外，为了提高药效和生物体内的稳定性，正在尝试引入经过化学修饰的核酸。

这篇回复文件阐述了在评估使用基于纳米技术的载体制备 siRNA 制剂时需要考虑的一些问题［在这里称为载核酸（siRNA）纳米制剂］。

2. 适用范围

本文讨论在开发携带核酸（siRNA）的纳米制剂时应注意的问题，但本文的观点也将成为开发携带非 siRNA 核酸的纳米制剂时的参考。关于载体的具体考量，请参考相关通知和指南。另外，在对个别药品进行试验和评价时，必须以反映当时学科、技术进步和经验积累的合理依据为基础，根据具体情况灵活应对。

3. 与质量相关的注意事项

利用纳米载体运送 siRNA 的目的是提高 siRNA 的体内稳定性，将 siRNA 递送到目标器官和组织，甚至在某些情况下控制 siRNA 的胞内行为。由于载体成分的功能多种多样，每种成分的质量都可能影响药品的整体质量。因此，应提供载体成分的质量信息，其详细程度应与有效成分相同。此外，不仅要确定影响药品安全性和有效性的关键质量标准（特别是体内药代动力学和药效学特性），而且要建立评价这些质量标准的测试方法。如果药代动力学特性预计会发生变化（如载体组分发生变化的情况下），则在改变后应再次进行详细的质量标准评估以及非临床评估，因为 siRNA 的药代动力学高度依赖于载体的性质。

（1）与药代动力学行为和细胞内递送相关的注意事项

①与药代动力学行为相关的注意事项：以纳米载体作为递送手段时，重要的是通过修饰（如 PEG 化）获得适宜的颗粒大小和表面特性，两者均会影响 siRNA 在血液中的滞留，从而影响其向靶器官或靶组织的递送。通常载体很可能与生物组分发生相互作用，因此，应注意 siRNA 被生物组分取代，以及随后 siRNA 被酶降解所引起的制剂稳定性的变化。包封率可以通过凝胶电泳、荧光标记或使用荧光染料插入等方法来评估。此外，为了确保制剂的体内稳定性和体外 siRNA 释

放具有一致性，应建立可以反映生理条件下 siRNA 释放的体外测试方法，以评估 siRNA 从载体的释放。

有些制剂通过将功能分子（如配体或抗体）修饰在载体上，通过主动靶向传递将 siRNA 递送到靶器官、组织或细胞。在这种情况下，应优化功能分子与载体的结合方式，使连接子不影响功能分子的功效。此外，需要注意的是，功能分子或连接子的性质可能会影响载体的整体性质。因此，连接子的稳定性也很重要。

②与靶细胞递送相关的注意事项：为了确保 siRNA 有效递送到靶细胞，控制载体的质量标准和药代动力学行为是很重要的。增强细胞摄取方法包括控制颗粒大小和表面特性，包括向 siRNA 载体添加正电荷、增强细胞膜融合和偶联功能性分子。

（2）与安全性有关的注意事项　为降低载体相关安全问题带来的风险，应优化载体成分和制剂性能。

①载体构成成分的最优化：增强的生物降解性，使用已知安全特性的成分，阳离子脂类和（或）聚合物的设计和优化。

②制剂学性质的优化：粒径优化、正电荷的掩蔽、载体的 PEG 化以改善 siRNA 在血液中的滞留进而分布到靶器官和（或）组织，siRNA 载体稳定性的提高，优化与预期给药途径相关的制剂特性。

③靶向递送：以配体分子修饰靶向于表皮生长因子受体、叶酸受体或转铁蛋白受体等靶点，细胞膜穿透肽修饰等。

4. 与非临床试验相关的注意事项

（1）非临床药代动力学试验　为了正确评估 siRNA 的有效性和安全性，对使用制剂的血液浓度以及器官和（或）组织分布进行量化分析是很重要的。可用的分析方法包括荧光标记法、放射性同位素标记法、聚合酶链反应（PCR）法或质谱分析。应根据标记方法的特点或分析技术的灵敏度来选择适当的分析方法。未包载的 siRNA、包载的 siRNA 以及总 siRNA 的浓度均应测定。根据 siRNA 在血液中的稳定性，可能很难测定未包载 siRNA 的浓度。

（2）非临床毒性试验　原则上，包载核酸（siRNA）的纳米技术为基础的制剂的毒性研究应该等同于低分子量化合物的毒性研究。更具体地说，应该评估包载核酸的纳米药物对靶器官的影响和毒性效应，如体内细胞因子的产生。动物种类的选择和研究设计应基于 siRNA 或载体特性的具体特征。当从载体中释放出来时，经过化学修饰以提高体内稳定性的 siRNA 很可能在肾脏中蓄积，这引起了人们对毒性的担忧。因此，在必要的情况下，应该对 siRNA 单独进行毒性研究。

①来自 siRNA 的毒性：一方面，为了改善 siRNA 的药代动力学行为，人们尝试用化学方法修饰 siRNA 或使用载体来提高其体内稳定性和增强其靶向递送；另

一方面，siRNA 在血液、器官或组织中的长期滞留可能会增加 siRNA 相关的毒性，以及载体和生物成分之间相互作用的毒理学问题。一般来说，应考虑以下毒性：免疫毒性和血液毒性及其他类型的毒性。免疫毒性：由特定类型的 toll 样受体（TLRs）、补体激活和免疫细胞变异介导的免疫系统激活。血液毒性：溶血、凝血和血小板聚集。此外，siRNA 可能导致其他类型的毒性：作用于目标序列所引起的毒性，作用于非目标序列所引起的毒性。应采用适当的试验方法来评估这些毒性。

②来自载体的毒性：应解决与载体相关的安全问题，如载体与生物成分之间相互作用产生的毒性。此外，多剂量给药或长期给药后的积累也可能会引起安全问题。

5. 与首次人体研究相关的注意事项

对于包载核酸（siRNA）的基于纳米技术的药物制剂，其首次人体研究请参见“厚生劳动省 / 欧洲药品管理局关于嵌段共聚物胶束制剂开发的联合声明”（2014 年 1 月 10 日）中关于“首次人体研究的考虑”描述的原则。

（三）日本厚生劳动省 / 欧洲药品管理局关于嵌段共聚物胶束制剂开发的联合声明[8]

该文件于 2014 年 1 月 10 日由日本厚生劳动省医药食品局审查管理科发布。嵌段共聚物胶束由嵌段共聚物的自缔合形成，其特点包括选择性地向靶部位输送药物、提高药物生物体内稳定性等，以达到降低副作用和提高有效性的目的。本文件是日本厚生劳动省和欧洲药品管理局根据日本厚生劳动省纳米药物研究委员会的讨论，就嵌段共聚物胶束制剂的质量标准、生产过程管理、非临床研究时的注意事项及评价项目、首次人体研究的注意事项共同制作的文件，由日本厚生劳动省和欧洲药品管理局同日公布。

嵌段共聚物胶束可以影响药物的体内稳定性、药代动力学以及体内分布。该文件提供了关于胶束制剂的开发、非临床试验和早期临床试验的基本信息。虽然聚焦于静脉给药制剂，但所概述的原则也适用于其他给药途径的胶束制剂。有效成分可以是低分子化合物、核酸或肽、蛋白质等具有生物活性或生物技术产品。

由于系统的复杂性，诸如活性物质是否与聚合物结合，是否使用了其他稳定剂等，建议与监管者进行早期对话，讨论每个特定嵌段共聚物胶束产品可能的关键产品标准。在对话过程中，鼓励发起者讨论可能用于提议临床用途相关的质量和非临床特性的新方法。

该文件是一份回复文件，应与相关的 ICH 指南和区域指南一起阅读。具体内容参见第三章第二节“欧盟关于纳米药物及仿制药品审批和监管的法规”。

三、日本上市纳米药物简介

在日本已上市的纳米药物如表3-1所示，有脂质体制剂、纳米乳制剂、纳米晶体制剂、纳米粒制剂等。纳米乳制剂是基于纳米药物的定义和制剂学特征对一些传统的乳剂型注射液的重新分类，包括前列地尔乳剂型注射液、地塞米松棕榈酸酯乳剂型注射液、丙泊酚乳剂型注射液等，它们的平均粒径均在300 nm以下。前列地尔乳剂型注射液、地塞米松棕榈酸酯乳剂型注射液、铁羧葡胺纳米铁剂、含糖氧化铁纳米铁剂为日本原研产品。此处重点介绍前列地尔乳剂型注射液与地塞米松棕榈酸酯乳剂型注射液。

表3-1　日本上市的主要纳米药物

分类	商品名	有效成分	功效	上市时间（年）
脂质体制剂	Visudyne®	维替泊芬（Verteporfin）	老年黄斑变性治疗药物	2004
	AmBisome®	两性霉素B（Amphotericin B）	抗真菌性抗生素制剂	2006
	DOXIL®Injection	多柔比星（Doxorubicin）	抗恶性肿瘤药物	2007
纳米乳制剂	Palux® inj.	前列地尔（Alprostadil）	治疗慢性动脉闭塞症等	1988
	Palux® inj. Dispo			2005
	Liple® INJECTION	前列地尔（Alprostadil）	治疗慢性动脉闭塞症等	1988
	Liple® KIT INJECTION			2005
	Limethason® INTERAVENOUS INJECTION	地塞米松棕榈酸酯（Dexamethasone Palmitate）	合成肾上腺皮质激素	1988
	1%-Diprivan® Injection	丙泊酚（Propofol）	全身麻醉、镇静药物	1995
	1%-Diprivan® Injection-Kit			2001
纳米晶体制剂	EMEND® Capsules	阿瑞匹坦（Aprepitant）	选择性NK1受体拮抗型止吐剂	2009
	XPELION® Aqueous Suspension for IM Injection	帕潘立酮棕榈酸酯（Paliperidone Palmitate）	持续性抗精神病药物	2013
纳米铁剂	Resovist® Inj.	铁羧葡胺（Ferucarbotran）	MRI用肝脏造影剂	2002
	FESIN®	含糖氧化铁（Saccharated Ferric Oxide）	缺铁性贫血治疗剂	1961
其他纳米药物	Abraxane® I.V. Infusion	紫杉醇（Paclitaxel）	抗恶性肿瘤药物	2010

（一）前列地尔乳剂型注射液

前列地尔（alprostadil），别名前列腺素 E1，是一种天然的前列腺素，最早于 1981 年 10 月 16 日以商品名 Prostin VR Pediatric 在美国上市，主要用于治疗勃起功能障碍、先天性心脏疾病、慢性肝炎、动脉闭塞性疾病、循环障碍和血栓栓塞。目前日本已经有近 10 家公司生产和销售前列地尔乳剂型注射液。

前列地尔乳剂型注射液于 1988 年批准了 5μg 和 10μg 两种规格，药液封装在安瓿中。为了进一步满足临床需求，2005 年又批准了一种 10μg 的预填充式注射剂规格，其装置如图 3-8 所示。

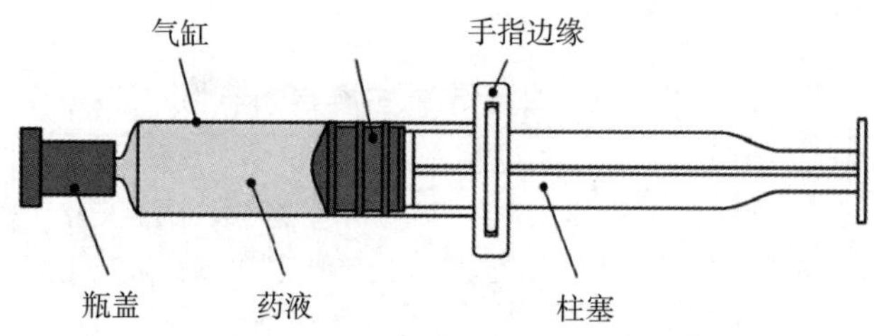

图 3-8　预填充式前列地尔乳剂型注射液

前列地尔乳剂型注射液是一种白色乳浊液，有少许黏性，有特殊气味。三种规格的处方如表 3-2 所示，处方组成包括大豆油、卵磷脂、油酸、甘油等，pH 值为 4.5~6.0。前列地尔乳剂型注射液实际上是将药物溶解于微小的脂肪乳滴中，该乳滴具有易于分布在受损血管的特性，可以使药物高效聚集在病变部位。乳滴还可以提高药物的稳定性，使该制剂在传统制剂给药剂量 1/4 ~ 1/8 的情况下仍然具有生物等效性。此外该制剂还具有缩短给药时间（也可以缓慢静注）、降低注射部位的刺激性等特点。

表3-2　三种规格前列地尔乳剂型注射液的处方 [9]

商品名		Liple® 5μg	Liple® 10μg	Liple®kit 10μg
每管容量		1ml	2ml	2ml
主药成分及含量	前列地尔	5μg	10μg	10μg
附加剂成分及含量	精制大豆油	100mg	200mg	200mg
	高度精制卵黄卵磷脂	18mg	36mg	36mg
	油酸	2.4mg	4.8mg	4.8mg
	甘油	22.1mg	44.2mg	44.2mg
	氢氧化钠	适量	适量	适量

前列地尔乳剂型注射液在使用时通常需要用适宜的溶剂稀释，常用的有注射用水、生理盐水、葡萄糖注射液。在室温（22 ± 3）℃下，测量将 2ml 本品与注射用水、生理盐水、5% 及 20% 葡萄糖注射液各 10ml 混合后的稳定性。结果如表 3–3 所示，外观、pH 值、粒径、主药含量均无明显变化，非常稳定。由于该制剂平均粒径均在 300nm 以下，同时符合纳米药物的制剂学特征，故将其归在纳米药物的纳米乳制剂一类。

表3–3 前列地尔乳剂型注射液的稀释稳定性[10]

溶解介质	项目	溶解后（0h）	1h 后	3h 后
注射用水	外观	–	–	–
	pH	5.73	5.63	5.77
	粒径（nm，平均 ± SD）	298 ± 53	298 ± 58	303 ± 42
	前列地尔含量（%）	100.0		101.8
生理盐水	外观	–	–	–
	pH	5.19	5.24	5.28
	粒径（nm，平均 ± SD）	233 ± 68	241 ± 42	252 ± 64
	前列地尔含量（%）	100.0		100.9
5% 葡萄糖注射液	外观	–	–	–
	pH	4.90	5.25	5.28
	粒径（nm，平均 ± SD）	242 ± 51	245 ± 29	258 ± 53
	前列地尔含量（%）	100.0		102.3
20% 葡萄糖注射液	外观	–	–	–
	pH	4.58	4.50	4.53
	粒径（nm，平均 ± SD）	252 ± 62	242 ± 34	256 ± 61
	前列地尔含量（%）	100.0		98.3

注：–：没有变化；空栏：未测定

（二）地塞米松棕榈酸酯乳剂型注射液

地塞米松棕榈酸酯（dexamethasone palmitate）是一种糖皮质激素受体激动剂，具有抗炎活性，用于治疗慢性风湿性关节炎。

地塞米松棕榈酸酯乳剂型注射液是白色的有黏性的乳浊液，有一点特殊的气味，其处方如表 3–4 所示，处方组成包括大豆油、卵磷脂、油酸、甘油等，pH 值为 6.5~8.5。将地塞米松制成棕榈酸酯可以提高其脂溶性，从而溶解于大豆油制成乳剂型注射液。脂肪乳滴不仅作为脂溶性药物的溶剂，而且具有向炎症部位运送药物的能力。本品使用静脉注射，原则上避免点滴注射。由于静脉内给药，有引起血管痛、静脉炎的情况，为了预防这种情况，对注射部位、注射方法等要十分注意，注射速度要尽量慢。与其他制剂联用时要注意配伍变化。由于该制剂平均粒径在 300nm 以下，同时符合纳米药物的制剂学特征，故也将其归在纳米药物的纳米乳制剂一类。

表3-4 地塞米松棕榈酸酯乳剂型注射液的处方[11]

商品名		Lime thason®
每安瓿容量		1ml
主药成分及含量	地塞米松棕榈酸酯（相当于地塞米松）	4.0mg（2.5mg）
附加剂成分及含量	精制大豆油	100mg
	精制蛋黄卵磷脂	12mg
	油酸	2.4mg
	甘油	22.1mg

参考文献

[1] 厚生劳动省 .［OL］.［2024-08-07］. https: //www.mhlw.go.jp/.

[2] 独立行政法人医药品医疗器械综合机构 .Pharmaceuticals and Medical Devices Agency，PMDA［OL］.［2024-08-07］. https: //www.pmda.go.jp/.

[3] 陈永法，王毓丰，伍琳. 日本创新药物审批管理政策及其实施效果研究［J］. 中国医药工业杂志，2018，49（6）：839-846.

[4] 姚雪芳，丁锦希，李鹏辉，等. 国外新药特殊审评模式比较与借鉴［J］. 中国药学杂志，2016，51（19）：1714-1720.

[5] 耿志旺，何兰，张启明，等. 纳米药物的监督管理［J］. 中国药事，2012，26（9）：923-928.

[6] MHLW. Guideline for the Development of Liposome Drug Products［EB/OL］.（2016-03-11）［2024-08-07］. https: //www.mhlw.go.jp/.

[7] MHLW. Reflection paper on nucleic acids（siRNA）-loaded nanotechnology-based drug products［EB/OL］.（2016-03-11）［2024-08-07］. https: //www.mhlw.go.jp/.

[8] MHLW. Joint MHLW/EMA reflection paper on the development of block copolymer micelle medicinal products［EB/OL］.（2014-01-01）［2024-08-07］. https: //www.mhlw.go.jp/.

[9] 田辺三菱製薬株式会社. Liple® INJECTION，Liple® KIT INJECTION 说明书［EB/OL］.（2022-06-14）［2024-08-07］. http://www.info.pmda.go.jp/go/pack/2190406G2046_2_06/

[10] 大正製薬株式会社. 药品采访表格（IF 纪要）［EB/OL］.（2019-04）［2024-08-07］. https://www.taisho.co.jp/.

[11] 田辺三菱製薬株式会社 . Limethason®INTERAVENOUS INJECTION 说明书 [EB/OL].(2022-05-14)[2022-08-07]. http://www.info.pmda.go.jp/go/pack/2190406G2046_2_06/.

第五节　其他国家 / 地区关于纳米药物及仿制药品审批和监管的法规

一、关于纳米药物审批和监管的法规

美国、欧盟和中国是获批上市纳米药物数量最多的三大国家 / 地区，其他国家 / 地区上市的纳米药物较少，但相关政府仍积极关注纳米药物领域的发展，并把纳米药物的审批与监管要求纳入相关的法律法规中。下文就其他国家 / 地区关于纳米药物的定义、监管历史、相关法规和各国的管理部门进行简单介绍。

（一）其他国家 / 地区对于纳米药物的定义

1. 概述

韩国、新加坡、印度等虽偶有新纳米药物获批上市，但政府监管部门并未出台专门对于纳米药物的直接定义。学术界通常认为，纳米药物指由纳米科技或纳米材料制备而成的药物，并归入相应的新药或新治疗产品（包括化学药物、生物制剂等）中进行审批[1]。而对于纳米科技 / 纳米材料，一些国家出台过相关描述性规定。

2. 部分国家对于新药和纳米物质的定义

韩国的药品监管部门为食品药品安全管理局（Ministry of Food and Drug Safety)。其监管当局在新药审批流程（https: //www.mfds.go.kr/eng/wpge/m_17/de011008l001.do）中规定：“新药是指化学结构或原始成分与韩国以前批准的药品完全不同的新材料药物，或含有新材料作为活性药物物质的多种成分组合的制剂，该新活性成分由食品药品安全部指定。”对于新纳米药物，该国没有出台过明确定义，但韩国科学技术信息通信部（Ministry of Science and ICT）于 2018 年 1 月发布了《纳米技术促进法案》(Act on Promotion of Nanotechnology)[2]，其中规定纳米科技指“开发材料、元素或系统（以下简称‘材料’等）时科学和技术，通过这种科技，人们在一定的纳米尺寸范围内的操纵、分析或控制物质，从而得到一种新的物质特性或改进了其物理、化学或生物特性以及在纳米尺度内的精细处理材料的科学和技术”。因此，产品是否属于纳米新药，相关监管部门会综合相关法规条文加以认定。

新加坡的药品审批与监管由卫生科学局（Health Sciences Authority）负责。该国对于新药的分类包括：治疗药物（therapeutic products）、传统药物（traditional medicines）、中成药（Chinese proprietary medicines），以及细胞、组织、基因治疗产品（cell，tissue or gene therapy products，CTGTP）。其中新加坡的传统药物和中成药分别又专指医药产品［即，传统医药：马来西亚和印度的传统医药产品；中成药：各类剂型的成品，且活性成分来源于动物、植物和（或）矿物，并被中医收载于药用］，故不涉及纳米药物。“新治疗药物”的定义是一个含有未在新加坡注册的新的化学或生物实体的产品，或已注册的化学/生物实体的新组合，及其新剂型、新给药途径、新适应证。而CTGTP产品则需涵盖人体或动物的组织、核酸等。对于纳米药物或应用纳米技术获得的药物，政府尚未出台专项规定，需归为“新治疗药物”进行注册监管[3]。

与新加坡类似，印度的新药监管机构，即印度卫生部又称健康与家庭福利部，（Ministry of Health and Family Welfare，India，MHFW），也没有专项针对纳米药物的法规。印度学者们通常将“纳米医学”定义为人类纳米级水平的医学诊断、预防和治疗疾病的干预手段，包括药物、载体系统、医疗设备等[4]。

加拿大，尽管尚无纳米新药批准上市，但政府一直重视纳米药物的研发，数个由加拿大药企研发的纳米药物已先后在美国FDA、EMA获批上市，如美国FDA于2000年批准上市的verteporfin脂质体就是其中之一[5]。加拿大卫生部（Health Canada）负责药品审批监管，该部门于2010年2月发布了关于纳米材料定义的临时政策声明，2011年10月，正式发布“纳米材料定义的政策声明”（Policy Statement on Health Canada's Working Definition for Nanomaterial）[6]。该文件规定制造并打算销售纳米材料，或当作纳米材料使用，或作为受管制的产品或物质的一部分，或在其他方面属于加拿大卫生部的授权范围内的纳米材料，均在该政策声明的范围内，因此纳米药物也属于纳米材料产品范畴。此外，文件中也载明，该政策声明是应用于特定的监管部门支持纳米材料的评估，并为产品制造商和其他利益相关者提供帮助，适用的行为和法规，包括但不限于食品药品法案（Food and Drug Act）等多个法律法规。该政策声明对“纳米级”定义为1~100nm，纳米材料指：材料本身至少在三维空间的一维处于纳米级别，或者内部、外部结构处于纳米级，或者在三维中的所有维度均小于或大于纳米级，但展现出一个或者多个纳米级特性或现象的物质或产品、材料。其中，术语“纳米级性质/现象”是指可归因于微粒大小及其影响的性质，而这些性质与单个原子、单个分子和大块材料的化学或物理性质不同，不能从理化特性观察推断。例如，金属“金”是惰性的，但纳米金却很活跃，可以作为化学催化剂。术语“制造”包括导致纳米材料的合成、产生、制造或分离的工程过程和物质的控制。与此同时，为评估潜在的纳米材料（包括疑似纳米特性和现象），加拿大卫生部规定纳米材料也可能大于 100nm，尺寸范围的上限可至 1000nm，以保持政策灵活性。1000nm 的设定是为了将纳米级别与其他级别进行区分，但含有纳米材料的产品或物质本身可能大于 1μm，如碳纳米管可以很长。此外，尽管许多生物物质、结构和过程都是纳米级的，但是无论自然存在于纳米尺度范围内的材料，或在自然界中表现出纳米尺度特性 / 现象的材料，都不会自动被重新归类为纳米材料。如核酸、蛋白质等均不是纳米材料。

（二）各国 / 地区的纳米药物监管历史

1. 概述

截至 2022 年 10 月，初步统计除美国、欧盟、中国、日本之外的其他国家 / 地区上市的主要纳米新药包括 6 个抗肿瘤药物、1 个治疗艾滋病药物、1 个疫苗产品，具体见表 3–5。值得注意的是，这些产品中，纳米疫苗载体 ZyCoV–D 是由印度制药企业生产制造，且目前全球仅在印度获批；而其他产品基本都属于抗肿瘤纳米药物，同类产品都已在欧盟和（或）美国获批上市。因此，其他国家 / 地区对于纳米药物的审批，基本上会参考该产品或其同类产品在美国、欧盟等监督当局对产品审批的资料要求进一步审核。

表3–5　其他国家/地区获批上市的新纳米药物

序号	药品名称		适应证	上市年份	上市国家 / 地区
	中文名	英文名			
1	紫杉醇聚合物胶束	Cynviloq（Genexol® PM）	乳腺癌，小细胞肺癌	2007 年	韩国
2	载基因纳米粒药	Rexin–G™	胰腺癌	2007 年	菲律宾
3	白蛋白紫杉醇	Abraxane	乳腺癌	2008 年	澳大利亚
4	阿霉素多柔比星，盐酸多柔比星	Doxorubicin	获得性免疫缺陷综合征（艾滋病）相关卡波西肉瘤	2013 年	印度
5	—	Liporaxel	晚期和转移性或局部复发性胃癌	2016 年	韩国
6	盐酸伊立替康脂质体注射液	Onivyde	转移性腺癌	2017 年	韩国，新加坡
7	—	ZyCoV–D	DNA 疫苗	2021 年	印度

注：“—”表示未提及。

2. 部分其他国家 / 地区的纳米新药监管历史

（1）韩国　韩国药监部门对于纳米新药的注册监管，也和其他新药一样，需对其有效性、安全性进行严格的评估后才予以批准。其审评需要的材料主要包括以下 8 个方面（图 3-9）：①研发的背景资料；②药品或其成分的结构、物理 / 化学 / 生物学特征；③药品或其成分的稳定性数据，包括长期稳定性、加速稳定性等；④毒理学数据，包括单剂量毒性、累积毒性、基因毒性、致畸、致癌、致突变等；⑤药理学作用，包括有效性数据、安全性数据、吸收 / 分布 / 代谢 / 排泄数据等；⑥临床研究数据，包括临床试验的整体数据，以及桥接试验的数据；⑦该产品在其他国家的相关数据；⑧该产品和国内同类产品的比较研究。

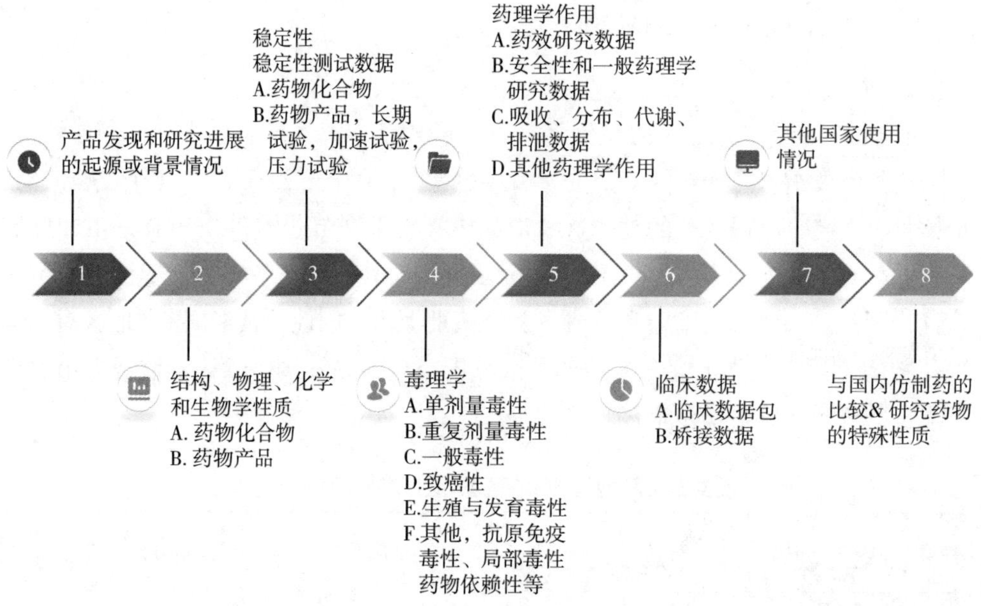

图 3-9　韩国的新药审批审查资料流程图

韩国 2007 年批准的纳米新药 Genexol®PM，是第一个被批准用于人类疾病治疗的聚合物胶束，为包载紫杉醇的不含聚氧乙烯蓖麻油的聚合物胶束。该产品粒径为 20~50nm，载药量为 16.7%，最早在韩国上市，用于治疗转移性乳腺癌（metastatic breast cancer，MBC）、非小细胞肺癌（non-small cell lung cancer，NSCLC）和卵巢癌。据悉，该产品后续在印度、塞尔维亚、菲律宾和越南也获批上市；尽管美国 FDA 早在 2005 年已批准了同类的白蛋白紫杉醇产品，但此产品仍在研究中，尚未在美国获批。

（2）新加坡　与韩国类似，新加坡也把纳米新药的审批归入通常的“新治疗产品申请”审批中，具体而言包括两大类，即“新药申请”（a new drug application，

NDA）以及“通用药物申请”（a generic drug application，GDA），。其中 NDA 包括 3 类，NDA-1 指新化学或生物实体；NDA-2 指新实体的组合，或新的剂量、剂型、给药途径、适应证、特征人群；NDA-3 指 NDA-1/NDA-2 的补充申请。对于申请的审批，监管部门会给出四类答复，包括批准（approval）、拒绝（rejection）、大修（not approvable）、小修（approvable）。在新产品注册申请时，监管部门的网站会以阶梯式提问的模式（图 3-10）让申请人对自己的产品进行类别划分，然后给出相应所需的表单材料链接。

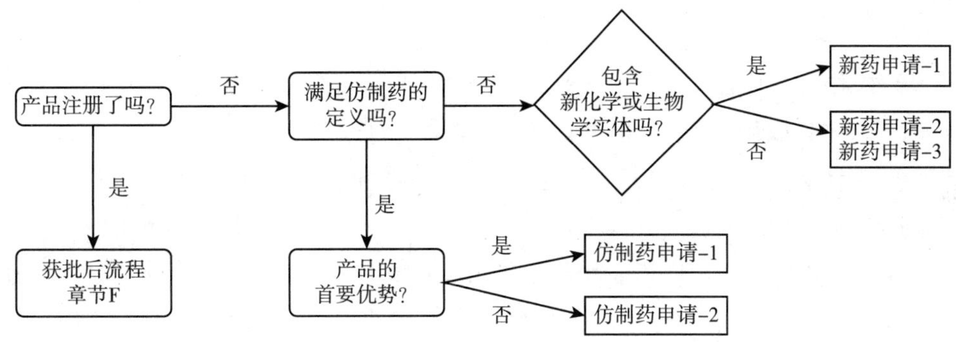

图 3-10　新加坡治疗产品注册申请分类导图

需说明的是，在新加坡的药品监管中，细胞、组织或基因治疗产品（cell, tissue or gene therapy product ，CTGTP），即“含有有活力或无活力的人类或动物的细胞、组织或重组核酸，并旨在用于人类的治疗、预防、缓解或诊断目的的健康产品”，此类产品单独监管，并基于风险分成高、低风险两类别，进行分类审批。例如基因修饰的细胞、带有治疗性基因的载体等就属于高风险的 CTGTP。此类产品申请时会有一系列的特殊职责文件需要提交，如为期 5 年的风险获益报告、产品上市后的风险管理计划等。纳米药物是否未来有可能有此类新药，暂无相关数据。新加坡 2017 年批准的纳米药物伊立替康脂质体注射剂，该产品已于 2015 年、2016 年先后获得了美国 FDA 和欧盟 EMA 的上市批准。在新加坡，该产品属于 NDA-1 的新治疗产品。

（3）印度　据报道，截止 2016 年 12 月，印度已有 17 种基于纳米药物的产品被引入印度市场，其中 19 种产品正在进行临床试验中[4]。然而到目前为止，印度政府尚未出台针对纳米药物监管的专项规定。目前，政府对纳米药物实施科研、上市前以及上市后的 3 层级全面监管，监管内容涉及监管空间、政策制度、治理地点和生命周期等多个方面[7]。纳米药物的研究属于科研活动，是印度科学技术部（Department of Science and Technology，DST）管理，该部门下设有纳米技术监管工作组，建立过关于纳米技术的国家监管机构框架路线图等；纳米药物的申报审批以及上市后监管，由印度卫生部（MHFW）负责。早在2006年，印度政府制药部（Department of Pharmaceutical，DOP）将制定纳米药物法规的任务分配给印度国家药物教育研究所（National Institute of Pharmaceutical Education and Research，NIPER）；2007年，首个印度国家药物纳米技术中心由印度联邦政府和卡纳塔克邦政府共同斥资2.5亿美元成立，负责纳米药物在内的纳米产品相关风险和技术研究。印度科技部发表的《2021~2025年国家生物技术发展战略》中提出，“提高新一代纳米技术（如光子/热/低温医疗干预措施）在医疗中的应用潜力”。

在纳米药物方面，盐酸多柔比星于2013年获批在印度本土上市。眼科新药Cequa（环孢素眼用溶液，0.09%），于2018年8月获得美国FDA批准，用于干眼症患者的治疗。Cequa是全球唯一获得美国FDA批准的采用纳米胶束（NCELL）技术的环孢素治疗药物。

（4）加拿大　加拿大尽管尚未批准纳米药物上市，但政府多年来一直关注纳米药物的监管。早在2007年，加拿大政府成立了“卫生和纳米工作组”（Health Portfolio Nanotechnology Working Group），代表加拿大卫生部处理含纳米材料产品，并发文强调了纳米技术的优势、不确定性、影响和机遇。2010年3月，加拿大政府成立了研究纳米技术的专家组，即“纳米技术科学政策研究促进组织”（SPRINT），对于纳米药物的相关问题，该组织亦负责制定相关指导原则，进行监管。对于纳米材料的相关产品，包括药物，加拿大卫生部要求公开可能需要的以下内容的相关信息：①该纳米材料的预期用途、功能，以及有关其将使用它的任何最终产品的信息。②制造方法。③纳米材料的特性和物理化学性质，如：成分、特性、纯度、形态、结构完整性、催化或光催化活性、颗粒尺寸/尺寸分布、电气/机械/光学性能、表体积比、化学反应性、表面积/化学/电荷/结构/形状、水溶性/分散性、团聚/聚集（或其他性质），以及用于分配这些测定的方法的描述。④通用的和纳米材料特异的毒理学、生态毒理学、生物代谢和环境影响数据。⑤毒性评价和风险管理策略。2011年，为加强美、加两国的合作交流，美国和加拿大共同建立了“美加监管合作理事会”（Canada- United States Regulatory Cooperation Council，RCC）. 加拿大对于基于纳米工程材料（ENM）得到的药品标签有明确的规管要求[8]。

（5）澳大利亚　据报道，Abraxane™（紫杉醇白蛋白结合颗粒）是第一个被澳大利亚治疗产品管理局（TGA）批准的“纳米”药物，该部门为质量安全和有效性的监管部门，Abraxane™于2008年10月正式上市，此后澳大利亚目前仅批准了一款兽用纳米药物。然而澳政府一直关注着纳米科技领域与新药研发的监管。2005年3月，澳大利亚成立了科学工程和创新委员会，以启动制定规则和政策，以保持纳米产品的安全和良好的健康标准[9]；2006年参议院社区事务参考委员会提出纳米科技存在潜在的环保危害，需要监管；同年，澳政府监管机构和美国、加拿大、日本的监管机构共同发起论坛进行对话，分享该领域的经验和理解[10]；2007年，澳政府成立“澳大利亚纳米技术办公室”；同年政府“治疗药物监管”部发表了题为“纳米技术对于澳大利亚监管的可能影响”一文，提供对于纳米药物，需在其获批进入市场前进行纳米药物安全性、有效性评估，以考察其对人体健康产生的潜在风险[11]。2008年2月，“维多利亚纳米技术声明”发布，提出了对纳米颗粒潜在危害的国家监管政策，以保障消费者健康；2008年7月澳政府发布关于纳米技术的管理公告[12]，出台了纳米技术的相关指南、规范、计划，如“国家工业化学品通知和评估计划”，旨在管理包括药品在内的化学产品安全；再如“治疗产品管理公告”，通过市场前评估、市场后评估和规章制度的执行来规范所生产的治疗产品的进口、出口和供应。

（三）其他国家/地区的纳米药物审批和监管法规

1. 韩国

根据韩国政府立法信息中心网站的查询结果显示，韩国近年来修订了数条和纳米技术相关的法规，并把纳米科技列入其需要全力发展的特殊领域，实行“先许可，后监管”原则下的管理制度（Permit-First-Regulate-Later Principle）。这些法规主要包括：纳米技术促进法案、加强基础研究于科技发展支持法案、促进纳米科技发展总统令、特殊研发领域促进专法等。表3-6汇总了韩国近5年纳米技术法规。

表3-6　韩国近5年纳米技术法规汇总

法规名称	发布日期	法规类型	生效日期	立法机构
纳米科技促进法（Act On The Promotion Of Nanotechnology）	2018.1.16	法案（Act）	2018. 4.17	Ministry of Science and ICT
促进基础研究和科技发展的支持法案（Basic Research Promotion And Technology Development Support Act）	2020. 12. 8	法案（Act）	2021. 6. 9	Ministry of Science and ICT
促进纳米科技发展总统令（Enforcement Decree Of The Act On The Promotion Of Nanotechnology）	2018. 4. 17	总统令（Presidential Decree）	2018. 4. 17	Ministry of Science and ICT
特殊研发领域促进专法（Special Act On Promotion Of Special Research And Development Zones）	2020.12. 22	法案（Act）	2021. 6. 23	Ministry of Science and ICT

2. 加拿大

加拿大卫生部和环境部制定了一系列对于纳米技术的监管政策。2011 年 10 月施行的“纳米材料的工作定义政策声明”（Policy Statement on Health Canada's Working Definition for Nanomaterial）[6]，发布了关于纳米材料的“定义、阐述、应用、监管”等内容。卫生部要求对纳米材料提供风险评估资料，但关于纳米材料尺寸分布的信息，特别是数字尺寸分布的信息，也与风险评估的目的有关。此外，该文件中提及和纳米药物审批监管相关的法规包括：①药品相关的法案，如食品药品法案（Food and Drugs Act）、食品药品管理规范（Food and Drug Regulations）、天然健康产品管理规范（Natural Health Products Regulations）、人体细胞、组织、器官移植安全管理规范（Safety of Human Cells，Tissues and Organs for Transplantation Regulations）；②加拿大消费品安全法（Canada Consumer Product Safety Act）；③加拿大环境保护法 1999（Canadian Environmental Protection Act 1999）、新物质申报管理条例（化学物质和聚合物）[New Substances Notification Regulations（Chemicals and Polymers）]；④危险产品法案（Hazardous Products Act）、管控产品管理规范（Controlled Products Regulations）、食品药品条例（Food and Drug Regulations）（文件号：C.R.C.，c. 870 4206）。此外，尽管加拿大卫生部对于纳米药物的监管归入当前药品的普通监管流程中，但政府鼓励企业在研发的早期阶段联系监管机构，以识别、评估产品的风险和特性[13]。

3. 印度

印度政府暂无针对纳米药物审批与监管的专项法律法规。中央药品标准控制机构（Central Drugs Standard Control Organization，CDSCO）和生物技术部（Department of Biotechnology，DBT）出台过生物类似药指南（Guidelines on Similar Biologics），其中规定了此类药物的质量、临床前和临床一致性研究的要求，以及上市后的监管要求[4]。印度科学技术部和印度政府已经成立了一个小组来规范纳米技术，并起草了一套指导方针，创建了一个三层治理框架，该框架已被实施，以协助决策者制定纳米医学的监管途径[13]。

（四）其他国家 / 地区的纳米药物监管部门

1. 概述

尽管各国的药品监督管理局名称各异，具体管辖范围略有差异，但其职责相似，纳米新药的审批仍由各自的药品审评部门负责。有纳米新药上市的其他各国监管部门见表 3-7。

表3-7　其他国家的纳米药物监管部门

序号	国家	药品监管部门	网址
1	韩国	Ministry of Food and Drug Safety	https: //www.mfds.go.kr/eng/index.do
2	新加坡	HealthSciences Authority	https: //www.hsa.gov.sg/
3	菲律宾	National Food Authority	http：//www.nfa.gov.ph
4	印度	Ministry of Health and Family Welfare	https: //www.mohfw.gov.in
5	澳大利亚	Therapeutic Goods Administration	https: //www.tqa.gov.au

2. 部分国家新药监管部门介绍

（1）新加坡　新加坡卫生科学局是新加坡政府于 2001 年在整合科学和法医学研究所（the Institute of Science and Forensic Medicine）、国家药物管理局（the National Pharmaceutical Administration）、药品审评中心（the Centre for Drug Evaluation）、产品监管处（the Product Regulation Department）和新加坡血液注射管理局（the Singapore Blood Transfusion Service）等 5 家机构的基础上成立的监管机构。根据《新加坡卫生科学局法》的规定，其职责包括：对卫生产品实施监管，包括药品审评；从事法医鉴定管理；确保国家的血液供应；保障公共卫生。

（2）印度　印度的卫生和家庭福利部总体负责该国药品的审批与监管。尽管没有纳米药物的专项法规，但根据其“药品与化妆品法”（Drugs and Cosmetic Act, 1940），纳米药物也属于该部门审批监管的范畴[14]。实际运行中，印度多个部门共同负责纳米药物的审批与监管[7]，参见图 3-11。

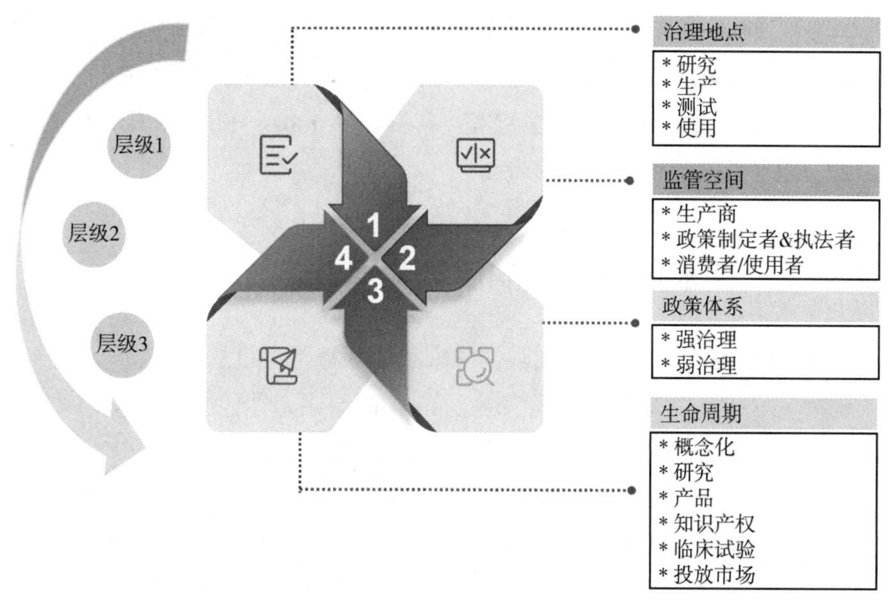

图 3-11　印度政府对于纳米医药的多级监管模式框架图

（3）加拿大　卫生和纳米工作组（Health Portfolio Nanotechnology Working Group）是代表加拿大卫生部处理含纳米材料产品的部门。相关监管法规由卫生部的“健康与科学研究”部门出台。

加拿大卫生部的保健产品和食品分部门（Health Product and Food Branch，HPFB）负责对新药等新健康产品进行安全性、有效性以及产品质量的审查。为了增加可见性和透明度，HPFB 创建了一个名为“基于纳米技术的健康产品和食品的纳米技术”网页，进一步规范管理纳米药物的审批与监管。该网页概述了纳米技术的应用，并向利益攸关方提供了有关含有纳米材料的保健产品的一般指导。其建议赞助商和其他利益相关者在其产品含有或使用纳米材料时，在开发过程的早期与负责任的监管领域进行沟通。它提供了一个基于纳米技术的产品的安全评估可能需要的信息类型的例子。

此外，加拿大积极参与相关国际组织平台对于纳米技术的监管倡议与问题讨论。这些国际组织包括：国际标准化组织（ISO）、技术委员会（TC）、经济合作与发展组织（OECD）、纳米材料工作组（WPMN）、加拿大－美国监管合作委员会（RCC）、国际化妆品监管联盟（ICCR）和国际监管纳米技术工作组。[15]

（4）澳大利亚　澳大利亚的安全工作部负责制定澳大利亚全境实施的相关工作健康和安全（WHS）法规.澳大利亚药物管理局（Therapeutic Goods Administration）负责对有治疗作用的产品进行评价、评估和监管，亦负责对纳米药物进行审批与监管。

2005 年，澳大利亚成立了“国家纳米技术战略特别工作组”（National Nanotechnology Strategy Taskforce，NNST）负责监管与纳米技术相关的健康、安全、环保等问题。2007 年“纳米技术办公室”（The Australian Office of Nanotechnology，AON）成立，负责纳米技术领域的研究。

二、关于纳米仿制药物的审批和监管的法规

对于纳米仿制药，暂未检索到其他国家和地区审批上市的情况。

在法规定义上，各国药品监管都施行的属地原则，即监管其国境内的药品注册上市情况。因此，各国对于仿制药物的定义均限定为本国已有该药物 / 治疗产品获批上市，为满足民众健康需求而继续审批的同类新产品，包括化学实体药物的仿制药以及生物制剂产品的仿制药。通常，各国均要求仿制药和已获批上市的同类药（又称原研药）具有生物等效性，在药物代谢动力学特征上，其药物暴露量和原研药相当。“相当”的具体标准各国不完全一致，多数国家要求其申请注册产

品的药物曲线下面积（AUC）和最大药物浓度（C_{max}）为原药的 80%~125%。

纳米仿制药物，则依据该纳米药物本身的类别属性，即是单纯的化学药物还是属于生物制剂，进而分别作为普通的仿制药，即通用类药品（generic drug）以及生物类似物（biosimilar）分别进行注册申报与监管[16]。对于具有多种功能的组合产品或纳米药物方面，例如纳米铁载体的治疗药物，它的类别归属仍有待具体的监管措施出台。在韩国、新加坡、澳大利亚等国的监管规定中，仿制药物的审批监管和新药审批属于相同的监管部门，暂未查到对于纳米仿制药的专法或要求。然而，鉴于纳米药物复杂的生产制备流程，以及昂贵的价格，其生产 / 仿制都较为困难，故急需建立完善的临床评价和检测系统，并特别关注产品的安全问题，包括纳米毒性与免疫原性。因此，必须加强新型纳米药物的研发、加速纳米类似药的跟进，对其质量、安全、效能和风险尽享全面评估。

需补充说明的是，印度以“世界药房”之称，生产了全球 1/5 的高端仿制药，然而印度是否有纳米仿制药以“强制许可”用于印度国内市场，未见相关报道。印度仿制药领域的蓬勃发展源于 1970 年印度政府修改后的《专利法》。修订后的法案规定，印度政府只对食品和药品的加工工艺享有专利权，但并不负责产品的专利保护，换言之，允许印度制药公司仿制生产任意一种药品，不需要靠西方国家药品专利。美国为了促进新药发展，加快药品审批，于 1984 年亦出台了一个名为哈兹·沃克曼的法案。该法案规定，只要研发出来的新药物和原药物的主要化学成分相同，药效相似，就可以规避专利权，正常研发使用。此法案为印度仿制药进入美国市场提供了便利，使得印度成为最大受益人。

整体而言，纳米类似药作为一种独特的、类似于生物类似药的药物，不仅要做到药学等效性（PE）和生物等效性（BE），还要开展前瞻性的对比临床研究，验证其治疗等效性（TE）。

参考文献

［1］ Rabiee N, Bagherzadeh M, Ahmadi S, et al. Nanotechnology-assisted microfluidic systems：from bench to bedside［J］. Nanomedicine（Lond），2021，16（3）：237-258.

［2］ Ministry of Science and ICT. Nanotechnology of Promotion The on Act［EB/OL］.［2024-08-07］. https://www.msit.go.kr/eng/index.doeng/index.do.

［3］ Agnihotri J, Maurya P, Singh S, et al. Biomimetic Approaches for Targeted Nanomedicine：Current Status and Future Perspectives［J］. Curr Drug Ther, 2019，14（1）：3-15.

［4］ Bhatia P, Vasaikar S, Wali A. A landscape of nanomedicine innovations in India［J］. Nanotechnol Rev, 2018，7（2）：131-148.

[5] Li S-D, Wasan E, Bally M, et al. Introducing the Molecular Pharmaceutics Special Issue on "Tiny Things, Big Impact: Nanomedicine in Canada" [J]. Mol Pharmaceutics, 2022, 19 (6): 1657-1658.

[6] Policy Statement on Health Canada's Working Definition for Nanomaterial. Health of Canada, Canada; 2011.

[7] Bhatia P, Chugh A. A multilevel governance framework for regulation of nanomedicine in India [J]. Nanotechnology Reviews, 2017, 6 (4): 373-382.

[8] Lai RWS, Yeung KWY, Yung MMN, et al. Regulation of engineered nanomaterials: current challenges, insights and future directions [J]. Environ Sci Pollut Res Int, 2018, 25 (4): 3060 - 3077.

[9] Dave V, Sur S, Gupta N. Current Framework, Ethical Consideration and Future Challenges of Regulatory Approach for Nano-Based Products [J]. Scrivener Publishing LLC, 2021: 447-472.

[10] 陈宽. 欧洲适应纳米医药特点的质量管理体系分析 [J]. 中国新药杂志, 2016, 25 (21): 2426-2429.

[11] Ludlow K, Bowman DM, GA. H. Review of possible impacts of nanotechnology on Australia's regulatory framework [J]. Administration TG, 2007.

[12] Faunce TA. Policy challenges of nanomedicine for Australia's PBS [J]. Aust Health Rev, 2009, 33 (2): 258-267.

[13] Foulkes R, Man E, Thind J, et al. The regulation of nanomaterials and nanomedicines for clinical application: current and future perspectives [J]. Biomaterials Science, 2020, 8 (17): 4653-4664.

[14] Bhoop BS, Lohan S, Katare OP. Nanomedicine in India: Retrospect to prospects [EB/OL]. (2014-03-27) [2022-11-15]. http: //www.pharmabiz.com/ArticleDetails.aspx?aid=81281&sid=21.

[15] Bartlett JA, Brewster M, Brown P, et al. Summary Report of PQRI Workshop on Nanomaterial in Drug Products: Current Experience and Management of Potential Risks [J]. AAPS J, 2015, 17 (1): 44-64.

[16] Muhlebach S. Regulatory challenges of nanomedicines and their follow-on versions: A generic or similar approach? [J]. Adv Drug Deliv Rev, 2018, 131: 122-131.

第六节　各国 / 地区关于纳米药物及仿制药品审批和监管的法规总结分析

一、各国 / 地区关于纳米药物的审批和监管的法规的总结分析

（一）各国 / 地区关于纳米药物的定义的总结分析

美国食品药品管理局对于“纳米药物”目前还没有明确的定义，在监管时更倾向使用“含有纳米材料的药物产品”和“涉及纳米技术的药物产品”等术语。其在 2014 年 6 月发布的指导原则《关于 FDA 监管的产品是否涉及纳米技术应用》[1]中，提出在监管产品是否涉及纳米技术时需考虑两个要点，具体请参考第三章第一节。

和美国一样，欧盟和日本也未给出确切的纳米药物定义。2006 年，CHMP 提出了纳米技术和纳米医学的定义，将纳米材料的尺寸界定为 0.2~100nm[2]。2011 年，EC 建议将纳米材料的尺寸界定为 1~100nm，并在 2022 年最新建议中延续此尺寸[3，4]。2010 年，SCENIHR 建议提出在定义某些药物和医疗器械时，不应限制纳米一词的使用[5]。结合欧盟对药品的定义，有学者认为纳米药物可以被理解为利用纳米技术制造的用于诊断、治疗或预防疾病的药物。日本的 PMDA 将纳米药物描述为含有亚微米以下纳米尺寸构成要素的医药品。此外，虽然韩国、新加坡、印度等国家已经有一些新的纳米药物获得了上市批准，但是政府监管部门并没有专门针对纳米药物进行直接定义。尽管加拿大还没有批准上市的纳米新药，但政府一直高度重视纳米药物的研发。已有数个由加拿大制药企业研发的纳米药物相继在美国和欧盟获得批准上市。该国卫生部于 2010 年发布的关于纳米材料定义的临时政策声明[6]，将“纳米级”定义为 1~100nm，要被归类为纳米材料，必须满足以下条件之一：材料本身至少在一维处于纳米级别；或者内部、外部结构至少其一处于纳米级；或者虽然三维中的所有维度均不在纳米级，但展现出一个或多个纳米级特性或现象。

中国对纳米药物的定义则更为明确，是指利用纳米技术制备的由原料药制成的具有纳米尺度的颗粒或以适当载体材料结合形成的药物制剂[7]。其最终产品的尺寸、结构或表面结构具有明显的尺度效应。纳米药物可分为药物纳米粒、载体

类纳米药物和其他类纳米药物。

（二）各国/地区关于纳米药物的监管历史的总结分析

1. 美国对于纳米药物的监管

美国对于纳米药物的监管可以分为以下四个阶段。

（1）早期　在 20 世纪 70 年代，早期涉及纳米技术的药物通常以超微粉化药物、胶体药物递送系统、脂质体等名称出现，但是美国 FDA 并没有将这些产品作为特殊类别在其数据库中进行标注，对这些药物产品的审查和监管方式也与其他药物产品保持一致。

（2）2000 年之后　随着美国政府机构大力推进纳米技术研究和开发投资，相关文献和报道渐渐增加。美国 FDA 开始逐渐接收涉及纳米技术药物产品的申请，但是并没有对其进行特别的监管和审查。

（3）2006 年　美国 FDA 成立了纳米技术工作组（NTF），旨在深化对监管产品所涉及纳米技术的理解，并评估美国 FDA 监管方法和权限的有效性。NTF 还探索如何利用纳米技术促进药物、生物制剂、医疗器械的安全有效开发，以及为食品、饲料和化妆品的安全开发提供新契机。

（4）2011 年　美国 FDA 发布了第一份针对纳米技术产品的指南文件，指导制药公司如何评估和监测纳米材料的安全性和有效性。这个指南文件对于开发、注册和上市销售含有纳米材料的药物具有重要意义。综上所述，美国对于纳米药物的监管是逐步加强的，从早期的没有特别监管到如今的建立了专门的工作组和发布了指南文件，以保障纳米药物的安全和有效性。

2. 欧盟对纳米材料和纳米药物的监管

欧盟对纳米材料和纳米药物的监管始于 2004 年英国皇家学会和皇家工程院发布的《纳米科学和纳米技术：机遇和挑战》报告。为了应对不断增加的纳米药物，EMA 于 2006 年成立了纳米技术小组，给予纳米药物申请人在研究初期的支持，同时，CHMP 发布了基于纳米技术的人用医药产品反思报告。2009 年，EMA 成立了由知名学者和监管专家组成的欧洲纳米药物专家组。2010 年，EMA 牵头举办了第一届纳米药物国际研讨会。2011 年，CHMP 在纳米药物审批和监管方面增加了专家组，起草技术文件，向企业和申请人提供质量标准信息，支持特定类别纳米药物的上市申请。该专家组解决纳米药物审批监管问题，提高了欧盟对纳米药物的监管水平。在 2013 年到 2015 年期间，CHMP 发布了几份反思报告，与特定纳米药物产品有关。这些报告包括关于开发参考原研脂质体产品的静脉用脂质体产品数据要求的反思报告，以及参考原研药开发的静脉用纳米铁胶体产品数据要求的反思报告。此外，还有与 MHLW 联合开发的关于嵌段共聚物胶束药品的反思报告，以及涂层纳米药物胃肠外给药的一般考虑问题。这些报告参考了 ICH 的指南，讨论了以上四类纳米药物的质量、非临床和临床研究，但仅作为参考，不具有法律效力。2012 年和 2017 年，ECHA 发布了一系列指导文件，针对纳米材料的注册和测试要求做出解释。2018 年 12 月 3 日，欧盟委员会通过了一份新文件，规定企业和 ECHA 需对纳米材料进行风险评估，并于 2020 年 1 月 1 日生效。

3. 日本对于纳米药物的监管

厚生劳动省根据日本政府各个时期的“科学技术基础规划”对纳米药物进行监管。从 2002 年开始，厚生劳动省为纳米药物发放了三次厚生劳动科学研究费补助金。该部门下属的国立医药品食品卫生研究所直接参与了纳米药物的相关研究。2008 年，日本国立医药品食品卫生研究所成立了专门的小组，研究纳米药物和高性能医疗产品的质量保证和评估。目前，PMDA 还没有对纳米药物的定义作出专门的说明，也没有为纳米药物出台专门的法规，而是根据各个品种专门应对的原则进行管理。因此，日本纳米药物的审批仍然按照一般法规的要求进行。目前，厚生劳动省已经发布了三个与纳米药物相关的指南（脂质体制剂开发指南、关于载核酸纳米制剂的回复文件、与 EMA 合作关于嵌段共聚物胶束制剂开发的联合声明），这些指南对具体纳米药物的开发具有很好的指导作用。

除美国、欧盟、日本外，韩国、新加坡和印度也有部分纳米新药上市，在本国上市时，其注册监管等同于其他新药，其中部分同类产品已在美国和（或）欧盟获批，因此这些药物在当地获批时基本上会参考相似或同类产品在美国以及欧盟等地的审批标准。加拿大政府在 2007 年成立了“卫生和纳米工作组”，负责处理含有纳米材料的产品。2010 年，政府成立了“纳米技术科学政策研究促进组织”，专门研究纳米技术，并制定相关指导原则进行监管。对于纳米材料产品，包括药物，加拿大卫生部要求公开相关信息，如预期用途、制造方法、特性和物理化学性质、毒理学数据、毒性评价和风险管理策略等。此外，为了加强美、加两国的合作交流，2011 年共同建立了“美加监管合作理事会”。加拿大对基于纳米工程材料的药品标签有明确的规管要求。

澳大利亚政府一直致力于监管纳米科技领域和新药研发。2005 年 3 月，澳大利亚成立了科学工程和创新委员会，制定规则和政策，以确保纳米产品符合安全和健康标准。2006 年，澳参议院社区事务参考委员会提出纳米科技存在潜在的环保危害，需要监管；澳政府监管机构和美、加、日的监管机构共同发起论坛进行对话，分享经验和理解。2007 年，澳政府成立“澳大利亚纳米技术办公室”，同年发布“纳米技术对于澳大利亚监管的可能影响”一文，提出纳米药物需进行安全性、有效性评估，以考察其对人体健康的潜在风险。2008 年，“维多利亚纳米技术声明”发布，提出纳米颗粒潜在危害的国家监管政策。澳政府发布了关于纳米技术的管理公告，出台了相关指南、规范和计划，以管理化学产品安全和规范治疗产品的进口、出口和供应。

随着纳米药物种类增多和多柔比星等纳米药物的上市，中国于 2020 年 10 月 22 日发布了盐酸多柔比星脂制体注射液和注射用紫杉醇仿制药的技术指导原则征求意见稿。2021 年 3 月 31 日，国家药品监督管理局药品审评中心又发布了三份关于纳米药物质量控制、非临床安全性和药代动力学研究技术指导原则的征求意见稿，公开征求意见和建议。

（三）各国 / 地区关于纳米药物审批和监管的法规的总结分析

美国 FDA 在处理涉及纳米技术的药物产品和生物制品时，采用以科学为基础，以产品为中心的监管策略，其监管体系包括法律、法规和机构文件三个层级，其中行业指导原则是与各类产品监管最为密切相关的机构文件之一，虽然不具有强制性，但具有重要的参考价值。在法律和法规层面，美国 FDA 主要遵循《食品、药品和化妆品法案》（FDCA）和《公共卫生服务法案》（PHSA），并依据《美国联邦法规》第 21 篇对药物产品执行审批和监管。在指导原则层面，美国 FDA 发布《纳米技术监管指导原则》，作为总体框架性指导原则，适用于药物、生物制品及其他监管产品，为监管提供基础指导。其下一层级《含有纳米材料的药物产品，包括生物制品》是生物制品评价和研究中心（CDER）发布的特定监管领域指导原则，依据 FDCA 和 PHSA 对纳米材料存在于最终剂型中的药物产品（以及生物制品），就产品的研发、上市前和上市后进行监管。涉及不同产品材料类型时，CDER 发布了《脂质体药物 CMC、人体药代动力学和生物利用度以及标签管理》，是首个针对特定纳米材料类型的指导原则。此外，美国 FDA 还发布了产品个体层级的仿制药研发产品个案指导原则，为特定产品仿制药的开发提供更具体的建议。除法律、法规和机构文件外，标准制定组织指定的标准文件也是 FDA 在涉及纳米技术的药物产品（以及生物制品）审评和监管时的重要依据。FDA 已经使用此类标准来开发和（或）评估剂型的性能特征、测试方法、生产实践、产品标准、科学方案、合规标准、成分规格、药品标签和其他技术或政策标准。总体来讲，美国 FDA 对于纳米药物的监管是以现有监管法律体系为基础，继续对纳米技术产品进行基于风险、灵活、适应性和循证的监管。

欧盟对于纳米药物的审批并未设立独立的流程，依然按照 EMA 对于药品的审批流程进行，分为集中审批程序和互认程序。该地区对于纳米药物的监管主要分为两个部分，第一部分为CHMP牵头发表的4篇反思报告，纳米药物研发可参考其中的质量标准、非临床、临床等要求，此外还可参考欧盟发布的相关药品管理相关法规和指南（详见第三章第二节）；第二部分为ECHA发布关于化学品注册、评估、授权和限制法规（REACH），纳米药物在获得审批时必须符合欧盟委员会对纳米材料种类、使用及安全性法规的相关要求。

日本厚生劳动省发布了三个与纳米药物相关的指南，分别是脂质体制剂开发指南、关于载核酸纳米制剂的回复文件和与EMA合作发布的关于嵌段共聚物胶束制剂开发的联合声明（详见第三章第四节），这些指南对具体纳米药物的开发具有很好的指导作用。但政府并未出台专门针对纳米药物的监管法规，因此纳米药物在审批和监管时仍按照PMDA负责的药物审评审批进行。

近年来，韩国修订了多项与纳米技术相关的法规，并将其列为需要全力发展的特殊领域之一。韩国采用了“先许可，后监管”的管理制度，其中包括纳米技术促进法案、加强基础研究和科技发展支持法案、促进纳米科技发展总统令以及特殊研发领域促进专法等法规。

加拿大也制定了一系列针对纳米技术的监管政策。该国卫生部发布了关于纳米材料的“定义、阐述、应用、监管”等内容的政策声明，称为“纳米材料的工作定义政策声明”，并要求企业对纳米材料提供风险评估资料。此外，该政策声明还提及了和纳米药物审批监管相关的法规，包括食品药品法案、加拿大消费品安全法、加拿大环境保护法、新物质申报管理条例等。

印度政府目前没有专门针对纳米药物审批和监管的法律法规。不过，中央药品标准控制局（CDSCO）和生物技术部（DBT）曾发布过生物类似药指南，对这类药物的质量、临床前和临床一致性研究，以及上市后的监管提出了要求。此外，印度科学技术部和政府成立了一个小组，并起草了一套指导方针来规范纳米技术。

中国从2020年10月起相继发布盐酸多柔比星脂质体注射液、注射用紫杉醇（白蛋白结合型）仿制药等的审批监管的征求意见稿，并在2021年3月31日发布了《纳米药物质量控制研究技术指导原则（试行）》《纳米药物非临床安全性研究技术指导原则（试行）》和《纳米药物非临床药代动力学研究技术指导原则（试行）》征求意见稿，对纳米药物的质量控制、非临床安全性研究技术、非临床药代动力学研究技术进行了指导。

（四）各国/地区关于纳米药物的监管部门的总结分析

美国对于纳米药物监管并未设立独立的监管部门。涉及纳米技术的药物产品（以及生物制品），与其他药物产品和生物制品一样，由美国FDA及其下属的相应部门进行监管。其中与涉及纳米技术的药物产品（以及生物制品）密切相关的中心包括药物评价与研究中心、生物制品评价与研究中心、医疗器械和放射健康中心和肿瘤卓越中心。其中，药物评价与研究中心（CDER）是涉及纳米技术药物产品（以及部分生物制品）最主要的监管部门，其主要负责监管非处方药和处方药（包括生物治疗药物和仿制药）。生物制品评价与研究中心（CBER）主要监管如过敏原制品、血液和血液制品、细胞和基因疗法、组织和基于组织的产品、疫苗和异种移植产品，此外还监管一些医疗器械，包括选定的体外诊断设备和在护理点生产生物制品的设备，以及与血库或细胞疗法相关的少量药品。肿瘤卓越中心（OCE）主要参与部分涉及纳米技术肿瘤药物产品（以及生物制品）的快速审评。医疗器械和放射健康中心（CDRH）主要参与纳米技术的药物产品（以及生物制品）的协助审评。其他涉及纳米技术的药物产品（以及生物制品）密切相关的办公室主要包括监管事务办公室（ORA），以及临床政策和项目办公室（OCPP）。

欧盟对于纳米药物的监管部门与化学药品监管部门一致，分为欧洲药品管理局（EMA）和欧洲化学品管理局（ECHA）。其中EMA下属的人用药品委员会（CHMP）、纳米技术小组（ITF）和科学建议方案和协助，发布了一系列特定纳米材料药物的反思报告，但仅作为参考文件。纳米药物在监管过程中必须符合ECHA相关规定，2012年和2017年该部门已发布了一系列专门针对纳米材料的指导文件，且欧盟委员会（EC）也在2018年通过了纳米材料注册的新文件，申请企业和ECHA需按此对纳米材料进行风险评估。

与美国和欧盟类似，虽然各国的药品监管机构名称不同，管辖范围略有不同，但它们的职责相似。纳米新药的审批仍然由各自的药品审评部门负责。日本纳米药物由独立行政法人医药品医疗器械综合机构（PMDA）负责，新加坡纳米药物由新加坡卫生科学局负责，印度纳米药物由印度的卫生和家庭福利部（MHFW）负责，中国纳米药物则受国家药品监督管理局药品审评中心监管。此外，加拿大虽然有加拿大卫生部的保健产品和食品分部门（HPFB）负责对新药等新健康产品进行安全性、有效性以及产品质量的审查，但其设立有卫生和纳米工作组代表加拿大卫生部处理含纳米材料产品的部门。类似的还有澳大利亚，澳大利亚药品管理局的职责是评价、评估和监管具有治疗作用的产品，并负责审批和监管纳米药物。此外，澳大利亚于2005年成立了“国家纳米技术战略特别工作组”（NNST），其职责是监管与纳米技术相关的健康、安全、环保等问题。2007年，澳大利亚又成立了“纳米技术办公室”（AON），其主要职责是负责纳米技术领域的研究。

二、各国/地区关于纳米仿制药物的审批和监管的法规的总结分析

(一)各国/地区关于纳米仿制药物的定义的总结分析

目前，美国尚未出台纳米药物的明确监管定义，因此对于纳米仿制药的定义也没有明确规定。针对这种情况，美国 FDA 更倾向于采用灵活的逐案分析的方法进行审评，以适应这些复杂和多样的药物产品。纳米仿制药至少需要满足仿制药的基本定义，并符合 FDA 指导原则中提到的要点，即至少有一个外部尺寸、内部或表面结构在纳米级范围内，以及展现出可归因于其尺寸的特性或现象，即使其尺寸超出纳米级范围。对于涉及纳米技术的生物制品的“后续版本”，美国 FDA 目前基本沿用生物类似物的监管体系。

欧盟也未对纳米仿制药物进行明确定义，一篇由不同监管机构的专家于 2013 年共同撰写的文章提到了纳米仿制药品。文章指出，纳米仿制药品应该证明其在质量、安全性和有效性方面与原研药相似，并且欧盟已经开始关注纳米仿制药品，未来可能会发布相关文件。

与美国和欧盟类似，日本对纳米仿制药物也未有明确定义，根据日本法律，“仿制药”是指在活性药物成分、适应证、剂量、给药途径等最为重要的方面与已经获得批准的药品不存在差异的药品。韩国、新加坡、澳大利亚等国对于纳米仿制药物的定义也未作特殊说明，各国都将仿制药定义为在本国已获批上市的药物/治疗产品的同类新产品，旨在满足公众健康需求，这些产品包括化学实体药物的仿制药和生物制剂产品的仿制药。

中国目前对于纳米仿制药物的定义是指与纳米药物原研药在剂量、安全性、药效和作用机制、质量控制以及适应证相同的一种仿制品，其基本要求与原研药相同。

(二)各国/地区关于纳米仿制药物的监管历史的总结分析

美国纳米仿制药物的监管历史始于 2016 年 5 月，美国 FDA 发布的《仿制药使用者付费法案Ⅱ》(GDUFA Ⅱ)承诺函中，初次提出了复杂药物的定义，并建立了 ANDA 提交前计划，以协助申请人提交完整申请，提高审评效率。虽然 FDA 尚未将纳米仿制药作为大类进行监管和指导，但在复杂产品的仿制药开发中，提供了一系列政策和指导，推动了纳米仿制药物行业的发展。2017 年 12 月，美国 FDA 发布了《含有纳米材料的药物产品，包括生物制品》的指导原则草案，并针对该

草案向社会公众广泛征求意见。同月，美国政府问责局（GAO）提交了题为《仿制药：FDA 应公布其发布和修订非生物复合药物指导原则的计划》的报告，以敦促美国 FDA 对非生物复杂药物（NBCDs）仿制药的研发指导采取积极行动。2018 年初，美国 FDA 建立纳米药物工作组，将仿制纳米药物的监管作为重点关注的主题之一。

中国对于纳米仿制药物的审批和监管是随着脂质体、白蛋白纳米粒等特殊纳米制剂开始的，2020 年国家药审中心发布了盐酸多比柔星和注射用紫杉醇两份仿制药的征求意见稿为制定国内纳米药物监管法规以及纳米仿制药物的审批和监管奠定了基础。其后在 2021 年发布的三份有关纳米药物质量控制、非临床安全性、非临床药代动力学的研究技术指导原则征求意见稿进一步对纳米药物以及纳米仿制药物审批和监管提出了更明确的标准。目前国内还未有专门针对纳米仿制药物的审批和监管程序，特定纳米材料可参考相关特定产品的指导意见。

其他国家并未对纳米仿制药物进行单独监管。根据纳米仿制药物其本身的化学药物和生物制剂属性，可分为作为普通仿制药和生物类似物进行注册申报和监管。对于具有多种功能的组合产品或纳米药物，例如纳米铁载体的治疗药物，其分类仍需具体的监管措施出台。

（三）各国 / 地区关于纳米仿制药物审批和监管的法规总结分析

美国食品药品管理局（FDA）审批和监管涉及纳米技术的仿制药时，仍然遵循现有的法律框架体系，以仿制药现有的简化新药上市申请审评程序和监管措施为基础，并同时参照复杂仿制药相关的政策和指导原则、针对含有纳米材料药物的指导原则《含有纳米材料的药物产品，包括生物制品》、脂质体药物的指导原则《脂质体药物 CMC、人体药代动力学和生物利用度以及标签管理》（如适用），以及产品个案指导原则（如有）。纳米仿制药物的申请人可以根据 FDCA 的 505（j）部分，提交 ANDA 以寻求批准。ANDA 申请人需要证明仿制药产品与已批准的药物产品在生物等效性、活性成分、使用条件、给药途径、剂型、规格和说明书等方面相同，并有充分的信息确保对产品的鉴别、规格、纯度和质量有着同样严格的要求。对于符合复杂产品定义的纳米仿制药物，美国 FDA 与 ANDA 申请人之间通过《GDUFA 下，FDA 与 ANDA 申请人之间关于复杂产品的正式会议》提供的统一指导信息进行申请，以提高仿制药品研发及 ANDA 申请的效率。对于含有纳米材料的仿制药产品，美国 FDA 针对《含有纳米材料的药物产品，包括生物制品》中含有纳米材料药物产品的特点，给出相应的非约束性建议。对于被认为是低风险的含有纳米材料的口服仿制药，美国 FDA 建议同时开展禁食和餐后状态下

的基于血液 / 血浆中药代动力学的 BE 研究，详细设计还可参照 FDA 发布的新修订《ANDA 提交药物的以药代动力学为终点的生物等效性研究》指导原则草案。对于通过纳米材料提高了水溶性较差活性成分的生物利用度的口服药物产品，可使用替代策略实现同等生物利用度改善，若仿制药使用的纳米材料不同且影响胃肠道中纳米颗粒分布，则应提供其他证据。对于含纳米材料的非口服仿制药，需体内外评价证明 BE，并检测理化特性和药代动力学等，以确保仿制药与原研药具有相似生物利用度。此外，鉴于纳米结构的多组分性，FDA 对多组分结构含纳米材料的药物进行审评，并为每个产品设计个案指南，以提供参考。针对特定纳米材料，《脂质体药物 CMC、人体药代动力学和生物利用度以及标签管理》为特定纳米材料提供指导，并强调申请人应参考产品个案指南，积极与 FDA 沟通。针对个案产品，FDA 已发布 23 个涉及纳米技术的眼科或注射产品的 PSGs。

中国的纳米仿制药物在原则上可参照《化学药品注射剂仿制药质量和疗效一致性评价技术要求》《化学药品注射剂（特殊注射剂）仿制药质量和疗效一致性评价技术要求》《以药动学参数为终点评价指标的化学药物仿制药人体生物等效性研究技术指导原则》等，特殊剂型可参考已发布的研究技术指导原则（详见第三章第三节）。

其他国家对于纳米仿制药物并未发布专属的审批和监管规定，均参照仿制药进行审批上市，具体流程可详见第三章第二到五节。

（四）各国 / 地区关于纳米仿制药物的监管部门的总结分析

美国对于纳米仿制药物监管并未设立独立的监管部门。涉及纳米技术的仿制药，与其他仿制药产品一样，由美国 FDA 及其下属的相应部门进行监管。仿制药的主要负责部门是 CDER 下属的仿制药办公室（OGD），其他与纳米仿制药物监管直接相关的部门还包括 CDER 下属的合规办公室、医疗政策办公室、药品质量办公室、监管政策办公室、监测和流行病学办公室、转化科学办公室以及局长办公室下属的监管事务办公室，以及临床政策和项目办公室，上述部门的职能请详见第三章第一节。

与美国相同，目前欧盟、日本、韩国、新加坡、澳大利亚等国家和地区，仿制药物的审批和监管与新药的审批属于相同的监管部门，我国纳米仿制药物受国家药品监督管理局药品审评中心监管。

参考文献

[1] U.S. Food and Drug Administration. Considering Whether an FDA-Regulated Product Involves the Application of Nanotechnology [EB/OL]. (2014-06) [2022-09-10]. https: //www.fda.gov/

regulatory-information/search-fda-guidance-documents/considering-whether-fda-regulated-product-involves-application-nanotechnology.

[2] EMA. Reflection Paper On Nanotechnology-Based Medicinal Products For Human Use Adoption [EB/OL]. [2023-11-14]. https://www.ema.europa.eu/docs/en_GB/document_library/Regulatory_and_procedural_guideline/2010/01/WC500069728.pdf.

[3] European Commission. Commission Recommendation of 18 October, 2011 on the Definition of Nanomaterial [J]. SHE alert: safety health environment, 2011 (202) :38 - 40.

[4] European Commission, Directorate-General for Environment. Commission Recommendation of 10 June 2022 on the definition of nanomaterial (Text with EEA relevance) 2022/C 229/01: 32022H0614 (01) [S/OL]. (2022-06-10) [2024-08-07]. https://www.zhangqiaokeyan.com/standard-detail/13180207339.html.

[5] Bridges J, Dawson UK, Jong LWD, et al. Scientific Basis for the Definition of the Term "Nanomaterial" [M]. Luxembourg: European Commission, 2010.

[6] Health Canada. Policy Statement on Health Canada' s Working Definition for Nanomaterial [EB/OL]. (2011-11-05) [2024-08-05]. https://www.canada.ca/en/health-canada/services/science-research/reports-publications/nanomaterial/policy-statement-health-canada-working-definition.html.

[7] 国家药品监督管理局药品审评中心. 纳米药物质量控制研究技术指导原则(试行)[EB/OL]. (2021-08-27) [2022-11-04]. https://www.cde.org.cn/main/news/viewInfoCommon/95945bb17a7dcde7b68638525ed38f66.

第四章

上市纳米药物的临床应用、循证评价与研究

第一节　抗肿瘤纳米药物临床应用与循证评价
第二节　神经系统纳米药物临床应用与循证评价
第三节　抗感染纳米药物临床应用与循证评价
第四节　血液系统纳米药物临床应用与循证评价
第五节　心血管系统纳米药物临床应用与循证评价
第六节　镇痛纳米药物临床应用与循证评价
第七节　激素类纳米药物临床应用与循证评价
第八节　疫苗纳米载体临床应用与循证评价
第九节　其他纳米药物临床应用与循证评价

第一节　抗肿瘤纳米药物临床应用与循证评价

一、抗肿瘤纳米药物概述

以盐酸多柔比星脂质体注射液、注射用紫杉醇（白蛋白结合型）为代表的抗肿瘤纳米药物已广泛应用于各种肿瘤的治疗。国内外陆续发布了对应纳米药物的指南与共识，但数量较多，来源与质量各异。为了加强对国内外相关指南与共识的认识，我们现将国内外已上市的抗肿瘤纳米药物相关指南与共识按照适应证分别进行概述与归纳（表 4-1-1）。

表4-1-1　上市抗肿瘤纳米药物

药物	中文通用名	商品名	公司	获批适应证
阿霉素	盐酸多柔比星脂质体注射液	Doxil®	Johnson & Johnson	转移性卵巢癌，艾滋病相关型卡波西肉瘤
		Caelyx®	Janssen Pharmaceuticals	乳腺癌，卵巢癌，艾滋病相关型卡波西肉瘤
		Lipodox®	Sun Pharma Global FZE	转移性卵巢癌，艾滋病相关型卡波西肉瘤
紫杉醇	注射用紫杉醇（白蛋白结合型）	Abraxane®	Celgene Pharmaceutical	转移性乳腺癌，肺癌，转移性胰腺癌
	注射用紫杉醇脂质体	力扑素®	绿叶制药集团有限公司	乳腺癌，非小细胞肺癌，卵巢癌
	注射用紫杉醇聚合物胶束	Apealea®	Oasmia Pharmaceutical AB	卵巢癌，腹膜癌，输卵管癌
		Genexol-PM®	Lupin Ltd.	乳腺癌
		紫晟®	上海谊众药业股份有限公司	非小细胞肺癌
伊立替康	盐酸伊立替康脂质体注射液	Onivyde®	Merrimack Pharmaceuticals	转移性胰腺癌
阿糖胞苷	阿糖胞苷脂质体	DepoCyt®	Pacira Pharmaceuticals	淋巴瘤脑膜炎
柔红霉素 / 阿糖胞苷	柔红霉素 / 阿糖胞苷复方冻干粉注射剂	Vyxeos®	Jazz Pharmaceutics	急性髓性白血病
米托蒽醌	盐酸米托蒽醌脂质体注射液	多恩达®	石药集团	外周 T 细胞淋巴瘤
米伐木肽	米伐木肽脂质体	Mepact®	Takeda France SAS	骨肉瘤

续表

药物	中文通用名	商品名	公司	获批适应证
柔红霉素	枸橼酸柔红霉素脂质体	DaunoXome®	Galen Ltd.	艾滋病相关型卡波西肉瘤（KS）（已撤市）
长春新碱	硫酸长春新碱脂质体注射液	Marqibo®	Talon Therapeutics	成人费城染色体阴性慢性粒细胞白血病（已撤市）

盐酸多柔比星脂质体注射液又被称为脂质体阿霉素，作为临床常用的抗肿瘤纳米药物，其获批的适应证范围在国内外有所不同，同时也存在着超说明书用药的现象。在我国，多柔比星脂质体的适应证为艾滋病相关型卡波西肉瘤。根据国内外指南与共识，还可用于淋巴瘤、骨髓瘤、卵巢癌、子宫内膜癌、乳腺癌和骨肿瘤。

紫杉醇有白蛋白纳米粒、脂质体、聚合物胶束三种纳米药物制剂类型。不同的制剂类型具有不同的临床适应证。其中，白蛋白结合型紫杉醇在我国获批的适应证为转移性乳腺癌。根据指南与共识，还可用于胰腺癌、卵巢癌、子宫颈癌、肺癌、胃癌、胆道系统肿瘤等。紫杉醇脂质体在我国获批的适应证为转移性乳腺癌、肺癌，根据指南与共识，还可用于卵巢癌与子宫颈癌等。注射用紫杉醇聚合物胶束在我国上市获批的适应证为肺癌。

盐酸伊立替康脂质体注射液于 2022 年在中国获批，适应证为转移性胰腺癌。

盐酸米托蒽醌脂质体注射液作为新型蒽环类药物脂质体制剂，目前已被批准用于既往至少经过一线标准治疗的复发或难治外周 T 细胞淋巴瘤（PTCL）成年患者，于 2022 年 1 月 7 日在中国获批上市。

阿糖胞苷脂质体于 1999 年于美国上市，主要用于治疗肿瘤性脑膜炎。

柔红霉素 / 阿糖胞苷复方冻干粉注射剂适应证为急性髓性白血病。

米伐木肽脂质体是一款治疗可手术切除的非转移性骨肉瘤药物。

枸橼酸柔红霉素脂质体与硫酸长春新碱脂质体注射液目前已撤市。

二、抗肿瘤纳米药物的概况、适应证及指南、专家共识推荐

表 4–1–2a 和表 4–1–2b 分别列举了抗肿瘤纳米药物的概况、适应证及指南、专家共识推荐。

表4-1-2a 抗肿瘤纳米药物的概况、适应证

药品通用名（商品名）	上市时间（国家/地区）	适应证
盐酸多柔比星脂质体注射液（Doxil®、Caelyx®）	1995 年（美国） 1996 年（欧洲） 2002 年（中国）	美国： 1. 卵巢癌：铂类化疗失败后 2. 艾滋病相关型卡波西肉瘤：在之前的全身化疗失败或对此类治疗不耐受后 3. 多发性骨髓瘤：在既往未接受过硼替佐米且至少接受过一次治疗的患者中联合硼替佐米 欧洲： 1. 用于心脏风险增加的转移性乳腺癌患者的单药治疗 2. 用于治疗一线铂类化疗方案失败的晚期卵巢癌患者 3. 联合硼替佐米治疗既往接受过至少一种治疗、已经接受或不适合骨髓移植的进展性多发性骨髓瘤患者 4. 用于治疗 CD4 计数低的艾滋病相关型卡波西肉瘤患者（＜ 200 个 CD4 淋巴细胞 /mm^3）和广泛的皮肤黏膜或内脏疾病 中国： 1. 本品可用于低 CD4（＜ 200CD4 淋巴细胞 /mm^3）及有广泛皮肤黏膜内脏疾病的与艾滋病相关型卡波西肉瘤（AIDS-KS）患者 2. 本品可用作一线全身化疗药物，或者用作治疗病情有进展的 AIDS-KS 患者的二线化疗药物，也可用于不能耐受下述两种以上药物联合化疗的患者：长春新碱、博来霉素和多柔比星（或其他蒽环类抗生素）
白蛋白结合型紫杉醇（Abraxane®）	2005 年（美国） 2008 年（欧洲） 2009 年（中国）	美国： 1. 转移性乳腺癌，因转移性疾病联合化疗失败或辅助化疗 6 个月内复发。既往治疗应包括蒽环类药物，除非临床禁忌 2. 局部晚期或转移性非小细胞肺癌（NSCLC），作为联合卡铂的一线治疗，在不适合根治性手术或放疗的患者 3. 转移性胰腺癌作为一线治疗，联合吉西他滨 欧洲： 1. 单药治疗适用于转移性疾病一线治疗失败，并且不适合含蒽环类药物的标准治疗的成人转移性乳腺癌患者 2. 联合吉西他滨适用于成人转移性胰腺癌的一线治疗 3. 联合卡铂用于不适合潜在根治性手术和（或）放疗的成人非小细胞肺癌的一线治疗 中国：适用于治疗联合化疗失败的转移性乳腺癌或辅助化疗后 6 个月内复发的乳腺癌。除非有临床禁忌证，既往化疗中应包括一种蒽环类抗癌药

续表

药品通用名（商品名）	上市时间（国家 / 地区）	适应证
紫杉醇脂质体 （力扑素®）	2003 年（中国）	中国： 1. 本品可用于卵巢癌的一线化疗及以后卵巢转移性癌的治疗、作为一线化疗，本品也可以与顺铂联合应用 2. 本品也可用于曾用过含阿霉素标准化疗的乳腺癌患者的后续治疗或复发患者的治疗。 3. 本品可与顺铂联合用于不能手术或放疗的非小细胞肺癌患者的一线化疗
注射用紫杉醇聚合物胶束 （Apealea®、Genexol-PM®、紫晟®）	2007 年（韩国） 2018 年（欧洲） 2021 年（中国）	韩国：乳腺癌，肺癌，卵巢癌的一线治疗 欧洲：与卡铂联合使用，用于治疗铂类敏感上皮性卵巢癌、原发性腹膜癌和输卵管癌首次复发的成年患者 中国：本品联合铂类适用于表皮生长因子受体（EGFR）基因突变阴性和间变性淋巴瘤激酶（ALK）阴性、不可手术切除的局部晚期或转移性非小细胞肺癌（NSCLC）患者的一线治疗
盐酸伊立替康脂质体注射液 （Onivyde®）	2015 年（美国） 2016 年（欧洲） 2022 年（中国）	美国：ONIVYDE 是一种拓扑异构酶抑制剂，与氟尿嘧啶和亚叶酸联用，用于治疗吉西他滨为基础的治疗后疾病进展的转移性胰腺腺癌患者 欧洲：联合 5- 氟尿嘧啶（5-FU）和亚叶酸（LV）治疗吉西他滨为基础的治疗后进展的成人转移性胰腺腺癌 中国：与 5- 氟尿嘧啶（5-FU）和亚叶酸（LV）联合用于治疗接受吉西他滨治疗后进展的转移性胰腺癌患者
柔红霉素 / 阿糖胞苷复方冻干粉注射剂 （Vyxeos®）	2017 年（美国） 2018 年（欧洲）	美国：用于治疗新诊断的治疗相关急性髓系白血病（t-AML）或伴骨髓增生异常相关变化的 AML（AML-mrc）成人患者 欧洲：Vyxeos 脂质体适用于治疗新诊断的、与治疗相关的急性髓系白血病（t-AML）或伴骨髓增生异常相关改变的 AML（AML-mrc）成人患者
米托蒽醌脂质体注射液 （多恩达®）	2022 年（中国）	中国：批准用于既往至少经过一线标准治疗的复发或难治外周 T 细胞淋巴瘤（PTCL）成年患者
米伐木肽脂质体 （Mepact®）	2009 年（欧洲）	欧洲：适用于儿童、青少年和年轻成人的高级别可切除非转移性骨肉瘤的治疗。与术后多药化疗联合使用

表4-1-2b　抗肿瘤纳米药物的指南、专家共识推荐

药品通用名（商品名）	指南推荐或专家共识推荐及证据级别
盐酸多柔比星脂质体注射液（Doxil®、Caelyx®）	1. 艾滋病相关型卡波西肉瘤 NCCN 指南 – 卡波西肉瘤（2022 V1）：一线系统治疗方案：多柔比星脂质体。推荐剂量：20mg/m^2 iv，每 2~3 周一次。 复发 / 难治性疾病的系统治疗：在首次进展时，可考虑与一线相同的全身治疗方案（多柔比星脂质体和紫杉醇）；如果一线治疗耐受，且出现持续反应（＞ 3 个月），则应考虑重复一线治疗；如果一线全身治疗无反应，则应给予替代一线治疗方案。在随后的进展后，建议使用多柔比星脂质体或紫杉醇，以尚未给药者为准 2. 淋巴瘤 （1）霍奇金淋巴瘤（HL）NCCN 指南 – 霍奇金淋巴瘤（2023.V2）：对于复发或难治性经典霍奇金淋巴瘤二线及后续治疗方案：包括 GVD 方案（吉西他滨 + 长春瑞滨 + 盐酸多柔比星脂质体注射液） （2）弥漫大 B 细胞淋巴瘤（DLBCL） 1）2022 CSCO 淋巴瘤诊疗指南：对于年龄 60~80 岁和＞ 80 岁，伴有心功能不全的患者，可将多柔比星替换为多柔比星脂质体、依托泊苷、吉西他滨（Ⅰ级推荐，2A 类证据） 2）脂质体阿霉素治疗恶性淋巴瘤和多发性骨髓瘤的中国专家共识（2019 年版）[1]：推荐 R–CDOP（利妥昔单抗 + 环磷酰胺 + 脂质体阿霉素 + 长春新碱 + 泼尼松）作为 DLBCL 伴左心功能不全患者的一线治疗方案之一 3）中国淋巴瘤治疗指南（2021 版）[2]：特殊类型 DLBCL 的一线治疗：对于体力状况较差或年龄＞ 80 岁的Ⅰ–Ⅱ期 DLBCL 患者，可选择 R–CDOP 方案（利妥昔单抗 + 环磷酰胺 + 脂质体阿霉素 + 长春新碱 + 泼尼松） （3）滤泡性淋巴瘤（FL）　中国滤泡性淋巴瘤诊断与治疗指南[3]：一线治疗方案：可选择 R 或奥妥珠单抗 –CHOP 方案：利妥昔单抗第 1 天，每 3~4 周重复，8R–6CHOP。奥妥珠单抗 1000mg，第 1 周期的第 1、8、15 天，第 2~6 周期第 1 天，每 21 天重复。对于年老、心脏功能不佳患者，可采用表阿霉素、吡喃阿霉素或多柔比星脂质体代替传统的阿霉素 （4）外周 T 细胞淋巴瘤　脂质体阿霉素治疗恶性淋巴瘤和多发性骨髓瘤的中国专家共识（2019 年版）[1]：复发外周 T 细胞淋巴瘤推荐 GVD 方案（吉西他滨 + 长春瑞滨 + 脂质体阿霉素）为复发外周 T 细胞淋巴瘤二线化疗可选择方案之一 3. 骨髓瘤 （1）脂质体阿霉素治疗恶性淋巴瘤和多发性骨髓瘤的中国专家共识（2019 年版）[1]:DVD 方案（脂质体阿霉素 + 长春新碱 + 地塞米松）为多发性骨髓瘤（MM）初治方案之一；PD 方案（硼替佐米 + 脂质体阿霉素）作为难治 / 复发 MM 一线治疗 对于下述患者，可用脂质体阿霉素替代传统化疗方案中的阿霉素： 1）体力状态评分较差患者（ECOG ≥ 2） 2）器官功能低下，纽约心脏协会（NYHA）评分认定Ⅱ级以下（尤其是伴有左心室功能不全的患者或具有心脏毒性风险高危因素）的患者；

续表

药品通用名（商品名）	指南推荐或专家共识推荐及证据级别
盐酸多柔比星脂质体注射液（Doxil®、Caelyx®）	3）≥ 60 岁的老年患者 4）要注意远期毒性反应及需要保护心脏功能的儿童青少年患者 5）伴有髓外肿块的患者 6）根据患者意愿，对生活质量要求较高者 （2）多发性骨髓瘤中西医诊疗专家共识（2019）[4]：多发性骨髓瘤的患者不论患者是否适合移植，其常用的诱导化疗方案有：硼替佐米 – 脂质体阿霉素 – 地塞米松（BDD）。脂质体阿霉素的心脏毒性明显降低，适用于有潜在心脏病变的患者 4. 卵巢癌 （1）卵巢癌　聚乙二醇化脂质体阿霉素治疗复发性卵巢癌的中国专家共识[5]：多柔比星脂质体可用于卵巢癌化疗的特定应用群体。基于多柔比星脂质体的特点及临床证据，对于下述患者，可用多柔比星脂质体联合（不联合）铂类治疗：①初始治疗的卵巢癌患者；②铂敏感和铂耐药复发卵巢癌患者（BRCA 基因突变检测阳性患者反应性更好）；③初始或既往化疗出现紫杉醇过敏或不能耐受；对脱发、恶心呕吐等不良反应特别关注；出现周围神经毒性的患者；④老年、身体虚弱、心功能较差的患者；⑤大块肿瘤或伴有淋巴转移的患者 （2）妇科恶性肿瘤聚乙二醇化脂质体多柔比星临床应用专家共识[6]：①推荐 CD（卡铂 + 多柔比星脂质体（CD））方案用于卵巢癌的初始化疗（2A 类），尤其适用于对紫杉类药物过敏、周围神经病变和顾虑脱发的患者。②对于铂敏感复发卵巢癌患者，推荐多柔比星脂质体联合铂类化疗加或不加贝伐单抗为首选治疗方案之一（1 类）。③推荐多柔比星脂质体联合或不联合贝伐单抗作为治疗铂耐药复发卵巢癌的首选方案之一（2A 类）。④推荐多柔比星脂质体联合（2A 类）或不联合（2B 类）卡铂用于治疗晚期 / 持续性 / 复发性子宫内膜癌。⑤推荐多柔比星脂质体联合或不联合卡铂用于治疗晚期 / 持续性 / 复发性子宫平滑肌肉瘤（2B 类）。⑥推荐多柔比星脂质体联合或不联合卡铂用于治疗晚期 / 持续性 / 复发性子宫颈癌（2B 类） 1）上皮性卵巢癌：①卵巢恶性肿瘤诊断与治疗指南（2021 年版）[7]：术后辅助化疗：上皮性卵巢癌：多西他赛联合卡铂和多柔比星脂质体联合卡铂，主要优点是神经毒性低，脱发较轻，可用于不能耐受紫杉醇毒性的患者。上皮性卵巢癌（高级别浆液性癌、子宫内膜样癌 2/3 级、透明细胞癌、癌肉瘤）一线化疗方案：Ⅰ期：首选卡铂 + 紫杉醇；备选方案卡铂 + 多柔比星脂质体，Ⅱ – Ⅳ期：首选卡铂 + 紫杉醇 + 贝伐单抗；备选卡铂 + 多柔比星脂质体等。铂敏感复发上皮性卵巢癌二线化疗方案：首选方案：可选用卡铂 + 多柔比星脂质体 ± 贝伐单抗；铂耐药复发上皮癌的二线化疗方案：可选用多柔比星脂质体 ± 贝伐单抗 ②晚期上皮性卵巢癌一线维持治疗专家共识[11]：晚期上皮性卵巢癌的一线化疗可以选用：卡铂 AUC5 联合多柔比星脂质体 30mg/m^2 静脉滴注，每 4 周重复，共 6 周期 ③卵巢上皮性癌一线化疗中国专家共识[12]：卵巢上皮性癌的一线化疗方案选择，有糖尿病、周围神经病变，特别是对脱发有顾虑的患者可选多柔比星脂质体 30mg/m^2+ 卡铂 AUC5，4 周疗（证据等级：2A 类）

续表

药品通用名 （商品名）	指南推荐或专家共识推荐及证据级别
盐酸多柔比星脂质体注射液（Doxil®、Caelyx®）	2）低级别浆液性卵巢癌：低级别浆液性卵巢癌的专家共识（2020 年版）[8]：对铂类敏感的复发患者推荐采用联合化疗方案，仍可使用以铂类为基础的联合化疗（1 类）。化疗方案可选用卡铂 / 多柔比星脂质体（1 类）等 3）黏液性卵巢癌：①黏液性卵巢癌诊断与治疗中国专家共识（2021 年版）[9]：晚期 MOC 化疗方案推荐选择紫杉醇联合卡铂、氟尿嘧啶联合奥沙利铂和卡培他滨联合奥沙利铂，上述方案也可联合贝伐单抗。其他可选方案包括紫杉醇周疗联合卡铂周疗、多西他赛联合卡铂、卡培他滨联合多柔比星脂质体和紫杉醇周疗联合卡铂 3 周方案。（证据级别：低；推荐强度：弱） ②子宫内膜异位症相关卵巢癌的诊断及治疗山东专家共识（2022）[10]：卵巢浆液黏液性癌治疗原则参照子宫内膜样癌。（对于卵巢子宫内膜样癌患者：Ⅲ ~ Ⅳ期患者可选择：用于上皮性卵巢癌的一线化疗方案（如卡铂联合紫杉醇、多西他赛或多柔比星脂质体静脉化疗）；或激素治疗。卵巢浆液黏液性癌治疗原则参照子宫内膜样癌。（共识级别：2A 级） 4）卵巢透明细胞癌（OCCC）：①子宫内膜异位症相关卵巢癌的诊断及治疗山东专家共识（2022）[10]：初始手术后的辅助治疗：透明细胞癌是高级别恶性肿瘤，术后辅助治疗推荐以铂类为基础的联合化疗方案（如卡铂联合紫杉醇、多西他赛或多柔比星脂质体）3~6 个周期。ⅠA 期透明细胞癌推荐保留生育能力手术，其余均应行全面分期手术，术后推荐标准化疗方案（卡铂联合紫杉醇、多西他赛或多柔比星脂质体）（证据质量：2A） ②卵巢透明细胞癌临床诊治中国专家共识（2022 年版）[13]：复发后的处理：化疗：二线化疗是复发性卵巢癌的标准治疗方法。铂敏感复发的患者应再次接受以铂为基础的化疗 ± 贝伐单抗。铂耐药复发者，选择非铂单药化疗 ± 贝伐单抗，化疗方案包括紫杉醇周疗、多柔比星脂质体、吉西他滨或拓扑替康等。但复发性 OCCC 即使是铂敏感复发，也对化疗反应率很低 （2）卵巢性索间质肿瘤　卵巢恶性肿瘤诊断与治疗指南（2021 年版）[7]：术后辅助化疗：卵巢性索间质恶性肿瘤：多西他赛联合卡铂和多柔比星脂质体联合卡铂，主要优点是神经毒性低，脱发较轻，可用于不能耐受紫杉醇毒性的患者 5. 子宫内膜癌 （1）子宫内膜癌　子宫内膜异位症相关卵巢癌的诊断及治疗山东专家共识（2022）[10]：对于卵巢子宫内膜样癌患者：Ⅲ ~ Ⅳ期患者可选择：用于上皮性卵巢癌的一线化疗方案（如卡铂联合紫杉醇、多西他赛或多柔比星脂质体静脉化疗）；或激素治疗。子宫内膜样癌保留生育功能适宜于ⅠA 期或ⅠC 期 G1/2 级，其余分期的治疗推荐全面分期手术，ⅠA 期或ⅠB 期患者推荐术后观察和监测，ⅠC 期至Ⅱ期患者，术后辅助治疗包括卡铂联合紫杉醇或多西他赛静脉化疗、观察或激素治疗，Ⅲ ~ Ⅳ期患者的术后辅助治疗包括卡铂联合紫杉醇、多西他赛或多柔比星脂质体静脉化疗或激素治疗（证据质量：2A） （2）子宫内膜浆液性癌（USC）　子宫内膜浆液性癌诊治的中国专家共识（2022 年版）[14]：复发性子宫内膜浆液性癌的治疗：卡铂联合紫杉醇是治疗晚期、转移性或复发性 USC 的首选化疗方案。其他常用方案或药物包括：多西他赛联合卡铂、多柔比星联合顺铂、卡铂 + 紫杉醇联合贝伐单抗、多柔比星脂质体、白蛋白结合型紫杉醇、拓扑替康等 （3）子宫肉瘤　子宫肉瘤诊断与治疗指南（2021 年版）[15]：子宫肉瘤的全身系统性治疗：首选单药可选：多柔比星单药，其他方案可选多柔比星脂质体

续表

药品通用名（商品名）	指南推荐或专家共识推荐及证据级别
盐酸多柔比星脂质体注射液（Doxil®、Caelyx®）	6. 乳腺癌 （1）新辅助治疗　浙江省乳腺癌新辅助治疗专家共识（2018）[16]：三阴性乳腺癌患者使用 PMCb 方案（紫杉 + 多柔比星脂质体 + 卡铂）能显著改善 BRCA 野生型患者的无疾病生存 （2）辅助治疗　中国蒽环类药物治疗乳腺癌专家共识 2021[17]：AC–TH（±P）和 TCbH（±P）是任意级别 HER2 阳性乳腺癌辅助治疗的两大重要方案，前者循证依据相对充分。低危的、淋巴结阴性、不能耐受蒽环类药物的患者，可以尝试 TCbHP 甚至 TCbH 方案等“去蒽环”方案。心脏高风险患者可考虑多柔比星脂质体替代传统蒽环 （3）晚期治疗 1）中国蒽环类药物治疗乳腺癌专家共识 2021[17]：HER2 阴性晚期乳腺癌的治疗：HER2 阴性晚期乳腺癌非内脏危象患者可优选单药治疗。蒽环类在早期乳腺癌中的广泛使用限制了其在转移复发后的应用。指南中推荐的多柔比星脂质体有一定的应用优势，心脏毒性累积风险较小 2）2022CSCO 乳腺癌诊疗指南：三阴性晚期乳腺癌解救治疗：紫杉醇治疗敏感及紫杉类治疗失败：Ⅲ级推荐：多柔比星脂质体（2B）复发或转移性乳腺癌常用单药化疗方案：多柔比星脂质体 30~50mg/m^2，iv，d1，21d 为一个周期 7. 骨肿瘤 （1）软组织肉瘤 1）软组织肉瘤诊治中国专家共识（2015 年版）[18]：多柔比星与异环磷酰胺是软组织肉瘤化疗的两大基石，一线化疗方案推荐多柔比星单药 75mg/m^2，每 3 周为 1 个周期，不推荐增加多柔比星的剂量密度或序贯除异环磷酰胺的其他药物。多柔比星脂质体的不良反应尤其是心脏毒性与血液学毒性均小于多柔比星，但是治疗软组织肉瘤的疗效并不优于多柔比星，因此，对于患心脏基础疾病不适合使用多柔比星以及多柔比星已接近最大累计剂量的晚期软组织肉瘤患者，一线使用多柔比星脂质体依据不足，有多柔比星化疗失败者使用多柔比星脂质体获益的报告 2）2022CSCO 软组织肉瘤诊疗指南：对于多柔比星接近最大累积剂量、或年龄较大、存在基础心脏疾病的患者，可以考虑使用表柔比星和多柔比星脂质体代替多柔比星，但缺乏大规模临床证据 盐酸多柔比星脂质体注射液可降低传统蒽类药物的不良反应（尤其是心脏毒性），已在乳腺癌及血液系统肿瘤中获得疗效证据，但在软组织肉瘤中疗效循证医学证据尚未十分充分，因此暂仅推荐对于下述患者，可用多柔比星脂质体替代传统化疗方案中的多柔比星： ①体力状态评分较差患者（ECOG ≥ 2） ②器官功能低下，纽约心脏协会（NYHA）评分认定级以下（尤其是伴有左心室功能不全的患者或具有心脏毒性风险高危因素）的患者 ③ 60 岁的老年患者 ④要注意远期毒性反应及需要保护心脏功能的儿童青少年患者 ⑤根据患者意愿，对生活质量要求较高者 （2）骨肉瘤　四肢骨肉瘤保肢治疗指南[19]：肢体经典型骨肉瘤保肢治疗方法包括新辅助化疗，药物可以选择蒽环类（多柔比星，盐酸多柔比星脂质体等）。

续表

药品通用名（商品名）	指南推荐或专家共识推荐及证据级别
白蛋白结合型紫杉醇（Abraxane®）	1. 乳腺癌 （1）新辅助治疗 1）中国蒽环类药物治疗乳腺癌专家共识：阿替利珠 + 白蛋白紫杉醇。序贯多柔比星和环磷酰胺可用于辅助治疗早期 TNBC 2）浙江省乳腺癌新辅助治疗专家共识（2018）[16]：白蛋白结合型紫杉醇序贯 EC（表阿霉素 + 环磷酰胺）化疗在早期乳腺癌尤其是三阴性乳腺癌的新辅助化疗 PCR 率高于紫杉醇联合 EC 3）2022 CSCO 乳腺癌诊疗指南：三阴性乳腺癌新辅助治疗：Ⅰ级推荐：蒽环联合紫杉方案：① TAC（1A）；AT（2A）；② TP（2A）；Ⅱ级推荐：① AC–T（1B）；② AC–TP（2A）。T：紫杉类，包括多西他赛、白蛋白结合型紫杉醇、紫杉醇 新辅助治疗中白蛋白结合型紫杉醇比溶剂型紫杉醇有更高的 pCR 率，同时能够改善患者 DFS （2）术后辅助治疗 1）中国抗癌协会乳腺癌诊治指南与规范（2021 版）[20]：乳腺癌术后辅助化疗方案：对于三阴性乳腺癌，可选择 GP 方案（吉西他滨联合顺铂，尤其是携带 BRCA1/2 等同源重组修复基因缺陷的患者）、GC 方案（吉西他滨联合卡铂）、AP 方案（白蛋白结合型紫杉醇联合顺铂 / 卡铂）、PC 方案（其他紫杉类药物联合卡铂 / 顺铂） 2）乳腺癌全身治疗指南（2021 版）[21]：乳腺癌术后辅助化疗常用方案：白蛋白结合型紫杉醇在出于医学上的必要性时（如减少过敏反应等）可尝试替代紫杉醇或多西他赛，但使用时周疗剂量不应超过 $125mg/m^2$ HER2 阴性晚期乳腺癌化疗 ± 靶向治疗的选择和注意事项：对于既往蒽环类药物治疗失败的患者，通常首选以紫杉类药物（如紫杉醇、多西他赛及白蛋白结合型紫杉醇）为基础的单药或联合方案；对于既往蒽环类药物和紫杉类药物治疗均失败的患者，目前尚无标准化疗方案，可考虑其他单药或联合方案。单药或联合化疗均可在循证医学证据支持下联合靶向治疗。如依据 IMpassion130 和 Keynote355 研究，可尝试白蛋白结合型紫杉醇 + 阿替利珠单抗（PD–L1 IHC 阳性时）、白蛋白结合型紫杉醇 / 紫杉醇 /GC+ 帕博利珠单抗（PD–L1 CPS ≥ 10 时），但因 PD–1/L1 抗体治疗尚未获得相应适应证，临床实践中应慎重选择患者 （3）进展期或晚期治疗　2022 CSCO 乳腺癌诊疗指南：紫杉醇治疗敏感：Ⅰ级推荐：白蛋白结合型紫杉醇（1A）；Ⅱ级推荐：联合治疗：白蛋白结合型紫杉醇 +PD1/PD–L1 抑制剂（2A） 紫杉类治疗失败：Ⅱ级推荐：白蛋白结合型紫杉醇（2A）；白蛋白结合型紫杉醇 + 其他化疗（2B） 2. 子宫内膜癌 （1）子宫内膜癌　子宫内膜浆液性癌诊治的中国专家共识（2022 年版）[14]：卡铂联合紫杉醇是治疗晚期、转移性或复发性子宫内膜浆液性癌的首选化疗方案。其他常用方案或药物包括：多西他赛联合卡铂、多柔比星联合顺铂、卡铂 + 紫杉醇联合贝伐单抗、脂质体多柔比星、白蛋白结合型紫杉醇、托泊替康等 （2）子宫颈癌　妇科肿瘤铂类药物临床应用指南[22]：复发或转移性子宫颈癌：对于无法耐受紫杉醇的患者，顺铂 + 托泊替康可作为选择。其他以铂类药物为基础的联合化疗方案中，可应用奈达铂 + 紫杉醇（3 类）、奈达铂 + 白蛋白结合型紫杉醇（3 类）、奥沙利铂 + 紫杉醇。（3 类：不论基于何种级别临床研究证据，专家意见明显分歧）

续表

药品通用名 （商品名）	指南推荐或专家共识推荐及证据级别
白蛋白结合型紫杉醇 （Abraxane®）	3. 胰腺癌 1）2022CSCO 胰腺癌诊疗指南：转移性胰腺癌一线治疗：体能状态良好：Ⅰ级专家推荐：吉西他滨 + 白蛋白结合型紫杉醇（1A 类证据） 2）中国紫杉类药物剂量密集化疗方案临床应用专家共识[23]：胰腺癌剂量密集化疗：用于转移性胰腺癌。含白蛋白结合型紫杉醇密集剂量化疗方案在胰腺癌患者中的推荐治疗方案：白蛋白结合型紫杉醇 125mg/m^2，吉西他滨 1000mg/m^2，第 1、8、15 天各 1 次，每 4 周为 1 个周期，共治疗 6 个周期 专家观点：对于一般状况较好的局部晚期胰腺癌、远处转移的患者，一线治疗可采用吉西他滨 + 白蛋白结合型紫杉醇，但含紫杉类药物剂量密集方案在胰腺癌的术后辅助治疗应用仍需更多临床实践证明 3）胰腺癌诊疗指南（2022 年版）[24]：对于可切除或临界可切除胰腺癌的新辅助 / 转化治疗：推荐吉西他滨为基础的两药联合方案（包括吉西他滨 + 白蛋白结合型紫杉醇）；对于不可切除的局部晚期或合并转移的胰腺癌总体治疗效果不佳，建议开展相关临床研究。目前，治疗不可切除的局部晚期或转移性胰腺癌的常用化疗药物包括：吉西他滨、白蛋白结合型紫杉醇、5-FU/LV、顺铂、奥沙利铂、伊立替康、替吉奥、卡培他滨。靶向药物包括厄洛替尼。依据患者体能状态选择一线化疗方案。对于一般状况好的患者建议联合化疗。常用含吉西他滨的两药联合方案，包括 GN（吉西他滨 / 白蛋白结合型紫杉醇） 4）晚期胰腺癌介入治疗临床操作指南（试行）（第六版）[25]：对于不能手术切除的晚期胰腺癌，经动脉灌注的局部浓度显著高于全身静脉化疗。适用于①不能手术切除的晚期胰腺癌；②已采用其他非手术方法治疗无效的胰腺癌；③胰腺癌伴肝脏转移；④胰腺癌术后复发 用药方法：以肿瘤细胞药物敏感试验结果为指导；无病理诊断及药物敏感试验结果时，结合 CT，MRI 等影像学表现，参考国际抗癌联盟治疗胰腺癌经典方案，如：吉西他滨、氟尿嘧啶、白蛋白结合型紫杉醇等。灌注时间浓度依赖性药物 2~4h，时间依赖性药物 1~2 个细胞周期。吉西他滨、白蛋白结合型紫杉醇等非时间依赖性药物灌注 2h 左右 5）中国胰腺癌综合诊治指南（2020 版）[26]：交界可切除胰腺癌的化疗：推荐体能状态良好的交界可切除胰腺癌患者开展术前新辅助治疗。对于 EUS 下肿瘤 SR ≥ 35.00 的患者，推荐吉西他滨 + 白蛋白结合型紫杉醇方案，但仍需高级别证据证实 可切除胰腺癌是否推荐接受术前新辅助治疗：新辅助治疗以化疗为主导。放疗的效果仍存在争议。对于体能状态好的患者，目前推荐方案包括吉西他滨联合白蛋白结合型紫杉醇，序贯加或不加放化疗 “维持治疗”在胰腺癌综合诊治中的价值：一线治疗无进展的晚期胰腺癌患者若体能状态良好，可以考虑维持治疗。方案有：吉西他滨联合白蛋白结合型紫杉醇后选择单药吉西他滨维持治疗；白蛋白结合型紫杉醇联合替吉奥后采用替吉奥维持治疗。但以上方案仍需高级别临床试验结果证实 6）中华医学会肿瘤学分会胰腺癌早诊早治专家共识[27]：对于伴有高危因素可切除的胰腺癌以及临界可切除的胰腺癌患者，可考虑行新辅助治疗。高危因素包括术前 CEA、CA125 异常升高或 CA19-9 ≥ 1000U/ml，较大的区域淋巴结转移，体重明显下降，剧烈疼痛。但新辅助化疗的证据有限，有待进一步的研究。美国东部肿瘤协作组评分为 0~1 分者，可选择 mFOLFIRINOX 方案或吉西他滨 + 白蛋白结合型紫杉醇化疗 2~4 个周期

续表

药品通用名（商品名）	指南推荐或专家共识推荐及证据级别
白蛋白结合型紫杉醇（Abraxane®）	7）中国胰腺癌新辅助治疗指南（2020 版）[28]：可切除胰腺癌患者可接受 2–4 周期新辅助治疗，体能状态较好的患者可采用联合治疗方案，体能状态较差的患者可采用以吉西他滨为基础的单药化放疗方案。联合治疗方案包括吉西他滨 + 白蛋白结合型紫杉醇。（证据质量：低，推荐级别：弱） 体能状态较好的临界可切除胰腺癌患者可接受 FOLFIRINOX 或改良 FOLFIRINOX、吉西他滨 + 白蛋白结合型紫杉醇或吉西他滨 + 替吉奥的新辅助治疗方案，一般推荐 2~4 周期。（证据质量：低，推荐级别：弱） 体能状态较好的局部晚期胰腺癌患者可选择 FOLFIRINOX 或改良 FOLFIRINOX、吉西他滨 + 白蛋白结合型紫杉醇或吉西他滨 + 替吉奥等转化治疗方案。（证据质量：低，推荐级别：弱） 8）肝胆胰恶性肿瘤腹腔化疗专家共识（2020 版）[29]：胰腺癌腹腔化疗推荐用药：吉西他滨、铂类（如洛铂）、白蛋白结合型紫杉醇；建议采用吉西他滨或铂类为基础的方案 9）Metastatic Pancreatic Cancer：ASCO Clinical Practice Guideline Update[30]：对于符合以下所有标准的患者，推荐使用吉西他滨 + 白蛋白结合型紫杉醇治疗：ECOG PS 为 0~1 分，合并症相对较好，患者偏好和支持系统支持相对积极的药物治疗（类型：基于证据的，获益大于危害；证据质量：中，推荐级别：强） 吉西他滨 + 白蛋白结合型紫杉醇可作为符合以下所有标准的患者的二线治疗：FOLFIRINOX 一线治疗、ECOG PS 为 0~1 分、合并症相对较好，以及患者偏好和支持系统支持积极的药物治疗（证据质量：低，推荐级别：中） 10）NCCN 指南胰腺癌（2022）：对于 ECOG PS 为 0~1 分，或者 PS 为 2 分（KPS > 70）的转移性胰腺癌患者，白蛋白结合型紫杉醇 + 吉西他滨是转移性胰腺癌的首选一线治疗方案。（Ⅰ级推荐） 4. 肺癌 1）中国非小细胞肺癌免疫检查点抑制剂治疗专家共识（2020 年版）[31]：晚期 NSCLC 一线免疫治疗方案： ①非鳞癌：任意 PD–L1：阿替利珠单抗联合白蛋白结合型紫杉醇 / 卡铂（推荐级别：2 级） ②鳞癌：帕博利珠单抗联合紫杉醇或白蛋白结合型紫杉醇 / 卡铂；替雷利珠单抗联合紫杉醇或白蛋白结合型紫杉醇 / 卡铂（推荐级别：1 级） 2）Ⅳ期原发性肺癌中国治疗指南[32]：白蛋白结合型紫杉醇联合卡铂是一个新的一线治疗晚期 NSCLC 的有效方案。2012FDA 批准，但目前 NMPA 尚未批准 3）中华医学会肺癌临床诊疗指南（2022 年版）[33]：鳞状细胞癌驱动基因阴性患者的治疗：PS 评分 0~1 分的患者：可使用含铂两药联合的方案化疗，化疗 4~6 个周期，铂类可选择卡铂、顺铂、洛铂或奈达铂，与铂类联合使用的药物包括紫杉醇、紫杉醇脂质体、紫杉醇聚合物胶束、吉西他滨或多西他赛（1 类推荐证据）或白蛋白结合型紫杉醇 4）晚期非小细胞肺癌抗血管生成药物治疗中国专家共识（2020 版）[34]：在驱动基因突变阴性且功能状态评分 0~1 分的晚期 NSCLC 患者中，推荐贝伐单抗联合含铂双药方案作为一线治疗选择。其中含铂双药方案中与铂类联合使用的药物包括白蛋白结合型紫杉醇。（证据级别：1A，推荐级别：1 级）

续表

药品通用名（商品名）	指南推荐或专家共识推荐及证据级别
白蛋白结合型紫杉醇（Abraxane®）	5. 胃癌 1）CACA 胃癌整合诊治指南（精简版）[35]：晚期二线及后线治疗适用于初始化疗后出现疾病进展者，一线含铂类方案失败的后续治疗可用伊立替康或紫杉醇、白蛋白结合型紫杉醇、多西他赛单药治疗 2）中国胃癌放疗指南（2020 版）[36]：化疗：分为姑息化疗、辅助化疗和新辅助化疗，应当严格掌握临床适应证，并在肿瘤内科医生指导下实施。常用的系统化疗药物包括氟尿嘧啶、卡培他滨、替吉奥、顺铂、奥沙利铂、多西他赛、紫杉醇、白蛋白结合型紫杉醇、伊立替康、表柔比星等 6. 阴道恶性黑色素瘤 阴道恶性肿瘤诊断与治疗指南 2021 年版[37]：阴道恶性黑色素瘤的化疗：中国临床肿瘤学会（Chinese Society of Clinical Oncology，CSCO）黑色素瘤诊疗指南推荐紫杉醇 / 白蛋白结合型紫杉醇 + 卡铂方案也可用于黏膜恶性黑色素瘤的化疗 7. 外阴恶性肿瘤 外阴恶性肿瘤诊断与治疗指南（2021 年版）[38]：女性生殖道恶性黑色素瘤的治疗可借鉴皮肤黏膜的恶性黑色素瘤的治疗。化疗：目前认为有效的药物有达卡巴嗪、替莫唑胺、紫杉醇、白蛋白结合型紫杉醇、多柔比星、异环磷酰胺、长春新碱、顺铂、放线菌素 D 等 8. 卵巢癌 1）卵巢上皮性癌一线化疗中国专家共识[12]：白蛋白结合型紫杉醇可用于发生紫杉醇过敏反应的卵巢上皮性癌患者的一线化疗，但不能完全排除输液反应。（推荐级别：2A） 2）卵巢恶性肿瘤诊断与治疗指南（2021 年版）[7]：上皮性卵巢癌：对溶剂型紫杉醇溶媒（聚氧乙烯蓖麻油）过敏的患者，铂类药物联合方案中，可以选择白蛋白结合型紫杉醇进行替代 3）低级别浆液性卵巢癌的专家共识（2020 年版）[8]：LGSOC 初始化疗后复发患者：对铂类敏感的复发患者推荐采用联合化疗方案，仍可使用以铂类为基础的联合化疗（1 类）。化疗方案：卡铂 / 紫杉醇（1 类）、卡铂 / 多柔比星脂质体（1 类）、卡铂 / 紫杉醇周疗、卡铂 / 紫杉醇（白蛋白结合型，用于紫杉醇过敏者） 9. 胆道系统肿瘤 1）肝胆胰恶性肿瘤腹腔化疗专家共识（2020 版）[29]：CSCO、NCCN 等共识指南推荐胆道肿瘤全身静脉化疗药物包括 5–FU 联合丝裂霉素 C、吉西他滨、铂类、白蛋白结合型紫杉醇等。胆道肿瘤腹腔化疗推荐用药：吉西他滨、铂类（如洛铂）、MMC、白蛋白结合型紫杉醇；建议采用吉西他滨或铂类为基础的方案。（推荐级别：2A） 2）CSCO 胆道系统肿瘤诊断治疗专家共识（2019 年版）[39]：胆道肿瘤以系统性药物治疗为主。两药联合一线治疗方案包括：吉西他滨联合 5–FU、吉西他滨联合卡培他滨、吉西他滨联合白蛋白结合型紫杉醇、奥沙利铂联合 5–FU、奥沙利铂联合卡培他滨、顺铂联合卡培他滨，以及白蛋白结合型紫杉醇联合替吉奥等，可根据各医疗中心的使用经验及患者的具体情况选用。（证据级别：2B） 推荐在有经验的中心，筛选体能状况较好的 BTC 患者使用吉西他滨 / 顺铂 / 白蛋白结合型紫杉醇三药方案一线治疗，并严密监测毒副反应。（证据级别：2B）

续表

药品通用名（商品名）	指南推荐或专家共识推荐及证据级别
紫杉醇脂质体（力扑素®）	1. 卵巢癌 1）卵巢恶性肿瘤诊断与治疗指南（2021 年版）[7]：紫杉醇脂质体在国内获批用于卵巢癌的一线治疗，紫杉醇脂质体可在铂类药物联合方案中替代紫杉醇，作为卵巢癌一线可选方案 紫杉醇脂质体在国内获批用于复发性卵巢癌的治疗，在所列含紫杉醇的方案中，紫杉醇脂质体可替代使用 2）上皮性卵巢癌 / 输卵管癌 / 原发性腹膜癌首次手术后需要进行以铂类为基础的联合化疗者，首选静脉化疗，亦可联合腹腔化疗。多项前瞻性随机对照Ⅲ期临床试验研究确立了铂类（卡铂 / 顺铂）联合紫杉类药物（紫杉醇 / 多西他赛）静脉全身化疗（3 周疗法）作为卵巢癌标准化疗方案的地位。糖尿病或并发神经毒性患者使用紫杉醇脂质体更具优势 2. 肺癌 1）中华医学会肺癌临床诊疗指南（2022 年版）[33]：①鳞状细胞癌驱动基因阴性患者的治疗：PS 评分 0~1 分的患者：可使用含铂两药联合的方案化疗，化疗 4~6 个周期，铂类可选择卡铂、顺铂、洛铂或奈达铂，与铂类联合使用的药物包括紫杉醇、紫杉醇脂质体、紫杉醇聚合物胶束、吉西他滨或多西他赛（1 类推荐证据）或白蛋白结合型紫杉醇。②非鳞状细胞癌驱动基因阴性患者的治疗：PS 评分 0~1 分的患者：可使用含铂两药联合的方案化疗，化疗 4~6 个周期，铂类可选择卡铂或顺铂、洛铂，与铂类联合使用的药物包括培美曲塞、紫杉醇、紫杉醇脂质体、紫杉醇聚合物胶束、吉西他滨或多西他赛（1 类推荐证据） 2）原发性肺癌诊疗指南（2022 年版）[40]：非小细胞肺癌常用的一线化疗方案：LP 方案：紫杉醇脂质体 135~175mg/m^2，第 1 天，21d 为一个周期；顺铂（75mg/m^2）或卡铂（AUC=5~6），第 1 天，4~6 个周期 3. 子宫颈癌 子宫颈癌诊断与治疗指南（2021 年版）[41]：子宫颈癌的化疗：晚期及复发性子宫颈癌初始化疗首选含铂类药物联合化疗 + 贝伐单抗的联合方案，如顺铂 / 卡铂 + 紫杉醇 / 紫杉醇脂质体 + 贝伐单抗，也可选择顺铂 + 紫杉醇 / 紫杉醇脂质体、拓扑替康 + 紫杉醇 / 紫杉醇脂质体等联合化疗方案 4. 乳腺癌 2022CSCO 乳腺癌诊疗指南：三阴性晚期乳腺癌解救治疗：紫杉醇治疗敏感：Ⅲ级推荐：紫杉醇脂质体（2A）；紫杉类治疗失败：Ⅲ级推荐：紫杉醇脂质体（2A） 复发或转移性乳腺癌常用的单药化疗方案：紫杉醇脂质体 175mg/m^2，d1，21d 为一个周期
注射用紫杉醇聚合物胶束（Apealea®、Genexol-PM®、紫晟®）	肺癌：①中华医学会肺癌临床诊疗指南（2022 年版）[33]：鳞状细胞癌驱动基因阴性患者的治疗：PS 评分 0~1 分的患者：可使用含铂两药联合的方案化疗，化疗 4~6 个周期，铂类可选择卡铂、顺铂、洛铂或奈达铂，与铂类联合使用的药物包括紫杉醇、紫杉醇脂质体、紫杉醇聚合物胶束、吉西他滨或多西他赛（1 类推荐证据）或白蛋白结合型紫杉醇 ②非鳞状细胞癌驱动基因阴性患者的治疗：PS 评分 0~1 分的患者：可使用含铂两药联合的方案化疗，化疗 4~6 个周期，铂类可选择卡铂或顺铂、洛铂，与铂类联合使用的药物包括培美曲塞、紫杉醇、紫杉醇脂质体、紫杉醇聚合物胶束、吉西他滨或多西他赛（1 类推荐证据）

续表

药品通用名 （商品名）	指南推荐或专家共识推荐及证据级别
盐酸伊立替康脂质体注射液（Onivyde®）	胰腺癌： ① Metastatic Pancreatic Cancer：ASCO Clinical Practice Guideline Update[30]：对于符合以下所有标准的患者，首选氟尿嘧啶 + 伊立替康脂质体，或者不具备前者联合方案的情况下，首选氟尿嘧啶 + 伊立替康作为二线治疗：吉西他滨 + 白蛋白结合型紫杉醇一线治疗，ECOG PS 为 0~1 分，合并症相对较好，患者偏好并有积极药物治疗的支持系统，以及可获得化疗港和输液泵管理服务（类型：非正式共识，利大于弊；证据级别：低，推荐强度：中） ②欧洲肿瘤内科学会（ESMO）年会：盐酸伊立替康脂质体注射液联合氟尿嘧啶（5-FU）/ 亚叶酸（LV）二线治疗晚期胰腺癌。研究结果显示，该治疗方案显著降低患者疾病死亡和进展风险 ③ 2022CSCO 胰腺癌诊疗指南：转移性胰腺癌二线治疗：体能状态良好：Ⅰ级专家推荐伊立替康脂质体 +5-FU/LV（1A 类证据）
柔红霉素 / 阿糖胞苷复方冻干粉注射剂（Vyxeos®）	急性髓细胞性白血病（AML）： NCCN 指南急性髓细胞性白血病（2022）： ①推荐柔红霉素和阿糖胞苷脂质体用于≥ 60 岁的治疗相关 AML 或既往骨髓增生异常综合征（MDS）/ 慢性粒单核细胞白血病（CMML）或 AML 伴骨髓增生异常相关改变患者的诱导治疗（Ⅰ级推荐） ②柔红霉素和阿糖胞苷脂质体用于≥ 60 岁的有残留疾病的再诱导治疗（如果在诱导治疗中使用过，则优先考虑）（2A 级推荐） ③柔红霉素和阿糖胞苷脂质体用于≥ 60 岁的完全缓解患者的缓解后治疗（如果在诱导治疗中使用过，则优先考虑）（2A 级推荐） ④柔红霉素和阿糖胞苷脂质体用于< 60 岁的除核结合因子（CBF）/AML 外的治疗相关性 AML（2B 级推荐） ⑤柔红霉素和阿糖胞苷脂质体可以作为< 60 岁的显著残留疾病而无骨髓细胞减少的患者的再诱导方案（2A 级推荐） ⑥柔红霉素和阿糖胞苷脂质体可以作为< 60 岁的除 CBF 和 / 或不良的细胞遗传学和 / 或分子学异常外的治疗相关疾病的缓解后治疗。（仅在诱导时给药的情况下作为首选）（2A 级推荐）
米托蒽醌脂质体注射液（多恩达®）	2022CSCO 淋巴瘤诊疗指南：复发难治外周 T 细胞淋巴瘤治疗：Ⅱ级推荐：盐酸米托蒽醌脂质体（2A）
米伐木肽脂质体（Mepact®）	/

三、抗肿瘤纳米药物的药代动力学及特性比较

表 4-1-3 列举了抗肿瘤纳米药物的药代动力学及特性比较。

表4-1-3　抗肿瘤系统纳米药物的药代动力学及特性比较

药品通用名（商品名）	药代动力学参数	代谢和排泄途径	药物相互作用	其他特性（如有效期、保存条件、单次最大给药剂量等）
盐酸多柔比星脂质体注射液（多美素）	粒径：90nm 达峰时间和清除半衰期：$t_{1/2}$：70.2h ± 17.4h 分布容积：2070ml ± 416ml 生物利用度：100% 蛋白结合率：74%~76%	多柔比星由肝脏代谢和经胆汁排泄；大约 40% 的剂量在 5 天内出现在胆汁中，而在同一时间段内只有 5%~12% 的药物及其代谢物出现在尿液中。在尿液中，7 天内以多柔比星醇形式回收了 < 3% 的剂量	1. 未对本品正式进行药物相互作用研究，但对于已知与多柔比星可产生相互作用的药物，在合用时需注意 2. 已有报道用盐酸多柔比星会加重环磷酰胺导致的出血性膀胱炎，增强巯嘌呤的肝细胞毒性。所以同时使用其他细胞毒性药物，特别是骨髓毒性药物时需谨慎	1. 本品按 20mg/m²，每 2~3 周一次静脉内给药，因不能排除药物蓄积和毒性增强的可能，故给药间隔不宜少于 10 天；患者应持续治疗 2~3 个月以产生疗效。为保持一定的疗效，在需要时继续给药 2. 本品用 5% 葡萄糖（50mg/ml）注射液稀释后使用，静脉滴注 30 分钟以上；根据推荐剂量和患者的体表面积确定本品的剂量并按下述方法稀释：剂量 < 90mg：本品用 250ml 5% 葡萄糖注射液稀释；剂量 ≥ 90mg：本品用 500ml 5% 葡萄糖注射液稀释
盐酸多柔比星脂质体注射液（立幸）	达峰时间和清除半衰期：$t_{1/2}$：62.31h ± 14.59h 分布容积：乳腺癌患者单次静脉滴注：(1.81 ± 0.47) L/m² 生物利用度：100% 蛋白结合率：74%~76%	同多美素	同多美素	1. 心肌损伤可能导致充血性心衰，可能发生在盐酸多柔比星剂量累积达到 550mg/m² 时。在进行纵隔辐射或合并使用心脏毒性药物时，在较低的累积剂量下也可能发生心脏毒性 2. 大概 10% 的患者可发生急性输注相关反应，有的在滴注结束或减慢滴速度可以得到恢复，有严重的和致命的过敏性 / 类过敏性滴注反应的报道。应配备可立即使用的医疗 / 急救设施以处理这类不良反应

续表

药品通用名（商品名）	药代动力学参数	代谢和排泄途径	药物相互作用	其他特性（如有效期、保存条件、单次最大给药剂量等）
盐酸多柔比星脂质体注射液（立幸）	达峰时间和清除半衰期：$t_{1/2}$：62.31h ± 14.59h 分布容积：乳腺癌患者单次静脉滴注：(1.81 ± 0.47) L/m² 生物利用度：100% 蛋白结合率：74%~76%	同多美素	同多美素	3. 可能发生严重的骨髓抑制 4. 肝功能不全患者应降低剂量 5. 偶然的替换使用可能导致严重的副反应。切勿基于盐酸多柔比星（按 mg 换算）来替换使用其他产品
盐酸多柔比星脂质体注射液（里葆多）	达峰时间和清除半衰期：$t_{1/2}$：74.559h ± 17.154h 分布容积：乳腺癌患者单次静脉滴注：（2.187 ± 0.455）L/m² 生物利用度：100% 蛋白结合率：74%~76%	同多美素	同多美素	1. 本品是一种脂质体制剂，系将盐酸多柔比星包封于表面结合有甲氧基聚乙二醇（MPEG）的脂质体中，这一过程被称为聚乙二醇化（PEG 化），可以保护脂质体免受单核巨噬细胞系统（MPS）识别，从而延长其在血液循环中的时间 2. 本品为无菌、半透明红色混悬液，每瓶 10ml，含盐酸多柔比星 2mg/ml，是用于单剂量静脉滴注的浓缩液
盐酸多柔比星脂质体注射液（楷莱）	粒径：100nm 达峰时间和清除半衰期：AID–KS 患者滴注给药：$t_{1/2}$：55.0h ± 4.8h；在与多美素的对比中，在乳腺癌与卵巢癌患者中给药：$t_{1/2}$：74.4h ± 17.7h；在与立幸的对比中，在乳腺癌患者中给药：$t_{1/2}$：61.57h ± 14.26h；在与里葆多的对比中，在乳腺癌患者中给药：$t_{1/2}$：72.768h ± 17.408h 分布容积：AID–KS 患者滴注给药：（2.72 ± 0.120）L/m² 生物利用度：100%	本品的药代动力学特征显示本品多半是在血液内，血中多柔比星的消除依靠脂质体载体。在脂质体外渗进入组织后，多柔比星才开始起效。在相同剂量下，本品中占绝大多数的是以脂质体包裹形式存在的盐酸多柔比星（约占测得量的 90%~95%），本品的血药浓度和 AUC 值显著高于常规盐酸多柔比星制剂。在滴注给药后 48~96 小时，对卡波西肉瘤和正常皮肤进行活组织检查：在接受 20mg/m² 本品的治疗的患者中，给药 48 小时后卡波西肉瘤中多柔比星总浓度（脂质体包裹和未包裹的）比正常皮肤平均高 19 倍（范围 3~53）	同多美素	1. 密闭，在 2~8℃保存，避免冷冻 2. 本品用 5% 葡萄糖注射液稀释后供静脉滴注的药液应立即使用。稀释液不立即使用时应保存在 2~8℃环境下，不超过 24 小时

续表

药品通用名（商品名）	药代动力学参数	代谢和排泄途径	药物相互作用	其他特性（如有效期、保存条件、单次最大给药剂量等）
注射用紫杉醇（白蛋白结合型）（Abrxane）	粒径：130nm 达峰时间和清除半衰期：$t_{1/2}$：13~27h 分布容积：1741L 蛋白结合率：94%	1. 代谢：人肝微粒体和组织切片的体外实验表明，紫杉醇主要由 CYP2C8 代谢为 6α- 羟基紫杉醇，以及由 CYP3A4 代谢为少量的 3'-P- 羟基紫杉醇和 6α-，3'-P- 双羟基紫杉醇。在体外，紫杉醇代谢为 6α- 羟基紫杉醇可被某些药物抑制，例如酮康唑、维拉帕米、地西泮、奎尼丁、地塞米松、环孢素、替尼泊苷、依托泊苷、长春新碱，但要产生这种抑制作用的药物浓度需超过正常治疗剂量时体内的药物浓度 睾丸酮、17α- 炔雌醇、维甲酸和槲皮素（一种 CYP2C8 特异性抑制剂），在体外也可抑制 6α- 羟基紫杉醇的形成。在体内，某些 CYP2C8 和(或)CYP3A4 的底物、诱导剂或抑制剂也可改变紫杉醇的药代动力学参数 2. 排泄：本品 260mg/m² 滴注 30 分钟，累积尿液中回收的原型紫杉醇占 4%，说明肾脏清除不是药物排泄的主要途径。少于总给药量 1% 的药物以代谢物形式经尿排泄，其代谢产物为 6α- 羟基紫杉醇和 3'-P- 羟基紫杉醇。经粪排泄的紫杉醇约占总给药量的 20%	1. 未进行本品的药物相互作用研究 2. 紫杉醇是由细胞色素 CYP2C8 和 CYP3A4 代谢。由于未进行本品的药物相互作用研究，当本品与已知的细胞色素 CYP2C8 和 CYP3A4 抑制剂（如酮康唑和其他咪唑类抗真菌药物、红霉素、氟西汀、吉非贝齐、西咪替丁、利托那韦、沙奎那韦、茚地那韦和奈非那韦）或诱导剂（如利福平、卡马西平、苯妥英、依法韦仑、奈韦拉平）联合使用时应提高警惕	1. 原包装未开瓶在 20~30℃温度范围内储存到标签上所注明的日期之前是稳定的。冰冻或冷藏都不会对产品的稳定性造成不良影响 2. 本品分散溶解后应立刻使用，但如有需要而未能立即使用时，将含悬浮液的药瓶放回原包装中以避免光照并放在 2~8℃ 冰箱内，最长可保存 8 小时 3. 按要求配制的悬浮液从药瓶中转移到输液袋后应立即使用。在室温（20~25℃）和室内光照条件下输液袋中悬浮液可保存 8 小时
注射用紫杉醇（白蛋白结合型）（艾越）	达峰时间和清除半衰期：$t_{1/2}$：13~27h 分布容积：1741L 蛋白结合率：94%	同 Abrxane	同 Abrxane	

续表

药品通用名（商品名）	药代动力学参数	代谢和排泄途径	药物相互作用	其他特性（如有效期、保存条件、单次最大给药剂量等）
注射用紫杉醇（白蛋白结合型）（锐贝）	同 Abrxane	同 Abrxane	同 Abrxane	
注射用紫杉醇（白蛋白结合型）（克艾力）	同 Abrxane	同 Abrxane	同 Abrxane	
注射用紫杉醇脂质体	达峰时间和清除半衰期： $t_{1/2}$：30.53h 分布容积：526.78L/m² 生物利用度：100%	肿瘤患者滴注紫杉醇后，血浆中药物呈双相消除，消除半衰期平均为5.3~17.4小时，89%~98%的药物与血浆蛋白结合，血浆 C_{max} 与剂量及滴注时间相关，尿中仅有少量原形药排出	奎奴普丁/达福普汀可以通过抑制CYP3A4增加本药血药浓度，进而可能增加不良反应；酮康唑可抑制本药代谢。顺铂会使本药清除率降低约1/3，因此需要先给紫杉醇脂质体再给顺铂，否则会加重骨髓抑制；此外，使用紫杉醇脂质体后立即使用多柔比星或表柔比星会增加后者的不良反应，因此需要先给多柔比星或表柔比星，后给紫杉醇脂质体，或者间隔16h以上进行给药	常用剂量为135~175mg/m²，使用前先向瓶内加入10ml 5%葡萄糖溶液，置专用振荡器上振摇5分钟，待完全溶解后，注入250~500ml 5%葡萄糖溶液中，采用符合国家标准的一次性输液器静脉滴注3小时
注射用紫杉醇聚合物胶束	粒径：20nm 达峰时间和清除半衰期： $t_{1/2}$：16.6~19.8h 生物利用度：100% 蛋白结合率：89%~98%	紫杉醇主要经肝脏代谢，随胆汁进入肠道，经粪便排出	任何CYP3A和CYP2C酶的诱导和抑制剂，当与紫杉醇同时使用时，都可能干扰其代谢过程。另据报道，当紫杉醇和顺铂联合给药顺序依赖性的研究，当本药在顺铂使用之后给药时，本品的清除率大约降低33%，骨髓毒性较为严重。酮康唑有可能抑制本品的代谢	紫杉醇胶束注射后可迅速地进入组织，其中尤以肝、肾、胃等组织的含量较高。紫杉醇胶束在荷瘤裸鼠血液中的紫杉醇浓度显著地低于市售紫杉醇注射液组；但各个组织中的药物浓度与血液中药物浓度的比值，却是紫杉醇胶束组显著地高于市售紫杉醇注射液组。提示紫杉醇胶束可显著降低药物在血液中的滞留时间，可提高肿瘤组织的相对摄取率和靶向效率

续表

药品通用名（商品名）	药代动力学参数	代谢和排泄途径	药物相互作用	其他特性（如有效期、保存条件、单次最大给药剂量等）
伊立替康脂质体（Onivyde）	粒径：110nm 达峰时间和清除半衰期： $t_{1/2}$：25.8h ± 15.7h 分布容积：4.1L ± 1.5L 生物利用度：100% 蛋白结合率：30%~68%，SN38 95%	1. 代谢：伊立替康脂质体的代谢尚未得到评估。伊立替康受到各种酶系统的广泛代谢转换，包括形成活性代谢物 SN-38 的酯酶，以及介导 SN-38 的葡糖醛酸化形成非活性葡糖醛酸代谢物 SN-38G 的 UGT1A1。伊立替康也可通过 CYP3A4 介导的氧化代谢生成几种非活性氧化产物，其中一种可被羧酸酯酶水解释放 SN-38 2. 排泄：盐酸伊立替康给药后，伊立替康的尿排泄率为 11% ~20%；SN-38，＜ 1%；SN-38 葡萄糖醛酸，3%。在 2 例患者接受盐酸伊立替康给药后 48 小时内，伊立替康及其代谢产物（SN-38 和 SN-38 葡萄糖醛酸）在胆汁和尿液中的累积排泄量范围为约 25%（100mg/m²）~ 50%（300mg/m²）	1.ONIVYDE 聚乙二醇化脂质体与 CYP3A4 诱导剂共给药可减少 ONIVYDE 聚乙二醇化脂质体的全身暴露 2.ONIVYDE 聚乙二醇脂质体与其他 CYP3A4 抑制剂（例如葡萄柚汁、克拉霉素、依地那韦、伊曲康唑、洛匹那韦、奈法唑酮、奈非那韦、利托那韦、沙奎那韦、特拉匹瑞韦、伏立康唑）联用可能增加 ONIVYDE 聚乙二醇脂质体的全身暴露 3.ONIVYDE 聚乙二醇化脂质体与其他 UGT1A1 抑制剂（如阿扎那韦、吉非罗齐、因地那韦、瑞戈非尼）联用也可能增加 ONIVYDE 聚乙二醇化脂质体的全身暴露 4. 伊立替康的不良反应，如骨髓抑制，可能会因其他具有类似不良反应的抗肿瘤药物而加剧	对于已知为 UGT1A1*28 等位基因纯合子的患者，应考虑将 ONIVYDE 聚乙二醇脂质体的起始剂量降低至 50mg/m²。如果耐受，可考虑将 ONIVYDE 聚乙二醇脂质体剂量增加至 70mg/m²
米托蒽醌脂质体	粒径：60nm 达峰时间和清除半衰期： $t_{1/2}$：67.69~84.00h 分布容积：1.28~1.57L/m² 生物利用度：100%	目前尚未评估盐酸米托蒽醌脂质体注射液在人体内的代谢和排泄情况。非脂质体剂型盐酸米托蒽醌注射液研究数据显示，米托蒽醌以原形或无活性代谢产物的形式经尿液和粪便排泄，在给药后 5d 内分别有 11% 和 25% 的剂量在尿液和粪便中被回收。在尿液回收的物质中，65% 为原形药物，其余 35% 包括单羧酸和二羧酸衍生物及其葡萄糖醛酸结合物	/	脂质体包裹后，改变了米托蒽醌在体内的药代动力学特征和组织分布。该脂质体具有的 60nm 粒径使其不易透过正常血管间隙，能够被动靶向肿瘤部位；其表面经甲氧基聚乙二醇修饰，使其免受网状内皮系统识别，延长血液循环时间；其在血液中包封稳定，游离药物占总药量比例恒定在 1% 左右，使药物在到达肿瘤组织前保持脂质体完整性，不产生药理、毒理活性 较小的体积及较长的血液循环时间保证了米托蒽醌脂质体给药后能够有效地在肿瘤组织中聚集，在肿瘤微环境和 DNA 快速扩增下触发药物释放，进而发挥抗肿瘤活性

续表

药品通用名（商品名）	药代动力学参数	代谢和排泄途径	药物相互作用	其他特性（如有效期、保存条件、单次最大给药剂量等）
阿糖胞苷与柔红霉素脂质体（Vyxeos）	达峰时间和清除半衰期： $t_{1/2}$：柔红霉素 31.5h，阿糖胞苷 40.4h 分布容积：柔红霉素 6.6L，阿糖胞苷 7.1L 其余参数：无	1. 代谢：柔红霉素是由醛酮还原酶和羰基还原酶催化生成活性代谢物 daunorubicinol。阿糖胞苷通过胞苷脱氨酶代谢为无活性代谢物 1-β-d- 阿糖呋喃基尿嘧啶 2. 排泄：柔红霉素与其活性代谢物 9% 经肾以尿液排泄，阿糖胞苷与其无活性代谢物 71% 经肾以尿液排泄。清除率：在第 1，3，5 天给予 90min 柔红霉素阿糖胞苷脂质体静脉滴注后，柔红霉素 Cl 为 0.16 L/h，阿糖胞苷 Cl 为 0.13L/h	1. 同时使用心脏毒性药物，可能会增加心脏毒性的风险 2. 与肝毒性药物合用可能会损害肝功能并增加 Vyxeos 的毒性	Vyxeos（阿糖胞苷和柔红霉素）同时采用被动载药和主动载药，是首个被批准的在同一个脂质囊泡内装载两种不同药物的脂质体产品
柔红霉素脂质体	达峰时间和清除半衰期： $t_{1/2}$：4.4h 分布容积：2.9~6.4L 生物利用度：100% 蛋白结合率：63%	1. 代谢：与游离柔红霉素相比，给予枸橼酸柔红霉素脂质体后，柔红霉素代谢产物柔红霉素醇的检测水平较低或根本检测不到 2. 排泄：总体清除率为 6.6–15.7ml/min；血浆清除率为 17ml/min	与心脏毒性药物合用，会增加柔红霉素的心脏毒性	密闭，阴凉干燥处保存，药物溶液须避光保存，室温下 24 小时或 4~10℃温度下 48 小时，药物保持稳定

注：数据均来自各药品说明书

三、抗肿瘤纳米药物对应适应证的HTA

抗肿瘤纳米药物对应适应证的 HTA 见表 4-1-4。

表4-1-4　抗肿瘤纳米药物对应适应证的HTA

药品通用名	适应证	有效性	安全性	经济性
多柔比星脂质体	卵巢癌	一项研究系统评价脂质体多柔比星联合卡铂治疗卵巢癌的疗效及安全性。Meta分析结果显示：总生存率两组差异无统计学意义，与紫杉醇联合卡铂相比，脂质体多柔比星联合卡铂治疗改善患者的中位无进展生存率效果更好[42]	一项研究系统评价脂质体多柔比星联合卡铂治疗卵巢癌的疗效及安全性。与紫杉醇联合卡铂相比，脂质体多柔比星联合卡铂过敏反应、脱发、中性粒细胞减少和神经毒性发生较少，但用药期间掌跖红斑和血小板减少症的发生却明显增加[42]	/
	艾滋病相关型卡波西肉瘤	多柔比星脂质体组患者的总有效率显著高于对照组[43]	多柔比星脂质体组与对照组白细胞减少发生率相似，差异无统计学意义[43]	1. 在艾滋病相关型的卡波西肉瘤中，多柔比星脂质体较柔红霉素脂质体具有成本－效果优势，但 ABV 方案或紫杉醇较多柔比星脂质体具有更低的成本 2. 一项晚期膀胱癌治疗的经济学研究发现，吉西他滨＋顺铂方案较甲氨蝶呤＋长春碱＋多柔比星脂质体＋顺铂方案具有经济性
	乳腺癌	与蒽环类药物传统制剂或安慰剂相比，多柔比星脂质体在延长 PFS 方面有显著优势，但对 OS 的延长未见显著差异[44]	多柔比星脂质体与多柔比星注射液相比，心脏毒性的发生率显著下降[44]	

续表

药品通用名	适应证	有效性	安全性	经济性
多柔比星脂质体	多发性骨髓瘤	对于新诊断多发性骨髓瘤患者，多柔比星脂质体与蒽环类药物传统制剂相比，在 PFS，TTP，OS 和 ORR 方面未见统计学差异[44]	多柔比星脂质体组的血液学毒性、消化道毒性、黏膜炎、脱发、关节 / 肌肉痛的发生率显著低于对照组，而手足综合征的发生率增高[44]	3. 而在多发性骨髓瘤患者中进行的评价则发现，含多柔比星脂质体方案与含多柔比星注射液的方案人均治疗成本相似，但多柔比星脂质体组毒性反应发生率更低 4. 一项在晚期非鼻咽头颈部肿瘤患者中进行的 RCT 的最小成本法评价经济性结果显示，紫杉醇联合吉西他滨的成本 – 效果优势大于紫杉醇联合多柔比星脂质体[44]
	胃癌	多柔比星脂质体相比丝裂霉素或表柔比星，均可显著延长晚期胃癌患者的 PFS，TTP 及 OS[44]		
	软组织及骨肉瘤	相比多柔比星注射液，多柔比星脂质体对于晚期软组织及骨肉瘤患者的 ORR，PFS 及 OS 无显著差异[44]		
注射用紫杉醇（白蛋白结合型）	转移性乳腺癌	转移性乳腺癌患者与传统紫杉类药物相比，白蛋白结合型紫杉醇并未延长转移性乳腺癌患者的 OS 和 PFS，同时也未显著提高转移性乳腺癌患者的 ORR、1 年生存率、2 年生存率和 DCR。然而，亚组分析显示，在排除贝伐珠单抗的干扰后，白蛋白结合型紫杉醇可显著提高转移性乳腺癌患者的 ORR 和 DCR，但 OS 和 PFS 未见显著延长[45]	与传统紫杉类药物相比，白蛋白结合型紫杉醇在 3~4 级中性粒细胞减少、疲劳和白细胞减少的发生率上差异均无统计学意义，但提高了 3~4 级感觉神经毒性的发生率[45]	白蛋白结合型紫杉醇相对于多西他赛增加了 0.178 生命质量调整年限（QALYs），为患者节约终生直接医疗费用 4326 元，更具有经济性。敏感性分析显示，白蛋白结合型紫杉醇具有绝对成本 – 效用优势的概率为 72.7%。另一项研究显示白蛋白结合型紫杉醇每 QALYs 成本比多西他赛治疗组更低，更具有经济价值。然而，国内一项最小成本分析显示，白蛋白结合型紫杉醇的成本较溶剂型紫杉醇更高，不具有药物经济学优势，且敏感性分析支持该结果。国外的 5 篇经济学研究中，有 4 篇显示白蛋白结合型紫杉醇对比传统紫杉类药物治疗转移性乳腺癌更具有经济性。1 篇来自英国的研究认为，多西他赛与白蛋白结合型紫杉醇相比，多西他赛较白蛋白结合型紫杉醇更具有经济性[45]。

续表

药品通用名	适应证	有效性	安全性	经济性
注射用紫杉醇（白蛋白结合型）	乳腺癌（新辅助化疗）	与传统紫杉类药物相比，白蛋白结合型紫杉醇可显著提高 NAC 的乳腺癌患者的 PCR 和 EFS，而两组患者在 ORR 上比较差异无统计学意义[45]	安全性方面，与传统紫杉类药物相比，白蛋白结合型紫杉醇可显著增加所有级别的中性粒细胞减少、外周感觉神经毒性、皮疹以及疲劳的发生率，而在呕吐发生率上的差异无统计学意义。重度不良反应方面，与传统紫杉类药物相比，白蛋白结合型紫杉醇显著增加了重度外周感觉神经毒性的发生率，但在重度中性粒细胞减少、重度皮疹、重度呕吐及重度疲劳的发生率上差异无统计学意义[45]	国外的 3 篇转移性乳腺癌治疗的经济学研究发现，从加拿大、西班牙等国家医疗服务体系来分析，单用注射用紫杉醇（Nab–PTX）治疗比传统型紫杉醇治疗更具有经济性。国内的 1 篇关于治疗转移性乳腺癌的成本 – 效用研究，模拟了晚期乳腺癌患者接受 Nab–PTX 每 3 周给药方案（Q3）和多西他赛（DTX）Q3 方案 2 种治疗模式下的终生健康结果和直接医疗费用，结果显示在 3 倍 2017 年人均国民生产总值情况下，Nab–PTX Q3 方案相对于 DTX Q3 方案治疗晚期乳腺癌更具有经济性[46]
	乳腺癌	与溶剂型紫杉醇相比，白蛋白结合型紫杉醇提高了乳腺癌患者的总缓解率，而在总生存时间上差异无统计学意义[45]	与溶剂型紫杉醇相比，白蛋白结合型紫杉醇提高了疲劳和腹泻的发生率，而在白细胞减少、中性粒细胞减少、血小板减少、感觉神经毒性、恶心、脱发及感染的发生率上的差异无统计学意义[45]	
	局部晚期或转移性非小细胞肺癌（NSCLC）	白蛋白结合型紫杉醇组的 ORR 高于对照组，其在治疗乳腺癌、胰腺癌、胃癌和非小细胞肺癌的客观缓解率指标更具优势。白蛋白结合型紫杉醇组的 PR 值高于对照组，其在治疗乳腺癌、胰腺癌和胃癌的部分缓解率指标更具优势。白蛋白结合型紫杉醇组的 SD 值与对照组比较，差异无统计学意义[46]	全级别的中性粒细胞减少、白细胞减少、贫血以及周围神经病变在白蛋白结合型紫杉醇组和对照组之间没有差异，但疲劳和腹泻的发生率高于对照组[46]	3 项国外关于使用 Nab–PTX 治疗转移性胰腺癌的经济学研究发现，Nab–PTX 联用吉西他滨治疗比单用吉西他滨治疗更具有成本 – 效用或成本 – 效果优势。有 1 项国内关于晚期胰腺癌治疗的药物经济学研究认为，Nab–PTX 联合吉西他滨治疗晚期胰腺癌的效果优于单独使用吉西他滨，但成本较高，不具备成本 – 效果优势[46]
	转移性胰腺腺癌			

续表

药品通用名	适应证	有效性	安全性	经济性
紫杉醇脂质体	卵巢癌	紫杉醇脂质体 + 卡铂与紫杉醇 + 卡铂比较，对卵巢癌总有效率而言，两组差异无统计学意义[47]	紫杉醇脂质体 + 卡铂在肌肉关节痛、周围神经毒性、呼吸困难、恶心 / 呕吐、面部潮红及皮疹发生率上明显少于紫杉醇 + 卡铂。但在脱发、腹泻、腹痛及血液系统不良反应方面，两组差异无统计学意义[47]	/
	乳腺癌	紫杉醇脂质体与紫杉醇治疗乳腺癌有效性比较，差异无统计学意义[48]	紫杉醇脂质体与紫杉醇治疗乳腺癌引起的不良反应中，白细胞减少差异无统计学意义；脱发差异无统计学意义；肌肉痛差异有统计学意义，即紫杉醇脂质体引起的肌肉痛症状更少；皮疹差异有统计学意义，即紫杉醇脂质体引起的肌肉痛症状更少[48]	/
	非小细胞肺癌	治疗有效率 2 组之间差异无统计学意义[49]	白细胞减少、血小板减少、贫血以及脱发发生率 2 组之间差异无统计学意义，而恶心呕吐、皮疹、肌肉痛、周围神经炎和呼吸困难发生率 LEP 组均低于 PTX 组，差异均有统计学意义[49]	/
	胃癌	紫杉醇脂质体治疗胃癌的有效率较高，受益率差异具有统计学意义[50]	在安全性方面，紫杉醇脂质体不良反应关节痛、肌肉痛、面色潮红比普通紫杉醇发生更少，差异均具有统计学意义[50]	/

四、抗肿瘤纳米药物文献计量学与研究热点分析

笔者通过文献计量学的方法对抗肿瘤纳米药物文献进行统计分析，检索 2000 年至 2022 年已发表的相关文献，对所收集论文的年代分布、国家分布、期刊分布、文献作者及机构等进行热点与趋势分析。

（一）多柔比星脂质体的文献计量学与研究热点分析

1. 检索策略

多柔比星脂质体注射液文献计量学的检索策略如表 4-1-5 所示。

表4-1-5　多柔比星脂质体注射液文献计量学的检索策略

类别	检索策略	
数据来源	Web of Science 核心合集数据库	CNKI 数据库
引文索引	SCI-Expanded	主题检索
主题词	Doxorubicin liposome	多柔比星脂质体
文献类型	Article	研究论文
语种	English	中文
检索时段	2000 年 ~2022 年	2000 年 ~2022 年
检索结果	共 1867 篇文献	共 190 篇文献

2. 文献发表时间及数量分布

多柔比星文献发表时间及数量分布如图 4-1-1 所示。

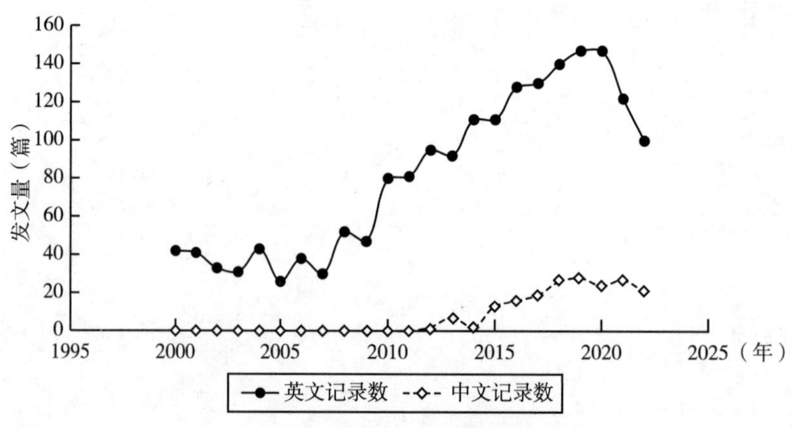

图 4-1-1　多比柔星文献发表时间及数量分布

3. 文献发表杂志

多柔比星脂质体文献发表杂志的统计数据如表 4-1-6 所示。

表4-1-6　多柔比星脂质体发文量前10位的期刊/学位论文

序号	WOS 数据库		CNKI 数据库	
	英文来源出版物	记录数	中文来源出版物	记录数
1	JOURNAL OF CONTROLLED RELEASE	149	中国药学杂志	10
2	INTERNATIONAL JOURNAL OF PHARMACEUTICS	115	吉林大学	7
3	INTERNATIONAL JOURNAL OF NANOMEDICINE	59	河北医科大学	6
4	MOLECULAR PHARMACEUTICS	48	现代肿瘤医学	5
5	JOURNAL OF LIPOSOME RESEARCH	47	山东大学	5
6	BIOMATERIALS	43	现代药物与临床	4
7	JOURNAL OF DRUG TARGETING	38	实用临床护理学电子杂志	4
8	COLLOIDS AND SURFACES B BIOINTERFACES	34	北京协和医学院	3
9	ACS APPLIED MATERIALS INTERFACES	32	中国社区医师	3
10	BIOCHIMICA ET BIOPHYSICA ACTA BIOMEMBRANES	30	肿瘤药学	3

4. 文献发表国家

多柔比星文献发表国家的数据统计数据如表 4-1-7 所示。

表4-1-7　文献发表前10位的国家

序号	国家	记录数	序号	国家	记录数
1	中国	551	6	伊朗	86
2	美国	504	7	韩国	84
3	日本	178	8	英国	75
4	加拿大	100	9	德国	65
5	意大利	90	10	以色列	65

5. 文献发表作者

多柔比星文献发表作者统计数据如表 4-1-8 所示。

表4-1-8　多柔比星脂质体发表文章数量前10位的作者

序号	WOS 数据库		CNKI 数据库	
	作者及其所在机构	记录数	作者及其所在机构	记录数
1	Jaafari Mahmoud Reza, Mashhad University Medical Science	39	李天傲，浙江大学医学院附属第二医院	3
2	Barenholz Yechezkel, Hebrew University of Jerusalem	20	吴令英，中国医学科学院肿瘤医院	2

续表

序号	WOS 数据库		CNKI 数据库	
	作者及其所在机构	记录数	作者及其所在机构	记录数
3	Gabizon Alberto, Shaare Zedek MC and Hebrew University	19	高建青, 浙江大学	2
4	Tenhagen Timo L. M., Erasmus University Rotterdam	19	许东航, 浙江大学	2
5	lshida Tatsuhiro, Tokushima University	19	施亚琴, 中国食品药品检定研究院	2
6	Shmeeda Hilary, Hebrew University of Jerusalem	17	杨建苗, 浙江省台州医院	2
7	Allen TM, University of Alberta	17	薛梦园, 郑州大学第一附属医院	2
8	Szebeni J., SeroScience Ltd	16	欧婷, 国家药品监督管理局药品审评中心	2
9	Dewhirst Mark, Duke University	16	王月鹏, 盘锦市中心医院	2
10	Sadzuka Yasuyuki, Iwate Medical University	15	孙葭北, 中国食品药品检定研究院	2

（二）白蛋白紫杉醇的文献计量学与研究热点分析

1. 检索策略

表 4-1-9 为白蛋白紫杉醇的文献计量学的检索策略统计数据。

表4-1-9　白蛋白紫杉醇的文献计量学的检索策略

类别	检索策略	
数据来源	Web of Science 核心合集数据库	CNKI 数据库
引文索引	SCI-Expanded	主题检索
主题词	Albumin-bound paclitaxel	白蛋白紫杉醇
文献类型	Article	研究论文
语种	English	中文
检索时段	2000 年 ~2022 年	2000 年 ~2022 年
检索结果	共 848 篇文献	共 526 篇文献

2. 文献发表时间及数量分布

图 4-1-2 为白蛋白紫杉醇文献发表时间及数量分布。

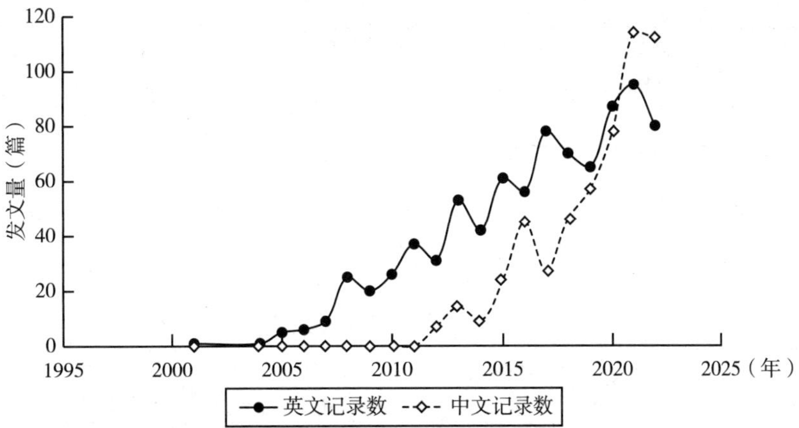

图 4-1-2　白蛋白紫杉醇文献发表时间及数量分布

3. 文献发表杂志

表 4-1-10 为白蛋白紫杉醇文献发表杂志数据统计。

表4-1-10　白蛋白紫杉醇发文量前10位的期刊/学位论文

序号	WOS 数据库		CNKI 数据库	
	英文来源出版物	记录数	中文来源出版物	记录数
1	CLINICAL BREAST CANCER	25	现代肿瘤医学	11
2	CANCER CHEMOTHERAPY AND PHARMACOLOGY	24	癌症进展	10
3	CLINICAL CANCER RESEARCH	21	临床和实验医学杂志	9
4	ANTICANCER RESEARCH	17	中国实用医药	9
5	BMC CANCER	16	南京大学	9
6	JOURNAL OF CLINICAL ONCOLOGY	15	东北林业大学	9
7	BREAST CANCER RESEARCH AND TREATMENT	14	中国当代医药	8
8	JOURNAL OF CONTROLLED RELEASE	14	北京协和医学院	8
9	FRONTIERS IN ONCOLOGY	13	吉林大学	8
10	INTERNATIONAL JOURNAL OF PHARMACEUTICS	13	山东大学	7

4. 文献发表国家

表 4-1-11 为白蛋白紫杉醇文献发表国家数据统计。

表4-1-11　文献发表前10位的国家

序号	国家	记录数	序号	国家	记录数
1	美国	333	6	加拿大	35
2	中国	232	7	韩国	34
3	日本	149	8	西班牙	31

续表

序号	国家	记录数	序号	国家	记录数
4	意大利	43	9	英国	24
5	德国	41	10	澳大利亚	18

5. 文献发表作者

表 4-1-12 为白蛋白紫杉醇文献发表作者统计数据。

表4-1-12　白蛋白紫杉醇发表文章数量前10位的作者

序号	WOS 数据库		CNKI 数据库	
	作者及其所在机构	记录数	作者及其所在机构	记录数
1	Okamoto L., Kyushu University	12	胡毅，中国人民解放军总医院	5
2	Socinski M. A., Adventisthealth Services	12	李静，邯郸市中心医院	4
3	Gradishar W. J, Roberth. Lurie Comprehensive Cancer Center	11	刘峥，邯郸市中心医院	4
4	Rugo H. S., UCSF Medical Center	10	马莉，西安交通大学第二附属医院	4
5	Bhar Paul, ImmunityBio Inc	9	赵永林，西安交通大学第二附属医院	4
6	Chen NH, Bristol-Myers Squibb	8	王志芬，邯郸市中心医院	4
7	Ferrari Mauro, University of Pisa	8	周雅卿，西安交通大学第二附属医院	4
8	Hawkins Michael, University of Toronto	8	马飞，中国医学科学院肿瘤医院	3
9	Trieu Vuong, Oncotelic Inc	8	沈波，南京医科大学附属肿瘤医院	3
10	Vonhoff Daniel, Honorhlth Res Inst	8	陈杰，哈尔滨医科大学	3

（三）紫杉醇脂质体的文献计量学与研究热点分析

1. 检索策略

表 4-1-13 为紫杉醇脂质体的文献计量学的检索策略数据。

表4-1-13　紫杉醇脂质体的文献计量学的检索策略

类别	检索策略	
数据来源	Web of Science 核心合集数据库	CNKI 数据库
引文索引	SCI-Expanded	主题检索
主题词	Paclitaxel liposome	紫杉醇脂质体

续表

类别	检索策略	
文献类型	Article	研究论文
语种	English	中文
检索时段	2000 年 ~2022 年	2000 年 ~2022 年
检索结果	共 512 篇文献	共 357 篇文献

2. 文献发表时间及数量分布

紫杉醇脂质体文献发表时间及数量分布如图 4-1-3 所示。

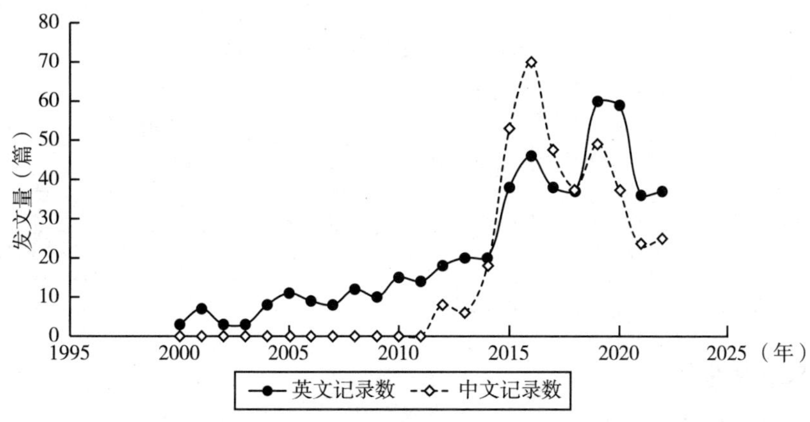

图 4-1-3　紫杉醇脂质体文献发表时间及数量分布

3. 文献发表杂志

表 4-1-14 为紫杉醇脂质体文献发表杂志数据统计。

表4-1-14　紫杉醇脂质体发文量前10位的期刊/学位论文

序号	WOS 数据库		CNKI 数据库	
	英文来源出版物	记录数	中文来源出版物	记录数
1	JOURNAL OF CONTROLLED RELEASE	28	中国肿瘤临床与康复	12
2	INTERNATIONAL JOURNAL OF NANOMEDICINE	25	癌症进展	10
3	INTERNATIONAL JOURNAL OF PHARMACEUTICS	24	重庆医科大学	10
4	BIOMATERIALS	16	中国医学创新	7
5	COLLOIDS AND SURFACES B BIOINTERFACES	14	中国医药指南	7
6	DRUG DELIVERY	14	当代医药论丛	6
7	JOURNAL OF DRUG DELIVERY SCIENCE ANDTECHNOLOGY	12	南昌大学	6

续表

序号	WOS 数据库		CNKI 数据库	
	英文来源出版物	记录数	中文来源出版物	记录数
8	MOLECULAR PHARMACEUTICS	12	海峡药学	6
9	JOURNAL OF LIPOSOME RESEARCH	11	吉林大学	6
10	PHARMACEUTICAL RESEARCH	10	中国现代药物应用	6

4. 文献发表国家

表 4-1-15 为紫杉醇脂质体文献发表国家数据统计。

表4-1-15　文献发表前10位的国家

序号	国家	记录数	序号	国家	记录数
1	中国	268	6	伊朗	15
2	美国	105	7	德国	12
3	日本	32	8	法国	11
4	韩国	25	9	意大利	11
5	印度	21	10	加拿大	10

5. 文献发表作者

表 4-1-16 为紫杉醇脂质体发表作者数据统计。

表4-1-16　紫杉醇脂质体发表文章数量前10位的作者

序号	WOS 数据库		CNKI 数据库	
	作者及其所在机构	记录数	作者及其所在机构	记录数
1	Higaki Kazutaka, Okayama University	8	姚煜，西安交通大学第一附属医院	3
2	Chen Daquan, Yantai University	7	许先荣，浙江省立同德医院	3
3	Ogawara Ken-Ichi, Okayama University	6	刘泽念，遵义医药高等专科学校	3
4	Banerjee Rinti, Indian Institute of Technology System	6	秦艳茹，郑州大学第一附属医院	2
5	Guo Lifen, Zhongyuan University of Technology	6	李恒，南京中医药大学附属医院	2
6	Zhang Zhirong, Sichuan University	6	阮之平，西安交通大学第一附属医院	2
7	Li Xinsong, Southeast University-China	6	王建筑，山东第一医科大学	2
8	Oliveira Monica, Federal University of Minas Gerais	5	杨全良，苏州大学附属常州市肿瘤医院	2

续表

序号	WOS 数据库		CNKI 数据库	
	作者及其所在机构	记录数	作者及其所在机构	记录数
9	Lim Soo-Jeong，Sejong University	5	聂华，嘉应学院	2
10	Yawei Du，Shanghai Jiao Tong University	4	赵桂芝，浙江省中医药研究院	2

（四）紫杉醇聚合物胶束的文献计量学与研究热点分析

1. 检索策略

表 4-1-17 为紫杉醇聚合物胶束的检索策略数据。

表4-1-17　紫杉醇聚合物胶束的文献计量学的检索策略

类别	检索策略	
数据来源	Web of Science 核心合集数据库	CNKI 数据库
引文索引	SCI-Expanded	主题检索
主题词	Paclitaxel polymeric micelles	紫杉醇聚合物胶束
文献类型	Article	研究论文
语种	English	中文
检索时段	2000 年 ~2022 年	2000 年 ~2022 年
检索结果	共 1367 篇文献	共 109 篇文献

2. 文献发表时间及数量分布

图 4-1-4 为紫杉醇聚合物胶束文献发表时间及数据分布。

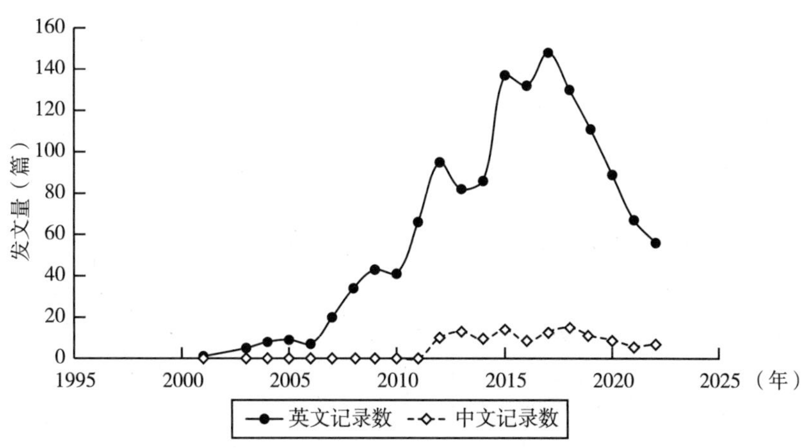

图 4-1-4　紫杉醇聚合物胶束文献发表时间及数据分布

3. 文献发表期刊

表 4-1-18 为紫杉醇聚合物胶束文献发表期刊统计数据。

表4-1-18　紫杉醇聚合物胶束发文量前10位的期刊/学位论文

序号	WOS 数据库		CNKI 数据库	
	英文来源出版物	记录数	中文来源出版物	记录数
1	INTERNATIONAL JOURNAL OF PHARMACEUTICS	89	浙江大学	9
2	JOURNAL OF CONTROLLED RELEASE	77	苏州大学	7
3	BIOMATERIALS	63	复旦大学	6
4	COLLOIDS AND SURFACES B BIOINTERFACES	55	陕西师范大学	4
5	INTERNATIONAL JOURNAL OF NANOMEDICINE	51	中国中医科学院	3
6	MOLECULAR PHARMACEUTICS	51	中国新药杂志	3
7	RSC ADVANCES	36	河南大学	3
8	BIOMACROMOLECULES	34	沈阳药科大学	3
9	PHARMACEUTICAL RESEARCH	31	福建中医药	3
10	JOURNAL OF BIOMEDICAL NANOTECHNOLOGY	27	青岛科技大学	3

4. 文献发表国家

表 4-1-19 为紫杉醇聚合物胶束文献发表国家数据统计。

表4-1-19　文献发表前10位的国家

序号	国家	记录数	序号	国家	记录数
1	中国	756	6	印度	46
2	美国	287	7	德国	34
3	韩国	101	8	荷兰	30
4	加拿大	59	9	日本	28
5	伊朗	51	10	意大利	21

5. 文献发表作者

表 4-1-20 为紫杉醇聚合物胶束文献发表作者数据统计。

表4-1-20　紫杉醇聚合物胶束发表文章数量前10位的作者

序号	WOS 数据库		CNKI 数据库	
	作者及其所在机构	记录数	作者及其所在机构	记录数
1	Torchilin Vladimir, Northeastern University	28	王晓颖，福建中医药大学	5
2	Zhou Jianping, Xi' an Medical University	24	徐伟，福建中医药大学	4

续表

序号	WOS 数据库		CNKI 数据库	
	作者及其所在机构	记录数	作者及其所在机构	记录数
3	Lavasanifar Afsaneh，University of Alberta	19	邱梁桢，福建中医药大学	4
4	Zhang Qiang，Peking University	18	王夏英，福建中医药大学	4
5	Fang Xiaoling，Southern Medical University – China	17	刘艳，北京大学	2
6	Hennink Wim，Utrecht University	17	李馨儒，北京大学	2
7	Li Song，Pennsylvania Commonwealth System of Higher Education	14	谢明，复旦大学	2
8	Du Yongzhong，Zhejiang University	13	刘艳华，宁夏医科大学	2
9	Liang Na，Harbin Normal University	13	周艳霞，北京大学	2
10	Huang Yixian，Pennsylvania Commonwealth System of Higher Education（PCSHE）	13	宋煜，福建中医药大学	2

（五）伊立替康脂质体的文献计量学与研究热点分析

1. 检索策略

表 4–1–21 为伊立替康脂质体的文献计量学的检索策略统计数据。

表4–1–21　伊立替康脂质体的文献计量学的检索策略

类别	检索策略	
数据来源	Web of Science 核心合集数据库	CNKI 数据库
引文索引	SCI–Expanded	主题检索
主题词	Irinotecan liposomes	伊立替康脂质体
文献类型	Article	研究论文
语种	English	中文
检索时段	2000 年 ~2022 年	2000 年 ~2022 年
检索结果	共 136 篇文献	共 25 篇文献

2. 文献发表时间及数量分布

图 4–1–5 为伊立替康脂质体文献发表时间及数量分布。

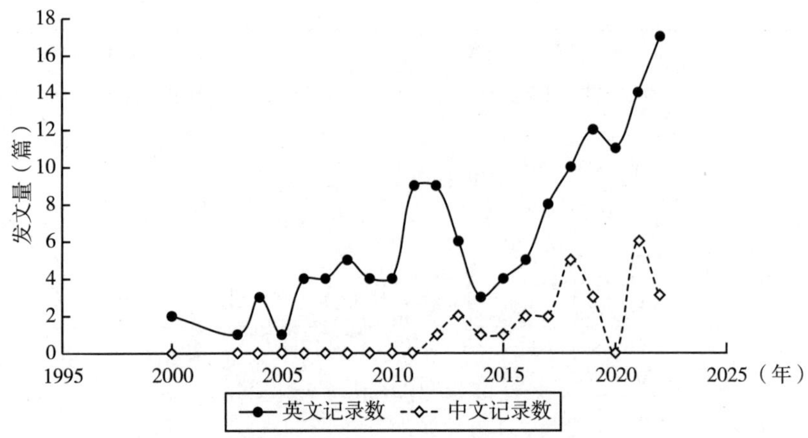

图 4-1-5 伊立替康脂质体文献发表时间及数量分布

3. 文献发表期刊

表 4-1-22 为伊立替康脂质体文献发表期刊数据统计。

表4-1-22 伊立替康脂质体发文量前10位的期刊/学位论文

序号	WOS 数据库		CNKI 数据库	
	英文来源出版物	记录数	中文来源出版物	记录数
1	JOURNAL OF CONTROLLED RELEASE	14	北京协和医学院	3
2	INTERNATIONAL JOURNAL OF PHARMACEUTICS	9	浙江大学	3
3	INTERNATIONAL JOURNAL OF NANOMEDICINE	5	山东大学	2
4	THERANOSTICS	5	上海交通大学	2
5	CANCER RESEARCH	4	中南大学	2
6	COLLOIDS AND SURFACES B BIOINTERFACES	4	浙江中医药大学	1
7	CANCERS	3	河北科技大学	1
8	DRUG DELIVERY AND TRANSLATIONAL RESEARCH	3	癌症进展	1
9	MOLECULAR PHARMACEUTICS	3	南昌大学	1
10	PHARMACEUTICAL RESEARCH	3	中国医院药学杂志	1

4. 文献发表国家

表 4-1-23 为伊立替康脂质体文献发表国家数据统计。

表4-1-23 文献发表前10位的国家

序号	国家	记录数	序号	国家	记录数
1	中国	40	6	西班牙	5
2	美国	37	7	澳大利亚	5
3	加拿大	23	8	巴西	4

续表

序号	国家	记录数	序号	国家	记录数
4	日本	11	9	英国	3
5	俄罗斯	10	10	伊朗	3

5. 文献发表作者

表 4-1-24 为伊立替康脂质体文献发表作者数据统计。

表4-1-24　伊立替康脂质体发表文章数量前10位的作者

序号	WOS 数据库		CNKI 数据库	
	作者及其所在机构	记录数	作者及其所在机构	记录数
1	Bally Marcel B., BC Canc Res Inst	15	狄文，上海交通大学医学院	1
2	Anantha Malathi, British Columbia Cancer Agency	12	李学明，南京百思福医药科技有限公司	1
3	Waterhouse Dawn, Vancouver Island Health Authority	8	吴霞，上海交通大学医学院附属仁济医院	1
4	Drummond Daryl C., Merrimack Pharmaceut Inc	8	周卫，中国药科大学	1
5	Noble Charles O., Merrimack Pharmaceut Inc	8	苏爱江，北京市朝阳区三环肿瘤医院	1
6	Kirpotin Dmitri B., Merrimack Pharmaceut Inc	7	梁平，北京市朝阳区三环肿瘤医院	1
7	Mayer Lawrence, University of Maine System	7	李东方，随州市中心医院	1
8	Tardi Paul, Jazz Pharmaceuticals	6	张波，山东第二医科大学	1
9	Bankiewicz K., University System of Ohio	6	刘留成，江苏奥赛康药业有限公司	1
10	Strutt D., British Columbia Cancer Agency	5	毛爱芹，博鳌恒大国际医院	1

（六）阿糖胞苷脂质体的文献计量学与研究热点分析

1. 检索策略

表 4-1-25 为阿糖胞苷脂质体的文献计量学检索策略数据。

表4-1-25　阿糖胞苷脂质体的文献计量学的检索策略

类别	检索策略	
数据来源	Web of Science 核心合集数据库	CNKI 数据库
引文索引	SCI-Expanded	主题检索

续表

类别	检索策略	
主题词	Cytarabine liposome	阿糖胞苷脂质体
文献类型	Article	研究论文
语种	English	中文
检索时段	2000 年 ~2022 年	2000 年 ~2022 年
检索结果	共 43 篇文献	共 30 篇文献

2. 文献发表时间及数量分布

图 4-1-6 为阿糖胞苷脂质体 SCI 文献发表时间及数量分布。

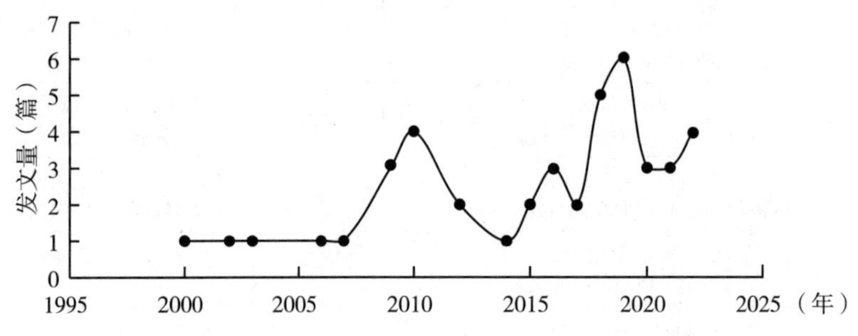

图 4-1-6　阿糖胞苷脂质体 SCI 文献发表时间及数量分布

3. 文献发表期刊

表 4-1-26 为阿糖胞苷脂质体文献发表期刊数据统计。

表4-1-26　阿糖胞苷脂质体发文量前10位的期刊/学位论文

序号	WOS 数据库		CNKI 数据库	
	英文来源出版物	记录数	中文来源出版物	记录数
1	LEUKEMIA RESEARCH	6	中国小儿血液与肿瘤杂志	3
2	CANCER	2	现代生物医学进展	2
3	CANCER CHEMOTHERAPY AND PHARMACOLOGY	2	沈阳药科大学学报	1
4	INTERNATIONAL JOURNAL OF PHARMACEUTICS	2	广东药科大学学报	1
5	JOURNAL OF NEURO ONCOLOGY	2	四川大学	1
6	AAPS PHARMSCITECH	1	华中科技大学	1
7	ANALYTICAL CHEMISTRY	1	当代医学	1
8	ANNALS OF PHARMACOTHERAPY	1	泰山医学院	1
9	BEST PRACTICE RESEARCH CLINICAL HAEMATOLOGY	1	中国医刊	1
10	BRITISHJOURNAL OF HAEMATOLOGY	1	世界临床药物	1

4. 文献发表国家

表 4-1-27 为阿糖胞苷脂质体文献发表国家数据统计。

表4-1-27　文献发表前10位的国家

序号	国家	记录数	序号	国家	记录数
1	美国	20	6	奥地利	2
2	加拿大	13	7	德国	2
3	中国	6	8	意大利	2
4	波兰	6	9	澳大利亚	1
5	法国	4	10	英国	1

5. 文献发表作者

表 4-1-28 为阿糖胞苷脂质体文献发表作者数据统计。

表4-1-28　阿糖胞苷脂质体发表文章数量前10位的作者

序号	WOS 数据库		CNKI 数据库	
	作者及其所在机构	记录数	作者及其所在机构	记录数
1	Mayer Lawrence, University of Maine System	8	王继波，青岛大学	3
2	Cortes Jorge E., Augusta University	5	隋因，沈阳军区总医院	2
3	Pentak Danuta, University of Opole	5	夏东亚，沈阳军区总医院	2
4	Louie Arthur C., Jazz Pharmaceuticals	4	王升启，军事医学科学院放射与辐射医学研究所	1
5	Lancet Jeffrey E., H Lee Moffitt Cancer Center & Research Institute	4	唐星，沈阳药科大学	1
6	Schiller Gary J., University of California Los Angeles	3	岳旺，青岛黄海学院	1
7	Liboiron Barry D., Celator Jazz Pharmaceut	3	张硕，天津中医药大学第二附属医院	1
8	Kolitz Jonathan E., Northwell Health	3	谢晓恬，同济大学附属同济医院	1
9	Tardi Paul, Jazz Pharmaceuticals	3	何冬梅，暨南大学	1
10	Kantarjian Hagop M., UTMD Anderson Cancer Center	2	陶涛，中国医药工业研究总院	1

（七）米托蒽醌脂质体的文献计量学与研究热点分析

1. 检索策略

表 4-1-29 为米托蒽醌脂质体的文献计量学检索策略统计数据。

表4-1-29　米托蒽醌脂质体的文献计量学的检索策略

类别	检索策略	
数据来源	Web of Science 核心合集数据库	CNKI 数据库
引文索引	SCI-Expanded	主题检索
主题词	Mitoxantrone liposome	米托蒽醌脂质体
文献类型	Article	研究论文
语种	English	中文
检索时段	2000 年 ~2022 年	2000 年 ~2022 年
检索结果	共 45 篇文献	共 37 篇文献

2. 文献发表时间及数量分布

图 4-1-7 为米托蒽醌脂质体文献发表时间及数量分布。

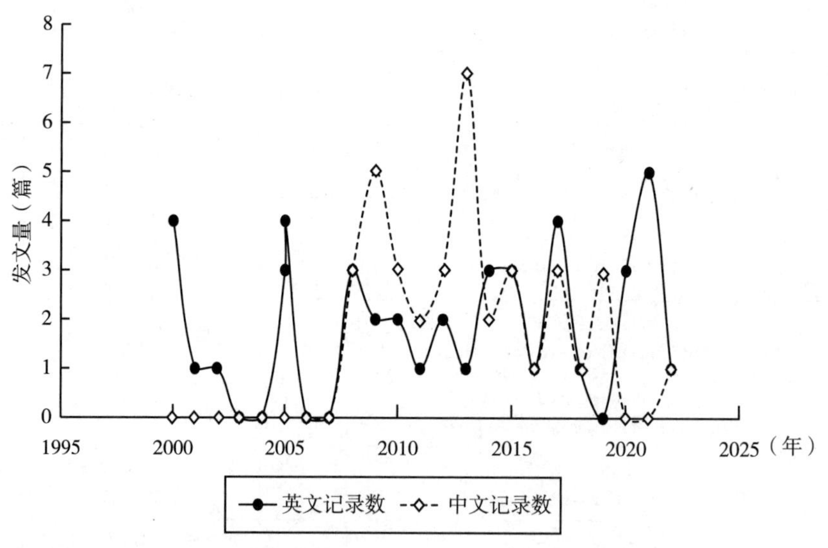

图 4-1-7　米托蒽醌脂质体文献发表时间及数量分布

3. 文献发表期刊

表 4-1-30 为米托蒽醌脂质体的文献发表期刊数据统计。

表4-1-30　米托蒽醌脂质体发文量前10位的期刊

序号	WOS 数据库		CNKI 数据库	
	英文来源出版物	记录数	中文来源出版物	记录数
1	INTERNATIONAL JOURNAL OF PHARMACEUTICS	4	药学学报	4
2	ANTI CANCER DRUGS	3	中国药学杂志	3
3	INTERNATIONAL JOURNAL OF NANOMEDICINE	3	中国药理学通报	2
4	JOURNAL OF CONTROLLED RELEASE	2	中国医院药学杂志	2
5	JOURNAL OF PHARMACY AND PHARMACOLOGY	2	河北医科大学学报	2
6	PHARMACEUTICAL RESEARCH	2	生物医学工程学杂志	2
7	AAPS PHARMSCITECH	1	中国中药杂志 化工进展	1
8	ACS APPLIED MATERIALS INTERFACES	1	药物分析杂志	1
9	ACS NANO	1	中国新药杂志	1
10	ACTA BIOMATERIALIA	1	四川大学学报（医学版）	1

4. 文献发表国家

表 4-1-31 为米托蒽醌脂质体文献发表国家数据统计。

表4-1-31　文献发表前10位的国家

序号	国家	记录数	序号	国家	记录数
1	中国	17	6	伊朗	2
2	美国	11	7	以色列	2
3	法国	4	8	意大利	2
4	德国	4	9	韩国	2
5	加拿大	3	10	英国	1

5. 文献发表作者

表 4-1-32 为米托蒽醌脂质体文献发表作者数据统计。

表4-1-32　米托蒽醌脂质体发表文章数量前10位的作者

序号	WOS 数据库		CNKI 数据库	
	作者及其所在机构	记录数	作者及其所在机构	记录数
1	Li Yanhui, Huazhong University of Science & Technology	4	侯世祥，四川大学	7
2	Wang Yongjun, Shenyang Pharmaceutical University	3	陈彤，昆明医科大学	7

续表

序号	WOS 数据库		CNKI 数据库	
	作者及其所在机构	记录数	作者及其所在机构	记录数
3	Zhang Linhua, Nanjing University of Finance & Economics	3	王永炎，中国中医科学院临床基础医学研究所	4
4	Song C. X., Peking Union Medical College	3	张文生，北京师范大学	4
5	Li Yanhui, Huazhong University of Science & Technology	3	王彩霞，石家庄制药集团有限公司	4
6	Zhang Lantong, Hebei Medical University	3	李春雷，石家庄制药集团有限公司	4
7	Wang Caixia, Sichuan Agricultural University	3	张兰，石家庄制药集团有限公司	4
8	Zhang Li, Hebei Medical University	3	郑瑀，四川大学华西医院	4
9	Masin D., British Columbia Cancer Agency	2	张志荣，四川大学	3
10	Rahman A., Georgetown University	2	魏娜，石家庄制药集团有限公司	3

参考文献

[1] 马军，朱军，石远凯，等. 脂质体阿霉素治疗恶性淋巴瘤和多发性骨髓瘤的中国专家共识（2019 年版）[J]. 临床肿瘤学杂志，2019，24（5）：445-453.

[2] 中国抗癌协会淋巴瘤专业委员会，中国医师协会肿瘤医师分会，中国医疗保健国际交流促进会肿瘤内科分会. 中国淋巴瘤治疗指南（2021 年版）[J]. 中华肿瘤杂志，2021，43（7）：707-735.

[3] 中国抗癌协会淋巴瘤专业委员会，中华医学会血液学分会. 中国滤泡性淋巴瘤诊断与治疗指南（2020 年版）[J]. 中华血液学杂志，2020，41（7）：537-544.

[4] 多发性骨髓瘤中西医结合诊疗专家共识（2019）[J]. 中华医学杂志，2019，(28)：2169-2175.

[5] 聚乙二醇化脂质体阿霉素治疗复发性卵巢癌的中国专家共识 [J]. 现代妇产科进展，2017，26（1）：1-4.

[6] 孔北华，尹如铁，李小平，等. 妇科恶性肿瘤聚乙二醇化脂质体多柔比星临床应用专家共识 [J]. 现代妇产科进展，2020，29（7）：481-488.

[7] 中国抗癌协会妇科肿瘤专业委员会. 卵巢恶性肿瘤诊断与治疗指南（2021 年版）[J]. 中国癌症杂志，2021，31（6）：490-500.

[8] 张爱凤，张师前，阳志军，等. 低级别浆液性卵巢癌的专家共识（2020 年版）[J]. 中国癌症防治杂志，2020，12（2）：117-125.

[9] 张德普，孙阳，张师前，等．黏液性卵巢癌诊断与治疗中国专家共识（2021年版）[J]．中国微创外科杂志，2021，21（7）：577–588.
[10] 王继东，屈庆喜，张师前．子宫内膜异位症相关卵巢癌的诊断及治疗山东专家共识（2022）[J]．山东医药，2022，62（18）：1–6.
[11] 李宁，孔北华，尹如铁，等．晚期上皮性卵巢癌一线维持治疗专家共识[J]．现代妇产科进展，2019，28（10）：721–3.
[12] 卢淮武，温灏，邹冬玲，等．卵巢上皮性癌一线化疗中国专家共识[J]．实用妇产科杂志，2022，38（8）：582–8.
[13] 张国楠，向阳，王登凤，等．卵巢透明细胞癌临床诊治中国专家共识（2022年版）[J]．中国实用妇科与产科杂志，2022，38（5）：515–23.
[14] 贺红英，方双，袁航，等．子宫内膜浆液性癌诊治的中国专家共识（2022年版）[J]．癌症进展，2022，20（09）：865–874+879.
[15] 中国抗癌协会妇科肿瘤专业委员会．子宫肉瘤诊断与治疗指南（2021年版）[J]．中国癌症杂志，2021，31（6）：513–519.
[16] 杨红健，俞星飞．浙江省乳腺癌新辅助治疗专家共识（2018）[J]．肿瘤学杂志，2019，25（4）：277–292.
[17] 张剑．中国蒽环类药物治疗乳腺癌专家共识[J]．癌症，2021，40（11）：475–85.
[18] 软组织肉瘤诊治中国专家共识（2015年版）[J]．中华肿瘤杂志，2016，38（4）：310–320.
[19] 四肢骨肉瘤保肢治疗指南[J]．中华骨科杂志，2019，（1）：1–9.
[20] 中国抗癌协会乳腺癌专业委员会．中国抗癌协会乳腺癌诊治指南与规范（2021年版）[J]．中国癌症杂志，2021，31（10）：954–1040.
[21] 乳腺癌全身治疗指南（2021年版）[J]．浙江实用医学，2021，26（6）：520–35.
[22] 孔北华，刘继红，向阳，等．妇科肿瘤铂类药物临床应用指南[J]．现代妇产科进展，2021，30（10）：721–36.
[23] 中国抗癌协会多原发和不明原发肿瘤专业委员会，胡夕春，罗志国，等．中国紫杉类药物剂量密集化疗方案临床应用专家共识[J]．中国癌症杂志，2019，29（11）：910–920.
[24] 胰腺癌诊疗指南（2022年版）[J]．临床肝胆病杂志，2022，38（5）：1006–1030.
[25] 李茂全．晚期胰腺癌介入治疗临床操作指南（试行）（第六版）[J]．临床放射学杂志，2022，41（4）：594–607.
[26] 中国胰腺癌综合诊治指南（2020版）[J]．中华外科杂志，2021，59（2）：81–100.
[27] 中华医学会肿瘤学分会早诊早治学组．中华医学会肿瘤学分会胰腺癌早诊早治专家共识[J]．中华肿瘤杂志，2020，42（9）：706–712.
[28] 中华医学会外科学分会胰腺外科学组，中国研究型医院学会胰腺疾病专业委员会．中

国胰腺癌新辅助治疗指南（2020版）[J].中华外科杂志，2020，58（9）：657-667.

[29] 李川江，钱建平，崔忠林，等.肝胆胰恶性肿瘤腹腔化疗专家共识（2020版）[J].中华肝脏外科手术学电子杂志，2020，9（6）：522-8.

[30] SOHAL D P S，KENNEDY E B，KHORANA A，et al. Metastatic pancreatic cancer：ASCO clinical practice guideline update[J]. Journal of Clinical Oncology，2018，36（24）：2545-2556.

[31] 周彩存，王洁，王宝成，等.中国非小细胞肺癌免疫检查点抑制剂治疗专家共识（2020年版）[J].中国肺癌杂志，2021，24（4）：217-235.

[32] 中国医师协会肿瘤医师分会，中国医疗保健国际交流促进会肿瘤内科分会.Ⅳ期原发性肺癌中国治疗指南（2021年版）[J].中华肿瘤杂志，2021，43（1）：39-59.

[33] 中华医学会肿瘤学分会，中华医学会杂志社.中华医学会肺癌临床诊疗指南（2022版）[J].中华肿瘤杂志，2022，44（6）：457-490.

[34] 中国临床肿瘤学会血管靶向治疗专家委员会，中国临床肿瘤学会非小细胞肺癌专家委员会，中国临床肿瘤学会非小细胞肺癌抗血管生成药物治疗专家组.晚期非小细胞肺癌抗血管生成药物治疗中国专家共识（2020版）[J].中华肿瘤杂志，2020，42（12）：1063-1077.

[35] 李凯.CACA胃癌整合诊治指南（精简版）[J].中国肿瘤临床，2022，49（14）：703-710.

[36] 中国医师协会放射肿瘤治疗医师分会，中华医学会放射肿瘤治疗学分会，中国抗癌协会肿瘤放疗专业委员会.中国胃癌放疗指南（2020版）[J].中华放射肿瘤学杂志，2021，30（10）：989-1001.

[37] 中国抗癌协会妇科肿瘤专业委员会.阴道恶性肿瘤诊断与治疗指南（2021年版）[J].中国癌症杂志，2021，31（6）：546-560.

[38] 中国抗癌协会妇科肿瘤专业委员会.外阴恶性肿瘤诊断和治疗指南（2021年版）[J].中国癌症杂志，2021，31（6）：533-545.

[39] 梁后杰，秦叔逵，沈锋，等.CSCO胆道系统肿瘤诊断治疗专家共识（2019年版）[J].临床肿瘤学杂志，2019，24（9）：828-838.

[40] 中华人民共和国国家卫生健康委员会.原发性肺癌诊疗指南（2022年版）[J].中国合理用药探索，2022，(9)：1-28.

[41] 中国抗癌协会妇科肿瘤专业委员会.子宫颈癌诊断与治疗指南（2021年版）[J].中国癌症杂志，2021，31（6）：474-489.

[42] 柴成梁，王晓慧，崔燕，等.脂质体多柔比星联合卡铂治疗卵巢癌疗效及安全性的系统评价[J].实用妇产科杂志，2014，30（7）：526-530.

[43] LIU R，ZHOU J，YANG S，et al. Efficacy and Safety of Pegylated Liposomal Doxorubicin-Based Chemotherapy of AIDS-Related Kaposi's Sarcoma：A Meta-Analysis[J]. American Journal of Therapeutics，2018，25（6）：e719-e21.

[44] 张琪，张萌萌，翟所迪．盐酸多柔比星脂质体注射液用于多种肿瘤治疗的卫生技术评估[J]．中国新药杂志，2019，9：1145-1152.

[45] 江洁美，王亚露，杨春兰，等．白蛋白结合型紫杉醇治疗乳腺癌的快速卫生技术评估[J]．中国药房，2021（13）：1611-1616.

[46] 吕伟，刘一娇，邬丹莲，等．白蛋白结合型紫杉醇用于多种实体肿瘤治疗的卫生技术评估[J]．今日药学，2022，32（11）：851-858.

[47] 卢佳，芦芸，杨永秀，等．紫杉醇脂质体联合卡铂治疗卵巢癌疗效及安全性的系统评价[J]．中国循证医学杂志，2012，12（1）：42-48.

[48] 薛原，陈永法．紫杉醇脂质体与紫杉醇在乳腺癌新辅助化疗中随机对照研究的 Meta 分析[J]．中国药物经济学，2013，（4）：29-32.

[49] 白瑶，段京莉．紫杉醇脂质体治疗非小细胞肺癌患者疗效与安全性的 meta 分析[J]．药物不良反应杂志，2011，13（4）：205-208.

[50] 刘在亮，蔡剑雄，张瑚．紫杉醇脂质体注射液与普通紫杉醇治疗胃癌疗效与安全性的 Meta 分析[J]．中国实验方剂学杂志，2016，22（5）：221-225.

第二节　神经系统纳米药物临床应用与循证评价

一、神经系统纳米药物概述

神经系统相关疾病的发病率随着人口老龄化而逐渐增加，然而相关治疗技术的发展却十分缓慢。随着越来越多的纳米药物在神经系统的应用，神经系统的药物治疗取得了极大地进步。到目前为止，可用于神经系统的纳米药物约 20 种。其中发展较快品种较多的是用于抗精神分裂症的药物包括利培酮（risperdal consta）、注射用利培酮微球（Ⅱ）、棕榈酸帕利哌酮酯缓释注射液（invega trinza）、棕榈酸帕利哌酮酯（invegahafyera）、月桂酰阿立哌唑（aristada initio），其中大部分抗精神分裂症的纳米药物为长效制剂，在减少患者用药不良反应的同时提高患者用药依从性，减少复发率提高治疗效果。用于儿童注意力缺陷多动障碍（ADHD）的纳米药物包括盐酸哌甲酯缓释片（专注达，Ritalin LA）和盐酸右哌甲酯（Focalin XR）。还有一部分纳米药物用于神经疾病的各个方面包括镇痛的纳米药物硫酸吗啡（Avinza®）、用于治疗和预防阿片类药物依赖患者接受戒毒治疗后复发的纳曲酮（vivitrol）、治疗晕动病相关的恶心和呕吐及与麻醉和（或）阿片类镇痛和手术恢复相关术后恶心与呕吐的东莨菪碱（transderm-scop），用于对奥曲肽或兰瑞肽治疗有效并耐受的肢端肥大症患者长期维持治疗的缓释奥曲肽胶囊（mycapssa），用于伴有鼻塞等鼻部症状感冒的盐酸非索非那丁（allegra D），用于治疗慢性非传染性葡萄膜炎的醋酸氟轻松（retisert），用于6岁及老年哮喘患者的治疗及包括慢性阻塞性肺疾病和（或）肺气肿在内的慢性阻塞性肺疾病（COPD）患者的气流阻塞维持治疗和减少病情加重的布地奈德福莫特罗粉吸入剂（信必可都宝），用于戒烟患者的尼古丁替代疗法的尼古丁戒烟贴（NicoDerm CQ），用于治疗因年龄相关性黄斑变性、病理性近视或假定的眼组织胞浆菌病导致的典型中央凹下脉络膜新生血管形成的患者的维替泊芬注射剂（visudyne），用于治疗遗传性甲状腺素运载蛋白（TTR）相关性淀粉样变性多发性神经病的帕替司兰（ONPATTRO™），全球首个用于治疗脊髓性肌萎缩症（spinal muscular atrophy，SMA）的药物诺西那生钠（spinraza），最初用于治疗阵发性睡眠性血红蛋白尿症（PNH）并在2022年4月28日批准用于患有非典型溶血性尿毒综合征（aHUS）的1个月及以上的成人和儿童患者的治疗以抑制补体介导的血栓性微血管病（TMA）的长春夫利（ultomiris）。这些纳米药物的开发及应用为临床神经系统相关疾病的治疗开辟了新的思路。

二、神经系统纳米药物的概况、适应证及指南、专家共识推荐

神经系统纳米药物的概况、适应证及指南、专家共识推荐等详细内容见表4-2-1。

表4-2-1 神经系统纳米药物的概况、适应证及指南、专家共识推荐

药品通用名（商品名）	上市时间（国家）	适应证	指南推荐或专家共识推荐及证据级别
利培酮（Risperdal Consta）	1993年（美国）	美国：治疗精神分裂症及作为单一疗法或作为锂或丙戊酸盐的辅助疗法用于双相Ⅰ型障碍的维持治疗[1]	APA实践指南：精神分裂症患者的治疗：精神分裂症的长效注射剂（无推荐级别）[2] 老年人精神病的管理临床实践指南：老年精神病患者（无推荐级别）[3] 中国台湾精神分裂症患者换用一月1次的长效阿立哌唑专家共识建议：精神分裂症的治疗（无推荐级别）[4] ASHP治疗立场声明：抗精神病药物在治疗成年精神分裂症和分裂情感性障碍中的应用：精神分裂症的治疗（无推荐级别）[5]

续表

药品通用名（商品名）	上市时间（国家）	适应证	指南推荐或专家共识推荐及证据级别
注射用利培酮微球（Ⅱ）（瑞欣妥）	2021 年 11 月 14 日（中国）	中国：治疗急性和慢性精神分裂症以及其他各种精神病性状态的明显的阳性症状和明显的阴性症状。可减轻与精神分裂症有关的情感症状[6]	注射用利培酮微球临床应用专家共识：精神分裂症的治疗（无推荐级别）[7]
棕榈酸帕利哌酮酯注射液（善妥达，Invega Trinza）	2015 年（美国）	美国：每三个月注射一次的一种非典型的抗精神病药物，用于患者使用棕榈酸帕利哌酮缓释注射混悬液至少 4 个月的精神分裂症[8]	APA 实践指南：精神分裂症患者的治疗：精神分裂症的治疗（无推荐级别）[2] 中国台湾精神分裂症患者换用一月 1 次的长效阿立哌唑专家共识建议：精神分裂症的治疗（无推荐级别）[4] ASHP 治疗立场声明：抗精神病药物在治疗成年精神分裂症和分裂情感性障碍中的应用：精神分裂症的治疗（无推荐级别）[5] 社区应用抗精神病药长效针剂治疗精神分裂症专家共识：精神分裂症的治疗（无推荐级别）[9]
棕榈酸帕利哌酮酯（善久达，Invega Hafyera）	2021 年 9 月 2 日（美国） 2024 年 6 月 24 日（中国）	美国：每六个月注射一次的非典型的抗精神病药物，用于治疗经过充分治疗后（每月一次的帕利培酮棕榈酸缓释注射悬浮液 Invega Sustenna 治疗至少四个月或每三个月注射一次帕利培酮棕榈酸缓释注射悬浮液 Invega Trinza 至少有一个三个月的周期）的成人精神分裂症[10] 中国：用于接受过棕榈酸帕利哌酮酯注射液（3M）至少三个月充分治疗的成人精神分裂症患者	社区应用抗精神病药长效针剂治疗精神分裂症专家共识：精神分裂症的治疗（无推荐级别）[9]
月桂酰阿立哌唑（Aristada Initio）	2018 年 6 月 29 日（美国）	美国：长效非典型的抗精神病药物，用于治疗成人精神分裂症[11]	APA 实践指南：精神分裂症患者的治疗：精神分裂症的治疗（无推荐级别）[2] 中国台湾精神分裂症患者换用一月 1 次的长效阿立哌唑专家共识建议：精神分裂症的治疗（无推荐级别）[4] ASHP 治疗立场声明：抗精神病药物在治疗成年精神分裂症和分裂情感性障碍中的应用：精神分裂症的治疗（无推荐级别）[5] 社区应用抗精神病药长效针剂治疗精神分裂症专家共识：精神分裂症的治疗（无推荐级别）[9]

续表

药品通用名（商品名）	上市时间（国家）	适应证	指南推荐或专家共识推荐及证据级别
盐酸哌甲酯缓释片（专注达）	2000年8月1日（美国） 2005年8月28日（中国）	美国：用于6岁以上患者的注意力缺陷多动障碍（ADHD）[12] 中国：发作性睡病；巴比妥类、水合氯醛等中枢抑制药过量引起的昏迷	CPS立场声明：儿童和青少年注意缺陷多动障碍第2部分－治疗：注意力缺陷多动障碍（无推荐级别）[13] 欧洲共识声明：成人注意缺陷多动障碍的诊断和治疗（更新版）：注意力缺陷多动障碍（无推荐级别）[14]
盐酸哌甲酯缓释片（Ritalin LA）	2002年6月5日（美国）	美国：可用于治疗6~12岁儿童患者的注意力缺陷多动障碍（ADHD）[15]	/
盐酸右哌甲酯（Focalin XR）	2005年5月26日（美国）	美国：用于6岁以上患者的注意力缺陷多动障碍（ADHD）[16]	欧洲共识声明：成人注意缺陷多动障碍的诊断和治疗（更新版）：注意力缺陷多动障碍（无推荐级别）[14]
硫酸吗啡缓释片（Avinza®）	2002年3月20日（美国）	美国：用于治疗严重到需要每天24小时长期进行阿片类药物治疗的疼痛但替代治疗方案不足以控制的疼痛[17]	见“第四章第六节：镇痛纳米药物的临床应用与循证评价”
纳曲酮（Vivitrol）	2016年4月13日（美国）	美国：用于治疗和预防阿片药物依赖患者接受戒毒治疗后的复发，也可结合心理社会疗法治疗成人酒精依赖[18]	/
东莨菪碱（Transderm-Scop）	1979年12月31日（美国）	美国：用于治疗与晕动病相关的恶心和呕吐及与麻醉和（或）阿片类镇痛和手术恢复相关术后恶心与呕吐[19]	中国成人急性腹痛解痉镇痛药物规范化使用专家共识：恶心与呕吐（无推荐级别）[20] 化疗所致恶心呕吐的药物防治指南：恶心与呕吐（无推荐级别）[21]
奥曲肽（Mycapssa）	2020年6月26日（美国）	美国：用于对奥曲肽或兰瑞肽治疗有效并耐受的肢端肥大症患者的长期维持治疗[22]。胃肠胰内分泌肿瘤。预防胰腺手术后并发症。食管－胃静脉曲张出血	/
盐酸非索非那定（Allegra D）	2016年（美国）	美国：用于伴有鼻塞等鼻部症状的感冒[23]。慢性特发性荨麻疹	中国荨麻疹诊疗指南：（无推荐级别）[24]
醋酸氟轻松（Retisert）	2005年4月8日（美国）	美国：用于治疗慢性非传染性葡萄膜炎[25]	/
布地奈德福莫特罗粉吸入剂（信必可都宝）	2006年7月21日（美国）	美国：用于6岁及老年哮喘患者的治疗及包括慢性阻塞性肺疾病和（或）肺气肿在内的慢性阻塞性肺疾病（COPD）患者的气流阻塞维持治疗和减少病情加重[26]	慢性阻塞性肺疾病急性加重诊治中国专家共识（2023年修订版）：（无推荐级别）[27] 中国老年慢性阻塞性肺疾病临床诊治实践指南：（无推荐级别）[28]
尼古丁（NicoDerm CQ）	1996年8月2日（美国）	美国：用于戒烟患者的尼古丁替代疗法[29]	

续表

药品通用名（商品名）	上市时间（国家）	适应证	指南推荐或专家共识推荐及证据级别
维替泊芬注射剂（Visudyne）	2000年4月12日（美国）	美国：用于治疗因年龄相关性黄斑变性、病理性近视或假定的眼组织胞浆菌病导致的典型中央凹下脉络膜新生血管形成的患者[30]	2019 AAO临床指南：年龄相关性黄斑变性：年龄相关性黄斑变性（无推荐级别）[31] 息肉状脉络膜血管病的处理：中国台湾专家的共识：息肉状脉络膜血管病（无推荐级别）[32] 新血管年龄相关性黄斑变性和息肉状脉络膜血管病变的治疗和扩展方案：亚太玻璃体视网膜学会的共识和建议：新生血管性年龄相关性黄斑变性（无推荐级别）[33]
帕替司兰（ONPATTRO™）	2018年8月5日（美国）	美国：用于治疗遗传性甲状腺素运载蛋白（TTR）相关性淀粉样变性多发性神经病[34]	转甲状腺素蛋白淀粉样变性胃肠道表现的诊断和管理建议：转甲状腺素蛋白（ATTR）淀粉样变性（无推荐级别）[35] NICE专业技术指南：帕替司兰用于治疗遗传性转甲状腺素蛋白淀粉样变性（HST10）：转甲状腺素蛋白（ATTR）淀粉样变性（无推荐级别）[36] 转甲状腺素蛋白淀粉变性多发性神经病的诊治共识：转甲状腺素蛋白（ATTR）淀粉样变性（无推荐级别）[37]
诺西那生钠（Spinraza）	2016年12月23日（美国） 2019年4月（中国）	美国：全球首个用于治疗脊髓性肌萎缩症（spinal muscular atrophy，SMA）的药物[38] 中国：用于治疗5q脊髓性肌萎缩症（SMA）	脊髓性肌萎缩症的临床实践指南：脊髓性肌萎缩症（无推荐级别）[39] 脊髓性肌萎缩症呼吸管理专家共识：脊髓性肌萎缩症（无推荐级别）[40] 脊髓性肌萎缩症多学科管理专家共识：脊髓性肌萎缩症（无推荐级别）[41] 欧洲脊髓性肌萎缩症的基因替代治疗共识声明：脊髓性肌萎缩症（无推荐级别）[42]
长春夫利（Ultomiris）	2018年12月26日（美国）	美国：用于治疗阵发性睡眠性血红蛋白尿症（PNH）。在2022年4月28日批准用于患有非典型溶血性尿毒综合征（aHUS）的1个月及以上的成人和儿童患者的治疗，以抑制补体介导的血栓性微血管病（TMA）[43]	NICE技术评估指南：长春夫利用于治疗阵发性睡眠性血红蛋白尿症（TA698：阵发性睡眠性血红蛋白尿症（无推荐级别）[44]；长春夫利用于治疗非典型溶血性尿毒综合征：非典型溶血尿毒综合征（无推荐级别）[45]

三、神经系统纳米药物的药代动力学及特性比较

神经系统纳米药物的药代动力学及特性比较等内容见表 4-2-2。

表4-2-2 神经系统纳米药物的药代动力学及特性比较

药品通用名（商品名）	药代动力学参数	代谢和排泄途径	药物相互作用	其他特性（如有效期、保存条件单次最大给药剂量等）
利培酮（Risperdal Consta）	分子量：410.49kDa $t_{1/2}$：3~6 天[1] 分布容积：1~2L/kg[1] 蛋白结合率：90%	1. 代谢：利培酮在肝脏中广泛代谢。主要的代谢途径是通过 CYP2D6 酶将利培酮羟基化为 9-羟基利培酮。主要代谢物为 9-羟基利培酮，与利培酮具有相似的药理活性 2. 排泄：利培酮主要经尿液排出，小部分经粪便排出[1]	与其他药物合用的相互作用尚未得到系统性评价，请参考口服利培酮的药物相互作用研究	保存条件：药物应储存在冰箱中（2~8℃），并避光。如果无法冷藏，利培酮可在给药前保存在不超过 25℃的温度下，保存不超过 7 天。不要将未冷藏的产品暴露在 25℃以上的温度下。置于儿童不易接触的地方[1]。最大剂量：不超过每 2 周 50mg
注射用利培酮微球（Ⅱ）	分子量：410.49kDa[6] 达峰时间：17 天 $t_{1/2}$：78.70 小时 分布容积：1~2L/kg 蛋白结合率：90%	1. 代谢：在肝内被广泛代谢，利培酮经 CYP2D6 酶羟基化为 9-羟基利培酮，是其主要的代谢途径，次要代谢途径是 N-脱烷基，其主要代谢产物 9-羟基利培酮与利培酮具有相似的药理活性 2. 排泄：利培酮及其代谢产物经尿液排泄，有一小部分通过粪便排泄[6]	尚未系统研究本品与其他药物的相互作用	有效期：18 个月。保存条件：2~8℃密闭保存。产品在配液后必须立即使用。如不立即使用，则药物使用者应当对使用前的储存时间和储存条件负责，不得在 25℃条件下放置超过 0.5 小时[6]。本品仅供肌内注射使用。单次最大剂量：50mg
棕榈酸帕利哌酮注射液（3M）（Invega Trinza，善妥达）	分子量：666.89kDa[8] $t_{1/2}$：三角肌部位注射：84~95 天；臀肌部位注射：118~139 天 分布容积：1960L[8] 蛋白结合率：74%	1. 代谢：体外研究表明，CYP2D6 和 CYP3A4 可能参与了帕利哌酮的代谢。在体内已经确定了四种代谢途径，其中没有一种占超过剂量的 10%：脱烷基化、羟基化、脱氢和苯并异噁唑断裂 2. 排泄：经尿液排泄，有一小部分通过粪便排泄[8]	与其他药物合用的相互作用尚未得到系统性评价，请参考口服帕利哌酮的药物相互作用研究	有效期：24 个月。保存条件：30℃下常温保存，请勿冷冻保存。必须充分振摇注射器至少 15 秒，以确保注射混悬液均匀。充分振摇后 5 分钟内进行本品注射。单次最大剂量：525mg[8]

续表

药品通用名（商品名）	药代动力学参数	代谢和排泄途径	药物相互作用	其他特性（如有效期、保存条件单次最大给药剂量等）
棕榈酸帕利哌酮（Invegahafyera）	分子量：664.89kDa[10] 分布容积：1960L 蛋白结合率：74%	1. 代谢：体外研究表明，CYP2D6 和 CYP3A4 可能参与了帕利培酮的代谢。在肝脏中没有广泛代谢。在体内确定类四种代谢途径：脱烷基化、羟基化、脱氢和苯并异噁唑断裂 2. 排泄：经尿液排泄，有一小部分通过粪便排泄[10]	在给药间隔时间内避免使用强 CYP3A4 和（或）P-gp 诱导剂；避免与降压药合用，以防产生直立性低血压；避免与左旋多巴和其他多巴胺激动剂合用；与其他中枢作用药物和酒精应谨慎使用[10]	保存条件：储存在室温下 20℃~25℃；允许在 15℃~30℃之间保存。请勿与任何其他产品或稀释剂混合[10]
月桂酰阿立哌唑（Aristada Initio）	分子量：660.7kDa[11] $t_{1/2}$：53.9~57.2 天 分布容积：268L 生物利用度：87% 蛋白结合率：99%	阿立哌唑的排泄主要是通过涉及 CYP3A4 和 CYP2D6 的肝脏代谢	与其他药物合用的相互作用尚未得到系统性评价，请参考口服阿利哌唑的药物相互作用研究	保存条件：在 20℃~25℃的室温下储存，允许在 15℃~30℃进行短途储存。不要冻结[11]
盐酸哌甲酯缓释片（专注达）	分子量：269.77kDa[12] 达峰时间：6.8h ± 1.8h； $t_{1/2}$：3.5h ± 0.4h 其余参数：无	1. 代谢：尿中主要的代谢物为α-苯基-哌啶乙酸，约占剂量 80% 2. 排泄：约 90% 的药物经尿排泄[12]	本品不应用于正在使用或在 2 周内使用过单胺氧化酶抑制剂的患者；谨慎使用血管升压药，哌甲酯可能会增加血压；哌甲酯与香豆素类抗凝剂、抗惊厥药和一些抗抑郁药的合用，会抑制这些药物的代谢[12]	有效期：24 个月。本品要整片用水送下，不能咀嚼、掰开或压碎[12]
盐酸哌甲酯缓释片（Ritalin LA）	269.77kDa[15] 达峰时间：6.8h ± 1.8h； $t_{1/2}$：3.5h ± 0.4h 蛋白结合率：10%~33% 其余参数：无	排泄：约 78%~97% 的药物经尿排泄，1%~3% 的经粪便排泄[15]	本品不应用于正在使用或在 2 周内使用过单胺氧化酶抑制剂的患者；避免与治疗高血压的药物合用，以免降低治疗高血压药物的有效性；避免手术当天与卤代麻醉药同时服用[15]	成人每日最大总剂量：不超过 60mg。本品要整片用水送下，不能咀嚼、掰开或压碎。保存条件：储存温度为 20~25℃[15]
右哌甲酯（Focalin XR）	分子量：269.77kDa[16] $t_{1/2}$：3h 分布容积：(2.65 ± 1.11) L/kg 生物利用度：22%~25%	1. 代谢：主要通过脱酯化代谢为 d-α-苯基哌啶醋酸（也称为 d- 利他林酸 2. 排泄：约 90% 经尿液排泄[16]	避免与单胺氧化酶抑制剂同时服用；避免与治疗高血压的药物同时服用，Focalin XR 会降低治疗高血压药物的有效性；避免手术当天与卤代麻醉药同时服用；联合利培酮使用时，应减少剂量，减少锥体外系反应的风险[16]	保存条件：放置在一个紧密封闭的容器中，室温温度保持在 20℃~25℃。每日最大剂量：40mg[16]

续表

药品通用名（商品名）	药代动力学参数	代谢和排泄途径	药物相互作用	其他特性（如有效期、保存条件单次最大给药剂量等）
硫酸吗啡缓释片（Avinza®）	分子量：758.83kDa[17] $t_{1/2}$：3.5~5h 分布容积：1~6L/kg 蛋白结合率：20%~35%	1. 代谢：吗啡代谢的主要途径包括葡萄糖醛酸化产生代谢物和肝脏中的硫酸化产生吗啡-3-醚硫酸盐 2. 排泄：吗啡的消除主要是通过肝脏代谢到葡萄糖醛酸酯代谢物M3G和M6G，然后通过肾内排出[17]	不应与单胺氧化酶抑制剂同时服用，或在这种药物治疗的两周内使用；避免与酒精同时使用；避免与抗胆碱能药物同时使用；避免与PGP抑制剂（如奎尼丁）同时服用；避免与其他中枢神经系统抑制剂同时使用；避免与西咪替丁同时服用；避免与混合激动剂/拮抗剂（即戊唑辛、纳布啡和布托啡诺）和部分激动剂（丁丙诺啡）镇痛药合用[17]	有效期：36个月。 保存条件：温度不超过25℃保存。本品必须整片吞服，不可掰开、碾碎或咀嚼。每日剂量：必须限制在每日最大1600mg[17]
纳曲酮（Vivitrol）	分子量：341.41kDa[18] $t_{1/2}$：5~10天 蛋白结合率：21% 其余参数：无	1. 代谢：纳曲酮在人体中被广泛代谢，其主要代谢物6β纳曲酮，其余两个代谢物为2-羟基-3-甲氧基-6β-纳曲醇和2-羟基-3-甲氧基-纳曲酮 2. 排泄：纳曲酮及其代谢物的消除主要通过尿液发生[18]	可拮抗含阿片类药物的作用，如咳嗽和感冒药、止泻药和阿片类镇痛剂[18]	保存条件：整个剂量包应储存在冰箱中（2~8℃）。不要将产品暴露在25℃以上的温度下。不应该冷冻。单次最大给药剂量：每4周或者每月一次肌内注射380mg[18]
东莨菪碱（Transderm-Scop）	分子量：303.35kDa[19] $t_{1/2}$：9.5h 其余参数：无	代谢及排泄方式尚不明了[19]	与镇静剂、催眠药物、阿片类药物、抗焦虑药或酒精合用时，会引起嗜睡、头晕或定向障碍；与抗组胺药物，三环类抗郁药，以及肌松药合用时，应非常小心；与具有抗胆碱能特性（如其他颠茄生物碱、镇静抗组胺、甲利嗪、三环抗抑郁药和肌肉松弛剂）可能会增强透皮剂的效果；与其他具有抗胆碱能特性的药物同时使用，可能会增加中枢神经系统不良反应；与胃内	有效期：2年 保存条件：密闭，20~25℃室温保存。在需要发挥抗晕动病作用前至少4小时，将本品贴在一侧耳后没有头发的干燥皮肤上[19]

续表

药品通用名（商品名）	药代动力学参数	代谢和排泄途径	药物相互作用	其他特性（如有效期、保存条件单次最大给药剂量等）
东莨菪碱（Transderm-Scop）	分子量：303.35kDa[19] $t_{1/2}$：9.5h 其余参数：无	代谢及排泄方式尚不明了[19]	吸收的口服药物合用可能会延迟胃和上消化道的运动，从而延缓药物的吸收率；测试前十天内停止用药，否则会干扰胃分泌试验[19]	
盐酸非索非那定（Allegra D）	分子量：538.13kDa[23] $t_{1/2}$：11~15h 蛋白结合率：60%~70%	1. 代谢：其总剂量约5%通过肝脏代谢被消除 2. 排泄：经过肾脏排泄[23]	其主要代谢途径不经肝脏，不会与其他经肝脏代谢的药物发生相互作用[23]	有效期：36个月。保存条件：密封，在30℃以下干燥处保存。单次剂量120mg[23]
注射用维替泊芬（Visudyne）	分子量：718.8kDa[30] $t_{1/2}$：5~6h 其余参数：无	1. 代谢：代谢是有限的，发生在肝脏和血浆脂酶 2. 排泄：药物通过粪便排泄，只有不到0.01%的药物剂量可以在尿液中发现[30]	尚未系统研究本品与其他药物的相互作用[30]	有效期：48个月。保存条件：包装产品必须在室温下（25℃以下）避光保存。冻干粉针溶解后应避免光照，并4小时内使用。注意防止出现局部药液外渗。一旦发生要注意注射部位避光[30]
诺西那生钠(Spinraza)	分子量：7501kDa[38] $t_{1/2}$：血液：63~87天；脑脊液：135~177天 其余参数：无	1. 代谢：通过外切酶（3'－和5'）介导的水解进行代谢 2. 排泄：主要途径可能是尿排泄素及其链缩短的代谢物[38]	尚未系统研究本品与其他药物的相互作用[38]	保存条件：储存在2℃~8℃之间的冰箱中，以防止光线照射。不要冻结。如果没有冷藏设备，可以储存在原来的纸箱中，在30℃或以下的光线保护长达14天。单次最大给药剂量：对于体重低于100kg的患者，推荐剂量为每3周一次0.3mg/kg。对于体重大于100kg或以上的患者，推荐剂量为每3周一次30mg[38]
长春夫利（Ultomiris）	分子量：148kDa[43] PNH患者中消除半衰期：49.6（18.3）天；aHUS患者中消除半衰期：51.8（31.3）天 其余参数：无	体重是长春夫利药代动力学的临床上显著的协变量[43]	尚未系统研究本品与其他药物的相互作用[43]	单次最大给药剂量：不要将Ultomiris100mg/ml（3ml和11ml小瓶）和10mg/ml（30ml小瓶）浓度混合在一起。保存条件：稀释后的液体，如不立即使用，应考虑到预期的注入时间，在2~8℃的制冷下储存不得超过24小时[43]

四、神经系统纳米药物对应适应证的 HTA

神经系统纳米药物对应适应证的 HTA 具体内容见表 4-2-3。

表4-2-3　神经系统纳米药物对应适应证的HTA

药品通用名（商品名）	适应证	有效性	安全性	经济性
棕榈酸帕利哌酮注射液（Invega Trinza）	精神分裂症	1. 一项多中心、开放标签 RCT 研究显示[46]，停用口服帕利培酮及 invega sustenna（PP1M）或 PP3M 的患者在 2、6 和 13 个月后均无复发，与 PP1M 相比，PP3M 同样安全有效，并具有额外的优势，即延长可给药间隔，提高用药依从性，降低复发风险 2. 另一项开放标签研究显示[47]：与 PP1M 相比，PP3M 在治疗依从性、有效性和耐受性方面有显著改善。PP3M 停止治疗后复发时间延长，减轻护理者负担 3. 另两项双盲、平行组、多中心研究显示[48-49]，PP1M 和 PP3M 在复发率方面没有显著性差异，治疗效果相似。因此，PP3M 更长的给药间隔更具治疗优势	与 PP1M 相比，PP3M 并无新发的不良反应，依从性更高，复发风险更低，副作用的发生率也更低[46-47]	1. 一项评估 PP1M 和 PP3M 治疗慢性精神分裂症的研究表明：PP3M 预期成本较低。即使应用 PP3M 的最高剂量，仍然具有成本效益[50] 2. 一项基于荷兰的从保险公司的角度的研究对治疗慢性精神分裂症的成本 – 效果进行了比较。结果显示，PP3M 的预期成本最低，PP3M 是一种很好的抗精神病治疗替代方案[51] 3. 一项法国的研究表明：与 PP1M 相比，PP3M 具有 0.123 的增量生命质量年（QALY）和成本节约效应，应用 PP3M 的 QALY 结果稍好，且成本节约[52] 4. 一项通过建立三组患者的模型的研究显示：与治疗中断的患者相比，PP1M 和 PP3M 治疗组的总体环境负担较中断治疗组低，从而减少了医院带来的环境负担。而 PP3M 与 PP1M 相比具有更好的成本效益[53]
棕榈酸帕利哌酮（Invega Hafyera）	精神分裂症	一项双盲、随机的 RCT 研究表明：给予 PP3M 或 PP1M 充分治疗的精神分裂症患者，棕榈酸帕利哌酮一年两次给药方案在预防复发方面的疗效不低于 PP3M[54]	Invegahafyera（62.1%）和 Invega Trinza（58.5%）治疗紧急不良事件发生率相似，未出现新的安全问题[54]	/
帕替司兰（OnpattroTM）	遗传性转甲状腺素淀粉样变性	/	/	1. 加拿大卫生药品和技术局从加拿大医疗保健支付者的角度评估了转甲状腺素蛋白淀粉样变性多发性神经病患者接受帕替司兰以及 inotersen 的成本效果，结果显示帕替司兰具有成本效益的替代方案[55]

续表

药品通用名（商品名）	适应证	有效性	安全性	经济性
帕替司兰（OnpattroTM）	遗传性转甲状腺素淀粉样变性			2. 另一项从卫生保健部门的角度出发，该研究认为帕替司兰作为转甲状腺素蛋白淀粉样变性多发性神经病患者的治疗具有一定的成本效益优势[56] 3. 一项对西班牙转甲状腺素淀粉样蛋白多性神经病变患者管理的年度经济负担角度出发，对三种治疗药物帕替司兰、inotersen 和 tafamidis 的经济成本进行评估分析，结果发现，与使用帕替司兰或 inotersen 治疗患者相比，使用 tafamidis 治疗患者将大大降低成本和患者负担[57]，研究结果显示，帕替司兰与 inotersen、tafamidis 比较，帕替司兰价格相对较高，相比于传统的 tafamidis 时，可能不具有成本－效用优势
尼古丁戒烟贴（NicoDerm CQ）	戒烟的治疗	1. 在 2 周的戒断期研究中发现，NicoDerm CQ（21mg）贴片产生了更好的持续对渴望的控制。此外，NicoDerm CQ 在控制焦虑、易怒和不安等方面较 Nicotrol（15mg）更好[58] 2. 在一项对应用 Varenicline、Bupropion sr 和 NicoDerm CQ 治疗戒烟效果的研究中发现，Varenicline 的戒烟效果最好，Bupropion sr 和 NicoDerm CQ 戒烟效果相当	三组治疗方案中无严重的新增的不良反应发生[59]	/
诺西那生钠(Spinraza)	脊髓性肌萎缩症	1. 一项 meta 分析结果显示[60]，相比于诺西那生钠，接受 onasemnogene abeparvovec 治疗的患者行走的可能性更大 2. 一项研究显示[61]，两种治疗患者在生存、运动功能和运动里程碑方面均有显著改善，但 onasemnogene abeparvovec 相较于诺西那生钠有更大的临床益处	在不同试验中报告的 SAEs 类型是相似的。由于 SAEs 包括致命事件，与 onasemnogene abeparvovec 和诺西那生钠相比，利司扑兰的 SAEs 数量较低[62]	1. 一项从美国商业保险公司的角度利用马尔可夫（Markov）模型评估了Ⅰ型脊髓性肌萎缩症患者接受 nusinersen 和 onasemnogene abeparvovec 治疗的成本效用分析显示[63]，结果显示诺西那生钠相较于 onasemnogene abeparvovec 不具有成本－效应优势

续表

药品通用名（商品名）	适应证	有效性	安全性	经济性
诺西那生钠(Spinraza)	脊髓性肌萎缩症	3. 另一项研究表明[62]，在1型SMA中，与onasemnogene abeparvovec和诺西那生钠相比，利司扑兰是治疗1型SMA较好的方案；结果显示，有效性方面，诺西那生钠在SMA的药物治疗策略中，相比于onasemnogene abeparvovec不具有较优的无进展生存期和总生存期		2. 另一项利用分马尔可夫（Markov）模型从澳大利亚医疗保健系统的角度评估了诺西那生钠和onasemnogene abeparvovec治疗脊髓性肌萎缩症的成本效用分析[64]，结果显示诺西那生钠和onasemnogene abeparvovec都带来了健康效益，但它们的成本效益不高 3. 一项利用微管模拟模型从荷兰的医疗保健系统的角度评估诺西那生钠和onasemnogene abeparvovec治疗脊髓性肌萎缩症的成本效用分析[65]，结果显示诺西那生钠不具有成本－效应优势。而诺西那生钠自2022年1月1日起，正式进入我国医保目录，将每针55万的“天价药”降低到3.3万，这极大地减轻患儿家庭使用该药的经济负担，大大改善了用药的可及性，减轻了使用其治疗患者的医疗费用负担，从而可能会影响纳入研究的总成本，导致研究结果发生较大的改变，故需要更多的研究纳入最新的数据来评估它的经济效益
长春夫利(ULTOMIRIS™)	阵发性睡眠性血红蛋白尿症	针对日本人群的研究显示，接受长春夫利组在经过26周治疗后脱离输血的患者比例为83.3%，接受依库珠单抗治疗组26周后有53.3%的患者脱离了输血治疗[66]。一项研究中显示接受长春夫利组在经过26周治疗后脱离输血的患者比例为87.6%，而接受依库珠单抗治疗组后为82.7%[67]。另一项研究接受长春夫利组在经过26周治疗后脱离输血的患者比例为73.6%，治疗52周后脱离输血的患者比例为76.6%；接受依库珠单抗治疗组26周后有66.1%的患者脱离了输血治疗，52周后为67.2%[68]。三组	安全性方面，两种治疗策略发生治疗相关不良反应发生率差异不具有显著性。发生腹泻、腹痛、呼吸道感染等的不良反应事件也相似，无统计学差异[66-68]	1. 从医疗资源利用和直接医疗成本的角度出发分析发现：与接受依库珠单抗治疗的患者相比，长春夫利患者的总增量成本大大降低 2. 一项从美国支付者的角度出发的研究表明，在阵发性夜间血红蛋白尿的成人中长春夫利具有较优的疗效，具有成本－效用优势

续表

药品通用名（商品名）	适应证	有效性	安全性	经济性
长春夫利（ULTOMIRIS™）	阵发性睡眠性血红蛋白尿症	分析均显示经长春夫利和依库珠单抗治疗后可显著使患者摆脱输血依赖，长春夫利与依库珠单抗比较具有非劣性[69~71]		
维替泊芬（Visudyne）	用于治疗因年龄相关性黄斑变性、病理性近视或假定的眼组织胞浆菌病导致的经典中央凹下脉络膜新生血管形成的患者	1. 研究中发现 ranibizumab 对视力矫正的获益均高于维替泊芬；另一项研究中比较了维替泊芬与 IVB 及 TTT 的研究中，IVB 对视力矫正的效果最好，其次是 TTT，维替泊芬最差。对丢失 15 个字母占比 ranibizumab 组明显低于维替泊芬组。HTA 研究显示 ranibizumab 组较维替泊芬组有更高的视力获得机会[72~74] 2. 另有 2 篇研究比较了抗 VEGF 单药治疗与维替泊芬联合抗 VEGF 治疗 CNV 有效性与安全性[75, 76]。其中一篇研究显示与抗 VEGF 单药治疗相比，维替泊芬、PDT 和抗 VEGF 联合治疗可有效实现最佳视力矫正增加和降低视网膜中心厚度。联合治疗可能会减少所需的抗 VEGF 注射次数。另一篇系统研究则提示联合疗法对 CNV 与抗 VEGF 单药治疗的效果并不显著，需要通过更大的随机对照试验进行确认	研究显示在眼部和非眼部不良事件的发生率没有统计学意义。在本研究中对患者的随访期间，没有发生血栓栓塞事件或死亡。所有患者均未出现眼内炎、视网膜脱离或治疗后出血等严重的眼部并发症。静脉注射后，仅观察到短暂的眼压升高，并通过局部药物解决	1. 巴西公共卫生系统对三种 AMD 治疗方案（维替泊芬、ranibizumab、bevacizumab）的预算影响进行分析[77]，结果显示推荐引入 bevacizumab 治疗 AMD 2. 另一项根据发表的科学文献中的大量成本 - 效果数据和全球医疗保健提供者的独立经济评估的研究表明，与目前批准的其他湿性 AMD 治疗相比，ranibizumab 一直被证明是具有成本 - 效益的。在 VEGF 抑制剂推出之前，与当时的常规 / 最佳支持性治疗相比，PDT 联合维替泊芬被推荐为治疗湿性 AMD 的一种划算的选择[78] 3. 一项针对加拿大的系统经济回顾显示，维替泊芬比传统的黄斑激光更划算，而 pegaptaptanib 可能比维替泊芬更具成本效益[79] 4. 另一项来自于加拿大的研究显示，与维替泊芬和标准护理相比，pegaptanib 是一种治疗老年患者凹下湿性 AMD 的更具有成本 - 效用优势的方法[80]

五、血液系统纳米药物文献计量学与研究热点分析

通过对神经系统纳米药物临床应用指南和共识的推荐意见比较，发现神经系统纳米药物目前国内外相关指南较少。为了更全面的了解神经系统纳米药物，我们对当前发表的神经系统纳米药物研究与进展进行文献计量学研究，旨在分析国内外的研究现状、热点，并进一步探索其研究前沿。

英文以 Webof Science 核心合集数据库，中文以 CNKI 数据库为数据来源，以神经系统各个纳米药物为检索词，检索 2000 年至 2021 年已发表的相关文献。采用文献计量法，对所收集论文的时间及数量分布、期刊分布、国家分布、发表作者及其所在机构（数量及排序）、文献发表机构（数量及排序）、论文研究方向进行分析。

（一）利培酮微球的文献计量学与研究热点分析

1. 检索策略

利培酮微球文献计量学的检索策略具体内容见表 4-2-4。

表4-2-4　利培酮微球文献计量学的检索策略

类别	检索策略	
数据来源	Web of Science 核心合集数据库	CNKI 数据库
引文索引	SCI-Expanded	主题检索
主题词	Risperdal Consta	利培酮微球
文献类型	Article	研究论文
语种	English	中文
检索时段	2000 年 ~2021 年	2000 年 ~2021 年
检索结果	共 63 篇文献	共 86 篇文献

2. 文献发表时间及数量分布

利培酮微球文献发表时间及数量分布见图 4-2-1。

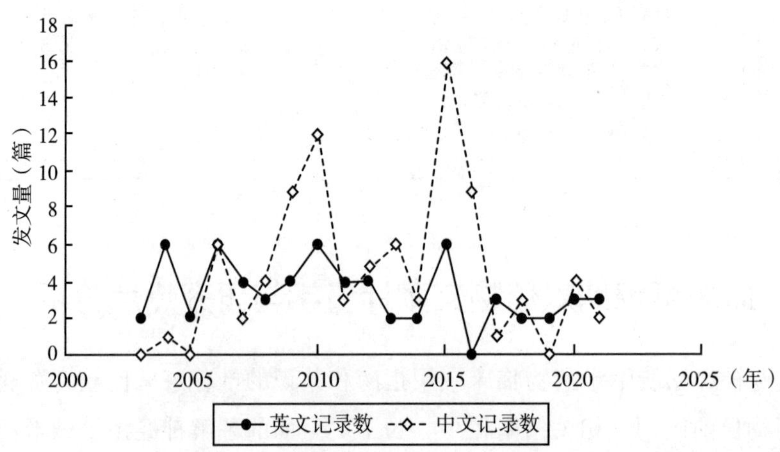

图 4-2-1　2000~2021 年利培酮微球研究的发文量

3. 文献发表杂志

利培酮微球文献发表杂志统计数据见表 4-2-5。

表4-2-5　利培酮微球发文量前10位的期刊/学位论文

序号	WOS 数据库		CNKI 数据库	
	英文来源出版物	记录数	中文来源出版物	记录数
1	INTERNATIONAL JOURNAL OF PHARMACEUTICS	4	中国新药杂志	15
2	INTERNATIONAL JOURNAL OF PHARMACEUTICS KIDLINGTON	4	中国民康医学	5
3	VALUE INhEALTH	4	河北科技大学	3
4	BIOLOGICAL PSYCHIATRY	3	医药经济报	3
5	EXPERT REVIEW OF NEUROTHERAPEUTICS	3	海峡药学	3
6	SCHIZOPHRENIA RESEARCH	3	医药导报	3
7	CLINICAL THERAPEUTICS	2	精神医学杂志	3
8	EUROPEAN JOURNAL OF PHARMACEUTICS AND BIOPHARMACEUTICS	2	中国医药工业杂志	2
9	EUROPEAN JOURNAL OF PHARMACEUTICS AND BIOPHARMACEUTICS OFFICIAL JOURNAL OF ARBEITSGEMEINSCHAFTFUR PHARMAZEUTISCHE VERFAHRENSTECHNIK EV	2	中国新药与临床杂志	2
10	EUROPEAN PSYCHIATRY	2	中国临床药理学杂志	2

4. 文献发表国家及数量分布

利培酮微球文献发表国家及数量分布统计数据见表 4-2-6。

表4-2-6　文献发表前10位的国家

序号	国家	记录数	序号	国家	记录数
1	美国	25	6	印度	3
2	法国	5	7	荷兰	3
3	比利时	4	8	中国	3
4	德国	4	9	加拿大	2
5	英格兰	3	10	新西兰	2

5. 文献发表的作者及其所在机构、数量及排序

利培酮微球文献发表作者统计数据见表 4-2-7。

表4-2-7　发表文章数量前10位的作者

序号	WOS 数据库		CNKI 数据库	
	作者及其所在机构	记录数	作者及其所在机构	记录数
1	Burgess Diane J, Univ Connecticut	12	李学明，南京工业大学制药与生命科学学院	3
2	Choi Stephanie, US FDA	10	韦萍，南京工业大学制药与生命科学学院	3
3	Wang Yan, US FDA	10	卢桂华，浙江省湖州市第三人民医院精神科	3
4	Remmerie Bart, Janssen Res & Dev	6	王刚，首都医科大学附属北京安定医院	3
5	Shen J, Univ Connecticut	6	陈国广，首都医科大学附属北京安定医院	3
6	Andhariya Janki V, Univ Connecticut	4	许英，首都医科大学附属北京安定医院	2
7	Coppola Danielle, Johnson & Johnson Pharmaceut R&D	4	王化宁，第四军医大学南京医院心身科	2
8	Eerdekens Marielle, Uppsala Univ	4	贾竑晓，北京师范大学认知神经科学与学习国家重点实验室	2
9	Eriksson Bo, The Swedish Institute forhealth Economics	4	陶百平，浙江省湖州市第三人民医院	2
10	Garner John, Akina Inc	4	王世锴，浙江省湖州市第三人民医院	2

6. 文献发表机构、数量及排序

利培酮微球文献发表数据统计见表 4-2-8。

表4-2-8　文献发表前10位的机构、数量

序号	WOS 数据库		CNKI 数据库	
	机构	记录数	机构	记录数
1	JOHNSON JOHNSON	10	北京大学	8
2	US FOOD DRUG ADMINISTRATION FDA	6	首都医科大学附属北京安定医院	6
3	JANSSEN PHARMACEUTICALS	5	南京工业大学	4
4	UNIV CONNECTICUT	5	广州市脑科医院	4
5	UNIVERSITY OF CONNECTICUT	5	山东省精神卫生中心	4
6	US FDA	5	杭州市第七人民医院	4
7	JANSSEN CILAG	3	苏州市广济医院	4
8	UNIVERSITY OF CALIFORNIA SYSTEM	3	绍兴市第七人民医院	3

续表

序号	WOS 数据库		CNKI 数据库	
	机构	记录数	机构	记录数
9	AKINA INC	2	上海交通大学	3
10	ALLEANTIS	2	中山大学附属第三医院	3

7. 利培酮微球相关论文的研究方向

利培酮微球相关论文的研究方向具体见表 4–2–9。

表4–2–9　利培酮微球研究排名前10位的研究方向

序号	WOS 数据库		CNKI 数据库	
	研究方向	记录数	研究方向	记录数
1	Pharmacology Pharmacy	50	精神分裂症	36
2	Psychiatry	44	利培酮	34
3	Toxicology	21	注射用利培酮微球	23
4	Neurosciences Neurology	19	利培酮微球	23
5	Health Care Sciences Services	15	长效利培酮微球	8
6	Behavioral Sciences	14	对照研究	7
7	Biochemistry Molecular Biology	13	注射用	6
8	Business Economics	10	缓释微球	4
9	Behavioral Sciences	10	注射剂	4
10	Science Technology Other Topics	5	疗效和安全	3

（二）硫酸吗啡缓释胶囊文献计量学与研究热点分析

1. 检索策略

硫酸吗啡缓释胶囊文献计量学的检索策略见表 4–2–10。

表4–2–10　硫酸吗啡缓释胶囊文献计量学的检索策略

类别	检索策略	
数据来源	Web of Science 核心合集数据库	CNKI 数据库
引文索引	SCI–Expanded	主题检索
主题词	Morphine sulfate	硫酸吗啡缓释胶囊
文献类型	Article	研究论文
语种	English	中文
检索时段	2000 年 ~2021 年	2000 年 ~2021 年
检索结果	共 1626 篇文献	共 11 篇文献

2. 文献发表时间及数量分布

硫酸吗啡缓释胶囊文献发表时间及数量分布见图 4-2-2。

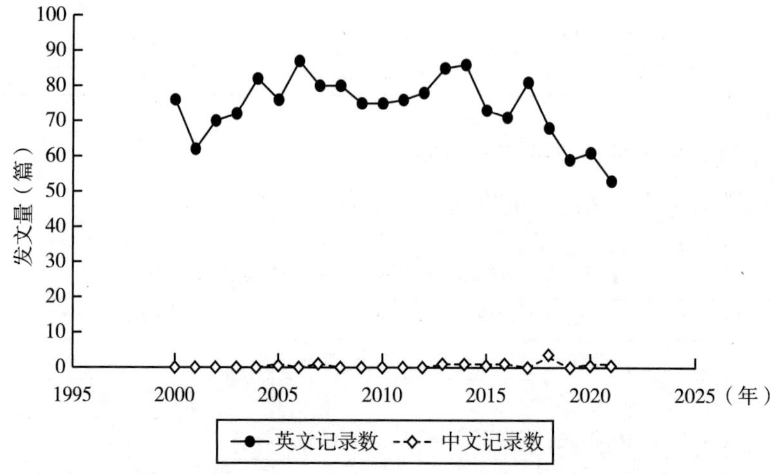

图 4-2-2　2000~2021 年硫酸吗啡缓释胶囊研究的发文量

3. 文献发表杂志

硫酸吗啡缓释胶囊文献发表杂志数据统计见表 4-2-11。

表4-2-11　硫酸吗啡缓释胶囊发文量前10位的期刊

序号	WOS 数据库		CNKI 数据库	
	英文来源出版物	记录数	中文来源出版物	记录数
1	ANESTHESIA AND ANALGESIA	30	现代药物与临床	1
2	EUROPEAN JOURNAL OF PHARMACOLOGY	29	药物流行病学杂志	1
3	ANESTHESIOLOGY	25	中国当代医药	1
4	JOURNAL OF PAIN AND SYMPTOM MANAGEMENT	24	中华医学信息导报	1
5	JOURNAL OF UROLOGY	24	中国社区医师	1
6	ANESTHESIOLOGY HAGERSTOWN	23	实用医药杂志	1
7	JOURNAL OF ENDOUROLOGY	20	中国医药指南	1
8	PAIN MEDICINE	19	中国医院用药评价与分析	1
9	PAIN MEDICINE MALDEN MASS	19	中国疼痛医学杂志	1
10	THE JOURNAL OF UROLOGY	17	北方药学	1

4. 文献发表国家及数量分布

硫酸吗啡缓释胶囊文献发表国家及数量分布见表 4-2-12。

表4-2-12　硫酸吗啡缓释片文献发表的前10位的国家

序号	国家	记录数	序号	国家	记录数
1	美国	627	6	德国	56
2	伊朗	141	7	中国	47
3	英国	119	8	土耳其	46
4	法国	66	9	意大利	43
5	加拿大	59	10	韩国	36

5. 文献发表的作者及其所在机构、数量及排序

硫酸吗啡缓释胶囊文献发表的作者统计数据见表 4–2–13。

表4-2-13　硫酸吗啡缓释片发表文章数量前10位的作者

序号	WOS 数据库		CNKI 数据库	
	作者及其所在机构	记录数	作者及其所在机构	记录数
1	Setnik Beatrice，Pfizer Inc	19	张洁，天津医科大学总医院	1
2	Zarrindast Mohammad-reza，Univ Tehran Med Sci	17	曾四元，江西省妇幼保健院	1
3	Stauffer J，ClinPharm PK Consulting LLC	15	张静，兰州大学第二医院	1
4	Bayes M，Prous Sci Sci SA	13	申文，徐州医科大学附属医院	1
5	Hosztafi S，Semmelweis Univ	13	李应宏，甘肃省武威肿瘤医院	1
6	Prous J R，Prous Sci SA	13	熊树华，江西省妇幼保健院	1
7	Rabasseda X，Prous Sci Sci SA	13	梁栋，徐州医科大学附属医院	1
8	Hosztafi Sandor，Semmelweis Univ	12	张宇杰，甘肃省武威肿瘤医院	1
9	Semnanian S,Tarbiat Modares Univ	12	袁燕，徐州医科大学附属医院	1
10	Stauffer Joseph,Alpharma Pharmaceut LLC	11	陈立平，徐州医科大学附属医院	1

6. 硫酸吗啡缓释胶囊相关论文的研究方向

硫酸吗啡缓释胶囊相关论文的研究方向具体见表 4–2–14。

表4-2-14　硫酸吗啡缓释胶囊研究排名前10位的研究方向

序号	WOS 数据库		CNKI 数据库	
	研究方向	记录数	研究方向	记录数
1	Pharmacology Pharmacy	1286	硫酸吗啡缓释片	5
2	Neurosciences Neurology	853	癌性疼痛	3

续表

序号	WOS 数据库		CNKI 数据库	
	机构	记录数	机构	记录数
3	Biochemistry Molecular Biology	479	华蟾素胶囊	2
4	Toxicology	451	西黄胶囊	2
5	Anesthesiology	421	临床观察	2
6	Surgery	400	加巴喷丁胶囊	2
7	Behavioral Sciences	326	临床效果	1
8	Geriatrics Gerontology	249	美国 FDA	1
9	General Internal Medicine	245	妇科恶性肿瘤	1
10	Health Care Sciences Services	238	全球药物	1

（三）帕替司兰文献计量学与研究热点分析

1. 检索策略

帕替司兰文献计量学的检索策略具体见表 4-2-15。

表4-2-15　帕替司兰文献计量学的检索策略

类别	检索策略	
数据来源	Web of Science 核心合集数据库	CNKI 数据库
引文索引	SCI-Expanded	主题检索
主题词	Patisiran	帕替司兰
文献类型	Article	研究论文
语种	English	中文
检索时段	2000 年 ~2021 年	2000 年 ~2021 年
检索结果	共 256 篇文献	共 0 篇文献

2. 文献发表时间及数量分布

帕替司兰文献发表时间及数量分布具体见图 4-2-3。

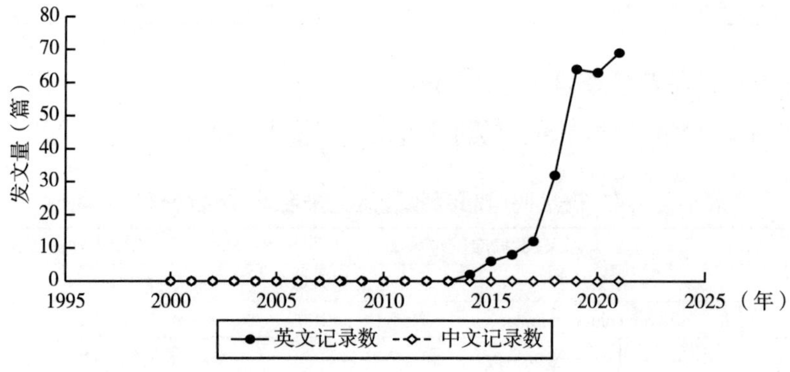

图 4-2-3　2000 年 ~2021 年帕替司兰研究的发文量

3. 文献发表杂志

帕替司兰文献发表杂志数据统计见表 4-2-16。

表4-2-16　帕替司兰发文量前10位的期刊

序号	WOS 数据库	
	英文来源出版物	记录数
1	JOURNAL OF THE PERIPHERAL NERVOUS SYSTEM	15
2	NEUROLOGY	14
3	EUROPEAN JOURNAL OF NEUROLOGY	12
4	MUSCLE NERVE	10
5	AMYLOID JOURNAL OF PROTEINFOLDING DISORDERS	7
6	JOURNAL OF THE NEUROLOGICAL SCIENCES	7
7	AMYLOID THE INTERNATIONAL JOURNAL OF EXPERIMENTAL ANDCLINICAL INVESTIGATION THE OFFICIAL JOURNAL OF THE INTERNATIONAL SOCIETY OF AMYLOIDOSIS	6
8	EXPERT OPINION ON PHARMACOTHERAPY	6
9	AMYLOID	5
10	ANNALS OF NEUROLOGY	5

4. 文献发表国家及数量分布

帕替司兰文献发表国家及数量分布具体见表 4-2-17。

表4-2-17　文献发表前10位的国家

序号	国家	记录数	序号	国家	记录数
1	美国	133	6	意大利	32
2	法国	56	7	墨西哥	31
3	德国	52	8	英国	27
4	葡萄牙	46	9	日本	27
5	瑞典	37	10	巴西	24

5. 文献发表的作者及其所在机构、数量及排序

帕替司兰文献发表的作者统计数据见表 4-2-18。

表4-2-18　发表文章数量前10位的作者

序号	WOS 数据库		序号	WOS 数据库	
	作者及其所在机构	记录数		作者及其所在机构	记录数
1	Adams D，Univ Paris Saclay	59	6	Schmidth，Univ Hosp Muenster	32
2	Coelho T，Ctr Hosp Univ Porto	50	7	Adams David，Univ Paris Saclay	27

续表

序号	WOS 数据库		序号	WOS 数据库	
	作者及其所在机构	记录数		作者及其所在机构	记录数
3	Gonzalez-duarte A，Nacl Ciencias Med & Nutr Salvador Zubiran	37	8	Berk J，Boston Univ	26
4	Polydefkis M，Johns Hopkins Univ	36	9	Coelho Teresa，Hosp Santo Antonio	25
5	Gollob J，Alnylam Pharmaceut	32	10	Suhr O，Umea Univ	24

6. 文献发表机构、数量及排序

帕替司兰文献发表机构统计数据具体见表 4-2-19。

表4-2-19　文献发表前10位的机构、数量

序号	WOS 数据库		序号	WOS 数据库	
	机构	记录数		机构	记录数
1	ALNYLAM PHARMACEUT	41	6	BOSTON UNIVERSITY	28
2	ASSISTANCE PUBLIQUE HOPITAUX PARIS APHP	35	7	JUDICE FRENCH RESEARCH UNIVERSITIES	27
3	HOPITAL UNIVERSITAIRE BICETRE APHP	32	8	JOHNS HOPKINS UNIVERSITY	23
4	UMEA UNIVERSITY	31	9	INSTITUT NATIONAL DE LA SANTE ETDE LA RECHERCHE MEDICALE INSERM	23
5	UNIVERSITY OF MUNSTER	31	10	RUPRECHT KARLS UNIVERSITY HEIDELBERG	23

7. 帕替司兰相关论文的研究方向

帕替司兰文献相关研究方向数据统计具体见表 4-2-20。

表4-2-20　帕替司兰研究排名前10位的研究方向

序号	WOS 数据库		序号	WOS 数据库	
	研究方向	记录数		研究方向	记录数
1	Geneticsheredity	175	6	Cardiovascular System Cardiology	56
2	Neurosciences Neurology	175	7	General Internal Medicine	49
3	Pharmacology Pharmacy	152	8	Science Technology Other Topics	49
4	Biochemistry Molecular Biology	133	9	Immunology	35
5	Endocrinology Metabolism	85	10	Hematology	34

（四）纳曲酮文献计量学与研究热点分析

1. 检索策略

纳曲酮文献计量学的检索策略具体见表 4-2-21。

表4-2-21 纳曲酮文献计量学的检索策略

类别	检索策略	
数据来源	Web of Science 核心合集数据库	CNKI 数据库
引文索引	SCI-Expanded	主题检索
主题词	Vivitrol	纳曲酮
文献类型	Article	研究论文
语种	English	中文
检索时段	2000 年 ~2021 年	2000 年 ~2021 年
检索结果	共 95 篇文献	共 326 篇文献

2. 文献发表时间及数量分布

纳曲酮文献发表时间及数量分布具体见图 4-2-4。

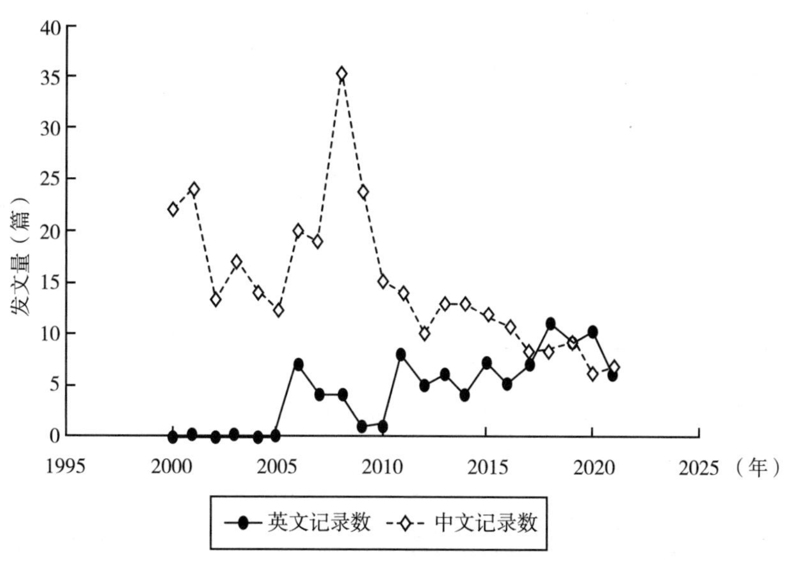

图 4-2-4 2000 年 ~2021 年纳曲酮研究的发文量

3. 文献发表杂志

纳曲酮文献发表杂志统计数据见表 4-2-22。

表4-2-22　纳曲酮发文量前10位的期刊

序号	WOS 数据库		CNKI 数据库	
	英文来源出版物	记录数	中文来源出版物	记录数
1	JOURNAL OF SUBSTANCE ABUSE TREATMENT	8	中国药物滥用防治杂志	47
2	ADDICTION	6	中国药物依赖性杂志	28
3	ADDICTION ABINGDON ENGLAND	6	中国药学杂志	6
4	CONTEMPORARY CLINICAL TRIALS	5	中国医药工业杂志	6
5	DRUG AND ALCOHOL DEPENDENCE	5	国际药学研究杂志	6
6	ALCOHOLISM CLINICAL AND EXPERIMENTAL RESEARCH	4	世界临床药物	6
7	THE MENTAL HEALTH CLINICIAN	4	中国医药工业杂志	6
8	ZHURNAL NEVROLOGII I PSIKHIATRII IM C.C. KORSAKOVA	4	药学进展	5
9	ZHURNAL NEVROLOGII I PSIKHIATRII IMENI S.S. KORSAKOVA	4	上海医药	5
10	JOURNAL OF ADDICTION MEDICINE	3	中国疗养杂志	5

4. 文献发表国家及数量分布

纳曲酮文献发表国家及数量分布具体见表 4-2-23。

表4-2-23　文献发表前10位的国家

序号	国家	记录数	序号	国家	记录数
1	美国	66	6	俄罗斯	2
2	中国	3	7	澳大利亚	1
3	德国	2	8	加拿大	1
4	伊朗	2	9	英国	1
5	新西兰	2	10	意大利	1

5. 文献发表的作者及其所在机构、数量及排序

纳曲酮文献发表作者的具体统计数据见表 4-2-24。

表4-2-24　纳曲酮发表文章数量前10位的作者

序号	WOS 数据库		CNKI 数据库	
	作者及其所在机构	记录数	作者及其所在机构	记录数
1	Lee J D，NYU	7	王文甫，湖南省脑科医院自愿戒毒中心	10
2	Nunes Ev，Columbia Univ Coll Phys & Surg	6	周文华，宁波戒毒研究中心	9

续表

序号	WOS 数据库		CNKI 数据库	
	作者及其所在机构	记录数	作者及其所在机构	记录数
3	Fishman M，Johnshopkins Univ	5	杨国栋，宁波市微循环与莨菪类药研究所	8
4	Ling Walter，Univ Calif Los Angeles	5	宋森林，北京大兴戒毒治疗中心	7
5	Rotrosen J，NYU	5	刘志民，北京大学中国药物依赖性研究所	6
6	Gastfriend David R，Alkermes Inc	4	连智，北京大学中国药物依赖性研究所	6
7	Kinlock Timothy W，Friends Res Inst	4	秦伯益，军事医学科学院六所	6
8	Mcdonald Ryan，NYU	4	原伟，山东省精神卫生中心	6
9	O'brien Charles P，Univ Penn	4	张咏，广州军区武汉疗养院	5
10	Agibalova T V，Natl Res Ctr Addict	3	陆兵，军事医学科学院生物工程研究所	5

6. 文献发表机构、数量及排序

纳曲酮文献发表机构及相关数据统计见表 4-2-25。

表4-2-25 文献发表前10位的机构、数量

序号	WOS 数据库		CNKI 数据库	
	机构	记录数	机构	记录数
1	ALKERMES	10	中国人民解放军军事科学院医学研究院毒物药物研究所	21
2	COLUMBIA UNIVERSITY	9	北京大学	14
3	NEW YORK UNIVERSITY	9	湖南省脑科医院	12
4	NYU	9	沈阳药科大学	9
5	COLUMBIA UNIV	8	浙江省宁波戒毒所	8
6	UNIVERSITY OF CALIFORNIA SYSTEM	8	广东省第二人民医院	7
7	ALKERMES INC	7	广州军区武汉疗养院	6
8	JOHNS HOPKINS UNIVERSITY	7	北京大学深圳医院	5
9	UNIVERSITY OF CALIFORNIA LOS ANGELES	7	解放军第 177 医院	5
10	NEW YORK STATE PSYCHIATRY INSTITUTE	6	中国人民解放军军事科学院医学研究院生物工程研究所	5

7. 纳曲酮相关论文的研究方向

纳曲酮相关论文研究方向见表 4-2-26。

表4-2-26　纳曲酮研究排名前10位的研究方向

序号	WOS 数据库		CNKI 数据库	
	研究方向	记录数	研究方向	记录数
1	Pharmacology Pharmacy	76	纳曲酮	127
2	Toxicology	74	海洛因依赖	18
3	Substance Abuse	72	海洛因依赖者	18
4	Psychiatry	57	盐酸纳曲酮	13
5	Health Care Sciences Services	38	酒依赖	11
6	Psychology	35	溴甲纳曲酮	10
7	Behavioral Sciences	26	甲基纳曲酮	10
8	Neurosciences Neurology	19	临床研究	10
9	Research Experimental Medicine	10	海洛因	9
10	Biochemistry Molecular Biology	8	防复吸	9

（五）哌甲酯文献计量学与研究热点分析

1. 检索策略

哌甲酯文献计量学的检索策略具体见表 4-2-27。

表4-2-27　哌甲酯文献计量学的检索策略

类别	检索策略	
数据来源	Web of Science 核心合集数据库	CNKI 数据库
引文索引	SCI-Expanded	主题检索
主题词	Concerta	哌甲酯
文献类型	Article	研究论文
语种	English	中文
检索时段	2000 年 ~2021 年	2000 年 ~2021 年
检索结果	共 198 篇文献	共 589 篇文献

2. 文献发表时间及数量分布

哌甲酯文献发表时间及数量分布具体见图 4-2-5。

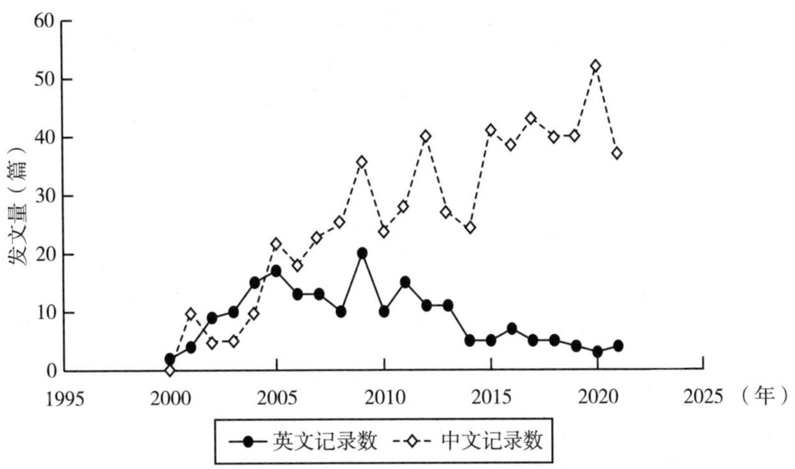

图 4-2-5　2000 年 ~2021 年哌甲酯研究的发文量

3. 文献发表杂志

哌甲酯文献发表杂志数据统计见表 4-2-28。

表4-2-28　哌甲酯发文量前10位的期刊

序号	WOS 数据库		CNKI 数据库	
	英文来源出版物	记录数	中文来源出版物	记录数
1	JOURNAL OF ATTENTION DISORDERS	9	中国儿童保健杂志	19
2	JOURNAL OF CHILD AND ADOLESCENT PSYCHOPHARMACOLOGY	8	中国妇幼保健	12
3	JOURNAL OF THE AMERICAN ACADEMY OF CHILD AND ADOLESCENT PSYCHIATRY	8	中国心理卫生杂志	10
4	PEDIATRIC RESEARCH	7	中华精神科杂志	10
5	EUROPEAN NEUROPSYCHOPHARMACOLOGY	5	国际精神病杂志	9
6	PEDIATRICS	5	中国实用儿科杂志	9
7	ADHD ATTENTION DEFICIT AND HYPERACTIVITY DISORDERS	4	临床精神医学杂志	8
8	ATTENTION DEFICIT AND HYPERACTIVITY DISORDERS	4	北京大学学报	8
9	CNS DRUGS	4	中国药房	8
10	CURRENT MEDICAL RESEARCH AND OPINION	4	中华实用儿科临床杂志	7

4. 文献发表国家及数量分布

哌甲酯文献发表国家及数量分布具体见表 4-2-29。

表4-2-29 文献发表前10位的国家

序号	国家	记录数	序号	国家	记录数
1	美国	98	6	德国	10
2	英格兰	13	7	法国	7
3	苏格兰	12	8	比利时	6
4	加拿大	11	9	荷兰	6
5	韩国	11	10	西班牙	6

5. 文献发表的作者及其所在机构、数量及排序

哌甲酯文献发表作者统计数据具体见表 4-2-30。

表4-2-30 发表文章数量前10位的作者

序号	WOS 数据库		CNKI 数据库	
	作者及其所在机构	记录数	作者及其所在机构	记录数
1	Starrh Lynn, Janssen Sci Affairs LLC	16	王玉凤，北京大学第六医院	21
2	Coghill D, Univ Dundee	14	杨莉，北京大学	12
3	Sonuga-barke Edmund Js, Univ Southampton	10	徐通，上海长征医院	10
4	Biederman J, Massachusetts Genhosp	8	周翊，海军军医大学第二附属医院	8
5	Cox Daniel J, Univ Virginia	8	李宜瑞，广州中医药大学第一附属医院	8
6	Swanson Jm, Univ Calif Irvine	7	陈晓刚，广州中医药大学第一附属医院	7
7	Sonuga-barke Ejs, Univ Southampton	6	唐彦，云南中医药大学	7
8	Hatch Sj, Celltech Amer Inc	5	李亚平，天津中医药大学第一附属医院	7
9	Lerner M, Massachusetts Genhosp	5	杜亚松，上海交通大学医学院附属上海市精神卫生中心	6
10	Swanson James M, Univ Calif Irvine	5	郑毅，中国科学院心理研究所	6

6. 文献发表机构、数量及排序

哌甲酯文献发表机构及相关统计数据见表 4-2-31。

表4-2-31　文献发表前10位的机构、数量

序号	WOS 数据库		CNKI 数据库	
	机构	记录数	机构	记录数
1	JOHNSON JOHNSON	28	北京大学	24
2	HARVARD UNIVERSITY	17	第二军医大学附属长征医院	12
3	JOHNSON JOHNSON USA	16	北京中医药大学	10
4	UNIVERSITY OF CALIFORNIA IRVINE	17	复旦大学附属儿科医院	8
5	UNIVERSITY OF CALIFORNIA SYSTEM	16	南京中医药大学	8
6	UNIV CALIF IRVINE	13	天津中医药大学	8
7	MASSACHUSETTS GENERAL HOSPITAL	12	天津中医药大学第一附属医院	7
8	STATE UNIVERSITY OF NEW YORK SUNY SYSTEM	8	广州中医药大学第一附属医院	7
9	MASSACHUSETTS GEN HOSP	7	广州中医药大学	7
10	MCNEIL CONSUMER SPECIALTY PHARMACEUT	7	云南中医学院	6

7. 哌甲酯相关论文的研究方向

哌甲酯相关论文的研究方向具体见表 4-2-32。

表4-2-32　哌甲酯研究排名前10位的研究方向

序号	WOS 数据库		CNKI 数据库	
	研究方向	记录数	研究方向	记录数
1	Pharmacology Pharmacy	168	注意缺陷多动障碍	191
2	Psychiatry	159	哌甲酯	123
3	Neurosciences Neurology	130	盐酸哌甲酯	59
4	Pediatrics	120	儿童多动症	44
5	Psychology	72	儿童注意缺陷多动障碍	36
6	Behavioral Sciences	71	盐酸哌甲酯控释片	31
7	Toxicology	61	发作性睡病	23
8	Health Care Sciences Services	33	托莫西汀	23
9	Substance Abuse	26	临床研究	20
10	Biochemistry Molecular Biology	3	缓释片	20

（六）诺西那生钠文献计量学与研究热点分析

1. 检索策略

诺西那生钠文献计量学的检索策略具体见表 4-2-33。

表4-2-33　诺西那生钠文献计量学的检索策略

类别	检索策略	
数据来源	Web of Science 核心合集数据库	CNKI 数据库
引文索引	SCI-Expanded	主题检索
主题词	Spinraza	诺西那生钠
文献类型	Article	研究论文
语种	English	中文
检索时段	2000 年 ~2021 年	2000 年 ~2021 年
检索结果	共 129 篇文献	共 9 篇文献

2. 文献发表时间及数量分布

诺西那生钠文献发表时间及数量分布具体见图 4-2-6。

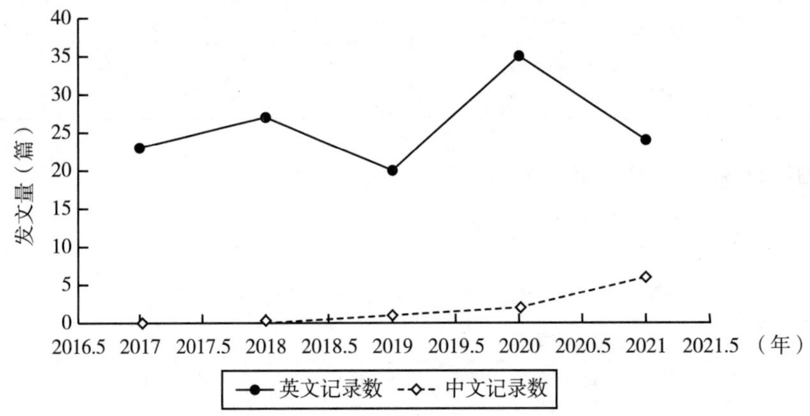

图 4-2-6　2000 年 ~2021 年诺西那生钠研究的发文量

3. 文献发表杂志

诺西那生钠文献发表杂志数据统计具体见表 4-2-34。

表4-2-34　诺西那生钠发文量前10位的期刊

序号	WOS 数据库		CNKI 数据库	
	英文来源出版物	记录数	中文来源出版物	记录数
1	METHODS IN MOLECULAR BIOLOGY	11	科学大观园	1
2	METHODS IN MOLECULAR BIOLOGY CLIFTON N J	11	祝您健康	1
3	GENE THERAPY	10	人人健康	1
4	EXON SKIPPING AND INCLUSION THERAPIES METHODS AND PROTOCOLS	7	医药经济报	1
5	NEUROMUSCULAR DISORDERS	7	中国医院药学杂志	1

续表

序号	WOS 数据库		CNKI 数据库	
	英文来源出版物	记录数	中文来源出版物	记录数
6	MUSCLE NERVE	5	中国临床研究	1
7	CESKA A SLOVENSKA NEUROLOGIE A NEUROCHIRURGIE	4	护理与康复	1
8	THE MEDICAL LETTER ON DRUGS AND THERAPEUTICS	4	福建医科大学学报	1
9	FRONTIERS IN NEUROLOGY	3	中华护理杂志	1
10	MOLECULAR THERAPY	3	–	–

4. 文献发表国家及数量分布

诺西那生钠文献发表国家及数量布具体见表 4–2–35。

表4–2–35　文献发表前10位的国家

序号	国家	记录数	序号	国家	记录数
1	美国	47	6	中国	6
2	英国	16	7	澳大利亚	5
3	加拿大	15	8	意大利	5
4	德国	9	9	日本	5
5	法国	6	10	比利时	4

5. 文献发表的作者及其所在机构、数量及排序

诺西那生钠文献发表的作者统计数据具体见表 4–2–36。

表4–2–36　发表文章数量前10位的作者

序号	WOS 数据库		CNKI 数据库	
	作者及其所在机构	记录数	作者及其所在机构	记录数
1	Yokota T, University of Alberta	11	潘丽丽，浙江大学医学院附属儿童医院	2
2	Maruyama R, University of Alberta	6	章毅，浙江大学医学院附属儿童医院	2
3	Singh Rn, Iowa State Univ	6	王晓玲，首都医科大学附属北京儿童医院	1
4	Aslesh T, University of Alberta	4	朱彦，中国中医科学院中医药信息研究所	1
5	Singh NN, Iowa State University	4	陈朔晖，浙江大学医学院附属儿童医院	1
6	Muntoni F, UCL	4	毛姗姗，浙江大学医学院附属儿童医院	1
7	Duong T, Stanford Univ	3	罗飞翔，浙江大学医学院附属儿童医院	1

续表

序号	WOS 数据库		CNKI 数据库	
	作者及其所在机构	记录数	作者及其所在机构	记录数
8	Day Jw, Stanford Univ	3	杨啸林, 中国医学科学院基础医学研究所	1
9	Bennett C Frank, Ionis Pharmaceut	3	陈峥, 汉中市中心医院	1
10	Chu MI, NYU	3	陈晓飞, 浙江大学医学院附属儿童医院	1

6. 文献发表机构、数量及排序

诺西那生钠文献发表机构相关数据统计具体见表 4-2-37。

表4-2-37　文献发表前10位的机构、数量

序号	WOS 数据库		CNKI 数据库	
	机构	记录数	机构	记录数
1	UNIVERSITY OF ALBERTA	11	浙江大学医学院附属儿童医院	2
2	FRIENDS GARRETT CUMMING RESMUSCULAR DYSTROPHY	10	以色列 Tel-Aviv 大学	1
3	UNIVERSITY OF LONDON	8	浙江大学	1
4	IOWA STATE UNIVERSITY	7	福建医科大学附属第一医院	1
5	UNIVERSITY COLLEGE LONDON	7	汉中市中心医院	1
6	COLUMBIA UNIVERSITY	5	中国医学科学院基础医学研究所	1
7	IONIS PHARMACEUTICALS INC	5	首都医科大学附属北京儿童医院	1
8	STANFORD UNIVERSITY	5	中国中医科学院中医药信息研究所	1
9	UDICE FRENCH RESEARCH UNIVERSITIES	5	-	-
10	COLUMBIA UNIV	3	-	-

7. 诺西那生钠相关论文的研究方向

诺西那生钠相关论文研究方向的具体数据见表 4-2-38。

表4-2-38　诺西那生钠研究排名前10位的研究方向

序号	WOS 数据库		CNKI 数据库	
	研究方向	记录数	研究方向	记录数
1	Neurosciences Neurology	109	诺西那生钠	4
2	Genetics Heredity	82	鞘内注射	3
3	Biochemistry Molecular Biology	78	肌萎缩	3
4	Pharmacology Pharmacy	70	脊髓性肌萎缩	2

续表

序号	WOS 数据库		CNKI 数据库	
	研究方向	记录数	研究方向	记录数
5	Orthopedics	45	注射液	2
6	General Internal Medicine	41	脊髓性肌萎缩症	1
7	Research Experimental Medicine	27	天价药	1
8	Science Technology Other Topics	21	复旦大学附属华山医院	1
9	Health Care Sciences Services	19	医保目录	1
10	Pediatrics	18	抗癌药	1

（七）醋酸氟轻松文献计量学与研究热点分析

1. 检索策略

醋酸氟轻松文献计量学的检索策略具体见表 4–2–39。

表4–2–39　醋酸氟轻松文献计量学的检索策略

类别	检索策略	
数据来源	Web of Science 核心合集数据库	CNKI 数据库
引文索引	SCI–Expanded	主题检索
主题词	Retisert	醋酸氟轻松
文献类型	Article	研究论文
语种	English	中文
检索时段	2000 年 ~2021 年	2000 年 ~2021 年
检索结果	共 118 篇文献	共 96 篇文献

2. 文献发表时间及数量分布

醋酸氟轻松文献发表时间及数量分布具体见图 4–2–7。

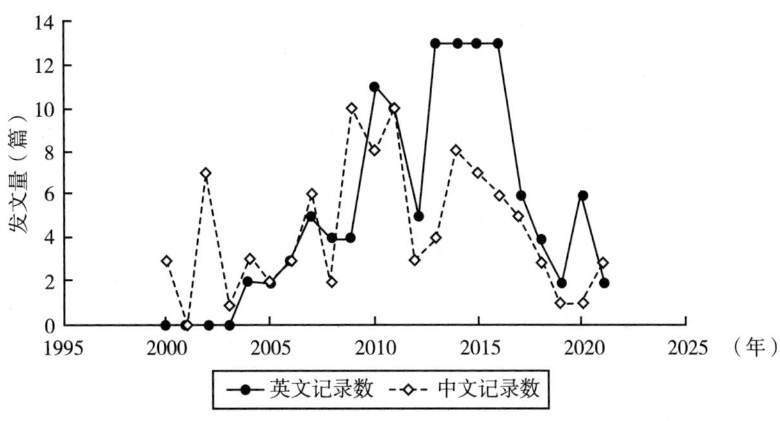

图 4–2–7　2000 年 ~2021 年醋酸氟轻松研究的发文量

3. 文献发表杂志

醋酸氟轻松文献发表杂志数据统计具体见表 4-2-40。

表4-2-40 醋酸氟轻松发文量前10位的期刊

序号	WOS 数据库		CNKI 数据库	
	英文来源出版物	记录数	中文来源出版物	记录数
1	NVESTIGATIVE OPHTHALMOLOGY VISUAL SCIENCE	19	药物分析杂志	4
2	IOVS	19	中国药师	3
3	OCULAR IMMUNOLOGY AND INFLAMMATION	16	中国药业	3
4	RETINA THE JOURNAL OF RETINAL AND VITREOUS DISEASES	10	中国药品标准	3
5	RETINA PHILADELPHIA PA	8	中成药	3
6	RETINA	7	天津药学	3
7	OPHTHALMOLOGY	6	北方药学	2
8	AMERICAN JOURNAL OF OPHTHALMOLOGY	5	中国麻风皮肤病杂志	2
9	JOURNAL OF OCULARPHARMACOLOGY AND THERAPEUTICS	5	医学信息	2
10	CURRENT OPINION IN OPTHALMOLOGY	4	中国社区医师	2

4. 文献发表国家及数量分布

醋酸氟轻松文献发表国家及数量分布具体见表 4-2-41。

表4-2-41 文献发表前10位的国家

序号	国家	记录数	序号	国家	记录数
1	美国	82	6	德国	4
2	英国	7	7	印度	3
3	中国	5	8	爱尔兰	2
4	法国	4	9	以色列	2
5	韩国	4	10	葡萄牙	2

5. 文献发表的作者及其所在机构、数量及排序

醋酸氟轻松文献发表作者相关数据具体见表 4-2-42。

表4-2-42 发表文章数量前10位的作者

序号	WOS 数据库		CNKI 数据库	
	作者及其所在机构	记录数	作者及其所在机构	记录数
1	Lowder Careen Y, Cleveland Clin	9	汪旭，长春市中心医院	4
2	Goldstein Da, Univ Illinois	8	陈晓亮，中南大学湘雅医学院附属海口医院	3

续表

序号	WOS 数据库		CNKI 数据库	
	作者及其所在机构	记录数	作者及其所在机构	记录数
3	Nguyen Qd, Stanford Univ	7	高允生，山东第一医科大学	2
4	Foster C Stephen, Massachusetts Eye Res & Surg Inst	6	刘培庆，中山大学	2
5	Jaffe Glenn J, Duke Univ	6	朱玉云，山东第一医科大学	2
6	Mahajan Vinit B, Stanford University	6	唐素芳，天津市药品检验研究院	2
7	Callanan David, Texas Retina Associates	5	寇欣，天津中医药研究院附属医院	2
8	Kaiser Peter K, Cleveland Clin	5	高允华，山东省生物制品研究所	2
9	Pearson Pa, Univ Kentucky	5	刘蔚，河南大学第一附属医院	2
10	Srivastava Sunil K, Cleveland Clin	4	赵喆，天津市药品检验所	2

6. 文献发表机构、数量及排序

醋酸氟轻松文献发表机构相关数据统计具体见表 4-2-43。

表4-2-43　文献发表前10位的机构、数量

序号	WOS 数据库		CNKI 数据库	
	机构	记录数	机构	记录数
1	UNIVERSITY OF CALIFORNIA SYSTEM	11	天津中医药研究院附属医院	3
2	CLEVELAND CLINIC FOUNDATION	9	海口市人民医院	3
3	UNIVERSITY OF CALIFORNIA SANFRANCISCO	8	河南大学第一附属医院	3
4	DUKE UNIVERSITY	7	内蒙古盛唐国际蒙医药研究院有限公司	2
5	JOHNS HOPKINS MEDICINE	7	玉林市食品药品检验检测中心	2
6	JOHNS HOPKINS UNIVERSITY	7	湖北科技学院	2
7	BASCOM PALMER EYE INSTITUTE	6	山东第一医科大学	2
8	CLEVELAND CLIN	6	长春八一医院	2
9	HARVARD UNIVERSITY	6	天津市药品检验所	2
10	MOORFIELDS EYE HOSPITAL NHSFOUNDATION TRUST	6	山西医科大学	2

7. 醋酸氟轻松相关论文的研究方向

醋酸氟轻松相关论文的研究方向具体见表 4-2-44。

表4-2-44 醋酸氟轻松研究排名前10位的研究方向

序号	WOS 数据库		CNKI 数据库	
	研究方向	记录数	研究方向	记录数
1	Ophthalmology	108	醋酸氟轻松	30
2	Pharmacology Pharmacy	95	复方醋酸氟轻松酊	14
3	Surgery	36	神经性皮炎	7
4	Immunology	24	醋酸氟轻松软膏	5
5	Research Experimental Medicine	20	含量测定	4
6	Geriatrics Gerontology	18	醋酸氟轻松乳膏	4
7	Pathology	15	含量测定方法	4
8	Cardiovascular System Cardiology	14	氟轻松	4
9	Endocrinology Metabolism	14	非法添加	4
10	Biochemistry Molecular Biology	13	临床观察	4

（八）布地奈德福莫特罗文献计量学与研究热点分析

1. 检索策略

布地奈德福莫特罗文献计量学的检索策略具体见表 4-2-45。

表4-2-45 布地奈德福莫特罗文献计量学的检索策略

类别	检索策略	
数据来源	Web of Science 核心合集数据库	CNKI 数据库
引文索引	SCI-Expanded	主题检索
主题词	Symbicort	布地奈德福莫特罗
文献类型	Article	研究论文
语种	English	中文
检索时段	2000 年 ~2021 年	2000 年 ~2021 年
检索结果	共 253 篇文献	共 1265 篇文献

2. 文献发表时间及数量分布

布地奈德福莫特罗文献发表时间及数量分布见图 4-2-8。

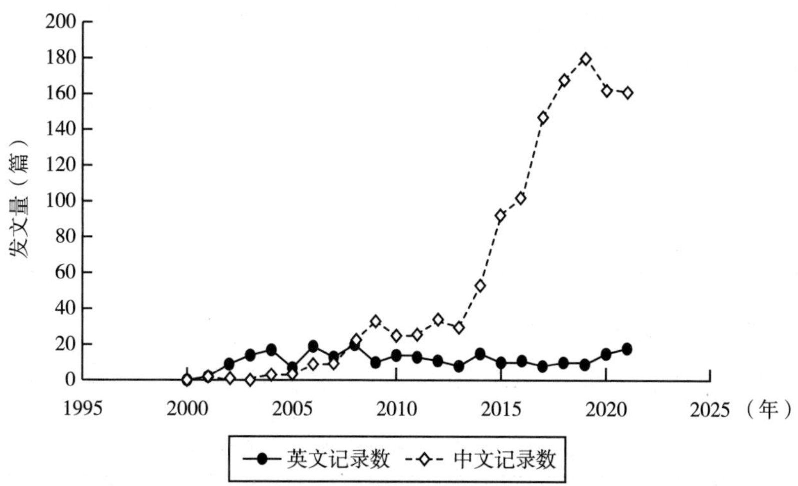

图 4-2-8　2000 年 ~2021 年布地奈德福莫特罗研究的发文量

3. 文献发表杂志

布地奈德福莫特罗文献发表杂志统计数据具体见表 4-2-46。

表4-2-46　布地奈德福莫特罗发文量前10位的期刊

序号	WOS 数据库		CNKI 数据库	
	英文来源出版物	记录数	中文来源出版物	记录数
1	RESPIRATORY MEDICINE	19	中国实用医药	47
2	EUROPEAN RESPIRATORY JOURNAL	14	临床合理用药杂志	46
3	INTERNATIONAL JOURNAL OF CLINICAL PRACTICE	11	中国现代药物应用	33
4	JOURNAL OF AEROSOL MEDICINE AND PULMONARY DRUG DELIVERY	11	临床肺科杂志	24
5	VALUE IN HEALTH	10	中国医药指南	24
6	CURRENT MEDICAL RESEARCH AND OPINION	9	世界最新医学信息文摘	24
7	PULMONARY PHARMACOLOGY THERAPEUTICS	9	临床医药文献电子杂志	22
8	THE EUROPEAN RESPIRATORY JOURNAL	8	当代医学	21
9	THE MEDICAL LETTER ONDRUGS AND THERAPEUTICS	8	河南医学研究	21
10	JOURNAL OF ALLERGY ANDCLINICAL IMMUNOLOGY	7	吉林医学	20

4. 文献发表国家及数量分布

布地奈德福莫特罗文献发表国家及数量分布具体见表 4-2-47。

表4-2-47　文献发表前10位的国家

序号	国家	记录数	序号	国家	记录数
1	瑞典	57	6	荷兰	21
2	英国	49	7	中国	19
3	德国	30	8	澳大利亚	17
4	美国	26	9	西班牙	16
5	加拿大	22	10	意大利	15

5. 文献发表的作者及其所在机构、数量及排序

布地奈德福莫特罗文献发表作者相关数据统计见表 4-2-48。

表4-2-48　发表文章数量前10位的作者

序号	WOS 数据库		CNKI 数据库	
	作者及其所在机构	记录数	作者及其所在机构	记录数
1	Buhl R，Mainz Univhosp	16	刘春涛，四川大学华西医院	5
2	Price D，Hospital Universitari Vall d'Hebron	8	胡杰贵，安徽医科大学第一附属医院	4
3	Selroos O，AstraZeneca	8	肖建宏，宁德市闽东医院	4
4	O'byrne Paul M，Joseph'shospital	7	邓嘉宁，广西医科大学第一附属医院	4
5	Vogelmeierc Marburg，Univ Hosp	7	周新，上海交通大学附属第一人民医院	3
6	Bateman Ed，University of Cape Town	7	沈华浩，浙江大学	3
7	Chrystyn H，Univ Huddersfield	7	梁宗安，四川大学华西医院	3
8	Ekstrom T，AstraZeneca Sweden	7	缪丽燕，苏州大学第一附属医院	3
9	Haughney J，AstraZeneca Sweden	7	包健安，苏州大学第一附属医院	3
10	Kuna P，Medical University of Lodz	7	陈蓉，苏州大学第一附属医院	3

6. 文献发表机构、数量及排序

布地奈德福莫特罗文献发表机构相关数据具体见表 4-2-49。

表4-2-49　文献发表前10位的机构、数量

序号	WOS 数据库		CNKI 数据库	
	机构	记录数	机构	记录数
1	ASTRAZENECA	65	四川大学华西医院	16
2	ASTRAZENECA R D	20	九江市第一人民医院	7

续表

序号	WOS 数据库		CNKI 数据库	
3	UNIVERSITY OF ABERDEEN	14	宁德市闽东医院	6
4	MAINZ UNIV HOSP	12	苏州大学第一附属医院	6
5	UNIVERSITY HOSPITAL MAINZ	12	郑州大学第一附属医院	5
6	UNIVERSITY OF SYDNEY	12	内蒙古自治区人民医院	5
7	IMPERIAL COLLEGE LONDON	11	安徽医科大学第一附属医院	5
8	UNIV ABERDEEN	10	葫芦岛市中心医院	4
9	CHIESI PHARMACEUTICALS INC	9	河北省中医院	4
10	LUND UNIVERSITY	9	云浮市人民医院	4

7. 布地奈德福莫特罗相关论文的研究方向

布地奈德福莫特罗相关论文的研究方向具体见表 4-2-50。

表4-2-50　布地奈德福莫特罗研究排名前10位的研究方向

序号	WOS 数据库		CNKI 数据库	
	研究方向	记录数	研究方向	记录数
1	Respiratory System	216	布地奈德福莫特罗	406
2	Pharmacology Pharmacy	205	布地奈德福莫特罗粉吸入剂	252
3	Allergy	155	支气管哮喘	239
4	Medical Laboratory Technology	94	慢性阻塞性肺疾病	212
5	Endocrinology Metabolism	80	噻托溴铵	200
6	Cardiovascular System Cardiology	71	布地奈德	177
7	Pediatrics	61	福莫特罗	176
8	Cardiovascular System Cardiology	59	肺功能	147
9	Health Care Sciences Services	54	咳嗽变异性哮喘	90
10	Immunology	53	吸入治疗	86

（九）维替泊芬文献计量学与研究热点分析

1. 检索策略

维替泊芬文献计量学的检索策略具体见表 4-2-51。

表4-2-51　维替泊芬文献计量学的检索策略

类别	检索策略	
数据来源	Web of Science 核心合集数据库	CNKI 数据库
引文索引	SCI-Expanded	主题检索
主题词	Visudyne	维替泊芬
文献类型	Article	研究论文
语种	English	中文

续表

类别	检索策略	
检索时段	2000 年 ~2021 年	2000 年 ~2021 年
检索结果	共 290 篇文献	共 212 篇文献

2. 文献发表时间及数量分布

维替泊芬文献发表时间及数量分布见图 4-2-9。

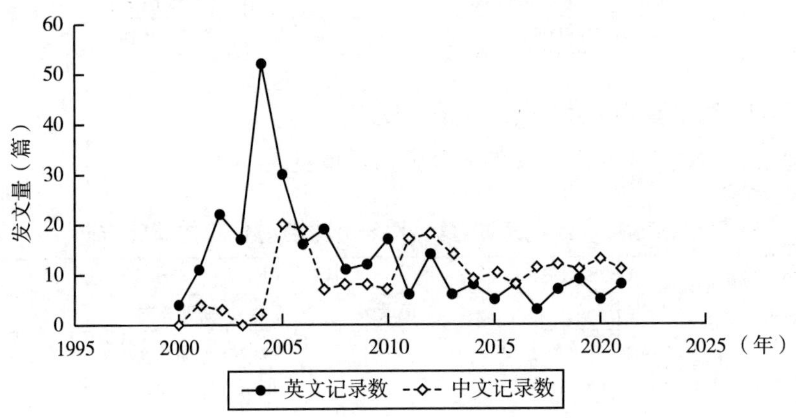

图 4-2-9　2000 年 ~2021 年维替泊芬研究的发文量

3. 文献发表杂志

维替泊芬文献发表杂志数据统计见表 4-2-52。

表4-2-52　维替泊芬发文量前10位的期刊

序号	WOS 数据库		CNKI 数据库	
	英文来源出版物	记录数	中文来源出版物	记录数
1	INVESTIGATIVE OPHTHALMOLOGY VISUAL SCIENCE	63	世界核心医学期刊文摘	28
2	IOVS	60	国际眼科杂志	15
3	RETINA PHILADELPHIA PA	14	中国实用眼科杂志	13
4	RETINA THE JOURNAL OF RETINAL AND VITREOUS DISEASES	14	中国激光医学杂志	10
5	RETINA	13	中华眼底病杂志	7
6	AMERICAN JOURNAL OF OPHTHALMOLOGY	12	眼科新进展	5
7	JOURNAL FRANCAIS D OPHTALMOLOGIE	10	第十一次全省中、西医眼科学术交流会学术论文集	4

续表

序号	WOS 数据库		CNKI 数据库	
	英文来源出版物	记录数	中文来源出版物	记录数
8	CESKA A SLOVENSKA OFTALMOLOGIE CASOPIS CESKE OFTALMOLOGICKE SPOLECNOSTI A SLOVENSKE OFTALMOLOGICKE SPOLECNOSTI	9	中国中医眼科杂志	4
9	GRAEFE S ARCHIVE FOR CLINICALAND EXPERIMENTAL OPHTHALMOLOGY	8	中华实验眼科杂志	3
10	OPHTHALMOLOGY	7	中国新药杂志	3

4. 文献发表国家及数量分布

维替泊芬文献发表国家及数量分布具体见 表 4-2-53。

表4-2-53 文献发表前10位的国家

序号	国家	记录数	序号	国家	记录数
1	美国	96	6	中国	11
2	瑞士	32	7	英国	10
3	加拿大	27	8	奥地利	9
4	法国	15	9	意大利	9
5	德国	13	10	荷兰	8

5. 文献发表的作者及其所在机构、数量及排序

维替泊芬文献发表作者相关数据统计具体见表 4-2-54。

表4-2-54 发表文章数量前10位的作者

序号	WOS 数据库		CNKI 数据库	
	作者及其所在机构	记录数	作者及其所在机构	记录数
1	Van Den Bergh H，Swiss Fed Inst Technol EPFL	18	游志鹏，南昌大学附属眼科医院	6
2	Kaiser Pk，Cleveland Clin Fdn	11	赵明威，北京大学人民医院	4
3	Ballini Jp，Swiss Fed Inst Technol	11	宋艳萍，广州军区武汉总医院	4
4	Bresslern Nm，The Johns Hopkins University School of Medicine	9	邱新文，南昌爱尔眼科医院	4
5	Bressler Sb，The Johns Hopkins University School of Medicine，	9	叶波，南昌爱尔眼科医院	4
6	Sickenberg M，Ecole Polytechnique Federale de Lausanne	9	廖燕红，宁波市眼科医院	4
7	Potter MJ，Univ British Columbia	8	谭成，南昌爱尔眼科医院	4

续表

序号	WOS 数据库		CNKI 数据库	
	作者及其所在机构	记录数	作者及其所在机构	记录数
8	Krueger T，Univ Vaudois	8	陈玲，南昌爱尔眼科医院	4
9	Perentes Jy，CHU Vaudois	8	黎晓新，深圳硅基智能科技有限公司	3
10	Debefve E，CHU Vaudois	7	丁琴，中国人民解放军中部战区总医院	3

6. 文献发表机构、数量及排序

维替泊芬文献发表机构相关数据具体见表 4-2-55。

表4-2-55　文献发表前10位的机构、数量

序号	WOS 数据库		CNKI 数据库	
	机构	记录数	机构	记录数
1	ECOLE POLYTECHNIQUE FEDERALE DE LAUSANNE	22	南昌大学第二附属医院	7
2	SWISS FEDERAL INSTITUTES OF TECHNOLOGY DOMAIN	19	中山大学中山眼科中心	6
3	HARVARD UNIVERSITY	13	广州军区武汉总医院	4
4	CENTRE HOSPITALIER UNIVERSITAIRE VAUDOIS CHUV	11	南昌爱尔眼科医院	4
5	ECOLE POLYTECH FED LAUSANNE	11	宁波市眼科医院	4
6	UNIVERSITY OF LAUSANNE	11	北京大学人民医院	4
7	CLEVELAND CLINIC FOUNDATION	10	重庆医科大学	4
8	HARVARD MEDICAL SCHOOL	8	中国医学科学院北京协和医院	4
9	JOHNS HOPKINS UNIVERSITY	8	武汉大学人民医院	3
10	QLT INC	8	沈阳市第四人民医院	3

7. 维替泊芬相关论文的研究方向

维替泊芬相关论文研究方向具体见表 4-2-56。

表4-2-56　维替泊芬研究排名前10位的研究方向

序号	WOS 数据库		CNKI 数据库	
	研究方向	记录数	研究方向	记录数
1	Pharmacology Pharmacy	232	维替泊芬	96
2	Ophthalmology	214	光动力疗法	77
3	Biochemistry Molecular Biology	165	中心性浆液性脉络膜视网膜病变	30

续表

序号	WOS 数据库		CNKI 数据库	
	研究方向	记录数	研究方向	记录数
4	Cardiovascular System Cardiology	91	新生血管	26
5	Science Technology Other Topics	84	光动力治疗	22
6	Geriatrics Gerontology	71	半剂量	21
7	Oncology	54	慢性中心性浆液性脉络膜视网膜病变	18
8	Research Experimental Medicine	45	光动力学疗法	16
9	Radiology Nuclear Medicine Medical Imaging	40	临床观察	12
10	Neurosciences Neurology	39	脉络膜新生血管	11

参考文献

[1] FDA. 注射用利培酮微球（25mg；37.5mg；50mg）美国 FDA 药品说明书［EB/OL］.［2024-08-13］.https：//www.fda.gov/

[2] Association A P .Practice guideline for the treatment of patients with schizophrenia. American Psychiatric Association.［J］.American Journal of Psychiatry，1997，154（4）：1-63.

[3] Gautam S，Jain A，Gautam M，et al.Clinical Practice Guideline for Management of Psychoses in Elderly［J］.Indian Journal of Psychiatry，2018，60（3）：363-370.

[4] 中国台湾生物精神病学和神经精神药理学会 .2021 中国台湾共识建议：精神分裂症患者改用长效阿立哌唑［J］. J Pers Med，2021，11（11）：1198.

[5] Noel J M，Jackson C W .ASHP Therapeutic Position Statement on the Use of Antipsychotic Medications in the Treatment of Adults with Schizophrenia and Schizoaffective Disorder［J］. American Journal ofhealth-System Pharmacy，2020，77（24）：1-10.

[6] 注射用利培酮微球（Ⅱ）(25mg；37.5mg；50mg）药品说明书［EB/OL］.［2024-08-13］. https：//db.yaozh.com/instruct/

[7] 中华医学会精神医学分会精神分裂症协作组，注射用利培酮微球临床应用专家共识［J]，中国心理卫生杂志，2023，37，8：641-647.

[8] FDA. 棕榈酸帕利哌酮酯注射液（3M）(175mg：0.875ml；263mg：1.315ml；350mg：1.75ml；525mg：2.625ml）美国 FDA 药品说明书［EB/OL］.［2024-08-13］.https：//www.fda.gov/

[9] 中华医学会精神医学分会精神分裂症协作组，中华医学会全科医学分会 . 社区应用抗精神病药长效针剂治疗精神分裂症专家共识［J］. 中国全科医学，2022，25（29）：16.

[10] FDA. 棕榈酸帕利哌酮酯注射液（6M）美国 FDA 药品说明书［EB/OL］.［2024-08-13］. https：//www.fda.gov/

[11] FDA. 月桂酰阿立哌唑（675mg：2.4ml）美国 FDA 药品说明书［EB/OL］.［2024-08-13］. https：//www.fda.gov/

[12] FDA. 盐酸哌甲酯缓释片（Concerta）（18mg；36mg）美国 FDA 药品说明书［EB/OL］.［2024-08-13］.https：//www.fda.gov/

[13] Feldman M E，Alice C，Bélanger Stacey A.ADHD in children and youth：Part 2—Treatment［J］. Paediatrics & Childhealth，2018（7）：462-472.

[14] Kooij J.J.S.，Bijlenga D.，Salerno L，et al.Updated European Consensus Statement on diagnosis and treatment of adult ADHD - ScienceDirect［J］.European Psychiatry，2019，56：14-34.

[15] FDA. 盐酸哌甲酯缓释片（Ritalin LA）（18mg；36mg）美国 FDA 药品说明书［EB/OL］.［2024-08-13］.https：//www.fda.gov/

[16] FDA. 盐酸右哌甲酯（5mg；10mg；15mg；20mg；25mg；30mg；35mg；40mg）美国 FDA 药品说明书［EB/OL］.［2024-08-13］.https：//www.fda.gov/

[17] FDA. 硫酸吗啡（30mg；45mg；60mg；75mg；90mg；120mg；）美国 FDA 药品说明书［EB/OL］.［2024-08-13］.https：//www.fda.gov/

[18] FDA. 纳曲酮（380mg/VIAL）美国 FDA 药品说明书［EB/OL］.［2024-08-13］.https：//www.fda.gov/

[19] FDA. 东莨菪碱（1mg/72HR）美国 FDA 药品说明书［EB/OL］.［2024-08-13］.https：//www.fda.gov/

[20] 中国成人急性腹痛解痉镇痛药物规范化使用专家共识编写组. 中国成人急性腹痛解痉镇痛药物规范化使用专家共识［J］. 中国急诊医学杂志，2021，30，7：8.

[21] 中国药学会医院药学专业委员会. 化疗所致恶心呕吐的药物防治指南［J］. 中国医院药学杂志，2022（5）：42.

[22] FDA. 缓释奥曲肽胶囊美国 FDA 药品说明书［EB/OL］.［2024-08-13］.https：//www.fda.gov/

[23] FDA. 盐酸非索非那丁（60mg；180mg）美国 FDA 药品说明书［EB/OL］.［2024-08-13］. https：//www.fda.gov/

[24] 中华医学会皮肤性病学分会荨麻疹研究中心. 中国荨麻疹诊疗指南（2022 版）［J］. 中华皮肤科杂志，2022，55（12）：1041-1049.

[25] FDA. 醋酸氟轻松（0.59mg）美国 FDA 药品说明书［EB/OL］.［2024-08-13］.https：//www.fda.gov/

[26] FDA. 布地奈德福莫特罗粉吸入剂（80μg：4.5μg；160μg：4.5μg）美国 FDA 药品说明书［EB/OL］.［2024-08-13］.https：//www.fda.gov/

[27] 慢性阻塞性肺疾病急性加重诊治专家组，蔡柏蔷，阎锡新. 慢性阻塞性肺疾病急性加重诊治中国专家共识（2023 年修订版）［J］. 国际呼吸杂志，2023，43，2：1-11.

[28] 中国老年医学学会呼吸病学分会慢性阻塞性肺疾病学组.中国老年慢性阻塞性肺疾病临床诊治实践指南[J].中华结核和呼吸杂志，2020，43，2：20.

[29] FDA.尼古丁戒烟贴（0.5mg）美国FDA药品说明书[EB/OL].[2024-08-13].https：//www.fda.gov/

[30] FDA.维替泊芬（15mg）美国FDA药品说明书[EB/OL].[2024-08-13].https：//www.fda.gov/

[31] Adelman R A，Vemulakonda G A，Bailey S T，et al.Age-Related Macular Degeneration Preferred Practice Pattern（R）（vol 127，pg P1，2020）[J].Ophthalmology，2020（9）：127.

[32] Chen Lee-Jen，Cheng Cheng-Kuo，Yeung LingYang，et al.Management of polypoidal choroidal vasculopathy：Experts consensus in Taiwan - ScienceDirect [J].Journal of the Formosan Medical Association，2020，119（2）：569-576.

[33] I. Wong，Danny Ng，Nicholas S. K. Fung，et al. Treat-and-Extend Regimens for the Management of Neovascular Age-related Macular Degeneration and Polypoidal Choroidal Vasculopathy：Consensus and Recommendations From the Aria-Pacific Vitreo-retina Society[J].Hong Kong Journal of Ophthalmology，2019，23（1）：15-19.

[34] FDA.帕替司兰（EQ 10mg; BASE/5ML）美国FDA药品说明书[EB/OL].[2024-08-13].https：//www.fda.gov/

[35] Nakov R，Suhr O B，Ianiro G，et al.Recommendations for the diagnosis and management of transthyretin amyloidosis with gastrointestinal manifestations [J].European Journal of Gastroenterology &hepatology，2021（5）：613-622

[36] Yang J. Patisiran for the treatment of hereditary transthyretin-mediated amyloidosis[J]. Expert Rev Clin Pharmacol，2019，12（2）：95-99.

[37] 北京医学会罕见病分会.转甲状腺素蛋白淀粉样变性多发性神经病的诊治共识[J].中华神经科杂志，2021，54（8）：7.

[38] FDA.诺西那生钠（EQ 12mg;BASE/5ML）美国FDA药品说明书[EB/OL].[2024-08-13].https：//www.fda.gov/

[39] 北京医学会罕见病分会，北京医学会医学遗传学分会，北京医学会神经病学分会神经肌肉病学组.脊髓性肌萎缩症多学科管理专家共识[J].中华医学杂志，2019，99（19）：1460-1467.

[40] 脊髓性肌萎缩症临床实践指南工作组，熊晖，王艺.脊髓性肌萎缩症临床实践指南[J].中国循证儿科杂志，2023，18（1）：1-12.

[41] 中国医师协会儿科医师分会，中国医师协会儿科医师分会儿童呼吸学组，曹玲，等.脊髓

性肌萎缩症呼吸管理专家共识（2022 版）中国医师协会儿科医师分会［J］. 中华实用儿科临床杂志，2022，37（6）：11.

［42］ Kirschner J，Butoianu N，Goemans N，et al.European ad-hoc consensus statement on gene replacement therapy for spinal muscular atrophy［J］.European Journal of Paediatric Neurology，2020（28）：38-43.

［43］ FDA. 长春夫利（300mg/30ML;10mg/ML）美国 FDA 药品说明书［EB/OL］.［2024-08-13］. https：//www.fda.gov/

［44］ Manalac T .Ravulizumab promising for paroxysmal nocturnalhaemoglobinuria［J］.MIMS Doctor，2020：1-10.

［45］ Syed Y Y . Ravulizumab：A Review in Atypicalhaemolytic Uraemic Syndrome（vol 81，pg 587，2021）［J］. Drugs，2021（11）：81.

［46］ Edinoff AN，Doppalapudi PK，Orellana C，et al. Paliperidone 3-Month Injection for Treatment of Schizophrenia：A Narrative Review［J］. Front Psychiatry，2021，12：699748.

［47］ Fernandez-Miranda JJ，Diaz-Fernandez S，De Berardis D，et al. Paliperidone Palmitate Every Three Months（PP3M）2-Year Treatment Compliance，Effectiveness and Satisfaction Compared with Paliperidone Palmitate-Monthly（PP1M）in People with Severe Schizophrenia［J］. J Clin Med，2021，10（7）：1408.

［48］ Savitz AJ，Xuh，Gopal S，et al. Efficacy and Safety of Paliperidone Palmitate 3-Month Formulation for Patients with Schizophrenia：A Randomized，Multicenter，Double-Blind，Noninferiority Study［J］. Int J Neuropsychopharmacol，2016，19（7）：18.

［49］ Russu A，Savitz A，Mathews M，et al. Pharmacokinetic-Pharmacodynamic Characterization of Relapse Risk for Paliperidone Palmitate 1-Month and 3-Month Formulations［J］. J Clin Psychopharmacol，2019，39：567-574.

［50］ Einarson TR，Bereza BG，Garcia Llinares I，et al. Cost-effectiveness of 3-month paliperidone treatment for chronic schizophrenia in Spain［J］. J Med Econ，2017，20：1039-1047.

［51］ Einarson TR，Bereza BG，Tedouri F，et al. Cost-effectiveness of 3-month paliperidone therapy for chronic schizophrenia in the Netherlands［J］. J Med Econ，2017，20：1187-1199.

［52］ Arteaga Duarte CH，Fakra E，Van Gils C，et al. The clinical and economic impact of three-monthly long-acting formulation of paliperidone palmitate versus the one-monthly formulation in the treatment of schizophrenia in France：A cost-utility study［J］. Encephale，2019，45：459-467.

［53］ Debaveye S，De Smedt D，Heirman B，et al.humanhealth benefit and burden of the schizophreniahealth care pathway in Belgium：paliperidone palmitate long-acting injections［J］.

BMC health Serv Res, 2019, 19: 393.

[54] Najarian D, Sanga P, Wang S, et al. A Randomized, Double-Blind, Multicenter, Noninferiority Study Comparing Paliperidone Palmitate 6-Month Versus the 3-Month Long-Acting Injectable in Patients With Schizophrenia [J]. Int J Neuropsychopharmacol, 2022, 25: 238-251.

[55] EU. pharmacoeconomic review report patisiran (onpattro) [EB/OL]. [2024-08-13]. https: //www.ema.europa.eu/en/medicines/human/EPAR/onpattro

[56] Kristin Mickle MKEL, Jeffrey S.hoch, Lauren E. Cipriano, et al. The Effectiveness and Value of Patisiran and Inotersen forhereditary Transthyretin Amyloidosis [J]. Journal of Managed Care & Specialty Pharmacy, 2019, 25: 10-15.

[57] Galan L, Gonzalez-Moreno J, Martinez-Sesmero JM, et al. Estimating the annual economic burden for the management of patients with transthyretin amyloid polyneuropathy in Spain [J]. Expert Rev Pharmacoecon Outcomes Res, 2021, 21: 967-973.

[58] Shiffman S EC, Paton SM, Gwaltney CJ, et al. Comparative efficacy of 24-hour and 16-hour transdermal nicotine patches for relief of morning craving [J]. Addiction, 2000, 95: 1185-1195.

[59] The Medical Letter® on Drugs and Therapeutics [J]. The Medical Letter, 2019, 61: 105-110.

[60] Bischof M, Lorenzi M, Lee J, et al. Matching-adjusted indirect treatment comparison of onasemnogene abeparvovec and nusinersen for the treatment of symptomatic patients with spinal muscular atrophy type 1 [J]. Curr Med Res Opin, 2021, 37: 1719-1730.

[61] Dabbous O, Maru B, Jansen JP, et al. Survival, Motor Function, and Motor Milestones: Comparison of AVXS-101 Relative to Nusinersen for the Treatment of Infants with Spinal Muscular Atrophy Type 1 [J]. Adv Ther, 2019, 36: 1164-1176.

[62] Valerie Aponte Ribero MD, Yasmina Martí, Ksenija Gorni, et al. How does risdiplam compare with other treatments for Types 1-3 spinal muscular atrophy: a systematic literature review and indirect treatment comparison [J]. J Comp Eff Res, 2022, 11: 347-370.

[63] Droege M, Sproule D, Arjunji R, et al. Economic burden of spinal muscular atrophy in the United States: a contemporary assessment [J]. J Med Econ, 2020, 23: 70-79.

[64] Wang T, Scuffham P, Byrnes J, Downes M. Cost-effectiveness analysis of gene-based therapies for patients with spinal muscular atrophy type I in Australia [J]. J Neurol, 2022, 269: 6544-6554.

[65] Broekhoff TF, Sweegers CCG, Krijkamp EM, et al. Early Cost-Effectiveness of Onasemnogene Abeparvovec-xioi (Zolgensma) and Nusinersen (Spinraza) Treatment for Spinal Muscular

Atrophy I in The Netherlands With Relapse Scenarios [J] . Valuehealth，2021，24：759–769.

[66] Ishiyama K，Nakao S，Usuki K，et al. Results from multinational phase 3 studies of ravulizumab (ALXN1210) versus eculizumab in adults with paroxysmal nocturnalhemoglobinuria：subgroup analysis of Japanese patients [J] . Int Jhematol，2020，112：466–476.

[67] Kulasekararaj AG，Hill A，Rottinghaus ST，et al. Gonzalez–Fernandez FA，et al. Ravulizumab (ALXN1210) vs eculizumab in C5–inhibitor–experienced adult patients with PNH：the 302 study [J] . Blood，2019，133：540–549.

[68] Schrezenmeierh，Kulasekararaj A，Mitchell L，et al. One–year efficacy and safety of ravulizumab in adults with paroxysmal nocturnalhemoglobinuria naive to complement inhibitor therapy：open–label extension of a randomized study [J] . Ther Advhematol，2020，11：2040620720966137.

[69] Dingli D，Matos JE，Lehrhaupt K，et al. The burden of illness in patients with paroxysmal nocturnalhemoglobinuria receiving treatment with the C5–inhibitors eculizumab or ravulizumab：results from a US patient survey [J] . Annhematol，2022，101：251–263.

[70] O'Connell T，Buessing M，Johnson S，et al. Cost–Utility Analysis of Ravulizumab Compared with Eculizumab in Adult Patients with Paroxysmal Nocturnalhemoglobinuria [J] . Pharmacoeconomics，2020，38：981–994.

[71] Brown DM，Michels M，Kaiser PK，et al. Ranibizumab versus verteporfin photodynamic therapy for neovascular age–related macular degeneration：Two–year results of the ANCHOR study [J] . Ophthalmology，2009，116：57–65.

[72] Michał S Nowak PJ，Andrzej Grzybowski，Roman Goś，et al. A prospective study on different methods for the treatment of choroidalneovascularization. The efficacy of verteporfin photodynamic therapy，intravitreal bevacizumab and transpupillary thermotherapy in patients with neovascular age–related macular degeneration [J] . Med Sci Monit，2012，18：374–380.

[73] Colquitt JL JJ，Tan SC，Takeda A，et al. Ranibizumab and pegaptanib for the treatment of age–related macular degeneration：a systematic review and economic evaluation [J] . Health Technol Assess，2008，12 (16)：201.

[74] Gianni Virgili NN，Francesca Menchini，Vittoria Murro，et al. Pharmacological treatments for neovascular age–related macular degeneration：can mixed treatment comparison meta–analysis be useful? [J] Curr Drug Targets，2011，12 (2)：212–220.

[75] Gao Y，Yu T，Zhang Y，Dang G. Anti–VEGF Monotherapy Versus Photodynamic Therapy and Anti–VEGF Combination Treatment for Neovascular Age–Related Macular Degeneration：A Meta–Analysis [J] . Invest Ophthalmol Vis Sci，2018，59：4307–4317.

[76] Cruess AF，Zlateva G，Pleil AM，. et al. Photodynamic therapy with verteporfin in age–related

macular degeneration: a systematic review of efficacy, safety, treatment modifications and pharmacoeconomic properties [J] . Acta Ophthalmol, 2009, 87: 118-132.

[77] Elias FT, Silva EN, Belfort R, et al. Treatment Options for Age-Related Macular Degeneration: A Budget Impact Analysis from the Perspective of the Brazilian Publichealth System [J] . PLoS One, 2015, 10: e0139556.

[78] Athanasakis K, Fragoulakis V, Tsiantou V, et al. Cost-effectiveness analysis of ranibizumab versus verteporfin photodynamic therapy, pegaptanib sodium, and best supportive care for the treatment of age-related macular degeneration in Greece [J] . Clin Ther, 2012, 34: 446-456.

[79] Hodge W, Brown A, Kymes S, et al. Pharmacologic management of neovascular age-related macular degeneration: systematic review of economic evidence and primary economic evaluation [J]. Can J Ophthalmol, 2010, 45: 223-230.

[80] Stephanie R Earnshaw YM, Sophie Rochon. Cost-Effectiveness of Pegaptanib Compared to Photodynamic Therapy with Verteporfin and to Standard Care in the Treatment of Subfoveal Wet Age-Related Macular Degeneration in Canada [J] . Clin Ther, 2007, 29: 2096-2106.

第三节　抗感染纳米药物临床应用与循证评价

一、抗感染纳米药物概述

纳米颗粒独特的理化性质为解决抗感染治疗面临的诸多难题提供了新策略，主要包括纳米颗粒偶联物的本身抗感染作用和通过纳米药物递送系统提高抗感染药物的生物利用度两个方面。

纳米药物递送系统可实现抗感染药物的靶向治疗，在增效减毒的同时还能通过改变药物代谢过程提高生物利用度。例如纳米技术能通过增大难溶性药物的表面积来增加其溶解度，提高黏附性改善吸收率，增加口服生物利用度；纳米靶向载药系统可将药物递送至特定器官（如肝脏、大脑等），改变药物在体内的分布，从而治疗特定部位的感染。对于在体内易受酶降解作用失活的核苷酸或肽类药物，纳米载体也能延长药物在体内的作用时间。纳米载体赋予了传统抗感染药物诸多优势。目前，不少抗感染药物的纳米剂型已被批准用于临床治疗，还有更多的纳米药物处于临床试验或临床前评估阶段。

纳米颗粒偶联物作为一种替代的抗感染药物，其抗感染活性主要包括细胞膜的破坏、细胞壁的改变、酶通路的阻断和对核酸合成的影响。大多数研究表明，

NP- 偶联物具有抗细菌、抗病毒及抗真菌的特性，但相关药物大多仍处于实验室研究阶段，进一步开发纳米颗粒偶联物可能克服传统抗感染药物所经历的挑战。

（一）聚乙二醇干扰素 α-2a 和聚乙二醇干扰素 α-2b

干扰素通过与细胞表面的干扰素受体结合发挥作用。聚乙二醇化是聚乙二醇（PEG）聚合物链共价连接到另一个分子上的过程，通常是药物或治疗蛋白。一般来说，聚乙二醇化会改善药代动力学和药效学性能，增加药物的稳定性，增加整体循环寿命，改变组织分布模式和消除途径[1]。但 PEG 部分的分子量、结构（线性或分支）和附着方式是影响 PEG- 肽共轭物理化性质的主要因素。聚乙二醇在多个位点的吸附可导致化合物与其受体之间的空间位阻干扰，从而降低生物活性共轭的活度[1]。

1. 聚乙二醇干扰素 α-2a

聚乙二醇干扰素 α-2a（派罗欣）于 2002 年研发上市，由一个共价键把干扰素 α-2a 分子的分支和 40-kD 聚乙二醇相连接而组成[3]，从而抑制干扰素水解。

聚乙二醇干扰素 α-2a 的吸收速度比聚乙二醇干扰素 α-2b 慢，其特点是吸收半衰期长（50h），分布体积小（8~12L），主要局限于脉管系统和灌注良好的器官，如肝脏，与标准干扰素相比，清除率降低（94ml/h）。在大约 80 小时后达到最大浓度，并持续长达 168 小时，多次给药后，峰谷比约为 1.5~2.0。聚乙二醇干扰素 α-2a 的半衰期长，分布受限，说明该药可以按固定的周剂量使用[4]。

在疗效上，数据显示派罗欣 180μg 标准剂量单药治疗丙肝的持续病毒学应答率达 42%，而普通干扰素仅为 16.7%。与利巴韦林联合用药持续病毒应答率为 66%，普通干扰素与利巴韦林联用仅为 44%。2004 年派罗欣联合利巴韦林作为《丙型肝炎防治指南》推荐的首选方案。目前，该药已在美国、中国及欧洲上市。

2. 聚乙二醇干扰素 α-2b

聚乙二醇干扰素 α-2b（佩乐能）是将一个 12kD 的线性聚乙二醇分子共价连接到干扰素 α-2b 上[2]，其半衰期为 4.6h，对干扰素活性的影响最小，在最大程度地保留其抗病毒活性的基础上，实现一周一次给药。

在疗效上，佩乐能联合利巴韦林治疗慢性丙型肝炎，持续病毒学应答率达 72%，治疗难治的基因 1 型应答率达到 63%，基因 2 型和基因 3 型的应答率达到 94%。在一项评估聚乙二醇干扰素 α-2b 作为单一药物治疗慢性丙型肝炎效果的大型临床试验中，聚乙二醇干扰素 α-2b 的 SVR 为 23%~25%，而标准干扰素 α-2b 的转阴率（SVR）为 12%。单药治疗慢性乙型肝炎，有 36% 的患者获得持续性病毒学应答。目前，该药已在欧洲、美国、中国、日本上市。

（二）卡博特韦 / 利匹韦林

卡博特韦 / 利匹韦林（Cabenuva）是第一个由卡博特韦（Cabtegravir）和利匹韦林（Rilpivirine）纳米制剂组成的长效抗逆转录病毒注射药物，已于 2020 年 3 月获得加拿大卫生部、2020 年 12 月获得欧洲医疗机构和 2021 年 1 月获得美国食品药品管理局的不同批准。美国 FDA 授权卡博特韦 / 利匹韦林用于成人（证据强度：A 类；推荐等级：Ⅱa 级）及 12 岁以上且 35kg 以上的儿童（证据强度：B 类；推荐等级：Ⅱa 级），口服病毒抑制方案至少 6 个月，无治疗失败史，无已知对卡博特韦和利匹韦林的耐药性。在开始卡博特韦 / 利匹韦林治疗之前，患者需要预先服用经美国 FDA 批准的口服卡博特韦和利匹韦林治疗至少一个月[5, 6]。

（三）VivaGel™

VivaGel™ 是一种水基阴道产品，含有 3% 重量 / 重量（*w/w*）SPL7013，混合在 Carbopol® 凝胶中，缓冲至与正常人阴道生理相容的 pH 值。SPL7013 是一种树枝状大分子，在治疗和预防细菌性阴道病的相关研究中，它通过阻断与 BV 相关的细菌附着在细胞上，抑制其生长并能抑制和破坏现有的生物膜的形成。在治疗和预防细菌性阴道病的 2 期和大型 3 期临床试验中，阴道给药 VivaGel1% 凝胶（10mg/mlVivaGel）已被证明是安全有效的[7-9]，目前已在欧洲、澳大利亚、新西兰和几个亚洲国家上市。

（四）注射用两性霉素 B 脂质体

注射用两性霉素 B 脂质体（AmBisome®）是一种无菌的，经冻干的没有热原的静脉注射针剂，用注射用灭菌用水（USP）重新配制后，悬液的 pH 值在 5~6。AmBisome® 由两性霉素 B 和双层脂质体组成给药系统，脂质体直径小于 100nm。脂质体是封闭的球形囊泡，由特定比例的两性亲性物质（如磷脂和胆固醇）混合而成，当它们在水溶液中水化时排列成多个同心双分子膜。单个的双层脂质体通过均质器形成微乳化多层囊泡，将两性霉素 B 嵌在膜内。AmBisome® 分别于 1990 年和 1997 年在欧洲和美国上市，适用于对发热、中性粒细胞减少患者的疑似真菌感染进行经验治疗；HIV 感染患者的隐球菌脑膜炎治疗；曲霉属、念珠菌属和（或）两性霉素 B 脱氧胆酸盐难治的隐球菌感染，或由于肾损害或毒性排除了使用两性霉素 B 脱氧胆酸盐的患者；内脏利什曼病的治疗[10, 11]。

而另一家公司生产的注射用两性霉素 B 脂质体（Amphotencin B Liposome for Injection，L-AmB，商品名：锋克松）也为双层脂质体，粒径＜ 100nm[12-14]，2003

年该剂型在中国批准上市，用于诊断明确的敏感真菌所致的深部真菌感染，且病情呈进行性发展者，如败血症、心内膜炎、脑膜炎、腹腔感染（包括与透析相关者）、肺部感染、尿路感染等。相比于普通两性霉素 B，L-AmB 含有双脂质体，在脂质体保护下两性霉素 B 尽可能在疏水层中保留，降低与人体细胞膜中胆固醇的结合，而增强对真菌细胞麦角固醇的结合，从而发挥两性霉素 B 的较大杀菌能力。

（五）两性霉素 B 脂质复合体

两性霉素 B 脂质复合体（ABELCET®）是一种用于静脉输注的无菌的无热原悬浮液，由两性霉素 B 与两种磷脂复合物组成，药物与脂质的摩尔比为 1 ：1。其中，L-a- 二肉豆蔻酰磷脂酰胆碱（DMPC）和 L- 二肉豆蔻酰磷脂酰甘油（DMPG）这两种磷脂以 7 ：3 的摩尔比存在。ABELCET® 呈黄色，外观不透明，pH 值为 5~7，其分子量为 924.09，分子式为 $C_{47}H_{73}NO_{17}$。活性成分两性霉素 B 通过与易感真菌细胞膜中的甾醇结合起作用，从而改变细胞膜的通透性。哺乳动物的细胞膜也含有甾醇，对人类细胞的损伤被认为是通过同样的作用机制发生的[14]。

ABELCET® 于 1995 年在欧美上市，适用于治疗对传统两性霉素 B 治疗不耐受或难以耐受的侵袭性真菌感染患者。

（六）灰黄霉素

灰黄霉素（griseofulvin），是从青霉菌菌丝中提取到的一种耐热、含氯的非多烯类抗生素[15]。Gris PEG® 片剂是 1975 年申请生产的一种含有超微晶体的灰黄霉素缓释片抗生素，目前在美国上市。

灰黄霉素是第一种可用于治疗皮肤真菌病的口服制剂，有 50 多年的使用经验。用于由深红色发癣菌、断发癣菌、须发癣菌、指间发癣菌等以及奥杜安小孢子菌、犬小孢子菌、石膏样小孢子菌和絮状表皮癣菌等所致[16]各种癣病的治疗，包括头癣、须癣、体癣、股癣、足癣和甲癣。

（七）米诺环素

目前，米诺环素的口腔局部释放系统临床应用形式分为薄膜型、微球型和软膏型，作为新型口腔局部缓释制剂，其具有脂溶性高、渗透性强、抗菌谱广、抗菌活性强等特点[17]，进入患者机体后可通过抑制葡萄球菌、克雷伯菌及大肠埃希菌，阻碍细菌蛋白质的合成，有助于发挥抗菌、杀菌的作用，减轻牙周组织损伤[18, 19]，同时可以抑制胶原酶和多种金属蛋白酶的活性，增强对骨组织亲和力，抑制结缔组织和骨组织的破坏，从而有利于牙周组织再生，提高疗效[20]。在控制逆行性牙髓炎、种植体植入术、正畸、阻生齿拔除术、颌骨坏死术等治疗后存在的风险中，给予米诺环素作为牙周局部缓释制剂抗感染治疗，一方面可以提高局部药物浓度，减少全身不良反应；另一方面，由于药物遇水变硬形成膜状，可长时间维持局部药物浓度[21]，从而有效改善患牙牙周部位炎性反应程度，减少牙周组织破坏，降低不良反应发生率。近年来，米诺环素的使用得到许多新思路，与大黄、附子等[22-24]中药成分联合使用，联合激光治疗[25, 26]在临床治疗中取得一定成效。

米诺环素局部用药能最大限度地避免全身给药所致的不良反应，随着我国局部用药技术的发展和完善，米诺环素的临床应用率也有所提升，通过牙周局部用药缓慢释放的方式进行治疗，能有效控制药物浓度，保证药物有效浓度持续时间延长，并有效抑制牙菌斑聚集问题，降低不良反应发生率。薄膜型米诺环素中含有聚乙烯乙二醇、三氯甲烷、乙醇等成分，药物成分能缓慢释放。以往的医学研究结果证实，牙周炎患者接受薄膜型米诺环素缓释剂治疗，患者牙周内的致病菌能快速根除，治疗 10 天后仍然能维持现有的药物浓度。米诺环素软膏是一种临床上应用范围较广的药物剂型，将 2% 盐酸米诺环素置于软膏内，保证药物质量在 10mg 左右，并经塑料针向牙周袋内注射药物，能形成一个薄膜并缓慢释放药物，这一治疗方法能保证药物有效成分缓慢释放，并保持 7 天以内的适当药物浓度[27]。

Arestin 于 2001 年 2 月获得美国 FDA 的批准，这种 1mg 盐酸米诺环素微球可以直接放置在受感染的牙周袋中，用于减少成人牙周炎患者在洗屑和根部刨平后口袋深度并有效抑制细菌活性[28]。临床数据表明[29]，米诺环素浓度足以维持 14 天。

（八）利托那韦

利托那韦于 1996 年 3 月首次经美国 FDA 批准上市，其后在加拿大、英国、瑞士、巴西和几个南美国家相继批准使用，我国也于 2021 年批准上市，制剂有胶囊和口服液，用于治疗早期和进展期 HIV 感染。利托那韦是治疗 HIV 感染有效的新型药物之一，也是国际公认的抗艾滋病鸡尾酒疗法中重要的经典组分之一。

利托那韦为 HIV-1 和 HIV-2 天冬氨酸蛋白酶抑制剂，该蛋白酶为艾滋病病毒复制的关键酶，它可将病毒 gag 及 pol 基因编码的多蛋白水解成为功能蛋白及结构蛋白，促成子粒病毒的成熟。利托那韦作为底物类似物竞争性抑制蛋白酶活性，或以其对称结构干扰蛋白酶活性位点，使该酶不能加工合成 gag 和 gag-pol 多聚蛋白前体，从而产生不具传染性的未成熟的 HIV 颗粒[30]。

二、抗感染纳米药物的适应证及指南、专家共识推荐

抗感染纳米药物的适应证及指南、专家共识推荐内容见表 4-3-1。

表4-3-1 抗感染纳米药物的概况、适应证及指南、专家共识推荐

药品通用名（商品名）	上市时间（国家/地区）	适应证	指南推荐或专家共识推荐及证据级别
聚乙二醇干扰素 α-2a 注射剂（派罗欣）	2002 年（美国） 2003 年（中国） 2005 年（欧洲）	中国：①慢性乙型肝炎；②慢性丙型肝炎。适用于治疗之前未接受过治疗的慢性丙型肝炎患者。治疗本病时本品最好与利巴韦林联合使用	《慢性乙型肝炎防治指南（2022 年版）》：HBeAg 阳性患者也可采用 Peg-IFN-α 治疗。治疗 24 周时，若 HBV DNA 下降＜ 21g IU/ml，或 HBsAg 定量＞ 2×10^4 IU/ml，建议停用 Peg-IFN-α 治疗，改为 NAs 治疗（A1）。Peg-IFN-α 有效患者疗程为 48 周，可以根据病情需要延长疗程，但不宜超过 96 周（B1） HBeAg 阴性患者也可采用 Peg-IFN-α 治疗。治疗 12 周时，若 HBV DNA 下降＜ 21g IU/ml，或 HBsAg 定量下降 11g IU/ml，建议停用 Peg-IFN-α 治疗，改为 NAs 治疗（B1）。有效患者疗程为 48 周，可以根据病情需要延长疗程，但不宜超过 96 周（B1）
聚乙二醇干扰素 α-2b 注射剂（佩乐能）	2000 年（欧洲） 2001 年（美国） 2004 年（中国） 2005 年（日本）	欧盟及美国：用于治疗慢性丙型肝炎 中国：①慢性丙型肝炎。患者年龄须≥ 18 岁，患有代偿性肝脏疾病；②慢性乙型肝炎。用于治疗 HBeAg 阳性的慢性乙型肝炎。患者年龄须≥ 18 岁，患有代偿性肝脏疾病	
卡博特韦/利匹韦林（Cabenuva）	2020 年（加拿大） 2020 年（欧洲） 2021 年（美国）	美国：适用于 12 岁及以上、体重至少 35 千克的成人和青少年，作为治疗 HIV-1 感染的完整方案，以取代目前的抗逆转录病毒方案，适用于使用稳定的抗逆转录病毒方案后病毒得到抑制（HIV-1 RNA ＜ 50 拷贝/毫升）、无治疗失败史、对卡博特拉韦或利比韦林没有已知或怀疑的抗性者[6]	《成人和青少年艾滋病病毒感染者使用抗逆转录病毒药物指南》[31]：来自 ATLAS、FLAIR 和 ATLAS-2m 试验的数据支持，每个月或每 2 个月分别在腹肌及臀静脉注射卡博特韦和利匹韦林，可用于替代现有的口服 ARV 方案，对艾滋病病毒感染者进行持续病毒抑制 3~6 个月（未确定最佳持续时间）（证据强度：A 推荐级别：Ⅰ）
VivaGel（Betadine）	2019 年（澳大利亚） 2019 年（欧洲）	细菌性阴道病[7]	/
注射用两性霉素 B 脂质体[10]（AmBisome）	1990 年（欧洲） 1997 年（美国）	1. 对发热、中性粒细胞减少患者的假定真菌感染进行经验治疗 2.HIV 感染患者的隐球菌脑膜炎治疗 3. 曲霉属、念珠菌属和（或）两性霉素 B 脱氧胆酸盐难治的隐球菌感染，或由于肾损害或毒性排除了使用两性霉素 B 脱氧胆酸盐的患者 4. 内脏利什曼病的治疗	《美国移植学会指南：实体器官移植中的隐球菌病》建议两性霉素 B 加 5- 氟胞嘧啶的脂质制剂作为中枢神经系统疾病的诱导治疗缓解或中度至重度肺病（强、高）[32] 欧洲白血病感染会议《恶性血液疾病患者毛霉菌病诊治指南》：一线化疗药物可选用脂质体两性霉素 B 和两性霉素 B 脂质复合体（B Ⅱ）。泊沙康唑和脂质体两性霉素 B（或两性霉素 B 脂质复合物）联合疗法可作为二线治疗方案（B Ⅱ）[33] 《美国胸科协会成人呼吸与重症监护患者真菌感染治疗指南》[34]：

续表

药品通用名（商品名）	上市时间（国家/地区）	适应证	指南推荐或专家共识推荐及证据级别
注射用两性霉素B脂质体[10]（AmBisome）			1. 抗真菌药物 多烯类：对于重症真菌感染，脱氧胆酸两性霉素B仍是治疗首选，其脂质制剂（脂质体两性霉素B和两性霉素B脂质复合物）肾毒性较小（AⅡ），推荐用于肾功能不全或同时应用多种肾毒性药物患者（DⅡ） 2. 组织胞浆菌病 ①对于严重肺组织胞浆菌病患者，建议予两性霉素B 0.7mg/（kg·d）至症状好转或累积剂量达2g（BⅠ）；其后予伊曲康唑（200mg，bid）≥12周（BⅡ） ②对于免疫缺陷宿主，重度进展播散性患者，予两性霉素B 0.7~1.0mg/（kg·d）至症状好转或累积剂量达2g（BⅡ），其后予伊曲康唑（200mg，bid）≥12个月（CⅠ） ③对于慢性患者，予伊曲康唑（200mg，bid）12~24个月（BⅠ），病情严重者，初始治疗首选两性霉素B（BⅡ） 3. 孢子丝菌病 对重症患者予两性霉素B 0.7mg/（kg·d）至好转或累积剂量达2g，其后予伊曲康唑（200mg，bid）治疗3~6个月（BⅢ） 4. 芽生菌病 ①对于重度患者，予两性霉素B 0.7~1.0mg/（kg·d）至症状改善（BⅡ），其后予伊曲康唑（200mg，bid）治疗，免疫健全者疗程6个月（BⅡ），免疫缺陷者疗程12个月。肾功能衰竭患者，首选两性霉素B脂质制剂 ②对于中枢神经系统受累患者，无论免疫健全或缺陷，均不建议予三唑类药物单药治疗（DⅡ），前者予两性霉素B 0.7mg/（kg·d）至其累积剂量达2g（BⅡ），后者予两性霉素B 0.7mg/（kg·d）联合静脉或口服氟康唑400~800mg/d治疗至症状改善（BⅢ），其后继续使用氟康唑≥12个月（BⅢ） 5. 球孢子菌病 对于严重或难治患者，可予脂质体两性霉素B 5mg/（kg·d）或两性霉素B 0.7~1.0mg/（kg·d）至临床改善，续用氟康唑（400mg/d）或伊曲康唑（400mg/d）治疗≥1年（BⅢ）。对于脑膜炎患者，建议终生氟康唑（400~1000mg/d）或伊曲康唑（400~600mg/d）治疗（BⅡ）。对于三唑类治疗失败的脑膜炎患者，建议有选择地使用两性霉素B鞘内注射治疗（BⅢ） 6. 隐球菌病 对于播散性或中枢神经系统受累患者，予两性霉素B 0.7~1.0mg/（kg·d）联合氟胞嘧啶100mg/（kg·d）治疗2周，其后予氟康唑或伊曲康唑（400mg/d）治疗8~10周（AⅠ）

续表

药品通用名（商品名）	上市时间（国家/地区）	适应证	指南推荐或专家共识推荐及证据级别
两性霉素 B 脂质复合体[11]（ABELECT）	1995 年（欧洲） 1995 年（美国）	适用于治疗对传统两性霉素 B 治疗不耐受或难以耐受的侵袭性真菌感染患者	内容同 AmBisome
注射用两性霉素 B 脂质体（锋克松）	2003 年（中国）	中国：用于诊断明确的敏感真菌所致的深部真菌感染，且病情呈进行性发展者，如败血症、心内膜炎、脑膜炎（隐球菌及其他真菌）、腹腔感染（包括与透析相关者）、肺部感染、尿路感染等；因肾损伤或药物毒性而不能使用有效剂量的两性霉素 B 的患者，或已经接受过两性霉素 B 治疗无效的患者均可使用	《儿童侵袭性肺部真菌感染临床实践专家共识（2022 版）》：肺曲霉菌感染者推荐伏立康唑联合卡泊芬净或者两性霉素 B 脂质体联合卡泊芬净治疗（推荐级别Ⅱa- B-R） 《重症肝病合并侵袭性真菌感染诊治专家共识》：对唑类以及棘白菌素均耐药的念珠菌感染，可选用两性霉素 B 脂质体（推荐级别Ⅱa- B-R）；对于重症肝病合并 IPA 患者，两性霉素 B 也是选择方案之一，但鉴于两性霉素 B 在肾脏方面等的不良反应，可采用 L-AmB（Ⅱb-B-NR）
灰黄霉素（Gris-PEG）	1975 年（美国）	美国：用于治疗以下癣感染。体癣，足癣，股癣（腹股沟和大腿癣），头癣和蹄癣（甲真菌病、指甲癣），由以下一种或多种真菌引起的：红毛毛癣菌，单毛毛癣菌，毛状毛癣菌，互指毛癣菌，疣状毛癣菌，甲癣毛癣菌，盖氏毛癣菌，克拉氏毛癣菌，硫脲毛癣菌，毛癣菌，小孢子菌	《中国头癣诊断和治疗指南（2018 修订版）》：可选择抗真菌药物灰黄霉素、特比萘芬、伊曲康唑和氟康唑，后 3 种药物对于头癣的疗效与灰黄霉素相当，但安全性更高，不良反应较少 《英国皮肤科医生协会 2014 年头癣治疗指南》：在英国灰黄霉素仍然是儿童头癣的唯一许可治疗方法
盐酸米诺环素微球（Arestin）	2001 年（美国）	美国：牙周炎，用于减少成人牙周炎患者在洗屑和根部刨平后口袋深度并有效抑制细菌活性	无相关资料
利托那韦（Norvir）	1996 年（美国） 2021 年（中国）	美国：HIV 感染 中国：HIV 感染	《中国艾滋病诊疗指南（2021 年版）》：成人及青少年初始抗逆转录病毒疗法（ART）初治患者推荐方案为 2 种核苷类反转录酶抑制剂（NRTIs）类骨干药物联合第三类药物治疗。第三类药物可以为非核苷类反转录酶抑制剂（NNRTIs）或者增强型 、蛋白酶抑制剂（PIs）（含利托那韦或考比司他）或者整合酶抑制剂（INSTIs） 儿童患者初治推荐方案为 2 种 NRTIs 类骨干药物联合第三类药物治疗。第三类药物可以为 INSTIs 或 NNRTIs 或者增强型 PIs（含利托那韦或考比司他）

三、抗感染纳米药物的药代动力学及特性比较

抗感染纳米药物的药代动力学及特性比较内容见表 4–3–2。

表4–3–2 抗感染纳米药物的药代动力学及特性比较

药品通用名（商品名）	药代动力学参数	代谢和排泄途径	药物相互作用	其他特性（如有效期、保存条件单次最大给药剂量等）
聚乙二醇干扰素α–2a 注射剂（派罗欣）	粒径：无相关资料 分子量：60000 达峰时间和消除半衰期：静脉给药后，终末半衰期大约是60~80h，皮下注射给药后，其终末半衰期更长（50~130h） 分布容积：8~14L 生物利用度：61%~84% 蛋白结合率：无相关资料	大鼠试验显示本品主要在肾脏中代谢，代谢物主要通过肾脏排出体外，少部分通过胆汁排泄	同时使用本品和茶碱，应监测茶碱血清浓度并适当调整茶碱用量	密封、避光、2~8℃在原包装中运输和保存。不得冷冻。有效期为 48 个月
聚乙二醇干扰素α–2b 注射剂（佩乐能）	粒径：无相关资料 分子量：313000 达峰时间和消除半衰期：达峰时间出现在用药后 15~44h，平均消除半衰期约 40h ± 13.3h 分布容积：0.99L/kg 生物利用度：无相关资料 蛋白结合率：无相关资料	正常肾功能肾脏清除率为 30%，中度肾功能障碍患者清除率下降17%，重度肾功能障碍患者清除率平均下降 44%	有文献报道当 CYP1A2 底物（如茶碱）与其他 α 干扰素一起使用时，其清除率降低 50%，因此本品与 CYP1A2 代谢相关的药物一起使用时要注意	必须贮存在 2~8 ℃条件下，不可冷冻。配制后的待用溶液在 2~8 ℃条件下、24 小时内必须使用。未用完的溶液必须丢弃。发现溶液变色不要使用。有效期为 36 个月，超过有效期后不要使用

续表

药品通用名（商品名）	药代动力学参数	代谢和排泄途径	药物相互作用	其他特性（如有效期、保存条件单次最大给药剂量等）
卡博特韦 / 利匹韦林（Cabenuva）	粒径：200 nm 分子量：卡博特韦：405.35 g/mol；利匹韦林：366.42g/mol 达峰时间和消除半衰期：卡博特韦：t_{max} 7 天；$t_{1/2}$：5.6–11.5 周[35]；利匹韦林：t_{max}：3~4 天；$t_{1/2}$：13~28 周[36] 分布容积：无相关资料 生物利用度：无相关资料 蛋白结合率：超过 99%[35, 36]	1. 卡博特韦的主要清除途径是肝脏代谢，主要涉及代谢酶 UGT1A1[37]，通过尿液排出葡萄糖醛酸结合物（M1）、葡萄糖结合物（M2），少量的原型卡博特韦通过胆汁 / 粪便[37]排出 2. 利匹韦林的消除是通过肝脏代谢和 CYP3A4 介导的[35]。单次口服后，平均 85% 的剂量由粪便排出（75% 为代谢物），6% 由尿液排出（只有微量未改变的利匹韦林）	1. 接受下列联合用药的患者，由于尿苷二磷酸（UDP）– 葡萄糖醛酸转移酶（UGT）1A1 和（或）细胞色素 P450（CYP）3A 酶诱导，可能导致血药浓度显著降低，这可能导致病毒学应答丧失：镇静剂：卡马西平、奥卡西平、苯巴比妥、苯妥英；抗菌药物：利福布丁、利福平、利福喷丁；糖皮质激素（全身）：地塞米松（单剂量以上治疗）；草药：圣约翰草（贯叶连翘） 2. 在平均稳态 C_{max} 值比推荐的 600mg 剂量的 Rilpivirine 缓释注射混悬液高 4.4 倍和 11.6 倍时，Rilpivirine 可延长 Q–Tc 间期。Cabenuva 应谨慎与已知有尖端扭转型室性心动过速风险的药物联合使用[38]	1. 将 Cabenuva 置于原包装纸箱中，储存在 2~8 ℃的冰箱中，直到用前再取出。不要使药物冻结。请勿将药物与任何其他药物或稀释剂混合 2. 给药前，应将药瓶置于室温（不超过 25℃）。在室温下，药瓶可以在纸箱中保留长达 6h；如果 6h 内没有使用，必须丢弃 3. 一旦混悬药物被吸入相应的注射器，应尽快进行注射，但只能在注射器中保留长达 2h。如果超过 2h，必须丢弃药物、注射器和针头[38]
两性霉素 B 脂质体（安必速）[10]	粒径：45~80 nm 分子量 924.09 达峰时间和消除半衰期：终末消除半衰期约为 7h 分布容积：0.1~0.44L/kg	无相关资料	合用皮质类固醇、促肾上腺皮质激素（ACTH）及利尿剂（环和噻嗪类）时可能加重低钾血症；合用氟胞嘧啶时可能增加氟胞嘧啶细胞摄取和（或）抑制肾排泄，增加其毒性；与抗肿瘤药物合用时有增加肾毒性、支气管痉挛和低血压的可能性；在白细胞输注期间或输注后短时间两性霉素 B 治疗患者曾报告了急性肺毒性	1. 密闭，不超过 25℃保存。在用 USP 无菌注射用水进行重组后，重组产品浓缩物可在 2~8 ℃下储存 24 小时。不要冻结 2. 注射应在用 5% 葡萄糖注射液稀释后的 6h 内开始 3. 经验疗法：3mg/（kg · d） 全身真菌感染（曲霉属，念珠菌，隐球菌属）:3~5mg/（kg · d） 4.HIV 感染患者的隐球菌脑膜炎：6 mg/（kg · d）

续表

药品通用名（商品名）	药代动力学参数	代谢和排泄途径	药物相互作用	其他特性（如有效期、保存条件单次最大给药剂量等）
两性霉素B脂质复合体[11]	分子量：924.09 消除半衰期：173.4h ± 78h 分布容积：（131 ± 57.7）L/kg 生物利用度：AUC（14 ±7）（mg·h）/m^2	无相关资料	抗肿瘤药物、皮质类固醇和促肾上腺皮质激素（ACTH）、环孢菌素A、洋地黄苷、氟胞嘧啶、咪唑、白细胞输注、其他肾毒性药物、骨骼肌松弛剂、齐多夫定	1. 应储存在2~8°C的温度下，并防止暴露在阳光下。不要冻结 2. 成人和儿童的建议每日剂量为5mg/kg，单次输注 3. 通过静脉输注以2.5mg/（kg·h）的速率给药。如果输注时间超过2小时，则每2小时摇动输注袋混合内容物
注射用两性霉素B脂质体（锋克松）	粒径：< 100 nm[13, 14] 分子量：924.09 蛋白结合率：95%以上[39] 其余参数：无相关资料	L-AmB代谢后分为两个组成部分，总两性霉素B和脂质体^{14}C-胆固醇脂质体标记物。两性霉素B在人体内并未被广泛代谢，以原型形式从尿液和粪便中排出[40]	目前知道下列药物与普通两性霉素B同时使用时发生药物相互作用，所以下列药物可能也与两性霉素B脂质体有相互作用[41]： ①抗肿瘤药 ②皮质类固醇和促皮质素（ACTH） ③洋地黄葡萄糖苷 ④氟胞嘧啶 ⑤其他对肾有毒性的药物：氨基糖苷类、五氮唑药、卷曲霉素、多黏菌素、万古霉素 ⑥骨骼肌松弛剂 ⑦体外和体内动物试验显示两性霉素B与吡咯类抗真菌药，如酮康唑、氟康唑、伊曲康唑等 ⑧两性霉素B与白细胞同时输注时，可能导致肺部毒性 ⑨骨髓抑制药、放射治疗可加重患者贫血	1. 本品推荐临床用法为起始剂量0.1mg/（kg·d），推荐剂量为3mg/（kg·d），最高给药可达6mg（kg·d） 2. 保存方法：遮光、密闭，冷处保存（温度2~10℃）。有效期：24个月

续表

药品通用名（商品名）	药代动力学参数	代谢和排泄途径	药物相互作用	其他特性（如有效期、保存条件单次最大给药剂量等）
灰黄霉素 （Gris-PEG）	分子量：352.77 达峰时间和消除半衰期：血消除半衰期为 14~24h[15] 生物利用度：（0.32 ± 0.02）mmol[42] 蛋白结合率：约 80%[43] 其余参数：无相关资料	主要的代谢物为 6- 甲基灰黄霉素及其葡萄糖醛酰化物。本品自尿中以药物原形排出者不足 1%，约 16%~36% 以原形自粪便排出。它由肝微粒体酶系统代谢并在尿液中排泄[15]	1. 接受灰黄霉素治疗的患者出现红斑狼疮或类狼疮综合征。灰黄霉素会降低华法林型抗凝剂的活性，因此，同时接受这些药物的患者在灰黄霉素治疗期间和之后可能需要调整抗凝剂的剂量 2. 巴比妥类通常会降低灰黄霉素的活性，同时给药可能需要调整抗真菌剂的剂量 3. 文献中已经报道灰黄霉素与口服避孕药之间可能相互作用的报道 4. 灰黄霉素可以增强酒精的作用，产生心动过速和潮红	1. 将 Gris-PEG 片剂在受控室温 15°C~30°C 下储存在密封、耐光的容器中 2. 在此基础上，建议使用以下剂量表：16~27kg：每日 125mg~187.5mg。超过 27kg：每日 187.5mg~375mg
盐酸米诺环素微球 （Arestin）	粒径：无相关资料 分子量：457.5 g/mol[13, 14] 达峰时间和消除半衰期：16~18h 分布容积：无相关资料 生物利用度：100% 蛋白结合率：75%	主要经尿和粪便排泄，其排泄率明显低于其他品种，相当量的药物在体内代谢	1. 由于四环素类药物可以抑制凝血酶原活性，用抗凝血药治疗者应降低抗凝血药的剂量；因为四环素类为抑菌剂，可干扰（妨碍）青霉素的杀菌作用，所以应避免与青霉素联合用药；钙、镁、铝、铁制剂与该药合用时有可能降低药物的吸收；四环素类与甲氧烷合用可导致严重肾毒性；同时使用四环素类可使口服避孕药药效降低 2. 已知可与 Arestin 相互作用的药物（局部使用米诺环素）：氨基乙酰丙酸，氨基乙酰丙酸外用，甲氧沙林，氨基乙酰丙酸甲酯外用，卟啉，维替泊芬	1. 由口腔保健专业人员将 1mg 龈下应用到患牙周袋的底部。治疗所需的 1 mg 单位剂量包装的数量随病变的深度，严重程度和数量而变化。在临床试验期间，在单次治疗期间，最多可将 121 个单位剂量的米诺环素局部用药容器应用于一名患者。此外，患者每 3 个月进行 3 次治疗 2. 储存在 20~25°C；60% 相对湿度：允许在 15~30°C 下偏移。避免暴露在过热的环境中

续表

药品通用名（商品名）	药代动力学参数	代谢和排泄途径	药物相互作用	其他特性（如有效期、保存条件单次最大给药剂量等）
利托纳韦（Norvir）	粒径：无相关资料 分子量：720.95 g/mol[13, 14] 达峰时间和消除半衰期：3~5h 分布容积：0.4L/kg 生物利用度：食物对利托那韦的吸收有一定的影响 蛋白结合率：98%~99%	1. 细胞色素 P450 3A（CYP3A）是参与利托那韦代谢的主要亚型，尽管 CYP2D6 也有助于 M-2 的形成 2. 在一项对五名接受 600 mg 剂量的受试者的研究中 ^{14}C- 利托那韦口服溶液，11.3% ± 2.8% 的剂量排泄到尿液中，3.5% ± 1.8% 的剂量作为不变的母体药物排泄。在该研究中，86.4% ± 2.9% 的剂量在粪便中排泄，33.8% ± 10.8% 的剂量作为不变的母体药物排泄。多次给药后，利托那韦的积累低于单次给药的预测值，可能是由于清除率的时间和剂量相关增加	不能与利托那韦合用的药物：胺碘酮，苄普地尔，氟卡尼，普罗帕酮，奎尼丁，阿司咪唑，特非那定，双氢麦角胺，麦角胺，咪达唑仑，三唑仑，西沙比利，匹莫齐特	1. 单剂量服用 600mg ^{14}C 标记的利托那韦口服液（n=5），几乎所有的血浆放射活性均为利托那韦原药 2. 避光，密闭保存

四、抗感染纳米药物对应适应证的HTA

抗感染纳米药物对应适应证的 HTA 具体内容见表 4-3-3。

表4-3-3　抗感染纳米药物对应适应证的HTA

药品通用名（商品名）	适应证	有效性	安全性	经济性
聚乙二醇干扰素α-2a 注射剂（派罗欣）	1. 慢性乙型肝炎 用于治疗成人慢性乙型肝炎。患者不能处于肝病代偿期，慢性乙型肝炎必须经过血清标志物（氨基转移酶升高。HBsAg,HBVDNA）确诊。通常也需要获取组织学证据 2. 慢性丙型肝炎 适用于治疗之前未接受过治疗的慢性丙型肝炎患者。患者必须无肝脏失代偿表现，慢性丙型肝炎须经过血清标记物确证（抗 HCV 抗体和 HCV RNA）。通常诊断需要经组织学确证 治疗本病时本品最好与利巴韦林联合使用。在对利巴韦林不耐受或禁忌时可以采用本品单药治疗。尚未对氨基转移酶正常的患者进行本品单药治疗的研究	与接受聚乙二醇干扰素α-2a 的患者相比，接受聚乙二醇干扰素α-2b 的患者的干扰素α反应基因上调明显更大。在接受 1 年聚乙二醇干扰素α-2a 治疗的 HBeAg 转阴患者中，数据显示治疗后 6 个月，43% 的患者乙肝病毒 DNA < 4000 IU/ml，4% 的患者 HBsAg（乙肝病毒表面抗原）缺失。经过 3 年的随访，28% 的 HBeAg 阴性患者的 HBV DNA < 2000IU/ml，HBsAg 清除率增加 8.7%[51]	聚乙二醇干扰素α-2a 的不良事件停药率为 13%[48]，聚乙二醇干扰素α-2a 发生 2 级（血红蛋白< 10g/dl）和 3 级（血红蛋白< 8.5g/dl）贫血的发生率相似，分别为 29.6% 及 3.8%[48]。轻度（< 750/mm^3）和中度（< 500/mm^3）的中性粒细胞减少在两种干扰素制剂间有显著差异，分别为 27%，5.9%	比较聚乙二醇干扰素α-2b 与聚乙二醇干扰素α-2a 治疗慢性丙型肝炎，两者病毒学应答率、生物化学应答率、复发率无明显差异，计算成本发现干扰素α-2b 的治疗成本更低

续表

药品通用名（商品名）	适应证	有效性	安全性	经济性
聚乙二醇干扰素 α–2b 注射剂（佩乐能）	1. 慢性丙型肝炎 患者年龄需≥ 18 岁，患有代偿性肝脏疾病。现认为慢性丙型肝炎的理想治疗是本品与利巴韦林合用 2. 慢性乙型肝炎 也可以用于治疗 HBeAg 阳性的慢性乙型肝炎。患者年龄需≥ 18 岁，患有代偿性肝脏疾病	就 HBeAg 阳性患者而言，经 1 年的聚乙二醇干扰素 α–2a 和 α–2b 单药治疗在停止治疗后 6 个月，32% 和 29% 的患者发生 HBeAg 病毒血清转阴[43–46]。约 3%~5% 的患者在治疗后 6 个月清除 HBsAg 病毒。在随访的（3.0 ± 0.8）年，显示通过聚乙二醇干扰素 α–2b 治疗清除 HBeAg 病毒的患者中，81% 的 HBeAg 保持阴性，11% 的 HBsAg 彻底清除。提示治疗效果持续[47]	聚乙二醇干扰素 α–2b 的不良事件停药率分别为 12.7%[48]，聚乙二醇干扰素 α–2b 发生 2 级（血红蛋白＜ 10g/dl）和 3 级（血红蛋白＜ 8.5g/dl）贫血的发生率相似[49, 50]。轻度（＜ 750/mm^3）和中度（＜ 500/mm^3）的中性粒细胞减少	短效干扰素一周三次或隔日一次，价格依据厂家不同，十几到几十元不等。聚乙二醇干扰素 α–2b 注射剂一周一次，价格在 1000~1600 元
卡博特韦 / 利匹韦林（Cabenuva）	美国：适用于 12 岁及以上、体重至少 35kg 的成人和青少年，作为治疗 HIV–1 感染的完整方案，以取代目前的抗逆转录病毒方案，适用于使用稳定的抗逆转录病毒方案后病毒得到抑制（HIV–1RNA ＜ 50 拷贝 / 毫升）、无治疗失败史、对卡博特拉韦或利比韦林没有已知或怀疑的抗性者	1. 在一项随机、开放标签的试验（FLAIR）中[52]，和口服抗逆转录病毒方案相比，使用长效卡博特韦 / 利匹韦林治疗的患者中，治疗 12 个月后，与以前的口服治疗相比 91% 的受试者倾向于长效治疗方案 2. 在一项随机的、开放标签的试验（ATLAS）中[53]，使用长效卡博特韦 / 利匹韦林治疗的患者中，发现 HIV–1 RNA 达到或超过 50copies/ml 的比例为 1.6%，而接受口服治疗的患者为 1%。在第 48 周，HIV–1 RNA 水平低于 50copies/ml 的注射治疗者为 92.9%，而接受口服治疗者为 95.8% 3. 在一项针对接受过抗逆转录病毒治疗、病毒学抑制的 HIV–1 感染患者的随机开放标签试验（ATLAS–2M）中[54]，在治疗 48 周后长效卡博特韦 / 利匹韦林每 8 周给药和每 4 周给药的疗效和安全性情况相似	1. 在一项随机、开放标签的试验（FLAIR）中[52]，和口服抗逆转录病毒方案相比，使用长效卡博特韦 / 利匹韦林治疗组有 4 名患者发生病毒学失败，口服治疗组有 3 名患者。在接受长效治疗的参与者中，有 86% 报告了注射部位反应，其中最常报告的反应是疼痛，一般为轻度或中度。在注射治疗组中，3 名患者出现了 3 级事件，即盗汗、右膝单关节炎和睡眠质量差；1 名患者出现了 4 级脂肪酶水平的升高	1. 根据加拿大药物和卫生技术局的分析。与联合口服抗逆转录病毒治疗相比，卡博特韦 / 利匹韦林的总成本较低，总 QALY 较少[56] 2. 使用英国国家卫生与临床优化研究所首选的依从性假设，卡博特韦与利匹韦林合用治疗 HIV–1 可能是英国国家医疗服务体系资源的一种划算的使用，因此推荐使用[57]

续表

药品通用名（商品名）	适应证	有效性	安全性	经济性
卡博特韦 / 利匹韦林（Cabenuva）		4. 此前也有 2 期研究（LATTE-2）用于评估卡博特韦 / 利匹韦林口服和长效给药的效果[55]，认为注射组和口服组在第 32 周的病毒学抑制是相似的	2. 在一项随机的、开放标签的试验（ATLAS）中[53]，注射治疗组有 3 名患者发生病毒学失败，而口服治疗组有 4 名患者。在接受长效治疗的患者中，99% 的注射部位反应为轻度或中度；88% 在 7 天内解决。最常见的注射部位反应是疼痛、结节、压痛和肿胀。在注射治疗组中，患者出现了热射病、恶心、腹泻和头痛等 3 级事件；1 名患者出现了 4 级脂肪酶升高 3. 在一项针对接受过抗逆转录病毒治疗、病毒学抑制的 HIV-1 感染患者的随机开放标签试验（ATLAS-2M）中[54]，在治疗 48 周后长效卡博特韦 / 利匹韦林每 8 周给药和每 4 周给药的疗效和安全性情况相似	
VivaGel（Betadine）	细菌性阴道病	通过一项系统评价和 meta 分析，分析随机对照试验以检验 VivaGel 治疗 BV 的有效性和安全性。有效性方面纳入了 2 期和 3 期研究，meta 分析发现，VivaGel 在所有结局指标中均显著优于安慰剂[58]	对三项治疗研究和预防复发的 3 期研究中的安全性进行了 meta 分析发现，VivaGel 对所有安全终点的耐受性与安慰剂相似。与安慰剂相比，VivaGel 组严重不良事件的发生率没有显著性差异[58]	无相关资料

续表

药品通用名（商品名）	适应证	有效性	安全性	经济性
注射用两性霉素B脂质体（AmBisome）[10]	1. 对发热、中性粒细胞减少患者的假定真菌感染进行经验治疗 2. 对 HIV 感染患者的隐球菌脑膜炎治疗 3. 曲霉属、念珠菌属和（或）两性霉素 B 脱氧胆酸盐难治的隐球菌感染，或由于肾损害或毒性排除了使用两性霉素 B 脱氧胆酸盐的患者 4. 内脏利什曼病的治疗	一项随机、双盲、多中心研究，评估 AmBisome 和两性霉素 B 脱氧胆酸盐对 687 名持续发热和中性粒细胞减少症患者的疗效。AmBisome 以 49.9% 优于脱氧胆酸盐（49.1%）	AmBisome 耐受性良好。与两性霉素 B 脱氧胆酸盐相比，AmBisome 的寒战、高血压、低血压、心动过速、缺氧、低钾血症以及与肾功能下降相关的各种事件的发生率较低	与两性霉素 B 脱氧胆酸盐相比，AmBisome 是一种具有成本效益的替代方案
两性霉素B脂质复合体[11]（ABELCET®）	适用于治疗对传统两性霉素 B 治疗不耐受或难以耐受的侵袭性真菌感染患者	对常规两性霉素 B 或先前存在肾毒性的侵袭性真菌感染的患者进行研究，包含 473 名患者的三项临床研究证明了 ABELCET® 作为二线疗法治疗侵袭性真菌感染的有效性	与任何含两性霉素 B 的产品一样，在初始剂量期间，药物应由受过医学训练的人员在密切临床观察下进行管理：开始静脉输注 1~2h 后，可能会出现包括发烧和寒战在内的急性反应。这些反应通常在最初几次服用 ABELCET® 时更常见，通常会随着随后的几次服用而减少剂量。输液很少与低血压、支气管痉挛、心律失常和休克相关 通常，最常报告的不良事件是输注药物期间的短暂寒战和（或）发烧	无相关资料

续表

药品通用名（商品名）	适应证	有效性	安全性	经济性
注射用两性霉素B脂质体（锋克松）	中性粒细胞缺乏伴发热疑似真菌感染的经验性治疗	在一项随机、双盲、平行试验研究中，两性霉素B脂质复合物的治疗有效率未见显著性差异[59]。一项随机、开放试验对比了L-AmB与两性霉素B去氧胆酸盐（amphotericin B deoxycholate，AmB-DOC）在治疗中性粒细胞缺乏伴发热疑似真菌感染中的有效性，结果显示两个治疗组总的治疗成功率相似[60]	一项随机、平行、开放试验对比了L-AmB和AmB-DOC在中性粒细胞缺乏伴发热疑似真菌感染的经验治疗中的安全性。结果发现，L-AmB组相比于AmB-DOC组，不良反应发生率降低为原来的1/2~1/6，严重不良反应发生率仅为AmB-DOC组的1/12，肾毒性的发生率显著低于AmB-DOC组，且试验过程中L-AmB组发展为肾毒性的时间显著长于AmB-DOC组[61]。一项试验对比了L-AmB与AmB-DOC在治疗中性粒细胞缺乏伴发热疑似真菌感染中的安全性[60]。结果显示L-AmB组发冷/寒战的发生率显著低于AmB-DOC组，肾毒性发生率同样显著低于AmB-DOC组。此外，在一项随机、双盲、平行试验研究中，L-AmB和两性霉素B脂质复合物ABLC（amphotericin B lipid complex），ABLC组发冷/寒战、肾毒性的发生率均显著高于L-AmB组[59]	对于两性霉素B的两种剂型，ABLC和L-AmB采用回顾性最小成本法进行比较分析，研究角度采用医疗机构角度[62]
注射用两性霉素B脂质体（锋克松）	侵袭性真菌感染	一项随机、双盲临床试验比较了L-AmB高剂量与标准剂量在治疗侵袭性霉菌感染（主要是肺部曲霉病）上的有效性。结果提示，2个治疗组在有效性上没有明显区别[60, 63, 64]	一项研究中结果显示，L-AmB组相比于AmB-DOC组安全性更高[60, 63]	无相关资料

续表

药品通用名（商品名）	适应证	有效性	安全性	经济性
灰黄霉素（Gris-PEG）	头癣	1. 一项随机对照试验表明在确诊的微孢子菌感染中，8 周的灰黄霉素治疗比 4 周的特比萘芬治疗更有效[65] 2. 在一项系统性儿童用药治疗毛癣菌属感染研究[66]中，特比萘芬 4 周和灰黄霉素 8 周在 3 项研究中显示出相似的疗效 3. 另一项研究显示，伊曲康唑 2 周与灰黄霉素 6 周相比，治愈率无显著差异	1. 对于儿童头癣，从安全性角度来说，伊曲康唑及特比萘芬均优于灰黄霉素[65] 2. 归因于研究药物的不良事件发生频率与特比萘芬和灰黄霉素相似和严重不良事件很少见。特比萘芬、灰黄霉素、伊曲康唑、酮康唑和氟康唑的不良事件均为轻度且可逆的[66]	无相关资料
灰黄霉素（Gris-PEG）	趾甲真菌感染	2016 年 Chen 等[67]纳入了 25 项（n=4449）。在两项研究中，伊曲康唑和特比萘芬治疗两至三周无差异	2016 年 Chen 等[67]纳入了 25 项研究（N=4449）中表明在药物的不良事件发生频率中，特比萘芬和灰黄霉素相似，其二者发生严重不良事件很少见	无相关资料
盐酸米诺环素微球（Arestin）	牙周炎，用于减少成人牙周炎患者在洗屑和根部刨平后口袋深度并有效抑制细菌活性	Arestin 的批准基于 2 项研究发现 Arestin 治疗的患者在 9 个月时与单独使用缩放和根部刨削（S/RP）或 S/RP+ 载体治疗的患者相比，探测口袋深度（PD）有统计学意义减少[21] 1. 在慢性成人牙周炎受试者中，9 个月内（基线时以及 3 个月和 6 个月时）三次施用米诺环素微球，SRP 加 Arest 的口袋深度降低明显大于单独使 SRP[68] 2. 在 2 项对照良好、多中心、研究者盲法、载体控制、平行设计研究（3 组）中，发现用 Arestin 治疗的受试者在初始治疗后 9 个月与单独使用 SRP 或 SRP+ 载体治疗的受试者相比，探测口袋深度在统计学上显著降低	Arestin 微球具有生物黏附性，可生物吸收，允许持续释放，并且作为粉末给药，具有经过验证的安全记录[68]	无相关资料
利托纳韦（Norvir）	HIV 感染	通过急性感染的成淋巴细胞株和血外周淋巴细胞，对利托那韦进行了体外抗病毒活性的研究。分离的 HIV-1 和所用的细胞不同，其抑制 50% 病毒复制（EC_{50}）的浓度范围为 3.8~153nmol · L^{-1}，对低通道临床分离病毒（Low passage clinical isolates）的平均 EC_{50} 值为 22nmol · L^{-1}（n=13）[69]	1. 利托那韦药代动力学尚未在肾损伤患者中进行研究，然而，由于肾清除率可以忽略不计，因此预计肾功能损害患者不会降低全身清除率 2. 对于轻度或中度肝损伤患者，不建议进行剂量调整	无相关资料

五、抗感染纳米药物文献计量学与研究热点分析

随着纳米科技的不断发展和进步，以纳米材料为载体的新型药物逐渐成为医药学领域的研究热点。本部分内容采用文献计量学的方法对国内外抗感染纳米药物的研究进行分析，对相关文献的发表时间、地域分布、作者机构及研究方向等内容进行总结，并运用 CiteSpace（V 6.1.R3）软件，对纳米药物抗感染的文献数据进行可视化分析，生成纳米药物抗感染研究关键词的突现、聚类等知识图谱。从时间和空间维度探究国内外关于纳米药物抗感染的前沿热点及发展趋势，以期为纳米药物抗感染的进一步研究提供参考。

（一）聚乙二醇干扰素 α-2a 的文献计量学与研究热点分析

1. 检索策略

聚乙二醇干扰素 α-2a 文献计量学的检索策略具体见表 4-3-4。

表4-3-4　聚乙二醇干扰素α-2a文献计量学的检索策略

类别	检索策略	
数据来源	Web of Science 核心合集数据库	CNKI 数据库
引文索引	SCI-Expanded	主题检索
主题词	Peginterferon alpha-2a	聚乙二醇干扰素 α-2a
文献类型	Article	研究论文
语种	English	中文
检索时段	2000 年 ~2022 年	2000 ~ 年 2022 年
检索结果	共 2091 篇文献	共 702 篇文献

2. 文献发表时间及数量分布

聚乙二醇干扰素 α-2a 文献发表时间及数量分布具体见图 4-3-1。

3. 文献发表杂志

聚乙二醇干扰素 α-2a 文献发表杂志数据统计见表 4-3-5。

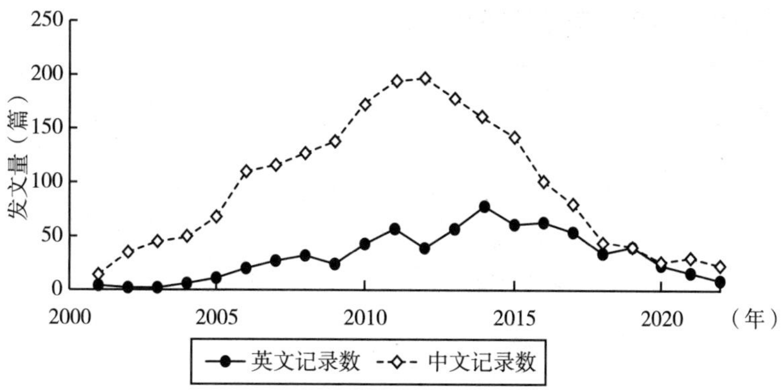

图 4-3-1　聚乙二醇干扰素 α-2a 文献发表时间及数量分布

表4-3-5　聚乙二醇干扰素 α-2a发文量前10位的期刊

序号	WOS 数据库		CNKI 数据库	
	英文来源出版物	记录数	中文来源出版物	记录数
1	JOURNAL OF VIRAL HEPATITIS	123	中华肝脏病杂志	41
2	HEPATOLOGY	112	中华内科杂志	3
3	JOURNAL OF HEPATOLOGY	95	中国医院药学杂志	3
4	ANTIVIRAL THERAPY	76	中国微生态学杂志	3
5	WORLD JOURNAL OF GASTROENTEROLOGY	59	中国实用内科杂志	3
6	LIVER INTERNATIONAL	56	中国全科医学	2
7	ALIMENTARY PHARMACOLOGY THERAPEUTICS	51	中国循证医学杂志	2
8	EUROPEAN JOURNAL OF GASTROENTEROLOGY HEPATOLOGY	49	中南大学学报	2
9	PLOS ONE	48	实用预防医学	2
10	GASTROENTEROLOGY	43	中国热带医学	2

4. 文献发表国家 / 地区及数量分布

聚乙二醇干扰素 α-2a 文献发表国家 / 地区及数量分布具体见表 4-3-6。

表4-3-6　文献发表前10位的国家/地区

序号	国家 / 地区	记录数	序号	国家 / 地区	记录数
1	美国	677	6	日本	174
2	中国	246	7	西班牙	134
3	德国	222	8	加拿大	117
4	意大利	196	9	英国	112
5	法国	195	10	中国台湾	107

5. 文献发表的作者及其所在机构、数量及排序

聚乙二醇干扰素 α–2a 文献发表的作者及其所在机构、数量及排序具体结果见表 4–3–7 和表 4–3–8。

表4–3–7 发表文章数量前10位的作者

序号	WOS 数据库		CNKI 数据库	
	作者及其所在机构	记录数	作者及其所在机构	记录数
1	Zeuzem Stefan，Assistance Publique Hopitaux Paris（APHP）	99	谢尧，首都医科大学附属北京地坛医院	13
2	Marcellin Patrick，Assistance Publique Hopitaux Paris（APHP）	55	李明慧，首都医科大学附属北京地坛医院	11
3	Janssen Harry L，Toronto General Hospital	45	陈小苹，广东省医学科学院	11
4	Shiffman Mitchell L，Bon Secours Mercyhlth	40	陈学福，广东省人民医院	10
5	Ferenci Peter，Medical University of Vienna	34	路遥，首都医科大学附属北京地坛医院	10
6	Sulkowski Mark S，Johnshopkins University	30	陈新月，中国医学科学院	9
7	Sarrazin Christoph，Goethe University Frankfurt	29	张璐，首都医科大学附属北京地坛医院	9
8	Mchutchison John，Assembly Biosci	28	申戈，首都医科大学附属北京地坛医院	7
9	Huang Jee–Fu，Kaohsiung Medical University	28	徐道振，首都医科大学附属北京地坛医院	6
10	Rodriguez–Torres Maribel，Instituto Nacional de Ciencias Medicas Y Nutricion Salvador Zubiran – Mexico	26	赵伟，南京市第二医院	6

表4–3–8 文献发表前10位的机构、数量

序号	WOS 数据库		CNKI 数据库	
	机构	记录数	机构	记录数
1	ASSISTANCE PUBLIQUEhOPITAUX PARIS APHP	134	中国人民解放军总医院第五医学中心	22
2	INSTITUT NATIONAL DE LA SANTE ET DE LA RECHERCHE MEDICALE INSERM	122	首都医科大学附属北京地坛医院	16
3	UDICE FRENCH RESEARCH UNIVERSITIES	122	首都医科大学附属北京佑安医院	10

续表

序号	WOS 数据库		CNKI 数据库	
	机构	记录数	机构	记录数
4	ROCHE HOLDING	119	广州市第八人民医院	9
5	UNIVERSITE PARIS CITE	95	南京市第二医院	9
6	UNIVERSITY OF CALIFORNIA SYSTEM	88	中山大学附属第三医院	9
7	GOETHE UNIVERSITY FRANKFURT	84	广东省人民医院	8
8	ERASMUS UNIVERSITY ROTTERDAM	73	上海交通大学医学院附属瑞金医院	8
9	ERASMUS MC	71	北京大学第一医院	7
10	HOPITAL UNIVERSITAIRE BEAUJON APHP	70	佛山市第一人民医院	7

6. 聚乙二醇干扰素 α-2a 相关论文的研究方向

聚乙二醇干扰素 α-2a 相关论文的研究方向具体见表 4-3-9。

表4-3-9　聚乙二醇干扰素 α-2a研究排名前10位的研究方向

序号	WOS 数据库		CNKI 数据库	
	研究方向	记录数	研究方向	记录数
1	Gastroenterology Hepatology	1086	聚乙二醇干扰素 α-2a	260
2	Infectious Diseases	387	聚乙二醇干扰素	249
3	Virology	330	慢性乙型肝炎	232
4	Pharmacology Pharmacy	313	利巴韦林	176
5	General Internal Medicine	161	慢性丙型肝炎	169
6	Immunology	157	HBeAg	116
7	Microbiology	111	慢性乙型肝炎患者	63
8	Science Technology Other Topics	61	恩替卡韦	62
9	Research Experimental Medicine	55	干扰素 α-2a	57
10	Biochemistry Molecular Biology	45	干扰素	46

7. 聚乙二醇干扰素 α-2a 研究热点分析

对聚乙二醇干扰素 α-2a 文献关键词进行基于 Log likelihood ratio（LLR）检验算法的聚类分析，中、英文有效聚类分别均为 6 个，见图 4-3-2。聚类编号从 #0~#5，数字越小则该聚类下的文献研究规模越大。根据标签内容大致可分为 2 类：药物药理作用与疾病治疗相关的研究。

关键词突现是指在短时间之内该词的出现频率显著增加，表明某段时间内该领域的研究备受科研人员的关注，据此可以判断该领域的前沿进展和研究趋势。

中、英文文献聚乙二醇干扰素 α–2a 的关键词突现分析见图 4–3–3。从突现度来看，中文文献排名前 5 的依次为恩替卡韦、拉米夫定、肝纤维化、丙型、聚乙二醇，英文文献排名前 5 的依次为 initial treatment、interferon alpha 2b plus ribavirin、treatment naive patient、lamivudine、chronichepatitis b。从研究的持续时间来看，中文文献自 2002~2013 年的研究热点主要针对聚乙二醇干扰素 α–2a 的联合用药（关键词：聚乙二醇、拉米夫定、丙型），2015 年以后的研究热点主要在慢性丙肝、肝纤维化、肝功能等方面的应用；英文文献自 2002~2014 年的研究热点，主要包括遗传变异、持续病毒学应答等方面的研究，2015 年至今的研究为聚乙二醇干扰素 α–2a 在慢性乙型肝炎方面的临床研究为相关热点。

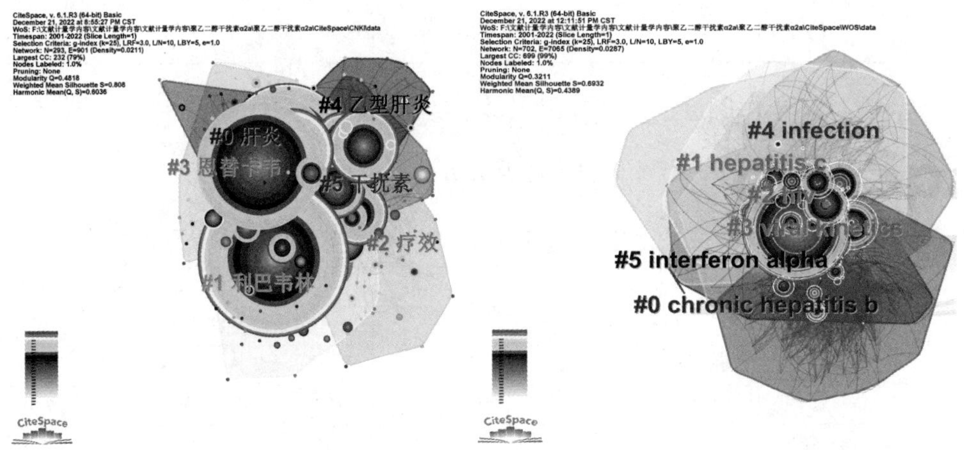

图 4–3–2　聚乙二醇干扰素 α–2a 中（左）、英（右）文文献关键词聚类分析

Top 10 Keywords with the Strongest Citation Bursts

Keywords	Year	Strength	Begin	End	2001 - 2022
聚乙二醇	2001	3.81	**2002**	2008	
干扰素α	2001	3	**2004**	2007	
拉米夫定	2001	6.35	**2005**	2008	
丙型	2001	3.97	**2009**	2013	
慢性丙肝	2001	3.12	**2015**	2022	
利巴韦林	2001	3.09	**2016**	2017	
恩替卡韦	2001	12.58	**2017**	2022	
肝纤维化	2001	5.06	**2017**	2020	
替诺福韦	2001	3.24	**2018**	2022	
肝功能	2001	3.21	**2018**	2020	

Top 12 Keywords with the Strongest Citation Bursts

Keywords	Year	Strength	Begin	End	2001 - 2022
initial treatment	2001	46.82	**2002**	2007	
interferon alpha 2b plus ribavirin	2001	22.78	**2002**	2009	
genetic variation	2001	15.58	**2011**	2014	
telaprevir	2001	15.08	**2011**	2014	
sustained virological response	2001	15.7	**2012**	2014	
boceprevir	2001	12.92	**2013**	2014	
treatment naive patient	2001	22.86	**2014**	2017	
sofosbuvir	2001	18.97	**2014**	2019	
interferon alpha 2a	2001	14.33	**2015**	2017	
pegylated interferon alpha 2a	2001	12.15	**2015**	2022	
lamivudine	2001	22.26	**2016**	2022	
chronic hepatitis b	2001	19.9	**2016**	2022	

图 4–3–3　聚乙二醇干扰素 α–2a 中文（左）、英文（右）文献关键词突现分析

（二）聚乙二醇干扰素 α–2b 的文献计量学与研究热点分析

1. 检索策略

聚乙二醇干扰素 α–2b 文献计量学的检索策略具体见表 4–3–10。

表4-3-10　聚乙二醇干扰素α-2b文献计量学的检索策略

类别	检索策略	
数据来源	Web of Science 核心合集数据库	CNKI 数据库
引文索引	SCI-Expanded	主题检索
主题词	Peginterferon alpha-2b	聚乙二醇干扰素 α-2b
文献类型	Article	研究论文
语种	English	中文
检索时段	2000 年 ~2022 年	2000 年 ~2022 年
检索结果	共 1613 篇文献	共 164 篇文献

2. 文献发表时间及数量分布

聚乙二醇干扰素 α-2b 文献发表时间及数量分布见图 4-3-4。

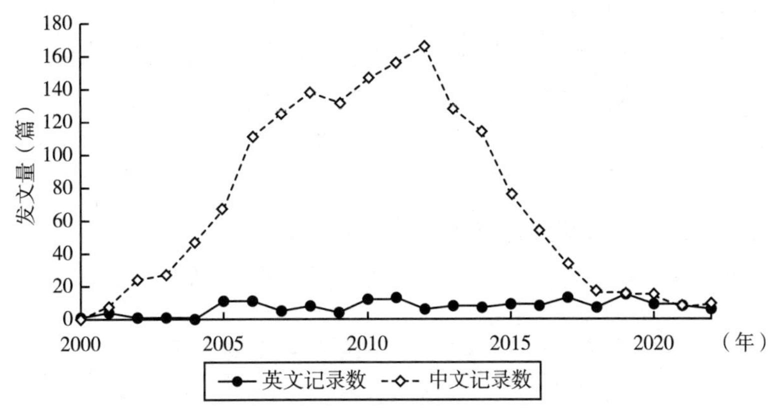

图 4-3-4　聚乙二醇干扰素 α-2b 文献发表时间及数量分布

3. 文献发表杂志

聚乙二醇干扰素 α-2b 文献发表杂志相关数据具体见表 4-3-11。

表4-3-11　聚乙二醇干扰素α-2b发文量前10位的期刊

序号	WOS 数据库		CNKI 数据库	
	英文来源出版物	记录数	中文来源出版物	记录数
1	JOURNAL OF VIRAL HEPATITIS	103	世界最新医学信息文摘	10
2	HEPATOLOGY	92	实用肝脏病杂志	8
3	JOURNAL OF HEPATOLOGY	59	中国生物制品学杂志	7
4	ANTIVIRAL THERAPY	53	临床肝胆病杂志	7
5	HEPATOLOGY RESEARCH	51	中华肝脏病杂志	6
6	WORLD JOURNAL OF GASTROENTEROLOGY	41	中国药科大学学报	4

续表

序号	WOS 数据库		CNKI 数据库	
	英文来源出版物	记录数	中文来源出版物	记录数
7	GASTROENTEROLOGY	40	现代生物医学进展	4
8	ALIMENTARY PHARMACOLOGY THERAPEUTICS	39	肝脏	4
9	LIVER INTERNATIONAL	38	药品评价	3
10	JOURNAL OF MEDICAL VIROLOGY	37	当代医学	3

4. 文献发表国家 / 地区及数量分布

聚乙二醇干扰素 α-2b 文献发表国家 / 地区及数量分布见表 4-3-12。

表4-3-12　文献发表前10位的国家/地区

序号	国家 / 地区	记录数	序号	国家 / 地区	记录数
1	美国	477	6	西班牙	124
2	日本	210	7	中国	99
3	德国	176	8	加拿大	75
4	意大利	154	9	中国台湾	69
5	法国	133	10	荷兰	65

5. 文献发表的作者及其所在机构、数量及排序

聚乙二醇干扰素 α-2b 文献发表作者的相关数据具体见表 4-3-13。

表4-3-13　发表文章数量前10位的作者

序号	WOS 数据库		CNKI 数据库	
	作者及其所在机构	记录数	作者及其所在机构	记录数
1	Zeuzem Stefan, Goethe University Frankfurt Hospital	69	许培，安徽安科生物工程（集团）股份有限公司	7
2	Mchutchison John, Assembly Biosci	43	吴梧桐，中国药科大学	6
3	Marcellin Patrick, Assistance Publique Hopitaux Paris	35	姚文兵，中国药科大学	6
4	Janssen Harry L., Toronto General Hospital	31	沈子龙，中国药科大学	5
5	Sulkowski Mark S., Johnshopkins University	29	封波，北京大学人民医院	4
6	Shiffman Mitchell L., Bon Secours Mercy Hlth	29	谢青，上海交通大学医学院附属瑞金医院	4
7	Kumada Hiromitsu, Toranomon Hospital	28	牛俊奇，吉林大学第一医院	4
8	Jacobson Ira, NYU Langone Medical Center	25	毛青，上海交通大学医学院附属仁济医院	4

续表

序号	WOS 数据库		CNKI 数据库	
	作者及其所在机构	记录数	作者及其所在机构	记录数
9	Hansen Bettina E，Erasmus University Medical Center	23	盛吉芳，浙江大学	4
10	Brass Clifford.，Novartis	23	彭劼，南方医科大学附属南方医院	4

6. 文献发表机构、数量及排序

聚乙二醇干扰素 α-2b 文献发表机构、数量及排序具体见表 4-3-14。

表4-3-14　文献发表前10位的机构、数量

序号	WOS 数据库		CNKI 数据库	
	机构	记录数	机构	记录数
1	ASSISTANCE PUBLIQUE HOPITAUX PARIS APHP	93	安徽安科生物工程（集团）股份有限公司	7
2	UDICE FRENCH RESEARCH UNIVERSITIES	83	中国药科大学	6
3	INSTITUT NATIONAL DE LA SANTE ET DE LA RECHERCHE MEDICALE INSERM	66	河南省人民医院	5
4	MERCK COMPANY	66	中国人民解放军总医院第五医学中心	5
5	UNIVERSITE PARIS CITE	61	南方医科大学附属南方医院	5
6	GOETHE UNIVERSITY FRANKFURT	59	吉林大学第一医院	5
7	UNIVERSITY OF CALIFORNIA SYSTEM	59	复旦大学附属华山医院	5
8	HARVARD UNIVERSITY	55	上海市公共卫生临床中心	5
9	ROCHE HOLDING	53	浙江大学医学院附属第一医院	5
10	EGYPTIAN KNOWLEDGE BANK EKB	52	北京大学人民医院	5

7. 聚乙二醇干扰素 α-2b 相关论文的研究方向

聚乙二醇干扰素 α-2b 相关论文的研究方向具体见表 4-3-15。

表4-3-15　聚乙二醇干扰素 α-2b研究排名前10位的研究方向

序号	WOS 数据库		CNKI 数据库	
	研究方向	记录数	研究方向	记录数
1	Gastroenterology Hepatology	865	聚乙二醇干扰素	67
2	Infectious Diseases	298	慢性乙型肝炎	51
3	Virology	277	慢性丙型肝炎	39
4	Pharmacology Pharmacy	217	利巴韦林	38
5	Immunology	129	聚乙二醇干扰素 α-2b	37
6	Medicine General Internal	121	慢性乙型肝炎患者	18

续表

序号	WOS 数据库		CNKI 数据库	
	研究方向	记录数	研究方向	记录数
7	Microbiology	64	干扰素 α–2b	16
8	Surgery	53	注射液	16
9	Transplantation	44	HBeAg	15
10	Multidisciplinary Sciences	34	干扰素	15

8. 聚乙二醇干扰素 α–2b 研究热点分析

对聚乙二醇干扰素 α–2b 文献关键词进行基于 Log likelihood ratio（LLR）检验算法的聚类分析，得到中、英文有效聚类分别为 4、8 个，见图 4–3–5。聚类编号从 #0 ~ #7，数字越小则该聚类下的文献研究规模越大。根据标签内容大致可分为 2 类：药物药理作用与疾病治疗相关的研究。

关键词突现是指在短时间之内该词的出现频率显著增加，表明某段时间内该领域的研究备受科研人员的关注，据此可以判断该领域的前沿进展和研究趋势。中、英文文献聚乙二醇干扰素 α–2b 的关键词突现分析见图 4–3–6。从突现度来看，中文文献排名前 5 的依次为恩替卡韦、利巴韦林、丙型肝炎、疗效、治疗，英文文献排名前 5 的依次为 initial treatment、interferon alpha–2b plus ribavirin、sustained virological response、telaprevir、genetic variation。从研究的持续时间来看，中文文献自 2000~2011 年的研究热点主要针对聚乙二醇干扰素 α–2b 的化学修饰、丙型肝炎的临床疗效观察（关键词：化学修饰、丙型肝炎、临床观察），2013 年以后的研究热点主要在聚乙二醇干扰素 α–2b 的临床应用；英文文献自 2000~2006 年的研究热点，主要包括丙型肝炎的初始化治疗，2011 至今的研究为遗传变异、持续病毒学应答、慢性乙型肝炎的治疗为相关热点。

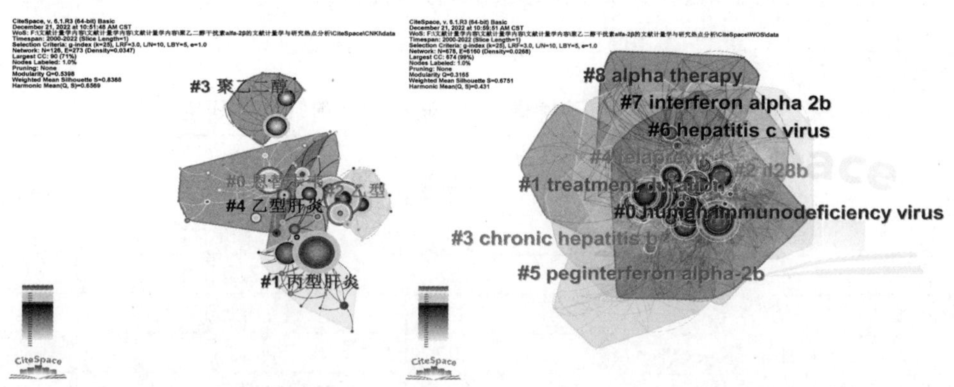

图 4–3–5 聚乙二醇干扰素 α–2b 中文（左）、英文（右）文献关键词聚类分析

Top 11 Keywords with the Strongest Citation Bursts

Keywords	Year	Strength	Begin	End	2000 - 2022
化学修饰	2000	1.51	**2000**	2005	
利巴韦林	2000	3.5	**2005**	2007	
丙型肝炎	2000	2.84	**2007**	2011	
聚乙二醇	2000	1.61	**2008**	2010	
疗效观察	2000	1.44	**2008**	2011	
疗效	2000	1.82	**2013**	2017	
乙型	2000	1.66	**2015**	2022	
治疗	2000	1.75	**2018**	2022	
恩替卡韦	2000	5.01	**2019**	2022	
乙型肝炎	2000	1.36	**2019**	2022	
干扰素类	2000	1.29	**2019**	2020	

Top 14 Keywords with the Strongest Citation Bursts

Keywords	Year	Strength	Begin	End	2000 - 2022
combination	2000	12.37	**2001**	2006	
double blind	2000	9.94	**2001**	2007	
peginterferon alpha 2a	2000	9.7	**2001**	2005	
initial treatment	2000	32.55	**2002**	2007	
interferon alpha 2b plus ribavirin	2000	20.4	**2002**	2005	
trial	2000	9.64	**2003**	2006	
genetic variation	2000	15.94	**2011**	2015	
il28b	2000	15.5	**2011**	2016	
association	2000	10.43	**2011**	2016	
sustained virological response	2000	20.24	**2012**	2014	
telaprevir	2000	19.95	**2012**	2014	
chronic hepatitis b	2000	13.39	**2013**	2022	
sofosbuvir	2000	13.45	**2014**	2018	
lamivudine	2000	11.94	**2016**	2022	

图 4-3-6　聚乙二醇干扰素 α-2b 中文（左）、英文（右）文献关键词突现分析

（三）卡博特韦 / 利匹韦林的文献计量学与研究热点分析

1. 检索策略

卡博特韦 / 利匹韦林文献计量学的检索策略具体见表 4-3-16。

表4-3-16　卡博特韦/利匹韦林文献计量学的检索策略

类别	检索策略结果	
数据来源	Web of Science 核心合集数据库	CNKI 数据库
引文索引	SCI-Expanded	主题检索
主题词	Iron Sucrose	卡博特韦 / 利匹韦林
文献类型	Article	研究论文
语种	English	中文
检索时段	2000 年 ~2022 年	2000 年 ~2022 年
检索结果	共 792 篇文献	共 54 篇文献

2. 文献发表时间及数量分布

卡博特韦 / 利匹韦林文献发表时间及数量分布具体见图 4-3-7。

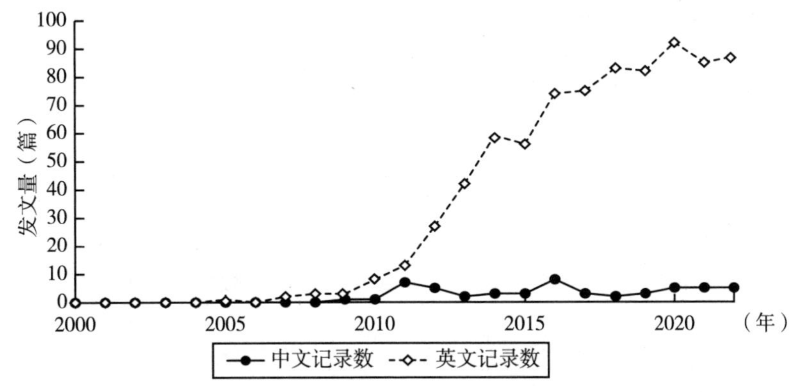

图 4-3-7　2000 年 ~2021 年卡博特韦 / 利匹韦林研究的发文量

3. 文献发表杂志

卡博特韦/利匹韦林文献发表杂志数据统计具体见表 4-3-17。

表4-3-17　卡博特韦/利匹韦林发文量前10位的期刊

序号	WOS 数据库		CNKI 数据库	
	英文来源出版物	记录数	中文来源出版物	记录数
1	JOURNAL OF ANTIMICROBIAL CHEMOTHERAPY	40	上海医药	4
2	ANTIMICROBIAL AGENTS AND CHEMOTHERAPY	24	中国新药杂志	3
3	AIDS	22	中国医药工业杂志	3
4	PLOS ONE	20	药学进展	3
5	AIDS RESEARCH AND HUMAN RETROVIRUSES	18	国际药学研究杂志	3
6	ANTIVIRAL THERAPY	13	临床药物治疗杂志	2
7	JAIDS JOURNAL OF ACQUIRED IMMUNE DEFICIENCY SYNDROMES	12	中国艾滋病性病	2
8	CLINICAL INFECTIOUS DISEASES	12	世界临床药物	2
9	HIV MEDICINE	12	海南医学院学报	2
10	JOURNAL OF MEDICINAL CHEMISTRY	12	中国药学杂志	1

4. 文献发表国家及数量分布

卡博特韦/利匹韦林文献发表国家及数量分布具体见表 4-3-18。

表4-3-18　文献发表前10位的国家

序号	国家	记录数	序号	国家	记录数
1	美国	372	6	意大利	84
2	英国	123	7	加拿大	62
3	比利时	122	8	德国	61
4	法国	101	9	中国	58
5	西班牙	98	10	南非	52

5. 文献发表的作者及其所在机构、数量及排序

卡博特韦/利匹韦林文献发表作者及相关数据统计具体见表 4-3-19。

表4-3-19　发表文章数量前10位的作者

序号	WOS 数据库		CNKI 数据库	
	作者及其所在机构	记录数	作者及其所在机构	记录数
1	Spreen William R., GlaxoSmithKline	38	卢洪洲，上海市公共卫生临床中心	3
2	Crauwels Herta, Johnson & Johnson	31	张长平，首都医科大学附属北京佑安医院	3

续表

序号	WOS 数据库		CNKI 数据库	
	作者及其所在机构	记录数	作者及其所在机构	记录数
3	Vanveggel S., Johnson & Johnson	27	李在村, 首都医科大学附属北京佑安医院	2
4	Ford Susan L., GlaxoSmithKline	26	张丽军, 上海市公共卫生临床中心	2
5	De Clercq Erik, KU Leuven	24	贾小芳, 上海市公共卫生临床中心	2
6	Margolis David, Brii Biosci Inc	23	朱晓虹, 首都医科大学附属北京佑安医院	2
7	Molina Jean-Michel, UDICE-French Research Universities	22	刘炜, 首都医科大学附属北京佑安医院	2
8	Patel Parul, GlaxoSmithKline	21	蔡卫平, 广州市第八人民医院	1
9	DeJesus Edwin, Orlando Immunology Center	18	赵燕, 中国疾病预防控制中心性病 艾滋病预防控制中心	1
10	White Kirsten L, Gilead Sciences	17	刘新泳, 山东大学	1

6. 文献发表机构、数量及排序

卡博特韦 / 利匹韦林文献发表机构、数量及排序具体见表 4-3-20。

表4-3-20　文献发表前10位的机构、数量

序号	WOS 数据库		CNKI 数据库	
	机构	记录数	机构	记录数
1	UDICE FRENCH RESEARCH UNIVERSITIES	36	首都医科大学附属 北京佑安医院	5
2	ASSISTANCE PUBLIQUE HOPITAUX PARIS APHP	32	上海市公共卫生 临床中心	4
3	JOHNSON JOHNSON	22	人福医药集团股份 公司	1
4	GLAXOSMITHKLINE	20	九江职业大学	1
5	UNIVERSITE PARIS CITE	20	中国疾病预防控制 中心	1
6	JANSSEN PHARMACEUTICALS	19	安阳市第五人民医院	1
7	INSTITUT NATIONAL DE LA SANTE ET DE LA RECHERCHE MEDICALE INSERM	19	中国药科大学	1
8	GILEAD SCIENCES	18	渭南市妇幼保健院	1
9	JOHNS HOPKINS UNIVERSITY	18	宜昌市人民医院	1
10	KU LEUVEN	17	吉林大学第一医院	1

7. 卡博特韦 / 利匹韦林相关论文的研究方向

卡博特韦 / 利匹韦林相关论文的研究方向具体见表 4-3-21。

表4-3-21　卡博特韦/利匹韦林研究排名前10位的研究方向

序号	WOS 数据库		CNKI 数据库	
	研究方向	记录数	研究方向	记录数
1	Infectious Diseases	375	利匹韦林	17
2	Pharmacology Pharmacy	352	匹多莫德	12
3	Microbiology	188	利巴韦林	11
4	Immunology	166	手足口病	9
5	Virology	134	小儿手足口病	6
6	Chemistry	67	HIV	6
7	Biochemistry Molecular Biology	49	FDA	5
8	Science Technology Other Topics	48	HIV-1	4
9	General Internal Medicine	26	手足口病患儿	3
10	Public Environmental Occupational Health	13	临床观察	3

二、卡博特韦 / 利匹韦林关键词热点分析

对卡博特韦 / 利匹韦林文献关键词进行基于 Log likelihood ratio（LLR）检验算法的聚类分析，得到中、英文有效聚类分别为 3、7 个，见图 4-3-8。聚类编号从 #0 ~ #6，数字越小则该聚类下的文献研究规模越大。根据标签内容大致可分为 2 类：药物药理作用与物质基础相关研究。

关键词突现是指在短时间之内该词的出现频率显著增加，表明某段时间内该领域的研究备受科研人员的关注，据此可以判断该领域的前沿进展和研究趋势。中、英文文献卡博特韦 / 利匹韦林的关键词突现分析见图 4-3-9。从突现度来看，中文文献排名前 5 的依次为免疫功能、匹多莫德、卡博特、小儿、利巴韦林，英文文献排名前 5 的依次为 trial、thrive、tmc 278、etravirine、phase 2b。从研究的持续时间来看，中文文献自 2009–2014 年的研究热点主要针对利巴韦林的防治（关键词：小儿、匹多莫德、利巴韦林、利匹韦林），2016 年以后的研究热点主要在免疫功能、炎症反应及卡博特的应用；英文文献自 2012~2016 年的研究热点，主要包括与依曲韦林等抗病毒药物的对免疫缺陷病毒 1 型的联合治疗，2020 至今的研究为利匹韦林与多种抗病毒药物的联合用药为相关热点。

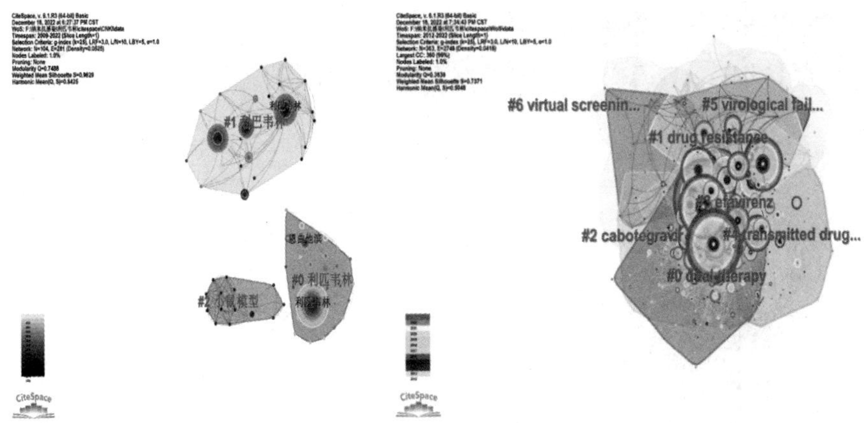

图 4-3-8　卡博特韦 / 利匹韦林中文（左）、英文（右）文献关键词聚类分析

Top 7 Keywords with the Strongest Citation Bursts

Keywords	Year	Strength	Begin	End	2009 - 2022
小儿	2009	1.18	**2010**	2012	
匹多莫德	2009	1.36	**2012**	2013	
利巴韦林	2009	1.11	**2012**	2013	
利匹韦林	2009	0.95	**2013**	2014	
免疫功能	2009	1.79	**2016**	2018	
炎症反应	2009	0.96	**2016**	2017	
卡博特	2009	1.31	**2020**	2022	

Top 12 Keywords with the Strongest Citation Bursts

Keywords	Year	Strength	Begin	End	2012 - 2022
thrive	2012	7.33	**2012**	2016	
tmc278	2012	6.37	**2012**	2015	
etravirine	2012	6.3	**2012**	2013	
immunodeficiency virus type 1	2012	5.77	**2012**	2013	
wild type	2012	5.28	**2012**	2014	
trial	2012	7.94	**2013**	2016	
open label	2012	4.09	**2018**	2022	
phase 2b	2012	5.9	**2019**	2022	
cabotegravir	2012	4.79	**2019**	2022	
maintenance	2012	4.67	**2019**	2022	
dolutegravir	2012	4.19	**2019**	2022	
plus rilpivirine	2012	4.13	**2020**	2022	

图 4-3-9　卡博特韦 / 利匹韦林中（左）、英（右）文文献关键词突现分析

（四）两性霉素 B 脂质体的文献计量学与研究热点分析

1. 检索策略

两性霉素 B 脂质体文献计量学的检索策略具体见表 4-3-22。

表4-3-22　两性霉素B脂质体文献计量学的检索策略

类别	检索策略	
数据来源	Web of Science 核心合集数据库	CNKI 数据库
引文索引	SCI-Expanded	主题检索
主题词	Amphotericin B liposomal	两性霉素 B 脂质体
文献类型	Article	研究论文
语种	English	中文
检索时段	2000 年 ~2021 年	2000 年 ~2022 年
检索结果	共 2931 篇文献	共 327 篇文献

2. 文献发表时间及数量分布

两性霉素 B 脂质体文献发表时间及数量分布具体见图 4-3-10。

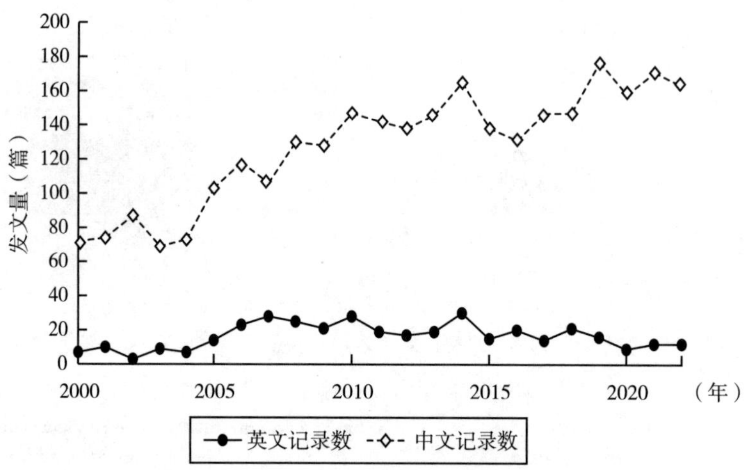

图 4-3-10　两性霉素 B 脂质体文献发表时间及数量分布

3. 文献发表杂志

两性霉素 B 脂质体文献发表杂志数据统计见表 4-3-23。

表4-3-23　两性霉素B脂质体发文量前10位的期刊

序号	WOS 数据库		CNKI 数据库	
	英文来源出版物	记录数	中文来源出版物	记录数
1	UNIVERSITY OF TEXAS SYSTEM	150	上海医药	10
2	UDICE FRENCH RESEARCH UNIVERSITIES	123	中国感染与化疗杂志	8
3	ASSISTANCE PUBLIQUE HOPITAUX PARIS APHP	91	医药导报	8
4	NATIONAL INSTITUTES OF HEALTH NIH USA	81	中国抗生素杂志	7
5	UNIVERSITY OF CALIFORNIA SYSTEM	77	中国真菌学杂志	7
6	UNIVERSITY OF LONDON	71	抗感染药学	6
7	UNIVERSITE PARIS CITE	70	中南药学	6
8	UNIVERSITY OF COLOGNE	70	中国医院药学杂志	6
9	UTMD ANDERSON CANCER CENTER	66	世界临床药物	6
10	NIH NATIONAL CANCER INSTITUTE NCI	64	中国医药工业杂志	6

4. 文献发表国家及数量分布

两性霉素 B 脂质体文献发表国家及数量分布见表 4-3-24。

表4-3-24　文献发表前10位的国家

序号	国家	记录数	序号	国家	记录数
1	美国	829	6	英国	196
2	印度	281	7	法国	195
3	德国	242	8	巴西	148
4	西班牙	229	9	土耳其	129
5	日本	207	10	荷兰	127

5. 文献发表的作者及其所在机构、数量及排序

两性霉素 B 脂质体文献发表作者相关数据统计具体见表 4-3-25。

表4-3-25　发表文章数量前10位的作者

序号	WOS 数据库		CNKI 数据库	
	作者及其所在机构	记录数	作者及其所在机构	记录数
1	Cornely Oliver A., Universität Köln	64	温海，上海长征医院	7
2	Walsh Thomas J., Ctr Innovat Therapeut & Diagnost	53	侯新朴，北京大学	6
3	Kontoyiannis Dimitrios P., University of Texas System	45	廖万清，上海长征医院	5
4	Groll Andreash., University of Hamburg	45	冯彩霞，石家庄市第五医院	5
5	Herbrecht Raoul, Inst Cancerol Strasbourg Europe ICANS	35	修宪，石家庄市第二医院	5
6	Lortholary Olivier, Le Reseau International des Instituts Pasteur（RIIP）	33	姚志荣，上海交通大学医学院附属新华医院	4
7	Ullmann AJ, University of Wurzburg	30	高伟，西安市第一医院	4
8	Roilides Emmanuel, Aristotle University of Thessaloniki	29	梅和坤，中国人民解放军医学院	4
9	Lewis Russell E, IRCCS Azienda Ospedaliero-Universitaria di Bologna	25	王冬，中国人民解放军总医院	4
10	Slavin Monica A., Peter Maccallum Cancer Center	24	王睿，中国人民解放军总医院	3

6. 文献发表机构、数量及排序

两性霉素 B 脂质体文献发表机构、数量及排序具体见表 4-3-26。

表4-3-26　文献发表前10位的机构、数量

序号	WOS 数据库		CNKI 数据库	
	机构	记录数	机构	记录数
1	UNIVERSITY OF TEXAS SYSTEM	150	浙江大学医学院附属第一医院	10
2	UDICE FRENCH RESEARCH UNIVERSITIES	123	上海长征医院	9
3	ASSISTANCE PUBLIQUE HOPITAUX PARIS APHP	91	复旦大学附属华山医院	7
4	NATIONAL INSTITUTES OF HEALTH NIH USA	81	西安交通大学第一附属医院	7
5	UNIVERSITY OF CALIFORNIA SYSTEM	77	中国人民解放军总医院	6
6	UNIVERSITY OF LONDON	71	四川大学华西医院	6
7	UNIVERSITE PARIS CITE	70	吉林大学	6
8	UNIVERSITY OF COLOGNE	70	上海新先锋药业有限公司	6
9	UTMD ANDERSON CANCER CENTER	66	河北医科大学	5
10	NIH NATIONAL CANCER INSTITUTE NCI	64	石家庄制药集团中奇制药技术（石家庄）有限公司	5

7. 两性霉素 B 脂质体相关论文的研究方向

两性霉素 B 脂质体相关论文的研究方向数据统计具体见表 4-3-27。

表4-3-27　两性霉素B脂质体研究排名前10位的研究方向

序号	WOS 数据库		CNKI 数据库	
	研究方向	记录数	研究方向	记录数
1	Infectious Diseases	944	两性霉素 B	155
2	Pharmacology Pharmacy	718	两性霉素 B 脂质体	74
3	Microbiology	646	两性霉素	59
4	Immunology	338	脂质体	32
5	Mycology	288	隐球菌性脑膜炎	23
6	Medicine General Internal	195	真菌感染	21
7	Dermatology	161	侵袭性真菌感染	19
8	Tropical Medicine	157	临床分析	18
9	Pediatrics	156	文献复习	13
10	Hematology	154	恶性血液病	13

8. 两性霉素 B 脂质体的研究热点分析

对纳米药物抗感染文献关键词进行基于 Log likelihood ratio（LLR）检验算法的聚类

分析，得到中、英文有效聚类分别为7、10个，见图4-3-11。聚类编号从#0～#9，数字越小则该聚类下的文献研究规模越大。根据标签内容大致可分为2类：药物药理作用与临床应用相关研究。

关键词突现是指在短时间之内该词的出现频率显著增加，表明某段时间内该领域的研究备受科研人员的关注，据此可以判断该领域的前沿进展和研究趋势。中、英文文献两性霉素B脂质体的关键词突现分析见图4-3-12。从突现度来看，中文文献排名前5的依次为脂质体、肾毒性、泊沙康唑、护理、疗效，英文文献排名前5的依次为diagnosis、disease、management、neutropenic patient、clinical practice guideline。从研究的持续时间来看，中文文献自2000~2014年的研究热点主要针对真菌病、毛霉病的防治（关键词：脂质体、真菌病、护理、毛霉病），2016年以后的研究热点主要在肾毒性、临床药师、药学监管的指导；英文文献自2000~2014年的研究热点，主要包括中性粒细胞缺乏患者、胶体分散、急性白血病、中性粒细胞减少的治疗，2016至今的研究为疾病、诊断、临床实践指南等为相关热点。

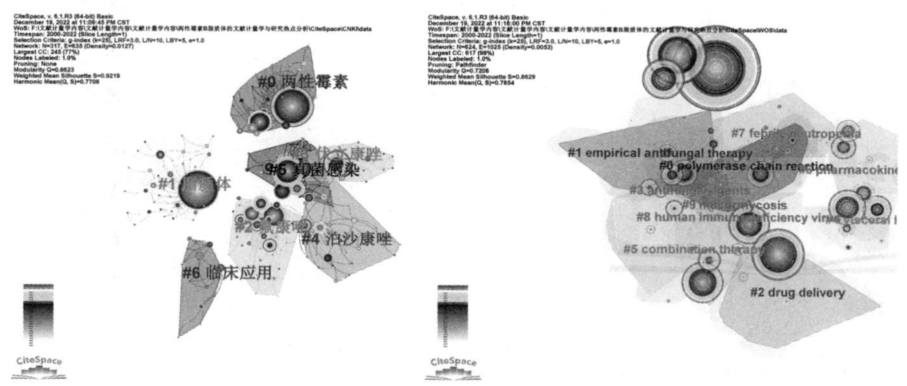

图4-3-11　两性霉素B脂质体中文（左）、英文（右）文献关键词聚类分析

Top 11 Keywords with the Strongest Citation Bursts

Keywords	Year	Strength	Begin	End	2000 - 2022
脂质体	2000	5.99	**2000**	2009	
真菌病	2000	2.21	**2001**	2008	
卡泊芬净	2000	2.02	**2007**	2009	
护理	2000	2.89	**2010**	2014	
两性霉素	2000	2.32	**2010**	2011	
毛霉病	2000	2.58	**2012**	2014	
疗效	2000	2.49	**2013**	2016	
临床药师	2000	2.22	**2013**	2022	
肾毒性	2000	3.21	**2014**	2016	
药学监护	2000	2.07	**2018**	2022	
泊沙康唑	2000	3.05	**2019**	2022	

Top 13 Keywords with the Strongest Citation Bursts

Keywords	Year	Strength	Begin	End	2000 - 2022
neutropenic patient	2000	13.25	**2000**	2005	
ambisome	2000	12.12	**2000**	2004	
colloidal dispersion	2000	11.99	**2000**	2006	
acute leukemia	2000	11.39	**2000**	2005	
neutropenia	2000	10.62	**2000**	2008	
voriconazole	2000	9.81	**2006**	2007	
salvage therapy	2000	9.59	**2007**	2012	
clinical practice guideline	2000	12.91	**2010**	2014	
management	2000	14.6	**2016**	2022	
diagnosis	2000	16.14	**2017**	2022	
guideline	2000	13.2	**2017**	2022	
disease	2000	15.43	**2018**	2022	
cutaneous leishmaniasis	2000	12.13	**2018**	2022	

图4-3-12　两性霉素B脂质体中文（左）、英文（右）文献关键词突现分析

（五）灰黄霉素的文献计量学与研究热点分析

1. 检索策略

灰黄霉素文献计量学的检索策略见表 4-3-28。

表4-3-28　灰黄霉素文献计量学的检索策略

类别	检索策略	
数据来源	Web of Science 核心合集数据库	CNKI 数据库
引文索引	SCI-Expanded	主题检索
主题词	Griseofulvin	灰黄霉素
文献类型	Article	研究论文
语种	English	中文
检索时段	2000 年 ~2022 年	2000 年 ~2022 年
检索结果	共 1283 篇文献	共 154 篇文献

2. 文献发表时间及数量分布

灰黄霉素文献发表时间及数量分布见图 4-3-13。

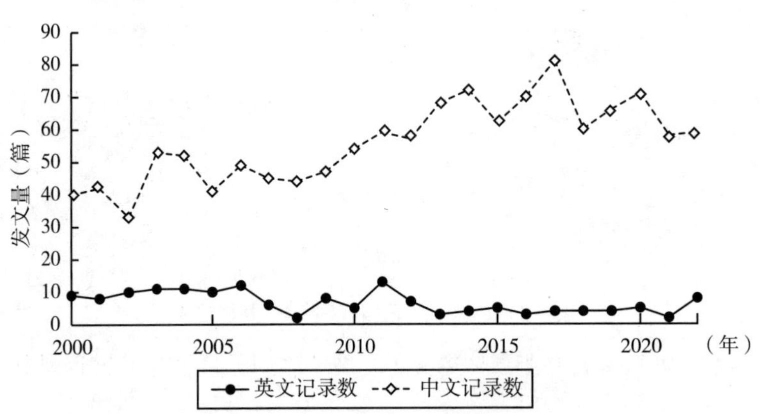

图 4-3-13　2000 年 ~2021 年灰黄霉素研究的发文量

3. 文献发表杂志

灰黄霉素文献发表杂志相关数据统计具体见表 4-3-29。

表4-3-29　灰黄霉素发文量前10位的期刊

序号	WOS 数据库		CNKI 数据库	
	英文来源出版物	记录数	中文来源出版物	记录数
1	INTERNATIONAL JOURNAL OF PHARMACEUTICS	84	华东理工大学学报	4
2	JOURNAL OF PHARMACEUTICAL SCIENCES	37	中山大学学报	2

续表

序号	WOS 数据库		CNKI 数据库	
	英文来源出版物	记录数	中文来源出版物	记录数
3	MYCOSES	36	光电子·激光	2
4	EUROPEAN JOURNAL OF PHARMACEUTICAL SCIENCES	29	科学通报	1
5	MOLECULAR PHARMACEUTICS	27	中国生物防治学报	1
6	PHARMACEUTICAL RESEARCH	23	化工学报	1
7	EUROPEAN JOURNAL OF PHARMACEUTICS AND BIOPHARMACEUTICS	22	食品科学	1
8	AAPS PHARMSCITECH	20	西南农业学报	1
9	PEDIATRIC DERMATOLOGY	18	中国兽医学报	1
10	BRITISH JOURNAL OF DERMATOLOGY	16	北京师范大学学报	1

4. 文献发表国家及数量分布

灰黄霉素文献发表国家及数量分布见表 4-3-30。

表4-3-30　文献发表前10位的国家

序号	国家	记录数	序号	国家	记录数
1	美国	298	6	日本	81
2	印度	172	7	巴西	71
3	中国	103	8	法国	57
4	德国	94	9	加拿大	46
5	英国	85	10	伊朗	42

5. 文献发表的作者及其所在机构、数量及排序

灰黄霉素文献发表作者及其所在机构、数量及排序见表 4-3-31。

表4-3-31　发表文章数量前10位的作者

序号	WOS 数据库		CNKI 数据库	
	作者及其所在机构	记录数	作者及其所在机构	记录数
1	Dave Rajesh N., New Jersey Institute of Technology	19	邓修，华东理工大学	9
2	Bilgili Ecevit, New Jersey Institute of Technology	16	陈鸿雁，华东理工大学	7
3	Gupta Aditya, Mediprobe Research Inc.	16	胡国勤，郑州大学	6
4	Li Meng, New Jersey Institute of Technology	14	蔡建国，华东理工大学	5
5	Ricardo Nágila Maria Pontes Silva, Universidade Federal do Ceará (UFC) / Federal University of Ceará (Brazil)	14	陶卫东，宁波大学	4
6	Attwood David, University of West England	14	白贵儒，宁波大学	4

续表

序号	WOS 数据库		CNKI 数据库	
	作者及其所在机构	记录数	作者及其所在机构	记录数
7	Goindi Shishu, Panjab University	12	戴干策, 华东理工大学	3
8	Mitra Somenath, New Jersey Institute of Technology	11	毛宁, 福建师范大学	3
9	Bilgili Ecevit, New Jersey Institute of Technology	11	何欣, 河北农业大学	3
10	Cai Ting, China Pharmaceutical University	11	潘雪丰, 宁波大学	3

6. 文献发表机构、数量及排序

灰黄霉素文献发表机构、数量及排序具体见表 4-3-32。

表4-3-32 文献发表前10位的机构、数量

序号	WOS 数据库		CNKI 数据库	
	机构	记录数	机构	记录数
1	CHINESE ACADEMY OF SCIENCES	36	华东理工大学	5
2	UNIVERSITY OF CALIFORNIA SYSTEM	32	福建师范大学	4
3	UNIVERSITY OF ZURICH	22	赤峰制药（集团）有限责任公司	1
4	KING S COLLEGE HOSPITAL NHS FOUNDATION TRUST	20	中国医学科学院皮肤病研究所	1
5	VIFOR PHARMA	20	上海化工研究院	1
6	KING S COLLEGE HOSPITAL	19	宁波大学	1
7	UDICE FRENCH RESEARCH UNIVERSITIES	19	河北农业大学	1
8	UNIVERSIDAD DE MALAGA	18	北京大学第一医院	1
9	UNIVERSITY ZURICH HOSPITAL	18	浙江省农业科学院畜牧兽医研究所	1
10	MEDICAL UNIVERSITY OF VIENNA	17	江西农业工程职业学院	1

7. 灰黄霉素相关论文的研究方向

灰黄霉素相关论文的研究方向见表 4-3-33。

表4-3-33 灰黄霉素研究排名前10位的研究方向

序号	WOS 数据库		CNKI 数据库	
	研究方向	记录数	研究方向	记录数
1	Chemistry	36	灰黄霉素	67
2	Urology Nephrology	32	真菌病	8
3	Pharmacology Pharmacy	22	抗真菌药物	7
4	Materials Science	20	儿童头癣	6

续表

序号	WOS 数据库		CNKI 数据库	
	研究方向	记录数	研究方向	记录数
5	Biochemistry Molecular Biology	20	抗生素	4
6	Hematology	19	灰黄霉素片	4
7	Food Science Technology	19	甲真菌病	3
8	Agriculture	18	快速膨胀	3
9	Science Technology Other Topics	18	快速膨胀法	3
10	Biotechnology Applied Microbiology	17	特比萘芬	3

8. 灰黄霉素关键词热点分析

对灰黄霉素文献关键词进行基于 Log likelihood ratio（LLR）检验算法的聚类分析，得到中、英文有效聚类分别为 6、8 个，见图 4-3-14。聚类编号从 #0 ~ #7，数字越小则该聚类下的文献研究规模越大。根据标签内容大致可分为 2 类：药物药理作用与疾病相关研究。

关键词突现是指在短时间之内该词的出现频率显著增加，表明某段时间内该领域的研究备受科研人员的关注，据此可以判断该领域的前沿进展和研究趋势。中、英文文献灰黄霉素的关键词突现分析见图 4-3-15。从突现度来看，中文文献排名前 5 的依次为真菌病、真菌、结晶、养兔业及儿童，英文文献排名前 5 的依次为 double blind、oral terbinafine、solid dispersion、nanosuspension、therapy。从研究的持续时间来看，中文文献自 2000~2012 年的研究热点主要针对灰黄霉素的防治（关键词：儿童、养兔业、真菌病、家兔），2017 年以后的研究热点主要围绕真菌；英文文献自 2000~2004 年的研究热点，主要包括灰黄霉素的药理试验、治疗对象、搭配用药等方面的研究，2012 至今的研究为剂型的制备为相关热点。

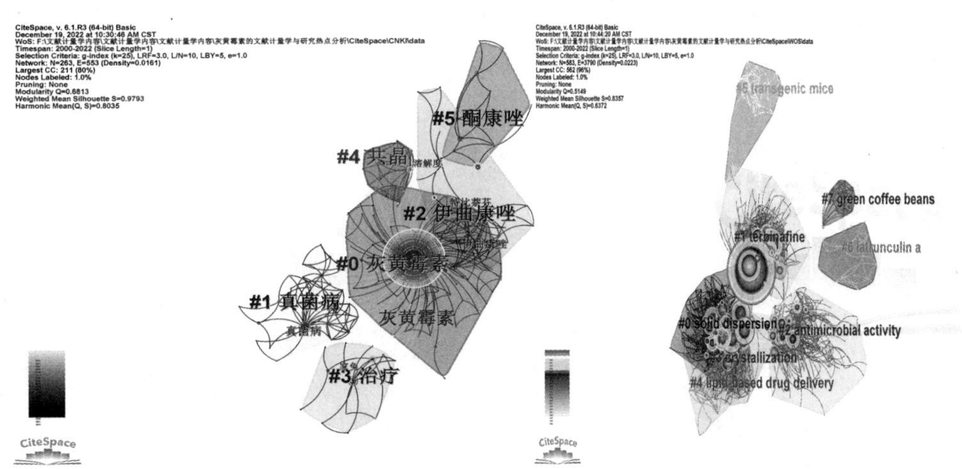

图 4-3-14　灰黄霉素中（左）、英文（右）文献关键词聚类分析

Top 9 Keywords with the Strongest Citation Bursts

Keywords	Year	Strength	Begin	End	2000 - 2022
结晶	2000	1.65	**2000**	2001	
甲真菌病	2000	1.33	**2002**	2006	
儿童	2000	1.43	**2003**	2005	
养兔业	2000	1.64	**2004**	2005	
伊曲康唑	2000	1.42	**2004**	2006	
真菌病	2000	2.18	**2005**	2010	
氟康唑	2000	1.29	**2005**	2009	
家兔	2000	1.29	**2006**	2012	
真菌	2000	2.22	**2017**	2022	

Top 12 Keywords with the Strongest Citation Bursts

Keywords	Year	Strength	Begin	End	2000 - 2022
double blind	2000	8.5	**2000**	2006	
oral terbinafine	2000	6.2	**2000**	2006	
therapy	2000	5.83	**2000**	2008	
children	2000	5.59	**2000**	2006	
itraconazole	2000	5.59	**2000**	2007	
toenail onychomycosis	2000	5.36	**2000**	2004	
nanosuspension	2000	6	**2012**	2016	
inhibitor	2000	5.99	**2012**	2017	
stability	2000	5.54	**2012**	2014	
solid dispersion	2000	6.35	**2013**	2015	
amorphous solid dispersion	2000	5.48	**2015**	2022	
agent	2000	5.23	**2016**	2018	

图 4-3-15　灰黄霉素中（左）、英文（右）文献关键词突现分析

（六）米诺环素的文献计量学与研究热点分析

1. 检索策略

米诺环素文献计量学的检索策略具体内容见表 4-3-34。

表4-3-34　米诺环素文献计量学的检索策略

类别	检索策略	
数据来源	Web of Science 核心合集数据库	CNKI 数据库
引文索引	SCI-Expanded	主题检索
主题词	Minocycline	米诺环素
文献类型	Article	研究论文
语种	English	中文
检索时段	2000 年 ~2022 年	2000 年 ~2022 年
检索结果	共 5463 篇文献	共 3089 篇文献

2. 文献发表时间及数量分布

米诺环素文献发表时间及数量分布见图 4-3-16。

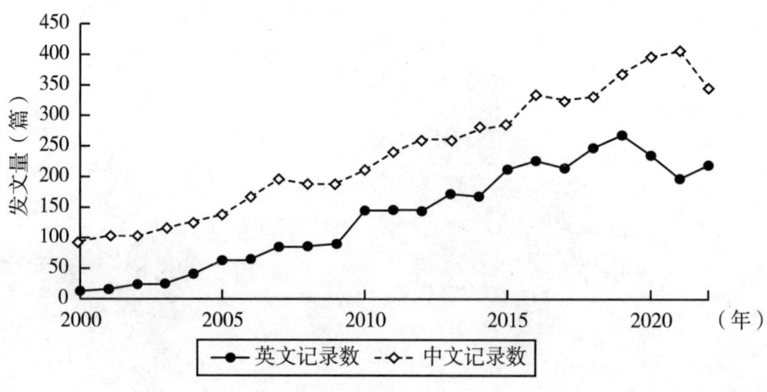

图 4-3-16　米诺环素文献发表时间及数量分布

3. 文献发表杂志

米诺环素文献发表杂志相关统计数据具体见表 4-3-35。

表4-3-35　米诺环素发文量前10位的期刊

序号	WOS 数据库		CNKI 数据库	
	英文来源出版物	记录数	中文来源出版物	记录数
1	ANTIMICROBIAL AGENTS AND CHEMOTHERAPY	157	全科口腔医学电子杂志	111
2	JOURNAL OF ANTIMICROBIAL CHEMOTHERAPY	73	中华医院感染学杂志	55
3	PLOS ONE	73	中国医药指南	55
4	JOURNAL OF NEUROINFLAMMATION	63	中国麻风皮肤病杂志	55
5	SCIENTIFIC REPORTS	61	临床合理用药杂志	51
6	BRAIN BEHAVIOR AND IMMUNITY	55	中国实用医药	45
7	NEUROSCIENCE	52	中国现代药物应用	45
8	INTERNATIONAL JOURNAL OF ANTIMICROBIAL AGENTS	49	北方药学	40
9	NEUROSCIENCE LETTERS	46	海峡药学	37
10	BRAIN RESEARCH	42	中华皮肤科杂志	24

4. 文献发表国家 / 地区及数量分布

米诺环素文献发表国家 / 地区及数量分布见表 4-3-36。

表4-3-36　文献发表前10位的国家/地区

序号	国家 / 地区	记录数	序号	国家 / 地区	记录数
1	美国	1777	6	印度	231
2	中国	931	7	英国	219
3	日本	610	8	巴西	175
4	德国	245	9	韩国	175
5	加拿大	242	10	中国台湾	163

5. 文献发表的作者及其所在机构、数量及排序

米诺环素文献发表的作者及其所在机构、数量及排序见表 4-3-37。

表4-3-37　发表文章数量前10位的作者

序号	WOS 数据库		CNKI 数据库	
	作者及其所在机构	记录数	作者及其所在机构	记录数
1	Raad I. I, University of Texas System	46	陶涛， 西南医科大学附属医院	11
2	Yong V. Wee, University of Calgary	30	李小刚， 西南医科大学附属医院	10

续表

序号	WOS 数据库		CNKI 数据库	
	作者及其所在机构	记录数	作者及其所在机构	记录数
3	Juvela Mika, Maj Institute of Pharmacology of the Polish Academy of Sciences	26	刘洪臣, 中国人民解放军总医院第一医学中心	9
4	Hachem R, University of Texas System	24	刘全忠, 天津医科大学总医院	9
5	Rojewska Ewelina, Maj Institute of Pharmacology of the Polish Academy of Sciences	22	高燕霞, 华北制药河北华民药业有限责任公司	9
6	Przewlocka Barbara, Maj Institute of Pharmacology of the Polish Academy of Sciences	18	徐英春, 中国医学科学院北京协和医院	8
7	Makuch Wioletta, Maj Institute of Pharmacology of the Polish Academy of Sciences	18	徐燕, 安徽医科大学附属口腔医院	7
8	Metz L, University of Calgary	17	秦新月, 重庆医科大学附属第一医院	7
9	Dowzicky Michael, Pfizer	17	姜建国, 河北省药品检验研究院	7
10	Fagan Susan C, University System of Georgia	16	熊建忠, 萍乡市人民医院	7

6. 文献发表机构、数量及排序

米诺环素文献发表机构、数量及排序见表 4-3-38。

表4-3-38　文献发表前10位的机构、数量

序号	WOS 数据库		CNKI 数据库	
	机构	记录数	机构	记录数
1	UNIVERSITY OF CALIFORNIA SYSTEM	154	中国人民解放军总医院	32
2	UNIVERSITY OF TEXAS SYSTEM	148	重庆医科大学附属第一医院	27
3	HARVARD UNIVERSITY	120	北京大学第一医院	25
4	US DEPARTMENT OF VETERANS AFFAIRS	102	中国医学科学院北京协和医院	21
5	VETERANS HEALTH ADMINISTRATION VHA	102	大连市口腔医院	20
6	UDICE FRENCH RESEARCH UNIVERSITIES	84	安徽医科大学	18
7	UNIVERSITY OF LONDON	82	中国医科大学附属第一医院	18
8	HARVARD MEDICAL SCHOOL	74	天津医科大学总医院	17

续表

序号	WOS 数据库		CNKI 数据库	
	机构	记录数	机构	记录数
9	SHANGHAI JIAO TONG UNIVERSITY	72	中南大学湘雅二医院	16
10	UTMD ANDERSON CANCER CENTER	68	华中科技大学同济医学院附属同济医院	15

7. 米诺环素相关论文的研究方向

米诺环素相关论文的研究方向具体内容见表 4-3-39。

表4-3-39　米诺环素研究排名前10位的研究方向

序号	WOS 数据库		CNKI 数据库	
	研究方向	记录数	研究方向	记录数
1	Neurosciences Neurology	1293	米诺环素	946
2	Pharmacology Pharmacy	1048	盐酸米诺环素软膏	634
3	Microbiology	637	盐酸米诺环素	555
4	Infectious Diseases	532	慢性牙周炎	455
5	Dermatology	401	牙周炎	293
6	Immunology	349	临床观察	105
7	Biochemistry Molecular Biology	341	牙周病	100
8	General Internal Medicine	289	替硝唑	94
9	Dentistry Oral Surgery Medicine	241	鲍曼不动杆菌	87
10	Chemistry	225	耐药性	87

8. 米诺环素研究热点分析

对米诺环素文献关键词进行基于 Log likelihood ratio（LLR）检验算法的聚类分析，得到中、英文有效聚类分别为 7、6 个，见图 4-3-17。聚类编号从 #0 ~ #6，数字越小则该聚类下的文献研究规模越大。根据标签内容大致可分为 2 类：药物药理作用与物质基础相关研究。

关键词突现是指在短时间之内该词的出现频率显著增加，表明某段时间内该领域的研究备受科研人员的关注，据此可以判断该领域的前沿进展和研究趋势。中、英文文献米诺环素的关键词突现分析见图 4-3-18。从突现度来看，中文文献排名前 5 的依次为甲硝唑、临床疗效、交沙霉素、疗效、多西环素，英文文献排名前 5 的依次为 cytochrome release、huntingtons disease、tetracycline、mouse model、focal cerebral ischemia。从研究的持续时间来看，中文文献自 2000–2010 年的研究热点主要针对米诺环素的抗敏性进行研究（关键词：支原体、抗敏率、药敏试验），2015 年以后的研究热点主要在药理实验和临床疗效方面的应用；英文文献自 2000 年至今的研究热点，主要包括帕金森病、肿瘤坏死因子、脑缺血等方面的治疗。

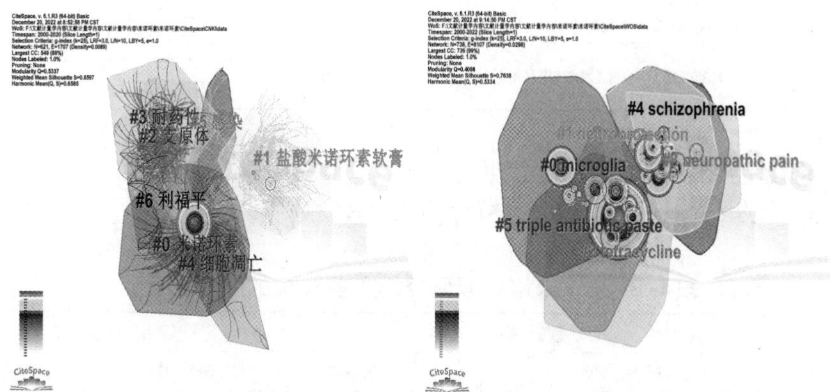

图 4-3-17　米诺环素中文（左）、英文（右）文献关键词聚类分析

Top 13 Keywords with the Strongest Citation Bursts

Keywords	Year	Strength	Begin	End	2000 - 2020
支原体	2000	8.91	**2000**	2010	
交沙霉素	2000	11.73	**2001**	2010	
多西环素	2000	9.66	**2002**	2010	
敏感率	2000	6.25	**2004**	2008	
药敏试验	2000	6.37	**2007**	2010	
疗效	2000	10.7	**2015**	2017	
临床效果	2000	8.76	**2016**	2018	
甲硝唑	2000	6.41	**2016**	2018	
替硝唑	2000	17.87	**2017**	2020	
临床疗效	2000	12.84	**2017**	2020	
康复新液	2000	6.47	**2017**	2020	
牙周指标	2000	7.28	**2018**	2020	
炎症因子	2000	7.28	**2018**	2020	

Top 12 Keywords with the Strongest Citation Bursts

Keywords	Year	Strength	Begin	End	2000 - 2022
tetracycline	2000	20.98	**2000**	2006	
nitric oxide synthase	2000	15.71	**2001**	2010	
central venous catheter	2000	12.59	**2001**	2010	
colonization	2000	12.57	**2001**	2010	
glycylcycline	2000	12.45	**2001**	2006	
amyotrophic lateral sclerosis	2000	16.86	**2003**	2011	
parkinsons disease	2000	15.04	**2003**	2009	
tumor necrosis factor	2000	12.91	**2003**	2014	
cytochrome c release	2000	22.11	**2004**	2009	
huntingtons disease	2000	21.01	**2004**	2011	
mouse model	2000	17.87	**2004**	2007	
focal cerebral ischemia	2000	17.79	**2006**	2014	

图 4-3-18　米诺环素中文（左）、英文（右）文献关键词突现分析

（七）利托那韦的文献计量学与研究热点分析

1. 检索策略

利托那韦文献计量学的检索策略见表 4-3-40。

表4-3-40　利托那韦文献计量学的检索策略

类别	检索策略	
数据来源	Web of Science 核心合集数据库	CNKI 数据库
引文索引	SCI-Expanded	主题检索
主题词	Ritonavir	利托那韦
文献类型	Article	研究论文
语种	English	中文

续表

类别	检索策略	
检索时段	2000 年 ~2022 年	2000 年 ~2022 年
检索结果	共 7183 篇文献	共 666 文献

2. 文献发表时间及数量分布

利托那韦文献计发表时间及数量分布见图 4-3-19。

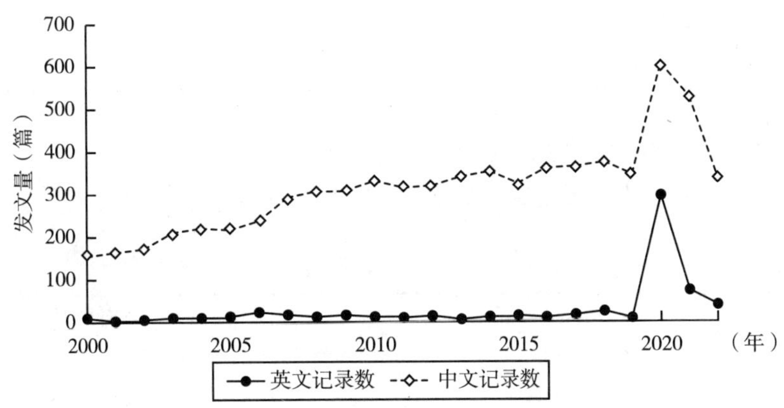

图 4-3-19　2000 年 ~2021 年利托那韦研究的发文量

3. 文献发表杂志

利托那韦文献发表杂志相关数据统计见表 4-3-41。

表4-3-41　利托那韦发文量前10位的期刊

序号	WOS 数据库		CNKI 数据库	
	英文来源出版物	记录数	中文来源出版物	记录数
1	AIDS	386	中国医院药学杂志	15
2	ANTIMICROBIAL AGENTS AND CHEMOTHERAPY	288	中国新药杂志	15
3	JOURNAL OF ANTIMICROBIAL CHEMOTHERAPY	273	中国药学杂志	11
4	JAIDS JOURNAL OF ACQUIRED IMMUNE DEFICIENCY SYNDROMES	257	药学学报	7
5	ANTIVIRAL THERAPY	247	中华内科杂志	5
6	CLINICAL INFECTIOUS DISEASES	177	中国全科医学	4
7	PLOS ONE	175	中华医学杂志	3
8	HIV MEDICINE	146	中国药理学通报	2
9	HIV CLINICAL TRIALS	137	解放军医学杂志	2
10	AIDS RESEARCH AND HUMAN RETROVIRUSES	129	科学通报	1

4. 文献发表国家及数量分布

利托那韦文献发表国家及数量分布见表 4-3-42。

表4-3-42　文献发表前10位的国家

序号	国家	记录数	序号	国家	记录数
1	美国	2926	6	德国	461
2	英国	756	7	荷兰	365
3	法国	737	8	南非	347
4	意大利	701	9	比利时	346
5	西班牙	624	10	中国	337

5. 文献发表的作者及其所在机构、数量及排序

利托那韦文献发表作者及其相关数据统计见表 4-3-43。

表4-3-43　发表文章数量前10位的作者

序号	WOS 数据库		CNKI 数据库	
	作者及其所在机构	记录数	作者及其所在机构	记录数
1	Burger David，Radboud University Nijmegen Medical Center	126	卢洪洲，上海市公共卫生临床中心	21
2	Clotet Bonaventura，Institut de Recerca de la Sida – IrsiCaixa	94	沈银忠，上海市公共卫生临床中心	9
3	Domingo Pere，Hospital de la Santa Creu i Sant Pau	73	边原，四川省医学科学院・四川省人民医院	7
4	Peytavin Gilles，Universite Paris Cite	72	童荣生，四川省医学科学院・四川省人民医院	6
5	Katlama Christine，Assistance Publique Hopitaux Paris（APHP）	72	李太生，清华大学	5
6	Molina Jean-Michel，UDICE-French Research Universities	68	闫峻峰，电子科技大学	5
7	Antinori Andrea，IRCCS Lazzaro Spallanzani	63	赵志刚，首都医科大学附属北京天坛医院	4
8	Beijnen Jos，Netherlands Cancer Institute	61	龙恩武，四川省医学科学院・四川省人民医院	4
9	Ruxrungtham Kiat，Chulalongkorn University	61	卢晓阳，浙江大学医学院附属第一医院防控制中心	4
10	Lazzarin Adriano，Vita-Salute San Raffaele University	60	陈岷，四川省人民医院	4

6. 文献发表机构、数量及排序

利托那韦文献发表机构、数量及排序见表 4-3-44。

表4-3-44　文献发表前10位的机构、数量

序号	WOS 数据库		CNKI 数据库	
	机构	记录数	机构	记录数
1	UDICE FRENCH RESEARCH UNIVERSITIES	540	上海市公共卫生临床中心	16
2	ASSISTANCE PUBLIQUE HOPITAUX PARIS APHP	453	复旦大学附属华山医院	16
3	UNIVERSITY OF CALIFORNIA SYSTEM	427	复旦大学附属公共卫生中心	14
4	HARVARD UNIVERSITY	418	四川大学华西医院	13
5	INSTITUT NATIONAL DE LA SANTE ET DE LA RECHERCHE MEDICALE INSERM	365	四川省医学科学院·四川省人民医院	11
6	UNIVERSITE PARIS CITE	339	中国医学科学院北京协和医院	11
7	HARVARD T H CHAN SCHOOL OF PUBLIC HEALTH	302	首都医科大学附属北京地坛医院	11
8	UNIVERSITY OF LONDON	251	广州市第八人民医院	9
9	SORBONNE UNIVERSITE	247	首都医科大学附属北京佑安医院	8
10	NATIONAL INSTITUTES OF HEALTH NIH USA	246	重庆医科大学附属儿童医院	8

7. 利托那韦相关论文的研究方向

利托那韦相关论文的研究方向见表 4-3-45。

表4-3-45　利托那韦研究排名前10位的研究方向

序号	WOS 数据库		CNKI 数据库	
	研究方向	记录数	研究方向	记录数
1	Infectious Diseases	2763	新型冠状病毒肺炎	187
2	Pharmacology Pharmacy	2610	利托那韦	133
3	Immunology	1510	新型冠状病毒	65
4	Virology	1056	洛匹那韦 / 利托那韦	57
5	Microbiology	1032	HIV	42
6	Medicine General Internal	1363	肺炎患者	34
7	Biochemistry Molecular Biology	241	洛匹那韦	33
8	Gastroenterology Hepatology	241	抗病毒药物	30
9	Multidisciplinary Sciences	229	药学监护	27
10	Chemistry Analytical	221	COVID-19	27

8. 关键词的研究热点分析

对利托那韦文献关键词进行基于 Log likelihood ratio（LLR）检验算法的聚类分

析，得到中、英文有效聚类均为 10 个，见图 4-3-20。聚类编号从 #0 ~ #9，数字越小则该聚类下的文献研究规模越大。根据标签内容大致可分为 2 类：药物药理作用与毒理相关研究。

关键词突现是指在短时间之内该词的出现频率显著增加，表明某段时间内该领域的研究备受科研人员的关注，据此可以判断该领域的前沿进展和研究趋势。中、英文文献利托那韦的关键词突现分析见图 4-3-21。从突现度来看，中文文献排名前 5 的依次为药学监护、临床特征、齐多夫定、感染者、合理用药，英文文献排名前 5 的依次为 indinavir、saquinavir、nelfinavir、open label、virus infection。从研究的持续时间来看，中文文献自 2000~2008 年的研究热点主要针对利托那韦的联合用药（关键词：齐多夫定、感染者、奈非那韦、拉米夫定），2015 年以后的研究热点主要在丙型肝炎、临床特征、合理用药方面的应用；英文文献自 2000~2009 年的研究热点主要包括联合用药等方面对抗病毒的治疗，2015 至今的研究为利托那韦在丙型肝炎、冠状病毒的感染以及病毒学应答等为相关热点。

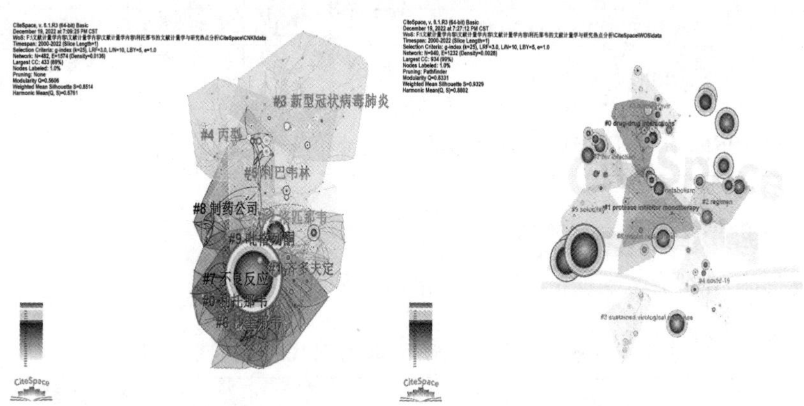

图 4-3-20　利托那韦中文（左）、英文（右）文献关键词聚类分析

Top 11 Keywords with the Strongest Citation Bursts

Keywords	Year	Strength	Begin	End
齐多夫定	2000	6.24	**2000**	2006
感染者	2000	6.13	**2000**	2008
奈非那韦	2000	4.15	**2000**	2005
拉米夫定	2000	4.71	**2002**	2007
利托那韦	2000	5.11	**2006**	2008
丙型	2000	5.53	**2015**	2019
肝炎	2000	4.42	**2015**	2019
药学监护	2000	9.84	**2020**	2022
临床特征	2000	6.5	**2020**	2022
合理用药	2000	5.79	**2020**	2022
阿比多尔	2000	5.18	**2020**	2022

Top 16 Keywords with the Strongest Citation Bursts

Keywords	Year	Strength	Begin	End
indinavir	2000	89.57	**2000**	2006
saquinavir	2000	60.62	**2000**	2008
zidovudine	2000	36.41	**2000**	2004
nelfinavir	2000	55.03	**2001**	2009
amprenavir	2000	35.34	**2002**	2009
ribavirin	2000	56.34	**2015**	2022
abt 450/r ombitasvir	2000	42.49	**2015**	2019
hcv	2000	37.77	**2015**	2020
sofosbuvir	2000	35.63	**2015**	2020
hepatitis c virus	2000	35.27	**2015**	2019
sustained virological response	2000	29.23	**2015**	2020
open label	2000	61.51	**2016**	2022
hepatitis c	2000	32.07	**2016**	2022
virus infection	2000	30.35	**2017**	2022
coronavirus	2000	61.43	**2020**	2022
sar	2000	54.08	**2020**	2022

图 4-3-21　利托那韦中文（左）、英文（右）文献关键词突现分析

参考文献

[1] Harris J M, Chess R B. Effect of pegylation on pharmaceuticals [J]. Nature reviews Drug discovery, 2003, 2 (3): 214–221.

[2] Glue P, Fang J W, Rouzier–Panis R, et al. Pegylated interferon–alpha2b: pharmacokinetics, pharmacodynamics, safety, and preliminary efficacy data.hepatitis C Intervention Therapy Group [J]. Clinical pharmacology and therapeutics, 2000, 68 (5): 556–567.

[3] Bailon P, Palleroni A, Schaffer C A, et al. Rational design of a potent, long–lasting form of interferon: a 40kDa branched polyethylene glycol–conjugated interferon alpha–2a for the treatment ofhepatitis C [J]. Bioconjugate chemistry, 2001, 12 (2): 195–202.

[4] Foster G R. Review article: pegylated interferons: chemical and clinical differences [J]. Aliment Pharmacol Ther, 2004, 20 (8): 825–830.

[5] Rial–Crestelo D, Pinto–Mart í nez A, Pulido F. Cabotegravir and rilpivirine for the treatment ofhIV [J]. Expert review of anti–infective therapy, 2020, 18 (5): 393–404.

[6] Markham A. Cabotegravir Plus Rilpivirine: First Approval [J]. Drugs, 2020, 80 (9): 915–922.

[7] Chavoustie S E, Carter B A, Waldbaum A S, et al. Two phase 3, double–blind, placebo–controlled studies of the efficacy and safety of Astodrimer 1% Gel for the treatment of bacterial vaginosis [J]. European journal of obstetrics, gynecology, and reproductive biology, 2020, 245: 13–18.

[8] Schwebke J R, Carter B A, Waldbaum A S, et al. A phase 3, randomized, controlled trial of Astodrimer 1% Gel for preventing recurrent bacterial vaginosis [J]. European journal of obstetrics & gynecology and reproductive biologyX, 2021, 10: 100121.

[9] Waldbaum A S, Schwebke J R, Paull J R A, et al. A phase 2, double–blind, multicenter, randomized, placebo–controlled, dose ranging study of the efficacy and safety of Astodrimer Gel for the treatment of bacterial vaginosis [J]. PloS one, 2020, 15 (5): e0232394.

[10] Sciences G. Mechanism of action of AmBisome® (amphotericin B) liposome for injection [EB/OL]. [2024–08–13] .https: //www.ambisome.com/ambisome–mechanism–of–action

[11] Biosciences L. Abelcet® (Amphotericin B Lipid Complex Injection). [EB/OL]. [2024–08–13]. https: //leadiant.com/products/abelcet/

[12] 王曼曼，张雪媛，祁欢欢，等．注射用两性霉素B脂质体临床药理学研究[J]．中国感染与化疗杂志，2021，21（3）：362–368.

[13] Adler–Moore J, Proffitt R T. AmBisome: liposomal formulation, structure, mechanism of action and pre–clinical experience [J]. The Journal of antimicrobial chemotherapy, 2002, 49 Suppl 1:

21-30.

[14] Adler-Moore J P, Gangneux J P, Pappas P G. Comparison between liposomal formulations of amphotericin B[J]. Medical mycology, 2016, 54 (3): 223-231.

[15] Barnes M J, Boothroyd B. The metabolism of griseofulvin in mammals[J]. The Biochemical journal, 1961, 78 (1): 41-43.

[16] Gupta A K, Mays R R, Versteeg S G, et al. Tinea capitis in children: a systematic review of management[J]. Journal of the European Academy of Dermatology and Venereology, 2018, 32 (12): 2264-2274.

[17] 濮莉莉，陈丹华，薛晶．布洛芬联合盐酸米诺环素对重度慢性牙周炎基础治疗效果及炎性因子的影响[J]．中国医药导报，2020，17（12）：124-127.

[18] 年丽岩．盐酸米诺环素软膏联合替硝唑治疗慢性牙周炎的临床疗效及安全性分析[J]．中国现代药物应用，2021，15（16）：18-20.

[19] 杨红梅．米诺环素联合甲硝唑口腔粘贴片治疗慢性牙周炎的临床效果与安全性[J]．中国现代药物应用，2020，14（14）：188-189.

[20] 闫志刚．盐酸米诺环素软膏联合替硝唑对慢性牙周炎患者氧化应激反应及龈沟液炎症因子水平的影响[J]．中国医药导报，2021，18（30）：121-124.

[21] 侯玉，康帅，刘正雅，等．盐酸米诺环素软膏配合基础方法治疗慢性牙周炎效果的 Meta 分析[J]．实用医药杂志，2020，37（4）：301-306.

[22] 金渊，冯劲松，赵亚梅．附子大黄细辛汤加味辅助盐酸米诺环素治疗对老年慢性牙周炎患者牙周状态及龈沟液炎症指标的影响[J]．四川中医，2022，40（2）：173-176.

[23] 刘柯，崔永利，高鹏，等．金栀洁龈含漱液联合米诺环素治疗慢性牙周炎的临床研究[J]．现代药物与临床，2022，37（2）：346-349.

[24] 蔡红，陈琦，朱岐振．自拟清胃败毒方联合西药治疗急性牙周脓肿的临床观察[J]．中国中医药科技，2022，29（2）：296-297，347.

[25] 刘潇，王英大．盐酸米诺环素联合 Er，Cr：YSGG 激光治疗慢性牙周炎的临床效果及对患者炎症介质的影响[J]．中国药物经济学，2021，16（2）：76-79.

[26] 王艳丽，刘振霞．半导体激光联合盐酸米诺环素治疗重度慢性牙周炎的临床效果分析[J]．中国临床医生杂志，2022，50（2）：237-240.

[27] 李黎，徐邦勇，高珺，等．米诺环素对固定义齿修复后继发牙周炎的临床疗效[J]．昆明医科大学学报，2017，38（3）：75-78.

[28] The Journal of the American Dental Association. Chemotherapeutic agent to slow or arrest periodontitis[J]. Journal of the American Dental Association, 2001, 132 (11): 1588-1589.

[29] Krayer J W, Leite R S, Kirkwood K L. Non-surgical chemotherapeutic treatment strategies for

the management of periodontal diseases [J] . Dental clinics of North America, 2010, 54 (1): 13–33.

[30] Tanuri A, Vicente A C, Otsuki K, et al. Genetic variation and susceptibilities to protease inhibitors among subtype B and F isolates in Brazil [J] . Antimicrobial agents and chemotherapy, 1999, 43 (2): 253–258.

[31] US Department ofhealth andhuman Service. Guidelines for the Use of Antiretroviral Agents in Adults and Adolescents withhIV [EB/OL] . [2024–08–13] .http: //clinicalinfo.hiv.gov

[32] Husain S, Camargo J F. Invasive Aspergillosis in solid–organ transplant recipients: Guidelines from the American Society of Transplantation Infectious Diseases Community of Practice [J] . Clin Transplant, 2019, 33 (9): e13544.

[33] Skiada A, Lanternier F, Groll Ah, et al. Diagnosis and treatment of mucormycosis in patients withhematological malignancies: guidelines from the 3rd European Conference on Infections in Leukemia (ECIL 3) [J] .haematologica, 2013, 98 (4): 492–504.

[34] Limper Ah, Knox K S, Sarosi G A, et al. An official American Thoracic Society statement: Treatment of fungal infections in adult pulmonary and critical care patients [J] . Am J Respir Crit Care Med, 2011, 183 (1): 96–128.

[35] Hodge D, Back D J, Gibbons S, et al. Pharmacokinetics and Drug–Drug Interactions of Long–Acting Intramuscular Cabotegravir and Rilpivirine [J] . Clinical pharmacokinetics, 2021, 60 (7): 835–853.

[36] Hoetelmans R, Kestens D, Marien K. Effect of food and multiple dose pharmacokinetics of TMC278 as an oral tablet formulation [J] . International AIDS Conference (IAS), 2005, 7: 24– 27.

[37] Bowers G D, Culp A, Reese M J, et al. Disposition and metabolism of cabotegravir: a comparison of biotransformation and excretion between different species and routes of administration inhumans [J] . Xenobiotica; the fate of foreign compounds in biological systems, 2016, 46 (2): 147–162.

[38] Healthcare V. Product Information: CABENUVA extended–release intramuscular suspension, cabotegravir intramuscular extended–release suspension, rilpivirine intramuscular extended–release suspension [EB/OL] . [2024–08–13] .https: //www.webmd.com/drugs/2/drug–180741/cabenuva–intramuscular/details

[39] Bekersky I, Fielding R M, Dressler D E, et al. Plasma protein binding of amphotericin B and pharmacokinetics of bound versus unbound amphotericin B after administration of intravenous liposomal amphotericin B (AmBisome) and amphotericin B deoxycholate [J] . Antimicrobial agents and chemotherapy, 2002, 46 (3): 834–840.

[40] Bekersky I, Fielding R M, Dressler D E, et al. Pharmacokinetics, excretion, and mass balance of liposomal amphotericin B (AmBisome) and amphotericin B deoxycholate inhumans [J]. Antimicrobial agents and chemotherapy, 2002, 46 (3): 828–833.

[41] Bekersky I, Fielding R M, Dressler D E, et al. Pharmacokinetics, excretion, and mass balance of 14C after administration of 14C–cholesterol–labeled AmBisome tohealthy volunteers [J]. Journal of clinical pharmacology, 2001, 41 (9): 963–971.

[42] Terhaag B, Le Petit G, Pachaly C, et al. The in vitro liberation and the bioavailability of different brands of griseofulvin in plasma and urine in man [J]. International journal of clinical pharmacology, therapy, and toxicology, 1985, 23 (9): 475–479.

[43] Schäfer–Korting M. Pharmacokinetic optimisation of oral antifungal therapy [J]. Clinical pharmacokinetics, 1993, 25 (4): 329–341.

[44] Lau G K, Piratvisuth T, Luo K X, et al. Peginterferon Alfa–2a, lamivudine, and the combination forhBeAg–positive chronichepatitis B [J]. The New England journal of medicine, 2005, 352 (26): 2682–2695.

[45] Marcellin P, Lau G K, Bonino F, et al. Peginterferon alfa–2a alone, lamivudine alone, and the two in combination in patients withhBeAg–negative chronichepatitis B [J]. The New England journal of medicine, 2004, 351 (12): 1206–1217.

[46] Janssenh L, Van Zonneveld M, Senturkh, et al. Pegylated interferon alfa–2b alone or in combination with lamivudine forhBeAg–positive chronichepatitis B: a randomised trial [J]. Lancet (London, England), 2005, 365 (9454): 123–129.

[47] Buster Eh, Flinkh J, Cakaloglu Y, et al. SustainedhBeAg andhBsAg loss after long–term follow–up ofhBeAg–positive patients treated with peginterferon alpha–2b [J]. Gastroenterology, 2008, 135 (2): 459–467.

[48] Mchutchison J G, Lawitz E J, Shiffman M L, et al. Peginterferon alfa–2b or alfa–2a with ribavirin for treatment ofhepatitis C infection [J]. The New England journal of medicine, 2009, 361 (6): 580–593.

[49] Bruno R, Sacchi P, Scagnolari C, et al. Pharmacodynamics of peginterferon alpha–2a and peginterferon alpha–2b in interferon–naïve patients with chronichepatitis C: a randomized, controlled study [J]. Alimentary pharmacology & therapeutics, 2007, 26 (3): 369–376.

[50] Silva M, Poo J, Wagner F, et al. A randomised trial to compare the pharmacokinetic, pharmacodynamic, and antiviral effects of peginterferon alfa–2b and peginterferon alfa–2a in patients with chronichepatitis C (COMPARE) [J]. Journal ofhepatology, 2006, 45 (2): 204–213.

[51] Marcellin P, Bonino F, Lau G K, et al. Sustained response ofhepatitis B e antigen–negative

patients 3 years after treatment with peginterferon alpha-2a [J] . Gastroenterology, 2009, 136 (7): 2169-2179.e2161-2164.

[52] Orkin C, Arasteh K, Górgolashernández-Mora M, et al. Long-Acting Cabotegravir and Rilpivirine after Oral Induction forhIV-1 Infection [J] . The New England journal of medicine, 2020, 382 (12): 1124-1135.

[53] Swindells S, Andrade-Villanueva J F, Richmond G J, et al. Long-Acting Cabotegravir and Rilpivirine for Maintenance ofhIV-1 Suppression [J] . The New England journal of medicine, 2020, 382 (12): 1112-1123.

[54] Overton E T, Richmond G, Rizzardini G, et al. Long-acting cabotegravir and rilpivirine dosed every 2 months in adults withhIV-1 infection (ATLAS-2M), 48-week results: a randomised, multicentre, open-label, phase 3b, non-inferiority study [J] . Lancet (London, England), 2021, 396 (10267): 1994-2005.

[55] Margolis D A, Gonzalez-Garcia J, Stellbrinkh J, et al. Long-acting intramuscular cabotegravir and rilpivirine in adults withhIV-1 infection (LATTE-2): 96-week results of a randomised, open-label, phase 2b, non-inferiority trial [J] . Lancet (London, England), 2017, 390 (10101): 1499-1510.

[56] Canadian Agency for Drugs and Technologies inhealth .CADTH Common Drug Reviews: Pharmacoeconomic Review Report: Cabotegravir Tablets, Cabotegravir Extended-Release Injectable Suspension, and Rilpivirine Extended-Release Injectable Suspension (Vocabria, Cabenuva): (ViiVhealthcare ULC): Indication: HIV-1 infection. Ottawa (ON) [EB/OL] . [2024-08-13] .https: //www.canada.ca/en.html

[57] NICE. Cabotegravir with rilpivirine for treatinghIV-1 [EB/OL] . (2022-02-05) [2024-08-13] . http: //www.nice.org.uk

[58] Abu-Zaid A, Alshahrani M S, Bakhshh, et al. Astodrimer gel for treatment of bacterial vaginosis: A systematic review and meta-analysis of randomized controlled trials [J] . International journal of clinical practice, 2021, 75 (7): e14165.

[59] Wingard J R, White Mh, Anaissie E, et al. A randomized, double-blind comparative trial evaluating the safety of liposomal amphotericin B versus amphotericin B lipid complex in the empirical treatment of febrile neutropenia. L Amph/ABLC Collaborative Study Group [J] . Clinical infectious diseases: an official publication of the Infectious Diseases Society of America, 2000, 31 (5): 1155-1163.

[60] Jadhav M P, Shinde V M, Chandrakala S, et al. A randomized comparative trial evaluating the safety and efficacy of liposomal amphotericin B (Fungisome) versus conventional amphotericin B

in the empirical treatment of febrile neutropenia in India[J]. Indian journal of cancer，2012，49（1）：107–113.

[61] Prenticeh G，Hann I M，Herbrecht R，et al. A randomized comparison of liposomal versus conventional amphotericin B for the treatment of pyrexia of unknown origin in neutropenic patients[J]. British journal ofhaematology，1997，98（3）：711–718.

[62] Kuti J L，Kotapati S，Williams P，等. 两性霉素 B 两种剂型治疗真菌感染的药物经济学分析[J]. 中国药物经济学，2008，(1)：6–14.

[63] Cornely O A，Maertens J，Bresnik M，et al. Liposomal amphotericin B as initial therapy for invasive mold infection：a randomized trial comparing ahigh–loading dose regimen with standard dosing（AmBiLoad trial）[J]. Clinical infectious diseases：an official publication of the Infectious Diseases Society of America，2007，44（10）：1289–1297.

[64] Stone N R，Bicanic T，Salim R，et al. Liposomal Amphotericin B（AmBisome（®））：A Review of the Pharmacokinetics，Pharmacodynamics，Clinical Experience and Future Directions[J]. Drugs，2016，76（4）：485–500.

[65] Gupta A K，Drummond–Main C. Meta–analysis of randomized，controlled trials comparing particular doses of griseofulvin and terbinafine for the treatment of tinea capitis[J]. Pediatric dermatology，2013，30（1）：1–6.

[66] Gonz á lez U，Seaton T，Bergus G，et al. Systemic antifungal therapy for tinea capitis in children[J]. The Cochrane database of systematic reviews，2007，4：Cd004685.

[67] Chen X，Jiang X，Yang M，et al. Systemic antifungal therapy for tinea capitis in children[J]. The Cochrane database of systematic reviews，2016，2016（5）：Cd004685.

[68] Ryan M E. Nonsurgical approaches for the treatment of periodontal diseases[J]. Dental clinics of North America，2005，49（3）：611–636.

[69] 戴罡，朱珠 .hIV 蛋白酶抑制剂——利托那韦[J]. 中国药学杂志，2000，(7)：65–66.

第四节　血液系统纳米药物临床应用与循证评价

一、血液系统纳米药物概述

在血液系统疾病（如贫血、粒细胞缺乏、血友病等）中，随着研究的进步，一些纳米药物进入该领域，相对于传统的药物，在治疗上有一定优势。

贫血是一种常见疾病，可以影响近半数的儿童和30%的育龄期女性[1]，如果不加以关注将对健康问题产生重大影响。在全球超过四分之一的贫血人口中，有约半数为缺铁导致，因此缺铁性贫血（IDA）的防治已经成为全球一项重要的公共卫生问题。铁缺乏的常见原因包括铁需求增加、摄入不足、铁吸收不良、慢性失血、药物相关以及遗传因素[2-4]。对于铁缺乏的治疗目前主要有三种措施：饮食补充、口服铁剂以及静脉铁剂，而达到治疗目标通常需要持续到补足储存铁，因此正确的药物治疗策略和如何选择药物在临床实践中仍然占有十分重要的位置，相对于口服铁剂，静脉铁剂补铁的效率较高，单次输注的铁剂就可以补足患者缺铁量，因此当机体处于功能性铁缺乏状态时（如炎性肠病、慢性肾病等）或需要快速纠正IDA时（严重缺铁性贫血的妊娠女性以及短期内需要手术且失血量预计较大的患者）此时，可进行静脉补铁。

目前静脉铁剂的发展可以分为三代。第一代铁剂为氢氧化铁和高分子右旋糖酐铁，因严重不良反应，现已停用；第二代铁剂包括低分子右旋糖酐、葡萄糖酸铁和蔗糖铁，免疫原性较之前产品降低；第三代注射铁剂包括羧基麦芽糖铁、纳米氧化铁、异麦芽糖酐铁1000，安全性进一步提高，可以实现快速大剂量安全输注补铁。

因不同静脉铁剂产品含有不同的铁核以及碳水化合物外壳，因此稳定性、血清半衰期、不良反应等均有差异，也导致了其各具特点[5-6]，表4-4-1列举了目前中国和美国已上市的静脉铁剂及其特点。

表4-4-1　静脉铁剂在中国和美国上市数量以及优缺点

通用名	上市药物数量/个		价格	稳定性	给药前预试	可以TDI	快速静滴	输注过程需要监测	胃肠道反应低
	中国	美国							
低分子量右旋糖酐铁（low molecular weight iron dextran）	22	1	低	高	√	√		√	√
羧基麦芽糖铁（ferric carboxymaltose，FCM）	1	1	高	高			√	√	√
葡萄糖酸铁（ferric gluconate，FG）	0	2	低	低				√	√
纳米氧化铁（ferumoxytol）	0	1	高	高			√	√	√

续表

通用名	上市药物数量 / 个		价格	稳定性	给药前预试	可以TDI	快速静滴	输注过程需要监测	胃肠道反应低
	中国	美国							
蔗糖铁（iron sucrose）	12	1	低	中	√			√	√
异麦芽糖酐铁（iron isomaltoside）	1	5	高	高		√	√	√	√

中性粒细胞减少是当前化疗患者常见的不良反应，由于化疗在当前肿瘤治疗中占有很重要的地位，因此化疗引起的相关不良反应也逐渐引起了人们的重视，对于中性粒细胞减少，目前临床对症处理为采用粒细胞集落刺激因子加以预防或治疗，然而，普通的粒细胞集落刺激因子为常效制剂，半衰期较短一般仅为几个小时，且在人体内生物利用度差、容易被体内蛋白酶破坏，因此在临床应用中需要频繁注射给药，给患者带来不便，硫培非格司亭注射液[7]是在粒细胞集落刺激因子的基础上进行聚乙二醇修饰而成的长效重组人粒细胞刺激因子制剂。由于是纳米药物，硫培非格司亭半衰期很长，大都超过40小时，在给予长效制剂后，患者在一个化疗周期内仅可注射一次长效制剂，大大增加了患者的顺应性和依从性，由于偶联物分子量的增加，硫培非格司亭在体内形成抗药抗体的可能性较低，其分布体积减少，从而使毒性减少。

血友病是指一种形成血凝块所需的蛋白质缺失或减少，多由遗传致病，其中血友病A是最常见的血友病类型。由于基因缺陷，血友病患者体内缺少凝血因子Ⅷ / Ⅸ，导致凝血功能出现障碍，患者反复经历肌肉、关节或其他组织的出血，这可能导致慢性关节损伤。

目前，注射血源性凝血因子和重组凝血因子仍是治疗血友病的主要治疗方式，保持患者体内的因子水平高于正常水平的1%，但这些药物的半衰期短，因此，患者需要频繁的注射药物，这给患者的顺应性带来极大的挑战，聚乙二醇化重组抗血友病因子相对于传统的药物，能够解决上述问题，聚乙二醇化重组抗血友病因子在特定位点添加了聚乙二醇修饰（PEGlaytion）。这种改进将该药物的半衰期延长到17.9个小时，可在血液中保持持续的水平，从而可让患者减少接受注射次数。

二、血液系统纳米药物的概况、适应证及指南、专家共识推荐

血液系统纳米药物的概况、适应证及指南、专家共识推荐具体见表4-4-2。

表4-4-2　血液系统纳米药物的概况、适应证及指南、专家共识推荐

药品通用名（商品名）	上市时间（国家/地区）	适应证	指南推荐或专家共识推荐及证据级别
蔗糖铁注射液（维乐福）	2000 年（美国）2003 年（中国）	美国：用于治疗慢性肾脏病（CKD）患者的缺铁性贫血（IDA）[8] 中国：本品适用于口服铁剂效果不好而需要静脉铁剂治疗的患者，如：口服铁剂不能耐受的患者，口服铁剂吸收不好的患者 通过适当检查，明确适应证后才能使用维乐福[9]	《妊娠期铁缺乏和缺铁性贫血诊治指南》：不能耐受口服铁剂、依从性不确定或口服铁剂无效者，妊娠中期以后可选择注射铁剂（推荐级别Ⅰ-A）[10] 《静脉铁剂应用中国专家共识（2019 年版）》：蔗糖铁（IS）也称之为蔗糖酸铁，通常分多次输注，根据血红蛋白水平每周用药 2~3 次，每次 5~10ml（100~200mg 铁），给药频率应不超过每周 3 次[12] 《妊娠期铁缺乏和缺铁性贫血诊治指南》：目前认为蔗糖铁最安全，右旋糖酐可能出现严重的不良反应。蔗糖铁推荐每次使用 100~200mg，静脉滴注，2~3 次/周［推荐级别 1B］[18]
纳米氧化铁	2009 年（美国）2012 年（欧洲）	美国：慢性肾病（CKD），成人缺铁性贫血（IDA）	/
羧基麦芽糖铁（菲新捷®）	2007 年（欧洲）2013 年（美国）2020 年（日本）2022 年（中国）	中国：用于治疗口服铁剂治疗无效、无法口服补铁或临床上需要快速补充铁的成人缺铁患者[11] 欧洲：用于治疗口服铁剂治疗无效、无法口服补铁或临床上需要快速补充铁的成人缺铁患者。（补充：用于 1 至 17 岁患有铁缺乏症的儿童和青少年） 美国：用于治疗对口服铁不耐受或口服铁反应不理想的 1 岁及以上的缺铁性贫血；或者患有非透析依赖性慢性肾脏疾病	《中国不宁腿综合征的诊断与治疗指南（2021 版）》：在血清铁蛋白＜300μg/L 且转铁蛋白饱和度＜45% 的患者中，1000mg 羧基麦芽糖铁用于治疗中 - 重度 RLS 有效［推荐级别 1A］[19] 《静脉铁剂应用中国专家共识（2019 年版）》：羧基麦芽糖铁，静脉滴注的最大剂量 20mg/kg（总剂量 1000mg）次，15min 滴注完成 《2021ESC 心衰指南对羧基麦芽糖铁的推荐》：有症状的心衰患者，伴有 LVEF＜45%+ⅠD（推荐级别Ⅱa,A）；因急性心衰住院且合并 ID 的患者，在出院前或出院后早期（推荐级别Ⅱa，B）；近期因心衰住院的症状性心衰患者，伴有 LVEF＜50%+ID（推荐级别Ⅱa，B） 《2018-ESMO 临床实践指南》：癌症患者贫血和铁缺乏的管理：静脉滴注的最大剂量 20mg/kg（总剂量 1000mg）次，15min 滴注完成
异麦芽糖酐铁注射液（莫诺菲）	2021 年（中国）	中国：本品适用于治疗以下情况的缺铁：口服铁剂无效或无法口服补铁；临床上需要快速补充铁。缺铁诊断必须基于实验室检查	/
注射用蔗糖铁	2019 年（中国）	中国：本品适用于口服铁剂效果不好需要静脉铁剂治疗的患者，如：口服铁剂不能耐受的患者；口服铁剂吸收不好的患者	/
右旋糖酐铁注射液（科莫非）	2001 年（丹麦）2003 年（中国）	中国：①本药口服制剂用于慢性失血、营养不良、妊娠、儿童发育期等引起的缺铁性贫血。②本药注射液用于不能口服铁剂（口服铁剂不耐受或疗效欠佳）的缺铁性贫血	/

续表

药品通用名（商品名）	上市时间（国家/地区）	适应证	指南推荐或专家共识推荐及证据级别
甲氧基聚乙二醇促红细胞生成素-β（美信罗）	2007年（美国）	本品适用于治疗因慢性肾脏病引起的贫血，且正在接受红细胞生成刺激剂类药品治疗的患者	/
聚乙二醇化重组抗血友病因子	2015年（美国）	美国：适用于儿童和成人血友病A（先天性因子Ⅷ缺乏症）：按需治疗和出血发作的控制；围手术期处理；常规预防，减少出血发作频率	/
培非格司亭	2018年（中国）2020年（美国、欧盟）	可以降低接受骨髓抑制抗癌药物治疗的非髓系恶性肿瘤患者的感染的发生率，如减少发热性中性粒细胞减少症的发生。不适用于动员外周血造血干细胞进行造血干细胞移植	/

三、血液系统纳米药物的药代动力学及特性比较

血液系统纳米药物的药代动力学及特性比较具体内容见表4-4-3。

表4-4-3 血液系统纳米药物的药代动力学及特性比较

药品通用名（商品名）	药代动力学参数	代谢和排泄途径	药物相互作用	其他特性（如有效期、保存条件单次最大给药剂量等）
蔗糖铁注射液（维乐福）	粒径：7~10nm[28, 29] 分子量：34~60kDa[30] 达峰时间和消除半衰期：6h[22] 分布容积：8L[22] 生物利用度：100% 蛋白结合率：无相关资料	注射本品后的前4小时铁的肾清除量不到全部清除量的5%。24小时后，血浆中铁的水平下降到注射前铁的水平，约75%的蔗糖被排泄，吸收的铁大多数和转铁蛋白结合被运输到骨髓并在骨髓中与血红蛋白结合；剩余的部分被纳入储存铁的形式，即铁蛋白或含铁血黄素，或与肌红蛋白一样以更少的量存在于含血红素酶或血浆中并与转铁蛋白结合[13-17]	可减少口服铁剂的吸收[9]	铁含量20mg/ml，单次最大剂量300mg[22]

续表

药品通用名（商品名）	药代动力学参数	代谢和排泄途径	药物相互作用	其他特性（如有效期、保存条件单次最大给药剂量等）
纳米氧化铁	粒径：17~31nm 分子量：750kDa 达峰时间和消除半衰期：呈现剂量依赖性，人体血浆消除半衰期约为15h。24h内两次静脉注射510mg后，*CL* 和 V_d 的值分别为69.1ml/h和3.16L，C_{max} 和 t_{max} 分别为206mg/ml和0.32h[23] 分布容积：3.16 L[23] 生物利用度：100%	包被的PSC层可隔离生物活性的铁与血浆成分接触，直到颗粒进入肝、脾、骨髓中网状内皮系统的巨噬细胞内。在巨噬细胞的小囊泡内此纳米颗粒释放出铁，铁进入细胞内铁储存池（如铁蛋白），或转运至铁转运蛋白，进而转运至红细胞系统的前体细胞，用以生成血红蛋白[23]	/	单剂量静脉注射1020mg于30分钟内，与两次510mg的剂量对IDA患者一样安全有效[26]
羧基麦芽糖铁	粒径：25.2nm[29] 分子量：15wDa[29] 达峰时间和消除半衰期：羧基麦芽糖铁的血浆半衰期与给药剂量相关，约为7~12小时[28] 分布容积：3L 生物利用度：100%	经静脉给药后，纳米粒子在血浆中分散，随后被肝脏、脾脏和骨髓中的巨噬细胞吞噬并缓慢释放出铁离子。释放出的铁离子一部分被网状内皮系统中的铁蛋白吸收形成储备铁；另一部分与血清转铁蛋白结合，被转运至骨髓处，在受体作用下释放并用于血红蛋白合成，促进红细胞成熟[20, 21]	同时应用口服铁剂时，口服铁剂的吸收率会降低。因此，如有需要，应至少在本品。最后一次注射给药5天后再开始接受口服铁剂的治疗[24, 25]	单次最大剂量20mg/kg，最高1000mg
异麦芽糖酐铁注射液（莫诺菲）	达峰时间和消除半衰期：单剂量静脉推注或静脉滴注异麦芽糖酐铁注射液100mg至1000mg（以铁计）后，铁从血浆中消除的半衰期为1~4天 生物利用度：100%	循环铁被网状内皮系统的细胞从血浆中吞噬，将复合物分解成铁和异麦芽糖酐。铁立即与可用蛋白结合形成含铁血黄素或铁蛋白，即生理状态铁。还有少部分形成转铁蛋白，这种铁在生理调节下可补充血红蛋白和消耗的铁储备。铁不易从体内被清除，过量蓄积有毒性。复合物分子较大不能通过肾清除。少量的铁能通过尿液和粪便清除。异麦芽糖酐可被代谢或排泄	不应与口服铁剂合并用药，因为合并给药可能降低口服铁剂的吸收	本品静脉推注单次最大剂量为500mg；单次静脉滴注最多为铁20mg/kg体重。常温(10~30℃)保存
注射用蔗糖铁	粒径：3~11nm[26] 分子量：34000~60000Da[26] 达峰时间和消除半衰期：给健康志愿者单剂量静脉注射含100mg铁的本品，10min后铁的水平达到最高；注射的铁在血浆中快速被清除，半衰期约为6h 分布容积：中央室分布容积与血浆容积相等（大约3L），稳态分布容积约为8L 生物利用度：100%	注射本品后的前4小时铁的肾清除量不到全部清除量的5%。在24小时后，血浆中铁的水平下降到注射前铁的水平。约75%的蔗糖被排泄	和所有非肠道铁剂一样，本品会减少口服铁剂的吸收，所以本品不能与口服铁剂同时使用。因此口服铁剂的治疗应在注射完本品的5天之后开始服用	注射时：用至少10分钟注射给予本品10ml（200mg 铁）。输液时：如果临床需要，给药单剂量可增加到0.35ml本品/千克体重(=7mg铁/千克体重)，最多不可超过250ml本品（500mg铁），应稀释到500ml 0.9%w/v生理盐水中，至少滴注3.5小时，每周一次

续表

药品通用名（商品名）	药代动力学参数	代谢和排泄途径	药物相互作用	其他特性（如有效期、保存条件单次最大给药剂量等）
注射用蔗糖铁	蛋白结合率：本品稳定性低，可以看到铁到转铁蛋白的竞争性交换，结果铁的转运速率为铁 31mg /24h			
右旋糖酐铁注射液（科莫非）	分子量：165000 达峰时间和消除半衰期：给健康志愿者单剂量静脉注射含 100mg 铁的本品，10min 后铁的水平达到最高。注射的铁在血浆中快速被清除，半衰期约为 6h；循环铁的血浆半衰期为 5h，总铁（结合的和循环的）半衰期为 20h 生物利用度：100%	在肝脏、脾脏被网状内皮细胞代谢，不易经肾排泄	右旋糖酐铁注射液不应与口服铁剂同时使用，因为可导致口服铁的吸收降低。使用右旋糖酐铁注射液治疗后的 5 天内不应使用口服铁剂治疗。有报道，大剂量使用右旋糖酐铁（5ml 或更多）4 小时后，可使血样中的血清呈棕色。该药物可使血清胆红素水平呈假性提高和血清钙水平假性降低	10~25℃保存，药物应置儿童不能触及的地方。有效期 30 个月
甲氧基聚乙二醇促红细胞生成素 -β（美信罗）	分子量：60kDa 达峰时间和消除半衰期：具有较长的清除半衰期，所以其给药频率低于其他红细胞生成刺激剂类药品 生物利用度：100%	/	对多种癌症患者（包括头颈癌和乳腺癌等）进行的对照性临床研究结果显示，给予依泊汀后出现了原因不明的过高死亡率	/
聚乙二醇化重组抗血友病因子	达峰时间和消除半衰期：单剂量的 $t_{1/2}$ 为（14.3 ± 3.8）h，多剂量的 $t_{1/2}$ 为（16.0 ± 4.9）h[27, 28] 生物利用度：100%	/	/	贮于 2~8 ℃，室温下储存不可超过 1 个月。不可冷冻以免损坏稀释剂
培非格司亭	分子量：20kDa[29] 达峰时间和消除半衰期：0~5 岁（30.1 ± 38.2）h、6~12 岁（20.2 ± 11.3）h、12~21 岁（21.2 ± 16.0）h[30] 生物利用度：100%	主要由肾脏和中性粒细胞 / 中性粒细胞前体消除；后者可能涉及生长因子与细胞表面的 G-CSF 受体结合，通过内吞作用内化生长因子 – 受体复合物，以及随后在细胞内降解	目前尚未进行本品和其他药物之间相互作用的研究	有效期 24 个月，于 2~8℃避光处保存和运输，单次或多次安全给药的最大剂量尚未确定

四、血液系统纳米药物对应适应证的 HTA

血液系统纳米药物对应适应证的 HTA 具体见表 4–4–4。

表4–4–4　血液系统纳米药物对应适应证的HTA

药品通用名（商品名）	适应证	有效性	安全性	经济性
蔗糖铁注射液（维乐福）	用于口服铁剂效果欠佳而需静脉铁剂治疗的缺铁性贫血，包括口服铁剂无法耐受和口服铁剂吸收不良的患者	一项多中心开放标签 RCT 研究显示，对于维持性血液透析的成人主动给予高剂量静脉蔗糖铁剂方案优于触发性给药的低剂量方案，并且高剂量组减少了红细胞生成刺激剂剂量，减少了需要输血的可能性[31] 一项关于缺铁性贫血的 IBD 患者的系统性评价显示，当将治疗反应定义为血红蛋白恢复至正常范围或增加 ≥ 20g/L 时，蔗糖铁组的总体响应率为 68%[32]	一项美国食品药品管理局不良事件报告系统（Food and Drug Administration Adverse Event Reporting System，FAERS）数据库中自发报告蔗糖铁超敏反应发生 =3.94，死亡率 2.4%。对于过敏性 / 过敏性休克，蔗糖铁病例 / 死亡发生 *ROR*05 为 17.60/4.7%[33]	在治疗可及性方面，应综合考虑治疗期间的药品价格和药品外成本。对于接受血液透析和化疗的患者，因需要频繁的到访医院，期间可以少量多次地输注铁剂，如蔗糖铁[34]
羧基麦芽糖铁	用于治疗口服铁剂治疗无效、无法口服补铁或临床上需要快速补充铁且基于实验室检查确诊的成人缺铁患者	1. 心脏病学 慢性心力衰竭：本品在运动能力及体重调整方面显示出良好的效果[35-36] 2. 肾脏病学 依赖血液透析的慢性肾脏病：发现羧基麦芽糖铁在接受血液透析的缺铁性贫血患者中的疗效优于蔗糖铁[37]	1. 结构安全性游离铁含量：羧麦芽糖铁高度稳定，不会造成铁过载和组织损伤，其降解也不会产生毒性物质。羧基麦芽糖铁中游离铁含量< 0.6%，远低于其他静脉铁剂 2. 美国儿童数据：评估儿科患者使用该注射剂的安全性，羧基麦芽糖铁与安慰剂相比安全性及不良反应发生率相当[38]。在产后出血及异常子宫出血的妇女中，羧基麦芽糖铁的胃肠道不良反应显著低于口服铁剂；羧基麦芽糖铁的不良反应发生率低于口服铁剂，其中胃肠道不良反应显著降低	在一项羧基麦芽糖铁治疗缺铁性贫血患者药物经济学的系统评价中[39]，相对于异麦芽糖酐铁，蔗糖铁，葡萄糖酸铁，低分子量右旋糖酐铁羧基麦芽糖铁在更大概率上具有经济性，其可能原因包括：第一是单次大剂量注射带来的输注次数 / 就诊次数减少是羧基麦芽糖铁节省成本的关键因素，其抵消了增加的药品成本。从患者的角度来看，减少医院或私人诊所就诊次数是一个重要优势，同时也降低了医保支付方的支出。

续表

药品通用名（商品名）	适应证	有效性	安全性	经济性
羧基麦芽糖铁		非依赖透析的慢性肾脏病：比较本品与口服铁剂的安全性和疗效。发现羧基麦芽糖铁的疗效优于口服铁剂组 3. 胃肠病学 炎症性肠病：在患有炎症性肠病（IBD）的受试者中发现本品非劣效于硫酸亚铁口服治疗组；在缓解期或轻度 IBD 患者中发现本品的血红蛋白增幅优于蔗糖铁	3. 羧基麦芽糖铁与蔗糖铁的安全性相当：在炎症性肠病患者中，羧基麦芽糖铁与蔗糖铁的不良反应发生率无显著差异 4. 与其他高剂量静脉铁剂相比：羧基麦芽糖铁的超敏反应发生率显著降低，韩国的一项单中心回顾研究显示，羧基麦芽糖铁的超敏反应发生率显著低于异麦芽糖酐铁	第二是羧基麦芽糖铁治疗方案减少了对红细胞输血和 EPO 使用量的需求。一个研究结果显示，在接受羧基麦芽糖铁治疗组中，需要输血支持的癌症治疗百分比显著降低，从而减少了患者异体输血的需求，进而减少了血液资源消耗。另一个研究也证明在化疗引起的乳腺癌贫血患者中，虽可使用输血和 EPO 治疗贫血，但成本节约主要与羧基麦芽糖铁治疗导致 EPO 使用量明显减少有关。第三是羧基麦芽糖铁的卫生经济性更优在很大程度上还体现在患者住院时间的减少，因为贫血症状得到快速及时纠正，使患者获得良好的临床预后，并降低了并发症发生风险。一个研究使用西班牙国家卫生系统的住院数据及人力成本进行测算，静脉输注羧基麦芽糖铁缩短患者住院时间进而节约了住院成本[44-45]
异麦芽蔗糖铁	用于治疗以下情况的缺铁：口服铁剂无效或无法口服补铁时；临床上需要快速补铁时	一项关于铁治疗缺铁性贫血的研究显示，羧基麦芽糖铁相比，使用异麦芽蔗糖铁患者的血红蛋白水平提高更多，但二者的应答患者比例比较，差异无统计学意义，与蔗糖铁比较异麦芽蔗糖铁在增加和维持血红蛋白方面具有非劣效性，2 组患者生活质量比较差异无统计学意义[40]	异麦芽蔗糖铁相比羧基麦芽糖铁的低磷血症发生率更低，相比蔗糖铁、右旋糖酐铁、纳米氧化铁的低磷血症发生率则差异无统计学意义；在治疗紧急不良事件发生率、严重不良事件发生率和患者因不良事件退出率方面，目前尚无确切结论[40]	一项关于铁治疗缺铁性贫血的的研究显示在经济性方面，异麦芽糖酐铁的经济性优于蔗糖铁，而对比羧基麦芽糖铁的经济性尚未有定论[40]
硫培非格司亭	非髓性恶性肿瘤患者接受抗肿瘤病治疗可能发生有临床意义的发热性中性粒细胞减少性骨髓抑制，使用本药可降低发热性中性粒细胞减少引起的感染发生率	一项评价硫培非格司亭预防癌症患者化疗后中性粒细胞减少的研究中，硫培非格司亭预防化疗后粒细胞减少效果优于安慰剂；硫培非格司亭预防化疗第 2 周期Ⅳ度及以上粒细胞减少的有效性优于重组人粒细胞刺激因子注射液[41]	硫培非格司亭预防第 1 周期Ⅳ度及以上粒细胞减少安全性与重组人粒细胞刺激因子相当[41] 另一项研究显示，与重组人粒细胞刺激因子相比，硫培非格司亭注射液致骨痛、白细胞增多、血红蛋白下降发生率与 rhG－CSF、培非格司亭相似[42]	一项研究表明硫培非格司亭与重组人粒细胞刺激因子比较用于预防乳腺癌患者化疗引起的中性粒细胞减少症，不仅可减少升白周期费用，更可提高疗效，降低感染和 RDI 治疗成本，具有绝对经济学优势[43] 另一项研究显示，与 rhG－CSF（惠尔血）相比，硫培非格司亭注射液成本更低、收益更高[43]

五、血液系统纳米药物文献计量学与研究热点分析

（一）蔗糖铁注射液的文献计量学与研究热点分析

1. 检索策略

蔗糖铁注射液文献计量学的检索策略具体内容见表 4-4-5。

表4-4-5　蔗糖铁注射液文献计量学的检索策略

类别	检索策略	
数据来源	Web of Science 核心合集数据库	CNKI 数据库
引文索引	SCI-Expanded	主题检索
主题词	Iron Sucrose	蔗糖铁注射液
文献类型	Article	研究论文
语种	English	中文
检索时段	2000 年 ~2021 年	2000 年 ~2022 年
检索结果	共 1435 篇文献	共 370 篇文献

2. 文献发表时间及数量分布

蔗糖铁注射液文献发表时间及数量分布见图 4-4-1。

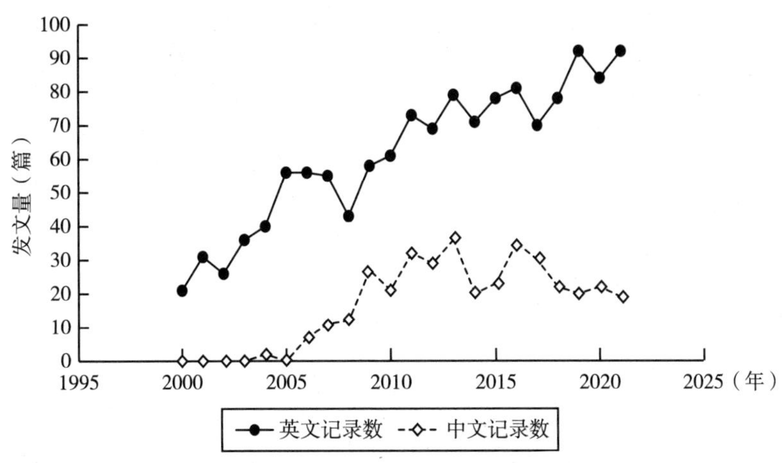

图 4-4-1　2000 年 ~2021 年蔗糖铁注射液研究的发文量

3. 文献发表杂志

蔗糖铁注射液文献发表杂志相关数据统计见表 4-4-6。

表4-4-6 蔗糖铁注射液发文量前10位的期刊

序号	WOS 数据库		CNKI 数据库	
	英文来源出版物	记录数	中文来源出版物	记录数
1	NEPHROLOGY DIALYSIS TRANSPLANTATION	40	中国医药指南	12
2	KIDNEY INTERNATIONAL	24	临床合理用药	10
3	PLOS ONE	22	中国实用医药	10
4	INTERNATIONAL JOURNAL OF HYDROGEN ENERGY	20	中国药业	7
5	AMERICAN JOURNAL OF KIDNEY DISEASES	18	海峡药学	7
6	BIOMETALS	13	中国现代药物应用	5
7	AMERICAN JOURNAL OF HEMATOLOGY	12	中国当代医药	5
8	BMC NEPHROLOGY	12	中外医学研究	5
9	INTERNATIONAL JOURNAL OF SYSTEMATIC AND EVOLUTIONARY MICROBIOLOGY	12	吉林医学	5
10	JOURNAL OF POWER SOURCES	12	临床医药文献电子杂志	5

4. 文献发表国家及数量分布

蔗糖铁注射液文献发表国家及数量分布见表 4-4-7。

表4-4-7 文献发表前10位的国家

序号	国家	记录数	序号	国家	记录数
1	美国	355	6	瑞士	72
2	中国	171	7	西班牙	65
3	德国	99	8	澳大利亚	56
4	印度	98	9	法国	50
5	英国	81	10	土耳其	42

5. 文献发表的作者及其所在机构、数量及排序

蔗糖铁注射液文献发表作者及其相关统计数据见表 4-4-8。

表4-4-8 发表文章数量前10位的作者

序号	WOS 数据库		CNKI 数据库	
	作者及其所在机构	记录数	作者及其所在机构	记录数
1	Macdougall IC, King's College Hospital NHS Foundation Trust	19	刘毅, 兰州大学第二医院	5
2	Breymann C, University Zurichhospital	16	徐玉兰, 温州医科大学附属第一医院	5

续表

序号	WOS 数据库		CNKI 数据库	
	作者及其所在机构	记录数	作者及其所在机构	记录数
3	Munoz M, Universidad de Málaga	16	陈天新, 温州医科大学附属第一医院	5
4	Agarwal R, George Institute for Globalhealth	14	郑尘非, 温州医科大学附属第一医院	4
5	Auerbach M, Georgetown University	14	花传政, 南京恒生制药有限公司	3
6	Bhandari S, Hull & East Yorkshire Hosp NHS Trust	14	方文, 南京生命能科技开发有限公司	3
7	Garcia-erce JA, Aragon Hlth Sci Inst IACS	12	丁小强, 复旦大学附属中山医院	2
8	Horl WH, Medical University of Vienna	11	陈江华, 浙江大学医学院附属第一医院	2
9	Thomsen LL, Pharmacosmos AS	11	刘必成, 东南大学	2
10	Toblli JE, University of Buenos Aires	11	汤庆娅, 上海交通大学附属新华医院	2

6. 文献发表机构、数量及排序

蔗糖铁注射液文献发表相关统计数据见表 4-4-9。

表4-4-9　文献发表前10位的机构、数量

序号	WOS 数据库		CNKI 数据库	
	机构	记录数	机构	记录数
1	CHINESE ACADEMY OF SCIENCES	36	四川大学华西医院	5
2	UNIVERSITY OF CALIFORNIA SYSTEM	32	温州医科大学附属第一医院	5
3	UNIVERSITY OF ZURICH	22	上海交通大学附属仁济医院	5
4	KING’ S COLLEGE HOSPITAL NHS FOUNDATION TRUST	20	中国医科大学附属盛京医院	4
5	VIFOR PHARMA	20	河南省中医院	3
6	KING S COLLEGE HOSPITAL	19	南京生命能科技开发有限公司	3
7	UDICE FRENCH RESEARCH UNIVERSITIES	19	枣庄市立医院	2

续表

序号	WOS 数据库		CNKI 数据库	
	机构	记录数	机构	记录数
8	UNIVERSIDAD DE MALAGA	18	安徽医科大学附属省立医院	2
9	UNIVERSITY ZURICH HOSPITAL	18	上海交通大学附属新华医院	2
10	MEDICAL UNIVERSITY OF VIENNA	17	包头医学院第二附属医院	2

7. 蔗糖铁注射液相关论文的研究方向

蔗糖铁注射液相关论文的研究方向见表 4-4-10。

表4-4-10　蔗糖铁注射液研究排名前10位的研究方向

序号	WOS 数据库		CNKI 数据库	
	研究方向	记录数	研究方向	记录数
1	Chemistry	36	肾性贫血	177
2	Urology Nephrology	32	蔗糖铁	176
3	Pharmacology Pharmacy	22	注射液	100
4	Materials Science	20	蔗糖铁注射液	87
5	Biochemistry Molecular Biology	20	血液透析	78
6	Hematology	19	缺铁性贫血	55
7	Food Science Technology	19	维持性血液透析患者	44
8	Agriculture	18	维持性血液透析	33
9	Science Technology Other Topics	18	临床观察	32
10	Biotechnology Applied Microbiology	17	促红细胞生成素	26

（二）纳米氧化铁的文献计量学与研究热点分析

1. 检索策略

纳米氧化铁文献计量学的检索策略见表 4-4-11。

表4-4-11　异麦芽糖铁注射液文献计量学的检索策略

类别	检索策略	
数据来源	Web of Science　核心合集数据库	CNKI 数据库
引文索引	SCI-Expanded	主题检索
主题词	Nanocrystalline iron oxide	纳米氧化铁
文献类型	Article	研究论文
语种	English	中文

续表

类别	检索策略	
检索时段	2000 年 ~2022 年	2000 年 ~2022 年
检索结果	共 1005 篇文献	共 469 篇文献

2. 文献发表时间及数量分布

纳米氧化铁文献发表时间及数量分布见图 4-4-2。

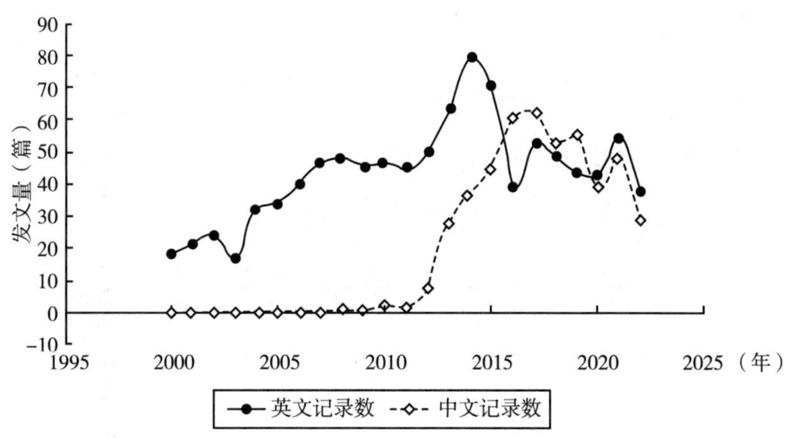

图 4-4-2　2000 年 ~2022 年纳米氧化铁研究的发文量

3. 文献发表杂志

纳米氧化铁文献发表杂志相关统计数据见表 4-4-12。

表4-4-12　纳米氧化铁发文量前10位的期刊/学位论文

序号	WOS 数据库		CNKI 数据库	
	英文来源出版物	记录数	中文来源出版物	记录数
1	Elsevier	398	东南大学	16
2	Springer Nature	118	苏州大学	13
3	Journal of the American Chemical Society	102	南京大学	12
4	The Royal Society of Chemistry	69	西北大学	11
5	Wiley	49	桂林理工大学	11
6	Taylor & Francis	24	东北大学	9
7	Iop Publishing Ltd	23	福建师范大学	8
8	Amer Scientific Publishers	16	厦门大学	7
9	The American Institute of Physics	15	山东大学	7
10	MDPI	15	中国科学技术大学	6

4. 文献发表国家及数量分布

纳米氧化铁文献发表国家及数量分布见表 4-4-13。

表4-4-13 文献发表前10位的国家

序号	国家	记录数	序号	国家	记录数
1	美国	184	6	韩国	60
2	中国	131	7	俄罗斯	52
3	印度	125	8	捷克	47
4	德国	84	9	日本	46
5	法国	76	10	西班牙	45

5. 文献发表的作者及其所在机构、数量及排序

纳米氧化铁文献发表的作者及其相关统计数据见表 4-4-14。

表4-4-14 发表文章数量前10位的作者

序号	WOS 数据库		CNKI 数据库	
	作者及其所在机构	记录数	作者及其所在机构	记录数
1	Zboril R, Palacky University Olomouc	17	文若海，中国食品药品检定研究院	5
2	Arabczyk W, West Pomeranian University of Technology	12	李俊丽，武汉理工大学	5
3	Rezaei M, University Kashan	11	林先贵，中国科学院大学	4
4	Schneeweiss O, Institute of Physics of Materials of the Czech Academy of Sciences	11	米杰，太原理工大学	4
5	Bahgat M, Egyptian Knowledge Bank (EKB)	10	冯有智，中国科学院南京土壤研究所	4
6	Paek MK, Hanyang University	9	淡墨，中国食品药品检定研究院	4
7	Pak JJ, Hanyang University	9	曹际玲，中国科学院南京土壤研究所	4
8	Al-ghamdi AA, King Abdulaziz University	8	郭雅娟，中山大学	4
9	Marschilok AC, State University of New York (SUNY) System	8	沈浪涛，原子高科股份有限公司	4
10	Takeuchi ES, State University of New York (SUNY) Stony Brook	8	章学来，上海海事大学	3

6. 文献发表机构、数量及排序

纳米氧化铁文献发表机构及其相关统计数据见表 4-4-15。

表4-4-15　文献发表前10位的机构、数量

序号	WOS 数据库		CNKI 数据库	
	机构	记录数	机构	记录数
1	CENTRE NATIONAL DE LA RECHERCHE SCIENTIFIQUE CNRS	58	东南大学	19
2	UNITED STATES DEPARTMENT OF ENERGY DOE	45	苏州大学	14
3	UDICE FRENCH RESEARCH UNIVERSITIES	41	西北大学	14
4	RUSSIAN ACADEMY OF SCIENCES	37	桂林理工大学	14
5	CHINESE ACADEMY OF SCIENCES	33	东北大学	13
6	INDIAN INSTITUTE OF TECHNOLOGY SYSTEM IIT SYSTEM	30	南京大学	13
7	EGYPTIAN KNOWLEDGE BANK EKB	26	武汉理工大学	13
8	PALACKY UNIVERSITY OLOMOUC	25	福建师范大学	10
9	CZECH ACADEMY OF SCIENCES	23	太原理工大学	9
10	CONSEJO SUPERIOR DE INVESTIGACIONES CIENTIFICAS CSIC	22	厦门大学	9

7. 纳米氧化铁相关论文的研究方向

纳米氧化铁相关论文研究方向见表 4-4-16。

表4-4-16　纳米氧化铁研究排名前10位的研究方向

序号	WOS 数据库		CNKI 数据库	
	研究方向	记录数	研究方向	记录数
1	JOURNAL OF ALLOYS AND COMPOUNDS	21	氧化铁	114
2	JOURNAL OF PHYSICAL CHEMISTRY C	21	纳米氧化铁	56
3	CHEMISTRY OF MATERIALS	19	氧化铁纳米颗粒	27
4	MATERIALS CHEMISTRY AND PHYSICS	18	氧化铁纳米粒子	22
5	JOURNAL OF MAGNETISM AND MAGNETIC MATERIALS	16	Fe_2O_3	21
6	ENVIRONMENTAL SCIENCE TECHNOLOGY	15	纳米材料	15
7	MATERIALS LETTERS	15	纳米颗粒	13
8	MATERIALS RESEARCH BULLETIN	15	磁共振成像	12
9	RSC ADVANCES	14	光催化	9
10	GEOCHIMICA ET COSMOCHIMICA ACTA	13	磁性氧化铁	9

（三）羧基麦芽糖铁的文献计量学与研究热点分析

1. 检索策略

羧基麦芽糖铁文献计量学的检索策略见表 4-4-17。

表4-4-17　羧基麦芽糖铁文献计量学的检索策略

类别	检索策略	
数据来源	Web of Science 核心合集数据库	CNKI 数据库
引文索引	SCI-Expanded	主题检索
主题词	Ferric Carboxymaltose	羧基麦芽糖铁
文献类型	Article	研究论文
语种	English	中文
检索时段	2000 年 ~2022 年	2000 年 ~2022 年
检索结果	共 1262 篇文献	共 7 篇文献

2. 文献发表杂志

羧基麦芽糖铁文献发表杂志相关统计数据见表 4-4-18。

表4-4-18　羧基麦芽糖铁发文量前10位的期刊

序号	WOS 数据库		CNKI 数据库	
	英文来源出版物	记录数	中文来源出版物	记录数
1	EUROPEAN JOURNAL OF HEART FAILURE	43	临床药物治疗杂志	2
2	ESC HEART FAILURE	34	食品与药品	1
3	NEPHROLOGY DIALYSIS TRANSPLANTATION	20	临床消化病杂志	1
4	NEPHROLOGY DIALYSIS TRANSPLANTATION OFFICIAL PUBLICATION OF THE EUROPEAN DIALYSIS AND TRANSPLANT ASSOCIATION EUROPEAN RENAL ASSOCIATION	20	浙江化工	1
5	PLOS ONE	19	临床医学	1
6	BLOOD TRANSFUSION TRASFUSIONE DEL SANGUE	18	循证医学	1
7	JOURNAL OF CLINICAL MEDICINE	17		
8	BLOOD TRANSFUSION	16		
9	INTERNATIONAL JOURNAL OF CARDIOLOGY	16		
10	EUROPEAN HEART JOURNAL	14		

3. 文献发表国家及数量分布

羧基麦芽糖铁文献发表国家及数量分布见表 4-4-19。

表4-4-19　文献发表前10位的国家

序号	国家	记录数	序号	国家	记录数
1	美国	277	6	瑞士	134
2	英国	215	7	澳大利亚	103
3	德国	191	8	荷兰	74
4	西班牙	156	9	波兰	74
5	意大利	140	10	法国	69

4. 文献发表的作者及其所在机构、数量及排序

羧基麦芽糖铁文献发表作者及其相关数据统计见表 4-4-20。

表4-4-20　发表文章数量前10位的作者

序号	WOS 数据库		CNKI 数据库	
	作者及其所在机构	记录数	作者及其所在机构	记录数
1	Anker Sd, Free University of Berlin	58	赵荣生，北京大学	1
2	Ponikowski P, Wroclaw Medical University	57	吴逢波，四川大学华西医院	1
3	Anker Stefan D, Hosp Mar, ServCardiol	55	苏娜，四川大学	1
4	Comin-colet J, Institut Hospital del Mar	43	黎励文，广东省人民医院	1
5	Macdougall Iain C, King's College Hospital NHS	42	秦勇，南京中医药大学	1
6	Comin-colet Josep, Hosp Mar, ServCardiol, Programa Insuficiencia Cardiaca	39	何金汗，四川大学华西医院	1
7	Jankowska Ea, Wroclaw Med Univ, Deptheart Dis,	36	张厚森，江苏省生产力促进中心	1
8	Muñoz M, Univ Malaga, Sch Med, Dept Perioperat Transfus Med,	27	黄媛，四川大学华西医院	1
9	Vonhaehling S, Wroclaw Med Univ, Deptheart Dis	26	吕树志，南阳市第二人民医院	1
10	Macdougall I C, Duke Univ, Sch Med	24	唐健，江苏省生产力促进中心	1

5. 文献发表机构、数量及排序

羧基麦芽糖铁文献发表机构及其相关统计数据见表 4-4-21。

表4-4-21　文献发表前10位的机构、数量

序号	WOS 数据库		CNKI 数据库	
	机构	记录数	机构	记录数
1	CHARITE UNIVERSITATSMEDIZIN BERLIN	65	南阳市第二人民医院	1
2	FREE UNIVERSITY OF BERLIN	65	江苏省理化测试中心	1
3	HUMBOLDT UNIVERSITY OF BERLIN	65	东南大学	1
4	VIFOR PHARMA	62	重庆市妇幼保健院	1
5	WROCLAW MEDICAL UNIVERSITY	55	四川大学华西医院	1
6	KING S COLLEGE HOSPITAL NHS FOUNDATION TRUST	52	江苏神龙药业有限公司	1
7	UNIVERSITY OF GRONINGEN	51	河北省精神卫生中心	1
8	UNIVERSITY OF LONDON	51	北京协和医学院	1
9	KING S COLLEGE HOSPITAL	50	北京大学	1
10	GERMAN CENTRE FOR CARDIOVASCULAR RESEARCH	43	北京大学第三医院	1

6. 羧基麦芽糖铁相关论文的研究方向

羧基麦芽糖铁相关论文的研究方向见表 4-4-22。

表4-4-22　羧基麦芽糖铁研究排名前10位的研究方向

序号	WOS 数据库		CNKI 数据库	
	研究方向	记录数	研究方向	记录数
1	Hematology	828	羧基麦芽糖铁	3
2	Pharmacology Pharmacy	705	铁缺乏	2
3	Biochemistry Molecular Biology	643	静脉铁剂	2
4	Cardiovascular System Cardiology	498	静脉补铁	2
5	Nutrition Dietetics	398	缺铁性贫血	1
6	Pathology	370	铅	1
7	Health Care Sciences Services	293	临床安全性	1
8	Geriatrics Gerontology	277	微波消解	1
9	Respiratory System	247	砷	1
10	General Internal Medicine	212	炎症性肠病	1

（四）注射用蔗糖铁的文献计量学与研究热点分析

1. 检索策略

注射用蔗糖铁文献计量学的检索策略具体见表 4-4-23。

表4-4-23　注射用蔗糖铁文献计量学的检索策略

类别	检索策略	
数据来源	Web of Science 核心合集数据库	CNKI 数据库
引文索引	SCI-Expanded	主题检索
主题词	Iron sucrose for injection	注射用蔗糖铁
文献类型	Article	研究论文
语种	English	中文
检索时段	2000 年 ~2022 年	2000 年 ~2022 年
检索结果	共 241 篇文献	共 11 篇文献

2. 文献发表时间及数量分布

注射用蔗糖铁文献发表时间及数量分布见图 4-4-3。

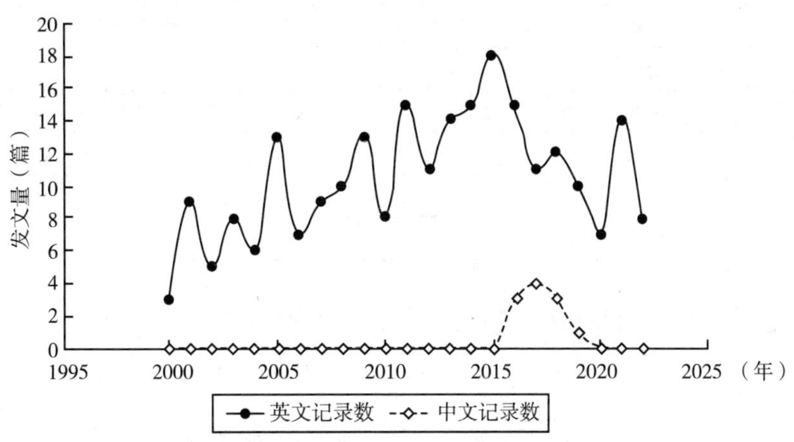

图 4-4-3　2000 年 ~2022 年注射用蔗糖铁研究的发文量

3. 文献发表杂志

注射用蔗糖铁文献发表杂志相关统计数据见表 4-4-24。

表4-4-24　注射用蔗糖铁发文量前10位的期刊

序号	WOS 数据库		CNKI 数据库	
	英文来源出版物	记录数	中文来源出版物	记录数
1	NEPHROLOGY DIALYSIS TRANSPLANTATION	18	山东医药	2
2	AMERICAN JOURNAL OF KIDNEY DISEASES	7	临床和实验医学杂志	1
3	KIDNEY INTERNATIONAL	7	贵州医药	1
4	AMERICAN JOURNAL OF HEMATOLOGY	6	延安大学学报	1
5	ARZNEIMITTEL FORSCHUNG	5	临床医药文献电子杂志	1
6	ARZNEIMITTEL FORSCHUNG DRUG RESEARCH	5	内科	1

续表

序号	WOS 数据库		CNKI 数据库	
	英文来源出版物	记录数	中文来源出版物	记录数
7	PLOS ONE	5	医学综述	1
8	BIOMETALS	4	新疆医学	1
9	COCHRANE DATABASE OF SYSTEMATIC REVIEWS	4	基层医学论坛	1
10	AMERICAN JOURNAL OF GASTROENTEROLOGY	3	中国现代医生	1

4. 文献发表国家及数量分布

注射用蔗糖铁文献发表国家及数量分布见表 4-4-25。

表4-4-25　文献发表前10位的国家

序号	国家	记录数	序号	国家	记录数
1	美国	83	6	法国	11
2	英国	31	7	澳大利亚	10
3	德国	16	8	奥地利	10
4	印度	16	9	西班牙	10
5	瑞士	16	10	以色列	8

5. 文献发表的作者及其所在机构、数量及排序

注射用蔗糖铁文献发表作者相关统计数据见表 4-4-26。

表4-4-26　发表文章数量前10位的作者

序号	WOS 数据库		CNKI 数据库	
	作者及其所在机构	记录数	作者及其所在机构	记录数
1	Macdougall Iain C., King's College Hospital NHS Foundation Trust	9	闵亚丽，贵阳市第一人民医院	1
2	Zager Ra, Fred Hutchinson Cancer center	8	于黔，贵阳市第一人民医院	1
3	Coyne Daniel W., Washington University (WUSTL)	7	吴欣，贵阳市第一人民医院	1
4	Zager R. A., Fred Hutchinson Cancer center	7	曹文芳，河北省唐山市妇幼保健院	1
5	Auerbach M., Georgetown University	6	冯小明，河北省唐山市妇幼保健院	1
6	Fishbane S., Jefferson University	6	蒋文勇，贵阳市第一人民医院	1
7	Johnson Acm, Fred Hutchinson Cancer center	6	李振江，陕西省人民医院	1

续表

序号	WOS 数据库		CNKI 数据库	
	作者及其所在机构	记录数	作者及其所在机构	记录数
8	Toblli J. E., Univ Buenos Aires	6	杨静，贵阳市第一人民医院	1
9	Angerosa M., Univ Buenos Aires	5	蓝天座，贵阳市第一人民医院	1
10	Breymann C., Univ Zurichhosp	5	徐金霞，江苏省淮安市妇幼保健院	1

6. 文献发表机构、数量及排序

注射用蔗糖铁文献发表相关统计数据见表 4-4-27。

表4-4-27　文献发表前10位的机构、数量

序号	WOS 数据库		CNKI 数据库	
	机构	记录数	机构	记录数
1	KING S COLLEGE HOSPITAL NHS FOUNDATION TRUST	11	江苏省淮安市妇幼保健院	1
2	UNIV WASHINGTON	9	贺州市人民医院	1
3	FRED HUTCHINSON CANC RES CTR	8	漯河市中心人民医院	1
4	UNIVERSITY OF WASHINGTON SEATTLE	8	贵阳市第一人民医院	1
5	UNIVERSITY OF ZURICH	8	河北省唐山市妇幼保健院	1
6	WASHINGTON UNIV	8	胜利油田中心医院	1
7	GEORGETOWN UNIVERSITY	7	郴州市第一人民医院	1
8	HARVARD UNIVERSITY	7	陕西省人民医院	1
9	KINGS COLL HOSP LONDON	7	成都市第六人民医院	1
10	TEL AVIV UNIVERSITY	7	上海交通大学医学院附属仁济医院	1

7. 蔗糖铁注射液相关论文的研究方向

注射用蔗糖铁相关论文的研究方向见表 4-4-28。

表4-4-28　注射用蔗糖铁研究排名前10位的研究方向

序号	WOS 数据库		CNKI 数据库	
	研究方向	记录数	研究方向	记录数
1	Pharmacology Pharmacy	213	蔗糖铁	8
2	Biochemistry Molecular Biology	176	静脉注射	7
3	Hematology	175	肾性贫血	4
4	Nutrition Dietetics	114	缺铁性贫血	3
5	Urology Nephrology	93	口服铁剂	2

续表

序号	WOS 数据库		CNKI 数据库	
	研究方向	记录数	研究方向	记录数
6	Pathology	83	血液透析	2
7	Immunology	68	多糖铁复合物	2
8	Geriatrics Gerontology	52	效果观察	1
9	Health Care Sciences Services	51	皮下注射	1
10	Research Experimental Medicine	51	右旋糖酐铁	1

（五）右旋糖酐铁注射液的文献计量学与研究热点分析

1. 检索策略

右旋糖酐铁注射液文献计量学的检索策略见表 4-4-29。

表4-4-29 右旋糖酐铁注射液文献计量学的检索策略

类别	检索策略	
数据来源	Web of Science 核心合集数据库	CNKI 数据库
引文索引	SCI-Expanded	主题检索
主题词	Iron Dextran Injection	右旋糖酐铁注射液
文献类型	Article	研究论文
语种	English	中文
检索时段	2000 年 ~2022 年	2000 年 ~2022 年
检索结果	共 320 篇文献	共 36 篇文献

2. 文献发表时间及数量分布

右旋糖酐铁注射液文献发表时间及数量分布见图 4-4-4。

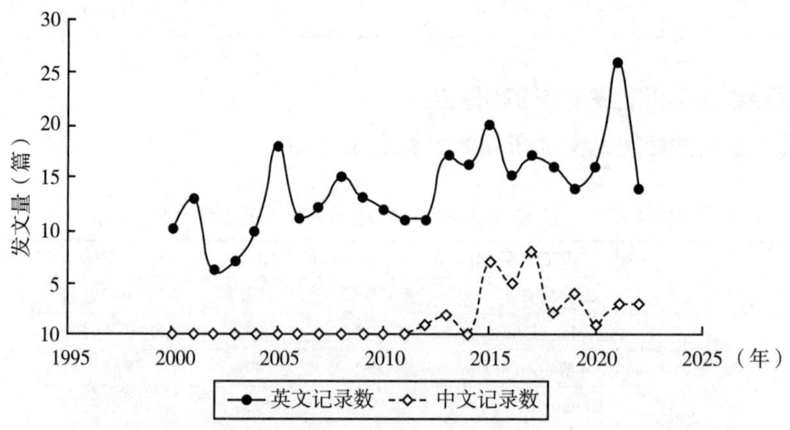

图 4-4-4 2000 年 ~2022 年右旋糖酐铁注射液研究的发文量

3. 文献发表杂志

右旋糖酐铁注射液文献发表杂志相关统计数据见表 4-4-30。

表4-4-30 右旋糖酐铁注射液发文量前10位的期刊

序号	WOS 数据库		CNKI 数据库	
	英文来源出版物	记录数	中文来源出版物	记录数
1	Elsevier	84	河南医学研究	3
2	Springer Nature	37	中国药物滥用防治杂志	2
3	Wiley	31	海峡药学	2
4	Oxford Univ Press	12	中国社区医师	2
5	Mdpi	9	实用临床医学	1
6	Iop Publishing Ltd	7	中国药学会第三届药物检测质量管理学术研讨会资料汇编	1
7	Lippincott Williams & Wilkins	7	中国生化药物杂志	1
8	Public Library Science	7	医学理论与实践	1
9	Royal Soc Chemistry	7	中国药学杂志	1
10	Sage	7	临床医学研究与实践	1

4. 文献发表国家及数量分布

右旋糖酐铁注射液文献发表国家及数量分布见表 4-4-31。

表4-4-31 文献发表前10位的国家

序号	国家	记录数	序号	国家	记录数
1	美国	109	6	韩国	13
2	中国	64	7	英国	12
3	德国	26	8	印度	11
4	伊朗	19	9	法国	10
5	加拿大	15	10	西班牙	9

5. 文献发表的作者及其所在机构、数量及排序

右旋糖酐铁注射液文献发表作者及其相关统计数据见表 4-4-32。

表4-4-32 发表文章数量前10位的作者

序号	WOS 数据库		CNKI 数据库	
	作者及其所在机构	记录数	作者及其所在机构	记录数
1	Zhang Y, Hebei Medical University	8	梁蔚阳, 广东省药品检验所	2
2	Zhang YY, Hebei Medical University	8	余燕, 广东省药品检验所	2

续表

序号	WOS 数据库		CNKI 数据库	
	作者及其所在机构	记录数	作者及其所在机构	记录数
3	Chu L, Hebei Medical University	7	贝世芳, 镇江市第一人民医院	2
4	Gao YG, Hebei Medical University	7	李明, 江苏省药物不良反应监测中心	1
5	Zhang JP, Hebei Medical University	6	张莉, 解放军第 960 医院	1
6	Oghabian MA, Tehran University of Medical Sciences	5	韩勇, 华中科技大学同济医学院附属协和医院	1
7	Fucharoen S, Mahidol University	4	戚雪勇, 江苏大学	1
8	Ivkov R, Johnshopkins University	4	白玉, 国家药品监督管理局药品审评中心	1
9	Kucuktash, Auburn University System	4	倪维芳, 浙江省食品药品检验研究院	1
10	Liu ZJ, Auburn University System	4	邓锋, 广东省药品检验所	1

6. 文献发表机构、数量及排序

右旋糖酐铁注射液文献发表机构相关统计数据见 4-4-33。

表4-4-33　文献发表前10位的机构、数量

序号	WOS 数据库		CNKI 数据库	
	机构	记录数	机构	记录数
1	UNIVERSITY OF CALIFORNIA SYSTEM	13	国家药品监督管理局	2
2	HARVARD UNIVERSITY	10	广东省药品检验所	2
3	TEHRAN UNIVERSITY OF MEDICAL SCIENCES	10	江苏大学	2
4	DAVID GEFFEN SCHOOL OF MEDICINE AT UCLA	7	巩义市中医院	1
5	INSTITUT NATIONAL DE LA SANTE ET DE LA RECHERCHE MEDICALE INSERM	7	厦门大学附属东南医院	1
6	UNIVERSITY OF CALIFORNIA LOS ANGELES	7	江西省人民医院	1
7	UNIVERSITY OF CALIFORNIA LOS ANGELES MEDICAL CENTER	7	解放军海军直属机关门诊部	1
8	CHILDREN S HOSPITAL LOS ANGELES	6	安阳市灯塔医院	1
9	CHINESE ACADEMY OF SCIENCES	6	江苏省药物不良反应监测中心	1
10	HEBEI MEDICAL UNIVERSITY	6	浙江工业大学	1

7. 右旋糖酐铁注射液相关论文的研究方向

右旋糖酐铁注射液相关论文的研究方向见表 4-4-34。

表4-4-34 右旋糖酐铁注射液研究排名前10位的研究方向

序号	WOS 数据库		CNKI 数据库	
	研究方向	记录数	研究方向	记录数
1	Pharmacology Pharmacy	36	右旋糖酐	7
2	Science Technology Other Topics	31	注射液	6
3	Biochemistry Molecular Biology	30	低分子右旋糖酐氨基酸注射液	6
4	Chemistry	30	低分子右旋糖酐	3
5	Materials Science	28	右旋糖酐 40 葡萄糖注射液	3
6	Radiology Nuclear Medicine Medical Imaging	28	右旋糖酐铁注射液	3
7	Veterinary Sciences	26	不良反应	3
8	Research Experimental Medicine	24	过敏性休克	3
9	Urology Nephrology	21	右旋糖酐铁	2
10	Agriculture	18	同时测定	2

（六）聚乙二醇化重组抗血友病因子的文献计量学与研究热点分析

1. 检索策略

聚乙二醇化重组抗血友病因子的文献计量学的检索策略见表 4-4-35。

表4-4-35 聚乙二醇化重组抗血友病因子文献计量学的检索策略

类别	检索策略	
数据来源	Web of Science 核心合集数据库	CNKI 数据库
引文索引	SCI-Expanded	主题检索
主题词	Adynovate	聚乙二醇化重组抗血友病因子
文献类型	Article	研究论文
语种	English	中文
检索时段	2000 年 ~2022 年	2000 年 ~2022 年
检索结果	共 10 篇文献	共 2 篇文献

2. 文献发表时间及数量分布

聚乙二醇化重组抗血友病因子的文献发表时间及数量分布见图 4-4-5。

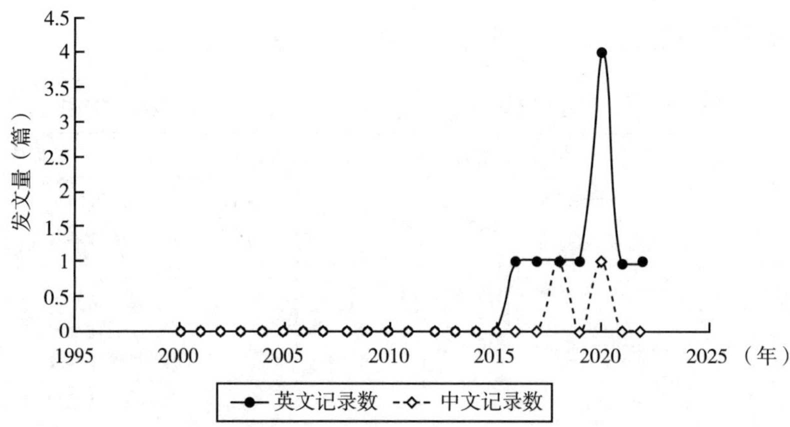

图 4-4-5　2000 年 ~2022 年聚乙二醇化重组抗血友病因子研究的发文量

3. 文献发表杂志

聚乙二醇化重组抗血友病因子的文献发表杂志及相关统计数据见表 4-4-36。

表4-4-36　聚乙二醇化重组抗血友病因子发文量前4位的期刊

序号	WOS 数据库		CNKI 数据库	
	英文来源出版物	记录数	中文来源出版物	记录数
1	Wiley	6	中国新药与临床杂志	1
2	Elsevier	2	现代医药卫生	1
3	Dove Medical Press Ltd	1		
4	Springer Nature	1		

4. 文献发表国家及数量分布

聚乙二醇化重组抗血友病因子的文献发表国家及数量分布见表 4-4-37。

表4-4-37　文献发表前10位的国家

序号	国家	记录数	序号	国家	记录数
1	加拿大	4	6	哥伦比亚	1
2	澳大利亚	2	7	丹麦	1
3	奥地利	2	8	意大利	1
4	日本	2	9	苏格兰	1
5	美国	2	10	南非	1

5. 文献发表的作者及其所在机构、数量及排序

聚乙二醇化重组抗血友病因子的文献发表作者及相关统计数据见表 4-4-38。

表4-4-38　发表文章数量前10位的作者

序号	WOS 数据库		CNKI 数据库	
	作者及其所在机构	记录数	作者及其所在机构	记录数
1	Iorio A，McMaster University	4	陈姝，重庆医科大学附属第二医院	1
2	Chelle P，University of Waterloo	2	陶妙婴，武义县中医院	1
3	Edginton AN，University of Waterloo	2	高雯，重庆医科大学附属第二医院	1
4	Tranh，Ronald Sawers Haemophilia Treatment	2		
5	Turecek PL，Baxalta，Vienna，Austria	2		
6	Ahuja SP，Case Western Reserve University	1		
7	Apostol C，Baxalta，Vienna，Austria	1		
8	Arai M，Takeda Pharmaceutical Company Ltd	1		
9	Ashburner C，Valley Childrens Healthcare，Madera，CA USA	1		
10	Balasa V，Valley Childrens Healthcare，Madera，CA USA	1		

6. 文献发表机构、数量及排序

聚乙二醇化重组抗血友病因子的文献发表机构及其相关统计数据见表 4-4-39。

表4-4-39　文献发表前10位的机构、数量

序号	WOS 数据库		CNKI 数据库	
	机构	记录数	机构	记录数
1	MCMASTER UNIVERSITY	4	武义县中医院	1
2	UNIVERSITY OF WATERLOO	3	重庆医科大学附属第二医院	1
3	BAXALTA INNOVATIONS GMBH	2		
4	UNIVERSITY OF TORONTO	2		
5	UNIVERSITY TORONTO AFFILIATES	2		
6	AHCDO	1		
7	BAXALTA	1		
8	BAYER AG	1		
9	BOSTON CHILDREN S HOSPITAL	1		
10	CASE WESTERN RESERVE UNIVERSITY	1		

7. 聚乙二醇化重组抗血友病因子相关论文的研究方向

聚乙二醇化重组抗血友病因子相关论文研究方向见表 4-4-40。

表4-4-40　聚乙二醇化重组抗血友病因子研究排名前5位的研究方向

序号	WOS 数据库		CNKI 数据库	
	研究方向	记录数	研究方向	记录数
1	Hematology	7	聚乙二醇重组抗血友病因子	1
2	Cardiovascular System Cardiology	3	聚乙二醇	1
3	Pharmacology Pharmacy	2	血友病 A	1
4	Chemistry	1	抗血友病因子	1
5	General Internal Medicine	1	聚乙二醇化重组抗血友病因子	1

（七）培非格司亭的文献计量学与研究热点分析

1. 检索策略

培非格司亭文献计量学的检索策略见表 4-4-41。

表4-4-41　培非格司亭文献计量学的检索策略

类别	检索策略	
数据来源	Web of Science	CNKI 数据库
引文索引	SCI-Expanded	主题检索
主题词	Pefilgrastim	培非格司亭
文献类型	Article	研究论文
语种	English	中文
检索时段	2000 年 ~2022 年	2000 年 ~2022 年
检索结果	共 0 篇文献	共 6 篇文献

2. 文献发表时间及数量分布

培非格司亭文献发表时间及数量分布见图 4-4-6。

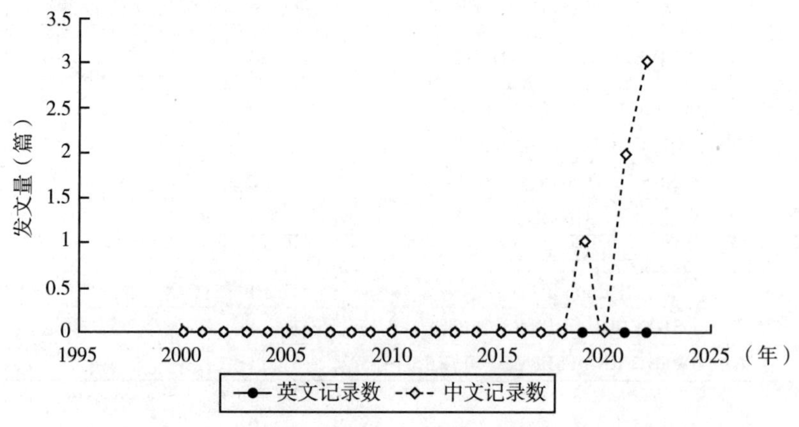

图 4-4-6　2000 年 ~2022 年培非格司亭研究的发文量

3. 文献发表杂志

培非格司亭文献发表杂志相关统计数据见表 4-4-42。

表4-4-42　培非格司亭发文量前6位的期刊

序号	CNKI 数据库	
	中文来源出版物	记录数
1	现代实用医学	1
2	抗感染药学	1
3	临床与病理杂志	1
4	实用医学杂志	1
5	中国药物经济学	1
6	西部医学	1

4. 文献发表的作者及其所在机构、数量及排序

培非格司亭文献发表作者及其相关统计数据见表 4-4-43。

表4-4-43　发表文章数量前10位的作者

序号	CNKI 数据库		序号	CNKI 数据库	
	作者及其所在机构	记录数		作者及其所在机构	记录数
1	严鹏科，广州医科大学附属第三医院	1	6	陈斌斌，沈阳药科大学	1
2	陈述政，丽水市中心医院	1	7	张川莉，四川大学华西医院	1
3	范长生，北京大学	1	8	黄乐珊，广州医科大学附属第三医院	1
4	陈凤姣，四川大学华西医院	1	9	潘颖，丽水市中心医院	1
5	梅峥嵘，广州医科大学附属第三医院	1	10	冷亚美，四川大学华西医院	1

5. 文献发表机构、数量及排序

培非格司亭文献发表机构及其统计数据见表 4-4-44。

表4-4-44　文献发表前8位的机构、数量

序号	CNKI 数据库		序号	CNKI 数据库	
	机构	记录数		机构	记录数
1	淄博市周村区人民医院	1	5	广州医科大学附属第三医院	1
2	丽水市中心医院	1	6	江苏大学附属澳洋医院	1
3	四川大学华西医院	1	7	中山大学	1
4	潍坊市妇幼保健院	1	8	淄博市中心医院	1

6. 培非格司亭相关论文的研究方向

培非格司亭相关论文的研究方向见表 4-4-45。

表4-4-45　培非格司亭研究排名前10位的研究方向

序号	CNKI 数据库		序号	CNKI 数据库	
	研究方向	记录数		研究方向	记录数
1	硫培非格司亭	5	6	最小成本分析	1
2	中性粒细胞减少	2	7	有效性和安全性	1
3	乳腺癌	2	8	癌症患者	1
4	粒细胞减少	1	9	成本 - 效用分析	1
5	注射液	1	10	临床分析	1

参考文献

[1] S. Safiri，A. A. Kolahi，M. Noori，et al. Burden of anemia and its underlying causes in 204 countries and territories，1990–2019: results from the Global Burden of Disease Study 2019 [J]. Jhematol Oncol，2021，14（1）：185.

[2] WHOhealth Organization.WHO guideline on use of ferritin concentrations to assess iron status in individuals and populations [EB/OL]. [2024–08–13]. https：//www.who.int/publications/i/item/9789240000124

[3] L. M.haider，L. Schwingshackl，G.hoffmann，et al. The effect of vegetarian diets on iron status in adults：A systematic review and meta–analysis [J]. Crit Rev Food Sci Nutr，2018，58（8）：1359.

[4] M. Saboor，A. Zehra，K. Qamar，et al. Disorders associated with malabsorption of iron：A critical review [J]. Pak J Med Sci，2015，31（6）：1549.

[5] 解玥，张弨. 异麦芽糖酐铁、蔗糖铁和低分子右旋糖酐铁的临床价值比较 [J]. 临床药物治疗杂志，2021，19（8）：29.

[6] 邹羽真，梅丹. 异麦芽糖酐铁和蔗糖铁对照研究的相关文献分析 [J]. 临床药物治疗杂志，2021，19（8）：34.

[7] 封维烨，郭兆娇，严俊，等. 硫培非格司亭预防肿瘤化疗中性粒细胞减少症的临床治疗研究 [J]. 检验医学与临床，2022，19（22）：3055–3057.

[8] FDA. 蔗糖铁注射液（5ml：100mg 铁和 1.6g 蔗糖）美国 FDA 药品说明书 [EB/OL]. [2024–08–13]. https：//www.fda.gov/

[9] 蔗糖铁注射液（5ml：100mg 铁和 1.6g 蔗糖）药品说明书 [EB/OL]. [2024–08–13]. https：//db.yaozh.com/

[10] 中华医学会围产医学分会. 妊娠期铁缺乏和缺铁性贫血诊治指南 [J]. 中华围产医学杂志，2014（7）：451–454.

［11］中华医学会外科学分会，中华外科杂志编辑委员会．普通外科围手术期缺铁性贫血管理多学科专家共识［J］．中华外科杂志，2020，58（4）：252–256.

［12］中华医学会血液学分会红细胞疾病（贫血）学组．静脉铁剂应用中国专家共识（2019 年版）［J］．中华血液学杂志，2019，40（5）：358–362.

［13］杨欣，李艺，狄文，等．妇科围手术期患者血液管理的专家共识［J］．中国妇产科临床杂志，2019，20（06）：560–563.

［14］胡盛寿，纪宏文，孙寒松，等．心血管手术患者血液管理专家共识［J］．中国输血杂志，2018，31（4）：321–325.

［15］史艳侠，邢镨元，张俊，等．中国肿瘤化疗相关贫血诊治专家共识（2019 年版）［J］．中国肿瘤临床，2019，46（17）：869–875.

［16］马军，王杰军，张力，等．肿瘤相关性贫血临床实践指南（2015—2016 版）［J］．中国实用内科杂志，2016，36（S1）：1–21.

［17］北京医学会输血医学分会，北京医师协会输血专业专家委员会．患者血液管理——术前贫血诊疗专家共识［J］．中华医学杂志，2018，98（30）：2386–2392.

［18］中华医学会围产医学分会．妊娠期铁缺乏和缺铁性贫血诊治指南［J］．中华围产医学杂志，2014（7）：451–454.

［19］中国医师协会神经内科医师分会睡眠学组，中华医学会神经病学分会睡眠障碍学组，中国睡眠研究会睡眠障碍专业委员会．中国不宁腿综合征的诊断与治疗指南（2021 版）［J］．中华医学杂志，2021，101（13）：908–925.

［20］Di Francesco T，Borchard G. A robust and easily reproducible protocol for the determination of size and size distribution of iron sucrose using dynamic light scattering［J］. J Pharm Biomed Anal，2018，152：89–93.

［21］Jahn MR，AndreasenhB，Futterer S，et al. A comparative study of the physicochemical properties of iron isomaltoside 1000（monofer），a new intravenous iron preparation and its clinical implications［J］. Eur J Pharm Biopharm，2011，78（3）：480–491.

［22］Crommelin D，Vlieger J . Non–Biological Complex Drugs：The Science and the Regulatory Landscape［M］. Switzerland：Cham Springer International Publishing，2015.

［23］陈博．基于 Ferumoxytol 的纳米药物研究［D］．南京：东南大学，2018.

［24］王方海，赵维，陈建芳，等．羧基麦芽糖铁及其在缺铁性贫血中的应用进展［J］．中国新药杂志，2017，26（9）：1011–1015.

［25］黄文文，孙春龙，杜文，等．羧基麦芽糖铁制备与质量特性表征方法研究［J］．中国药物评价，2022，39（3）：221–226.

［26］马玉颖，吴海，杨铁虹．缺铁性贫血药物的研究进展［J/OL］．空军军医大学学报：1–8［2023–01–17］.https：//kns–cnki–net.webvpn.ccmu.edu.cn/kcms/detail/61.1526.

R.20221230.1006.004.html

[27] 高雯，陈姝 . 聚乙二醇化重组抗血友病因子治疗 A 型血友病研究进展 [J]. 现代医药卫生，2020，36 (11): 1674–1677.

[28] 陶妙婴 . 治疗血友病 A 新药：聚乙二醇重组抗血友病因子 [J] . 中国新药与临床杂志，2018，37 (3): 139–142.

[29] Yang BB，Kido A. Pharmacokinetics and pharmacodynamics of pegfilgrastim [J] . Clin Pharmacokinet，2011，50 (5): 295–306.

[30] 古瑞，王相峰，李月阳，等 . 培非格司亭的首个生物类似药 –Fulphila [J] . 实用药物与临床，2019，22 (9): 994–998.

[31] Macdougall I C，White C，Anker S D，et al. Intravenous iron in patients undergoing maintenancehemodialysis [J] . N Engl J Med，2019，380 (5): 447–458.

[32] Dignass A U，Işıkh，Radekehh，et al. Systematic review with network Meta–analysis: comparative efficacy and tolerability of different intravenous iron formulations for the treatment of iron deficiency anaemia in patients with inflammatory bowel disease [J] . Aliment Pharmacol Ther，2017，45 (10): 1303–1318.

[33] Trumboh，Kaluza K，Numan S，et al. Frequency and associated costs of anaphylaxis–andhypersensitivity–related adverse events for intravenous iron products in the USA: an analysis using the US food and drug administration adverse event reporting system [J] . Drug Safety，2021，44 (1): 107–119.

[34] 解玥，张弨 . 异麦芽糖酐铁、蔗糖铁和低分子右旋糖酐铁的临床价值比较 [J] . 临床药物治疗杂志，2021，19 (8): 29–33.

[35] Ponikowski P，van Veldhuisen DJ，Comin–Colet J，et al. Beneficial effects of long–term intravenous iron therapy with ferric carboxymaltose in patients with symptomaticheart failure and iron deficiency [J] . Eurheart J，2015，36 (11): 657–668.

[36] van Veldhuisen DJ，Ponikowski P，van der Meer P，et al. EFFECT–HF Investigators. Effect of Ferric Carboxymaltose on Exercise Capacity in Patients With Chronicheart Failure and Iron Deficiency [J] . Circulation，2017，136 (15): 1374–1383.

[37] Clinical Study Report VIT–IV–CL–015. Vifor Pharmaceuticals. Data on file. A multicentre，controlled Phase III Study to Compare the Efficacy and Safety of VIT–45 and Venofer in the Treatment of Iron Deficiency Anaemia Associated with Chronic Renal Failure in Patients onhaemodialysis [OR] . [2024–08–13] .https: //pubmed.ncbi.nlm.nih.gov/

[38] Onken JE，Bregman DB，Harrington RA，et al. A multicenter，randomized，active–controlled study to investigate the efficacy and safety of intravenous ferric carboxymaltose in patients with iron deficiency anemia [J] . Transfusion，2014，54 (2): 306–315.

[39] 孙文韬，田磊，马爱霞．羧基麦芽糖铁治疗缺铁性贫血患者药物经济学的系统评价[J]．中国循证医学杂志，2022，22（8）：926-931.
[40] 刘旭婷，高胜男，齐冉，等．异麦芽糖酐铁治疗缺铁性贫血的快速卫生技术评估[J]．中国药房，2022，33（24）：3040-3044.
[41] 黄乐珊，梅峥嵘，吴仲洪，等．硫培非格司亭预防癌症患者化疗后中性粒细胞减少的有效性和安全性评价[J]．实用医学杂志，2021，37（6）：787-791.
[42] 王陈萍，王丹丹，孟佳佳，等．硫培非格司亭注射液预防肿瘤患者化学治疗致中性粒细胞减少的快速卫生技术评估[J]．中国药业，2022，31（13）：113-116.
[43] 蒋理添，谷聪玲，陈斌斌，等．硫培非格司亭与重组人粒细胞刺激因子用于预防乳腺癌患者化疗相关中性粒细胞减少的成本－效用分析[J]．中国药物经济学，2019，14（10）：12-19.
[44] Dignass AU，Gasche C，Bettenworth D，et al.European consensus on the diagnosis and management of iron deficiency and anaemia in inflammatory bowel diseases[J]. J Crohns Colitis，2015，9（3）：211-22.
[45] Muñoz M，Peña-Rosas JP，Robinson S，et al. Patient blood management in obstetrics：management of anaemia andhaematinic deficiencies in pregnancy and in the post-partum period：NATA consensus statement[J]. Transfus Med，2018，28（1）：22-39.

第五节　心血管系统纳米药物临床应用与循证评价

一、心血管系统纳米药物概述

心血管疾病是危害人类生命和健康最主要的疾病之一。心血管疾病死亡率目前已居我国疾病死亡构成的首位，且发病率呈上升趋势[1]。虽然现在已有很多用于心血管疾病的诊疗技术和方法，但仍然不能完全满足临床的需要。在药物治疗方面，传统药物剂型存在半衰期短、清除率高、毒副作用大等问题。

纳米药物通常被定义为用于诊断或治疗目的的单个直径小于100纳米的材料[2]，包括纳米颗粒、纳米复合材料、小分子和外泌体。通过控制溶解度、血管循环时间和药物的特异性靶向，从而减少药物的副作用[3]。为心血管系统以及其他重要器官系统功能障碍的未来治疗提供了新的可行来源。

纳米载体在心血管疾病治疗方面具有以下几个方面的优势[4]：①增加非水溶性

药物的溶解度；②提高药物在血液中的稳定性以及延长其循环时间；③通过靶向递送提高病灶组织的药物浓度，减少其在正常组织的积累，从而提高疗效降低毒副作用；④减少用药量，降低抗药性的产生；⑤实现个体化精准治疗。

1. 纳米载体在动脉粥样硬化治疗中的应用

动脉粥样硬化的形成始于内皮功能障碍。斑块诱导的冠状动脉狭窄症可引起缺血性心肌病，而斑块破裂可引起急性心肌梗死[5]。斑块不稳定的机制包括血管通透性增强、血小板内皮细胞黏附分子（PECAM）表达、巨噬细胞聚集和蛋白酶表达，这些都可以作为干预的靶点。药物可通过纳米药物载体递送至动脉粥样硬化斑块，有效延长药物血浆半衰期，增加病灶浓度，降低副作用。这些纳米药物载体的治疗策略包括调节脂蛋白水平，降低炎症程度，抑制新生血管，防止凝血等。

2. 纳米载体在高血压治疗中的应用

高血压治疗的药物种类较多，包括血管紧张素转换酶抑制剂、血管紧张素拮抗剂、中枢交感神经药物、肾上腺素受体阻滞剂、利尿剂和血管扩张剂等[6]。然而，这些降压治疗药物均存在缺陷，包括血浆半衰期短、生物利用度低、毒副作用（上呼吸道不适、血管性水肿、反射性心动过速、极端低血压作用等）[7, 8]。纳米药物载体具有突出优势[9]。一些研究人员已将奥美沙坦制成纳米乳液体系。与常规剂量相比，纳米乳组降压效果更好，维持时间更长[7]。

3. 纳米载体在心肌梗死治疗中的应用

再灌注治疗主要用于心肌梗死早期，但可引起细胞凋亡、钙过载和活性氧。这些因素导致线粒体外膜通透性增加，从而促进心肌细胞凋亡和坏死。临床上心肌缺血的药物治疗主要依赖于生长因子、细胞因子和一些小分子化合物。传统药物治疗靶向性较差，到达靶损伤区于的药物剂量不足且停留时间较短。血管的高通透性和缺血心肌单核细胞的富集可以利用纳米药物载体的靶向能力来输送药物。

4. 纳米载体在心律失常治疗中的应用

胺碘酮被广泛用于治疗或预防某些类型的心律失常，包括室上性心律失常和室性心律失常。胺碘酮的肺毒性（APT）是该药最严重的副作用之一。此外，由于胺碘酮的碘含量，一些患者可能会引起甲状腺功能减退或甲亢。人们采用了各种策略来避免这种重要药物的副作用。例如，心包内注入胺碘酮溶液，并在没有明显全身暴露的情况下获得了药物的快速治疗效果[10]。此外，由于胃肠道排泄和肠道代谢，胺碘酮的口服吸收不可预测，该化合物具有低水溶性。为克服水溶性差的药物生物利用度的限制，脂质和表面活性剂剂型已被广泛应用。例如，一种自纳米乳化药物输送系统（SNEDDS）的使用，可提高胺碘酮[11]的口服生物利用度。胶体药物载体也被设计用于将药物专门递送到作用部位。

5. 纳米载体在肺动脉高压治疗中的应用

肺动脉高压是一种进行性高度危险的疾病，其特征是肺血管阻力增加和肺动脉压升高。前列腺素Ⅰ、内皮素受体拮抗剂、5型磷酸二酯酶抑制剂等是肺动脉高压常用的血管扩张剂。这些血管扩张剂有一定的疗效，但仍存在选择性差、不良反应多、易耐药等缺点。为了解决这一问题，纳米介导给药系统逐渐成为一种重要的替代策略。波生坦是一种选择性和竞争性的内皮素受体拮抗剂，它被加载到纳米颗粒中，其溶解度是未加工波生坦的7倍[12]。

二、心血管系统纳米药物的概况、适应证及指南、专家共识推荐

心血管系统纳米药物的概况、适应证及指南、专家共识推荐具体见表4-5-1。

表4-5-1 心血管系统纳米药物的概况、适应证及指南、专家共识推荐

药品通用名（商品名）	上市时间（国家）	适应证	指南推荐或专家共识推荐及证据级别
盐酸维拉帕米缓释胶囊（Verelan PM）	1998年（美国）	适用于原发性高血压的治疗	《中国高血压患者心率管理多学科专家共识（2021年版）》[13]：交感活性增强的心率增快患者不能耐受β受体拮抗剂或非交感激活的心率增快患者应选择缓释的非二氢吡啶类CCB
非诺贝特片（Tricor/Triglide）	2004年（美国） 2005年（美国）	用于治疗原发性高胆固醇血症或混合型血脂异常，严重的高甘油三酯血症	《中国心血管病一级预防指南》[14]：ASCVD高危人群接受中等剂量他汀类药物治疗后如TG＞2.3mmol/L，可以考虑给予非诺贝特进一步降低ASCVD风险（推荐级别Ⅱ-B）
盐酸贝那普利片（Lotensin/洛汀新）	2012年（美国） 2019年（中国）	美国：适用于高血压的治疗 中国：用于治疗高血压 充血性心力衰竭。作为对洋地黄和（或）利尿剂反应不佳的充血性心力衰竭患者（NYHA分级Ⅱ-Ⅳ）的辅助治疗	《中国高血压防治指南》[15]：高血压合并慢性射血分数降低的心力衰竭首先推荐应用ACEI（不能耐受者可使用ARB）、β受体拮抗剂和醛固酮拮抗剂（推荐级别Ⅰ-A）；CKD合并高血压患者的初始降压治疗应包括一种ACEI（推荐级别Ⅱ-A）或ARB，单独或联合其他降压药；高血压合并糖尿病，首先考虑使用ACEI或ARB，如需联合用药，应以ACEI或ARB为基础（推荐级别Ⅰ-A） 《高血压合理用药指南》[16]：ACEI可以用于各类高血压患者（除非有禁忌证）（推荐级别Ⅰ-B）
依折麦布片（益适纯）	2002年（美国） 2008年（中国）	美国：用于原发性高脂血症、纯合子家族性高胆固醇血症（HoFH）、纯合子谷甾醇血症的治疗 中国：用于纯合子谷甾醇血症的治疗	《ESC/EAS指南：血脂异常的管理-脂质修饰降低心血管风险（2019）》[17]：如使用最大耐受剂量的他汀类药物后无法达到降脂目标，建议联合使用依折麦布（推荐级别Ⅰ-B） 《2018AHA血脂管理指南》[18]：极高风险的ASCVD患者，如果使用最大耐受剂量的他汀治疗后，LDL-C水平仍≥70mg/dl（≥1.8mmol/L），加用依折麦布是合理的（推荐级别Ⅱ-A） 《中国心血管病一级预防指南》[19]：中等强度他汀类药物治疗LDL-C不能达标者联合依折麦布治疗（推荐级别Ⅰ-B）

三、心血管系统纳米药物的药代动力学及特性比较

心血管系统纳米药物的药代动力学及特性比较见表 4–5–2。

表4–5–2　心血管血液系统纳米药物的药代动力学及特性比较

药品通用名（商品名）	药代动力学	代谢和排泄途径	药物相互作用	其他特性（如有效期、保存条件、单次最大给药剂量等）
维拉帕米缓释胶囊（Verelan PM）	分子量：455 达峰时间和消除半衰期：t_{max}=1~2h；$t_{1/2}$=2.8~7.4h 分布容积：300L 生物利用度：20%~35% 蛋白结合率：R：94%；S：88%	大约 70% 的维拉帕米在 5 天内以代谢物形式在尿液中排泄，16% 或更多的在粪便中排泄。约 3%~4% 以不变的药物形式随尿液排出[20]	①与 CYP3A4 诱导剂，如利福平等合用，可导致维拉帕米血药浓度降低，与抑制剂如红霉素合用，可导致其血药浓度升高。与伊伐布雷定同时使用可增加伊伐布雷定的暴露，并增加心动过缓和传导阻滞，避免同时使用。②与 HMG–CoA 还原酶抑制剂（CYP3A4 底物）合用，能增加辛伐他汀的暴露量，可能增加横纹肌溶解风险。③葡萄柚汁：可显著增加维拉帕米的血药浓度。④ β– 受体拮抗剂，与其合用可能会对心率、房室传导或心脏收缩力产生额外的负面影响。⑤洋地黄类，与地高辛合用时，考虑减少地高辛的剂量，同时监测地高辛水平。⑥乙醇，维拉帕米可显著抑制乙醇的消除。⑦可乐定，与其合用可能导致窦性心动过缓。⑧抗肿瘤药物，环磷酰胺，长春新碱、甲基苄肼，阿霉素，顺铂等细胞毒性药物会减少维拉帕米的吸收。⑨奎尼丁，合用治疗肥厚性心肌病时应注意低血压和肺水肿。⑩阿司匹林，与其合用出血次数增加。⑪ 降压药，与口服降压药同时使用（如血管扩张剂、ACEI、利尿剂等）同时使用，通常对降低血压有附加作用。⑫ 维拉帕米可增加卡马西平、环孢素、阿霉素、茶碱的血药浓度。⑬ 维拉帕米可增加患者对锂的敏感性。⑭ 与吸入性麻醉药合用时应调整剂量，避免过度抑制心脏。⑮ 肌松剂，会增加肌松剂的麻醉作用，需减少两者剂量[20]	1. 储存在 25℃环境中，密封防潮 2. 每次 200mg，睡前一次服用，最大剂量至 400mg，睡前一次[20]

续表

药品通用名（商品名）	药代动力学	代谢和排泄途径	药物相互作用	其他特性（如有效期、保存条件、单次最大给药剂量等）
非诺贝特片（Tricor）	分子量：360.831 达峰时间和消除半衰期：给药后 6~8h 达峰值，半衰期为 20h 分布容积：0.89L/kg，最高可达 60L 蛋白结合率：99%	被酯酶水解为活性代谢产物非诺贝特酸，主要为非诺贝特酸或与葡萄醛酸结合随尿液排出体外，在给予放射标记非诺贝特后，大约 60% 出现在尿液中，25% 随粪便排出[21]	①香豆素类抗凝剂，能增强其作用，合用时应减少口服抗凝药的剂量。②与免疫抑制剂，如环孢素、他克莫司等，可能导致肾功能恶化，应减量或停用。③与胆汁酸结合树脂，如考来烯胺等合用，应在服用这些药物之前 1 小时或 4~6 小时之后再服用非诺贝特。④秋水仙碱，与其合用可能出现肌病，包括横纹肌溶解等[21]	1. 储存在 25℃ 2. 最大日剂量 160mg，与食物同服可增加其吸收[21]
非诺贝特片（Triglide）	分子量：360.83 达峰时间和消除半衰期：$t_{1/2}$=16h 分布容积：最高达 60L 蛋白结合率：99%	内容同 Tricor[22]	①香豆素类抗凝剂，能增强其作用，合用时应减少口服抗凝药的剂量。②与免疫抑制剂，如环孢素、他克莫司等，可能导致肾功能恶化，应减量或停用。③与胆汁酸结合树脂，如考来烯胺等合用，应在服用这些药物之前 1 小时或 4~6 小时之后再服用非诺贝特。④秋水仙碱，与其合用可能出现肌病，包括横纹肌溶解等。⑤与格列酮类合用时，报告了可逆性 HDL- 胆固醇反常降低的病例，因此建议对 HDL 监测[22]	储存在 20~25℃，避光防潮保存[22]
盐酸贝那普利片（Lotensin）	分子量：424.49 达峰时间和消除半衰期：t_{max}=0.5~1h；$t_{1/2}$：贝那普利：2.7h ± 8.5h；活性形式贝那普利拉：22.3h ± 9.2h 分布容积：203L ± 69.9L 生物利用度：3%~4% 蛋白结合率：96.7%	贝那普利通过酯基的裂解几乎完全代谢为贝那普利拉（主要在肝脏）。贝那普利和贝那普利拉都会发生葡萄糖醛酸化。二者主要通过肾脏排泄而被清除[23]	与 ACEI 联用，会增加低血压、高钾血症、肾功能变化的发生率；与保钾利尿剂、钾补充剂或含钾的盐替代品和其他药物（如环孢素、肝素等）可能会导致血清钾显著升高[23]	未接受利尿剂的患者，推荐初始剂量为每天 10mg，维持剂量为每天 20~40mg。80mg 的剂量会增加降压作用，但使用经验有限。服用利尿剂的患者贝那普利片的推荐起始剂量 5mg，每天一次[23]

续表

药品通用名（商品名）	药代动力学	代谢和排泄途径	药物相互作用	其他特性（如有效期、保存条件、单次最大给药剂量等）
盐酸贝那普利片（洛汀新）	达峰时间和消除半衰期：贝那普利拉达峰时间 90min；活性形式贝那普利拉：初始半衰期为 3 小时，终末半衰期约为 22 小时 蛋白结合率：95%	前体药贝拉普利快速完全转化成有药理活性的代谢物贝那普利拉。贝那普利主要经过代谢消除，贝那普利拉主要经过肾和胆汁消除[24]	与 ACEI 联用，会增加低血压、高钾血症、肾功能变化的发生率；与保钾利尿剂、钾补充剂或含钾的盐替代品和其他药物（如环孢素、肝素等）可能会导致血清钾显著升高；与非甾体类抗炎药联用，可能增加肾脏损坏和高钾血症的风险[24]	在 30℃以下贮存。推荐剂量为 10mg，每日一次，若疗效不佳，可加至每 20mg[24]
依折麦布片（益适纯）	分子量：409.4 达峰时间和半衰期：半衰期 22h；达峰时间：4~12h；主要药理活性代谢产物依泽替米贝－葡糖醛酸苷：1~2h 分布容积：107.5L 生物利用度：无相关资料 蛋白结合率：99.7%，依折麦布－葡萄糖苷酸结合物血浆蛋白结合率为 88%~92%	依折麦布主要在小肠和肝脏与葡萄糖醛酸结合，并随后由胆汁及肾脏排出。血浆中依折麦布和依折麦布－葡萄糖苷酸结合物的清除率较为缓慢，提示有明显肠肝循环[25]	①抗酸药：同时服用抗酸药可降低本品吸收速度，但并不影响其生物利用度。②消胆胺：同时服用消胆胺可降低总依折麦布平均 AUC 约 55%。③环孢霉素：同服可增加总依折麦布的 AUC 值。④贝特类：与非诺贝特联用可增加总依折麦布浓度约 1.5 倍，暂不推荐本品与除非诺贝特外的贝特类药物联用。⑤吉非罗齐：联用可增加总的依折麦布浓度约 1.7 倍。⑥他汀类：与他汀类未见有临床意义的药物相互作用。⑦抗凝剂：在本品与华法林联合使用的患者中，有 INR 增加的报告，这些患者大多也在接受其他药物治疗[25]	1. 储存在 25℃，防潮 2. 推荐每天一次，每次 10mg，可单独服用，或与他汀类或与非诺贝特联合应用，应在服用胆酸螯合剂之前 2 小时以上或在服用之后 4 小时以上服用本品[25]

四、心血管系统纳米药物对应适应证的 HTA

心血管系统纳米药物对应适应证的 HTA 具体见表 4–5–3。

表4–5–3　心血管系统纳米药物对应适应证的HTA

药品通用名（商品名）	适应证	有效性	安全性	经济性
盐酸维拉帕米缓释胶囊	原发性高血压	维拉帕米缓释胶囊可为轻度高血压患者提供超过 24 小时持续的降压作用，且耐受性良好[26]		一项关于高血压患者使用维拉帕米的缓释（SR）或速释（IR）剂型的研究表明，使用维拉帕米 SR 配方的患者相对于使用 IR 配方的患者在药物持有率（MPR）、依从性指数方面显著增加。接受维拉帕米 SR 制剂治疗的总医疗支出减少。接受 SR 制剂与抗高血压治疗支出增加相关，与对医生、医院和实验室服务的财务承诺减少相关
非诺贝特片（卓佳 /Triglide）	原发性高胆固醇血症或混合型血脂异常，严重的高甘油三酯血症	对于既往接受过他汀类药物单一治疗但甘油三酯水平控制不佳的患者，使用非诺贝特和他汀类药物联合治疗较他汀类单药治疗相比，平均血清甘油三酯水平显著下降，平均血清高密度脂蛋白水平显著增加[28]	1. 一项多中心 RCT 研究显示，对于既往接受过他汀类药物单一治疗但甘油三酯水平控制不佳的患者，使用非诺贝特和他汀类药物联合治疗较他汀类单药治疗相比，联合疗法可有效控制血清甘油三酯，且联合治疗组没有发生额外的严重不良事件[28] 2. 一项关于冠心病高风险不能单独使用他汀类药物控制，应用他汀类药物与非诺贝特联合治疗的 meta 分析显示，联合治疗组丙氨酸氨基转移酶和（或）门冬氨酸氨基转移酶≥正常上限 3 倍的发生率显著高于他汀类药物单药治疗组；在涉及 1628 名受试者的 6 项试验中，未报告肌病或横纹肌溶解病例。他汀 – 非诺贝特联合治疗与他汀单药治疗一样耐受[29]	1. 一项关于 HMG–CoA 还原酶抑制剂和贝特类药物治疗不同类型原发性高脂血症的成本效益对比，结果显示，对于原发性Ⅱ b 型高脂血症患者，每天使用 200mg 的微型化非诺贝特治疗明显比每天使用 20mg 的辛伐他汀治疗更具有成本效益。这些结果可归因于微型化非诺贝特在甘油三酯水平超过 2.5mmol/L 的患者中降低 HDL 水平方面具有更大功效[30] 2. 在一项回顾性分析中，结果显示微型化的非诺贝特比辛伐他汀具有更好的短期成本效益。根据高脂血症的类型分析时，非诺贝特对Ⅱ b 型高脂血症患者的有效率更高，成本优势更显著[31]

续表

药品通用名（商品名）	适应证	有效性	安全性	经济性
盐酸贝那普利片（Lotensin，洛汀新）	高血压	一项关于缬沙坦（Val）联合或不联合贝那普利（Ben）对原发性高血压患者的血压和血管紧张素（Ang Ⅱ）水平影响的RCT显示，药物干预6周内，Val组、Ben组和Val+Ben组的SBP、DBP明显下降。6周后，Ben组和Val+Ben组的SBP、DBP持续下降，Val组无变化。Val+Ben组降压效果在3组中最为显著，并且可避免高血浆Ang Ⅱ的副作用[32]	/	一项关于慢性肾功能不全患者使用贝那普利和不使用贝那普利的降压治疗的RCT显示，随机接受抗高血压治疗并同时服用贝那普利的患者比不服用贝那普利的患者平均减少了12991美元的医疗费用。与没有ACEI的降压方案相比，使用贝那普利以减少肾功能不全患者肾脏疾病进展的策略在临床上和经济上都是有益的[33]
依折麦布片（益适纯）	原发性高脂血症、纯合子家族性高胆固醇血症（HoFH）、纯合子谷甾醇血症	1. 对于动脉粥样硬化性心血管疾病（ASCVD）患者，中等强度他汀联合依折麦布治疗的3年综合结果并不低于高强度他汀单药治疗，LDL胆固醇浓度低于70mg/dl的患者比例更高[34] 2. 一项关于依折麦布联合/不联合他汀类药物治疗降低心血管风险的系统评价和meta分析显示，依折麦布可降低接受最大耐受他汀类药物治疗或不耐受他汀类药物治疗的极高或高心血管风险成人的非致命性MI和卒中，但对中度和低度心血管风险的患者无效[35]	一项关于他汀类药物不耐受或功能不全的情况下，使用依折麦布和他汀类药物联合治疗的多中心RCT显示，依折麦布和瑞舒伐他汀联合治疗与瑞舒伐他汀单药治疗高胆固醇血症相比，总体AE、药物不良反应和严重AE的发生率没有显著差异，依折麦布/瑞舒伐他汀治疗的安全性和耐受性与瑞舒伐他汀单药治疗相当[36]	有文献报道依折麦布联合他汀（EPS）治疗，与其他降脂治疗药物或安慰剂相比，EPS治疗具有显著的成本效益。EPS治疗在高收入国家、一级预防、付款人和生命周期的角度具有显著的成本效益。在高收入国家，与其他降脂治疗药物或安慰剂相比，EPS治疗在一级预防方面具有成本效益[37]

五、心血管系统纳米药物文献计量学与研究热点分析

（一）维拉帕米缓释胶囊的文献计量学与研究热点分析

1. 检索策略

维拉帕米缓释胶囊的检索策略见表 4-5-4。

表4-5-4　维拉帕米缓释胶囊文献计量学的检索策略

类别	检索策略	
数据来源	Web of Science 核心合集数据库	CNKI 数据库
引文索引	SCI-Expanded	主题检索
主题词	Verapamil sustained release capsules	维拉帕米缓释胶囊
文献类型	Article	研究论文
语种	English	中文
检索时段	2000 年 ~2021 年	2000 年 ~2021 年
检索结果	共 5 篇文献	共 11 篇文献

2. 文献发表时间及数量分布

维拉帕米缓释胶囊的文献发表时间及数量分布见图 4-5-1。

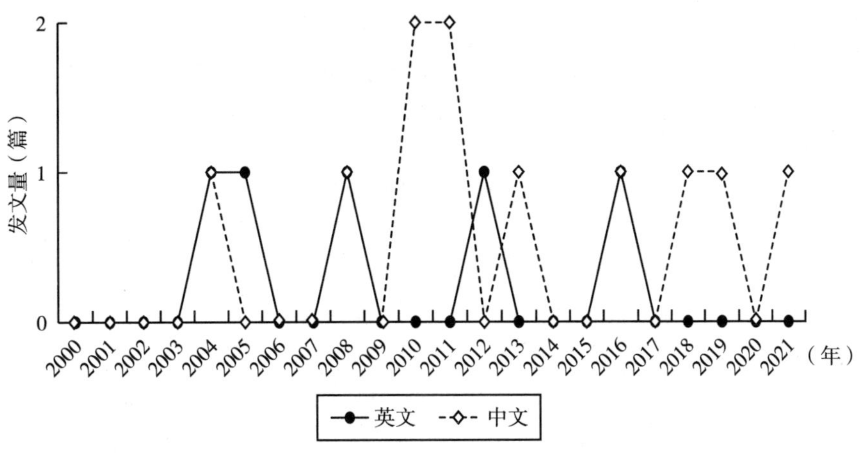

图 4-5-1　2000 年 ~2021 年维拉帕米缓释胶囊研究的发文量

3. 文献发表杂志

维拉帕米缓释胶囊文献发表杂志相关数据统计见表 4-5-5。

表4-5-5　维拉帕米缓释胶囊发文量前10位的期刊

序号	WOS 数据库		CNKI 数据库	
	英文来源出版物	记录数	中文来源出版物	记录数
1	PHARMACEUTICAL DEVELOPMENT AND TECHNOLOGY	2	现代药物与临床	2
2	EUROPEAN JOURNAL OF PHARMACEUTICS AND BIOPHARMACEUTICS	1	临床和实验医学杂志	1
3	PHARMAZEUTISCHE INDUSTRIE	1	中国现代应用药学	1
4	SENSORS AND ACTUATORS B-CHEMICAL	1	中国临床实用医学	1
5			时珍国医国药	1
6			现代中医药	1
7			世界临床药物	1
8			国际药学研究杂志	1
9			内蒙古医科大学	1
10			上海交通大学	1

4. 文献发表国家 / 地区及数量分布

维拉帕米缓释胶囊文献发表国家 / 地区及数量分布见表 4-5-6。

表4-5-6　文献发表前10位的国家/地区

序号	国家	记录数	序号	国家	记录数
1	埃及	2	4	沙特阿拉伯	1
2	美国	2	5	越南	1
3	波兰	1			

5. 文献发表的作者及其所在机构、数量及排序

维拉帕米缓释胶囊文献发表作者及其相关统计数据见表 4-5-7。

表4-5-7　发表文章数量前10位的作者

序号	WOS 数据库		CNKI 数据库	
	作者及其所在机构	记录数	作者及其所在机构	记录数
1	Christensen John Mark，Oregon State University	2	张微，内蒙古医科大学	2
2	Chien Ngoc Nguyen，Hanoi University of Pharmacy	2	朱盛山，广东药科大学	1
3	Ayres James，Swansea University	2	吴燕红，广东药科大学	1
4	Hassan Said，Cairo University，Giza，Egypt	1	霍务贞广东药科大学	1
5	Yassin Alaa Eldeen Bakry，King Saud bin Abdulaziz University for Health Sciences	1	赵明君，陕西中医药大学附属医院	1

续表

序号	WOS 数据库		CNKI 数据库	
	作者及其所在机构	记录数	作者及其所在机构	记录数
6	Sawicki Wieslaw, Medical University Gdansk	1	赵应征，温州医科大学	1
7	Salem Maissa Yacoub，Cairo University	1	李红，张家港市中医医院	1
8	Elkheshen Seham A，Cairo University	1	傅红兴，温州医科大学	1
9	Lunio Rafal，Polpharma SA	1	戴强，张家港市中医医院	1
10	Elzanfaly Eman S，Cairo University	1	冯中，广东药科大学	1

6. 文献发表机构、数量及排序

维拉帕米缓释胶囊文献发表机构及其相关统计数据见表 4-5-8。

表4-5-8　文献发表前10位的机构、数量

序号	WOS 数据库		CNKI 数据库	
	机构	记录数	机构	记录数
1	CAIRO UNIVERSITY	2	内蒙古医科大学	3
2	EGYPTIAN KNOWLEDGE BANK EKB	2	河南纳克药业有限公司	2
3	OREGON STATE UNIVERSITY	2	中国药科大学	2
4	FAHRENHEIT UNIVERSITIES	1	广东药科大学	1
5	HANOI UNIVERSITY OF PHARMACY	1	温州医科大学	1
6	KING SAUD UNIVERSITY	1	上海交通大学	1
7	MEDICAL UNIVERSITY GDANSK	1	陕西中医药大学附属医院	1
8			河北医科大学	1
9			张家港市中医医院	1
10			平顶山市第二人民医院	1

7. 维拉帕米缓释胶囊相关论文的研究方向

维拉帕米缓释胶囊相关论文的研究方向见表 4-5-9。

表4-5-9　维拉帕米缓释胶囊研究排名前10位的研究方向

序号	WOS 数据库		CNKI 数据库	
	研究方向	记录数	研究方向	记录数
1	Pharmacology Pharmacy	4	盐酸维拉帕米	6
2	Chemistry	1	维拉帕米	6
3	Electrochemistry	1	缓释胶囊	4
4	Instruments Instrumentation	1	制备方法	4
5			缓释微球	3

续表

序号	WOS 数据库		CNKI 数据库	
	研究方向	记录数	研究方向	记录数
6			缓释微丸胶囊	2
7			二甲双胍	2
8			生物利用度	1
9			高血压	1
10			冠心病	1

（二）非诺贝特片文献计量学与研究热点分析

1. 检索策略

非诺贝特片文献计量学的检索策略见表 4-5-10。

表4-5-10　非诺贝特片文献计量学的检索策略

类别	检索策略	
数据来源	Web of Science 核心合集数据库	CNKI 数据库
引文索引	SCI-Expanded	主题检索
主题词	Fenofibrate tablets	非诺贝特片
文献类型	Article	研究论文
语种	English	中文
检索时段	2000 年 ~2021 年	2000 年 ~2021 年
检索结果	共 110 篇文献	共 74 篇文献

2. 文献发表时间及数量分布

非诺贝特片文献发表时间及数量分布见图 4-5-2。

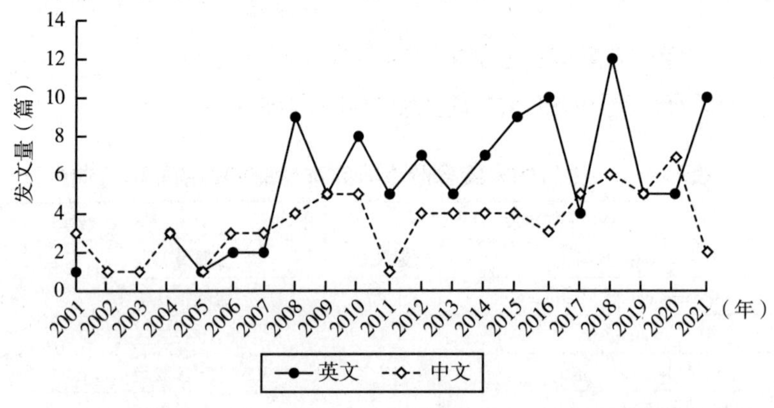

图 4-5-2　2000 年 ~2021 年非诺贝特片研究的发文量

3. 文献发表杂志

非诺贝特片文献发表杂志相关数据统计见表 4–5–11。

表4–5–11　非诺贝特片发文量前10位的期刊

序号	WOS 数据库		CNKI 数据库	
	英文来源出版物	记录数	中文来源出版物	记录数
1	INTERNATIONAL JOURNAL OF PHARMACEUTICS	16	中国药师	3
2	CLINICAL THERAPEUTICS	6	中国医院药学杂志	3
3	JOURNAL OF PHARMACEUTICAL SCIENCES	6	中国新药杂志	2
4	DRUG DEVELOPMENT AND INDUSTRIALPHARMACY	5	临床医药文献电子杂志	2
5	CURRENT MEDICAL RESEARCH AND OPINION	4	中国药学杂志	2
6	EUROPEAN JOURNAL OF PHARMACEUTICS AND BIOPHARMACEUTICS	4	医药导报	2
7	LATIN AMERICAN JOURNAL OF PHARMACY	4	中国现代应用药学	2
8	EUROPEAN JOURNAL OF PHARMACEUTICAL SCIENCES	3	中国社区医师（医学专业）	1
9	PHARMACEUTICAL DEVELOPMENT AND TECHNOLOGY	2	中外女性健康研究	1
10	PHARMACEUTICS	2	中医杂志	1

4. 文献发表国家及数量分布

非诺贝特片文献发表国家及数量分布见表 4–5–12。

表4–5–12　文献发表前10位的国家

序号	国家	记录数	序号	国家	记录数
1	美国	26	6	丹麦	7
2	印度	18	7	荷兰	7
3	德国	15	8	韩国	7
4	中国	10	9	英国	6
5	比利时	8	10	法国	6

5. 文献发表的作者及其所在机构、数量及排序

非诺贝特片文献发表作者及相关数据统计见表 4–5–13。

表4–5–13　发表文章数量前10位的作者

序号	WOS 数据库		CNKI 数据库	
	作者及其所在机构	记录数	作者及其所在机构	记录数
1	Frijlink Henderik W, University of Groningen	5	李滨，秦皇岛市第三人民医院	3
2	Langgut Peter, Schleswig Holstein University Hospital	5	张佳圆，秦皇岛市第三人民医院	2

续表

序号	WOS 数据库		CNKI 数据库	
	作者及其所在机构	记录数	作者及其所在机构	记录数
3	Buch Philipp， Merz Pharmaceuticals GmbH	5	李佳扬 沈阳药科大学	2
4	Hinrichs Wouter， University of Groningen	5	张波， 北京协和医院	1
5	Repka Michael A. A， University of Mississippi	4	瞿伟菁， 华东师范大学	1
6	Kleinebudde Peter， Heinric Heine University Düsseldorf	4	钟节鸣， 浙江省疾病预防控制中心	1
7	Choi Han-Gon， Hanyang University	4	林青， 云南中医药大学	1
8	VISSER MR， University of Groningen	4	王京京， 中国中医科学院针灸研究所	1
9	Scherer Dieter， Technical University of Berlin	3	李高， 华中科技大学	1
10	Dave Rajesh N， New Jersey Institute of Technology	3	焦玥， 中国中医科学院	1

6. 文献发表机构、数量及排序

非诺贝特片文献发表机构及其相关统计数据见表 4-5-14。

表4-5-14　文献发表前10位的机构、数量

序号	WOS 数据库		CNKI 数据库	
	机构	记录数	机构	记录数
1	JOHANNES GUTENBERG UNIVERSITY OF MAINZ	6	沈阳药科大学	3
2	UNIVERSITY OF GRONINGEN	6	秦皇岛市第三人民医院	2
3	ABBVIE	5	华中科技大学同济医学院附属同济医院	2
4	HANMI PHARMACEUTICAL	4	南阳医学高等专科学校第二附属医院	1
5	HANYANG UNIVERSITY	4	福建医科大学附属第一医院	1
6	HEINRICH HEINE UNIVERSITY DUSSELDORF	4	浙江省疾病预防控制中心	1
7	KU LEUVEN	4	德州学院	1
8	LIFECYCLE PHARMAAS	4	开封市中心医院	1
9	UNIVERSITY OF MISSISSIPPI	4	华北理工大学	1
10	APISPHARMA	3	锦州医科大学	1

7. 非诺贝特片相关论文的研究方向

非诺贝特片相关论文的研究方向见表 4-5-15。

表4-5-15　非诺贝特片研究排名前10位的研究方向

序号	WOS 数据库		CNKI 数据库	
	研究方向	记录数	研究方向	记录数
1	Pharmacology Pharmacy	81	非诺贝特	42
2	Chemistry	29	非酒精性脂肪肝	12
3	Research Experimental Medicine	7	高脂血症	11
4	Biochemistry Molecular Biology	4	非诺贝特片	9
5	General Internal Medicine	4	多烯磷脂酰胆碱	7
6	Engineering	3	缓释片	4
7	Food Science Technology	3	胆宁片	4
8	Science Technology Other Topics	3	老年中重度脂肪肝	4
9	Cardiovascular System Cardiology	2	溶出度	3
10	Materials Science	2	横纹肌溶解	3

（三）贝那普利片文献计量学与研究热点分析

1. 检索策略

贝那普利片文献计量学的检索策略见表 4-5-16。

表4-5-16　贝那普利片文献计量学的检索策略

类别	检索策略	
数据来源	Web of Science 核心合集数据库	CNKI 数据库
引文索引	SCI-Expanded	主题检索
主题词	Benazepril tablets	贝那普利片
文献类型	Article	研究论文
语种	English	中文
检索时段	2000 年 ~2021 年	2000 年 ~2021 年
检索结果	共 91 篇文献	共 347 篇文献

2. 文献发表时间及数量分布

贝那普利片文献发表时间及数量分布见图 4-5-3。

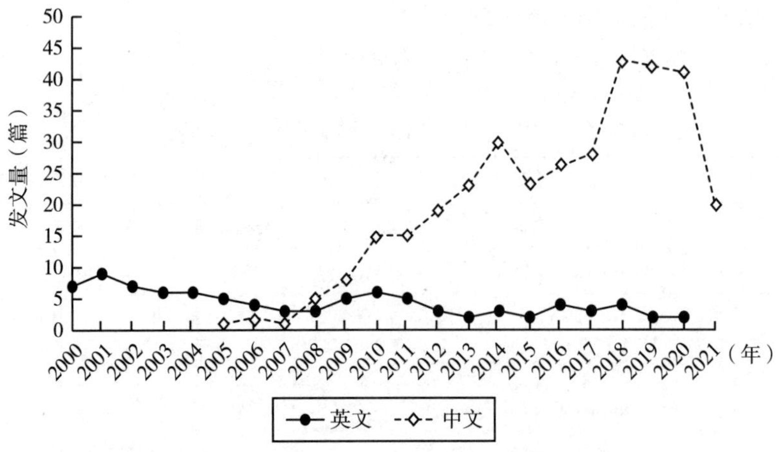

图 4-5-3　2000 年 ~2021 年贝那普利片研究的发文量

3. 文献发表杂志

贝那普利片文献发表杂志及其相关统计数据见表 4-5-17。

表4-5-17　贝那普利片发文量前10位的期刊

序号	WOS 数据库		CNKI 数据库	
	英文来源出版物	记录数	中文来源出版物	记录数
1	JOURNAL OF PHARMACEUTICAL AND BIOMEDICAL ANALYSIS	16	现代药物与临床	18
2	ANALYTICAL LETTERS	7	临床医药文献电子杂志	13
3	JOURNAL OF LIQUID CHROMATOGRAPHY RELATED TECHNOLOGIES	5	中国医药指南	13
4	ASIAN JOURNAL OF CHEMISTRY	4	中西医结合心血管病电子杂志	11
5	CHROMATOGRAPHIA	4	临床合理用药杂志	10
6	ACTA POLONIAE PHARMACEUTICA	3	中国实用医药	10
7	JOURNAL OF AOAC INTERNATIONAL	3	心血管病防治知识（学术版）	9
8	JOURNAL OF CHROMATOGRAPHIC SCIENCE	3	当代医药论丛	9
9	JOURNAL OF VETERINARY PHARMACOLOGY AND THERAPEUTICS	3	中国现代药物应用	7
10	PHARMAZIE	3	北方药学	7

4. 文献发表国家及数量分布

贝那普利片文献发表国家及数量分布见表 4-5-18。

表4-5-18 文献发表前10位的国家

序号	国家	记录数	序号	国家	记录数
1	土耳其	24	6	波兰	5
2	印度	13	7	罗马尼亚	5
3	埃及	12	8	法国	4
4	中国	8	9	美国	4
5	意大利	5	10	伊朗	3

5. 文献发表的作者及其所在机构、数量及排序

贝那普利片文献发表的作者及其相关数据统计见表 4-5-19。

表4-5-19 发表文章数量前10位的作者

序号	WOS 数据库		CNKI 数据库	
	作者及其所在机构	记录数	作者及其所在机构	记录数
1	Dinç Erdal，Ankara University	9	卜媛媛，淮安市食品药品检验所	5
2	Erk Nevin，Ankara University	6	金鹏，淮安市食品药品检验所	5
3	Baleanu Dumitru，China Medical University（Taiwan）	6	康玮 邢台市第五医院	4
4	Ozkan Sibel A.，Ankara University	4	刘艳，淮安市食品药品检验所	4
5	Stanisz Beata J.，Poznan University of Medical Sciences	3	赵丽岩，邢台市第五医院	3
6	King Jonathan N.，JN King Consultancy	2	曹亚薇，邢台市第五医院	3
7	Mazzeo P.，US Natl Arboretum	2	王建忠，邢台市第一医院	3
8	Paszun Sylwia K.，Poznan University of Medical Sciences	2	陈绍行，上海交通大学医学院附属瑞金医院	2
9	Shabana Marawan M.，Cairo University	2	李玉兰，深圳市药品检验研究院	2
10	Zaazaa Hala E.，Cairo University	2	史国辉，华北理工大学附属医院	2

6. 文献发表机构、数量及排序

贝那普利片文献发表机构及其数据统计见表 4-5-20。

表4-5-20　文献发表前10位的机构、数量

序号	WOS 数据库		CNKI 数据库	
	机构	记录数	机构	记录数
1	ANKARA UNIVERSITY	17	淮安市食品药品检验所	5
2	EGYPTIAN KNOWLEDGE BANK EKB	12	邢台市第五医院	5
3	CAIRO UNIVERSITY	8	邢台市第一医院	3
4	CANKAYA UNIVERSITY	5	河北省中医院	3
5	INSTITUTE OF SPACE SCIENCE	5	天津医科大学第二医院	3
6	NATIONAL INSTITUTE FOR LASER PLASMA RADIATION PHYSICS ROMANIA	5	黑龙江省中医药科学院	3
7	GAZI UNIVERSITY	4	洛阳市中心医院	2
8	AIN SHAMS UNIVERSITY	2	陕西方舟制药有限公司	2
9	BENI SUEF UNIVERSITY	2	天津市北辰医院	2
10	DR BABASAHEB AMBEDKAR MARATHWADA UNIVERSITY BAMU	2	辽宁中医药大学	2

7. 贝那普利片相关论文的研究方向

贝那普利片相关论文的研究方向见表 4-5-21。

表4-5-21　贝那普利片研究排名前10位的研究方向

序号	WOS 数据库		CNKI 数据库	
	研究方向	记录数	研究方向	记录数
1	Chemistry	59	贝那普利	127
2	Pharmacology Pharmacy	34	盐酸贝那普利片	87
3	Biochemistry Molecular Biology	15	硝苯地平控释片	72
4	Veterinary Sciences	8	高血压	70
5	Food Science Technology	4	老年高血压	66
6	General Internal Medicine	4	糖尿病肾病	46
7	Engineering	3	临床研究	39
8	Research Experimental Medicine	2	原发性高血压	31
9	Spectroscopy	2	临床观察	31
10	Cardiovascular System Cardiology	1	慢性肾小球肾炎	31

（四）依折麦布片文献计量学与研究热点分析

1. 检索策略

依折麦布片文献计量学的检索策略见表 4-5-22。

表4-5-22 依折麦布片文献计量学的检索策略

类别	检索策略	
数据来源	Web of Science 核心合集数据库	CNKI 数据库
引文索引	SCI-Expanded	主题检索
主题词	Ezetimibe Tablets	依折麦布片
文献类型	Article	研究论文
语种	English	中文
检索时段	2000 年 ~2021 年	2000 年 ~2021 年
检索结果	共 118 篇文献	共 58 篇文献

2. 文献发表时间及数量分布

依折麦布片文献发表时间及数量分布见图 4-5-4。

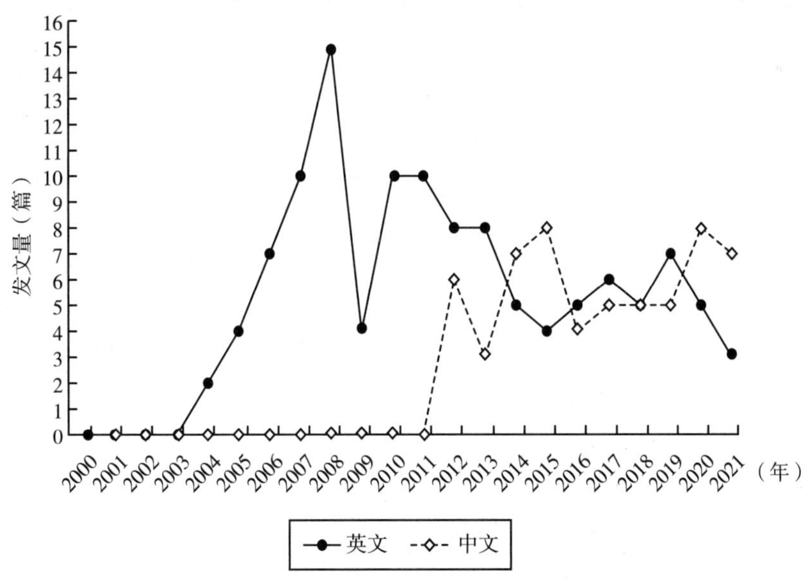

图 4-5-4 2000 年 ~2021 年依折麦布片研究的发文量

3. 文献发表杂志

依折麦布片文献发表杂志相关统计数据见表 4-5-23。

表4-5-23　依折麦布片发文量前10位的期刊

序号	WOS 数据库		CNKI 数据库	
	英文来源出版物	记录数	中文来源出版物	记录数
1	ASIAN JOURNAL OF CHEMISTRY	8	中国临床药理学杂志	5
2	CURRENT MEDICAL RESEARCH ANDOPINION	7	临床合理用药杂志	4
3	ACTA CHROMATOGRAPHICA	5	现代药物与临床	4
4	JOURNAL OF AOAC INTERNATIONAL	5	中西医结合心脑血管病杂志	3
5	CHROMATOGRAPHIA	4	大理大学学报	2
6	E JOURNAL OF CHEMISTRY	4	中国医药工业杂志	2
7	INDIAN JOURNAL OF PHARMACEUTICAL EDUCATION AND RESEARCH	4	山西医科大学学报	2
8	INTERNATIONAL JOURNAL OF CLINICALPRACTICE	4	中国现代应用药学	2
9	JOURNAL OF LIQUID CHROMATOGRAPHY RELATED TECHNOLOGIES	4	实用中西医结合临床	1
10	SPECTROCHIMICA ACTA PART A MOLECULAR AND BIOMOLECULAR SPECTROSCOPY	4	医药导报	1

4. 文献发表国家 / 地区及数量分布

依折麦布片文献发表国家 / 地区及数量分布见表 4-5-24。

表4-5-24　文献发表前10位的国家/地区

序号	国家 / 地区	记录数	序号	国家 / 地区	记录数
1	印度	44	6	意大利	5
2	美国	15	7	巴基斯坦	5
3	埃及	13	8	韩国	4
4	沙特阿拉伯	9	9	中国台湾	4
5	土耳其	7	10	比利时	3

5. 文献发表的作者及其所在机构、数量及排序

依折麦布片文献发表作者及其相关统计数据见表 4-5-25。

表4-5-25　发表文章数量前10位的作者

序号	WOS 数据库		CNKI 数据库	
	作者及其所在机构	记录数	作者及其所在机构	记录数
1	Tribble Diane L, Isis Pharmaceuticals Inc	4	刘敬烂，邯郸冶金矿山管理局职工总医院	3
2	Johnson-Levonas Amy O, Merck & Company	4	李华，邯郸冶金矿山管理局职工总医院	3

续表

序号	WOS 数据库		CNKI 数据库	
	作者及其所在机构	记录数	作者及其所在机构	记录数
3	Davidson Michael, Univ Chicago Med	4	薛世虎 邯邢冶金矿山管理局 职工总医院	3
4	Lotfy Hayam M, Future University in Egypt	3	黄春媛, 邯邢冶金矿山管理局 职工总医院	3
5	Ose Leiv, University of Oslo	3	赵华伟, 邯邢冶金矿山管理局 职工总医院	3
6	Razzaq Syed Naeem, Government College University Lahore	3	职晶晶, 邯邢冶金矿山管理局 职工总医院	3
7	Tershakovec Andrew M, Merck & Company	3	闫秀平, 邯邢冶金矿山管理局 职工总医院	3
8	Dhaneshwar Sunil R, Ras Al Khaimah Med & Hlth Sci Univ	3	阳国平, 中南大学	2
9	Statkevich P, Bristol-Myers Squibb	3	韩清华, 山西医科大学第一医院	2
10	Khan Islam Ullah, Government College University Lahore	3	黄洁, 中南大学湘雅三医院	2

6. 文献发表机构、数量及排序

依折麦布片文献发表机构及其相关统计数据见表 4-5-26。

表4-5-26　文献发表前10位的机构、数量

序号	WOS 数据库		CNKI 数据库	
	机构	记录数	机构	记录数
1	MERCK COMPANY	17	邯邢冶金矿山管理局 职工总医院	3
2	EGYPTIAN KNOWLEDGE BANK EKB	13	大理大学	2
3	CAIRO UNIVERSITY	7	中南大学湘雅三医院	2
4	ANKARA UNIVERSITY	5	山西医科大学第一 医院	2
5	SCHERING PLOUGH RESEARCH INSTITUTE	5	山西医科大学	2
6	BAYLOR COLLEGE OF MEDICINE	3	广东省深圳市致君制 药有限公司	1
7	BHARATI VIDYAPEETH DEEMED UNIVERSITY	3	南京市溧水区人民 医院	1

续表

序号	WOS 数据库		CNKI 数据库	
	机构	记录数	机构	记录数
8	BOMBAY COLL PHARM	3	海南通用三洋药业有限公司	1
9	GOVERNMENT COLLEGE UNIVERSITY LAHORE	3	重庆医科大学	1
10	HACETTEPE UNIVERSITY	3	山西医科大学第一临床医学院	1

7. 依折麦布片相关论文的研究方向

依折麦布片相关论文的研究方向见表 4-5-27。

表4-5-27　依折麦布片研究排名前10位的研究方向

序号	WOS 数据库		CNKI 数据库	
	研究方向	记录数	研究方向	记录数
1	Pharmacology Pharmacy	48	依折麦布片	26
2	Chemistry	46	依折麦布	18
3	General Internal Medicine	13	依折麦布辛伐他汀片	16
4	Biochemistry Molecular Biology	12	高脂血症	9
5	Food Science Technology	8	冠心病	8
6	Research Experimental Medicine	8	临床研究	7
7	Spectroscopy	7	辛伐他汀	6
8	Cardiovascular System Cardiology	6	急性冠脉综合征	5
9	Education Educational Research	4	阿托伐他汀钙	5
10	Materials Science	2	瑞舒伐他汀钙片	3

参考文献

[1] 胡盛寿，高润霖，刘力生，等.《中国心血管病报告2018》概要［J］. 中国循环杂志，2019，34：209-220.

[2] Deng Y，Zhang X，Shen H，et al. Application of the Nano-Drug Delivery System in Treatment of Cardiovascular Diseases［J］. Front BioengBiotechnol，2020，7：489.

[3] Nadimi A E，Ebrahimipour S Y，Afshar E G，et al. Nano-scale drug delivery systems for antiarrhythmic agents［J］. Eur J Med Chem，2018，157：1153-1163.

[4] 李科，徐仓宝. 纳米医学在心血管疾病诊疗中的应用研究进展［J］. 中国动脉硬化杂志，2017，25：757-763.

[5] Nabel E，Braunwald E. A tale of coronary artery disease and myocardial infarction［J］. The New

England journal of medicine，2012，366：54–63.

[6] Sharma M，Sharma R，Jain D K. Nanotechnology Based Approaches for Enhancing Oral Bioavailability of Poorly Water Soluble Antihypertensive Drugs [J]. Scientifica (Cairo)，2016，2016：8525679.

[7] Alam T，Khan S，Gaba B，et al. Nanocarriers as treatment modalities for hypertension [J]. Drug Deliv，2017，24：358–369.

[8] Martin Gimenez V M，Kassuha D E，Manucha W. Nanomedicine applied to cardiovascular diseases：latest developments [J]. Ther Adv Cardiovasc Dis，2017，11：133–142.

[9] Kimura S，Egashira K，Chen L，et al. Nanoparticle–mediated delivery of nuclear factor kappaB decoy into lungs ameliorates monocrotaline–induced pulmonary arterial hypertension [J]. Hypertension，2009，53：877–883.

[10] Marcano J，Campos K，Rodr í guez V，et al. Intrapericardial delivery of amiodarone rapidly achieves therapeutic levels in the atrium [J]. The heart surgery forum，2013，16 5：E279–286.

[11] Elgart A，Cherniakov I，Aldouby Y，et al. Improved oral bioavailability of BCS class 2 compounds by self nano–emulsifying drug delivery systems (SNEDDS)：the underlying mechanisms for amiodarone and talinolol [J]. Pharm Res，2013，30：3029–3044.

[12] Ghasemian E，Motaghian P，Vatanara A. D–optimal Design for Preparation and Optimization of Fast Dissolving Bosentan Nanosuspension [J]. Adv Pharm Bull，2016，6：211–218.

[13] 施仲伟. 中国高血压患者心率管理多学科专家共识（2021 年版）[J]. 中国全科医学，2021，24（20）：2501–2507，2519.

[14] 中华医学会心血管病学分会，中国康复医学会心脏预防与康复专业委员会，中国老年学和老年医学会心脏专业委员会，等. 中国心血管病一级预防指南 [J]. 实用心脑肺血管病杂志，2021，29（1）：44，64.

[15] 高血压联盟（中国），中华医学会心血管病学分会，中国医师协会高血压专业委员会，等. 中国高血压防治指南（2018 年修订版）[J]. 中国心血管杂志，2019，24（1）：24–56.

[16] 国家卫生计生委合理用药专家委员会，中国医师协会高血压专业委员会. 高血压合理用药指南 [J]. 中国医学前沿杂志（电子版），2015，7（6）：22–64.

[17] Mach F，Baigent C，Catapano AL，et al. 2019 ESC/EAS guidelines for the management of dyslipidaemias：lipid modification to reduce cardiovascular risk [J]. Eur Heart J，2019，290：140–205.

[18] Grundy SM，Stone NJ，Bailey AL，et al. 2018 AHA/ ACC/ AACVPR/ AAPA/ ABC/ ACPM/

ADA/ AGS/ APhA/ ASPC/ NLA/ PCNA Guideline on the management of bloodcholesterol: a report of the American College of Cardiology/ American Heart Association task force on clinical practice guidelines [J] . Circulation: An Official Journal of the American Heart Association, 2023 (7): 148.

[19] 中华医学会心血管病学分会，中国康复医学会心脏预防与康复专业委员会，中国老年学和老年医学会心脏专业委员会，等 . 中国心血管病一级预防指南 [J] . 实用心脑肺血管病杂志，2021，29 (1): 44，64.

[20] FDA. 维拉帕米缓释胶囊（verelan PM）美国 FDA 药品说明书 [EB/OL] . [2024-08-13] . https: //www.fda.gov/

[21] FDA. 非诺贝特片（tricor）美国 FDA 药品说明书 [EB/OL] . [2024-08-13] . https: //www.fda.gov/

[22] FDA. 非诺贝特片（triglide）美国 FDA 药品说明书 [EB/OL] . [2024-08-13] . https: //www.fda.gov/

[23] FDA. 盐酸贝那普利片（lotensin）美国 FDA 药品说明书 [EB/OL] . [2024-08-13] . https: //www.fda.gov/

[24] 盐酸贝那普利片（洛汀新）药品说明书 [EB/OL] . [2024-08-13] . https: //www.yaozh.com/

[25] FDA. 依折麦布片（益适纯）美国 FDA 药品说明书 [EB/OL] . [2024-08-13] . https: //www.fda.gov/

[26] Davis P, Fagan T, Topmiller M, et al. Treatment of mild hypertension with low once-daily doses of a sustained-release capsule formulation of verapamil [J] . Journal of clinical pharmacology, 1995, 35: 52-58.

[27] Skaer T, Sclar D, Markowski D, et al. Utility of a sustained-release formulation for antihypertensive therapy [J] . Journal of human hypertension, 1993, 7: 519-522.

[28] Park M S, Youn J C, Kim E J, et al. Efficacy and Safety of Fenofibrate-Statin Combination Therapy in Patients With Inadequately Controlled Triglyceride Levels Despite Previous Statin Monotherapy: A Multicenter, Randomized, Double-blind, Phase IV Study [J] . Clin Ther, 2021, 43: 1735-1747.

[29] Guo J, Meng F, Ma N, et al. Meta-analysis of safety of the coadministration of statin with fenofibrate in patients with combined hyperlipidemia [J] . Am J Cardiol, 2012, 110: 1296-1301.

[30] Perreault S, Hamilton VH, Lavoie F, et al. A head-to-head comparison of the cost effectiveness of HMG-CoA reductase inhibitors and fibrates in different types of primary hyperlipidemia [J] . Cardiovasc Drugs Ther, 1997, 10 (6): 787-794.

[31] Kirchgässler K, Schiffner-Rohe J, Stahlheber U. Cost effectiveness of micronised fenofibrate and simvastatin in the short-term treatment of type Ⅱ a and type Ⅱ b hyperlipidaemia [J]. PharmacoEconomics, 1997, 12: 237-246.

[32] Ke Y, Tao Y, Yang H, et al. Effects of valsartan with or without benazepril on blood pressure, angiotensin Ⅱ, and endoxin in patients with essential hypertension [J]. Acta pharmacologica Sinica, 2003, 24: 337-341.

[33] Hogan T, Elliott W, Seto A, et al. Antihypertensive treatment with and without benazepril in patients with chronic renal insufficiency: a US economic evaluation [J]. PharmacoEconomics, 2002, 20: 37-47.

[34] Kim B, Hong S, Lee Y, et al. Long-term efficacy and safety of moderate-intensity statin with ezetimibe combination therapy versus high-intensity statin monotherapy in patients with atherosclerotic cardiovascular disease (RACING): a randomised, open-label, non-inferiority trial [J]. Lancet (London, England), 2022, 400: 380-390.

[35] Khan S, Yedlapati S, Lone A, et al. PCSK9 inhibitors and ezetimibe with or without statin therapy for cardiovascular risk reduction: a systematic review and network meta-analysis [J]. BMJ (Clinical research ed), 2022, 377: e069116.

[36] Hong S J, Jeong H S, Ahn J C, et al. A Phase Ⅲ, Multicenter, Randomized, Double-blind, Active Comparator Clinical Trial to Compare the Efficacy and Safety of Combination Therapy With Ezetimibe and Rosuvastatin Versus Rosuvastatin Monotherapy in Patients With Hypercholesterolemia: I-ROSETTE (Ildong Rosuvastatin & Ezetimibe for Hypercholesterolemia) Randomized Controlled Trial [J]. Clin Ther, 2018, 40: 226-241 e224.

[37] Sasidharan A, Bagepally B S, Kumar S S, et al. Cost-effectiveness of Ezetimibe plus statin lipid-lowering therapy: A systematic review and meta-analysis of cost-utility studies [J]. PLoS One, 2022, 17: e0264563.

第六节　镇痛纳米药物临床应用与循证评价

一、镇痛纳米药物概述

镇痛纳米药物主要包括阿片类药物以及非甾体抗炎药物（non-steroidal anti-inflammatory drugs, NSAIDs）两大类，目前全球已上市6个品种，继获美国FDA

批准上市后，部分品种陆续在欧洲、日本和中国获批上市。阿片类纳米药物包括硫酸吗啡缓释胶囊（avinza）和芬太尼透皮贴剂（duragesic），主要用于治疗中重度慢性疼痛以及只能依靠阿片类镇痛药物治疗的难治性疼痛。基于稳定性、表面性质及尺寸等方面的独特优势，纳米阿片类药物可控制药物释放速度和提高生物利用度，使血药浓度在较长时间内稳定维持在治疗窗内，从而有助于减少给药剂量和给药频次，降低阿片类药物的滥用风险。NSAIDs 类纳米药物包括塞来昔布胶囊（celebrex）、奈帕芬胺眼用混悬剂（ilevro）、萘普生控释片（naprelan）及美洛昔康注射剂（anjeso），可单独使用治疗轻度疼痛，或与其他非 NSAIDs 镇痛药物联合使用治疗中重度疼痛。NSAIDs 已被用于治疗多种疾病如类风湿性关节炎、急/慢性骨关节炎等引起的炎性疼痛，但长期或大量使用 NSAIDs 往往会对胃肠道、心血管和肾脏等造成不利影响[1]。纳米技术赋予 NSAIDs 类药物药剂学缓控释特征，使其疗效持久稳定，并降低全身性不良反应的发生风险[2]。

二、镇痛纳米药物的概况、适应证及指南、专家共识推荐

表 4-6-1 列举了镇痛纳米药物的概况、适应证及指南、专家共识推荐。

表4-6-1　镇痛纳米药物的概况、适应证及指南、专家共识推荐

药品通用名（商品名）	上市时间（国家）	适应证	指南推荐或专家共识推荐及证据级别
硫酸吗啡（Avinza）	2002 年（美国）	美国：适用于需要每天 24h 长期阿片类药物治疗，且替代治疗方案（例如，非阿片类镇痛药或速释阿片类药物）无效或不耐受的重度疼痛治疗[3]	《美国国立综合癌症网络（NCCN）临床实践指南：成人癌痛（2022.V2）》[4]：对于稳定剂量短效阿片类药物控制良好的慢性持续性疼痛，建议增加缓释或长效（ER/LA）制剂，以提供控制镇痛背景（2A）。对于阿片类药物耐受的中重度疼痛患者，若每天持续需要 4 剂或更多剂量的短效阿片类药物缓解疼痛，建议在每天总剂量的基础上增加一种长效阿片类药物或增加现有长效阿片类药物的剂量（2A） 《美国疾病控制与预防中心（CDC）临床实践指南：处方阿片类药物治疗疼痛（2022）》[5]：当对急性、亚急性或慢性疼痛进行阿片类药物初始治疗时，应给予速释阿片类药物，而不是 ER/LA 阿片类药物（A，4）。ER/LA 阿片类药物仅用于严重的、持续的疼痛，并且应考虑用于每天接受一定剂量速释阿片类药物（如每日 60mg 口服吗啡、每日 30mg 口服羟考酮或等效镇痛剂量的其他阿片类药物）至少 1 周的患者。对于需要长期阿片类药物治疗且替代治疗方案（例如，非阿片类镇痛药或速释阿片类药物）无效或不耐受的重度疼痛，建议给予 ER/LA 阿片类药物

续表

药品通用名（商品名）	上市时间（国家）	适应证	指南推荐或专家共识推荐及证据级别
芬太尼（Duragesic）	1991 年（美国） 1999 年（中国）	美国：用于治疗严重到需要使用全天长效阿片类药物的疼痛以及替代治疗方案不足的疼痛，不能用于不能耐受阿片类药物的患者[6] 中国：用于治疗中度到重度慢性疼痛以及那些只能依靠阿片样镇痛药治疗的难消除的疼痛[7]	《芬太尼透皮贴剂临床合理用药指南》[8]：稳定需求阿片类药物的患者可优选芬太尼透皮贴剂进行镇痛治疗（Ⅰ，2A）。不能口服（Ⅰ，1A）、不愿经口服（Ⅰ，2A）、中重度肝肾功能不全（Ⅰ，2A）、合并恶性肠梗阻（Ⅰ，1A）、口服药依从性差（Ⅱ，2A）以及口服阿片类药物出现严重恶心反应或Ⅱ级以上呕吐反应或Ⅲ级以上便秘或便秘持续1 周以上的患者（Ⅰ，1A）的镇痛治疗推荐给予芬太尼透皮贴剂 《欧洲肿瘤内科学会（ESMO）癌痛指南（2018）》[9]：芬太尼透皮贴剂和丁丙诺啡透皮贴剂是稳定需求阿片类药物患者的最佳选择（无推荐级别），且对于慢性肾脏疾病 4 期或 5 期患者（肾小球滤过率＜ 30ml/min）较其他阿片类药物更加安全（Ⅲ，B） 《NCCN 临床实践指南：成人癌痛（2022.V2）》[4]：芬太尼透皮贴剂通常是吞咽困难、对吗啡耐受性差和依从性差的患者的首选治疗药物，但不适用于阿片类药物的快速滴定，只有阿片类药物耐受患者在其他阿片类药物的充分控制的情况下才推荐使用。特殊情况下（如顽固性慢性便秘），建议将其他阿片类药物调整为芬太尼透皮贴剂
塞来昔布（Celebrex）	1998 年（美国） 2007 年（日本） 2012 年（中国）	美国：骨关节炎（OA）、类风湿性关节炎（RA）、2 岁及以上的幼年类风湿关节炎（JRA）患者、强直性脊柱炎（AS）、急性疼痛（AP）、原发性痛经（PD）[10] 日本：类风湿关节炎、骨关节炎、腰痛、肩周炎、颈肩臂综合征、肌腱和腱鞘炎，手术后、创伤后以及拔牙后的消炎镇痛[11] 中国：用于缓解骨关节炎（OA）的症状和体征，用于缓解成人类风湿关节炎（RA）的症状和体征，用于治疗成人急性疼痛（AP），用于缓解强直性脊柱炎的症状和体征[12]	《骨关节炎临床药物治疗专家共识（2021 版）》[13]：对于轻度 OA 患者、高龄或合并基础疾病较多的患者或对口服药有胃肠道反应的患者，建议优先选择局部外用药。中、重度 OA 患者可联合口服 NSAIDs。目前治疗 OA 的常用口服 NSAIDs 包括洛索洛芬、依托考昔、塞来昔布等，其中，塞来昔布对软骨基质蛋白聚糖合成有促进作用 《中国骨关节炎诊疗指南（2021 年版）》[14]：推荐疼痛症状持续存在或中重度疼痛的 OA 患者选择口服 NSAIDs，包括非选择性 NSAIDs 和选择性环氧合酶 -2（COX-2）抑制剂，但需警惕胃肠道和心血管不良事件（强推荐，B） 《中国老年膝关节骨关节炎诊疗及智能矫形康复专家共识》[15]：对于老年膝关节 OA 局部外用药效果不明显的患者，建议（或联合）使用口服药物。口服药物首选 NSAIDs 中对胃肠道副作用小的药物（如塞来昔布、依托考昔等），且用药前应评估其危险因素，关注胃肠道、心血管等方面潜在的风险 《国际评估强直性脊柱炎工作组（ASAS）/ 欧洲抗风湿病联盟（EULAR）建议：中轴型脊柱炎的管理（2022 年）》[16]：伴有疼痛和僵直的患者应使用 NSAIDs 作为一线治疗药物，可用到最大耐受剂量，但应平衡风险与获益。对 NSAIDs 应答良好的患者，如需要控制症状，最好长期使用 NSAIDs（A，1a） 《强直性脊柱炎诊疗规范（2022 年）》[17]：NSAIDs 可迅速改善 AS 患者腰背部疼痛和晨僵，减轻关节肿胀、疼痛及增加活动范围，对早期或晚期 AS 患者的症状治疗均为首选药物，且各种 NSAIDs 对 AS 的疗效相当 《强直性脊柱炎 / 脊柱关节炎患者实践指南》[18]：AS/SPA 患者若无使用 NSAIDs 的禁忌证，建议首选 NSAIDs（1B）

续表

药品通用名（商品名）	上市时间（国家）	适应证	指南推荐或专家共识推荐及证据级别
塞来昔布（Celebrex）			《世界急诊外科学会（WSES）/ 全球外科感染联盟（GAIS）/ 意大利麻醉 / 镇痛重症监护学会（SIAARTI）/ 美国创伤外科协会（AAST）：非创伤性急诊普通外科术后疼痛管理指南（2022 年）》[19]：当排除禁忌证时，建议在多模式镇痛中使用对乙酰氨基酚、NSAIDs（强烈推荐，高质量证据）和加巴喷丁类药物（中等推荐，中等质量证据） 《成人手术后疼痛处理专家共识（2017 年）》[20]：NSAIDs 用于术后镇痛的主要指征包括：①中小手术后镇痛或作为局部镇痛不足时的补充；②与阿片类药物或曲马多联合或多模式镇痛用于大手术镇痛，有显著的节阿片作用；③停用患者自控镇痛（PCA）后，大手术残留痛的镇痛；④选择性 COX-2 抑制剂塞来昔布术前口服有增强手术后镇痛作用和节吗啡的作用，有研究表明静注帕瑞昔布或氟比洛芬酯也有同样的作用，其他 NSAIDs 药物的作用仍未证实 《美国疼痛协会（APS）/ 美国区域麻醉和疼痛医学学会（ASRA）/ 美国麻醉医师协会（ASA）指南：术后疼痛的管理（2016 年）》[21]：对于排除禁忌证的患者，建议将对乙酰氨基酚和（或）NSAIDs 作为术后多模式镇痛的一部分（强烈建议，高质量证据），并推荐没有禁忌证的成人患者手术前给予塞来昔布（强烈推荐，中等质量证据） 《中国髋、膝关节置换术加速康复——围术期管理策略专家共识（2016 年）》[22]：术前关节疼痛患者应给予镇痛治疗，并选择不影响血小板功能的药物，如对乙酰氨基酚、塞来昔布等；术后镇痛推荐口服 NSAIDs（塞来昔布、双氯芬酸钠、洛索洛芬钠等）或注射用药（帕瑞昔布、氟比洛芬酯等） 《加拿大妇产科医生协会（SOGC）临床实践指南：原发性痛经（No.345）（2017 年）》[23]：给予常规剂量的 NSAIDs 可以作为大多数女性治疗痛经的一线治疗方案（Ⅰ, A）
萘普生钠（Naprelan）	1976 年（美国）	美国：适用于治疗类风湿关节炎、骨关节炎、强直性脊柱炎、肌腱炎、滑囊炎、急性痛风、原发性痛经、缓解轻中度疼痛[24]	《非创伤性软组织疼痛急诊管理专家共识（2022）》[25]：非创伤性软组织疼痛快速止痛的药物包括 NSAIDs（氟比洛芬凝胶贴膏、对乙酰氨基酚、阿司匹林、萘普生、布洛芬、双氯芬酸和吡罗昔康等）、中枢止痛药、阿片类止痛药和离子通道类镇痛药物 《急性闭合性软组织损伤诊疗与疼痛管理专家共识》[26]：由于急性闭合性软组织损伤炎症期的疼痛与炎性介质聚集有关，因此，NSAIDs 对急性闭合性软组织损伤的快速镇痛效果好，包括布洛芬、萘普生、双氯芬酸等 《中国骨关节炎疼痛管理临床实践指南（2020 年版）》[27]：骨关节炎疼痛症状持续存在或中重度疼痛患者可口服 NSAIDs，包括双氯芬酸、萘普生、布洛芬等，但需警惕胃肠道和心血管不良事件（强推荐，B 级） 《肌肉骨骼系统慢性疼痛管理专家共识》[28]：肌肉骨骼系统慢性疼痛的治疗包括药物治疗和非药物治疗，药物治疗可选择 NSAIDs，包括吲哚美辛、萘普生、布洛芬等

续表

药品通用名（商品名）	上市时间（国家）	适应证	指南推荐或专家共识推荐及证据级别
奈帕芬胺（Ilevro）	2012 年（美国）	美国：用于治疗白内障手术相关的疼痛和炎症[29]	《美国眼科学会（AAO）成人白内障首选实践指南（2016 年）》[30]：围手术期使用 NSAIDs 可在术后最初几周内加速视力恢复，并预防高危眼出现黄斑囊性水肿，但没有证据表明在白内障手术后 3 个月或更长时间内常规使用 NSAIDs 可改善视力（Ⅱ+，中等质量，强烈推荐） 《英国国家卫生与临床优化研究所（NICE）指南：成人白内障的管理（2017 年）》[31]：白内障手术后给予局部类固醇和（或）NSAIDs，以预防炎症和囊状黄斑水肿 《我国白内障围手术期非感染性炎症反应防治专家共识（2015 年）》[32]：对于白内障围手术期的抗炎治疗，术前可根据具体情况决定是否使用 NSAIDs（一般情况不使用），术后建议局部联合使用糖皮质激素和 NSAIDs，其抗炎效能优于任何一种单独用药
美洛昔康（Anjeso）	2020 年（美国）	美国：用于治疗成人中至中度疼痛，可单独使用或与非甾体类抗炎药联合使用[33]	《骨科加速康复围手术期疼痛管理专家共识》[34]：术后镇痛可定期静脉注射以 NSAIDs 为主的镇痛药物（无推荐等级） 《腰椎融合术围手术期护理共识声明：增强术后恢复协会建议（2021 年）》[35]：建议常规使用多模式镇痛方案（包含对乙酰氨基酚、NSAIDs）来改善疼痛控制和减少阿片类药物的消耗（中等强度推荐） 《全髋关节置换术特定手术后疼痛管理（PROSPECT）指南：系统回顾和术后疼痛管理建议（2021 年）》[36]：术前和术后基础镇痛方案应包含对乙酰氨基酚联合 NSAIDs 或选择性 COX-2 抑制剂（A 级推荐） 《可视化胸腔镜手术 PROSPECT 指南：系统回顾和术后疼痛管理建议（2022 年）》[37]：术前和术后基础镇痛方案应包含对乙酰氨基酚联合 NSAIDs 或选择性 COX-2 抑制剂（A 级推荐） 《WSES/GAIS/SIAARTI/AAST：非创伤性急诊普通外科术后疼痛管理指南（2022 年）》[19]：当排除禁忌证时，建议在多模式镇痛中使用对乙酰氨基酚、NSAIDs（强烈推荐，高质量证据）和加巴喷丁类药物（中等推荐，中等质量证据） 《美国妇产科医师学会（ACOG）临床共识：产后疼痛管理的药理学分步多模式方法（2021 年）》[38]：对于剖宫产术后疼痛，多模式镇痛方案应包括标准的口服和静脉镇痛制剂，如对乙酰氨基酚、NSAIDs 和阿片类药物

三、镇痛纳米药物的药代动力学及特性比较

镇痛纳米药物的药代动力学及特性比较具体见表 4-6-2。

表4-6-2　镇痛纳米药物的药代动力学及特性比较

药品通用名（商品名）	药代动力学参数	代谢和排泄途径	药物相互作用	其他特性（如有效期、保存条件、单次最大给药剂量等）
硫酸吗啡（Avinza）	粒径：150~400nm[39] 分子量：758[3] 达峰时间：0.5h；消除半衰期：24h[3] 分布容积：1~6 L/kg[3] 生物利用度：＜40%[3] 蛋白结合率：20%~35%[3]	吗啡代谢的主要途径为葡萄糖醛酸化[3]；吗啡通过肝脏代谢成葡萄糖醛酸代谢物M3G和M6G，主要经肾脏排泄[3]	与酒精合用，可能会导致其血药浓度增加；与其他中枢抑制剂合用，可能会增加呼吸抑制、深度镇静、昏迷和死亡的风险；与混合激动剂/拮抗剂阿片类镇痛药合用，可能降低其镇痛效果或加速戒断症状等	储存条件：25℃；在15~30℃环境下运输，避光防潮[3]。 每日最高剂量：1600mg/d[3]
芬太尼（Duragesic）	分子量：336.46[6] 达峰时间:24~72h；消除半衰期:17h[6] 分布容积：3~10L/kg[6] 生物利用度：90% 蛋白结合率：95%[6]	芬太尼主要经肝脏中的CYP3A4快速和广泛地代谢。代谢物主要经尿液排泄，少量经粪便排泄[6]	与CNS抑制剂合用，可能会不成比例地增加中枢神经系统抑制作用；与CYP3A4抑制剂合用，可能会导致芬太尼清除率降低；与CYP3A4诱导剂（如利福平、卡马西平、苯巴比妥、苯妥英）合用，可导致芬太尼血药浓度降低和疗效降低等[6]	1. 有效期：24个月[6] 2. 15~25℃密封保存[6]
芬太尼（锐枢安）	分子量：336.46[40] 达峰时间：24~72h；消除半衰期：17h[40] 分布容积：13 L/kg[40] 蛋白结合率：84%[40]	芬太尼在肝脏内主要通过CYP3A4酶快速和广泛代谢；约75%的芬太尼主要以无活性代谢产物的形式在24h内经尿液排出，原型药物少于10%[40]	与CNS抑制剂合用，可能发生肺通气不足、低血压及深度镇静或昏迷；与MAOIs合用，可能会产生重阿片作用，和5-羟色胺能作用；与CYP3A4抑制剂合用，可能会使芬太尼需要浓度增高引起严重呼吸抑制[40]	1. 有效期：24个月[40] 2. 15~25℃密封保存[40]
芬太尼（芬太克）	分子量：336.46[41] 达峰时间：24~72h；消除半衰期：17h[41] 蛋白结合率：71%~87%[41]	芬太尼主要在肝脏代谢；约75%的芬太尼主要以代谢产物的形式排泄入尿，原形药物少于10%，约9%的使用量以代谢产物的形式排泄入粪便[41]	与CNS抑制剂合用，可能发生肺通气不足、低血压及深度镇静或昏迷[41]	1. 有效期：18个月[41] 2. 15~25℃密封保存[41]

续表

药品通用名（商品名）	药代动力学参数	代谢和排泄途径	药物相互作用	其他特性（如有效期、保存条件、单次最大给药剂量等）
塞来昔布（Celebrex）	粒径：150~400nm[39] 分子量：381.38[10] 达峰时间:3h；消除半衰期:11h[10] 分布容积：400L[10] 蛋白结合率：97%[10]	主要经 P450 2C9 代谢[10]；主要代谢物57% 从粪中排出，27% 从尿中排出[10]	与干扰止血的药物合用，可能会使严重出血的风险增加；与阿司匹林合用可能会使胃肠道不良反应的发生率明显增加；与 ACE 抑制剂、ARB 或 β 受体拮抗剂（包括普萘洛尔）合用，可能会降低其降压作用；与利尿剂合用，可能会降低髓袢利尿剂（例如呋塞米）和噻嗪类利尿剂的促尿钠排泄作用；与地高辛合用，可能会增加血清浓度并延长地高辛的半衰期；与甲氨蝶呤合用，可能会增加甲氨蝶呤中毒的风险；与环孢素合用，可能会增加环孢素的肾毒性风险等[10]	1. 有效期：36 个月[10] 2. 室温，密闭保存[10] 3. 药物每日最高剂量：400mg/d[10]
塞来昔布（福乐安）	分子量：381.38[42] 达峰时间:3h；消除半衰期:11h[42] 分布容积：400L[42] 蛋白结合率：97%[42]	同 Celebrex[42]	同 Celebrex[42]	1. 有效期：24 个月[42] 2. 常温，密封储存[42] 3. 每日最高剂量：400mg/d[42]
塞来昔布（泽乐妥）	同 Celebrex[43]	同 Celebrex[43]	同 Celebrex[43]	1. 有效期：24 个月[43] 2. 常温 10~30℃，密封保存[43]
塞来昔布（奈奇）	同 Celebrex[44]	同 Celebrex[44]	同 Celebrex[44]	1. 有效期：24 个月[44] 2. 常温，密封保存[44]
塞来昔布（优得宁）	同 Celebrex[45]	同 Celebrex[45]	同 Celebrex[45]	1. 有效期：36 个月[45] 2. 常温 10~30℃，密闭保存[45]

续表

药品通用名（商品名）	药代动力学参数	代谢和排泄途径	药物相互作用	其他特性（如有效期、保存条件、单次最大给药剂量等）
塞来昔布（齐友舒）	同 Celebrex[46]	同 Celebrex[46]	同 Celebrex[46]	1. 有效期：24 个月[46] 2. 常温，密闭保存[46]
塞来昔布（苏立葆）	同 Celebrex[47]	同 Celebrex[47]	同 Celebrex[47]	1. 有效期：24 个月[47] 2. 常温，密闭保存[47]
萘普生钠（Naprelan）	粒径：150~400nm[39] 分子量：252.24[24] 达峰时间:5h；消除半衰期 15h[24] 分布容积：0.16L/kg[24] 生物利用度 95%[24] 蛋白结合率：>99%[24]	萘普生被广泛代谢为 6-*O*- 去甲基萘普生。大部分随尿液排出，主要为未改变的萘普生（低于 1%）、6-*O*- 去甲基萘普生（低于 1%）及其葡糖苷酸酯或其他结合物（66%~92%）。少量（＜ 5%）的药物随粪便排出[25]	可能会降低 ACE 抑制剂的降压作用；可降低部分患者呋塞米和噻嗪类药物的利钠作用；可能可以增强甲氨蝶呤的毒性等[29]	储存条件：20~25℃[25]；单次最高剂量 1500mg[25]
奈帕芬胺（Ilevro）	分子量：254.8[29] 达峰时间：0.5h[29] 其余参数：无相关资料	奈帕芬胺浓度达到 3000ng/ml 未抑制细胞色素 P450（CYP）同工酶 6 种特异性标志物底物（CYP1A2、CYP2C9、CYP2C19、CYP2D6、CYP2E1 和 CYP3A4）的体外代谢[29]	谨慎与其他 NSAIDs 合用，可能会干扰血小板聚集而增加出血时间，延迟愈合[29]	储存条件：2~25℃；避光[29]
美洛昔康（Anjeso）	粒径：150~400nm[39] 分子量：351.4[33] 达峰时间:（0.12 ± 0.04）h；消除半衰期：24h[33] 分布容积：9.63L[33] 蛋白结合率：99.4%[33]	代谢：在肝脏广泛代谢，代谢物为 5- 羧基美洛昔康（占剂量的 60%）[33] 清除：代谢物在尿液和粪便中出现的程度相同[33]	与抗凝剂合用，有增加严重出血的风险；与阿司匹林合用，可能增加消化道不良反应的发生率；与 ACEI、ARB 和 β- 受体拮抗剂抗合用，可能会降低其降血压能力等[33]	储存条件：15~25℃，在 4~30℃进行运输，避免冻结，避光[33]

四、镇痛纳米药物对应适应证的 HTA

镇痛纳米药物对应适应证的 HTA 见表 4–6–3。

表4–6–3　镇痛纳米药物对应适应证的HTA

药品通用名（商品名）	适应证	有效性	安全性	经济性
硫酸吗啡（Avinza）	适用于需要每天24h长期阿片类药物治疗，且替代治疗方案（例如，非阿片类镇痛药或速释阿片类药物）无效或不耐受的重度疼痛治疗	1. 一项多中心、开放标签RCT研究显示[48]，硫酸吗啡缓释胶囊和盐酸羟考酮缓释片用于治疗慢性、中重度腰痛的评估和延长阶段时，硫酸吗啡缓释胶囊在降低疼痛评分和改善睡眠方面的表现明显优于盐酸羟考酮缓释片，且每日阿片类药物剂量更低 2. 一项多中心、开放标签RCT研究显示[5]，硫酸吗啡缓释胶囊和硫酸吗啡缓释片在治疗慢性、中重度骨关节炎疼痛时，两者镇痛效果相当，而硫酸吗啡缓释胶囊在改善整体睡眠质量方面更有优势	1. 一项多中心、开放标签RCT研究显示[48]，硫酸吗啡缓释胶囊和盐酸羟考酮缓释片在治疗慢性、中重度腰痛的评估和延长阶段时，两者不良事件发生率和严重程度相似 2. 一项多中心、开放标签RCT研究显示[49]，硫酸吗啡缓释胶囊和硫酸吗啡缓释片在治疗慢性、中重度骨关节炎疼痛时，两者常见的不良事件是便秘和恶心，大多数不良事件的发生率相似，但硫酸吗啡缓释胶囊的便秘率显著高于硫酸吗啡缓释片，硫酸吗啡缓释胶囊的虚弱率显著低于硫酸吗啡缓释片	一项关于18个国家阿片类药物价格观察横断面研究显示[50]，缓释吗啡价格最优，其配药价格中位数低于速释吗啡
芬太尼（Duragesic）	用于治疗严重到需要使用全天长效阿片类药物的疼痛以及替代治疗方案不足的疼痛，不能用于不能耐受阿片类药物的患者	1. 一项关于研究芬太尼透皮给药和吗啡静脉给药治疗术后疼痛的meta分析结果显示[51]，芬太尼在用药24h后“优秀”PGA评分率优于吗啡 2. 一项meta分析结果显示[52]，在中重度癌痛治疗中，芬太尼透皮贴剂的疼痛缓解率与吗啡缓释片相当，且对生活质量评分改善情况优于吗啡缓释片	1. 多项meta分析结果显示[53-57]，对于中重度癌痛患者，芬太尼透皮贴剂发生便秘、恶心呕吐、嗜睡和尿潴留的风险显著低于口服（或静脉）吗啡，但皮肤过敏的发生率更高 2. 另一项研究老年患者术后急性疼痛的meta分析结果显示[56]，接受吗啡注射液患者发生中枢神经系统或呼吸抑制不良反应率比芬太尼透皮贴剂更为常见，且患者出现缺氧、低通气、嗜睡和精神错乱等不良事件的比例更大	一项关于18个国家阿片类药物价格观察横断面研究显示，芬太尼透皮贴剂低于速释吗啡（口服或注射）的配药价格；缓释吗啡最优，芬太尼透皮贴剂次之[50]

续表

药品通用名（商品名）	适应证	有效性	安全性	经济性
塞来昔布（Celebrex）	骨关节炎	一项纳入9项RCT的系统评价结果显示[58]，在治疗骨关节炎患者中，塞来昔布与萘普生的治疗效果相当	一项国际双盲RCT显示[59]，塞来昔布的主要心血管相关不良事件、胃肠道不良事件、肾脏不良事件发生风险显著低于布洛芬。而与萘普生相比，主要心血管相关不良事件、肾脏不良事件的发生风险无显著差异。另一项研究结果显示[60]，塞来昔布对类风湿性关节炎和骨关节炎患者相对安全，与剂量或持续时间无关	骨关节炎患者长期使用塞来昔布的经济学模型显示，塞来昔布与NSAIDs的基础模型增量成本－效果比（ICER）为31，097美元/质量调整寿命年（QALY），在60岁以上并具有上消化道并发症平均风险的OA患者中，长期使用塞来昔布与非选择性NSAIDs相比具有成本效益[61]
	类风湿性关节炎	一项纳入9项RCT的系统评价显示[58]，在治疗类风湿性关节炎患者中，塞来昔布与萘普生、双氯芬酸的治疗效果相当	1. 一项国际双盲RCT显示[59]，在主要心血管不良事件方面，塞来昔布的发生率与布洛芬和萘普生无显著性差异。在胃肠道不良事件方面，塞来昔布的发生率显著低于布洛芬，而与萘普生相比无显著性差异。在死亡率方面，塞来昔布显著低于萘普生 2. 一项系统评价结果显示[58]，塞来昔布停药发生率与其他NSAIDs（萘普生、双氯芬酸、布洛芬）相比，无显著差异，而因腹痛和消化不良而停药的次数显著减少	
塞来昔布	强直性脊柱炎	1. 多项RCT研究结果显示[62-65]，塞来昔布缓解强直性脊柱炎疼痛的疗效与其他NSAIDs（萘普生、酮洛芬、双氯芬酸）相当	在强直性脊柱炎患者中，塞来昔布治疗最常见的不良反应包括头痛、鼻咽炎、恶心和消化不良，以胃肠道功能障碍最为常见[62]。	

续表

药品通用名（商品名）	适应证	有效性	安全性	经济性
塞来昔布	强直性脊柱炎	2. 一项多中心、随机、双盲双模拟、阳性药物（双氯芬酸）平行对照临床试验结果显示[66]，塞来昔布（200mg/d）对强直性脊柱炎镇痛效果非劣效于双氯芬酸（75mg/d）。当剂量提高至400mg/d继续治疗6周后，塞来昔布200mg/d治疗疗效反应较差患者的疗效指标ASAS-20从22.2%提高至32.6%	据一项为期12周的随机、双盲、对照研究的结果显示[64]，塞来昔布在强直性脊柱炎患者中具有良好耐受性，且塞来昔布200mg/d组或400mg/d组消化道不良事件发生率明显低于双氯芬酸75mg/d组	
	急性疼痛	1. 一项纳入8篇RCT的系统评价结果显示[67]，单剂量塞来昔布可有效缓解术后中重度疼痛，且塞来昔布（400mg/d）与布洛芬（400mg/d）具有相似的疗效 2. 一项RCT结果显示[68]，对于口腔术后中重度疼痛，与布洛芬相比，接受塞来昔布的患者使用抢救药物时间显著延长，在后期，疼痛缓解评分更高。在接受全膝关节置换术、膝关节镜手术、腹腔镜手术患者的围手术期给予塞来昔布可显著降低术后阿片类药物使用量和（或）疼痛评分[69-71]	一项纳入5篇RCT的系统评价结果显示[72]，在关节镜检查前给予塞来昔布可减少阿片类药物相关不良事件的发生率。此外，在骨科术后急性疼痛患者中，塞来昔布不良事件发生率明显低于氢可酮/对乙酰氨基酚[73]。在口腔术后疼痛患者中，塞来昔布治疗最常见不良事件为头痛（15.8%）、恶心（15.8%）和头晕（10.5%），但单剂量塞来昔布组不良事件发生率低于布洛芬组[68]	
萘普生钠（Naprelan）	类风湿性关节炎	一项关于萘普生/伐地昔布治疗RA的多中心RCT研究[74]显示，与安慰剂相比，萘普生与伐地昔布的治疗均有效。在治疗第2周时，萘普生的达到美国风湿病学会（ACR）标准20%缓解的患者（ACR-20）应答率显著高于伐地昔布，而在治疗第6、12周，两者ACR-20应答率无显著性差异	一项关于NSAIDs治疗OA或RA的RCT研究[75]显示，塞来昔布、布洛芬和萘普生在治疗期间或治疗30天后的胃肠道事件（出血、梗阻、胃穿孔或溃疡）发生率分别为0.34%、0.74%和0.66%	

续表

药品通用名（商品名）	适应证	有效性	安全性	经济性
萘普生钠（Naprelan）	骨关节炎	一项网络meta分析结果显示[76]，在骨关节炎患者的功能改善方面，与双氯芬酸、塞来昔布、布洛芬和关节内注射皮质类固醇及富血小板血浆（PRP）相比，萘普生最有效	一项meta分析显示[77]，萘普生的使用与房颤风险显著相关，其相对危险度为1.44	一项萘普生/塞来昔布治疗膝关节骨关节炎患者的成本效益研究显示[78]，萘普生是价格最优的治疗方案。服用萘普生的患者质量调整预期寿命(QALE)为10.892QALYs，平均终生医疗费用为100300美元。基于塞来昔布的治疗策略（联合和不联合PPIs）比基于单用萘普生的策略成本高160美元，且获益更少
	强直性脊柱炎	1. 一项关于NSAIDs治疗强直性脊柱炎的网络荟萃分析显示[79]，与安慰剂相比，接受NSAIDs治疗的患者，其总体病情评估（PGA）、强直性脊柱炎功能指数（BASFI）及疼痛强度均有明显改善，但各NSAIDs之间均没有显著性差异 2. 一项RCT研究显示[81]，对于强直性脊柱炎的患者，萘普生7.5mg/kg bid组比塞来昔布200mg bid组更有效	1. 一项网络meta分析显示[80]，强直性脊柱炎患者接受萘普生治疗发生胃肠道事件的风险显著高于安慰剂组。然而，不同的NSAIDs（包括依托考昔、塞来昔布、美洛昔康、双氯芬酸和萘普生）在胃肠道事件方面没有显著差异 2. 一项RCT研究显示[81]，萘普生、塞来昔布用于治疗强直性脊柱炎患者时，最常见的不良事件包括头痛、鼻咽炎、上呼吸道感染、恶心和消化不良。大多数不良事件的严重程度为轻至中度	

续表

药品通用名（商品名）	适应证	有效性	安全性	经济性
萘普生钠（Naprelan）	肌腱炎、滑囊炎	一项RCT研究显示[82]，萘普生组和塞来昔布组和的静息时最大疼痛强度与基线相比的平均降幅更大；在治疗第14天，塞来昔布组的静息时最大疼痛强度与基线相比的平均降幅更大，但萘普生组没有显著差异。该研究表明，萘普生和塞来昔布缓解急性肩肌腱炎和（或）肩峰下滑囊炎疼痛的效果明显优于安慰剂治疗，且两者疗效相当	一项RCT研究显示[82]，萘普生、塞来昔布用于治疗急性发作的肩肌腱炎和（或）肩峰下滑囊炎患者时，塞来昔布、萘普生和安慰剂不良事件发生率分别为36.7%、36.0%和29.6%，以头痛、消化不良和恶心最为常见。其中，三者之间头痛发生率相似，而萘普生的消化不良、恶心发生率高于塞来昔布和安慰剂	
	急性痛风	1. 一项多中心、开放标签的RCT研究显示[83]，对于痛风发作的患者，给予萘普生、秋水仙碱治疗后，患者第1~7天的平均疼痛变化评分均有改善，但组间没有显著差异 2. 一项随机、双盲的等效性试验结果显示[84]，对于痛风性关节炎患者，给予口服泼尼松龙、萘普生治疗后，两组在观察期内的临床症状均显著改善	一项多中心、开放标签的RCT研究显示[83]，对于痛风发作的患者，给予萘普生或秋水仙碱治疗后，在第1~7天，秋水仙碱的腹泻和头痛发生率比萘普生更为常见，但便秘较少见	
	原发性痛经	1. 两项RCT研究显示[85]，对于18~44岁的原发性痛经患者，萘普生和塞来昔布均可明显改善主要疗效指标TOTPAR和SPID。同时，与塞来昔布相比，萘普生在两项研究中的SPID和研究2中的TOTPAR更优 2. 一项网络meta分析结果显示[86]，对于原发性痛经的治疗，除阿司匹林外，所有纳入的NSAIDs均比安慰剂更有效。其中，双氯芬酸和布洛芬最有效，其次为酮洛芬、萘普生和阿司匹林	一项meta分析结果显示[87]，服用任何剂量的NSAIDs一周、一个月或一个月以上，都会增加心肌梗死的风险。使用1~7天后，塞来昔布增加心肌梗死风险的概率为92%，布洛芬为97%，双氯芬酸、萘普生和罗非昔布为99%，且更高剂量的NSAIDs发生心肌梗死的风险更大	

续表

药品通用名（商品名）	适应证	有效性	安全性	经济性
奈帕芬胺（Ilevro）	用于治疗白内障手术相关的疼痛和炎症	1. 一项 RCT 研究结果显示[88]，在预防和治疗白内障手术后的眼部炎症和疼痛方面，0.3% 奈帕芬胺酸（每日 1 次）与 0.1% 奈帕芬胺（每日 3 次）疗效相当 2. 一项纳入了 19 篇 RCT 的荟萃分析，其结果显示，NSAIDs 是缓解前房炎症的有效药物，双氯芬酸、奈帕芬胺、酮咯酸和溴芬酸比其他 NSAIDs 效果更优，其中奈帕芬胺最有可能缓解术后眼部疼痛，其次是溴芬酸和酮咯酸[89]。而另一项纳入了 11 篇 RCT 的荟萃分析显示，奈帕芬胺在控制白内障手术后的眼部炎症方面与酮咯酸疗效相当[90]	一项 RCT 研究结果显示[88]，0.3% 奈帕芬胺（每日一次）用于治疗白内障手术炎症与疼痛 14 天后，大多数报告眼压增加的病例发生在早期（第 2 天或第 3 天），并在 1 天内通过治疗得到解决。此外，与基线相比，矫正远视力、眼底参数扩张或眼部体征均未观察到临床相关的变化	治疗费用方面，价格最低的是 0.5% 的酮咯酸溶液；价格最高的是 0.09% 的溴芬酸。0.1% 和 0.3% 的奈帕芬胺眼部混悬液的价格相似，略低于 0.09% 溴芬酸溶液的价格[91]
美洛昔康（Anjeso）	用于治疗成人中重度疼痛，可单独使用或与非非甾体类抗炎药联合使用	双盲 RCT 研究结果显示，对于腹腔镜术后患者，给予美洛昔康、酮咯酸注射液后，止痛效果相当[92]。对于拔除智齿后中、重度 PI 评分患者，美洛昔康镇痛效果明显优于布洛芬，且起效迅速，在给药 10 min 后即出现疼痛缓解[93]；对于剖腹式子宫切除术后中重度疼痛患者，注射给予美洛昔康后 24h 内 SPID、TOTPAR 高于吗啡，且起效迅速[94] 2. 一项关于静脉非阿片类镇痛药物用于术后镇痛的有效性网状 meta 分析显示[95]，与对乙酰氨基酚、酮咯酸和布洛芬的静脉制剂相比，在腹部手术、囊炎切除手术、子宫切除术的术后 24h 内注射美洛昔康，其疼痛缓解效果更好	一项 RCT 研究结果显示[96]，美洛昔康注射液常见不良反应包括恶心（23%）、便秘（10%）、呕吐（5%）、头痛（4%）、皮肤瘙痒（4%）、GGT（4%）、头晕（3%）、贫血（3%）和 ALT 升高（3%），且大多为轻至中度，重度不良反应约占 3%，无相关死亡病例	1. 一项 RCT 研究结果显示，术前给予美洛昔康注射液 30mg 的患者总住院费用降低 2260 美元，住院天数缩短 8.6%[97] 2. 一项研究结果显示[105]，与对乙酰氨基酚、布洛芬和酮咯酸的静脉制剂相比，美洛昔康注射液在术后中重度疼痛治疗中，除酮咯酸用于骨科手术外，其成本效益更占优势，且在一定程度上可节约治疗费用

五、镇痛纳米药物文献计量学与研究热点分析

镇痛纳米药物主要包括阿片类和 NSAIDs 类两个大类，是安全、有效管理疼痛的重要工具。基于纳米药物理化性质与药代动力学的独特优势，有助于克服与传

统镇痛药物相关的安全性、有效性问题。通过总结镇痛纳米药物的药代动力学特点、临床应用指南和共识推荐意见，以及对相关药物进行临床综合评价，为临床提供用药指导。

为了更加全面了解镇痛纳米药物，应用 Web of science 核心合集数据库和 CNKI 数据库开展了文献计量学研究，旨在分析国内外的研究现状、热点，进一步探索其研究前沿，为我国镇痛纳米药物的临床合理应用提供技术参考。

（一）硫酸吗啡缓释胶囊的文献计量学与研究热点分析

1. 检索策略

硫酸吗啡缓释胶囊文献计量学的检索策略见表 4-6-4。

表4-6-4　硫酸吗啡缓释胶囊文献计量学的检索策略

类别	检索策略	
数据来源	Web of Science 核心合集数据库	CNKI 数据库
引文索引	SCI-Expanded	主题检索
主题词	Extended/sustained-release morphine sulfate	硫酸吗啡缓释胶囊
文献类型	Article	研究论文
语种	English	中文
检索时段	2000 年 ~2021 年	2000 年 ~2021 年
检索结果	共 118 篇文献	共 0 篇文献

2. 文献发表时间及数量分布

硫酸吗啡缓释胶囊文献发表时间及数量分布见图 4-6-1。

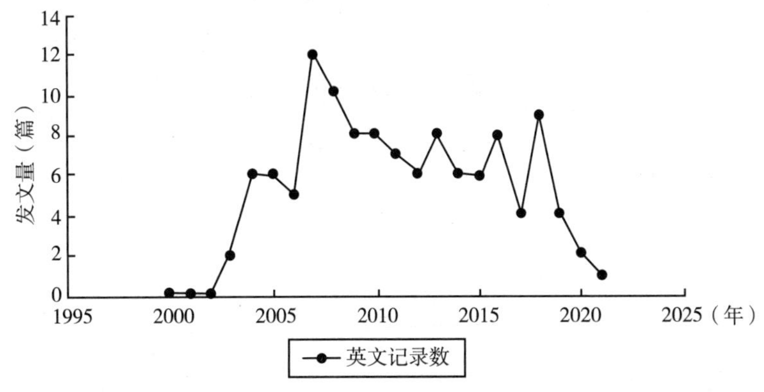

图 4-6-1　2000 年 ~2021 年硫酸吗啡缓释胶囊研究的发文量

3. 文献发表杂志

硫酸吗啡缓释胶囊文献发表杂志及相关数据统计见表 4-6-5。

表4-6-5　硫酸吗啡缓释胶囊发文量前10位的期刊

序号	WOS 数据库		序号	WOS 数据库	
	英文来源出版物	记录数		英文来源出版物	记录数
1	CURRENT MEDICAL RESEARCH AND OPINION	8	6	ANESTHESIA AND ANALGESIA	3
2	PAIN MEDICINE	6	7	EXPERT OPINION ON PHARMACOTHERAPY	3
3	CLINICAL DRUG INVESTIGATION	4	8	JOURNAL OF PAIN	3
4	POSTGRADUATE MEDICINE	4	9	JOURNAL OF PAIN AND SYMPTOM MANAGEMENT	3
5	AMERICAN JOURNAL OF HEALTH SYSTEM PHARMACY	3	10	JOURNAL OF VETERINARY PHARMACOLOGY AND THERAPEUTICS	3

4. 文献发表国家及数量分布

硫酸吗啡缓释胶囊文献发表国家及数量分布见表 4-6-6。

表4-6-6　文献发表前10位的国家

序号	国家	记录数	序号	国家	记录数
1	美国	91	6	澳大利亚	2
2	加拿大	8	7	奥地利	2
3	英国	3	8	意大利	2
4	法国	3	9	中国	2
5	德国	3	10	孟加拉国	1

5. 文献发表的作者及其所在机构、数量及排序

硫酸吗啡缓释胶囊文献发表作者及其相关数据统计见表 4-6-7。

表4-6-7　发表文章数量前10位的作者

序号	WOS 数据库		序号	WOS 数据库	
	作者及其所在机构	记录数		作者及其所在机构	记录数
1	Setnik Beatrice，Altasciences	12	6	B. D. Nicholson，Univ Oxford	6
2	Stauffer Joseph W.，Cara Therapeut	11	7	Sommerville Kenneth，Greenwich Biosci Inc	6
3	Webster Lynn，PRA Hlth Sci	10	8	Kinzler Eric R.，Inspir Delivery Sci LLC	5
4	Johnson FK，Amicus Therapeut Inc	9	9	Pixton Glenn C.，Pfizer	5
5	Ross EL，Harvard University	6	10	Sasaki John T.，Casa Colina Ctr Rehabil	5

6. 文献发表机构、数量及排序

硫酸吗啡缓释胶囊文献发表机构及其相关统计数据见表 4-6-8。

表4-6-8　文献发表前10位的机构、数量

序号	WOS 数据库		序号	WOS 数据库	
	机构	记录数		机构	记录数
1	PFIZER	14	6	JOHNS HOPKINS UNIVERSITY	10
2	HARVARD UNIVERSITY	12	7	PRA HLTH SCI	7
3	BRIGHAM WOMEN S HOSPITAL	11	8	CASA COLINA CTR REHABIL	5
4	ALPHARMA PHARMACEUT LLC	10	9	CLINPHARM PK CONSULTING LLC	5
5	DUKE UNIVERSITY	10	10	HARVARD MEDICAL SCHOOL	5

7. 硫酸吗啡缓释胶囊相关论文的研究方向

硫酸吗啡缓释胶囊相关论文的研究方向见表 4-6-9。

表4-6-9　硫酸吗啡缓释胶囊研究排名前10位的研究方向

序号	WOS 数据库		序号	WOS 数据库	
	研究方向	记录数		研究方向	记录数
1	Pharmacology Pharmacy	40	6	Research Experimental Medicine	12
2	General Internal Medicine	30	7	Veterinary Sciences	7
3	Neurosciences Neurology	21	8	Oncology	5
4	Anesthesiology	20	9	Substance Abuse	5
5	Health Care Sciences Services	15	10	Psychiatry	3

（二）芬太尼透皮贴剂的文献计量学与研究热点分析

1. 检索策略

芬太尼透皮贴剂文献计量学的检索策略见表 4-6-10。

表4-6-10　芬太尼透皮贴剂文献计量学的检索策略

类别	检索策略	
数据来源	Web of Science 核心合集数据库	CNKI 数据库
引文索引	SCI-Expanded	主题检索
主题词	Fentanyl transdermal	芬太尼透皮贴剂
文献类型	Article	研究论文
语种	English	中文
检索时段	2000 年 ~2021 年	2000 年 ~2021 年
检索结果	共 855 篇文献	共 71 篇文献

2. 文献发表时间及数量分布

芬太尼透皮贴剂文献发表时间及数量分布见图 4-6-2。

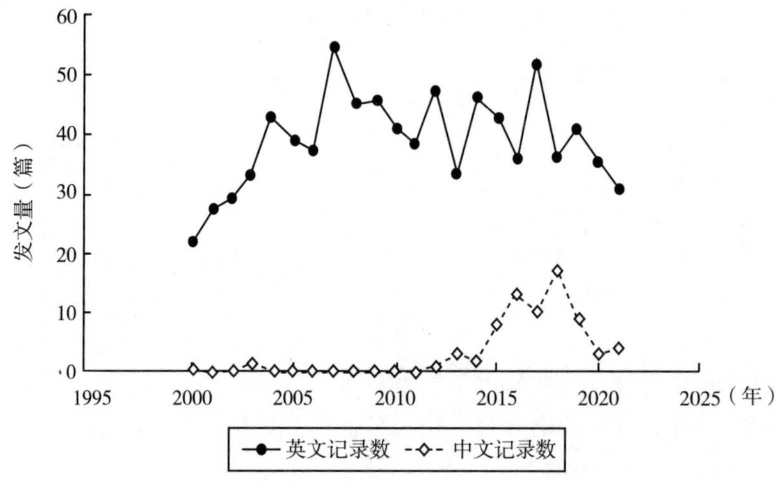

图 4-6-2 2000 年 ~2021 年芬太尼透皮贴剂研究的发文量

3. 文献发表杂志

芬太尼透皮贴剂文献发表杂志相关统计数据见表 4-6-11。

表4-6-11 芬太尼透皮贴剂发文量前10位的期刊

序号	WOS 数据库		CNKI 数据库	
	英文来源出版物	记录数	中文来源出版物	记录数
1	JOURNAL OF PAIN AND SYMPTOM MANAGEMENT	39	临床医药文献电子杂志	4
2	PAIN MEDICINE	26	世界最新医学信息文摘	3
3	CURRENT MEDICAL RESEARCH AND OPINION	22	中国医药指南	3
4	VETERINARY ANAESTHESIA AND ANALGESIA	18	中国肿瘤临床与康复	2
5	SUPPORTIVE CARE IN CANCER	16	中国当代医药	2
6	JOURNAL OF VETERINARY PHARMACOLOGY AND THERAPEUTICS	14	中国实用医药	2
7	PAIN	14	中华医学会疼痛学分会第十届学术年会论文集	2
8	PALLIATIVE MEDICINE	13	中国现代药物应用	2
9	CLINICAL JOURNAL OF PAIN	12	中国药物经济学	2
10	EUROPEAN JOURNAL OF PAIN	12	现代肿瘤医学	2

4. 文献发表国家及数量分布

芬太尼透皮贴剂文献发表国家及数量分布见表 4-6-12。

表4-6-12　文献发表前10位的国家

序号	国家	记录数	序号	国家	记录数
1	美国	332	6	澳大利亚	33
2	德国	69	7	比利时	32
3	日本	57	8	加拿大	31
4	意大利	56	9	荷兰	30
5	英国	54	10	瑞士	28

5. 文献发表的作者及其所在机构、数量及排序

芬太尼透皮贴剂文献发表作者及其相关统计数据见表 4-6-13。

表4-6-13　发表文章数量前10位的作者

序号	WOS 数据库		CNKI 数据库	
	作者及其所在机构	记录数	作者及其所在机构	记录数
1	Mercadante S, Privatehosp La Maddalena	15	史琛，华中科技大学同济医学院附属协和医院	2
2	Richarz U, Johnson & Johnson	12	朱恒美，中国人民解放军第二军医大学附属东方肝胆外科医院	2
3	Sittl R, University of Erlangen Nuremberg	10	王成连，南昌大学第一附属医院	2
4	Corli O, IRCCS	9	李梦雅，上海交通大学	2
5	Casuccio A, University of Palermo	8	樊碧发，中日友好医院	1
6	Clark TP, Nexcyon Pharmaceut Inc	8	张艳华，北京大学肿瘤医院	1
7	Ferrera P, La Maddalena Canc Ctr	8	林贵山，福建省立医院	1
8	Sabatowski R, Carl Gustav Carus University Hospital	8	崔同建，福建省立医院	1
9	Mystakidou K, Athens Medical School	7	王科明，南京医科大学	1
10	Villari P, Privatehosp La Maddalena	7	羊波，江苏省肿瘤医院	1

6. 文献发表机构、数量及排序

芬太尼透皮贴剂文献发表机构及其相关数据统计见表 4-6-14。

表4-6-14 文献发表前10位的机构、数量

序号	WOS 数据库		CNKI 数据库	
	机构	记录数	机构	记录数
1	JOHNSON JOHNSON	44	华中科技大学同济医学院附属协和医院	2
2	UNIVERSITY OF CALIFORNIA SYSTEM	26	上海交通大学	2
3	UNIVERSITY OF PENNSYLVANIA	18	苏州大学第一附属医院	2
4	STATE UNIVERSITY SYSTEM OF FLORIDA	17	中国人民解放军第二军医大学附属东方肝胆外科医院	2
5	LA MADDALENA CANC CTR	16	重庆医科大学	1
6	UNIVERSITY OF ERLANGEN NUREMBERG	15	昆明市第一人民医院	1
7	HARVARD UNIVERSITY	14	陆军军医大学第二附属医院	1
8	JOHNS HOPKINS UNIVERSITY	14	陕西中医药大学第二附属医院	1
9	UNIVERSITY OF COPENHAGEN	14	华中科技大学同济医学院附属同济医院	1
10	UNIVERSITY OF ERLANGEN NUREMBERG	14	重庆医科大学附属第二医院	1

7. 芬太尼透皮贴剂相关论文的研究方向

芬太尼透皮贴剂相关论文的研究方向见表 4-6-15。

表4-6-15 芬太尼透皮贴剂研究排名前10位的研究方向

序号	WOS 数据库		CNKI 数据库	
	研究方向	记录数	研究方向	记录数
1	Pharmacology Pharmacy	207	芬太尼透皮贴剂	38
2	General Internal Medicine	156	中重度癌痛	8
3	Neurosciences Neurology	132	晚期癌痛	7
4	Veterinary Sciences	120	不良反应	7
5	Anesthesiology	110	术后疼痛	7
6	Health Care Sciences Services	100	临床观察	5
7	Oncology	69	癌性疼痛	5
8	Chemistry	52	芬太尼	5
9	Toxicology	42	芬太尼透皮贴	4
10	Research Experimental Medicine	34	癌痛患者	4

（三）塞来昔布胶囊的文献计量学与研究热点分析

1. 检索策略

塞来昔布胶囊文献计量学的检索策略见表 4-6-16。

表4-6-16　塞来昔布胶囊文献计量学的检索策略

类别	检索策略	
数据来源	Web of Science 核心合集数据库	CNKI 数据库
引文索引	SCI-Expanded	主题检索
主题词	Celecoxib Capsules	塞来昔布胶囊
文献类型	Article	研究论文
语种	English	中文
检索时段	2000 年 ~2021 年	2000 年 ~2021 年
检索结果	共 122 篇文献	共 272 篇文献

2. 文献发表时间及数量分布

塞来昔布胶囊文献发表时间及数量分布见图 4-6-3。

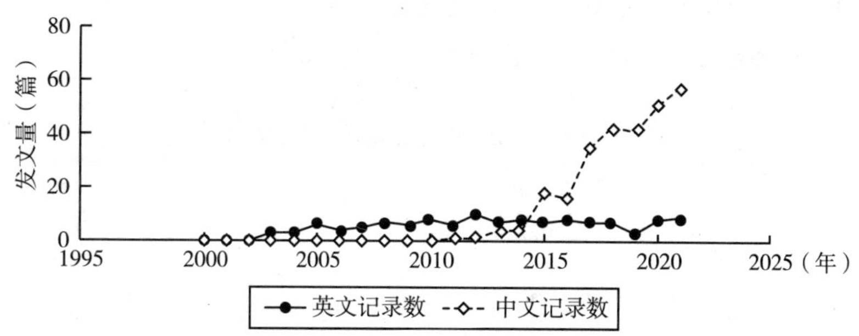

图 4-6-3　2000 年 ~2021 年塞来昔布胶囊研究的发文量

3. 文献发表杂志

塞来昔布胶囊文献发表杂志及其相关统计数据见表 4-6-17。

表4-6-17　塞来昔布胶囊发文量前10位的期刊/学位论文

序号	WOS 数据库		CNKI 数据库	
	英文来源出版物	记录数	中文来源出版物	记录数
1	ALIMENTARY PHARMACOLOGY THERAPEUTICS	5	福建中医药大学	16
2	CLINICAL GASTROENTEROLOGY AND HEPATOLOGY	4	现代药物与临床	14
3	AAPS PHARMSCITECH	3	广州中医药大学	14
4	ANESTHESIA AND ANALGESIA	3	广西中医药大学	11
5	JOURNAL OF PHARMACEUTICAL SCIENCES	3	中医正骨	10
6	ASIAN JOURNAL OF CHEMISTRY	2	成都中医药大学	9
7	CANCER EPIDEMIOLOGY BIOMARKERS PREVENTION	2	云南中医中药杂志	6
8	CLINICAL JOURNAL OF PAIN	2	临床医药文献电子杂志	6
9	CURRENT MEDICAL RESEARCH AND OPINION	2	广州中医药大学学报	5
10	DIGESTION	2	中国实用医药	5

4. 文献发表国家及数量分布

塞来昔布胶囊文献发表国家及数量分布见表 4-6-18。

表4-6-18 文献发表前10位的国家

序号	国家	记录数	序号	国家	记录数
1	美国	40	6	埃及	6
2	中国	21	7	韩国	6
3	日本	16	8	以色列	4
4	印度	15	9	加拿大	3
5	英国	7	10	德国	3

5. 文献发表的作者及其所在机构、数量及排序

塞来昔布胶囊文献发表作者及其相关统计数据见表 4-6-19。

表4-6-19 发表文章数量前10位的作者

序号	WOS 数据库		CNKI 数据库	
	作者及其所在机构	记录数	作者及其所在机构	记录数
1	Berger Michael F., Harvard Medical School	4	董培建，浙江省中医院	2
2	Gibofsky Allan, NewYork-Presbyterian Hospital	4	王峰，安徽中医药大学第一附属医院	2
3	Goldstein Jay L., University of Illinois Chicago Hospital	4	牟成林，河北省中医院	2
4	Young Clarence, Iroko Pharmaceut	4	崔书国，河北省中医院	2
5	Argoff Charles E., Albany Medical College	3	曹玉净，河南省中医院	2
6	Bansal Arvind Kumar, National Institute of Pharmaceutical Education & Research（NIPER）	3	沈向楠，河北省中医院	2
7	Chan Francis K. L., The Chinese University of Hong Kong	3	廖国平，常宁市中医院	2
8	Daniels Stephen, Premier Clin Res	3	邓芳文，常宁市中医院	2
9	Esaki Motohiro, Kyushu University	3	孙德贵，常宁市中医院	2
10	Cryer Byron, US Department of Veterans Affairs	3	尹新生，常宁市中医院	2

6. 文献发表机构、数量及排序

塞来昔布胶囊文献发表机构及其相关统计数据见表 4-6-20。

表4-6-20 文献发表前10位的机构、数量

序号	WOS 数据库		CNKI 数据库	
	机构	记录数	机构	记录数
1	PFIZER	10	福建中医药大学	18
2	IROKO PHARMACEUT LLC	8	广州中医药大学	17
3	EGYPTIAN KNOWLEDGE BANK EKB	6	广西中医药大学	13
4	HOSP SPECIAL SURG	5	湖南中医药大学	10
5	UNIVERSITY OF CALIFORNIA SYSTEM	5	成都中医药大学	9
6	UNIVERSITY OFILLINOIS SYSTEM	5	河南中医药大学	7
7	UNIVERSITY OF CALIFORNIALOS ANGELES MEDICAL CENTER	4	河南省洛阳正骨医院	6
8	MAYO CLINIC	4	安徽中医药大学	6
9	UNIVERSITY OF CALIFORNIA LOSANGELES	4	浙江中医药大学	5
10	UNIVERSITY OF ILLINOIS CHICAGO	4	山东中医药大学	4

7. 塞来昔布胶囊相关论文的研究方向

塞来昔布胶囊相关论文的研究方向见表 4-6-21。

表4-6-21 塞来昔布胶囊研究排名前10位的研究方向

序号	WOS 数据库		CNKI 数据库	
	研究方向	记录数	研究方向	记录数
1	Pharmacology Pharmacy	37	临床研究	45
2	Gastroenterology Hepatology	27	临床观察	38
3	Chemistry	12	塞来昔布胶囊	37
4	General Internal Medicine	11	膝骨关节炎	32
5	Research Experimental Medicine	9	临床疗效观察	29
6	Anesthesiology	7	塞来昔布	29
7	Integrative Complementary Medicine	6	膝骨性关节炎	24
8	Neurosciences Neurology	5	腰椎间盘突出症	16
9	Orthopedics	5	急性痛风性关节炎	12
10	Surgery	5	临床疗效	11

（四）萘普生控释片的文献计量学与研究热点分析

1. 检索策略

萘普生控释片文献计量学的检索策略见表 4-6-22。

表4-6-22　萘普生控释片文献计量学的检索策略

类别	检索策略	
数据来源	Web of Science 核心合集数据库	CNKI 数据库
引文索引	SCI-Expanded	主题检索
主题词	Naproxen Controlled-Release	萘普生控释片
文献类型	Article	研究论文
语种	English	中文
检索时段	2000 年 ~2021 年	2000 年 ~2021 年
检索结果	共 138 篇文献	共 16 篇文献

2. 文献发表时间及数量分布

萘普生控释片文献发表时间及数量分布见图 4-6-4。

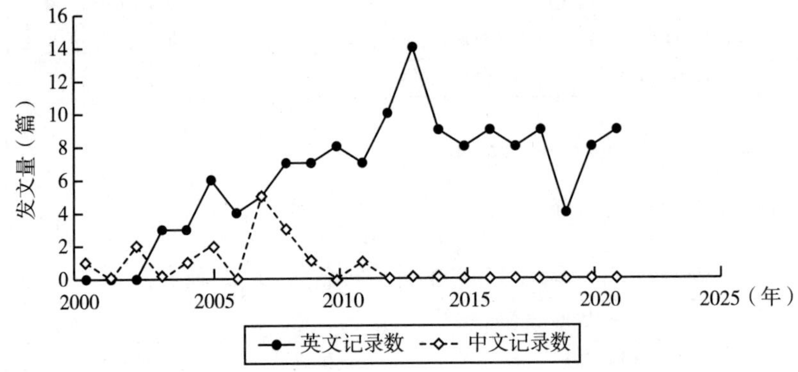

图 4-6-4　2000 年 ~2021 年萘普生控释片研究的发文量

3. 文献发表杂志

萘普生控释片文献发表杂志及其数据统计见表 4-6-23。

表4-6-23　萘普生控释片发文量前10位的期刊

序号	WOS 数据库		CNKI 数据库	
	英文来源出版物	记录数	中文来源出版物	记录数
1	INTERNATIONAL JOURNAL OF PHARMACEUTICS	8	中国新药杂志	1
2	JOURNAL OF APPLIED POLYMER SCIENCE	7	安徽医药	1
3	JOURNAL OF PHARMACEUTICAL SCIENCES	4	药物分析杂志	1
4	MOLECULAR PHARMACEUTICS	4	中国临床药学杂志	1
5	CARBOHYDRATE POLYMERS	3	中国药科大学学报	1
6	DALTON TRANSACTIONS	3	药学研究	1
7	DRUG DEVELOPMENT AND INDUSTRIAL PHARMACY	3	西北药学杂志	1

续表

序号	WOS 数据库		CNKI 数据库	
	英文来源出版物	记录数	中文来源出版物	记录数
8	EUROPEAN JOURNAL OF PHARMACEUTICS AND BIOPHARMACEUTICS	3	中国组织工程研究	1
9	AAPS PHARMSCITECH	2	中国药业	1
10	APPLIED CLAY SCIENCE	2	中国药学杂志	1

4. 文献发表国家及数量分布

萘普生控释片文献发表国家及数量分布见表 4-6-24。

表4-6-24　文献发表前10位的国家

序号	国家	记录数	序号	国家	记录数
1	中国	45	6	德国	7
2	美国	20	7	西班牙	7
3	伊朗	16	8	土耳其	7
4	印度	14	9	意大利	5
5	英国	10	10	葡萄牙	5

5. 文献发表的作者及其所在机构、数量及排序

萘普生控释片文献发表作者及其相关统计数据见表 4-6-25。

表4-6-25　发表文章数量前10位的作者

序号	WOS 数据库		CNKI 数据库	
	作者及其所在机构	记录数	作者及其所在机构	记录数
1	Mahkam Mehrdad, Azarbaijan Shahid Madani University	5	李俐，新疆医科大学	2
2	Williams Gareth, University College London	4	陈坚，新疆特丰药业股份有限公司	2
3	Mchugh A. J., Lehigh University	3	邹华，新疆富科思生物技术发展有限公司	2
4	Daniels Rolf, University of T ü bingen	3	梁苇颜，顺德职业技术学院	2
5	Savic Snezana, University of Belgrade	3	匡长春，中国人民解放军中部战区总医院	1
6	Milic Jela, University of Belgrade	3	卢恩先，复旦大学药学院药剂研究室	1

续表

序号	WOS 数据库		CNKI 数据库	
	作者及其所在机构	记录数	作者及其所在机构	记录数
7	Rafi Abdolrahim A., Mid-Sweden University	3	方晓玲, 新疆特丰药业股份有限公司	1
8	Wang Guijun, Wuhan University	3	韩丽妹, 复旦大学药学院药剂学教研室	1
9	Calija Bojan, University of Belgrade	3	魏农农, 国家药品监督管理局药品审评中心	1
10	Cekic Nebojsa D., DCP Hemigal	3	沈炳香, 六安市人民医院	1

6. 文献发表机构、数量及排序

萘普生控释片文献发表机构及其相关数据统计见表 4-6-26。

表4-6-26 文献发表前10位的机构、数量

序号	WOS 数据库		CNKI 数据库	
	机构	记录数	机构	记录数
1	AZARBAIJAN SHAHID MADANI UNIVERSITY	4	新疆医科大学	2
2	BEIJING UNIVERSITY OF CHEMICAL TECHNOLOGY	4	新疆特丰药业股份有限公司	2
3	CHINESE ACADEMY OF SCIENCES	4	新疆富科思生物技术发展有限公司	2
4	CHONGQING UNIVERSITY	4	顺德职业技术学院	2
5	TABRIZ UNIVERSITY OF MEDICAL SCIENCE	3	复旦大学	2
6	UNIVERSITY COLLEGE LONDON	3	成都翰朗生物科技有限公司	1
7	UNIVERSITY OF LONDON	3	六安市人民医院	1
8	CENTRE NATIONAL DE LA RECHERCHE SCIENTIFIQUE CNRS	3	遵义医学院附属医院	1
9	CONSEJO SUPERIOR DE INVESTIGACIONES CIENTIFICAS CSIC	3	上海市食品药品检验所	1
10	EBERHARD KARLS UNIVERSITY OF TUBINGEN	3	山东新华医药集团有限责任公司	1

7. 萘普生控释片相关论文的研究方向

萘普生控释片相关论文的研究方向见表 4-6-27。

表4-6-27 萘普生控释片研究排名前10位的研究方向

序号	WOS 数据库		CNKI 数据库	
	研究方向	记录数	研究方向	记录数
1	Drug Delivery Chemistry	41	萘普生钠	8
2	Polymers & Macromolecules	32	缓释片	8
3	Catalysts	20	萘普生	4
4	Pigments，Sensors & Probes	9	处方工艺	2
5	Molecular Toxicology	6	实时分析	2
6	Nanofibers，Scaffolds & Fabrication	6	光纤传感	2
7	Polymer Science	4	萘普生缓释片	2
8	Ionic，Molecular & Complex Liquids	4	控释包衣片	1
9	Ophthalmology	2	释药规律	1
10	Organic Semiconductors	2	体外释药	1

（五）奈帕芬胺眼用混悬液的文献计量学与研究热点分析

1. 检索策略

奈帕芬胺眼用混悬液文献计量学的检索策略见表 4-6-28。

表4-6-28 奈帕芬胺眼用混悬液文献计量学的检索策略

类别	检索策略	
数据来源	Web of Science 核心合集数据库	CNKI 数据库
引文索引	SCI-Expanded	主题检索
主题词	Nepafenac	奈帕芬胺
文献类型	Article	研究论文
语种	English	中文
检索时段	2000 年 ~2021 年	2000 年 ~2021 年
检索结果	共 183 篇文献	共 8 篇文献（未做文献计量学分析）

2. 文献发表时间及数量分布

奈帕芬胺眼用混悬液文献发表时间及数量分布见图 4-6-5。

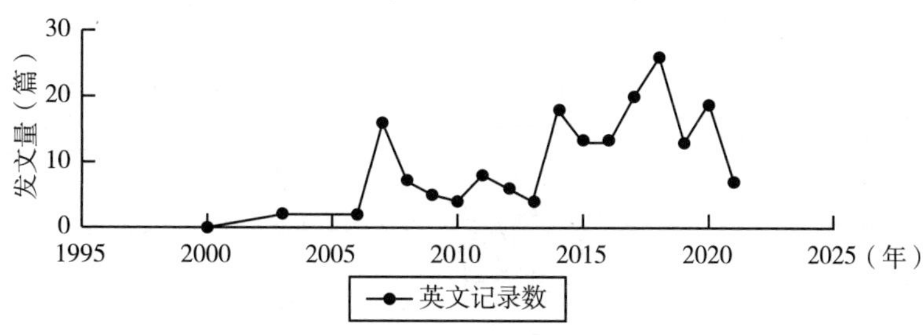

图 4-6-5 2000 年 ~2021 年奈帕芬胺眼用混悬液研究的发文量

3. 文献发表杂志

奈帕芬胺眼用混悬液文献发表杂志及其相关统计数据见表 4-6-29。

表4-6-29 奈帕芬胺眼用混悬液发文量前10位的期刊

序号	WOS 数据库		序号	WOS 数据库	
	英文来源出版物	记录数		英文来源出版物	记录数
1	JOURNAL OF CATARACT AND REFRACTIVE SURGERY	21	6	INTERNATIONAL JOURNAL OF OPHTHALMOLOGY	5
2	JOURNAL OF OCULAR PHARMACOLOGY AND THE RAPEUTICS	11	7	INVESTIGATIVE OPHTHALMOLOGY VISUAL SCIENCE	5
3	RETINA THE JOURNAL OF RETINAL AND VITREOUS DISEASES	11	8	JOURNAL OF REFRACTIVE SURGERY	5
4	CURRENT EYE RESEARCH	9	9	OPHTHALMOLOGY	5
5	ACTA OPHTHALMOLOGICA	6	10	BRITISH JOURNAL OF OPHTHALMOLOGY	4

4. 文献发表国家及数量分布

奈帕芬胺眼用混悬液文献发表国家及数量分布见表 4-6-30。

表4-6-30 文献发表前10位的国家

序号	国家	记录数	序号	国家	记录数
1	美国	64	6	加拿大	9
2	意大利	15	7	希腊	8
3	土耳其	14	8	日本	8
4	印度	12	9	西班牙	8
5	中国	10	10	埃及	6

5. 文献发表的作者及其所在机构、数量及排序

奈帕芬胺眼用混悬液文献发表作者及其相关统计数据见表 4-6-31。

表4-6-31 发表文章数量前10位的作者

序号	WOS 数据库		序号	WOS 数据库	
	作者及其所在机构	记录数		作者及其所在机构	记录数
1	Tuuminen Raimo, University of Helsinki	6	6	Kim Stephen Jae, Vanderbilt University	3
2	Waterbury L. David, Raven Biosolut LLC	5	7	Lindholm Juha-Matti, University of Helsinki Fac Med	3
3	Cybulski Marcin, Pharmaceutical Research Institute	4	8	Costagliola Ciro, University of Molise	3

续表

序号	WOS 数据库		序号	WOS 数据库	
	作者及其所在机构	记录数		作者及其所在机构	记录数
4	Lehmann Robert, Lehmann Eye Ctr	4	9	Sager Dana, Univ Argentina Empresa UADE	3
5	Holland Edward J, University System of Ohio	4	10	Laine Ilkka, University of Helsinki	3

6. 文献发表机构、数量及排序

奈帕芬胺眼用混悬液文献发表机构及其相关统计数据见表 4-6-32。

表4-6-32　文献发表前10位的机构、数量

序号	WOS 数据库		序号	WOS 数据库	
	机构	记录数		机构	记录数
1	NOVARTIS	13	6	KYMENLAAKSO CENT HOSP	6
2	ALCON	12	7	UNIVERSITY OF HELSINKI	6
3	JOHNS HOPKINS UNIVERSITY	8	8	CLEVELAND CLINIC FOUNDATION	4
4	EGYPTIAN KNOWLEDGE BANK EKB	6	9	NATIONAL KAPODISTRIAN UNIVERSITY OF ATHENS	4
5	HELSINKI UNIVERSITY CENTRAL HOSPITAL	6	10	NEW YORK UNIVERSITY	4

7. 奈帕芬胺眼用混悬液相关论文的研究方向

奈帕芬胺眼用混悬液相关论文的研究方向见表 4-6-33。

表4-6-33　奈帕芬胺眼用混悬液研究排名前10位的研究方向

序号	WOS 数据库		序号	WOS 数据库	
	研究方向	记录数		研究方向	记录数
1	Ophthalmology	160	6	Substance Abuse	1
2	Drug Delivery Chemistry	7	7	Auto-inflammatory Diseases	1
3	Molecular Toxicology	3	8	Allergy	1
4	Molecular & Cell Biology - Mitochondria	2	9	Synthesis	1
5	Pigments, Sensors & Probes	2	10	Polymers & Macromolecules	1

（六）美洛昔康注射液的文献计量学与研究热点分析

1. 检索策略

美洛昔康注射液文献计量学的检索策略见表 4-6-34。

表4-6-34　美洛昔康注射液文献计量学的检索策略

类别	检索策略	
数据来源	Web of Science 核心合集数据库	CNKI 数据库
引文索引	SCI-Expanded	主题检索
主题词	Intravenous Meloxicam	美洛昔康注射液
文献类型	Article	研究论文
语种	English	中文
检索时段	2000 年 ~2021 年	2000 年 ~2021 年
检索结果	共 123 篇文献	共 5 篇文献（未做文献计量学分析）

2. 文献发表时间及数量分布

美洛昔康注射液文献发表时间及数量分布见图 4-6-6。

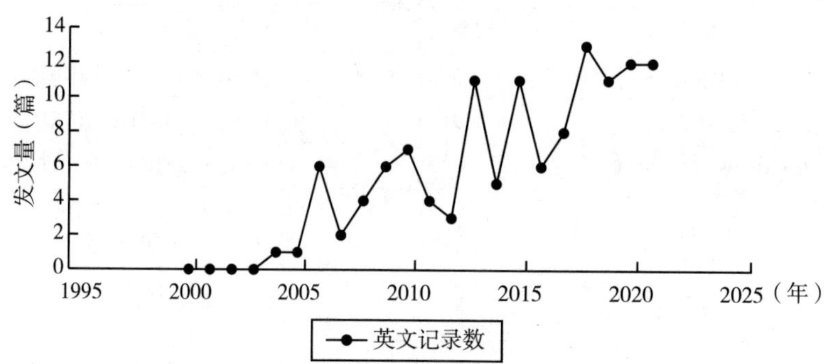

图 4-6-6　2000 年 ~2021 年美洛昔康注射液研究的发文量

3. 文献发表杂志

美洛昔康注射液文献发表杂志及其相关统计数据见表 4-6-35。

表4-6-35　美洛昔康注射液发文量前10位的期刊

序号	WOS 数据库	
	英文来源出版物	记录数
1	VETERINARY SCIENCES	20
2	PHARMACOLOGY PHARMACY	19
3	ANESTHESIOLOGY	14
4	AGRICULTURE DAIRY ANIMAL SCIENCE	12
5	CLINICAL NEUROLOGY	6
6	FOOD SCIENCE TECHNOLOGY	6
7	MEDICINE GENERAL INTERNAL	5
8	ZOOLOGY	4
9	BIOCHEMISTRY MOLECULAR BIOLOGY	4
10	BIOLOGY	3

4. 文献发表国家及数量分布

美洛昔康注射液文献发表国家及数量分布见表 4-6-36。

表4-6-36　文献发表前10位的国家

序号	国家	记录数	序号	国家	记录数
1	美国	47	6	英国	7
2	加拿大	11	7	瑞士	7
3	巴西	9	8	德国	6
4	土耳其	8	9	印度	6
5	澳大利亚	7	10	意大利	6

5. 文献发表的作者及其所在机构、数量及排序

美洛昔康注射液文献发表相关统计数据见 4-6-37。

表4-6-37　发表文章数量前10位的作者

序号	WOS 数据库		序号	WOS 数据库	
	作者及其所在机构	记录数		作者及其所在机构	记录数
1	Du W, Clin Stat Consulting	10	6	Kukanich B, Kansas State University	5
2	Mack RJ, Baudax Bio Inc	9	7	Gehring R, Swedish University of Agricultural Sciences	4
3	Mccallum SW, Baudax Bio Inc	9	8	Giorgi M, University of Pisa	4
4	Coetzee JF, Kansas State University	8	9	Uney K, Selcuk University	4
5	Freyer A, Baudax Bio Inc	7	10	Cassu RN, Universidade do Oeste Paulista	3

6. 文献发表机构、数量及排序

美洛昔康注射液文献发表机构及其相关统计数据见表 4-6-38。

表4-6-38　文献发表前10位的机构、数量

序号	WOS 数据库		序号	WOS 数据库	
	机构	记录数		机构	记录数
1	CLIN STAT CONSULTING	10	6	UNIVERSITY OF GUELPH	6
2	KANSAS STATE UNIVERSITY	9	7	UNIVERSITY OF CALIFORNIA SYSTEM	5
3	RECRO PHARMA INC	7	8	BOEHRINGER INGELHEIM	4
4	IOWA STATE UNIVERSITY	6	9	SELCUK UNIVERSITY	4
5	UNIVERSIDADE ESTADUAL PAULISTA	6	10	UNIVERSITY OF PISA	4

7. 美洛昔康注射液相关论文的研究方向

美洛昔康注射液相关论文的研究方向见表 4–6–39。

表4–6–39　美洛昔康注射液研究排名前10位的研究方向

序号	WOS 数据库		序号	WOS 数据库	
	研究方向	记录数		研究方向	记录数
1	Veterinary Sciences	54	6	Food Science Technology	3
2	Pharmacology Pharmacy	25	7	General Internal Medicine	3
3	Agriculture	10	8	Science Technology Other Topics	3
4	Anesthesiology	10	9	Zoology	3
5	Neurosciences Neurology	6	10	Biochemistry Molecular Biology	2

参考文献

[1] Hasanzadeh-kiabi F. Nano–drug for Pain Medicine [J]. Drug Res，2018，68（5）：245–249.

[2] Mazaleuskaya L，Muzykantov V，Fitzgerald G. Nanotherapeutic–directed approaches to analgesia [J]. Trends Pharmacol Sci，2021，42（7）：527–550.

[3] Alkermes Gainesville LLC. Morphine sulfate（Avinza）美国 FDA 药品说明书 [EB/OL]. [2024–08–13]. https：//www.fda.gov/

[4] Robert AS，Jeanie MY，Julia L，et al. Adult Cancer Pain，Version 2.2022，NCCN Clinical Practice Guidelines in Oncology [J]. J Natl ComprCancNetw，2022，20（10）：1139–1167.

[5] Dowell D，Ragan KR，Jones CM，et al. CDC Clinical Practice Guideline for Prescribing Opioids for Pain–United States，2022 [J]. MMWR Recomm Rep. 2022，71（3）：1–95.

[6] Janssen Pharmaceutica N.V. 芬太尼透皮贴剂（Duragesic）美国 FDA 药品说明书（2020 年版）[EB/OL]. [2024–08–13]. https：//www.fda.gov/

[7] 比利时杨森制药公司. 芬太尼透皮贴剂（多瑞吉）药品说明书（2020 年版）[EB/OL]. [2024–08–13]. https：//www.yaozh.com/

[8] 湖北省抗癌协会癌症康复与姑息治疗专业委员会. 芬太尼透皮贴剂临床合理用药指南 [J]. 医药导报，2021，40（11）：1463–1474.

[9] Fallon M，Giusti R，Aielli F，et al. Management of cancer pain in adult patients：ESMO Clinical Practice Guidelines [J]. Annals of Oncology，2018，29（Supp14）：iv166–iv191.

[10] Pfizer Pharmaceuticals LLC. 塞来昔布胶囊（Celebrex）美国 FDA 药品说明书（2022 年版）[EB/OL]. [2024–08–13]. https：//www.fda.gov/

[11] VIATRIS 制药株式会社. 塞来昔布胶囊日本 PMDA 药品说明书（2021 年版）[EB/OL]. [2024–08–13]. https：//www.pmda.go.jp/

[12] 辉瑞制药有限公司.塞来昔布胶囊（西乐葆）药品说明书（2022年版）[EB/OL].[2024-08-13].https：//www.yaozh.com/

[13] 陈世益，胡宁，贾岩波，等.骨关节炎临床药物治疗专家共识[J].中国医学前沿杂志（电子版），2021，13（7）：32-43.

[14] 中华医学会骨科学分会关节外科学组，中国医师协会骨科医师分会骨关节炎学组，国家老年疾病临床医学研究中心湘雅医院，等.中国骨关节炎诊疗指南（2021年版）[J].中华骨科杂志，2021，41（18）：1291-1314.

[15] 刘静.中国老年膝关节骨关节炎诊疗及智能矫形康复专家共识[J].临床外科杂志，2019，27（12）：1105-1110.

[16] Ramiro S，Nikiphorou E，Sepriano A，et al. ASAS-EULAR recommendations for the management of axial spondyloarthritis：2022update [J]. Ann Rheum Dis，2022，82（1）：19-34.

[17] 黄烽，朱剑，王玉华，等.强直性脊柱炎诊疗规范[J].中华内科杂志，2022，61（8）：893-900.

[18] 谢雅，杨克虎，吕青，等.强直性脊柱炎/脊柱关节炎患者实践指南[J].中华内科杂志，2020，59（7）：511-518.

[19] Coccolini F，Corradi F，Sartelli M，et al. Postoperative pain management in non-traumatic emergency general surgery：WSES-GAIS-SIAARTI-AAST guidelines [J]. World J Emerg Surg，2022，17（1）：50.

[20] 中华医学会麻醉学分会.成人手术后疼痛处理专家共识[J].临床麻醉学杂志，2017，33（9）：911-917.

[21] Chou R，Gordon D B，de Leon-Casasola O A，et al. Management of Postoperative Pain：A Clinical Practice Guideline From the American Pain Society，the American Society of Regional Anesthesia and Pain Medicine，and the American Society of Anesthesiologists' Committee on Regional Anesthesia，Executive Committee，and Administrative Council[J]. J Pain，2016，17（2）：131-157.

[22] 周宗科，翁习生，曲铁兵，等.中国髋、膝关节置换术加速康复--围术期管理策略专家共识[J].中华骨与关节外科杂志，2016，9（1）：1-9.

[23] Burnett M，Lemyre M. No. 345-Primary Dysmenorrhea Consensus Guideline [J]. J Obstet Gynaecol Can，2017，39（7）：585-595.

[24] Almatia Pharma，Inc. 萘普生钠控释片（Naprelan）美国FDA药品说明书（2021年版）[EB/OL].[2024-08-13].https：//www.fda.gov/

[25] 中国医促会急诊医学分会.非创伤性软组织疼痛急诊管理专家共识[J].中国急救医学，

2022，42（3）：197–203.

［26］国家创伤医学中心，中华医学会疼痛学分会，中国医师协会创伤外科医师分会，等.急性闭合性软组织损伤诊疗与疼痛管理专家共识［J］.中华医学杂志，2021，21（101）：1553–1559.

［27］中华医学会骨科学分会关节外科学组.中国骨关节炎疼痛管理临床实践指南［J］.中华骨科杂志，2020，08（40）：469–476.

［28］康鹏德，杨静，周勇刚，等.肌肉骨骼系统慢性疼痛管理专家共识［J］.中华骨与关节外科杂志，2020，13（1）：8–16.

［29］Alcon Laboratories Inc. 奈帕芬胺眼用混悬剂（0.3%）美国 FDA 药品说明书（2021 年版）［EB/OL］.［2024–08–13］.https：//www.fda.gov/

［30］Kevin M，Thomas AO，James PT，et al. Cataract in the Adult Eye Preferred Practice Pattern［J］. Ophthalmology，2022，129（1）：1–126.

［31］National Institute for Health and Clinical Excellence. Catar acts in adults：management［M］. London：NICE Press，2017.

［32］中华医学会眼科学分会白内障与人工晶状体学组.我国白内障围手术期非感染性炎症反应防治专家共识（2015 年）［J］.中华眼科杂志，2015，51（3）：163–166.

［33］Baudax Bio，Inc. 美洛昔康（Anjeso）美国 FDA 药品说明书（2021 年版）［EB/OL］.［2024–08–13］.https：//www.fda.gov/

［34］国家卫生健康委加速康复外科专家委员会骨科专家组，中国研究型医院学会骨科加速康复专业委员会，中国康复技术转化及促进会骨科加速康复专业委员会.骨科加速康复围手术期疼痛管理专家共识［J］.中华骨与关节外科杂志，2022，15（10）：739–745.

［35］Debono B，Wainwright TW，Wang MY，et al. Consensus statement for perioperative care in lumbar spinal fusion：Enhanced Recovery After Surgery（ERAS®）Society recommendations［J］. Spine J. 2021，21（5）：729–752.

［36］Anger M，Valovska T，Beloeil H，et al. PROSPECT guideline for total hip arthroplasty：a systematic review and procedure–specific postoperative pain management recommendations［J］. Anaesthesia. 2021，76（8）：1082–1097.

［37］Feray S，Lubach J，Joshi GP，et al. PROSPECT guidelines for video–assisted thoracoscopic surgery：a systematic review and procedure–specific postoperative pain management recommendations［J］. Anaesthesia. 2022，77（3）：311–325.

［38］American College of Obstetricians and Gynecologists' Committee on Clinical Consensus–Obstetrics. Pharmacologic Stepwise Multimodal Approach for Postpartum Pain Management：ACOG Clinical Consensus No. 1［J］. Obstet Gynecol. 2021，138（3）：507–517.

［39］药物递送公众号.药物递送（七）—纳米晶技术药物递送［EB/OL］.（2021–09–11）

[2023-03-07]. https：//mp.weixin.qq.com/s/ o9ZLRB5D6PHNoxuyRkma_g. 2021-09-11

[40] 湖南羚锐制药股份有限公司.芬太尼透皮贴剂（锐枢安）中国药品说明书（2020年版）[EB/OL].[2024-08-13].https：//www.yaozh.com/

[41] 常州四药制药股份有限公司.芬太尼透皮贴剂（芬太克）中国药品说明书（2007年版）[EB/OL].[2024-08-13].https：//www.yaozh.com/

[42] 四川国为制药有限公司.塞来昔布胶囊（福乐安）中国药品说明书（2020年版）[EB/OL].[2024-08-13].https：//www.yaozh.com/

[43] 江苏恒瑞医药股份有限公司.塞来昔布胶囊（泽乐妥）中国药品说明书（2019年版）[EB/OL].[2024-08-13].https：//www.yaozh.com/

[44] 青岛白洋制药有限公司.塞来昔布胶囊（奈奇）中国药品说明书（2020年版）[EB/OL].[2024-08-13].https：//www.yaozh.com/

[45] 百药集团欧意药业有限公司.塞来昔布胶囊（优得宁）中国药品说明书（2020年版）[EB/OL].[2024-08-13].https：//www.yaozh.com/

[46] 齐鲁制药有限公司.塞来昔布胶囊（齐友舒）中国药品说明书（2020年版）[EB/OL].[2024-08-13].https：//www.yaozh.com/

[47] 江苏正大清江制药有限公司.塞来昔布胶囊（苏立葆）中国药品说明书[EB/OL].[2024-08-13].https：//www.yaozh.com/

[48] Rauck RL，Bookbinder SA，Bunker TR，et al. A randomized，open-label study of once-a-day AVINZA（morphine sulfate extended-release capsules）versus twice-a-day OxyContin（oxycodone hydrochloride controlled-release tablets）for chronic low back pain：the extension phase of the ACTION trial[J]. J Opioid Manag，2006，2（6）：325-328，331-333.

[49] Caldwell JR，Rapoport RJ，Davis JC，et al. Efficacy and safety of a once-daily morphine formulation in chronic，moderate-to-severe osteoarthritis pain：results from a randomized，placebo-controlled，double-blind trial and an open-label extension trial [J]. J Pain Symptom Manage，2002，23（4）：278-291.

[50] Liliana De Lima，Natalia Arias Casais，Roberto Wenk，et al. Opioid Medications in Expensive Formulations Are Sold at a Lower Price than Immediate-Release Morphine in Countries throughout the World：Third Phase of Opioid Price Watch Cross-Sectional Study [J].J Palliat Med，2018，21（10）：1458-1465.

[51] Sinatra RS，Viscusi ER，Ding L，et al. Meta-analysis of the efficacy of the fentanyl iontophoretic transdermal system versus intravenous patient-controlled analgesia in postoperative pain management [J]. Expert Opin Pharmacother，2015，16（11）：1607-1613.

[52] 陈路佳，唐榕，向帆，等.芬太尼透皮贴剂或吗啡缓释片治疗中重度癌痛的系统评价[J].

中国药业，2015，24（18）：51-55.

［53］Wang DD，Ma TT，Zhu HD，et al. Transdermal fentanyl for cancer pain：Trial sequential analysis of 3406 patients from 35 randomized controlled trials［J］. J Cancer Res Ther，2018，14（Supplement）：S14-S21.

［54］YangQ，Xie DR，Jiang ZM，et al. Efficacy and adverse effects of transdermal fentanyl and sustained-release oral morphine in treating moderate-severe cancer pain in Chinese population：a systematic review and meta-analysis［J］. J Exp Clin Cancer Res，2010，29（1）：67.

［55］Hadley G，Derry S，Moore RA，et al. Transdermal fentanyl for cancer pain［J］. Cochrane Database Syst Rev，2013，10（10）：CD010270.

［56］Eugene R V，Li D，Loretta MI. The Efficacy and Safety of the Fentanyl IontophoreticTransdermal System（IONSYS）in the Geriatric Population：Results of a Meta-Analysis of Phase III and IIIb Trials［J］. Drugs Aging，2016，33（12）：901-912.

［57］唐榕，陈路佳，胡文利，等.芬太尼透皮贴剂对比硫酸吗啡控释片治疗中重度癌痛的系统评价［J］. 中国药业，2015，24（16）：45-49.

［58］Deeks JJ，Smith LA，Bradley MD. Efficacy，tolerability，and upper gastrointestinal safety of celecoxib fortreatment of osteoarthritis and rheumatoid arthritis：systematic review of randomised controlled trials［J］. BMJ，2002，325（7365）：619.

［59］Solomon DH，Husni ME，Wolski KE，et al. Differences in Safety of Nonsteroidal Antiinflammatory Drugs in Patients With Osteoarthritis and Patients With Rheumatoid Arthritis：A Randomized Clinical Trial［J］. Arthritis Rheumatol，2018，70（4）：537-546.

［60］Cheng BR，Chen JQ，Zhang XW，et al. Cardiovascular safety of celecoxib in rheumatoid arthritis and osteoarthritispatients：A systematic review and meta-analysis［J］. PLoS One，2021，16（12）：e261239.

［61］Loyd M，Rublee D，Jacobs P. An economic model of long-term use of celecoxib in patients with osteoarthritis［J］. BMC Gastroenterol，2007，7：25.

［62］Barkhuizen A，Steinfeld S，Robbins J，et al. Celecoxib is efficacious and well tolerated in treating signs and symptoms of ankylosing spondylitis［J］. J Rheumatol，2006，33（9）：1805-1812.

［63］Dougados M，Behier JM，Jolchine I，et al. Efficacy of celecoxib，a cyclooxygenase 2-specific inhibitor，in the treatment of ankylosing spondylitis：a six-week controlled study with comparison against placebo and against a conventional nonsteroidal antiinflammatory drug［J］. Arthritis Rheum，2001，44（1）：180-185.

［64］Sieper J，Klopsch T，Richter M，et al. Comparison of two different dosages of celecoxib with diclofenac for thetreatment of active ankylosing spondylitis: results of a 12-week randomised, double-blind, controlled study [J] . Ann Rheum Dis, 2008, 67 (3): 323-329.

[65] Walker C, Essex MN, Li C, et al. Celecoxib versus diclofenac for the treatment of ankylosing spondylitis: 12-week randomized study in Norwegian patients [J] . J Int Med Res, 2016, 44 (3): 483-495.

[66] Huang F, Gu J, Liu Y, et al. Efficacy and safety of celecoxib in chinese patients with ankylosing spondylitis: a 6-week randomized, double-blinded study with 6-week open-label extension treatment [J] . Curr Ther Res Clin Exp, 2014, 76: 126-133.

[67] Derry S, Moore RA. Single dose oral celecoxib for acute postoperative pain in adults [J] . Cochrane Database Syst Rev, 2012, 3 (3): D4233.

[68] Cheung R, Krishnaswami S, Kowalski K. Analgesic efficacy of celecoxib in postoperative oral surgery pain: asingle-dose, two-center, randomized, double-blind, active- and placebo-controlled study [J] . Clin Ther, 2007, 29 (11-supp-S1): 2498-2510.

[69] Huang YM, Wang CM, Wang CT, et al. Perioperative celecoxib administration for pain management after total kneearthroplasty-a randomized, controlled study [J] . BMC Musculoskelet Disord, 2008, 9: 77.

[70] Ekman EF, Wahba M, Ancona F. Analgesic efficacy of perioperative celecoxib in ambulatory arthroscopic kneesurgery: a double-blind, placebo-controlled study [J] . Arthroscopy, 2006, 22 (6): 635-642.

[71] White PF, Sacan O, Tufanogullari B, et al. Effect of short-term postoperative celecoxib administration on patient outcomeafter outpatient laparoscopic surgery [J] . Can J Anaesth, 2007, 54 (5): 342-348.

[72] Wan R, Li P, Jiang H. The efficacy of celecoxib for pain management of arthroscopy: A meta-analysis of randomized controlled trials [J] . Medicine (Baltimore), 2019, 98 (49): e17808.

[73] Gimbel JS, Brugger A, Zhao W, et al. Efficacy and tolerability of celecoxib versus hydrocodone/acetaminophen in thetreatment of pain after ambulatory orthopedic surgery in adults [J] . Clin Ther, 2001, 23 (2): 228-241.

[74] Williams Gary W, Kivitz Alan J, Brown Mark T, et al. A comparison of valdecoxib and naproxen in the treatment of rheumatoid arthritis symptoms [J] . Clin Ther, 2006, 28 (2): 204-221.

[75] Yeomans ND, Graham DY, Husni ME, et al. Randomised clinical trial: gastrointestinal events in arthritis patients treated with celecoxib, ibuprofen or naproxen in the PRECISION trial [J] . Aliment Pharmacol Ther, 2018, 47 (11): 1453-1463.

[76] Jevsevar David S, Shores Peter B, Mullen Kyle, et al. Mixed Treatment Comparisons for

Nonsurgical Treatment of Knee Osteoarthritis：A Network Meta-analysis [J] . J Am Acad Orthop Surg，2018，26（9）：325-336.

[77] Chokesuwattanaskul R，Chiengthong K，Thongprayoon C，et al. Nonsteroidal anti-inflammatory drugs and incidence of atrial fibrillation：a meta-analysis [J] . QJM，2020，113（2）：79-85.

[78] Losina E，Usiskin IM，Smith SR，et al.Cost-effectiveness of generic celecoxib in knee osteoarthritis for average-risk patients：a model-based evaluation [J] . Osteoarthritis Cartilage，2018，26（5）：641-650.

[79] Fan M，Liu J，Zhao BC，et al. Indirect comparison of NSAIDs for ankylosing spondylitis：Network meta-analysis of randomized，double-blinded，controlled trials [J] . Exp Ther Med，2020，19（4）：3031-3041.

[80] Barkhuizen A，Steinfeld S，Robbins J，et al.Celecoxib is efficacious and well tolerated in treating signs and symptoms of ankylosing spondylitis [J] . J Rheumatol，2006，33（9），：1805-12.

[81] Petri M，Hufman SL，Waser G，et al. Celecoxib effectively treats patients with acute shoulder tendinitis/bursitis [J] . J Rheumatol，2004，31（8）：1614-1620.

[82] Roddy E，Clarkson K，Blagojevic-Bucknall M，et al.Open-label randomised pragmatic trial（CONTACT）comparing naproxen and low-dose colchicine for the treatment of gout flares in primary care [J] . Ann Rheum Dis，2020，79（2）：276-284.

[83] Janssens HJ，Janssen M，van de LEloy，et al. Use of oral prednisolone or naproxen for the treatment of gout arthritis：a double-blind，randomised equivalence trial [J] . Lancet，2008，371（9627）：1854-1860.

[84] Daniels S，Robbins J，West CR，et al. Celecoxib in the treatment of primary dysmenorrhea：results from two randomized，double-blind，active- and placebo-controlled，crossover studies [J] . Clin Ther，2009，31（6）：1192-1208.

[85] Nie WB，Xu P，Hao CY，et al. Efficacy and safety of over-the-counter analgesics for primary dysmenorrhea：A network meta-analysis [J] . Medicine（Baltimore），2020，99（19）：e19881.

[86] Bally M，Dendukuri N，Rich B，et al. Risk of acute myocardial infarction with NSAIDs in real world use：bayesian meta-analysis of individual patient data [J] . BMJ，2017，357：j1909.

[87] Modi SS，Lehmann RP，Walters TR，et al. Once-daily nepafenac ophthalmic suspension 0.3% to prevent and treat ocular inflammation and pain after cataract surgery：phase 3 study [J] . J Cataract Refract Surg，2014，40（2）：203-11.

[88] Duan P，Liu Y，Li J. The comparative efficacy and safety of topical non-steroidal anti-inflammatory drugs for the treatment of anterior chamber inflammation after cataract surgery：a systematic review and network meta-analysis [J] . Graefes Arch Clin Exp Ophthalmol，2017，

255：639-649.

[89] Zhao X，Xia S，Wang E，et al. Comparison of the efficacy and patients' tolerability of Nepafenac and Ketorolac in the treatment of ocular inflammation following cataract surgery：A meta-analysis of randomized controlled trials [J] . PLoS One，2017，12（3）：e0173254.

[90] Jones BM，Neville MW. Nepafenac：an ophthalmic nonsteroidal antiinflammatory drug for pain after cataract surgery [J] . Ann Pharmacother，2013，47（6）：892-896.

[91] Singla N，McCallum SW，Mack RJ，et al.Safety and efficacy of an intravenous nanocrystal formulation of meloxicam in the management of moderate to severe pain following laparoscopic abdominal surgery [J] . J Pain Res，2018，11：1901-1903.

[92] Christensen SE，Cooper SA，Mack RJ，et al.A Randomized Double-Blind Controlled Trial of Intravenous Meloxicam in the Treatment of Pain Following Dental Impaction Surgery [J] . J Clin Pharmacol，2018，58（5）：593-605.

[93] Rechberger T，Mack RJ，McCallum SW，et al. Analgesic Efficacy and Safety of Intravenous Meloxicam in Subjects With Moderate-to-Severe Pain After Open Abdominal Hysterectomy：A Phase 2 Randomized Clinical Trial [J] . Anesth Analg，2019，128（6）：1309-1318.

[94] Carter JA，Black LK，Sharma D，et al.Efficacy of non-opioid analgesics to control postoperative pain：a network meta-analysis [J] . BMC Anesthesiol，2020，20（1）：272.

[95] Berkowitz RD，Mack RJ，McCallum SW. Meloxicam for intravenous use：review of its clinical efficacy and safety for management of postoperative pain [J] . Pain Manag，2021，11（3）：249-258.

[96] Berkowitz RD，Steinfeld R，Sah AP，et al. Economic Impact of Preoperative Meloxicam IV Administration in Total Knee Arthroplasty：A Randomized Trial Sub-Study [J] . J Pain Palliat Care Pharmacother，2021，35（3）：150-162.

[97] Carter JA，Black LK，Deering KL，Jahr JS. Budget Impact and Cost-Effectiveness of Intravenous Meloxicam to Treat Moderate-Severe Postoperative Pain [J] . Adv Ther，2022，39（8）：3524-3538.

第七节　激素类纳米药物临床应用与循证评价

一、激素类纳米药物概述

纳米制剂技术的核心是纳米载药系统。纳米载药系统具备以下特性：提高药物的生物利用度；控制药物的释放及缓释；改变药物的体内分布特征；改变药物的膜转运机制；提高易分解药物的稳定性[1]。目前，纳米药物制剂研究中采用的技术主要包括生物可降解高分子纳米粒（polymeric nanoparticles，PNP）、固体脂质纳米粒（solid lipid nanoparticles，SLN）、纳米脂质体（nanostructured lipid，NL）、微乳（microemulsion，ME）、纳米囊、纳米悬浮液、纳米水凝胶以及用于基因药物非病毒类载体的树状大分子（dendrimer）等[1-2]。纳米载药系统应用于激素及相关药物是药物研究中的一个很有生命力的新方向，纳米载药系统在改变激素及相关药物性质方面具有很多优势，如提高药物的生物利用度、改善药物的药代动力学性质、建立新的给药途径、增强药物的靶向作用等。纳米载药系统赋予药物靶向性、缓控释性和智能性，改善药物的溶解度、稳定性，增强药物的生物利用度，降低药物的毒副作用，丰富药物的剂型选择，提高药物的顺应性，展示了巨大的应用前景。目前上市的激素类纳米药物主要有醋酸曲安奈德缓释注射悬浮液（Zilretta）、醋酸甲羟孕酮注射液（Depo-Provera）、生长激素注射液（Nutropin）、醋酸甲地孕酮口服混悬液（Megace ES）、左旋-18甲基炔诺酮（Norplant）、依托孕烯埋植剂（Nexplanon），其中左旋-18甲基炔诺酮已经退市。

醋酸曲安奈德缓释注射悬浮液（Zilretta）于2017年10月6日被美国食品药品管理局（Food and Drug Administration，FDA）批准上市，成为针对骨关节炎（osteoarthritis，OA）相关膝关节疼痛患者的第一个也是唯一的缓释关节内疗法，用于治疗中重度膝关节疼痛[3]。Zilretta是常用的糖皮质激素——醋酸曲安奈德的一种剂型改良产品，是利用创新工艺开发出的新药。醋酸甲羟孕酮注射液（Depo-Provera）分别于1992年和2012年在美国和中国上市，为女性用长效注射避孕药。常用治疗避孕（抑制排卵）、子宫内膜异位、更年期血管舒缩症状、作为复发或转移性子宫内膜癌或肾癌的辅助和姑息疗法、绝经妇女激素依赖性、复发性乳癌等症状[4-5]。醋酸甲地孕酮口服混悬液（Megace ES）于2005年被美国FDA批准上市，用于诊断患有获得性免疫缺陷综合征（Acquired Immune Deficiency Syndrome，AIDS）的患者的厌食症，恶病质或无法解释的重大体重减轻[6]。生长激素注射液（Nutropin）于1993年获得美国FDA批准，用于治疗由慢性肾功能不全（CRI）导致生长迟缓的儿童，并在这一适应证上锁定了孤儿药认证。1994年3月，得到治疗生长激素缺乏症（GHD）儿童的市场许可。1996年12月，Nutropin又扩展到由特纳综合征（turner syndrome，TS）引起的身材矮小。1997年12月，获批治疗生长激素（hGH）缺陷型成人。2005年6月，再次增加适应证特发性身材矮小（ISS）[7]。依托孕烯埋植剂（Nexplanon）于2011年被美国FDA批准上市，用于女性长效可逆避孕。Neplanon含有依托孕烯（一种孕激素），它可以抑制排卵，浓缩宫颈黏液，改变子宫内膜，从而达到避孕的目的[8]。

二、激素类纳米药物的概况、适应证及指南、专家共识推荐

激素类纳米药物的概况、适应证及指南、专家共识推荐具体内容见表4-7-1。

表4-7-1 激素类纳米药物的概况、适应证及指南、专家共识推荐

药品通用名（商品名）	上市时间（国家）	适应证	指南推荐或专家共识推荐及证据级别
醋酸曲安奈德缓释注射悬浮液（Zilretta）	2017年（美国）	美国：用于关节内注射治疗膝关节骨关节炎疼痛[3]	
醋酸甲羟孕酮注射液（Depo-Provera）	1992年（美国） 2012年（中国）	美国：不能手术、复发性和转移性子宫内膜癌或肾癌的辅助治疗和姑息性治疗[3] 中国：避孕[4]	《40岁及以上女性避孕指导专家共识》：2017年的英国性与生殖健康委员会（Facultyof Sexual and Reproductivehealthcare，FSRH）在指南中提出，40~50岁女性仍可使用长效醋酸甲羟孕酮（depot medroxy progesterone acetate，DMPA），50岁以上女性建议选择其他避孕方法。世界卫生组织（Worldhealth Organization，WHO）发布的《避孕方法选用的医学标准》中，＞45岁被列为2级（指通常可以使用该方法，使用该方法的益处通常大于理论上或已证实的风险）。本共识建议，排除禁忌情况后，对40~50岁新使用者可推荐DMPA，正在使用者可继续使用；50岁以上女性不再推荐使用DMPA[9] 《女性避孕方法临床应用的中国专家共识》：目前推荐应用的是DMPA，1次注射可有效抑制排卵，持续避孕达3个月，对产妇乳汁质量和新生儿、婴儿无不良影响，有效避孕率高。WHO《避孕方法选用的医学标准》推荐的使用时机：非哺乳妇女产后可立即使用，哺乳妇女产后42天使用。我国目前的应用极少[4, 10]

续表

药品通用名（商品名）	上市时间（国家）	适应证	指南推荐或专家共识推荐及证据级别
醋酸甲地孕酮口服混悬液（Megace ES）	2005年（美国）	美国：用于诊断患有AIDS的患者的厌食症，恶病质或无法解释的重大体重减轻[6]	《中国临床肿瘤学会（CSCO）肿瘤恶病质诊疗指南2021》中孕酮类药物是刺激肿瘤恶病质患者食欲的Ⅰa级推荐药物，并明确标注醋酸甲地孕酮混悬液的用法用量[11]
生长激素注射液（Nutropin）	1993年（美国） 2013年（欧洲）	美国：儿科患者：生长激素缺乏症（growthhormone deficiency dwarfism，GHD）；继发于慢性肾脏病的生长障碍；特发性矮小症（idiopathic short stature，ISS）；与特纳综合征（turner syndrome，TS）相关的身材矮小 成人患者：适用于符合以下两个标准之一的GHD成人患者的替代内源性生长激素（GH）：成人发作，例如因垂体疾病、下丘脑疾病、手术、放射治疗或外伤而单独或伴有多种激素缺乏症（垂体功能减退症）的GHD患者；或者儿童期发作，例如由于先天性、遗传性、后天性或特发性原因导致儿童期GH缺乏的患者。儿童时期接受GH治疗且骨骺闭合的GHD患者，在继续以推荐用于GH缺陷的成人降低剂量水平进行GH治疗之前，应重新评估。确认符合以上两个标准的成人GHD的诊断需要进行适当的生长激素激发试验，除以下情况外：器质性疾病所致的多种垂体激素缺乏症患者；先天性/遗传性GHD患者[7] 欧洲：适用于儿童期或成人期GHD的成人内源性生长激素的替代疗法。成人发病：成年期患有GHD的患者被定义为具有已知的下丘脑-垂体病理学和至少一种已知的除催乳素外的垂体激素缺乏症的患者。这些患者应接受单次动态测试以诊断或排除GHD。儿童期发病：在儿童期发病的孤立性GHD患者中（没有下丘脑-垂体疾病或颅内照射的证据），应在生长完成后进行两次动态测试，但除胰岛素样生长因子-I（IGF-I）浓度较低（＜-2 SDS）之外的患者可以考虑参加一次测试[12]	《成人生长激素缺乏症的评估和治疗：内分泌学会临床实践指南》[13]：个体化给药，从低剂量开始给药，然后根据临床反应、副作用和胰岛素样生长因子-I（IGF-I）的水平，滴定调整剂量 《2019 AACE/ACE指南：成人生长激素缺乏症的治疗以及儿科到成人患者的转换管理》[14]：①年龄＜30岁，0.4~0.5mg/d，皮下给药；30~60岁，0.2~0.3mg/d，皮下给药；年龄＞60岁，0.1~0.2mg/d皮下给药；糖尿病患者或易患葡萄糖耐受不良的患者，从0.1~0.2mg/d开始给药。②根据临床反应、血清胰岛素样生长因子水平、副作用和个体因素（如葡萄糖耐受不良），以1~2个月的时间间隔增加剂量，增量为0.1~0.2mg/d

续表

药品通用名（商品名）	上市时间（国家）	适应证	指南推荐或专家共识推荐及证据级别
左旋-18 甲基炔诺酮（诺普兰）	1983（芬兰） 1984（中国） 1990（美国） 1993（英国） 此药物已经退市	美国：皮下植入物用于长达 5 年的避孕[15]	《Norplant® 共识声明和背景审查》：植入物应在月经周期的前 7 天插入。在为使用者提供适当的信息和指导的情况下，Norplant 是一个很好的避孕选择[16] 《加拿大避孕共识》：长效可逆避孕方法，包括植入避孕药和宫内避孕（左炔诺孕酮释放装置 / 系统），是最有效的可逆避孕方法，持续率最高（Ⅱ-1）。在向任何育龄妇女提供避孕选择时应予以考虑（Ⅱ-2A）[17]
依托孕烯埋植剂（Nexplanon）	2011 年（美国）	美国：适用于女性避孕[8]	在妊娠早期或妊娠中期诱导流产或自然流产的同一天放置避孕植入物应作为安全有效的避孕选择进行常规治疗（证据级别 A）；宫内节育器和避孕植入物应作为未生育妇女和青少年安全有效的避孕选择进行常规提供（证据级别 B）；只要可以合理地排除怀孕，就可以在月经周期的任何时间放置宫内节育器或植入物（证据级别 B）；无论母乳喂养状况如何，都应常规提供产后立即开始避孕植入物（即，在住院分娩后出院前插入避孕），作为产后避孕的安全有效选择（证据级别 B）；长效可逆避孕药几乎没有禁忌证，应作为大多数女性安全有效的避孕选择常规提供（证据级别 C）；没有令人信服的证据表明，绝经期妇女在节育器或植入物到期前要取出（证据级别 C）[18] 对于所有有意外怀孕风险的妇女，妇产科医生应该提供所有避孕选择的咨询，包括植入物和宫内节育器；鼓励所有适龄人群包括未生育过的女性及青少年考虑使用植入物和宫内节育器[19] 应提供产后即刻 LARC 作为产后避孕的有效选择；产后 IUD 和植入物的禁忌证很少。妇产科医生和其他产科护理人员应向妇女提供产后即刻 LARC 的方便性和有效性，以及减少意外妊娠和延长解释妊娠间隔的益处[20]

三、激素类纳米药物的药代动力学及特性比较

激素类纳米药物的药代动力学及特性比较具体见表 4-7-2。

表4-7-2　激素类纳米药物的药代动力学及特性比较

药品通用名（商品名）	药代动力学	代谢和排泄途径	药物相互作用	其他特性（如有效期、保存条件、单次最大给药剂量等）
醋酸曲安奈德缓释注射悬浮液（Zilretta）	粒径：45μm[21] 分子量：434.50Da[21] 达峰时间和消除半衰期：t_{max}=7h，$t_{1/2}$=633.9h[20] 分布容积：无相关资料 生物利用度：100% 蛋白结合率：曲安奈德在血浆中约有68%的蛋白质结合	曲安奈德的主要代谢产物是6-β-羟基-三氨喹啉酮。关于曲安奈德代谢的数据尚不清楚	①与能够降血钾的药物合用，可加重低血钾症风险。②与抗凝药合用可影响口服抗凝药的代谢以及凝血因子的作用，增加出血的危险性。③与胰岛素、二甲双胍、磺脲类降糖药合用时，可降低降血糖的作用，应调整降糖药的用量。④与镁、铝、钙的盐、氧化物及氢氧化物合用可降低本药的吸收。⑤与含激素的药物（甲状腺激素、雌激素和生长激素）合用时需要密切监护，其治疗作用会被影响。⑥与乙酰水杨酸类药物合用可降低水杨酸的吸收，应调整水杨酸的使用剂量。⑦酶诱导剂可降低本药的疗效，与其合用时应调整本药的剂量	缓释曲安奈德微球悬浮液也可用于膝骨关节炎疼痛，作为32mg/ml的制剂。剂量根据关节大小或关节外部位而定：掌指关节和近端指间关节、肌腱鞘：8~10mg；手腕，脚踝和肘部：20~30mg；膝盖，肩膀和臀部：20~40mg[21]
醋酸甲羟孕酮注射液（Depo-Provera）	分子量：386.53[5] 达峰时间和消除半衰期：肌内给药平均达峰时间约为4至20天；单次肌内注射后的清除半衰期约为50天[5] 分布容积：(20±3)L[5] 蛋白结合率：90%~95%[5]	1. 代谢：醋酸甲羟孕酮在肝脏中代谢[5] 2. 清除：醋酸甲羟孕酮通过胆汁分泌主要经粪便排泄。4天后，大约30%的肌内注射剂量在尿液中排泄[5]	本品与化疗药物合并使用，可增强其抗癌作用效果。与肾上腺皮质激素合用可促进血栓症。合用氨鲁米特可显著降低醋酸甲羟孕酮注射液的生物利用度。与其他药品的合并使用有关的避孕有效性变化[5]：诱导激素类避孕药的代谢酶（包括CYP3A4）的药物或中草药可能会降低激素类避孕药的血浆浓度，并可能会降低激素类避孕药有效性[5]：苯巴比妥、苯妥英、卡马西平、利福平等	有效期：60个月；贮藏条件：控制室温（15℃~30℃）[5]；醋酸甲羟孕酮注射液每三个月150mg深部肌内注射一次

续表

药品通用名（商品名）	药代动力学	代谢和排泄途径	药物相互作用	其他特性（如有效期、保存条件、单次最大给药剂量等）
醋酸甲地孕酮口服混悬液（Megace ES）	分子量：384.52g/mol[6] 达峰时间和消除半衰期：t_{max} 1.6~3.8h；$t_{1/2}$ 20~50h[6] 其余参数：无相关资料	人体内排泄的主要途径是尿液，代谢物仅占给药剂量的5%~8%。当将放射性标记的醋酸甲地孕酮以4至90mg的剂量施用于人类时，在10天内尿液排泄的范围为56.5%~78.4%（平均66.4%），而粪便排泄的范围为7.7%~30.3%（平均19.8%）。回收的总放射性在83.1%和94.7%之间变化（平均86.2%）。标记为二氧化碳和脂肪储存的呼吸道排泄可能至少占了尿液和粪便中未发现的放射性的一部分。药代动力学未在特殊人群中进行研究[6]	1. 与茚地那韦合用：显著降低茚地那韦的暴露量，因此在合用时应考虑使用增加的茚地那韦的剂量 2. 齐多夫定和利福布汀：无需调整齐多夫定和利福布汀的剂量[6]	1. 本品对HIV病毒复制的影响尚不明确 2. 孕妇禁用，故育龄女性开始给药前需通过妊娠试验明确为非妊娠状态 3. 本品规格为125mg/ml不可用其他浓度替代 4. 重要不良反应包括超敏反应、血栓栓塞性疾病、肾上腺功能不全、糖尿病等，有血栓病史的患者慎用 5. 保存：在避光干燥处保存。远离儿童和宠物。当本产品过期或不再需要时，不可冲入下水道，请妥善丢弃[6]
生长激素注射液（Nutropin）	分子量：22125Da[7] 达峰时间和消除半衰期：健康成年男性：2.1h±0.43h[7] 分布容积：健康成年男性：50ml/kg[7] 生物利用度：健康成年男性：81%±20%[7]	生长激素经肝脏和肾脏代谢。动物研究表明肾脏是主要的清除器官，生长激素在肾小球被滤过并在近端小管被重吸收，然后在肾细胞内被切割成其组成氨基酸，这些氨基酸返回体循环。健康成年男性皮下给药后的平均终末 $t_{1/2}$ 为2.1h±0.43h，明显长于静脉给药后的时间，表明皮下吸收缓慢且限速。据报道，健康成人和儿童静脉内给药后的清除率约为116~174ml/（hr·kg）[7]	1.11β-羟类固醇脱氢酶1型（11β-HSD1）：未治疗的生长激素缺乏患者11β-HSD1及血中皮质醇会相对增加，采用生长激素治疗可抑制11β-HSD1并降低血中皮质醇浓度。因此，先前未诊断出的中枢性（继发性）肾上腺功能减退的患者可在使用生长激素治疗时显现并被诊断，这类患者可能需要接受糖皮质激素的替代治疗。另外，已诊断肾上腺功能减退并正在接受糖皮质激素替代治疗的患者，在开始使用生长激素治疗后，可能须增加维持剂量或应激剂量；特别是接受醋酸可的松和强的松治疗的患者，因为这些激素须依赖11β-HSD1的活性转换成它们的生物活性代谢物 2. 药理剂量的糖皮质激素治疗与超生理剂量的糖皮质激素治疗：药理剂量的糖皮质激素治疗与超生理剂量的糖皮质激素治疗，可能会减弱生长激素对于患儿的生长促进作用。因此，同时接受生长激素和糖皮质激素治疗的患儿，应仔细调整替代治疗的糖皮质激素的剂量，以避免造成肾上腺功能减退及对生长的抑制作用。在生长激素治疗中糖皮质激素用量通常不得超过相当氢化可的松10~15mg/m² 体表面积	1. 皮下注射，注射部位应始终轮换以避免脂肪萎缩 2. 最高剂量： ①儿科GHD：每周最高0.3mg/kg ②青春期患者：每周最高0.7mg/kg ③ISS：每周最高0.3mg/kg ④慢性肾脏病：每周最高0.35mg/kg ⑤TS：每周最高0.375mg/kg ⑥成人GHD：可以根据治疗反应和IGF-I浓度调整剂量；非基于体重：起始剂量约为0.2mg/d。基于体重：从不超过0.006mg/（kg·d）开始；≤35岁患者的剂量可增加至最大0.025mg/（kg·d）；≥35岁患者的最大剂量为0.0125mg/（kg·d）

续表

药品通用名（商品名）	药代动力学	代谢和排泄途径	药物相互作用	其他特性（如有效期、保存条件、单次最大给药剂量等）
生长激素注射液（Nutropin）			3. 非雄激素类固醇：同时使用非雄激素类固醇可进一步增进生长速度 4. 细胞色素 P450（CYP450）代谢的药物：有限的数据显示，使用生长激素治疗，会增加人体 CYP450 介导的对安替比林清除率。这些数据显示生长激素治疗可能会改变那些已知经由肝脏 CYP450 所代谢的化合物的清除率（如糖皮质激素、性激素、抗惊厥药、环孢菌）。因此，当生长激素与那些已知会经由肝脏 CYP450 所代谢的药物并用时，须密切监测。然而，正式的药物相互作用的试验尚未开展 5. 口服雌激素：口服雌激素可能降低血中 IGF-1 对生长激素治疗的反应，因此，接受口服雌激素替代疗法的女性，可能需要使用较高剂量的生长激素 6. 胰岛素和（或）其他降糖药物：糖尿病患者同时接受生长激素治疗时，可能需要调整胰岛素和（或）其他降糖药物的剂量[7]	3. 禁忌证：急性危重症、严重肥胖或患有普瑞德威利综合征的儿童、有严重的呼吸功能障碍、活动性恶性肿瘤、对生长激素或赋形剂过敏、活动性增殖性或严重的非增殖性糖尿病视网膜病变、骨骺闭合的儿童 4. 不良反应：超敏反应、体液潴留、肾上腺功能减退症、甲状腺功能减退症、股骨骨骺滑脱（SCFE）、先前存在的脊柱侧凸的进展、胰腺炎、与苯甲醇防腐注射用抑菌水相关的新生儿毒性[7]
左旋-18甲基炔诺酮（诺普兰，Norplant）	分子量：312.45[22] 达峰时间和消除半衰期：Norplant-6®插入后约24小时达峰[22]；Norplant-Ⅱ®［Jadelle®］大约2~3天达峰，消除半衰期13~18小时；移除植入物后，左炔诺孕酮的浓度在96小时内降至100 pg/ml以下，并在5天至2周的范围内进一步降至检测灵敏度以下[15] 分布容积：1.8 L/kg[22]	1. 左炔诺孕酮被广泛地代谢。最重要的代谢途径是还原 Δ4-3-氧代基团和在 2α、1β 和 16β 位的羟基化，然后是共轭作用。形成 3α、5α 四氢左炔诺孕酮和 16β 羟基左炔诺孕酮，CYP3A4 是参与左炔诺孕酮氧化代谢的主要酶。现有的体外数据表明，与还原和共轭反应相比，CYP 介导的生物转化反应对左炔诺孕酮可能没有什么意义[15]	1. 降低激素避孕药（HC）血浆浓度并可能降低 HC 功效或增加突破性出血 2. 激素避孕药可能影响其他药物的代谢。血浆浓度可能会增加（例如，环孢菌素）或减少（例如，拉莫三嗪）。请查阅所有同时使用的药物的标签[15]	1.Norplant-6®包括一组六个胶囊，每个胶囊含有 36 毫克左炔诺孕酮，避孕寿命长达 5 年[23-26] 2.Norplant-Ⅱ®系统［Jadelle®］旨在提高插入和移除的便利性。该系统由两根 43 毫米杆组成，每个杆都包含一个药物释放芯，该芯包裹在两端密封的薄壁硅橡胶管中含有 75mg 左炔诺孕酮，避孕寿命长达 3 年[25-27] 3.15℃ ~30℃之间的室温下储存

续表

药品通用名（商品名）	药代动力学	代谢和排泄途径	药物相互作用	其他特性（如有效期、保存条件、单次最大给药剂量等）
左旋-18甲基炔诺酮（诺普兰，Norplant）	生物利用度：皮下植入物直接输送到间质液中，其生物利用度尚不清楚[15] 蛋白结合率：左炔诺孕酮蛋白结合率为97.5%~99%，主要是与性激素结合球蛋白（SHBG）结合，在较小程度上与白蛋白结合[15]	2.左炔诺孕酮及其代谢物主要通过尿液排泄40%~68%；还有约16%~48%通过粪便排泄[21]。哺乳时，少量左炔诺孕酮会分泌到母乳中[23]		
依托孕烯埋植剂（NEXPLANON）	分子量：324.4565[8] 达峰时间和消除半衰期：25h[8] 分布容积：201L[26] 生物利用度：100%[8] 蛋白结合率：66%[8]	代谢：体外数据显示，依托孕烯在肝微粒体中通过细胞色素P450 3A4同工酶代谢 排除途径：依托孕烯及其代谢产物以游离类固醇或缀合物的形式排泄，主要存在于尿液中，少量存在于粪便中[8]	1. 与肝药酶诱导剂联用，可能降低依托孕烯的血浆浓度，并可能降低依托孕烯的有效性或增加突破性出血 2. 与肝药酶抑制剂联用，可能升高依托孕烯的血浆浓度 3.HIV蛋白酶抑制剂、非核苷类逆转录酶抑制剂以及HCV类药物会导致依托孕烯的血浆浓度变化，使用时需密切监护 4. 依托孕烯可能影响其他药物的代谢，相应药物的血浆及组织浓度可能升高（如环孢霉素），或降低（如拉莫三嗪）[8]	依托孕烯的有效期为3年。依托孕烯植入初期释放速度为60~70μg/d，在第1年末时降至35~45μg/d，第2年末时降至30~40μg/d，在第3年末时和之后降至25~30μg/d[27]

四、激素类纳米药物对应适应证的HTA

激素类纳米药物对应适应证的 HTA 具体见表 4-7-3。

表4-7-3　激素类纳米药物对应适应证的HTA

药品通用名（商品名）	适应证	有效性	安全性	经济性
醋酸曲安奈德缓释注射悬浮液（Zilretta）	用于关节内注射治疗膝关节骨关节炎疼痛	该药物与安慰剂相比在治疗 12 周后持久并具有临床意义，成功地减轻了中度至重度骨关节炎患者的膝关节疼痛，该目标为试验的主要终点。另外，在对骨关节炎指数评分表方面的 2 级终点进行分析发现，Zilretta 相比安慰剂和速释曲安奈德表现出了更佳的临床疗效[28-29]	Zilretta 组最常见的发生率超过 2% 的副作用有关节痛、头痛、关节肿胀和背痛，Zilretta 治疗过程中没有出现重大的不良事件，同时也没有患者因为 Zilretta 的不良反应而终止临床试验	髋关节注射试验（Hip Injection Trial，HIT）报告了与最佳治疗（best current treatment，BCT）单独相比，超声引导下髋关节内注射（ultrasound-guided intra-articularhip injection，USGI）40mg 曲安奈德和 4ml1% 盐酸利多卡因联合最佳治疗（BCT+US-T）治疗髋关节骨性关节炎更具有成本效益[30]
醋酸甲羟孕酮注射液（狄波 - 普维拉，Depo-Provera）	避孕	1. 对于定时重复注射的个体，狄波 - 普维拉（DMPA）是一种非常有效的避孕方法。在使用 DMPA 的第一年，在正常使用的情况下，意外怀孕率为 6%。按医嘱完全使用 DMPA 的第一年意外怀孕率估计为 0.2%[31] 2. 在一项对使用 DMPA 的患者的研究中，他们始终按时注射，DMPA 的三年累计失败率为 0.7%，这与使用宫内节育器和避孕植入物的失败率相当[32]	代谢作用方面，未表现出胆固醇或甘油三酯的变化，对止血无明显影响，损害口服葡萄糖耐量试验（OGTT）反应，增加胰岛素反应。暴露在 DMPA 环境中的儿童的长期生长发育没有明显的不良影响，恢复生育能力也没有延迟。对于癌症，对 DMPA 使用者的对照监测发现，总体而言，DMPA 没有增加卵巢癌、肝癌或宫颈癌的风险，甚至发现 DMPA 在降低子宫内膜癌风险方面具有长期的保护作用。DMPA 的主要缺点是月经紊乱和 1 年后体重增加。骨密度（BMD）显著降低[33-34]	患者使用 DMPA 的花费因人而异，有多种原因，包括所在区域、药物价格，以及保险报销情况。此外，使用多剂量针剂瓶的费用通常低于固定单次剂量的皮下 DMPA[35]

续表

药品通用名（商品名）	适应证	有效性	安全性	经济性
醋酸甲地孕酮口服混悬液（Megace ES）	用于诊断患有获得性免疫缺陷综合症（AIDS）的患者的厌食症，恶病质或无法解释的重大体重减轻	比较醋酸甲地孕酮与安慰剂在厌食/恶病质和体重明显下降的艾滋病患者中的应用。在12周的研究中，MA治疗组的患者在最大体重增加时在统计上明显高于安慰剂组（24%）；与安慰剂组（50%）相比，更多的MA治疗患者在12周的最后评估中显示出食欲的改善；评估体重变化、食欲、外观和总体幸福感。在最大体重变化时，与安慰剂治疗组相比，只有800mg甲地孕酮治疗组对所有问题的回答在统计学上明显更有利[6]；比较醋酸甲地孕酮800毫克/天与安慰剂在厌食/恶病质和体重明显下降的艾滋病患者中的作用。与安慰剂组相比，800mg甲地孕酮治疗组患者的平均最大体重变化增幅在统计学上明显更大；通过生物电阻抗分析测量的身体成分的变化显示，甲地孕酮治疗组的非水体重增加。在甲地孕酮治疗组中没有水肿的报道。在12周的研究中，在最后一次评估中，有更大比例的甲地孕酮治疗患者（67%）比安慰剂治疗患者（38%）的食欲得到改善；这一差异具有统计学意义。治疗组之间在平均卡路里变化或最大体重变化时的每日卡路里摄入量方面没有统计学上的显著差异。在第一个RCT中提到的同样的9个问题的调查中，患者对体重变化、食欲、外观和整体幸福感的评估显示，与安慰剂组相比，甲地孕酮治疗的患者的平均得分有所增加[6]	1. 一项多中心、随机、双盲、安慰剂对照RCT，比较醋酸甲地孕酮每天100毫克、400毫克和800毫克的剂量与安慰剂在厌食/恶病质和体重明显下降的艾滋病患者中的应用。有3名甲地孕酮治疗组的患者出现或恶化了水肿[6] 2. 在两项多中心、随机、双盲、安慰剂对照RCT中，患者对甲地孕酮的耐受性良好，在实验室异常、新的机会性感染、淋巴细胞计数、T4计数、T8计数或皮肤反应性测试方面，治疗组之间没有统计学上的显著差异[6]	目前尚无有关醋酸甲地孕酮口服混悬液的经济性研究，但醋酸甲地孕酮混悬液是是临床上唯一用于治疗恶病质的药物，迄今为止，没有其他药物被证明在疗效和耐受性方面优于醋酸甲地孕酮[36]，同时其服用方便，可能提高患者用药依从性。既往有研究表示醋酸甲地孕酮的最佳治疗周期为12周[37]，经济效益比最高

续表

药品通用名（商品名）	适应证	有效性	安全性	经济性
生长激素注射液（Nutropin）	继发于慢性肾脏病的生长障碍、ISS、与TS相关的身材矮小及GHD，成人GHD的诊断需要进行适当的生长激素激发试验，需除外器质性疾病所致的多种垂体激素缺乏症患者[7]	1.青春期生长激素缺乏症（GHD）患者 在青春期GHD患者中进行了一项开放标签、多中心、随机的两种剂量的生长激素注射液临床试验。两个剂量组的研究中，每一年的骨龄平均变化约为1年。基线身高SDS高于-1.0的患者，使用每周0.3mg/kg剂量的生长激素注射液能够达到正常的成人身高；31名患者在研究结束时通过双能量X射线吸收仪（DEXA）扫描确定了骨矿物质密度（BMD）。两个剂量组在全身BMD的平均SDS方面没有显著差异[7] 2.慢性肾脏病（CKD）继发生长障碍的小儿患者 进行了两项多中心、随机、对照的临床试验，以确定慢性肾脏病患者在进行肾移植前使用Nutropin治疗是否能改善其生长速度和身高缺陷。将两项对照研究中完成两年的患者的数据结合起来，结果生长激素注射液组的平均身高SDS有明显增加，但对照组没有明显变化。身高的增加伴随着骨骼年龄的适当提前。这些数据表明，生长激素注射液治疗可以提高生长速度，并纠正与CKD相关的后天身高不足的问题[7] 3.特纳综合征（TS）的儿科患者 美国进行了三项研究，以评估体细胞生长素治疗TS引起的身材矮小的疗效。在研究1和2中，在14岁以后接受早期GH治疗和雌激素的患者中，观察到成年身高的最大改善。在研究3中，与历史对照数据相比，成人身高的增长约为5厘米。加拿大的随机研究比较了接受GH治疗的患者和没有接受注射的同期对照组的近成人身高结果。GH治疗的效果是平均身高增加5.4厘米。总之，TS患者接受了成人身高的治疗，平均身高增加，具有统计学意义[7]	使用生长激素注射液对长期心血管疾病发病率和死亡率的影响尚未确定[7, 38]	1.一项美国的经济学研究纳入患有GHD的6820名医疗补助患者和14070名商业患者。调整了基线特征，与匹配的非GHD对照组相比，医疗补助GHD患者的全因非生长激素年花费用高出5.67倍，商业GHD患者高出5.46倍。与未治疗的患者相比，接受治疗的医疗补助患者调整后的全因非生长激素年花费用低0.59倍，接受治疗的商业患者低0.69倍。小儿GHD带来了巨大的医疗负担，而许多患者仍未得到治疗或治疗不足[39] 2.一项意大利的经济研究报告称，一个完整的多年GH治疗疗程的总费用几乎为100,000欧元。药物的浪费可高达消耗量的15%，在意大利的一些地区，可能存在相当大比例的处方过多或过少[40]

续表

药品通用名（商品名）	适应证	有效性	安全性	经济性
生长激素注射液（Nutropin）		4. 成人生长激素缺乏症 在生长激素缺乏的成人中进行了两项多中心、双盲、安慰剂对照的临床试验。这些研究旨在评估生长激素注射液替代疗法对身体成分的影响。两项研究中的所有生长激素注射液组都出现了身体成分的明显变化，而安慰剂组均未出现统计学上的明显变化 随后进行了一项为期 32 周的多中心、开放标签、对照性的临床试验，使用生长激素注射液 AQ 组、生长激素注射液 Depot 组或未治疗组，对患有成人和儿童多动症的成年人进行治疗。以评估对身体成分的影响，包括通过计算机断层扫描（CT）确定的内脏脂肪组织（VAT）的变化 从基线到第 32 周，生长激素注射液 AQ 组的增量平均绝对变化为 −10.7 平方厘米，未治疗组为 +8.4 平方厘米（组间 P=0.013）。生长激素注射液 AQ 组有 6.7% 的增量损失（从基线到第 32 周的平均百分比变化），而未治疗组有 7.5% 的增长（组间 P=0.012）[7, 38]		
左旋 −18 甲基炔诺酮（诺普兰，Norplant）	女性避孕	每 100 名使用 Norplant 的女性，1 年后的怀孕率为 0.6 名，5 年后的累积率为 1.5 名，植入物提供的避孕效果等同于或优于其他可逆方法（口服避孕药怀孕率 2.3 名；宫内节育器怀孕率 2.4 名）[25]。在大多数已发表的大型试验中，Norplant 治疗的女性的累积 5 年妊娠率低于 2 例 / 100 人[23] 两根左炔诺孕酮棒（Jadelle®）连续使用超过 5 年累积怀孕率为 0.88/100，年妊娠率 ＜ 0.2/100[15, 24]	1. 主要副作用是月经不调和头痛[25]，月经的异常常导致治疗终止[26]。评估使用左炔诺孕酮是否会影响怀孕结果。左炔诺孕酮植入物使用者发生异位妊娠的绝对风险肯定低于一般的育龄妇女人群[23] 2. 药代动力学数据表明，左炔诺孕酮通过母乳从母体转移到婴儿血清中的程度很低。新生儿在产后 6 周前接触类固醇激素是否会有风险尚不清楚。因此，左炔诺孕酮植入物的使用可能不应该在这之前开始[23]	1.Norplant 胶囊系统的制造成本约为 8.50 美元。杆系统会更便宜。用户的额外费用将包括制造商的保险以及植入和移除的费用[25] 2. 一项成本效益分析估计了 8 种避孕方法每个无妊娠年的净直接成本，在可逆避孕方法中，宫内节育器和左炔诺孕酮植入物的成本效益最高[23]

续表

药品通用名（商品名）	适应证	有效性	安全性	经济性
左旋-18甲基炔诺酮（诺普兰，Norplant）			3. 使用左炔诺孕酮植入剂可能并不影响以后的生育能力[24] 4. 大约5%到20%的患者经历过头痛，这被认为是使用Norplant的方法相关副作用。这与铜IUCD受体相当或更高[25-26] 5. 对血脂变化的研究表明，使用（Norplant-2®）1年后，总胆固醇、甘油三酯、高密度和低密度胆固醇下降了5%至15%[25]。左炔诺孕酮对血清脂质和脂蛋白代谢的影响似乎不具有临床意义[23-24] 6. 在健康的非糖尿病女性中，插入左炔诺孕酮皮下植入物不会改变空腹血糖和基础胰岛素水平。虽然在左炔诺孕酮植入物接受者中注意到胰岛素敏感性略有下降[23] 7. 左炔诺孕酮植入物不会引起高凝状态，它与心血管事件的显著增加无关。左炔诺孕酮植入物不会对骨密度产生不利影响[23] 8. 左炔诺孕酮植入治疗期间曾报告严重不良事件（如中风、血栓性血小板减少症和特发性颅内高压），但人群发生率难以计算且因果关系尚不清楚[23]	3. 另一项研究则认为羟甲孕酮注射液节省最多。两种口服避孕药每日可节省约2.79美元，而左炔诺孕酮植入物产生的节约最少。左炔诺孕酮植入物的较小经济效益是2个主要因素的结果：估计每年预防怀孕的天数较低（基于5年后左炔诺孕酮接受者60%的停药率）和更高的植入物固定成本（即植入和再造等程序的成本）[23]

续表

药品通用名（商品名）	适应证	有效性	安全性	经济性
依托孕烯埋植剂（NEXPLANON）	适用于女性避孕	1. 依托孕烯埋植剂是一种高效且安全的避孕药物，Meta分析结果显示两种药物与依托孕烯埋植剂一年续用率相比，两种药物的一年结束时的续用率均高于ESI组[41] 2. 依托孕烯植入剂获批的使用时长是3年，但观察性数据和试验数据显示，最长使用5年的情况下，其与左炔诺孕酮宫内节育系统和铜宫内节育器相比，具有相当的效果[46-48]	1. 月经异常出血是常见的副作用，也是导致依托孕烯提前停药的主要原因[49]。在不同的研究中，使用不同的术语记录月经异常。短期副作用包括头痛、头晕、情绪变化、乳房压痛等[41]。代谢方面的副作用表现为体重增加。但有研究表明使用依托孕烯埋植剂与左炔诺孕酮宫内节育系统或铜宫内节育器相比，体重增加无显著差异[50-51] 2. 长期副作用包括卵巢癌和乳腺癌的风险、心肌梗死和中风的发病风险以及卵巢囊肿的风险，研究结果表明仅使用孕激素产品（包括ESI）与卵巢癌、心肌梗死和卒中的风险无关，但是卵巢囊肿或持续性卵泡是常见的副作用，它们在短时间内可以自行消退，不需要进一步的治疗[41-45] 3. 当患者选择终止治疗时，取出依托孕烯埋植剂，83.5%~94.4%的患者月经恢复正常。患者能够快速且安全地恢复生育能力[52]	1. 依托孕烯埋植剂是一种不透光的皮下植入物，含有68毫克依托孕烯，每个植入物的提交价格为285美元。如果植入物使用整整三年，依托孕烯的平均每日和每年的药物费用分别为0.26美元和95美元[52] 2. 一项关于依托孕烯埋植剂的药物经济报告指出，依托孕烯埋植剂与所考虑的所有其他避孕方案一样有效，而且成本更低[53] 3. 法国一项研究分析了依托孕烯埋植剂与其他长期或短期避孕方法相比的真实世界成本效益，结果表明依托孕烯埋植剂是有效的长效可逆避孕方法（LARC），并且成本与其他LARC相当[54]

五、激素类纳米药物文献计量学与研究热点分析

纳米载药系统与传统药物剂型相比，能提高药物的生物利用度、改善药物的药代动力学性质、增强药物的靶向作用等，因此在药物研究方面展现出了良好的应用前景。美国 FDA 已经批准上市的纳米制剂在近些年的发展中，产品趋于规范化、种类趋于多样化，目前上市的激素类纳米药物主要有醋酸曲安奈德缓释注射悬浮液、醋酸甲羟孕酮注射液、生长激素注射液、醋酸甲地孕酮口服混悬液、左旋 -18 甲基炔诺酮和依托孕烯埋植剂，其中左旋 -18 甲基炔诺酮已经退市。文献计量学作为一种科学的、定量的文献研究方法，有助于研究者快速了解某一领域文献的发展趋势，锁定高质量的作者和高产研究机构，掌握可信度高、有说服力的高质量文献的研究课题，加速科研的导入进程。使用文献计量分析对激素类纳米药物的发展趋势、文献发表国家及数量分布、主要作者、发文机构、研究热点进行可视化分析和总结，以识别激素类纳米药物的研究热点，探讨激素类纳米药物发展的新趋势，为后续纳米药物研发提供参考。

（一）醋酸曲安奈德缓释注射悬浮液的文献计量学与研究热点分析

1. 检索策略

醋酸曲安奈德缓释注射悬浮液文献计量学的检索策略见表 4–7–4。

表4–7–4　醋酸曲安奈德缓释注射悬浮液文献计量学的检索策略

类别	检索策略	
数据来源	Web of Science 核心合集数据库	CNKI 数据库
引文索引	SCI–Expanded	主题检索
主题词	Triamcinolone Acetonide Extended Release OR Zilretta	醋酸曲安奈德缓释注射悬浮液
文献类型	Article	研究论文
语种	English	中文
检索时段	1991 年 ~2023 年	1991 年 ~2023 年
检索结果	共 87 篇文献	共 0 篇文献

2. 文献发表时间及数量分布

醋酸曲安奈德缓释注射悬浮液文献发表时间及数量分布见图 4–7–1。

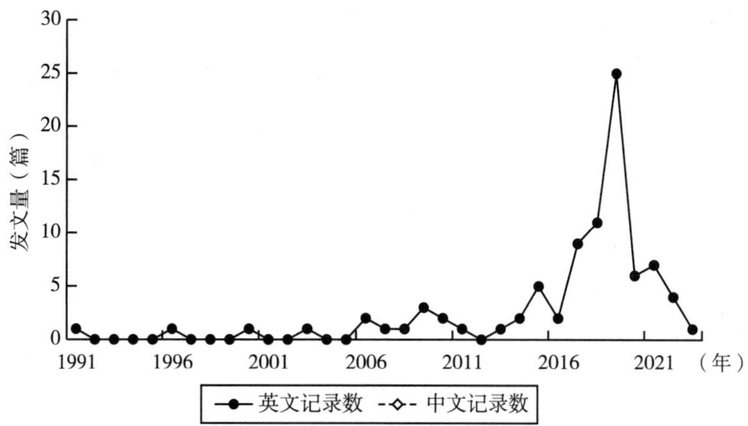

图 4-7-1　1991~2023 年醋酸曲安奈德缓释注射悬浮液研究的发文量

3. 文献发表杂志

醋酸曲安奈德缓释注射悬浮液文献发表杂志数据统计见表 4-7-5。

表4-7-5　醋酸曲安奈德缓释注射悬浮液发文量前10位的期刊

序号	WOS 数据库		序号	WOS 数据库	
	英文来源出版物	记录数		英文来源出版物	记录数
1	OSTEOARTHRITIS AND CARTILAGE	14	6	MEDICINE AND SCIENCE IN SPORTS AND EXERCISE	3
2	ARTHRITIS RHEUMATOLOGY	5	7	PHARMACEUTICS	3
3	DEVELOPMENTS IN OPHTHALMOLOGY	4	8	RHEUMATOLOGY AND THERAPY	3
4	DRUGS	4	9	ADVANCES IN THERAPY	2
5	MACULAR EDEMA AND REVISED AND EXTENDED EDITION	3	10	INVESTIGATIVE OPHTHALMOLOGY VISUAL SCIENCE	2

4. 文献发表国家及数量分布

醋酸曲安奈德缓释注射悬浮液文献发表国家及数量分布见表 4-7-6。

表4-7-6　文献发表前10位的国家

序号	国家	记录数	序号	国家	记录数
1	美国	51	6	中国	4
2	英国	19	7	韩国	4
3	法国	6	8	新西兰	3
4	以色列	5	9	西班牙	3
5	荷兰	5	10	澳大利亚	2

5. 文献发表的作者及其所在机构、数量及排序

醋酸曲安奈德缓释注射悬浮液文献发表的作者相关数据统计见表 4–7–7。

表4–7–7　发表文章数量前10位的作者

序号	WOS 数据库		序号	WOS 数据库	
	作者及其所在机构	记录数		作者及其所在机构	记录数
1	Kelley S, Flex Therapeut Inc	26	6	Bodick N, Gate Sci Inc	13
2	Lufkin J, Flex Therapeut Inc	24	7	Kraus VB, Duke University，Duke Mol Physiol Inst	12
3	Conaghan PG, University of Leeds，Leeds Inst Rheumat& Musculoskeletal Med	17	8	Jones D, Ochsner Sports Med Inst	10
4	Cinar A, Flex Therapeut Inc	16	9	Huffman KM, Duke University，Sch Med	7
5	Kivitz AJ, Altoona Center for Clinical Research, Altoona Arthrit& Osteoporosis Ctr	15	10	SpitzerA, Cedars Sinai Medical Center，Dept Orthopaed Surg	7

6. 文献发表机构、数量及排序

醋酸曲安奈德缓释注射悬浮液文献发表机构相关数据统计见表 4–7–8。

表4–7–8　文献发表前10位的机构、数量

序号	WOS 数据库		序号	WOS 数据库	
	机构	记录数		机构	记录数
1	FLEX THERAPEUT INC	18	6	CEDARS SINAI MEDICAL CENTER	10
2	UNIVERSITY OF LEEDS	17	7	FLEXION THERAPEUT INC	10
3	ALTOONA CENTER FOR CLINICAL RESEARCH	16	8	HARVARD UNIVERSITY	10
4	DUKE UNIVERSITY	14	9	OCHSNER SPORTS MED INST	10
5	LEEDS BIOMEDICAL RESEARCH CENTRE	14	10	BRIGHAM WOMEN S HOSPITAL	6

7. 醋酸曲安奈德缓释注射悬浮液相关论文的研究方向

醋酸曲安奈德缓释注射悬浮液相关论文研究方向见表 4–7–9。

表4–7–9　醋酸曲安奈德缓释注射悬浮液研究排名前10位的研究方向

序号	WOS 数据库		序号	WOS 数据库	
	研究方向	记录数		研究方向	记录数
1	Rheumatology	26	6	Science Technology Other Topics	4
2	Pharmacology Pharmacy	22	7	Toxicology	4
3	Orthopedics	17	8	Chemistry	3

续表

序号	WOS 数据库		序号	WOS 数据库	
	研究方向	记录数		研究方向	记录数
4	Ophthalmology	15	9	Endocrinology Metabolism	3
5	Neurosciences Neurology	4	10	Engineering	3

（二）醋酸甲羟孕酮注射液的文献计量学与研究热点分析

1. 检索策略

醋酸甲羟孕酮注射液文献检测策略相关数据统计见表 4-7-10。

表4-7-10　醋酸甲羟孕酮注射液文献计量学的检索策略

类别	检索策略	
数据来源	Web of Science 核心合集数据库	CNKI 数据库
引文索引	SCI-Expanded	主题检索
主题词	Medroxyprogesterone Acetate OR Depo-Provera	醋酸甲羟孕酮注射液
文献类型	Article	研究论文
语种	English	中文
检索时段	1980~2023 年	1980~2023 年
检索结果	共 7490 篇文献	共 39 篇文献

2. 文献发表时间及数量分布

醋酸甲羟孕酮注射液文献发表时间及数量分布见图 4-7-2。

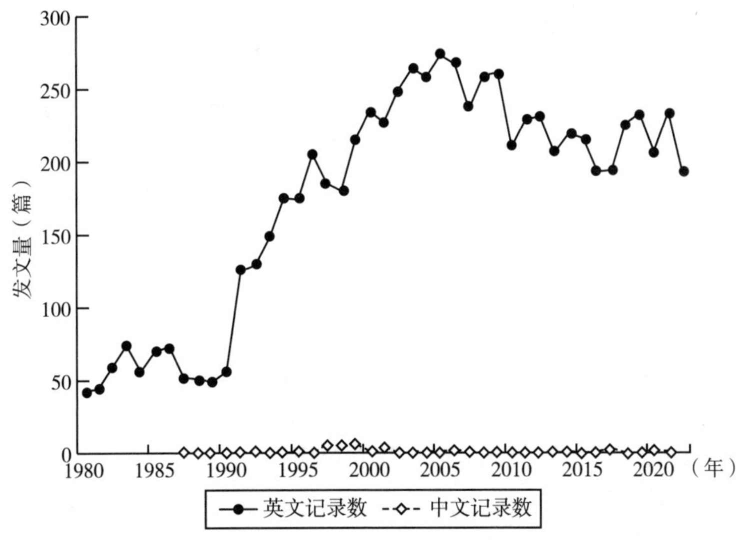

图 4-7-2　1980~2023 年醋酸甲羟孕酮注射液研究的发文量

3. 文献发表杂志

醋酸甲羟孕酮注射液文献发表杂志相关统计数据见表 4-7-11。

表4-7-11　醋酸甲羟孕酮注射液发文量前10位的期刊

序号	WOS 数据库		CNKI 数据库	
	英文来源出版物	记录数	中文来源出版物	记录数
1	CONTRACEPTION	394	中国计划生育学杂志	5
2	FERTILITY AND STERILITY	201	实用妇产科杂志	5
3	MATURITAS	191	海峡药学	3
4	MENOPAUSE THE JOURNAL OF THE NORTH AMERICAN MENOPAUSE SOCIETY	176	中华生殖与避孕杂志	2
5	OBSTETRICS AND GYNECOLOGY	151	中国临床药理学杂志	2
6	JOURNAL OF CLINICAL ENDOCRINOLOGY METABOLISM	134	中国全科医学	1
7	AMERICAN JOURNAL OF OBSTETRICS AND GYNECOLOGY	123	武警医学	1
8	JOURNAL OF STEROID BIOCHEMISTRY AND MOLECULAR BIOLOGY	121	中华现代护理杂志	1
9	HUMAN REPRODUCTION	108	天津护理	1
10	CLIMACTERIC	97	中国妇幼健康研究	1

4. 文献发表国家及数量分布

醋酸甲羟孕酮注射液文献发表国家及数量分布见表 4-7-12。

表4-7-12　文献发表前10位的国家

序号	国家	记录数	序号	国家	记录数
1	美国	3184	6	中国	333
2	意大利	502	7	德国	277
3	英国	448	8	法国	223
4	日本	415	9	澳大利亚	222
5	加拿大	340	10	荷兰	218

5. 文献发表的作者及其所在机构、数量及排序

醋酸甲羟孕酮注射液文献发表作者及其相关统计数据见表 4-7-13。

表4-7-13　发表文章数量前10位的作者

序号	WOS 数据库		CNKI 数据库	
	作者及其所在机构	记录数	作者及其所在机构	记录数
1	Lanari C，Institute of Biology & Experimental Medicine	50	雷贞武，成都中医药大学第二附属医院	3
2	Lockwood C，University of South Florida	54	吴尚纯，国家卫生健康委员会	2
3	Kaunitz A，University of Florida Amer Coll Obstetricians & Gynecologists UF SouthsideWomensHlth	49	黄秀烟，福建医科大学附属第一医院	2
4	Manson JE.，Harvard Medical School，Brigham &Womenshosp	47	章志华，湖南省人口和计划生育委员会	2
5	Bahamondes L，UniversidadeEstadual de Campinas，Dept Obstet&Gynaecol	43	郭瑞强，武汉大学人民医院	1
6	Curtis KM，Centers for Disease Control & Prevention - USA，Div ReprodHlth	41	曲军英，福建医科大学附属第一医院	1
7	Genazzani AR，University of Pisa，Dept Clin &Expt Med	38	田丽，安阳工学院	1
8	Pickar JH，Columbia University	37	苗红，抚顺市中心医院	1
9	Chlebowski R，University of California Los Angeles Medical Center，Lundquist Res Insthabor	37	朱敏怡，武汉大学人民医院	1
10	Mueck AO，Capital Medical University，Beijing Obstet&Gynecol Hosp	35	于如嘏，中国药科大学	1

6. 文献发表机构、数量及排序

醋酸甲羟孕酮注射液文献发表相关统计数据见表 4-7-14。

表4-7-14　文献发表前10位的机构、数量

序号	WOS 数据库		CNKI 数据库	
	机构	记录数	机构	记录数
1	UNIVERSITY OF CALIFORNIA SYSTEM	329	湖南省人口和计划生育委员会	2
2	HARVARD UNIVERSITY	210	福建医科大学附属第一医院	2
3	UNIVERSITY OF WASHINGTON	189	四川生殖卫生学院	2
4	UNIVERSITY OF WASHINGTON SEATTLE	187	国家卫生健康委科学技术研究所	2
5	WAKE FOREST UNIVERSITY	173	潢川县人民医院	1

续表

序号	WOS 数据库		CNKI 数据库	
	机构	记录数	机构	记录数
6	UNIVERSITY OF TEXAS SYSTEM	162	武警上海市总队医院	1
7	NATIONAL INSTITUTES OF HEALTH NIH USA	153	中国医科大学附属第一医院	1
8	PFIZER	147	上海市徐汇区华泾社区卫生服务中心	1
9	PENNSYLVANIA COMMONWEALTH SYSTEM OF HIGHER EDUCATION PCSHE	143	中国福利会国际和平妇幼保健院	1
10	HARVARD MEDICAL SCHOOL	137	湖南省宁乡县计划生育服务站	1

7. 醋酸甲羟孕酮注射液相关论文的研究方向

醋酸甲羟孕酮注射液相关论文的研究方向见表 4-7-15。

表4-7-15　醋酸甲羟孕酮注射液研究排名前10位的研究方向

序号	WOS 数据库		CNKI 数据库	
	研究方向	记录数	研究方向	记录数
1	Obstetrics Gynecology	2626	狄波－普维拉	11
2	Oncology	1087	长效避孕针	9
3	Endocrinology Metabolism	959	普维拉	9
4	Reproductive Biology	712	卵巢巧克力囊肿	4
5	General Internal Medicine	548	醋酸甲羟孕酮	3
6	Pharmacology Pharmacy	477	子宫内膜癌	3
7	Biochemistry Molecular Biology	333	口服避孕药	2
8	Public Environmental Occupational Health	269	雌二醇	2
9	Veterinary Sciences	248	阴道超声引导	2
10	Geriatrics Gerontology	229	效果观察	2

（三）醋酸甲地孕酮口服混悬液的文献计量学与研究热点分析

1. 检索策略

醋酸甲地孕酮口服混悬液文献计量学检索策略见表 4-7-16。

表4-7-16　醋酸甲地孕酮口服混悬液文献计量学的检索策略

类别	检索策略	
数据来源	Web of Science 核心合集数据库	CNKI 数据库
引文索引	SCI-Expanded	主题检索
主题词	Megestrol	甲地孕酮
文献类型	Article	研究论文

续表

类别	检索策略	
语种	English	中文
检索时段	2000 年 ~2021 年	2000 年 ~2021 年
检索结果	共 954 篇文献	共 392 篇文献

2. 文献发表时间及数量分布

醋酸甲地孕酮口服混悬液文献发表时间及数据分布见图 4-7-3。

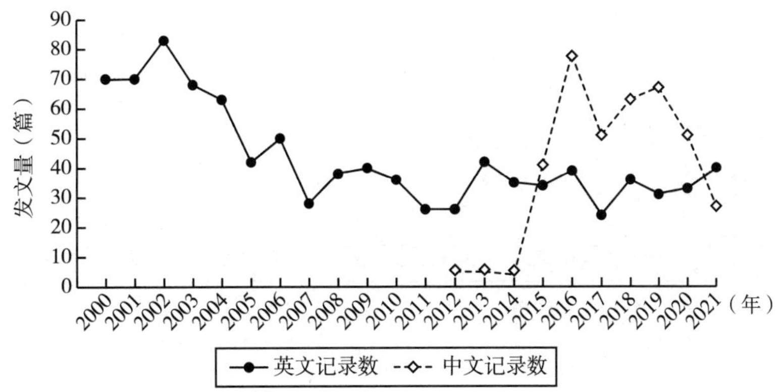

图 4-7-3　2000~2021 年醋酸甲地孕酮口服混悬液研究的发文量

3. 文献发表杂志

醋酸甲地孕酮口服混悬液文献发表杂志相关统计数据见表 4-7-17。

表4-7-17　醋酸甲地孕酮口服混悬液发文量前10位的期刊

序号	WOS 数据库		CNKI 数据库	
	英文来源出版物	记录数	中文来源出版物	记录数
1	JOURNAL OF CLINICAL ONCOLOGY	33	实用妇科内分泌电子杂志	51
2	GYNECOLOGIC ONCOLOGY	26	世界最新医学信息文摘	19
3	JOURNAL OF STEROID BIOCHEMISTRY AND MOLECULAR BIOLOGY	24	中国医药指南	13
4	BREAST CANCER RESEARCH AND TREATMENT	20	中国实用医药	10
5	SUPPORTIVE CARE IN CANCER	20	当代医药论丛	10
6	CLINICAL CANCER RESEARCH	19	中国现代药物应用	10
7	ONCOLOGIST	18	基层医学论坛	9
8	CANCER	17	海峡药学	8
9	ANNALS OF ONCOLOGY	16	临床医药文献电子杂志	8
10	EUROPEAN JOURNAL OF CANCER	14	中国当代医药	8

4. 文献发表国家及数量分布

醋酸甲地孕酮口服混悬液文献文献发表国家及数量分布见 4–7–18。

表4–7–18 醋酸甲地孕酮口服混悬液文献发表前10位的国家

序号	国家	记录数	序号	国家	记录数
1	美国	434	6	德国	38
2	意大利	85	7	法国	35
3	英国	79	8	韩国	35
4	中国	69	9	荷兰	31
5	加拿大	57	10	澳大利亚	28

5. 文献发表的作者及其所在机构、数量及排序

醋酸甲地孕酮口服混悬液文献发表作者及相关数据统计见 4–7–19。

表4–7–19 醋酸甲地孕酮口服混悬液发表文章数量前10位的作者

序号	WOS 数据库		CNKI 数据库	
	作者及其所在机构	记录数	作者及其所在机构	记录数
1	Loprinzi CL，Mayo Clinic	22	孙爱军，中国医学科学院北京协和医院	2
2	Macciò A，University of Cagliari	16	王兴玲，郑州大学第三附属医院	2
3	Madeddu C，University of Cagliari	15	王鹂，南京中医药大学附属医院（江苏省中医院）	2
4	Massa E，University of Cagliari	15	方科红，普宁市妇幼保健院	2
5	Lonning P.E.，University of Bergen	15	李幔，郑州市妇幼保健院	2
6	Jatoi A，Mayo Clinic	15	尹爱凝，大连医科大学附属第二医院	2
7	Mantovani G，University of Cagliari	14	郭叶，承德医学院	2
8	Novotny P，Mayo Clinic	12	姜琳帅，苏州市中医医院	2
9	Gramignano G，San Gavino Hospital	11	樊英，中国医学科学院肿瘤医院	1
10	Sloan JA，Mayo Clinic	11	刘慧龙，北京丰台医院	1

6. 文献发表机构、数量及排序

醋酸甲地孕酮口服混悬液文献发表机构相关数据统计见表 4–7–20。

表4-7-20　醋酸甲地孕酮口服混悬液文献发表前10位的机构、数量

序号	WOS 数据库		CNKI 数据库	
	机构	记录数	机构	记录数
1	UNIVERSITY OF TEXAS SYSTEM	51	郑州市妇幼保健院	4
2	MAYO CLINIC	45	佛山市第一人民医院	4
3	HARVARD UNIVERSITY	42	郑州大学第三附属医院	3
4	UTMD ANDERSON CANCER CENTER	41	大连医科大学	3
5	UNIVERSITY OF CALIFORNIA SYSTEM	36	浙江工业大学	3
6	UNIVERSITY OF CAGLIARI	24	南京中医药大学	3
7	UNIVERSITY OF TORONTO	22	北京协和医学院	3
8	MEMORIAL SLOAN KETTERING CANCER CENTER	21	广州中医药大学	3
9	JOHNS HOPKINS UNIVERSITY	20	青海省民和县妇幼保健站	2
10	UNICANCER	20	中国医学科学院北京协和医院	2

7. 醋酸甲地孕酮口服混悬液相关论文的研究方向

醋酸甲地孕酮口服混悬液相关论文的研究方向见表 4-7-21。

表4-7-21　醋酸甲地孕酮口服混悬液研究排名前10位的研究方向

序号	WOS 数据库		CNKI 数据库	
	研究方向	记录数	研究方向	记录数
1	Endocrinology Metabolism	55	安宫黄体酮	89
2	Pharmacology Pharmacy	43	甲羟孕酮	52
3	Chemistry	21	子宫内膜炎	41
4	Pediatrics	19	醋酸甲地孕酮	37
5	Biochemistry Molecular Biology	14	米非司酮	35
6	General Internal Medicine	11	甲地孕酮	30
7	Research Experimental Medicine	8	围绝经期异常子宫出血	24
8	Biotechnology Applied Microbiology	7	围绝经期	23
9	Health Care Sciences Services	7	临床研究	22
10	Cell Biology	4	子宫内膜癌	22

（四）生长激素注射液的文献计量学与研究热点分析

1. 检索策略

生长激素注射液文献计量学的检索策略见表 4-7-22。

表4-7-22 生长激素注射液文献计量学的检索策略

类别	检索策略	
数据来源	Web of Science 核心合集数据库	CNKI 数据库
引文索引	SCI-Expanded	主题检索
主题词	Somatropin	生长激素注射液
文献类型	Article	研究论文
语种	English	中文
检索时段	2000 年 ~2021 年	2000 年 ~2021 年
检索结果	共 155 篇文献	共 63 篇文献

2. 文献发表时间及数量分布

生长激素注射液文献发表时间及数量分布见图 4-7-4。

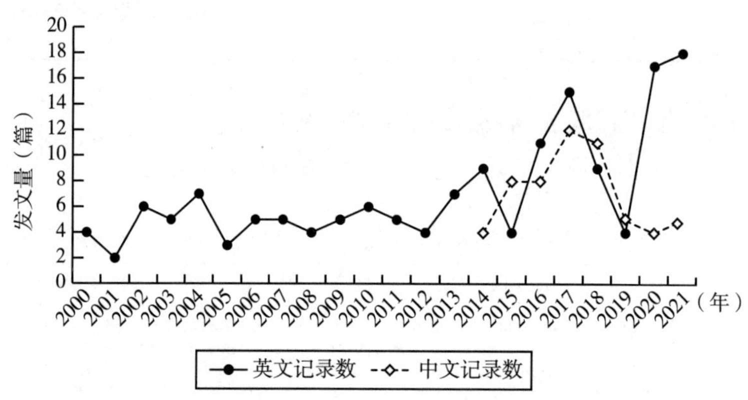

图 4-7-4 2000~2021 年生长激素注射液研究的发文量

3. 文献发表杂志

生长激素注射液文献发表杂志相关统计数据见表 4-7-23。

表4-7-23 生长激素注射液发文量前10位的期刊/学位论文

序号	WOS 数据库		CNKI 数据库	
	英文来源出版物	记录数	中文来源出版物	记录数
1	JOURNAL OF PEDIATRIC ENDOCRINOLOGY METABOLISM	10	临床医学研究与实践	3
2	JOURNAL OF ENDOCRINOLOGICAL INVESTIGATION	6	中国医药指南	3
3	BIOLOGICALS	5	世界最新医学信息文摘	2
4	JOURNAL OF CLINICAL ENDOCRINOLOGY METABOLISM	5	中国继续医学教育	2
5	ANALYTICAL CHEMISTRY	4	湖北中医药大学	2
6	ENDOCRINE JOURNAL	4	现代诊断与治疗	2

续表

序号	WOS 数据库		CNKI 数据库	
	英文来源出版物	记录数	中文来源出版物	记录数
7	HORMONE RESEARCH IN PAEDIATRICS	4	中国实用医药	2
8	JOURNAL OF PHARMACEUTICAL SCIENCES	4	中国药学杂志	1
9	ADVANCES IN THERAPY	3	现代药物与临床	1
10	CLINICAL THERAPEUTICS	3	临床医学	1

4. 文献发表国家及数量分布

生长激素注射液文献发表国家及数量分布见表 4-7-24。

表4-7-24　生长激素注射液文献发表前10位的国家

序号	国家	记录数	序号	国家	记录数
1	美国	48	6	丹麦	12
2	德国	31	7	瑞士	12
3	英国	23	8	日本	10
4	意大利	15	9	荷兰	10
5	瑞典	13	10	法国	9

5. 文献发表的作者及其所在机构、数量及排序

生长激素注射液文献发表作者相关统计数据见表 4-7-25。

表4-7-25　生长激素注射液发表文章数量前10位的作者

序号	WOS 数据库		CNKI 数据库	
	作者及其所在机构	记录数	作者及其所在机构	记录数
1	Hoybye C, Karolinska Institutet	6	冯刚, 绍兴市人民医院	2
2	WynendaelE, Ghent University Hospital	5	方泉, 绍兴市中医院	2
3	ZouaterH, Hexal AG	5	戚仕均, 绍兴市中医院	2
4	Bracke N, Ghent University	5	谢立江, 绍兴市中医院	2
5	PietropoliA, Novo Nordisk	4	刘地发, 暨南大学	1
6	Amini A, Medical University of Vienna	4	乐原, 锦州医科大学附属第一医院	1
7	Horikawa R, National Center for Child Health &Development - Japan	4	蒋丹斌, 盐城市第三人民医院	1

续表

序号	WOS 数据库		CNKI 数据库	
	作者及其所在机构	记录数	作者及其所在机构	记录数
8	Zabransky M，Sandoz	4	刚丽，大连大学附属中山医院	1
9	Walczak M，Pomeranian Medical University	3	梁敏，空军军医大学附属第一医院	1
10	Rohrer TR，Universitatsklinikum des Saarlandes	3	剡建华，咸阳市中心医院	1

6. 文献发表机构、数量及排序

生长激素注射液文献发表机构相关统计数据见表 4-7-26。

表4-7-26　生长激素注射液文献发表前10位的机构、数量

序号	WOS 数据库		CNKI 数据库	
	机构	记录数	机构	记录数
1	NOVARTIS	17	绍兴市中医院	2
2	NOVO NORDISK	16	湖北中医药大学	2
3	SANDOZ	16	任丘市人民医院	1
4	HEXAL AG	9	东莞市第五人民医院	1
5	GENENTECH	7	青岛大学	1
6	KAROLINSKA INSTITUTET	7	北京市平谷区中医院	1
7	KAROLINSKA UNIVERSITY HOSPITAL	7	咸阳市中心医院	1
8	ROCHE HOLDING	7	兰州大学第二医院	1
9	FERRING PHARMACEUTICALS	6	绍兴市人民医院	1
10	UNIVERSITY OF LONDON	6	宜春市人民医院	1

7. 生长激素注射液相关论文的研究方向

生长激素注射液相关论文的研究方向见表 4-7-27。

表4-7-27　生长激素注射液研究排名前10位的研究方向

序号	WOS 数据库		CNKI 数据库	
	研究方向	记录数	研究方向	记录数
1	Endocrinology Metabolism	55	生长抑素	40
2	Pharmacology Pharmacy	43	急性胰腺炎	24
3	Chemistry	21	丹参注射液	11
4	Pediatrics	19	香丹注射液	11
5	Biochemistry Molecular Biology	14	临床观察	7

续表

序号	WOS 数据库		CNKI 数据库	
	研究方向	记录数	研究方向	记录数
6	General Internal Medicine	11	重症急性胰腺炎	7
7	Research Experimental Medicine	8	复方丹参注射液	6
8	Biotechnology Applied Microbiology	7	重组人生长激素	5
9	Health Care Sciences Services	7	注射液	4
10	Cell Biology	4	生长激素缺乏症	4

（五）左旋-18甲基炔诺酮的文献计量学与研究热点分析

1. 检索策略

左旋-18甲基炔诺酮文献计量学的检索策略见表4-7-28。

表4-7-28　左旋-18甲基炔诺酮文献计量学的检索策略

类别	检索策略	
数据来源	Web of Science 核心合集数据库	CNKI 数据库
引文索引	SCI-Expanded	主题检索
主题词	Levonorgestrel implants	左旋-18甲基炔诺酮
文献类型	Article	研究论文
语种	English	中文
检索时段	1995年~2022年	1995年~2022年
检索结果	共549篇文献	共76篇文献

2. 文献发表时间及数量分布

左旋-18甲基炔诺酮文献发表时间及数量分布见图4-7-5。

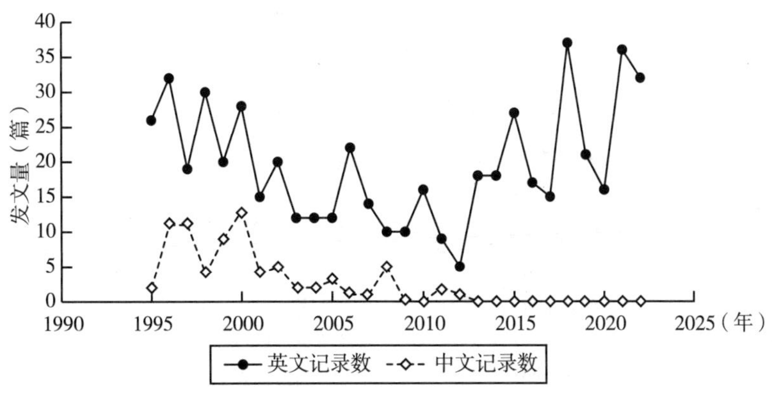

图4-7-5　1995~2022年左旋-18甲基炔诺酮研究的发文量

3. 文献发表杂志

左旋 -18 甲基炔诺酮文献发表杂志相关统计数据见表 4-7-29。

表4-7-29　左旋-18甲基炔诺酮发文量前10位的期刊

序号	WOS 数据库		CNKI 数据库	
	英文来源出版物	记录数	中文来源出版物	记录数
1	CONTRACEPTION	118	中华生殖与避孕杂志	11
2	HUMAN REPRODUCTION	38	国际生殖健康 / 计划生育杂志	11
3	OBSTETRICS AND GYNECOLOGY	29	中国计划生育学杂志	8
4	EUROPEAN JOURNAL OF CONTRACEPTION AND REPRODUCTIVE HEALTH CARE	22	生殖医学杂志	7
5	AMERICAN JOURNAL OF OBSTETRICS AND GYNECOLOGY	20	中华妇产科杂志	3
6	FERTILITY AND STERILITY	19	华中科技大学学报（医学版）	2
7	INTERNATIONAL JOURNAL OF GYNECOLOGY OBSTETRICS	8	解剖学杂志	2
8	JOURNAL OF CLINICAL ENDOCRINOLOGY METABOLISM	8	化学研究与应用	2
9	JOURNAL OF PHYSICAL CHEMISTRY B	8	沈阳医学院学报	1
10	WILDLIFE RESEARCH	8	基础医学与临床	1

4. 文献发表国家及数量分布

左旋 -18 甲基炔诺酮文献发表国家及数量分布见表 4-7-30。

表4-7-30　文献发表前10位的国家

序号	国家	记录数	序号	国家	记录数
1	美国	296	6	中国	25
2	澳大利亚	61	7	瑞典	23
3	巴西	41	8	瑞士	22
4	英国	37	9	多米尼加共和国	21
5	芬兰	29	10	德国	21

5. 文献发表的作者及其所在机构、数量及排序

左旋 -18 甲基炔诺酮文献发表作者及其相关统计数据见表 4-7-31。

表4-7-31　发表文章数量前10位的作者

序号	WOS 数据库		CNKI 数据库	
	作者及其所在机构	记录数	作者及其所在机构	记录数
1	Brache V, Clin.Profamilia	21	关艳敏， 辽宁省计划生育科学研究院	5
2	Bahamondes L, Universidade Estadual de Campinas	20	杨学芳， 辽宁省计划生育科学研究院	5

续表

序号	WOS 数据库		CNKI 数据库	
	作者及其所在机构	记录数	作者及其所在机构	记录数
3	Affandi B, University of Indonesia	13	崔慧先，河北医科大学	4
4	Alvarez F, Universidade Estadual de Campinas	13	康林，河北医科大学	4
5	Peipert JF, Indiana University System	13	万瑶，沈阳医学院附属卫生学校	4
6	Kourtis AP, Centers for Disease Control & Prevention – USA	12	王介东，国家卫生健康委科学技术研究所	3
7	Rogers PAW, Royal Womenshosp	12	朱蓬第，北京市炎黄经络研究中心	3
8	Baeten JM, Gilead Sciences	11	刘晓云，河北医科大学第二医院	3
9	Fraser IS, University of Toronto	11	于秀丽，辽宁省计划生育科学研究院	3
10	Sivin I, Population Council	11	蔡翠芳，沈阳医学院	3

6. 文献发表机构、数量及排序

左旋 –18 甲基炔诺酮文献发表机构及其相关统计数据见表 4–7–32。

表4–7–32　文献发表前10位的机构、数量

序号	WOS 数据库		CNKI 数据库	
	机构	记录数	机构	记录数
1	UNIVERSITY OF CALIFORNIA SYSTEM	39	辽宁省计划生育科学研究院	7
2	FHI 360	31	国家卫生健康委科学技术研究所	6
3	UNIVERSIDADE ESTADUAL DE CAMPINAS	28	上海市生物医药技术研究院	5
4	UNIVERSITY OF WASHINGTON	28	河北医科大学	5
5	UNIVERSITY OF WASHINGTON SEATTLE	28	中国人民解放军南部战区总医院	3
6	POPULATION COUNCIL	23	四川大学	3
7	UNIVERSITY OF SYDNEY	22	沈阳医学院	3
8	MONASH UNIVERSITY	21	天津市计划生育研究所	3
9	UNIVERSITY OF CALIFORNIA SAN FRANCISCO	21	河北医科大学第二医院	2
10	CENTERS FOR DISEASE CONTROL PREVENTION USA	18	北京市计划生育技术研究指导所	2

7. 左旋 -18 甲基炔诺酮相关论文的研究方向

左旋 -18 甲基炔诺酮相关论文的研究方向见表 4-7-33。

表4-7-33　左旋-18甲基炔诺酮研究排名前10位的研究方向

序号	WOS 数据库		CNKI 数据库	
	研究方向	记录数	研究方向	记录数
1	Obstetrics Gynecology	338	甲基炔诺酮	52
2	Reproductive Biology	80	左旋 -18 甲基炔诺酮	14
3	Public Environmental Occupational Health	50	宫内节育器	7
4	Endocrinology Metabolism	36	紧急避孕	6
5	Pharmacology Pharmacy	34	埋植剂	6
6	General Internal Medicine	33	皮下埋植避孕剂	6
7	Pediatrics	25	皮下埋植	6
8	Infectious Diseases	21	子宫内膜	6
9	Zoology	21	临床观察	4
10	Immunology	17	皮下埋植剂	4

（六）依托孕烯埋植剂的文献计量学与研究热点分析

1. 检索策略

依托孕烯埋植剂文献计量学的检索策略见表 4-7-34。

表4-7-34　依托孕烯埋植剂文献计量学的检索策略

类别	检索策略	
数据来源	Web of Science 核心合集数据库	CNKI 数据库
引文索引	SCI–Expanded	主题检索
主题词	Etonogestrel Implant	依托孕烯埋植剂
文献类型	Article	研究论文
语种	English	中文
检索时段	1998 年 ~2023 年	1998 年 ~2023 年
检索结果	共 374 篇文献	共 13 篇文献

2. 文献发表时间及数量分布

依托孕烯埋植剂文献发表时间及数量分布见图 4-7-6。

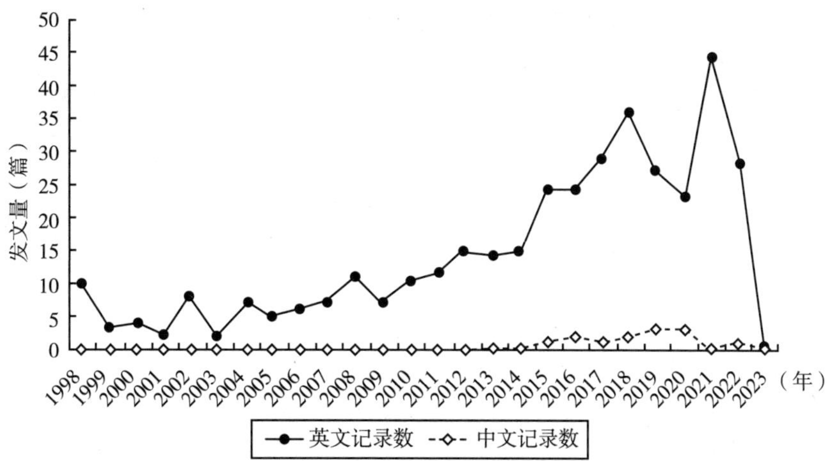

图 4-7-6　1998~2023 年依托孕烯埋植剂研究的发文量

3. 文献发表杂志

依托孕烯埋植剂文献发表相关数据统计见表 4-7-35。

表4-7-35　依托孕烯埋植剂发文量前10位的期刊/学位论文

序号	WOS 数据库		CNKI 数据库	
	英文来源出版物	记录数	中文来源出版物	记录数
1	CONTRACEPTION	109	广西医学	2
2	EUROPEAN JOURNAL OF CONTRACEPTION AND REPRODUCTIVE HEALTH CARE	31	山西医科大学	2
3	OBSTETRICS AND GYNECOLOGY	25	现代医院	1
4	JOURNAL OF PEDIATRIC AND ADOLESCENT GYNECOLOGY	19	河北医学	1
5	AMERICAN JOURNAL OF OBSTETRICS AND GYNECOLOGY	12	中国性科学	1
6	GYNECOLOGICAL ENDOCRINOLOGY	11	实用妇科内分泌杂志（电子版）	1
7	HUMAN REPRODUCTION	11	中国实用妇科与产科杂志	1
8	FERTILITY AND STERILITY	8	浙江实用医学	1
9	JOURNAL OF PHYSICAL CHEMISTRY B	8	中国新药杂志	1
10	EUROPEAN JOURNAL OF OBSTETRICS GYNECOLOGY AND REPRODUCTIVE BIOLOGY	5	内蒙古医学杂志	1

4. 文献发表国家及数量分布

依托孕烯埋植剂文献发表国家及数量分布见表 4-7-36。

表4-7-36　文献发表前10位的国家

序号	国家	记录数	序号	国家	记录数
1	美国	194	6	法国	16
2	巴西	40	7	瑞士	14
3	英格兰	31	8	德国	13
4	澳大利亚	24	9	意大利	13
5	荷兰	24	10	中国	13

5. 文献发表的作者及其所在机构、数量及排序

依托孕烯埋植剂文献发表作者及其相关统计数据见表4-7-37。

表4-7-37　发表文章数量前10位的作者

序号	WOS 数据库		CNKI 数据库	
	作者及其所在机构	记录数	作者及其所在机构	记录数
1	Bahamondes L，Universidade Estadual de Campinas	20	胡继芬，福建医科大学附属第一医院	1
2	Sheeder J，University of Colorado School of Medicine	16	华绍芳，天津医科大学第二医院	1
3	Lazorwitz A，University of Colorado School of Medicine	12	吴建波，福建医科大学附属第一医院	1
4	Vieira CS，University of São Paulo	11	黄建邕，广西医科大学第五附属医院	1
5	Creinin MD，University of California Davis	9	黄玉秀，福建医科大学附属第一医院	1
6	Peipert JF，Indiana University System	9	马文侠，河南省人口和计划生育科学技术研究院	1
7	Teal S，University Hospitals of Cleveland	9	黄英梅，南宁市第一人民医院	1
8	Anderson RA，University of Edinburgh	8	蒋丽，广西壮族自治区妇幼保健院	1
9	Ferriani RA，University of São Paulo	8	华桦，南京市妇幼保健院	1
10	Madden T，Washington University（WUSTL）	7	吕榜权，广西壮族自治区妇幼保健院	1

6. 文献发表机构、数量及排序

依托孕烯埋植剂文献发表机构相关数据统计见表 4-7-38。

表4-7-38 文献发表前10位的机构、数量及排序

序号	WOS 数据库		CNKI 数据库	
	机构	记录数	机构	记录数
1	UNIVERSITY OF COLORADO SYSTEM	27	山西医科大学	2
2	UNIVERSITY OF CALIFORNIA SYSTEM	26	同济大学附属妇产科医院	1
3	UNIVERSITY OF COLORADO ANSCHUTZ MEDICAL CAMPUS	25	南京市妇幼保健院	1
4	UNIVERSIDADE ESTADUAL DE CAMPINAS	22	南宁市第一人民医院	1
5	MERCK COMPANY	19	天津医科大学第二医院	1
6	UNIVERSITY OF WASHINGTON	19	河南省人口和计划生育科学技术研究院	1
7	UNIVERSITY OF WASHINGTON SEATTLE	19	嘉兴市妇幼保健院	1
8	WASHINGTON UNIVERSITY（WUSTL）	14	广州市红十字会医院	1
9	UNIVERSIDADE DE SAO PAULO	12	福建医科大学附属第一医院	1
10	UNIVERSITY OF CALIFORNIA SAN FRANCISCO	12	广东省佛山市顺德区计划生育服务中心	1

7. 依托孕烯埋植剂相关论文的研究方向

依托孕烯埋植剂相关论文的研究方向见表 4-7-39。

表4-7-39 依托孕烯埋植剂研究排名前10位的研究方向

序号	WOS 数据库		CNKI 数据库	
	研究方向	记录数	研究方向	记录数
1	Obstetrics Gynecology	281	皮下埋植剂	8
2	Public Environmental Occupational Health	49	依托孕烯	8
3	Reproductive Biology	32	依托孕烯皮下埋植	5
4	Pediatrics	28	皮下埋植	5
5	General Internal Medicine	23	子宫腺肌病	3
6	Endocrinology Metabolism	22	屈螺酮炔雌醇片	2
7	Pharmacology Pharmacy	15	阴道不规则出血	2
8	Chemistry	11	临床分析	2
9	Infectious Diseases	11	月经模式	2
10	Biomedical Social Sciences	10	效果及安全性	1

参考文献

[1] 徐辉碧，杨祥良．纳米医药［M］．北京：清华大学出版社，2004.

[2] Muller RH，Hildebrand GE. 现代给药系统的理论和实践第 2 版［M］．胡晋红，主译．北京：人民军医出版社，2004：10.

[3] Flexion Therapeutics Inc. ZILRETTA（triamcinolone acetonide extended-release injectable suspension）：US prescribing information. 2017［EB/OL］．（2017-10-6）［2024-08-13］．https：//www.accessdata.fda.gov/. Accessed 5 March 2023

[4] Sharts-Hopko NC. Depo-Provera［J］．MCN Am J Matern Child Nurs，1993，18（2）：128.

[5] 辉瑞制药有限公司．醋酸甲羟孕酮注射液说明书［EB/OL］．（2011-1-30）［2024-08-13］．https：//www.yaopinnet.com/sms_pdf/pfizer20120055.pdf.

[6] Endo Pharmaceuticals Inc.MEGACE ES- megesterol acetate suspension［EB/OL］．（2018-12-01）［2024-08-13］．https：//www.accessdata.fda.gov/drugsatfda_docs/label/2019/021529s018lbl.pdf

[7] Genentech，Inc.NutropinDepot［EB/OL］．（2023-3-15）［2024-08-13］．https：//www.rxlist.com/nutropin-depot-drug.htm#description

[8] Merck & Co.，Inc. NEXPLANON®（etonogestrel implant）［EB/OL］．［2018-10］（2024-08-13）．https：//www.accessdata.fda.gov/drugsatfda_docs/label/2019/021529s018lbl.pdf.

[9] 中华医学会计划生育学分会.40 岁及以上女性避孕指导专家共识［J］．中华妇产科杂志，2020，55（4）：239-245.

[10] 程利南，狄文，丁岩，等．女性避孕方法临床应用的中国专家共识［J］．中华妇产科杂志，2018，53（7）：433-447.

[11] 中国临床肿瘤学会．肿瘤恶病质诊疗指南 2021［M］．北京：人民卫生出版社，2021：48.

[12] Novo Nordisk Inc.Sogroya Prescribing Information［EB/OL］．（2023-5-14）．［2024-08-13］．https：//www.drugs.com/pro/sogroya.html

[13] Molitch ME，Clemmons DR，Malozowski S，et al. Evaluation and treatment of adult growth hormone deficiency：an Endocrine Society clinical practice guideline［J］．J Clin Endocrinol Metab，2011，96（6）：1587-1609.

[14] Yuen KCJ，Biller BMK，Radovick S，et al. American Association of Clinical Endocrinologists and American College of Endocrinology Guidelines for Management of Growth Hormone Deficiency in Adults and Patients Transitioning From Pediatric to Adult Care［J］. EndocrPract，2019，25（11）：1191-1232.

[15] FDA. Norplant 美国 FDA 药品说明书［EB/OL］．［2024-08-13］．https：//www.fda.gov/search?

s=NORPLANT&sort_bef_combine=rel_DESC

[16] sFraser IS, Tiitinen A, Affandi B, et al. Norplant consensus statement and background review[J]. Contraception, 1998, 57 (1): 1-9.

[17] Society of Obstetricians and Gynaecologists of Canada. Canadian Contraception Consensus (Part 1 of 4)[J]. J ObstetGynaecol Can, 2015, 37 (10): 936-938.

[18] Committee on Practice Bulletins-Gynecology, Long-Acting Reversible Contraception Work Group. Practice Bulletin No. 186: Long-Acting Reversible Contraception: Implants and Intrauterine Devices[J]. Obstet Gynecol, 2017, 130 (5): e251-e269.

[19] Committee Opinion No. 642: Increasing Access to Contraceptive Implants and Intrauterine Devices to Reduce Unintended Pregnancy. Obstet Gynecol. 2015 Oct; 126 (4): e44-e48.

[20] American College of Obstetricians and Gynecologists' Committee on Obstetric Practice. Committee Opinion No. 670: Immediate Postpartum Long-Acting Reversible Contraception [J]. Obstet Gynecol, 2016, 128 (2): e32-37.

[21] Paik J, Duggan ST, Keam SJ. Triamcinolone Acetonide Extended-Release: A Review in Osteoarthritis Pain of the Knee[J]. Drugs, 2019, 79 (4): 455-462.

[22] FDA. Levonorgestrel 美国 FDA 药品说明书 [EB/OL]. [2024-08-13]. https: //www.fda.gov

[23] Coukell AJ, Balfour JA. Levonorgestrel subdermal implants. A review of contraceptive efficacy and acceptability[J]. Drugs, 1998, 55 (6): 861-887.

[24] Levonorgestrel--implant. Jadelle, Norplant-2. Drugs R D. 2002; 3 (6): 398-400.

[25] Shoupe Donna, Daniel R. Mishell. Norplant: subdermal implant system for long-term contraception[J]. American Journal of Obstetrics and Gynecology, 1989, 160 (5): 1286-1292.

[26] Cooper M. Norplant. Aust N Z J ObstetGynaecol. 1991 Aug; 31 (3): 265-72.

[27] Wenzl R, van Beek A, Schnabel P, et al. Pharmacokinetics of etonogestrel released from the contraceptive implant Implanon [J]. Contraception, 1998, 58 (5): 283-8.

[28] Conaghan PG, Cohen SB, Berenbaum F, et al. Brief report: a phase IIb trial of a novel extended-release microsphere formulation of triamcinolone acetonide for intraarticular injection in knee osteoarthritis[J]. Arthritis Rheumatol, 2018, 70 (2): 204-211.

[29] Conaghan PG, Hunter DJ, Cohen SB, et al. Effects of a single intra-articular injection of a microsphere formulation of triamcinolone acetonide on knee osteoarthritis pain: a double-blinded, randomized, placebo-controlled, multinational study[J]. J Bone Jt Surg Am, 2018, 100 (8): 666-677.

[30] Kigozi J, Oppong R, Paskins Z, et al. The cost-effectiveness of adding an ultrasound corticosteroid and local anaesthetic injection to advice and education for hip osteoarthritis [J] . Rheumatology (Oxford), 2023: 1-8.

[31] Trussell J. Contraceptive failure in the United States [J] . Contraception, 2011, 83 (5): 397-404.

[32] Winner B, Peipert JF, Zhao Q, et al. Effectiveness of long-acting reversible contraception [J] . N Engl J Med, 2012, 24, 366 (21): 1998-2007.

[33] Nelson AL, Katz T. Initiation and continuation rates seen in 2-year experience with Same Day injections of DMPA [J] . Contraception, 2007, 75 (2): 84-87.

[34] Bigrigg A, Evans M, GboladeB, et al. Depo Provera. Position paper on clinical use, effectiveness and side effects [J] . Br J Fam Plann, 1999, 25 (2): 69-76. Erratum in: Br J Fam Plann, 2000, 26 (1): 52-53.

[35] Lopez LM, Ramesh S, Chen M, et al. Progestin-only contraceptives: effects on weight [J] . Cochrane Database Syst Rev, 2016 (8): CD008815.

[36] Sadeghi M, Keshavarz-Fathi M, Baracos V, et al. Cancer cachexia: Diagnosis, assessment, and treatment [J] . Crit Rev Oncol Hematol, 2018, 127: 91-104.

[37] Yavuzsen T, Davis MP, Walsh D, et al. Systematic review of the treatment of cancer-associated anorexia and weight loss [J] . J Clin Oncol, 2005, 23 (33): 8500-8511.

[38] Cook DM, Biller BM, Vance ML, et al. The pharmacokinetic and pharmacodynamic characteristics of a long-acting growth hormone (GH) preparation (nutropin depot) in GH-deficient adults [J] . J Clin Endocrinol Metab. 2002, 87 (10): 4508-4514.

[39] Grimberg A, Allen DB. Growth hormone treatment for growth hormone deficiency and idiopathic short stature: new guidelines shaped by the presence and absence of evidence [J] . Curr OpinPediatr, 2017, 29 (4): 466-471.

[40] Orso M, Polistena B, Granato S, et al. Pediatric growth hormone treatment in Italy: A systematic review of epidemiology, quality of life, treatment adherence, and economic impact [J] . PLoS One, 2022, 17 (2): e0264403.

[41] Moray KV, Chaurasia H, Sachin O, et al. A systematic review on clinical effectiveness, side-effect profile and meta-analysis on continuation rate of etonogestrel contraceptive implant [J] . Reprod Health, 2021, 18 (1): 4.

[42] Mørch LS, Skovlund CW, Hannaford PC, et al.Contemporary Hormonal Contraception and the Risk of Breast Cancer [J] . N Engl J Med, 2017, 377 (23): 2228-2239.

[43] Iversen L, Fielding S, Lidegaard Ø, et al.Association between contemporary hormonal

contraception and ovarian cancer inwomen of reproductive age in Denmark: prospective, nationwide cohort study [J] . BMJ, 2018, 362: k3609.

[44] Lidegaard Ø, Løkkegaard E, Jensen A, et al. Thromboticstroke and myocardial infarction with hormonal contraception [J] . N Engl J Med, 2012, 366 (24): 2257–2266.

[45] Hidalgo MM, Lisondo C, JuliatoCT, etal.Ovarian cysts in users of Implanon and Jadelle subdermal contraceptive implants [J] .Contraception, 2006, 73 (5): 532–536.

[46] McNicholas C, Maddipati R, Zhao Q, et al. Use of the etonogestrel implant and levonorgestrel intrauterine device beyond the U.S. Food and Drug Administration–approved duration. ObstetGynecol [J] . 2015, 125 (3): 599–604.

[47] Ali M, Akin A, Bahamondes L, et al. Extended use up to 5 years of the etonogestrel–releasing subdermal contraceptive implant: comparison to levonorgestrel–releasing subdermal implant [J] . Hum Reprod, 2016, 31 (11): 2491–2498.

[48] Ribeiro BC, Nogueira–Silva C, Afonso H, et al. Use of etonogestrel implant beyond approved duration: prolonged contraceptive effectiveness [J] . Eur J Contracept Reprod Health Care, 2018, 23 (4): 309–310.

[49] Rocca ML, Palumbo AR, Visconti F, et al. Safety and Benefits of Contraceptives Implants: A Systematic Review [J] . Pharmaceuticals (Basel), 2021, 14 (6): 548.

[50] Romano ME, Braun–Courville DK. Assessing Weight Status in Adolescent and Young Adult Users of the Etonogestrel Contraceptive Implant [J] . J PediatrAdolesc Gynecol. 2019, 32 (4): 409–414.

[51] Modesto W, Dal Ava N, Monteiro I, et al. Body composition and bone mineral density in users of the etonogestrel–releasing contraceptive implant [J] . Arch GynecolObstet, 2015, 292 (6): 1387–1391.

[52] Canadian Agency for Drugs and Technologies in Health . Clinical Review Report: Etonogestrel Extended–Release Subdermal Implant (Nexplanon): Merck Canada Inc [EB/OL] . (2020–12–01) [2024–08–13] .https: //pubmed.ncbi.nlm.nih.gov/33600101/

[53] Canadian Agency for Drugs and Technologies inHealth. Pharmacoeconomic Report: Etonogestrel Extended–Release Subdermal Implant (Nexplanon): Merck Canada Inc [EB/OL] . (2020–12–01) [2024–08–13] . https: //www.ncbi.nlm.nih.gov/books/NBK567536/

[54] Linet T, Lévy–Bachelot L, Farge G, et al. Real–world cost–effectiveness of etonogestrel implants compared to long–term and short term reversible contraceptive methods in France [J] . Eur J Contracept Reprod Health Care, 2021, 26 (4): 303–311.

第八节　疫苗纳米载体临床应用与循证评价

一、疫苗纳米载体概述

疫苗是指用各类病原微生物制作的用于预防接种的生物制品，可分为活疫苗和死疫苗两种。卡介苗、脊髓灰质炎疫苗、麻疹疫苗等是常用的活疫苗，而伤寒菌苗、流脑菌苗、霍乱菌苗等为常用的死疫苗。疫苗是医学史上前所未有的里程碑。1798 年，“疫苗之父”爱德华·詹纳（Edward Jenner）博士证实接种牛痘病变物质的受试者可以获得天花免疫力，为现代疫苗的开发奠定了基础。现代疫苗的作用机制主要包含两种：①刺激针对病原体的主动免疫；②赋予预先存在的抗体或淋巴细胞的被动免疫。纵观人类发展历史，疫苗接种与其他任何形式的医疗干预相比挽救了更多的生命，在公共卫生方面起到了不可或缺的作用。

然而，面对诸如人类免疫缺陷病毒、肺结核和疟疾等众多病原体，有效的保护性疫苗开发面临巨大困难。病原体的变异性进一步阻碍了新型疫苗的研发。因此，新时代的疫苗研发必须克服更多的挑战，如体液免疫与细胞免疫的精准结合、免疫成分的有序激活、免疫耐受或低反应性等。随着材料科学与生物医学的快速发展，纳米技术方法对于疫苗在应对接种挑战、推动癌症免疫治疗等方面凸显越来越重要的作用。

与传统疫苗相比，疫苗纳米载体（nanomaterial-based vaccines）在淋巴结积聚、抗原组装与抗原提呈（antigen presenting）方面效果更优：通过与多种免疫因子的有序组合，疫苗纳米载体具有独特的病原体仿生特性。除了传染病之外，纳米疫苗技术还展现出治疗癌症的巨大潜力。针对癌症治疗的疫苗，旨在通过充分调动免疫系统的效力，以识别肿瘤抗原并消除肿瘤细胞，纳米技术具有实现这一目标所必需的特性。

作为具有可定制成分和有序整合的癌症免疫治疗候选者之一，疫苗纳米技术有望成为实现更有效激活抗肿瘤免疫的策略与平台。

（一）疫苗纳米载体的类型

近年来，研究者探索了用于开发疫苗的各种纳米材料，包括脂质纳米颗粒、蛋白质纳米颗粒、聚合物纳米颗粒、无机纳米载体和仿生纳米颗粒。不同类型的纳米载体在体内具有不同的物理化学特征和行为，进而相应地影响疫苗接种。

1. 自组装蛋白质纳米颗粒

天然纳米材料具有良好的生物相容性与生物降解性，目前已经成功研发出基于天然蛋白质的蛋白质纳米载体，该载体已被应用于抗原的递送。自组装蛋白质纳米颗粒（self-assembled protein nanoparticles）是纳米疫苗的颇有希望的候选载体材料。自组装蛋白纳米颗粒的典型代表包括铁蛋白家族蛋白（ferritin family proteins）、丙酮酸脱氢酶 E2（pyruvate dehydrogenase）和病毒样颗粒（virus-like particles），它们在纳米疫苗的开发中显示出了巨大潜力。

病毒样颗粒是由病毒蛋白构成的自组装复合物，被认为是安全且高效的抗原递送平台。病毒样颗粒具有良好的免疫学特性，可以通过病毒大小和重复的表面几何形状进行免疫学识别。病毒样颗粒形成的多分散系统可被抗原呈递细胞（antigen presenting cell，APC）吸收并诱导免疫反应。抗原可以通过化学偶联或基因修饰的方式与病毒样颗粒进行结合。基于病毒样颗粒作为载体的疫苗药物已成功上市，如针对人乳头瘤病毒的 Cervarix®、Gardasil®，及抗乙型肝炎病毒的 Sci-B-Vac™。

2. 聚合物纳米颗粒

聚合物纳米颗粒（polymeric nanoparticles）是尺寸范围为 10~1000nm 的胶体系统。聚合物纳米颗粒具有高免疫原性和稳定性，可有效包裹和展示抗原。虽然聚合物纳米颗粒通常是固态，但其尺寸可以控制。聚合物纳米颗粒可以通过吞噬作用或内吞作用提高 APC 对抗原的摄取效率。

对于纳米疫苗药物的开发，天然高分子纳米材料（如壳聚糖和葡聚糖）和合成高分子纳米材料（如 PLA 和 PLGA）均是有用的包裹材料。天然来源的聚合物纳米颗粒具有高度的生物相容性、水溶性和较低的成本。例如，壳聚糖是一种典型的源自几丁质的天然聚合物，是一种线性阳离子多糖，可用于递送疫苗。与天然聚合物相比，合成聚合物纳米颗粒通常具有更高的再现性，并且其分子量组成和降解速率更可控。例如，PLGA 纳米颗粒是高度可生物降解的，并且可以微调其特性。PLGA 可以与 PEG 偶联，然后自组装成聚合物胶束，用于疏水性肽抗原递送，呈现更好的 T 细胞反应。

3. 脂质纳米颗粒

脂质纳米颗粒（lipid-based nanoparticles）是由两亲性磷脂分子通过自组装形成的纳米级脂质囊泡，具有低毒性、高生物相容性及控释特性，是一种极具前途的核酸递送纳米载体。脂质纳米颗粒也是mRNA药物和疫苗的重要组成部分。脂质纳米颗粒具有可控的大小、形状和电荷，这些均是可能影响免疫激活功效的重要特性。脂质纳米颗粒的修饰可以实现最佳的免疫反应。作为纳米疫苗，脂质纳米颗粒可以实现多种抗原和佐剂的共同递送。此外，脂质纳米颗粒的膜表面可以展示抗原，这增强了天然构象的表达。

脂质纳米颗粒在许多临床前和临床应用中显示出纳米疫苗开发的巨大潜力。除了应用于COVID-19预防的mRNA疫苗外，还有大量的脂质纳米颗粒-mRNA疫苗正在开展临床试验，这些疫苗旨在预防和治疗对人类健康构成主要威胁的疾病，包括各类病毒感染、肿瘤以及遗传性疾病等。

4. 无机纳米材料

无机纳米材料（inorganic nanomaterials）作为药物纳米载体，常用的无机材料包括金属及其氧化物、非金属氧化物、无机盐等。无机材料的生物降解性低，但结构稳定。许多无机纳米制剂具有固有的佐剂活性。然而，对于疫苗纳米载体的应用，需要对无机纳米材料的物理化学性质进行修饰以提高其生物相容性。金、铁和二氧化硅纳米颗粒等是目前使用最广泛的抗原递送纳米载体材料。

金纳米颗粒呈球形且带正电，具有良好的生物相容性、低免疫原性和高抗原负载能力，可通过与半胱氨酸残基偶联以产生具有更高安全性和改进药代动力学特征的多肽抗原。此外，金纳米颗粒具有内在的免疫刺激作用，可诱导炎性细胞因子的产生。因此，金纳米颗粒不仅可以用作抗原的运输载体，还可以用于刺激免疫反应。二氧化硅纳米颗粒也是纳米疫苗载体材料的重要“候选者”。研究表明，通过控制硅颗粒的形态和孔径，可以使二氧化硅纳米颗粒具有可变的孔隙率，从而增加它们对不同抗原和佐剂的有效运载能力。它们的多孔硅颗粒结构可以填充各种活性生物分子或直接包裹在其表面，从而增强纳米疫苗的靶向性和吸收性。二氧化硅纳米颗粒已被用于靶向淋巴结并在APC中积聚以递送抗原和佐剂。

5. 仿生纳米材料

仿生纳米材料（biomimetic nanomaterials）具有多功能性，可以实现高效的靶向传递或与生物系统的有效相互作用。仿生纳米颗粒还具有高生物相容性、延长循环和独特的抗原特性，可作为载体用于开发有效的疫苗药物。

采用一种简单的仿生设计，利用天然配体或肽，如精氨酰甘氨酰天冬氨酸（arginylglycylaspartic acid）和Candoxin（CDX）肽，对纳米颗粒进行修饰并增强其结合能力，以提升靶向性并实现有效的药物运载。此外，分子印迹聚合物也可用于模拟抗体以开发仿生纳米颗粒。

在用于抗感染和肿瘤治疗的纳米疫苗设计中，还出现几种其他的仿生策略。病毒体是一种脂质单层纳米载体（60~200nm），虽然利用了脂质体的概念，但其结构类似于去除了核衣壳的包膜病毒。病毒体是一种新兴的仿生纳米颗粒，用于开发针对病毒感染的纳米疫苗。病毒体可以通过不同的抗原表位开发以靶向感兴趣的宿主细胞，并且可以通过聚合物进行修饰以增强药代动力学特征。外膜囊泡是细菌衍生的纳米囊泡，携带类似于细菌外膜的各种蛋白质。外膜囊泡因其多抗原特性而成为天然的抗菌疫苗。此外，外膜囊泡已显示出进入淋巴结的能力，并且可以被 APC 有效吸收，使其成为抗原递送和疫苗接种的有力候选者。

（二）纳米疫苗提高疫苗免疫反应的机制

疫苗接种的关键原则是如何触发对目标抗原的适当免疫反应。纳米材料具有独特的药物 / 抗原递送特性和纳米免疫调节能力，可赋予疫苗更好的特异性免疫反应。下面将重点介绍纳米作为载体引发免疫反应的策略。

1. 定向递送抗原递送至免疫系统的关键细胞和组织

在疫苗接种中，将抗原递送到免疫系统中的正确位置十分重要。不同于其他类型药物的递送，疫苗递送抗原的过程涉及多种细胞的时空相互作用，包括 APC、B 细胞、各种 T 细胞、巨噬细胞和中性粒细胞。此外，这些相互作用通常发生在特定的组织或位置，这使得抗原的递送变得更为复杂。为了实现抗原的有效递送，现有研究已经尝试设计以纳米为载体的疫苗药物，其主要的递送策略包括通过生物屏障、淋巴结运输、抗原的控制释放、APC 靶向以及交叉呈递等。

2. 纳米疫苗药物的多价效应

大多数病毒和细菌具有可被免疫系统识别的特殊重复结构。在疫苗设计中考虑这种重复的抗原结构具有十分重要的意义。有证据表明，多价效应在自组装蛋白纳米颗粒、多抗原结合纳米颗粒和其他多价组合体能够引发更强的体液和细胞免疫反应。此外，纳米技术在操控抗原密度和方向上具有绝对优势，为研究多价效应的潜在机制及其优化策略提供了重要平台。用于对抗传染病的纳米材料 – 多价抗原的研究展现出巨大的潜力。例如，已经发现具有多价 HIV 三聚体的脂质体可以增加针对靶抗原蛋白区域的抗体反应宽度，这表明多价可以影响抗体库。基于蛋白质的纳米材料亦被应用于筛选中和区域以结合中和抗体。尽管关于抗原方向如何影响免疫反应的问题仍然存在，但纳米作为药物递送载体是深入研究的有利实验手段。

3. 递送核酸在体内表达抗原

mRNA 疫苗的成功应用证明了核酸疫苗的无限潜力。核酸疫苗的功效主要取决于 DNA 或 RNA 的传递。这些分子上调目标抗原的表达，并在目标免疫细胞中引起强烈特异性免疫反应。DNA 疫苗简单、稳定且生产成本低廉，在传染病的预防和治疗方面具有重要潜力。然而，体内低效的质粒 DNA（pDNA）递送降低了疫苗的有效性，并限制了进一步的临床前应用。例如，传统的 DNA 疫苗在注射后往往会迅速传播，导致 pDNA 与 APC 相互作用的可能性降低。此外，传统病毒传递的固有风险使相对安全的非病毒载体成为关注焦点，而纳米材料因其特定的递送优势而脱颖而出。

除了治疗传染病，核酸疫苗长期以来一直是肿瘤治疗的极富希望的“候选者”。然而，由于肿瘤微环境中的免疫抑制，疫苗设计需涉及多种途径来激活足够的抗肿瘤免疫反应。已有研究表明，核酸分子可参与肿瘤的免疫调节，如一些核酸可以作为免疫佐剂，而 siRNA 可以抑制 PD-L1 表达进而抑制肿瘤表达。此外，核酸也可用作疫苗载体，如已有研究设计了一种具有管状结构的 DNA 纳米装置，可装载分子佐剂和抗原，诱导强烈的抗肿瘤免疫反应。

4. 触发肿瘤抗原释放

肿瘤微环境中存在的肿瘤异质性和免疫抑制使癌症疫苗设计十分复杂。疫苗接种引入抗原可以在体内触发肿瘤抗原的释放。其中一种机制是触发免疫原性细胞死亡（ICD），从而导致肿瘤相关抗原（TAA）、损伤相关分子（DAMP）和促炎因子的释放，从而引发适应性抗肿瘤免疫。通过利用纳米药物的递送优势，触发免疫原性细胞死亡诱导剂的作用可以与其他免疫治疗剂协同放大。因此，除了抗原和免疫佐剂的经典共同递送策略外，触发免疫原性细胞死亡诱导剂和免疫治疗剂的共同递送是纳米疫苗药物在实体瘤治疗中的一种很有前景的设计策略。

5. 免疫佐剂与其他免疫激发策略

免疫佐剂是疫苗的必要成分，辅助增强免疫系统对抗原存在的反应。一些纳米材料表现出促进细胞因子分泌和激活免疫信号通路的固有辅助特性。此外，纳米材料具有光疗或产生活性氧的特性，亦可在癌症免疫治疗中诱导免疫原性细胞死亡效应。这些自佐剂纳米材料为纳米药物在疫苗中的应用提供了更多的空间。

（三）纳米疫苗给药策略

目前，大多数疫苗采用肠胃外途径进行递送。该途径是侵入性的，并且依从性有限。纳米医学的发展为传染病和肿瘤治疗的疫苗接种途径提供了多种选择，包括术后、皮内 / 皮下、鼻内、吸入和口服给药。

1. 术后给药

目前，手术仍然是实体瘤治疗的主要选择。然而，肿瘤复发是术后的巨大挑战，残留的肿瘤细胞具有可能导致肿瘤快速复发和转移的风险。用于术后肿瘤药物递送和免疫治疗的纳米药物研发正在兴起。例如，为了提高术后 T 细胞免疫效率，开发了一种具有抗原肽和 CpG-ODN 的热响应性、负载姜黄素的聚合物纳米粒子组装水凝胶，该策略可以诱导触发免疫原性细胞死亡，从而增强抗肿瘤免疫。

2. 皮内 / 皮下给药

皮内 / 皮下给药是 DNA 疫苗的常见免疫途径。皮肤的表皮层和真皮层均含有用于免疫的常驻 APC。皮内 / 皮下给药已广泛用于预防性疫苗接种。

3. 鼻饲给药

鼻饲给药是呼吸道传染病的重要途径。通过纳米疫苗进行鼻腔免疫有望通过影响受感染的呼吸道（如结核病）来预防疾病和治疗肿瘤。

4. 吸入给药

吸入给药也是肺传染病（如结核病）有希望的疫苗接种途径。合成纳米粒子是吸入制剂的有效载体。此外，吸入给药也可用于癌症纳米疫苗，例如肺转移。

5. 口服给药

口服疫苗是给药、免疫、安全及储存的最佳途径。一些纳米载体已经被开发成可以口服的结核疫苗。脂质体包裹的 DNA 疫苗可诱导针对结核的有效免疫应答。病毒样颗粒疫苗还可用于携带 HIV 包膜 cDNA，增强胃环境中的稳定性。这种策略导致口服给药后肠道内具有较高的抗原浓度。口服给药策略也可用于癌症疫苗。例如，纳米乳剂具有很高的包封能力，可共同输送黑色素瘤抗原、热休克蛋白和葡萄球菌毒素 A，与皮下免疫具有相当的免疫反应。

二、疫苗纳米载体的概况、适应证及指南、专家共识推荐

表 4-8-1 列举了疫苗纳米载体的概况、适应证及指南、专家共识推荐。

表4-8-1　疫苗纳米载体药物的概况、适应证及指南、专家共识推荐

药品通用名（商品名）	上市时间（国家）	适应证	指南推荐或专家共识推荐
四价人乳头瘤病毒疫苗（加卫苗，Gardasil）	2006 年（美国） 2018 年（中国）	美国：预防外阴癌和阴道癌；9~26 岁人群的接种疫苗可预防 6，11，16 和 18 型 HIV 引起的相关疾病和相关癌前病变[1] 中国：9~45 岁适龄女性预防因高危 HPV-16/18 型所致相关疾病[2]	《成人人乳头瘤病毒疫苗接种：免疫实践咨询委员会的最新建议》：① 9~26 岁的儿童和成人：通常建议在 11~12 岁时接种 HPV 疫苗；可从 9 岁开始接种疫苗。建议所有 26 岁以下未充分接种疫苗的人补种 HPV 疫苗。②年龄＞ 26 岁的成年人：不建议所有 26 岁以上的成年人补种 HPV 疫苗[3] 《美国癌症协会指南：人乳头瘤病毒疫苗接种指南更新》：①常规建议：常规 hPV 疫苗接种应在 11 或 12 岁时开始；可从 9 岁开始接种疫苗。建议女性接种二价、四价或九价；建议为男性接种四价或九价。②对未在常规年龄接种疫苗的人的建议：建议 13~26 岁的女性和 13~21 岁的男性之前未接种疫苗或未完成 3 剂系列疫苗接种；22~26 岁的男性可以接种疫苗。③特殊人群：对于男男性行为者和免疫功能低下的人（包括感染 HIV 的人），如果以前没有接种过疫苗，也建议在 26 岁之前接种疫苗。22~26 岁的男性可以接种疫苗[4]
双价人乳头瘤病毒吸附疫苗（希瑞适，Cervarix）	2009 年（美国） 2016 年（中国）	美国：预防 9~25 岁女性由致癌 HPV 16 型和 18 型引起的相关疾病[5] 中国：适用于 9~45 岁女性，用于预防因高危型人乳头瘤病毒（HPV）16、18 型所致疾病[6]	内容同加卫苗
第三代乙肝疫苗［Sci-B-Vac，Tri-antigenic prophylacti-chepatitis B（HBV）vaccine］（PreHevbrio）	2021 年（美国）	用于预防 18 岁及以上成人所有已知的乙型肝炎病毒亚型引起的感染[7-8]	《美国免疫实践咨询委员会：19~59 岁成人普遍接种乙型肝炎疫苗》建议≥ 18 岁人群按照 0、1 和 6 个月的时间接种 3 剂疫苗[9]

三、疫苗纳米载体的药代动力学及特性比较

2010 年，国家食品药品监督管理局颁布的《关于印发预防用疫苗临床前研究技术指导原则的通知》指出，疫苗通常不需要进行药代动力学研究。必要时，应建立敏感的动物模型考察减毒活疫苗的生物分布，测定接种疫苗后的病毒血症（或菌血症）以及持续时间、排毒（菌）方式和途径，对是否呈现体内复制及器官组织的感染应进行研究。

四、疫苗纳米载体药物对应适应证的 HTA

表 4-8-2 展示了疫苗纳米载体药物对应适应证的 HTA 汇总结果。

表4-8-2　疫苗纳米载体药物对应适应证的HTA

药品通用名（商品名）	适应证	有效性	安全性	经济性
四价人乳头瘤病毒疫苗（加卫苗，Gardasil）	适用于预防因高危HPV-16/18型所致下列疾病：宫颈癌；2级、3级宫颈上皮瘤样病变（CIN2/3）和宫颈原位腺癌（AIS）；1级宫颈上皮内瘤样病变（CIN1）[1-2]	16~26岁的女性中HPV-6/11/16/18型的预防性：对与HPV-6/11/16/18型相关的宫颈和生殖器疾病的预防效果为100%。在未接触过相关hPV病毒的每个方案人群中的女孩和妇女中16~26岁的男性中HPV-6/11/16 /18型的预防性：可有效降低基线时PCR阴性和血清阴性的男性HPV 6/11型相关的生殖器疣的发病率，有效性为90.6%[10]	尚未对Gardasil的致癌性、致突变性进行评估[10]	接种2价HPV疫苗对于16~26岁女性未来60年的健康状态与成本消耗的研究显示，相比不接种疫苗的，接种2价HPV疫苗的增量成本效果比（ICER）为2281.2元/质量调整寿命年，净效益为1298.15元[11]
双价人乳头瘤病毒吸附疫苗（希瑞适，Cervarix）	内容同加卫苗	对HPV-16/18型的预防性：可有效预防与HPV-16/18相关的癌前病变或AIS。对先前感染或当前感染HPV-16/18型的预防性：尚无明确证据[12]	尚未对Cervarix的致癌性、致突变性进行评估	接种4价HPV疫苗对于16~26岁女性未来60年的健康状态与成本消耗的研究显示，相比不接种疫苗的，接种4价HPV疫苗的ICER为22878.07元/质量调整寿命年，净效益为1079.84元；接种4价疫苗相对于接种2价疫苗的ICER为139756.95元/质量调整寿命年，净效益为251.64元[11]
第三代乙肝疫苗[Sci-B-Vac，Tri-antigenic prophylactic hepatitis B（HBV）vaccine]（PreHevbrio）	用于预防18岁及以上成人所有已知的乙型肝炎病毒亚型引起的感染[7-8]	通过与单抗原疫苗（Engerix-B）进行比较，PROTECT试验结果显示PreHevbrio在18岁及以上的所有受试者中的血清保护率为91.4%，而Engerix-B仅为76.5%。在45岁及以上年龄组中，PreHevbrio仍具有更高的血清保护率[13]	PreHevbrio具有良好的耐受性，且未发生非预期不良事件。尚未在动物实验中被评估为致癌、致畸或雄性不育	暂无

五、疫苗纳米载体文献计量学与研究热点分析

疫苗纳米载体药物已被研发用于预防或治疗各种疾病，包括以宫颈癌疫苗为代表的肿瘤预防与免疫治疗，以乙肝疫苗为代表的传染病的预防和治疗。基于此，进一步利用文献计量学的方法对全球疫苗纳米载体相关领域的研究现状、热点及发展趋势进行分析，以期为推动疫苗纳米载体研发提供依据。

（一）检索策略

疫苗纳米载体文献计量学的检索策略见表 4-8-3。

表4-8-3 疫苗纳米载体文献计量学的检索策略

类别	检索策略	
数据来源	Web of Science 核心合集数据库	CNKI 数据库
引文索引	SCI-Expanded	主题检索
主题词	Vaccine Nanotechnology、Nanovaccines	疫苗纳米载体
文献类型	Article	研究论文
语种	English	中文
检索时段	2000~2021 年	2000~2021 年
检索结果	共 197 篇文献	共 14 篇文献

（二）文献发表时间及数量分布

疫苗纳米载体文献发表时间及数量分布见图 4-8-1。

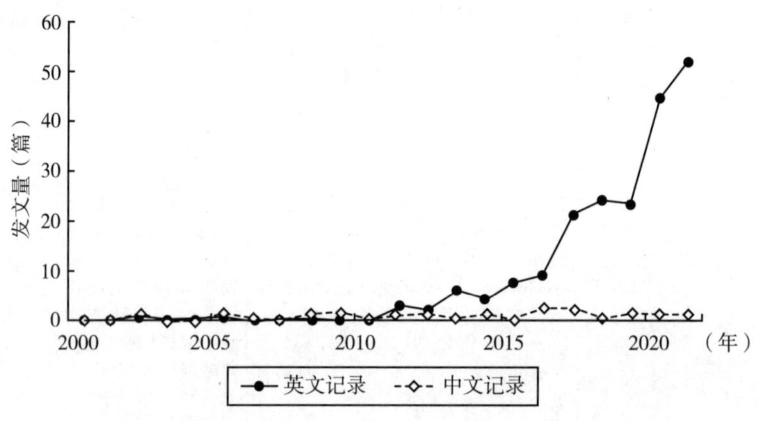

图 4-8-1 2000~2021 年疫苗纳米载体研究的发文量

（三）文献发表杂志

疫苗纳米载体文献发表杂志相关统计数据见表 4–8–4。

表4–8–4　疫苗纳米载体发文量前10位的期刊

序号	WOS 数据库		CNKI 数据库	
	英文来源出版物	记录数	中文来源出版物	记录数
1	BIOMATERIALS	13	现代生物医学进展	2
2	NANO LETTERS	10	药学学报	1
3	ADVANCED HEALTHCARE MATERIALS	7	中国药学杂志	1
4	JOURNAL OF CONTROLLED RELEASE	7	中国海洋大学学报（自然科学版）	1
5	NANOMEDICINE NANOTECHNOLOGY BIOLOGY AND MEDICINE	7	创新科技	1
6	ADVANCED MATERIALS	6	中国科学：化学	1
7	ADVANCED SCIENCE	6	第二军医大学学报	1
8	INTERNATIONAL JOURNAL OF NANOMEDICINE	6	大学化学	1
9	SMALL	6	江苏卫生保健	1
10	ACS APPLIED MATERIALS INTERFACES	5	医学研究与教育	1

（四）文献发表国家及数量分布

疫苗纳米载体文献发表国家及数量分布见表 4–8–5。

表4–8–5　文献发表前10位的国家

序号	国家	记录数	序号	国家	记录数
1	中国	79	6	墨西哥	6
2	美国	59	7	荷兰	6
3	澳大利亚	16	8	加拿大	5
4	西班牙	15	9	伊朗	5
5	德国	7	10	埃及	4

（五）文献发表的作者及其所在机构、数量及排序

疫苗纳米载体文献发表作者及其相关统计数据见表 4–8–6。

表4-8-6　发表文章数量前10位的作者

序号	WOS 数据库		CNKI 数据库	
	作者及其所在机构	记录数	作者及其所在机构	记录数
1	Narasimhan B, Indian Institute of Technology System	14	贺修胜, 南华大学	4
2	Kong DL, Haihe Lab Sustainable Chem Transformat	8	段晓明, 长沙市第四医院	4
3	Liu LX, State Key Lab Oncology South China	7	程元星, 济宁医学院附属湖西医院	2
4	Alonso MJ, Universidade de Santiago de Compostela	6	黄璐, 南华大学附属第二医院	2
5	Hu Y, Virginia Polytechnic Institute & State University	6	曾治中, 湖南中医药高等专科学校	2
6	Wannemuehler MJ, Nanovaccine Inst	6	苏小芳, 张家界市人民医院	2
7	Zhang CM, North University of China	6	魏于全, 四川大学	1
8	Figdor CG, Radboud Inst Mol Life Sci	5	陈西广, 中国海洋大学	1
9	Gonzalez-fernandez A, Universidade de Vigo	5	何勤, 四川大学	1
10	Toth I, University of Queensland	5	黄杨, 空军军医大学西京医院	1

（六）文献发表前 10 位的机构、数量

疫苗纳米载体文献发表机构相关统计数据见表 4-8-7。

表4-8-7　文献发表前10位的机构、数量

序号	WOS 数据库		CNKI 数据库	
	机构	记录数	机构	记录数
1	CHINESE ACADEMY OF SCIENCES	24	南华大学	4
2	IOWA STATE UNIVERSITY	14	长沙市第四医院	4
3	UNIVERSITY OF QUEENSLAND	13	四川大学	2
4	UNIVERSITY OF CHINESE ACADEMY OF SCIENCES CAS	8	张家界市人民医院	2
5	CHINESE ACADEMY OF MEDICAL SCIENCES PEKING UNION MEDICAL COLLEGE	12	长沙市中心医院	1
6	PEKING UNION MEDICAL COLLEGE	11	保定市第一中心医院	1

续表

序号	WOS 数据库		CNKI 数据库	
	机构	记录数	机构	记录数
7	INSTITUTE OF BIOMEDICAL ENGINEERING CAMS	11	第四军医大学第一附属医院	1
8	NANKAI UNIVERSITY	8	河北省人民医院	1
9	CIC BIOMAGUNE	6	福州大学	1
10	INSTITUTE OF PROCESS ENGINEERING CAS	6	西南交通大学	1

（七）疫苗纳米载体相关论文的研究方向

疫苗纳米载体相关论文的研究方向见表 4-8-8。

表4-8-8　疫苗纳米载体研究排名前10的研究方向

序号	WOS 数据库		CNKI 数据库	
	研究方向	记录数	研究方向	记录数
1	Nanoscience Nanotechnology	84	纳米载体	6
2	Chemistry Multidisciplinary	60	HepG2	3
3	Materials Science Multidisciplinary	56	hGM-CSF	3
4	Physics Applied	34	GM-CSF 基因	3
5	Chemistry Physical	32	HA 纳米载体	2
6	Materials Science Biomaterials	31	免疫治疗	2
7	Pharmacology Pharmacy	29	纳米材料	1
8	Physics Condensed Matter	26	内置式	1
9	Medicine Research Experimental	25	抗肝癌作用	1
10	Engineering Biomedical	23	纳米疫苗	1

在过去的几十年中，纳米技术的快速发展为纳米药物和疫苗的开发提供了很好的途径。与传统疫苗相比，纳米疫苗在递送效率、剂量方案、给药途径、佐剂和疫苗接种效果方面具有非常明显的优势。关于纳米疫苗的安全性，免疫原性和毒性是两个重要的方面。除了纳米材料设计，在传染病的预防方面，新型免疫原的开发日益重要，在癌症纳米疫苗的研发方面，安全性、靶向能力和高效递送对于引起免疫反应至关重要。纳米颗粒可在给药后激活宿主免疫反应。此外，纳米颗粒在生物降解后会引起非特异性免疫反应。纳米粒子的细胞毒性与纳米材料的种类和剂量密切相关，因而可生物降解纳米材料的研发对于改进纳米疫苗的生物

相容性具有十分重要的意义。

已获批的纳米疫苗以及正在临床开发的疫苗纳米技术为进一步研发纳米疫苗提供了启示。目前，脂质纳米颗粒在纳米疫苗中发挥着主导作用，这表明提升纳米材料的生物相容性和生物安全性仍然是未来纳米疫苗研发的重要方向与参考指标。与此同时，具有不同潜在免疫机制的疾病将进一步推动纳米疫苗的发展。纵观目前正在开发阶段的纳米疫苗技术，基于 mRNA 的纳米疫苗在癌症治疗和传染病预防方面将发挥重要作用。此外，许多问题，包括物理化学性质、生物界面和质量控制，仍有待解决，以实现纳米疫苗的成功临床转化。此外，对于纳米疫苗的卫生评估研究还十分匮乏，还缺乏基于真实世界数据的纳米疫苗药物临床使用研究。综上所述，以纳米为载体的疫苗药物正在逐步推进，纳米材料、免疫学、病毒学、肿瘤学和药学等学科的共同努力将进一步推动纳米疫苗在治疗传染病和肿瘤方面的临床应用。

参考文献

[1] FDA. Gardasil [EB/OL]. [2023-05-29]. https: //www.fda.gov/vaccines-blood-biologics/vaccines/gardasil.

[2] 四价人乳头瘤病毒疫苗（酿酒酵母）说明书 [EB/OL]. [2022-12-15]. https: //zy.yaozh.com/instruct/sms20211020/116.pdf.

[3] MEITES E, SZILAGYI P G, CHESSONh W, et al.human Papillomavirus Vaccination for Adults: Updated Recommendations of the Advisory Committee on Immunization Practices [J/OL]. Morbidity and Mortality Weekly Report, 2019, 68 (32): 698-702. https: //doi.org/10.15585/mmwr.mm6832a3.

[4] SASLOW D, ANDREWS K S, MANASSARAM-BAPTISTE D, et al.human Papillomavirus Vaccination Guideline Update: American Cancer Society Guideline Endorsement [J/OL]. CA: a cancer journal for clinicians, 2016, 66 (5): 375-385. https: //doi.org/10.3322/caac.21355.

[5] FDA. RESEARCH C for B E and. Cervarix [J/OL]. FDA, 2022 [2022-12-15]. https: //www.fda.gov/vaccines-blood-biologics/vaccines/cervarix.

[6] 双价人乳头瘤病毒吸附疫苗说明书 [EB/OL]. [2022-12-15]. https: //zy.yaozh.com/instruct/20180910sms/6.pdf.

[7] RESEARCH C for B E and. PREHEVBRIO [J/OL]. FDA, 2021 [2023-05-29]. https: //www.fda.gov/vaccines-blood-biologics/prehevbrio.

[8] VBI Vaccines Inc. PreHevbriohepatitis B Vaccine (Recombinant) - VBI Vaccines [EB/OL].

[2022-12-15] .https: //www.prehevbrio.com/.

[9] WENG M K. Universalhepatitis B Vaccination in Adults Aged 19 - 59 Years: Updated Recommendations of the Advisory Committee on Immunization Practices — United States, 2022 [J/OL] . Morbidity and Mortality Weekly Report, 2022, 71 [2022-12-15] .https: //www.cdc.gov/mmwr/volumes/71/wr/mm7113a1.htm.

[10] FDA. GARDASIL FDA Label [EB/OL] . [2023-05-29] .https: //www.fda.gov/media/74350/download.

[11] 周大创，马爱霞. 基于经济学证据分析人乳头瘤病毒疫苗纳入免疫规划的可行性 [J] . 中国药物经济学，2022，17（5）：40-45.

[12] FDA. CERVARIX FDA Label [EB/OL] . [2023-05-29] .https: //www.fda.gov/media/78013/download.

[13] FDA. PREHEVBRIO FDA Label [EB/OL] . [2023-05-29] .https: //www.fda.gov/media/154561/download.

第九节　其他纳米药物临床应用与循证评价

一、其他系统纳米药物概述

随着后基因组时代的到来，精准医疗已成为生物医药领域发展的新方向。通过纳米技术的加工，传统药物可直接制成纳米粒药物，或经纳米载体组装形成纳米药物递送系统，具有独特性质的纳米材料在此方面展示出了广阔的发展前景。纳米药物已成为当前国际医药学界的前沿热点，特别是抗肿瘤纳米药物、纳米多肽药物，以及非病毒载体基因药物的纳米制剂。此外，主要应用于骨代谢、呼吸系统、免疫、糖尿病、肌松药、干眼症、肥胖及炎症高热等的其他类纳米药物也在不断发展中。国内外在纳米药物领域的学术研究上积极寻找突破。总体来看，纳米药物的学科发展令人瞩目，其中又以中国、美国、英国、德国、日本为主导，在该领域的研究取得了重要进展，本节主要介绍其他纳米药物临床应用与循证评价。

二、其他纳米药物的概况、适应证及指南、专家共识推荐

其他系统纳米药物的概况、适应证及指南、专家共识推荐见表 4-9-1。

表4-9-1 其他系统纳米药物的概况、适应证及指南、专家共识推荐

药品通用名（商品名）	上市时间（国家/地区）	适应证	指南推荐或专家共识推荐及证据级别
西罗莫司（Rapamune）	1999年（美国） 1999年（欧洲） 2003年（中国）	美国：适用于预防年龄≥13岁接受肾移植患者的器官排斥反应[1] 欧洲：适用于预防接受肾移植的低至中度免疫风险成年患者的器官排斥反应[2] 中国：适用于13岁或以上的接受肾移植的患者，预防器官排斥[3]	欧洲肝病学会《2015年肝移植临床实践指南》指出：肝移植患者使用西罗莫司方案，安全、可行，能在提供足够免疫抑制的同时，不增加排斥反应、移植物功能丧失或感染的发生率[4] 《中国肝癌肝移植临床实践指南（2021版）》：合并肝肾综合征或肾功能不全受者应避免使用钙调神经磷酸酶抑制剂（CNI），采用西罗莫司等治疗。（证据级别Ⅰ，推荐强度：强）[5]
替扎尼定（Zanaflex）	1996年（美国）	美国：适用于多发性硬化症、脊髓损伤、中风、肌萎缩性侧索硬化症和创伤性脑损伤引起的痉挛管理[6]	儿童和青少年脑瘫痉挛的药物治疗：对于需要治疗的全身痉挛可考虑替扎尼定（C级）[7]
阿瑞匹坦（Emend）	2003年（美国） 2014年（中国）	美国：与其他止吐药物联合用药，适用于预防高度致吐性抗肿瘤化疗的初次和重复治疗过程出现的急性和迟发性恶心和呕吐[8] 中国：适用于催吐性化疗方案所致恶心和呕吐的预防[9]	肿瘤治疗相关呕吐防治指南（2014版）：对于高度催吐性或延迟性恶心呕吐高风险的多日化疗方案，可以考虑加入阿瑞匹坦（2A）[8]
大麻隆（Cesamet）	1985年（美国）	美国：适用于对常规止吐治疗反应不充分的癌症化疗患者的恶心和呕吐[10]	主要用于治疗癌症患者化疗时引起的严重恶心和呕吐。对常规止吐药难以奏效的患者，可减少其恶心、呕吐的发生率及缓解其严重程度。对使用顺铂、氮芥、链佐星等常规剂量化疗的患者，本品的止吐作用优于丙氯拉嗪
茶碱（Theodur）	1986年（美国）	美国：适用于治疗慢性哮喘和其他慢性肺部疾病（例如肺气肿和慢性支气管炎）相关的症状和可逆气流阻塞[11]	如《支气管哮喘防治指南》《慢性阻塞性肺疾病诊治指南》等
丹曲林钠（Ryanodex）	2014年（美国）	美国：适用于预防及治疗恶性高热[12]	《口腔医疗中恶性高热临床诊治中国专家共识》：目前，国际公认的恶性高热MH特效治疗药物为丹曲林钠。若怀疑患者发生恶性高热，应立即寻求获取丹曲林钠 《中国防治恶性高热专家共识（2020版）》：如出现MH的典型临床表现，应立即求助、终止使用吸入麻醉药并停止应用琥珀酰胆碱等，尽快经大孔径静脉血管通路注射丹曲林钠。国产注射用丹曲林钠说明书推荐首次剂量为1mg/kg，每次追加1mg/kg，直至症状消失或达到最大耐受剂量7mg/kg
0.09%环孢素A纳米胶束制剂（Cequa）	2018年（美国）	美国：适用于治疗干眼病或干眼病性角膜结膜炎[13]	《中国干眼专家共识：眼手术相关性干眼（2021）》《干眼症的临床治疗指南》

续表

药品通用名（商品名）	上市时间（国家 / 地区）	适应证	指南推荐或专家共识推荐及证据级别
右旋硫酸右苯丙胺（Dexedrine）	1952年（美国）	美国：适用于发作性嗜睡病[14]	《FDA药品安全通讯》：处方兴奋剂右旋硫酸右苯丙胺能帮助嗜睡症患者保持清醒，但也有严重的风险，包括误用和滥用、成瘾、过量和死亡的风险
口服索马鲁肽（Rybelsus）	2019年（美国）	美国：适用于辅助饮食控制和运动以改善成年2型糖尿病患者的血糖控制[15]	FDA批准的全球首个口服胰高血糖素样肽-1受体（GLP-1 RA）激动剂治疗2型糖尿病（T2DM），美国糖尿病协会推荐GLP-1 RA作为已确诊动脉粥样硬化性心血管疾病的T2DM患者的首选二线药物[10]
腺苷脱氨酶无菌注射溶液（Adagen）	1990年（美国）	美国：适用于酶替代疗法，可治疗与腺苷脱氨酶缺乏相关的严重联合免疫缺陷病（SCID）[16]	《2023国际共识声明：腺苷脱氨酶2缺乏症的评估与治疗》：目前临床上SCID的主要治疗方法包括对症治疗、替代治疗、基因治疗、造血干细胞移植等。常见的替代疗法，如大部分抗体缺陷患儿使用静脉注射丙种球蛋白、ADA-SCID患儿通过定期肌内注射聚乙二醇化的腺苷脱氨酶（ADA），只能在短期内改善症状，对于患儿远期存活率和预后无明显改善
Movantik	2015年（美国）	美国：适用于成年慢性非癌性疼痛患者的阿片类药物引起的便秘（OIC）治疗，包括与既往癌症或与其治疗相关的慢性疼痛患者，不需要频繁（例如：每周）增加阿片类药物剂量[17]	NICE指南：在上市许可范围内，被推荐作为治疗成人患者抗血小板药物和阿片类药物所诱发的便秘的选择。对于那些对泻药反应不足的患者，便秘症状的定义是在四个粪便症状领域中至少有一个中度以上的症状，包括排便不全、大便硬、紧张或虚惊。这些患者在过去两周内至少使用了一种泻药，并且在至少四天内没有得到充分的缓解[18]
醋酸去氨加压素（DDAVP）	2017年（美国）	美国：适用于治疗成年人因夜间产尿多引起的夜尿症（夜间排尿次数不少于2次）[19]	暂无
Afrezza	2014年（美国）	美国：用于改善成人糖尿病患者的血糖控制。使用限制：Afrezza不能替代长效胰岛素。Afrezza必须与长效胰岛素联合应用于1型糖尿病患者。Afrezza不推荐用于糖尿病酮症酸中毒的治疗，对吸烟患者的安全性和有效性尚未确定。不建议吸烟或最近戒烟的患者使用Afrezza[20]	《2018 1型糖尿病患者起始应用Afrezza吸入式胰岛素建议》：不建议哮喘、慢性阻塞性肺病或吸烟的患者使用Afrezza。治疗6个月后应再次评估肺功能，即使没有肺部症状，也应每年评估一次
贝拉西普（Nulojix）	2011年（美国）	美国：适用于预防接受肾移植的成年患者的器官排斥反应[21]	临床实践指南《肾移植受者的术后护理》：建议不能耐受他克莫司或因使用他克莫司而发生严重不良反应的患者考虑使用二线药物，如环孢素、西罗莫司、依维莫司或贝拉西普[22]

续表

药品通用名（商品名）	上市时间（国家/地区）	适应证	指南推荐或专家共识推荐及证据级别
希敏佳（Certolizumab pegol）	2008年（美国） 2019年（中国）	美国：适用于治疗成人中度至重度斑块型银屑病，其他适应证包括克罗恩病、类风湿关节炎、银屑病性关节炎、中轴型脊柱炎[23] 中国：适用于炎症性肠病。如非狭窄非穿透型克罗恩，瘘管型克罗恩病，儿童及青少年克罗恩病，肠切除术后克罗恩病，溃疡性结肠炎[24]	NICE指南：希敏佳用于治疗对INF-α抑制剂反应不充分后的类风湿关节炎[25] 《2021年美国风湿病学会指南类风湿关节炎的治疗》建议仅限于美国批准的bDMARDs用于治疗类风湿关节炎[26] 《ECCO克罗恩病治疗指南疾病：医疗情况》建议使用TNF抑制剂希敏佳来诱导对常规治疗无反应的中重度克罗恩病患者缓解（强烈建议，中等质量的证据）[27]
博纳吐单抗（Blincyto）	2014年（美国） 2015年（欧洲）	美国：适用于成人和儿童复发或难治性CD19阳性b细胞前体急性淋巴细胞白血病（ALL）的治疗[28]。 欧洲：适用于治疗成人CD19阳性复发或难治性B前体急性淋巴细胞白血病（ALL）的单药治疗[29]	《中国成人急性淋巴细胞白血病诊断与治疗指南（2021年版）》
雅美罗（Actemra）	2011年（美国） 2013年（中国）	美国：适用于类风湿关节炎（RA），巨细胞性动脉炎（GCA），系统性硬化症相关间质性肺病（SSc-ILD），多关节幼年特发性关节炎（PJIA），系统性幼年特发性关节炎（SJIA），细胞因子释放综合征（CRS）[30] 中国：适用于治疗细胞因子释放综合征（CRS）[31]	《2013 BSR/BHPR指南》：静脉注射雅美罗单抗治疗成人风湿性关节炎：对于中度至重度RA，静脉注射TCZ 8mg/kg可减少疾病的体征和症状，如果患者MTX不耐受，则可单药治疗（证据级别1+，推荐级别B）。对于MTX反应不充分但无不耐受问题的患者，建议TCZ与MTX联合使用（证据级别为1+，推荐等级为B）[32]
Givlaari	2019年（美国） 2020年（欧洲）	美国：Givlaari适用于急性肝卟啉症（AHP）的成人治疗[33] 欧洲：治疗12岁及以上成人和青少年的急性肝卟啉病（AHP）[34]	NICE建议在英国的NHS上使用基因沉默疗法，作为治疗急性肝卟啉症（AHP）的一种选择。Givlaari使用"基因沉默"RNA干扰技术，以人类中致病性化合物的产生为目标。NICE的批准是基于一项Ⅲ期研究的数据，在该研究中，与安慰剂相比，可使卟啉症发作率降低74% Givlaari是第一个也是唯一一个解决该疾病根本原因的治疗方法
新山地明（Sandimmune Neoral）	1995年（美国）	美国：适用于预防肾脏、肝脏和心脏同种异体移植的器官排斥反应。它始终与肾上腺皮质类固醇一起使用。该药物也可用于治疗曾用其他免疫抑制剂治疗的患者的慢性排斥反应。由于存在过敏反应的风险，（环孢素注射液，USP）应仅用于无法服用软明胶胶囊或口服溶液的患者[35]	《2022年美国风湿病学会/美国髋关节和膝关节外科医生协会风湿病患者抗风湿病药物围手术期管理指南》：接受选择性全髋关节或全膝关节置换术的疾病指导方针的总结：建议手术时间自最后一次给药开始，每日两次[36]

续表

药品通用名（商品名）	上市时间（国家 / 地区）	适应证	指南推荐或专家共识推荐及证据级别
鲑降钙素（Calcitonin salmon）	2015 年（美国） 中国已上市	美国：适用于骨佩吉特病的治疗，高钙血症的治疗，绝经后骨质疏松症的治疗[37] 中国：适用于骨质疏松性骨痛[38]	《原发性骨质疏松诊疗指南》 《骨质疏松症基层合理用药指南》 《中国老年骨质疏松症诊疗指南》 《骨质疏松症治疗药物合理应用专家共识》
瑞米凯德（Remicade）	1998 年（美国） 1999 年（欧洲） 2006 年（中国）	美国：适用于克罗恩病、溃疡性结肠炎、类风湿样关节炎、强直性脊柱炎，银屑病关节炎、斑块性银屑病[39] 欧洲：适用于强直性脊柱炎、幼年特发性关节炎、银屑病关节炎、类风湿关节炎、克罗恩病、银屑病、溃疡性结肠炎的治疗[40] 中国：适用于类风湿关节炎，成人及 6 岁以上儿童克罗恩病、瘘管性克罗恩病、强直性脊柱炎、银屑病、成人溃疡性结肠炎[41]	NICE 指南：①根据银屑病面积严重指数（PASI）≥ 20 和皮肤病生活质量指数（DLQI）≥ 18 来定义该疾病非常严重。②银屑病对环孢素、甲氨蝶呤或 PUVA（补骨脂素和长波紫外线辐射）等标准全身治疗无效。③患者对这些治疗不耐受或有禁忌证[42] NICE 指南：仅推荐英夫利昔单抗作为严重活动性溃疡性结肠炎急性加重期的一种治疗方案[43]。 NICE 指南：被推荐作为活动性瘘管性克罗恩病患者的治疗方案，被推荐用于 6~17 岁严重活动性克罗恩病患者的治疗[44]上 NICE 指南：英夫利昔单抗被推荐用于治疗活动性和进行性银屑病关节炎的成人：①患有外周性关节炎；②有三个或三个以上关节疼痛和三个或三个以上关节肿胀；③银屑病性关节炎对至少两种标准的治疗疾病的抗风湿药物（dmard）的充分试验没有反应[45]
修美乐（Humira）	2002 年（美国） 中国已上市	美国：适用于类风湿关节炎、青少年特发性关节炎、银屑病关节炎、强直性脊柱炎、克罗恩病、溃疡性结肠炎、斑块性银屑病、化脓性汗腺炎、葡萄膜炎[46]	NICE 指南：当同时满足以下条件时，修美乐被推荐作为抗肿瘤坏死因子（TNF）治疗的斑块状银屑病成人患者的治疗药物。①根据银屑病面积严重指数（PASI）的总和，皮肤病学生活质量指数（DLQI）≥ 10；②银屑病对标准的系统疗法没有反应，包括环孢素，甲氨蝶呤和 PUVA（补骨脂素和长波紫外线辐射）；③患者无法接受，或者有禁忌该治疗方法。对于未患银屑病的患者应停用阿达木单抗 16 周时充分缓解。适当的反应被定义为：PASI 评分（PASI 75）较治疗开始时降低 75%。PASI 评分降低 50%（PASI 50），DLQI 降低 5 分[47]

续表

药品通用名（商品名）	上市时间（国家 / 地区）	适应证	指南推荐或专家共识推荐及证据级别
非索非那丁（Allegra D）	2016 年（美国）中国已经上市	美国：适用于缓解成人和 12 岁及以上儿童季节性变应性鼻炎相关症状和慢性特发性荨麻疹的皮肤症状，能够减轻瘙痒和减少风团数量[48]	《中国荨麻疹诊疗指南（2018 版）》：慢性荨麻疹的治疗：见一线治疗：首选第二代非镇静抗组胺药，治疗有效后逐渐减少剂量，以达到有效控制风团发作为标准，以最小的剂量维持治疗。慢性荨麻疹疗程一般不少于 1 个月，必要时可延长至 3~6 个月，或更长时间。第一代抗组胺药治疗荨麻疹的疗效确切，但中枢镇静、抗胆碱能作用等不良反应限制其临床应用，因此不作为一线选择
Resisert	2004 年（美国）	美国：适用用于治疗影响眼睛后段的慢性非传染性葡萄膜炎[49]	NICE 指南：在上市许可范围内，Resisert 被推荐作为治疗湿性年龄相关性黄斑变性的一种选择：以下情况均适用于需要治疗的眼睛：最佳矫正视力为 6/12 至 6/96；中央凹没有永久性的结构损伤；病变的大小小于或等于 12 椎间盘区域的最大线性；有证据表明最近推定的疾病进展（血管生长，如荧光素血管造影显示，或近期视力更改）。建议仅在对治疗保持足够反应的患者中继续用其治疗。停药的标准应包括视力持续恶化和视网膜解剖变化的识别，表明对治疗的反应不足[50] NICE 指南：推荐氟喹诺酮玻璃体内植入剂作为一种选择，用于治疗慢性糖尿病性黄斑水肿[50, 51]
Symbicort	2006 年（美国）	美国：Symbicort 适用于治疗六岁及以上的哮喘患者，针对慢性阻塞性肺疾病（COPD），包括慢性支气管炎和肺气肿患者气道阻塞，每日两次维持治疗，还适用于减少 COPD 的恶化。Symbicort 是主要治疗 COPD 的药物 重要的使用限制：不适用于急性支气管痉挛症状的缓解[52]	《慢性阻塞性肺疾病诊治指南（2021 年修订版）》：福莫特罗属于速效和长效 β_2 受体激动剂（LABA）。不良反应和注意事项：总体来说，吸入 β_2 受体激动剂的不良反应远低于口服剂型。相对常见的不良反应有窦性心动过速、肌肉震颤（通常表现为手颤）、头晕和头痛。尽管总体而言 ICS 的不良反应发生率低，但 ICS 有增加肺炎发病率的风险。Symbicort 属于 LABA 和 ICS 联合治疗药物。ICS 和 LABA 联合较单用 ICS 或单用 LABA 在肺功能、临床症状和健康状态改善以及降低急性加重风险方面获益更佳。目前已有布地奈德 / 福莫特罗、氟替卡松 / 沙美特罗、倍氯米松 / 福莫特罗、糠酸氟替卡松 / 维兰特罗等多种联合制剂

续表

药品通用名（商品名）	上市时间（国家 / 地区）	适应证	指南推荐或专家共识推荐及证据级别
NicoDermCQ	2011 年（美国）	美国：用于治疗尼古丁戒断，抑制对吸烟的渴望[53]	《中国临床戒烟指南（2015 年版）》：以 NRT 类药物辅助戒烟安全有效，可使长期戒烟的成功率增加 1 倍。不同剂型的 NRT 类药物在戒烟疗效方面无显著差别，可遵从戒烟者的意愿选择。使用尼古丁贴片或咀嚼胶的疗程应至少达到 12 周。单一药物减轻戒断症状不明显时，可联合使用两种 NRT 类药物（如联合使用贴片和咀嚼胶），可望取得更好效果。NRT 类药物可长期使用（超过 12 周），但临床医生应对患者进行规律随访，了解他们的使用情况和吸烟状态。在戒烟前，吸烟者可使用 NRT 类药物减少吸烟量。一旦开始尝试戒烟，应规律使用 NRT 类药物
注射用维替泊芬脂质体（VISUDYNE）	2000 年（美国） 2000 年（欧洲） 中国已上市	美国：适用于治疗由于年龄相关性黄斑变性（AMD）、病理性近视或疑似眼组织胞质菌病而主要为经典中央凹下脉络膜新生血管（CNV）的患者[54] 欧洲：适用于治疗主要为经典中央凹下脉络膜新生血管（CNV）的渗出型（湿性）年龄相关性黄斑变性（AMD）成人或继发于病理性近视的中央凹下脉络膜新生血管的成人[55]	/
硫酸沙丁胺醇吸入气雾（Proventil HFA）	1981 年（美国） 1995 年（中国）	美国：适用于治疗或预防 4 岁及以上可逆阻塞性气道疾病患者的支气管痉挛，预防 4 岁及以上患者的运动诱导的支气管痉挛[56] 中国：适用于缓解哮喘或慢性阻塞性肺部疾患（可逆性气道阻塞疾病）患者的支气管痉挛，及急性预防运动诱发的哮喘，或其他过敏原诱发的支气管痉挛[57]	《成年人慢性气道疾病雾化吸入治疗专家共识》：硫酸沙丁胺醇吸入气雾用法和用量：雾化器雾化给药，切不可注射或口服。间歇性用法可每日重复 4 次。成人每次：0.5~1.0ml（2.5~5.0mg 硫酸沙丁胺醇），应以注射用生理盐水稀释至 2.0~2.5ml。稀释后的溶液由患者通过适当的雾化器雾化吸入，直至不再有气雾产生为止。如喷雾器和驱动装置匹配得当，则喷雾可维持约 10min。本品可不经稀释而供间歇性使用，为此，将 2.0ml（10mg 硫酸沙丁胺醇）置入雾化器中，让患者吸入雾化的药液，至病情缓解，通常需 3~5min。连续疗法 5~10mg，加生理盐水稀释至 100ml，采用喷雾器以气雾方式治疗，常用给药速率 1~2 mg/h
Pegaptanib	2012 年（美国）	美国：湿性老年黄斑病变患者的视力下降[58]	NICE 指南：不推荐 Pegaptanib 用于治疗湿性年龄相关疾病黄斑变性[59]
自体软骨细胞培养移植技术（MACI）	2016 年（美国）	美国：适用于修复成人有症状的单个或多个全层膝关节全层软骨缺损，伴或不伴骨骼受累 使用限制：MACI 对膝关节以外关节的有效性尚未确定 MACI 在 55 岁以上患者中的安全性和有效性尚未确定[60]	/

二十三、其他系统纳米药物的药代动力学及特性比较

其他系统纳米药物的药代动力学及特性比较见表 4-9-2。

表4-9-2　其他系统纳米药物的药代动力学及特性比较

药品通用名（商品名）	药代动力学参数	代谢和排泄途径	药物相互作用	其他特性（如有效期、保存条件单次最大给药剂量等）
西罗莫司（Rapamune）	粒径：无相关资料 分子量：914.2kDa[1] 达峰时间和消除半衰期：1h[1] 分布容积：（12±8）L[1] 生物利用度：41%[1] 蛋白结合率：92%[1]	西罗莫司在肠壁和肝脏中大量代谢，并从小肠的肠细胞反转运到肠腔。在健康志愿者服用单剂量西罗莫司口服液后，大部分（91%）的放射性从粪便中恢复，只有少量（2.2%）通过尿液排出。稳定肾移植患者多次给药后西罗莫司的平均 ±SD 终末消除半衰期（$t_{1/2}$）估计约为（62±16）h[1]	西罗莫司是细胞色素 P450（CYP3A4）和 P-糖蛋白（P-gp）的作用底物。CYP3A4 和 P-gp 的诱导剂可降低西罗莫司的血药浓度，而 CYP3A4 和 P-gp 的抑制剂可增加西罗莫司血药浓度[1]	建议西罗莫司与环孢素和皮质类固醇联合使用[1]
替扎尼定（Zanaflex）	粒径：无相关资料 分子量：290.2[2] 达峰时间和消除半衰期：1h，2.5h[2] 分布容积：2.4L[2] 生物利用度：40%[2] 蛋白结合率：约 30%[2]	替扎尼定在临床开发中研究的剂量（1~20mg）上具有线性药代动力学。大约 95% 的给药剂量被代谢。参与替扎尼定代谢的主要细胞色素 P450 同工酶是 CYP1A2。替扎尼定代谢物不知道是活性的；它们的半衰期从 20 到 40h 不等。单次和多次口服 ^{14}C-替扎尼定，平均分别在尿液和粪便中回收了总放射性的 60% 和 20%[2]	替扎尼定与氟伏沙明或环丙沙星之间的相互作用很可能是由于氟伏沙明或环丙沙星对 CYP1A2 的抑制。与未服用口服避孕药的女性相比，同时服用口服避孕药的女性替扎尼定清除率低 50%。替扎尼定使得对乙酰氨基酚的达峰时间延迟了 16min。酒精使替扎尼定的 AUC 增加了约 20%，同时也增加了其 C_{max} 约 15%。这与替扎尼定副作用的增加有关。替扎尼定和酒精的中枢神经系统抑制剂作用是相加的[2]	储存在 25℃；允许在 15~30℃下偏移[2]
阿瑞匹坦（Emend）	粒径：无相关资料 分子量：534.43kDa[8] 消除半衰期：9~13h[8] 分布容积：70L[8] 生物利用度：60%~65%[8] 蛋白结合率：95%[8]	在给予单次静脉注射 100mg 剂量的［^{14}C］-阿瑞匹坦前药对健康受试者，57% 的放射性在尿液中回收，45% 在粪便中回收。阿瑞匹坦主要通过代谢消除；阿瑞匹坦不肾脏排泄。阿瑞匹坦的表观血浆清除率范围约为 62~90ml/min。表观终末半衰期约为 9~13h[8]	阿瑞匹坦与作为 CYP3A4 抑制剂或诱导剂的药物共同给药可分别导致阿瑞匹坦的血浆浓度增加或降低[8]	/

续表

药品通用名（商品名）	药代动力学参数	代谢和排泄途径	药物相互作用	其他特性（如有效期、保存条件单次最大给药剂量等）
茶碱（Theodur）	分子量：180.17kDa[11] 蛋白结合率：40%[11] 其他参数：无相关资料	口服给药后，茶碱不会经历任何可测量的首过消除。在成人和一岁以上的儿童中，大约 90% 的剂量在肝脏中代谢。在新生儿中，约 50% 的茶碱剂量在尿液中排泄不变。超过生命的前三个月，大约 10% 的茶碱剂量在尿液中排泄不变。其余的在尿液中排泄，主要为 1，3- 二甲基尿酸（35%~40%），1- 甲基尿酸（20%~25%）和 3- 甲基黄嘌呤（15%~20%）[11]	同时使用抑制茶碱代谢的药物（如西咪替丁、红霉素、他克林）或停止同时给予增强茶碱代谢的药物（如卡马西平、利福平），可增强茶碱的代谢[11]	储存在 20~25 ℃（参见 USP 控制室温）。分装在密封、耐光的容器中[11]
大麻隆（Cesamet）	分子量：372.55kDa[10] 消除半衰期：2h[10] 分布容积：12.5L[10] 其他相关参数：无	静脉注射大麻隆时，7 天内药物及其代谢物主要在粪便中被清除（约 67%），少量在尿液中被清除（约 22%）。在从粪便中回收的 67% 中，5% 对应于母体化合物，16% 对应于其甲醇代谢物。口服给药后，约 60% 的纳比龙及其代谢物在粪便中回收，约 24% 在尿液中回收。因此，主要的排泄途径似乎是胆道系统	/	储存在受控室温 25℃；允许 15~30℃ 的行程，每日最大推荐剂量为 6mg，分次服用，每日 3 次。在过量用药的情况下，应注意生命体征，因为已知会发生高血压和低血压；最常见的是心动过速和体位性低血压[10]
丹曲林钠（Ryanodex）	分子量：336kDa[12] 达峰时间和消除半衰期：1min，（10.8 ± 2.2）h[12] 分布容积：（36.4 ± 11.7）L[12] 其他参数：无相关资料	在体液中的主要代谢物是 5- 羟基丹曲林和丹曲林的乙酰氨基代谢物。丹曲林由肝脏代谢，其代谢可能被已知诱导肝微粒体酶的药物增强。然而，苯巴比妥和地西泮似乎都不会影响丹曲林代谢[12]	在治疗恶性高热期间，不建议同时使用 Ryanodex 和钙通道阻滞剂。Ryanodex 与抗精神病药和抗焦虑药的伴随给药可能会增强其对中枢神经系统的影响[12]	将未重建的产品储存在 20~25 ℃，允许在 15~30 ℃ 内存放，并避免长时间暴露在光线下[12]
0.09% 环孢素 A 纳米胶束制剂（Cequa）	分子量：1202.6kDa[13] 其他参数：无	在健康受试者的每只眼睛中每天两次局部眼部施用环孢素长达 7 天后，以及在第 8 天一次后，环孢素的血液浓度或检测不到，或略高于测定定量下限 0.100ng/ml（范围 0.101~0.195ng / ml）在单次给药后长达 2h，并在多次剂量后长达 4 h[13]	/	储存在 20~25℃[13]

续表

药品通用名（商品名）	药代动力学参数	代谢和排泄途径	药物相互作用	其他特性（如有效期、保存条件单次最大给药剂量等）
右旋硫酸右苯丙胺（Dexedrine）	分子量：368.5kDa[14] 达峰时间和消除半衰期：约8h，约12h[14] 其他参数：无相关资料	/	/	储存在室温，20~25°C的安全地方[14]
口服索马鲁肽（Rybelsus）	粒径：无相关资料 分子量：4113.58kDa[15] 达峰时间和消除半衰期：1h，7d[15] 分布容积：8L[15] 生物利用度：0.4%~1%[15] 蛋白结合率：无相关资料	索马鲁肽的主要消除途径是肽骨架蛋白水解裂解和脂肪酸侧链序贯β-氧化后的代谢。索马鲁肽相关物质的主要排泄途径是通过尿液和粪便。大约3%的吸收剂量作为完整的索马鲁肽在尿液中排泄[15]	口服药物：Rybelsus延迟胃排空[15]	储存在20~25℃；允许15~30℃的行程[15]
腺苷脱氨酶无菌注射溶液（Adagen）	分子量：5000kDa[16] 达峰时间和消除半衰期：2~3d[16] 其他参数：无相关资料	/	/	冷藏。储存在2~8℃之间[16]
Movantik	粒径：无相关资料 分子量：742kDa[17] 达峰时间和消除半衰期：2h，6~11h[17] 分布容积：968~2140L[17] 生物利用度：无相关资料 蛋白结合率：约4.2%[17]	口服放射性标记的Movantik后，粪便和尿液中分别回收总给药剂量的68%和16%。尿液中排泄占总给药剂量的不到6%。粪便中大约16%的放射性是不变的Movantik，而其余的归因于代谢物。因此，肾脏排泄是Movantik的次要清除途径[17]	避免将Movantik与中度CYP3A4抑制剂药物（例如地尔硫䓬、红霉素、维拉帕米）同时使用。如果不可避免地同时使用，将Movantik剂量减少到12.5mg，每日一次，并监测不良反应[17]	储存在20~25℃的室温下[17]

续表

药品通用名（商品名）	药代动力学参数	代谢和排泄途径	药物相互作用	其他特性（如有效期、保存条件单次最大给药剂量等）
醋酸去氨加压素（DDAVP）	分子量：1183.34kDa[19] 其他参数：无相关资料	DDAVP 主要通过尿液排泄[19]	DDAVP 的加压活性与其抗利尿活性相比非常低，但大剂量的 DDAVP 片剂应与其他加压剂一起使用，但必须仔细监测患者。应谨慎使用可能增加低钠血症水中毒风险的药物[19]	储存在受控室温 20~25℃[19]
Afrezza	分子量：5808kDa[20] 消除半衰期：10~20min[20] 其他参数：无相关资料	Afrezza 的代谢和消除与普通人胰岛素相当[20]	1. 与使用 Afrezza 相关的低血糖风险可能与抗糖尿病药物、ACE 抑制剂、血管紧张素受体阻断剂、双吡嗪、贝特、氟西汀、单胺氧化酶抑制剂、己酮可可碱、普兰林肽、丙氧酚、水杨酸酯、生长抑素类似物（如奥曲肽）和磺胺类抗生素一起增加。当与非典型抗精神病药（如奥氮平和氯氮平）、皮质类固醇、达那唑、利尿剂、雌激素、胰高血糖素、异烟肼、烟酸、口服避孕药、吩噻嗪类、孕激素（如口服避孕药）、蛋白酶抑制剂、生长激素、拟交感神经药物（如沙丁胺醇、肾上腺素、特布他林）和甲状腺激素联合使用时，Afrezza 的降血糖效果可能会降低 2. 可能增加或降低 Afrezza 降糖作用的药物与酒精、β-受体拮抗剂、可乐定和锂盐合用时，Afrezza 的降糖作用可能会增加或减少。喷他脒可引起低血糖，有时可随后出现高血糖 3. 可能影响低血糖体征和症状的药物当 β-受体拮抗剂、可乐定、胍乙啶和利血平与 Afrezza 联合使用时，低血糖体征和症状可能会减弱[20]	/

续表

药品通用名（商品名）	药代动力学参数	代谢和排泄途径	药物相互作用	其他特性（如有效期、保存条件单次最大给药剂量等）
贝拉西普（Nulojix）	分子量：90kDa[21] 消除半衰期：（9.8 ± 12.8）d[21] 分布容积：（0.09 ± 0.02）L[21] 其他参数：无	/	在新生肾移植受者中（同时或几乎同时）联合给予抗胸腺细胞球蛋白（或任何其他细胞消耗诱导治疗）和贝拉西普，特别是那些具有肾同种异体移植静脉血栓形成其他诱发危险因素的患者，可能会造成肾同种异体移植静脉血栓形成的风险[21]	贝拉西普冻干粉于冰箱 2~8 ℃贮存。用前贮存在原包装内，避光保存。必须在贝拉西普冻干粉配制后 24h 内完成输注。输注溶液如不立即使用，可贮存于冰箱，2~8 ℃保存 24h，其中室温 20~25 ℃保存不超过 4h[21]
希敏佳（Certolizumab pegol）	粒径：无相关资料 分子量：91kDa[23] 消除半衰期：54~171h[23] 分布容积：4.7~8L[23] 生物利用度：约 80%[23] 蛋白结合率：无相关资料	健康受试者静脉给药后的清除率范围为 9.21~14.38ml / h[23]。斑块型银屑病患者皮下给药后的清除率为 14ml/h，受试者间变异性为 22.2%（CV）	自动化测试已观察到这种效果来自 Diagnostica Stago，以及来自仪器实验室的 HemosIL APTT-SP 液体和 HemosIL 冻干二氧化硅测试。其他 aPTT 检测也可能受到影响。尚未观察到对凝血酶时间（TT）和凝血酶原时间（PT）测定的干扰。没有证据表明 CIMZIA 治疗对体内凝血有影响[23]	纸箱冷藏在 2~8℃[23]
博纳吐单抗（Blincyto）	分子量：54kDa[28] 分布容积：4.35L[28] 其他参数：无相关资料	在临床研究中，接受博纳吐单抗的患者连续静脉输注的估计平均（SD）全身清除率为 3.11（2.98）L/h。平均（SD）半衰期为 2.10（1.41）h。在测试的临床剂量下，尿液中排泄的博纳吐单抗量可忽略不计[28]	细胞因子的短暂升高可能抑制 CYP450 酶活性[28]	将博纳吐单抗和溶液稳定剂小瓶储存在 2~8℃冷藏的原始包装中，并在使用前避光保存，不要冻结[28]
雅美罗（Actemra）	分子量：148kDa[30] 其他参数：无相关资料	雅美罗通过线性间隙和非线性消除的组合来消除。浓度依赖性非线性消除在低托珠单抗浓度下起主要作用。一旦非线性途径饱和，在较高的托珠单抗浓度下，清除率主要由线性清除率决定。非线性消除的饱和度导致暴露增加，超过剂量比例。雅美罗的药代动力学参数不随时间变化[30]	在开始使用或停用 Actemra 时，对于接受这些类型药物治疗的患者，应进行效果（例如华法林）或药物浓度（例如环孢素或茶碱）的治疗监测，并根据需要调整药物的个体剂量。当 Actemra 与 CYP3A4 底物药物联合给药时要谨慎，因为效果不会降低，例如口服避孕药，洛伐他汀，阿托伐他汀等。托珠单抗对 CYP450 酶活性的影响可能在停止治疗后持续数周。避免与 Actemra 同时使用活疫苗[30]	雅美罗必须在 2~8 ℃下冷藏。不要冻结[30]

续表

药品通用名（商品名）	药代动力学参数	代谢和排泄途径	药物相互作用	其他特性（如有效期、保存条件单次最大给药剂量等）
新山地明（Sandimmune Neoral）	分子量：1202.625kDa[35] 其他参数：无相关资料	/	与环孢素同时使用非甾体抗炎药（NSAID），特别是在脱水的情况下，可能会加重肾功能不全[35]	/
鲑降钙素（Calcitonin salmon）	粒径：无相关资料 分子量：3431.85kDa[37] 达峰时间和消除半衰期：23min；约 1h[37] 分布容积：0.15~0.3 L[37] 生物利用度：约 71%[37] 蛋白结合率：无相关资料	/	没有使用 Miacalcin 注射液进行正式的药物相互作用研究。同时使用降钙素鲑鱼和锂可能导致血浆锂浓度降低，因为尿中锂的清除率增加。锂的剂量可能需要调整[37]	存放在 2~8 ℃的冰箱中[37]
瑞米凯德（Remicade）	分子量：149.1kDa[39] 分布容积：3.0 ~ 4.1L[40] 其他参数：无相关资料	在按年龄、体重或性别定义的患者亚组中，未观察到清除率或分布量存在重大差异。目前尚不清楚肝或肾功能明显受损的患者的清除率或分布量是否存在差异[39]	不建议将瑞米凯德与用于治疗与瑞米凯德相同疾病的其他生物制品结合使用[39]	存放在 2~8 ℃的冰箱中[39]
修美乐（Humira）	粒径：无相关资料 分子量：148kDa[46] 消除半衰期：（56 ± 4）h[46] 分布容积：0.0~25.10L[46] 生物利用度：无相关资料 蛋白结合率：64%[46]	在几项研究中测定了在 RA 患者中的单剂量药代动力学，静脉内剂量范围为 0.25~10mg / kg。修美乐的全身清除率约为 12ml/h。在给药超过两年的长期研究中，没有证据表明 RA 患者的清除率随时间的变化[46]	在 RA 患者的临床研究中，观察到 TNF 阻滞剂与阿那白滞素或阿巴西普的组合增加了严重感染的风险，没有额外的益处。不建议将修美乐与其他生物 DMARDS（例如阿那白滞素和阿巴西普）或其他 TNF 阻滞剂同时给药，拮抗细胞因子活性的分子（如阿达木单抗）可能会影响 CYP450 酶的形成[46]	将修美乐存放在 2~8 ℃的冰箱中。将修美乐存放在原纸箱中，直到使用时保护其免受光照[46]
非索非那丁（Allegra-D）	粒径：无相关资料 分子量：538.13kDa[48] 达峰时间和消除半衰期：1.8~2h；7h[48] 分布容积：无相关资料 生物利用度：无相关资料 蛋白结合率：60%~70%[48]	/	盐酸非索非那丁总剂量中约 5% 和盐酸伪麻黄碱口服总剂量的不到 1% 被肝脏代谢消除；在健康志愿者服用服用 Allegra-D 24 h 片剂后，非索非那丁的平均终末消除半衰期为 14.6h，这与单独给药的观察结果一致[48]	/

续表

药品通用名（商品名）	药代动力学参数	代谢和排泄途径	药物相互作用	其他特性（如有效期、保存条件单次最大给药剂量等）
Resisert	分子量：452.50kDa[49] 其他参数：无相关资料	/	/	/
布地奈德/福莫特罗（Symbicort）	粒径：无相关资料 分子量：430.5kDa[52] 消除半衰期：20min[52] 分布容积：3L[52] 生物利用度：39%[52] 蛋白结合率：85%~90%[52]	1. 布地奈德以代谢物的形式在尿液和粪便中排泄。大约 60% 的静脉内放射性标记剂量在尿液中回收。尿液中未检测到不变的布地奈德[52] 2. 福莫特罗在通过口服和静脉注射途径同时给予放射性标记的福莫特罗后，在四个健康受试者中研究了福莫特罗的排泄。在该研究中，62% 的放射性标记的福莫特罗在尿液中排泄，而 24% 在粪便中排出	1. 强效细胞色素 P4503A4 抑制剂（例如利托那韦）可能导致全身性皮质类固醇作用增加 2. 单胺氧化酶抑制剂和三环类抗抑郁药，可能增强福莫特罗对血管系统的作用 3.β- 受体拮抗剂可能阻断 β- 激动剂的支气管扩张作用并产生严重的支气管痉挛 4. 利尿剂：谨慎使用。与非保钾利尿剂相关的心电图改变和（或）低钾血症可能会在伴随 β- 受体激动剂时恶化[52]	将 Symbicort 储存在 20~25℃的室温下[52]
注射用维替泊芬脂质体（Visudyne）	无相关资料	维替泊芬通过肝脏和血浆酯酶少量代谢为其二酸代谢物。NADPH 依赖性肝酶系统（包括细胞色素 P450 同工酶）似乎在维替泊芬的代谢中没有发挥作用。通过粪便途径消除，尿液中回收的剂量少于 0.01%[54]	/	不要储存在 25 ℃以上。将药瓶放在外盒内，以防光线照射[54]
硫酸沙丁胺醇吸入气雾（Proventil HFA）	分子量：239.31kDa[56] 其他参数：无相关资料	沙丁胺醇的主要途径是通过母体化合物或主要代谢物的肾脏排泄（80%~100%）。在粪便中检测到不到 20% 的药物。静脉内施用外消旋沙丁胺醇后，25%~46% 的剂量属于未代谢的（R）- 沙丁胺醇在尿液中排泄[56]	通常情况下，不能将沙丁胺醇和非选择性 β- 受体拮抗剂合用，如：普萘洛尔。与其他拟交感药物联合使用时，应注意过度的拟交感作用的产生[57]	/
Pegaptanib	分子量：50kDa[59] 其他参数：无	/	/	储存在 2~8 ℃的冰箱中。不要冻结或剧烈摇晃[58]

二十四、其他纳米药物或纳米载体药物及适应证的HTA

表4-9-3 其他纳米药物或纳米载体药物及适应证的HTA

药品通用名（商品名）	适应证	有效性	安全性	经济性
西罗莫司（Rapamune）	免疫抑制	英国国家卫生和临床技术优化研究所（NICE）发布的一则指南中提出[61]，西罗莫司仅适用于肾移植前后开始的初始免疫抑制治疗。用于预防肾移植成人的低至中度的器官排斥反应。在一项开放、非比较、观察、前瞻性、多中心、上市后监测研究中[62]，205名受试者在最终评估时存活下来。存活率为99.51%，表明具有良好的效果	Jeon[62]集中评估了206名受试者，39名（18.66%）停止治疗，87.18%（34/39）的受试者因不良反应停药，最常见的不良反应是氮质血症和腹泻。此外，西罗莫司的治疗在临床实践中可能难以管理，可能是与一系列不良反应有关，包括外周水肿和骨髓抑制等	然而从英国NHS的角度来看[61, 63]西罗莫司在肾移植受者移植排斥反应的一级预防方面可能比他克莫司更具成本效益。在所调查的所有情况中，西罗莫司在经济上都是处于优势地位
替扎尼定（Zanaflex）	肌肉松弛	与安慰剂相比[64]，替扎尼定治疗的痉挛和阵挛频率得到了显著改善。在与巴氯芬和安定的比较试验中，肌肉张力改善分别为替扎尼定组的60%~82%、巴氯芬组的60%~65%和安定组的60%~83%。在接受替扎尼定或巴氯芬的患者中，痉挛频率和阵痛得到了类似程度的改善。因此替扎尼定的有效性并没有显著的效果	最常见不良反应是口干（23%~57%）和嗜睡（24%~48%）。在临床试验中[64]，接受替扎尼定和巴氯芬的患者嗜睡的发生率相似（15%~67%），略低于接受安定的患者（44%~82%）。与安慰剂组相比，替扎尼定组更易发生主观肌无力（18%~48% vs 9%~18%）	替扎尼定比巴氯芬更昂贵，但用替扎尼定治疗的患者通过治疗后获得的益处更多。结果表明，替扎尼定作为一线治疗可能具有成本效益。进一步的研究证明成本效益需要证实，与一线使用替扎尼定相比，巴氯芬治疗不满意的患者更多[65]
阿瑞匹坦（Emend）	止吐	阿瑞匹坦第1天口服125mg剂量，然后在第2天和第3天每天一次80mg。根据三项试验的数据，接受阿瑞匹坦治疗的患者在急性期、延迟期和中期均无呕吐，有良好的治疗效果[66, 68]	阿瑞匹坦方案通常耐受性良好[66-68]，大多数不良事件的强度为轻度至中度。有8%的接受阿瑞匹坦方案治疗的患者和6%接受对照方案治疗的患者因临床不良事件而停止治疗。超过10%的阿瑞匹坦患者中报告的不良事件是虚弱和疲劳、恶心、呃逆、便秘、腹泻和厌食	两项欧洲研究中[69, 70]，阿瑞匹坦方案与对照方案相比，在预防体内化学物质引发恶心和呕吐的每质量调整生命年（QALY）成本方面被认为是具有成本效益的。在比利时[70]的研究中根据在模型中测试的基于试验的方法和现实生活方法中获得的QALY的增量成本，预测阿瑞匹坦方案更便宜，更有效
大麻隆（Cesamet）	止吐	/	/	/

续表

药品通用名（商品名）	适应证	有效性	安全性	经济性
茶碱（Theodur）	支气管扩张	在一项双盲研究中[71]，61例夜间哮喘患者分为布地奈德（吸入类固醇）组，长效茶碱组，以及两者的联合治疗组。在2周的安慰剂适应期后，患者进入双盲。结果显示与单独茶碱治疗相比，布地奈德和联合治疗组患者睡眠障碍明显减轻	对3810名日本老年（大于或等于65岁）哮喘或慢性阻塞性肺病（COPD）患者进行了大规模的前瞻性研究[72]，这些患者原则上接受了缓释茶碱片（Theodur）的治疗在3798例符合方案的患者中观察到261例茶碱相关不良事件。缓释茶碱可以安全地用于老年哮喘或COPD患者	由于茶碱的成本非常低，安全性也类似，它肯定被认为是治疗急性哮喘加重的一种具有成本效益的治疗方法，特别是对卫生预算有限的发展中国家[73]
丹曲林钠（Ryanodex）	恶性高热	/	/	/
0.09% 环孢素A纳米胶束制剂（Cequa）	用于促进泪液分泌，治疗干眼症	一项[74]持续12周的随机、多中心、双盲、载体对照研究。研究中，患者以1：1的比例随机分配，每天两次接受1滴Cequa0.09%或空白。结果显示12周时的指标数据，Cequa组中有16.6%的眼睛达治疗终点，而空白组中有9.0%达到终点。具有极显著的统计学意义	524名随机分配到Cequa 0.09%的患者和524名随机分配到空白治疗的患者[74]。Cequa0.09%组203例（38.7%）患者共541例不良报告。大多数不良事件为轻度至中度，无须治疗即可消退。最常报告的是滴注部位疼痛，通常被描述为滴注后数分钟的轻度刺痛或灼热	针对100万名成员的健康计划，在5年内评估了引入0.09%环孢霉素眼药水前后的药费。对照品为美国FDA批准的DED治疗方法，包括0.05%单位剂量的环孢霉素眼乳剂、0.05%多剂量的环胞霉素眼用乳剂和5%的安替司特眼用溶液
右旋硫酸右苯丙胺（Dexedrine）	减肥药物	/	/	/
口服索马鲁肽（Rybelsus）	2型糖尿病	一项[75]为期52周的试验，821名2型糖尿病患者在二甲双胍治疗的背景下随机接受索马鲁肽14mg或恩格列净25mg治疗。第52周，口服西格肽治疗的患者平均瘦了3.8千克，而恩格列净组的患者平均瘦了3.7千克（P=0.05）。但是口服索马鲁肽组更能降低糖化血红蛋白。具有显著的治疗效果	一项安全性研究中指明[76]，最常见的不良事件是胃肠道反应，口服索马鲁肽的严重程度大多为轻度至中度。报告胃肠道反应的患者比例，口服索马鲁肽（31%~77%；490例患者中的255例）和皮下注射索马鲁肽（54%；69例患者中的37例）高于安慰剂组（28%；71例患者中的20例）。总体而言不良反应较少，安全性良好	在英国，与恩格列净25mg、西格列汀100mg和利拉鲁肽1.8 mg相比，口服索马鲁肽14mg被认为是一种具有成本效益的治疗方案[77]

续表

药品通用名（商品名）	适应证	有效性	安全性	经济性
腺苷脱氨酶无菌注射溶液（Adagen）	严重的综合性免疫缺陷疾病	/	/	/
Movantik（Naloxegol）	成人便秘	NICE证据审查小组认为[78]，对照研究设计、质量和数据的细节不足，没有强有力的证据来区分Movantik与对照药品之间的相对疗效和安全性	NICE证据审查小组认为[78]，对照研究设计、质量和数据的细节不足，没有强有力的证据来区分Movantik与对照药品之间的相对疗效和安全性	将Movantik与安慰剂加比沙可啶进行比较，ICER大多低于每QALY 20000英镑，Movantik主要由甲基纳曲酮和纳洛酮－羟考酮占主导地位，Movantik被认为是NHS资源的具有成本效益的使用[78]
醋酸去氨加压素（DDAVP）	夜尿、凝血功能障碍、尿崩症	/	/	/
Afrezza	1型、2型糖尿病	研究[79]纳入了正在使用稳定降糖方案的1型糖尿病患者。在24周的试验期完成后，Afrezza组主要观察到指标HbA1c下降幅度不及门冬胰岛素组，二者有显著性差异，所以认为Afrezza对1型糖尿病的降糖效果不劣于门冬胰岛素	与其他胰岛素制剂类似[80]，Afrezza也会引起低血糖、体重增加和体内胰岛素抗体水平升高。在使用吸入胰岛素的患者中，咳嗽、急性支气管痉挛和肺通气功能下降等不良反应也时常发生，所以吸入胰岛素对呼吸系统的影响是最关心的安全问题之一	吸入性胰岛素的价格要高于一般注射的胰岛素价格，并且此类药物未纳入进医保，因此承担昂贵的治疗费用，也是很多糖尿病患者慎重或者无法考虑该药的原因之一
贝拉西普（Nulojix）	抗肾移植排异反应	根据现有的证据指出[61]，贝拉西普可能是一种临床有效的治疗方法。特别是，在AG的网状meta分析中，与环孢素加硫唑嘌呤相比，贝拉西普加吗替麦考酚酯增强了移植功能	在一项研究中，将治疗组分为三个组，观察不良反应的发生率，第36个月至第60个月期间，35.5%（55/155）的Belatacept MI患者、31.5%（52/165）的Belatecept LI患者和39.0%（53/136）的CsA患者发生了严重不良事件，不良反应的发生率没有明显的区别	与速释他克莫司、西罗莫司和环孢素相比[61]，贝拉西普与ICER相关，每QALY获得241000英镑至424000英镑不等，并且这些ICER大大高于通常被认为具有成本效益的范围。贝拉西普可能在临床上有效，但与成本效益比（ICERs）的增量相关，大大高于通常被认为具有成本效益的范围

续表

药品通用名（商品名）	适应证	有效性	安全性	经济性
希敏佳（Certolizumab pegol）	中度至重度类风湿关节炎	与甲氨蝶呤合用　在一项为期52周的Ⅲ期随机、双盲、安慰剂对照、平行组多中心试验中[81, 82]，希敏佳与甲氨蝶呤合用跟安慰剂与甲氨蝶呤合用相比，可迅速持续改善RA患者体征和症状，抑制结构性关节损伤的进展，并改善患者身体功能	皮下注射希敏佳作为单药治疗或与甲氨蝶呤联合使用[82]的耐受性特征对于RA成人患者是可以接受的，大多数不良反应为轻度或中度。在RA患者的对照试验中，结核、感染、肺炎、发热、皮疹和荨麻疹是最常导致赛妥珠单抗停药的不良反应[83]	在英国[84]、西班牙[85]、希腊[86]等国家，采用其他抗肿瘤坏死因子药物（如阿达木单抗、依那西普、英夫利昔单抗）或单独使用甲氨蝶呤的相应方案相比，希敏佳作为单药治疗或与甲氨蝶呤联合使用通常具有优势或成本效益
博纳吐单抗（Blincyto）	费城染色体阴性前体B细胞	NICE委员会指出[87]，博纳吐单抗似乎对既往没有接受过挽救治疗的患者更有效，与标准治疗化疗相比，博纳吐单抗的总生存期获益为3.7个月，具有统计学意义。与标准治疗相比，博纳吐单抗在短期内在改善总生存率方面具有临床效果	最常见的不良反应是输液相关反应、感染、发热、头痛和发热性中性粒细胞减少症[87]	在未接受过挽救性治疗的人群中，ICER最适合决策目的，因为它代表了博纳吐单抗将在临床实践中使用的治疗位置。该委员会得出的结论是，在以前没有接受过挽救治疗的人群组中，与标准护理化疗相比，博纳吐单抗最合理的ICER可能低于该公司的基本案例ICER，即每QALY获得49190英镑[87]
雅美罗（Actemra）	中度至严重的活动性类风湿关节炎	雅美罗已被证明在RA中用作单药治疗时非常有效[88]。在用于RA的主动对照单药治疗研究中，TCZ单药治疗在减缓关节损伤方面比非生物DMARD更有效，这是一项IL-6抑制剂研究，即使在结构损伤风险较高的患者中也是如此	接受雅美罗治疗的患者与接受TNF抑制剂（不包括INX）治疗的患者的严重感染率相似。与接受TNF抑制剂治疗的患者相比，雅美罗治疗患者的结核病再激活似乎不太常见[89]	生物药物价格昂贵。一项美国研究估计[90]，与单独使用DMARD治疗的患者相比，接受抗TNF单克隆抗体治疗的患者治疗RA患者的平均直接成本增加了约3倍
Givlaari	急性肝卟啉症	临床专家证实[91]，英格兰有6人服用Givlaari来预防复发性严重发作。他们还强调，Givlaari迅速降低了发作频率，而且发作得不那么严重，人们不需要住院治疗。人们仍然有慢性疼痛和疲劳等症状，但随着时间的推移而减轻。该委员会的结论是，AHP患者及其临床医生将欢迎Givlaari作为预防复发性严重发作的治疗选择	非常常见的不良反应（即每10人中有1人发生）包括注射部位反应，恶心和疲劳。氨基转移酶升高和过敏反应导致患者停止治疗[91]	NICE委员会指出[91]，应用他们所有首选的假设导致ICER在每个质量调整生命年（QALY）获得超过100000英镑，QALY为18.6。因此并不具有成本效益

续表

药品通用名（商品名）	适应证	有效性	安全性	经济性
瑞米凯德（Remicade）	克罗恩病、类风湿关节炎	NICE 委员会分析 10 项观察性研究[92]，这些研究评估了瑞米凯德治疗发现皮质类固醇和其他免疫抑制剂无效或不能耐受这些治疗。这些研究包括 155 例难治性肺外结节病，主要在神经系统（34%）或皮肤（25%），他们接受了瑞米凯德治疗。在这些病例中，肺外结节病在三分之一中消退，在大约一半中得到改善	在研究中[92]，约 15% 的患者因不良事件而停止治疗。上呼吸道感染是最常见的药物不良反应。其他非常常见的不良反应包括病毒感染（如流感和疱疹病毒感染）、头痛、鼻窦炎、腹痛、恶心、全身疼痛和输液相关反应	没有发现关于瑞米凯德治疗结节病任何表现的成本效益的研究[92]
修美乐（Humira）	中度至重度类风湿关节炎	疗效的主要证据来自三项随机对照试验。结果表明，与接受安慰剂治疗的人相比，在许可剂量下接受修美乐治疗的人中，PASI 评分降低 75% 或更多	修美乐通常是安全的，耐受性良好。来自安慰剂对照研究集（n = 1469）的数据显示，修美乐治疗组可能与研究药物相关的不良事件的发生率在统计学上显著高于安慰剂治疗组	每质量调整生命年（QALY）的增量成本为 30500 英镑。持续给予依那西普以修美乐为主（即修美乐比依那西普更有效，成本更低），间歇性给予依那西普（假设为连续依那西普成本的 88%）和依法利珠单抗被排除在外，理由是延长支配地位

五、文献计量学与研究热点分析

本研究中，其他类纳米药物主要应用于炎症高热、止吐、骨代谢、呼吸系统、免疫、糖尿病、肌松药、干眼症、肥胖；本研究采用文献计量学的方法，对所收集论文的年代分布、国家分布、关键词、文献作者及机构、文献内容进行分析。依次选取年代、国家、关键词、研究方向、作者为节点分析文献数据。

（一）西罗莫司文献计量学与研究热点分析

1. 西罗莫司文献计量学的检索策略（表 4-9-4）

表4-9-4　西罗莫司文献计量学的检索策略

类别	检索策略	
数据来源	Web of Science 核心合集数据库	CNKI 数据库
引文索引	SCI-Expanded	主题检索
主题词	Rapamune	西罗莫司

续表

类别	检索策略	
文献类型	Article	研究论文
语种	英文	中文
检索时段	2000 年 ~2022 年	2000 年 ~2022 年
检索结果	共 437 篇文献	共 918 篇文献

2. 文献发表时间及数量分布（图 4-9-1）

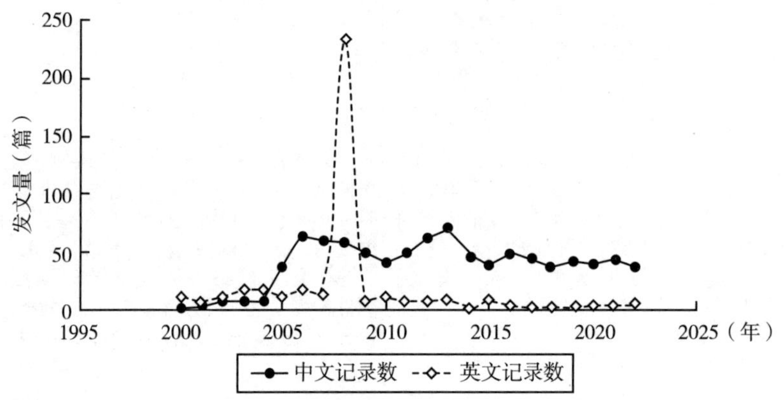

图 4-9-1　西罗莫司文献发表时间及数量分布

3. 文献发表杂志（表 4-9-5）

表4-9-5　西罗莫司发文量前10位的期刊

序号	WOS 数据库		CNKI 数据库	
	英文来源出版物	记录数	中文来源出版物	记录数
1	TRANSPLANTATION PROCEEDINGS	20	世界核心医学期刊文摘（心脏病学分册）	49
2	AMERICAN JOURNAL OF TRANSPLANTATION	15	中国介入心脏病学杂志	41
3	TRANSPLANTATION	15	器官移植	22
4	CLINICAL TRANSPLANTATION	7	中国临床药理学杂志	19
5	TRANSPLANTATION HAGERSTOWN	7	中国抗生素杂志	18
6	JOURNAL OF THE AMERICAN SOCIETY OF NEPHROLOGY	5	中国组织工程研究	18
7	THERAPEUTIC DRUG MONITORING	5	中国药房	15
8	BONE MARROW TRANSPLANTATION	4	中国药学杂志	13
9	JOURNAL OF THE AMERICAN COLLEGE OF CARDIOLOGY	4	世界临床药物	12
10	TRANSPLANT INTERNATIONAL	4	岭南心血管病杂志	11

4. 文献发表国家 / 地区及数量分布（表 4-9-6）

表4-9-6　文献发表前10位的国家/地区

序号	国家	记录数	序号	国家	记录数
1	美国	317	6	中国	11
2	澳大利亚	14	7	意大利	10
3	英国	14	8	西班牙	10
4	德国	13	9	加拿大	9
5	法国	12	10	瑞典	6

5. 文献发表的作者及其所在机构、数量及排序（表 4-9-7）

表4-9-7　发表文章数量前10位的作者

序号	WOS 数据库		CNKI 数据库	
	作者及其所在机构	记录数	作者及其所在机构	记录数
1	Henry ML，University of Chicago	10	程元荣，福建省微生物研究所	24
2	Pelletier RP，Rutgers University Biomedical & Health Sciences	10	宋洪涛，解放军联勤保障部队第 900 医院	22
3	Ferguson RM，The Ohio State University	8	黄捷，福建省微生物研究所	22
4	Rajab A，The Ohio State University	8	余晖，福建省微生物研究所	16
5	Bumgardner GL，The Ohio State University	6	杨国新，福建省微生物研究所	12
6	Elkhammas Ea，The Ohio State University	6	陈必成，温州医科大学附属第一医院	10
7	Grinyo Josep M，University of Barcelona	5	任斌，中山大学附属第一医院	10
8	Oberbauer Rainer，Medical University of Vienna	5	郑少玲，温州医科大学附属第一医院	10
9	Campistol Jm，University of Barcelona	4	刘宗军，上海中医药大学普陀医院	9
10	Eris，Josette，University of Sydney	4	杨亦荣，温州医科大学附属第一医院	9

6. 西罗莫司相关论文的研究方向（表 4-9-8）

表4-9-8　西罗莫司研究排名前10位的研究方向

序号	WOS 数据库		CNKI 数据库	
	研究方向	记录数	研究方向	记录数
1	Pharmacology Pharmacy	165	西罗莫司	428
2	Immunology	123	洗脱支架	100

续表

序号	WOS 数据库		CNKI 数据库	
	研究方向	记录数	研究方向	记录数
3	Surgery	114	肾移植	63
4	Transplantation	103	免疫抑制剂	36
5	Biochemistry Molecular Biology	89	雷帕霉素	33
6	Urology Nephrology	73	肝移植术后	25
7	Research Experimental Medicine	58	他克莫司	24
8	Cardiovascular System Cardiology	42	肾移植术后	22
9	Toxicology	36	冠心病	20
10	Hematology	35	依维莫司	19

（二）替扎尼定文献计量学与研究热点分析

1. 替扎尼定文献计量学的检索策略（表 4-9-9）

表4-9-9　替扎尼定文献计量学的检索策略

类别	检索策略	
数据来源	Web of Science 核心合集数据库	CNKI 数据库
引文索引	SCI-Expanded	主题检索
主题词	Zanaflex	替扎尼定
文献类型	Article	研究论文
语种	英文	中文
检索时段	2000 年 ~2022 年	2000 年 ~2022 年
检索结果	共 11 篇文献	共 145 篇文献

2. 文献发表时间及数量分布（图 4-9-2）

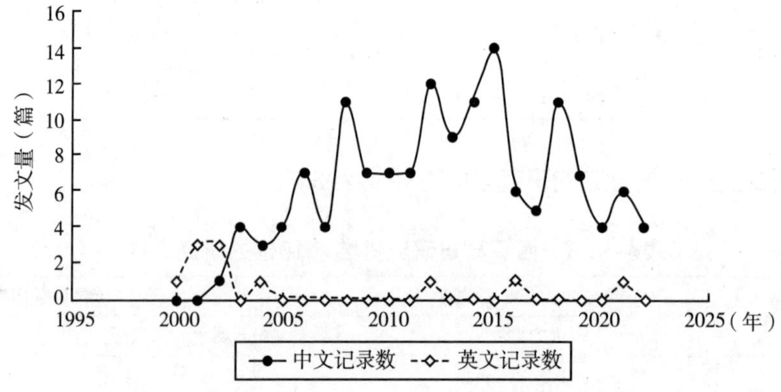

图 4-9-2　替扎尼定文献发表时间及数量分布

3. 文献发表杂志（表 4-9-10）

表4-9-10　替扎尼定发文量前10位的期刊

序号	WOS 数据库		CNKI 数据库	
	英文来源出版物	记录数	中文来源出版物	记录数
1	ANESTHESIA AND ANALGESIA	2	中国康复医学杂志	4
2	AMERICAN JOURNAL OF GASTROENTEROLOGY	1	华西医学	4
3	DRUG TESTING AND ANALYSIS	1	中国康复理论与实践	3
4	HEADACHE	1	临床合理用药杂志	3
5	JOURNAL OF CARDIOVASCULAR PHARMACOLOGY AND THERAPEUTICS	1	中医药临床杂志	3
6	JOURNAL OF MUSCULOSKELETAL PAIN	1	中国疼痛医学杂志	3
7	JOURNAL OF TOXICOLOGY CLINICAL TOXICOLOGY	1	华西药学杂志	3
8	NEUROLOGY	1	神经损伤与功能重建	3
9	STROKE	1	中国实用医药	3
10	AMERICAN JOURNAL OF GASTROENTEROLOGY	1	中国现代药物应用	3

4. 文献发表国家及数量分布（表 4-9-11）

表4-9-11　文献发表前3位的国家

序号	国家	记录数	序号	国家	记录数
1	美国	8	3	加拿大	1
2	法国	1			

5.文献发表的作者及其所在机构、数量及排序（表 4-9-12）

表4-9-12　文献发表的作者及其所在机构、数量及排序

序号	WOS 数据库		CNKI 数据库	
	作者及其所在机构	记录数	作者及其所在机构	记录数
1	Azevedo M I, Campus Univ Santiago	2	周远大，重庆医科大学附属第一医院	4
2	Denson, DD, Emory Univ, Sch Med	2	何海霞，重庆医科大学附属第一医院	4
3	Hord, AH, Emory University	2	陈锋杰，重庆医科大学附属第一医院	4
4	Chalfoun, AG, Emory University	1	杨辉，重庆医科大学附属第一医院	3
5	Adamson La, University of Louisville	1	张志民，成都大学附属医院	3

续表

序号	WOS 数据库		CNKI 数据库	
	作者及其所在机构	记录数	作者及其所在机构	记录数
6	Bosse, GM, University of LouisvilleBrunswick	1	张成志, 重庆医科大学附属第一医院	3
7	Drolet, B , Laval University	1	吴淑君, 滦县人民医院	3
8	Gheddar L, Inst Legal Med	1	张磊, 宜宾市第一人民医院	3
9	Dromerick A, Pasquerilla Healthcare Ctr	1	曾红莲, 成都大学附属医院	3
10	Fahmy N, American University Cairo	1	李岑, 重庆医科大学附属第一医院	3

6. 替扎尼定相关论文的研究方向（表 4-9-13）

表4-9-13　替扎尼定研究排名前10位的研究方向

序号	WOS 数据库		CNKI 数据库	
	研究方向	记录数	研究方向	记录数
1	Pharmacology Pharmacy	8	替扎尼定	73
2	Neurosciences Neurology	5	盐酸替扎尼定	29
3	Toxicology	4	卒中后	12
4	Anesthesiology	3	临床研究	12
5	Biochemistry Molecular Biology	2	脑卒中	12
6	Cardiovascular System Cardiology	2	临床观察	9
7	Chemistry	2	氟哌噻吨美利曲辛	7
8	Critical Care Medicine	2	三叉神经痛	7
9	Geriatrics Gerontology	2	肢体痉挛	6
10	Research Experimental Medicine	2	疗效分析	5

（三）阿瑞匹坦文献计量学与研究热点分析

1. 阿瑞匹坦文献计量学的检索策略（表 4-9-14）

表4-9-14　阿瑞匹坦文献计量学的检索策略

类别	检索策略	
数据来源	Web of Science 核心合集数据库	CNKI 数据库
引文索引	SCI-Expanded	主题检索

续表

类别	检索策略	
主题词	Aprepitant	阿瑞匹坦
文献类型	Article	研究论文
语种	英文	中文
检索时段	2000 年 ~2021 年	2000 年 ~2022 年
检索结果	共 2233 篇文献	共 276 篇文献

2. 文献发表时间及数量分布（图 4-9-3）

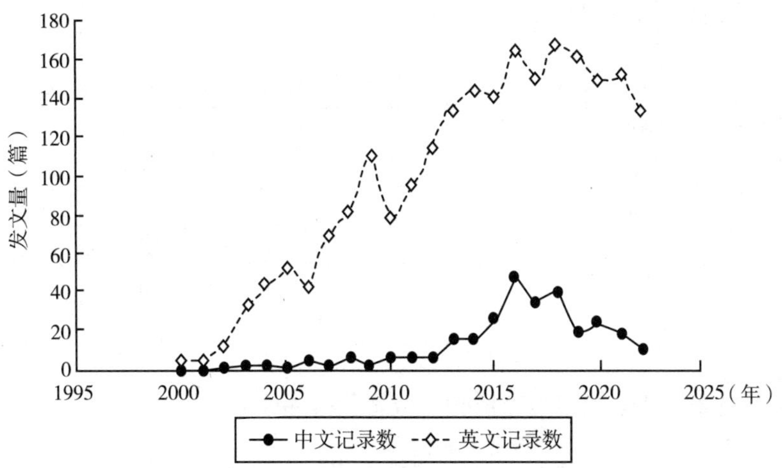

图 4-9-3　阿瑞匹坦文献发表时间及数量分布

3. 文献发表杂志（表 4-9-15）

表4-9-15　阿瑞匹坦发文量前10位的期刊

序号	WOS 数据库		CNKI 数据库	
	英文来源出版物	记录数	中文来源出版物	记录数
1	SUPPORTIVE CARE IN CANCER	137	现代肿瘤医学	10
2	SUPPORTIVE CARE IN CANCER OFFICIAL JOURNAL OF THE MULTINATIONAL ASSOCIATION OF SUPPORTIVE CARE IN CANCER	137	临床肿瘤学杂志	9
3	JOURNAL OF CLINICAL ONCOLOGY	93	中国医药工业杂志	8
4	ANNALS OF ONCOLOGY	65	中国药房	6
5	PEDIATRIC BLOOD CANCER	32	中国药师	5
6	EUROPEAN JOURNAL OF CANCER	27	癌症进展	5
7	CANCER CHEMOTHERAPY AND PHARMACOLOGY	24	中国肿瘤临床与康复	4

续表

序号	WOS 数据库		CNKI 数据库	
	英文来源出版物	记录数	中文来源出版物	记录数
8	JOURNAL OF CLINICAL ONCOLOGY OFFICIAL JOURNAL OF THE AMERICAN SOCIETY OF CLINICAL ONCOLOGY	23	肿瘤防治研究	4
9	CLINICAL PHARMACOLOGY THERAPEUTICS	21	实用药物与临床	4
10	ANNALS OF ONCOLOGY OFFICIAL JOURNAL OF THE EUROPEAN SOCIETY FOR MEDICAL ONCOLOGY	18	海峡药学	3

4. 文献发表国家及数量分布（表 4-9-16）

表4-9-16　文献发表前10位的国家

序号	国家	记录数	序号	国家	记录数
1	美国	787	6	加拿大	106
2	日本	266	7	英国	85
3	中国	172	8	印度	75
4	德国	155	9	瑞士	75
5	意大利	132	10	西班牙	73

5. 文献发表的作者及其所在机构、数量及排序（表 4-9-17）

表4-9-17　发表文章数量前10位的作者

序号	WOS 数据库		CNKI 数据库	
	作者及其所在机构	记录数	作者及其所在机构	记录数
1	Jordan K, Klin Hamatol Onkol & Palliat Med	44	崔慧娟，咸阳职业技术学院	4
2	Navari Rm, World Health Organization	38	李薇，吉林大学第一医院	4
3	Herrstedt J, Zealand Univ Hosp	33	王普，浙江工业大学	4
4	Hesketh Pj, Lahey Hospital & Medical Center	33	彭艳梅，北京中医药大学房山医院	4
5	Carides Ad, Temple University	31	金高娃，鄂尔多斯市中心医院	4
6	Douglas Sd, University of Pennsylvania	30	李全福，鄂尔多斯市中心医院	4
7	Aapro M, Genolier Canc Ctr	29	乌云高娃，内蒙古自治区人民医院	4
8	Zhang L, Capital Medical University	29	陈凤，鄂尔多斯市中心医院	4

续表

序号	WOS 数据库		CNKI 数据库	
	作者及其所在机构	记录数	作者及其所在机构	记录数
9	Muñoz M, Inst Biomed IBIS Seville	27	姜彩虹, 鄂尔多斯市中心医院	4
10	Coveñas R, University of Salamanca	24	王文娟, 鄂尔多斯市中心医院	4

6. 阿瑞匹坦相关论文的研究方向（表 4–9–18）

表4–9–18　阿瑞匹坦研究排名前10位的研究方向

序号	WOS 数据库		CNKI 数据库	
	研究方向	记录数	研究方向	记录数
1	Pharmacology Pharmacy	1703	阿瑞匹坦	134
2	Oncology	1103	恶心呕吐	53
3	Gastroenterology Hepatology	966	阿瑞吡坦	28
4	Biochemistry Molecular Biology	556	临床观察	22
5	Toxicology	532	化疗所致恶心呕吐	19
6	Chemistry	387	地塞米松	19
7	Geriatrics Gerontology	348	顺铂化疗	16
8	Health Care Sciences Services	313	临床研究	12
9	Neurosciences Neurology	265	托烷司琼	12
10	Immunology	206	奥氮平	11

（四）大麻隆文献计量学与研究热点分析

1. 大麻隆文献计量学的检索策略（表 4–9–19）

表4–9–19　大麻隆文献计量学的检索策略

类别	检索策略	
数据来源	Web of Science 核心合集数据库	CNKI 数据库
引文索引	SCI–Expanded	主题检索
主题词	Cesamet	大麻隆
文献类型	Article	研究论文
语种	英文	中文
检索时段	2000 年 ~2021 年	2000 年 ~2022 年
检索结果	共 28 篇文献	共 6 篇文献

2. 文献发表时间及数量分布（图 4-9-4）

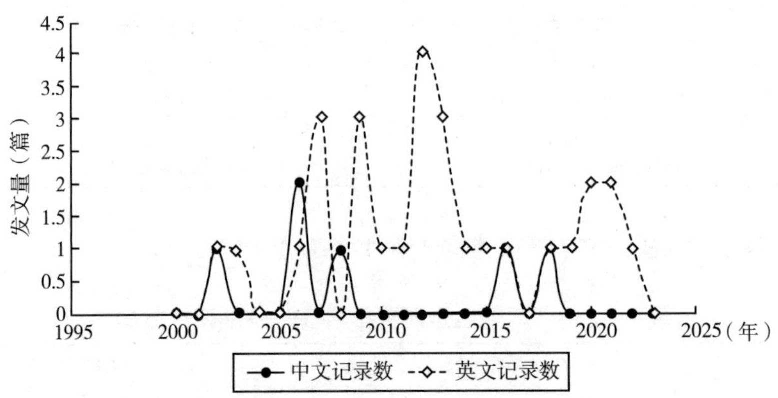

图 4-9-4　大麻隆文献发表时间及数量分布

3. 文献发表杂志（表 4-9-20）

表4-9-20　大麻隆发文量前10位的期刊

序号	WOS 数据库		CNKI 数据库	
	英文来源出版物	记录数	中文来源出版物	记录数
1	BRITISH JOURNAL OF PHARMACOLOGY	3	世界临床药物	1
2	MEDICAL LETTER ON DRUGS AND THERAPEUTICS	2	阿尔茨海默病及相关病	1
3	THE MEDICAL LETTER ON DRUGS AND THERAPEUTICS	2	药学进展	1
4	ANNALS OF PHARMACOTHERAPY	1	Journal of Integrative Medicine	1
5	ANNUAL REVIEW OF PHARMACOLOGY AND TOXICOLOGY	1	中国疼痛医学杂志	1
6	ANNUAL REVIEW OF PHARMACOLOGY AND TOXICOLOGY	1	现代医院	1
7	AUSTRALIAN AND NEW ZEALAND JOURNAL OF PSYCHIATRY	1		
8	CANNABIS AND CANNABINOID RESEARCH	1		
9	CNS DRUGS	1		
10	CNS NEUROSCIENCE THERAPEUTICS	1		

4. 文献发表国家及数量分布（表 4-9-21）

表4-9-21　文献发表前10位的国家

序号	国家	记录数	序号	国家	记录数
1	美国	6	6	阿根廷	1
2	加拿大	4	7	巴西	1

续表

序号	国家	记录数	序号	国家	记录数
3	苏格兰	4	8	德国	1
4	英国	4	9	以色列	1
5	意大利	2	10	荷兰	1

5. 文献发表的作者及其所在机构、数量及排序（表 4-9-22）

表4-9-22　发表文章数量前10位的作者

序号	WOS 数据库		CNKI 数据库	
	作者及其所在机构	记录数	作者及其所在机构	记录数
1	Pertwee Rg, University of Aberdeen	4	刘建平, 北京中医药大学	1
2	Castaldelli-maia J, FMABC Univ Ctr	1	纪勇, 首都医科大学附属北京天坛医院	1
3	Burstein S H, University of Massachusetts System	1	刘萍, 武警重庆总队医院	1
4	Cooper Z D, Univ Calif Los Angeles	1	边强, 重庆市华邦制药股份有限公司	1
5	Alexander, SPH, University of Nottingham	1	张晶, 上海中医药大学附属曙光医院	1
6	Bedi G, University of Melbourne	1		
7	Bifulco M, Univ Naples Federica Ⅱ	1		
8	Biksacky M, Intermountain Healthcare	1		
9	Comer SD, New York State Psychiatry Institute	1		
10	Adler-graschinsky E, University of Buenos Aires	1		

6. 大麻隆相关论文的研究方向（表 4-9-23）

表4-9-23　大麻隆研究排名前10位的研究方向

序号	WOS 数据库		CNKI 数据库	
	研究方向	记录数	研究方向	记录数
1	Pharmacology Pharmacy	23	神经病理性疼痛	1
2	Neurosciences Neurology	15	临床治疗	1
3	Toxicology	13	内源性大麻素系统	1
4	Biochemistry Molecular Biology	12	丙戊酸半钠	1
5	Pathology	6	可待因	1

续表

序号	WOS 数据库		CNKI 数据库	
	研究方向	记录数	研究方向	记录数
6	Psychiatry	5	大麻隆	1
7	Science Technology Other Topics	5	非专利药	1
8	Behavioral Sciences	4	大麻素	1
9	Gastroenterology Hepatology	4	大麻素类药物	1
10	Oncology	4	阿尔茨海默病	1

（五）茶碱文献计量学与研究热点分析

1. 茶碱文献计量学的检索策略（表 4-9-24）

表4-9-24　茶碱文献计量学的检索策略

类别	检索策略	
数据来源	Web of Science 核心合集数据库	CNKI 数据库
引文索引	SCI-Expanded	主题检索
主题词	Theodur	茶碱
文献类型	Article	研究论文
语种	英文	中文
检索时段	2000 年 ~2021 年	2000 年 ~2022 年
检索结果	共 8 篇文献	共 4731 篇文献

2. 文献发表时间及数量分布（图 4-9-5）

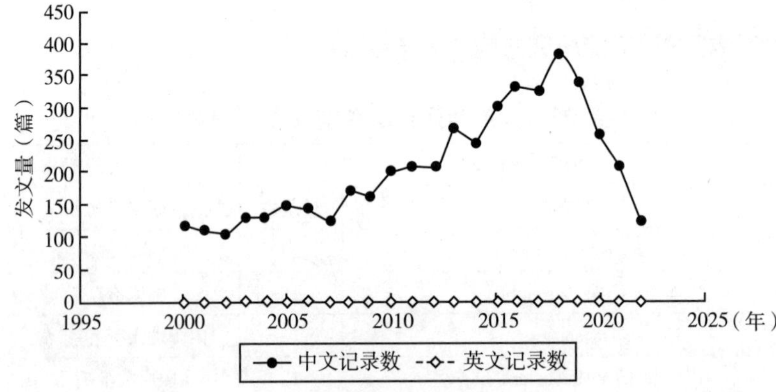

图 4-9-5　茶碱文献发表时间及数量分布

3. 文献发表杂志（表 4-9-25）

表4-9-25　茶碱发文量前10位的期刊

序号	WOS 数据库		CNKI 数据库	
	英文来源出版物	记录数	中文来源出版物	记录数
1	BIOMEDICAL CHROMATOGRAPHY	1	世界最新医学信息文摘	117
2	JOURNAL OF PHARMACY AND PHARMACOLOGY	1	临床医药文献电子杂志	113
3	JOURNAL OF PHARMACY PHARMACEUTICAL SCIENCES A PUBLICATION OF THE CANADIAN SOCIETY FOR PHARMACEUTICAL SCIENCES SOCIETE CANADIENNE DES SCIENCES PHARMACEUTIQUES	1	临床合理用药杂志	101
4	RESPIRATORY MEDICINE	1	中国医药指南	100
5	RESPIROLOGY	1	中国现代药物应用	78
6	RESPIROLOGY CARLTON VIC	1	中国实用药学	78
7	THE JOURNAL OF PHARMACY AND PHARMACOLOGY	1	海峡药学	66
8	/		中国社区医师	66
9	/		当代医学论丛	58
10	/		中国医院药学杂志	51

4. 文献发表国家及数量分布（表 4-9-26）

表4-9-26　文献发表前5位的国家

序号	国家	记录数	序号	国家	记录数
1	日本	5	4	西班牙	1
2	荷兰	1	5	美国	1
3	中国	1			

5. 文献发表的作者及其所在机构、数量及排序（表 4-9-27）

表4-9-27　发表文章数量前10位的作者

序号	WOS 数据库		CNKI 数据库	
	作者及其所在机构	记录数	作者及其所在机构	记录数
1	Betsuyaku T，Keio University	1	谈恒山，南京军区南京总医院	14
2	Chohnabayashi N，St. Luke's International Hospital	1	芮建中，东部战区总医院	12
3	Doi H，Kyoto University	1	杨炯，武汉大学中南医院	12

续表

序号	WOS 数据库		CNKI 数据库	
	作者及其所在机构	记录数	作者及其所在机构	记录数
4	Fukuchi Y, Grad Sch Med	1	居文政, 南京中医药大学附属医院（江苏省中医院）	11
5	Gascon A R, University of Basque Country	1	李金恒, 南京军区南京总医院	11
6	Grouse L, University of Washington	1	梁红云, 镇江市第二人民医院	11
7	Gascón Ar, University of Basque Country	1	林江涛, 中日友好医院	8
8	Hernández Rm, Biomed Res Networking Ctr Bioengn Biomat & Nanomed	1	阙全程, 郑州大学附属第一医院	8
9	Hernandez RM, Inst Hlth Carlos Ⅲ	1	郭红 佳木斯大学附属医院	8
10	Hosokawa T, Iwate Medical University	1	蔡映云 复旦大学附属中山医院	7

6. 茶碱相关论文的研究方向（表 4-9-28）

表4-9-28 茶碱研究排名前10位的研究方向

序号	WOS 数据库		CNKI 数据库	
	研究方向	记录数	研究方向	记录数
1	Pharmacology Pharmacy	7	多索茶碱	1497
2	Biochemistry Molecular Biology	4	支气管哮喘	763
3	Respiratory System	3	氨茶碱	527
4	Toxicology	3	慢性阻塞性肺疾病	471
5	Allergy	2	肺功能	213
6	Cardiovascular System Cardiology	2	临床观察	158
7	Chemistry	2	布地奈德	143
8	Geriatrics Gerontology	2	茶碱缓释片	132
9	Polymer Science	2	噻托溴铵粉	110
10	Anatomy Morphology	1	慢阻肺	109

（六）丹曲林钠文献计量学与研究热点分析

1. 丹曲林钠文献计量学的检索策略（表 4-9-29）

表4-9-29　丹曲林钠文献计量学的检索策略

类别	检索策略	
数据来源	Web of Science 核心合集数据库	CNKI 数据库
引文索引	SCI-Expanded	主题检索
主题词	Ryanodex	丹曲林钠
文献类型	Article	研究论文
语种	英文	中文
检索时段	2000 年 ~2021 年	2000 年 ~2022 年
检索结果	共 9 篇文献	共 25 篇文献

2. 文献发表时间及数量分布（图 4-9-6）

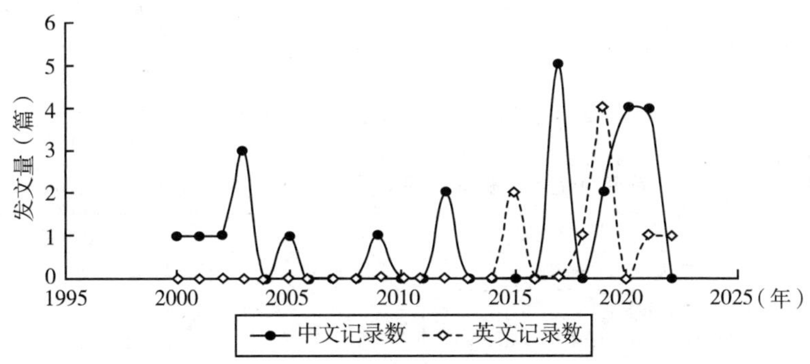

图 4-9-6　丹纳曲林文献发表时间及数量分布

3. 文献发表杂志（表 4-9-30）

表4-9-30　丹曲林钠发文量前10位的期刊/学位论文

序号	WOS 数据库		CNKI 数据库	
	英文来源出版物	记录数	中文来源出版物	记录数
1	ANESTHESIA AND ANALGESIA	2	药学进展	2
2	ANAESTHESIST	1	麻醉安全与质控	2
3	ANASTHESIOLOGIE INTENSIVMEDIZIN NOTFALLMEDIZIN SCHMERZTHERAPIE	1	中国临床药理学杂志	2
4	ANASTHESIOLOGIE INTENSIVMEDIZIN NOTFALLMEDIZIN SCHMERZTHERAPIE AINS	1	药物分析杂志	1
5	DER ANAESTHESIST	1	河南大学学报（医学版）	1

续表

序号	WOS 数据库		CNKI 数据库	
	英文来源出版物	记录数	中文来源出版物	记录数
6	MEDICAL LETTER ON DRUGS AND THERAPEUTICS	1	临床麻醉学杂志	1
7	PROCEEDINGS OF THE NATIONAL ACADEMY OF SCIENCES OF THE UNITED STATES OF AMERICA	1	海峡药学	1
8	THE MEDICAL LETTER ON DRUGS AND THERAPEUTICS	1	福建医科大学	1
9	/		南方医科大学	1
10	/		中华物理医学与康复杂志	1

4. 文献发表国家及数量分布（表 4-9-31）

表4-9-31　文献发表前4位的国家

序号	国家	记录数	序号	国家	记录数
1	美国	4	3	以色列	1
2	德国	2	4	美国	1

5. 文献发表的作者及其所在机构、数量及排序（表 4-9-32）

表4-9-32　发表文章数量前10位的作者

序号	WOS 数据库		CNKI 数据库	
	作者及其所在机构	记录数	作者及其所在机构	记录数
1	Gallegos W，Rosalind Franklin University of Medicine & Science	16	郭向阳，北京大学第三医院	3
2	Belani K，University of Minnesota Twin Cities	1	陈光忠，广东省人民医院	2
3	Gilman-sachs A，Rosalind Franklin University of Medicine & Science	12	高军宪，西安市第九医院	2
4	Hepner A，University of Sydney	10	高振宏，济南市药物研究所	2
5	Brock-utne J，Stanford University	10	林海鹏，福建医科大学附属第二医院	2
6	Brodsky JB，Stanford University	10	涂增清，广东省丽珠医药集团股份有限公司	1
7	Johannsen S，Tierarztpraxis Horrem	10	梁海云，海口市第四人民医院	1
8	Gayer S，University of Florida	10	郭伟，解放军总医院第一医学中心	1

续表

序号	WOS 数据库		CNKI 数据库	
	作者及其所在机构	记录数	作者及其所在机构	记录数
9	Joshi Girish P, UTMD Anderson Cancer Center	9	黄梓为, 广东省医疗器械质量监督检验所	1
10	Marr R A, Rosalind Franklin University of Medicine & Science	9	袁红斌, 海军军医大学第二附属医院	1

6. 丹曲林钠相关论文的研究方向（表 4-9-33）

表4-9-33　丹曲林钠研究排名前10位的研究方向

序号	WOS 数据库		CNKI 数据库	
	研究方向	记录数	研究方向	记录数
1	Pathology	6	丹曲林钠	10
2	Anesthesiology	4	恶性高热	7
3	Pharmacology Pharmacy	4	溶栓治疗	2
4	Critical Care Medicine	3	丹曲林	2
5	Research Experimental Medicine	3	缺血再灌注	2
6	Biochemistry Molecular Biology	2	高温诱导	2
7	Neurosciences Neurology	2	细菌内毒素	2
8	Surgery	2	神经元	2
9	Cell Biology	1	专家共识	2
10	Chemistry	1	保护作用	2

（七）0.09% 环孢素 A 纳米胶束制剂文献计量学与研究热点分析

1. 0.09% 环孢素 A 纳米胶束制剂文献计量学的检索策略（表 4-9-34）

表4-9-34　0.09%环孢素A纳米胶束制剂文献计量学的检索策略

类别	检索策略		
数据来源	Web of Science 核心合集数据库		CNKI 数据库
引文索引	SCI-Expanded		主题检索
主题词	Cequa		0.09% 环孢素 A 纳米胶束
文献类型	Article		研究论文
语种	英文		中文
检索时段	2000 年 ~2022 年		2000 年 ~2022 年
检索结果	共 11 篇文献		共 0 篇文献

2. 文献发表时间及数量分布（图 4-9-7）

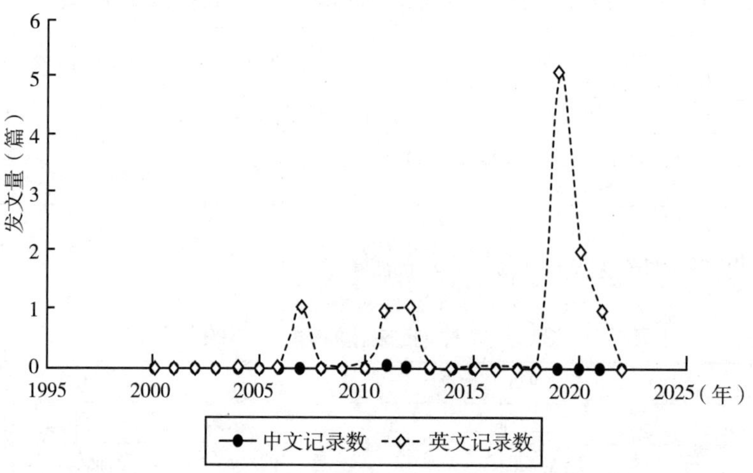

图 4-9-7　0.09% 环孢素 A 纳米胶束制剂文献发表时间及数量分布

3. 文献发表杂志（表 4-9-35）

表4-9-35　0.09%环孢素A纳米胶束制剂发文量前10位的期刊

序号	WOS 数据库		序号	WOS 数据库	
	英文来源出版物	记录数		英文来源出版物	记录数
1	MEDICAL LETTER ON DRUGS AND THERAPEUTICS	3	6	EYE CONTACT LENS	1
2	THE MEDICAL LETTER ON DRUGS AND THERAPEUTICS	3	7	EYE CONTACT LENS SCIENCE AND CLINICAL PRACTICE	1
3	ANALES DEL INSTITUTO DE LA PATAGONIA	2	8	INVESTIGATIVE OPHTHALMOLOGY VISUAL SCIENCE	1
4	CARBOHYDRATE POLYMERS	1	9	IOVS	1
5	COCHRANE DATABASE OF SYSTEMATIC REVIEWS	1	10	PHARMACEUTICAL RESEARCH	1

4. 文献发表国家及数量分布（表 4-9-36）

表4-9-36　文献发表前3位的国家

序号	国家	记录数	序号	国家	记录数
1	美国	4	3	中国	1
2	智利	3			

5. 文献发表的作者及其所在机构、数量及排序（表 4-9-37）

表4-9-37 发表文章数量前10位的作者

序号	WOS 数据库	
	作者及其所在机构	记录数
1	Ogundele A，University of Missouri System	3
2	Malhotra RVirginia Eye Consultants	2
3	Darby C，Virginia Eye Consultants	2
4	Luchs JV irginia Eye Consultants	2
5	Malhotra R Virginia Eye Consultants	2
6	Akpek Ek，Johns Hopkins University	1
7	Araos Jose，Universidad Alberto Hurtado	1
8	Bacharach J，Florida Eye Microsurg Ins	1
9	Cao Feng，Fuzhou University	1
10	Cardenas Carlos，University of Alabama Birmingham	1

6. 0.09% 环孢素 A 纳米胶束制剂相关论文的研究方向（表 4-9-38）

表4-9-38 0.09%环孢素A纳米胶束制剂研究排名前10位的研究方向

序号	WOS 数据库		序号	WOS 数据库	
	研究方向	记录数		研究方向	记录数
1	Ophthalmology	8	6	Environmental Sciences Ecology	2
2	Pharmacology Pharmacy	8	7	Immunology	2
3	Biochemistry Molecular Biology	5	8	Infectious Diseases	2
4	Biodiversity Conservation	2	9	Information Science Library Science	2
5	Chemistry	2	10	Materials Science	2

（八）右旋硫酸右苯丙胺文献计量学与研究热点分析

1. 右旋硫酸右苯丙胺文献计量学的检索策略（表 4-9-39）

表4-9-39 右旋硫酸右苯丙胺文献计量学的检索策略

类别	检索策略	
数据来源	Web of Science 核心合集数据库	CNKI 数据库
引文索引	SCI-Expanded	主题检索
主题词	Dexedrine	右旋硫酸右苯丙胺
文献类型	Article	研究论文
语种	/	中文

续表

类别	检索策略	
检索时段	2000 年 ~2022 年	2000 年 ~2022 年
检索结果	共 71 篇文献	共 0 篇文献

2. 文献发表时间及数量分布（图 4–9–8）

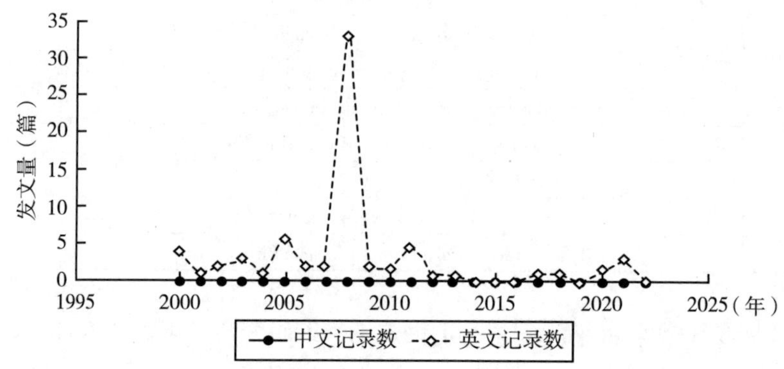

图 4–9–8　右旋硫酸右苯丙胺文献发表时间及数量分布

3. 文献发表杂志（表 4–9–40）

表4–9–40　右旋硫酸右苯丙胺发文量前10位的期刊

序号	WOS 数据库		序号	WOS 数据库	
	英文来源出版物	记录数		英文来源出版物	记录数
1	JOURNAL OF ANALYTICAL TOXICOLOGY	3	6	PEDIATRIC RESEARCH	2
2	PSYCHOPHARMACOLOGY	3	7	ADDICTION	1
3	ADDICTIVE BEHAVIORS	2	8	ADDICTION ABINGDON ENGLAND	1
4	AVIATION SPACE AND ENVIRONMENTAL MEDICINE	2	9	ADDICTION BIOLOGY	1
5	DRUG AND ALCOHOL DEPENDENCE	2	10	ASDC AMERICAN SOCIETY OF DENTISTRY FOR CHILDREN JOURNAL OF DENTISTRY FOR CHILDREN	1

4. 文献发表国家及数量分布（表 4–9–41）

表4–9–41　文献发表前7位的国家

序号	国家	记录数	序号	国家	记录数
1	美国	55	5	伊朗	1
2	加拿大	3	6	苏格兰	1

续表

序号	国家	记录数	序号	国家	记录数
3	英国	3	7	瑞士	1
4	以色列	1			

5. 文献发表的作者及其所在机构、数量及排序（表 4–9–42）

表4–9–42　发表文章数量前10位的作者

序号	WOS 数据库		序号	WOS 数据库	
	作者及其所在机构	记录数		作者及其所在机构	记录数
1	Rush Craig R，University of Kentucky	4	6	Mccabe Sean Esteban，University of Michigan System	2
2	Caldwell Ja，US Army Aeromedical Research Laboratory	3	7	Caldwell John A，Laulima Govt Solut	2
3	Glaser Paul E A，Washington University	3	8	Mcnealy K R，University of Nebraska Lincoln	2
4	Barrett Scott T，University of Nebraska System	2	9	Bevins Ra，University of Nebraska System	2
5	Mccabe Se，Harvard University	2	10	Inciardi James A，University of Delaware	2

6. 右旋硫酸右苯丙胺相关论文的研究方向（表 4–9–43）

表4–9–43　右旋硫酸右苯丙胺西罗莫司研究排名前10位的研究方向

序号	WOS 数据库		序号	WOS 数据库	
	研究方向	记录数		研究方向	记录数
1	Pharmacology Pharmacy	36	6	Toxicology	17
2	Neurosciences Neurology	25	7	Substance Abuse	15
3	Behavioral Sciences	23	8	Pediatrics	14
4	Psychiatry	20	9	Chemistry	8
5	Psychology	19	10	General Internal Medicine	7

（九）索马鲁肽文献计量学与研究热点分析

1. 索马鲁肽文献计量学的检索策略（表 4–9–44）

表4–9–44　索马鲁肽文献计量学的检索策略

类别	检索策略	
数据来源	Web of Science 核心合集数据库	CNKI 数据库
引文索引	SCI–Expanded	主题检索
主题词	Rybelsus	索马鲁肽

续表

类别	检索策略	
文献类型	Article	研究论文
语种	英文	中文
检索时段	2000 年 ~2022 年	2000 年 ~2022 年
检索结果	共 12 篇文献	共 49 篇文献

2. 文献发表时间及数量分布（图 4-9-9）

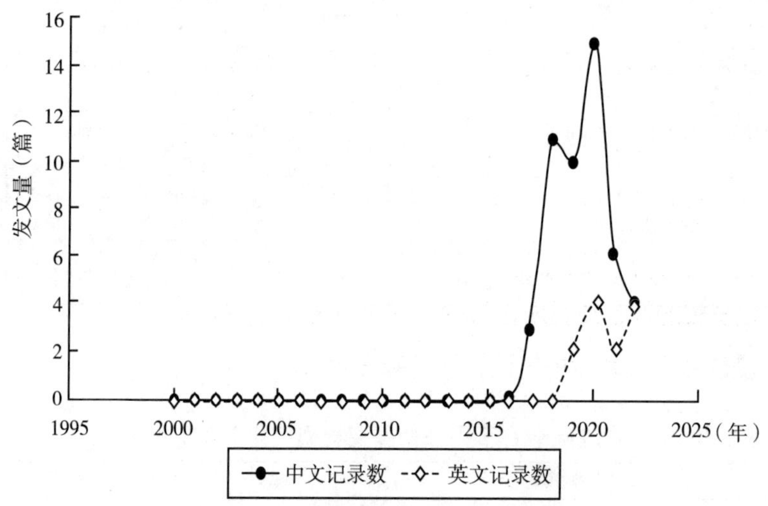

图 4-9-9　索马鲁肽文献发表时间及数量分布

3. 文献发表杂志（表 4-9-45）

表4-9-45　索马鲁肽发文量前10位的期刊

序号	WOS 数据库		CNKI 数据库	
	英文来源出版物	记录数	中文来源出版物	记录数
1	MEDICAL LETTER ON DRUGS AND THERAPEUTICS	3	中国药房	4
2	THE MEDICAL LETTER ON DRUGS AND THERAPEUTICS	3	山西医科大学	3
3	AMERICAN FAMILY PHYSICIAN	1	药学进展	2
4	AMERICAN JOURNAL OF NURSING	1	中国新药学与临床杂志	2
5	DRUG DELIVERY AND TRANSLATIONAL RESEARCH	1	国际医学与研究杂志	2
6	DRUGS	1	中国新药杂志	1

续表

序号	WOS 数据库		CNKI 数据库	
	英文来源出版物	记录数	中文来源出版物	记录数
7	DRUGS OF THE FUTURE	1	生物化工	1
8	JOURNAL OF DIABETES AND ITS COMPLICATIONS	1	中南药学	1
9	PHARMACEUTICALS	1	沈阳药科大学学报	1
10	PHARMACEUTICALS BASEL SWITZERLAND	1	药物生物技术	1

4. 文献发表国家及数量分布（表 4-9-46）

表4-9-46　文献发表前6位的国家

序号	国家	记录数	序号	国家	记录数
1	美国	1	4	丹麦	1
2	韩国	1	5	英国	1
3	加拿大	1	6	埃斯帕纳	1

5. 文献发表的作者及其所在机构、数量及排序（表 4-9-47）

表4-9-47　发表文章数量前10位的作者

序号	WOS 数据库		CNKI 数据库	
	作者及其所在机构	记录数	作者及其所在机构	记录数
1	Anderson Sl, University of Colorado System	1	张春燕，西南医科大学附属医院	2
2	Beutel T R, University of Colorado System	1	胡滨，上海市第四人民医院	2
3	An Jm, Hanyang University	1	秦元，西南医科大学附属医院	2
4	Andersen Andreas, University of Copenhagen	1	胡滨，上海市第四人民医院	2
5	Aparicio-hernandez R, Hospital Central de la Defensa Gómez Ulla, España	1	胡锦华，上海市第四人民医院	2
6	Aschenbrenner Ds, Notre Dame Maryland Univ	1	曹康平，西南民族大学	1
7	Ashchi Andrea, East Coast Inst Res	1	王芳，扬子江药业集团北京海燕药业有限公司	1
8	Bazil Cw, Columbia University	1	孙韬华，青岛市食品药品检验研究院	1

续表

序号	WOS 数据库		CNKI 数据库	
	作者及其所在机构	记录数	作者及其所在机构	记录数
9	Choksi Rushab, East Coast Inst Res	1	刘福军, 安徽医科大学第一附属医院	1
10	Crouse El, Virginia Commonwealth Univ	1	董艳, 天津医科大学朱宪彝纪念医院	1

6. 索马鲁肽相关论文的研究方向（表 4-9-48）

表4-9-48　索马鲁肽研究排名前10位的研究方向

序号	WOS 数据库		CNKI 数据库	
	研究方向	记录数	研究方向	记录数
1	Pharmacology Pharmacy	12	索马鲁肽	23
2	Endocrinology Metabolism	10	受体激动剂	9
3	Biochemistry Molecular Biology	3	2 型糖尿病	9
4	Cardiovascular System Cardiology	3	GLP-1	8
5	Pathology	3	系统评价	5
6	Toxicology	3	糖尿病	5
7	General Internal Medicine	2	1 型糖尿病	4
8	Health Care Sciences Services	2	降糖药物	4
9	Psychiatry	2	类似物	3
10	Cell Biology	1	胰高血糖素样肽 -1 受体激动剂	3

（十）腺苷脱氨酶文献计量学与研究热点分析

1. 腺苷脱氨酶文献计量学的检索策略（表 4-9-49）

表4-9-49　腺苷脱氨酶文献计量学的检索策略

类别	检索策略	
数据来源	Web of Science 核心合集数据库	CNKI 数据库
引文索引	SCI-Expanded	主题检索
主题词	Adagen	腺苷脱氨酶
文献类型	Article	研究论文
语种	英文	中文
检索时段	2000 年 ~2022 年	2000 年 ~2022 年
检索结果	共 11 篇文献	共 1560 篇文献

2. 文献发表时间及数量分布（图 4-9-10）

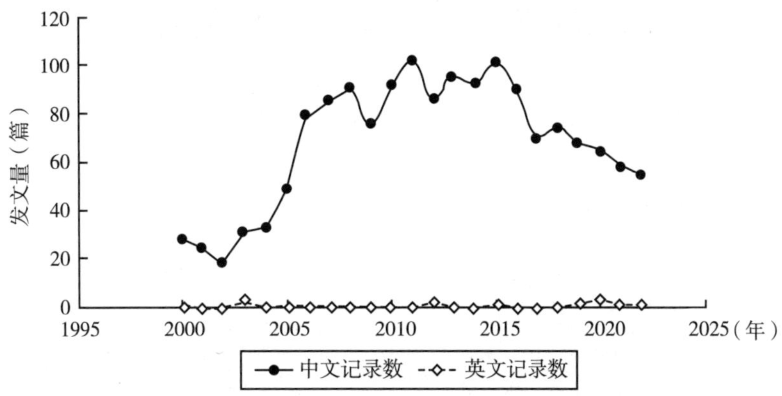

图 4-9-10　腺苷脱氢酶文献发表时间及数量分布

3. 文献发表杂志（表 4-9-50）

表4-9-50　腺苷脱氢酶发文量前10位的期刊

序号	WOS 数据库		CNKI 数据库	
	英文来源出版物	记录数	中文来源出版物	记录数
1	ARCHIVES OF PHARMACAL RESEARCH	1	检验医学与临床	45
2	BRITISH JOURNAL OF PHARMACOLOGY	1	国际检验医学杂志	40
3	CLINICAL AND EXPERIMENTAL IMMUNOLOGY	1	临床肺科杂志	33
4	CURRENT OPINION IN BIOTECHNOLOGY	1	中国实用医药	24
5	INTERNATIONAL JOURNAL OF PHARMACEUTICS	1	实验与检验医学	22
6	JOURNAL OF CLINICAL IMMUNOLOGY	1	中国医药指南	22
7	JOURNAL OF CONTROLLED RELEASE	1	中国卫生检验杂志	19
8	JOURNAL OF IMMUNOLOGY	1	中国实验诊断学	19
9	TRENDS IN PHARMACOLOGICAL SCIENCES	1	山东医药	18
10	YAKUGAKU ZASSHI	1	吉林大学	15

4. 文献发表的作者及其所在机构、数量及排序（表 4-9-51）

表4-9-51　发表文章数量前10位的作者

序号	WOS 数据库		CNKI 数据库	
	作者及其所在机构	记录数	作者及其所在机构	记录数
1	Bardoliwala D, Maharaja Sayajirao University Baroda	1	洪敏， 吉林大学	16
2	Blackburn Michael R, UTHlth Pulm Ctr Excellence	1	张惠中， 空军军医大学第二附属医院	10

续表

序号	WOS 数据库		CNKI 数据库	
	作者及其所在机构	记录数	作者及其所在机构	记录数
3	Ellis Km, Monash University	1	郜赵伟, 空军军医大学第二附属医院	10
4	Fozard Jr, Imperial College London	1	薛承岩, 承德医学院	7
5	Ghosh S, Maharaja Sayajirao Univ Baroda	1	孙聪, 长春中医药大学	7
6	Gonzalez M, Universidad de Chile	1	叶迎宾, 邯郸市传染病医院	7
7	Grau R J A, National University of the Littoral	1	董轲, 空军军医大学第二附属医院	7
8	Grunebaum E, Hospital for Sick Children（SickKids）	1	黄秀香, 邯郸市传染病医院	6
9	Gyu Kim Myeong, Kwangwoon University	1	李方知, 广州市胸科医院	6
10	Han Young-min, Seoul National University Hospital	1	杨小兵, 广西胸科医院	6

5. 腺苷脱氢酶相关论文的研究方向（表 4-9-52）

表4-9-52　腺苷脱氢酶研究排名前10位的研究方向

序号	WOS 数据库		CNKI 数据库	
	研究方向	记录数	研究方向	记录数
1	Pharmacology Pharmacy	10	腺苷脱氨酶	631
2	Biochemistry Molecular Biology	9	ADA	356
3	Immunology	8	胸腔积液	293
4	Genetics Heredity	6	结核性胸膜炎	204
5	Toxicology	6	联合检测	202
6	Endocrinology Metabolism	5	鉴别诊断	141
7	Hematology	4	临床意义	129
8	Pediatrics	4	结核性脑膜炎	103
9	Science Technology Other Topics	4	结核性	86
10	Chemistry	2	CEA	78

（十一）Movantik 文献计量学与研究热点分析

1.Movantik 文献计量学的检索策略（表 4-9-53）

表4-9-53 Movantik文献计量学的检索策略

类别	检索策略	
数据来源	Web of Science 核心合集数据库	CNKI 数据库
引文索引	SCI-Expanded	主题检索
主题词	Movantik	纳洛昔醇
文献类型	Article	研究论文
语种	英文	中文
检索时段	2000 年 ~2022 年	2000 年 ~2022 年
检索结果	共 13 篇文献	共 0 篇文献

2. 文献发表时间及数量分布（图 4-9-11）

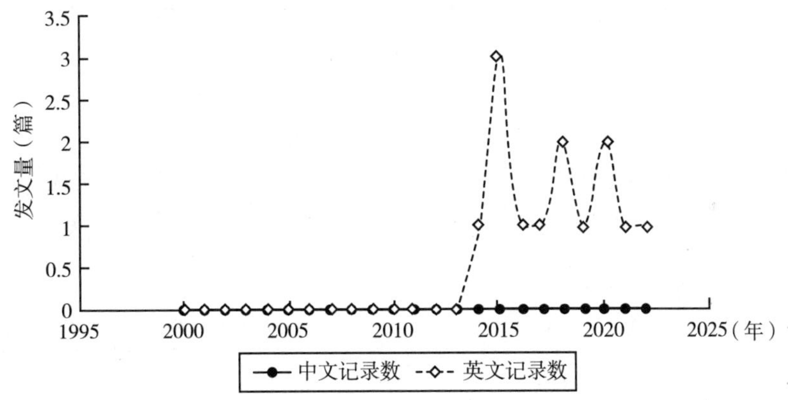

图 4-9-11 Movantik 文献发表时间及数量分布

3. 文献发表杂志（表 4-9-54）

表4-9-54 Movantik发文量前10位的期刊

序号	WOS 数据库		序号	WOS 数据库	
	英文来源出版物	记录数		英文来源出版物	记录数
1	MEDICAL LETTER ON DRUGS AND THERAPEUTICS	2	6	EXPERT OPINION ON PHARMACOTHERAPY	1
2	CANCERS	1	7	JAMA JOURNAL OF THE AMERICAN MEDICAL ASSOCIATION	1
3	CLINICAL BIOCHEMISTRY	1	8	JOURNAL OF ANALYTICAL TOXICOLOGY	1

续表

序号	WOS 数据库		序号	WOS 数据库	
	英文来源出版物	记录数		英文来源出版物	记录数
4	CURRENT OPINION IN COLLOID INTERFACE SCIENCE	1	9	JOURNAL OF CONTROLLED RELEASE	1
5	DRUGS	1	10	ORGANIC PROCESS RESEARCH DEVELOPMENT	1

4. 文献发表国家及数量分布（表 4–9–55）

表4–9–55　文献发表前10位的国家

序号	国家	记录数	序号	国家	记录数
1	美国	4	6	伊朗	1
2	英国	2	7	爱尔兰	1
3	比利时	1	8	意大利	1
4	法国	1	9	新西兰	1
5	希腊	1	10	中国	1

5. 文献发表的作者及其所在机构、数量及排序（表 4–9–56）

表4–9–56　发表文章数量前10位的作者

序号	WOS 数据库		序号	WOS 数据库	
	作者及其所在机构	记录数		作者及其所在机构	记录数
1	Abdollahi M，Tehran University of Medical Sciences	1	6	Daniali Marzieh，Univ Tehran Med Sci	1
2	Alsaab S，Elite Med Lab Solut	1	7	Davies，Our Ladys Children Hospital Crumlin	1
3	Chen Kx，University of South China	1	8	Dupoiron Denis，Inst Cancerol Ouest	1
4	Countryman S，InSource Diagnost	1	9	Enhoffer D，Rutgers University System	1
5	Cummings Oneka T，InSource Diagnost	1	10	Cinieri Saverio，AIOM Fdn Italian Assoc Med Oncol	1

6.Movantik 相关论文的研究方向（表 4–9–57）

表4–9–57　Movantik研究排名前10位的研究方向

序号	WOS 数据库		序号	WOS 数据库	
	研究方向	记录数		研究方向	记录数
1	Pharmacology Pharmacy	8	6	Substance Abuse	3
2	Toxicology	8	7	Biochemistry Molecular Biology	2

续表

序号	WOS 数据库		序号	WOS 数据库	
	研究方向	记录数		研究方向	记录数
3	Neurosciences Neurology	5	8	General Internal Medicine	2
4	Chemistry	4	9	Health Care Sciences Services	2
5	Gastroenterology Hepatology	4	10	Research Experimental Medicine	2

（十二）醋酸去氨加压素文献计量学与研究热点分析

1. 醋酸去氨加压素文献计量学的检索策略（表 4–9–58）

表4–9–58　醋酸去氨加压素文献计量学的检索策略

类别	检索策略	
数据来源	Web of Science 核心合集数据库	CNKI 数据库
引文索引	SCI–Expanded	主题检索
主题词	DDAVP	醋酸去氨加压素
文献类型	Article	研究论文
语种	英文	中文
检索时段	2000 年 ~2022 年	2000 年 ~2022 年
检索结果	共 1739 篇文献	共 149 篇文献

2. 文献发表时间及数量分布（图 4–9–12）

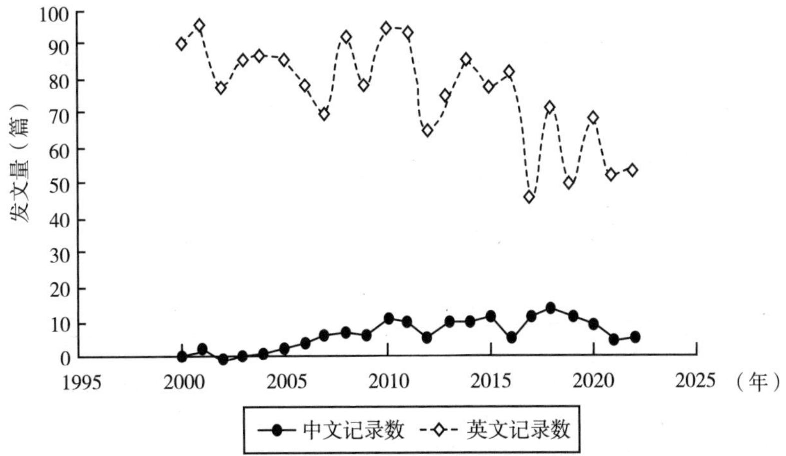

图 4–9–12　醋酸去氨加压素文献发表时间及数量分布图

3. 文献发表杂志（表 4-9-59）

表4-9-59　醋酸去氨加压素发文量前10位的期刊

序号	WOS 数据库		CNKI 数据库	
	英文来源出版物	记录数	中文来源出版物	记录数
1	BLOOD	187	中国循证儿科杂志	4
2	HAEMOPHILIA	105	医药导报	3
3	FASEB JOURNAL	97	中医临床研究	3
4	HAEMOPHILIA THE OFFICIAL JOURNAL OF THE WORLD FEDERATION OF HEMOPHILIA	85	中国现代药物应用	3
5	AMERICAN JOURNAL OF PHYSIOLOGY RENAL PHYSIOLOGY	72	临床合理用药杂志	3
6	JOURNAL OF THROMBOSIS AND HAEMOSTASIS	48	中国现代医学杂志	3
7	SEMINARS IN THROMBOSIS AND HEMOSTASIS	30	当代医药论丛	2
8	JOURNAL OF THE AMERICAN SOCIETY OF NEPHROLOGY	26	临床儿科杂志	2
9	BRITISH JOURNAL OF HAEMATOLOGY	24	中国医院用药评价与分析	2
10	THROMBOSIS AND HAEMOSTASIS	24	中国妇幼保健	2

4. 文献发表国家及数量分布（表 4-9-60）

表4-9-60　文献发表前10位的国家

序号	国家	记录数	序号	国家	记录数
1	美国	593	6	英国	103
2	意大利	179	7	荷兰	97
3	德国	145	8	丹麦	88
4	日本	114	9	法国	76
5	加拿大	105	10	比利时	50

5. 文献发表的作者及其所在机构、数量及排序（表 4-9-61）

表4-9-61　发表文章数量前10位的作者

序号	WOS 数据库		CNKI 数据库	
	作者及其所在机构	记录数	作者及其所在机构	记录数
1	Knepper Ma, NIH National Heart Lung & Blood Institute	46	阮时宝，福建中医药大学	4
2	Mannucci Pm, IRCCS Ca Granda Ospedale Maggiore Policlinico	37	苑述刚，福建中医药大学	4
3	Federici Ab, University of Milan	34	高尤亮，宁波市临床病理诊断中心	4

续表

序号	WOS 数据库		CNKI 数据库	
	作者及其所在机构	记录数	作者及其所在机构	记录数
4	Fenton Ra, Aarhus University	30	王敏娟, 福建中医药大学	4
5	Alonso Df, Consejo Nacl Invest Cient & Tecn Conicet	27	徐虹, 复旦大学附属儿科医院	3
6	Fenton Robert A, Aarhus University	26	毕允力, 复旦大学附属儿科医院	3
7	Kwon Tae-hwan, Kyungpook National University	26	曹琦, 复旦大学附属儿科医院	3
8	Castaman G, Azienda Ospedaliero Universitaria Careggi	25	马少丹, 福建中医药大学	3
9	Kwon Th, Kyungpook National University	25	韩红蕾, 中日友好医院	3
10	Ragni Mv, Hemophilia Ctr Western	24	汪庆铃, 上海健康医学院	3

6. 醋酸去氨加压素相关论文的研究方向（表 4-9-62）

表4-9-62　醋酸去氨加压素研究排名前10位的研究方向

序号	WOS 数据库		CNKI 数据库	
	研究方向	记录数	研究方向	记录数
1	Pharmacology Pharmacy	1002	醋酸去氨加压素	79
2	Endocrinology Metabolism	977	去氨加压素	12
3	Hematology	840	遗尿症	11
4	Biochemistry Molecular Biology	766	腹迷路积水	10
5	Genetics Heredity	690	临床分析	8
6	Urology Nephrology	588	临床研究	8
7	Cardiovascular System Cardiology	468	醋酸去氨加压素注射液	7
8	Pediatrics	366	尿崩症	7
9	Cell Biology	290	食管胃底静脉曲张破裂出血	7
10	Neurosciences Neurology	289	小儿原发性遗尿症	6

（十三）Arezza 文献计量学与研究热点分析

1.Afrezza 文献计量学的检索策略（表 4-9-63）

表4-9-63　Afrezza文献计量学的检索策略

类别	检索策略	
数据来源	Web of Science 核心合集数据库	CNKI 数据库
引文索引	SCI-Expanded	主题检索

续表

类别	检索策略	
主题词	Afrezza	Afrezza
文献类型	Article	研究论文
语种	English	中文
检索时段	2000 年 ~2022 年	2000 年 ~2022 年
检索结果	共 44 篇文献	共 0 篇文献

2. 文献发表时间及数量分布（图 4-9-13）

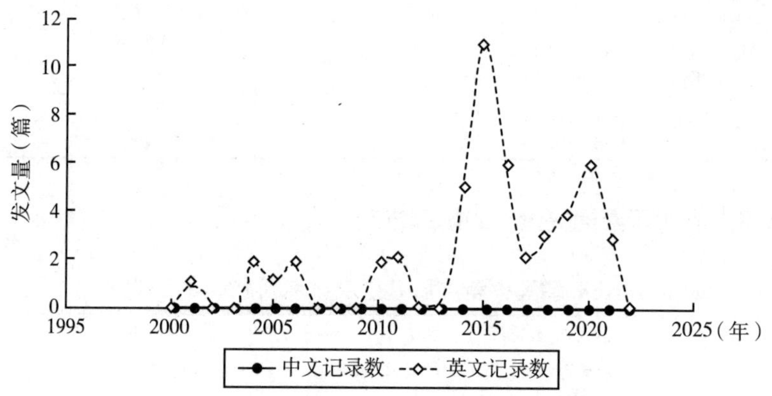

图 4-9-13　Afrezza 文献发表时间及数量分布

3. 文献发表杂志（表 4-9-64）

表4-9-64　Afrezza发文量前10位的期刊

序号	WOS 数据库	
	英文来源出版物	记录数
1	DIABETES TECHNOLOGY THERAPEUTICS	5
2	DIABETES	3
3	ANNALS OF PHARMACOTHERAPY	2
4	JAAPA JOURNAL OF THE AMERICAN ACADEMY OF PHYSICIAN ASSISTANTS	2
5	JAAPA OFFICIAL JOURNAL OF THE AMERICAN ACADEMY OF PHYSICIAN ASSISTANTS	2
6	JOURNAL OF CONTROLLED RELEASE	2
7	JOURNAL OF CONTROLLED RELEASE OFFICIAL JOURNAL OF THE CONTROLLED RELEASE SOCIETY	2
8	MEDICAL LETTER ON DRUGS AND THERAPEUTICS	2
9	THE ANNALS OF PHARMACOTHERAPY	2
10	THE MEDICAL LETTER ON DRUGS AND THERAPEUTICS	2

4. 文献发表国家及数量分布（表 4-9-65）

表4-9-65　文献发表前10位的国家

序号	国家	记录数	序号	国家	记录数
1	美国	26	6	英国	2
2	德国	5	7	加拿大	1
3	意大利	5	8	印度	1
4	英国	3	9	爱尔兰	1
5	阿拉伯联合酋长国	2	10	荷兰	1

5. 文献发表的作者及其所在机构、数量及排序（表 4-9-66）

表4-9-66　发表文章数量前10位的作者

序号	WOS 数据库		序号	WOS 数据库	
	作者及其所在机构	记录数		作者及其所在机构	记录数
1	Breton M, Universite Paris Cite	2	6	Cobelli C, University of Padua	2
2	Bruce Simon R, /	2	7	Cohen N, JAEB Center For Health Research	2
3	Calhoun P, JAEB Center For Health Research	2	8	Dalla Man C, Dept Informat Engn	2
4	Campbell R Keith, Brown University	2	9	Edelman Steven V, University of California San Diego	2
5	Cengiz E, University of California San Francisco	2	10	Galderisi A, Yale University	2

6.Afrezza 相关论文的研究方向（表 4-9-67）

表4-9-67　Afrezza研究排名前8位的研究方向

序号	WOS 数据库		序号	WOS 数据库	
	研究方向	记录数		研究方向	记录数
1	Endocrinology Metabolism	38	5	Medical Laboratory Technology	9
2	Pharmacology Pharmacy	36	6	Respiratory System	8
3	Immunology	16	7	Biochemistry Molecular Biology	7
4	Toxicology	15	8	Gastroenterology Hepatology	6

（十四）贝拉西普文献计量学与研究热点分析

1. 贝拉西普文献计量学的检索策略（表 4-9-68）

表4-9-68　贝拉西普文献计量学的检索策略

类别	检索策略	
数据来源	Web of Science 核心合集数据库	CNKI 数据库
引文索引	SCI-Expanded	主题检索
主题词	Nulojix	贝拉西普
文献类型	Article	研究论文
语种	英文	中文
检索时段	2000 年 ~2022 年	2000 年 ~2022 年
检索结果	共 23 篇文献	共 7 篇文献

2. 文献发表时间及数量分布（图 4-9-14）

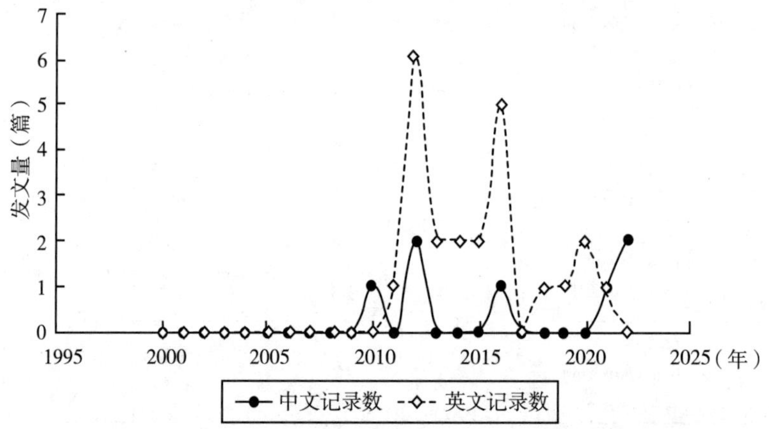

图 4-9-14　贝拉西普文献发表时间及数量分布

3. 文献发表杂志（表 4-9-69）

表4-9-69　贝拉西普发文量前10位的期刊/学位论文

序号	WOS 数据库		CNKI 数据库	
	英文来源出版物	记录数	中文来源出版物	记录数
1	AMERICAN JOURNAL OF TRANSPLANTATION	4	中华移植杂志（电子版）	2
2	TRANSPLANTATION	3	首都医科大学	1
3	HEALTH TECHNOLOGY ASSESSMENT	2	药品评价	1

续表

序号	WOS 数据库		CNKI 数据库	
	英文来源出版物	记录数	中文来源出版物	记录数
4	HEALTH TECHNOLOGY ASSESSMENT WINCHESTER ENGLAND	2	实用器官移植电子杂志	1
5	AMERICAN JOURNAL OF HEALTH SYSTEM PHARMACY	1	器官移植	1
6	AMERICAN JOURNAL OF HEALTH SYSTEM PHARMACY AJHP OFFICIAL JOURNAL OF THE AMERICAN SOCIETY OF HEALTH SYSTEM PHARMACISTS	1	中国新药杂志	1
7	AMERICAN JOURNAL OF TRANSPLANTATION OFFICIAL JOURNAL OF THE AMERICAN SOCIETY OF TRANSPLANTATION AND THE AMERICAN SOCIETY OF TRANSPLANT SURGEONS	1		
8	BIOANALYSIS	1		
9	CURRENT OPINION IN ORGAN TRANSPLANTATION	1		
10	DRUGS OF THE FUTURE	1		

4. 文献发表国家及数量分布（表 4-9-70）

表4-9-70　文献发表前10位的国家

序号	国家	记录数	序号	国家	记录数
1	美国	9	6	阿根廷	1
2	德国	5	7	荷兰	1
3	英国	3	8	挪威	1
4	法国	3	9	中国	1
5	奥地利	2	10	西班牙	1

5. 文献发表的作者及其所在机构、数量及排序（表 4-9-71）

表4-9-71　发表文章数量前10位的作者

序号	WOS 数据库		CNKI 数据库	
	作者及其所在机构	记录数	作者及其所在机构	记录数
1	Budde K，Charite Campus Mitte	3	崔向丽，北京市昌平区南口社区卫生服务中心	1
2	Gomez A，Bristol-Myers Squibb	3	张小东，首都医科大学附属北京朝阳医院	1
3	Harler M，Bristol-Myers Squibb	3	程颖，中国医科大学附属第一医院	1
4	Kou T，Bristol-Myers Squibb	3	孙启全，南京军区南京总医院	1

续表

序号	WOS 数据库		CNKI 数据库	
	作者及其所在机构	记录数	作者及其所在机构	记录数
5	Anderson R, University of Exeter	2	史卫忠, 首都医科大学附属北京天坛医院	1
6	Bond M, University of Exeter	2	高晨, 首都医科大学附属北京天坛医院	1
7	Coelho H, University of Exeter	2	孙旖旎, 中国医科大学附属第一医院	1
8	Cooper C, University of Bristol	2	杨晓勇, 首都医科大学附属北京朝阳医院	1
9	Crathorne L, University of Exeter	2	郭明星, 首都医科大学附属北京友谊医院	1
10	D ü rr M, Free University of Berlin	2	侯文婧, 首都医科大学附属北京友谊医院	1

6. 贝拉西普相关论文的研究方向（表 4-9-72）

表4-9-72　贝拉西普研究排名前10位的研究方向

序号	WOS 数据库		CNKI 数据库	
	研究方向	记录数	研究方向	记录数
1	Surgery	19	贝拉西普	3
2	Transplantation	19	肾移植	2
3	Immunology	17	肾移植术后	1
4	Pharmacology Pharmacy	16	欧洲器官移植年会	1
5	Urology Nephrology	12	数据库	1
6	Biochemistry Molecular Biology	8	FDA	1
7	Hematology	6	CD80/86 共刺激因子阻断剂	1
8	Research Experimental Medicine	5	调节性 T 细胞	1
9	Health Care Sciences Services	4	不良事件报告	1
10	Business Economics	3	排斥反应	1

（十五）希敏佳文献计量学与研究热点分析

1. 希敏佳文献计量学的检索策略（表 4-9-73）

表4-9-73　希敏佳文献计量学的检索策略

类别	检索策略	
数据来源	Web of Science 核心合集数据库	CNKI 数据库
引文索引	SCI-Expanded	主题检索

续表

类别	检索策略	
主题词	Certolizumab pegol	希敏佳
文献类型	Article	研究论文
语种	English	中文
检索时段	2000 年 ~2022 年	2000 年 ~2022 年
检索结果	共 2743 篇文献	共 0 篇文献

2. 文献发表时间及数量分布（图 4-9-15）

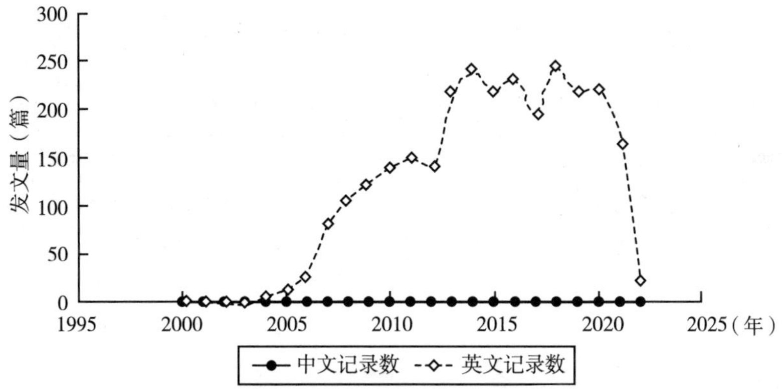

图 4-9-15　希敏佳文献发表时间及数量分布

3. 文献发表杂志（表 4-9-74）

表4-9-74　希敏佳发文量前10位的期刊

序号	WOS 数据库	
	英文来源出版物	记录数
1	ANNALS OF THE RHEUMATIC DISEASES	370
2	GASTROENTEROLOGY	177
3	ARTHRITIS RHEUMATOLOGY	162
4	AMERICAN JOURNAL OF GASTROENTEROLOGY	142
5	INFLAMMATORY BOWEL DISEASES	124
6	RHEUMATOLOGY	88
7	VALUE IN HEALTH	73
8	ARTHRITIS AND RHEUMATISM	62
9	ARTHRITIS RHEUMATISM	62
10	JOURNAL OF RHEUMATOLOGY	62

4. 文献发表国家及数量分布（表 4-9-75）

表4-9-75　文献发表前10位的国家

序号	国家	记录数	序号	国家	记录数
1	美国	1158	6	荷兰	325
2	英国	487	7	法国	299
3	比利时	476	8	意大利	228
4	德国	467	9	西班牙	138
5	加拿大	418	10	日本	129

5. 文献发表的作者及其所在机构、数量及排序（表 4-9-76）

表4-9-76　发表文章数量前10位的作者

序号	WOS 数据库		序号	WOS 数据库	
	作者及其所在机构	记录数		作者及其所在机构	记录数
1	Van Der Heijde D, Hietzing Hospital	163	6	Purcaru O, Western University	71
2	Sandborn Wj, Mayo Clinic	134	7	Schreiber Stefan, University of Kiel	70
3	Schreiber S, Mayo Clinic	100	8	Mease Pj, Leiden University	69
4	Hoepken B, Leiden University	99	9	Colombel Jf, Icahn School of Medicine at Mount Sinai	69
5	Fleischmann R, Metroplex Clinical Research Center	74	10	Mease Pj, Providence Swedish Med Ctr	69

6. 希敏佳相关论文的研究方向（表 4-9-77）

表4-9-77　希敏佳研究排名前10位的研究方向

序号	WOS 数据库		序号	WOS 数据库	
	研究方向	记录数		研究方向	记录数
1	Pharmacology Pharmacy	2199	6	Orthopedics	587
2	Immunology	2017	7	Health Care Sciences Services	430
3	Rheumatology	1289	8	General Internal Medicine	398
4	Gastroenterology Hepatology	1043	9	Dermatology	397
5	Biochemistry Molecular Biology	830	10	Research Experimental Medicine	377

（十六）博纳吐单抗文献计量学与研究热点分析

1. 博纳吐单抗文献计量学的检索策略（表 4-9-78）

表4-9-78　博纳吐单抗文献计量学的检索策略

类别	检索策略	
数据来源	Web of Science 核心合集数据库	CNKI 数据库
引文索引	SCI-Expanded	主题检索
主题词	Blincyto	博纳吐单抗
文献类型	Article	研究论文
语种	英文	中文
检索时段	2000 年 ~2021 年	2000 年 ~2022 年
检索结果	共 36 篇文献	共 7 篇文献

2. 文献发表时间及数量分布（图 4-9-16）

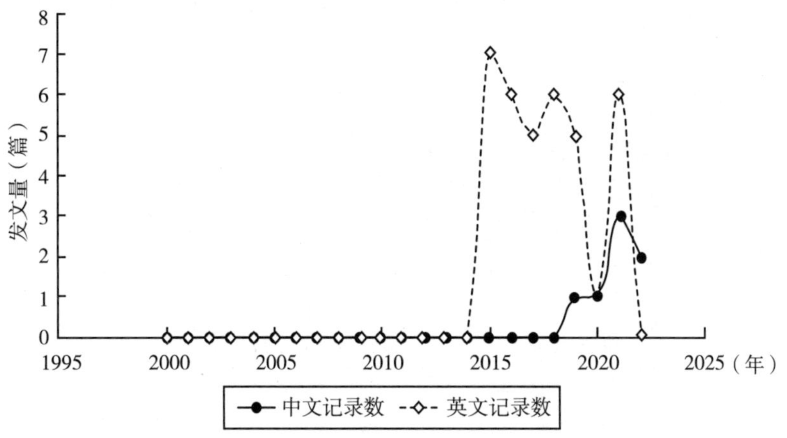

图 4-9-16　博纳吐单抗文献发表时间及数量分布

3. 文献发表杂志（表 4-9-79）

表4-9-79　博纳吐单抗发文量前10位的期刊

序号	WOS 数据库		CNKI 数据库	
	英文来源出版物	记录数	中文来源出版物	记录数
1	BLOOD	6	中国肿瘤临床	2
2	ANNALS OF PHARMACOTHERAPY	3	中国药科大学学报	1
3	THE ANNALS OF PHARMACOTHERAPY	3	大连理工大学	1
4	CLINICAL CANCER RESEARCH	2	中国临床药理学与治疗学	1

续表

序号	WOS 数据库		CNKI 数据库	
	英文来源出版物	记录数	中文来源出版物	记录数
5	CLINICAL CANCER RESEARCH AN OFFICIAL JOURNAL OF THE AMERICAN ASSOCIATION FOR CANCER RESEARCH	2	临床荟萃	1
6	JOURNAL OF IMMUNOLOGY	2	中国药房	1
7	ONCOLOGY RESEARCH AND TREATMENT	2		
8	AMERICAN JOURNAL OF NURSING	1		
9	AMERICAN JOURNAL OF RESPIRATORY AND CRITICAL CARE MEDICINE	1		
10	ANNALS OF ONCOLOGY	1		

4. 文献发表国家 / 地区及数量分布（表 4-9-80）

表4-9-80　文献发表前9位的国家/地区

序号	国家 / 地区	记录数	序号	国家 / 地区	记录数
1	美国	24	6	印度	1
2	德国	2	7	伊朗	1
3	中国	2	8	新西兰	1
4	英国	1	9	中国台湾	1
5	埃斯帕纳	1			

5. 文献发表的作者及其所在机构、数量及排序（表 4-9-81）

表4-9-81　发表文章数量前10位的作者

序号	WOS 数据库		CNKI 数据库	
	作者及其所在机构	记录数	作者及其所在机构	记录数
1	Buie LW，Memorial Sloan Kettering Cancer Center	2	高向东，中国药科大学	1
2	Daley RJ，University of Southern California	2	姚文兵，中国药科大学	1
3	Deisseroth A，University of Southern California	2	方翼，北京大学人民医院	1
4	Farrell AT，Memorial SloanKettering Cancer Center	2	冯继锋，南京医科大学附属肿瘤医院	1
5	Horvat TZ，Memorial Sloan Kettering Cancer Center	2	吴德沛，苏州大学第一附属医院	1
6	Nagorsen D，Memorial Sloan Kettering Cancer Center	2	赵明峰，南开大学	1
7	Pazdur R，Memorial Sloan Kettering Cancer Center	2	尹骏，中国药科大学	1

续表

序号	WOS 数据库		CNKI 数据库	
	作者及其所在机构	记录数	作者及其所在机构	记录数
8	Przepiorka D，Memorial Sloan Kettering Cancer Center	2	马骁，苏州弘慈血液病医院	1
9	Lazar Dan F，Promega Corporation	2	杨楠，兰州大学	1
10	Akhtari M，US Food & Drug Administration（FDA）	2	杨勇杰，郑州大学第一附属医院	1

6. 博纳吐单抗相关论文的研究方向（表 4-9-82）

表4-9-82　博纳吐单抗研究排名前10位的研究方向

序号	WOS 数据库		CNKI 数据库	
	研究方向	记录数	研究方向	记录数
1	Pharmacology Pharmacy	28	博纳吐单抗	3
2	Oncology	27	急性淋巴细胞白血病	3
3	Immunology	25	双特异性抗体	2
4	Hematology	18	Meta 分析	1
5	Toxicology	10	肿瘤治疗	1
6	General Internal Medicine	8	免疫原性	1
7	Biochemistry Molecular Biology	7	有效性和安全性	1
8	Health Care Sciences Services	7	白血病	1
9	Pediatrics	6	淋巴细胞白血病	1
10	Science Technology Other Topics	6	抑制作用	1

（十七）雅美罗文献计量学与研究热点分析

1. 博纳吐单抗文献计量学的检索策略（表 4-9-83）

表4-9-83　博纳吐单抗文献计量学的检索策略

类别	检索策略	
数据来源	Web of Science 核心合集数据库	CNKI 数据库
引文索引	SCI-Expanded	主题检索
主题词	Actemra	雅美罗
文献类型	Article	研究论文
语种	英文	中文
检索时段	2000 年 ~2022 年	2000 年 ~2022 年
检索结果	共 105 篇文献	共 19 篇文献

2. 文献发表时间及数量分布（图 4-9-17）

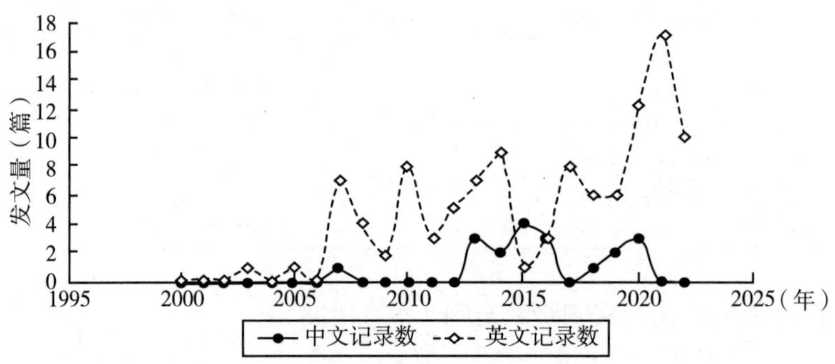

图 4-9-17　雅美罗文献发表时间及数量分布

3. 文献发表杂志（表 4-9-84）

表4-9-84　雅美罗发文量前10位的期刊

序号	WOS 数据库			
	英文来源出版物	记录数	中文来源出版物	记录数
1	MEDICAL LETTER ON DRUGS AND THERAPEUTICS	5	重庆医学	2
2	THE MEDICAL LETTER ON DRUGS AND THERAPEUTICS	5	2015 年浙江省风湿病学学术年会论文汇编	2
3	ARTHRITIS AND RHEUMATISM	3	前进论坛	1
4	ARTHRITIS RHEUMATISM	3	2014 年浙江省风湿病学学术年会论文汇编	1
5	BLOOD	3	中医临床研究	1
6	INTERNATIONAL JOURNAL OF CLINICAL PHARMACOLOGY AND THERAPEUTICS	3	健康报	1
7	MODERN RHEUMATOLOGY	3	医药经济报	1
8	NATURE BIOTECHNOLOGY	3	2016 年浙江省风湿病学学术年会论文汇编	1
9	RHEUMATOLOGY	3	中国处方药	1
10	ANNALS OF THE RHEUMATIC DISEASES	2	兰州大学	1

4. 文献发表国家及数量分布（表 4-9-85）

表4-9-85　文献发表前10位的国家

序号	国家	记录数	序号	国家	记录数
1	美国	42	6	瑞士	6
2	日本	9	7	伊朗	5

续表

序号	国家	记录数	序号	国家	记录数
3	中国	9	8	西班牙	5
4	澳大利亚	7	9	加拿大	4
5	英国	7	10	丹麦	3

5. 文献发表的作者及其所在机构、数量及排序（表 4–9–86）

表4–9–86　发表文章数量前10位的作者

序号	WOS 数据库			
	作者及其所在机构	记录数	作者及其所在机构	记录数
1	Madsen Joren C, Massachusetts General Hospital	7	吴竹群，嘉兴市第一人民医院	2
2	Han Weiguo, University System Of New Hampshire	3	于慧敏，清华大学	1
3	Jones G, University of Tasmania	3	邢沫，北京大学附属肿瘤医院	1
4	Zhang X, Roche Holding	3	李国青，扬州大学医学院附属医院	1
5	Aboussekhra A, King Faisal Specialist Hospital & Research Center	2	魏元，兰州大学	1
6	Amano K, Saitama Medical University	2	徐璐，江西省人民医院	1
7	Bao Min, China University of Mining & Technology	2	丁键，宁波大学附属李惠利医院	1
8	Coombs A, University of Birmingham	2	朱宁，宁波市医疗中心李惠利医院	1
9	Dasgupta B, Mid & South Essex NHS Fdn Trust	2	王振宇，哈尔滨医科大学附属第二医院	1
10	Dhillon S, Springer Nat	2	李声东，宁波市医疗中心李惠利医院	1

6. 雅美罗相关论文的研究方向（表 4–9–87）

表4–9–87　雅美罗研究排名前10位的研究方向

序号	WOS 数据库			
	研究方向	记录数	研究方向	记录数
1	Pharmacology Pharmacy	85	雅美罗	80
2	Immunology	65	类风湿关节炎	6
3	Rheumatology	36	托珠单抗	5

续表

序号	WOS 数据库			
	研究方向	记录数	研究方向	记录数
4	Biochemistry Molecular Biology	31	加拿大	2
5	Orthopedics	26	肝毒性	2
6	Chemistry	19	治疗作用	1
7	Toxicology	18	生物治疗	1
8	Infectious Diseases	16	治疗及护理	1
9	Oncology	15	中老年	1
10	General Internal Medicine	13	注射液	1

（十八）Givlaari 文献计量学与研究热点分析

1.Givlaari 文献计量学的检索策略（表 4-9-88）

表4-9-88　Givlaari文献计量学的检索策略

类别	检索策略	
数据来源	Web of Science 核心合集数据库	CNKI 数据库
引文索引	SCI-Expanded	主题检索
主题词	Givlaari	Givlaari
文献类型	Article	研究论文
语种	英文	中文
检索时段	2000 年 ~2022 年	2000 年 ~2022 年
检索结果	共 15 篇文献	共 0 篇文献

2. 文献发表时间及数量分布（图 4-9-18）

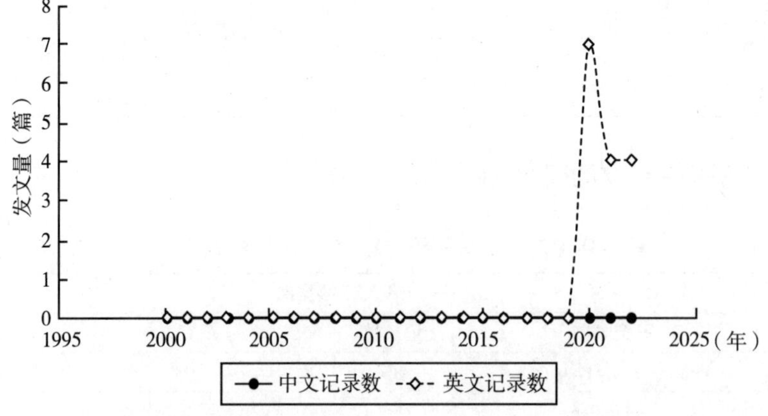

图 4-9-18　Givlaari 文献发表时间及数量分布

3. 文献发表杂志（表 4-9-89）

表4-9-89　Givlaari发文量前10位的期刊

序号	WOS 数据库		序号	WOS 数据库	
	英文来源出版物	记录数		英文来源出版物	记录数
1	DRUGS	2	6	DRUG METABOLISM AND DISPOSITION	1
2	SIGNAL TRANSDUCTION AND TARGETED THERAPY	2	7	DRUG METABOLISM AND DISPOSITION THE BIOLOGICAL FATE OF CHEMICALS	1
3	ADVANCED DRUG DELIVERY REVIEWS	1	8	DRUGS OF THE FUTURE	1
4	CLINICAL PHARMACOLOGY AND THERAPEUTICS	1	9	DRUGS OF TODAY	1
5	CLINICAL PHARMACOLOGY THERAPEUTICS	1	10	DRUGS OF TODAY BARCELONA	1

4. 文献发表国家及数量分布（表 4-9-90）

表4-9-90　文献发表前10位的国家

序号	国家	记录数	序号	国家	记录数
1	美国	6	6	比利时	1
2	中国	3	7	埃斯帕纳	1
3	新西兰	2	8	法国	1
4	澳大利亚	2	9	挪威	1
5	孟加拉国	2	10	瑞典	1

5. 文献发表的作者及其所在机构、数量及排序（表 4-9-91）

表4-9-91　发表文章数量前10位的作者

序号	WOS 数据库		序号	WOS 数据库	
	作者及其所在机构	记录数		作者及其所在机构	记录数
1	Agarwal Sagar, Kymera Therapeut Inc	2	6	Aparicio-hernandez R, Hospital Central de la Defensa G ó mez Ulla	1
2	Bonkovsky Hl, Wake Forest University	2	7	Arciprete Michael, Alnylam Pharmaceut	1

续表

序号	WOS 数据库		序号	WOS 数据库	
	作者及其所在机构	记录数		作者及其所在机构	记录数
3	Agarwal Saket, Alnylam Pharmaceut	1	8	Beg Mirza Ashikul, University of Dhaka	1
4	Aluri Krishna, Novo Nordisk	1	9	Bonkovsky H L, Atrium Hlth Wake Forest Baptist	1
5	Anderson Karl E, University of Texas Medical Branch Galveston	1	10	Borgos S E, SINTEF	1

6.Givlaari 相关论文的研究方向（表 4-9-92）

表4-9-92　Givlaari研究排名前10位的研究方向

序号	WOS 数据库		序号	WOS 数据库	
	研究方向	记录数		研究方向	记录数
1	Genetics Heredity	14	6	Toxicology	7
2	Pharmacology Pharmacy	14	7	General Internal Medicine	6
3	Biochemistry Molecular Biology	11	8	Endocrinology Metabolism	5
4	Dermatology	8	9	Health Care Sciences Services	4
5	Gastroenterology Hepatology	7	10	Cell Biology	3

（十九）新山地明文献计量学与研究热点分析

1. 新山地明文献计量学的检索策略（表 4-9-93）

表4-9-93　新山地明文献计量学的检索策略

类别	检索策略	
数据来源	Web of Science 核心合集数据库	CNKI 数据库
引文索引	SCI-Expanded	主题检索
主题词	Sandimmune Neoral	新山地明
文献类型	Article	研究论文
语种	/	中文
检索时段	2000 年 ~2022 年	2000 年 ~2022 年
检索结果	共 204 篇文献	共 32 篇文献

2. 文献发表时间及数量分布（图 4-9-19）

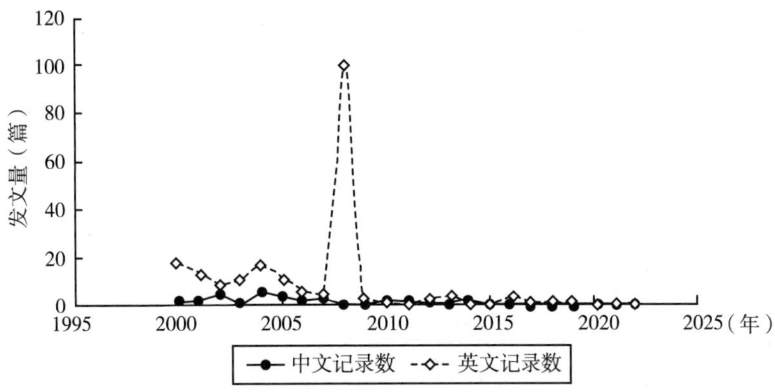

图 4-9-19　新山地明文献发表时间和数量分布

3. 文献发表杂志（表 4-9-94）

表4-9-94　新山地明发文量前10位的期刊

序号	WOS 数据库		CNKI 数据库	
	英文来源出版物	记录数	中文来源出版物	记录数
1	TRANSPLANTATION PROCEEDINGS	23	外科理论与实践	2
2	INTERNATIONAL JOURNAL OF PHARMACEUTICS	5	药学学报	2
3	INTERNATIONAL JOURNAL OF PHARMACEUTICS KIDLINGTON	5	2012 中国器官移植大会论文汇编	2
4	JOURNAL OF HEART AND LUNG TRANSPLANTATION	5	中华器官移植杂志	2
5	THE JOURNAL OF HEART AND LUNG TRANSPLANTATION THE OFFICIAL PUBLICATION OF THE INTERNATIONAL SOCIETY FOR HEART TRANSPLANTATION	5	中国药房	1
6	TRANSPLANTATION	5	华西医学	1
7	NEPHROLOGY DIALYSIS TRANSPLANTATION	4	中国药学杂志	1
8	THERAPEUTIC DRUG MONITORING	4	青海医药杂志	1
9	EUROPEAN JOURNAL OF CLINICAL PHARMACOLOGY	3	内科	1
10	NEPHROLOGY DIALYSIS TRANSPLANTATION OFFICIAL PUBLICATION OF THE EUROPEAN DIALYSIS AND TRANSPLANT ASSOCIATION EUROPEAN RENAL ASSOCIATION	3	医药经济报	1

4. 文献发表国家及数量分布（表 4-9-95）

表4-9-95　文献发表前10位的国家

序号	国家	记录数	序号	国家	记录数
1	美国	128	6	澳大利亚	7
2	加拿大	15	7	德国	7
3	英国	11	8	法国	6
4	西班牙	10	9	意大利	6
5	日本	7	10	印度	4

5. 文献发表的作者及其所在机构、数量及排序（表 4-9-96）

表4-9-96　发表文章数量前10位的作者

序号	WOS 数据库		CNKI 数据库	
	作者及其所在机构	记录数	作者及其所在机构	记录数
1	Johnston A，University of London	5	张强，北京德立福瑞医药科技有限公司	2
2	Akhlaghi F，University of Sydney	4	夏穗生，华中科技大学同济医学院附属同济医院	2
3	Belitsky P，5881 Chain Rock	3	戴俊东，北京中医药大学	2
4	Boukhris T，Universite de Rouen Normandie	3	陈知水，华中科技大学同济医学院附属同济医院	2
5	Del Carmen Dios-vieitez Maria，University of Navarra	3	明长生，华中科技大学同济医学院附属同济医院	2
6	Dios-vieitez Maria Del Carmen，University of Navarra	3	曾凡军，华中科技大学同济医学院附属同济医院	2
7	Lahiani-skiba M，Universite de Rouen Normandie	3	徐达，上海交通大学医学院附属瑞金医院	2
8	Blanco-prieto Mj，Inst Invest Sanitaria Navarra	3	韩文科，北京大学第一医院	2
9	Guada Melissa，Texas A&M University System	3	王祥慧，上海交通大学医学院附属瑞金医院	2
10	Andrysek T，Galena As，Dept Biopharm & Pharmacokinet，Res & Dev，Opava 74770 9，Czech Republic	2	蒋文涛，天津市第一中心医院	2

6. 新山地明相关论文的研究方向（表 4-9-97）

表4-9-97　新山地明研究排名前10位的研究方向

序号	WOS 数据库		CNKI 数据库	
	研究方向	记录数	研究方向	记录数
1	Pharmacology Pharmacy	96	新山地明	14
2	Biochemistry Molecular Biology	85	环孢素	7
3	Immunology	81	肾移植	6
4	Transplantation	62	环孢素 A	5
5	Surgery	61	肝移植	4
6	Urology Nephrology	44	临床意义	3
7	Research Experimental Medicine	38	固体分散体	3
8	Toxicology	27	生物利用度	3
9	Gastroenterology Hepatology	20	C-2	3
10	Science Technology Other Topics	19	肾移植受者	3

（二十）鲑降钙素文献计量学与研究热点分析

1. 鲑降钙素文献计量学的检索策略（表 4-9-98）

表4-9-98　鲑降钙素文献计量学的检索策略

类别	检索策略	
数据来源	Web of Science 核心合集数据库	CNKI 数据库
引文索引	SCI-Expanded	主题检索
主题词	Calcitonin salmon	鲑降钙素
文献类型	Article	研究论文
语种	英文	中文
检索时段	2000 年 ~2022 年	2000 年 ~2022 年
检索结果	共 1581 篇文献	共 474 篇文献

2. 文献发表时间及数量分布（图 4-9-20）

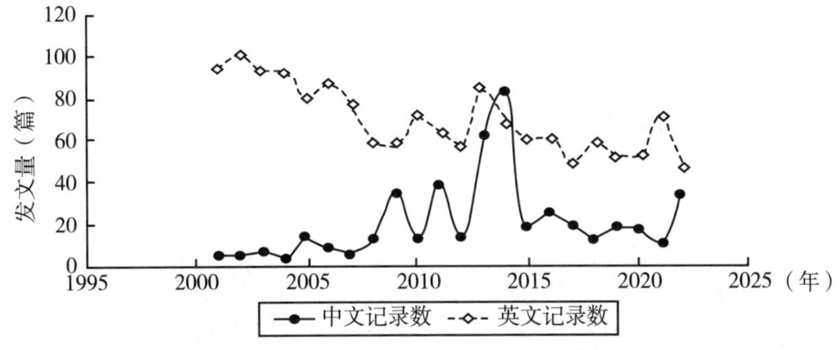

图 4-9-20　鲑降钙素文献发表时间和数量分布

3. 文献发表杂志（表 4-9-99）

表4-9-99　鲑降钙素发文量前10位的期刊

序号	WOS 数据库		CNKI 数据库	
	英文来源出版物	记录数	中文来源出版物	记录数
1	JOURNAL OF CONTROLLED RELEASE	59	中国骨质疏松杂志	20
2	JOURNAL OF CONTROLLED RELEASE OFFICIAL JOURNAL OF THE CONTROLLED RELEASE SOCIETY	56	临床合理用药杂志	12
3	INTERNATIONAL JOURNAL OF PHARMACEUTICS	49	上海医药	7
4	INTERNATIONAL JOURNAL OF PHARMACEUTICS KIDLINGTON	47	中国实用医学	7
5	JOURNAL OF BONE AND MINERAL RESEARCH	38	中国药房	6
6	OSTEOPOROSIS INTERNATIONAL	37	中国中医骨伤科杂志	6
7	BONE	35	当代医药论丛	6
8	BONE NEW YORK	27	中医临床研究	6
9	JOURNAL OF PHARMACEUTICAL SCIENCES	25	中国老年学杂志	5
10	PHARMACEUTICAL RESEARCH	25	中国现代医生	5

4. 文献发表国家及数量分布（表 4-9-100）

表4-9-100　文献发表前10位的国家

序号	国家	记录数	序号	国家	记录数
1	美国	406	6	英国	92
2	中国	140	7	加拿大	66
3	日本	137	8	澳大利亚	57
4	丹麦	109	9	意大利	53
5	瑞士	100	10	韩国	52

5. 文献发表的作者及其所在机构、数量及排序（表 4-9-101）

表4-9-101　发表文章数量前10位的作者

序号	WOS 数据库		CNKI 数据库	
	作者及其所在机构	记录数	作者及其所在机构	记录数
1	Karsdal Ma, Nordic Biosci Biomarkers & Res AS	69	张学成，中国海洋大学	4
2	Christiansen C, University of Copenhagen	49	金丽霞，丽水市中心医院	3
3	Henriksen K, Roskilde University	47	刘冬斌，佛山市南海区人民医院	3
4	Karsdal M A, Nordic Biosci Biomarkers & Res AS	42	平少华，华北理工大学附属医院	3

续表

序号	WOS 数据库		CNKI 数据库	
	作者及其所在机构	记录数	作者及其所在机构	记录数
5	Azria M, Novartis	29	刘鹄, 佛山市南海区人民医院	3
6	Byrjalsen I, NBCD AS	29	田文静, 中国食品药品检定研究院	3
7	Lutz Ta, University of Zurich	29	李辉, 南方医科大学附属南海医院	3
8	Liu Y, Huazhong University of Science & Technology	27	刘汉辉, 佛山复星禅诚医院	3
9	Henriksen Kim, Roskilde University	24	任明亮, 佛山市南海区人民医院	3
10	Andreassen Kv, Nordic Bioscience	22	郭蔚, 西部战区总医院	2

6. 鲑降钙素相关论文的研究方向（表 4-9-102）

表4-9-102　鲑降钙素研究排名前10位的研究方向

序号	WOS 数据库		CNKI 数据库	
	研究方向	记录数	研究方向	记录数
1	Pharmacology Pharmacy	1190	鲑鱼降钙素	203
2	Endocrinology Metabolism	927	鲑降钙素	97
3	Biochemistry Molecular Biology	877	骨质疏松	91
4	Orthopedics	462	骨质疏松症	75
5	Toxicology	442	临床观察	36
6	Chemistry	421	降钙素	34
7	Physiology	395	临床研究	29
8	Cell Biology	271	阿仑膦酸钠	20
9	Nutrition Dietetics	245	鲑降钙素注射液	20
10	Science Technology Other Topics	234	原发性骨质疏松症	17

（二十一）瑞米凯德文献计量学与研究热点分析

1. 瑞米凯德文献计量学的检索策略（表 4-9-103）

表4-9-103　瑞米凯德文献计量学的检索策略

类别	检索策略	
数据来源	Web of Science 核心合集数据库	CNKI 数据库
引文索引	SCI-Expanded	主题检索

续表

类别	检索策略	
主题词	Remicade	瑞米凯德
文献类型	Article	研究论文
语种	英文	中文
检索时段	2000 年 ~2022 年	2000 年 ~2022 年
检索结果	共 858 篇文献	共 0 篇文献

2. 文献发表时间及数量分布（图 4-9-21）

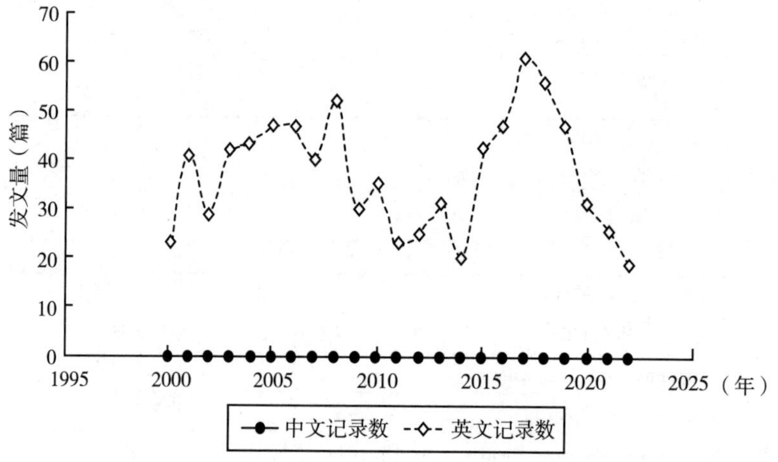

图 4-9-21　瑞米凯德文献发表时间和数量分布

3. 文献发表杂志（表 4-9-104）

表4-9-104　瑞米凯德发文量前10位的期刊

序号	WOS 数据库		序号	WOS 数据库	
	英文来源出版物	记录数		英文来源出版物	记录数
1	GASTROENTEROLOGY	54	6	JOURNAL OF CROHNS COLITIS	20
2	ANNALS OF THE RHEUMATIC DISEASES	46	7	RHEUMATOLOGY OXFORD	17
3	AMERICAN JOURNAL OF GASTROENTEROLOGY	38	8	ARTHRITIS RHEUMATOLOGY	15
4	ARTHRITIS AND RHEUMATISM	28	9	INFLAMMATORY BOWEL DISEASES	15
5	RHEUMATOLOGY	24	10	RHEUMATOLOGY OXFORD ENGLAND	15

4. 文献发表国家及数量分布（表 4-9-105）

表4-9-105　文献发表前10位的国家

序号	国家	记录数	序号	国家	记录数
1	美国	286	6	加拿大	41
2	德国	76	7	比利时	37
3	英国	58	8	韩国	33
4	法国	59	9	意大利	31
5	荷兰	48	10	西班牙	29

5. 文献发表的作者及其所在机构、数量及排序（表 4-9-106）

表4-9-106　发表文章数量前10位的作者

序号	WOS 数据库		序号	WOS 数据库	
	作者及其所在机构	记录数		作者及其所在机构	记录数
1	Braun J, Rheumazentrum Ruhrgebiet	14	6	Park W, Hanyang University	9
2	Rutgeerts P, KU Leuven	12	7	Sieper J, Rheumazentrum Ruhrgebiet	9
3	Hoentjen F, Radboud University Nijmegen	9	8	Kalden Jr, University of Erlangen Nuremberg	8
4	Hoentjen F, Radboud University Nijmegen	9	9	Klareskog L, Karolinska Institutet	8
5	Nagore D, Grifols	9	10	Smolen Js, Hosp Special Surg	8

6. 瑞米凯德相关论文的研究方向（表 4-9-107）

表4-9-107　瑞米凯德研究排名前10位的研究方向

序号	WOS 数据库		序号	WOS 数据库	
	研究方向	记录数		研究方向	记录数
1	Pharmacology Pharmacy	651	6	Orthopedics	155
2	Immunology	551	7	Research Experimental Medicine	147
3	Gastroenterology Hepatology	296	8	Toxicology	118
4	Biochemistry Molecular Biology	283	9	General Internal Medicine	111
5	Rheumatology	268	10	Health Care Sciences Services	105

（二十二）修美乐文献计量学与研究热点分析

1. 修美乐文献计量学的检索策略（表 4-9-108）

表4-9-108　修美乐文献计量学的检索策略

类别	检索策略	
数据来源	Web of Science 核心合集数据库	CNKI 数据库
引文索引	SCI-Expanded	主题检索
主题词	Rapamune	修美乐
文献类型	Article	研究论文
语种	/	中文
检索时段	2000 年 ~2022 年	2000 年 ~2022 年
检索结果	共 435 篇文献	共 21 篇文献

2. 文献发表时间及数量分布（图 4-9-22）

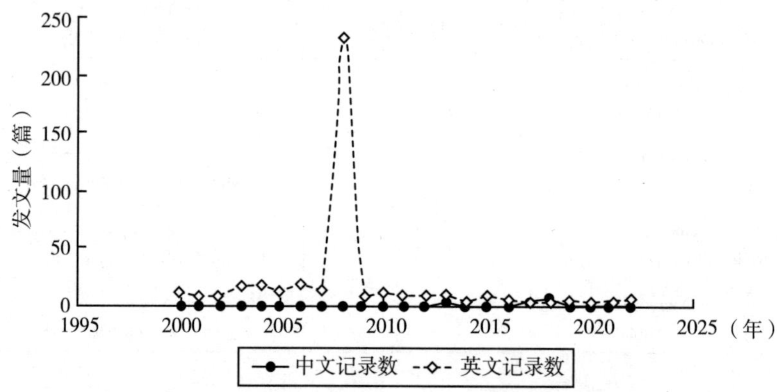

图 4-9-22　修美乐文献发表时间和数量分布

3. 文献发表杂志（表 4-9-109）

表4-9-109　修美乐发文量前10位的期刊

序号	WOS 数据库		CNKI 数据库	
	英文来源出版物	记录数	中文来源出版物	记录数
1	TRANSPLANTATION PROCEEDINGS	20	临床合理用药杂志	3
2	AMERICAN JOURNAL OF TRANSPLANTATION	15	健康之家	2
3	TRANSPLANTATION	15	江苏卫生保健	1
4	CLINICAL TRANSPLANTATION	7	百科知识	1

续表

序号	WOS 数据库		CNKI 数据库	
	英文来源出版物	记录数	中文来源出版物	记录数
5	TRANSPLANTATION HAGERSTOWN	7	首席财务官	1
6	JOURNAL OF THE AMERICAN SOCIETY OF NEPHROLOGY	5	医药经济报	1
7	THERAPEUTIC DRUG MONITORING	5	中国战略新兴产业	1
8	BONE MARROW TRANSPLANTATION	4	中国经济周刊	1
9	JOURNAL OF THE AMERICAN COLLEGE OF CARDIOLOGY	4	临床医药文献电子杂志	1
10	TRANSPLANT INTERNATIONAL	4	中国科技信息	1

4. 文献发表国家及数量分布（表 4–9–110）

表4–9–110　文献发表前10位的国家

序号	国家	记录数	序号	国家	记录数
1	美国	317	6	中国	11
2	澳大利亚	14	7	意大利	10
3	英国	14	8	西班牙	10
4	德国	13	9	加拿大	9
5	法国	12	10	瑞典	6

5. 文献发表的作者及其所在机构、数量及排序（表 4–9–111）

表4–9–111　发表文章数量前10位的作者

序号	WOS 数据库		CNKI 数据库	
	作者及其所在机构	记录数	作者及其所在机构	记录数
1	Henry ML，University of Chicago	10	刘爱民，河南省中医院	1
2	Pelletier RP，Rutgers State University New Brunswick	10	沈宏，杭州市第三人民医院	1
3	Ferguson RM，Ohio State University	8	苏阳，神州细胞工程有限公司	1
4	Rajab A，Ohio State University	8	张步鑫，河南省中医院	1
5	Bumgardner Gl，Ohio State University	6	张燕，人民日报社	1
6	Elkhammas Ea，Ohio State University	6	刘伟，西南医科大学附属医院	1

续表

序号	WOS 数据库		CNKI 数据库	
	作者及其所在机构	记录数	作者及其所在机构	记录数
7	Grinyo Josep M，University of Barcelona	5	屠远辉，河南省中医院	1
8	Oberbauer Rainer，Medical University of Vienna	5	王凯波，沈阳市第七人民医院	1
9	Campistol Jm，University of Barcelona	4	宋存博，河北省张家口市第一中学	1
10	Eris，Josette，University of Sydney	4	曹筱燕，西南医科大学	1

6. 修美乐相关论文的研究方向（表 4–9–112）

表4–9–112　修美乐研究排名前10位的研究方向

序号	WOS 数据库		CNKI 数据库	
	研究方向	记录数	研究方向	记录数
1	Pharmacology Pharmacy	165	修美乐	9
2	Immunology	123	银屑病	3
3	Surgery	114	强直性脊柱炎	2
4	Transplantation	103	阿达木单抗	2
5	Biochemistry Molecular Biology	89	FDA	2
6	Urology Nephrology	73	生物制药产业	1
7	Research Experimental Medicine	58	HIV	1
8	Cardiovascular System Cardiology	42	化学奖	1
9	Toxicology	36	国内新闻	1
10	Hematology	35	高效液相色谱	1

（二十三）非索非那丁文献计量学与研究热点分析

1. 非索非那丁文献计量学的检索策略（表 4–9–113）

表4–9–113　非索非那丁文献计量学的检索策略

类别	检索策略	
数据来源	Web of Science 核心合集数据库	CNKI 数据库
引文索引	SCI–Expanded	主题检索
主题词	Allegra D	非索非那丁
文献类型	Article	研究论文
语种	英文	中文
检索时段	2000 年 ~2022 年	2000 年 ~2022 年
检索结果	共 16 篇文献	共 7 篇文献

2. 文献发表时间及数量分布（图 4-9-23）

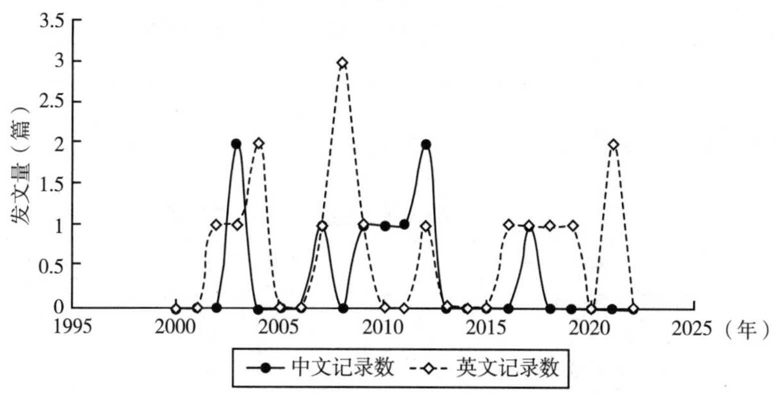

图 4-9-23　非索非那丁文献发表时间和数量分布

3. 文献发表杂志（表 4-9-114）

表4-9-114　非索非那丁发文量前10位的期刊

序号	WOS 数据库		CNKI 数据库	
	英文来源出版物	记录数	中文来源出版物	记录数
1	AMERICAN JOURNAL OF GASTROENTEROLOGY	3	中国临床医生杂志	1
2	THE MEETING OF THE MACROMOLECULAR ITALIAN ASSOCIATION MACROMOLECULAR SYMPOSIA	1	中国药房	1
3	ANNALS OF ALLERGY ASTHMA IMMUNOLOGY	1	中国药业	1
4	ANNALS OF ALLERGY ASTHMA IMMUNOLOGY OFFICIAL PUBLICATION OF THE AMERICAN COLLEGE OF ALLERGY ASTHMA IMMUNOLOGY	1	浙江中西医结合杂志	1
5	BIOMOLECULES THERAPEUTICS	1	中国现代药物应用	1
6	INDIAN JOURNAL OF PHARMACEUTICAL SCIENCES	1	皮肤病与性病	1
7	JOURNAL OF ALLERGY AND CLINICAL IMMUNOLOGY	1	重庆大学	1
8	MACROMOLECULAR SYMPOSIA	1		1
9	MAGNETIC RESONANCE IMAGING	1		1
10	YAKUGAKU ZASSHI	1		

4. 文献发表国家及数量分布（表 4-9-115）

表4-9-115　文献发表前7位的国家

序号	国家	记录数	序号	国家	记录数
1	美国	7	5	印度	1
2	意大利	2	6	日本	1

续表

序号	国家	记录数	序号	国家	记录数
3	巴西	1	7	葡萄牙	1
4	英国	1			

5. 文献发表的作者及其所在机构、数量及排序（表 4-9-116）

表4-9-116　发表文章数量前10位的作者

序号	WOS 数据库		CNKI 数据库	
	作者及其所在机构	记录数	作者及其所在机构	记录数
1	Abbona Cristina, Brown University	1	刘颖慧，青岛市中西医结合医院	1
2	Al-jashaami Layth, Royale Coll Surg Ireland	1	邹勇莉，昆明医科大学附属第一医院	1
3	Allan Rj, Vrije Universiteit Amsterdam	1	邓智建，新乡医学院第一附属医院	1
4	Allegra G, STMicroelectronics	1	卢振民，新乡医学院第一附属医院	1
5	Alquran L, Hackensack Meridian Hlth Mountainside Med Ctr	1	张超，昆明医科大学第一附属医院	1
6	Anderson Rodrigo Moraes De Oliveira, Ribeirão Preto School of Philosophy, Sciences and Letters	1	赵瑞花，平度市人民医院	1
7	Aziz Muhammad, Bon Secours Mercy Hlth	1	徐萍，绍兴第三人民医院	1
8	Beran A, Indiana University System	1	曹冬梅，新乡医学院第一附属医院	1
9	Berkowitz Robert B, Atlanta Allergy & Asthma	1	陈红玲，东阳市皮肤病性病医院	1
10	Bozzali M, Rita Levi Montalcini	1	陈奉强，重庆大学	1

6. 非索非那丁相关论文的研究方向（表 4-9-117）

表4-9-117　非索非那丁研究排名前10位的研究方向

序号	WOS 数据库		CNKI 数据库	
	研究方向	记录数	研究方向	记录数
1	Pharmacology Pharmacy	9	非索非那丁	3
2	Allergy	3	慢性荨麻疹	3
3	Gastroenterology Hepatology	3	盐酸非索非那丁	3
4	Immunology	3	非索非那丁盐酸盐	1

续表

序号	WOS 数据库		CNKI 数据库	
	研究方向	记录数	研究方向	记录数
5	Toxicology	3	中药治疗	1
6	Chemistry	2	复方甘草酸苷	1
7	Respiratory System	2	哮喘病	1
8	Science Technology Other Topics	2	气道高反应性	1
9	Art	1	合成与应用	1
10	Biochemistry Molecular Biology	1	曲尼司特	1

（二十四）Retisert 文献计量学与研究热点分析

1.Retisert 文献计量学的检索策略（表 4-9-118）

表4-9-118　Retisert文献计量学的检索策略

类别	检索策略	
数据来源	Web of Science 核心合集数据库	CNKI 数据库
引文索引	SCI-Expanded	主题检索
主题词	Retisert	Retisert
文献类型	Article	研究论文
语种	英文	中文
检索时段	2000 年 ~2022 年	2000 年 ~2022 年
检索结果	共 105 篇文献	共 0 篇文献

2. 文献发表时间及数量分布（图 4-9-24）

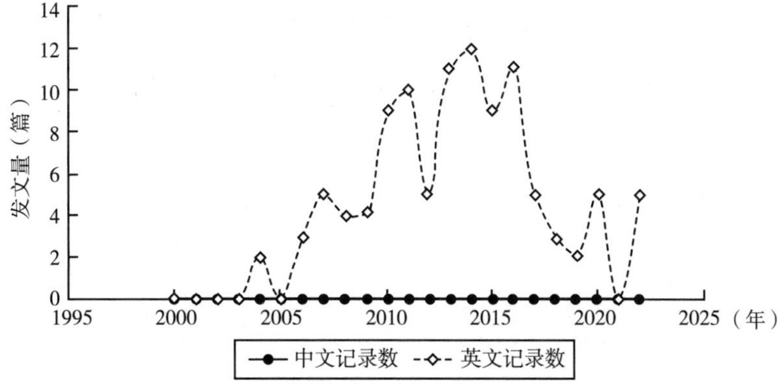

图 4-9-24　Retisert 文献发表时间及数量分布

3. 文献发表杂志（表 4-9-119）

表4-9-119 Retisert发文量前10位的期刊

序号	WOS 数据库		序号	WOS 数据库	
	英文来源出版物	记录数		英文来源出版物	记录数
1	INVESTIGATIVE OPHTHALMOLOGY VISUAL SCIENCE	20	6	RETINA	7
2	IOVS	20	7	OPHTHALMOLOGY	6
3	OCULAR IMMUNOLOGY AND INFLAMMATION	16	8	AMERICAN JOURNAL OF OPHTHALMOLOGY	5
4	RETINA THE JOURNAL OF RETINAL AND VITREOUS DISEASES	10	9	JOURNAL OF OCULAR PHARMACOLOGY AND THERAPEUTICS	5
5	RETINA PHILADELPHIA PA	8	10	JOURNAL OF OCULAR PHARMACOLOGY AND THERAPEUTICS THE OFFICIAL JOURNAL OF THE ASSOCIATION FOR OCULAR PHARMACOLOGY AND THERAPEUTICS	5

4. 文献发表国家及数量分布（表 4-9-120）

表4-9-120 文献发表前10位的国家

序号	国家	记录数	序号	国家	记录数
1	美国	77	6	德国	4
2	英国	7	7	印度	2
3	中国	5	8	爱尔兰	2
4	法国	4	9	以色列	2
5	韩国	4	10	葡萄牙	2

5. 文献发表的作者及其所在机构、数量及排序（表 4-9-121）

表4-9-121 发表文章数量前10位的作者

序号	WOS 数据库		序号	WOS 数据库	
	作者及其所在机构	记录数		作者及其所在机构	记录数
1	Lowder Cy, Cleveland Clinic Foundation	9	4	Callanan David, Cleveland Clin, Cole Eye Inst, Cleveland, OH 44106 USA	5
2	Goldstein Da, Johns Hopkins University	8	5	Foster C Stephen, Harvard University	5
3	Nguyen Qd, Stanford University	7	6	Jaffe Glenn J, Duke University Eye Center, Durham, NC, USA.	5

续表

序号	WOS 数据库		序号	WOS 数据库	
	作者及其所在机构	记录数		作者及其所在机构	记录数
7	Kaiser Peter K, Cleveland Clin Fdn, Cole Eye Inst, Cleveland, OH 44195 USA	5	9	Srivastava Sk, Cleveland Clinic Foundation	5
8	Nguyen Quan Dong, QIMR Berghofter Med Res Inst	5	10	Stewart Jm, University of California San Francisco	5

6.Retisert 相关论文的研究方向（表 4–9–122）

表4–9–122　Retisert研究排名前10位的研究方向

序号	WOS 数据库	
	研究方向	记录数
1	Ophthalmology	101
2	Pharmacology Pharmacy	93
3	Surgery	35
4	Immunology	25
5	Research Experimental Medicine	20
6	Geriatrics Gerontology	18
7	Pathology	17
8	Endocrinology Metabolism	15
9	Cardiovascular System Cardiology	14
10	Pediatrics	12

（二十五）Symbicort 文献计量学与研究热点分析

1.Symbicort 文献计量学的检索策略（表 4–9–123）

表4–9–123　Symbicort文献计量学的检索策略

类别	检索策略	
数据来源	Web of Science 核心合集数据库	CNKI 数据库
引文索引	SCI–Expanded	主题检索
主题词	Symbicort	Symbicort
文献类型	Article	研究论文
语种	英文	中文
检索时段	2000 年 ~2022 年	2000 年 ~2022 年
检索结果	共 242 篇文献	共 0 篇文献

2. 文献发表时间及数量分布（图 4–9–25）

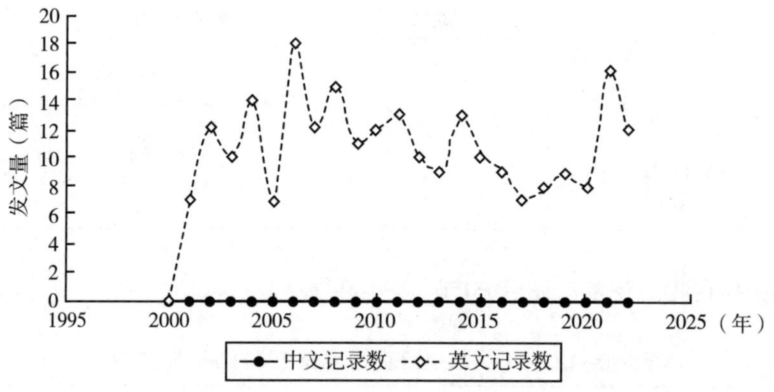

图 4–9–25　Symbicort 文献发表时间及数量分布

3. 文献发表杂志（表 4–9–124）

表4–9–124　Symbicort发文量前10位的期刊

序号	WOS 数据库		序号	WOS 数据库	
	英文来源出版物	记录数		英文来源出版物	记录数
1	RESPIRATORY MEDICINE	19	6	VALUE IN HEALTH	10
2	EUROPEAN RESPIRATORY JOURNAL	13	7	CURRENT MEDICAL RESEARCH AND OPINION	9
3	THORAX	13	8	JOURNAL OF ALLERGY AND CLINICAL IMMUNOLOGY	9
4	INTERNATIONAL JOURNAL OF CLINICAL PRACTICE	11	9	PULMONARY PHARMACOLOGY THERAPEUTICS	9
5	JOURNAL OF AEROSOL MEDICINE AND PULMONARY DRUG DELIVERY	11	10	THE EUROPEAN RESPIRATORY JOURNAL	8

4. 文献发表国家及数量分布（表 4–9–125）

表4–9–125　文献发表前10位的国家

序号	国家	记录数	序号	国家	记录数
1	瑞典	61	6	加拿大	22
2	英国	53	7	中国	20
3	德国	34	8	苏格兰	18
4	美国	31	9	澳大利亚	18
5	荷兰	24	10	意大利	17

5. 文献发表的作者及其所在机构、数量及排序（表 4-9-126）

表4-9-126　发表文章数量前10位的作者

序号	WOS 数据库		序号	WOS 数据库	
	作者及其所在机构	记录数		作者及其所在机构	记录数
1	Buhl R，Linkoping University	17	6	Chrystyn H，University of Huddersfield	7
2	Price D，University of Aberdeen	9	7	Kuna P，Medical University Lodz	7
3	Haughney J，University of Aberdeen	8	8	Selroos O，SEMECO AB（Selroos Medical Consulting）	7
4	Bateman Ed，University of Cape Town	7	9	Vogelmeier C，Philipps University Marburg	7
5	Buhl Roland，Maastricht University	7	10	Ekstrom T，Allericentrum，Universitetssjukhuset，Stockholm，Sweden	6

6.Symbicort 相关论文的研究方向（表 4-9-127）

表4-9-127　Symbicort研究排名前10位的研究方向

序号	WOS 数据库		序号	WOS 数据库	
	研究方向	记录数		研究方向	记录数
1	Respiratory System	200	6	Cardiovascular System Cardiology	61
2	Pharmacology Pharmacy	190	7	Pediatrics	61
3	Allergy	134	8	Immunology	57
4	Medical Laboratory Technology	83	9	Geriatrics Gerontology	56
5	Endocrinology Metabolism	68	10	Research Experimental Medicine	53

（二十六）NicoDerm CQ 文献计量学与研究热点分析

1.NicoDerm CQ 文献计量学的检索策略（表 4-9-128）

表4-9-128　NicoDerm CQ文献计量学的检索策略

类别	检索策略	
数据来源	Web of Science 核心合集数据库	CNKI 数据库
引文索引	SCI-Expanded	主题检索
主题词	NicoDerm CQ	尼古丁贴片
文献类型	Article	研究论文

续表

类别	检索策略	
语种	英文	中文
检索时段	2000 年 ~2022 年	2000 年 ~2022 年
检索结果	共 1 篇文献	共 50 篇文献

2. 文献发表时间及数量分布（图 4-9-26）

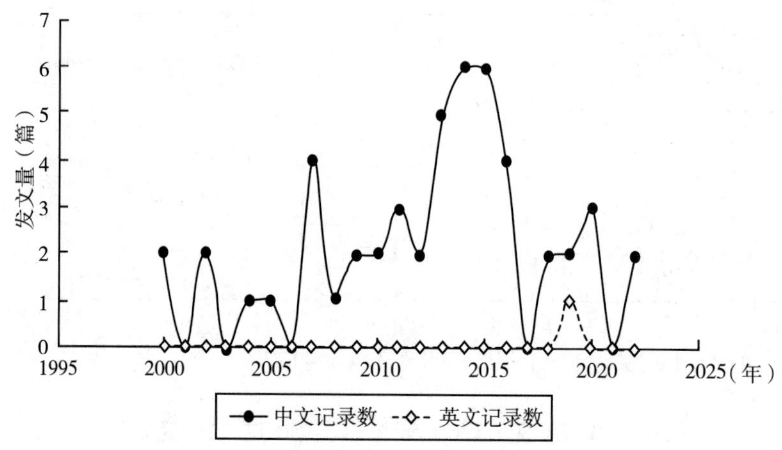

图 4-9-26　NicoDerm CQ 文献发表时间及数量分布

3. 文献发表杂志（表 4-9-129）

表4-9-129　NicoDerm CQ发文量前10位的期刊

序号	WOS 数据库		CNKI 数据库	
	英文来源出版物	记录数	中文来源出版物	记录数
1	NICOTINE TOBACCO RESEARCH	1	健康之家	3
2	/		健康向导	2
3	/		中国社会医学杂志	2
4	/		中国保健营养	1
5	/		中医学报	1
6	/		中国社区医师（医学专业 .	1
7	/		中国新药杂志	1
8	/		中国烟草控制大众传播活动 .	1
9	/		中国临床药理学杂志	1
10	/		人民交通	1

4. 文献发表国家及数量分布（表 4-9-130）

表4-9-130　文献发表首位的国家

序号	国家	记录数
1	美国	1

5. 文献发表的作者及其所在机构、数量及排序（表 4-9-131）

表4-9-131　发表文章数量前10位的作者

序号	WOS 数据库		CNKI 数据库	
	作者及其所在机构	记录数	作者其所在机构	记录数
1	Boldry M C, Pennsylvania Commonwealth System of Higher Education (PCSHE)	1	肖丹, 中日友好医院	3
2	Karelitz J L, Pennsylvania Commonwealth System of Higher Education (PCSHE)	1	王莹莹, 中国中医科学院针灸研究所	2
3	Perkins K A, Pennsylvania Commonwealth System of Higher Education (PCSHE)	1	杨金生, 中国中医科学院	2
4			李新鹏, 河北北方学院附属第三医院	2
5			周明岳, （中国台湾）高雄荣民总医院	2
6			杜明勋, （中国台湾）高雄荣民总医院	2
7			丁荣晶, 中国医学科学院北京协和医院	2
8			薛光杰, （中国台湾）高雄荣民总医院	2
9			刘朝, 中日友好医院	2
10			杨晓辉, 首都医科大学附属北京安贞医院	2

6.NicoDerm CQ 相关论文的研究方向（表 4-9-132）

表4-9-132　NicoDerm CQ研究排名前10位的研究方向

序号	WOS 数据库		CNKI 数据库	
	研究方向	记录数	研究方向	记录数
1	Behavioral Sciences	1	尼古丁贴片	14
2	Health Care Sciences Services	1	戒烟药物	4
3	Pharmacology Pharmacy	1	尼古丁口香糖	3

续表

序号	WOS 数据库		CNKI 数据库	
	研究方向	记录数	研究方向	记录数
4	Psychology	1	尼古丁依赖	3
5	Public Environmental Occupational Health	1	戒烟治疗 尼古丁	2 2
6	Substance Abuse	1	电子香烟	2
7			随机对照试验	2
8			尼古丁成瘾	2
9			伐尼克兰	2
10			烟草依赖	2

（二十七）注射用维替泊芬脂质体文献计量学与研究热点分析

1. 维替泊芬脂质体文献计量学的检索策略（表 4-9-133）

表4-9-133　维替泊芬脂质体文献计量学的检索策略

类别	检索策略	
数据来源	Web of Science 核心合集数据库	CNKI 数据库
引文索引	SCI-Expanded	主题检索
主题词	Visudyne	维替泊芬脂质体
文献类型	Article	研究论文
语种	英文	中文
检索时段	2000 年 ~2022 年	2000 年 ~2022 年
检索结果	共 306 篇文献	共 2 篇文献

2. 文献发表时间及数量分布（图 4-9-27）

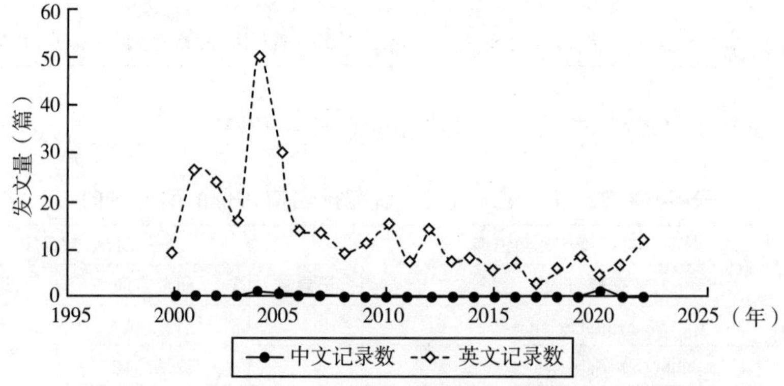

图 4-9-27　注射用维替泊芬脂质体文献发表时间及数量分布

3. 文献发表杂志（表 4-9-134）

表4-9-134 维替泊芬脂质体发文量前10位的期刊

序号	WOS 数据库		CNKI 数据库	
	英文来源出版物	记录数	中文来源出版物	记录数
1	INVESTIGATIVE OPHTHALMOLOGY VISUAL SCIENCE	89	药学学报	1
2	IOVS	82	世界核心医学期刊文摘（眼科学分册）	1
3	RETINA PHILADELPHIA PA	14		
4	RETINA	13		
5	AMERICAN JOURNAL OF OPHTHALMOLOGY	12		
6	JOURNAL FRANCAIS D OPHTALMOLOGIE	9		
7	GRAEFE S ARCHIVE FOR CLINICAL AND EXPERIMENTAL OPHTHALMOLOGY	8		
8	LASERS IN SURGERY AND MEDICINE	7		
9	OPHTHALMOLOGY	7		
10	ACTA OPHTHALMOLOGICA	6		

4. 文献发表国家及数量分布（表 4-9-135）

表4-9-135 文献发表前10位的国家

序号	国家	记录数	序号	国家	记录数
1	美国	111	6	中国	14
2	瑞士	35	7	奥地利	10
3	加拿大	33	8	英国	10
4	法国	17	9	意大利	10
5	德国	17	10	荷兰	10

5. 文献发表的作者及其所在机构、数量及排序（表 4-9-136）

表4-9-136 发表文章数量前10位的作者

序号	WOS 数据库		CNKI 数据库	
	作者及其所在机构	记录数	作者及其所在机构	记录数
1	Van Den Bergh H, Swiss Federal Institutes of Technology Domain	18	张强，北京德立福瑞医药科技有限公司	1
2	Bressler Nm, Johns Hopkins University	14	杨晔，北京大学	1
3	Van Den Bergh Hubert, Swiss Federal Institutes of Technology Domain	12	陈斌龙，北京大学	1

续表

序号	WOS 数据库		CNKI 数据库	
	作者及其所在机构	记录数	作者及其所在机构	记录数
4	Ballini Jp，Ecole Polytechnique Federale de Lausanne	11	汪贻广，北京大学	1
5	Debefve E，University of Lausanne	11	鄢月，北京大学	1
6	Kaiser Pk，Cleveland Clinic Foundation	11	殷晴晴，北京大学	1
7	Bressler Sb，Johns Hopkins University	10	万方劼，北京大学	1
8	Rosenfeld Pj，Emory University	10	杨林洁，北京大学	1
9	Sickenberg M，Emory University	10		
10	Bressler Neil M，Johns Hopkins University	9		

6. 维替泊芬脂质体相关论文的研究方向（表 4-9-137）

表4-9-137　维替泊芬脂质体研究排名前10位的研究方向

序号	WOS 数据库		CNKI 数据库	
	研究方向	记录数	研究方向	记录数
1	Pharmacology Pharmacy	240	光动力治疗	2
2	Ophthalmology	214	光敏剂	1
3	Biochemistry Molecular Biology	146	新生血管	1
4	Science Technology Other Topics	100	肿瘤靶向	1
5	Cardiovascular System Cardiology	86	阳离子脂质体	1
6	Geriatrics Gerontology	57	维替泊芬	1
7	Oncology	56		
8	Research Experimental Medicine	47		
9	Radiology Nuclear Medicine Medical Imaging	42		
10	Neurosciences Neurology	40		

（二十八）硫酸沙丁胺醇吸入气雾文献计量学与研究热点分析

1. 硫酸沙丁胺醇吸入气雾文献计量学的检索策略（表 4-9-138）

表4-9-138　硫酸沙丁胺醇吸入气雾文献计量学的检索策略

类别	检索策略	
数据来源	Web of Science 核心合集数据库	CNKI 数据库
引文索引	SCI-Expanded	主题检索

续表

类别	检索策略	
主题词	Proventil HFA	硫酸沙丁胺醇吸入气雾
文献类型	Article	研究论文
语种	英文	中文
检索时段	2000 年 ~2022 年	2000 年 ~2022 年
检索结果	共 26 篇文献	共 164 篇文献

2. 文献发表时间及数量分布（图 4-9-28）

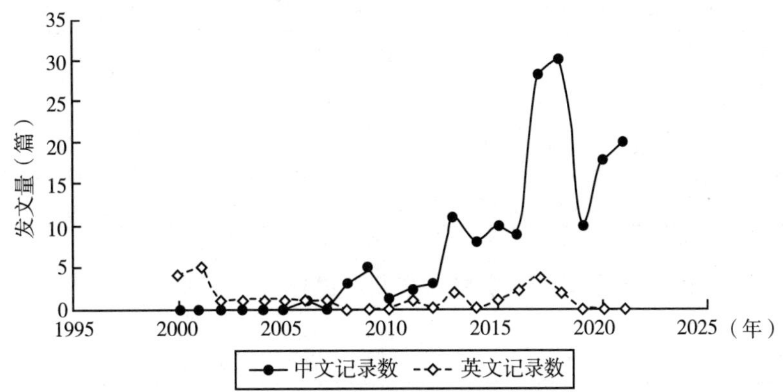

图 4-9-28　硫酸沙丁胺醇吸入气雾文献发表时间及数量分布

3. 文献发表杂志（表 4-9-139）

表4-9-139　硫酸沙丁胺醇吸入气雾发文量前10位的期刊

序号	WOS 数据库		CNKI 数据库	
	英文来源出版物	记录数	中文来源出版物	记录数
1	ANNALS OF ALLERGY ASTHMA IMMUNOLOGY	4	世界最新医学信息文摘	15
2	ANNALS OF ALLERGY ASTHMA IMMUNOLOGY OFFICIAL PUBLICATION OF THE AMERICAN COLLEGE OF ALLERGY ASTHMA IMMUNOLOGY	4	临床医药文献电子杂志	12
3	AAPS JOURNAL	2	临床合理用药杂志	5
4	AAPS PHARMSCITECH	2	现代药物与临床	5
5	THE AAPS JOURNAL	2	中国实用医药	4
6	AMERICAN JOURNAL OF HEALTH SYSTEM PHARMACY	1	中国医药科学	3
7	AMERICAN JOURNAL OF HEALTH SYSTEM PHARMACY AJHP OFFICIAL JOURNAL OF THE AMERICAN SOCIETY OF HEALTH SYSTEM PHARMACISTS	1	海峡药学	3

续表

序号	WOS 数据库		CNKI 数据库	
	英文来源出版物	记录数	中文来源出版物	记录数
8	ARCHIVES OF PEDIATRICS ADOLESCENT MEDICINE	1	中国药业	3
9	ARCHIVES OF PEDIATRICS AND ADOLESCENT MEDICINE	1	中国社区医师	3
10	CHEST	1	北方药学	3

4. 文献发表国家及数量分布（表 4-9-140）

表4-9-140　文献发表前5位的国家

序号	国家	记录数	序号	国家	记录数
1	美国	24	4	法国	1
2	智利	2	5	瑞典	1
3	英国	1			

5. 文献发表的作者及其所在机构、数量及排序（表 4-9-141）

表4-9-141　发表文章数量前10位的作者

序号	WOS 数据库		CNKI 数据库	
	作者及其所在机构	记录数	作者及其所在机构	记录数
1	Myrdal Paul B, University of Arizona	3	林文辉，广东省湛江市同德药业有限公司	4
2	Barnhart F, GlaxoSmithKline	2	肖海文，广东省湛江市同德药业有限公司	4
3	Harris Ja, Early Pharmaceutics and Technology Laboratory, 3M Drug Delivery Systems, St Paul, MN.	3	黄洁霞，广东省湛江市同德药业有限公司	4
4	Chand R, University of New Mexico	2	雷春华，广东省湛江市同德药业有限公司	4
5	Colice Gl, State University System of Florida	2	王明巧，广东省湛江市同德药业有限公司	4
6	Conti D S, US Food & Drug Administration	2	周颖，北京大学	2
7	Fagan Nora M, Boehringer Ingelheim	2	宁保明，中国食品药品检定研究院	2
8	Ghafouri M, Tehran University of Medical Sciences	2	何正，华中科技大学同济医学院附属同济医院	2

续表

序号	WOS 数据库		CNKI 数据库	
	作者及其所在机构	记录数	作者及其所在机构	记录数
9	Godoy Se, Universidad de Concepcion	2	魏宁漪, 中国食品药品检定研究院	2
10	Hautmann J, University of New Mexico	2	邵奇, 上海上药信谊药厂有限公司	2

6. 硫酸沙丁胺醇吸入气雾相关论文的研究方向（表 4–9–142）

表4–9–142　硫酸沙丁胺醇吸入气雾研究排名前10位的研究方向

序号	WOS 数据库		CNKI 数据库	
	研究方向	记录数	研究方向	记录数
1	Pharmacology Pharmacy	25	硫酸沙丁胺醇气雾剂	75
2	Respiratory System	22	茶碱控释片	64
3	Medical Laboratory Technology	16	硫酸沙丁胺醇	57
4	Allergy	11	急性老年哮喘	37
5	Immunology	8	老年哮喘	33
6	Cardiovascular System Cardiology	7	急诊治疗	23
7	Pediatrics	7	疗效对比分析	21
8	Toxicology	5	硫酸沙丁胺醇吸入气雾吸入	17
9	Infectious Diseases	4	布地奈德	14
10	Biochemistry Molecular Biology	3	吸入治疗	11

（二十九）Pegaptanib 文献计量学与研究热点分析

1.Pegaptanib 文献计量学的检索策略（表 4–9–143）

表4–9–143　Pegaptanib文献计量学的检索策略

类别	检索策略	
数据来源	Web of Science 核心合集数据库	CNKI 数据库
引文索引	SCI–Expanded	主题检索
主题词	Pegaptanib	Pegaptanib
文献类型	Article	研究论文
语种	英文	中文
检索时段	2000 年 ~2022 年	2000 年 ~2022 年
检索结果	共 1024 篇文献	共 0 篇文献

2. 文献发表时间及数量分布（图 4-9-29）

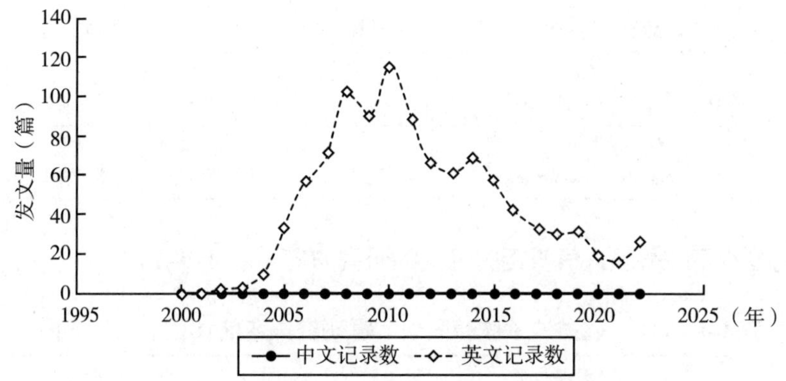

图 4-9-29　Pegaptanib 文献发表时间及数量分布

3. 文献发表杂志（表 4-9-144）

表4-9-144　Pegatanib发文量前10位的期刊

序号	WOS 数据库		序号	WOS 数据库	
	英文来源出版物	记录数		英文来源出版物	记录数
1	INVESTIGATIVE OPHTHALMOLOGY VISUAL SCIENCE	81	6	AMERICAN JOURNAL OF OPHTHALMOLOGY	36
2	IOVS	81	7	OPHTHALMOLOGY	32
3	RETINA THE JOURNAL OF RETINAL AND VITREOUS DISEASES	68	8	EYE BASINGSTOKE	29
4	RETINA PHILADELPHIA PA	67	9	GRAEFE S ARCHIVE FOR CLINICAL AND EXPERIMENTAL OPHTHALMOLOGY	29
5	RETINA	62	10	EYE LONDON ENGLAND	28

4. 文献发表国家及数量分布（表 4-9-145）

表4-9-145　文献发表前10位的国家

序号	国家	记录数	序号	国家	记录数
1	美国	419	6	中国	47
2	德国	92	7	西班牙	42
3	英国	89	8	法国	30
4	意大利	81	9	巴西	26
5	日本	55	10	土耳其	23

5. 文献发表的作者及其所在机构、数量及排序（表 4–9–146）

表4–9–146　发表文章数量前10位的作者

序号	WOS 数据库		序号	WOS 数据库	
	作者及其所在机构	记录数		作者及其所在机构	记录数
1	Scott Ingrid U，Pennsylvania Commonwealth System of Higher Education（PCSHE）	19	6	Scott Iu，Pennsylvania Commonwealth System of Higher Education（PCSHE）	13
2	Adamis A P，Shire Pharmaceuticals Limited	16	7	Bakri Sophie J，Retina Vitreous Associates Medical Group	11
3	Pauleikhoff D，Retina Vitreous Associates Medical Group	14	8	Costagliola C，University of Naples Federico Ⅱ	11
4	Bakri Sj，Mayo Clinic	13	9	Rosenfeld Pj，Univ Miami	11
5	Freund Kb，Shire Pharmaceuticals Limited	13	10	Bartz–schmidt Ku，Eberhard Karls University of Tubingen	10

6.Pegaptanib 相关论文的研究方向（表 4–9–147）

表4–9–147　Pegaptanib 研究排名前10位的研究方向

序号	WOS 数据库		序号	WOS 数据库	
	研究方向	记录数		研究方向	记录数
1	Pharmacology Pharmacy	871	6	Immunology	266
2	Ophthalmology	807	7	Research Experimental Medicine	223
3	Biochemistry Molecular Biology	694	8	Toxicology	167
4	Cardiovascular System Cardiology	338	9	Endocrinology Metabolism	154
5	Geriatrics Gerontology	267	10	Radiology Nuclear Medicine Medical Imaging	152

（三十）自体软骨细胞培养移植技术文献计量学与研究热点分析

1.MACI 文献计量学的检索策略（表 4–9–148）

表4–9–148　MACI文献计量学的检索策略

类别	检索策略	
数据来源	Web of Science 核心合集数据库	CNKI 数据库
引文索引	SCI–Expanded	主题检索
主题词	MACI	自体软骨细胞培养移植技术

续表

类别	检索策略	
文献类型	Article	研究论文
语种	英文	中文
检索时段	2000 年 ~2022 年	2000 年 ~2022 年
检索结果	共 426 篇文献	共 5 篇文献

2. 文献发表时间及数量分布（图 4-9-30）

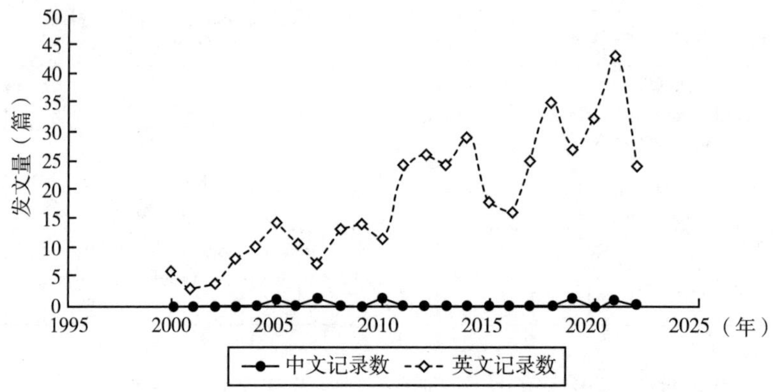

图 4-9-30 自体软骨细胞培养移植技术文献发表时间及数量分布

3. 文献发表杂志（表 4-9-149）

表4-9-149 自体软骨细胞培养移植技术发文量前10位的期刊

序号	WOS 数据库		CNKI 数据库	
	英文来源出版物	记录数	中文来源出版物	记录数
1	AMERICAN JOURNAL OF SPORTS MEDICINE	30	昆明医科大学	1
2	THE AMERICAN JOURNAL OF SPORTS MEDICINE	30	大连理工大学	1
3	KNEE SURGERY SPORTS TRAUMATOLOGY ARTHROSCOPY	20	广州中医药大学	1
4	KNEE SURGERY SPORTS TRAUMATOLOGY ARTHROSCOPY OFFICIAL JOURNAL OF THE ESSKA	20	中国组织工程研究	1
5	CARTILAGE	17	中国人民解放军海军军医大学	1
6	ARTHROSCOPY THE JOURNAL OF ARTHROSCOPIC AND RELATED SURGERY	8		
7	ARTHROSCOPY THE JOURNAL OF ARTHROSCOPIC RELATED SURGERY OFFICIAL PUBLICATION OF THE ARTHROSCOPY ASSOCIATION OF NORTH AMERICA AND THE INTERNATIONAL ARTHROSCOPY ASSOCIATION	8		

续表

序号	WOS 数据库		CNKI 数据库	
	英文来源出版物	记录数	中文来源出版物	记录数
8	FOOT ANKLE INTERNATIONAL	8		
9	ARTHROSCOPY	7		
10	ORTHOPAEDIC JOURNAL OF SPORTS MEDICINE	7		

4. 文献发表国家及数量分布（表 4-9-150）

表4-9-150　文献发表前10位的国家

序号	国家	记录数	序号	国家	记录数
1	美国	73	6	中国	28
2	德国	53	7	西班牙	24
3	澳大利亚	45	8	瑞士	23
4	英国	42	9	奥地利	19
5	意大利	32	10	智利	13

5. 文献发表的作者及其所在机构、数量及排序（表 4-9-151）

表4-9-151　发表文章数量前10位的作者

序号	WOS 数据库		CNKI 数据库	
	作者及其所在机构	记录数	作者及其所在机构	记录数
1	Ebert Jr, University of Western Australia	26	叶启彬, 武警总医院	1
2	Wood Dj, University of Western Australia	24	吴剑宏, 上海市第一人民医院	1
3	Fallon M, University of Western Australia	16	高春华, 解放军总医院第三医学中心	1
4	Ackland Tr, University of Western Australia	13	张仲文, 解放军总医院第三医学中心	1
5	Zheng Mh, University of Western Australia	13	姜良斌, 广州中医药大学	1
6	Bentley G, Hebrew University of Jerusalem	10	杨帆, 大连理工大学	1
7	Janes Gc, Perth Orthopaed & Sports Med Ctr	10	赵智君, 重庆市渝北区人民医院	1
8	Migliorini F, RWTH Univ Hosp Aachen	10	白建鹏, 武警总医院	1
9	Skinner Ja, University College London	10		
10	Briggs Twr, Getting It Right First Time programme	9		

6.MACI 相关论文的研究方向（表 4-9-152）

表4-9-152　MACI研究排名前10位的研究方向

序号	WOS 数据库		CNKI 数据库	
	研究方向	记录数	研究方向	记录数
1	Orthopedics	194	软骨细胞	2
2	Cell Biology	172	关节软骨损伤	2
3	Surgery	167	细胞修复	1
4	Anatomy Morphology	161	海藻酸钠	1
5	Transplantation	139	三维培养	1
6	Sport Sciences	120	软骨缺损	1
7	Rehabilitation	107	膜支架	1
8	Psychology	86	壳聚糖	1
9	Pediatrics	73	海藻酸钠膜	1
10	Rheumatology	68	骨髓间充质干细胞	1

参考文献

[1] FDA. 西罗莫司口服液（1mg/ml）美国 FDA 药品说明书［EB/OL］.［2024-08-15］.https：//www.fda.gov/

[2] EMA. 西罗莫司口服液（1mg/ml）欧洲药品说明书［EB/OL］.［2024-08-12］.https：//www.ema.europa.eu/en

[3] 西罗莫司口服液 . 药品说明书［EB/OL］.［2024-08-11］.https：//www.yaozh.com/

[4] EASL Clinical Practice Guidelines：Liver transplantation［J］. J Hepatol，2016，64（2）：433-485.

[5] 郑树森，董家鸿，窦科峰，等 . 中国肝癌肝移植临床实践指南（2021 版）［J］. 中华移植杂志（电子版），2021，15（06）：321-328.

[6] FDA. 替扎尼定（4mg/ml）美国 FDA 药品说明书［EB/OL］.［2024-08-14］.https：//www.fda.gov/

[7] DELGADO M R，HIRTZ D，AISEN M，et al. Practice parameter：pharmacologic treatment of spasticity in children and adolescents with cerebral palsy（an evidence-based review）：report of the Quality Standards Subcommittee of the American Academy of Neurology and the Practice Committee of the Child Neurology Society［J］. Neurology，2010，74（4）：336-343.

[8] FDA. 阿瑞匹坦（150mg）美国 FDA 药品说明书［EB/OL］.［2024-08-10］.https：//www.fda.gov/

[9] 于世英，印季良，秦叔逵，等 . 肿瘤治疗相关呕吐防治指南（2014 版）［J］. 临床肿瘤学杂志，2014，19（03）：263-273.

[10] FDA. 大麻隆（1mg）美国 FDA 药品说明书［EB/OL］.［2024-08-13］.https：//www.yaozh.com/

［11］FDA. 茶碱（80mg/15ml）美国 FDA 药品说明书［EB/OL］.［2024-08-15］.https：//www.yaozh.com/

［12］FDA. 丹曲林钠（250 mg/5ml）美国 FDA 药品说明书［EB/OL］.［2024-08-15］.https：//www.yaozh.com/

［13］FDA.0.09% 环孢素 A 纳米胶束制剂（0.9%）美国 FDA 药品说明书［EB/OL］.［2024-08-15］.https：//www.yaozh.com/

［14］FDA. 右旋硫酸右苯丙胺（5 mg）美国 FDA 药品说明书［EB/OL］.［2024-08-15］.https：//www.yaozh.com/

［15］FDA. 口服索马鲁肽（3 mg）美国 FDA 药品说明书［EB/OL］.［2024-08-15］.https：//www.yaozh.com/

［16］FDA. 腺苷脱氨酶无菌注射液（1.5mg/ml）美国 FDA 药品说明书［EB/OL］.［2024-08-15］.https：//www.yaozh.com/

［17］FDA.Movantik（12.5 mg）美国 FDA 药品说明［EB/OL］.［2024-08-16］.https：//www.yaozh.com/

［18］FDA.Naloxegol for treating opioid-induced constipation［EB/OL］.［2024-08-13］.https：//www.fda.gov/

［19］FDA. 醋酸去氨加压素（4μg/ml）美国 FDA 药品说明书［EB/OL］.［2024-08-13］.https：//www.fda.gov/

［20］FDA.Afrezza（4μg）美国 FDA 药品说明书［EB/OL］.［2024-08-13］.https：//www.fda.gov/

［21］FDA. 贝拉西普（250mg）美国 FDA 药品说明书［EB/OL］.［2024-08-13］.https：//www.fda.gov/

［22］BAKER R J，MARK P B，PATEL R K，et al. Renal association clinical practice guideline in post-operative care in the kidney transplant recipient［J］. BMC Nephrol，2017，18（1）：174.

［23］FDA.Cimzia（200mg）美国 FDA 药品说明书［EB/OL］.［2024-08-13］.https：//www.fda.gov/

［24］李玥，钱家鸣 . 抗肿瘤坏死因子 α 单克隆抗体治疗炎症性肠病专家共识（2017）［J］. 协和医学杂志，2017，8（Z2）：239-243.

［25］BERMEJO I，STEVENSON M，ARCHER R，et al. Certolizumab Pegol for Treating Rheumatoid Arthritis Following Inadequate Response to a TNF-alpha Inhibitor：An Evidence Review Group Perspective of a NICE Single Technology Appraisal［J］. Pharmacoeconomics，2017，35（11）：1141-1151.

［26］FRAENKEL L，BATHON J M，ENGLAND B R，et al. 2021 American College of Rheumatology

Guideline for the Treatment of Rheumatoid Arthritis［J］. Arthritis Care Res (Hoboken), 2021, 73 (7): 924–939.

［27］TORRES J, BONOVAS S, DOHERTY G, et al. ECCO Guidelines on Therapeutics in Crohn’s Disease: Medical Treatment［J］. J Crohns Colitis, 2020, 14 (1): 4–22.

［28］FDA. 博纳吐单抗（35μg）美国 FDA 药品说明书［EB/OL］.［2024–08–13］.https://www.fda.gov/

［29］FDA. 博纳吐单抗（38.5μg）美国 FDA 药品说明书［EB/OL］.［2024–08–13］.https://www.fda.gov/

［30］FDA. 雅美罗（80mg/4ml）美国 FDA 药品说明书［EB/OL］.［2024–08–13］.https://www.fda.gov/

［31］托珠单抗注射液（80mg/4ml，200mg/10ml，400mg/20ml）药品说明书［EB/OL］.［2024–08–13］.https://www.yaozh.com/

［32］MALAVIYA A P, LEDINGHAM J, BLOXHAM J, et al. The 2013 BSR and BHPR guideline for the use of intravenous tocilizumab in the treatment of adult patients with rheumatoid arthritis［J］. Rheumatology (Oxford), 2014, 53 (7): 1344–1346.

［33］FDA.Givlaari（189mg/ml）美国 FDA 药品说明书［EB/OL］.［2024–08–16］.https://www.fda.gov/

［34］EMA.Givlaari（189mg/ml）欧洲药品说明书［EB/OL］.［2024–08–12］.https://www.ema.europa.eu/en

［35］FDA. 新山地明（100mg）美国 FDA 药品说明书［EB/OL］.［2024–08–16］.https://www.fda.gov/

［36］GOODMAN S M, SPRINGER B D, CHEN A F, et al. 2022 American College of Rheumatology/American Association of Hip and Knee Surgeons Guideline for the Perioperative Management of Antirheumatic Medication in Patients With Rheumatic Diseases Undergoing Elective Total Hip or Total Knee Arthroplasty［J］. Arthritis Care Res (Hoboken), 2022, 74 (9): 1399–1408.

［37］FDA. 鲑降钙素［200（USPU）/ml］美国 FDA 药品说明书［EB/OL］.［2024–08–13］. https://www.yaozh.com/

［38］纪泉，易端，王建业，等. 老年患者慢性肌肉骨骼疼痛管理中国专家共识（2019）［J］. 中华老年病研究电子杂志，2019，6（02）：28–34.

［39］FDA. 瑞米凯德（100mg/10ml）美国 FDA 药品说明书［EB/OL］.［2024–08–13］.https://www.yaozh.com/

［40］EMA. 瑞米凯德（100mg/10ml）欧洲药品说明书［EB/OL］.［2024–08–16］.https://www.ema.europa.eu/en

[41] 瑞米凯德（100mg/10ml）药品说明书［EB/OL］.［2024-08-13］.https：//www.yaozh.com/

[42] LOVEMAN E，TURNER D，HARTWELL D，et al. Infliximab for the treatment of adults with psoriasis［J］. Health Technol Assess，2009，13（1）：55-60.

[43] HYDE C，BRYAN S，JUAREZ-GARCIA A，et al. Infliximab for the treatment of ulcerative colitis［J］. Health Technol Assess，2009，13（3）：7-11.

[44] ARCHER R，TAPPENDEN P，REN S，et al. Infliximab，adalimumab and golimumab for treating moderately to severely active ulcerative colitis after the failure of conventional therapy（including a review of TA140 and TA262）：clinical effectiveness systematic review and economic model［J］.Health Technol Assess，2016，20（39）：321-326.

[45] RODGERS M，EPSTEIN D，BOJKE L，et al. Etanercept，infliximab and adalimumab for the treatment of psoriatic arthritis：a systematic review and economic evaluation［J］. Health Technol Assess，2011，15（10）：321-329.

[46] FDA. 修美乐（40mg/0.8ml）美国 FDA 药品说明书［EB/OL］.［2024-08-13］.https：//www.yaozh.com/

[47] TURNER D，PICOT J，COOPER K，et al. Adalimumab for the treatment of psoriasis［J］. Health Technol Assess，2009，13（2）：49-54.

[48] FDA.Allegra D（180mg，240mg）美国 FDA 药品说明书［EB/OL］.［2024-08-13］.https：//www.yaozh.com/

[49] FDA.RETISERT（氟轻松丙酮玻璃体内植入物）（0.59mg）美国 FDA 药品说明书［EB/OL］.［2024-08-13］.https：//www.yaozh.com/

[50] POUWELS X，PETERSOHN S，CARRERA V H，et al. Fluocinolone Acetonide Intravitreal Implant for Treating Recurrent Non-infectious Uveitis：An Evidence Review Group Perspective of a NICE Single Technology Appraisal［J］. Pharmacoeconomics，2020，38（5）：431-441.

[51] MUSHTAQ Y，MUSHTAQ M M，GATZIOUFAS Z，et al. Intravitreal Fluocinolone Acetonide Implant（ILUVIEN（（R）））for the Treatment of Retinal Conditions. A Review of Clinical Studies［J］. Drug Des Devel Ther，2023，17：961-975.

[52] Symbicort（160 ug/L，4.5 ug/L）美国 FDA 药品说明书［EB/OL］.［2024-08-13］.https：//www.yaozh.com/

[53] FDA.NicoDerm CQ（7mg）美国 FDA 药品说明书［EB/OL］.［2024-08-11］.https：//www.yaozh.com/

[54] FDA. 注射用维替泊芬脂质体（15mg）美国 FDA 药品说明书［EB/OL］.［2024-08-16］. https：//www.yaozh.com/

[55] EMA. 注射用维替泊芬脂质体（15mg）欧洲药品说明书［EB/OL］.［2024-08-12］.https：

//www.ema.europa.eu/en

[56] FDA. 硫酸沙丁胺醇气雾剂（0.09mg）美国 FDA 药品说明书［EB/OL］.［2024-08-13］. https：//www.yaozh.com/

[57] 硫酸沙丁胺醇气雾剂（100μg）药品说明书［EB/OL］.［2024-08-13］.https：//www.yaozh.com/

[58] FDA.Pegaptanib（0.3mg/0.09ml）美国 FDA 药品说明书［EB/OL］.［2024-08-16］.https：//www.yaozh.com/

[59] COLQUITT J L，JONES J，TAN S C，et al. Ranibizumab and pegaptanib for the treatment of age-related macular degeneration：a systematic review and economic evaluation［J］. Health Technol Assess，2008，12（16）：201.

[60] FDA. 自体软骨细胞培养移植技术 . 美国 FDA 生物制品说明书［EB/OL］.［2024-08-14］. https：//www.yaozh.com/

[61] JONES-HUGHES T，SNOWSILL T，HAASOVA M，et al. Immunosuppressive therapy for kidney transplantation in adults：a systematic review and economic model［J］. Health Technol Assess，2016，20（62）：591-594.

[62] JEON H J，LEE H E，YANG J. Safety and efficacy of Rapamune（R）(Sirolimus) in kidney transplant recipients：results of a prospective post-marketing surveillance study in Korea［J］. BMC Nephrol，2018，19（1）：201.

[63] MCEWAN P，DIXON S，BABOOLAL K，et al. Evaluation of the cost effectiveness of sirolimus versus tacrolimus for immunosuppression following renal transplantation in the UK［J］. Pharmacoeconomics，2006，24（1）：67-79.

[64] GOA K L，WAGSTAFF A J. Losartan potassium：a review of its pharmacology，clinical efficacy and tolerability in the management of hypertension［J］. Drugs，1996，51（5）：820-845.

[65] RUSHTON D N，LLOYD A C，ANDERSON P M. Cost-effectiveness comparison of tizanidine and baclofen in the management of spasticity［J］. Pharmacoeconomics，2002，20（12）：827-837.

[66] HESKETH P J，GRUNBERG S M，GRALLA R J，et al. The oral neurokinin-1 antagonist aprepitant for the prevention of chemotherapy-induced nausea and vomiting：a multinational，randomized，double-blind，placebo-controlled trial in patients receiving high-dose cisplatin--the Aprepitant Protocol 052 Study Group［J］. J Clin Oncol，2003，21（22）：4112-4119.

[67] SCHMOLL H J，AAPRO M S，POLI-BIGELLI S，et al. Comparison of an aprepitant regimen with a multiple-day ondansetron regimen，both with dexamethasone，for antiemetic efficacy in high-dose cisplatin treatment［J］. Ann Oncol，2006，17（6）：1000-1006.

[68] POLI–BIGELLI S，RODRIGUES–PEREIRA J，CARIDES A D，et al. Addition of the neurokinin 1 receptor antagonist aprepitant to standard antiemetic therapy improves control of chemotherapy–induced nausea and vomiting. Results from a randomized，double–blind，placebo–controlled trial in Latin America [J] . Cancer，2003，97 (12)：3090–3098.

[69] ANNEMANS L，STRENS D，LOX E，et al. Cost–effectiveness analysis of aprepitant in the prevention of chemotherapy–induced nausea and vomiting in Belgium [J] . Support Care Cancer，2008，16 (8)：905–915.

[70] LORDICK F，EHLKEN B，IHBE–HEFFINGER A，et al. Health outcomes and cost–effectiveness of aprepitant in outpatients receiving antiemetic prophylaxis for highly emetogenic chemotherapy in Germany [J] . Eur J Cancer，2007，43 (2)：299–307.

[71] YOUNGCHAIYUD P，PERMPIKUL C，SUTHAMSMAI T，et al. A double–blind comparison of inhaled budesonide，long–acting theophylline，and their combination in treatment of nocturnal asthma [J] . Allergy，1995，50 (1)：28–33.

[72] OHTA K，FUKUCHI Y，GROUSE L，et al. A prospective clinical study of theophylline safety in 3810 elderly with asthma or COPD [J] . Respir Med，2004，98 (10)：1016–1024.

[73] MAHEMUTI G，ZHANG H，LI J，et al. Efficacy and side effects of intravenous theophylline in acute asthma：a systematic review and meta–analysis [J] . Drug Des Devel Ther，2018，12：99–120.

[74] GOLDBERG D F，MALHOTRA R P，SCHECHTER B A，et al. A Phase 3，Randomized，Double–Masked Study of OTX–101 Ophthalmic Solution 0.09% in the Treatment of Dry Eye Disease [J] . Ophthalmology，2019，126 (9)：1230–1237.

[75] RODBARD H W，ROSENSTOCK J，CANANI L H，et al. Oral Semaglutide Versus Empagliflozin in Patients with Type 2 Diabetes Uncontrolled on Metformin：The PIONEER 2 Trial [J] . Diabetes Care，2019，42 (12)：2272–2281.

[76] DAVIES M，PIEBER T R，HARTOFT–NIELSEN M L，et al. Effect of Oral Semaglutide Compared with Placebo and Subcutaneous Semaglutide on Glycemic Control in Patients With Type 2 Diabetes：A Randomized Clinical Trial [J] . JAMA，2017，318 (15)：1460–1470.

[77] BAIN S C，HANSEN B B，MALKIN S，et al. Oral Semaglutide Versus Empagliflozin，Sitagliptin and Liraglutide in the UK：Long–Term Cost–Effectiveness Analyses Based on the PIONEER Clinical Trial Programme [J] . Diabetes Ther，2020，11 (1)：259–277.

[78] DANIALI M，NIKFAR S，ABDOLLAHI M. Evaluating naloxegol for the treatment of opioid–induced constipation [J] . Expert Opin Pharmacother，2020，21 (8)：883–891.

[79] BRASS E P. Assessing the benefit–risk for new drugs：are the FDA’ s Endocrinologic and

Metabolic Drugs Advisory Committee and the Division of Metabolism and Endocrinology Products in sync? [J] . Diabetes Care, 2013, 36 (7): 1823–1826.

[80] LASAGNA–REEVES C A, CLOS A L, MIDORO–HIRIUTI T, et al. Inhaled insulin forms toxic pulmonary amyloid aggregates [J] . Endocrinology, 2010, 151 (10): 4717–4724.

[81] FLEISCHMANN R, VENCOVSKY J, van VOLLENHOVEN R F, et al. Efficacy and safety of certolizumab pegol monotherapy every 4 weeks in patients with rheumatoid arthritis failing previous disease–modifying antirheumatic therapy: the FAST4WARD study [J] . Ann Rheum Dis, 2009, 68 (6): 805–811.

[82] KEYSTONE E, HEIJDE D, MASON D J, et al. Certolizumab pegol plus methotrexate is significantly more effective than placeb plus methotrexate in active rheumatoid arthritis: findings of a fifty–two–week, phase III, multicenter, randomized, double–blind, placebo–controlled, parallel–group study [J] . Arthritis Rheum, 2008, 58 (11): 3319–3329.

[83] EMA. 希敏佳（200mg）欧洲药品说明书 [EB/OL] . [2024–08–12] .https: //www.ema.europa.eu/en

[84] PURCARU O, TAYLOR P C, EMERY P, et al. PMS42 COST–EFFECTIVENESS OF CERTOLIZUMAB PEGOL PLUS METHOTREXATE OR AS MONOTHERAPY FOR THE TREATMENT OF ACTIVE RHEUMATOID ARTHRITIS IN THE UNITED KINGDOM [J] . Value in Health, 2010, 13 (7): 310.

[85] HIDALGO–VEGA A, VILLORO R, BLASCO J A, et al. Cost–utility analysis of certolizumab pegol versus alternative tumour necrosis factor inhibitors available for the treatment of moderate–to–severe active rheumatoid arthritis in Spain [J] . Cost Eff Resour Alloc, 2015, 13: 11.

[86] TZANETAKOS C, MANIADAKIS N, KOURLABA G, et al. Cost–Utility Analysis of Certolizumab Pegol Plus Methotrexate for the Treatment of Moderate–To–Severe Active Rheumatoid Arthritis In Greece [J] . Value Health, 2014, 17 (7): A382.

[87] WOLACH O, STONE R M. Blinatumomab for the Treatment of Philadelphia Chromosome–Negative, Precursor B–cell Acute Lymphoblastic Leukemia [J] . Clin Cancer Res, 2015, 21 (19): 4262–4269.

[88] JONES G, DARIAN–SMITH E, KWOK M, et al. Effect of biologic therapy on radiological progression in rheumatoid arthritis: what does it add to methotrexate [J] . Biologics, 2012, 6: 155–161.

[89] DOUGADOS M, KISSEL K, SHEERAN T, et al. Adding tocilizumab or switching to tocilizumab monotherapy in methotrexate inadequate responders: 24–week symptomatic and structural results of a 2–year randomised controlled strategy trial in rheumatoid arthritis (ACT–RAY) [J] . Ann

Rheum Dis，2013，72（1）：43-50.

[90] MICHAUD K，MESSER J，CHOI H K，et al. Direct medical costs and their predictors in patients with rheumatoid arthritis：a three-year study of 7，527 patients [J]. Arthritis Rheum，2003，48（10）：2750-2762.

[91] RICCI A，VENTURA P. Givosiran for the treatment of acute hepatic porphyria [J]. Expert Rev Clin Pharmacol，2022，15（4）：383-393.

[92] SAKKAT A，COX G，KHALIDI N，et al. Infliximab therapy in refractory sarcoidosis：a multicenter real-world analysis [J]. Respir Res，2022，23（1）：54.

第五章

纳米药物的安全性与药物警戒

第一节　纳米药物临床前的毒理学和安全性评价

第二节　纳米药物的潜在风险来源

第三节　纳米药物的不良反应 / 事件

第四节　纳米药物上市后药物警戒情况

第一节　纳米药物临床前的毒理学和安全性评价

一、纳米药物的安全性问题

药品是特殊的商品，其有效性和安全性直接关系到人们的健康和安全，因此其研发、生产及销售等过程必须严格按照法律法规进行规范化、制度化、科学化的管理，如《药物非临床研究质量管理规范》(GLP)、《药物临床试验质量管理规范》(GCP)等。纳米药物是指其尺寸在1~1000nm之间的纳米粒、纳米载体或纳米药物，其主要包括三类：第一类是指纳米药物载体，通常作为药物的载体，将药物包裹在纳米载体中，或依附于纳米载体表面；第二类是将药物原料加工成符合纳米粒尺寸的纳米颗粒；第三类则是开发的新型纳米诊断药物。纳米药物正是凭借其微小的尺寸、较高的比表面积、提升药物稳定性和靶向性等优势，广泛应用于药物治疗学、诊断学和组织工程学等多方面。虽然纳米药物有着巨大的优势潜力，但也存在着不良反应。2004年，Donaldson等提出了“纳米毒理学”[1]。该学说认为纳米药物虽能利用其理化性质和表面性质的改变提升药物的作用效果，但由于纳米药物具有异质特征，既具有固体材料的性质又具有分子流动性的特点，可以通过呼吸暴露、消化道吸收、皮肤暴露等方式进入血液循环，并通过血液循环进入组织器官，也会改变体内微环境和病理学特征。且国内外尚未有针对纳米特性的安全性指南，对于纳米药物的监管也主要依赖于个案风险评估。因此，对纳米药物的有效性和安全性进行评价时应遵循新药药理病理学研究的一般原则，应同时集合纳米药物的生物学特征。纳米材料的物理化学特性，包括尺寸、形状、表面电荷、表面化学功能团和比表面积等对纳米药物在生物体体内的循环、组织器官的清除具有重要影响。因此在进行毒理学和安全性评价时，更应注意以下4点。

(1)纳米药物的粒径　纳米药物粒径小会导致药物极易进入体内，能提高药物的摄取和胞内转移时间，应该关注纳米粒对血液循环系统、消化系统的影响及对各种屏障系统的损伤等。

(2)纳米药物的表面特性　如表面电荷、亲水/亲油性、辅料的组成等，有待深入开展。

（3）药物纳米化的性状改变　药物经纳米化后，其生物体内的药物动力学和药效学行为可能发生重大变化，应关注纳米尺度下载体或药物颗粒与机体生物分子和细胞的相互作用。

（4）药物本身的安全性与毒性问题　综上所述，针对纳米药物的特殊性，深入系统开展纳米药物的安全性问题研究十分必要。同时，通过这些研究，一方面增强对纳米药物及纳米效应机制的认识，另一方面对规范我国纳米药物的研究和开发，为我国药品监督管理部门制定纳米药物研究的指导原则、建立规范的纳米药物有效性和安全性评价体系技术指导原则提供科学依据，对更好地开发安全有效的且具有自主知识产权的纳米药物具有重大意义。

二、纳米毒理学

由于纳米药物特殊的尺寸效应、量子效应等，纳米材料对环境、生态、人体健康的潜在危害也引起了人们的高度关注。纳米物质通过生产、使用、废弃物等环节大量进入环境，并通过各类循环最终进入人体，也可能为人类和环境带来潜在危害。现今已有1900余种人造纳米材料进入市场，同时新的纳米材料不断产生，人体已经暴露于纳米环境中，所以对于纳米材料安全性的研究更加迫切，已成为世界关注的重大课题和研究热点。

由此，纳米毒理学这门专门研究人造纳米材料毒性损伤及其防控的科学应运而生，并得到快速发展。纳米毒理学是研究在纳米尺度下（0~100nm）物质与生物体相互作用过程及其所产生的生物学效应或健康效应的一门新兴学科，是毒理学在纳米药物研究中的应用。纳米药物特殊的理化特性是纳米毒理学研究的核心内容之一，通过对纳米药物生物安全性研究，进一步扩大了纳米技术的研究及应用领域。由于纳米尺度介于原子簇与宏观物体之间，因此，纳米药物具有独特的物理化学性质，如机械性能、光电学性质和生物反应活性等。纳米材料可通过皮肤、呼吸道、消化道、血液等途径进入人体，并与细胞、器官和组织相互作用，影响生物学行为。

目前，大量的体内外实验和流行病学研究发现，纳米颗粒进入人体与众多疾病密切相关，包括支气管哮喘、慢性支气管炎、阻塞性肺气肿、肺癌、神经退行性疾病、自体免疫性疾病（系统性红斑狼疮、硬皮病、风湿性关节炎）等；消化道纳米颗粒与克罗恩病及大肠癌有关，进入血液系统的纳米颗粒与动脉粥样硬化、血栓、心律失常、心脏疾病、心源性猝死，及导致肝脏、脾脏的疾病有关。国内流行病学研究证实，大气颗粒物（尤其是细颗粒物和超细颗粒物）的浓度与呼吸疾病短期发病率、死亡率呈正相关。暴露于纳米水平的颗粒物可能会引起严重的公共健康问题，如呼吸系统疾病和心血管疾病。世界卫生组织（WHO）呼吁要优先研究超细颗粒物，尤其是纳米尺度颗粒物的生物机制，从而可以使人们正确地认识纳米材料对人体危害发生的过程，进而采取科学的防控对策。纳米药物进入机体可突破重要的生理屏障，如碳纳米颗粒（35nm）可经嗅觉神经或者血液循环进入脑部；金纳米颗粒、氧化硅纳米颗粒可通过胎盘屏障由母体进入胎儿体内[2]。重要的是，纳米颗粒的粒径介于分子和细胞之间，可进入亚细胞器并与大分子物质相互作用而产生生物效应，这种效应可通过纳米材料自身化合物作用，也可经载体作用通过纳米材料表面的功能基团或携带的其他化合物发挥毒性作用。在纳米科技发展的背景下，纳米毒理学不仅属于新的基础科学的前沿领域，也是保障纳米技术可持续发展以及纳米产品安全应用的关键环节。

（一）纳米毒理学的发展

自2004年起，关于“纳米安全（nanosafety）”或“纳米毒（nanotoxicity）”问题的科技论文发表量逐年上升，表明人们对纳米技术潜在危害性的重视程度逐年上升。目前，国际上已经形成纳米毒理学这个新兴学科，以阐明纳米尺度下物质的毒理学效应。美国和欧洲分别创办了“纳米毒理学”专业学术期刊*Nanotoxicology*和*Particle & Fibre Toxicology*，很快就进入了SCI期刊行列，并且影响因子超过了毒理学领域的两大代表性刊物：美国毒理学会会刊和欧洲毒理学会会刊。中国毒理学会的纳米毒理学专业委员会成立于2012年4月12日，虽然目前纳米毒理学发表的研究论文每年成倍增长，研究很多，但是能够归纳出的具有系统性、普遍性、规律性的知识还很有限。目前已有的纳米毒理学研究存在三个突出的问题：①发现了一系列复杂的毒理学现象，但是机制不清；②研究在大剂量，急性暴露下引起的毒性反应，虽然可用于“突发事故”的安全性评估，但对纳米材料含量低的纳米产品并不适用；③缺乏实际工作现场的研究，无法对生产场所的安全评价给出正确的结论。

（二）纳米毒理学的特殊性及其影响要素

纳米毒理学与传统毒理学相比，具有特殊性。剂量－效应关系是传统毒理学的黄金法则和理论基础，但是从目前掌握的很多纳米毒理学数据来看，在对纳米药物进行安全性评价时，仅仅考虑剂量－效应关系是不够的，还应考虑纳米材料的尺寸效应、结构效应[3]。与传统毒理学不同，纳米毒理学需要着重研究纳米材料与生物系统界面之间的相互作用[4]，即在“纳米－生物”界面中包含有纳米材料表面与生物成分表面（如蛋白质、膜、磷脂、内吞小泡、细胞器、DNA 和生物流体等）之间的物理、化学作用的动态过程，这些过程包含纳米材料与生物系统中各种生物分子之间的动力学和热力学水平的交换反应。这里的"纳米 - 生物界面"由 3 个交互部分组成：①纳米颗粒的表面特性（决定于纳米颗粒的物理化学组成）；②固 - 液界面变化，纳米颗粒与周围介质发生相互作用而形成，并随之变化；③固 - 液界面与生物体系中生物膜等的接触界面。纳米颗粒与蛋白质、生物膜、细胞、DNA 和细胞器作用的界面反应，导致纳米颗粒的蛋白质包裹、膜包裹等，然后进入细胞并发生进一步的生物催化反应。从而可能产生生物相容性或生物有害性的结果。产生这些完全迥异结果的主要原因是纳米材料独特的物理化学性质（如小尺寸效应、量子效应和巨大比表面积等）以及生物分子在纳米颗粒表面可能被诱导产生相变、自由能释放、结构改变和分散改变等界面反应。

1. 纳米材料的比表面积

比表面积的毒性一般由纳米尺寸效应引起。纳米材料巨大的比表面积使其具有很强的化学反应活性，这些活性表面能迅速产生活泼的化学分子，如活性氧（ROS）和自由基等，导致氧化应激和炎症反应，并引起蛋白变性、细胞膜破坏和 DNA 损伤等。通常认为，纳米材料体积越小则表面积越大，其单位质量生物活性增强，更易进入生物体内。如不同粒径纳米钴（30nm、50nm、100nm）对小鼠胚胎成纤维细胞（BALB/c3T3）的毒性作用[5]，结果显示纳米钴对小鼠成纤维细胞的毒性作用与暴露剂量及纳米钴粒径有关，暴露剂量越大、粒径越小，毒性越大。

2. 纳米材料的形状及结构

纳米材料的形状和结构多种多样，研究表明形状与结构可能影响其在机体内的代谢动力学。例如，不同形状的纳米颗粒的细胞摄取方式在机体内的吸收、分布、代谢以及排泄过程均有所不同，从而影响其最终所表现出的毒性作用。比较 20~30nm 的片状和棒状纳米氧化铝的细胞毒性实验[6]，结果显示棒状纳米氧化铝和片状纳米氧化铝均可引起星形胶质细胞的凋亡和氧化应激损伤，但是棒状纳米氧化铝的毒性作用明显强于片状纳米氧化铝。纳米材料的形状可以影响细胞摄取量。研究表明，大于 100nm 的纳米材料中，棒状纳米材料被摄入最多，而当纳米材料小于 100nm 时，圆球形状纳米材料被细胞摄入的量多于棒状纳米材料[7]。

3. 纳米材料的聚集状态

纳米材料聚集状态与材料自身的特性、pH 值、离子强度、离子特点（无机或有机）等有关，由于纳米材料在不同环境中的分散性不同，聚集形成的大颗粒可能会导致其表面积急剧变小而致表面特性消失[8]。纳米颗粒的聚集改变了其细胞摄入量，但摄入量多少与聚集或单个状态无明显相关性，即聚集状态的纳米粒子的摄入量比单个纳米粒子在某种细胞中的摄入减少，但可在其他细胞中观察到增加。

4. 纳米材料的化学表面修饰

通过对纳米表面修饰可以改善纳米粒子的毒性。比较3种石墨烯量子点（GQDs）表面修饰，包括cGQDs（COOH-GQDs）、hGQDs（HO-GQDs）和aGQDs（NH2-GQDs）的细胞毒性和对细胞自噬的诱导能力，显示除cGQDs以外，aGQDs和hGQDs均诱导产生不同程度的细胞自噬，其中hGQDs的毒性最大[9]。通过氧化铁纳米颗粒（IONP）经过聚乙二醇表面修饰（PEG-IONP）或氨基表面修饰（Amine-IONP）后[10]，发现细胞的生长抑制作用、诱导细胞凋亡的能力以及杀伤细胞的能力均与未修饰的氧化铁纳米颗粒有差异，氨基表面修饰后的氧化铁纳米颗粒抑制细胞生长和诱导凋亡杀伤细胞的能力最强。

5. 表面电荷

纳米材料不同的表面电荷可以影响其在生物体的摄入量以及毒性。静电荷也会影响纳米颗粒的血-脑屏障（BBB）渗透。带正电荷的分子可增加内皮细胞的通透性，与阴离子或中性粒子相比，阳离子纳米颗粒更容易向大脑转移，例如用修饰蛋白的阳离子牛血清白蛋白包被的纳米颗粒就观察到了此结果。另一方面，阳离子纳米颗粒对BBB具有直接的毒性作用。聚乙二醇（polyethylene glycol，PEG）和表面活性剂可能会激活补体，并对大脑系统和局部造成严重的损伤[11]。因此，为了促进纳米颗粒进入大脑而增加的表面修饰应同时考虑呈递和安全性问题。正电荷的PEG纳米胶束更易被巨噬细胞吞噬而在肝脏内富集，而轻微负电荷可明显降低纳米胶束巨噬细胞摄取、提高肿瘤组织靶向能力，其原因可能与正电荷纳米材料进入血液循环后容易与血细胞、免疫细胞等负电荷细胞膜表面相互作用，引起溶血、聚集和免疫吞噬等相关。带不同电荷的量子点在体内分布有差别，毒性作用也不同，带负电荷和中性的量子点未观察到明显的毒性作用，但是带正电荷的量子点通过释放活性氧可引起线粒体损伤，从而导致明显的细胞毒性。

（三）纳米毒理学的体内外评价方法

纳米材料的体外生物学效应研究主要集中在细胞摄取与处理、对细胞膜的干扰、ROS的产生、对细胞信号转导与基因调控的影响、细胞凋亡或坏死急性毒性及长效毒性的研究，以及致畸、致癌、致突变的考察等方面。

1. 测定纳米材料细胞摄取与胞内定位

评价细胞摄入的方法主要有透射电镜（TEM）、荧光成像、电感耦合等离子体－原子发射光谱法（ICP-AES）以及电感耦合等离子体质谱（ICP-MS）等。其中透射电镜是使用最多的方法。对于有荧光或者能结合或包裹荧光染料的纳米材料来说，荧光成像是研究纳米材料细胞摄取以及摄入后定位的一个非常好的方法。

2. 细胞毒性的测定

细胞存活率是细胞毒性最直观的指标，研究存活率可根据目的和试验条件的不同，选择不同的方法研究纳米颗粒的毒性。测定细胞凋亡和死亡的常用方法包括：显微镜下观察、流式细胞术检测、检测细胞凋亡/死亡试剂盒，如Caspase-3/7等。通过测定代谢活性来判断细胞存活率是研究细胞毒性最常用的方法，大多数测量细胞毒性的研究使用的是四唑盐类（如MTT、WST-1、CCK8等）试剂盒。此外，溶血试验可以检测纳米材料对血红细胞膜的破坏以及细胞毒性，是常见的生物安全性评价指标之一。

3. 氧化损伤

细胞微环境中活性氧引起的氧化损伤是导致细胞凋亡/死亡的重要因素。通常认为纳米材料可以引起氧化应激和炎症反应，进而对细胞和机体产生毒性作用。活性氧含量的检测方法包括荧光光谱测定法、流式细胞术等。

4.DNA 损伤检测

DNA损伤是DNA核苷酸序列永久性改变，并导致遗传特征改变的现象。常见的检测DNA损伤的方法包括单细胞凝胶电泳技术（彗星试验）和DNA片段标记法（TUNEL）。

5. 急性毒性实验

急性毒性是指机体（实验动物或人）一次或24 h内多次接触外源化合物后在短期内所产生的毒性效应。急性毒性实验一般首选哺乳动物，观察指标包括动物体质量变化、饮食、排泄物、死亡情况及中毒反应等。

6. 长期毒性试验

长期毒性（chronic toxicity）是指实验动物或人长期（甚至终生）反复接触外源物质所产生的毒性效应。常规的观察指标有：①一般性指标，包括外观体征、行为活动、体质量、食物利用率等。②实验室检查，通常包括血、尿常规和血液生化指标。③系统尸解和病理组织学检查，试验结束时系统解剖动物，进行详细的肉眼检查，测定脏器质量并作组织病理学检查。病理学检查包括大体检查、常规病理组织学检查、酶组织化学检查等，分别从大体、组织、细胞、亚细胞甚至分子水平等多个方面发现化学毒物的毒效应。

7. 致突变试验

遗传毒性（genetic toxicity）是指受试物对基因组的损害能力，包括对基因组的毒作用引起的致突变性及其他各种不良效应。遗传毒性试验方法有多种，但任何单一试验方法都不能检测出所有的遗传毒性物质，因此，通常采用体外和体内遗传毒性试验组合的方法。常规的试验组合包括：①一项体外细菌基因突变试验；②一项染色体损伤的细胞遗传学试验（体外中期相染色体畸变试验或体外微核试验），或一项体外小鼠淋巴瘤 *tk* 基因突变试验；③一项体内遗传毒性试验，如 Ames 试验（鼠伤寒沙门菌恢复突变试验）、体外细胞染色体畸变试验（小鼠淋巴瘤细胞 L5178Y *tk* 基因突变试验）、小鼠体内骨髓细胞微核试验等。纳米材料的遗传毒性评价具有一定特殊性，纳米材料通过较为缓慢的模式出入细胞，并具有易于在肝、肾、肺、脑及免疫器官分布，以及脏器蓄积性和缓释效应这些特点，与普通化合物和小分子生物制品有所区别。纳米颗粒引起遗传毒性效应的完整机制尚无定论，但目前国内外主要研究观点集中于纳米颗粒与遗传物质的直接作用和活性氧生成两方面。

8. 致畸试验

畸形是指发育生物体解剖学上形态结构的缺陷。目前系统性评价致畸性的试验多用大鼠、小鼠或家兔，对致畸物初筛也可以使用斑马鱼。对各种动物进行致畸试验的基本方法相同，即在受孕动物的胚胎着床后，在胚胎发育的器官形成期给妊娠动物染毒，在胎仔出生前将妊娠动物处死，取出胎仔检查，可检出该物质对胎仔的致畸作用。

9. 致癌试验

目前，进行致癌实验前常先进行受试物构效关系分析、致突变组合试验、细胞恶性转化试验等来对受试物进行初步筛查，当某种物质经初筛证明具有潜在致癌性，或其化学结构与某种已知致癌剂十分相近时，就需用致癌性实验进一步验证。动物致癌性实验为人体长期接触该物质是否引起肿瘤的可能性提供资料。实验方法与检测指标与长期毒性试验类似，但是需要观察的周期通常较长。肿瘤的发生率是实验最重要的观察指标，即整个实验终了时患瘤动物总数在有效动物总数中所占的百分率。有效动物总数指最早出现肿瘤时的存活动物总数。

（四）纳米毒理学的研究内容

目前，完整的适合纳米粒子的研究方法体系尚未建立，不同团队进行纳米粒子毒理学研究时选择的模型体系、暴露条件、测量技术等均不相同，难以从已有的纳米粒子的毒性数据中寻找规律，传统毒理学的知识和实验技术难以满足纳米毒理学的需求，因此亟待寻求多学科交叉的新型分析研究方法进行纳米毒理学研究。

秀丽线虫是生物学经典的模式生物，其优势在于既可以从生物个体水平进行研究，又可对其体内的每个细胞进行单独研究，便于从整体、器官、组织、细胞的角度，快速、简单、多层次地对纳米材料在生物体内的行为进行研究。使用计算机进行建模是现代毒理学在研究过程中使用的重要手段，通过计算机建模有助于毒理学对相关实验进行量化研究，并通过在计算机中输入相关实验数据发掘影响毒理研究的潜在因素，不仅如此，还能够获取额外毒理实验的优先次序。

国内纳米毒理学的研究工作主要从生物整体水平、细胞水平、分子水平和环境等几个层面开展。其重点是研究纳米物质整体生物学效应以及对生理功能的影响、纳米物质的细胞生物学效应及其机制以及大气纳米颗粒对人体作用和影响等领域的研究。

纳米材料理化特征及生物学活性与生物靶器官相互作用的机制。纳米材料体积越小则表面积越大，颗粒表面催化剂作用和反应性增加，其单位质量生物活性增高，更易进入生物体内。生物活性增高可产生正面效应，例如：抗氧化活性、治疗载体能力、药物细胞屏障的穿透性等；也可以有负面效应，例如，毒性、氧化应激下降或细胞功能异常的下降，或两者兼有。剂量－效应关系是经典毒理学的基本规律，是判断外源化学物质与机体损伤之间因果关系的证据，是安全性评价的重要内容。然而，针对纳米毒理学的研究并不存在明确的剂量－效应关系。例如，有研究发现，将 SiO_2 纳米粒与 HEK293 细胞孵育，分别给予 80μg/ml 和 140μg/ml 的剂量，24h 后细胞存活率均为 50%[12]。

毒性效应的非特异性是指根据经典毒理学毒效应的高度特异性和专一性，不同结构的化合物产生毒性效应的性质不同，均是由化合物的结构特征所决定的。然而，不同的纳米材料尽管结构各异，它们的毒性表现形式却趋同。如有研究采用非暴露式器官滴注的方式探讨了 Fe_3O_4 和 SiO_2 纳米颗粒以及单壁碳纳米管对大鼠肺的毒性效应，病理结果显示，3 种纳米材料均造成程度相近的大鼠肺间质性炎症[13]。

“尺寸效应”的片面性。现有的研究结果并非都指向“纳米即有毒”的观点。与金、碳纳米管等生物不可降解的纳米粒的严重毒性相比，可降解粒子如白蛋白纳米粒、脂质体等基本上是安全的，并获得美国 FDA 批准应用于临床。研究发现，给予小鼠 Zn 颗粒混悬液灌胃，微米颗粒组引起的肝损伤大于纳米粒组。虽然纳米粒组的动物发生了死亡现象，解剖却发现是由于纳米粒严重聚集导致的肠梗阻引起，并非由纳米粒子的“巨大比表面积”引起[14]。这些事例表明，尺寸效应并非纳米毒性的根源。综上所述，停留在化学分子水平上的尺寸效应毒性根源学说，不能揭示纳米毒性的本质。

纳米颗粒与细胞的相互作用研究。纳米颗粒能够进入细胞并与细胞发生作用，主要是对跨膜过程和细胞分裂、增殖、凋亡等基本生命过程的影响和相关信号传导通路的调控，从而在细胞水平上产生生物效应。研究发现，材料的拓扑结构和化学特性是决定细胞与其相互作用的重要因素。某些纳米拓扑结构会促进细胞的黏附、铺展和细胞骨架的形成，但是在某些情况下，纳米拓扑结构会对细胞骨架分布和张力纤维的取向产生负面影响。纳米材料与细胞的作用机制目前尚不清楚，需要更进一步的系统研究。

纳米颗粒与生物大分子的相互作用研究。重点在纳米材料与生物分子，例如蛋白质与 DNA 的相互作用及其对生物分子结构和功能的影响等。在研究血浆蛋白分子在碳纳米管无纺膜表面的吸附行为中，纤维蛋白原分子有比较强的吸附作用，并且吸附上的纤维蛋白原分子的构型功能发生了某些改变。纳米结构物质与补体系统和免疫细胞的激活作用研究说明，纳米颗粒与蛋白质分子之间存在着较强的相互作用，使补体蛋白分子的酶活性发生改变。研究发现聚酰胺 - 胺型树状大分子（PAMAM dendrimers）可通过静电作用与 DNA 形成稳定的复合物，且可保护与之复合的 DNA 分子免受限制性内切酶的降解，可以作为 DNA 运送的载体导入细胞，实行外源基因在生物体内的表达。

大气中纳米颗粒的生物效应。目前临床试验研究已对大气中超细颗粒物的生物毒性得出了初步结论，发现尺寸在 7~100nm 的颗粒物在人体呼吸系统内有很高的沉积率；尺寸越小越难以被巨噬细胞清除，且容易向肺组织以外的组织器官转移，超细颗粒物可穿过血 - 脑屏障。由于纳米毒理学刚开始发展，这方面的研究和数据比较少，目前缺乏准确的分析测试方法，研究存在一定的难度。

（五）纳米毒理学的机制研究进展

目前纳米材料对生物体毒性作用机制尚不十分清楚，已有研究表明纳米材料的致毒因素主要包括以下四个方面。一是纳米材料的颗粒效应，易于穿透细胞膜进入细胞内，影响细胞内的正常生理活动、易于形成团聚体包埋藻细胞产生遮光效应进而抑制光合作用。二是纳米材料本身能够释放出有毒离子，例如，纳米银离子、纳米铜和纳米锌离子。三是氧化损伤，纳米材料反应性强、易产生 ROS，可破坏线粒体内抗氧化防御体系，产生氧化应激，造成功能蛋白失活，直至引起细胞凋亡，影响正常生理功能。四是生物放大效应。纳米材料可能通过食物链传递并在高营养层级的生物体内积累，产生生物放大效应。

总结目前的研究，针对纳米药物安全性的主要机制验证指标有：①活性氧导致蛋白质、DNA和生物膜损伤；②氧化应激反应，Ⅱ相酶诱导、炎症；③线粒体功能干扰，包括内膜损伤、膜通透性改变、能量耗竭、凋亡、坏死；④炎性反应：组织炎性细胞浸润、纤维化、肉芽肿、动脉粥样斑块形成、C-反应蛋白表达增加；⑤网状内皮细胞摄取增加，纳米材料在肝、脾、淋巴结等部位聚积，组织肿大或功能丧失；⑥蛋白变性降解，酶活性丧失，形成新生抗原，免疫耐受功能损害，自身免疫和抗原佐剂效应；⑦细胞核摄取导致DNA损伤，核蛋白凝集，抗原性改变；⑧中枢神经组织摄取纳米材料导致脑和周围神经系统损伤；⑨吞噬功能损伤、纤维化、肉芽肿、颗粒物堆积导致对病原体的清除能力下降；⑩内皮功能损害，凝血功能障碍，动脉粥样斑块形成，血栓形成；⑪改变细胞周期调节，细胞增殖改变，衰老效应；⑫DNA损伤、突变和癌变。但总体而言，对纳米负面生物效应发表的研究数据还很有限。

（六）展望

未来发展趋势包括开展纳米材料的环境效应、理化性质、生物安全性和生物效应等评价体系的研究。目前亟待研究的工作包括：环境中纳米尺度物质的行为暴露、归趋及对生态环境的影响；环境纳米颗粒暴露进入人体及对人体健康的影响。复合典型环境污染物的纳米颗粒宏观生物效应；人工制备的典型纳米材料对组织屏障的穿透效应研究；人工制备的典型纳米材料对亚细胞与分子水平损伤研究；纳米颗粒所致生物毒性检测技术与设备研发。具体可从以下几个方向进行研究：

（1）纳米毒性的环境效应研究　环境因素在决定纳米材料的环境归趋以及生物有效性中起着重要作用。例如，水体pH可决定纳米材料的表面电荷，改变其悬浮状态，影响其可到达非靶标生物体内的有效浓度；盐度和离子强度的增加会造成纳米材料表层双电子层的压缩，以及凝聚的增加、聚集和沉降到海底沉积物中的纳米材料会对底栖生物产生潜在威胁。此外，纳米材料在环境中还易与本身所含有效成分、环境中其他污染物相互作用，表现出复合效应。目前，有关上述非生物因素等影响纳米材料的生物有效性的研究尚未系统开展，环境因素对纳米材料生态毒理学效应的影响基本处于空白状态。

（2）纳米材料安全性研究　目前缺乏人体健康效应的资料，缺乏人体风险的科学系统评价，缺乏人体损伤的早期识别和评价标准体系，缺乏现场人群资料研究，故亟须加强纳米毒理学的医学研究。

（3）纳米毒理学的基础研究的转化医学研究　此类研究仍十分少见。目前，对纳米职业环境卫生标准、操作规范、防护对策、职业安全评价资料研究，纳米材料对职业人群损伤评估、诊断标准等等，几乎为空白。同时，也缺乏纳米材料人体内代谢动力学，纳米材料毒性损伤重要生物标志物等方面的研究资料。

（4）纳米材料安全性评估体系　纳米材料可引起组织器官、细胞、亚细胞器、分子细胞信号传导等不同水平的多样损伤，目前仍缺乏公认的评定纳米材料安全性的标准体系或者模型，亟须一系列公认的规则和推荐的指导方法。

通过以上研究，从技术层面上，积极引进生物学高技术和毒理学评价新技术，建立纳米颗粒对生态环境的影响和生物毒性效应的评估体系、技术和标准，研发相应的检测技术与设备。从理论层面上，研究纳米物质在环境与机体中的转运、分布，对生物靶器官、靶细胞的作用，对细胞器直至生物大分子功能的影响，基因与蛋白表达的改变，纳米物质的代谢与代谢组学研究，探讨对亚细胞—分子水平的损伤作用与细胞超微结构的改变，奠定纳米毒理学的理论基础。

二、纳米药物临床前的安全性评价

开展纳米技术生物安全评价关键技术研发，是我们作为纳米技术研发大国的实际需要。纳米材料的性能及生物活性，是由包括其化学组成在内的尺寸、形状、溶剂、聚集程度等多方面的特征共同调控的。纳米材料的毒理学研究在生命个体、细胞和分子层次都还有大量的工作等待完成，目前还没有一套公认的用以专门评定纳米材料安全性的体系或者模型存在，这对于更广泛、安全地使用纳米材料无疑是一个巨大的障碍。纳米药物安全性评价的目的是提供纳米药物对人类健康危害程度的科学依据，预测生产和上市相关纳米药物对人体健康和环境安全性的有害程度。在实践上，安全性评价初始阶段的目的是试验评价，即毒理学试验本身。通过毒理学试验对受试纳米药物的毒性反应进行暴露，在非临床试验中提示受试纳米药物的临床安全性。安全性评价的最终目的是向临床过渡，为临床研究和应用安全性提供参考，降低临床研究和应用方面的风险。安全性评价的价值与意义在于实现支持临床研究及应用这一最终目的。具体包括下述三个方面。

（1）为临床研究提供参考　通过不同的毒理学试验，根据受试纳米药物的给药剂量、给药途径、给药周期、出现的毒性反应症状及性质、病理学检查发现的靶器官以及毒性反应、毒性损伤是否可逆等，对毒性反应进行定性和（或）定量暴露，推算临床研究的安全参考剂量（尤其是Ⅰ期临床研究的起始剂量）和安全范围，从而预测临床用药时可能出现的人体毒性，以制定临床监测指标、防治措施。并综合考虑拟用的适应证、用药人群等特点等进行利弊权衡，判断是否应进入相应的临床研究。

（2）配合临床进行进一步的安全性研究　在临床研究过程中甚至上市后出现非预期的重要安全性问题且难以判断 / 预测其风险性等情况下，可能也需要再次进行有关的安全性研究（包括机制研究），如此由临床研究信息来为非临床安全性研究提供方向和目标，以期减少临床研究和（或）临床应用的风险。

（3）结合临床试验数据综合分析纳米药物的发展前景　在申报生产时，结合已有的临床有效性和安全性信息进行综合评价，作为是否批准上市的参考，并提供临床安全用药的信息，尤其是那些从伦理学角度考虑不应或难以通过人体试验获得而可通过动物研究获得的信息（如遗传毒性、生殖毒性、致癌性），已作为限制用药人群、帮助医生和患者进行利弊权衡的重要依据。

（一）安全性评价的规范化

纳米科学与技术的发展推动纳米药物和纳米医疗器械研究成为热点领域。然而，当前国内外的药品监管机构对纳米类药物和医疗器械尚未形成统一的监管要求。在这种大环境下，我国需要全力推进并完善不同类型纳米类药物和纳米医疗器械的安全性评价、质量控制策略及危险评估知识体系。与常规药物的安全性评价内容类似，医用纳米材料的安全性评价的主要内容包括安全性药理（一般药理）、单次给药毒性、重复给药毒性、遗传毒性、生殖毒性、致癌性、依赖性、免疫原性、与局部给药相关的特殊毒性等。医用纳米材料的安全性评价几乎涉及现代毒理学的所有分支，特别是纳米毒理学。此外，还涉及许多基础学科，如材料学、纳米化学、生物学、病理学、药理学、药剂学、临床医学等。涉及如此多学科的评价工作必然是一个复杂的系统工程。

纳米药物安全性评价的过程既是多学科的横向联系，也是不同工作阶段的纵向发展。安全性评价的阶段性是由临床研究的阶段性来决定的，这种安全性研究的阶段性和互动性有利于通过计划和决策实施的高效性来缩短开发所需的时间，通过在较早期阶段（如发现、Ⅰ期临床阶段）将研发资源向更有希望的候选纳米药物倾斜，或尽早给出减毒增效的纳米改性方案，从而提高医用纳米材料研发成功的可能性。一般可以将纳米药物的安全性评价分为三步：第一步是急性毒性试验，即对药效筛选呈阳性的纳米药物进行包括两种动物种属的急性给药实验，获得半数致死剂量（lethal dose 50，LD_{50}）和毒代动力学数据，决定是否进入下一步研究；第二步是在纳米药物合成工艺稳定、质量可靠、药效肯定的前提下，进行长期毒性试验；第三步是进行遗传生殖毒性（有时也可以与长期毒性实验一起统筹开展）、致癌试验及制剂的其他安全性评价。整个评价过程需要具有不同学科背景的研究人员协作，需要进行系统的文献调研、周密的试验设计、认真负责的测试操作，还要有严谨而有序的组织管理，从而提高安全性评价工作的质量。

总之，安全性评价的程序并没有一个统一的模式，而是要在总的评价框架内，结合具体的纳米药物制剂形式，按照指导原则的要求进行周密的实验设计。纳米材料安全性评价工作的质量不仅取决于实验室的仪器、设备和条件，更重要的是参与人员的素质及组织管理的科学性。

目前已形成的纳米安全性评价及危险评估知识体系已经服务于国家技术标准和监管科学，科学地规范和指导了纳米药物和纳米医疗器械的研究、评价与监管。对于医疗器械的评价，ISO 在 2017 年出台了一份有关纳米材料的医疗器械生物评价的技术报告[15]，即 ISO/TR 10993-22 的 Biological evaluation of medical devices-Part 22：Guidance on nanomaterials，系统全面地从纳米材料表征、样品制备、医疗器械的纳米物质释放、其毒代动力学、毒性评价及风险评估各方面进行了详细介绍，以规范对医疗器械涉及的纳米物质的安全性评价。在国家药品监督管理局的部署下，国家药品监督管理局药品审评中心于 2021 年 8 月 25 日正式颁布《纳米药物质量控制研究技术指导原则（试行）》《纳米药物非临床药代动力学研究技术指导原则（试行）》《纳米药物非临床安全性评价研究技术指导原则（试行）》[16]。国家药品监督管理局医疗器械技术审评中心牵头，联合国家纳米科学中心、中国食品药品检定研究院、广东省粤港澳大湾区国家纳米科技创新研究院等单位，在 2019 年启动《应用纳米材料的医疗器械安全性和有效性评价》系列指导原则的编写，旨在建立一个容纳纳米技术最新研究进展的评价体系。其中，《应用纳米材料的医疗器械安全性和有效性评价指导原则第一部分：体系框架》已于 2021 年 8 月 26 日正式颁布，是国家药品监督管理局发布的第一个纳米医药相关指导原则[17]。2021 年 4 月 27 日正式揭牌的“国家药品监督管理局纳米技术产品研究与评价重点实验室”以服务国家纳米技术产品科学监管为宗旨，定位于纳米技术应用于产品的研究与评价，深入探索纳米技术产品研究评价体系以及纳米技术－产品性能－生物功效内在规律，促进我国纳米医药产业健康发展[18]。

（二）药物安全性评价的内容

纳米药物系指利用纳米制备技术将原料药等制成的具有纳米尺度的颗粒，或以适当载体材料与原料药结合形成的具有纳米尺度的颗粒等，及其最终制成的药物制剂。纳米药物由于其特殊的纳米尺度效应和纳米结构效应等理化特性，具有较为特殊的生物学特性。纳米药物在体内可能通过被动靶向、主动靶向、物理靶向、化学靶向等方式高选择性地分布于特定的器官、组织、细胞、细胞内结构，改变原型药物的药代动力学特征如体内组织分布，进而影响其安全性和有效性。

同样由于纳米药物的特殊性，适用于普通药物非临床前安全性评价策略并不一定完全适合于纳米药物，除了常规毒理学评价外，还有许多值得特别关注之处。

1. 免疫原性和免疫毒性

纳米药物主要经单核吞噬细胞系统（mononuclear phagocytic system，MPS）的吞噬细胞清除。由于吞噬细胞主要由聚集在淋巴结和脾脏的单核细胞和巨噬细胞以及肝巨噬细胞（Kupffer 细胞）等组成，因此纳米粒子更容易聚集到肝脏、脾脏和淋巴组织等器官组织。此外，纳米颗粒在体内可能会与体液的不同成分相互作用，在纳米材料表面吸附不同生物分子（以蛋白质分子为主）形成生物分子冠层（如蛋白冠），进而被免疫细胞表面受体识别，容易被免疫细胞捕获吞噬，或者蓄积于单核吞噬细胞系统，产生免疫原性和免疫毒性，还可导致类过敏反应。

在纳米药物的研发和使用过程中，应关注纳米药物由于其特殊性质、靶点情况、拟定适应证、临床拟用人群的免疫状况和既往史、给药途径、剂量、频率等相关因素导致的免疫原性和免疫毒性风险，根据免疫反应的潜在严重程度及其发生的可能性，确定相应的非临床安全性评价策略，采用“具体问题具体分析”原则进行免疫原性和免疫毒性的风险评估，必要时结合追加的免疫毒性研究进行综合评价。应考虑纳米药物可能存在免疫增强、免疫抑制、补体活化、炎症反应、过敏反应、细胞因子释放等风险，设计特异性的试验进行评估。

2. 神经系统毒性

纳米药物与普通药物相比更容易透过血—脑屏障，在某些情况下可能会增加安全性担忧。一些纳米药物透过血—脑屏障后进入中枢神经系统，产生相应的生物学效应和（或）导致神经毒性。因此，对于纳米药物，应关注纳米药物透过血—脑屏障的情况（如血脑浓度比值），评估其潜在神经毒性作用。纳米药物的神经毒性研究应根据受试物分布特点，结合一般毒理学、安全药理学试验结果等综合评价神经毒性风险，并根据评估结果决定是否需要开展进一步的补充研究。对于具有潜在神经毒性风险的纳米药物，建议开展体外毒性研究（如神经细胞活力测定和细胞功能测定）和体内动物实验。体内动物实验主要包括神经系统的安全药理学实验，以及结合重复给药毒性试验开展的神经系统评价，必要时可考虑开展神经行为学实验和使用成像技术追踪纳米药物及载体在神经系统内的迁移、分布和吸收等研究。某些纳米药物由于其药代特征的改变可能引起外周神经毒性，应根据品种具体情况进行针对性研究。

3. 遗传毒性

新药物活性成分的纳米药物和新纳米载体 / 辅料需要开展遗传毒性评价。由于纳米药物对活性成分的载药量、释放行为和细胞摄取程度有影响，也与药代动力学、生物分布和清除途径以及药物递送机制等密切相关，因此，建议根据纳米药物的作用特点，以遗传毒性标准组合实验为基础，设计合适的试验并开展研究。

某些纳米药物细胞摄取程度可能不同于普通药物，因此进行体外遗传毒性试验时应分析其细胞摄取能力。细菌回复突变试验（Ames）可能不适合于检测无法进入细菌内的纳米药物。体外哺乳动物细胞实验建议使用可摄取纳米药物的细胞系，同时应考虑纳米药物在细胞内发挥作用的浓度、时间点进行合适的实验设计，并同时对细胞摄取能力进行分析。进行体内遗传毒性试验时，须通过适当方式研究确定纳米药物在骨髓、血液等取样组织中有暴露且不会被快速清除，否则可能导致假阴性结果。

4. 生殖毒性

纳米药物可能容易通过胎盘屏障、血睾屏障、血乳屏障等生物屏障，从而对生殖器官、生育力、胚胎—胎仔发育、子代发育产生不良影响。因此，应关注纳米药物的生殖毒性风险。生殖毒性评价的研究策略、实验设计、实施和评价等参考 ICH S5 指导原则，同时应关注纳米药物在生殖器官的分布和蓄积情况。在生育力与早期胚胎发育试验中，如果纳米药物存在蓄积或延迟毒性，可考虑适当延长交配前雄性动物给药时间，除常规精子分析（如精子计数、精子活力、精子形态）外，必要时可增加检测精子功能损伤的其他指标。在围产期毒性试验中，应注意考察 F1 子代的神经毒性、免疫毒性、免疫原性等毒性反应情况，必要时可开展更多代子代（如 F2、F3 等）的生殖毒性研究。

5. 制剂安全性

对于注射剂型，在进行体外溶血实验时应关注纳米药物在溶液中是否会存在团聚现象。若发生团聚，因对光线存在折射和散射的效应可能会导致测量结果失真，不宜采用比色法（分光光度计）进行体外溶血试验，推荐采用体内溶血的方法进行实验。

6. 毒代动力学

纳米药物受其尺度、表面性质和形状等物理化学性质的影响，药物的转运模式发生变化，其体内吸收、分布、代谢、排泄等药代动力学行为均可发生明显变化，进而引起有效性与安全性方面的改变。部分纳米药物可能在组织中存留的时间较长，组织暴露量高于系统暴露量，尤其毒性剂量下在组织中的存留时间可能会明显比药效剂量下更长，在体内某些组织器官发生蓄积，这种蓄积作用在纳米药物多次给药后，可能产生明显的毒性反应。因此，应通过毒代动力学研究纳米药物在全身和（或）局部组织的暴露量、组织分布和清除（必要时）以及潜在的蓄积风险，为纳米药物的毒性特征的阐释提供支持性数据。

7. 不同给药途径的特殊关注点

（1）经皮给药 纳米药物可能具有较高的毛囊渗透性或分布至局部淋巴结；不同皮肤状态（如完整、破损、患病）可能影响纳米药物透皮的渗透性；此外，不同于普通药物，纳米药物可能与光照相互作用，从而影响皮肤与光的相互作用。因此，毒性试验中应注意考察不同皮肤状态、不同影响因素下纳米药物在给药局部和全身的暴露量差异以及相应的毒性风险。

（2）皮下给药 与其他给药途径（如皮肤给药）相比，皮下给药后纳米药物进入角质层下，具有更高的致敏潜力，也可能增强对其他过敏原的敏感性。需关注不溶性纳米药物在皮下的蓄积和转移以及相应的毒性风险。

（3）鼻腔给药 鼻腔黏膜穿透性较高且代谢酶相对较少，对纳米药物的分解作用低于胃肠黏膜，有利于药物吸收并进入体循环。纳米药物还可能通过嗅神经通路和黏膜上皮通路等透过血—脑屏障进入脑组织。因此，应关注鼻腔给药的系统暴露量升高以及脑内暴露量升高而带来的安全性风险。

（4）吸入给药 由于纳米药物可广泛分布于肺泡表面，并透过肺泡进入血液循环，因此对于吸入制剂，应关注局部 / 呼吸毒性。还应关注不溶性载体类纳米药物在肺部的蓄积和转移以及相应的毒性风险。

（5）静脉给药 与普通药物相比，纳米药物静脉给药后其活性成分可能具有不同的组织分布和半衰期，非临床安全性评价时应关注可能的影响；此外，血液相容性可能会发生变化。

（6）口服给药 对于口服药物，制备成纳米药物通常是为了提高药物活性成分的生物利用度。如果口服药物中含有不溶性纳米成分，毒理学试验应考虑到这一点，并包含不溶性纳米成分可能蓄积的组织的评估。

对于其他特殊给药途径的纳米药物，研究时需采取具体问题具体分析的策略。

纳米药物的生物安全性研究在国际上处于科研前沿，是一个新的交叉学科研究领域。开展这方面的研究关系到人类的生存健康，同时又充满了新的研究机遇。目前的主要研究方向包括：纳米材料的主要传播途径以及每种途径所带来的环境效应，纳米材料的尺寸和结构与其毒性之间的关系，纳米材料与器官、组织、细胞、分子等不同层面的生物体系相互作用的机制，建立有效的纳米材料生物安全性评定标准或体系等。在今后一段时间内这些研究仍将是从事纳米科技工作的研究人员的主攻方向。通过这些方面的研究希望最终能建立纳米材料的生物安全性相关数据库，确保纳米材料的安全使用。在某些条件下，甚至可以反向利用纳米材料的毒性针对某些病症进行治疗。

参考文献

[1] Donaldson K, Stone V, Tran CL, et al. Nanotoxicology [J]. Occup Environ Med, 2004, 61: 727–728.

[2] 杨惠舒，李乐，刘馨谣，等.介孔二氧化硅纳米颗粒作为药物载体的现状研究[J].材料导报，2022，36（S1）：56–61.

[3] 常雪灵，祖艳，赵宇亮.纳米毒理学与安全性中的纳米尺寸与纳米结构效应[J].科学通报，2011，2：108–118.

[4] Nel A E, Madler L, Velegol D, et al.Understanding biophysicoe hemicalinter actions at the nauo-biointerface [J].Nat Mater, 2009, 8: 543–557.

[5] 陈文操，祝嘉敏，翟玉珊，等.纳米钴对小鼠胚胎成纤维细胞的毒性[J].环境与健康杂志，2018，35：31–33.

[6] 董力，顾雯，阳晓燕，等.不同形状纳米氧化铝对大鼠脑星形胶质细胞的细胞毒性[J].环境与健康杂志，2016，33：95–99.

[7] 刘强强，李宏霞，肖凯.纳米材料生物安全性的影响因素与评价方法[J].癌变·畸变·突变，2021，33：321–325.

[8] 田莉，关文宇，赵振宇.纳米晶体的晶型和暴露晶面对其环境行为和效应的影响[J].环境化学. 2021，40：999–1010.

[9] 淡墨，赵继云，齐乃松.不同表面修饰的纳米氧化铁颗粒诱导胶质瘤细胞凋亡的差异[J].中国新药杂志，2016，25：2887–2892.

[10] Lu W, Wan J, She ZJ, et al.Brain delivery property and ascelerated blood clearance of cationic albumin conjugated pegylated nanoparticle [J]. Control Release, 2007, 118 (1): 38–53.

[11] 屈哲，霍桂桃，林志，等.纳米药物的神经系统安全性评价研究进展[J].中国新药杂志，2021，30：791–796.

[12] 吴秋云.不同粒径纳米二氧化硅的细胞毒性及其机制研究[D].南京：东南大学，2009.

[13] 杨亚红，招扬，朱天旭，等.多壁碳纳米管/Fe_3O_4/SiO_2/聚氯乙烯共混膜的制备及性能研究[J].化工新型材料，2019，3：62–66.

[14] 祝闪闪.$Zn_{0.4}Fe_{2.6}O_4$纳米颗粒对小鼠毒性的评估[D].合肥：中国科技技术大学，2015.

[15] ISO.ISO/TR 10993–22: 2017 Biological evaluation of medical devices — Part 22: Guidance on nanomaterials [EB/OL]. (2017–07) [2023–09–06].https: //www.iso.org/standard/65918.html

[16] 国家药品监督管理局药品审评中心. 国家药监局药审中心关于发布《纳米药物质量控制研究技术指导原则（试行）》《纳米药物非临床药代动力学研究技术指导原则（试行）》《纳米药物非临床安全性评价研究技术指导原则（试行）》的通告（2021年第35号）[EB/

OL］.（2021-08-25）［2022-11-09］. https: //www.cde.org.cn/

［17］国家药品监督管理局. 国家药监局关于发布应用纳米材料的医疗器械安全性和有效性评价指导原则第一部分：体系框架的通告（2021 年第 65 号）［EB/OL］.（2021-08-23）［2022-11-09］. https: //www.nmpa.gov.cn/xxgk/ggtg/qtggtg/20210826111830122.html

［18］国家药品监督管理局. 国家药品监督管理局局长焦红一行赴国家纳米科学中心调研交流［EB/OL］.（2021-04-28）［2022-11-09］. https: //www.nmpa.gov.cn/yaowen/ypjgyw/20210428939110.html

第二节　纳米药物的潜在风险来源

纳米药物可以分成纳米粒子药物和纳米载体药物两类。纳米粒子药物指直接将原料药物加工成的纳米颗粒，实质上是微粉化技术、超细粉技术的发展；纳米载体药物指溶解或分散有药物的各种纳米颗粒，如纳米脂质体、纳米囊、纳米球等[1]。纳米药物的安全风险既来源于药物本身具有的毒副作用，比如抗肿瘤药物紫杉醇脂质体、紫杉醇聚合物胶束和白蛋白结合型紫杉醇，紫杉醇本身就存在心脏毒性、神经毒性和肝肾毒性等；也来源于纳米这一特殊状态带来的潜在风险，纳米药物粒径小、表面积大，物理、化学和生物活性都比较高，药物的转运模式发生变化，其体内吸收、分布、代谢、排泄等药代动力学行为均可能发生明显变化，进而引起有效性与安全性方面的改变[2, 3]。纳米药物的潜在风险问题，一方面是对于环境的风险，另一方面是对于人体健康的风险。本节主要针对纳米药物这一特殊剂型，对于人体健康安全的潜在风险来源展开叙述。

一、纳米药物的生物效应风险

生物细胞的大小通常在几到几十微米，而纳米药物的体积比生物细胞小得多，容易进入生物细胞并发生相互作用。纳米药物的生物效应不单与大小有关，与药物的形状、表面电荷、亲水/亲油性、表面修饰等也有关。纳米药物在呈现有利于疗效的生物效应的同时，其潜在风险也不容忽视。随着纳米药物临床应用的发展，生物安全性日益成为被关注的焦点，虽然目前研究取得了一定的进展，但仍有许多风险因素亟待进一步的研究来确定。

1. 来源于纳米药物的物理化学性质

在进一步深入研究纳米药物载体材料潜在的安全性问题中，“纳米毒性源于物理损伤”的学说引发了业内广泛的讨论。物理损伤是指纳米载体降解后的纳米颗粒通过物理阻塞微循环造成细胞损伤，从而引发细胞功能障碍或炎症反应等一系列毒性反应。由于纳米载体材料不具备生物可降解性，可能会在机体组织内游移、沉降、堆积，从而造成持续性的物理损伤。随着“纳米毒性源于物理损伤”学说被广泛认可，生物相容性和可降解性成为纳米材料能得以安全应用的前提，设计开发具有良好生物相容性和可降解性的纳米药物载体材料是减少潜在风险发生的关键[4]。

（1）纳米药物的颗粒大小　颗粒大小是影响纳米药物生物效应的主要原因之一。纳米颗粒结构远小于细胞结构，易于进入机体并可能穿透细胞膜，进入细胞内，引起一系列的炎症反应。研究认为，同一化学物质的纳米级颗粒与微米级颗粒相比，其致炎性和致癌性等毒性可能更大[5]，且超细尺寸颗粒（＜ 50nm）比大粒子（＞ 50nm）更具毒性。这是由于免疫系统对超细颗粒的识别能力更低，且超细颗粒对更深层组织的渗透性超强，从而在组织和细胞中的保留时间更长，比如吸入超微小颗粒的 TiO_2 会损害巨噬细胞的吞噬功能[6]。目前研究认为，这是因为更小颗粒的纳米药物具有更大的比表面积，这在一定程度上增加了纳米药物与体内各种酶、细胞膜蛋白和生物大分子相互作用的机会。比如在血液和细胞内，小颗粒的纳米药物与生物蛋白大分子更容易结合，形成的蛋白冠可能会诱导细胞环境发生改变[7, 8]。纳米粒子可以穿过血—脑屏障，引发严重的免疫应答反应，在特定的组织中累积，从而引起毒性[1]。有些纳米药物或其载体，会在细胞内引发氧化应激反应，进而破坏细胞内环境甚至是细胞结构，氧化应激水平随着纳米颗粒的更小化而增强。有研究比较了 20nm、80nm、113nm 的银纳米颗粒对小鼠巨噬细胞 RAW264.7 和 L929 成纤维细胞的氧化应激诱导水平区别，发现 20nm 的银纳米颗粒诱导巨噬细胞产生的活性氧最多，且成纤维细胞膜的完整性最低，细胞内的促炎因子数量明显增加[9]。药物颗粒大小除了影响纳米药物诱导氧化应激的能力外，还会影响细胞内各种酶的活性或一些特定基因的表达。研究发现，在给药量超过 200ng/L 的条件下，nC_{60} 纳米颗粒越小，抑制 Taq DNA 聚合酶表达水平的能力就越强，较小颗粒的 nC_{60} 可以诱导 Bax 蛋白转移至线粒体内，从而诱导细胞凋亡[10]。平均粒径为 11nm 的还原石墨烯与粒径较大的 3pm 的石墨烯纳米颗粒相比，粒径更小的还原石墨烯具有更高的细胞毒性，可引起更多的细胞损伤。这是因为 11nm 的还原石墨烯颗粒可以更有效地转移到细胞核中，即使在非常低的浓度（0.1~1μg/ml）下，也能诱导染色体畸变、DNA 断裂等[11]。

（2）纳米药物的形状　常见的纳米药物载体形态有纳米丝、纳米片、纳米球、纳米棒等[12]，载体材料的形态结构会影响纳米药物的生物效应，这与细胞对药物的吞噬有关[12]。实验研究发现，巨噬细胞可以吞噬比本身体积大的材料，而球形材料比棒形材料更容易被吞噬[13]，将棒形改为球形，HeLa 细胞对纳米材料的吸收程度增加了 500%[14]。这可能是由于细胞在吞噬纳米材料前会形成肌动蛋白冠，球形的纳米材料与细胞表面更贴合，更容易贴附细胞表面形成蛋白冠，也更容易被吞噬[15]。不同形状的纳米药物诱导细胞毒性的机制不尽相同：当浓度较低时，碳纳米管可以被细胞吞噬并贯穿细胞，对细胞造成的伤害较大；而层状石墨烯只能在细胞膜表面简单聚集，不会损伤细胞膜，也不会被吞噬，无法对细胞结构造成破坏。当浓度较高时，层状石墨烯会诱导细胞产生大量氧自由基，进而损伤细胞膜表面，这种创伤促使细胞发生凋亡[16]。

（3）纳米药物的表面电荷　纳米药物的生物效应风险还来源于纳米粒子的直接毒性，而纳米粒子的毒性与表面的电荷有关。纳米药物在穿过血—脑屏障提高药物功效的同时，也可能释放巨大的毒性。当对不同表面特征的纳米粒子进行评估时发现，表面电荷中性的纳米粒子，以及低浓度的负电荷纳米粒子，对血—脑屏障的完整性没有影响；而正电荷纳米粒子，以及高浓度的负电荷纳米粒子，对血—脑屏障都具有毒性。因此纳米粒子的表面电荷与脑断面分布、毒性反应有关联[1, 17]。研究表明，带有较大正电荷的纳米粒相比带负电荷的纳米粒细胞内化率高，这与纳米粒子破坏细胞膜后直接进入细胞相关[18]。纳米药物要穿过由磷脂双分子层组成的细胞膜，才能进入到细胞内部，细胞膜带有负电荷，表面带有负电荷的纳米材料会与膜表面相互排斥，阻碍细胞摄取；电荷为中性或者带正电荷的纳米材料可以通过静电作用与细胞膜上的磷脂分子相互吸引[19]。

（4）纳米药物的表面修饰　纳米药物的潜在风险与其颗粒大小、形态结构及表面电荷有关，而表面修饰是改变这些参数的重要方法。通过表面修饰，纳米药物具有了更合适的粒度大小、更符合人体细胞环境的三维结构以及更低的正电荷[20]。目前，表面修饰常被应用于改善纳米药物在体内的运输条件，例如表面修饰可以改善纳米药物的分散程度，应用两性聚合物包裹药物，在一定程度上可以减少纳米颗粒在血液中与蛋白质分子的相互作用，从而避免药物聚沉[21]。表面修饰还可以改变纳米药物的在体内的分布，实验发现，利用十二烷基二甲基溴化铵（DMAB）修饰的纳米粒可以显著提高 PC-3 肿瘤细胞对其的摄取量[22]。另一项研究发现，用聚乙二醇等修饰纳米药物，可以帮助药物从网状内皮系统的捕获中逃逸，从而提高体内的运输效率[23]。利用生物相容性大分子提高药物疗效、降低毒性也是一种常见的策略，例如，壳聚糖具有较强的生物相容性，可降低药物的免疫原性；也可以通过渗透增强和滞留效应增加靶向性，促进蛋白质与纳米药物的结合[24]。了解纳米药物的潜在风险来源，通过对纳米药物的表面修饰，可以控制和减少其潜在风险。

2. 来源于纳米药物产生的氧化应激损伤

纳米药物颗粒巨大的比表面积使其具有良好的吸附性，吸附蛋白质后，可以改变蛋白质正常的生理构象，使其变性或失活甚至降解，从而影响正常的生理代谢，也可以使其成为抗原引发免疫反应[25]。医学界已公认氧化应激所造成的损伤是多种疾病的起点。纳米材料进入细胞后，其敏感靶标是线粒体，从而引发氧化应激反应造成多器官的损伤[26]。细胞内抗氧化系统的蛋白和酶富含半胱氨酸残基，纳米材料通过巯基与其吸附结合后致使其活性降低，使得活性氧生成－清除的动态平衡被打破，从而产生过多的活性氧，导致DNA、脂质、蛋白质等受到损伤，引发一系列的级联反应，如细胞凋亡、炎症反应等，继而放大氧化应激反应[27]。如表5-1是与纳米药物相关的潜在生物效应风险的汇总。

表5-1　与纳米药物相关的潜在生物效应风险[3]

纳米药物潜在生物效应	可能的病理生理学结果
产生活性氧	蛋白质、DNA和膜损伤，氧化应激
氧化应激	Ⅱ相酶作用、炎症、线粒体功能紊乱
炎症	炎症细胞组织浸润、纤维化、肉芽肿、动脉粥样硬化、急性期蛋白质表达（如C-反应蛋白）
逃逸网状内皮系统的摄取	器官功能紊乱或损伤
蛋白质变性、降解	酶活性丢失、自身抗原性
细胞核摄取	DNA损伤、核蛋白凝聚、自身抗原
神经组织的摄取	脑和末梢神经系统损伤
吞噬细胞功能紊乱、“粒子超载”、介质释放	慢性炎症、纤维化、肉芽肿、干扰感染物质的清除
内皮功能障碍、凝血作用	动脉粥样硬化、形成血栓、中风、心肌梗死
新抗原产生，免疫耐受性破坏	自身免疫、辅助效应
改变细胞的周期调节	增殖、细胞周期停滞、老化
DNA损伤	遗传突变、组织变形、致癌

二、纳米制剂的安全风险来源

到目前为止，已经开发了各种纳米药物系统用于不同的给药途径，包括树状大分子、纳米晶体、乳剂、脂质体、固体脂质纳米颗粒、胶束和聚合物纳米颗粒。纳米药物系统已被用于提高药物的有效性、安全性，改变理化性质和药代动力学/药效学特性，但由于纳米药物的潜在风险，它们在体外和体内经常表现出细胞毒性、氧化应激、炎症和遗传毒性。更多地了解纳米药物的安全性特性和潜在风险来源，以及各种给药选择的局限性，对于进一步开发具有高治疗潜力和更为安全的纳米药物十分必要[28]。

1. 树状聚合物

树突状聚合物可以改善细胞毒性药物（如阿霉素）向实体肿瘤的传递，并减少它们在非癌组织中的积累[29]；也可用于溶解难溶性药物（如氟比洛芬）和靶向传递[30]。但是由于树突状聚合物表面带正电荷，它会通过激活 Toll 样受体 4（TLR4），刺激产生炎性因子 IL-6 和 TNF-α，从而引发免疫反应，可表现出细胞毒性和溶血活性，需要进行基团修饰降低风险，提高其药代动力学特性和安全性[31]。目前的解决方法是着力于开发不饱和的可电离的阳离子脂质，将可质子化的胺基作为头基，用不饱和酰基链提高转染效率[32]。

2. 纳米颗粒

近年来，人们越来越关注纳米颗粒的潜在毒性，毒理学主要关注的颗粒是 100 纳米以下的颗粒。大的纳米粒子（＞200nm）只能被巨噬细胞内化，在这些细胞内产生影响，而更小的纳米颗粒（＜150nm）可以通过胞饮作用被任何细胞内化。在这种情况下，小的纳米颗粒可以进入身体的任何细胞，可能导致更高的细胞毒性潜力。口服纳米晶体可引起药代动力学转变，具有较高的 C_{max} 和较短 T_{max}，而药物的更高和更快的全身暴露，可能会放大药物本身的作用，导致一些潜在的不良反应[28]，比如通过纳米技术获得的纳米颗粒药物（如双氯芬酸亚微米颗粒胶囊）可以增强口服生物利用度和药理作用[28]。另外，因为纳米颗粒药物分子内能较高，具有热力学不稳定性，只有在胃肠道中始终维持无定型态才能保持其优势，而在体内其容易发生晶型转变，转变为更加稳定的晶态药物，从而影响疗效的发挥，目前纳米无定型药物后续稳定性的保持问题亟待解决，而对无定型药物进行转晶研究吸引了更多的关注[34]。

3. 脂质纳米系统

脂质纳米系统包括乳剂、脂质体和固体脂质纳米颗粒，被用以提高药物的生物利用度和（或）治疗指数。脂质载体通常由生理化合物组成，被认为具有很好的耐受性，人体正常代谢可以降低毒性风险[35]。然而，即使脂质纳米颗粒乳剂安全范围大，仍应考虑乳化剂带来的潜在毒性，用于难溶性药物可能会导致全身暴露迅速增加，如果药物的治疗指数比较低，可能会出现难以预估的副作用[28]。

有研究报道，PEG 化脂质体存在“加速血液清除”（ABC）现象，当受试者多次注射 PEG 化脂质体后，它会与脾脏产生的抗 PEG IgM 抗体结合，激活补体系统，被补体 C3 片段快速调理后，由 Kupffer 细胞从体循环中清除[36]。为了使药物停留较久，减弱 ABC 现象，使用聚甘油、聚乙烯醇、聚乙烯吡咯烷酮或聚丙烯酰胺等聚合物替代 PEG，结构的改变可以减少聚合物对脾脏 B 细胞的刺激[37]；或在 PEG 化脂质体插入神经节苷脂，因其具有免疫抑制作用，可使反应性 B 细胞产生耐受性而减少抗 PEG IgM 抗体产生[38]；临床使用中还可以先服用较高剂量的空白脂质体，或延长给药间隔[39]。另外，PEG 化脂质体也会通过激活补体系统而释放 C5a 和 C3a 等过敏毒素，从而激活巨噬细胞、嗜碱性粒细胞和肥大细胞分泌各种过敏原，引发“补体激活相关的假性过敏反应（CARPA）”，导致一系列心肺反应，有研究可以使用补体抑制调节因子 FH 或使用空白 PEG 化脂质体消耗超敏反应的早期介体，中断信号传导从而减轻 CARPA 反应[40]。脂质体有效地改善了药物的疗效，但显示出的一些潜在安全问题仍需要进一步研究[40]。

4. 胶束

胶束纳米颗粒在当代药物递送研究中受到了相当大的关注，因为胶束制剂可以实现保护内部药物免受降解、溶解度增强和目标特异性递送。虽然胶束纳米颗粒被认为是一种安全的传递系统，但也存在一些安全问题，包括快速升高全身暴露量后可能产生的副作用，以及所使用的表面活性剂的毒性。特别是，在临床使用之前，必须仔细检查新开发的胶束制剂的安全性[28]。

5. 聚合物

聚合物纳米颗粒可以定义为在 10~1000nm 范围内的固体颗粒，可将药物封装在聚合物基质中，保护它们免受酶解和水解降解[42]。一般来说，聚合物纳米颗粒表现出较低的免疫原性和低毒性。聚合物纳米颗粒通常被非离子表面活性剂包裹，颗粒表面活性剂的存在显著减少了免疫相互作用，以及纳米药物表面化学基团之间通过范德华力、疏水相互作用或氢键的相互作用[43]。

三、体内过程的风险

对纳米药物而言，尽管其剂型从表面上看可能并未改变，但药物经纳米化后，在生物体内的药代动力学行为已可能发生了重大变化，纳米药物的物理、化学特性（如粒径、电荷、形貌、表面活性等）与潜在的生物毒性反应之间的相关性是关注的重点，目前对纳米载体或药物颗粒与人体内生物分子和细胞的相互作用研究尚少。纳米药物进入人体后存在非常复杂的过程，与生物体系中的成分（如蛋白质和细胞）相互作用，在体内具有独特的吸收、分布、清除、代谢以及免疫应答等不同行为。深入研究纳米药物的物理、化学特性与纳米药物体内行为的相关性，能更好地理解与预测纳米药物可能的潜在风险来源。

1. 吸收

纳米药物自体外或给药部位经过细胞组成的屏障进入血液循环的过程称为吸收过程。作为最常用的给药途径，口服给药的主要吸收部位是小肠，给药后纳米药物经胃肠道吸收进入血液循环。纳米药物在胃肠道吸收的途径主要包括细胞旁路通道转运、肠道上皮细胞跨胞摄取、肠道淋巴组织派氏集合淋巴结（Peyer's patches）的M细胞吞噬，其中通过M细胞的吸收是口服纳米药物的主要吸收途径[44, 45]。纳米药物肠道吸收机制主要是内吞作用，内吞作用不仅存在依赖特异性受体—配体相互作用，同时也有非特异性的细胞内吞，最终大部分经溶酶体降解[46, 47]。纳米载体还可通过与膜的相互作用促进药物吸收，而载体自身并不被转运过膜；还可能被十二指肠的微绒毛所捕获，并滞留较长时间，进一步延长药物与细胞壁接触时间，提高药物的吸收速率和吸收率[45]。穿过肠道屏障转运是影响口服药物生物利用度的重要因素，纳米药物的细胞吸收机制与其潜在风险密切相关，对吸收机制的研究有助于促进口服纳米药物的合理、安全、有效开发[48]。

2. 分布

进入体循环的纳米药物从血液向组织、细胞间液和细胞内液的转运过程称为分布。纳米药物进入体循环后，被网状内皮系统（RES）的吞噬细胞识别和吞噬，从血液中消除[49]。吞噬细胞主要集中在单核/巨噬细胞系统，如肝、脾和淋巴系统，纳米药物被吞噬后从血液循环向这些系统传输，而其他系统的药物浓度很低。纳米药物向靶器官（组织）的转运不能保证在实际的靶部位，尤其是细胞内的靶部位（如核酸、线粒体、高尔基体）有足量游离的药物发挥药理作用，因为药物通过细胞膜的主动或被动转运过程、药物从载体的释放、药物向核内转运以及药物的代谢将影响细胞内靶部位最终的药物浓度[50, 51]。机体在疾病（如炎症、肿瘤）状态下，炎症部位或肿瘤组织中血管丰富、血管壁间隙较宽、结构完整性差，纳米药物能穿透肿瘤的毛细血管壁的"缝隙"进入；同时淋巴系统回流不完善，造成纳米药物的积聚，这种现象被称作增强渗透滞留效应（enhanced permeability and retention effect，EPR）[3]。应注意疾病状态下，纳米药物的分布改变所带来的潜在风险。有些过程与不良反应密切相关，如药物在非靶部位的释放过程及释放出来的药物向其他部位的传输过程，该过程可能使纳米粒将药物传输到靶部位的意义不大。这是因为非靶部位释放的药物可能向其他组织转运并聚集，导致药物在该组织浓度过高，引起不良反应[52]。

3. 代谢与排泄

目前纳米材料在人体中是降解还是沉积尚未明确，部分纳米药物可能在组织中存留的时间较长，组织暴露量高于系统暴露量，尤其毒性剂量下在组织中的存留时间可能会明显比药效剂量下更长，在体内某些组织器官发生蓄积，这种蓄积作用在纳米药物多次给药后，可能产生明显的毒性反应[52]。游离药物从靶部位的消除过程、药物载体和游离药物从体内的消除过程也是值得关注的两个药物动力学过程，它们也可能与不良反应密切相关。目前对纳米载药系统本身消除过程研究较少，目前并不清楚其排泄通道，主要认为纳米粒从肾脏排泄到体外[27]。纳米药物的风险是潜在的、未知的甚至是延迟的，具有“残余风险”[1]。

四、不同暴露途径的风险[2]

纳米药物可以通过各种给药方式进入机体，其中，口服和静脉注射是最常见的给药途径，不同暴露途径的风险评估应该包括对血液循环系统、消化系统的影响及对各种屏障系统的损伤等。

1. 经皮给药

不同于普通药物，纳米药物可能具有较高的毛囊渗透性，可分布至局部淋巴结，可能与光照相互作用，不同皮肤状态（如完整、破损、患病）可能影响纳米药物透皮的渗透性。因此，不同影响因素、不同皮肤状态下，纳米药物可能给用药局部带来潜在的毒性风险。

2. 皮下给药

纳米药物进入皮肤角质层下具有更高的致敏潜力，也可能增强对其他过敏原的敏感性，需关注不溶性纳米药物在皮下的蓄积和转移导致的潜在风险。

3. 鼻腔给药

鼻腔黏膜穿透性较高且代谢酶相对较少，对纳米药物的分解作用低于胃肠黏膜，有利于药物吸收并进入体循环。纳米药物还可能通过嗅神经通路和黏膜上皮通路等透过血—脑屏障进入脑组织。因此，应关注鼻腔给药的系统暴露量升高以及脑内暴露量升高而带来的安全性风险。

4. 吸入给药

由于纳米药物可广泛分布于肺泡表面，并透过肺泡进入血液循环，因此对于吸入制剂，应关注局部 / 呼吸毒性；还应关注不溶性载体类纳米药物在肺部的蓄积和转移导致相应的潜在风险。

5. 静脉给药

与普通药物相比，纳米药物静脉给药后其活性成分可能具有不同的组织分布和半衰期，血液相容性可能会发生变化，应关注不同于普通药物的潜在风险。

6. 口服给药

对于口服药物，制备成纳米药物通常是为了提高药物活性成分的生物利用度。如果口服药物中含有不溶性纳米成分，应考虑可能蓄积的组织的潜在风险。

五、药物相互作用的风险

纳米药物进入体内后可能会对代谢酶和转运体产生影响。联合用药时，可能发生基于载药粒子、游离型药物、载体材料与其他药物之间的相互作用，而带来潜在的安全性风险。有些吸入纳米药物进入肺深部后，由于具有较大的表面能等因素，容易吸附肺表面活性剂，这一现象会导致吸入纳米药物诸多性质的改变，如细胞摄取率和生物相容性等，而且肺表面活性剂的生理功能也会发生很大的改变，所以吸入纳米药物与肺表面活性剂的相互作用很可能影响到治疗效果[53]。纳米材料进入到体循环或血液组织，无法避免会与血浆蛋白发生相互作用，这些相互作用往往会带来一些难以预料的副作用，可能导致蛋白的结构和构象发生改变，进而影响到蛋白正常的生物学功能，导致血液组织功能紊乱而出现纳米毒性等问题[54]。伊立替康说明书提到其会受 CYP3A4 和 UGT1A1 抑制剂的影响，应在使用伊立替康治疗时考虑联合药物的选用。多柔比星脂质体的说明书也提到其可能会加重环磷酰胺导致的出血性膀胱炎、增强巯嘌呤的肝细胞毒性，所以同时合用其他细胞毒性药物，特别是骨髓毒性药物时需谨慎。建议评估纳米药物及其载体材料是否存在对代谢酶及转运体的抑制或诱导作用，深入研究纳米药物对体内活性成分是否存在相互作用等。

六、药物储存和运输的风险

由于在储存和运输等不同条件下，纳米药物活性形式的稳定性以及纳米药物的功能性、完整性、粒径范围、载体材料的稳定性及可能降解产物等可能发生变化，因此储存和运输条件也是潜在风险的来源之一。研究证实，在光照和高温条件下，药物脂质纳米粒的 Zeta 电位呈下降趋势，导致纳米颗粒聚集产生凝胶化现象[55]。脂质纳米粒在储存过程中，外界光照、温度等因素均会导致其内部晶体结构发生改变，由于不同晶体表面携带的电荷密度存在差异，因此晶体结构变化必然引起晶体表面电荷的变化[56]。检测安全性试验应考虑在不同的时间间隔内使用合适的技术方法对纳米药物的纳米特性（粒径分布、表面性质、药物载量等）和分散稳定性（在介质中溶解、均匀分散或团聚/聚集）进行测定和量化。纳米药物可能产生团聚或者存在稀释后包裹药物释放改变等可能性。若纳米药物需稀释和（或）配制后给药，应关注纳米药物配制后在不同浓度、溶媒、体外细胞培养液或者其他体外试验体系下的稳定性、均一性和药物释放率等特征是否发生改变[2]。

综上所述，针对纳米药物的特殊性，深入系统开展纳米药物的潜在风险研究十分必要。通过了解纳米药物潜在风险来源，可以增强对纳米药物效应机制的认识，也对规范我国纳米药物的研发和使用提供科学依据，对更好地开发安全有效的纳米药物具有重大意义。

参考文献

[1] 赵迎欢,Jeroen Vanden Hoven. 纳米药物的风险及控制[J]. 医学与哲学（人文社会医学版）, 2010，31（7）：27–28.

[2] 国家药品监督管理局药品审评中心. 纳米药物非临床安全性研究技术指导原则[S]. 2021.

[3] 杨祥良，徐辉碧，廖明阳，等. 纳米药物安全性[M]. 北京：科学出版社，2010.

[4] 周建平. 纳米技术在药物递送中的应用与展望[J]. 中国药科大学学报，2020，51（4）：379–382.

[5] 李卫华，市原学，李洁斐，等. 纳米材料的毒理学和安全性[J]. 环境与职业医学，2006（5）：430–434.

[6] Schraufnagel D E. The health effects of ultrafine particles [J]. Experimental & molecular medicine, 2020，52（3）：311–317.

[7] Lee W S, Cho H, Kim E, et al. Bioaccumulation of polystyrene nanoplastics and their effect on the toxicity of Au ions in zebrafish embryos [J]. Nanoscale, 2019，7（11）：3173–3185.

[8] Mate Z, Horvath E, Kozma G, et al. Size-Dependent Toxicity Differences of Intratracheally Instilled Manganese Oxide Nanoparticles：Conclusions of a Subacute Animal Experiment [J]. Biol Trace Elem Res, 2016，171（1）：156–166.

[9] Park M V, Neigh A M, Vermeulen J P, et al. The effect of particle size on the cytotoxicity, inflammation, developmental toxicity and genotoxicity of silver nanoparticles[J]. Biomaterials, 2011, 32(36): 9810–9817.

[10] Song M, Yuan S, Yin J, et al. Size-dependent toxicity of nano-C_{60} aggregates：more sensitive indication by apoptosis-related Bax translocation in cultured human cells [J]. Environ Sci Technol, 2012，46（6）：3457–3464.

[11] Akhavan O, Ghaderi E, Akhavan A. Size-dependent genotoxicity of graphene nanoplatelets in human stem cells [J]. Biomaterials, 2012, 33 (32): 8017-8025.

[12] Larese F F, Mauro M, Adami G, et al. Nanoparticles skin absorption: New aspects for a safety profile evaluation [J]. Regul Toxicol Pharmacol, 2015, 72 (2): 310-322.

[13] Wang J, Xu Y, Yang Z, et al. Toxicity of carbon nanotubes [J]. Curr Drug Metab, 2013, 14 (8): 891-899.

[14] Chithrani B D, Ghazani A A, Chan W C. Determining the size and shape dependence of gold nanoparticle uptake into mammalian cells [J]. Nano Lett, 2006, 6 (4): 662-668.

[15] Mathaes R, Winter G, Besheer A, et al. Influence of particle geometry and PEGylation on phagocytosis of particulate carriers [J]. Int J Pharm, 2014, 465 (1-2): 159-164.

[16] Zhang Y, Ali S F, Dervishi E, et al. Cytotoxicity effects of graphene and single-wall carbon nanotubes in neural phaeochromocytoma-derived PC12 cells [J]. ACS Nano, 2010, 4 (6): 3181-3186.

[17] De Jong W H, Roszek B, Re G. Nanotechnology in medical applications: possible risks for human health [R]., 2005.

[18] Cho E C, Xie J, Wurm P A, et al. Understanding the role of surface charges in cellular adsorption versus internalization by selectively removing gold nanoparticles on the cell surface with a I2/KI etchant [J]. Nano Lett, 2009, 9 (3): 1080-1084.

[19] Zhang J, Xiang Q, Shen L, et al. Surface charge-dependent bioaccumulation dynamics of silver nanoparticles in freshwater algae [J]. Chemosphere, 2020, 247: 125936.

[20] Ganguly P, Breen A, Pillai S C. Toxicity of Nanomaterials: Exposure, Pathways, Assessment, and Recent Advances [J]. ACS Biomater Sci Eng, 2018, 4 (7): 2237-2275.

[21] 冯辰昀，李旭东，郑妤婕，等. 纳米材料的毒理学研究进展 [J]. 中国科学：化学, 2022, 52 (1): 15-22.

[22] Sharma B, Peetla C, Adjei I M, et al. Selective biophysical interactions of surface modified nanoparticles with cancer cell lipids improve tumor targeting and gene therapy [J]. Cancer letters, 2013, 334 (2): 228-236.

[23] Neagu M, Piperigkou Z, Karamanou K, et al. Protein bio-corona: critical issue in immune nanotoxicology [J]. Archives of Toxicology, 2016, 91 (3): 1031-1048.

[24] Liao K, Lin Y, Macosko C W, et al. Cytotoxicity of Graphene Oxide and Graphene in Human Erythrocytes and Skin Fibroblasts [J]. ACS applied materials & interfaces, 2011, 3 (7): 2607-2615.

[25] Zamir E, Lommerse P H, Kinkhabwala A, et al. Fluorescence fluctuations of quantum-dot

sensors capture intracellular protein interaction dynamics [J]. Nat Methods, 2010, 7 (4): 295-298.

[26] Ghio A J, Carraway M S, Madden M C. Composition of air pollution particles and oxidative stress in cells, tissues, and living systems [J]. Toxicol Environ Health B Crit Rev, 2012, 15 (1): 1-21.

[27] 刘海涛. 纳米材料生物安全性的风险评估 [J]. 武警后勤学院学报(医学版),2013,22(4): 334-336.

[28] Onoue S, Yamada S, Chan H K. Nanodrugs: pharmacokinetics and safety [J]. Int J Nanomedicine, 2014, 9: 1025-1037.

[29] Kaminskas L M P, Mcleod V M B, Kelly B D P, et al. A comparison of changes to doxorubicin pharmacokinetics, antitumor activity, and toxicity mediated by PEGylated dendrimer and PEGylated liposome drug delivery systems [J]. Nanomedicine, 2012, 8 (1): 103-111.

[30] Maeda H, Sawa T, Konno T. Mechanism of tumor-targeted delivery of macromolecular drugs, including the EPR effect in solid tumor and clinical overview of the prototype polymeric drug SMANCS [J]. Control Release, 2001, 74 (1-3): 47-61.

[31] Ziemba B, Matuszko G, Bryszewska M, et al. Influence of dendrimers on red blood cells [J]. Cell Mol Biol Lett, 2012, 17 (1): 21-35.

[32] Rietwyk S, Peer D. Next-Generation Lipids in RNA Interference Therapeutics [J]. ACS Nano, 2017, 11 (8): 7572-7586.

[33] Manvelian G, Daniels S, Gibofsky A. The pharmacokinetic parameters of a single dose of a novel nano-formulated, lower-dose oral diclofenac [J]. Postgrad Med, 2012, 124 (1): 117-123.

[34] 王若楠, 袁鹏辉, 杨德智, 等. 纳米晶药物的应用及展望 [J]. 医药导报, 2020, 39 (8): 1100-1106.

[35] Martins S, Sarmento B, Ferreira D C, et al. Lipid-based colloidal carriers for peptide and protein delivery-liposomes versus lipid nanoparticles [J]. Int J Nanomedicine, 2007, 2 (4): 595-607.

[36] Mohamed M, Abu Lila A S, Shimizu T, et al. PEGylated liposomes: immunological responses [J]. Science and technology of advanced materials, 2019, 20 (1): 710-724.

[37] Abu L A, Uehara Y, Ishida T, et al. Application of polyglycerol coating to plasmid DNA lipoplex for the evasion of the accelerated blood clearance phenomenon in nucleic acid delivery [J]. Pharm Sci, 2014, 103 (2): 557-566.

[38] Mima Y, Abu L A, Shimizu T, et al. Ganglioside inserted into PEGylated liposome attenuates anti-PEG immunity [J]. Control Release, 2017, 250: 20-26.

[39] Abu Lila A S, Kiwada H, Ishida T. The accelerated blood clearance (ABC) phenomenon: Clinical challenge and approaches to manage [J]. Journal of controlled release, 2013, 172 (1): 38-47.

[40] Meszaros T, Csincsi A I, Uzonyi B, et al. Factor H inhibits complement activation induced by liposomal and micellar drugs and the therapeutic antibody rituximab in vitro [J]. Nanomedicine, 2016, 12 (4): 1023-1031.

[41] 项心妍，杜爽，丁杨，等. 脂质体注射剂的应用现状及其发展趋势 [J]. 中国药科大学学报，2020，51 (4): 383-393.

[42] Mora-Huertas C E, Fessi H, Elaissari A. Polymer-based nanocapsules for drug delivery [J]. International journal of pharmaceutics, 2010, 385 (1): 113-142.

[43] Wilczewska A Z, Niemirowicz K, Markiewicz K H, et al. Nanoparticles as drug delivery systems[J]. Pharmacol Rep, 2012, 64 (5): 1020-1037.

[44] Yin Win K, Feng S. Effects of particle size and surface coating on cellular uptake of polymeric nanoparticles for oral delivery of anticancer drugs [J]. Biomaterials, 2005, 26 (15): 2713-2722.

[45] Galindo-Rodriguez S A, Allemann E, Fessi H, et al. Polymeric nanoparticles for oral delivery of drugs and vaccines: a critical evaluation of in vivo studies [J]. Critical reviews in therapeutic drug carrier systems, 2005, 22 (5): 419-421.

[46] Hesler M, Aengenheister L, Ellinger B, et al. Multi-endpoint toxicological assessment of polystyrene nano- and microparticles in different biological models in vitro [J]. Toxicol In Vitro, 2019, 61: 104610.

[47] Chen K, Li X, Zhu H, et al. Endocytosis of Nanoscale Systems for Cancer Treatments [J]. Curr Med Chem, 2018, 25 (25): 3017-3035.

[48] 董安迪，纪奉奇，张春鹏，等. 口服纳米药物递送系统体外吸收模型的发展与内吞机制分析 [J]. 沈阳药科大学学报，2022，39 (7): 863-869.

[49] Owens D R, Peppas N A. Opsonization, biodistribution, and pharmacokinetics of polymeric nanoparticles [J]. Int J Pharm, 2006, 307 (1): 93-102.

[50] Petrak K. Essential properties of drug-targeting delivery systems [J]. Drug Discovery Today, 2005, 23 (10): 1667-1673.

[51] Kruth H S, Chang J, Ifrim I, et al. Characterization of patocytosis: endocytosis into macrophage surface-connected compartments [J]. Eur J Cell Biol, 1999, 78 (2): 91-99.

[52] Moghimi S M, Hunter A C, Murray J C. Long-circulating and target-specific nanoparticles: theory

to practice［J］. Pharmacol Rev, 2001，53（2）：283–318.
［53］黄郑炜，钟子乔，陈智伟，等. 肺表面活性剂与吸入纳米药物的相互作用［J］. 暨南大学学报（自然科学与医学版），2021，42（6）：667–674.
［54］钟大根，刘宗华，左琴华，等. 高分子纳米材料与血浆蛋白的相互作用［J］. 化学进展，2014，26（4）：638–646.
［55］李素铠，欧阳斌，徐晓秋，等. PLGA 纳米药物递送系统的建立及其对 bFGF 生物学活性的维持［J］. 第三军医大学学报，2016，38（11）：1319–1324.
［56］闵旭东. 纳米药物稳定性因素的分析［J］. 中国社区医师，2018，34（33）：17–19.

第三节　纳米药物的不良反应 / 事件

纳米药物作为一种新剂型，相较于普通制剂而言，具有高靶向、强稳定和低副作用的特性，其在临床上的使用越发广泛。然而，不同于普通药物，由于纳米药物具有特定粒径，使其药动学特征异于普通制剂，因而药物不良反应亦有不同，这可能导致医务人员无法及时发现、处理，从而给患者的健康甚至生命造成重大影响。为提高临床医务人员对纳米药物安全性的认识，现将临床常用纳米药物的不良反应分别介绍如下。

一、抗肿瘤纳米药物

1. 抗肿瘤抗生素类纳米药物

本类上市制剂包括：盐酸多柔比星脂质体注射液[1]、柔红霉素 / 阿糖胞苷复方冻干粉注射剂[2]。主要不良反应为：骨髓抑制、胃肠道反应、脱发、皮疹、呼吸困难、便秘等。

2. 蛋白及肽类抗肿瘤纳米药物

本类上市制剂包括：培门冬酶注射液[3]、米伐木肽冻干粉注射剂[4]、苯乙烯马来酸新致癌菌素（SMANCS）[5]。主要不良反应如下。

培门冬酶注射液：过敏、荨麻疹、皮疹、胰腺炎、腹泻、腹痛、恶心、发热性中性粒细胞减少、氨基转移酶酶升高。

米伐木肽冻干粉注射剂：贫血、厌食、头痛、头晕、心动过速、高血压、低血压、呼吸困难、咳嗽、呕吐、腹泻、便秘、腹痛、恶心、多汗、肌痛、关节痛、背痛、四肢痛、发热、寒战、乏力、体温过低、胸痛。

苯乙烯马来酸新致癌菌素（SMANCS）：休克、肝功能异常 / 肝衰竭、肝脓肿、肝内胆汁性囊肿。

3. 天然产物及其衍生物类抗肿瘤纳米药物

本类上市制剂包括：硫酸长春新碱脂质体注射液[6]、注射用紫杉醇脂质体[7]、注射用紫杉醇（白蛋白结合型）[8]、注射用紫杉醇聚合物[9]、卡巴他赛注射液[10]、伊立替康脂质体注射液[11]。主要不良反应为：贫血、白细胞减少、中性粒细胞减少、血小板减少、腹泻、恶心、乏力、便秘、呕吐、血尿、食欲下降。

4. 抗肿瘤生物技术纳米药物

本类上市制剂包括：地尼白介素 –2 注射剂[12]、免疫检查点抑制剂（吉妥珠单抗注射液[13]、帕尼单抗注射液[14]、奥妥珠单抗注射液[15]、雷莫芦单抗注射液[16]、注射用维布妥昔单抗[17]、注射用曲妥珠单抗[18]）、博纳吐单抗冻干粉注射剂（Blincyto）[19]、Tisagenlecleucel[20]、重组人 p53 腺病毒注射液[21]。

地尼白介素 –2 注射剂：本品用于治疗表达 CD25（白细胞介素 2 受体，IL–2R）的难治性、复发性 T 细胞淋巴瘤。主要不良反应包括：发热、恶心、乏力、僵硬、呕吐、腹泻、头痛、周围水肿、咳嗽、呼吸困难和瘙痒。

免疫检查点抑制剂：贫血、血小板减少症、白细胞减少症、中性粒细胞减少症、淋巴水肿、胃肠道反应等。

博纳吐单抗冻干粉注射剂（Blincyto）：本品是一种双特异性 T 细胞接合抗体构建体，可与 B 谱系细胞表面表达的 CD19 和 T 细胞表面表达的 CD3 特异性结合，通过将 T 细胞受体（TCR）复合物中的 CD3 与良性和恶性 B 细胞上的 CD19 连接起来，激活内源性 T 细胞。用于治疗费城染色体阴性前体 B 细胞急性淋巴细胞白血病。主要不良反应包括：发热、头痛、输注相关反应、贫血、发热性中性粒细胞减少症、血小板减少症和中性粒细胞减少症等。

Tisagenlecleucel：本品是美国 FDA 批准的首个嵌合抗原受体（CAR）T 细胞免疫疗法，于 2017 年上市。用于治疗难治或至少接受二线方案治疗后复发的 B 细胞急性淋巴细胞白血病。主要不良反应包括：低丙种球蛋白血症、不明病原体感染、发热、食欲下降、头痛、出血、低血压、心动过速、恶心、腹泻、呕吐、缺氧、疲劳、急性肾损伤和谵妄。

重组人 p53 腺病毒注射液：本品是由 5 型腺病毒载体与人 p53 基因重组获得的肿瘤基因治疗药物。主要适用于头颈部肿瘤及由 p53 基因突变或 p53 基因功能缺失引发的实体瘤和免疫功能低下的治疗。主要不良反应包括：发热、寒战、注射部位疼痛、出血、恶心、呕吐、腹泻和过敏反应。

5. 其他

注射用醋酸亮丙瑞林微球 / 醋酸亮丙瑞林植入物[22-23]：头痛、失眠、眩晕、面部潮红、肝功能异常、胃肠道反应、贫血、血小板减少症、白细胞减少症等。

二、神经系统纳米药物

1. 抗精神疾病纳米药物

本类上市制剂包括：利培酮制剂（利培酮长效注射剂[24]、注射用利培酮微球[25]）、纳曲酮缓释注射混悬液[26]、哌甲酯制剂（盐酸哌甲酯口服缓释胶囊[27]、盐酸哌甲酯缓释片[28]、盐酸右哌甲酯口服缓释胶囊[29]）、阿立哌唑缓释注射混悬液[30]、帕利哌酮制剂（帕利哌酮缓释注射混悬液[31]、帕利哌酮长效注射剂[32]）。

利培酮制剂、帕利哌酮制剂、阿立哌唑缓释注射混悬液：用于治疗成人精神分裂症。主要不良反应包括：头痛、震颤、震颤麻痹、头晕、静坐不能、乏力、便秘、消化不良、体重增加、四肢疼痛和口干。

纳曲酮缓释注射混悬液：本品用于戒除酒精性依赖与阿片类药物脱毒后依赖的复发。主要不良反应包括：恶心、呕吐、注射部位反应、肌肉痉挛、头晕或晕厥、嗜睡或镇静、厌食、食欲下降。

哌甲酯制剂：本品用于治疗 6~12 岁的儿童注意缺陷多动障碍。主要不良反应包括：头痛、失眠、上腹痛、食欲下降和厌食。

2. 抗神经疾病纳米药物

本类上市制剂包括：诺西那生钠注射液[33]、达利珠单抗注射液[34]、雷夫利珠单抗[35]、ONPATTRO[36]。

诺西那生钠注射液：本品适用于儿童和成年患者中脊髓肌肉萎缩的治疗。主要不良反应包括：头痛、背痛和呕吐。

达利珠单抗注射液：本品适用于多发性硬化症的复发型成年患者的治疗。主要不良反应包括：鼻咽炎、上呼吸道感染、皮疹、皮炎、口咽痛、支气管炎、湿疹、淋巴结肿大、抑郁、咽炎和肝功能异常。

雷夫利珠单抗：本品适用于重症肌无力、阵发性睡眠性血红蛋白尿症、非典型溶血性尿毒症综合征。主要不良反应包括：上呼吸道感染、头痛、注射部位反应、腹泻、恶心、呕吐、高血压及发热。

ONPATTRO：本品是一种能特异性沉默甲状腺素蛋白淀粉样变性表达的 siRNA 药物。用于治疗成人遗传性转甲状腺素介导的淀粉样变性所致的多发性神经病。主要不良反应为上呼吸道感染和输液相关反应。

三、抗感染纳米药物

1. 抗病毒纳米药物

本类上市制剂包括：聚乙二醇干扰素 α-2b 注射剂[37]、卡博特韦 / 利匹韦林缓释注射混悬液[38]、利托那韦口服制剂[39]。

聚乙二醇干扰素 α-2b 注射剂：本品为先天免疫应答的诱导剂，适用于治疗慢性丙型肝炎、乙型肝炎。主要不良反应包括：注射部位疼痛 / 炎症、寒战、发热、抑郁、关节及骨骼肌疼痛、恶心、脱发、流感样症状、失眠、腹泻、腹痛、体重下降、厌食、焦虑、注意力障碍、头晕及注射部位反应。

卡博特韦 / 利匹韦林缓释注射混悬液、利托那韦口服制剂：本品是 HIV 蛋白酶抑制剂，用于治疗 HIV 感染。主要不良反应包括：胃肠道反应、神经系统紊乱（包括感觉异常和口腔感觉异常）、皮疹和疲劳 / 乏力、关节痛和背痛、咳嗽、口咽疼痛、潮红。

2. 抗细菌纳米药物

米诺环素盐酸盐微球[40]：本品是一种牙龈下缓释产品，用于牙周炎的治疗。主要不良反应包括：龋齿、牙痛、头痛、口腔溃疡、流感综合征、咽炎、疼痛、消化不良。

3. 抗真菌纳米药物

本类上市制剂包括：两性霉素 B 制剂（两性霉素 B 注射用脂质体[41]、两性霉素 B 脂质复合物注射液[42]）、灰黄霉素 Gris PEG 片[43]。

两性霉素 B 制剂：输液过程中的短暂寒战或发热、血清肌酐升高、多器官衰竭、恶心、低血压、呕吐、呼吸困难、高血压，低钾血症、肾衰竭、血小板减少、贫血、高胆红素血症、胃肠道出血、白细胞减少症、皮疹。

灰黄霉素 Gris PEG 片：本品是一种含有超微细的灰黄霉素晶体的纳米制剂，主要不良反应包括：超敏反应类型，如皮疹、荨麻疹、多形红斑样药物反应，以及血管神经性水肿。

四、血液系统纳米药物

1. 铁剂

本类上市制剂包括：纳米氧化铁注射液（Feraheme）[44]、羧基麦芽糖铁注射液（Injectafer）[45]、异麦芽糖酐铁注射液（莫诺菲）[46]、蔗糖铁注射液（维乐福）[47]、右旋糖酐铁注射液（科莫非）[48]。主要不良反应包括：腹泻、头痛、恶心、头晕、低血压、便秘和外周水肿。

2. 促血细胞生成药物

本类上市制剂包括：甲氧基聚乙二醇促红细胞生成素 -β（美信罗）[49]、聚乙二醇化重组抗血友病因子[50]、培非格司亭[51]。

甲氧基聚乙二醇促红细胞生成素 -β（美信罗）：本品是一种促红细胞生成剂，适用于治疗慢性肾病相关贫血患者。主要不良反应包括：高血压、腹泻、鼻咽炎、呕吐、便秘、上呼吸道感染、尿路感染、头痛、肌肉痉挛、背痛、四肢疼痛、手术低血压、动静脉瘘血栓形成、动静脉瘘部位并发症、流体过载、咳嗽。

聚乙二醇化重组抗血友病因子：本品是一种适用于患有血友病 A（先天性因子Ⅷ缺陷）的儿童和成人的人抗血友病因子。主要不良反应包括：头痛、腹泻、皮疹、恶心、头晕。

培非格司亭：本品是一种白细胞生长因子。主要不良反应包括：骨痛和四肢疼痛、急性呼吸窘迫综合征、严重过敏反应、肾小球肾炎、白细胞增多、血小板减少症、毛细血管渗漏综合征、骨髓增生异常综合征、主动脉炎。

五、心血管系统纳米药物

维拉帕米缓释胶囊[52]：本品主要不良反应包括：头痛、头晕、便秘、流感综合征、周围水肿、咽炎和鼻窦炎、消化不良、腹泻。

地尔硫䓬缓释胶囊[53]：本品主要不良反应包括：包括浮肿、头痛、恶心、眩晕、皮疹、无力。

六、镇痛纳米药物

1. 非甾体抗炎纳米药物

萘普生控释片[54]：本品是一种非甾体抗炎药，用于治疗类风湿关节炎、骨关节炎、强直性脊柱炎、肌腱炎、黏液囊炎、急性痛风、原发性痛经、缓解轻度至中度疼痛。主要不良反应包括：消化道反应和流感综合征。

奈帕芬胺眼用混悬液[55]：本品是一种非甾体抗炎药前体药物，用于治疗白内障手术相关的疼痛和炎症。主要不良反应包括：视力下降、异物感、眼压升高和黏性感、结膜水肿、角膜水肿、干眼症、眼缘结痂、眼充血、眼痛、眼瘙痒、畏光、流泪和玻璃体脱离。

2. 阿片类纳米药物

本类上市制剂包括：硫酸吗啡缓释胶囊（AVINZA）[56]、芬太尼透皮系统[57]。主要不良反应包括：便秘、恶心、嗜睡、呕吐、头痛、头晕和失眠。

七、激素类纳米药物

1. 孕激素类纳米药物

本类上市制剂包括：醋酸甲羟孕酮混悬注射剂（Depo-Provera CI）[58]、依托孕烯植入剂[59]。该类药物适用于女性避孕，主要不良反应包括：头痛、腹部疼痛/不适、体重增加、月经不调、阴道炎、痤疮、乳房疼痛。

2. 其他

醋酸曲安奈德缓释注射剂（ZILRETTA）[60]：本品是一种缓释合成皮质类固醇，用于关节内注射治疗膝关节骨性关节炎疼痛。主要不良反应包括：鼻窦炎、咳嗽。

生长激素注射液（Nutropin）[61]：本品是一种重组人生长激素，适用于儿科患者治疗因生长激素缺乏症、特发性矮小症、特纳综合征和慢性肾病导致的儿童生长衰竭、成人生长激素缺乏症。主要不良反应包括：注射部位反应、中耳炎、耳部疾病。

甲地孕酮口服混悬液[62]：本品是一种黄体酮，用于治疗厌食症、恶病质或获得性免疫缺陷综合征（AIDS）患者不明原因的显著体重减轻。主要不良反应包括：恶心、腹泻、阳痿、皮疹、胀气、高血压和乏力。

八、疫苗纳米载体

1. 人乳头状瘤病毒（HPV）疫苗

本类上市制剂包括：Cervarix[63]、Gardasil[64]。主要不良反应包括：疲乏、头痛、肌痛、注射部位疼痛、发红和肿胀。

2. 冠状病毒疫苗

本类上市制剂包括：mRNA-1273[65]、Comirnaty[66]、ZyCoV-D[67]、Ad26.COV2.S[68]。主要不良反应包括：注射部位反应、发热、头痛、疲劳、肌痛、关节痛、恶心或呕吐、寒战。

3. 乙肝病毒疫苗

Sci-B-Vac[69]：本品是第三代乙肝疫苗，由哺乳动物细胞 CHO 表达系统表达，与第二代乙肝疫苗相比，除含有 HBsAg 以外，还同时包含 Pre-S1 和 Pre-S2，更接近天然结构，具有更好的免疫原性。主要不良反应包括：疼痛、肿胀、硬结和色素沉着等。

九、其他纳米药物

1. 免疫调节纳米药物

本类上市制剂包括：贝拉西普冻干粉注射剂（Nulojix）[70]、Sandimmune Neoral[71]、培塞利珠单抗注射液（Certolizumab Pegol）[72]、托珠单抗注射液（Actemra）[73]、英夫利西单抗[74]、阿达木单抗[75]。

抗排异药物（贝拉西普冻干粉注射剂、Sandimmune Neoral）的主要不良反应包括：贫血、腹泻、尿路感染、外周水肿、便秘、高血压、发热、移植物功能障碍、恶心、呕吐、头痛和白细胞减少症等。

抗自身免疫疾病性药物（培塞利珠单抗注射液、托珠单抗注射液、英夫利西单抗、阿达木单抗）的主要不良反应包括：给药部位不适、输液相关反应、头痛和骨骼肌肉疼痛、感染。

2. 血糖调节纳米药物

本类上市制剂包括：索马鲁肽片[76]、重组人胰岛素吸入粉剂[77]。

索马鲁肽片：本品是一种 GLP-1 受体激动剂，可通过刺激胰腺 β 细胞分泌胰岛素，从而增加糖代谢；并抑制胰腺 α 细胞分泌胰高血糖素从而降低空腹和餐后血糖。主要不良反应包括：恶心、腹痛、淀粉酶和脂肪酶升高。

重组人胰岛素吸入粉剂的主要不良反应包括：咽喉刺激、咳嗽及低血糖。

3. 止吐纳米药物

本类上市制剂包括：阿瑞匹坦口服混悬液[78]、大麻隆胶囊（Cesamet）[79]。主要不良反应包括：眩晕、嗜睡、口干、共济失调、欣快感、睡眠障碍、抑郁、视力障碍、注意力集中困难。

4. 其他

盐酸替扎尼定胶囊[80]：本品为中枢性骨骼肌松弛药。主要不良反应包括：口干、嗜睡、虚弱、头晕、尿路感染。

丹曲林钠注射用混悬液[81]：本品主要用于各种原因引起的上运动神经元损伤所遗留的痉挛性肌张力增高状态，如脑卒中、脑外伤、脊髓损伤、脑性瘫痪、多发性脑血管硬化等。主要不良反应包括：肺水肿、血栓性静脉炎、组织坏死、超敏反应、过敏反应、注射部位反应。

Cequa[82]：本品是一款环孢素 A 纳米胶束制剂，用于治疗干眼症。主要不良反应包括：滴注部位疼痛、结膜充血、睑缘炎。

硫酸右旋苯丙胺缓释胶囊[83]：本品主要用于治疗肥胖症、慢性酒精中毒及疲劳等。主要不良反应为心悸、荨麻疹等。

腺苷脱氨酶注射溶液（Adagen）[84]：本品适用于严重合并免疫缺陷疾病患者的腺苷脱氨酶缺乏症的酶替代疗法。主要不良反应包括：头痛、注射部位疼痛。

纳洛昔醇片（Movantik）[85]：本品是一个阿片拮抗剂，适用于治疗慢性非癌症疼痛成年患者使用阿片所致的便秘。主要不良反应包括：腹痛、腹泻、恶心、肠胃气胀、呕吐、头痛、大汗。

醋酸去氨加压素鼻喷雾剂[86]：本品主要用于 4 岁及以上的成人和儿童中心性尿崩症的抗利尿替代治疗。主要不良反应包括：头痛、鼻塞、鼻炎、鼻出血、喉咙痛、咳嗽、上呼吸道感染、恶心、脸红和轻度腹部痉挛。

吉佛西兰注射液（Givlaari）[87]：本品是唯一被证明可以预防急性肝卟啉症发作、减轻慢性疼痛和提高生活质量的药物。主要不良反应包括：恶心、注射部位反应、皮疹、血清肌酐升高、氨基转移酶升高、疲劳。

Pegaptanib[88]：本品是一种基于适配体的疗法，由 NX1838 适配体发展而来，是一种抗血管生成剂，对血管内皮生长因子（VEGF）具有选择性，能有效结合并抑制 VEGF，从而限制 VEGF 与细胞的相互作用。它是第一个获得美国 FDA 批准用于治疗眼部血管疾病的适配体。主要不良反应包括：前房炎症、视物模糊、白内障、结膜出血、角膜水肿、眼分泌物、眼刺激、眼痛、高血压、眼压升高、眼部不适、点状角膜炎、视力降低、视力障碍、玻璃体漂浮物和玻璃体混浊。

猪胶原蛋白膜自体培养软骨细胞（MACI）[89]：本品是一种机体软骨损伤后应用对骨组织损伤部位具有一定修复和再生能力的技术。主要不良反应包括：关节痛和背痛、关节肿胀、关节积液、肌腱炎、软骨损伤、韧带扭伤。

参考文献

[1] 盐酸多柔比星脂质体注射液说明书[EB/OL].[2024-08-13].https://www.yaozh.com/

[2] FDA. 柔红霉素 – 阿糖胞苷脂质体注射液 . 美国 FDA 药品说明书[EB/OL].[2024-08-13]. https://www.fda.gov/

[3] FDA. 培门冬酶注射液 . 美国 FDA 药品说明书[EB/OL].[2024-08-13]. https://www.fda.gov/

[4] FDA.MEPACT（4mg/VIAL）美国 FDA 药品说明书[EB/OL].[2024-08-15]. https://www.

fda.gov/
[5] FDA.SMANCS. 美国 FDA 药品说明书 [EB/OL]. [2024-08-17]. https://www.fda.gov/
[6] FDA. 硫酸长春新碱脂质体注射液. 美国 FDA 药品说明书 [EB/OL]. [2024-08-11]. https://www.fda.gov/
[7] 注射用紫杉醇脂质体说明书 [EB/OL]. [2024-08-10] .https://www.yaozh.com/
[8] 注射用紫杉醇(白蛋白结合型)说明书 [EB/OL]. [2024-08-10] .https://www.yaozh.com/
[9] 注射用紫杉醇脂质体说明书 [EB/OL]. [2024-08-11] .https://www.yaozh.com/
[10] FDA.CABAZITAXEL INJECTION. 美国 FDA 药品说明书 [EB/OL]. [2024-08-11]. https://www.fda.gov/
[11] FDA.ONIVYDE. 美国 FDA 药品说明书 [EB/OL]. [2024-08-12]. https://www.fda.gov/
[12] FDA.ONTAK. 美国 FDA 药品说明书 [EB/OL]. [2024-08-14]. https://www.fda.gov/
[13] FDA.MYLOTARGTM. 美国 FDA 药品说明书 [EB/OL]. [2024-08-14]. https://www.fda.gov/
[14] FDA.VECTIBIX. 美国 FDA 药品说明书 [EB/OL]. [2024-08-10]. https://www.fda.gov/
[15] 奥妥珠单抗注射液说明书 [EB/OL]. [2024-08-13] .https://www.yaozh.com/
[16] FDA.CYRAMZA. 美国 FDA 药品说明书 [EB/OL]. [2024-08-17]. https://www.fda.gov/
[17] 注射用维布妥昔单抗说明书 [EB/OL]. [2024-08-13] .https://www.yaozh.com/
[18] FDA. 注射用曲妥珠单抗说明书. 美国 FDA 药品说明书 [EB/OL]. [2024-08-15]. https://www.fda.gov/
[19] FDA.BLINCYTO. 美国 FDA 药品说明书 [EB/OL]. [2024-08-11]. https://www.fda.gov/
[20] FDA.KYMRIAH. 美国 FDA 药品说明书 [EB/OL]. [2024-08-14]. https://www.fda.gov/
[21] 重组人 p53 腺病毒注射液说明书 [EB/OL]. [2024-08-13] .https://www.yaozh.com/
[22] FDA. 注射用醋酸亮丙瑞林微球说明书. 美国 FDA 药品说明书 [EB/OL]. [2024-08-14]. https://www.fda.gov/
[23] FDA.VIADUR. 美国 FDA 药品说明书 [EB/OL]. [2024-08-11]. https://www.fda.gov/
[24] FDA.RISPERDAL. 美国 FDA 药品说明书 [EB/OL]. [2024-08-13]. https://www.fda.gov/
[25] FDA. 注射用利培酮微球说明书. 美国 FDA 药品说明书 [EB/OL]. [2024-08-11]. https://www.fda.gov/
[26] FDA.VIVITROL. 美国 FDA 药品说明书 [EB/OL]. [2024-08-13]. https://www.fda.gov/、
[27] FDA.RITALINLA. 美国 FDA 药品说明书 [EB/OL]. [2024-08-12]. https://www.fda.gov/
[28] FDA.CONCERTA. 美国 FDA 药品说明书 [EB/OL]. [2024-08-13]. https://www.fda.gov/
[29] FDA.FOCALIN XR. 美国 FDA 药品说明书 [EB/OL]. [2024-08-11]. https://www.fda.gov/
[30] FDA.ARISTADA. 美国 FDA 药品说明书 [EB/OL]. [2024-08-12]. https://www.fda.gov/
[31] FDA.INVEGA TRINZA. 美国 FDA 药品说明书 [EB/OL]. [2024-08-17]. https://www.fda.

gov/

[32] FDA.INVEGA HAFYERA. 美国 FDA 药品说明书[EB/OL].[2024-08-12]. https://www.fda.gov/

[33] FDA. 诺西那生钠注射液说明书 . 美国 FDA 药品说明书[EB/OL].[2024-08-12]. https://www.fda.gov/

[34] FDA.ARISTADA. 美国 FDA 药品说明书[EB/OL].[2024-08-12]. https://www.fda.gov/

[35] FDA.ULTOMIRIS. 美国 FDA 药品说明书[EB/OL].[2024-08-17]. https://www.fda.gov/

[36] FDA.ONPATTRO. 美国 FDA 药品说明书[EB/OL].[2024-08-12]. https://www.fda.gov/

[37] FDA.PEGINTRON. 美国 FDA 药品说明书[EB/OL].[2024-08-12]. https://www.fda.gov/

[38] FDA.CABENUVA . 美国 FDA 药品说明书[EB/OL].[2024-08-17]. https://www.fda.gov/

[39] FDA.NORVIR. 美国 FDA 药品说明书[EB/OL].[2024-08-12]. https://www.fda.gov/

[40] FDA.ARESTIN. 美国 FDA 药品说明书[EB/OL].[2024-08-12]. https://www.fda.gov/

[41] FDA.AmBisome(daclizumab)injection. 美国 FDA 药品说明书[EB/OL].[2024-08-12]. https://www.fda.gov/

[42] FDA.ABELCET. 美国 FDA 药品说明书[EB/OL].[2024-08-17]. https://www.fda.gov/

[43] FDA.GRIS-PEG. 美国 FDA 药品说明书[EB/OL].[2024-08-12]. https://www.fda.gov/

[44] FDA.FERAHEME. 美国 FDA 药品说明书[EB/OL].[2024-08-12]. https://www.fda.gov/

[45] FDA.INJECTAFER. 美国 FDA 药品说明书[EB/OL].[2024-08-11]. https://www.fda.gov/

[46] FDA.MONOFERRIC(ferric derisomaltose)injection. 美国 FDA 药品说明书[EB/OL].[2024-08-15]. https://www.fda.gov/

[47] FDA.Venofer(iron sucrose)injection. 美国 FDA 药品说明书[EB/OL].[2024-08-12]. https://www.fda.gov/

[48] FDA. 右旋糖酐铁注射液说明书 . 美国 FDA 药品说明书[EB/OL].[2024-08-19]. https://www.fda.gov/

[49] FDA.MIRCERA. 美国 FDA 药品说明书[EB/OL].[2024-08-12]. https://www.fda.gov/

[50] FDA.ADYNOVATE. 美国 FDA 药品说明书[EB/OL].[2024-08-17]. https://www.fda.gov/

[51] FDA.NYVEPRIA. 美国 FDA 药品说明书[EB/OL].[2024-08-12]. https://www.fda.gov/

[52] FDA.VERELAN PM . 美国 FDA 药品说明书[EB/OL].[2024-08-12]. https://www.fda.gov/

[53] FDA. 地尔硫缓释草胶囊说明书 . 美国 FDA 药品说明书[EB/OL].[2024-08-13]. https://www.fda.gov/

[54] FDA.NAPRELAN. 美国 FDA 药品说明书[EB/OL].[2024-08-12]. https://www.fda.gov/

[55] FDA.ILEVRO. 美国 FDA 药品说明书[EB/OL].[2024-08-12]. https://www.fda.gov/

[56] FDA.AVINZA. 美国 FDA 药品说明书[EB/OL].[2024-08-12]. https://www.fda.gov/

[57] FDA.DURAGESICÒ. 美国 FDA 药品说明书 [EB/OL] . [2024-08-17] . https://www.fda.gov/

[58] FDA.Depo-Provera. 美国 FDA 药品说明书 [EB/OL] . [2024-08-12] . https://www.fda.gov/

[59] FDA.NEXPLANON. 美国 FDA 药品说明书 [EB/OL] . [2024-08-12] . https://www.fda.gov/

[60] FDA.ZILRETTA. 美国 FDA 药品说明书 [EB/OL] . [2024-08-17] . https://www.fda.gov/

[61] FDA.Nutropin. 美国 FDA 药品说明书 [EB/OL] . [2024-08-12] . https://www.fda.gov/

[62] FDA.MEGACE. 美国 FDA 药品说明书 [EB/OL] . [2024-08-12] . https://www.fda.gov/

[63] FDA.CERVARIX. 美国 FDA 药品说明书 [EB/OL] . [2024-08-12] . https://www.fda.gov/

[64] FDA.GARDASIL. 美国 FDA 药品说明书 [EB/OL] . [2024-08-12] . https://www.fda.gov/

[65] FDA.SPIKEVAX. 美国 FDA 药品说明书 [EB/OL] . [2024-08-17] . https://www.fda.gov/

[66] FDA.COMIRNATY. 美国 FDA 药品说明书 [EB/OL] . [2024-08-12] . https://www.fda.gov/

[67] Khobragade Akash，Bhate Suresh. Efficacy，safety and immunogenicity of the DNA SARS CoV-2 vaccine（ZyCoV-D）: the interim efficacy results of a phase 3，randomised，double-blind，placebo-controlled study in India [J] . The Lancet，2022，399（10332）.

[68] FDA.JCOVDEN. 美国 FDA 药品说明书 [EB/OL] . [2024-08-17] . https://www.fda.gov/

[69] FDA.PREHEVBRIO. 美国 FDA 药品说明书 [EB/OL] . [2024-08-12] . https://www.fda.gov/

[70] FDA.NULOJIX. 美国 FDA 药品说明书 [EB/OL] . [2024-08-12] . https://www.fda.gov/

[71] FDA. 环孢素胶囊说明书 . 美国 FDA 药品说明书 [EB/OL] . [2024-08-12] . https://www.fda.gov/

[72] FDA.CIMZIA. 美国 FDA 药品说明书 [EB/OL] . [2024-08-17] . https://www.fda.gov/

[73] FDA.ACTEMRA. 美国 FDA 药品说明书 [EB/OL] . [2024-08-12] . https://www.fda.gov/

[74] FDA.INFLIXIMAB. 美国 FDA 药品说明书 [EB/OL] . [2024-08-12] . https://www.fda.gov/

[75] FDA.HUMIRA. 美国 FDA 药品说明书 [EB/OL] . [2024-08-17] . https://www.fda.gov/

[76] FDA.RYBELSUS. 美国 FDA 药品说明书 [EB/OL] . [2024-08-12] . https://www.fda.gov/

[77] FDA.AFREZZA. 美国 FDA 药品说明书 [EB/OL] . [2024-08-13] . https://www.fda.gov/

[78] FDA.EMEND. 美国 FDA 药品说明书 [EB/OL] . [2024-08-12] . https://www.fda.gov/

[79] FDA.Cesamet. 美国 FDA 药品说明书 [EB/OL] . [2024-08-11] . https://www.fda.gov/

[80] FDA.ZANAFLEX Capsules. 美国 FDA 药品说明书 [EB/OL] . [2024-08-17] . https://www.fda.gov/

[81] FDA.RYANODEX. 美国 FDA 药品说明书 [EB/OL] . [2024-08-12] . https://www.fda.gov/

[82] FDA.CEQUA. 美国 FDA 药品说明书 [EB/OL] . [2024-08-12] . https://www.fda.gov/

[83] FDA.SPANSULE. 美国 FDA 药品说明书 [EB/OL] . [2024-08-17] . https://www.fda.gov/

[84] FDA.ADAGEN. 美国 FDA 药品说明书 [EB/OL] . [2024-08-11] . https://www.fda.gov/

[85] FDA.MOVANTIK. 美国 FDA 药品说明书 [EB/OL] . [2024-08-12] . https://www.fda.gov/

[86] FDA.DDAVP. 美国 FDA 药品说明书 [EB/OL]. [2024-08-13]. https://www.fda.gov/
[87] FDA.GIVLAARI. 美国 FDA 药品说明书 [EB/OL]. [2024-08-14]. https://www.fda.gov/
[88] FDA.MACUGEN. 美国 FDA 药品说明书 [EB/OL]. [2024-08-17]. https://www.fda.gov/
[89] FDA.MACI. 美国 FDA 药品说明书 [EB/OL]. [2024-08-11]. https://www.fda.gov/

第四节　纳米药物上市后药物警戒情况

一、药物警戒的目的、意义及发展历程

近年来，药物警戒越来越多地受到国际社会的关注。针对药物使用不规范的现象日益严重、临床合理用药水平参差不齐的现状，关注药物警戒有非常重要的临床意义和价值。近年来纳米药物上市速度逐年加快，针对这些药物的安全性和药物警戒等工作刻不容缓。

药物警戒是发现、评估、认识和预防药品不良反应等其他药物相关问题的科学研究与实践活动[1,2]。其常见的研究内容包括药物的不良反应、药品滥用、药物错用、药品相互作用及用药后相关病例的中毒和死亡病例报告及分析等[3]。

开展药物警戒的目的是评估药物的安全性和有效性，促进其能安全、合理及有效地被应用；预防与药品使用有关的安全问题，改善患者用药过程中的安全问题；对患者用药安全问题进行警示，提升用药患者的卫生安全意识[4]。药物戒备的最终目的是保证药品使用的安全，维护患者的生命安全和健康；对已上市药物进行评估，对其药物风险和效益进行持续的监测；对患者和医务工作者进行强化药物戒备相关意识和知识的培训和教育。

药物警戒对药品的合理使用有重要意义，在国家与社会大力推动临床药物研发与转化的同时，我们也必须同时提高对上市后药品药物警戒的监管要求。药物警戒作为我国药品监管法律法规体制中的重要补充及完善，其不仅限于药品不良反应监测工作，尚包括如假药、用药过量、药源暴露、服用过期药物及滥用药物等，以上均属于药物警戒需要观察检测的信息。在药物警戒制度指引下推动的药物不良反应监测工作，将进一步保证药物安全且有效地被利用。药物警戒制度的建立不仅可以节约资源，更能及时挽救药物相关的生命。希望我国的药物警戒事业能建立起具有中国特色的药物警戒系统。

药物警戒的发展最早可由世界卫生组织（WHO）在 1968 年启动国际药品监测合作计划算起，其中“pharmocovigilance，PV”的概念是由法国科学家于 1974 年提出，此后在 1992 年的时候由法国药物流行病学家 Begaudg 对其进行了进一步的解释说明。此后经过 30 多年的发展，药物警戒已经被 80 多个成员国或地区及国际组织提升至药品监察管理制度层面。在国际药物警戒领域，世界卫生组织国际药物监测计划是国与国之间相互合作的重要基石，成员国之间通过鼓励本国的医疗保健人员记录并报告其在临床用药过程中检测的药物不良反应。而这份报告则被本国相关机构或组织进行评估及公告，从而引起当地警觉。各成员国之间会将其本地区相关信息统一发送给世界卫生组织乌普萨拉监测中心（Uppsala Monitoring Centre），经过该中心重新统一处理分析评估后输入世界卫生组织国际数据库中。各成员国均可在该数据库中获取相关信息，并与本国相关数据进行比较，以检查是否有类似事件的记录。

中国作为国际药物监测合作计划的成员国，长期保持与各国交流学习药物警戒等相关先进理念、制度及管理，加快完善本国药物警戒制度。第一届中国药物警戒研讨会于 2007 年 11 月 29 日在北京隆重开幕。此次会议极大提升了医药工作者对药物警戒的认知，对促进我国药品风险管理体系的逐步形成，确保公众用药安全等具有积极意义。至 2017 年 6 月，中国成功加入国际人用药品注册技术协调会（ICH）[5]，该组织是一个国际性非营利组织，其宗旨是通过国际协调，提升新药开发和注册效率，提高公众健康。这些技术标准在不影响药物安全性及有效性的前提下，减少了不必要的人体临床重复试验，以高效和更具成本效益的方式研发、注册和生产安全、有效和高质量的药品，并在不折损安全性和有效性的前提下尽量少地进行动物实验。这次的加入意味着中国的医药卫生事业开始与世界接轨，社会及市场对药物警戒有了全新的认识，此后药物警戒迎来一个爆发性增长的时期。中国成为国际人用药品注册技术协调会成员国后，国家也发布了一系列法规政策，指导国内医药行业的正确运行，其中《食品药品监管总局关于适用国际人用药品注册技术协调会二级指导原则的公告》中就明确提出了药物警戒相关指导原则，以及后续的 E2B 电子递交的法规要求，均体现了国家在药物警戒领域的积极进取[6]。《药物警戒质量管理规范》的颁布，标志着我国药物警戒制度的正式落地实施[4]。该规范明确，药品在临床试验期间的药物警戒和管理办法可根据药品上市后的相关要求进行调整。该规范是我国颁布的首个与药物警戒相关的配套文件，体现了药品生命周期管理的理念，坚持了药品风险管理的原则，明确了持有人和申办者的药物警戒主体责任，并与国际药物警戒的最新发展接轨。经过近 20 年的发展，国内已逐步建立起相关法律法规，建立起具备中国特色的药物警戒体系。

二、国内外药物安全警戒制度及管理体系构建

（一）美国药物警戒体系

美国食品和药品管理局（FDA）对试验药品和上市后的药品都采取了严格的药品警戒管理制度。2005 年，美国 FDA 针对包括生物制品在内的药品风险管理活动发布了《药物上市前风险评估技术指导原则》《风险最小化行动计划的制定与应用技术指导原则》《药物警戒管理规范与药物流行病学评估技术指导原则》，分别对药品上市前的风险作出评估；风险最小化措施的制定、实施和评估提供指导，以及上市后的药品预警和药品流行病学评估，为申请人开展安全信号监测和风险管理活动提供指导[7]。同时，对于新药临床试验申请和上市批准，美国 FDA 采用新药临床试验申请（IND）安全信息报告、风险评估和风险管理等措施加强临床试验风险控制，发布的相关指南文件包括：《申办者临床试验期间安全性评价和安全性报告的技术指导原则》《以电子形式递交：IND 安全性报告》等[8, 9]。

1. 组织机构及职责

药品评价与研究中心（CDER）是 FDA 负责药物警戒工作的主管机构，在新药临床研发及上市过程中进行风险监测、鉴别、评估和风险控制[10]。CDER 中的监测与流行病学办公室（OSE）是药物警戒的主要负责部门，主要实施上市后产品的药品警戒工作。对于临床试验过程中的药品安全监控，在接到 IND 安全报告后，直接指派负责新药审批的新药办公室（OND）进行药物警戒工作。

2. 药品风险管理

美国 FDA 认为，风险管理由上市前和上市后的风险评估和风险最小化两部分组成。具体而言，风险管理是一个反复循环的过程，主要包括：①风险评估，即产品的风险受益比；②在保证药品药效的基础上，制定产品风险最小化的措施并组织实施；③评价措施实施的有效性，再评价药品的风险受益比例；④调整风险最小化措施，药品风险受益比例进一步提高[11]。以上步骤贯穿整个药品生命周期。

3. 药物安全性信号管理

根据美国 FDA《药物警戒管理规范与药物流行病学评估技术指导原则》[7]，药物警戒主要涉及安全性信号识别和评价两个方面。FDA 认为，安全信号是指与某种药物使用有关的不良事件数超过预计发生的事件数[12]。根据病例信息的详实程度或事件性质，也可将单个记录详实的病例报告看作是一个信号。信号可以来

自上市后的数据和其他来源，比如临床前的数据，或其他产品在同一类别药物中发生的相关事件[12]。FDA将定期对不良事件报告系统（FAERS）数据库进行检查，作为日常安全监控的一部分。FDA除了采用传统方法，即由专业人员基于个例报告、汇总报告，或利用病例数、报告率、校正报告率等进行汇总分析后发现安全信息信号外，还通过多项Gamabason分布缩减法（MGPS）（比例失衡分析法之一）挖掘自发性报告数据库的数据[13]。当CDER在数据库中识别出存在严重风险的潜在信号时，就会将安全问题输入信号管理追踪记录系统（DARRTS），用于对已上市药物的重大安全问题进行追踪[13, 14]。当FAERS数据库中潜在的严重风险信号被识别，并作为“需要追踪的安全问题”（TSI）被录入DARRTS时，FDA会发布所有TSI信息，并在季度报告中通知上市许可持有人/申办方，CDER使用DARRTS TSI作为发布严重安全信号的信号源[14]。TSI分类框架包括优先级、标准级、应急级，以提供问题解决的优先级。此外，FAERS网站上发布的早期TSI信息，每3个月都会持续更新，直到CDER决定采取相关措施为止[14]。

（二）欧盟药物警戒体系

目前，欧盟制定的《药品警戒管理规范指南》（GVP）作为工作准则，涵盖了药物警戒工作的方方面面，确保各相关方更好地开展药品警戒工作，履行药物警戒职责[15]。

1. 组织机构及职责

欧洲药品监督管理局（EMA）内部设立药物警戒风险评估委员会（PRAC），与负责新药审批的人用药品委员会（CHMP）隶属同一级别，主要负责评估与监测人用药品的安全性。根据评估和监测结果，PRAC向CHMP提供风险管理建议，CHMP决定是否对药品采取风险管理措施[15]。

2. 药物警戒内容

欧盟药物警戒的主要目标是通过及时向患者、医护人员和公众提供药物安全信息，防止药物在上市许可范围内/外使用或职业暴露引起的人体不良反应，促进药物安全有效使用。欧盟制定了指导各相关方开展药物警戒工作的完整GVP指南，主要包括2个方面的内容：①对药物警戒流程各模块（模块Ⅰ至ⅩⅥ）进行了有效的衔接和覆盖；②针对具体产品和特定人群的特别考量。各模块分别就药物警戒系统及其质量体系、药物警戒主文件、药物警戒检查与监督检查、风险管理系统、药品可疑不良反应收集、管理与报送、定期安全更新报告、上市后安全研究、信号管理、补充监测、安全信息沟通、风险最小化措施等工作要求进行了全面的规范[16]。

3. 药物安全性信号管理

欧盟在GVP第Ⅸ模组讯号管理中，将讯号定义为一个或多个来源（包含观察性与实验性/干预性研究）的资讯，提示某一干预性措施与某一类事件之间存在新的潜在因果关系（包括不良或有利事件），或提示已知相关事件存在新的资讯，并需要进一步验证此资讯[17]。药物疑似不良反应的信息系统（Eudra Vigilance数据库）（包括临床试验模块和上市后模块）除采用传统方法外，根据数据库的特点，EMA通过比例报告比值法（PRR）（比例失衡分析法之一）进行数据挖掘[17]。EMA定期监测分析Eudra Vigilance数据库，同时加强重点品种分析频次。欧盟GVP对信号管理的基本架构和流程进行了描述：①资料和信号来源；②探测信号；③信号校验及进一步评估过程中的估分情况；④信号轻重缓急排序；⑤质量把关[17]。EMA使用欧洲药物警戒问题追踪工具（EPITT）记录管理已验证的讯号（包括来自上市许可持有人报告的讯号），PRAC会在输入讯号时进一步展开分析，同时决定讯号的优先级。经过验证的信号并不是对信号进行了全面的评估，建立了因果关系，而是应该由PRAC组织欧盟层面的研究进一步展开。为加强临床试验期间的药物警戒工作，欧盟在新修订的《药物警戒工作计划》中提出[18]，在欧盟第536/2014号临床试验法规（EU）实施之时，临床试验模式发生了重大改变。基于此，Eudra Vigilance数据库中的临床试验模块（EVCTM）和可疑且非预期严重不良反应（SUSAR）报告应作出相应更改。欧盟临床试验法规Reg.（EU）第536/2014号使整个欧盟的临床试验评估和监督保持协调，通过了临床试验信息系统（CTIS，前身为欧盟临床试验门户和数据库），同时简化了安全报告规则，可能涉及风险比例方法的采用。最后，简化了申请人提交安全报告的程序，对年度安全报告（ASRS），申请人可直接发送至CTIS中的ASREUDRAVIGILANCE模块；对于SUSAR，申请者可以直接发送到EVCTM模块进行申请[18]。

（三）我国药物警戒体系

我国首部《药物警戒质量管理规范》发布于2021年[4]，并于12月1日正式实施，在我国药物警戒建设史上具有里程碑意义，开启药物全生命周期的警戒工作。上市后的药物警戒工作由国家药品监督管理局药品评价中心（CDR）负责，上市前的药物警戒工作由国家药品监督管理局药品审评中心（CDE）负责。临床试验期药物警戒作为全生命周期药物警戒工作的重要组成部分，以独立章节撰写，对于健全药物全生命周期管理，加强受试者保护，在我国鼓励创新药物研发的时代背景下具有重要意义。我国临床试验期间的药物警戒工作主要由CDE临床试验管理处负责。积极开展临床试验安全信息监测和风险识别、评估与控制等主要工作，通过研究国际先进药物警戒体系建设，结合我国实际，不断完善药物警戒工作的新理论、新方法、新工具。

1. 建立临床试验安全风险管理的法律法规

我国加入ICH后，按照《食品药品监管总局关于适用国际人用药品注册技术协调会二级指导原则的公告》（2018年第10号）要求，自2018年5月1日起，中国适用ICH E2A、E2B（R3）等ICH指南，标志着中国临床试验期间药物警戒工作的开始[6]。2019年12月发布的新修订版《中华人民共和国药品管理法》中[19]，明确国家建立药品警戒制度，明确相关风险控制措施应在药品临床试验期间进行调整，有效保障受试者的生命安全。2020年7月发布的新修订版《药品注册管理办法》中[20]，明确了多项药物警戒相关内容，制定了《药物临床试验期间安全信息评估与风险管理规范（试行）》《研发期间安全性更新报告管理规范（试行）》《药物临床试验登记与信息公示管理规范（试行）》等规范性文件[21-23]，我国开始积极落实临床试验期间的安全风险管理工作。另外，为落实临床试验期间的安全管理，新修订的《药物临床试验质量管理规范》（GCP）[24]明确了申办者对临床试验管理的主体责任等内容；并在技术指导原则制修订中发布了《药物临床试验数据监查委员会指导原则（试行）》《“临床风险管理计划”撰写指导原则（试行）》《研究者手册中安全性参考信息撰写技术指导原则》[25-27]等技术指南，逐步建立了我国临床试验安全管理的技术指南体系。

2. 建立临床试验期间药物警戒信息化系统

为实现申办方按要求提供临床试验安全信息，CDE建立了可疑非预期严重不良反应（SUSAR）电子传输系统（EDI），开通研发期间安全性报告（DSUR）等潜在安全性报告途径，建立了包括接受SUSAR和临床试验期间安全风险管理系统（CTRIMS）在内的药物预警数据接收识别与风险评估系统，为E2B（R3）区域实施的落实奠定了信息化基础。

3. 建立内部安全信息评估与风险管理工作机制

CDE根据《药物临床试验期间安全信息评估与风险管理规范（试行）》[21]及CDE内部工作程序，严格执行关于在药物临床试验期间加强安全监督的工作要求，对临床试验期间的（SUSAR）、研发期间安全性更新报告（DSUR）以及临床试验登记平台的安全信息等开展及时风险处理工作。自落实相关性临床安全性工作报告以来，报告数量稳步提升，报告质量也得到不断提高，申办者的责任意识不断增强，为临床试验期间安全性风险管理工作奠定基础。数据显示，2021年收到7197份国内临床期间SUSAR首次报告，同比增长54.51%；收到研发期间DSUR 2568份，同比增长42.82%。临床试验登记平台登记信息15075条（包括首次登记和信息更新登记），同比增长 22.95%[28]。同时，CDE 建立了风险管理工作流程图，不断推动临床试验期间安全性信息报告的标准化、科学化和电子化。临床试验管理处组成了全信息监测小组，制定审核标准，对安全信息进行监测、甄别、分析与初步评估，提请审评团队形成风险处理意见。其次，审评部门对申请人在药物临床试验期间提交的安全性报告（信息）进行专业审核和风险评估，必要时提出进一步的风险控制意见。基于安全信息提示的风险严重程以及对受试者安全的可能影响，将安全信号区分为低、中、高关注信号，对正在进行的临床试验采用三级风险处理方式，即临床试验风险管理告知信、临床试验风险控制通知书、暂停或终止临床试验通知书。对于临床试验存在较低风险，如可通过加强监测或风险提示降低受试者风险，可采用风险管理告知信方式处理；对于临床试验存在一定风险，如需修改临床方案、研究者手册、知情同意书等方式降低受试者风险，可采用风险管理通知书方式处理；对于临床试验存在较高风险，须及时采取中断措施降低受试者风险，可采用暂停或终止临床试验方式处理。

4. 安全信息评估与风险处理情况

药审中心依照安全信息评估与风险管理工作规定要求，针对临床试验期间药物相关安全信息进行检测、识别、评估及风险处理，并对存在或可能存在的安全信息，及时提供相关风控意见。据统计，2021 年，审评部门审核并评估相关安全信号后共发布了 86 份风险管理告知信，21 份临床试验风险控制通知书，1 份暂停临床试验通知书，建议申办者主动暂停临床试验 5 次[28]。对默示许可临床试验的安全信号与风险管理实施有效风险管控，确保风险最小化，切实做到保护受试者安全。

三、纳米药物药物警戒的意义及方向

纳米药物指利用纳米制备技术将原料药等制成具有纳米尺度的颗粒，或生物相容性较高的材料与原料药结合形成具有纳米级的药物颗粒。其活性成分或载体颗粒的尺寸是纳米药物的首要特征。在 2021 年新出台的《纳米药物质量控制研究技术指导原则（试行）》中指出纳米药物的最终产品或载体材料的外部尺寸保持在 1000nm 以下，且具有明显的尺度效应。大量的研究表明，当药物颗粒的粒径在 10~1000nm 之间时，与传统制剂相比，纳米药物制剂呈现出许多新的药效学、代谢动力学特征，如长循环、靶向性、缓控释性、高生物黏附、特殊入胞机制、多成分共输送等特性[29]。纳米药物制剂或药物纳米载体的研究和开发，已成为当前国际医药学界的前沿和热点。

从第一次面世至今，纳米药物的形式迎来了快速发展，如固体脂质纳米粒子、乳剂、脂质体、树状聚合物、聚合物纳米粒子、纳米晶体、胶束等不一而足。作为一种新型的纳米产品，纳米药物的量子尺寸决定了其具有特殊的生物学属性，也拥有了相比传统药物更加卓越的药效、安全性、理化性质以及药物成分的药动学药效学特征[30-40]。但同时不容忽视的是，由于纳米药物太过新兴，与当前传统药物所适用的临床前安全性评价策略并不完全兼容，且可能带来相当风险。因此需要在常规毒理学评价之外，对以下四个方面进行重点考量和关注：

（1）在 ADME 方面，纳米材料与细胞成分发生的相互作用、作用后纳米材料在系统循环中的分布情况以及内化颗粒在体内的最终位置都值得重点关注。这也对可以更灵敏准确地捕捉纳米物质分布和评估纳米材料穿过人体屏障能力的成像器材提出了更高的开发要求。例如，有些纳米材料进入体内可能会与多种蛋白产生“纳米材料蛋白质环”，需要依靠肝脏和脾脏内的单核吞噬细胞系统进行清除。而有些小尺寸的亲水性纳米材料直接通过肾脏就可以完成清除。当进入体内后，纳米材料会主动或被动地分布游走至各脏器中，例如被动靶向分布到肝脏等器官，或者主动靶向分布到需要的肿瘤部位等。同时还需要考虑纳米材料透过血－脑屏障或胎盘屏障的可能性。当纳米材料仅作为药物载体出现而不是药物活性成分本身，也需要单独评估检查纳米载体的安全风险问题[30, 31]。

（2）结合不同的给药方式也需要做对应的特殊考量。例如当纳米药物通过涂等抹外用方式使用时，需要考虑纳米物质是否会影响皮肤与阳光的作用起效，以及药物是否存在光毒性风险；当纳米药物通过皮下给药方式使用时，需要考虑纳米物质是否会增强皮肤的过敏风险；当纳米药物通过吸入给药方式使用时，则需要考虑纳米物质是否会影响肺沉积、呼吸系统分布和系统生物利用度等问题[30, 33, 36]。

（3）关注纳米药物的遗传毒性评价，因为这与传统药物相比有着相当大的特殊性。现代经典的遗传毒性评价方法无法对纳米材料进行有效且准确的评估。由于纳米材料的量子尺寸特性，容易透过细胞膜的纳米材料可以在表面活性和蓄积性的共同作用下与细胞遗传物质之间产生直接或间接的作用。特别当金属离子通过纳米粒子进入体内后，很可能导致染色体变异及 DNA 断裂。另一方面，还需要重点考虑长期留在某些体内脏器中的纳米材料是否会对细胞增殖产生负面影响进而提高诱发肿瘤的概率[29, 38]。

（4）关注纳米材料可能导致的免疫毒性。纳米材料的小粒径特性决定了它极易进入体内，当纳米材料通过多重生理屏障与特定免疫或其他细胞表面蛋白相互作用，或将发生特异性反应，进而导致免疫应答被诱发，机体的免疫功能得以增强或降低。此外，由于纳米药物种类的丰富叠加免疫系统自身的复杂机制，加剧了纳米药物免疫毒性的复杂性。目前在不同类型的纳米药物使用中已发现可能会诱导机体产生不同程度的免疫反应情况，因此需要重点关注纳米药物对机体可能具有免疫抑制或免疫刺激包括抗原性、佐剂特性和炎症反应等免疫学特性[29, 31, 32, 40]。

从技术优势和应用前景这两方面来看，纳米药物相比传统药物有着显著优势，但值得注意的是国内外依然缺乏关于此类品种药物的安全性评估经验，也仍未就此类品种药物的安全性评价策略完全达成共识。在今后的一段时间内，仍需对纳米药物评价的新技术开展更深层次的研究与开发，并逐步讨论、制定并完善相关的管理法规及相关技术指导原则，以此来满足目前对纳米药物快速研发不断增长的需求。

四、纳米药物药物警戒的实践探索

案例 1：2020 年 7 月 24 日，欧洲药品管理局（EMA）在回顾曲贝替定（trabectedin，商品名 Yondelis）作为三线药物治疗卵巢癌患者的一项研究后建议在治疗卵巢癌时该药物的用法保持不变。这一研究结果也将被列入药品说明书中，供医务人员评估曲贝替定治疗卵巢癌患者的效果作参考。

对曲贝替定和聚乙二醇化阿霉素脂质体（PLD，另一种抗癌药）在卵巢癌患者中应用的研究（OVC-3006）结果则表明，总体而言，使用曲贝替定联合 PLD 治疗的患者寿命并没有比单独使用 PLD 患者寿命长。因此，该项研究被提前终止。

EMA 的人用药品委员会（CHMP）经过对上述数据的评估分析得出，当前已有的结果并不能确凿证明和质疑曲贝替定在当前所授权使用中的益处和风险。除此之外，OVC-3006 研究与支持曲贝替定授权的研究（OVA-301）也存在着关键差异，特别是相较 OVA-301 中的患者，OVC-3006 研究中的患者有着更为严重的疾病和更加深度的治疗。另外，曲贝替定目前被授权治疗对铂敏感的卵巢癌，但 OVC-3006 研究中有相当比例的患者所患的卵巢癌对含铂药物具有耐药性。CHMP 指出曲贝替定的安全性问题，在 OVC-3006 研究中使用曲贝替定加 PLD 治疗的患者比单独使用 PLD 的患者有更多和更严重的副作用。但 CHMP 也认为，联合治疗相比单独使用 PLD 治疗的副作用发生率更高些也是不意外的[41]。

案例 2：EMA 在对 Caelyx 聚乙二醇化脂质体的安全性资料的基础上检测到 10 例地衣样角化的信号。剔除掉 3 个记录较差的病例，在剩下的 7 个审查病例中发现，4 个病例的因果关系是极有可能的，1 个病例的因果关系是可能的。尽管目前对使用阿霉素后发生地衣样角化病的生物学机制尚不了解，但 PRAC 依据对病例的回顾，指出应将“地衣样角化病”作为一种新的药物不良反应被列入产品特性概要（SmPC）中。地衣样角化病的频率据临床试验被确定为“罕见”。包装单张第4节应相应增订“皮肤变厚的斑块”一词。根据对4231例患者的综合分析，为了更好地详细描述与Caelyx相关的心脏毒性风险，SmPC应该更新。在对这4231例接受Caelyx治疗的患者的综合分析中，关于室性心律失常、心力衰竭、心脏骤停、心悸、射血分数降低和束支阻滞的症状报道较为罕见，紫绀、房室阻滞和传导障碍的症状报道也较为罕见[42]。

案例3：Myocet脂质体是一种癌症治疗药物，通常与另一种抗肿瘤药物环磷酰胺一起用于治疗患有转移性乳腺癌的女性。《PRAC心肌定期安全更新报告（PSUR）评估报告》中指出：阿霉素脂质体的安全性是公认的，但要密切关注聚乙二醇阿霉素脂质体在PPE中的不良反应。在药物上市后的18例经验报告和8例临床试验报告中，有4例被认为存在因果关系，因此需要更新产品信息。对上市许可条款的更改需要基于对心肌的科学结论，CHMP认为含有活性物质阿霉素的药品的收益—风险平衡是有利的，但考虑到产品信息的更改，建议修改上市许可的条款[43]。

案例4：Onivyde聚乙二醇脂质体是一种癌症治疗药物，用于治疗转移性胰腺癌。基于PRAC对伊立替康（脂质体制剂）PSUR（s）的评估报告，CHMP同意PRAC的以下科学结论：需要修改含有伊立替康的相应产品信息（脂质体制剂）；需要更新SmPC第4.5节，将regorafenib添加到UGT1A1抑制剂的列表中；包装传单也一并更新。CHMP认为含有伊立替康（脂质体制剂）的药品的收益—风险平衡不受产品信息拟议变更的影响，因此CHMP建议修改其上市许可的条款[44]。

案例5：Doxolipad是一种癌症治疗药物，用于治疗转移性乳腺癌，以及曾被用于治疗对含铂药物具有耐药性的卵巢癌。2019年1月31日，人用药品委员会（CHMP）通过了一项由TLC生物制药有限公司申请授权的否定意见，拒绝了用于治疗乳腺癌和卵巢癌的药物多索利帕的上市许可。基于该公司提出的重新审查意见及理由，CHMP重新审查并于2019年5月29日再次确认了拒绝上市许可。CHMP表示，虽然生物等效性研究的结果表明多索利帕德与Caelyx在“脂质体包封的阿霉素”方面不相上下，但并不能表明两者的“游离阿霉素”含量相同。因此，没有充足的证据可以证明多索利帕德与Caelyx具有生物等效性，也因此无法确认多索利帕的利大于弊。CHMP据此拒绝了Doxolipad的上市授权[45]。

五、展望小结

（一）健全药物警戒法律法规和组织体系

目前，美国 FDA 与欧盟 EMA 的药物警戒法律法规体系较为完善，包括规定了药物警戒总体要求的法律法规体系，相应的实施细则以及指南文件。其中，指南性文件在实践中作为法律法规的必要补充，指导申请人开展实践工作。目前，我国也已经制定发布了《药物警戒质量管理规范》（GVP），后续计划研究制定指南文件，从体系建设、风险管理与沟通、监测方法、信号管理、质量要求等多方面入手，切实加强指导企业开展对临床试验期间安全信息监测与风险管理工作。与此同时，还可以考虑成立横跨多学科的 CDE 内部药物警戒安全委员会，对定期和紧急安全信息处理的规范进行细化管理。

（二）建立高风险情形品种的特别药物警戒及风险管理模式

目前，欧盟 EMA 建立了补充监测制度，我国也可以考虑借鉴来完善我国临床试验期间重点药物监测制度，通过公开发布补充监测的药品，对高风险药品及特殊人群进行强化的安全性监测。首先，需要对高风险情形的品种目录制定原则进行研究，将新作用机制或者新靶点等高风险药物纳入；其次，通知被列入重点监测名单药物的申办方加强受试者保护，开展强化的安全性监测与管理，并及时提交安全性监测报告。除此以外，监管机构还需要根据申办方提交相关信息对目录中的试验药物进行定期分析、评估与明确评估结果。

（三）提升药物警戒工作的智慧化科学监管能力

我国临床试验期间药物警戒系统数据正在逐年增加，庞大的数据量已无法适用于传统人工审核方式，因此急需加快对数据挖掘方法在信号检测中的应用探索。目前，CDE 正计划参考临床试验期间药物警戒关键技术的研究实施方案，以课题为载体，加快构建安全信息数据挖掘和自动预警系统建设模块，来不断提高安全信息监测的信息化水平，通过研究基于海量数据的关键技术与应用，来提升智慧化的药物警戒科学监管能力。除此之外，CDE 还在打造临床试验期间 PV（药物警戒）课程培训体系，推动学术交流，以各方之力共创社会共治的临床试验期间药物警戒新时期。

随着 2019 年修订的《中华人民共和国药品管理法》的施行和 GVP 等一系列

法规技术指南的发布，我国药物警戒制度正在不断加快落实并实施。临床试验期间药物警戒是药品全生命周期安全监管的重中之重，其为保护受试者、鼓励新药研发及实施临床试验默示许可制度的临床试验安全监管提供了有效的保障。未来，建议相关部门及企业继续完善临床试验药物警戒体系建设，深化国际合作，同时申请人要担负起药品全生命周期药物警戒中的主体责任，提升药物警戒能力，切实保障受试者的安全问题。

参考文献

[1] Organization, W.H., The Importance of Pharmacovigilance: Safety Monitoring of Medical Products. Publications of World Health Organization, 2002.

[2] 曾繁典. 世界卫生组织药物警戒指标及其应用[J]. 医药导报，2016，35(11)：1159-1163.

[3] PENG LL, WANG D, SHEN L. Origins and development of pharmacovigilance [J]. Chinese Journal of Pharmacovigilance，2016，13(7)：410-413.

[4] 国家药品监督管理局. 国家药监局关于发布《药物警戒质量管理规范》的公告(2021年第65号)[EB/OL](2021-05-13)[2022-11-17]. https: //www.nmpa.gov.cn/xxgk/ggtg/qtggtg/20210513151827179.html

[5] 国家药品监督管理局. 国家药监局召开ICH中国进程与展望座谈会[EB/OL][2022-11-17]. https: //www.nmpa.gov.cn/yaowen/ypjgyw/hyxx/20210408145921130.html

[6] 国家药品监督管理局. 食品药品监管总局关于适用国际人用药品注册技术协调会二级指导原则的公告(2018年第10号)[EB/OL][2022-11-17]. https: //www.nmpa.gov.cn/zhuanti/ypqxgg/ggzhcfg/20180125175101846.html.

[7] Food and Drug Administration. Good pharmacovigilance practices and pharmacoepidemiologic assessment: guidance for industry [EB/OL]. [2022-11-17]. https: //www. fda.gov/media/71546/download.

[8] Food and Drug Administration. Investigator responsibilities - safety reporting for investigational drugs and devices [EB/OL]. [2022-11-17]. https: //www.fda.gov/regulatory-information/search-fdaguidance-documents/investigator-responsibilities-safety-reportinginvestigational-drugs-and-devices.

[9] Food and Drug Administration. Providing regulatory submissions in electronic format: ind safety reports: guidance for industry [EB/OL]. [2022-11-17]. https: //www. fda.gov/regulatory-information/search-fda-guidance-documents/providing-regulatory-submissionselectronic-format-ind-safety-reports-guidance-industry.

[10] WANG T, WANG D, DONG D. The brief analysis of pharmacovigilance hierarchy of United Stated and the inspiration for China [J]. Herald of Medicine, 2017, 4 (36): 361–365.

[11] BIAN BY, CHANG F, SHAO R. The inspiration of risk management of pharmacovigilance of US for safety risk management of China [J]. China Pharmaceutical Affairs, 2007, 21 (12): 956–959.

[12] Food and Drug Administration. Guidance for industry: good pharmacovigillance practices and pharmacoepidemiologic assessment [EB/OL]. [2022–05–12]. https: //www. fda.gov/media/71546/download.

[13] SHI WH, BA L, SUN ZM. The comparison study of pharmacovigilance management system of European Union, United States and Japan [J].China Pharmacy, 2021, 32 (4): 406–411.

[14] Food and Drug Administration. FDA posting of potential signals of serious risks identified by the fda adverse event reporting system [EB/OL].[2022–11–17] .https: //www.fda.gov/media/80214/download.

[15] E.U. European Medicines Agency. Good pharmacovigilance practices [EB/OL].[2022–11–17] .https: //www.ema.europa.eu/en/human–regulatory/post–authorisation/pharmacovigilan–ce/goodpharmacovigilance–practices#final–gvp–modules–section.

[16] SONG Y, YANG Y. The establishment, running and implementation development of European Union pharmacovigilance system [J]. China pharmacovigilance, 2014, 11 (7): 401–406.

[17] E.U. European Medicines Agency. Guideline on Good Pharmacovigilance Practices (GVP) Module IX - Signal management (Rev 1) [EB/OL]. [2022–11–17]. https: //www.ema.europa.eu/en/documents/scientific–guideline/guideline–good–pharmacovigilance–practices–gvpmodule–ix–signal–management–rev–1_en.pdf.

[18] E.U. European Medicines Agency. Eudravigilance operational plan: Milestones 2020 to 2022 [EB/OL].[2022–11–17]. https: //www.ema.europa.eu/en/documents/other/eudravigilanceoperational–plan–milestones–2020–2022_en.pdf.

[19] 国家药品监督管理局. 中华人民共和国药品管理法 [EB/OL] [2022–11–17]. https: //www.nmpa.gov.cn/xxgk/fgwj/flxzhfg/20190827083801685.html

[20] State Administration for Market Regulation, Drug registration regulation[EB/OL].[2022–11–17]. https: //www.nmpa.gov.cn/xxgk/fgwj/bmgzh/2020 0330180501220.html.

[21] Center For Drug Evaluation, NMPA. Circular of NMPA CDE concerning assurance “Drug clinical trial registration and information and disclosure regulations (Trial Implementation)” (No. 9, 2020) [EB/OL]. [2022–11–17]. https: //www.cde.org.cn/main/news/viewInfoCommon/5511bd2febfd f157b7d6e5c a70 a10c51.

[22] Center For Drug Evaluation, NMPA. Circular of NMPA CDE concerning assurance "Drug Safety Information during the clinical trial evaluation and management instrumentation (Trial Implementation)" (No. 5, 2020) [EB/OL] . [2022-11-17] . https: //www.cde.org.cn/main/news/viewInfoCommon/a1d42f512a341bc079ffb79df91f9cc7.

[23] Center For Drug Evaluation, NMPA. Circular of NMPA CDE concerning assurance "Management standard of renewal report of safety during the research and development stage (Trial Implementation)" (No. 7, 2020) [EB/OL] . [2022-11-17] . https: //www.cde.org.cn/main/news/view InfoCommon/afced30f3c45 431f04b47a7f3faee971.

[24] NMPA. Good Clinical Practice [EB/OL] . [2022-11-17] .https: //www.nmpa.gov.cn/zhuanti/ypzhcglbf/ypzhcglbfzhc wj/20200426162401243.html.

[25] Center For Drug Evaluation, NMPA. Circular of NMPA CDE concerning assurance "Guidelines for Drug Clinical Trial Data Monitoring Committee (Trial Implementation)" (No. 27, 2020) [EB/OL] . [2022-11-17] . https: //www.cde.org.cn/main/news/viewInfoCo mmon/7a46f5d526a64bb53c53e50c6afb9215.

[26] Center For Drug Evaluation, NMPA. Circular of NMPA CDE concerning assurance "Guidelines for Writing a Clinical Risk Management Plan (Trial Implementation)" (No. 68, 2021) [EB/OL] . [2022-11-17] .https: //www.cde.org.cn/main/news/viewInfoCommon/77e34e30c7141b2770ddd6f80e80f9ff.

[27] Center For Drug Evaluation, NMPA. Circular of NMPA CDE concerning assurance "Guidelines for Writing Safety Reference Information in the Investigator' s Brochure(Trial Implementation)" (No. 60, 2021) [EB/OL] . [2022-11-17] . https: //www.cde.org.cn/main/news/view InfoCommon/7a46f5d526a64bb53c53e50c6afb9215.

[28] 国家药品监督管理局. 2021 年度药品审评报告 [EB/OL] [2022-11-17]. https: //www.nmpa.gov.cn/xxgk/fgwj/gzwj/gzwjyp/20220601110541120.html

[29] 国家药品监督管理局. 国家药监局关于发布应用纳米材料的医疗器械安全性和有效性评价指导原则第一部分：体系框架的通告（2021 年第 65 号）[EB/OL] [2022-11-17] . https: //www.nmpa.gov.cn/xxgk/ggtg/qtggtg/20210826111830122.html

[30] GB/T 16886.1《医疗器械生物学评价第 1 部分：风险管理过程中的评价和测试》

[31] YY/T 0993《医疗器械生物学评价纳米材料：体外细胞毒性试验（MTT 试验和 LDH 试验）》

[32] YY/T 1295《医疗器械生物学评价纳米材料：细菌内毒素试验》

[33] YY/T 1532《医疗器械生物学评价纳米材料溶血试验》

[34] YY/T 0316《医疗器械风险管理对医疗器械的应用》

[35] GB/T 16886.9《医疗器械生物学评价 – 第 9 部分：潜在降解产物的鉴别和定量框架》

[36] GB/T 16886.13《医疗器械生物学评价 - 第 13 部分：聚合物医疗器械降解产物鉴别和定量》

[37] GB/T 16886.14《医疗器械生物学评价 - 第 14 部分：陶瓷降解产物的鉴别和定量》

[38] GB/T 16886.15《医疗器械生物学评价 - 第 15 部分：金属和合金降解产物的鉴别和定量》

[39] GB/T 16886.18《医疗器械生物学评价 - 第 18 部分：材料化学表征》

[40] GB/T 16886.19《医疗器械生物学评价 - 第 19 部分：材料理化、形态学和形貌学表征》

[41] 国家药品监督管理局. 药物警戒快讯第 8 期（总第 208 期）[EB/OL] [2022-11-17].https://www.nmpa.gov.cn/xxgk/yjjsh/ywjjkx/20200910151732160.html

[42] European Medicines Agency, EMA. Caelyx-H-C-PSUSA-00001172-201811: EPAR - Scientific conclusions and grounds for the variation to the terms of the marketing authorization [EB/OL] [2022-11-17]. https://www.ema.europa.eu/en/medicines/human/EPAR/caelyx-pegylated-liposomal

[43] European Medicines Agency, EMA. Myocet-C-H-297-PSU-0019: EPAR - Scientific conclusions and grounds recommending the variation to the terms of the marketing authorisations. [EB/OL] [2022-11-17]. https://www.ema.europa.eu/en/medicines/human/EPAR/myocet-liposomal-previously-myocet

[44] European Medicines Agency, EMA. Onivyde pegylated liposomal-H-C-PSUSA-00010534-202004: EPAR - Scientific conclusions and grounds for the variation to the terms of the marketing authorization. [EB/OL] [2022-11-17]. https://www.ema.europa.eu/en/medicines/human/EPAR/onivyde-pegylated-liposomal

[45] European Medicines Agency, EMA. Questions and answers on the refusal of the marketing authorisation for Doxolipad (doxorubicin) [EB/OL] [2022-11-17]. https://www.ema.europa.eu/en/medicines/human/EPAR/doxolipad.

第六章

纳米药物的应用、发展趋势与展望

第一节　纳米药物的潜在临床应用

第二节　临床前研究纳米药物品种分析和展望

第三节　纳米药物注册临床研究统计与分析

第四节　纳米药物未来发展的挑战与机遇

第一节 纳米药物的潜在临床应用

一、概述

自1962年发现量子尺寸效应及1984年提出纳米材料的概念以来，纳米技术已得到突飞猛进的发展。近几十年来，纳米制药技术在直接纳米化或纳米化载药系统研发领域取得的成就，无一不证明纳米技术成为未来主要研究方向的莫大潜力。纳米药物不仅具有缓释、控释和靶向性等特点，还可以降低药物的不良反应、提高生物利用度和治疗指数，对新药研究具有极大的推动和创新作用。直至今日，尽管纳米技术已相对成熟，但作为新型制药技术，其潜力仍待探索。本节将围绕新型纳米载体、创新缓控释技术和靶向递送策略、纳米药物的扩展和新型纳米治疗技术展开论述。

二、新型纳米载体的开发

美国食品药品监督管理局（Food and Drug Administration，FDA）将纳米材料界定为尺寸小于100nm的粒子或尺寸小于1μm但能表现出纳米颗粒性质的材料。纳米材料结构单元一般比细胞体积更小，具有量子尺寸效应、小尺寸效应等，从而表现出其独特的性能。目前应用于药物递送的纳米材料按组成可以分为有机纳米材料、无机纳米材料、生物纳米材料及复合纳米材料。其中，无机纳米材料具有制备简便、形状尺寸可控性好、表面易于修饰等优势，同时具有材料本身独特的光、电、磁性质使其在诊断成像、靶向递送和药物治疗等方面具有一定潜力。

（一）富勒烯

富勒烯于1985年首次被发现，是碳纳米材料家族的同素异形体之一，由sp2杂化的碳原子构成，具有高度的对称性、独特的表面特性和不同的尺寸特征（C_{60}、C_{76}）[1]，在催化、环境、能源和生物医药等领域展现出巨大的应用潜力。其中，C_{60}是合成和研究最多的富勒烯材料，具有球形32面体结构，由包含C–C单键（12个五边形）和C=C双键（20个六边形）的60个碳原子组成[2, 3]。富勒烯材料独特的碳笼结构使其有望成为用于药物递送的良好的药物载体。此外，富勒烯的表面结构可以通过连接不同基团进行功能化改性，这种改性可以提高药物的递送效率，同时实现主动靶向给药的目的[4]。

例如，将阿霉素（DOX）与富勒烯通过非共价键的方式结合可得到稳定性良好的纳米复合物。富勒烯可以高效地将阿霉素送至肿瘤细胞，促进肿瘤细胞摄取阿霉素，并在肿瘤细胞中实现良好的药物释放，从而提高治疗效果并显著降低药物的毒副作用[5]。再如，紫杉醇可通过共价键连接的方式与富勒烯形成纳米药物复合物，该复合物具有酶响应及缓释特性，可以针对癌细胞显示出高效的治疗效果[6]。此外，富勒烯进行表面共价基团连接还可以实现主动靶向的功能。如透明质酸的受体 CD44 在多种肿瘤细胞中高表达，因此对富勒烯进行透明质酸修饰后可以与高表达 CD44 的肿瘤细胞特异性结合，从而实现主动靶向[7]。另有研究者发现，富勒烯的药物复合物可以跨过血—脑屏障进入大脑组织，因此在中枢神经系统药物递送中具有巨大的应用潜力[8, 9]。六甲铵分子由于对中枢神经系统的渗透能力有限，通常需要较大的给药剂量才能取得理想的治疗效果，因此将六甲铵药物与富勒烯进行组合可以很好地解决这一问题。有研究表明，富勒烯与六甲铵药物复合物同六甲铵单药相比疗效提高了约 40 倍[10]。

（二）纳米金

纳米金（gold nanoparticles，AuNPs）是指利用物理或化学方法制备的微小粒子。与富勒烯相比，其形态更加多样化，包括球形、壳形、星形和笼形等。纳米金不同的形态和粒径，会使其具有不同的性质。AuNPs 与其他抗肿瘤药物载体相比具有以下几点优势：①金为惰性金属，化学性质稳定，毒性相对较小，对患者的伤害较小，且生物相容性好。②金纳米粒子粒径较小，因此在肿瘤组织中有较高的通透性[11]。③AuNPs 有较大的比表面积，可以包载疏水性药物，提高药物的溶解性[12]。④AuNPs 作为抗肿瘤药物载体经修饰后可实现靶向给药，从而提高药效[13]。

金纳米颗粒为球状 AuNPs，通常作为递送抗肿瘤药物的载体。使用叶酸（FA）修饰金纳米颗粒运载姜黄素（Curcumin，Cur），可以通过 FA 的特异性靶向肿瘤部位，增强抗肿瘤药物的持续释放，从而提高疗效[14]。此外，这种方法得到的药物具有包封率高、载药量高、肿瘤细胞对药物的摄取率高等特点[15]。金纳米棒为棒状的金纳米材料，在光信号增强、光热转换及催化方面具有良好的特性，经多肽修饰的金纳米棒可同时负载抗肿瘤药物紫杉醇（Paclitaxel，PTX）和姜黄素（Cur），实现肿瘤化疗和光热治疗的协同进行[16]。

金纳米笼为空心、多孔壁结构，具有良好的生物相容性以及光热转换效应。

同时负载金纳米笼和DOX的可溶解透明质酸微针能够穿透并溶解在皮肤中，其中金纳米笼不仅可以增强微针的机械强度，还是光热疗法的有效试剂，其在近红外光照射下引发的光热效应可与DOX的化疗作用相结合，增强抗肿瘤作用[17]。

金纳米星具有独特的星形尖状结构。采用介孔二氧化硅包覆的金纳米星作为抗肿瘤药物DOX的载体，其药物的包载量为9.8%±0.6%，药物的释放率接近80%[18]，所合成的金纳米星复合材料作为抗肿瘤药物载体具有良好的应用前景。

（三）介孔硅纳米颗粒

介孔硅纳米粒子（mesoporous silica nanoparticles，MSNs）具有比表面积大、生物相容性好、孔隙率高、介孔结构可调以及表面易修饰等特点，是一种极具潜力的药物载体。MSNs孔径为2~6nm，小分子药物很容易进入孔道内部，但如果负载的药物或生物分子尺寸过大时，将主要吸附在MSNs外表面，会导致负载效率和稳定性低，细胞摄取效果差[19]，因此，对MSNs的孔径进行调控是递送大分子药物、蛋白质和基因等载荷的关键[20]。如果孔径小于或等于药物分子直径的15倍，MSNs表面不会形成结晶药物。随着孔径的减小，载药量也随之减少。由于孔中药物分子的相互作用越来越紧密，释放速率也会减缓。此外，孔体积也是影响MSNs载药量的限制因素[21]。当负载量超过孔的总体积时，会在MSNs表面形成结晶药物，从而减缓药物从孔中释放的速率。

MSNs表面存在大量可修饰或改性的硅烷醇基团，如果在扩大自身孔径的基础上进行修饰改性，则可使其具备控释药物的功能。如使用叶酸（FA）、多肽、蛋白/抗体和透明质酸等不同配体对MSNs载体表面进行修饰，可使修饰后的载体与肿瘤细胞上的特异性受体结合，达到靶向治疗的目的[22]。

三、创新缓控释技术和靶向

纳米技术的发展使其在生物医学领域中的应用日渐增多，与常规剂型相比，纳米药物提高了稳定性，延长了体内循环时间，可以应用于递送难溶性药物、基因药物、需要透过血—脑屏障的药物以及其他药物。未来纳米药物的递送发展还将面临诸多挑战，目前更多的研究集中于探索真正具有功能性的纳米递送系统，如刺激响应（声、光、pH等刺激）和靶向性纳米药物[23-25]。

（一）刺激响应纳米药物

刺激响应纳米药物的原理基于其对外部刺激的敏感性，这些刺激可以包括温度、pH 值、生物分子、光照和磁场等。这些纳米药物通常由聚合物、脂质、纳米颗粒或复合材料构成，其结构和成分决定了其响应性。例如，温度敏感的纳米药物可以利用聚合物的相变性质，实现根据局部温度的变化来控制药物释放的速率。而 pH 响应性纳米药物则可以根据肿瘤微环境的酸性来实现靶向药物释放。

在癌症治疗领域，刺激响应纳米药物的应用已经取得了显著进展。这些纳米药物可以在肿瘤部位释放药物，减少对健康组织的损害，从而提高治疗效果。例如，温度敏感纳米药物可以通过局部加热（磁热疗法）来实现药物释放，提高抗癌疗效。此外，pH 响应性纳米药物可以在肿瘤酸性微环境中释放药物，提高治疗的靶向性。在炎症性疾病治疗中，纳米药物可以根据炎症部位的酶活性实现药物释放。在神经科学研究中，刺激响应纳米药物可以用于神经递质的调控。此外，这些纳米药物还可用于病原体检测和疫苗传递等应用。

（二）靶向性纳米药物

靶向纳米药物属于靶向药物递送系统（targeted drug delivery systems，TDDS），指利用纳米载体将药物选择性地富集于特定靶组织、靶器官、靶细胞或细胞内结构的一类药物。纳米药物靶向的方式多种多样，根据靶向机制不同，可以分为两大类，被动靶向和主动靶向。

被动靶向的工作原理基于纳米颗粒的设计，通过调整其物理性质，如大小、形状、硬度和表面电荷等，实现对疾病组织的精确定位和药物递送。被动靶向纳米药物的有效性部分取决于病变组织（肿瘤微环境、炎症等）中的增强渗透和滞留效应（EPR），这一效应使得纳米药物更容易渗透到病变组织而非健康组织，实现定点释放，从而提高治疗效果。

主动靶向，也称为特异性靶向，是通过靶分子（配体）与靶点（受体）之间的特异性识别和结合，帮助治疗药物精准进入靶组织和靶细胞的一种策略。其靶向效果受配体、受体类别及数量的影响。目前在研的受体主要分为两大类：第一类是肿瘤微环境中的受体，包括肿瘤相关巨噬细胞（TAMs）、肿瘤相关中性粒细胞（TANs）以及血管内皮生长因子等。第二类是存在于细胞本身的受体，涵盖了细胞表面受体、表观基因组、信号传导分子、细胞周期蛋白、细胞凋亡调节因子以及蛋白水解酶等。根据分子尺度，目前研究中广泛使用的配体主要分为五个类别：小分子、核酸适配体（aptamers）、多肽、抗体和细胞。这些配体各自具有独特的性质和应用优势，可以根据治疗的具体需求和目标选择合适的靶向策略，以实现更为精准的药物传递和治疗效果。

四、纳米药物对传统药物的扩展

（一）抗肿瘤药物

姜黄素（curcumin，Cur）具有广泛的生物活性。在癌症治疗中，Cur 抑制氧化应激，减少脂质过氧化和 DNA 单链断裂，抑制环氧合酶（COX-1、COX-2）和核因子 κB（nuclear factor kappa-B，NF-κB）活化，具有抗增殖作用。此外，它通过靶向线粒体诱导细胞凋亡，并影响 p53 肿瘤蛋白相关信号的传导[26]。但由于其水溶性差、稳定性低、生物利用度低、渗透性差和靶向性差等缺点，限制了其临床应用。纳米载体通过增加药物的水溶性，显著降低药物的副作用，从而增加了药物的生物利用度[27]。将 Cur 制备成脂质体、壳聚糖包被的脂质纳米粒（SLNs）、聚合物纳米粒子、纳米凝胶和聚合物胶束，可使 Cur 的性质发生不同程度的变化。其中，聚合物胶束性质稳定，能够包封疏水化合物如 Cur，以保护其不被降解，并提高其循环时间和对所需细胞的靶向性。在抗肿瘤的效果中，负载 Cur 的聚合物胶束对肺癌的疗效与游离 Cur 相比，具有持续的体外释放特性、体外抗血管生成作用、细胞摄取和肿瘤细胞毒性增强。在皮下和肺转移性 LL/2 肿瘤模型中，与游离形式相比，胶束也显示出了显著的抗肿瘤疗效[28]。在眼部疾病的治疗中，用聚乙烯基己内酰胺 - 聚乙烯醇 - 聚乙二醇（PVCL-PVA-PEG）接枝共聚物，制备一种新型 Cur 纳米胶束，包封后其溶解度、化学稳定性和抗氧化活性均有明显提高。与游离 Cur 溶液相比，该纳米制剂显著改善了体外细胞摄取和体内角膜渗透性，并提高了抗炎疗效[29]。

紫杉醇（PTX）对于癌症有良好的治疗效果[30]，但在 CD133+ 肺癌干细胞中治疗效果欠佳。研究表明，PTX 会增加肿瘤球的形成和升高 CD133+ 肺癌干细胞的比例，从而导致肺癌干细胞对其耐药[31]。经聚乙二醇修饰后的紫杉醇聚乳酸 - 羟基乙酸共聚物纳米载体（PLGA-PEG 纳米载体）在与 CD133 核酸适体偶联后可制备靶向纳米载体（N-Pac-CD133）。N-Pac-CD133 对 CD133+ 肺癌细胞的毒性远远强于对 CD133- 肺癌细胞的毒性，表明 N-Pac-CD133 对肺癌干细胞的特异性，同时实现肺癌干细胞的靶向性清除[32]。在宫颈癌的治疗中，PTX 能显著降低人宫颈癌细胞（HeLa 细胞）的迁移能力。有研究发现，载 PTX 的叶酸靶向纳米胶束 PTX@FA-PLGA-NMs，由于可以持续释放药物，从而进一步提高了对于 Hela 细胞的抑制作用。同时，PTX@FA-PLGA-NMs 更容易被细胞摄取，能够使药物大量聚集在肿瘤区域，进而提高了药物对肿瘤的治疗能力。因此，具有抗癌作用的 PTX@

FA-PLGA-NMs 作为纳米药物载体是一种具有潜力的提高肿瘤治疗效果的纳米系统[33]。

（二）蛋白多肽药物

蛋白多肽药物（protein and peptide drugs，PPDs）具有生物活性高、特异性强、溶解性强、毒性低等优点。与静脉给药相比，口服给药途径在患者顺应性、安全性、长期剂量和制造成本方面具有优势。但与小分子药物相比，PPDs 的广泛应用受到了稳定性和吸收程度的限制[34]。随着口服递送 PPDs 的纳米载体逐渐成为研究热点，近期有研究设计使用耐酸金属 – 有机骨架纳米粒来包载足够剂量的胰岛素，并在表面修饰靶蛋白，以实现高效的胰岛素口服给药[35]。

有研究表明，SLNs 能够改善 PPDs 口服吸收，其原因很可能是该系统与肠黏膜发生了良好的黏附作用并增强了渗透性[36]。经壳聚糖包被的 SLNs 负载胰岛素的降糖效果显著，似乎能进一步增强胰岛素负载 SLNs 的肠道吸收特性，这可能有助于开发一种优化的口服胰岛素配方[37]。研究表明，壳聚糖包裹的 SLNs 具有可逃避巨噬细胞吞噬的“隐形”特性。以 Witepsol（半合成椰油酯 / 棕榈油酯）为脂核，泊洛沙姆或吐温（Tween）为表面活性剂制备了平均粒径为 200~400 nm 的 SLNs，在巨噬细胞摄取试验结果中未出现内化现象，该结果为延长脂质纳米粒的血液循环时间提供了新的研究思路[37]。

（三）两亲性药 – 药缀合物（ADDC）

ADDC 是指通过自组装构建无须任何载体的小分子纳米药物自递送系统，两亲性分子通常可在水中自组装形成纳米粒子。采用该方式可将亲水性抗肿瘤药物伊立替康（irinotecan，Ir）和疏水性抗肿瘤药物苯丁酸氮芥（chlorambucil，Cb），通过可生物降解的酯键连接，可合成两亲性药 – 药缀合物（Ir–Cb ADDC）。借助实体瘤的高通透性和滞留效应（enhanced permeability and retention effect，EPR），该小分子抗肿瘤药物纳米粒子可将自身递送到肿瘤部位。当它们进入肿瘤细胞后，在肿瘤细胞的弱酸性环境作用下，连接亲水性和疏水性药物的酯键因发生水解而断裂，同时释放出小分子抗肿瘤药物 Ir 和 Cb，杀死肿瘤细胞，表现出良好的抑制肿瘤生长的效果[38]。同理，可通过酯键将抗肿瘤药物喜树碱和氟脲苷连接起来获得两亲性喜树碱 – 氟脲苷 Janus 缀合物（JCFC）。基于其两亲性的特性，JCFC 可在水中自组装形成平均粒径为 90~100nm 的双层纳米胶囊（JCFC NCs）。当 JCFC NCs 通过 EPR 效应自输送到肿瘤部位并进入肿瘤细胞后，在肿瘤细胞内酯酶和酸性条件下，连接喜树碱和氟脲苷的酯键断裂，同时释放出喜树碱和氟脲苷两种抗肿瘤药物[39]。ADDC 策略同样可以制备靶向性的药物分子，利用两亲性半乳糖 - 阿霉素（Lac-DOX）缀合物[40]，即由亲水性的靶向头基半乳糖和疏水性的小分子抗肿瘤药物阿霉素通过 pH 响应的酰腙键连接而成。Lac-DOX 纳米粒子不仅可通过肿瘤组织的 EPR 效应被动靶向到肿瘤部位，而且其表面的半乳糖可与肿瘤细胞表面的糖蛋白受体特异性结合，实现小分子纳米药主动靶向递送，从而提高药物的输送效率。

（四）其他应用领域纳米药物

纳米药物技术的不断发展为多个领域的药物传递和治疗带来了新的机遇，其中包括抗感染、心血管药物、激素类药物和疫苗等。纳米颗粒在抗感染领域可以克服耐药性，提高治疗效果。如金 / 银纳米颗粒负载氨苄西林后对大肠埃希菌、霍乱弧菌和耐甲氧西林金黄色葡萄球菌等抗菌效果明显提升，具有广谱杀菌作用[41]。NMPs 与万古霉素结合后，增加了对万古霉素耐药细菌的杀伤活性[42]。

纳米药物在心血管领域的应用扩展为治疗高血压、冠心病以及动脉硬化等心血管疾病提供了新的选择。纳米载体可以增加心血管药物的生物利用度，减少剂量和用药频率，从而提高患者的依从性。应用单壁碳纳米管负载抗吞噬信号轴 CD47-SIRPα 的化学抑制剂后，可使纳米制剂定位在动脉粥样硬化斑块内，进而重新激活病变巨噬细胞的吞噬功能，降低斑块负荷，提高了安全性[43]。载脂蛋白 AI 纳米颗粒可在发生心肌梗死后，直接作用于缺血心肌和聚集的白细胞，减轻中度炎症的发生[44]。

激素类药物在炎症、免疫性疾病等多种疾病的治疗中起着关键作用。纳米药物的应用扩展可以提高激素类药物的稳定性和生物利用度，减少剂量和用药频率。应用生物相容性较好的 PLGA 颗粒包裹布地奈德形成的 P/B-COS 纳米粒可以改善射频消融造成的局部心肌炎症反应[45]。当甲泼尼龙被负载于 pH/ROS 双响应性载体中时，可显著聚集在类风湿关节炎炎症部位，通过阻断 NF-κB 信号通路降低相关炎症因子的表达[46]，解决了激素类药物局部有效浓度低，副作用大的关键问题。

纳米药物在疫苗领域的应用扩展为改善疫苗的稳定性、传递和效力提供了新的方法。纳米载体可以用于包裹和传递疫苗抗原，以提高免疫反应的效率。mRNA 有望成为肿瘤治疗中非常有潜力的免疫疗法，但在递送过程中容易受到各种生理因素影响被快速清除。上海药物研究所利用机器学习手段设计纳米疫苗，应用苯硼酸接枝聚乙烯亚胺包裹 mRNA 和 cGAMP 形成纳米复合物，使其兼具树突状细胞的靶向性和高 mRNA 抗原提呈效率，提高了结直肠癌和黑色素瘤的免疫治疗效果[47]。此外，纳米疫苗还可以用于改进疫苗的保存和运输，减少冷链依赖性。有研究者使用聚乙二醇作为矿化剂，介导形成的纳米疫苗可在室温、高温、胰蛋白酶和 DNA 酶等环境中保持一定的稳定性[48]。这对于疫苗的广泛分发和使用具有重要意义。

总之，纳米药物技术的应用扩展为抗感染、心血管药物、激素类药物和疫苗等领域提供了新的治疗策略。这些技术的不断发展将有助于改善患者的治疗效果，减少不良反应，提高药物的生物利用度，并推动医学领域的创新。纳米药物的应用前景令人充满希望，将为各种疾病的治疗带来更多可能性。

五、新型纳米治疗技术研究进展

纳米医学领域的研究不断取得突破，新型纳米治疗技术成为医学界的焦点。这些技术的原理基于刺激响应、靶向输送和精确释放等机制，旨在提高药物治疗的精准性和效能。刺激响应纳米药物是一类能够根据特定刺激实现药物释放的智能纳米药物输送系统。它们的原理基于不同的刺激类型，如 pH、还原剂、活性氧、热、光和超声等，以实现药物的精确和可控释放。其中，pH 响应型纳米药物依赖于生理条件下的酸碱度（pH）变化，通过药物载体中的 pH 敏感基团或敏感键来实现药物释放。还原敏感型纳米药物利用肿瘤微环境中的高还原型谷胱甘肽（GSH）浓度，通过二硫键（–S–S–）或其他还原敏感键来实现药物释放。活性氧敏感型纳米药物利用肿瘤微环境中高活性氧（ROS）的特性，通过 ROS 敏感结构实现药物释放。热刺激型纳米药物可通过温度的变化实现药物释放，包括使用热敏高分子、热敏脂质体和热敏蛋白质等载体来控制药物释放。光刺激型纳米药物通过光照射激活光敏试剂，产生活性氧，破坏载体中的结构，从而实现药物释放。超声刺激型纳米药物可以利用超声波来触发药物的释放，包括超声空化效应和超声升温效应两种机制。磁响应给药系统利用永磁体或交变磁场，通过磁性纳米材料载药，在高频磁场下引发温度升高并释放药物，实现靶向治疗或监测。这些刺激响应纳米药物系统提供了高度定制的药物输送策略，有望改进治疗效果并减少不良效应，为医学领域带来了创新。本文将对其中部分常用和发展潜力较大的技术进行重点介绍。

（一）光治疗

近年来，光疗法因具有独特的非侵袭性而备受关注，该疗法通过将一种光治疗剂输送至肿瘤部位，再用特定的光进行局部照射，实现对肿瘤的特定消融[49]。

其中，光热治疗和光动力治疗是肿瘤治疗中最常用的两种光疗方法。光热治疗因具有简单、无创、安全和可遥控等特点从而在肿瘤治疗领域显示出巨大的应用潜力。但目前光热治疗面临光线穿透深度有限、光热剂在肿瘤中的递送效率相对较低以及某些肿瘤中热激蛋白的过表达会对光热治疗产生一定的抗药性等问题，这也是光热治疗临床前研究向临床研究转化所面临的主要挑战。

不同于光热治疗，光动力治疗作为另一种非侵入性光疗策略在很大程度上依赖于光与光敏剂之间的相互作用实现光化学过程[50]。光敏剂本身几乎不具有毒性，在肿瘤组织聚集后可以被特定波长的激光激活，进而将内源性的氧分子转化为具有细胞毒性的活性氧类（单线态氧、超氧阴离子和羟自由基等）以杀伤肿瘤细胞。与传统的肿瘤治疗方式相比，光热治疗与光动力治疗可在减少不良反应的同时提高特异性，并可应用于多种肿瘤的治疗。

无论是光热剂还是光敏剂均是相应光疗所必需的，且光疗法的疗效与光疗剂的选择具有直接关系。特别是在光热治疗中，光热剂的存在有助于对肿瘤局部选择性地加热，从而避免损伤周围健康组织。目前，虽然传统光疗剂在肿瘤治疗中仍被广泛应用且已取得一定进展，但绝大多数光疗剂存在溶解度低、稳定性差以及细胞 / 组织特异性低等缺点，因此，其临床应用受到限制[51]。而基于纳米材料的光敏剂可有效改善其穿透性和有效性等问题，经分子修饰后还可实现光敏剂向肿瘤细胞的精准递送，不仅可提高疗效，还可减少不良反应发生[52]。

（二）声动力治疗

虽然声动力治疗的作用机制在各种生物系统中被广泛研究，但具体机制目前仍不清楚[53]。目前认为其机制可能与超声空化效应和自由基氧的形成有关。超声空化效应指在声敏剂的参与下通过超声迅速增加机械压力而导致组织液中产生微气泡的独特物理现象，可分为惯性空化效应和非惯性空化效应。其中，惯性空化效应是指高强度的超声导致气泡在局部高压和高温下快速增长、急速收缩和崩塌。当超声的振幅足够大且超过一定阈值时，空化微气泡在短时间内崩塌并产生冲击波、局部高温高压以及自由基等，从而导致细胞骨架和细胞膜损伤[54]。同时，惯性空化效应产生的巨大剪切波和冲击波还会引起声化学反应，从而产生自由基和单线态氧，可氧化周围的底物，从而对靶细胞造成不可修复的损伤。类似于光治疗中的光敏剂，声敏剂是指在声动力治疗中能够增强细胞毒性作用的化合物。目前作为声敏剂的天然产物主要有血卟啉、叶绿素、竹红菌素和 Cur 等[55]。将声敏剂制成纳米制剂的形式，在肿瘤治疗的应用中具有明显的优势。例如能够实现在肿瘤部位更好的蓄积、改善有机声敏剂的疏水性以及通过增强渗透性或利用主动靶向的配体进行修饰而提高疗效等[56]。利用聚乳酸共乙醇酸（PLGA）制得的声敏剂——PLGA 负载的多功能叶酸靶向治疗纳米复合物（FHMPNPs）在肿瘤治疗中表现出良好的应用前景[57]。当 FHMPNPs 暴露于一定强度的超声后，基于 FHMPNPs 的超声增敏效应产生大量的 ROS，体外细胞水平的评估和体内肿瘤异种移植实验都确定了 FA 配体介导的活性靶向，对肿瘤细胞具有高特异性。与非靶向 NPs 相比，它在肿瘤区域实现了 FHMPNPs 的大量积累。若利用 PLGA 包载声敏剂二氢卟吩（Ce6）和全氟戊烷（PFP）的相变型纳米粒来作为声敏剂，则可以有效抑制 4T1 乳腺癌细胞的转移[58]。

尽管纳米声敏剂的应用可显著提高声动力在肿瘤治疗中的效果，但由于目前对声动力治疗的安全性研究仍较少，因而阻碍了声动力治疗的进一步临床应用。

（三）磁动力治疗和检测

近年来，具有超顺磁性的磁性纳米颗粒（MNPs）在药物靶向、细胞分离、DNA 和蛋白分离与检测等方面有着广泛的应用。MNPs 作为药物载体时，可以吸附或通过表面修饰携带药物，通过外部磁场作用引导药物递送至目标组织和器官，从而提高靶标药物浓度，减少药物副作用。常用的材料为 Fe_3O_4 纳米粒子。除此以外，临床上更多的研究集中于将 MNPs 应用于检测领域，本部分内容将对其进行重点介绍。具有特定理化性质和表面功能的 MNPs 可以显示出优异的快速响应能力、对靶标的定向捕获能力和信号放大作用等，使其在生物传感器的研发领域备受关注。功能化的 MNPs 兼具识别、信号输出和分离富集等特点，可以整合到换能器材料中或分散在样品中，然后通过外部磁场将其吸引到传感器的检测表面上，以增强传感器的灵敏度和稳定性，在检测疾病标志物中表现出优异的临床应用前景[59]。

在过去的几十年中，MNPs 在生物医学应用中的潜力得到了广泛的开发。He 等通过整合多种信号放大策略，开发了一种新颖且用途广泛的表面等离子共振（Surface Plasmon Resonance，SPR）传感器，用于 DNA 的检测，其信号较传统技术更为灵敏[60]。这种增强归因于 MNPs 作为信号放大的生物探针，通过多信号扩增策略，可使 SPR 信号得到显著增强，并且扩增效率与目标 DNA 的浓度相关，该技术为 DNA 的超灵敏检测提供了一种新途径。此外也有研究表明，可利用 Fe_3O_4 NPs 作为活性层，通过基于 SPR 的生物传感器来检测 DNA[61]。Fe_3O_4 和 PEG 4000 的复合物作为活性层具有结合 DNA 的功能，可优化 SPR 的检测能力，并显示出良好的检测性能。近年来，越来越多的研究采用了各种功能化的 MNPs 探针，可以进一步实现核酸信号的扩增[62]。

利用MNPs增强的SPR传感器也可以检测细胞或细菌。例如，在一项研究中，通过结合有Ab（抗体）的MNPs，使用高灵敏的基于SPR的免疫传感器检测沙门菌[63]（一种革兰阴性厌氧杆菌）。通过施加外部磁场，成功分离出了MNPS-Ab-沙门菌。在这种情况下，immunoMNPs（免疫磁性纳米颗粒）既可作为细胞的富集试剂，也可作为SPR免疫传感器的扩增试剂。2012年，Wang等人曾报道了一种基于MNPs的光栅耦合SPR装置检测细菌病原体的准确而灵敏的方法[64]。

此外，该项技术还可实现癌症的早期监测。在临床研究中，无标记的稀有循环肿瘤细胞的发现在癌症诊断、监测和治疗中具有关键作用。在这方面，xions等[65]通过将白细胞膜（用抗上皮细胞黏附分子抗体装饰）涂在磁性纳米铁上，从而开发出一种新型的仿生免疫磁小体（IMS）。除了良好的稳定性和磁可控性外，IMS还对循环肿瘤细胞表现出令人满意的结合亲和力。结果表明，在约15min内可在全血中捕获90%的稀有肿瘤细胞，且无白细胞的背景信号，证明了该仿生IMS有望实现循环肿瘤细胞的高效富集和检测。

六、总结

目前，纳米药物的临床试验正在广泛开展，但仍面临一些限制，包括靶向局限性、穿透效率不高和潜在的健康组织毒性等。研究人员正在探索多种策略来进一步提升新型纳米药物递送系统的性能，主要包括多功能纳米粒子的设计，基于病理变化的纳米粒子的设计以更好地满足不同递送阶段的需求，以及开发新型纳米粒子制剂，如抗氧化剂和基因载体，以促进靶向药物输送系统的发展。这些努力有望为疾病的治疗带来更多的机会，减少对正常组织和生理功能的不利影响。相信随着深入研究和创新的推动，新型的纳米药物递送系统将不断发展，为患者提供更有效的治疗方案。

参考文献

[1] KAZEMZADEH H, MOZAFARI M. Fullerene-based delivery systems [J]. Drug Discov Today, 2019, 24 (3): 898-905.

[2] ASCHBERGER K, JOHNSTON H J, STONE V, et al. Review of fullerene toxicity and exposure-appraisal of a human health risk assessment, based on open literature [J]. Regul Toxicol Pharmacol, 2010, 58 (3): 455-473.

[3] 刘泽员，郭亮亮，张静. 富勒烯及其衍生物在医药领域的应用研究进展 [J]. 中国药科大学学报，2018，49 (2): 136-146.

[4] 熊大艳，刘万云．水溶性富勒烯作为药物载体在生物医学上的应用［J］．宜春学院学报，2018，40（9）：12-16.

[5] GREBINYK A, PRYLUTSKA S, CHEPURNA O, et al. Synergy of Chemo- Photodynamic Therapies with C_{60} Fullerene-Doxorubicin Nanocomplex [J]. Nanomaterials (Basel), 2019, 9 (11): 1-10.

[6] ZAKHARIAN T Y, SERYSHEV A, SITHARAMAN B, et al. A fullerene-paclitaxel chemotherapeutic: synthesis, characterization, and study of biological activity in tissue culture [J]. J Am Chem Soc, 2005, 127 (36): 12508-12509.

[7] KWAG D S, PARK K, et al. Hyaluronated fullerenes with photoluminescent and antitumoral activity [J]. Chem Commun (Camb), 2013, 49 (3): 282-284.

[8] WONG J, BAOUKINA S, TRIAMPO W, et al. Computer simulation study of fullerene translocation through lipid membranes [J]. Nat Nanotechnol, 2008, 3 (6): 363-368.

[9] OBERD RSTER E. Manufactured nanomaterials (fullerenes, C_{60}) induce oxidative stress in the brain of juvenile largemouth bass [J]. Environ Health Perspect, 2004, 112 (10): 1058-1062.

[10] PIOTROVSKIY L B, LITASOVA E V, DUMPIS M A, et al. Enhanced brain penetration of hexamethonium in complexes with derivatives of fullerene C_{60} [J]. Dokl Biochem Biophys, 2016, 468 (1): 173-175.

[11] MILLER H A, FRIEBOES H B. Evaluation of Drug-Loaded Gold Nanoparticle Cytotoxicity as a Function of Tumor Vasculature-Induced Tissue Heterogeneity [J]. Ann Biomed Eng, 2019, 47(1): 257-271.

[12] KHANDELIA R, JAISWAL A, GHOSH S S, et al. Polymer coated gold nanoparticle-protein agglomerates as nanocarriers for hydrophobic drug delivery [J]. J Mater Chem B, 2014, 2 (38): 6472-6477.

[13] MAHMOUD N N, ALBASHA A, HIKMAT S, et al. Nanoparticle size and chemical modification play a crucial role in the interaction of nano gold with the brain: extent of accumulation and toxicity [J]. Biomater Sci, 2020, 8 (6): 1669-1682.

[14] MAHALUNKAR S, YADAV A S, GORAIN M, et al. Functional design of pH-responsive folate-targeted polymer-coated gold nanoparticles for drug delivery and in vivo therapy in breast cancer [J]. Int J Nanomedicine, 2019, 14 (8): 285-302.

[15] LAW S, LEUNG A W, XU C. Folic acid-modified celastrol nanoparticles: synthesis, chara cterization, anticancer activity in 2D and 3D breast cancer models [J]. Artif Cells Nanomed Biotechnol, 2020, 48 (1): 542-559.

[16] ZHU F, TAN G, ZHONG Y, et al. Smart nanoplatform for sequential drug release and enhanced chemo-thermal effect of dual drug loaded gold nanorod vesicles for cancer therapy [J]. J

Nanobiotechnology, 2019, 17 (1): 44.

[17] Dong L, Li Y, Li Z, et al. Au Nanocage-Strengthened Dissolving Microneedles for Chemo-Photothermal Combined Therapy of Superficial Skin Tumors [J] . ACS Appl Mater Interfaces, 2018, 10 (11): 9247-9256.

[18] 史嫣楠，缪丹丹，嵇姗，等 . 介孔二氧化硅包覆的金纳米星用于肿瘤的化学 - 光热治疗 [J] . 南通大学学报（医学版），2017，37（06）：504-507.

[19] DOUROUMIS D, ONYESOM I, MANIRUZZAMAN M, et al. Mesoporous silica nanoparticles in nanotechnology [J] . Crit Rev Biotechnol, 2013, 33 (3): 229-245.

[20] Ding B, Shao S, Xiao H, et al. $MnFe_2O_4$-decorated large-pore mesoporous silica-coated upconversion nanoparticles for near-infrared light-induced and O_2 self-sufficient photodynamic therapy [J] . Nanoscale, 2019, 11 (31): 14654-14667.

[21] HEIKKIL T, SALONEN J, TUURA J, et al. Evaluation of mesoporous TCPSi, MCM-41, SBA-15, and TUD-1 materials as API carriers for oral drug delivery [J] . Drug Deliv, 2007, 14 (6): 337-347.

[22] Wu X, Liu J, Yang L, et al. Photothermally controlled drug release system with high dose loading for synergistic chemo-photothermal therapy of multidrug resistance cancer [J] . Colloids Surf B Biointerfaces, 2019, 175 (2): 39-47.

[23] Zhao Z, UkidveA, Kim J, et al. Targeting strategies for tissue-specific drug delivery [J] . Cell, 2020, 181 (1): 151-167.

[24] Mitchell M, Billingsley, Haley R, et al. Engineering precisionnanoparticles for drug delivery [J] . Nature Review Drug Discovery, 2021, 20: 101-124.

[25] Choo P, Liu T, Odom T W. Nanoparticle shape determines dynamics of targeting nanoconstructs oncell membranes. [J] . Am. Chem. Soc., 2021, 143 (12): 4550-4555.

[26] 张姣惠，张颖，林心宇 . Cur 调控 p53 蛋白入核诱导骨髓瘤细胞凋亡 [J] . 应用与环境生物学报，2019，25（04）：892-896.

[27] Ioannou P, Baliou S, Samonis G. Nanotechnology in the Diagnosis and Treatment of Antibiotic-Resistant Infections [J] . Antibiotics (Basel) . 2024, 13 (2): 121.

[28] Gong C, Deng S, Wu Q, et al. Improving antiangiogenesis and anti-tumor activity of curcumin by biodegradable polymeric micelles [J] . Biomaterials, 2013, 34 (4): 1413-1432.

[29] Li M, Xin M, Guo C, et al. New nanomicelle curcumin formulation for ocular delivery: improved stability, solubility, and ocular anti-inflammatory treatment [J] . Drug Dev Ind Pharm, 2017, 43 (11): 1846-1857.

[30] Zhang W, Li C, Shen C, et al. Prodrug-based nano-drug delivery system for co-encapsulate

paclitaxel and carboplatin for lung cancer treatment[J]. Drug Deliv, 2016, 23(7): 2575-2580.

[31] Nawara H M, Afify S M, Hassan G, et al. Paclitaxel-Based Chemotherapy Targeting Cancer Stem Cells from Mono- to Combination Therapy[J]. Biomedicines, 2021, 9(5): 1-10.

[32] 庞丽莹，黄小龙，朱玲玲，等. 偶联CD133核酸适体的载紫杉醇PLGA-PEG纳米载体靶向清除CD133阳性肺癌干细胞[J]. 南方医科大学学报，2022，42(01): 26-35.

[33] 李新健，游云，张琼玲，等. 载紫杉醇的叶酸靶向PTX@FA-PLGA-NMs纳米胶束的制备及其体外抗宫颈癌HeLa细胞作用的研究[J]. 中国中药杂志，2021，46(10): 2481-2488.

[34] Chen G, Kang W, Li W, et al. Oral delivery of protein and peptide drugs: from non-specific formulation approaches to intestinal cell targeting strategies[J]. Theranostics, 2022, 12(3): 1419-1439.

[35] Zou J J, Wei G, Xiong C, et al. Efficient oral insulin delivery enabled by transferrin-coated acid-resistant metal-organic framework nanoparticles[J]. Sci Adv, 2022, 8(8): 4677-4678.

[36] GARCIA M, PREGO C, TORRES D, et al. A comparative study of the potential of solid triglyceride nanostructures coated with chitosan or poly(ethylene glycol) as carriers for oral calcitonin delivery[J]. Eur J Pharm Sci, 2005, 25(1): 133-143.

[37] Fonte P, Andrade F, Araujo F, et al. Chitosan-coated solid lipid nanoparticles for insulin delivery[J]. Methods Enzymol, 2012, 50(8): 295-314.

[38] Huang P, Wang D, Su Y, et al. Combination of small molecule prodrug and nanodrug delivery: amphiphilic drug-drug conjugate for cancer therapy[J]. J Am Chem Soc, 2014, 136(33): 11748-11756.

[39] Liang X, Gao C, Cui L, et al. Self-Assembly of an Amphiphilic Janus Camptothecin-Floxuridine Conjugate into Liposome-Like Nanocapsules for More Efficacious Combination Chemotherapy in Cancer[J]. Adv Mater, 2017, 29(40): 1-10.

[40] Mou Q, Ma Y, Zhu X, et al. A small molecule nanodrug consisting of amphiphilic targeting ligand-chemotherapy drug conjugate for targeted cancer therapy[J]. J Control Release, 2016, 2(30): 34-44.

[41] SHAN R, MUBARAKALI D, PRABAKAR D, et al. An enhancement of antimicrobial efficacy of biogenic and ceftriax-one-conjugated silver nanoparticles: green approach[J]. Environ Sci Pollut Res, 2018, 25(11): 10362-10370.

[42] HASSAN M M, RANZONI A, PHETSANG W, et al. Surface ligand density of antibiotic-nanoparticle conjugates enhances target avidity and membrane permeabilization of vancomycin-resistant bacteria[J]. Bioconjug Chem, 2017, 28(2): 353-361.

[43] Zhou L. Pro–efferocytic nanoparticles are specifically taken up by lesional macrophages and prevent atherosclerosis [J] . Nat Nanotechnol. 2020, 15 (2): 154–161.

[44] CHEN J. Nanoparticles Delivered Post Myocardial Infarction Moderate Inflammation. Circ Res. 2020, 127 (11): 1422–1436.

[45] Liu Y, Xu L, Zhang Q, et al. Localized Myocardial Anti–Inflammatory Effects of Temperature–Sensitive Budesonide Nanoparticles during Radiofrequency Catheter Ablation. Research (Wash D C) . 2022, 11 (12): 1–10.

[46] Lu Y, Zhou J, Wang Q, et al. Glucocorticoid–loaded pH/ROS dual–responsive nanoparticles alleviate joint destruction by downregulating the NF–κB signaling pathway. Acta Biomater. 2023, 164: 458–473.

[47] Zhou L, Yi W, Zhang Z, et al. STING agonist–boosted mRNA immunization via intelligent design of nanovaccines for enhancing cancer immunotherapy. Natl Sci Rev. 2023, 10 (10): 1–10.

[48] Zhang G, Fu X, Sun H, et al. Poly (ethylene glycol) –Mediated Assembly of Vaccine Particles to Improve Stability and Immunogenicity. ACS Appl Mater Interfaces. 2021, 13 (12): 13978–13989.

[49] HAMBLIN M R. Introduction to "Advances in Photodynamic Therapy 2018" [J] . Molecules, 2019, 24 (1): 1–10.

[50] PINTO L, NUNEZ–MONTENEGRO A, MAGALHAES C M, et al. Single–molecule chemiluminescent photosensitizer for a self–activating and tumor–selective photodynamic therapy of cancer[J] . Eur J Med Chem, 2019, 183 (11): 1–10.

[51] Chen J, Fan T, Xie Z, et al. Advances in nanomaterials for photodynamic therapy applications: Status and challenges[J] . Biomaterials, 2020, 237 (11): 1–10.

[52] RUCISKA K, TOWNLEY H E. Role of various nanoparticles in photodynamic therapy and detection methods of singlet oxygen[J] . Photodiagnosis Photodyn Ther, 2019, 26 (1): 62–78.

[53] 赖可欣，田娅，吴惠霞. 声动力疗法的研究进展 [J] . 上海师范大学学报（自然科学版）, 2020, 49 (4): 405–15.

[54] RENGENG L, QIANYU Z, YUEHONG L, et al. Sonodynamic therapy, a treatment developing from photodynamic therapy[J] . Photodiagnosis Photodyn Ther, 2017, 19 (1): 59–66.

[55] 林默楠，吕岩红，郑金华. 不同种类声敏剂联合超声的抗肿瘤效果及作用机制研究进展 [J] . 医学研究生学报，2020, 33 (10): 1105–1110.

[56] Berteand N, Wu J, Xu X, et al. Cancer nanotechnology: the impact of passive and active targeting in the era of modern cancer biology[J] . Adv Drug Deliv Rev, 2014, 6 (6): 2–25.

[57] Huang J, Liu F, Han X, et al. Erratum: Nanosonosensitizers for Highly Efficient Sonodynamic

Cancer Theranostics：Erratum［J］. Theranostics，2021，11（20）：9772–9773.

［58］张茜，王佳星，丁彦军，等. 新型纳米粒联合低强度聚焦超声对乳腺癌细胞的抑制作用［J］. 中国医学影像学杂志，2020，28（12）：907–918.

［59］赵佳林. 磁纳米颗粒的功能化及其在疾病标志物检测中的应用研究［D］. 上海大学，2020.

［60］He P，Qiao W，Liu L，et al. A highly sensitive surface plasmon resonance sensor for the detection of DNA and cancer cells by a target–triggered multiple signal amplification strategy［J］. Chem Commun（Camb），2014，50（73）：10718–10721.

［61］EKARIYANI N Y，WARDANI D P，SUHARYADI E，et al. The use of Fe_3O_4 magnetic nanoparticles as the active layer to detect plant's DNA with surface plasmon resonance（SPR）based biosensor［J］.Science and Technology 2015，11（12）：1–10.

［62］CHENG X R，HAU B Y H，ENDO T，et al. Au nanoparticle–modified DNA sensor based on simultaneous electrochemical impedance spectroscopy and localized surface plasmon resonance［J］. Biosensors & Bioelectronics，2014，53（4）：513–518.

［63］Liu X，Hu Y，Zheng S，et al. Surface plasmon resonance immunosensor for fast，highly sensitive，and in situ detection of the magnetic nanoparticles–enriched Salmonella enteritidis［J］. Sensors & Actuators B Chemical，2016，2（30）：191–198.

［64］WANG Y，KNOLL W，DOSTALEK J. Bacterial pathogen surface plasmon resonance biosensor advanced by long range surface plasmons and magnetic nanoparticle assays［J］. Analytical Chemistry，2012，84（19）：8345–8350.

［65］Xiong K，Wei W，Jin Y，et al. Biomimetic Immuno–Magnetosomes for High–Performance Enrichment of Circulating Tumor Cells［J］. Advanced Materials，2016，28（36）：7929–7935.

第二节　临床前研究纳米药物品种分析和展望

纳米制药技术是医学生物技术领域的前沿和热点技术。运用纳米化制备技术，最终产品或载体材料的外部尺寸、内部结构或表面结构具有纳米尺度（100nm 及以下），或最终产品或载体材料的粒径在 1000nm 以下，且具有明显的尺度效应的药物称为纳米药物。纳米药物同普通药物的体内处置过程有较大的差异，是现代药物给药系统新途径之一。随着对天然药物有效成分的深入研究，纳米药物的临床优势逐渐显现，具有广阔的市场前景。自 1995 年美国食品药品管理局（FDA）批准的第一个抗癌药物脂质体—阿霉素脂质体（商品名 Doxil）起，纳米药物迅速发展，各种纳米药物开始陆续进入临床试验阶段或获批上市，涉及的领域以抗肿瘤药物为主，也包括抗病毒药物、多肽蛋白药物、核酸药物递送、疫苗佐剂等。

与普通药物制剂相比，纳米药物具有基于纳米结构的尺度效应，具有增加药物的溶解度，提高药物的体内外稳定性，靶向给药以及缓释作用等潜力，但是纳米药物特殊的纳米尺寸、纳米结构和表面性质等可能导致药物体内外行为的明显变化，安全性风险可能也会相应增加[1]。安全、有效、质量可控是药物研发和评价所遵循的基本原则，因此，纳米药物的临床前研究至关重要。

一、纳米药物的分类

根据材料和形态的不同，可将纳米药物分为三类：药物纳米粒、载体类纳米药物和其他纳米药物。

（一）药物纳米粒

药物纳米粒通常是采用特定制备方法直接将原料药等加工成纳米尺度的颗粒，然后再制成适用于不同给药途径的不同剂型。其中，常以药物活性物质为原料。药物纳米粒无需载体材料，即可表现出促进溶出，提高生物利用度，载药量大等优点，常见的纳米化的药物为纳米混悬液（nanosuspension）。

纳米技术是提高药物水溶性最简单的策略之一，水溶性差的药物通常表现出口服吸收有限和生物利用度不稳定的特点，在临床实践中，高剂量给药虽然弥补了溶出慢的缺点，但是由于潜在的不良反应，使其成为一种无效或者有风险的策略。药物纳米粒克服了这一缺点，生产比原始药物（未加工药物）尺寸更小的纯药物颗粒，具有更大的表面积与体积比，使药物溶解速度更快，饱和溶解度比原材料更高。

在早期一项较低纳米范围的纳米颗粒的报告中，Kimurab 等人发现西洛他唑在比格犬体内的生物利用度有所提高[2]。Kondo 等人对亚微米粒度原料药的生物性能进行了研究，利用湿法研磨将水溶性差（$<$ 0.055μg/ml）的苯甲酰脲衍生物 HO-221 粒径减小至 453nm，与喷浆（4.15μm）和未研磨（17.21μm）材料相比，在剂量均为 25mg/kg 的情况下，纳米药物颗粒能够使大鼠和狗的生物利用度提高 50%~80%[3]。

（二）载体类纳米药物

载体类纳米药物是指以天然或合成的聚合物、脂质材料、蛋白类分子、无机材料（可代谢排出）等作为药物递送的载体材料，基于特定的制备工艺，将原料药包载、分散、非共价或共价结合于纳米载体形成的具有纳米尺度的颗粒。

按载体材料的种类和结构等，载体类纳米药物包括但不限于脂质体（liposomes）、聚合物纳米粒（polymeric nanoparticles）、聚合物胶束（polymeric micelles）、纳米乳（nanoemulsions）、蛋白结合纳米粒（protein-bound nanoparticles）、无机纳米粒（inorganic nanoparticles）等。

1. 脂质体

脂质体是由磷脂组装成脂质双分子结构的胶体囊泡，可在内室包封亲水性药物和 siRNA，也可在疏水性的壳层中负载疏水性的药物。脂质体的生物相容性好，可以提高疏水性药物的溶解度、降低非特异性器官毒性、保护药物免受体内环境的影响，从而提高治疗药物的稳定性和延长体内循环时间等。脂质体是最早成功实现从概念到临床应用转化的纳米药物递送平台。Laginha 等研究显示，乳腺癌小鼠模型分别静脉注射给予 Doxil 和阿霉素的普通制剂，Doxil 给药后较普通制剂可提高血浆和肿瘤组织中总阿霉素的浓度，且在体内的半衰期延长[4]。

2. 聚合物纳米粒

聚合物纳米粒是指纳米囊、纳米球或者固体球形的聚合物颗粒。纳米球将药物包裹或吸附在高分子聚合物基质中而形成的微小球状实体（粒径约 1~250μm），也称为微球。纳米囊是用高分子材料将固态或液态药物包封形成的微小囊状粒子，也称微囊。与微球不同，微囊中的药物并不均匀分布，可以通过筛选不同功能单体或交联剂来调控纳米囊的性质，如表面电荷、长循环性和可降解性等。

纳米球具有高度的生物相容性，通过对聚合物的修饰来降低蛋白质的非特异性吸附，进而增强血液长循环，可显著降低其释放速率，有效稳定血药浓度，从而降低神经毒性和心脏毒性等。张志荣等人制备的万乃洛韦聚氰基丙烯酸丁酯纳米粒子，经小鼠尾静脉注射 15min 后，74.49% 集中在肝脏，是万乃洛韦水针剂分布量的 2.99 倍；9.36% 分布在肾脏，约为水针剂分布量的 9/50，表明纳米化的万乃洛韦肾脏分布量明显降低，而肝脏分布量显著升高，呈现良好的肝靶向性[5]。纳米囊可固体化某些运输、应用和贮存不便的液体药物，并能减少和避免复方制剂中产生的配伍禁忌，大幅提升药物的生物利用度。Damage 等人制备的含胰岛素的聚氰基丙烯酸异己酯纳米囊，能够使胰岛素免受分解蛋白酶的作用，给禁食的糖尿病大鼠单次灌胃含胰岛素的纳米囊，可在 2 天后持续发挥疗效，血糖水平降低了 50%~60%[6]。

3. 聚合物纳米胶束

聚合物胶束由疏水内核和亲水外壳组成，可携带不同性质的药物，疏水性核心可包封水溶性差的药物，亲水性外壳允许负载亲水性药物。聚合物胶束主要类型为：嵌段聚合物胶束、接枝聚合物胶束、具电解质胶束以及非共价键胶束。

聚合物纳米胶束可增大难溶性药物溶解性，实现药物的缓释、控释的作用，其亲水性外壳能增强血液长循环，提高生物利用度。Genexol® PM 是第一个被批准用于人类疾病治疗的聚合物胶束，聚合物材料为甲氧基聚乙二醇 -b- 聚 D，L- 丙交酯（mPEG-b-PDLLA），可缓慢释放包载的紫杉醇。

4. 纳米乳

纳米乳和亚微乳均由油、水、表面活性剂和助表面活性剂组成，从而形成透明或半透明分散体的热力学稳定体系，其中粒径＜ 100nm 的为纳米乳，粒径在 100~1000nm 范围内的为亚微乳。

纳米乳生物相容性好，可生物降解，同时，能提高难溶性药物的溶解性及药物在胃肠道中的稳定性，并明显降低药物毒副作用，具有一定的靶向性和缓释、控释作用。由于纳米乳粒径适宜，透皮吸收效率较高，较适用于经皮给药。胃肠外给药常用亚微乳作为载体，可显著提高药物的稳定性，使药物在体内及经皮吸收量显著增加。

5. 蛋白结合纳米粒

白蛋白结合纳米体，实质是白蛋白结合抗体的功能化片段。单克隆抗体的尺寸较大，肿瘤渗透能力较差，将单克隆抗体上的功能化片段剥离出来，该功能化片段即是纳米体。这些纳米体与白蛋白结合后，延长了半衰期，同时增强针对多肽抗原的免疫应答。ABI-007 是一种新型的、白蛋白结合的 130nm 紫杉醇颗粒配方，不含任何溶剂，与等剂量的标准紫杉醇相比，毒性发生率显著降低，是目前最成功的蛋白质纳米粒治疗手段。

6. 无机纳米粒

无机纳米粒是具有多种形态、粒径范围在 1~100nm 范围内的纳米粒，包括银、金、氧化铁和二氧化硅纳米颗粒。无机纳米粒不仅可以进行表面修饰，还可通过不同方式与药物分子结合，例如静电相互作用、疏水相互作用、基团的共价键等。

无机纳米粒合成简单，具有较高的比表面积，有良好的生物相容性，具有光热和光动力效应，可以与各种配体和生物分子较好兼容，具有不同药物装载的尺度。目前已有基于无机纳米材料的相关产品进入临床试验，如具有聚乙二醇涂层的二氧化硅金纳米药物 Auro-Lase 可用于红外触发的实体瘤热消融治疗。

（三）其他类纳米药物

其他类纳米药物包括具有纳米药物特征的抗体药物偶联物（antibody-drug conjugate，ADC）、大分子修饰的蛋白质药物等。

（1）抗体药物偶联物　抗体药物偶联物是通过一个化学链将具有生物活性的小分子药物连接到单抗上，单抗作为载体将小分子药物靶向运输到目标细胞中。小分子药物活性强，但是专一性差，容易发生毒副作用，单抗有很高的专一性，但是通常药效不强，两者联用可以弥补不足，增加靶向性和稳定性。曲妥珠单抗（Trastuzumab）是用于治疗乳腺癌的抗体药物偶联物，将小分子药物美登素的衍生物通过非裂解链连接到曲妥珠单抗抗体上，可以减少细胞毒性、增加靶向性。

（2）纳米中药　纳米中药是指运用纳米技术制造的，粒径小于 100nm 的中药有效成分、有效部位、原药及其复方制剂。作为一种新技术，纳米中药的研究促进了中药的应用与发展，在药物研究中，将由原来注重生物结构及生物活性的构效关系，扩展到探讨物理性状、化学结构和生物活性三者之间的关系，从理论研究和技术应用方面都可能发生重大突破。

中药被制成粒径 0.1~100nm 大小后，其物理、化学和生物学特性可能会发生显著变化，使活性增强甚至产生新的药效。纳米中药的研究尚处于起步阶段，其药理、药效和毒理学的理论与评价方法还不完善，如何运用中医理论解释并安全、有效地运用纳米中药是一个很复杂的问题，仍有待于科学工作者的共同努力。

二、纳米药物制剂的展望

纳米药物制剂的临床转化仍处于起步阶段，面临着巨大挑战，但随着科学技术的发展，更智能、更安全、质量可控且易于放大生产的纳米药物制剂将成为下一步纳米药物制剂的研发方向。同时，如何从分子水平设计出质量可靠、具有特定功能且生物安全性高的纳米药物制剂还需进一步研究[7]。目前已获临床批准的纳米制剂多为抗肿瘤活性小分子药物，而新型基因治疗药物（如 siRNA 和 mRNA 等）和新型分子实体（如激酶抑制剂等）也是纳米药物的研发热点。

为规范和指导纳米药物的研究与评价，2021 年 8 月，国家药品监督管理局药品审评中心发布了《纳米药物质量控制研究技术指导原则（试行）》、《纳米药物非临床药代动力学研究技术指导原则（试行）》和《纳米药物非临床安全性评价研究技术指导原则（试行）》。随着对基础研究的日益重视、药物递送系统的持续创新，必将更好地推动纳米药物的研发进程。临床前研究进一步标准化及相关技术的快速发展、临床评价和监测系统的建立、良好的生产管理规范（GMP），也必将更好地推动基础研究到临床产品的过渡，发挥纳米药物的最大优势，拓展其应用，为临床更多疾病的治疗提供新的解决方案。

参考文献

[1] NMPA.纳米药物质量控制研究技术指导原则（试行）[EB/OL].（2021-08-28）[2021-08-27].

[2] Jinno J，Kamada N，Miyake M，et al.Effect of particle size reduction on dissolution and oral absorption of a poorly water-soluble drug，cilostazol，in beagle dogs [J].J CONTROL RELEASE，2006，111（1-2）：56-64.

[3] Kondo N，Iwao T，Masuda H，et al.Improved oral absorption of a poorly water-soluble drug，HO-221，by wet-bead milling producing particles in submicron region [J].Chem Pharm Bull（Tokyo），1993，41（4）：737-740.

[4] Laginha KM，Moase EH，Yu N，et al.Bioavailability and therapeutic efficacy of HER2 scFv-targeted liposomal doxorubicin in a murine model of HER2-overexpressing breast cancer [J]. J DRUG TARGET，2008，16（7）：605-610.

[5] 张志荣，王建新.脑靶向3′,5′-二辛酰基-5-氟尿嘧啶脱氧核苷药质体研究[J].药学学报，2001（10）：771-776.

[6] Damgé C，Michel C，Aprahamian M，et al.New approach for oral administration of insulin with polyalkylcyanoacrylate nanocapsules as drug carrier [J].DIABETES，1988，37（2）：246-251.

[7] 周建平.纳米技术在药物递送中的应用与展望[J].中国药科大学学报，2020，51（4）：379-382.

第三节　纳米药物注册临床研究统计与分析

一、药品注册和药物临床试验[1]

药品注册是指药品注册申请人依照法定程序和相关要求提出药物临床试验、药品上市许可、再注册等申请以及补充申请，药品监督管理部门基于法律法规和现有科学认知进行安全性、有效性和质量可控性等审查，决定是否同意其申请的活动。药品注册按照中药、化学药和生物制品等进行分类注册管理。化学药品注册分为5类。化学药品1类为创新药，化学药品2类为改良型新药，化学药品3

类为境内生产的仿制境外已上市且境内未上市原研药品的药品，化学药品4类为境内生产的仿制境内已上市原研药品的药品，化学药品5类为境外上市的药品申请在境内上市，包括境内、境外生产的药品。

药物临床试验是指以药品上市注册为目的，为确定药物安全性与有效性在人体内开展的药物研究。药物临床试验分为Ⅰ期临床试验、Ⅱ期临床试验、Ⅲ期临床试验、Ⅳ期临床试验以及生物等效性试验（BE试验）。根据药物特点和研究目的，研究内容包括临床药理学研究、探索性临床试验、确证性临床试验和上市后的研究。

临床药理学研究的目的是评价耐受性，明确并描述药代动力学及药效学特征，探索药物代谢和药物相互作用，以及评估药物活性。探索性临床试验的研究目的是探索目标适应证后续研究的给药方案，为有效性和安全性确证的研究设计、研究终点、方法学等提供基础。确证性临床试验的研究目的是确证有效性和安全性，为支持注册提供获益/风险关系评价基础，同时确定剂量与效应的关系。上市后研究的目的是改进对药物在普通人群、特殊人群和/或环境中的获益/风险关系的认识，发现少见不良反应，并为完善给药方案提供临床依据。生物等效性试验是用生物利用度研究的方法，以药代动力学参数为指标，比较同一种药物的相同或者不同剂型的制剂，在相同的试验条件下，其活性成分吸收程度和速度有无统计学差异的人体试验。

二、临床试验的设计、实施和统计[2]

（一）设计

临床试验设计包括平行对照、成组序贯、交叉、析因、适应性设计等，一般建议采用平行对照设计。为达到临床试验目的，申请人应清晰描述受试人群，选择合理的对照，阐述主要和次要终点，应提供样本量估算依据。根据临床症状、体征和实验室检查指标评价安全性的方法亦应描述。设计方案中应说明对提前终止试验的受试者的随访程序。统计分析计划参照相关指导原则。

1. 受试人群的选择

选择受试人群应考虑研究的阶段性和适应证以及已有的非临床和临床试验背景。在早期试验中受试者的组群变异可以用严格的筛选标准选择相对同质的受试者，但当试验向前推进时，应扩大受试人群以反映目标人群的治疗效果。根据研发进程和对安全性的关注程度，某些试验需要在严密监控的环境中进行（如住院）。

除极个别情况，受试者不应同时参加两个或以上的临床试验。如果没有充分的时间间隔，受试者不应重复进入临床试验，以确保安全性和避免延滞效应。育龄妇女在参加临床试验时通常应采取有效的避孕措施。对于男性志愿者，应考虑试验中药物暴露对其性伴侣或后代的危害。当危害存在时（例如：试验涉及有诱变效力或有生殖系统毒性的药物），试验应提供合适的避孕措施。

2. 对照组的选择

临床试验应选择合理的对照。对照有下列类型：安慰剂对照、阳性对照、自身对照、试验药物剂量间对照、无治疗对照、历史对照等。对照的选择应依据试验目的而定，在伦理学风险可控的情况下，还应符合科学性的要求。一般建议采用安慰剂对照，如果选择其他的对照，建议事先沟通。历史（外部）对照通过论证后，在极个别情况下也可以采用，但应特别注意推论错误可能增大的风险。

阳性对照药物要谨慎选择，一个合适的阳性对照应当是：①公认的、广泛使用的；②有良好循证医学证据的；③有效性预期可重现的。试验设计中还应充分考虑相关的临床进展。

3. 样本量估算

试验规模受研究疾病、研究目的和研究终点的影响。样本量大小的估计应根据治疗作用大小的预期、变异程度的预估、统计分析方法、假阳性错误率、假阴性错误率等来确定。在某些情况下，确定药物的安全性需要更大的数据集。

4. 研究指标

应明确定义研究指标，包括指标的属性（定性、定量、半定量），及其具体观察方法。

试验终点是用于评价与药代动力学参数、药效学测定、药物有效性和安全性等药物作用有关的研究指标。主要终点应反映主要的临床效果，应根据研究的主要目的选择；次要终点用于评价药物其他作用，可以与主要终点相关或不相关。试验终点及其分析计划应在研究方案中预先阐明。

替代终点是与临床终点相关的指标，但其本身并不是临床获益的直接证据。仅当替代终点极可能或已知可以合理地预测临床终点时，替代终点才可以作为主要指标。

用于评价临床终点的方法，无论是主观或是客观的，其准确度、精确度及响应性（随时间变化的灵敏度）应是公认的。

5. 偏倚控制方法

（1）随机化　在对照试验中，随机化分组是确保受试组间可比性和减小选择偏倚的优先考量。随机化的方法一般采用区组随机化法和/或分层随机化法。当需要考虑多个分层因素时，可采用动态随机化合理分配受试者以保持各层的组间均衡性。

（2）盲法　根据盲态程度，可分为双盲、单盲和开放。盲法是控制研究结果偏倚的另一个重要手段。双盲试验是指受试者、研究者、与临床有关的申办方人员均不知晓受试者的处理分组；单盲试验是指受试者不知晓处理分组。双盲试验中以安慰剂为对照的试验常采用单模拟技术维持试验盲态；以阳性药品为对照的，如果阳性药品感官上与试验药物可区分或给药方式不同，应采用双模拟技术维持试验盲态。如果模拟难以实现，可以使用其他遮蔽措施实现双盲，方案中应明确遮蔽技术的操作规程。无论盲态程度如何，数据管理人员和统计分析相关人员均应处于盲态。一般建议采用双盲试验设计。

（3）依从性　用于评价受试者对试验药物使用情况的方法应在试验方案中写明，确切的使用情况应记录在案。

（二）实施

研究者必须遵循试验方案；如果研发方案需要修改，必须提供研究方案附件以阐明修改的合理性并及时送伦理委员会报批。在研发中必须及时提供不良事件报告并应记录在案。向相关监管机构快速报告安全性数据。

（三）分析

临床试验方案中应有专门的统计分析计划，应与试验目的和试验设计相一致。统计分析计划中应考虑受试者的分配方法、效应指标的假设检验方法，统计分析应尽可能遵从意向治疗原则（ITT），脱落和违背方案受试者应在分析时予以考虑。随机入组后被剔除的受试者应尽可能少，若剔除则必须列出具体原因。应阐明所使用的统计方法以及统计分析软件及其版本。计划的期中分析的时点选择也应在方案中说明。临床试验数据的分析应与试验方案中预先设定的计划相一致，任何与计划的偏离都应在报告中阐明。

有些试验中提前结束试验是预先计划的，这种情况下，试验方案中应阐明总Ⅰ类错误率（假阳性率）的控制情况。研究过程中如涉及到样本量再调整，应提供调整的依据，并建议在盲态下进行调整，调整后的样本量应大于原方案中计划的样本量，并说明这样的调整不会损害试验的完整性。

在所有临床试验中都应收集安全性数据，以图形或列表的方式呈现，应根据不良事件的严重程度和与研究药物的相关性进行分类分析。试验数据的统计分析计划、统计分析报告以及研究报告的撰写参照相关指导原则。

三、特殊注射剂的临床研究[3]

与普通注射剂相比，特殊注射剂的质量及其活性成分的体内行为受处方和工艺的影响较大，可能会进一步影响制剂在体内的安全性和有效性，例如脂质体、静脉乳、微球、混悬型注射剂、油溶液、胶束等。

对于特殊注射剂，由于制剂特性的复杂性，应基于制剂特性和产品特征，采取逐步递进的对比研究策略，通常首先开展受试制剂与参比制剂药学及非临床的比较研究，然后进行人体生物等效性研究，必要时开展进一步的临床研究。

特殊注射剂化学仿制药，除满足仿制药注册申报的要求外，还应符合《化学药品注射剂仿制药质量和疗效一致性评价技术要求》《化学药品注射剂仿制药（特殊注射剂）质量和疗效一致性评价技术要求》等。

四、纳米药物注册临床研究统计与分析[4]

（一）抗肿瘤药物

1. 长春新碱脂质体

长春新碱脂质体适应证包括晚期肿瘤、急性白血病、慢性淋巴细胞性白血病、恶性淋巴瘤、小细胞肺癌、乳腺癌、卵巢癌、宫颈癌、恶性黑色素瘤、睾丸癌等恶性肿瘤患者。受试者为目标适应证患者，男女皆有。临床研究主要包括Ⅰ期临床试验、Ⅱ期临床试验和Ⅲ期临床试验。其中Ⅰ期临床试验 2 项，长春新碱脂质体注射液单次、多次给药的耐受性和药代动力学研究，已完成。Ⅱ期临床试验 1 项，长春新碱脂质体联合化疗治疗成人急淋Ⅱ期临床研究，已完成。Ⅲ期临床试验 1 项，长春新碱脂质体联合化疗治疗成人急淋Ⅲ期临床研究，正在进行中（招募中）。

2. 醋酸亮丙瑞林缓释微球

醋酸亮丙瑞林缓释微球适应证包括子宫内膜异位症；对伴有月经过多、下腹痛、腰痛及贫血等的子宫肌瘤，可使肌瘤缩小和 / 或症状改善；雌激素受体阳性的绝经前乳腺癌；前列腺癌；中枢性性早熟。受试者为健康男性。临床研究主要包括Ⅰ期临床试验和生物等效性试验。其中Ⅰ期临床试验 1 项，比较两种亮丙瑞林注射液药效及药代动力学研究，已完成。生物等效性试验 2 项，注射用醋酸亮丙瑞林微球的 PK/PD 比较研究和注射用醋酸亮丙瑞林微球人体生物等效性研究，已暂停。

3. 紫杉醇脂质体

紫杉醇脂质体适应证包括卵巢癌、乳腺癌和非小细胞癌。临床研究主要包括Ⅰ期临床试验和Ⅳ期临床试验。Ⅰ期临床试验，安全性观察、过敏反应发生率和有效性研究，受试者为目标适应证患者，男女皆有，正在进行中（招募中）。Ⅳ期临床试验，卵巢癌一线化疗中与紫杉醇相比紫杉醇脂质体的疗效及副作用差异的随机对照研究，受试者为女性目标适应证患者，正在进行中。

4. 注射用紫杉醇聚合物胶束

注射用紫杉醇聚合物胶束适应证包括晚期恶性实体瘤，Her2 阴性复发或转移性乳腺癌，恶性肿瘤。临床主要研究包括Ⅰ期临床试验和Ⅱ期临床试验。其中Ⅰ期临床试验 3 项，注射用紫杉醇聚合物胶束Ⅰ期临床研究，受试者为目标适应证患者，年龄 18~70 岁，男女皆有，正在进行中（招募中）2 项；注射用紫杉醇聚合物胶束的安全性和有效性研究，受试者为目标适应证患者，年龄 18~70 岁，男女皆有，已完成 1 项。Ⅱ期临床试验 1 项，注射用紫杉醇聚合物胶束对比紫杉醇注射液的有效性研究，受试者为目标适应证患者，年龄 18~75 岁，女性，正在进行中（招募中）。

5. 注射用紫杉醇（白蛋白结合型）

注射用紫杉醇（白蛋白结合型）适应证包括联合化疗失败的转移性乳腺癌或辅助化疗后 6 个月内复发的乳腺癌、卵巢癌、非小细胞肺癌、头颈部肿瘤、胃癌、胰腺癌、黑色素瘤等。临床研究主要包括生物等效性试验。注射用紫杉醇（白蛋白结合型）在乳腺癌受试者中的生物等效性试验，受试者为目标适应证患者，年龄 18~68 岁，男女皆有，进行中（尚未招募）1 项；注射用紫杉醇（白蛋白结合型）在实体瘤患者中的生物等效性研究，受试者为目标适应证患者，年龄 18~70 岁，男女皆有，进行中（尚未招募）1 项；注射用紫杉醇（白蛋白结合型）人体生物等效性试验，受试者为目标适应证患者，年龄 18~65 岁，男女皆有，已完成 6 项，暂停或中断 1 项；注射用紫杉醇（白蛋白结合型）生物等效性试验，受试者为目标适应证患者，年龄 18~75 岁，女性，已完成。Ⅰ期临床试验 3 项，注射用紫杉醇（白蛋白结合型）肿瘤患者中的生物等效研究，受试者为目标适应证患者，年龄 18~65 岁，男女皆有，已完成；注射用新型紫杉醇在乳腺癌受试者中的生物等效性研究，受试者为目标适应证患者，年龄 18~75 岁，女性，进行中（招募完成）；注射用紫杉醇（白蛋白结合型）人体药代动力学对比研究，受试者为目标适应证患者，年龄 18~65 岁，男女皆有，已完成。

6. 注射用酒石酸长春瑞滨胶束

注射用酒石酸长春瑞滨胶束适应证包括非小细胞肺癌、转移性乳腺癌等。临床研究主要包括Ⅰ期临床试验，评价注射用酒石酸长春瑞滨胶束的安全性和耐受性研究，受试者为目标适应证患者，年龄18~70岁，男女皆有，进行中（招募中）。

7. 盐酸多柔比星脂质体注射液

盐酸多柔比星脂质体注射液适应证包括乳腺癌、卵巢癌、多发性骨髓瘤、AIDS相关的卡波西肉瘤。临床研究主要包括Ⅱ期临床、Ⅳ期临床试验和生物等效性试验。其中Ⅱ期临床试验1项，多美素（盐酸多柔比星脂质体注射液）治疗Her2阴性难治复发转移性乳腺癌的单中心、开放性、Ⅱ期临床研究，受试者为目标适应证患者，年龄18~70岁，女性，进行中。Ⅳ期临床试验1项，评价盐酸多柔比星脂质体注射液（多美素）治疗复发及难治性卵巢癌的单臂、开放、多中心临床研究，受试者为目标适应证患者，年龄18~80岁，女性，进行中。生物等效性试验14项，盐酸多柔比星脂质体注射液生物等效性试验，受试者为目标适应证患者，年龄18~75岁，男女皆有或女性，进行中7项（其中4项招募中，3项尚未招募）。

（二）神经系统纳米药物

注射用利培酮微球适应证包括急性和慢性精神分裂症以及其他各种精神病性状态的明显的阳性症状（如幻觉、妄想、思维紊乱、敌视、怀疑）和明显的阴性症状（如反应迟钝、情绪淡漠及社交淡漠、少语）。可减轻与精神分裂症有关的情感症状（如抑郁、负罪感、焦虑）。临床研究主要包括生物等效性试验和预试验。其中生物等效性试验2项，注射用利培酮微球生物等效性试验，受试者为目标适应证患者，年龄18~65岁，男女皆有，进行中（尚未招募），生物等效性试验预试验1项，注射用利培酮微球人体生物等效性研究预试验，受试者为目标适应证患者，18岁以上男性，进行中（招募完成）。

（三）血液系统纳米药物

封装细胞疗法，SIG-001，适应证包括血友病A。临床研究主要包括Ⅰ/Ⅱ期临床试验，封装细胞疗法在治疗血友病A中的安全性和有效性评价，受试者为目标适应证患者，18岁以上男性，试验暂停1项，招募中1项。

四、其他纳米药物

AG019适应证包括1型糖尿病。临床研究主要包括Ⅰ/Ⅱ期临床试验，其中

Ⅰ/Ⅱ期临床试验 1 项，不同剂量 AG019 单独或与替利珠单抗合用在 1 型糖尿病患者中的安全性和耐受性研究，受试者为目标适应证患者，12~40 岁，性别不限，已完成。Ⅰb/Ⅱa 期临床试验 1 项，一项前瞻性，多中心的Ⅰb/Ⅱa 试验评价不同剂量 AG019 单独或与替利珠单抗合用在 1 型糖尿病患者中的安全性和耐受性研究，受试者为目标适应证患者，12~40 岁，性别不限，尚未招募。

五、结语

纳米药物注册申报时，除了应满足现行的相关申报资料要求之外，还应基于药物特点，对相关关键问题的科学合理性进行充分论证，包括但不限于试验设计、受试者选择、样本量、检测物质、评价指标等。

参考文献

[1] 国家市场监督管理总局. 药品注册管理办法［2020］27 号［EB/OL］.（2007-07-10）［2020-01-22］.

[2] 国家药品监督管理总局.总局关于发布药物临床试验的一般考虑指导原则的通告［EB/OL］.（2020-05-14）［2024-08-10］.

[3] 国家药品监督管理总局药品审评中心. 化学药品注射剂（特殊注射剂）仿制药质量和疗效一致性评价技术要求》［EB/OL］.（2020-05-14）［2024-08-10］.

[4] 药智网. https: //www.yaozh.com/.

第四节　纳米药物未来发展的挑战与机遇

自 2000 年初美国宣布《国家纳米技术计划（NNI）》以来，纳米技术已蓬勃发展了 20 多年，从一个新兴的研究领域转变为推动现实应用的新技术，并对人类的衣食住行产生了广泛影响。面对气候变化、新型冠状病毒感染等全球重大挑战，纳米科技也正在作出重要贡献。例如，使用储氧纳米颗粒来促进燃料的完整燃烧，增加其利用效率，可以有效应对二氧化碳排放量过大的压力。脂质体 mRNA 纳米疫苗在阻止疫情的大范围蔓延中发挥了重要作用[1, 2]。此外，在《“健康中国 2030”规划纲要》国家战略的推动下，纳米技术更是备受关注，得到了“十四五”国家重点研发计划的重点支持。2021 年 10 月，美国政府发布了聚焦未来 5 年的《国家纳米技术计划战略规划》，以确保美国在纳米科学发现、转化、相关产品制造方面仍处于世界领先地位。可见纳米科技在人类未来科技和健康生活中的重要地位。近几十年，随着纳米技术在生物医学领域被深入研究和广泛应用，逐步形成了一个新的交叉学科：纳米医学。其中，对纳米药物的研发一直备受关注，有望成为有效治疗癌症、心脑血管疾病、免疫疾病、细菌感染等相关疾病的新一代药物。与传统药物相比，纳米药物可以显著增加药物溶解度、提高生物利用度、延长血液循环时间、提高靶向性并降低毒副作用。纳米药物的诸多优势使其在疾病诊断、药物和基因递送及疫苗研发等领域有广阔的应用前景[3-6]。

目前，对纳米药物的研发已经取得了巨大进展：①成功构建了多种药物活性成分（如小分子药物、基因、多肽、蛋白等）的新型药物载体，以满足不同疾病的诊断与治疗需求；②通过内源或外源刺激对纳米药物的形状、大小、电荷和功能等属性进行调节，可以实现药物在靶组织中的富集，放大药物的疗效并降低其毒副作用；③成功构建了评价纳米药物药效的各种体内外细胞、类器官和动物模型[7-9]。与此同时，纳米药物的临床转化研究也取得了令人瞩目的成就：据统计，获得美国食品药品监督管理局或欧洲药品管理局等监管机构批准用于抗肿瘤、抗炎、抗病毒以及疾病诊断成像等的纳米药物制剂有 60 余种。另外，据不完全统计，目前还有 200 余种纳米药物处于临床试验阶段，其中，由国家纳米科学中心研发转化的“注射用盐酸伊立替康（纳米）胶束”是我国第一个名称中含有“纳米”字样的新药，为我国创新纳米药物的研发奠定了重要基础[10, 11]。

纳米药物的诸多优势使其在肿瘤、心脑血管以及神经系统等疾病的诊断与治疗等方面显示出巨大前景。然而，现阶段对纳米药物的研究更多还是聚焦于纳米载体的设计、构建以及在细胞、动物水平的药效和毒性评估。目前不少研究工作在设计之初并未充分考虑肿瘤动态演化的临床事实，仅能对肿瘤实施“静态”治疗。此外，由于纳米药物的设计原则尚未统一，生物学评价也缺乏普适性标准，导致部分纳米药物出现质量可控性差、安全性不足等问题[12-15]。显然，现阶段纳米药物的发展还面临着诸多难题，同时也预示着纳米药物的未来发展必将充满机遇和挑战[16-22]。

1. 纳米药物的靶向递送效率需要进一步提高

与传统化疗小分子相比，纳米药物的最大优势就是其靶向性，然而目前一些研究证明纳米药物的靶向性十分有限，仍有待进一步提高。为此，需要对纳米药物的体内作用方式进行更全面的研究，从根本上找到限制递送效率的关键步骤和生物学屏障。一方面，既然无法避免纳米“蛋白冠”的形成，那么可以利用这一过程，通过调控其组成和物化性质等延长体内循环时间，改变药物的体内分布，提高肿瘤靶向选择性。另一方面，肿瘤生物屏障是导致纳米药物递送效率低的重要原因，致密的肿瘤细胞外基质及高的肿瘤间质压也极大地阻碍了药物进入肿瘤深层。因此，除了优化纳米药物本身性质外，通过肿瘤血管正常化或者调控肿瘤微环境等也是提高纳米药物递送效率的可行途径。此外，对细胞（红细胞、肿瘤细胞等）膜或仿生载体的利用也为实现纳米药物的体内长循环和肿瘤靶向提供了新思路。

2. 需全面评估纳米药物的安全性问题

纳米药物在体内循环时间的延长和血药浓度的升高有助于其在病灶部位的积累，进而提高药物的有效性。目前，研究人员主要通过对纳米药物的表面修饰（例如聚乙二醇化）来逃避机体免疫系统的监视，进而减少肝脏和脾脏对药物的清除。但一味追求循环时间的延长和血药浓度的升高也会导致其他不良后果。一方面，由于半衰期的延长，药物的非特异性分布会引起新的毒性反应或加剧不良反应。另一方面，经过长时间的积累，药物通过肝脏和肾脏的代谢量可能比药物在目标组织中的累积量要大。例如，与游离阿霉素相比，长循环聚乙二醇化阿霉素脂质体虽然可减少其在心脏的分布，降低心脏毒性，却会增加手足综合征的发病率。因此，应该全面评估纳米药物在体内的药代动力学及药效学特征，以保证其长期的生物安全性。为实现这一目标，纳米医学必将与药物分析学进行更深入的交叉融合，共同推进纳米药物的临床研究和发展。

3. 构建更加精准可控的药物激活体系

近年来，研究人员成功构建了多种经特殊设计的纳米载体，能够对相应的内源（如 pH、氧化还原和生物酶等）或外源（如光、热和磁场等）信号变化产生响应。虽然这些刺激响应型递送系统能在一定程度上增加了药物的疗效，但由于其只对药物进行了简单的屏蔽作用，再加上网状内皮系统、肿瘤微环境或多重生物屏障对药物释放的不可控和低灵敏性，所以仍不可避免地出现靶向效率低、药物提前泄漏、引发毒副作用等问题。因此，亟待开发更加灵敏、高效的药物递送或药物激活系统来解决相关问题。尤其是利用临床上现有的治疗手段，如超声、远红外光等，实现对化疗药物活性的精准调控，最大程度降低药物的毒副作用。与此同时，还可以通过药物衍生化或者利用敏感化学键将药物共价连接于载体分子，增加药物响应灵敏度的同时还可以提高药物的化学稳定性，避免发生提前泄漏。

4. 设计结构更加简约的纳米药物

治疗疾病是一项复杂的系统工程，为了提高纳米药物的靶向效率和精准释放，研究人员不断设计出多样且复杂的纳米药物系统。虽然在某种程度上取得了一定的成果，但不得不说，越复杂的药物体系，越难实现临床转化。繁多的组成和复杂的结构使其在制备过程的质量控制指标、规模化生产等环节难度加大，最终导致成药性降低，很难实现进一步临床转化。因此，从一开始就应该对纳米药物进行科学化、简约化设计，避免为后续转化和生产带来难题。

5. 纳米药物的设计需要进一步和疾病的动态发展相结合

纳米药物是集化学、药学、材料学、肿瘤学及临床医学等多学科交叉的研究方向。除了聚焦于如何设计出能够克服体内生物屏障、提高其肿瘤组织靶向性的纳米药物之外，也需要关注疾病本身的动态演化过程。例如，不同肿瘤时期的肿瘤微环境中的免疫细胞、肿瘤相关成纤维细胞、细胞外基质、微血管以及各种细胞因子等都会发生明显变化。因此在设计纳米药物时不能只局限于单一学科的思维惯式，而应该从病理学角度关注疾病的动态发展，辨析其进展趋势和规律并加以利用，制备出可动态打击肿瘤、靶向肿瘤各个阶段的纳米药物，从而攻克不同时期或不同类型的肿瘤，最终实现纳米药物真正的精准与靶向治疗。

尽管目前纳米药物用于疾病诊断和治疗方面已取得较大进展，但在相关基础研究、生产控制和临床试验等方面仍面临诸多挑战，导致目前纳米药物的临床转化率极低。与此同时，纳米药物的发展也有着前所未有的机遇，尤其是 COVID-19 mRNA 疫苗的研制成功让人们对纳米载体和纳米药物有了更广的接受度和更高的期望值[23-25]。随着我国对基础研究的日益重视、指导规范的逐步完善、研究标准的进一步规范，必将更好地推动纳米药物事业的进步和发展。

参考文献

[1] CHAVALI M S, NIKOLOVA M P. Metal oxide nanoparticles and their applications in nanotechnology [J] . SN Applied Sciences, 2019, 1 (6): 607.

[2] PREMIKHA M, CHIEW C. J, WEI W. E, et al. Comparative effectiveness of mrna and inactivated whole-virus vaccines against coronavirus disease 2019 infection and severe disease in Singapore[J]. Clinical Infectious Diseases, 2022, 75 (8): 1442-1445.

[3] 李军平 . 美国国家纳米技术行动战略规划 [J] . 世界科学 , 2022 (2): 43-45.

[4] KON E, N. AD-EL N, HAZAN-HALEVY I, et al. Targeting cancer with mRNA - lipid nanoparticles: key considerations and future prospects [J] . Nature Reviews Clinical Oncology, 2023, 20 (11): 739-754.

[5] YANG T, WANG A, NIE D, W. et al. Ligand-switchable nanoparticles resembling viral surface for sequential drug delivery and improved oral insulin therapy [J] . Nature Communications, 2022, 13 (1): 6649.

[6] MITCHELL M J, BILLINGSLEY M M, HALEY R M, et al. Engineering precision nanoparticles for drug delivery [J] . Nature Reviews Drug Discovery, 2021, 20 (2): 101-124.

[7] DOSTA P, CRYER A M, DION M Z, et al. Investigation of the enhanced antitumour potency of STING agonist after conjugation to polymer nanoparticles [J] . Nature Nanotechnology, 2023, 18

(11): 1351–1363.

[8] COUVREUR P, LEPETRE MOUELHI S, GARBAYO E, et al. Self–assembled lipid – prodrug nanoparticles [J] . Nature Reviews Bioengineering, 2023, 1 (10): 749–768.

[9] FAN D, CAO Y, CAO, M, et al. Nanomedicine in cancer therapy [J] . Signal Transduction and Targeted Therapy, 2023, 8 (1): 293.

[10] 仲曼，胡慧慧，缪明星，等 . 纳米药物制剂体内分析方法及药动学研究进展和问题策略分析 [J] . 药物评价研究，2022，45 (7) :1413–1425.

[11] 甘晓 . 国家纳米科学中心实现纳米药物成果转化 [N] . 中国科学报 ,2020–06–16 (1) .

[12] NGUYEN L N M, LIN Z P, SINDHWANI S, P. et al. The exit of nanoparticles from solid tumours [J] . Nature Materials, 2023, 22 (10): 1261–1272.

[13] GONG N, MITCHELL M J. Rerouting nanoparticles to bone marrow via neutrophil hitchhiking [J] . Nature Nanotechnology, 2023, 18 (6): 548–549.

[14] CHOI V, ROHN J L, STOODLEY P, et al. Drug delivery strategies for antibiofilm therapy [J] . Nature Reviews Microbiology, 2023, 21 (9): 555–572.

[15] ZHANG L, YANG J, TANG D, et al. Tumor evolution–targeted nanomedicine [J] .Scientla Sinica Chimica, 2022, 52 (12): 2121–2155.

[16] NUHN L, Artificial intelligence assists nanoparticles to enter solid tumours [J] . Nature Nanotechnology, 2023, 18 (6): 550–551.

[17] GAWNE P J, FERREIRA M, PAPALUCA M, J. et al. New opportunities and old challenges in the clinical translation of nanotheranostics [J] . Nature Reviews Materials, 2023, 8 (12): 783–798.

[18] WU D, CHEN Q, CHEN X, et al. The blood – brain barrier: structure, regulation, and drug delivery [J] . Signal Transduction and Targeted Therapy, 2023, 8 (1): 217.

[19] NANCE E, PUN S H, SAIGAL R, et al. Drug delivery to the central nervous system [J] . Nature Reviews Materials, 2022, 7 (4): 314–331.

[20] BRUNEAU M, BENNICI S, JBRENDLE J, et al. Systems for stimuli–controlled release: Materials and applications [J] . Journal of Controlled Release, 2019, 294: 355–371.

[21] HUO S, ZHAO P, SHI Z, et al. Mechanochemical bond scission for the activation of drugs [J] . Nature Chemistry, 2021, 13 (2): 131–139.

[22] DAS R P, GANDHI V V, SINGH G B, et al. Passive and active drug targeting: role of nanocarriers in rational design of anticancer formulations [J] . Current Pharmaceutical Design, 2019, 25 (28): 3034–3056.

[23] KIM J, LEE S, KIM Y, M. et al. In situ self–assembly for cancer therapy and imaging [J] . Nature Reviews Materials, 2023, 8 (11): 710–725.

[24] HAN X, ALAMEH M.-G, BUTOWSKA K, et al. Adjuvant lipidoid-substituted lipid nanoparticles augment the immunogenicity of SARS-CoV-2 mRNA vaccines [J]. Nature Nanotechnology, 2023, 18 (9): 1105-1114.

[25] ZHANG Z, ZHOU L, XIE N, et al. Overcoming cancer therapeutic bottleneck by drug repurposing [J]. Signal Transduction and Targeted Therapy, 2020, 5 (1): 113.

附　录

附录 1　全球已上市的部分纳米药物

附录 2　国内外获批纳米药物统计一览表

附录 3　纳米药物临床试验注册统计一览表

附录 4　国内外涉及纳米药物的应用和管理、监管指南、指导原则、规范和专家共识目录

附录 5　纳米药物政府监管项目及行业协会、学会网站

附录 6　国内外纳米药物的质量或安全事件

附录 7　国内外纳米药物相关的学术会议及举办单位、网站

附录 8　国内外纳米药物说明书

附录 1　全球已上市的部分纳米药物

药品名称		生产厂家	适应证	给药方式	上市年份（年）				
中文通用名（商品名）	英文通用名（商品名）				美国	欧洲	中国	日本	其他
阿霉素多柔比星、盐酸多柔比星	Doxorubicin	Ben Venue Laboratories，TTY Biopharm	卵巢癌、艾滋病相关型卡波西肉瘤	静脉给药	1995				
		Sun Pharma	获得性免疫缺陷综合征（艾滋病）相关型卡波西肉瘤	静脉给药					2013 印度
长春新碱脂质体、美维宁	Marqibo	Talon Therapeutics	白血病	静脉注射	2012	2012			
柔红霉素 / 阿糖胞苷复方冻干粉注射剂	Vyxeos	Jazz Pharmaceuticals	急性骨髓性白血病	静脉输注	2017				
米伐木肽冻干粉注射剂	MEPACT	武田制药	骨肉瘤	静脉输注		2009			
柔红霉素脂质复合物注射液	DaunoXome	GALEN	艾滋病相关型卡波西肉瘤	静脉输注	1996				
苯乙烯马来酸新制癌菌素	SMANCS	安斯泰来	肝癌和肾癌	肿瘤营养动脉注射				1993	
注射用紫杉醇脂质体（力扑素）	Paclitaxel Liposome for Injection	南京绿叶制药有限公司	乳腺癌，肺癌，卵巢癌	静脉输注			2003		
卡巴他赛	CABAZITAXEL	Sanofi	前列腺癌	静脉输注	2010				
紫杉醇聚合物胶束	Cynviloq	Samyang	乳腺癌、小细胞肺癌	静脉输注					2007 韩国
白蛋白紫杉醇	Abraxane	Abraxis BioScience	乳腺癌	静脉输注	2005		2008		
醋酸亮丙瑞林注射剂	Eligard（Tolmar）	TOLMAR THERAP	前列腺癌	皮下注射	2002				
培门冬酶注射液	Oncaspar	enzon	急性淋巴细胞白血病	肌注或静滴	1994	1996			
地尼白介素抗体	Ontak	卫材	皮肤 T 细胞淋巴瘤	静脉输注				1999	

续表

药品名称		生产厂家	适应证	给药方式	上市年份（年）				
中文通用名（商品名）	英文通用名（商品名）				美国	欧洲	中国	日本	其他
	Nano-therm	MagForce AG	胶质母细胞瘤	静脉给药		2010			
盐酸伊立替康脂质体注射液	Onivyde	Merrimack Pharmaceuticals	转移性腺癌	静脉注射	2015	2016	2022	2020	2017 韩国、新加坡
醋酸亮丙瑞林缓释微球	/	兆科药业	子宫内膜异位症、子宫肌瘤、绝经前乳腺癌，且雌激素受体阳性患者、前列腺癌、中枢性性早熟	肌内注射					
	/	绿叶制药集团		肌内注射					
	/	丽珠集团		肌内注射					
盐酸多柔比星脂质体注射液	/	上海复旦张江生物医药股份有限公司	适用于急性白血病、恶性淋巴瘤、乳腺癌、肺癌、卵巢癌、骨及软组织肉瘤、肾母细胞瘤、膀胱癌、甲状腺癌、前列腺癌、睾丸癌、胃癌、肝癌等	静脉给药			2008		
	/	石药集团欧意药业		静脉给药			2011		
紫杉醇脂质体	/	上海天汇化学制药有限公司	治疗卵巢癌、乳腺癌和非小细胞癌等	静脉滴注					
注射用紫杉醇聚合物胶束	/	深圳天翼	晚期实体瘤	静脉注射					
	/	上海谊众药业股份有限公司		静脉注射	2021		2021		
	/	丽珠集团		静脉注射					
注射用酒石酸长春瑞滨胶束	/	天方药业有限公司	用于治疗非小细胞肺癌、转移性乳腺癌等	静脉给药					
注射用紫杉醇（白蛋白结合型）	/	湖南科伦制药有限公司	/	静脉注射	2020				
	/	齐鲁制药有限公司	/	静脉注射	2019				
	/	江苏恒瑞医药股份有限公司	/	静脉注射	2018				
	/	石家庄欧意药业有限公司	/	静脉注射	2018				

续表

药品名称		生产厂家	适应证	给药方式	上市年份（年）				
中文通用名（商品名）	英文通用名（商品名）				美国	欧洲	中国	日本	其他
盐酸多柔比星脂质体注射液（楷莱）	DOXIL 欧洲上市后改为 Caelyx	Sequus Pharmaceuticals	本品可用于低 CD4 及有广泛皮肤黏膜内脏疾病的与艾滋病相关型卡波西肉瘤（AIDS-KS）患者	静脉滴注	1995				
		SUN Pharm			2013		2003		
		Dr. Reddy Lab			2017				
		ZYDUS			2020				
		Sohering-Plough				1996			
		西安杨森					2003		
/	Liporaxel	DAEHWA Pharmaceuticals	晚期和转移性或局部复发性胃癌	口服					2016 韩国
注射亮丙瑞林微球	Lupron Depot	AbbVie	晚期和转移性前列腺癌	注射	1989				
吉妥珠单抗	Mylotarg	Pfizer Inc	治疗急性髓细胞白血病（AML）	静脉注射	2000				
泰素	Taxol	Bristol Myers Squibb	晚期卵巢癌、NSCLC、Her2 阳性转移性乳腺癌	静脉注射	1992				
	Kymriah	Novartis	3~25 岁复发或难治性急性淋巴细胞白血病（ALL）	静脉输注	2017				
帕尼单抗	Vectibix	Amgen	转移结肠癌	静脉输注	2006				
普罗文奇	Provenge	Dendreon	晚期前列腺癌	静脉注射	2010				
奥妥珠单抗	Gazyva	Roche	慢性淋巴细胞白血病和滤泡性淋巴瘤	静脉注射	2013		2021		
雷莫芦单抗	Cyramza	Lilly	晚期胃癌或胃食管交界处腺癌患者	静脉注射	2014				
维布妥昔单抗	Adcetris	Seagen	霍杰金淋巴瘤	静脉输注	2011	2012			
重组人 p53 腺病毒注射液	Gendicine	赛百诺基因技术有限公司	头颈部鳞状细胞癌	皮下注射			2003		

续表

药品名称		生产厂家	适应证	给药方式	上市年份（年）				
中文通用名（商品名）	英文通用名（商品名）				美国	欧洲	中国	日本	其他
赫赛汀皮下注射剂	Herceptin Hylecta	Roche	HER2 过表达的转移性乳腺癌	皮下注射	2019				
曲妥珠单抗	Kadcyla	Roche	HER3 过表达的转移性乳腺癌	静脉输注	2013				
醋酸亮氨酸脯氨酸植入物	Viadur	ALZA Corporation	进行性前列腺癌疼痛缓解	皮下植入	2000				

附录 2 国内外获批纳米药物统计一览表

药品分类	药品名称		生产厂家	适应证	给药方式	上市年份（国家 / 地区）
	中文通用名（商品名）	英文通用名（商品名）				
抗肿瘤纳米药物	盐酸多柔比星脂质体注射液（楷莱）	Doxorubicin Hydrochloride Liposome Injection（美国 Doxil，欧洲 CAELYX）	Baxter Baxter / Jassen / 西安杨森	卵巢癌、艾滋病相关型卡波西肉瘤、多发性骨髓瘤	静脉注射	1995 年（美国） 1996 年（欧洲） 2011 年（中国）
	多柔比星脂质体注射液	Doxorubicin（Lipo-Dox）	Sun Pharma 印度太阳药业	卵巢癌、获得性免疫缺陷综合征（艾滋病）相关型卡波西肉瘤	静脉注射	2013 年（美国） 2013 年（印度）
	长春新碱脂质体（美维宁）	Vincristine Sulfate Liposome Injection（Marqibo）	Acrotech	白血病	静脉注射	2012 年（美国） 2012 年（欧洲） 2019 年（中国）
	柔红霉素 / 阿糖胞苷复方冻干粉注射剂	Vyxeos（Daunorubicin and cytarabine liposome for injection）	Jazz Pharmaceuticals	急性骨髓性白血病	静脉注射	2017 年（美国）
	米伐木肽冻干粉注射剂	Mifamurtide（MEPACT）	Takeda 武田	骨肉瘤	静脉注射	2009 年（欧洲）
	柔红霉素脂质复合物注射液	Daunorubicin Citrate Liposome Injection（DaunoXome）	GALEN	艾滋病相关型卡波西肉瘤	静脉注射	1996 年（美国）
	苯乙烯马来酸新制癌菌素	Zinostatin Stimalamer（SMANCS）	安斯泰来	肝癌和肾癌	肿瘤营养动脉注射	1993 年（日本）
	注射用紫杉醇脂质体（力扑素）	Paclitaxel Liposome for Injection（Lipusu）	南京绿叶制药有限公司	乳腺癌，肺癌，卵巢癌	静脉注射	2003 年（中国）
	卡巴他赛	CABAZITAXEL（Jevtana）	Sanofi	前列腺癌	静脉注射	2010 年（美国）
	紫杉醇聚合物胶束	Paclitaxel Polymeric Micelle Formulation（Cynviloq）	Samyang	乳腺癌，小细胞肺癌	静脉注射	2007 年（韩国）
	白蛋白紫杉醇	Paclitaxel for Injection（Albumin Bound）（Abraxane）	Abraxis BioScience	乳腺癌	静脉注射	2005 年（美国） 2008 年（中国） 2008 年（澳大利亚）

续表

药品分类	药品名称		生产厂家	适应证	给药方式	上市年份（国家/地区）
	中文通用名（商品名）	英文通用名（商品名）				
抗肿瘤纳米药物	醋酸亮丙瑞林注射剂	Leuprolide Acetate for Injectable Suspension（Eligard）	TOLMAR	前列腺癌	皮下注射	2002 年（美国）
	培门冬酶注射液	Pegaspargase Injection，Solution（Oncaspar）	SIGMA TAU	急性淋巴细胞白血病	肌内注射或静脉滴注	1994 年（美国） 1996 年（欧洲）
	地尼白介素抗体	Denileukin Diftitox（Ontak）	EISAI INC 卫材	皮肤 T 细胞淋巴瘤	静脉注射	1999 年（日本）
	盐酸伊立替康脂质体注射液	Irinotecan Liposome Injection（Onivyde）	IPSEN INC	转移性腺癌	静脉注射	2015 年（美国） 2016 年（欧洲） 2022 年（中国） 2020 年（日本） 2017 年（韩国、新加坡）
	醋酸亮丙瑞林缓释微球	/	兆科药业	子宫内膜异位症、子宫肌瘤、绝经前乳腺癌，且雌激素受体阳性患者、前列腺癌、中枢性性早熟	皮下注射	2019 年 2 月 4 日完成临床 1 期（中国）
	醋酸亮丙瑞林缓释微球	/	山东绿叶制药有限公司	子宫内膜异位症、子宫肌瘤、绝经前乳腺癌，且雌激素受体阳性患者、前列腺癌、中枢性性早熟	皮下注射	2016 年（中国）
	醋酸亮丙瑞林缓释微球	Leuprorelin Acetate Microspheres for Injection	丽珠医药集团股份有限公司	子宫内膜异位症、子宫肌瘤、绝经前乳腺癌，且雌激素受体阳性患者、前列腺癌、中枢性性早熟	皮下注射	2017 年（中国）
	盐酸多柔比星脂质体注射液（里葆多）	Doxorubicin Hydrochloride Liposome Injection（LIBOD）	上海复旦张江生物医药股份有限公司	适用于急性白血病、恶性淋巴瘤、乳腺癌、肺癌、卵巢癌、骨及软组织肉瘤、肾母细胞瘤、膀胱癌、甲状腺癌、前列腺癌、睾丸癌、胃癌、肝癌等	静脉滴注	2008 年（中国）

续表

药品分类	药品名称		生产厂家	适应证	给药方式	上市年份（国家 / 地区）
	中文通用名（商品名）	英文通用名（商品名）				
抗肿瘤纳米药物	盐酸多柔比星脂质体注射液（多美素）	Doxorubicin Hydrochloride Liposome Injection	石药集团欧意药业有限公司	适用于急性白血病、恶性淋巴瘤、乳腺癌、肺癌、卵巢癌、骨及软组织肉瘤、肾母细胞瘤、膀胱癌、甲状腺癌、前列腺癌、睾丸癌、胃癌、肝癌等	静脉滴注	2011 年（中国）
	紫杉醇脂质体		上海天汇化学制药有限公司	治疗卵巢癌、乳腺癌和非小细胞癌等	静脉滴注	2014 年 4 月 2 日临床 I 期（中国）
	注射用紫杉醇聚合物胶束		深圳天翼	晚期实体瘤	静脉滴注	2015 年（中国）
	注射用紫杉醇聚合物胶束（紫晟）	Paclitaxel Polymeric Micelles for Injection	上海谊众药业股份有限公司	晚期实体瘤	静脉滴注	2021 年（美国） 2021 年（中国）
	注射用紫 杉醇聚合物胶束	Paclitaxel Polymeric Micelles for Injection	丽珠医药集团股份有限公司	晚期实体瘤	静脉滴注	2020 年 7 月 3 日临床 I 期（中国）
	注射用酒石酸长春瑞滨胶束	Vinorelbine Tartrate for Injection	天方药业有限公司	用于治疗非小细胞肺癌、转移性乳腺癌等	静脉滴注	2020 年 7 月 2 日临床 I 期（中国）
	注射用紫杉醇（白蛋白结合型）（科瑞菲）	Paclitaxel for Injection（Albumin Bound）	湖南科伦制药有限公司	用于治疗联合化疗失败的转移性乳腺癌或辅助化疗后 6 个月内复发的乳腺癌（除非有临床禁忌证，既往化疗中应包括一种蒽环类抗癌药）	静脉滴注	2020 年（美国）
	注射用紫杉醇（白蛋白结合型）（齐鲁锐贝）	Paclitaxel for Injection（Albumin Bound）	齐鲁制药集团有限公司	用于治疗联合化疗失败的转移性乳腺癌或辅助化疗后 6 个月内复发的乳腺癌（除非有临床禁忌证，既往化疗中应包括一种蒽环类抗癌药）	静脉滴注	2019 年（美国）
	注射用紫杉醇（白蛋白结合型）（艾越）	Paclitaxel for Injection（Albumin Bound）	江苏恒瑞医药股份有限公司	用于治疗联合化疗失败的转移性乳腺癌或辅助化疗后 6 个月内复发的乳腺癌（除非有临床禁忌证，既往化疗中应包括一种蒽环类抗癌药）	静脉滴注	2018 年（美国）

续表

药品分类	药品名称		生产厂家	适应证	给药方式	上市年份（国家/地区）
	中文通用名（商品名）	英文通用名（商品名）				
抗肿瘤纳米药物	注射用紫杉醇（白蛋白结合型）（克艾力）	Paclitaxel for Injection（Albumin Bound）	石药集团欧意药业有限公司	用于治疗联合化疗失败的转移性乳腺癌或辅助化疗后6个月内复发的乳腺癌（除非有临床禁忌证，既往化疗中应包括一种蒽环类抗癌药）	静脉滴注	2018年（美国）
	紫杉醇口服溶液	Paclitaxel（Liporaxel）	DAEHWA Pharmaceuticals	晚期和转移性或局部复发性胃癌	口服	2016年（韩国）
	醋酸亮丙瑞林（注射亮丙瑞林微球）	Leuprolide acetate（Lupron Depot）	AbbVie	晚期和转移性前列腺癌	肌内注射	1989年（美国）
	吉妥珠单抗	Gemtuzumab Ozogamicin（Mylotarg）	Pfizer Inc	治疗急性髓细胞白血病（AML）	静脉注射	2000年（美国）
	紫杉醇注射液（泰素）	Paclitaxel（Taxol）	Bristol Myers Squibb	晚期卵巢癌、NSCLC、HER2阳性转移性乳腺癌	静脉注射	1992年（美国）
	/	Tisagenlecleucel（Kymriah）	Novartis	3~25岁复发或难治性急性淋巴细胞白血病（ALL）	静脉输注	2017年（美国）
	帕尼单抗（维克替比）	Panitumumab（Vectibix）	Amgen	转移结肠癌	静脉输注	2006年（美国）
	普罗文奇	Sipuleucel-T（Provenge）	Dendreon	晚期前列腺癌	静脉注射	2010年（美国）
	奥妥珠单抗注射液	Obinutuzumab（Gazyva）	Roche	慢性淋巴细胞白血病和滤泡性淋巴瘤	静脉注射	2013年（美国） 2021年（中国）
	雷莫芦单抗	Ramucirumab（Cyramza）	Lilly	晚期胃癌或胃食管交界处腺癌患者	静脉注射	2014年（美国）
	注射用维布妥昔单抗	Brentuximab Vedotin（Adcetris）	Seagen	霍杰金淋巴瘤	静脉输注	2011年（美国） 2012年（欧洲）
	重组人p53腺病毒注射液（今又生）	Recombinant Human Ad-p53 Injection（Gendicine）	赛百诺基因技术有限公司	头颈部鳞状细胞癌	皮下注射	2003年（中国）
	赫赛汀皮下注射剂	Trastuzumab and Hyaluronidase-oysk（Herceptin Hylecta）	Roche	HER2过表达的转移性乳腺癌	皮下注射	2019年（美国）
	曲妥珠单抗	Ado-Trastuzumab Emtansine（kadcyla）	Roche	HER3过表达的转移性乳腺癌	静脉输注	2013年（美国）

续表

药品分类	药品名称		生产厂家	适应证	给药方式	上市年份（国家/地区）
	中文通用名（商品名）	英文通用名（商品名）				
抗肿瘤纳米药物	醋酸亮氨酸脯氨酸植入物	Leuprolide（Viadur）	ALZA Corporation	进行性前列腺癌疼痛缓解	皮下植入	2000 年（美国）
	逆转录病毒载体	Mx-dnG1（Rexin-G™）	Epeius Biotechnologies Corporation	胰腺癌等	静脉输注	2003 年（美国） 2007 年（菲律宾）
神经系统纳米药物	利培酮（利培酮注射用粉末/溶剂）	Risperidone（Risperdal Consta）	强生	精神分裂症		1993 年（美国）
	注射用利培酮微球（Ⅱ）（瑞欣妥）	Rykindo（Risperidone Microspheres for Injection（Ⅱ））	绿叶制药	用于治疗急性和慢性精神分裂症以及其他各种精神病性状态的明显的阳性症状和明显的阴性症状，可减轻与精神分裂症有关的情感症状	肌内注射	2021 年（中国）
	硫酸吗啡缓释胶囊	Morphine sulfate（Avinza®）	Pfizer	精神兴奋药、镇痛药	口服	2002 年（美国）
	帕蒂西兰	Patisiran（Onpattro™）	Alnylam Pharmaceuticals	用于治疗遗传性转甲状腺素淀粉样变性诱导的多发性神经病变	静脉输注	2018 年（美国）
	纳曲酮（纳曲酮缓释微球剂）	Naltrexone（Vivitrol）	ALKERMES	毒瘾戒断	肌内注射	2006 年（美国）
	哌甲酯（盐酸哌甲酯）	Methylphenidate Hydrochloride（Ritalin LA）	Novartis	注意力缺陷－多动障碍	口服	2002 年（美国）
	帕利哌酮（棕榈酸帕潘立酮缓释注射剂）	Paliperidone Palmitate（Invega Trinza）	Janssen	精神分裂症	肌内注射	2015 年（美国）
	阿立哌唑（月桂酰阿立哌唑纳米晶长效混悬注射剂）	Aripiprazole Lauroxil（Aristada initio）	Alkermes	精神分裂症	肌内注射	2018 年（美国）
	帕利哌酮（棕榈酸帕利哌酮）	Palperidone Palmitate（Invega Hafyera）	Janssen	精神分裂症	臀部注射	2021 年（美国）
	右哌甲酯（盐酸右哌甲酯）	Dexmethy-Lphenidate Hydrochloride（Focalin XR）	Novartis	多动症	口服	2011 年（美国）

续表

药品分类	药品名称		生产厂家	适应证	给药方式	上市年份（国家/地区）
	中文通用名（商品名）	英文通用名（商品名）				
神经系统纳米药物	东莨菪碱贴片	Scopolamine Transdermal（Transderm-Scop）	ALZA	晕动病	透皮贴剂	1979 年（美国）
	盐酸哌甲酯（专注达）	Methylphenidate HCl（Concerta）	Janssen	多动症	口服	2000 年（美国） 2005 年（中国）
	注射用利培酮微球（利培酮）	Risperidone（Risperdal Consta）	Janssen	急性和慢性精神分裂症	肌内注射	1993 年（美国） 2009 年（中国）
	诺西那生钠注射液	Nusinersen（Spinraza）	Biogen	脊髓性肌萎缩症	腰穿鞘内注	2016 年（美国） 2018 年（欧洲） 2019 年（中国）
	达利珠单抗	Daclizumab（Zinbryta）	Biogen	多发性硬化症	皮下注射	2016 年（美国） 2016 年（欧洲） 2020 年欧洲退市
	依库丽单抗	Ravulizumab（Ultomiris）	AZN.US	全身型重症肌无力、血红蛋白尿症	静脉注射	2018 年（美国） 2019 年（欧洲）
	奥曲肽胶囊	Octreotide（Mycapssa）	Chiasma	反应和耐受性的肢端肥大症	口服	2020 年（美国）
	氟轻松	Fluocinolone Acetonide（Retisert）	Bausch&Lomb	慢性非感染性葡萄膜炎	眼部手术植入	2004 年（美国）
	尼古丁	Nicotine（NicoDerm CQ）	GSK	戒烟	皮肤贴剂	1991 年（美国）
	注射用维替泊芬脂质体	Verteporfin（Visudyne）	Novarits	具有脉络膜新生血管湿型黄斑变性	静脉注射	2000 年（美国） 2000 年（欧洲）
	聚乙二醇干扰素 α-2b 注射剂（佩乐能）	Peginterferon alfa-2b Injection（Pegintron）	Merck Sharp & Dohme Corp.	慢性丙型肝炎、乙型肝炎	皮下注射	2001 年（美国） 2000 年（欧洲） 2004 年（中国） 2005 年（日本）
	聚乙二醇干扰素 α-2a 注射剂（派罗欣）	Peginterferon alfa-2a Injection（Pegasys）	Roche	慢性丙型肝炎和慢性乙型肝炎	皮下注射	2002 年（美国） 2005 年（欧洲） 2003 年（中国）

续表

药品分类	药品名称		生产厂家	适应证	给药方式	上市年份（国家 / 地区）
	中文通用名（商品名）	英文通用名（商品名）				
抗感染纳米药物	卡博特韦 / 利匹韦林	Cabotegravir，Rilpivirine（Cabenuva）	ViiV	艾滋病	肌内注射	2021 年（美国）
	阿斯君默钠阴道生物性黏附凝胶	Astodrimer Sodium（VivaGel® BV）	Starpharma，Australia;	HIV、HSV	阴道凝胶	2019 年（欧洲）
	两性霉素 B 脂质体（安必素）	Lipozomal Amfoterisin B（AmBisome）	Gilead	真菌感染	静脉滴注	1997 年（美国） 1990 年（欧洲）
	两性霉素 B 脂质复合体	Amphotericin B Lipid Complex Injection（Abelcet）	Leadiant Biosciences Inc	真菌感染	静脉滴注	1995 年（欧洲）
	注射用两性霉素 B 脂质体（安浮特克）	Amphotericin B Cholesteryl Sulfate Complex for Injection（Amphotec）	Ben Venue Laboratories，Inc.	真菌感染	静脉滴注	1996 年（美国） 1994 年（欧洲） 现已撤市
	注射用两性霉素 B 脂质体（锋克松）	/	上海上药新亚药业有限公司	真菌感染	静脉滴注	2003 年（中国）
抗感染纳米药物	灰黄霉素	Griseofulvin（Gris–PEG）	Bausch	抗感染	口服	1995 年（美国）
	米诺环素	Minocycline Microspheres（Arestin）	OraPharma	牙周炎	龈下给药	2001 年（美国）
	利托那韦	Ritonavir（Norvir）	Abbott	艾滋病	口服	1996 年（美国） 2021 年（中国）
	福米韦生	Fomivirsen（Vitravene）	Ionis 和 Novartis	艾滋病患者并发的巨细胞病毒（CMV）性视网膜炎	玻璃体注射	1998 年（美国） 2006 年在美国退市
血液系统纳米药物	纳米氧化铁	Ferumoxytol Injection（Feraheme），在欧洲改名为 Rienso	AMAG Pharma-ceuticals，Inc.	慢性肾病（CKD），成人缺铁性贫血（IDA）	静脉滴注	2009 年（美国） 2012 年（欧洲）
	羧基麦芽糖铁	Ferric Carboxymaltose（Injectafer）	Vifor Int.	ID 缺铁 / 缺铁性贫血（IDA）	静脉推注，静脉滴注	2013 年（美国）
	异麦芽糖酐铁注射液（莫诺菲）	Iron Isomaltoside Injection（Monofer）	Pharmac-osmosA/S（科思莫斯制药）	缺铁	静脉推注，静脉滴注	2009 年（欧洲） 2021 年（中国）

续表

药品分类	药品名称		生产厂家	适应证	给药方式	上市年份（国家 / 地区）
	中文通用名（商品名）	英文通用名（商品名）				
血液系统纳米药物	蔗糖铁注射液（维乐福）	Iron Sucrose Injection（Venofer）	Vifor(International)Inc.	缺铁性贫血（IDA）	静脉推注，静脉滴注	2013 年（中国）
	蔗糖铁注射液	Iron Sucrose Injection	南京恒生制药有限公司	缺铁性贫血（IDA）	静脉推注，静脉滴注	2004 年（中国）
	蔗糖铁注射液	Iron Sucrose Injection	广东天普生化医药股份有限公司	缺铁性贫血（IDA）	静脉推注，静脉滴注	2006 年（中国）
	蔗糖铁注射液	Iron Sucrose Injection	成都天台山制药有限公司	缺铁性贫血（IDA）	静脉推注，静脉滴注	2005 年（中国）
	蔗糖铁注射液	Iron Sucrose Injection	山西普德药业有限公司	缺铁性贫血（IDA）	静脉推注，静脉滴注	2005 年（中国）
	注射用蔗糖铁	Iron Sucrose for Injection	山西普德药业有限公司	缺铁性贫血（IDA）	静脉推注，静脉滴注	2009 年（中国）
	右旋糖酐铁注射液（科莫非）	Iron Dextran Injection（CosmoFer）	Solupharm Pharmazeutische Erzeugnisse GmbH	缺铁性贫血（IDA）	肌内注射，静脉推注，静脉滴注	2017 年（中国）
	右旋糖酐铁注射液	Iron Dextran Injection	南京新百药业有限公司	缺铁性贫血（IDA）	肌内注射，静脉推注，静脉滴注	2005 年（中国）
	右旋糖酐铁注射液	Iron Dextran Injection	浙江天瑞药业有限公司	缺铁性贫血（IDA）	肌内注射，静脉推注，静脉滴注	2020 年（中国）
	甲氧基聚乙二醇促红细胞生成素 -β（美信罗）	Epoetin Beta-Methoxy Polyethylene Glycol（MIRCERA）	Vifor Pharma Inc.	慢性肾病（肾衰竭）所引起的贫血	皮下注射	2018 年（美国）
	聚乙二醇化重组抗血友病因子	Antihemophilic Factor(Recombinant), PEGylated(Adynovate)	Takeda Pharmaceuticals U.S.A., Inc.	用于 ≥ 12 岁青少年以及成人血友病 A	静脉注射	2015 年（美国）
	培非格司亭	Pegfilgrastim（Neulasta）	美国安进公司	粒细胞减少性发热	皮下注射	2002 年（美国）

续表

药品分类	药品名称		生产厂家	适应证	给药方式	上市年份（国家 / 地区）
	中文通用名（商品名）	英文通用名（商品名）				
血液系统纳米药物	培非格司亭	Pegfilgrastim（Pelmeg）	Mundipharma	恶性肿瘤、发热性中性粒细胞减少	皮下注射	2018 年（欧洲）
	培非格司亭	Pegfilgrastim-apgf（Nyvepria）	Pfizer	发热性中性粒细胞减少症	皮下注射	2020 年（美国）
	右旋糖酐铁注射液	Iron Dextran Injection	Allergan	缺铁性贫血	注射	1974 年（美国）
心血管系统纳米药物	维拉帕米	Verapamil（Verelan PM）	Schwarz	心律失常	口服	1998 年（美国）
	地尔硫䓬	Diltiazem（Herbesser）	Mitsubishi	心绞痛	口服	1991 年（日本）
	非诺贝特	Fenofibrate Micronized（Tricor）	Abbott	降血脂	口服	2004 年（美国）
	非诺贝特	Fenofibrate Nanocrystallized Triglide）	Skye	降血脂	口服	2006 年（美国）
	盐酸贝那普利片	Benazepril（Lotensin）	Novartis Pharmaceuticals Corporation	高血压、充血性心力衰竭	口服	2012 年（美国）
	依折麦布	Ezetimibe（Zetia）	Schering Plough	降血脂	口服	2002 年（美国） 2008 年（中国）
镇痛纳米药物	硫酸吗啡缓释胶囊	Morphine sulfate（Avinza®）	Pfizer	精神兴奋药、镇痛药	口服	2002 年（美国）
	塞来昔布（西乐葆）	Celebrex	Pfizer	镇痛	口服	1998 年（美国） 2003 年（欧洲） 2012 年（中国）
	萘普生	Naproxen（Naprelan）	Wyeth	消炎	口服	1996 年（美国）
	奈帕芬胺	Nepafenac（0.1% nevanac，0.3%Ilevro）	Alcon	镇痛抗炎	眼部给药	2005 年（美国） 2010 年（日本）
	美洛昔康（莫比可）	Meloxicam（Anjeso）	Baudax Bio	术后镇痛	静脉注射	2020 年（美国）
	芬太尼透皮贴剂（多瑞吉）	Fentanyl Transdermal（Duragesic）	Janssen	持续的中度到重度疼痛	透皮贴剂	1990 年（美国）

续表

药品分类	药品名称		生产厂家	适应证	给药方式	上市年份（国家/地区）
	中文通用名（商品名）	英文通用名（商品名）				
激素类纳米药物	胶束纳米颗粒雌二醇乳状液	Micellar NPs Estradiol Emulsion（Estrasorbe）	Novavax	雌激素治疗	阴道内使用，口服，注射	2007 年（美国）
	醋酸曲安奈德	Triamcinolone Acetonide（Zilretta）	Flexion	关节注射	骨关节炎相关膝盖疼痛	2017 年（美国）
	醋酸甲羟孕酮	Medroxyp-Rogesterone Acetate（Depo–Provera）	Pfizer	避孕	肌注	1992 年（美国）
	生长激素	Somatropin（Nutropin）	基因泰克	侏儒症	肌注	1993 年（美国） 2013 年（欧洲）
	甲地孕酮	Megestrol（Megace ES）	ENDO PHARMS INC	食欲刺激	口服	2005 年（美国）
	左旋–18 甲基炔诺酮（诺普兰）	Levonorgestrel Implants（Norplant）	Leiras	女性避孕	皮下植入	1983 年芬兰上市
	依托孕烯植埋剂	Etonogestrel（Nexplanon）	Merck & Co Inc	女性避孕	皮下埋植	2011 年（美国）
疫苗纳米载体	人乳头状瘤病毒（HPV）疫苗（希瑞适）	HPV Vaccine（Cervarix）	GSK	宫颈癌疫苗	肌内注射	2009 年（美国） 2007 年（欧洲） 2016 年（中国）
	人乳头状瘤病毒（HPV）疫苗（加卫苗）	HPV Vaccine（Gardasil）	Merck & Co., Inc.	宫颈癌疫苗	肌内注射	2006 年（美国） 2015 年（欧洲） 2018 年（中国）
	乙肝病毒（HBV）疫苗	PreHevbrio（Sci–B–Vac）	VBI Vaccines	乙肝疫苗	肌内注射	2021 年（美国）
	莫德纳 COVID–19 疫苗	The Moderna COVID–19（mRNA–1273）vaccine	Moderna 莫德纳	mRNA 疫苗	肌内注射	2020 年（美国）
	COVID–19 mRNA 疫苗（复必泰）	COVID–19 Vaccine（Comirnaty）	上海复星医药集团与德国生物新技术公司	mRNA 疫苗 BNT162b2	肌内注射	2021 年（美国）
	无针 COVID–19 疫苗	COVID–19 Vaccine（ZyCoV–D）	Zydus Cadila	DNA 疫苗	肌内注射	2021 年（印度）

续表

药品分类	药品名称		生产厂家	适应证	给药方式	上市年份（国家/地区）
	中文通用名（商品名）	英文通用名（商品名）				
疫苗纳米载体	重组新型冠状病毒疫苗（5 型腺病毒载体）（克威莎）	Ad5-nCoV	康希诺生物	人 5 型腺病毒载体疫苗	吸入用	2021 年（中国）
	COVID-19 疫苗	Ad26.COV2.S 疫苗	强生	Ad26 载体疫苗	肌内注射	2021 年（美国）
其他纳米药物	西罗莫司	Sirolimus	Wyeth	免疫抑制	口服	1999 年（美国） 1999 年（欧洲） 2003 年（中国）
	替扎尼定	Tizanidine（Zanaflex）	Acorda	肌肉松弛	口服	1996 年（美国）
	阿瑞匹坦	Aprepitant（Emend）	Merck	止吐	口服	2003 年（美国） 2014 年（中国）
	大麻隆	Nabilone（Cesamet）	Lilly	止吐	口服	1985 年（美国）
	茶碱	Theophylline（Theodur）	Mitsubishi	支气管扩张	口服	1986 年（美国）
	丹曲林钠	Dantrolene Sodium（Ryanodex）	Eagle	恶性高热	注射	2014 年（美国）
	0.09% 环孢素 A 纳米胶束制剂	CYCLOSPORINE SOLUTION 0.09%（Cequa）	Sun Pharma	用于促进泪液分泌，治疗干眼症		2018 年（美国）
	右旋硫酸右苯丙胺	Dextroamp-Hetamine（Dexedrine）	Smith，KlineFrench	减肥药物	口服	1952 年（美国）
	口服索马鲁肽	Semaglutide（Rybelsus）	Novo Nordisk	2 型糖尿病	口服	2019 年（美国） 2020 年（日本）
	腺苷脱氨酶无菌注射溶液	Pegademase Bovine（Adagen）	Enzon	严重的综合性免疫缺陷疾病	肌内注射	1990 年（美国）
	纳洛塞醇	Naloxegol（Movantik）	AZ&Nektar	成人便秘	口服	2015 年（美国）
	醋酸去氨加压素	Desmopressin Acetate，DDAVP	Ferring	夜尿、凝血功能障碍、尿崩症	口服	2000 年（欧洲）
	吸入胰岛素粉雾剂	Inhaled Insulin（Afrezza）	Mannkind	1 型、2 型糖尿病	吸入式	2014 年（美国）
	贝拉西普	Belatacept（Nulojix）	BMS	抗肾移植排异反应	静脉输注	2011 年（美国）
	培塞利珠单抗注射液（希敏佳）	Certolizumab Pegol（Cimzia）	Biovision	中度至重度类风湿性关节炎（RA）	皮下注射	2008 年（美国） 2019 年（中国）

续表

药品分类	药品名称		生产厂家	适应证	给药方式	上市年份（国家 / 地区）
	中文通用名（商品名）	英文通用名（商品名）				
其他纳米药物	博纳吐单抗	Blinatumomab（Blincyto）	Amgen	费城染色体阴性前体 B 细胞急性淋巴细胞白血病	静脉输注	2014 年（美国） 2015 年（欧洲）
	托珠单抗（雅美罗）	Tocilizumab（Actemra）	Roche	中度至严重 – 活动性类风湿性关节炎	静脉滴注	2011 年（美国） 2013 年（中国）
		Givosiran（Givlaari）	Alnylam	急性肝卟啉症（AHP）	皮下注射	2019 年（美国） 2020 年（欧洲）
	新山地明	Cyclosporine（Sandimmune Neoral）	NOVARTIS	肾移植的患者，预防器官排斥	口服	1995 年（美国）
	鲑鱼降钙素	Calcitonin（salmon）	Miacalcin	刺激骨的生成并能抑制骨吸收	静脉滴注	2015 年（美国）
	英夫利昔单抗（瑞米凯德）	Infliximab（Remicade）	Johnson	克罗恩病、类风湿关节炎、强直性脊柱炎、牛皮癣关节炎和溃疡性结肠炎	静脉输注	1998 年（美国） 1999 年（欧洲） 2006 年（中国）
	阿达木单抗（修美乐）	Adalimumab（Humira）	ABBV.US	治疗中度至重度类风湿性关节炎	预填充于注射器	2002 年（美国）
	非索非那定 / 伪麻黄碱	Fexofenadine HCl/ Pseudoephedrine HCl（Allegra D）	Sanofi–Aventis	伴有鼻塞等鼻部症状的感冒	口服	1997 年（美国）
	氟轻松	Fluocinolone Acetonide Intravitreal Implant（Retisert）	Bausch&Lomb	慢性非感染性葡萄膜炎	眼部手术植入	2004 年（美国）
	布地奈德福莫特罗粉吸入剂（信必可都保）	Budesonide and Formoterol Fumarate Dihydrate Aerosol（Symbicort）	AstraZeneca	哮喘症	定量吸入器	2006 年（美国）
	尼古丁	Nicotine Transdermal System（NicoDerm CQ）	GSK	戒烟	皮肤贴剂	1991 年（美国）
	注射用维替泊芬脂质体	Verteporfin for Injection（VISUDYNE）	Novarits	具有脉络膜新生血管湿型黄斑变性	静脉注射	2000 年（美国） 2000 年（欧洲）

续表

药品分类	药品名称		生产厂家	适应证	给药方式	上市年份（国家/地区）
	中文通用名（商品名）	英文通用名（商品名）				
其他纳米药物	硫酸沙丁胺醇吸入气雾	Proventil HFA	GSK	哮喘症	定量吸入器	1981 年（美国）
			上海信谊天平药业有限公司			1995 年（欧洲、中国）
			山东京卫制药有限公司			2011 年（欧洲、中国）
			扬州市三药制药有限公司			2012 年（欧洲、中国）
			上海上药信谊药厂有限公司			2015 年（欧洲、中国）
	哌加他尼	Macugen（Pegaptanib）	Fizer/Eyetech	湿性老年黄斑病变患者的视力下降	玻璃体内注射	2012 年（美国）
	自体软骨细胞培养移植技术	Matrix-induced Autologous Chondrocyte Implantation，MACI	VERICEL	骨缺损修复	手术植入	2016 年（美国）

附录 3　纳米药物临床试验注册统计一览表

序号	药品名称	临床试验名称	试验分类（1~4 期）	PI 及单位	对照药品	适应证	样本量设计例数	试验进度
1	中文名称：注射用硫酸长春新碱脂质体 英文名称：Vincristine Sulfate Liposome for Injection	硫酸长春新碱脂质体单次人体耐受性及药代动力学试验	1 期	王华庆，天津市肿瘤医院	注射用硫酸长春新碱	急性白血病、慢性淋巴细胞性白血病、恶性淋巴瘤、小细胞肺癌、乳腺癌、卵巢癌、宫颈癌、恶性黑色素瘤、睾丸癌等恶性肿瘤患者	/	已完成
		长春新碱脂质体联合化疗治疗成人急淋Ⅱ期床研究	2 期	秘营昌，中国医学科学院血液病医院（血液学研究所）	注射用硫酸长春新碱	成人急性淋巴细胞白血病	60	已完成
		长春新碱脂质体联合化疗治疗成人急淋Ⅲ期床研究	3 期	秘营昌，中国医学科学院血液病医院（血液学研究所）	注射用硫酸长春新碱	成人急性淋巴细胞白血病	480	进行中（招募中）
		长春新碱脂质体多次给药的耐受性和药代动力学研究	1 期	沈志祥，上海交通大学医学院附属瑞金医院	无	晚期肿瘤	12~18	进行中（招募中）
		长春新碱脂质体在急性淋巴细胞白血病中的安全性和有效性	2 期	Susan O' Brien，MD M.D. Anderson Cancer Center	注射用硫酸长春新碱	急性淋巴细胞白血病（ALL）	65	已完成
		长春新碱脂质体在恶性黑色素瘤和肝功能障碍患者中的药代动力学研究	1 期	Agop Bedikian，MD MD Anderson Cancer Center，Dept of Melanoma	注射用硫酸长春新碱	恶性黑色素瘤	7	已完成
		评价长春新碱脂质体在儿童和青少年难治性癌症患者中的安全性、活性和药代动力学	1 期	Allen Wayne National Cancer Institute（NCI）	注射用硫酸长春新碱	肉瘤，神经母细胞瘤，肾母细胞瘤，白血病，淋巴瘤，脑瘤	22	已完成
		长春新碱脂质体治疗难治或复发的非霍奇金淋巴瘤患者	2 期	Barbara Gallimore，PhDInex Pharmaceuticals	注射用硫酸长春新碱	淋巴瘤	100	已完成
		评价长春新碱脂质体用于治疗≥ 60 岁的新诊断 ALL 患者的 3 期研究	3 期	Susan M O' Brien，MD MD Anderson	注射用硫酸长春新碱	急性淋巴细胞白血病（ALL）	26	已终止

续表

序号	药品名称	临床试验名称	试验分类（1~4 期）	PI 及单位	对照药品	适应证	样本量设计例数	试验进度
1	中文名称：注射用硫酸长春新碱脂质体 英文名称：Vincristine Sulfate Liposome for Injection	长春新碱脂质体治疗转移性恶性葡萄膜黑色素瘤的安全性和有效性	2 期	Deborah Sanders，MD Anderson	注射用硫酸长春新碱	转移性恶性葡萄膜黑色素瘤	54	已完成
		长春新碱脂质体治疗复发的儿童和青少年恶性肿瘤患者	2 期	Cynthia E. Herzog，BA UT MD Anderson Cancer Center	注射用硫酸长春新碱	软组织肉瘤、淋巴瘤、白血病、肾母细胞瘤、骨肉瘤	/	已完成
2	中文名称：醋酸亮丙瑞林缓释微球 英文名称：Leuprorelin Acetate Microspheres for Injection	注射用醋酸亮丙瑞林微球的PK/PD 比较研究	BE 试验	严静，浙江医院	注射用醋酸亮丙瑞林微球	子宫内膜异位症、子宫肌瘤、雌激素受体阳性的绝经前乳腺癌、前列腺癌、中枢性性早熟	20	暂停或中断
		注射用醋酸亮丙瑞林微球人体生物等效性研究	1 期	赵永辰，河北大学附属医院	注射用醋酸亮丙瑞林微球	子宫内膜异位症、子宫肌瘤、雌激素受体阳性的绝经前乳腺癌、前列腺癌、中枢性性早熟	/	暂停或中断
		比较两种亮丙瑞林注射液药效及药代动力学研究	1 期	王洪巨，蚌埠医科大学第一附属医院	注射用醋酸亮丙瑞林微球	前列腺癌	47	已完成
		醋酸亮丙瑞林缓释微球22.5MG 治疗前列腺癌的安全性和有效性研究	3 期	Daniel Saltzstein，MD Urology San Antonio Research PA	注射用醋酸亮丙瑞林混悬液	前列腺癌	201	已完成
3	中文名称：注射用紫杉醇脂质体 英文名称：Paclitaxel Liposome for Injection	安全性观察，过敏反应发生率和有效性研究	1 期	刘泽源，中国人民解放军军事医学科学院附属医院	紫杉醇注射液	治疗卵巢癌、乳腺癌和非小细胞癌等	12	进行中（招募中）
		卵巢癌一线化疗中与紫杉醇相比紫杉醇脂质体的疗效及副作用差异的随机对照研究	4 期	周琦，重庆市肿瘤医院	紫杉醇注射液	卵巢癌	300	进行中
		脂质体包裹的紫杉醇与紫杉醇在晚期癌症患者中的药代动力学比较	1 期	/	紫杉醇注射液	肿瘤	48	已完成

续表

序号	药品名称	临床试验名称	试验分类（1~4 期）	PI 及单位	对照药品	适应证	样本量设计例数	试验进度
4	中文名称：注射用紫杉醇聚合物胶束 英文名称：Paclitaxel Micelle for Injection	注射用紫杉醇聚合物胶束Ⅰ期临床研究	1 期	王永生，四川大学华西医院	/	晚期恶性实体瘤	66	进行中（招募中）
		注射用紫杉醇聚合物胶束Ⅰ期临床研究	1 期	史美祺，江苏省肿瘤医院	/	晚期实体瘤	15~30	进行中（招募中）
		注射用紫杉醇聚合物胶束对比紫杉醇注射液的有效性研究	2 期	胡夕春，复旦大学附属肿瘤医院	紫杉醇注射液	HER2 阴性复发或转移性乳腺癌	240	进行中（招募中）
		注射用紫杉醇聚合物胶束的安全性和有效性研究	1 期	李进，复旦大学附属肿瘤医院	/	恶性肿瘤	24	已完成
5	中文名称：注射用紫杉醇（白蛋白结合型） 英文名称：Paclitaxel for Injection（Albumin Bound）	注射用紫杉醇（白蛋白结合型）在乳腺癌受试者中的生物等效性试验	BE 试验	张洪，吉林大学白求恩第一医院	注射用紫杉醇（白蛋白结合型）	适用于治疗联合化疗失败的转移型乳腺癌或辅助化疗后 6 个月内复发的乳腺癌。除非有临床禁忌证，既往化疗中应包括一种蒽环类抗癌药		进行中（尚未招募）
		注射用紫杉醇（白蛋白结合型）在实体瘤患者中的生物等效性研究	BE 试验	丁艳华，吉林大学白求恩第一医院	注射用紫杉醇（白蛋白结合型）		24	进行中（招募中）
		注射用紫杉醇（白蛋白结合型）人体生物等效性试验	BE 试验	赵宇光，吉林大学白求恩第一医院	注射用紫杉醇（白蛋白结合型）	适用于治疗联合化疗失败的转移型乳腺癌或辅助化疗后 6 个月内复发的乳腺癌。 除非有临床禁忌证，既往化疗中应包括一种蒽环类抗癌药	24	已完成
		注射用紫杉醇（白蛋白结合型）人体生物等效性试验	BE 试验	辇伟奇，重庆大学附属肿瘤医院	注射用紫杉醇（白蛋白结合型）	适用于治疗联合化疗失败的转移型乳腺癌或辅助化疗后 6 个月内复发的乳腺癌。除非有临床禁忌证，既往化疗中应包括一种蒽环类抗癌药	30	已完成

续表

序号	药品名称	临床试验名称	试验分类（1~4 期）	PI 及单位	对照药品	适应证	样本量设计例数	试验进度
5	中文名称：注射用紫杉醇（白蛋白结合型） 英文名称：Paclitaxel for Injection（Albumin Bound）	注射用紫杉醇（白蛋白结合型）人体生物等效性试验	BE 试验	李东芳，李坤艳，湖南省肿瘤医院	注射用紫杉醇（白蛋白结合型）	联合化疗失败的转移性乳腺癌或辅助化疗后 6 个月内复发的乳腺癌	30	暂停或中断
		注射用紫杉醇（白蛋白结合型）人体生物等效性试验	BE 试验	王明霞，耿翠芝，河北医科大学第四医院	注射用紫杉醇（白蛋白结合型）	联合化疗失败的转移性乳腺癌或辅助化疗后 6 个月内复发的乳腺癌	24	已完成
		注射用紫杉醇（白蛋白结合型）人体生物等效性试验	BE 试验	丁艳华，吉林大学白求恩第一医院	注射用紫杉醇（白蛋白结合型）	联合化疗失败的转移性乳腺癌或辅助化疗后 6 个月内复发的乳腺癌	24	已完成
		注射用紫杉醇（白蛋白结合型）人体生物等效性研究	BE 试验	丁艳华，吉林大学白求恩第一医院	注射用紫杉醇（白蛋白结合型）	乳腺癌	24	已完成
		注射用紫杉醇（白蛋白结合型）人体生物等效性试验	BE 试验	丁艳华，吉林大学白求恩第一医院	注射用紫杉醇（白蛋白结合型）	乳腺癌、卵巢癌、非小细胞肺癌、头颈部肿瘤等	24	已完成
		注射用紫杉醇（白蛋白结合型）肿瘤患者中生物等效研究	1 期	丁艳华，吉林大学白求恩第一医院	注射用紫杉醇（白蛋白结合型）	乳腺癌	24	已完成
		注射用白蛋白紫杉醇人体生物等效性试验	BE 试验	王树森，中山大学肿瘤防治中心；耿翠芝、王明霞，河北医科大学第四医院	注射用紫杉醇（白蛋白结合型）	乳腺癌、胃癌	30	已完成
		注射用新型紫杉醇在乳腺癌受试者中生物等效性研究	1 期	江泽飞，中国人民解放军军事医学科学院附属医院	注射用紫杉醇（白蛋白结合型）	乳腺癌	48	进行中（招募完成）
		注射用紫杉醇（白蛋白结合型）人体药代动力学对比研究	1 期	丁艳华，吉林大学白求恩第一医院	注射用紫杉醇（白蛋白结合型）	治疗乳腺癌、胃癌、非小胰腺癌、细胞癌	24	已完成

续表

序号	药品名称	临床试验名称	试验分类（1~4 期）	PI 及单位	对照药品	适应证	样本量设计例数	试验进度
6	中文名称：注射用酒石酸长春瑞滨胶束 英文名称：Vinorelbine Tartrate micelle for Injection	评价注射用酒石酸长春瑞滨胶束的安全性和耐受性研究	1 期	单国用，郑州人民医院	/	本品用于治疗非小细胞肺癌、转移性乳腺癌等。	/	进行中（招募中）
7	中文名称：盐酸多柔比星脂质体注射液 英文名称：Doxorubicin Hydrochloride Liposome Injection	盐酸多柔比星脂质体注射液生物等效性试验	BE 试验	周焕，李洪涛，蚌埠医科大学第一附属医院	盐酸多柔比星脂质体注射液	乳腺癌、卵巢癌、多发性骨髓瘤、AIDS 相关型卡波西肉瘤	36	进行中（招募中）
		盐酸多柔比星脂质体注射液生物等效性研究	BE 试验	耿翠芝，王明霞，河北医科大学第四医院	盐酸多柔比星脂质体注射液	晚期乳腺癌，盐酸多柔比星脂质体注射液单药治疗可获益的晚期乳腺癌患者	48	进行中（招募中）
		盐酸多柔比星脂质体注射液生物等效性试验	BE 试验	闫敏，河南省肿瘤医院；丁艳华，吉林大学白求恩第一医院	盐酸多柔比星脂质体注射液	乳腺癌	44	已完成
		盐酸多柔比星脂质体注射液生物等效性研究	BE 试验	周琦，重庆大学附属肿瘤医院；丁艳华，吉林大学白求恩第一医院	盐酸多柔比星脂质体注射液	乳腺癌、卵巢癌、多发性骨髓瘤、艾滋病相关型卡波西肉瘤	50	进行中（尚未招募）
		盐酸多柔比星脂质体注射液生物等效性试验	BE 试验	钱军，周焕，蚌埠医科大学第一附属医院；	盐酸多柔比星脂质体注射液	乳腺癌、卵巢癌、多发性骨髓瘤、AIDS 相关型卡波西肉瘤	48	已完成
		盐酸多柔比星脂质体注射液生物等效性试验	BE 试验	姚和瑞，伍俊妍，中山大学孙逸仙纪念医院	盐酸多柔比星脂质体注射液	乳腺癌、卵巢癌、多发性骨髓瘤、艾滋病相关型卡波西肉瘤	80	进行中（招募中）
		盐酸多柔比星脂质体注射液对乳腺癌患者的多中心、随机、开放、单剂量、两周期、双交叉的人体生物等效性试验	BE 试验	王明霞，河北医科大学第四医院	盐酸多柔比星脂质体注射液	乳腺癌、卵巢癌、多发性骨髓瘤、艾滋病相关型卡波西肉瘤	40	已完成

续表

序号	药品名称	临床试验名称	试验分类（1~4 期）	PI 及单位	对照药品	适应证	样本量设计例数	试验进度
7	中文名称：盐酸多柔比星脂质体注射液 英文名称：Doxorubicin Hydrochloride Liposome Injection	盐酸多柔比星脂质体注射液生物等效性试验	BE 试验	王兴河，李艳萍，首都医科大学附属北京世纪坛医院	盐酸多柔比星脂质体注射液	乳腺癌	48	已完成
		盐酸多柔比星脂质体注射液对乳腺癌患者的多中心、随机、开放、单剂量、两周期、双交叉的人体生物等效性试验	BE 试验	王明霞，河北医科大学第四医院	盐酸多柔比星脂质体注射液	乳腺癌、卵巢癌、多发性骨髓瘤、艾滋病相关型卡波西肉瘤	/	进行中（尚未招募）
		盐酸多柔比星脂质体注射液生物等效性试验	BE 试验	丁艳华，吉林大学白求恩第一医院	盐酸多柔比星脂质体注射液	乳腺癌、卵巢癌、多发性骨髓瘤、艾滋病相关型卡波西肉瘤	88	进行中（尚未招募）
		盐酸多柔比星脂质体注射液生物等效性试验	BE 试验	姚和瑞，伍俊妍，中山大学孙逸仙纪念医院	盐酸多柔比星脂质体注射液	乳腺癌、卵巢癌、多发性骨髓瘤、艾滋病相关型卡波西肉瘤	36	已完成
		盐酸多柔比星脂质体注射液生物等效性试验	BE 试验	丁艳华，吉林大学白求恩第一医院；闫敏，河南省肿瘤医院	盐酸多柔比星脂质体注射液	乳腺癌、卵巢癌、多发性骨髓瘤、艾滋病相关型卡波西肉瘤	44	已完成
		盐酸多柔比星脂质体注射液人体生物等效性试验	BE 试验	丁艳华，吉林大学白求恩第一医院	盐酸多柔比星脂质体注射液	乳腺癌、卵巢癌、多发性骨髓瘤、艾滋病相关型卡波西肉瘤	50	进行中（招募中）
		盐酸多柔比星脂质体注射液生物等效性试验	BE 试验	王明霞，耿翠芝，河北医科大学第四医院	盐酸多柔比星脂质体注射液	乳腺癌、卵巢癌、多发性骨髓瘤、AIDS 相关型卡波西肉瘤	/	已完成
		评价盐酸多柔比星脂质体注射液（多美素）治疗复发及难治性卵巢癌的单臂、开放、多中心临床研究	4 期	沈铿，中国医学科学院北京协和医院	/	卵巢癌	200	进行中

续表

序号	药品名称	临床试验名称	试验分类（1~4 期）	PI 及单位	对照药品	适应证	样本量设计例数	试验进度
7	中文名称：盐酸多柔比星脂质体注射液 英文名称：Doxorubicin Hydrochloride Liposome Injection	多美素（盐酸多柔比星脂质体注射液）治疗 HER2 阴性难治复发转移性乳腺癌的单中心、开放性、Ⅱ期临床研究	2 期	李惠平，北京大学肿瘤医院	/	乳腺癌	40	进行中
		盐酸多柔比星脂质体注射液对卵巢癌患者的研究	BE 试验	Rakesh J Patel，MD Pharm Lambda Therapeutic Research Ltd.	盐酸多柔比星脂质体注射液	复发卵巢癌	52	已完成
		盐酸多柔比星脂质体注射液的生物等效性研究	BE 试验	Ashis Patnaik，MBBS，MD Dr. Reddy's Laboratories Limited	盐酸多柔比星脂质体注射液	复方卵巢上皮癌	49	已完成
8	中文名称：米伐木肽冻干粉注射剂 英文名称：Liposomal Muramyl 英文名称：Tripeptide Phosphatidyl Ethanolamine	盐酸多柔比星脂质体（L-MTP-PE）治疗高危骨肉瘤	Observati-onal	Peter M. Anderson，MD，PhD M.D. Anderson Cancer Center	/	骨肉瘤	205	已完成
		对新诊断的骨肉瘤患者的观察性、非干预性监测研究	Observati-onal	Medical Monitor Millennium Pharmace-uticals，Inc.	/	骨肉瘤	25	已终止
		扩大盐酸多柔比星脂质使用范围用于治疗骨肉瘤	Expanded Access	Emily Slotkin，MD Memorial Sloan Kettering Cancer Center	/	骨肉瘤	/	进行中
9	中文名称：培门冬酶注射液 英文名称：Pegaspargase Injection	SHP674 对新诊断、未治疗的急性淋巴细胞白血病患者的 2 期临床研究	2 期	Chitose Ogawa，MD National Cancer Center Hospital，Tokyo JAPAN	/	急性淋巴细胞白血病	28	已完成

续表

序号	药品名称	临床试验名称	试验分类（1~4 期）	PI 及单位	对照药品	适应证	样本量设计例数	试验进度
9	中文名称：培门冬酶注射液 英文名称：Pegaspargase Injection	培门冬酶注射液在患有复发性或难治性上皮性卵巢癌、输卵管癌和（或）原发性腹膜癌妇女中的临床活性的Ⅱ期研究	2 期	Elise C Kohn，M.D.National Cancer Institute（NCI）	/	卵巢癌，输卵管癌 原发性腹膜癌	4	已完成
10	中文名称：地尼白介素抗体 英文名称：Denileukin Diftitox	静脉注射地尼白介素抗体治疗上皮性卵巢癌 FIGO Ⅲ期或Ⅳ期，或卵巢外腹膜癌，输卵管癌治疗失败或不符合一线治疗的Ⅱ期试验	2 期	Tyler Curiel，MD，PhD The University of Texas Health Science Center at San Antonio	/	上皮性卵巢癌	/	已完成
		一项评估调节性 T 细胞（T-reg）在转移性胰腺癌中被地尼白介素抗体（Ontak）所抑制效果的试验性研究	2 期	Margo Shoup，MD Loyola University	/	转移性胰腺癌	7	已终止
		地尼白介素抗体治疗Ⅲ C 期和Ⅳ期黑色素瘤患者的Ⅱ期开放试验、多中心研究	2 期	/	/	Ⅲ C 期黑色素瘤Ⅳ期黑色素瘤	75	已完成
		地尼白介素抗体在系统性肥大细胞瘤（SM）患者中的应用	2 期	Srdan Verstovsek，MD M.D. Anderson Cancer Center	/	白血病系统性肥大细胞增多症	8	已完成
		地尼白介素抗体治疗成人 T 细胞白血病的疗效和毒性的Ⅱ期研究	2 期	Thomas A Waldmann，M.D.National Cancer Institute（NCI）	/	白血病，成人 T 细胞	17	已终止
11	中文名称：盐酸伊立替康脂质体注射液 英文名称：Irinotecan Liposome Injection	盐酸伊立替康脂质体注射液在以铂类一线治疗后进展的小细胞肺癌（SCLC）患者中的多中心、开放试验、单臂 2 期研究	2 期	Yin Cheng，Professor Jilin Provincial Tumor Hospital	/	小细胞肺癌（SCLC）	80	未招募

续表

序号	药品名称	临床试验名称	试验分类（1~4期）	PI及单位	对照药品	适应证	样本量设计例数	试验进度
11	中文名称：盐酸伊立替康脂质体注射液 英文名称：Irinotecan liposome injection	评价盐酸伊立替康脂质体注射液对晚期乳腺癌患者的安全性、耐受性、药代动力学和初步疗效的Ⅰ期研究	1期	/	/	晚期乳腺癌	136	未招募
12	中文名称：赫赛汀皮下注射剂 英文名称：Subcutaneous Herceptin	一项评估HER2阳性早期乳腺癌患者大腿或上臂皮下注射曲妥珠单抗的生活质量的开放试验、随机Ⅱ期研究	2期	Clinical TrialsHoffmann-La Roche	注射用曲妥珠单抗	乳腺癌	2	已终止
		评价患者对皮下注射曲妥珠单抗与静脉注射的偏好的Ⅲ期试验	3期	Hospitales Universitarios Virgen del Rocío	曲妥珠单抗注射液	乳腺癌	166	已完成
		调查在家使用曲妥珠单抗皮下注射瓶治疗HER2阳性早期乳腺癌患者的单臂多中心研究	3期	Clinical Trials Hoffmann-La Roche	/	乳腺癌	102	已完成
		赫赛汀®皮下注射用于HER2阳性早期乳腺癌患者的临床实践监测		Clinical Trials Hoffmann-La Roche	/	乳腺癌	1006	已完成
		曲妥珠单抗皮下（SC）和静脉（Ⅳ）制剂治疗HER2阳性早期乳腺癌（EBC）患者的时间和运动研究	3期	Clinical Trials Hoffmann-La Roche	曲妥珠单抗注射液	乳腺癌	36	已完成
		一项Ⅲ期前瞻性、两组非随机、多中心、多国、开放试验的研究		Clinical Trials Hoffmann-La Roche	/	乳腺癌	2577	已完成
		一项评估HER2阳性早期乳腺癌（EBC）患者对曲妥珠单抗皮下注射的偏好和医护人员（HCP）满意度的随机、多中心交叉研究	2期	Clinical Trials Hoffmann-La Roche	/	乳腺癌	488	已完成

续表

序号	药品名称	临床试验名称	试验分类（1~4 期）	PI 及单位	对照药品	适应证	样本量设计例数	试验进度
13	中文名称：注射用维替泊芬脂质体 英文名称：Vitipofen liposomes for injection	注射用维替泊芬脂质体对继发于老年性黄斑变性（AMD）的隐匿性无典型眼底脉络膜新血管（CNV）影响的随机、安慰剂对照、双掩蔽、多中心的Ⅲ期研究：维替泊芬的奥秘（VIO）	3 期	Study Director: Joel Naor, MD QLT Inc.	/	黄斑病变	364	已完成
		吲哚青绿血管造影引导下的光动力疗法治疗视网膜毛细血管异常		Lawrence A. Yannuzzi, M.D. Northshore LIJ/MEETH	/	视网膜血管病变	30	招募中
14	中文名称：聚乙二醇干扰素 α-2b 注射剂（佩乐能） 英文名称：Peginterferon alfa-2b Injection（Pegintron）	聚乙二醇干扰素 Alfa-2b（PEG Intron）与干扰素 Alfa-2b（INTRON®A）在治疗新诊断的慢性骨髓性白血病（CML）中的应用	2 期 /3 期	Medical Director Merck Sharp & Dohme LLC	alfa-2b 注射液	慢性骨髓性白血病	344	已终止
15	中文名称：聚乙二醇干扰素 α-2a 注射剂（派罗欣） 英文名称：Peginterferon alfa-2a Injection（Pegasys）	聚乙二醇干扰素 α-2a 在扩大准入计划中的慢性乙型肝炎病毒（HBV）受试者中的研究	4 期	Clinical Trials Hoffmann-La Roche	/	慢性乙型肝炎	24	已完成
		聚乙二醇干扰素 α-2a 在慢性丙型肝炎患者中的试验	4 期	Ken Kashima Chugai Pharmaceutical	/	慢性丙型肝炎	108	已完成
16	中文名称：两性霉素 B 脂质体（安必素） 英文名称：Lipozomal Amfoterisin B（AmBisome）	在维持治疗过敏性支气管肺曲霉病（不包括囊性纤维化）中评价两性霉素 B 脂质体（安必素）雾化治疗的策略	2 期	Poitiers University Hospital	安慰剂	过敏性支气管肺曲霉病	174	已完成
		肥胖患者单次静脉注射两性霉素 B 脂质体（安必素）的药代动力学（ASPEN）	4 期	Roeland E Wasmann, PharmD, PhD Radboud University Medical Center	/	病态肥胖症	16	已完成

续表

序号	药品名称	临床试验名称	试验分类（1~4 期）	PI 及单位	对照药品	适应证	样本量设计例数	试验进度
16	中文名称：两性霉素 B 脂质体（安必素） 英文名称：Lipozomal Amfoterisin B（AmBisome）	两性霉素 B 脂质体预防老年急性淋巴细胞白血病患者抗真菌感染的安全性研究	4 期	Mark Sampson Gilead Sciences	/	真菌感染	20	已终止
		两性霉素 B 脂质体预防急性淋巴细胞白血病化疗的受试者发生侵袭性真菌感染（IFIs）	3 期	Mike Hawkins, MD Gilead Sciences	/	侵入性真菌病	355	已完成
		肺移植患者吸入性脂质体两性霉素 B 的药代动力学特征——安必素研究	3 期	Shahid Husain, MD University of Pittsburgh	两性霉素 B	肺移植的真菌感染	48	已完成
		确定 VL 患者最佳单剂量的两性霉素 B 脂质体开放试验、序贯步骤、安全性和有效性研究	2 期	Sisay Yifru, MD Gondar University	/	黑热病	124	已终止
		大剂量两性霉素 B 脂质体在接合菌病初期治疗中的疗效试点研究	2 期	Olivier Lortholary, MD, PhD Assistance Publique – Hôpitaux de Paris	/	接合菌病	40	已完成
		研究对抗生素无反应的培养阴性中性粒细胞发热的两性霉素 B 脂质体	4 期	Lazaros Poughias, MD Gilead Sciences	/	发热性中性粒细胞减少症	20	已终止
		吸入脂质体两性霉素 B 以预防侵入性曲霉病	2 期 /3 期	Bart JA Rijnders, MD, PhD; Siem de Marie, MD, PhD; Jan J Cornelissen, MD, PhD; Lennert Slobbe, MD; A Vulto, PhD; M J Becker, PhD Erasmus Medical Center	/	曲霉菌病	320	已完成
		肝移植患者的两性霉素 B 脂质体	4 期	Hadar J. Merhav, MDThe University of Texas Health Science Center, Houston	/	肝脏移植	10	已终止

续表

序号	药品名称	临床试验名称	试验分类（1~4 期）	PI 及单位	对照药品	适应证	样本量设计例数	试验进度
16	中文名称：两性霉素 B 脂质体（安必素） 英文名称：Lipozomal Amfoterisin B（AmBisome）	两性霉素 B 脂质体治疗念珠菌病和侵袭性念珠菌病	4 期	Luigi Picaro Gilead Sciences	/	念珠菌血症 侵袭性念珠菌病	39	已完成
		雾化的两性霉素 B 脂质体（安必素）用于预防侵入性肺曲霉病的发生	2 期	Ruiz Isabel, Dr Hospital Vall d' Hebron; Rovira Montserrat, Dr Hospital Clinic of Barcelona	/	急性骨髓性白血病、异基因造血干细胞移植	150	已完成
		两性霉素 B 脂质体抗真菌治疗的中心插管感染	4 期	Bill McGhee, Pharm-DUniversity of Pittsburgh	/	中心插管真菌感染	13	已完成
		吸入安必素预防肺移植受体中曲霉菌定植的安全性和疗效研究	2 期	Shahid Husain, M.D M.Sc University Health Network, Toronto	/	肺移植接受者	4	已暂停
		比较两种 2mg/ml 两性霉素 B 脂质体注射液在健康受试者中的生物等效性研究	1 期	/	安必素	真菌感染	36	已完成
		注射用两性霉素 B 脂质体的稳态全球生物等效性研究	1 期	Nagesh Meda, M.Pharm Aurobindo Pharma Ltd; Subhra Lahiri, Ph.D Axis Clinicals Limited; Sajid Mohd, MD Axis Clinicals Limited; Krishna Pandey, MD Rajendra Memorial Research Institute of Medical Sciences; Shyam Sundar, MD Kala-Azar medical Research Centre; Dinesh Mondal, MD International Centre for Diarrhoeal Disease Research b		黑热病	140	已完成

续表

序号	药品名称	临床试验名称	试验分类（1~4 期）	PI 及单位	对照药品	适应证	样本量设计例数	试验进度
16	中文名称：两性霉素 B 脂质体（安必素） 英文名称：Lipozomal Amfoterisin B（AmBisome）	雾化两性霉素 B 脂质体治疗侵袭性肺曲霉病（NAIFI01 研究）	1 期	Sonsoles Sancho President of CEIC Hospital Ramony Cajal	/	侵入性肺曲霉菌病	30	未招募
17	中文名称：纳米氧化铁 英文名称：Ferumoxytol Injection（Feraheme）	评价持久性心室辅助设备支持下的铁质缺失患者使用纳米氧化铁补铁的可行性和安全性的研究	4 期	Stuart Katz，MD New York Langone Medical Center	/	贫血	20	招募中
		用纳米氧化铁磁共振成像对癫痫的神经炎症进行成像		Barbara C Jobst，MD Dartmouth-Hitchcock Medical Center	/	癫痫	10	已完成
		MR-Linac 上的氧化铁纳米颗粒（SPION）放疗治疗原发性和转移性肝癌		Alexander Kirichenko，MD，PhD Allegheny Singer Research Institute	/	肝脏肿瘤、肝硬化、肝癌	40	未招募
		口服硫酸亚铁与静脉注射纳米氧化铁治疗产前缺铁性贫血的比较	3 期	Deirdre Lyell Stanford University	硫酸亚铁	妊娠相关、贫血、铁缺乏症	80	招募中
		纳米氧化铁增强 MRI 检测前列腺癌淋巴结受累情况	1 期	Peter L Choyke，M.D. National Cancer Institute（NCI）	/	前列腺癌	21	已完成
18	中文名称：甲氧基聚乙二醇促红细胞生成素 -β（美信罗） 英文名称：Epoetin beta-methoxy polyethylene glycol（MIRCERA）	甲氧基聚乙二醇促红细胞生成素 -β（美信罗）在接受透析的慢性肾脏病患者中的观察性研究		Clinical Trials Hoffmann-La Roche	/	慢性肾脏疾病	197	已完成
		确定皮下注射美信罗的最佳起始剂量，以维持治疗接受透析或尚未接受透析的慢性肾脏病儿科患者的贫血	2 期	Clinical Trials Hoffmann-La Roche	/	贫血、慢性肾功能不全	40	已完成

续表

序号	药品名称	临床试验名称	试验分类（1~4 期）	PI 及单位	对照药品	适应证	样本量设计例数	试验进度
18	中文名称：甲氧基聚乙二醇促红细胞生成素 -β（美信罗） 英文名称：Epoetin beta-methoxy polyethylene glycol（MIRCERA）	每月皮下注射（SC）美信罗维持治疗腹膜透析的慢性肾脏病患者的一项研究	3 期	Clinical Trials Hoffmann-La Roche	/	贫血	96	已完成
		评估美信罗治疗慢性肾脏病（CKD）透析前参与者的肾性贫血效果的观察性研究		Clinical Trials Hoffmann-La Roche	/	慢性肾脏疾病	393	已完成
		甲氧基聚乙二醇促红细胞生成素 -β（美信罗）在血液透析的 V 期慢性肾脏病参与者中的观察性研究		Clinical Trials Hoffmann-La Roche	/	贫血	98	已完成
		确定美信罗最佳静脉注射起始剂量的研究，以治疗患有贫血和慢性肾脏病的血液透析儿童参与者	2 期	Clinical Trials Hoffmann-La Roche	/	肾性贫血	64	已完成
		急性心肌梗死患者对美信罗的血红蛋白动力学反应	2 期	Matthias Pfisterer，Prof. MD University Hospital，Basel，Switzerland	/	急性心肌梗死	8	已完成
		在患有慢性肾性贫血的血液透析参与者中进行每月一次的静脉注射美信罗的研究	3 期	Clinical Trials Hoffmann-La Roche	/	贫血	120	已完成
		用甲氧基聚乙二醇促红细胞生成素 -β（美信罗）治疗的非透析慢性肾脏病（CKD）参与者的血红蛋白水平评估研究（COMETE），取决于合并症指数		Clinical Trials Hoffmann-La Roche	/	慢性肾脏病的肾性贫血	551	已完成
		静脉注射美信罗在接受透析的慢性肾性贫血患者中的研究	3 期	Clinical Trials Hoffmann-La Roche	/	贫血	124	已完成

续表

序号	药品名称	临床试验名称	试验分类（1~4 期）	PI 及单位	对照药品	适应证	样本量设计例数	试验进度
18	中文名称：甲氧基聚乙二醇促红细胞生成素 -β（美信罗） 英文名称：Epoetin beta-methoxy polyethylene glycol（MIRCERA）	皮下注射美信罗治疗慢性肾脏病透析前参与者贫血的研究	3 期	Clinical Trials Hoffmann-La Roche	/	贫血	39	已终止
		腹膜透析参与者每日使用甲氧基聚乙二醇促红细胞生成素 -β 的观察性研究		Clinical Trials Hoffmann-La Roche	/	慢性肾脏病的肾性贫血	223	已完成
		皮下注射美信罗维持治疗慢性肾性贫血参与者的研究	4 期	Clinical Trials Hoffmann-La Roche	/	贫血	35	已完成
		皮下注射美信罗维持治疗非透析的慢性肾脏病患者贫血的研究	3 期	Clinical Trials Hoffmann-La Roche	/	贫血	128	已完成
		观察性、前瞻性、安全性的美信罗（单聚乙二醇）的临床实践研究		Clinical Trials Hoffmann-La Roche	/	慢性肾脏疾病	748	已完成
		美信罗在自用和多剂量系统用户中的观察研究		Clinical Trials Hoffmann-La Roche	/	慢性肾脏病的肾性贫血	240	已完成
		评估美信罗在 PD 中的疗效和安全性的 IV 期研究	4 期	Dae Joong Kim Samsung Medical Center	/	帕金森病	101	未知
		美信罗用于慢性肾性贫血患者的维持治疗的研究	3 期	Clinical Trials Hoffmann-La Roche	/	慢性肾性贫血	208	已完成
		美信罗在肾脏移植参与者中的观察性研究		Clinical Trials Hoffmann-La Roche	/	贫血，肾脏移植	290	已完成
		甲氧基聚乙二醇促红细胞生成素 -β（美信罗）对慢性肾脏病贫血患者的观察性研究（NORM）		Clinical Trials Hoffmann-La Roche	/	贫血	22	已完成

续表

序号	药品名称	临床试验名称	试验分类（1~4 期）	PI 及单位	对照药品	适应证	样本量设计例数	试验进度
19	英文名称：Antihemophilic Factor（Recombinant），PEGylated（Adynovate）	一项关于 PEG 化重组因子Ⅷ（ADYNOVATE）用于预防和治疗中国严重血友病 A（F Ⅷ < 1%）患者出血的有效性、安全性和药代动力学的 3 期、前瞻性、多中心、开放试验研究	3 期	Study Director Takeda	/	A 型血友病	30	招募中
		调查 PEG 化因子Ⅷ（BAX 855）对 6 岁以下严重血友病患者（PUPs）的安全性、免疫原性和止血效果的 3 期、前瞻性、多中心、开放试验研究	3 期	Study Director Takeda	/	A 型血友病	120	未招募
		调查 PEG 化重组因子Ⅷ（BAX 855）治疗血友病 A 的研究	2 期 /3 期	Study Director Takeda	/	A 型血友病	159	已完成
		评聚乙二醇化重组抗血友病因子在血友病 A 患者中的长期安全性 --ADYNOVI/ADYNOVATE 授权后安全性研究		Study Director Shire	/	A 型血友病	200	招募中
		PEG 化重组因子Ⅷ（PEG-rFVIII；BAX 855）对曾接受治疗的严重血友病 A 患者预防出血的安全性和有效性的 3b 期延续研究	3 期	Study Director Takeda	/	A 型血友病	218	已完成
		BAX 855（PEG 化重组因子Ⅷ）：对严重（F Ⅷ < 1%）血友病患者（PTPs）的 1 期、前瞻性、开放试验、交叉性、剂量递减研究	1 期	Study Director Takeda	/	A 型血友病	19	已完成

续表

序号	药品名称	临床试验名称	试验分类（1~4 期）	PI 及单位	对照药品	适应证	样本量设计例数	试验进度
19	英文名称：Antihemophilic Factor (Recombinant), PEGylated (Adynovate)	人重组因子Ⅷ（Kogenate FS）重组在聚乙二醇化脂质体中的疗效研究	2 期	Jack Spira，MD. PhD. Recoly C/o InSpira Medical AB，Nasbyv 38，13553 Tyreso Sweden	/	A 型血友病	16	已完成
		PEG 化重组因子Ⅷ（BAX 855）在接受外科手术或其他侵入性手术的严重血友病 A 患者中的疗效和安全性的 3 期、多中心、开放试验研究	3 期	Study Director Takeda	/	A 型血友病	30	已完成
		一项评估 BAX 855（PEG 化全长重组 F Ⅷ）在曾接受治疗的严重血友病 A 的儿科患者中的药代动力学、疗效、安全性和免疫原性的 3 期前瞻性、非对照、多中心研究	3 期	Study Director Takeda	/	A 型血友病	75	已完成
		随机、主动对照、双盲、平行设计的研究，以评估 BAY79–4980 每周一次的预防治疗与每周三次的重组因子Ⅷ–FS 预防治疗在既往治疗的严重血友病 A 患者中的有效性和安全性	2 期	Bayer Study Director Bayer	/	A 型血友病	143	已终止
		3 期、前瞻性、随机、多中心临床研究，比较 BAX 855 在 PK 指导下针对严重血友病 A 受试者的两种不同 FVIII 最低水平进行预防的安全性和有效性	3 期	Study Director Takeda	/	A 型血友病	135	已完成

续表

序号	药品名称	临床试验名称	试验分类（1~4期）	PI及单位	对照药品	适应证	样本量设计例数	试验进度
20	中文名称：注射用利培酮微球 英文名称：Risperidone for Depot Suspension	注射用利培酮微球生物等效性试验	BE 试验	王刚，首都医科大学附属北京安定医院	注射用利培酮微球	用于治疗急性和慢性精神分裂症以及其他各种精神病性状态的明显的阳性症状和阴性症状，可减轻与精神分裂症有关的情感症状	100	进行中（尚未招募）
		注射用利培酮微球人体生物等效性研究预试验	BE 试验	谭志荣，长沙泰和医院	注射用利培酮微球	用于治疗急性和慢性精神分裂症以及其他各种精神病性状态的明显的阳性症状和阴性症状，可减轻与精神分裂症有关的情感症状	12	进行中（招募完成）
21	中文名称：封装细胞疗法 英文名称：SIG 001	封装细胞疗法在治疗血友病A中的安全性和有效性评价	1期/2期	/	/	血友病A型	18	试验暂停
		封装细胞疗法在治疗血友病A中的安全性和有效性评价	1期/2期	/	/	血友病A型	18	招募中
		一项评估招牌线产品对有症状的膝关节骨性关节炎患者的安全性、耐受性、初步疗效和剂量效应的1期、开放试验、剂量范围的研究	1期	Thomas Klootwyk，MD Forte Sports Medicine and Orthopedics	/	骨关节炎	10	尚未招募
22	中文名称：AG019 英文名称：AG019	一项前瞻性、多中心、1b/2a期研究，评估不同剂量AG019单独或联合替利组单抗治疗临床新发1型糖尿病（T1D）患者的安全性和耐受性	1期/2期	Chantal Mathieu，University Hospital of Leuven，Clinical and Experimental Endocrinology；Kevan Herold，Yale Center for Clinical Investigation；Yale University	/	1型糖尿病	42	已完成
		一项评估不同剂量Ag019单独或联合 替利组单抗治疗新诊断1型糖尿病（T1D患者安全性和耐受性的研究	1期/2期	/	/	1型糖尿病	48	尚未招募

附录 4 国内外涉及纳米药物的应用和管理、监管指南、指导原则、规范和专家共识目录

国家/地区	发布机构	发布时间	发布内容	参考网址
中国	国家药品监督管理局药品审评中心	2021.8	1. 纳米药物质量控制研究技术指导原则（试行） 2. 纳米药物非临床药代动力学研究技术指导原则（试行） 3. 纳米药物非临床安全性研究技术指导原则（试行）	https://www.cde.org.cn/main/news/viewInfoCommon/95945bb17a7dcde7b68638525ed38f66
	中国食品药品检定研究院（中检院）联合国家纳米科学中心等	2018.8	含银敷料中银的表征和体外释放试验技术共识	http://zgys.cnjournals.org/ch/reader/view_abstract.aspx?file_no=20180801&flag=1
	中国食品药品检定研究院等	2018.8	纳米材料遗传毒性试验方法选择的技术共识	http://zgys.cnjournals.org/ch/reader/view_abstract.aspx?file_no=20180802&flag=1
	国家药品监督管理局医疗器械技术审评中心	2022.8	应用纳米材料的医疗器械安全性和有效性评价指导原则 第二部分：理化表征（征求意见稿）	https://www.cmde.org.cn//zhuanti/zqyj/20220831095810170.html
	国家药品监督管理局医疗器械技术审评中心	2021.8	应用纳米材料的医疗器械安全性和有效性评价指导原则第一部分：体系框架（2021 年第 65 号）	https://www.cmde.org.cn//flfg/zdyz/zdyzwbk/20210827091639234.html
	全国医疗器械生物学评价标准化技术委员会	2021.4	医疗器械生物学评价 第 22 部分：纳米材料指南	https://std.samr.gov.cn/gb/search/gbDetailed?id=E116673EC4B8A3B7E05397BE0A0AC6BF
	国家药品监督管理局医疗器械标准管理中心、全国医疗器械生物学评价标准化技术委员会秘书处	2022.7	纳米医疗器械生物学评价 遗传毒性试验 体外哺乳动物细胞微核试验	https://std.samr.gov.cn/hb/search/stdHBDetailed?id=00D333A21F21492AE06397BE0A0A2B32
	国家药品监督管理局医疗器械标准管理中心、全国医疗器械生物学评价标准化技术委员会秘书处	2021.8	纳米医疗器械生物学评价 含纳米银敷料中纳米银颗粒和银离子的释放与表征方法	https://std.samr.gov.cn/hb/search/stdHBDetailed?id=F51E8B4A88D60451E05397BE0A0ACBDC

续表

国家/地区	发布机构	发布时间	发布内容	参考网址
中国	国家药品监督管理局医疗器械标准管理中心、全国医疗器械生物学评价标准化技术委员会秘书处	2021.8	医疗器械生物学评价 纳米颗粒脱落和释放测量颗粒跟踪分析法（征求意见稿）	https://std.samr.gov.cn/gb/search/gbDetailed?id=F77B01566995422CE05397BE0A0A8AC4
	国家药品监督管理局药品审评中心	2020.10	盐酸多柔比星脂质体注射液仿制药研究技术指导原则（试行）	https://www.cde.org.cn/zdyz/domesticinfopage?zdyzIdCODE=d75de99575acb583a3a5898235ff2383
	国家药品监督管理局药品审评中心	2020.10	注射用紫杉醇（白蛋白结合型）仿制药研究技术指导原则（试行）	https://www.cde.org.cn/zdyz/domesticinfopage?zdyzIdCODE=0803a2c4ef159f378def8475151292b8
	中华医学会妇科肿瘤学分会	2020.7	妇科恶性肿瘤聚乙二醇化脂质体多柔比星临床应用专家共识	https://guide.medlive.cn/guideline/21093
	中国临床肿瘤学会抗淋巴瘤联盟，中华医学会血液学分会白血病淋巴瘤学组	2019.4	脂质体阿霉素治疗恶性淋巴瘤和多发性骨髓瘤的中国专家共识（2019 年版）	https://guide.medlive.cn/guideline/18276
	中华医学会妇科肿瘤学分会	2018.9	聚乙二醇化脂质体阿霉素治疗卵巢癌的中国专家共识（2018 年）	https://guide.medlive.cn/guideline/16436
	中华医学会妇科肿瘤学分会	2019.9	妇科恶性肿瘤紫杉类药物临床应用专家共识	https://guide.medlive.cn/guideline/19223
	紫杉醇制剂超敏反应预处理指导意见专家组，中国肿瘤科相关专家小组（统称）	2019.4	紫杉醇制剂超敏反应预处理指导意见	https://guide.medlive.cn/guideline/17935
	国家药品监督管理局药品审评中心	2020.5	化学药品注射剂仿制药质量和疗效一致性评价技术要求	https://www.cde.org.cn/zdyz/domesticinfopage?zdyzIdCODE=c272ab3b1d894b14cdb83cb388ac503b
	国家药品监督管理局药品审评中心	2020.5	化学药品注射剂（特殊注射剂）仿制药质量和疗效一致性评价技术要求	https://www.cde.org.cn/zdyz/domesticinfopage?zdyzIdCODE=bd48d9ea178b60d6d100848ca5a87b35
	国家药品监督管理局药品审评中心	2016.3	以药动学参数为终点评价指标的化学药物仿制药人体生物等效性研究技术指导原则	https://www.cde.org.cn/zdyz/domesticinfopage?zdyzIdCODE=1e218f70d9b7c99c2663de9f6655bc5b
美国	FDA– Center for Drug Evaluation and Research	2022.4	Drug Products, Including Biological Products, that Contain Nanomaterials – Guidance for Industry 含纳米材料的药品及生物制品 – 行业指南	https://www.fda.gov/regulatory–information/search–fda–guidance–documents/drug–products–including–biological–products–contain–nanomaterials–guidance–industry

续表

国家 / 地区	发布机构	发布时间	发布内容	参考网址
美国	FDA–Nanotechnology Task Force	2020.7	Nanotechnology Task Force Report 2020 纳米技术工作组 2020 年度报告	https://www.fda.gov/media/140395/download
	FDA– Center for Veterinary Medicine	2015.8	CVM GFI #220 Use of Nanomaterials in Food for Animals CVM GFI #220 纳米材料在动物食品中的应用	https://www.fda.gov/regulatory–information/search–fda–guidance–documents/cvm–gfi–220–use–nanomaterials–food–animals
	FDA–Center for Food Safety and Applied Nutrition,Office of Cosmetics and Colors	2014.6	Guidance for Industry: Safety of Nanomaterials in Cosmetic Products 行业指南：化妆品中纳米材料的安全性	https://www.fda.gov/regulatory–information/search–fda–guidance–documents/guidance–industry–safety–nanomaterials–cosmetic–products
	FDA–Office of the Commissioner, Office of Policy, Legislation, and International Affairs,Office of Policy	2014.6	Guidance for Industry: Considering Whether an FDA–Regulated Product Involves the Application of Nanotechnology 行业指南：关于 FDA 监管的产品是否涉及纳米技术的应用	https://www.fda.gov/regulatory–information/search–fda–guidance–documents/considering–whether–fda–regulated–product–involves–application–nanotechnology
	FDA–Center for Drug Evaluation and Research	2018.4	Liposome Drug Products: Chemistry, Manufacturing, and Controls; Human Pharmacokinetics and Bioavailability; and Labeling Documentation 脂质体药物：化学、生产和质控：人体药代动力学与生物利用度；和标识文件	https://www.fda.gov/regulatory–information/search–fda–guidance–documents/liposome–drug–products–chemistry–manufacturing–and–controls–human–pharmacokinetics–and
	Food and Drug Administration	2013	2013 Nanotechnology Regulatory Science Research Plan 2013 纳米技术监管科学计划	https://www.fda.gov/science–research/nanotechnology–programs–fda/2013–nanotechnology–regulatory–science–research–plan
	FDA–Center for Drug Evaluation and Research	2010.6	Reporting Format for Nanotechnology–Related Information in CMC Review 纳米技术报告格式—CMC 审评中的相关信息	https://www.technologylawsource.com/files/2010/06/Reporting–Format–for–Nanotechnology–Related–Inform.pdf
	FDA–Center for Drug Evaluation and Research	2018.4	Liposome Drug Products: Chemistry, Manufacturing, and Controls; Human Pharmacokinetics and Bioavailability; and Labeling Documentation 脂质体药物 CMC、人体药代动力学和生物利用度以及标签管理	https://www.fda.gov/regulatory–information/search–fda–guidance–documents/liposome–drug–products–chemistry–manufacturing–and–controls–human–pharmacokinetics–and

续表

国家 / 地区	发布机构	发布时间	发布内容	参考网址
美国	Food and Drug Administration	2013.6	Draft Guidance on Sodium Ferric Gluconate Complex 葡萄糖酸三铁钠复合物指南草案	https://www.accessdata.fda.gov/drugsatfda_docs/psg/Sodium_ferric_gluconate_complex_inj_20955_RC06-13.pdf
	Food and Drug Administration	2010.2	Draft Guidance on Doxorubicin Hydrochloride 盐酸阿霉素指南草案	https://www.accessdata.fda.gov/drugsatfda_docs/psg/PSG_050718.pdf
	Food and Drug Administration	2016.5	GDUFA reauthorization performance goals and program enhancements fiscal YEARS 2018-2022 仿制药使用者付费法案Ⅱ	https://www.fda.gov/media/101052/download
欧盟	European Medicines Agency	2015.3	Data requirements for intravenous iron-based nano-colloidal products developed with reference to an innovator medicinal product – Scientific guideline 新药开发静脉注射铁纳米胶体产品的数据要求 – 科学指南	https://www.ema.europa.eu/en/data-requirements-intravenous-iron-based-nano-colloidal-products-developed-reference-innovator
	European Medicines Agency	2014.1	Development of block-copolymer-micelle medicinal products 嵌段共聚物胶束制剂的开发	https://www.ema.europa.eu/en/development-block-copolymer-micelle-medicinal-products
	European Medicines Agency	2013.8	Surface coatings: general issues for consideration regarding parenteral administration of coated nanomedicine products 表面涂层：关于纳米药物涂层肠外给药的一般问题	https://www.ema.europa.eu/en/surface-coatings-general-issues-consideration-regarding-parenteral-administration-coated
	European Medicines Agency	2013.3	Data requirements for intravenous liposomal products developed with reference to an innovator liposomal product – Scientific guideline 新药开发静脉脂质体产品的数据要求 – 科学指南	https://www.ema.europa.eu/en/human-regulatory-overview/research-development/scientific-guidelines

续表

国家/地区	发布机构	发布时间	发布内容	参考网址
欧盟	European Medicines Agency	2012.3	Pharmaceutical development of intravenous medicinal products containing active substances solubilised in micellar systems (non-polymeric surfactants) – Scientific guideline 含有胶束系统溶解活性物质(非聚合表面活性剂)的静脉药物开发 – 科学指南	https://www.ema.europa.eu/en/pharmaceutical-development-intravenous-medicinal-products-containing-active-substances-solubilised
	European Medicines Agency	2017.2	Core summary of product characteristics (SmPC) and package leaflet for nanocolloidal technetium (^{99m}Tc) albumin – Scientific guideline 纳米胶体锝(^{99m}Tc)白蛋白产品特性(SmPC)和包装说明书的核心摘要 – 科学指南	https://www.ema.europa.eu/en/core-summary-product-characteristics-smpc-package-leaflet-nanocolloidal-technetium-^{99m}Tc-albumin
	European Medicines Agency	2018.12	Pegylated liposomal doxorubicin hydrochloride product-specific bioequivalence guidance – Scientific guideline 聚乙二醇脂质体盐酸阿霉素特异性生物等效性指南 – 科学指南	https://www.ema.europa.eu/en/pegylated-liposomal-doxorubicin-hydrochloride-product-specific-bioequivalence-guidance
	European Medicines Agency	2021.12	Liposomal amphotericin B product-specific bioequivalence guidance – Scientific guideline 脂质体两性霉素 B 特异性生物等效性指南 – 科学指南	https://www.ema.europa.eu/en/liposomal-amphotericin-b-product-specific-bioequivalence-guidance-scientific-guideline
加拿大	Health Canada	2016.2	Evaluation of the national institute for nanotechnology 国家纳米技术研究所评估	https://nrc.canada.ca/index.php/en/evaluation-national-institute-nanotechnology
	Health Canada	2014.7	Regulating Nanomaterials at Health Canada 加拿大卫生部对纳米材料的监管	https://www.canada.ca/en/health-canada/services/science-research/emerging-technology/nanotechnology/regulating-nanomaterials.html
	Canadian Institutes of Health Research	2013.6	Evaluation of the Regenerative Medicine & Nanomedicine Initiative– Final Report 2013 再生医学和纳米医学计划评估 – 最终报告 2013	https://cihr-irsc.gc.ca/e/47302.html

续表

国家 / 地区	发布机构	发布时间	发布内容	参考网址
加拿大	Health Canada	2011.10	Nanotechnology–Based Health Products and Food 基于纳米技术的保健产品和食品	https://www.canada.ca/en/health–canada/services/drugs–health–products/nanotechnology–based–health–products–food.html
	Health Canada	2011.5	Policy Statement on Health Canada's Working Definition for Nanomaterial 加拿大卫生部关于纳米材料工作定义的政策声明	https://www.canada.ca/en/health–canada/services/science–research/reports–publications/nanomaterial/policy–statement–health–canada–working–definition.html
	Health Canada	2010.2	Interim Policy Statement on Health Canada's Working Definition for Nanomaterials 关于加拿大卫生部纳米材料工作定义的临时政策声明	https://www.canada.ca/en/health–canada/services/science–research/consultations/interim–policy–statement–health–canada–working–definition–nanomaterials/document.html
日本	厚生劳动省 / 欧洲药品管理局	2014.1	Joint MHLW/EMA reflection paper on the development of block copolymer micelle medicinal products 厚生劳动省 / 欧洲药品管理局关于嵌段共聚物胶束制剂开发的联合声明	https://www.mhlw.go.jp/
	厚生劳动省	2016.3	Guideline for the Development of Liposome Drug Products 脂质体制剂开发指南	https://www.mhlw.go.jp/
	厚生劳动省	2016.3	Reflection paper on nucleic acids (siRNA)–loaded nanotechnology–based drug products 关于载核酸（siRNA）纳米制剂的回复文件	https://www.mhlw.go.jp/
韩国	韩国国家科学与信息技术部（Ministry of Science and ICT）	2018.01	Act on Promotion of Nanotechnology 纳米技术促进法案	https://www.msit.go.kr/eng/index.do
	韩国国家科学与信息技术部（Ministry of Science and ICT）	2020. 12	Basic Research Promotion And Technology Development Support Act 促进基础研究和科技发展的支持法案	https://www.msit.go.kr/eng/index.do
	韩国国家科学与信息技术部（Ministry of Science and ICT）	2018. 4	Enforcement Decree Of The Act On The Promotion Of Nanotechnology 促进纳米科技发展总统令	https://www.msit.go.kr/eng/index.do
	韩国国家科学与信息技术部（Ministry of Science and ICT）	2020.12	Special Act On Promotion Of Special Research And Development Zones 特殊研发领域促进专法	https://www.msit.go.kr/eng/index.do

附录 5 纳米药物政府监管项目及行业协会、学会网站

一、纳米药物政府监管项目

(一)美国国家纳米技术计划

美国国家纳米技术计划(National Nanotechnology Initiative，NNI)是美国政府的一项研发计划，共有 30 多个联邦部门和独立机构参与其中、通力协作，致力于推动纳米技术创新、发展并造福社会。NNI 的愿景是研究和开发纳米技术以促进其持续发展和产业转化并造福社会。

NNI 制定了五个战略发展目标：①确保美国在纳米技术研究和发展方面保持世界领先地位。②推动纳米技术研发的商业化。③为可持续地支持纳米技术的研究、开发和部署提供基础设施。④动员公众参与并扩大纳米技术研究队伍。⑤确保纳米技术负责任地发展。

NNI 各参与机构共同努力，致力于推动纳米技术研发的创新。NNI 汇集了多个学科和专业的代表，充分利用了各种知识和资源，并与学术机构和企业展开合作，促进纳米技术转化。除了研发工作，NNI 还积极参与了基础教育和研究生的重点培养等方面的工作，帮助建设纳米技术研发团队。自 NNI 成立以来，其一直是纳米技术发展不可或缺的重要支柱。

(二)美国 FDA 纳米技术项目

美国 FDA 纳米技术工作组(FDA Nanotechnology Task Force)成立于 2006 年 8 月，负责制定鼓励性的监管方法，以促进美国 FDA 监管下的基于纳米技术或纳米材料的创新、安全、有效产品的持续开发。工作组还确定了纳米技术研究中存在的一些知识或政策的缺口，并就解决方法提出建议。

随着向美国 FDA 提交的含纳米材料的产品逐渐增加，纳米技术工作组通过内部研究资助鼓励和促进纳米技术监管科学化的研究。工作组还为美国 FDA 审查员和研究人员提供实操性纳米技术培训，以增进其对专业知识的理解以及建立科学监管方法的能力。此外，美国 FDA 的纳米工作组成员和相关领域专家也积极参与了书面的国际纳米技术标准的制定。

美国 FDA 纳米技术项目办公室对纳米技术科学监管研究工作进行全面协调，其工作内容如下：支持纳米科技核心机构、加强员工培训及专业发展、创造研究合作机会以促进针对产品特性和安全性的合作和跨学科研究。

二、行业协会和学会简介

(一)美国纳米医药学会

美国纳米医药学会(American Society For Nanomedicine，ASNM)是一个非营利性、专业的医疗组织，其总部设在美国弗吉尼亚州，由 Raj Bawa 博士和乔治城医疗中心的 Esther Chang 博士于 2008 年创立的。ASNM 的成员来自医学、纳米技术、制药、生物技术、工程和生物医学科学、法律等不同领域。

ASNM 的目标包括：①促进所有与纳米医学相关的研究，并通过科研会议的形式提供介绍纳米技术基础研究、临床研究和基于人群研究的论坛。②促进医生、基础医学科学家、工程师、分子生物学家、统计学家和相关医疗保健者在纳米相关的医药研究和教育方面促进交流并接受规范培训。③利用纳米技术减少各种疾病的发病率，并促进制定更优的检验策略用于早期诊断。ASNM 的发展目标是通过团队的密切合作和开放的思维交流，推进纳米医药研究，造福全球公众健康。

ASNM 基本于每年举行一次国际年会，每次年会围绕不同的纳米药物研究的主题为讨论议题，开展相关交流并寻求合作机会。

（二）英国纳米医药学会

随着纳米技术的蓬勃发展，纳米医学带来的临床治疗获益逐年增长。英国纳米医药学会（British Society for Nanomedicine，BSNM）希望通过该学会向工业界、学术界、临床医生和公众传递更多的全英国正在进行的纳米医学研究的新闻和细节。BSNM 隶属于其他涉及纳米医药领域的领先组织，包括：欧洲临床纳米药物基金会、欧洲纳米医学技术平台、英国药理学会和美国纳米医学学会。

作为一家注册非营利机构，BSNM 的发展目标包括：解说正在进行的纳米医学研究和相关商业发展情况，让公众了解并参与纳米医学的发展。相关科学家们还可以展示最新的研究进展，并向工业界和其他研究人员介绍他们的工作内容。

BSNM 基本于每年举行一次年会，网站上提供了历年的年会和举办的其他会议的相关内容，并推荐了纳米药物的基础知识和相关网站。

（三）日本纳米医药学会

纳米医药是一项从基础到应用的新技术，为了共同学习这项新技术，并将其应用到研究活动中，同时将成果回馈社会，特设立日本纳米医药学会（Japan Nanomedicine Society，JNS），以便于开展国际研讨交流活动。JNS 的业务内容包括①组织纳米医学国际会议。②出版期刊。③与国内外学术组织联系并合作。④表彰杰出成就。⑤完成 JNS 发展目标所需要的其他事务。⑥支持纳米医学研究的技术。⑦与纳米医学相关的社会贡献和伦理。

JNS 的发展目标是组织全球范围内纳米医学研究人员和医学专业人士展开从基础研究到临床应用的交流与合作，为亚洲地区学术和医疗技术的发展以及年轻研究人员的培养作出贡献。JNS 致力于创办一个共同交流、讨论的场所，充分交换相关信息，促进纳米医药的快速发展。

JNS 也是每年举行一次年会，围绕确定的年会主题展开关于纳米技术和纳米药物的成果分享和交流，以促进亚洲区域以及全球纳米医药的发展。

（四）印度纳米医药学会

印度纳米医药学会（Indian Society of Nanomedicine，ISNM）成立于 2015 年，是一个非营利、致力于纳米技术创新的学术团体，其发展目标是为有兴趣探索和研究纳米技术、患者护理和生物医学等相关领域医生、工程师、科学家和企业家开发一个共同的交流平台。消除学术界、行业监管机构、政府机构和其他利益相关方之间的交流障碍；鼓励纳米医学的转化，并在全球范围内展示印度的实力。

ISNM 组织的活动包括：①宣传纳米医药相关知识，与国内和国际相关学科组织举办全国性和国际跨学科会议。②强化纳米药物研发，通过头脑风暴法提出促进印度癌症、眼科和牙科疾病领域纳米药物发展的措施。③制定印度纳米药品的评价指南。④创新市场，组织产学互动以及纳米技术产品展示。

ISNM 每年举行一次年会，旨在通过促进纳米医学领域内的创新和持续发展，为科学家、工程师、临床医生、监管机构、行业代表、政策制定者和利益相关者提供一个交流、讨论最先进的纳米医学领域研究成果以及确定未来需求和研究方向的平台。

（五）欧洲临床纳米医学基金会

在 2007 年，欧洲临床纳米医药基金会（European Foundation for Clinical Nanomedicine，CLINAM）的创始人 Beat Löffler 和 Patrick Hunziker 注意到纳米医学作为医学研究领域的交叉学科，对未来医学有着巨大的影响。当时由欧洲共同体推动的纳米医学的发展主要由工业领域专家所主导，几乎没有临床医生参与。为此，创始者们希望建立相应的合作机构和网络，以加速纳米医学的研究、传播和合作，并鼓励临床医生参与到该领域的发展中。在此背景下，创始者们建立了CLINAM。作为一个非营利性机构，CLINAM 旨在促进临床医生、研究人员、公众之间的互动和信息交流，并通过纳米科学的应用推动疾病预防、诊断和治疗等医学研究的发展，造福人类和社会。

结合其最初制定的发展目标，CLINAM 取得了一系列促进纳米医学快速发展的重大建设。包括以下 6 点。

（1）2007 年创办了欧洲纳米医药学会，目前有来自欧洲各地的 1200 名会员，大多数会员会定期参加 CLINAM 峰会或暑期学校。

（2）2008 年创办了国际纳米医药学会（The International Society for Nanomedicine，ISNM），由各大洲的成员组成，并定期组织 zoom 辩论，旨在促进纳米医学的最新发展交流。

（3）2008 年创办了欧洲和全球临床纳米医学峰会（The European & Global Summit for Clinical Nanomedicine），CLINAM 峰会是欧洲纳米医学及相关领域领先的医学会议之一，将纳米医学、靶向医学和精准医学的所有相关方聚集在一起，展示该领域的研究成果并进行交流。CLINAM 设立早期每年举行一次峰会，自 2018 年以来，每两年举行一次峰会。

（4）2007 年创办的欧洲纳米医学杂志，作为一份非营利性的纳米医学期刊，为发表该领域热点话题提供了平台。

（5）此外，CLINAM 还建立了一个完善的合作和交流学会——CLINAM 基金会，其目的是在全球范围内积极支持纳米医学的发展，为从事纳米医学研究和开发的所有临床专家提供支持。

（6）2007 年与巴塞尔大学医院合作创办了 CLINAM 实验室，重点从事纳米医学重点领域的研究。CLINAM 计划未来在巴塞尔建立国际纳米医学转化实验室（International Translational Laboratory for Nanomedicine，INTRALAB-N），旨在提供国际层面的研究和转化合作。

（六）欧洲纳米医药学会

欧洲纳米医药学会（European Society of Nanomedicine，ESNAM）是一个注册的非营利性非政府组织，总部设在瑞士巴塞尔。纳米医学的临床转化既取决于基础研究的临床应用需求程度，也取决于其产生的工具和方法在临床应用的广泛性。因此，临床医学和纳米科学研究之间的紧密联系是极其重要的。为了填补这一空白，ESNAM 于 2007 年 4 月成立，它是一个由欧洲各地个人和团体组成的学会，专注于纳米医学的临床应用及该技术对个人和社会的影响。ESNAM 与一些已经存在的欧洲研究平台、倡议和框架计划项目同样聚焦于纳米医药的研究，互为补充，且以联通研究人员和相关工业部门为主要目标和任务。

ESNAM 的目标是促进纳米医学的研究和临床应用，造福人类健康和环境治理，始终为人类健康和社会发展谋求福利。ESNAM 的发展目标是致力于促进其成员之间的交流。

ESNAM 每年举行一次年会，围绕时下主题展开关于纳米技术和纳米药物的分享和讨论。

（七）欧洲纳米药物技术平台

欧洲纳米药物技术平台（Nanomedicine European Technology Platform，ETPN）的设立源自 2005 年以来由工业界提出的一项倡议，与欧盟委员会一同建立。2015 年，ETPN 作为一个独立的学会，聚集了来自 25 个不同成员国的约 125 名成员，涵盖了纳米医学研究的所有相关方，包括学术界、中小企业、工业界、公共机构，以及来自国家平台的代表和欧盟委员会等组织。ETPN 提供了一个包括基础研究实验室、医院和企业在内的科研学术网络，有助于使欧洲成为纳米医药发展的理想之地。

ETPN 旨在解决纳米技术在医疗保健中的应用问题。ETPN 认为企业的参与将加速有应用前景的科研想法的发展，并有望为患者提供安全有效的医疗保健产品。ETPN 纳米医学的研究战略重点代表了其成员感兴趣的核心领域和方向，包括再生医学、生物材料、纳米疗法（包括药物递送）、纳米诊断和成像的医疗设备等。ETPN 的发展目标：①在纳米医药领域建立清晰的战略愿景，形成战略研究议程。②减少纳米医学研究中的碎片化。③动员更多的公共组织和私人投资。④确定优先发展领域或项目。⑤促进医疗用纳米生物技术的创新。

ETPN 每年举行一次年会，为研究人员提供一个极好的机会，展示创新研究成果，并为纳米医学领域的研究人员以及相关专家，提供讨论机会并促进合作。

（八）纳米医药研究学会

纳米医药研究学会（Nanomedicine Research Association，NRA）是一个国际多学科研究团体，对纳米医学不同领域的研究均感兴趣，从基于纳米技术的基因传递、药物传递、医学成像到纳米生物传感器、再生医学（组织工程）、公共卫生和医疗设备等。

NRA 的发展目标是在纳米技术和医学 / 生物学专家的指导下开展教育和研究活动，以便建立学科联系，为分享纳米医药研究成果和开展合作创造机会。在这些研究中，纳米材料与生物学的结合有望开发出有价值的临床设备和治疗方法，以促进疾病的诊断和治疗。

（九）缓释学会

缓释学会（Controlled release society，CRS）是研究药物递送的科学家、工程师、临床医生和技术专业人员的家园。CRS 通过给药系统的基础知识、开发、调控科学和临床转化等研究，促进药物递送科学和技术的发展。CRS 主办的期刊 Journal of Controlled Release（JCR）以及 CRS 年度会议和博览会上展示的研究提供了广泛的药物递送相关知识，涵盖了多学科交叉的新技术和科学，为广大科研工作者提供了重要的参考资料。CRS 的愿景是为所有从事纳米医学和生物医学纳米技术领域的研究者提供一个综合的、先进的讨论论坛，成为全球领先的药物递送科学和技术研究的学会。CRS 的发展目标是在全球范围内，帮助其成员通过推进药物控制释放的研究以及药物递送领域的科学、技术和教育的发展，成功地提高人民生活质量。

CRS 下设立了几个热点专题研究小组，包括生物医学工程、核酸类药物递送和基因编辑、纳米药物和纳米尺度递送（Nanomedicine and Nanoscale Delivery，NND）小组、口腔类药物递送、免疫系统药物递送、眼部疾病药物递送和透皮 & 黏膜药物递送小组等。NND 小组是专注于研究纳米医药和纳米尺度药物递送系统的小组。

CRS 每年组织一次年会，根据会议的主题，邀请来自世界各地的研究者分享研究成果，寻求合作机会，推动纳米医药的发展。

附表5-1　纳米药物政府监管及行业协会、学会网站

	机构名称	网址
政府监管机构	国家药品监督管理局	https：//www.nmpa.gov.cn/
	国家药品监督管理局药品审评中心	https：//www.cde.org.cn/
	欧洲药品管理局	https：//www.ema.europa.eu
	美国食品药品管理局	http：//www.fda.gov
	日本独立行政法人 医药品医疗机器综合机构	https：//www.pmda.go.jp/english/
	印度卫生和家庭福利部	https：//www.mohfw.gov.in/
	韩国：食品药品安全部	http：//www.kfda.go.kr
	美国国家纳米技术计划	https：//www.nano.gov/

续表

	机构名称	网址
政府监管机构	美国 FDA 纳米技术项目	https：//www.fda.gov/science-research/science-and-research-special-topics/nanotechnology-programs-fda
行业协会和学会	美国纳米医药学会	https：//www.nanomedus.org/
	英国纳米医药学会	https：//www.britishsocietynanomedicine.org/
	日本纳米医药学会	https：//nanomedicine-jpn.org/
	印度纳米医药学会	http：//isnmindia.org
	欧洲临床纳米医学基金会	https：//clinam.org/
	欧洲纳米医药学会	https：//www.esnam.org
	欧洲纳米药物技术平台	https：//etp-nanomedicine.eu/
	纳米医药研究学会	https：//usern.tums.ac.ir/group/info/NRA
	缓释学会	https：//www.controlledreleasesociety.org/

附录 6　国内外纳米药物的质量或安全事件

药品	事件	参考来源
抗肿瘤纳米药物		
盐酸多柔比星脂质体注射液	过敏性休克并脑死亡	毛丽超，张越，闫荟羽，等．盐酸多柔比星脂质体注射液致过敏性休克并脑死亡［J］．药物不良反应杂志，2019，21（4）：301–302.
	手足综合征	张智琪，高杰．盐酸多柔比星脂质体注射液致手足综合征［J］．药物不良反应杂志，2022，24（8）：439–441. 袁肖肖，李燕宁．盐酸多柔比星脂质体注射液致手足综合征 1 例［J］．实用医药杂志，2020，37（7）：633–635
	急性喉头水肿	钱玉霞，崔盈盈．盐酸多柔比星脂质体致急性喉头水肿 1 例的护理体会［J］．泰州职业技术学院学报，2022，22（2）：80–82.
	腰背部痉挛性疼痛	孙晓利，白万军，刘红，等．盐酸多柔比星脂质体注射液致腰背部痉挛性疼痛的过敏反应 1 例［J］．药物流行病学杂志，2022，31（4）：287–288.
	过敏性休克	毕铁琳，严明兰，赵天毓．盐酸多柔比星脂质体注射液致不良反应 1 例［J］．中国实验诊断学，2017，21（9）：1639–1640. 许颖颖，张春红．盐酸多柔比星脂质体致过敏性休克 1 例［J］．医药导报，2005，24（4）：284–284.
柔红霉素/阿糖胞苷复方冻干粉注射剂	重度皮疹	Urbantat R M，Popper V，Menschel E，et al.CPX–351（Vyxeos）can cause severe rash in acute myeloid leukaemia – a case report［J］.Oncology research and treatment，2020，43（S4）：44.
	可逆性双侧手掌变色	Triesel K，Chiang T，Seabury R ，et al.Recurrent and reversible bilateral palmar blue discoloration following administration of liposomal daunorubicin–cytarabine（Vyxeos）for acute myeloid leukemia with myelodysplasia–related changes：［J］.Journal of Oncology Pharmacy Practice，2021，27（6）：1539–1541.
培门冬酶注射液	过敏性休克	洪雪佩，潘婧婧，季林梅，等．培门冬酶注射液致过敏性休克 1 例［J］．浙江实用医学，2015，(4)：305，310. 李静，曹翠明，魏芳芳．培门冬酶注射液致过敏性休克［J］．中国药物应用与监测，2012，9（2）：119–120.
	儿童胰腺炎	范平平，崔昊，王文君．培门冬酶注射液致儿童胰腺炎 3 例［J］．中国药物警戒，2015，12（6）：376.
	凝血障碍	赵原，乔逸，白娟，等．培门冬酶注射液致 2 例患者凝血障碍原因的分析［J］．抗感染药学，2015，12（2）：245–247.
米伐木肽冻干粉注射剂	超敏反应	Imek M，Ata E，Barak E M，et al. Type 4 hypersensitivity development in a case due to mifamurtide［J］.The Turkish journal of pediatrics，2020，62（4）：694–699.
卡巴他赛	药疹样皮炎	王霞东，高海萍，陆春花，等.1 例卡巴他赛引发职业性药疹样皮炎的诊断［J］．中国工业医学杂志，2021，34（2）：180–181.
	盆腔疼痛、血尿	Geethal，N，Malalagama，et al.CT findings in patients with Cabazitaxel induced pelvic pain and haematuria：a case series.［J］.Cancer Imaging the Official Publication of the International Cancer Imaging Society，2017.

续表

药品	事件	参考来源
卡巴他赛	视神经萎缩	Diker S，Diker M .Optic atrophy after cabazitaxel treatment in a patient with castration-resistant prostate cancer：a case report：[J] .Scottish medical journal，2019（2）：1.
醋酸亮丙瑞林微球	严重血小板减少症	张宁，王爱华 . 注射用醋酸亮丙瑞林微球致严重血小板减少症 1 例 [J] . 药物流行病学杂志，2022，31（5）：353-354.
	严重头痛、甲状腺功能异常	阮平平，吕光辉，陈黎 . 注射用醋酸亮丙瑞林微球致严重头痛、甲状腺功能异常 1 例 [J] . 药物流行病学杂志，2021，30（10）：715-716.
注射用紫杉醇脂质体	心肌损伤	刘荣英，柯昌云，马双，等 . 紫杉醇脂质体药物致严重心脏毒性一例 [J] . 海南医学，2017，28（13）：2219-2220.
	呕血	杨平，刘晓红，黄亚林，等 . 注射用紫杉醇脂质体致呕吐血性液体 1 例 [J] . 中南药学，2015，13（8）：892-893.
注射用白蛋白紫杉醇	膝盖酸胀	王俊，何阳，朱纯风，等 . 注射用紫杉醇（白蛋白结合型）致下肢膝盖酸胀 1 例 [J] . 中国现代应用药学，2022，39（4）：546-547.
	肺间质纤维化	彭艳梅，崔慧娟，刘戴维，等 . 白蛋白结合型紫杉醇致肺间质纤维化死亡 1 例报告 [J] . 中国新药杂志，2016，25（10）：1197-1200.
	黄斑囊样水肿	Risard S M，Pieramici D J，Rabena M D .Cystoid macular edema secondary to Paclitaxel（abraxane）.[J].Retinal Cases & Brief Reports，2009，3（4）：383.
地尼白介素抗体	视力丧失、视觉丧失、视网膜色素斑纹	訾鹏 .Ligand 公司发布地尼白介素 2 的重要药物警告 [J] . 中华医学信息导报，2006，21（8）：1.
	急性肾损伤、全身毛细血管渗漏综合征	Kalia S，Narkhede A，Yadav A K，et al.Retrograde transvenous selective lymphatic duct embolization in post donor nephrectomy chylous ascites [J] . CEN Case Reports，2022：1-5.
吉妥珠单抗	吉妥珠单抗相关性窦性阻塞综合征	McKoy JM，Angelotta C，Mckoy J M，et al.Gemtuzumab ozogamicin-associated sinusoidal obstructive syndrome（SOS）：An overview from the research on adverse drug events and reports（RADAR）project.[J] . Leukemia Research：A Forum for Studies on Leukemia and Normal Hemopoiesis，2007（5）：31. Magwood-Golston J S，Kessler S，Bennett C L .Evaluation of gemtuzumab ozogamycin associated sinusoidal obstructive syndrome：Findings from an academic pharmacovigilance program review and a pharmaceutical sponsored registry [J] .Leukemia Research，2016，44：61-64.
	急性左心衰	Mcnerney K O，Oranges K，Seif A E ，et al.Acute Left Ventricular Dysfunction Following Gemtuzumab Ozogamicin in Two Pediatric AML Patients [J] .Journal of pediatric hematology/oncology，2022，44（2）：507-511.
	弥漫性血管内凝血	Azuma Y，Nakaya A，Hotta M ，et al.Disseminated intravascular coagulation observed following treatment with gemtuzumab ozogamicin for relapsed/refractory acute promyelocytic leukemia [J] .Molecular & Clinical Oncology，2016，5（11）：1-10.
	布加综合征	Mevl ü t Kurt，Shorbagi A，Altundag K，et al.Possible association between Budd-Chiari Syndrome and gemtuzumab ozogamicin treatment in a patient with refractory acute myelogenous leukemia [J] .American Journal of Hematology，2010，80（3）：213-215.

续表

药品	事件	参考来源
帕尼单抗	甲沟炎	Yorulmaz A，Yalcin B .Panitumumab-Induced Paronychia：A Case Report and a Brief Review of the Literature. ［J］.Skin appendage disorders，2021，7（2）：123-126.
	间质性肺炎	Yorulmaz A，Yalcin B .Panitumumab-Induced Paronychia：A Case Report and a Brief Review of the Literature. ［J］.Skin appendage disorders，2021，7（2）：123-126.
奥妥珠单抗	弥漫性血管内凝血	Fresa，AlbertoAutore，FrancescoInnocenti，et al. Non-overt disseminated intravascular coagulopathy associated with the first obinutuzumab administration in patients with chronic lymphocytic leukemia［J］. Hematological oncology，2021，39（3）：1-10.
雷莫卢单抗	肾病综合征	Fujii T，Kawasoe K，Tonooka A，et al.Nephrotic syndrome associated with ramucirumab therapy：A single-center case series and literature review.［J］. other，2019（27）：1-10.
	重度腹水	Kamachi，Shimose，Hirota，et al. Prevalence and profiles of ramucirumabassociated severe ascites in patients with hepatocellular carcinoma［J］.Molecular and Clinical Oncology，2021，14（4）：79.
	主动脉夹层	Zenoni D，Flavio Niccolò Beretta，Martinelli V，et al.Aortic dissection after ramucirumab infusion［J］.European Journal of Hospital Pharmacy，2019，27（2）：1-10.
	缺血性卒中	Christiansen，Michael E，Ingall T，et al.A Case Report of Ischemic Stroke in a Patient with Metastatic Gastric Cancer Secondary to Treatment with the Vascular Endothelial Growth Factor Receptor-2 Inhibitor Ramucirumab［J］. Case Reports in Oncology，2016，9（2）：317-320.
布妥昔单抗	乙肝病毒再激活并发急性肝衰竭	周慧萍，马涛，李宇华，等.布妥昔单抗治疗霍奇金淋巴瘤致乙肝病毒再激活并发急性肝衰竭1例［J］.人民军医，2020，63（11）：1126-1128.
	葡萄膜炎	Herssen S，Meers S，Jacob J，et al.Brentuximab vedotin induced uveitis［J］. American journal of ophthalmology case reports，2022，26：101440. Costa P，Espejo-Freire A，Fan K，et al. Panuveitis induced by brentuximab vedotin：a possible novel adverse event of an antibody-drug conjugate［J］. Leukemia & lymphoma，2021：1-4.
	卡氏肺孢子肺炎	Ferreira A M，Ramos J F，Fatobene G，et al.Pneumocystis jirovecii Pneumonia during Brentuximab Vedotin Therapy：A Case Report and Literature Review［J］. 2019：1-10.
	进行性多病灶脑白质病	Progressive multifocal leukoencephalopathy associated with brentuximab vedotin therapy：A report of 5 cases from the Southern Network on Adverse Reactions（SONAR）project［J］.Cancer，2014，120（16）：1-10.
	胰腺炎	Gandhi M D，Evens A M，Fenske T S，et al.Pancreatitis in patients treated with brentuximab vedotin：a previously unrecognized serious adverse event. ［J］.Blood，2014，123（18）：2895-2897.
曲妥珠单抗	急性荨麻疹并过敏性休克	胡康，孙素红，程晓明，等.曲妥珠单抗致罕见过敏性反应一例并文献复习［J］.中国肿瘤生物治疗杂志，2018，25（5）：543-544.
神经系统纳米药物		
纳曲酮缓释注射混悬液	严重药物戒断反应	Wightman R S，Nelson L S，Lee J D，et al.Severe opioid withdrawal precipitated by Vivitrol［J］.American Journal of Emergency Medicine，2011（10）：1-10.

续表

药品	事件	参考来源
盐酸哌甲酯缓释片	白细胞减少	庄红艳，杨建红，刘珊珊，等．盐酸哌甲酯缓释片致白细胞减少症 1 例［J］．中国药物警戒，2016，13（8）：1-10.
盐酸非索非那定缓释片	嗜酸性粒细胞性食管炎	Chuang J，Patel K，Luke N，et al. Eosinophilic Esophagitis After an Allegra-D Bolus：A Case Report［J］. Cureus，2021，13（12）：1-10.
醋酸氟轻松玻璃体植入剂	巩膜软化	Petros P，Cryssanthi K，Dimitrios P ，et al.Scleral melt following Retisert intravitreal fluocinolone implant［J］.Drug Design Development & Therapy，2014，8：2373-2375.
	巨细胞病毒视网膜炎	Ufret-Vincenty R L，Singh R P Lowder C Y，et al. Cytomegalovirus Retinitis After Fluocinolone Acetonide（Retisert）Implant［J］. American Journal of Ophthalmology，2007，143（2）：334-335.
	巨细胞病毒性角膜内皮炎	Park U C，Kim S J，Yu H G .Cytomegalovirus Endotheliitis after Fluocinolone Acetonide（Retisert）Implant in a Patient with Behet Uveitis［J］.Ocular Immunology & Inflammation，2011，19（4）：282-283.
	囊样黄斑水肿	Hu J，Coassin M，Stewart J M .Fluocinolone Acetonide Implant（Retisert）for Chronic Cystoid Macular Edema in Two Patients with AIDS and a History of Cytomegalovirus Retinitis［J］.Ocular Immunology & Inflammation，2011，19（3）：206-209.
注射用维替泊芬脂质体	胸颈疼痛、呼吸短促、晕厥	Cahill MT，Smith BT，Fekrat S. Adverse reaction characterized by chest pain，shortness of breath，and syncope associated with verteporfin（visudyne）［J］. Am J Ophthalmol，2002，134（2）：281-282.
抗感染纳米药物		
聚乙二醇干扰素 α-2b 注射剂	皮肤坏死	Sparsa A，Loustaudratti V，Alain S ，et al.Skin necrosis after injection of PEG-interferon alpha2b in an HCV-infected patient.［J］.Acta Derm Venereol，2004，84（5）：415-416. Dalmau J，Pimentel C L，Puig L ，et al.Cutaneous necrosis after injection of polyethylene glycol-modified interferon alfa.［J］.Digest of the World Core Medical Journals，2005，53（1）：62-66.
	急性肌张力障碍	Quarantini L C，Miranda-Scippa A，Parana R，et al. Acute dystonia after injection of pegylated interferon alpha-2b［J］. Movement Disorders Official Journal of the Movement Disorder Society，2010，22（5）：747-748.
	扁平苔藓	Bilal Erg ü l，Erdem Koçak，Akbal E，et al. Pegylated interferon associated lichen planus at the injection site［J］. Acta Gastroenterol Belg，2011，74（4）：591-592.
	局部水疱反应	Gallina K，Brodell R T，Naffah F ，et al.Local blistering reaction complicating subcutaneous injection of pegylated interferon in a patient with hepatitis C.［J］.Journal of Drugs in Dermatology，2003，2（1）：63-67.
两性霉素 B 脂质体	听力减退	游蓝，刘静，严郁，等．两性霉素 B 脂质体致听力减退 1 例［J］．药物流行病学杂志，2020，29（6）：448-450.
	窦性心动过缓伴室性早搏	谢晓虹，赵顺英．1 例两性霉素 B 脂质体联合泊沙康唑治疗儿童糖尿病合并肺毛霉菌病并文献复习［J］．重庆医科大学学报，2020，45（3）：425-428. 林志强，张赞玲．静脉滴注两性霉素 B 脂质体致窦性心动过缓 1 例［J］．中南药学，2010，8（3）：240.

续表

药品	事件	参考来源
两性霉素 B 脂质体	呼吸困难	陈桂月，陈锦珊．两性霉素 B 脂质体致呼吸困难 1 例［J］．中国医院药学杂志，2013，33（6）：505.
	顽固性低钾血症	朱其荣，梅小平．两性霉素 B 脂质体治疗 HIV 合并新型隐球菌病致顽固性低钾血症 1 例［J］．中国艾滋病性病，2015，21（5）：430–431.
	消化道出血	田新瑞，董艳婷，刘卓拉．两性霉素 B 脂质体致消化道出血一例［J］．中国药物与临床，2014，（5）：708.
	心血管反应引起死亡	刘世坤，刘玉兰，万齐全．两性霉素 B 脂质体致心血管反应引起死亡 1 例［J］．中国新药杂志，2005，14（10）：1235–1235.
	严重贫血、血小板减少及低钾血症	梁晓宇，曹译丹，宋燕青，等．注射用两性霉素 B 脂质体致严重贫血、血小板减少、低钾血症 1 例［J］．实用药物与临床，2021，24（7）：646.
	神经系统毒性	杨敏，杨勇，周捷．注射用两性霉素 B 脂质体鞘内注射致神经系统毒性 1 例分析［J］．中国药物警戒，2020，17（11）：841–844.
	左心收缩功能不全	朱彦，李志玲，孟琳懿，等．注射用两性霉素 B 脂质体致早产儿左心收缩功能不全 1 例［J］．中国医院药学杂志，2017，37（4）：402–403.
	贫血、血小板减少	颜明明，孙佩男，武卓，等．注射用两性霉素 B 脂质体致贫血、血小板减少不良反应 1 例［J］．上海医药，2015，（21）：71–76.
	呼吸困难	陈桂月，陈锦珊．两性霉素 B 脂质体致呼吸困难 1 例［J］．中国医院药学杂志，2013，33（6）：505. 李悦，贾博军，温静．注射用两性霉素 B 脂质体致呼吸困难［J］．中国药物应用与监测，2012，（6）：370.
Vitravene	电生理异常	Zambarakji HJ，Mitchell SM，Lightman S，et al. Electrophysiological abnormalities following intravitreal vitravene（ISIS 2922）in two patients with CMV retinitis［J］. Br J Ophthalmol，2001，85（9）：1142.
羧基麦芽糖铁	低磷血症	Efe O，Juan David Cala Garcí a，Mount D B，et al.Refractory hypophosphatemia following ferric carboxymaltose administration［J］.CEN Case Reports，2012，10（2）：1–3.
	血管性水肿	Arici AM，Kumral Z，Gelal A，et al. Fatal anaphylactic reaction due to ferric carboxymaltose：A case report［J］. Anatol J Cardiol，2020，24（2）：115–117.
	低磷血性骨软化症	Klein K，Asaad S，Econs M，et al. Severe FGF23–based hypophosphataemic osteomalacia due to ferric carboxymaltose administration［J］. BMJ Case Rep，2018，（5）：1–10.
异麦芽糖酐铁注射液	低磷血症	Wong K Y，Yu K Y，Mak M W H，et al.Intravenous iron isomaltoside（Monofer）–induced hypophosphataemia：a case report［J］.Hong Kong medical journal，2022，28（3）：267–269.
蔗糖铁注射液	急性喉头水肿	王琴，杨方方，步仰高，等．蔗糖铁注射液致急性喉头水肿［J］．药物不良反应杂志，2020，22（02）：111–112.
	肺间质水肿伴双下肢水肿	李红梅，司峻岭，王艳敏．蔗糖铁注射液致肺间质水肿伴双下肢水肿 1 例［J］．中国药物警戒，2019，16（3）：191–192.
	严重瘀斑并颤抖	贾苹苹，季晓英．蔗糖铁注射液致严重瘀斑并颤抖 1 例［J］．临床合理用药杂志，2018，11（19）：1–2.

续表

药品	事件	参考来源
蔗糖铁注射液	重症多形红斑型药疹	吴小枫，林珍，史涛．蔗糖铁注射液致重症多形红斑型药疹 1 例［J］．中国药物警戒，2017，14（7）：443，445.
	严重风团样皮疹	俞璐，徐锦龙，王井玲，等．蔗糖铁注射液致严重风团样皮疹 1 例［J］．中国药物应用与监测，2016，13（3）：195-196.
	面部潮红双手发麻	陈集志，刘韧，张增珠，等．蔗糖铁注射液致不良反应 1 例［J］．中国药师，2012，15（3）：398-399.
	严重过敏反应：心慌 、胸 闷、气短、头晕 、恶心 、面色苍白、主	王芳．蔗糖铁注射液致严重过敏反应［J］．解放军医药杂志，2011，23（4）：1-2.
右旋糖酐铁注射液	过敏性休克	陈芳，崔敏．右旋糖酐铁注射液致过敏性休克 1 例［J］．中国药物警戒，2018，15（7）：440-444.
	速发型过敏反应	黄叶盛，曾丽娟，龚晓兵．右旋糖酐铁注射液致速发型过敏反应一例［J］．中国临床新医学，2015，（9）：868-869.
	严重变态反应	杨爱军．右旋糖酐铁注射液引起严重变态反应 1 例［J］．护理研究，2011，25（14）：1315.
	腰腹部严重坠痛感	薄妍妍，黄静，李立君．右旋糖酐铁注射液致腰腹部严重坠痛感 1 例［J］．中国药物应用与监测，2010，7（5）：320-321.
	过敏反应	孙江涛，丛秋梅，丛英珍．右旋糖酐铁注射液致过敏反应 1 例［J］．中国临床药学杂志，2006，15（3）：190.
	过敏并发局部组织坏死	虞祖根，姜丽丽，吕宾．右旋糖酐铁注射液过敏并发局部组织坏死 1 例［J］．中国临床药学杂志，2001，10（4）：262.
	恶性肿瘤	Robinson C E G，Bell D N，Sturdy J H .Possible Association of Malignant Neoplasm with Iron-dextran Injection［J］.British Medical Journal，1960，2（5199）：648-650.
培非格司亭	血管炎	Tatsunori，Chino，Takaaki，et al.［A Case of Arteritis That Developed after Pegfilgrastim Administration during Chemotherapy for Breast Cancer］.［J］.Gan to kagaku ry、oho. Cancer & chemotherapy，2018，45（12）：1771-1774. Ito Y .Diffuse large B-cell lymphoma complicated with drug-induced vasculitis during administration of pegfilgrastim［J］.Rinsho Ketsueki，2017，58（11）：2238-2242.
	血管炎并发蛛网膜下腔出血	Ohki S，Enomoto N，Kato D ，et al.Hemothorax due to a ruptured esophageal gastrointestinal stromal tumor［J］. Case report，2022，11（7）：1-10.
	疲劳和白细胞增多	Takuwa H，Tsuji W，Goto T，et al.Pegfilgrastiminduced fatigue and leukocytosis improved following dose reduction in a young patient with breast cancer：A case report［J］.Molecular and Clinical Oncology，2019，11（4）：371-375.
	白细胞增多	Chavda R，Herrington J D .Pegfilgrastim-induced hyperleukocytosis leading to hospitalization of a patient with breast cancer［J］.Baylor University Medical Center Proceedings，2019，32（2）：261-262.
	Sweet 综合征	Nelis S，Azerad M A，Drowart A，et al.Syndrome de Sweet induit par le pegfilgrastim au cours d'un syndrome myélodysplasique AREB2 ：à propos d'un cas clinique［J］.La Revue De Médecine Interne，2018. Clarey D，Dimaio D，Trowbridge R. Deep Sweet Syndrome Secondary to Pegfilgrastim［J］. Journal of drugs in dermatology ：JDD，2022，21（4）：422-424.

续表

药品	事件	参考来源
培非格司亭	骨痛	Romeo C, Li Q, Copeland L. Severe pegfilgrastim-induced bone pain completely alleviated with loratadine: A case report [J]. Journal of Oncology Pharmacy Practice Official Publication of the International Society of Oncology Pharmacy Practitioners, 2015, 21 (4): 301.
	白细胞增多和全身性毛细血管渗漏综合征	Heleno C, Mustafa A, Gotera N, et al. Myasthenia Gravis as an Immune-Mediated Side Effect of Checkpoint Inhibitors [J]. Cureus, 2021, 13 (7): e16316.
	脾脏破裂 自发性脾血肿	Arshad M, Seiter K, Bilaniuk J, et al.Side effects related to cancer treatment: CASE 2. Splenic rupture following pegfilgrastim. [J].Journal of Clinical Oncology Official Journal of the American Society of Clinical Oncology, 2005, 23 (33): 8533. Kuendgen A, Fenk R, Bruns I, et al.Splenic rupture following administration of pegfilgrastim in a patient with multiple myeloma undergoing autologous peripheral blood stem cell transplantation [J].Bone Marrow Transplantation, 2006, 38 (1): 69.
	迟发性超敏反应	Dadla A, Tannenbaum S, Yates B, et al.Delayed hypersensitivity reaction related to the use of pegfilgrastim. [J].Journal of Oncology Pharmacy Practice, 2015, 21 (6): 474.
	呼吸窘迫并死亡	Donadieu J, Beaupain B, Rety-Jacob F, et al.Respiratory distress and sudden death of a patient with GSDIb chronic neutropenia: Possible role of pegfilgrastim [J].Haematologica, 2009, 94 (8): 1175.
	急性髓系白血病细胞的致命刺激	Gourieux, Mauvieux, Moulin, et al.Fatal stimulation of acute myeloid leukemia blasts by pegfilgrastim [J].Anticancer Research: International Journal of Cancer Research and Treatment, 2014, 34 (11): 6747-6748.
	假性痛风	Mayumi H, Katsuya I, Masatomo I, et al. Pseudogout Attack after Pegfilgrastim Administration in Anaplastic Large Cell Lymphoma [J]. Internal Medicine, 2018, 57 (12): 1779-1782.
	中性粒细胞性皮肤病	Ichiki T, Sugita K, Goto H, et al. Localized Pegfilgrastim-induced Neutrophilic Dermatosis with Tissue G-CSF Expression: A Mimicker of Sweet's Syndrome [J]. Acta dermato-venereologica, 2019, 99 (7): 685-686.
	中性粒细胞减少	Ishiguro H, Kitano T, Yoshibayashi H, et al. Prolonged neutropenia after dose-dense chemotherapy with pegfilgrastim [J]. Annals of Oncology, 2008, 19 (5): 1596.
	镰状细胞危机	Kasi P M, Patnaik M M, Peethambaram P P. Safety of Pegfilgrastim (Neulasta) in Patients with Sickle Cell Trait/Anemia [J]. Case Reports in Hematology, 2013, 2013: 146938.
	铜绿假单胞杆菌性肺炎	Morita F, Hirai Y, Suzuki K, et al. The First Case of Pseudomonas aeruginosa Bacteremic Pneumonia in a Cancer Patient Receiving Pegfilgrastim [J]. Internal Medicine, 2017, 56 (15): 2039-2042.
	中性粒细胞性汗腺炎	Puar N, Scheele A, Perez Marques F, et al. Neutrophilic eccrine hidradenitis secondary to pegfilgrastim in a patient with synovial sarcoma [J]. Clinical Case Reports, 2019, 7 (3): 533-536.
	全身性皮疹	Scott W R, Silberstein L, Flatley R, et al. Cutaneous reaction to pegfilgrastim presenting as severe generalized skin eruption [J]. British Journal of Dermatology, 2009, 161 (3).

续表

药品	事件	参考来源
		心血管系统纳米药物
维拉帕米长效胶囊	心律失常	阚宁．静脉注射维拉帕米致心律失常 3 例［J］．中国综合临床，2004，20（5）：474.
	心房颤动	尹魁明．口服维拉帕米致心房颤动 1 例［J］．职业与健康，2001，17（12）：121-121.
	完全性房室传导阻滞、心脏停搏	丁进．维拉帕米致肥厚性心肌病患者完全性房室传导阻滞、心脏停搏一例［J］．中华心血管病杂志，1998，（6）：464.
	心源性晕厥	肖茂．维拉帕米致晕厥 3 例及文献复习［J］．药物流行病学杂志，1994，3（2）：80-82.
	窦性停搏交界区逸搏引起室上性心动过速反复发作	刘仁光，陆红，刘爱纯．维拉帕米致窦性停搏交界区逸搏引起室上性心动过速反复发作一例［J］．中国循环杂志，1996，11（2）：2.
	肝毒性	de Arriba G，Garcia-Martin F，S ά nchez-Heras M，et al. Hepatotoxicity due to verapamil hydrochloride［J］. Eur J Med，1993，2（3）：179-81.
地尔硫䓬缓释胶囊	起顽固性头痛，全身肌肉不自主震颤	张二箭，张宾．地尔硫䓬致少见不良反应二例［J］．中国全科医学，2008，11（18）：1690.
非诺贝特	横纹肌溶解	张淑兰，张瑞，田婧．非诺贝特致 2 型糖尿病肾病患者横纹肌溶解及肝损害 1 例［J］．甘肃医药，2021，40（9）：860-861. 唐彦，宋钦，胡扬等．非诺贝特致甲状腺功能减退患者横纹肌溶解［J］．中国药学杂志，2020，55（16）：1372-1375. 薛蕾，毛景丽，石磊等．非诺贝特致透析患者横纹肌溶解 1 例［J］．中国血液净化，2014，13（9）：668. 关丽，李融，潘琦等．非诺贝特致横纹肌溶解症 1 例［J］．中国药物警戒，2014，11（1）：57-58.
	急性胆汁淤积型肝损害	魏晓晨，陈凡，韩晓文．非诺贝特致急性胆汁淤积型肝损害 1 例［J］．中国医院药学杂志，2019，39（3）：319-320.
	低血糖	叶晓莉，薛泉瑞．非诺贝特致低血糖 1 例［J］．实用老年医学，2017，3（1）：1-10.
	光敏性皮炎	吴亚桐，王菲菲，臧小慧，等．非诺贝特致光敏性皮炎 1 例［J］．临床皮肤科杂志，2017，46（9）：663.
	可逆性男性性功能障碍	胡海波，程凯，徐斑，唐尧．非诺贝特致可逆性男性性功能障碍 1 例［J］．中国药业，2009，18（7）：15-15.
	耳鸣和皮肤感觉异常	张一萍，陈达．口服非诺贝特致耳鸣和皮肤感觉异常 1 例报告［J］．实用医院临床杂志，2008，5（1）：63.
	眩晕	赵文峰．非诺贝特致眩晕 1 例［J］．东南国防医药，2006，8（5）：352-353.
	阳痿	杜佳新，顾玉红．非诺贝特致阳痿［J］．药物不良反应杂志，2006，8（3）：224-225.
	过敏反应	丁洁卫．非诺贝特致变态反应 1 例［J］．现代中西医结合杂志，2002，11（7）：654-653.
盐酸贝那普利片	支气管哮喘发作	项鹏飞，刘贤，齐东丽．盐酸贝那普利片致支气管哮喘发作 1 例［J］．中国现代医生，2010，48（23）：95-96.
	粒细胞缺乏症	Division，Pulmonary，et al.Benazepril-Induced Agranulocytosis：A Case Report and Review of the Literature［J］.American Journal of Case Reports，2016，17（2）：1-10.

续表

药品	事件	参考来源
盐酸贝那普利片	孤立性内脏血管性水肿	Khan M U，Baig M A，Javed R A ， et al.Benazepril induced isolated visceral angioedema：A rare and under diagnosed adverse effect of angiotensin converting enzyme inhibitors［J］.International Journal of Cardiology，2007，118（2）：68–69.
	亚暴发性肝炎	Hourmand–Ollivier I，，Dargere S，，Cohen D，， et al.［Fatal subfulminant hepatitis probably due to the combination benazepril–hydrochlorothiazide（Briazide）］.［J］.Gastroenterol Clin Biol，2000，24（4）：464.
依折麦布	严重关节疼痛	姜玲海，龚辉，张军.依折麦布致严重关节疼痛一例［J］.中国医院用药评价与分析，2018，18（12）：1727–1728.
	高脂血症	Bays H，Musliner T .In response to 'ezetimibe—nduced hyperlipidaemia' case report［J］.International Journal of Clinical Practice，2005，59（7）：866–867.
	急性胰腺炎	Ahmad I，Hotiana M，Hussain M ， et al.Ezetimibe–induced acute pancreatitis.［J］.Southern Medical Journal，2007，100（4）：409–410.
	肝毒性	Ellingsen S B，Nordmo E ， Knut Tore Lappegård.Recurrence and Severe Worsening of Hepatotoxicity After Reintroduction of Atorvastatin in Combination With Ezetimibe［J］.Sociological Research Online，2017，11（7）：1–10.
	药物性急性自身免疫性肝炎	Heyningen C V .Drug–induced acute autoimmune hepatitis during combination therapy with atorvastatin and ezetimibe［J］.Annals of Clinical Biochemistry，2005，42（5）：402–404.
	肌病	Brahmachari B，Chatterjee S .Myopathy induced by statin–ezetimibe combination：Evaluation of potential risk factors.［J］.Indian Journal of Pharmacology，2015，47（5）：563–564. Meas T，Cimadevilla C，Timsit J ， et al.Elevation of CKP induced by ezetimibe in monotherapy：report on two cases.［J］.Diabetes & Metabolism，2006，32（4）：364–366.Simard C，Poirier P .Ezetimibe–associated myopathy in monotherapy and in combination with a 3–hydroxy–3–methylglutaryl coenzyme A reductase inhibitor［J］.Canadian Journal of Cardiology，2006，22（2）：141–144.
	横纹肌溶解症	Noemie C，Philippe B，Luminita S ， et al.Rhabdomyolysis after ezetimibe/simvastatin therapy in an HIV–infected patient［J］.Ndt Plus，2008（3）：157–161.
	血管水肿	Lu T，Grewal T .Ezetimibe：An Unusual Suspect in Angioedema［J］.Case Reports in Medicine，2020，20（2）：1–3.
	急性肾移植功能障碍	Nouri–Majalan N，Moghaddasi S，Majidi R .Impaired Kidney Allograft Function Following Ezetimibe Therapy［J］.Iranian Journal of Kidney Diseases，2011，5（2）：133.
	全身脱发	Ozyurtlu F，Cetin N. Alopecia Universalis after Treatment with Simvastatin and Ezetimibe：Affects on Family［J］. Arq Bras Cardiol，2022，119（4）：631–633.
	免疫性血小板减少症	Pattis P，Wiedermann C J. Ezetimibe–Associated Immune Thrombocytopenia［J］. Annals of Pharmacotherapy，2008，42（3）：430–433.
	肌腱断裂	Pullatt R C，Gadarla M R，Karas R H，et al. Tendon Rupture Associated With Simvastatin/Ezetimibe Therapy［J］. American Journal of Cardiology，2007，100（1）：152–153.

续表

药品	事件	参考来源
依折麦布	严重黄疸	Ritchie S R，Orr D W，Black P N. Severe jaundice following treatment with ezetimibe［J］. European Journal of Gastroenterology & Hepatology，2008，20（6）：572.
	ANCA 阳性血管炎	Sen D，Rosenstein E D，Kramer N. ANCA-positive vasculitis associated with simvastatin/ezetimibe：expanding the spectrum of statin-induced autoimmunity［J］. International Journal of Rheumatic Diseases，2010，13（3）：29-31.
	鼻出血	Shah B，Mcallister A，Davidson T M .Increased epistaxis with use of ezetimibe/simvastatin［J］.Annals of Pharmacotherapy，2009，43（9）：1545-1546.
镇痛纳米药物		
硫酸吗啡缓释胶囊	红皮病	Arai S，Mukai H .Erythroderma induced by morphine sulfate［J］. Journal of Dermatology，2011，38（3）：288-289.
	过敏	T A，Cromwell，E K，et al.Hypersensitivity to intravenous morphine sulfate.［J］.Plastic and reconstructive surgery，1974-1975.
	出血性食管溃疡	Hiraoka T，Okita M，Koganemaru S ，et al. Hemorrhagic esophageal ulceration associated with slow-release morphine sulfate tablets［J］. Nihon Shokakibyo Gakkai zasshi，1991，88（5）：1231-1234.
	呼吸抑制、	Kerr H D. Dyspnea Possibly Associated with Controlled-Release Morphine Sulfate Tablets［J］. Drug intelligence & clinical pharmacy，1988，22（5）：397-399.
	瘙痒	Katcher J，Walsh D .Opioid-induced itching：morphine sulfate and hydromorphone hydrochloride.［J］.Journal of Pain & Symptom Management，1999，17（1）：70-72.
	心肺骤停	Moreau K，Morel D，Merville P ，et al. Cardiorespiratory arrest following ingestion of morphine sulfate in a patient with chronic renal failure［J］. Presse medicale，1997，26（15）：713.
	胆囊穿孔	Moreno A J，Ortenzo C A，Rodriguez A A ，et al.Gallbladder perforation seen on hepatobiliary imaging following morphine sulfate injection.［J］. Clinical Nuclear Medicine，1989，14（9）：651.
	肝性脑病	Shinagawa J，Hashimoto Y，Ohmae Y. A case of hepatic encephalopathy induced by adverse effect of morphine sulfate.［J］.Gan to Kagaku Ryoho Cancer & Chemotherapy，2008，35（6）：1025-1026.
塞来昔布	严重多形性红斑并肝损害	谢欠，邹泽，李娜 . 塞来昔布致严重多形性红斑并肝损害 1 例临床分析［J］. 中国药业，2021，30（6）：92-93. 宋书仪 . 塞来昔布致重症多形性红斑和肝损害［J］. 药物不良反应杂志，2004，6（5）：331-332.
	重症多形性红斑	李洁，汪荣华 . 塞来昔布致重症多形性红斑 1 例［J］. 中国医院药学杂志，2020，40（2）：241-242.
	上消化道出血	张卫芳，陆社桂，熊淑华，等 . 达比加群酯联合塞来昔布致上消化道出血 1 例［J］. 中国新药与临床杂志，2016，35（8）：596-598. 李春辉，何瑞，刘剑立等 . 塞来昔布致老年急性上消化道大出血 1 例并文献复习［J］. 中华老年多器官疾病杂志，2010，09（4）：365-366.

续表

药品	事件	参考来源
塞来昔布	重度骨髓抑制伴肝肾功能损害	曲彩红，黎小妍，徐乐加，等．来氟米特与低剂量甲氨蝶呤联合塞来昔布致类风湿关节炎患者重度骨髓抑制伴肝肾功能损害［J］．中国新药与临床杂志，2016，35（5）：377-380.
	急性胰腺炎	江承平，李胜前．塞来昔布致急性胰腺炎［J］．药物不良反应杂志，2014，16（01）：43-44.
	迟发型过敏反应	韩坤，解蓉，叶菱，等．塞来昔布致迟发型过敏反应 3 例［J］．华西药学杂志，2012，27（6）：727.
	完全性房室传导阻滞	陆亚彬，李坤鹏．口服塞来昔布致完全性房室传导阻滞 1 例报告［J］．吉林大学学报（医学版），2012，38（3）：606.
	心律失常	曹洪涛，张涛．塞来昔布致心律失常 1 例［J］．临床急诊杂志，2010，11（3）：181-182.
	面部水肿和全身皮疹	洪冰，叶爱菊．塞来昔布致面部水肿和全身皮疹 1 例［J］．中国医院药学杂志，2009，29（4）：340-340.
	肝损害	王雅凡．塞来昔布致肝损害一例［J］．中华消化杂志，2006，26（3）：166.
	中毒性表皮坏死松解症	Friedman B，Orlet H K，Still J M，et al. Toxic epidermal necrolysis due to administration of celecoxib（Celebrex）.［J］.Southern Medical Journal，2002，96（10）：1213-1214.
	高铁血红蛋白血症	Kaushik P，Zuckerman S J，Campo N J，et al. Celecoxib-Induced Methemoglobinemia［J］.Annals of Pharmacotherapy，2004，38（10）：1635-1638.
	发热	Xiao J，Su - Jie Jia，Cui - Fang Wu. Celecoxib - induced drug fever：A rare case report and literature review［J］.Journal of clinical pharmacy and therapeutics，2022，47（3）：402-406
	狼疮样综合征	Poza-Guedes，P.Celecoxib-induced lupus-like syndrome.［J］.Rheumatology，2003，42（7）：916-917.
	水源性肢端角化症	Susana Vild ó sola，Ugalde A.［Celecoxib-induced aquagenic keratoderma］［J］.Actas Dermo Sifiliogr á ficas，2005，96（8）：537-539.
	急性间质性肾炎	Henao J，Hisamuddin I，Nzerue C M，et al. Celecoxib-induced acute interstitial nephritis［J］.American Journal of Kidney Diseases，2002，39（6）：1313-1317.
	Sweet 综合征	Fye K H，Crowley E，Berger T G，et al. Celecoxib-induced Sweet' s syndrome［J］.Journal of the American Academy of Dermatology，2001，45（2）：300-302.
	光敏性皮疹	Yazici A C，Baz K，Ikizoglu G，et al. Celecoxib-induced photoallergic drug eruption［J］.International Journal of Dermatology，2010，43（6）：459-461.
	肾坏死，肾衰竭	Alkhuja S，Menkel R A，Alwarshetty M，et al.Celecoxib-induced nonoliguric acute renal failure［J］.Annals of Pharmacotherapy，2002，36（1）：52-54.
	深静脉血栓	Chan A L F.Celecoxib-induced deep-vein thrombosis［J］.Annals of Pharmacotherapy，2005，39（6）：1138-1139.
萘普生控释片	严重支气管哮喘	王莉萍．萘普生致严重支气管哮喘 1 例［J］．新医学，2009，40（10）：637-638.

续表

药品	事件	参考来源
萘普生控释片	心动过缓低血压	周青云，彭俊丽，张桂平．萘普生致心动过缓低血压 1 例［J］．中国新药杂志，1996（3）：214–215.
	血尿	冯头英．萘普生致血尿 1 例［J］．井冈山医专学报，1996（1）：69.
	单纯性肺嗜酸粒细胞浸润症	饶光立，谢宝官，李桂兰，等．萘普生致单纯性肺嗜酸粒细胞浸润症 1 例［J］．人民军医，1993（10）：13–14.
	上消化道出血	李增高，李祥媛．萘普生致上消化道出血 1 例报告［J］．重庆医科大学学报，1987（2）：121–122.
美洛昔康注射剂	阴道出血	魏明秀．美洛昔康致阴道出血一例［J］．药学服务与研究，2007，7（6）：454–454.
	重症药疹、类白血病反应及肝炎	薛竞．美洛昔康致重症药疹、类白血病反应及肝炎［J］．药物不良反应杂志，2007，9（2）：90–91.
	过敏性休克	马昭霞．美洛昔康致过敏性休克及抢救 1 例［J］．中国社区医师：医学专业，2005（15）：31–32.
芬太尼透皮贴	呼吸急促，嗜睡	宋金明，李飞，张宏．枸橼酸芬太尼（多瑞吉）透皮贴致不良反应 1 例［J］．中国现代应用药学，2007，24（4）：323–323.
	高血压反应	靳庆燕，姜立喜，王凤灵，等．应用多瑞吉贴剂致高血压反应 1 例［J］．山东医药，2006（34）：7–10.
	震颤	杨帆，刘慧．多瑞吉致震颤 1 例［J］．四川医学，2006（11）：1192.
	过敏性休克	任丽岚．多瑞吉贴剂致过敏性休克一例［J］．山西医药杂志，2003（6）：610.
	昏睡	宋金明，李飞，张宏．枸橼酸芬太尼（多瑞吉）透皮贴致不良反应 1 例［J］．中国现代应用药学，2003，20（S1）：30. 廖志军，黄骞，倪裕丰等．芬太尼透皮贴剂致昏迷 1 例［J］．现代肿瘤医学，2011，19（9）：1856–1856.
	呼吸抑制	冷群英．一例癌痛患者使用多瑞吉致呼吸抑制的护理［J］．中国转化医学和整合医学研讨会论文综合刊，2015：1. 梁佩舅，陈建红，严娜等．年轻肺癌多瑞吉增加剂量致严重呼吸抑制的护理体会［J］．齐鲁护理杂志，2018，24（7）：109–110. 司继刚，曹凯，王雪等．芬太尼透皮贴剂合并饮酒疑致 1 例患者死亡分析［J］．中国新药与临床杂志，2021，40（5）：399–400.
激素类纳米药物		
醋酸曲安奈德缓释注射剂	过敏反应	曾庆雯，彭思斯，白新娜．局部注射醋酸曲安奈德致迟发过敏反应 1 例［J］．中南大学学报：医学版，2020，45（02）：216–220.
	呃逆	刘明舟，王美丽，马会珍，等．醋酸曲安奈德致呃逆 5 例分析［J］．中国误诊学杂志，2007，7（28）：6919.
	局部组织萎缩	林碧如．醋酸曲安奈德面部注射引起局部组织萎缩 1 例［J］．岭南皮肤性病科杂志，2001，8（3）：185.
醋酸甲羟孕酮混悬注射剂	葡萄胎	Akinlaja，Olukayode，McKendrick，et al.Incidental Finding of Persistent Hydatidiform Mole in an Adolescent on Depo–Provera.［J］.Case Reports in Obstetrics & Gynecology，2016，2016（2）：1–4.
	假孕	Flanagan P J，Harel Z.Pseudocyesis in an adolescent using the long-acting contraceptive Depo–Provera.［J］.Journal of Adolescent Health Official Publication of the Society for Adolescent Medicine，1999，25（3）：238–240.

续表

药品	事件	参考来源
醋酸甲羟孕酮混悬注射剂	超敏反应	房文通，张秀峰．醋酸甲羟孕酮致迟发型皮疹1例［J］．药学与临床研究，2012，20（5）：458.
	颅内高压	Bahemuka M.Benign intracranial hypertension associated with the use of depo-provera（depot medroxyprogesterone）：a case report［J］.East African Medical Journal，1981，58（2）：140-141.
甲地孕酮口服混悬液	单侧下肢水肿	汪根水，彭生才．甲地孕酮致单侧下肢水肿1例［J］．川北医学院学报，2008，23（6）：625-626.
	脑血栓	吴洪斌．甲地孕酮致脑血栓死亡［J］．药物不良反应杂志，2003，5（2）：127.
	药物性肝炎	许学霖．甲地孕酮诱发药物性肝炎一例报告［J］．上海第二医学院学报，1984（4）：337.
诺普兰（Norplant）	过敏反应	Gbolade B A.Post-Norplant implants insertion anaphylactoid reaction：a case report［J］.Contraception，1997，55（5）：319-320.
	重度抑郁症	Wagner K D.Major depression and anxiety disorders associated with Norplant［J］.J Clin Psychiatry，1996，57（4）：152-157.
	脓肿分枝杆菌感染	Alfa M J，Sisler J J，Harding G K M.Mycobacterium abscessus infection of a Norplant contraceptive implant site［J］.Canadian Medical Association Journal，1995，153（9）：1293-1296.
	全身性免疫并发症	Campbell A，Brautbar N.Norplant：Systemic Immunological Complications — Case Report［J］.Toxicology & Industrial Health，1995，11（1）：41-47.
	性欲增强	林信芳.Norplant皮下埋植后性欲增强1例［J］．福建医药杂志，1990（2）：58.
依托孕烯植埋剂（Nexplanon）	假性脑瘤	Jewett B E，Wallace R L，Sarkodie O.Pseudotumor Cerebri Following Nexplanon® Implantation［J］.Cureus，2018，10（5）：2648.
	感染	Partridge R，Bush J.Infections post-Nexplanon® insertion.［J］.J Fam Plann Reprod Health Care，2013，18（3）：309-310.
	迟发性超敏反应	Serati M，Bogani G，Kumar S，et al.Delayed-type hypersensitivity reaction against Nexplanon®［J］.Contraception，2015，91（1）：91-92.
疫苗纳米载体		
mRNA1273	结节性脉管炎	Kim BC，Kim HS，Han KH，et al. A Case Report of MPO-ANCA-Associated Vasculitis Following Heterologous mRNA1273 COVID-19 Booster Vaccination［J］.J Korean Med Sci，2022，37（26）：204-205.
	非典型溶血性尿毒症综合征	Logan A G.Clinical Value of Ambulatory Blood Pressure Monitoring in CKD［J］.American journal of kidney diseases，2023，81（1）：10-12.
	心肌炎	Kounis NG，Mplani V，Kouni S，et al. Hypersensitivity Lymphohistiocytic Myocarditis After Moderna mRNA-1273 Vaccine［J］.Am J Clin Pathol，2022，158（4）：555-556.
	延迟性局部坏死性炎症性肌炎	Li JC，Siglin J，Marshall MS，et al. Successful Treatment of Delayed Localized Necrotizing Inflammatory Myositis After Severe Acute Respiratory Syndrome Coronavirus 2 mRNA-1273 Vaccine：A Case Report［J］.Open Forum Infect Dis，2022，9（10）：499-450.

续表

药品	事件	参考来源
mRNA1273	血栓性血小板减少性紫癜	Ntelis S，Champ K. Recurrence of Thrombotic Thrombocytopenic Purpura After Vaccination with mRNA-1273 COVID-19 vaccine［J］.J Community Hosp Intern Med Perspect，2022，12（4）：80-84.
	细胞因子释放综合征	Sumi T，Koshino Y，Michimata H，et al. Cytokine release syndrome in a patient with non-small cell lung cancer on ipilimumab and nivolumab maintenance therapy after vaccination with the mRNA-1273 vaccine：a case report［J］.Transl Lung Cancer Res，2022，11（9）：1973-1976.
	获得性血管性水肿	Graziani A，Savrie C，Sama MG. Acquired Angioedema Acute Attack After Administration of the Moderna COVID-19（mRNA-1273）Vaccine［J］. Arch Bronconeumol，2022，59（3）：165-166.
	多发性一过性白点综合征	Graziani A，Savrie C，Sama MG. Acquired Angioedema Acute Attack After Administration of the Moderna COVID-19（mRNA-1273）Vaccine［J］. Arch Bronconeumol，2022，59（3）：165-166.
	迟发性发热和皮疹	Wang RL，Chiang WF，Chiu CC，et al. Delayed Skin Reactions to COVID-19 mRNA-1273 Vaccine：Case Report and Literature Review［J］. Vaccines（Basel），2022，10（9）：1412.
	重症肌无力	Hoshina Y，Sowers C，Baker V. Myasthenia Gravis Presenting after Administration of the mRNA-1273 Vaccine［J］.Eur J Case Rep Intern Med，2022，9（7）：003439.
	获得性血友病 A	Melmed A，Kovoor A，Flippo K. Acquired hemophilia A after vaccination against SARS-CoV-2 with the mRNA-1273（Moderna）vaccine［J］.Proc（Bayl Univ Med Cent），2022，35（5）：683-685.
	肺栓塞	Cheong K I，Chieh - fu Chen，Chen J S，et al.Acute Pulmonary Embolism Following Moderna mRNA-1273 SARS-CoV-2 Vaccination – A Case Report and Literature Review［J］.Acta Cardiologica Sinica，2022，38（4）：539-541.
	肺栓塞和下腔静脉血栓	Ahn E Y，Choi H，Sim Y S，et al.Pulmonary Embolism and Inferior Vena Cava Thrombosis in a Young Male Patient after mRNA-1273（Moderna）Immunization：A Case Report［J］.Tuberculosis and respiratory diseases，2022，85（4）：361-363.
	视网膜中央动脉阻塞	Chow S Y，Hsu Y R，Fong V H.Central retinal artery occlusion after Moderna mRNA-1273 vaccination［J］. Formos Med Assoc，2022，121（11）：2369-2370.
	臂静脉血栓	Kang J. Unusual arm vein thrombosis after the Moderna（mRNA-1273）COVID-19 vaccination-a case report［J］.Ann Palliat Med，2022，28：342-343.
	淋巴腺病	Girardin FR，Tzankov A，Pantaleo G，et al. Multifocal lymphadenopathies with polyclonal reactions primed after EBV infection in a mRNA-1273 vaccine recipient［J］.Swiss Med Wkly，2022，23（152）：30188.
	血清阴性滑膜炎伴凹陷性水肿综合征	Arino H，Muramae N，Okano M，et al. Acute Onset of Remitting Seronegative Symmetrical Synovitis With Pitting Edema（RS3PE）Two Weeks After COVID-19 Vaccination With mRNA-1273 With Possible Activation of Parvovirus B19：A Case Report With Literature Review［J］. Cureus，2022，14（5）：24952.
	自身免疫性溶血性贫血	Mesina FZ. Severe relapsed autoimmune hemolytic anemia after booster with mRNA-1273 COVID-19 vaccine［J］. Hematol Transfus Cell Ther，2022，30（10）:1-10.

续表

药品	事件	参考来源
Comirnaty	噬血细胞综合征	Shimada Y, Nagaba Y, Okawa H, et al. A case of hemophagocytic lymphohistiocytosis after BNT162b2 COVID-19(Comirnaty®) vaccination [J].Medicine(Baltimore), 2022, 101(43): e31304.
	多器官血栓形成	Kaimori R, Nishida H, Uchida T, et al.Histopathologically TMA-like distribution of multiple organ thromboses following the initial dose of the BNT162b2 mRNA vaccine(Comirnaty, Pfizer/BioNTech): an autopsy case report [J].Thrombosis journal, 2022, 20(1): 61.
	免疫性血小板减少症	Goh Cy C, Teng Keat C, Su Kien C, et al. A probable case of vaccine-induced immune thrombotic thrombocytopenia secondary to Pfizer Comirnaty COVID-19 vaccine [J].J R Coll Physicians Edinb, 2022, 52(2): 113-116.
	急性哮喘加重	I Ando M, Satonaga Y, Takaki R, et al. Acute asthma exacerbation due to the SARS-CoV-2 vaccine(Pfizer-BioNTech BNT162b2 messenger RNA COVID-19 vaccine [Comirnaty®])[J]. Int J Infect Dis, 2022, 124: 187-189.
	心肌炎	Wong J, Sharma S, Yao J V, et al.COVID-19 mRNA vaccine (Comirnaty)-induced myocarditis [J].The Medical journal of Australia, 2022, 216(3): 122-123.
	丛集性头痛	Zaiem A, Mahjoubi Y S, Aouinti, et al.Chronic spontaneous urticaria following vaccination against SARS-CoV-2 [J].Therapie, 2023, 78(6): 757-759.
	心动过速	M Teresa.Marco García, Lana L T, Agudo M B A, et al.Tachycardia as an undescribed adverse effect to the Comirnaty vaccine(BNT162b2 Pfizer-BioNTech Covid-19 vaccine): Description of 3 cases with a history of SARS-CoV-2 disease [J].Enfermedades infecciosas y microbiologia clinica, 2022, 40(5): 276-277.
	带状疱疹	Zengarini C, Misciali C, Ferrari T, et al.Disseminated herpes zoster in an immune-competent patient after SARS-CoV-2 vaccine(BNT162b2 Comirnaty, Pfizer)[J].Journal of the European Academy of Dermatology and Venereology, 2022, 36(8): 622-623.
	暴发性嗜酸性心肌炎	Ameratunga R, Woon S T, Sheppard M N, et al.First Identified Case of Fatal Fulminant Necrotizing Eosinophilic Myocarditis Following the Initial Dose of the Pfizer-BioNTech mRNA COVID-19 Vaccine(BNT162b2, Comirnaty): an Extremely Rare Idiosyncratic Hypersensitivity Reaction[J]. Journal of Clinical Immunology, 2022, 42: 736-737.
	迟发性超敏反应	Stoyanov A, Thompson G, Lee M, et al.Delayed hypersensitivity to the Comirnaty coronavirus disease 2019 vaccine presenting with pneumonitis and rash [J].Annals of allergy, asthma, and immunology, 2022, 128(3): 321-322.
	偏头痛	Consoli S, Dono F, Evangelista G, et al.Status migrainosus: a potential adverse reaction to Comirnaty(BNT162b2, BioNtech/Pfizer)COVID-19 vaccine—a case report [J].Neurol Sci, 2022, 43(2): 767-770.
	血管性水肿伴酸性粒细胞增多	Sato Y, Murata K, Kasami S, et al. Post-COMIRNATY® Non-episodic Angioedema with Eosinophilia: An Elderly Case [J]. Intern Med, 2022, 61(12): 1927-1928.

续表

药品	事件	参考来源
Comirnaty	药物诱发假性淋巴瘤反应	Duca E, Grieco T, Sernicola A, et al.Lymphomatoid drug reaction developed after BNT162b2 (Comirnaty) COVID - 19 vaccine manifesting as pityriasis lichenoides et varioliformis acuta - like eruption [J] .Journal of the European Academy of Dermatology and Venereology, 2022, 36 (3): 172–174.
	无菌性脑膜炎	Lee J.Aseptic Meningitis Following the Second Dose of Comirnaty Vaccination in an Adolescent Patient: A Case Report [J] .The Pediatric infectious disease journal, 2022, 41 (2): 172–174.
	血管瘤病	Zengarini C, Misciali C, Lazzarotto T, et al.Eruptive angiomatosis after SARS - CoV - 2 vaccine (Comirnaty, Pfizer) [J] .Journal of the European Academy of Dermatology and Venereology, 2022, 36 (2): 90–91.
	横纹肌溶解	Elias C, Cardoso P, Gonalves D, et al.Rhabdomyolysis Following Administration of Comirnaty [J] .European journal of case reports in internal medicine, 2021, 8 (8): 96–97.
	急性胆汁淤积性肝炎	Lodato F, Larocca A, Errico A, et al.An unusual case of acute cholestatic hepatitis after m–RNABNT162b2 (Comirnaty) SARS–CoV–2 vaccine: Coincidence, autoimmunity or drug–related liver injury [J] .Journal of Hepatology, 2021, 75 (5): 1254–1256.
Ad5–nCoV	亚急性甲状腺炎	Rebollar A F.Subacute thyroiditis after anti–SARS–CoV–2 (Ad5–nCoV) vaccine [J] .Enfermedades infecciosas y microbiologia clinica, 2022, 40 (8): 459–460.
Ad26.COV2.S	急性发热性嗜中性皮病	Bechtold A, Owczarczyk–Saczonek A. Atypical presentation of Sweet syndrome with nodular erythema and oral ulcerations provoked by Ad26. COV2.S SARS–CoV–2 vaccination and review of literature [J] .Dermatol Ther, 2022, 11: e15923.
	慢性炎症性脱髓鞘性多发性神经病	Fotiadou A, Tsiptsios D, Karatzetzou S, et al.Acute-onset chronic inflammatory demyelinating polyneuropathy complicating SARS–CoV–2 infection and Ad26COV2S vaccination: report of two cases [J] .The Egyptian journal of neurology, psychiatry and neurosurgery, 2022, 58 (1): 116.
	血小板减少症	Sadoff J, Davis K, Douoguih M .Thrombotic Thrombocytopenia after Ad26. COV2.S Vaccination – Response from the Manufacturer [J] .The New England journal of medicine, 384 (20): 1965–1966.
	血栓形成后综合征	Zaiem A, Mahjoubi Y S, Aouinti, ImenLakhoua, GhozlaneKaabi, et al.Chronic spontaneous urticaria following vaccination against SARS–CoV–2 [J] .Therapie, 2023, 78 (6): 757–759.
	皮肤白细胞破碎性血管炎	Đorđević Betetto L, Luzar B, Pipan Tkalec Ž, Ponorac S. Cutaneous leukocytoclastic vasculitis following COVID–19 vaccination with Ad26.COV2.S vaccine: a case report and literature review [J] .Acta Dermatovenerol Alp Pannonica Adriat, 2022, 31 (2): 83–87.
	急性特发性周围性面神经麻痹	Nishizawa Y, Hoshina Y, Baker V.Bell's palsy following the Ad26.COV2. S COVID–19 vaccination [J] .QJM: An International Journal of Medicine, 2021, 114 (9): 657–658.
	儿童多系统炎症综合征	Bova C, Vigna E, Gentile M.Multisystem Inflammatory Syndrome after Ad26.COV2.S Vaccination [J] . IDCases, 2022, 27 (1): 411–412.

续表

药品	事件	参考来源
Ad26.COV2.S	吉兰 – 巴雷综合征	Woo E J, Dimova R B, Mba–Jonas A.Presumptive Guillain–Barré Syndrome Associated With Receipt of the Ad26COV22S COVID–19 Vaccine–Reply [J] .JAMA, 2022, 327 (4): 393–394.
	大疱性局部反应	Montero–Men á rguez J, Falkenhain–L ó pez D, Guzm á n–Pérez LM, et al. Massive bullous local reaction following administration of Ad26.COV2.S COVID–19 vaccine [J] .Int J Dermatol, 2022, 61 (5): 636–638.
	急性动脉栓塞	Murru V, Cocco V, Marras C, et al.Acute embolisms in multiple arterial districts following Ad26COV2–S vaccine [J] .European review for medical and pharmacological sciences, 2022, 26 (1): 278–283.
	肺栓塞	Curcio R, Gandolfo V, Alcidi R, et al.Vaccine–induced massive pulmonary embolism and thrombocytopenia following a single dose of Janssen Ad26COV2S vaccination [J] .International journal of infectious diseases, 2022, 116: 154–156.
	深静脉血栓	Hussain H, Sehring M, Soriano S.Deep Venous Thrombosis after Ad26. COV2.S Vaccination in Adult Male [J] .Case Reports in Critical Care, 2021, 7 (6) :26–27.
	横纹肌溶解	Gelbenegger G, Cacioppo F, Firbas C, et al.Rhabdomyolysis Following Ad26.COV2.S COVID–19 Vaccination[J].Vaccines (Basel), 2021, 27(9): 956.
	心肌炎	Sulemankhil I, Abdelrahman M, Negi S I.Review Temporal Association Between the COVID–19 Ad26.COV2.S Vaccine and Acute Myocarditis: A Case Report and Literature Review [J] .Cardiovasc Revasc Med, 2022, 38: 117–123.
	血管炎	Berry C, Eliliwi M, Gallagher S, et al.Cutaneous small vessel vasculitis following single–dose Janssen Ad26.COV2.S vaccination. [J] .JAAD case reports, 2021, 15: 11–14.
	急性全身性发疹性脓疱病	Lospinoso, Nichols C S, Malachowski S J , et al.A Case of Severe Cutaneous Adverse Reaction Following Administration of the Janssen Ad26. COV2.S COVID–19 Vaccine [J] .JAAD Case Reports, 2021, 13: 134–137.
	皮疹	Song E J, Wong A J S.Widespread annular eruption after Ad26.COV2.S COVID–19 vaccine [J] .JAAD Case Reports, 2021, 13: 30–32.
	血栓性 血小板减少性紫癜	Yocum A, Simon EL. Thrombotic Thrombocytopenic Purpura after Ad26. COV2–S Vaccination [J] . Am J Emerg Med, 2021, 49: 441–442.
其他纳米药物		
西罗莫司	肺炎	史瑞 . 肝移植术后西罗莫司诱导性肺炎 1 例报告 [J] . 吉林医学, 2010, 31 (15): 2348–2349.
Zanaflex (盐酸替扎尼定胶囊)	视神经乳头炎	黄秀芳, 张清华 . 盐酸替扎尼定致视神经乳头炎 . 2012 年中国药学大会暨第十二届中国药师周论文集 [C] . 中国药学会 .
Emend (阿瑞匹坦胶囊)	过敏反应	丁红, 施伟伟, 王治宽, 等 . 阿瑞匹坦致过敏反应 1 例 [J] . 现代肿瘤医学, 2018, 26 (8): 1283–1284.
茶碱缓释片	哮喘	Suenaga N, Nakamura H, Kurusu M, et al.A Case of Sustained–Release Theophylline (Theodur) –Induced Asthma [J] .The Japanese journal of thoracic diseases, 1991, 29 (11): 1495–1498.

续表

药品	事件	参考来源
DDAVP（醋酸去氨加压素片）	低钠血症	刘宝兰，刘生友.醋酸去氨加压素致重度低钠血症1例［J］.医药导报，2018，37（11）：1419-1420. 毛庆兰，陈鹏飞.鼻内镜术后使用醋酸去氨加压素致重度低钠血症2例［J］.中国眼耳鼻喉科杂志，2018，18（5）：351-353. 刘燕，宋亚红.醋酸去氨加压素致1例昏迷的分析［J］.药学与临床研究，2015，（5）：506-507. 陆文杰，沈甫明.醋酸去氨加压素致严重低钠血症继发脑梗死伴意识改变1例［J］.中南药学，2015，13（8）：894-896. 杨思芸，胡晓燕，季一飞等.醋酸去氨加压素致低钠血症性脑病2例［J］.药物不良反应杂志，2014，（6）：377-378. 张文凤.静滴醋酸去氨加压素引起严重低钠血症2例［J］.中外医学研究，2013，（23）：14-15.
	昏迷	刘燕，宋亚红.醋酸去氨加压素致1例昏迷的分析［J］.药学与临床研究，2015，（5）：506-507.
	心血管系统不良反应	付虹，邱召娟，戎有和.醋酸去氨加压素致心血管系统不良反应3例［J］.医药导报，2015，34（1）：123-124.
	抗利尿激素分泌不当综合征	唐卓，卿国忠，刘玲玲，等.醋酸去氨加压素致抗利尿激素分泌不当综合征3例［J］.中国现代药物应用，2013，7（17）：154-156. 张丽娅，白玉蓉，王熙然，等.醋酸去氨加压素致类抗利尿激素分泌不当综合征［J］.临床误诊误治，2012，25（2）：60-62.
	心绞痛	Adachi Y，Sakakura K，Akashi N，et al.Coronary Spastic Angina Induced after Oral Desmopressin（DDAVP）Administration［J］.Internal Medicine，2016，55（24）：3603-3606.
	血栓形成	Shah S N，Tran H A，Assal A，et al.In-stent thrombosis following DDAVP administration：case report and review of the literature［J］.Blood Coagul Fibrinolysis，2014，25（1）：81-83.
	凝血功能障碍	Lighthall GK，Morgan C，Cohen SE. Correction of intraoperative coagulopathy in a patient with neurofibromatosis type I with intravenous desmopressin（DDAVP）［J］. Int J Obstet Anesth，2004，13（3）：174-177.
	假性脑瘤	Neely D E，Plager D A，Kumar N.Desmopressin（DDAVP）-induced pseudotumor cerebri［J］.Journal of Pediatrics，2003，143（6）：808.
培塞利珠单抗注射液	嗜酸性筋膜炎	Debusschere C，Schepper S D，Piette Y，et al.Development of eosinophilic fasciitis during treatment with certolizumab pegol for ankylosing spondylitis［J］.Clin Exp Rheumatol.2020，38（4）：799.
	银屑病	Koizumi H，Tokuriki A，Oyama N，et al.Certolizumab pegol，a pegylated anti-TNF-α antagonist，caused de novo-onset palmoplantar pustulosis followed by generalized pustular psoriasis in a patient with rheumatoid arthritis［J］.The Journal of Dermatology，2017，44（6）：723-724.
	下肢溃疡	Meling M，Minagawa A，Miyake T，et al.Certolizumab pegol treatment for leg ulcers due to rheumatoid vasculitis［J］.JAAD case reports，2021，18：12-14.
	血管炎	Horai Y，Ishikawa H，Iwanaga N，et al.Development of hypocomplementemic urticarial vasculitis during certolizumab pegol treatment for rheumatoid arthritis：A case report［J］.Journal of Clinical Pharmacy and Therapeutics，2020，45（5）：1179-1182.

续表

药品	事件	参考来源
培塞利珠单抗注射液	肾小球肾炎	Funada M, Nawata M, Nawata A, et al.Rapidly progressive glomerulonephritis after introduction of certolizumab pegol: a case report[J]. Modern Rheumatology Case Reports, 2020, 5 (1): 1-11.
	非免疫性溶血性贫血和血小板减少症	Ban B H, Crowe J L.Oculomotor Nerve Demyelination Secondary to Certolizumab Pegol [J].Journal of Clinical Rheumatology Practical Reports on Rheumatic & Musculoskeletal Diseases, 2018, 35 (5): 398-399.
	动眼神经脱髓鞘	Ban B H, Crowe J L.Oculomotor Nerve Demyelination Secondary to Certolizumab Pegol [J].Journal of clinical rheumatology, 2018, 24 (4): 234-236.
	掌跖脓疱病	Koizumi H, Tokuriki A, Oyama N, et al.Certolizumab pegol, a pegylated anti-TNF-α antagonist, caused de novo-onset palmoplantar pustulosis followed by generalized pustular psoriasis in a patient with rheumatoid arthritis [J].The Journal of Dermatology, 2017, 44 (6): 723-724.
	心力衰竭	Lazarewicz K, Shaw S, Haque S.Certolizumab Pegol - Induced Heart Failure [J].J Clin Rheumatol, 2018, 24 (1): 55-56.
	毛囊炎	Sakai H, Nomura W, Sugawara M.Certolizumab Pegol-Induced Folliculitis-Like Lichenoid Sarcoidosis in a Patient with Rheumatoid Arthritis [J].Case Reports in Dermatology, 9 (3): 158-163.
	脑膜炎	JonathanFranco, JhonOssenkopp, GeorginaPearroja.Moraxella catarrhalis meningitis during certolizumab pegol treatment [J].Medicina Clínica (English Edition), 2017, 149 (1): 46.
	心律失常	Talotta R, Atzeni F, Batticciotto A, et al.Possible relationship between certolizumab pegol and arrhythmias: report of two cases [J].Reumatismo, 2016, 68 (2): 104-108.
	皮疹	Inoue A, Sawada Y, Ohmori S, et al.Photoallergic Drug Eruption Caused by Certolizumab Pegol [J].Acta dermato-venereologica, 2015, 96 (5): 710-711.
	间质性肺疾病	Lager J, Hilberg O, Lokke A, et al.Severe interstitial lung disease following treatment with certolizumab pegol: a case report [J].European respiratory review, 2013, 22 (129): 414-416.
	肾病综合征	Leong J, Fung-Liu B.A Case Report of Nephrotic Syndrome Due to Intake of Certolizumab Pegol in a Patient With Crohn's Disease [J].American Journal of Gastroenterology, 2010, 105 (1): 234.
托珠单抗注射液	腹痛	张亚美，张颖，徐姝，等.托珠单抗致腹痛临床病例分析[J].解放军药学学报，2018，34（2）：191-192.
鲑降钙素	低钠血症	缪丽华，朱兴年.鲑降钙素注射液致迟发性低钠血症[J].中南药学，2017，15（10）：1502-1503.
	低钠低氯血症	徐月华.鲑降钙素注射液致严重的低钠低氯血症[J].临床合理用药杂志，2016（16）：2.
	窦性心动过速伴频发异位性早搏	李波，姜黎，蔡亚南.鲑降钙素注射液皮肤试验致1例窦性心动过速伴频发异位性早搏[J].中南药学，2016，14（7）：783-784.
	面部发红、发热	史云.鲑降钙素注射液致不良反应1例[J].医药导报，2013，32（1）：18.
	过敏反应	苏芬丽，熊芬，唐洪梅.鲑鱼降钙素致过敏性休克1例[J].中国医院药学杂志，2010（9）：1-2.

续表

药品	事件	参考来源
鲑降钙素	嗜睡	许可珍，郑萍，郑晓琳．皮下注射鲑鱼降钙素致嗜睡1例［J］．药物流行病学杂志，2009（3）：1-2.
	腹痛	刘英，陈冉红．鲑鱼降钙素致腹部绞痛与心律失常2例［J］．药物不良反应杂志，2007（4）：60-61.
	心律失常	刘英，陈冉红．鲑鱼降钙素致腹部绞痛与心律失常2例［J］．药物不良反应杂志，2007（4）：60-61.
	胸闷、恶心、头晕	胡淑兰．鲑鱼降钙素致严重不良反应1例［J］．药物流行病学杂志，2004，13（2）：74-74.
英夫利西单抗	基底细胞癌加重	Gaines-Cardone E，Hale E K.Infliximab（Remicade）and increased incidence of development of basal cell carcinoma.［J］.Journal of Drugs in Dermatology，2012，11（5）：655-656.
阿达木单抗	急性肺损伤	Kohli R，Namek K.Adalimumab（Humira）induced acute lung injury［J］. American Journal of Case Reports，2013，14：173-175.
	银屑病加重	郭莹莹，王晓霞．阿达木单抗引起银屑病不良反应1例并文献复习［J］．山西医科大学学报，2018，49（6）：735-737.
Pegaptanib	眼内炎和血管炎	Chen E，Ho A C，Garg S J，et al.Streptococcus mitis endophthalmitis presenting as frosted branch angiitis after intravitreal pegaptanib sodium injection.［J］.Ophthalmic Surg Lasers Imaging，2009，40（2）：192-194.
	牵拉性视网膜脱离加重	Krishnan R，Goverdhan S，Lochhead J.Intravitreal pegaptanib in severe proliferative diabetic retinopathy leading to the progression of tractional retinal detachment［J］.Eye，2009，23（5）：1238-1239.
	过敏反应	Hughes M S，Sang D N.Safety and efficacy of intravitreal bevacizumab followed by pegaptanib maintenance as a treatment regimen for age-related macular degeneration［J］.Ophthalmic Surg Lasers Imaging，2006，37（6）：446-454.

附录 7　国内外纳米药物相关的学术会议及举办单位、网站

1. 国际纳米药物大会（ChinaNanomedicine）

举办时间	举办时间：2021 年 11 月 13 日至 14 日
会议主题	纳米药物：从基础到转化
会议分论坛	生物医用纳米材料、3D 打印用纳米生物材料、纳米生物学、纳米力学、纳米 / 生物界面、精准医学纳米技术、移动医疗纳米技术、纳米组织工程、纳米探针分子影像、体外纳米医学诊断、纳米传感及微流控技术、纳米毒理学及生物安全性、肿瘤免疫治疗纳米药物、靶向给药纳米技术、肿瘤微环境纳米药物、纳米药物分析、用于生物分离 / 分析的纳米技术、工业纳米药剂学等
会议主讲人和报告内容	1. 中国科学院院士、中国科学院生物物理研究所研究员 阎锡蕴 “Ferritin：Novel Properties and Its Application in Biomedicine” 2. 美国德克萨斯大学西南医学中心杰出讲席教授 Jinming Gao 博士 “Nano-Immuno-Oncology：Harnessing Molecular Cooperativity for Cancer Immunotherapy” 3. 中国工程院院士、空军军医大学西京消化病医院院长 樊代明 “From Medical Knowledge to Epistemology” 4.《自然 - 纳米技术》杂志 Dr. Chiara Pastore “Publishing in Nature Nanotechnology” 5. 中国科学院院士、南京大学教授 郭子建 “Platinum-Based Anticancer Drugs and their Nanocomposites” 6. 中国科学院院士、上海交通大学化学化工学院教授 樊春海 “Framework Nucleic Acids-Guided Single-Molecule Analysis” 7. 中国科学院院士、上海交通大学教授 颜德岳 “ADCN Precisely Targeted Nano-drug for Cancer Therapy” 8. 中国科学院院士、中国科学院上海硅酸盐研究所研究员 施剑林 “Nanocatalytic Medicine” 9. 中国科学院院士、中国科学院长春应用化学研究所教授 陈学思 “Cancer Nanomedicine：From Benchside to Bedside” 10. 爱尔兰科学院院士、爱尔兰都柏林大学 Prof. Kenneth A. Dawson “Strategic Barriers to Rapid and Practical Advances in NanoMedicine：The Dawning of Fundamental Understanding？” 11. 新加坡国立大学教授 陈小元 “Reactive Oxygen Species Goes Beyond Photodynamic Therapy” 12. 德国汉堡大学 Prof. Wolfgang Parak “Quantitative Particle Uptake and Fate by Cells”
举办单位	国家纳米科学中心、北京大学医学部、中国药学会、广东粤港澳大湾区国家纳米科技创新研究院
网址	http：//www.nanoctr.cas.cn/

2.Global Summit and Expo on Nanotechnology and Nanomaterials（GSENN）

举办时间	2022 年 6 月 13 日至 15 日
会议主题	Global Summit and Expo on Nanotechnology and Nanomaterials
会议分论坛	纳米技术和纳米材料、催化和表面处理、智能石墨烯材料、纳米粒子增强光谱、纳米技术风险和安全、太阳能纳米结构

续表

举办时间	2022 年 6 月 13 日至 15 日
会议报告内容	1.Unprecedented Stretchability of Highly Conductive Large-Area Graphene Grown Directly at 100℃ 2.3D Nanoprinting via Control Molecular Assembly 3.Silicon Nanotechnology for Single Molecule and Single Cell Biology 4.CNT Growth Mechanism and a Self-Sustained Process for Methane Decomposition over Ni-Pd/CNT Catalyst 5.Functionalized Harmonic Nanoparticles for Controlled Drug Release and Targeted Bioimaging Applications 6.CarboxyalkyatedLignin Nanoparticles as Functional Emulsifiers 7.Bismut' s Way of the Malliavin Calculus Non-Markovian Semi-Groups：An Introduction 8.Chemical analysis，investigation of antioxidant，antihemolysis and anti-lipid peroxidation activities of peel and pulp extracts from Mangiferaindica var. Mahajanaka 9.3D Dendritic Crystal Growth Simulation 10.Nanometer Expansion in Lithium Ion Batteries and How to Measure it 11.Fast and Easy Preparation of Few-Layered-Graphene/ Ceramic Powders for Strong，Tough and Electrically Conducting Composites 12.Challenges Regarding the Development of a Pharmaceutical Product Containing Nanostructured Lipid Carriers 13.Synthesis Mesoporous Materials as Catalyst Support by Non-hydrolytic sol-gel 14.Hybrid Nanostructured Modifications of Unsaturated Polyester Resins For Icephobic Applications 15.Implications of Nanotechnologies for Healthcare Modeling and Simulation 等
举办单位	The Scientist
网址	https：//www.thescientistt.com/cms/pdfs/GSENN2022-abstract_book.pdf

3. 会议名称：International Conference on Nanomaterials and Biomaterials（ICNB）

举办时间	每年 11 月左右
会议主题	Nanomaterials and Biomaterials
会议分论坛	1. 纳米材料：纳米粒子、纳米电子器件、纳米尺度材料、纳米材料表征与合成、纳米材料制造技术 2. 生物材料 先进生物材料、聚合物和金属生物材料、生物材料和纳米技术、生物降解生物材料、植入物生物材料
会议发言人和主讲人	2023 年第 7 界 ICBN 会议： 1. Prof. Kwang Leong Choy，Duke Kunshan University，China 2. Prof. Shinji Takeoka，Waseda University，Japan 3. Prof. Steven Y. Liang（Fellow of ASME & SME），Morris M. Bryan，Jr. Professor for Advanced Manufacturing Systems，Georgia Institute of Technology，USA 4. Prof. Zongjin Li，Macau University of Science and Technology，China
举办单位	台北科技大学、南京理工大学、Chemistry and Materials Society
网址	http：//icnb.org/

4.International Conference on Advanced Materials Science and Nanotechnology

举办时间	2022 年 8 月 18 日至 19 日
会议主题	Advanced Materials Science and Nanotechnology
会议分论坛	1. 材料科学与工程：材料科学与工程、纳米技术和纳米科学、高分子科学与技术、生物材料与组织工程、生物医学设备和生物医学工程、陶瓷涂料和复合材料、光学和光子学、光学和光子学、智能和新兴材料。 2. 石墨烯：石墨烯和 2D 材料的生长和生产、碳纳米管和石墨烯、石墨烯和生物材料在医疗保健领域的应用、石墨烯及其聚合物纳米化合物、石墨烯的化学和生物学研究、能源中的纳米碳材料、半导体材料和纳米结构；石墨烯和超薄 2D 材料、碳纳米管的应用、石墨烯技术的应用、石墨烯超级电容器、石墨烯实验的新兴趋势、金刚石和纳米碳材料的电化学、人造石墨和天然石墨烯、石墨烯商业化的挑战与机遇、石墨烯及其氧化物、石墨烯 3D 打印、石墨烯纳米在能源和存储中的应用。
会议发言人和主讲人	1. Prof Bunsho Ohtani，Hokkaido University，Japan 2. Prof Simeon D Stoyanov，Singapore Institute of Technology，Singapore 3. Dr. R. Prasada Rao，National University of Singapore，Singapore 4. Dr Bellam Sreenivasulu，National University of Singapore，Singapore
举办单位	United Research Forum
网址	https：//materialsscienceforum.com/singapore-2022

5.International Conference on Nanomedicine，Drug Delivery，and Tissue Engineering（NDDTE）

举办时间	2023 年 3 月 23 日 -25 日
会议主题	Nanomedicine，Drug Delivery，and Tissue Engineering
会议分论坛	癌症和纳米技术、纳米技术的临床应用、基因递送系统、纳米生物技术 纳米医学、纳米医学技术、纳米技术和生物医学应用、用于检测的纳米技术、纳米技术诊断、纳米技术和药物输送、用于成像的纳米技术、纳米技术与组织工程、纳米制药及其他相关主题
会议发言人和主讲人	Dr. Emmanuel A. Ho，University of Waterloo，Canada Dr. Oleh Taratula，Oregon State University，USA
举办单位	International Academy of Science，Engineering and Technology（International ASET Inc.）
网址	https：//nddte.com/

6. 会议名称：International Conference on Nanomedicine and Nanotechnology（ICNN）

举办时间	2023 年 6 月 28 日至 30 日
会议主题	Nanomedicine and Nanotechnology
会议分论坛	癌症治疗中的纳米医学、纳米药物递送、基于纳米颗粒的药物递送、纳米材料和纳米粒子、药物纳米技术、纳米机器人与纳米医学、先进纳米材料、用于纳米药物的聚合物纳米颗粒、药物治疗与诊断、纳米医学的未来概念、纳米医学对医疗保健的影响、纳米粒子的计算研究、纳米医学的研究与开发、纳米药物系统的设计和表征、智能给药技术、用于细胞培养的纳米指标、纳米医学的演变与纳米技术的再进化、纳米技术：在其他领域、纳米技术应用、纳米表征与纳米制造、纳米工程
会议发言人和主讲人	暂无
举办单位	Pulsus Group
网址	https：//nanomedicine-nanotechnology.pulsusconference.com/

7.International Conference on Nanotechnology: Opportunities & Challenges（ICNOC）

举办时间	2022 年 11 月 28 日至 30 日
会议主题	Nanotechnology: Opportunities & Challenges
会议分论坛	纳米技术
会议发言人和主讲人	Prof. Mohammad K. Nazeeruddin, Osmania University, India
举办单位	Department of Applied Sciences and Humanities, Jamia Millia Islamia, New Delhi
网址	https: //link.springer.com/conference/icnoc

8.International Conference on Nanomedicine & Pharmaceutical Nanotechnology（ICNPN）

举办时间	2022 年 9 月 15 日至 16 日
会议主题	Advancing Prominence of Nanomedicine & Nanotechnology to Drive the Pharma Industry
会议分论坛	纳米医学和纳米技术、纳米制药、纳米医学和生物医学应用、制药纳米技术、智能给药技术、纳米生物技术
会议发言人和主讲人	1. Dominic Tessier, CTTGroup, Canada 2. Chloë Oakland, The University of Manchester, UK 3. Patrizia Guida, University of Genoa, Italy 4. Paula Obreja, National Institute for R&D in Microtechnologies（IMT–Bucharest）, Romania 5. Masaki Otagiri, Sojo University, Japan 6. Jiangtao Cheng, Virginia Polytechnic Institute and State University, USA 7. Ana Isabel Becerro, Instituto de Ciencia de Materiales de Sevilla, Spain 8. Kepsutlu Burcu, Helmholtz–Zentrum Berlin, Germany
举办单位	Conferenceseries LLC Ltd
网址	https: //nanomed.pharmaceuticalconferences.com/

9.International NanoMedicine Conference

举办时间	2023 年 6 月 19 日至 21 日
会议主题	Share novel research that may lead to prevention, diagnosis and/or treatment of some of the most challenging diseases.
会议分论坛	暂无
会议发言人和主讲人	2023 年第 13 届会议: 1. Daniel G. Anderson, MIT, USA 2. Kristi Anseth, UNIVERSITY OF COLORADO, BOULDER 3. Kazunori Kataoka, KAWASAKI INSTITUTE OF INDUSTRIAL PROMOTION 4. John A. Rogers, NORTHWESTERN UNIVERSITY 5. Mar í a Jesus Vicent, PRÍNCIPE FELIPE RESEARCH CENTER FOUNDATION（CIPF） 6. Michelle S. Bradbury, MEMORIAL SLOAN KETTERING CANCER CENTER 7. Jeff W.M. Bulte, JOHNS HOPKINS 8. Xing–Jie Liang, CHINESE ACADEMY OF SCIENCES 9. Killugudi Swaminatha Iyer, UNIVERSITY OF WESTERN AUSTRALIA

续表

举办时间	2023 年 6 月 19 日至 21 日
会议发言人和主讲人	10. Guangzhao Mao，UNSW SYDNEY 11. Lacey R McNally，UNIVERSITY OF OKLAHOMA 12. Andrea O' Connor，UNIVERSITY OF MELBOURNE 13. Megan O' Mara，UNIVERSITY OF QUEENSLAND 14. Krishanu Saha，UNIVERSITY OF WISCONSIN–MADISON 15. Tim Woodfield，UNIVERSITY OF OTAGO 16. Liangfang Zhang，UNIVERSITY OF CALIFORNIA SAN DIEGO 17. Dongyuan Zhao，FUDAN UNIVERSITY
举办单位	UNSW Australian Centre for NanoMedicine
网址	https：//www.oznanomed.org/

10.NanoMedicine International Conference

举办时间	2023 年 10 月 25 日至 27 日
会议主题	NanoMedicine
会议分论坛	1. 生物纳米材料的合成与表征：生物纳米制造、纳米结构材料、纳米组件 / 表面、仿生纳米材料、生物纳米测量和显微镜、体外纳米生物分析、纳米毒理学、纳米技术安全 2. 医学用纳米材料：身体植入物和假体、干细胞再生、组织工程和器官移植、纳米表面和相互作用、3D 打印 3. 纳米技术在治疗中的应用：用于药物递送和药物靶向的纳米载体、用于药物和基因递送的纳米材料、脱氧核糖核酸纳米技术、siRNA 疗法和纳米载体、用于疫苗的纳米技术、纳米医学中基于光子的方法、治疗诊断纳米技术和生物标志物
会议分论坛	4. 纳米技术在医疗诊断中的应用：用于诊断的智能材料、生物标志物和纳米颗粒、生物传感器、诊断和成像、分子成像和生物光子学、集成系统 / 传感器、纳米器件 / 纳米阵列、纳米材料表征和光学工具、护理点诊断 5. 制药纳米技术：新型给药系统、纳米机器人、功能性纳米纤维、纳米孔测序、基于纳米技术的针阵列、纳米材料的毒性和免疫原性
会议发言人和主讲人	暂无
举办单位	The Science，Engineering，Technology Conferences Organizers
网址	https：//www.setcor.org/

11.Nano Today Conference

举办时间	2023 年 4 月 22 日至 25 日
会议主题	Nano Today Conference
会议分论坛	1. 纳米科学和纳米技术在能源和可持续性方面的应用，包括催化、蓝 2. 色和绿色能源以及修复 2. 纳米医学，包括药物输送、设备、诊断、成像、治疗和疫苗 3. 纳米环境健康与安全 4. 缩小尺寸的纳米材料 – 0D、1D、2D 5. 传感器，包括植入式、可穿戴式、柔性和脑机接口 6. 纳米生物材料及其应用 7. 纳米光子学和光电纳米材料

续表

举办时间	2023 年 4 月 22 日至 25 日
会议分论坛	8. 纳米结构合成、表征、建模和模拟 9. 无机纳米材料，包括金属有机骨架（MOF）和相关材料 10. 量子信息科学、传感器和机遇 11. 自定向组装，以及软纳米材料 12. 青年科学家论坛
会议发言人和主讲人	1. Jackie Ying，A*STAR Senior Fellow and Director of NanoBio Lab，Singapore
举办单位	Nano Today journal and Elsevier
网址	https：//www.elsevier.com/events/conferences/nano-today-conference

12.World Nanotechnology Conference

举办时间	2023 年 4 月 24 日至 26 日
会议主题	Nanotechnology：Transcending All Limits by Retrospection of Advances.
会议分论坛	1. 关于 Covid-19 药物和疫苗的研究 2. 纳米技术在日冕病毒诊断和治疗中的应用 3. 生命科学与纳米医学 4. 纳米科学与技术 5. 纳米生物技术和纳米安全 6. 纳米化学和湿法纳米技术 7. 能源与环境
会议分论坛	8. 纳米计算建模 9. 纳米工程 10. 纳米技术：其他领域 11. 纳米材料、生物材料与合成 12. 制药纳米技术 13. 环境纳米技术 14. 纳米技术应用 15. 纳米表征和纳米制造 16. 碳纳米技术 17. 纳米毒理学 18. 纳米计量学 19. 绿色纳米技术与水处理 20. 纳米电子学和纳米光子学 21. 纳米医学和纳米传感器
会议发言人和主讲人	暂无
举办单位	Magnus Group
网址	https：//worldnanotechnologyconference.com/

13. 中国国际纳米科学技术大会（ChinaNANO）

举办时间	2023 年 8 月 26 日至 28 日（第九届）
会议历史	于 2005 年创办于北京，每两年举办一次。
会议分论坛	碳纳米材料 无机和多孔纳米材料 有机和印刷电子学 先进二维纳米材料与器件 纳米复合物及应用 纳米催化 能源纳米技术 纳米光子学和光电子学 纳米表征与测量 纳米结构的建模与仿真 生物和仿生纳米材料 纳米生物分析，纳米生物成像与诊断 纳米生物技术和纳米医药 安全、环境和健康纳米材料
会议发言人和主讲人（开幕式）	Jeffrey Brinker, The University of New Mexico, USA Vivian Wing-Wah Yam, The University of Hong Kong, China Teri W. Odom, Northwestern University, USA Yuliang Zhao, National Center for Nanoscience and Technology, China Kam Leong, Columbia University, USA Xiyun Yan, Institute of Biophysics, Chinese Academy of Science, China Luis Liz-Marz á n, CIC biomaGUNE, Spain
举办单位	国家纳米科学中心
网址	https://www.chinanano.org.cn

附录 8　国内外纳米药物说明书

附录 8 将部分国内外已上市纳米药物说明书进行整理供读者参考，并在文末附上了说明书网址链接。说明书按照主要成分的首字母进行排序，例如盐酸多柔比星脂质体注射液以主要成分多柔比星中“多”的拼音字母“D”进行排序。对于主要成分和剂型相同而生产企业不同的药物，选择其中一家生产企业的纳米药物说明书作为参考。具体的纳米药物说明书如下：

1　阿立哌唑缓释注射混悬液（Alkermes，Inc.）
2　阿瑞匹坦胶囊（Merck Sharp & Dohme Ltd.）
3　硫酸长春新碱脂质体注射液（Acrotech Biopharma LLC）
4　甲氧基聚乙二醇 -β- 促红细胞生成素注射液（Vifor International Inc.）
5　大麻隆胶囊（Bausch Health Companies Inc.）
6　丹曲林钠注射用混悬液（Bausch Health Companies Inc.）
7　地托 - 迪尼白介素 -2 注射液（Eisai Inc.）
8　盐酸多柔比星脂质体注射液（石药集团欧意药业有限公司）

9　非诺贝特片（Ⅲ）（Abbott Laboratories Private Limited）
10　聚乙二醇干扰素 α-2a 注射液（F. Hoffmann-La Roche Ltd.）
11　聚乙二醇干扰素 α-2b 注射剂（F. Hoffmann-La Roche Ltd.）
12　环孢素滴眼液（Sun Pharmaceutical Industries，Inc.）
13　超微粉化灰黄霉素片（Valeant Pharmaceuticals North America LLC）
14　醋酸甲地孕酮口服混悬液（Endo Pharmaceuticals Inc.）

15　醋酸甲羟孕酮注射液（Pfizer investment）
16　利培酮长效注射剂（Janssen Pharmaceuticals，Inc.）
17　注射用亮丙瑞林微球（上海丽珠制药有限公司）
18　注射用两性霉素 B 脂质体（上海上药新亚药业有限公司）
19　硫酸吗啡缓释胶囊（Alkermes Gainesville LLC）
20　美洛昔康注射液（Baudax Bio，Inc.）
21　盐酸米诺环素微球（OraPharma，a division of Valeant Pharmaceuticals North America LLC）
22　纳米氧化铁注射液（AMAG Pharmaceuticals，Inc.）
23　纳曲酮缓释注射混悬液（Alkermes，Inc.）
24　奈帕芬胺眼用混悬液（ALCON LABORATORIES，INC.）
25　萘普生钠控释片（Almatica Pharma，Inc.）
26　棕榈酸帕利哌酮注射液（Janssen Inc.）
27　帕替司兰脂质复合物注射液（Alnylam Pharmaceuticals，Inc.）
28　盐酸哌甲酯缓释胶囊（Novartis Pharmaceuticals Corporation）
29　培非司亭注射液（Amgen Inc.）
30　培门冬酶注射液（Servier Pharmaceuticals LLC）
31　曲安奈德缓释注射混悬液（Flexion Therapeutics，Inc.）
32　九价人乳头瘤病毒疫苗（MSD Ireland）
33　塞来昔布胶囊（Pfizer Pharmaceuticals LLC）
34　生长激素注射液（Genentech，Inc.）
35　柔红霉素 - 阿糖胞苷脂质体注射液（Jazz Pharmaceuticals，Inc.）

36 羧基麦芽糖铁注射液（AMERICAN REGENT，INC）

37 盐酸替扎尼定胶囊（Covis Pharma Zug）

38 盐酸维拉帕米缓释胶囊（Recro™ Gainesville LLC）

39 西罗莫司口服溶液 / 片剂（Wyeth Pharmaceuticals LLC，A subsidiary of Pfizer Inc.）

40 伊立替康脂质体注射液（Merrimack Pharmaceuticals，Inc.）

41 盐酸右哌甲酯缓释胶囊（Novartis Pharmaceuticals Corporation）

42 右旋糖酐铁注射液（Pharmacosmos A/S）

43 蔗糖铁注射液（Vifor International Inc.）

44 注射用紫杉醇脂质体（南京绿叶制药有限公司）

45 注射用紫杉醇聚合物胶束（上海谊众药业股份有限公司）

46 注射用紫杉醇（白蛋白结合型）（齐鲁制药有限公司）